2026 개정 10판

책 구입 시 드리는 혜택
❶ 평생 전 과목 이론 및 기출문제 동영상 강의 제공
❷ 2015년 ~ 2025년 11개년 기출문제풀이 동영상 강의제공
❸ 우수회원 인증 후 2015년 ~ 2017년 3개년 추가 기출문제 (해설 포함) 제공

평생무료 평생 무료 동영상과 함께하는 ▶ YouTube

위험물기능장 필기

뇌에 박히는 상세해설

이론 + 11개년기출문제 + 무료강의

강석민 정진홍 공저

이론과 문제 풀이를 동시에 해결 | 저자 1대1 질의응답 카페 운영

무료 동영상 강의
▶ YouTube 정진홍
Daum 정진홍위험물기능장 http://cafe.daum.net/dangerousleader

SEJIN Books 세진북스
www.sejinbooks.kr

머리말

인류문명의 발전으로 건축물은 대형화·고층화와 함께 우리의 삶은 풍요롭고 안락한 생활을 할 수 있게 되었으나 경제발전의 속도보다 안전관리에 대한 피해의 증가속도는 빠르게 진행되고 있습니다.

따라서 그 어느 때 보다도 위험물의 안전관리와 화재예방 및 화재진압에 대한 체계적이고 전문적인 지식을 갖춘 위험물에 관한 전문 인력의 필요성이 크게 대두되고 있는 현실입니다.

이에 저자는 금호석유화학(주) 여천공장 및 (주)오씨아이다스(동양화학 계열사) 인천공장에서 오랫동안 위험물에 대한 생산관리 및 안전관리업무 실무경력과 한국산업인력관리공단의 출제기준을 토대로 위험물에 대한 전문 인력이 되기 위한 위험물기능장의 자격시험에 응시하고자하는 많은 수험생들을 위하여 본서를 집필하게 되었습니다.

이 책의 특징은
1. 오랜 실무 경험과 학원 강의경력을 기본으로 집필하였으며
2. 모든 과목에 대한 핵심 요약정리를 통하여 학습시간을 단축할 수 있으며
3. 과년도 출제문제 및 최근 출제경향을 면밀히 파악하여 핵심내용을 정리하였고
4. 수험생 여러분 자신이 다음 시험의 출제경향을 미리 파악할 수 있도록 하였습니다.

내용의 일부 중 미비한 부분은 신속히 수정·보완하여 위험물기능장 수험서로서 최고가 되도록 열심히 노력할 것을 약속드리며 이 수험서가 출간하기까지 애써주신 홍세진 사장님과 기획 편집부 임직원 여러분의 노고에 감사드립니다. 끝으로 수험생 여러분의 합격을 진심으로 기원합니다.

저자 드림

이 책의 문의사항은 119sbsb@hanmail.net으로 메일을 주시면 상세히 답변해 드리겠습니다.

위험물기능장 시험에 대한 상세정보

1. 개요

위험물은 발화성, 인화성, 가연성, 폭발성 때문에 사소한 부주의에도 커다란 재해를 가져올 수 있다. 또한 위험물의 용도가 다양해지고, 제조시설도 대규모화되면서 생활공간과 가까이 설치되는 경우가 많아짐에 따라 위험물의 취급과 관리에 대한 안전성을 높이고자 자격제도 제정

2. 수행직무

위험물 관리 및 점검에 관한 최상급 숙련기능을 가지고 산업현장에서 작업관리, 위험물 취급기능자의 지도 및 감독, 현장훈련, 경영층과 생산계층을 유기적으로 결합시켜 주는 현장의 중간관리 등의 업무 수행함

3. 진로 및 전망

위험물(제1류~6류)의 제조, 저장, 취급 전문업체에 종사하거나 도료제조, 고무제조, 금속제련, 유기합성물제조, 염료제조, 화장품제조, 인쇄잉크제조업체 및 지정수량 이상의 위험물 취급업체에 종사할 수 있다. 일부는 소방직 공무원이나 위험물관리와 관련 된 직업능력개발훈련교사로 진출하기도 한다.

산업의 발전과 더불어 위험물은 그 종류가 다양해지고 범위도 확산추세에 있고 특히 「소방법」상 1급 소방안전관리대상물의 소방안전관리자로 선임하도록 되어 있고 또 소방법으로 정한 위험물 제1류~제6류에 속하는 위험물 제조·저장·운반시설업자 역시 위험물 안전관리자로 자격증 취득자를 선임하도록 되어 있어 위험물을 안전하게 취급·관리하는 전문가의 수요는 꾸준할 전망

4. 시험일정

구분	필기원서접수 (인터넷)	필기시험	필기합격 (예정자)발표	실기원서접수	실기시험	최종합격자 발표일
상반기 ○○회	1월 초순	1월 하순	1월 하순	2월 초순	3월 초순	4월 하순
하반기 ○○회	5월 초순	6월 초순	6월 말경	7월 말경	8월 말경	9월 말경

1. 필 기

| 직무분야 | 화학 | 중직무분야 | 위험물 | 자격종목 | 위험물기능장 | 적용기간 | 2025. 1. 1 ~ 2028.12.31 |

• **직무내용** : 위험물의 저장·취급 및 운반과 이에 따른 안전관리와 제조소등의 설계·시공·점검을 수행하고, 현장 위험물 안전관리에 종사하는 자 등을 지도·감독하며, 화재 등의 재난이 발생한 경우 응급조치 등의 총괄 업무를 수행하는 직무이다.

| 필기검정방법 | 객관식 | 문제수 | 60 | 시험시간 | 1시간 |

필기 과목명	문제수	주요항목	세부항목	세세항목
화재이론, 위험물의 제조소등의 위험물안전관리 및 공업경영에 관한 사항	60	1. 화재이론 및 유체역학	1. 화학의 이해	1. 물질의 상태 2. 물질의 성질과 화학 반응 3. 화학의 기초 법칙 4. 무기화합물의 특성 5. 유기화합물의 특성 6. 화학반응식을 이용한 계산
			2. 유체역학의 이해	1. 유체 기초이론 2. 배관 이송설비 3. 펌프 이송설비 4. 유체 계측
		2. 위험물의 성질 및 취급	1. 위험물의 연소 특성	1. 위험물의 연소이론 2. 위험물의 연소형태 3. 위험물의 연소과정 4. 위험물의 연소생성물 5. 위험물의 화재 및 폭발에 관한 현상 6. 위험물의 인화점, 발화점, 가스분석 등의 측정법 7. 위험물의 열분해 계산
			2. 위험물의 유별 성질 및 취급	1. 제1류 위험물의 성질, 저장 및 취급 2. 제2류 위험물의 성질, 저장 및 취급 3. 제3류 위험물의 성질, 저장 및 취급 4. 제4류 위험물의 성질, 저장 및 취급 5. 제5류 위험물의 성질, 저장 및 취급 6. 제6류 위험물의 성질, 저장 및 취급
			3. 소화원리 및 소화약제	1. 화재종류 및 소화이론 2. 소화약제의 종류, 특성과 저장 관리
		3. 시설기준	1. 제조소등의 위치구조 설비기준	1. 제조소의 위치구조설비 기준 2. 옥내저장소의 위치구조설비 기준 3. 옥외탱크저장소의 위치구조설비 기준 4. 옥내탱크저장소의 위치구조설비 기준 5. 지하탱크저장소의 위치구조설비 기준 6. 간이탱크저장소의 위치구조설비 기준 7. 이동탱크저장소의 위치구조설비 기준 8. 옥외저장소의 위치구조설비 기준 9. 암반탱크저장소의 위치구조설비 기준 10. 주유취급소의 위치구조설비 기준 11. 판매취급소의 위치구조설비 기준 12. 이송취급소의 위치구조설비 기준 13. 일반취급소의 위치구조설비 기준
			2. 제조소등의 소화설비, 경보·피난 설비기준	1. 제조소등의 소화난이도등급 및 그에 따른 소화설비 2. 위험물의 성질에 따른 소화설비의 적응성 3. 소요단위 및 능력단위 산정법 4. 옥내소화전설비의 설치기준 5. 옥외소화전설비의 설치기준 6. 스프링클러설비의 설치기준 7. 물분무소화설비의 설치기준 8. 포소화설비의 설치기준 9. 불활성가스소화설비의 설치기준 10. 할로젠화합물소화설비의 설치기준 11. 분말소화설비의 설치기준 12. 수동식소화기의 설치기준 13. 경보설비의 설치 기준 14. 피난설비의 설치기준

필기 과목명	문제수	주요항목	세부항목	세세항목
		4. 위험물안전관리	1. 사고대응	1. 소화설비의 작동원리 및 작동방법 2. 위험물 누출 등 사고 시 대응조치
			2. 예방규정	1. 안전관리자의 책무　2. 예방규정 관련 사항 3. 제조소등의 점검방법
			3. 제조소등의 저장취급 기준	1. 제조소의 저장·취급 기준 2. 옥내저장소의 저장·취급 기준 3. 옥외탱크저장소의 저장·취급 기준 4. 옥내탱크저장소의 저장·취급 기준 5. 지하탱크저장소의 저장·취급 기준 6. 간이탱크저장소의 저장·취급 기준 7. 이동탱크저장소의 저장·취급 기준 8. 옥외저장소의 저장·취급 기준 9. 암반탱크저장소의 저장·취급 기준 10. 주유취급소의 저장·취급 기준 11. 판매취급소의 저장·취급 기준 12. 이송취급소의 저장·취급 기준 13. 일반취급소의 저장·취급 기준 14. 공통기준 15. 유별 저장취급 기준
			4. 위험물의 운송 및 운반기준	1. 위험물의 운송기준　2. 위험물의 운반기준 3. 국제기준에 관한 사항
			5. 위험물사고예방	1. 위험물 화재 시 인체 및 환경에 미치는 영향 2. 위험물 취급 부주의에 대한 예방대책 3. 화재 예방 대책 4. 위험성평가 기법 5. 위험물 누출 등 사고 시 안전 대책 6. 위험물 안전관리자의 업무 등의 실무사항 사항
		5. 위험물안전관리법 행정사항	1. 제조소등 설치 및 후속절차	1. 제조소등 허가　　2. 제조소등 완공검사 3. 탱크안전성능검사　4. 제조소등 지위승계 5. 제조소등 용도폐지
			2. 행정처분	1. 제조소등 사용정지, 허가취소 2. 과징금처분
			3. 정기점검 및 정기검사	1. 정기점검　　　　2. 정기검사
			4. 행정감독	1. 출입·검사　　　2. 각종 행정명령 3. 벌금 및 과태료
		6. 공업 경영	1. 품질관리	1. 통계적 방법의 기초　2. 샘플링 검사 3. 관리도
			2. 생산관리	1. 생산계획　　　　2. 생산통계
			3. 작업관리	1. 작업방법연구　　2. 작업시간연구
			4. 기타 공업경영에 관한 사항	1. 기타 공업경영에 관한 사항

2. 실기

| 직무분야 | 화학 | 중직무분야 | 위험물 | 자격종목 | 위험물기능장 | 적용기간 | 2025. 1. 1 ~ 2028. 12. 31 |

- **직무내용** : 위험물의 저장·취급 및 운반과 이에 따른 안전관리와 제조소등의 설계·시공·점검을 수행하고, 현장 위험물 안전관리에 종사하는 자 등을 지도·감독하며, 화재 등의 재난이 발생한 경우 응급조치 등의 총괄 업무를 수행하는 직무이다.
- **수행준거** :
  1. 위험물 성상에 대한 전문 지식 및 숙련 기능을 가지고 작업을 할 수 있다.
  2. 위험물 화재 등의 재난 예방을 위한 안전 조치 및 사고 시 대응조치를 할 수 있다.
  3. 산업 현장에서 위험물시설 점검 등을 수행할 수 있다.
  4. 위험물 관련 법규에 대한 전반적 사항을 적용하여 작업을 수행할 수 있다.
  5. 위험물 운송·운반에 대한 전문 지식 및 숙련 기능을 가지고 작업을 수행할 수 있다.
  6. 위험물 안전관리에 종사하는 자를 지도, 감독 및 현장 훈련을 수행할 수 있다.
  7. 위험물 업무 관련하여 경영자와 기능 인력을 유기적으로 연계시켜주는 작업등 현장 관리 업무를 수행할 수 있다.

| 실기검정방법 | 필답형 | 시험시간 | 2시간 |

실기 과목명	주요항목	세부항목	세세항목
위험물 취급 실무	1. 위험물 성상	1. 위험물의 유별 특성을 파악하고 취급하기	1. 제1류 위험물 특성을 파악하고 취급할 수 있다. 2. 제2류 위험물 특성을 파악하고 취급할 수 있다. 3. 제3류 위험물 특성을 파악하고 취급할 수 있다. 4. 제4류 위험물 특성을 파악하고 취급할 수 있다. 5. 제5류 위험물 특성을 파악하고 취급할 수 있다. 6. 제6류 위험물 특성을 파악하고 취급할 수 있다.
		2. 화재와 소화이론 파악하기	1. 위험물의 인화, 발화, 연소 범위, 및 폭발 등의 특성을 파악할 수 있다. 2. 화재의 종류와 소화이론에 관한 사항을 파악할 수 있다. 3. 일반화학에 관한 사항을 파악할 수 있다.
	2. 위험물 소화 및 화재, 폭발 예방	1. 위험물의 소화 및 화재, 폭발 예방하기	1. 적응소화제 및 소화 설비를 파악하여 적용할 수 있다. 2. 화재예방법 및 경보설비 사용법을 이해하여 적용할 수 있다. 3. 폭발방지 및 안전장치를 이해하여 적용할 수 있다. 4. 위험물 제조소등의 소방시설 설치, 점검 및 사용을 할 수 있다.
	3. 시설 및 저장·취급	1. 위험물의 시설 및 저장·취급에 대한 사항 파악하기	1. 유별을 달리하는 위험물 재해발생 방지와 적재방법을 설명할 수 있다. 2. 위험물 제조소등의 위치, 구조 설비를 파악할 수 있다. 3. 위험물 제조소등의 위치, 구조 및 설비에 대한 기준을 파악할 수 있다. 4. 위험물 제조소등의 소화설비, 경보설비 및 피난설비에 대한 기준을 파악할 수 있다.
		2. 설계 및 시공하기	1. 위험물 제조소등의 소방시설 설치 및 사용방법을 파악할 수 있다. 2. 위험물 제조소등의 저장, 취급 시설의 사고 예방대책을 수립할 수 있다. 3. 위험물 제조소등의 설계 및 시공을 이해할 수 있다.
	4. 관련법규 적용	1. 위험물 제조소등 허가 및 안전관리 법규 적용하기	1. 위험물제조소등과 관련된 안전관리 법규를 검토하여 허가, 완공절차 및 안전 기준을 파악할 수 있다. 2. 위험물 안전관리 법규의 벌칙규정을 파악하고 준수할 수 있다.
		2. 위험물 제조소등 관리	1. 예방규정 작성에 대해 파악할 수 있다. 2. 위험물시설 일반점검표 작성에 대해 파악할 수 있다.

실기 과목명	주요항목	세부항목	세세항목
	5. 위험물 운송·운반기준 파악	1. 운송·운반 기준 파악하기	1. 운송 기준을 검토하여 운송 시 준수 사항을 확인할 수 있다. 2. 운반 기준을 검토하여 적합한 운반용기를 선정할 수 있다. 3. 운반 기준을 검토하여 적합한 적재방법을 선정할 수 있다. 4. 운반 기준을 검토하여 적합한 운반방법을 선정할 수 있다. 5. 국제기준을 검토하여 국내법과 비교 설명할 수 있다.
		2. 운송시설의 위치·구조·설비 기준 파악하기	1. 이동탱크저장소의 위치 기준을 검토하여 위험물을 안전하게 관리할 수 있다. 2. 이동탱크저장소의 구조 기준을 검토하여 위험물을 안전하게 운송할 수 있다. 3. 이동탱크저장소의 설비 기준을 검토하여 위험물을 안전하게 운송할 수 있다. 4. 이동탱크저장소의 특례 기준을 검토하여 위험물을 안전하게 운송할 수 있다.
		3. 운반시설 파악하기	1. 위험물 운반시설(차량 등)의 종류를 분류하여 안전하게 운반을 할 수 있다. 2. 위험물 운반시설(차량 등)의 구조를 검토하여 안전하게 운반할 수 있다.
	6. 위험물 운송·운반 관리	1. 운송·운반 안전 조치하기	1. 입·출하 차량 동선, 주정차, 통제 관련 규정을 파악하고 적용하여 운송·운반 안전조치를 취할 수 있다. 2. 입·출하 작업 전에 수행해야 할 안전조치 사항을 파악하고 적용하여 운송·운반 안전조치를 취할 수 있다. 3. 입·출하 작업 중 수행해야 할 안전조치 사항을 파악하고 적용하여 운송·운반 안전조치를 취할 수 있다. 4. 사전 비상대응 매뉴얼을 파악하여 운송·운반 안전조치를 취할 수 있다.

차 례

제1편 일반화학 및 유체역학

제1장 일반화학 — 16
- 1-1 물질의 상태와 구조 … 16
- 1-2 비금속원소 및 금속원소와 화합물 … 36
- 1-3 유기화합물 … 41

★핵심 기출예상문제 / 49

제2장 유체역학 — 67
- 2-1 유체의 정의 및 성질 … 67
- 2-2 유체의 정역학 … 71
- 2-3 유체의 운동역학 및 계측 … 74
- 2-4 배관의 마찰손실 및 배관 … 82
- 2-5 펌프의 종류, 발생현상, 동력계산식 … 85

★핵심 기출예상문제 / 90

제2편 위험물의 성질 및 취급

제1장 제1류 위험물 — 104
- 1-1 품명 및 지정수량 … 104
- 1-2 산화성고체의 정의 … 104
- 1-3 공통적 성질 … 105
- 1-4 저장 및 취급방법 … 105
- 1-5 소화방법 … 105
- 1-6 품명에 따른 특성 … 106

제2장 제2류 위험물 — 114
- 2-1 품명 및 지정수량 … 114
- 2-2 제2류 위험물의 판단기준 … 114

2-3 공통적 성질 ……………………………………………………… 115
2-4 저장 및 취급방법 ………………………………………………… 115
2-5 소화방법 …………………………………………………………… 115
2-6 품명에 따른 특성 ………………………………………………… 116

제 3 장 제3류 위험물 ─────────────────────────── 120

3-1 품명 및 지정수량 ………………………………………………… 120
3-2 공통적 성질 ……………………………………………………… 120
3-3 저장 및 취급방법 ………………………………………………… 120
3-4 소화방법 …………………………………………………………… 121
3-5 품명에 따른 특성 ………………………………………………… 121

제 4 장 제4류 위험물 ─────────────────────────── 128

4-1 품명 및 지정수량 ………………………………………………… 128
4-2 공통적 성질 ……………………………………………………… 128
4-3 저장 및 취급방법 ………………………………………………… 129
4-4 소화방법 …………………………………………………………… 129
4-5 품명에 따른 특성 ………………………………………………… 129

제 5 장 제5류 위험물 ─────────────────────────── 148

5-1 품명 및 지정수량 ………………………………………………… 148
5-2 공통적 성질 ……………………………………………………… 148
5-3 저장 및 취급방법 ………………………………………………… 148
5-4 소화방법 …………………………………………………………… 149
5-5 품명에 따른 특성 ………………………………………………… 149

제 6 장 제6류 위험물 ─────────────────────────── 158

6-1 품명 및 지정수량 ………………………………………………… 158
6-2 공통적 성질 ……………………………………………………… 158
6-3 저장 및 취급방법 ………………………………………………… 158
6-4 소화방법 …………………………………………………………… 159
6-5 품명에 따른 특성 ………………………………………………… 159

★핵심 기출예상문제 / 162

제3편 위험물의 시설기준

제1장 제조소등의 위치·구조 및 설비기준 — 188
- 1-1 제조소의 위치·구조 및 설비기준 — 188
- 1-2 옥내저장소의 위치·구조 및 설비의 기준 — 197
- 1-3 옥외탱크저장소의 위치·구조 및 설비의 기준 — 202
- 1-4 옥내탱크저장소의 위치·구조 및 설비의 기준 — 207
- 1-5 지하탱크저장소의 위치·구조 및 설비의 기준 — 207
- 1-6 간이탱크저장소의 위치·구조 및 설비의 기준 — 209
- 1-7 이동탱크저장소의 위치·구조 및 설비의 기준 — 209
- 1-8 옥외저장소의 위치 및 설비의 기준 — 212
- 1-9 암반탱크저장소의 위치·구조 및 설비의 기준 — 214
- 1-10 주유취급소의 위치·구조 및 설비의 기준 — 214
- 1-11 판매취급소의 위치·구조 및 설비의 기준 — 218

제2장 제조소등의 소화설비, 경보, 피난설비 기준 — 220
- 2-1 소화난이도등급 Ⅰ의 제조소등 및 소화설비 — 220
- 2-2 경보설비 — 226
- 2-3 피난설비 — 227

제3장 위험물의 저장·취급 및 운반에 관한 기준 — 228
- 3-1 위험물의 저장 및 취급에 관한 기준 — 228
- 3-2 위험물의 운반에 관한 기준 — 236

★핵심 기출예상문제 / 239

제4편 법령과 연소 및 소화설비

제1장 위험물안전관리법령 — 260
- 1-1 위험물안전관리법 — 260

제 2 장 위험물의 화재 및 소화방법 ─ 268
- 2-1 화재의 특성과 종류 및 원인 ······· 268

제 3 장 위험물의 연소특성 ─ 272
- 3-1 연소이론과 형태 ······· 272

제 4 장 화재의 소화 ─ 277
- 4-1 소화방법 및 원리 ······· 277
- 4-2 물 소화약제 ······· 278
- 4-3 포 소화약제 ······· 279
- 4-4 이산화탄소 소화약제 ······· 281
- 4-5 할로젠 화합물 소화약제 ······· 283
- 4-6 분말 소화약제 ······· 286

제 5 장 제조소등의 소화설비의 기준 ─ 287
- 5-1 소화기구 ······· 287
- 5-2 옥내소화전설비 ······· 288
- 5-3 옥외소화전설비 ······· 290
- 5-4 스프링클러설비 ······· 291
- 5-5 물분무소화설비 ······· 294
- 5-6 포소화설비 ······· 295
- 5-7 이산화탄소소화설비 ······· 299
- 5-8 할로젠화물소화설비 ······· 303
- 5-9 분말소화설비 ······· 305

★핵심 기출예상문제 / 309

제 5 편 공업경영

제 1 장 품질관리 ─ 334
제 2 장 생산관리 ─ 344
제 3 장 작업관리 ─ 346
제 4 장 공업경영에 관한 사항 ─ 349

★핵심 기출예상문제 / 352

제6편 최근 기출문제

2018년도 제63회 2018년 03월 31일 시행 ········· 374
제64회 2018년 07월 CBT 시행 ········· 401

2019년도 제65회 2019년 03월 CBT 시행 ········· 426
제66회 2019년 07월 CBT 시행 ········· 452

2020년도 제67회 2020년 04월 CBT 시행 ········· 479
제68회 2020년 07월 CBT 시행 ········· 508

2021년도 제69회 2021년 02월 20일 시행 ········· 533
제70회 2021년 07월 04일 시행 ········· 560

2022년도 제71회 2022년 02월 26일 시행 ········· 584
제72회 2022년 06월 19일 시행 ········· 609

2023년도 제73회 2023년 01월 28일 시행 ········· 635
제74회 2023년 06월 24일 시행 ········· 661

2024년도 제75회 2024년 01월 21일 시행 ········· 687
제76회 2024년 06월 16일 시행 ········· 713

2025년도 제77회 2025년 01월 25일 시행 ········· 740
제78회 2025년 06월 28일 시행 ········· 767

일반화학 및 유체역학
위험물의 성질 및 취급
위험물의 시설기준
법령과 연소 및 소화설비
공업경영

제1편 일반화학 및 유체역학

제1장 일반화학
　　　　핵심 기출예상문제

제2장 유체역학
　　　　핵심 기출예상문제

제1장 일반화학

1-1 물질의 상태와 구조

1. 고체의 구조

① 분자성 고체
   분자를 구성하는 **입자가 분자**이며 **승화성**이 크고 융해점이 낮은 것이 많다.
   • 이산화탄소(드라이아이스) • 요소 • 아이오딘 • 나프탈렌 등

② 이온성 고체
   고체를 구성하는 입자가 **음이온과 양이온**으로 되어있으며 대부분 **염이 해당**된다.
   • **염화나트륨** • **아이오딘화칼륨** • 플루오르화칼륨 • 황산구리

③ 원자성 고체
   원자성 결정을 말한다.
   • 다이아몬드 • 이산화규소

④ 금속성 고체
   금속이온이 규칙성 있게 배열된 상태
   • 구리 • 알루미늄

   ㉠ **고체의 순물질 여부 확인 방법 : 녹는점(융점 : MP) 측정**하여 순물질의 녹는점과 비교 분석
   ㉡ **액체의 순물질 여부 확인 방법 : 끓는점(비점 : BP) 측정**하여 순물질의 끓는점과 비교 분석

2. 혼합물의 정제방법

① 거름(여과) : **고체와 액체**의 혼합물 분리
② 재결정 : 불순물 포함 결정을 용매에 녹여 온도에 따른 **용해도차를 이용**하여 불순물 제거 방법
③ 분액 깔대기에 의한 분리 : **액체와 액체**가 섞이지 않는 2개 층을 분리
④ 승화에 의한 분리 : 가열에 의하여 **승화성물질과 비승화성물질**을 분리
⑤ 증류 : 액체를 끓여서 증기로 만들고 이 증기를 냉각하여 다시 액체로 만드는 방법
⑥ 추출 : 액체의 **용해도를 이용**하여 미량의 불순물을 제거하여 분리

3. 풍해(efforescence)

결정수를 함유하는 결정이나 수화물 등이 공기 중에서 **수분을 잃고 분말이 되는 현상**

$$Na_2CO_3 \cdot 10H_2O \xrightarrow{풍해} Na_2CO_3 \cdot H_2O + 9H_2O \uparrow$$
$$(결정탄산나트륨)$$

4. 조해(deliquesence)

물에 녹기 쉬운 고체가 공기 중의 **수분을 흡수하여 스스로 녹는 현상**(풍해의 반대)이며 조해성 물질은 건조제로 이용된다.

> **조해성 물질**
> 수산화칼륨(KOH), 수산화나트륨(NaOH), 염화칼슘($CaCl_2$), 염화마그네슘($MgCl_2 \cdot 6H_2O$)

5. 콜로이드용액의 성질

① 틴들(Tyndall) 현상
   콜로이드용액에 광선을 통과시키면 **콜로이드 입자가 산란**하여 빛의 진로를 볼 수 있는 현상
② 브라운 운동
   콜로이드의 불규칙적인 운동
③ 다이알리시스(투석)
   콜로이드 용액에 용질의 혼합액을 **투석막**에 넣고 흐르는 물속에 넣어두면 분자 또는 이온은 투석막을 통과하여 제거되고 콜로이드 입자만 남게 되는 현상(삼투압 측정에 이용)
④ 전기영동
   콜로이드 용액에 **직류전기**를 흐르게 하면 콜로이드 입자는 입자의 하전과 반대극성의 전극으로 이동하여 부근의 농도가 증가되는 현상
⑤ 응석＝엉김(coagulation)
   콜로이드용액에 전해질을 넣으면 반대 부호의 이온에 의하여 서로 전기가 중화하여 달라붙어서 큰 덩어리가 되므로 **침전이 되는 현상**이며 **전해질의 하전수가 크면 엉김력이 크다.**
   (−) 콜로이드에 대한 응석력 : $Al^{+3} > Ca^{+2} > Na^+$
   (+) 콜로이드에 대한 응석력 : $Fe(CN)_6^{-4} > PO_4^{-2} > SO_4^{-2} > Cl^-$
⑥ 염석
   친수콜로이드에 다량의 **전해질을 넣으면 엉김이 일어나는 현상**
   (예) 비눗물에 다량의 소금(NaCl)을 가하면 비누가 분리된다.

6. 소수콜로이드, 친수콜로이드, 보호콜로이드

콜로이드의 분류	정 의	보 기
• 소수콜로이드	• 소량의 전해질에 의하여 엉김이 일어나는 콜로이드 • 주로 무기물의 콜로이드이다	$Fe(OH)_3$, 점토, 먹물
• 친수콜로이드	• 소량의 전해질에 엉김이 일어나지 않는 콜로이드 • 주로 유기물의 콜로이드이다	단백질, 녹말, 비눗물, 젤라틴, 아교, 한천
• 보호콜로이드	• 소수 콜로이드는 불안정한 것이므로 친수콜로이드를 가하면 안정하게 된다 여기에 전해질을 가하여도 엉김이 일어나기 힘들다. 이와 같은 작용을 하는 친수콜로이드	잉크에 아라비아고무, 먹물에 아교

7. 에멀젼과 서스펜션

① 에멀젼(emulsion) : 우유와 같이 **액체가 분산**되어 있는 것
② 서스펜션(suspension) : 흙탕물과 같이 **고체가 분산**되어 있는 것

8. 졸과 겔

① 졸(sol) : 보통의 콜로이드 용액
② 겔(gel) : 반고체(한천(우뭇가사리), 젤리, 두부, 버터)

9. 발생기체를 포집하는 방법

① 상방치환 : 공기보다 가벼운 기체를 모을 때 주로 사용하는 기체 포집법
  ㉠ 암모니아(NH_3)   ㉡ 메탄(CH_4)

② 하방치환 : 물에 녹는 기체 가운데 **공기보다 무거운 기체**를 모을 때 사용하는 기체 포집법
  ㉠ 이산화탄소(CO_2) ㉡ 염화수소(HCl) ㉢ 이산화황(SO_2)
  ㉣ 염소(Cl_2)   ㉤ 황화수소(H_2S) ㉥ 이산화질소(NO_2)

③ 수상치환 : 물을 채운 용기 속에 관으로 기체를 넣고 거품으로 부상시켜 **물에 잘 녹지 않는 기체**를 포집하는 방법
  ㉠ 수소(H_2)   ㉡ 산소(O_2)   ㉢ 질소(N_2)

10. 원자 및 분자에 관한 법칙

① 질량보존(불변)의 법칙(라보아제)
화학변화에 있어서 변화 전후의 **질량 총합은 일정불변**이다.

$$N_2(28g) + 3H_2(6g) \rightarrow 2NH_3(2 \times 17g)$$

② 배수비례의 법칙(돌턴이 발견)
두 가지원소가 두 가지 이상의 화합물을 만들 때 한 원소의 일정 중량에 대하여 결합하는 다른 원소의 중량 간에는 항상 **간단한 정수비가 성립**한다.

화합물	성분원소의 중량비	
CO CO_2	$C : O = 12 : 16$ $C : O = 12 : 32$	$16 : 32 = 1 : 2$
H_2O H_2O_2	$H : O = 2 : 16$ $H : O = 2 : 32$	$16 : 32 = 1 : 2$
SO_2 SO_3	$S : O = 32 : 32$ $S : O = 32 : 48$	$32 : 48 = 2 : 3$

③ 일정성분비의 법칙 = 정비례의 법칙(프루우스트)
순수한 화합물에 있어서 성분원소의 **중량비(조성비)는 항상 일정불변**이다.

수소와 물의 반응식

$2H_2 + O_2 \rightarrow 2H_2O$
　4g : 32g　　36g
　1g : 8g (1 : 8)

④ 기체반응의 법칙(게이뤼삭)
반응에 의해 생성되는 **기체의 부피** 사이에는 일정하고 간단한 **정수비가 성립**한다.

$N_2(1부피) + 3H_2(3부피) \rightarrow 2NH_3(2부피)$

11. 원자량

질량수 12인 탄소원자 $_{12}C$의 질량값을 12로 정하고 이것과 비교한 각 원소의 원자의 상대적 질량값을 원자량이라 한다.

12. 원자의 구조

원자를 구성하는 입자
① 원자핵 (+) = 양성자 (+) + 중성자 (+)
② 전자 (−)
　• 원자핵 속에 포함된 **양성자 수를 원자번호**라 한다.
　　원자번호 = 원자핵의 양하전량 = 양성자수 = 전자수(중성 원자)
　• 질량수 = 양성자수(원자번호) + 중성자수

13. 원소의 붕괴

방사선 붕괴	질량수 변화	원자번호 변화
α	4 감소	2 감소
β	불 변	1 증가
γ	불 변	불 변

① α 붕괴 : 질량수 4감소, 원자번호 2감소

$$_{88}Ra^{226} \rightarrow {_2}He^4(\alpha선) + {_{86}}Rn^{222}$$

② β 붕괴

$$^{237}_{93}Np(넵투늄) \rightarrow \beta \text{ 붕괴 1회(원자번호 1증가)} \rightarrow {^{237}_{94}}Pu(플루토늄)$$

③ γ 선
   ① 질량이 없고 **전하를 띠지 않음**
   ② 파장이 가장 짧고 투과력과 **방출 속도가 가장 크다.**
   ③ 전기장의 영향을 받지 않아 **직선적으로 투과**
   ④ 광선이나 X선과 같은 **전자기파**이다.

> **참고 방사성원소의 투과력 크기**
> $\gamma > \beta > \alpha$ (투과력이 가장 큰 것은 γ선이다.)

14. 반감기

방사성원소가 붕괴하는 속도는 붕괴하기 전의 원소의 양이 **반으로 감소**하기까지 걸리는 기간

$$m = M \times \left(\frac{1}{2}\right)^{\frac{t}{T}}$$

여기서, m : 붕괴후 질량, M : 붕괴전 질량, t : 경과기간, T : 반감기

15. 원자에너지 에너지

$$E = mc^2$$

여기서, E : 생성되는 에너지(erg), m : 질량(g), c : 광속도(3×10^{10}cm/sec)

16. 중성원자

전자를 잃음	전자를 얻음
• 양성자수 > 전자수	• 양성자수 < 전자수
• 양이온으로 된다. • (+)전하를 가진다.	• 음이온으로 된다. • (-)전하를 가진다.

17. 다전자 원자에서 에너지 준위의 순서

1S < 2S < 2P < 3S < 3P < 4S < 3d < 4P < 5S < 4d < 5P < 6S < 4f < 5d < 6P < 5f < 6d

18. 원자핵 둘레의 전자배열

전자껍질	K n=1	L n=2	M n=3	N n=4
최대 수용 전자수($2n^2$)	2	8	18	32
문자기호	s	s, p	s, p, d	s, p, d, f
오비탈	$1s^2$	$2s^2$, $2p^6$	$3s^2$, $3p^6$, $3d^{10}$	$4s^2$, $4p^6$, $4d^{10}$, $4f^{14}$

19. 수소원자의 스펙트럼 종류

전자의 전이	n=1	n=2	n=3	n=4
스펙트럼의 계열	라이먼	발머	파센	브래킷
파 장	자외선	가시광선	적외선	원적외선

20. 선 스펙트럼

① 하나 또는 몇 개의 특정한 파장만 포함하는 **빛의 스펙트럼**
② 분광기나 프리즘을 통해서 볼 때 하나 또는 몇 개의 선으로 보인다.

분광기(monochromator)
물질이 방출 또는 흡수하는 빛의 스펙트럼을 계측하는 장치
• 분광기로 관찰하였을 때 백열된 고체상태의 기체나 액체를 거쳐 나온 빛의 경우에 선 스팩트럼이 나타난다.

21. 훈트의 법칙

같은 에너지 준위에 있는 **오비탈**이 여러 개가 있고, 여기에 여러 개의 전자가 들어갈 때는 모든 **오비탈이 분산**되어 들어가려고 한다.

> **오비탈**(orbital)
> 원자, 분자, 결정 속의 전자나 원자핵 속의 핵자 따위의 상태를 양자 역학을 이용하여 공간적인 퍼짐으로 나타낸 것

22. 부대전자

원자나 분자의 오비탈에 1개의 전자가 들어 있을 때의 전자
2p오비탈에 4개의 전자가 있으면 전자배치는 $1S^2$, $2S^2$, $2P^4$이므로

최외각 전자수=6, 부대 전자수=2개

23. 불활성기체의 전자배열

원소	원자번호	K	L	M	N	O	최외각 전자
He(헬륨)	2	2					2
Ne(네온)	10	2	8				8
Ar(아르곤)	18	2	8	8			8
Kr(크립톤)	36	2	8	18	8		8
Xe(크세논)	54	2	8	18	18	8	8

24. 결합 에너지

① 분자의 결합을 끊어 **구성입자로 분리**하는 데 필요한 에너지
② 결합의 **극성이 클수록** 결합에너지가 크다.
③ **전기음성도** 차이가 클수록 결합에너지가 크다.
④ 결합에너지의 값의 크기순서 : **삼중결합 > 이중결합 > 단일결합**

종류	수소(H_2)	질소(N_2)	산소(O_2)	플루오린(F_2)
결합상태	단일결합	삼중결합	이중결합	단일결합

25. 결합각

① 세 개의 원자나 이온이 결합하면서 이루는 각
② 결합각은 원자가전자 오비탈과 밀접한 관계가 있다.
③ 물의 경우에는 **결합각**이 104°30'이다.

26. 동소체

같은 원소로 구성되어 있으나 **성질이 다른 단체**

원소	동 소 체
산소	산소와 오존
탄소	다이아몬드, 흑연, 숯
황	사방황, 단사황, 고무상황
인	적린(붉은인), 황린(노란인)

- 동소체가 성질이 다른 이유 : **원자배열상태**가 다르기 때문이다.
- 동소체의 증명 : 연소 시 **같은 물질이 생성**되면 동소체이다.

27. 분자의 종류

① 단원자 분자 : **한 개의 원자로 이루어진 분자**(18족 원소)

He(헬륨), Ne(네온), Ar(아르곤), Kr(크립톤) Xe(크세논), Rn(라돈)

② 이(2)원자분자 : 두 개의 원자로 이루어진 분자

HCl(염산), NaCl(염화나트륨), N_2(질소), O_2(산소), H_2(수소), 등

③ 다원자분자 : 3개 이상의 원자로 이루어진 분자

CO_2(탄산가스), CH_4(메탄), H_2O(물), NH_3(암모니아), O_3(오존)등

28. 화학식

① 실험식 : 분자 속에 포함된 원자의 종류와 그 수를 **가장 간단한 비**로 표시한 식

구 분	아세틸렌	벤젠	물
분자식	C_2H_2	C_6H_6	H_2O
실험식	CH	CH	H_2O

② 분자식 : 한 분자 속에 들어 있는 **원자의 종류**와 그 수로 나타낸 것.

구 분	에탄올	다이메틸에터
시성식	C_2H_5OH	CH_3OCH_3
분자식	C_2H_6O	C_2H_6O

③ 시성식 : 분자 속에 들어 있는 **기(Radical)의 결합 상태**를 나타낸 식

구 분	에탄올	다이메틸에터
분자식	C_2H_6O	C_2H_6O
시성식	C_2H_5OH	CH_3OCH_3

④ 구조식 : 분자를 구성하고 있는 원자의 결합상태를 원자가와 같은 수의 **결합선으로 나타낸** 것

29. 분자량 측정방법

① 기체의 확산속도에 의한 분자량의 측정(그레이엄의 법칙)

두 가지 기체가 퍼지는 **확산속도**는 그 기체의 **밀도(분자량)의 제곱근에 반비례** 한다.

$$\frac{U_1}{U_2} = \sqrt{\frac{M_2}{M_1}} = \sqrt{\frac{d_2}{d_1}}$$

여기서, U_1 : 기체1의 확산속도　　U_2 : 기체2의 확산속도
　　　　M_1 : 기체1의 분자량　　　M_2 : 기체2의 분자량
　　　　d_1 : 기체1의 밀도　　　　d_2 : 기체2의 밀도

- 기체의 확산속도는 분자량이 작을수록 빠르다.

② 증기밀도(g/l) [0℃, 1기압상태]계산공식

$$증기밀도\ \rho = \frac{분자량(g)}{22.4L}$$

- 분자량이 크면 증기밀도 및 **증기비중이 크다.**

㉠ 산소(O_2)　　$\rho = \dfrac{32g}{22.4L} = 1.43g/L$　　㉡ 질소(N_2)　$\rho = \dfrac{28g}{22.4L} = 1.25g/L$

㉢ 이산화탄소(CO_2)　$\rho = \dfrac{44g}{22.4L} = 1.96g/L$　㉣ 수소(H_2)　$\rho = \dfrac{2g}{22.4L} = 0.09g/L$

③ 삼투압에 관한 반트-호프(Vant-Hoff)의 법칙

비전해질의 묽은 수용액의 **삼투압**은 용액의 농도(몰농도)와 **절대온도에 비례**하며 용매나 용질의 종류와는 관계없다.

- 삼투압 계산공식

$$PV = \frac{W}{M}RT = nRT$$

여기서, P : 삼투압(atm), V : 부피(L), W : 비전해질 무게(g), M : 분자량
　　　　R : 기체상수(0.082atm · L/mol · K), T : 절대온도(273 + t℃)K

30. 보일의 법칙

$$T(온도) = 일정 \qquad P_1 V_1 = P_2 V_2$$

온도가 일정할 때 일정량의 기체가 차지하는 부피는 **절대압력에 반비례**한다.

31. 샤를의 법칙

$$P(압력) = 일정 \qquad \frac{V_1}{T_1} = \frac{V_2}{T_2}$$

압력이 일정할 때 일정량의 기체가 차지하는 부피는 **절대온도에 비례**한다.

32. 보일-샤를의 법칙

$$\frac{P_1 V_1}{T_1} = \frac{P_2 V_2}{T_2}$$

일정량의 기체가 차지하는 **부피**는 **절대압력**에 **반비례**하고 **절대온도**에 **비례**한다.

[보일의 법칙]　　[샤를의 법칙]　　[보일-샤를의 법칙]

33. 돌턴의 부분압력의 법칙

한 기체에 다른 기체를 섞어도 각 기체는 다른 기체가 없을 때와 똑같이 행동한다. 이 때 **혼합기체의 전압력**은 각각의 성분기체가 단독으로 같은 부피를 차지할 때의 압력 즉 **부분압력의 총합과 같다.**

34. 이상기체 상태방정식

$$PV = \frac{W}{M}RT = nRT$$

여기서, P : 압력(atm), V : 부피(m^3), W : 무게(kg), M : 분자량
R : 기체상수(0.082atm · m^3/kmol · K), T : 절대온도(273+t℃)K

❶ **이상기체(Ideal gas) 또는 완전기체(perfect gas)**
실제로는 존재할 수 없는 기체이며 분자 상호간의 인력도 무시되고 분자가 차지하는 부피도 무시되는 즉 완전탄성체로 가정한 기체

❷ **이상기체 또는 완전기체의 성질**
   ㉠ 보일-샤를의 법칙을 만족
   ㉡ 아보가드로의 법칙을 따른다.
   ㉢ 분자 상호간의 인력 및 분자가 차지하는 부피는 무시
   ㉣ 내부에너지는 체적과 무관하고 오직 온도에 의하여 결정
   ㉤ 비열비(정압비열(C_p)/정적비열(C_v))는 온도와 무관하며 일정.
   ㉥ 분자간의 충돌은 완전탄성체로 이루어진다.
• 실제기체가 이상기체에 가까우려면 : 온도가 높고 압력이 낮은 경우

35. 아보가드로의 법칙

모든 기체 1g 분자(1Mol)는 표준상태(0℃, 1기압)에서 22.4l의 부피를 차지하며 이 속에는 6.02×10^{23}개의 분자가 들어 있다.

아보가드로의 법칙에서 기체의 분자수가 같기 위한 조건
❶ 압력   ❷ 온도   ❸ 부피

36. 이온결합

양이온과 음이온의 정전기적 인력에 의한 화학결합
① 대체로 가전자가 3 이하인 **금속원소**와 **비금속원소**의 결합이다.
② 이온결합 화합물은 분자가 아니라 **결정격자**로 되어있다.
③ **비등점**(끓는점)과 **융점**(녹는점)이 **높다**.
④ 결정일 때에는 전기를 안통하나 수용액상태에서는 **전기전도성**을 갖는다.
⑤ 극성용매에 잘 녹는다.
  ㉠ 이온성 물질 : 전해질(전기를 통하는 물질)
  ㉡ 공유 결합 : 비전해질(전기를 통하지 못하는 물질)

이온결합 물질의 예
❶ $CuSO_4$(황산구리)   ❷ $NaCl$(염화나트륨=소금)   ❸ $NaNO_3$(질산나트륨)
❹ Na_2SO_4(황산나트륨)   ❺ $CaCO_3$(탄산칼슘)   ❻ Al_2O_3(산화알루미늄)

비등점(비점) 상승도의 변화추이
❶ 비전해질이 전해질보다 작다.
❷ 몰수가 클수록 크다.
❸ 전리된 이온수가 많을수록 크다.

37. 배위결합

최외각에 공유되지 않은 전자쌍(비공유전자쌍)을 가진 원자나 분자가 안정한 전자 배열을 취하기 위하여 전자쌍을 필요로 하는 원자 또는 이온과 공유하는 화학결합을 말하며 **금속의 착이온**은 모두 배위결합이다.
NH_4Cl(염화암모늄) : 한 분자 내에 배위결합과 이온결합을 동시에 가지고 있다.

38. 수소결합

분자 속의 원자와 원자 사이의 결합이 아니라 수소원자와 **전기음성도**가 큰 플루오린(F), 산소(O), 질소(N)로 된 분자 HF, H_2O, NH_3, 또는 이들 원자가 결합하여 이루어진 원자단을 가진 화합물에서의 분자와 분자 사이의 결합을 말한다.

① 비등점(끓는점)이 높다. ② 증발열이 크다.
③ 비열이 크다. ④ 표면장력이 크다.

 결합력의 세기
원자성 결정 > 이온성 결정 > 금속성 결정

39. 마르코브니코프의 법칙(Markovnikov's rule)

비대칭 탄소-탄소의 이중결합·삼중결합에 할로젠화수소·황산·메르캅탄·사이안화수소·산성아황산나트륨 등이 첨가될 때 보다 많은 수소가 결합한 탄소에 **수소가 첨가**되고, 수소의 결합이 적은 쪽의 탄소에 **할로젠이 첨가**된다는 법칙이다.

40. 쌍극자(극성분자)

분자 속에 (+)와 (-)전기의 중심점이 다른 분자
① 쌍극자(극성분자) : HF, HCl, HBr, H_2O, NH_3
② 비쌍극자(비극성분자) : H_2, O_2, CO_2

41. 산, 염기

① 브뢴스테드의 학설
  - 산 : 두 가지 물질이 화합하는 경우 **양성자(H^+)를 방출**하는 것
  - 염기 : 두 가지 물질이 화합하는 경우 **양성자(H^+)를 받는** 것
② 루이스의 학설
  BF_3(삼플루오린화붕소)+NH_3(암모니아) → BF_3NH_3(플루오린화붕화암모늄)
  - 염기 : **비공유 전자쌍**을 가진 분자나 이온(NH_3)
  - 산 : **비공유 전자쌍**을 가진 분자나 이온을 받아들이는 것(BF_3)
③ 산, 염기의 개념정리

정의	산	염기
아레니우스	H^+를 포함한다.	OH^-을 포함한다.
브뢴스테드, 로우리	H^+ 이온을 낸다.	H^+ 이온을 받는다.
루이스	전자쌍을 받는다.	전자쌍을 준다.

산	염기
• 푸른 리트머스 종이 → 붉게	• 붉은 리트머스 종이 → 푸르게 • 페놀프탈레인 용액을 붉게 한다.
• 신맛, 전기를 잘 통한다.	• 쓴맛, 전기를 잘 통한다.
• 염기와 작용하여 염과 물을 생성	• 산과 작용하여 염과 물을 생성
• 아연(Zn), 철(Fe) 등과 같은 금속을 넣으면 수소(H_2)가 발생	• 알칼리성이 강한 용액은 피부를 부식한다.

42. 강산과 약산

① 강산 : 전리도가 큰 산(염산(HCl), 질산(HNO_3), 황산(H_2SO_4))
② 약산 : 전리도가 작은 산(초산(CH_3COOH), 탄산(H_2CO_3), 황화수소(H_2S))
• 산소산 중 산의 세기
  차아염소산(HClO) < 아염소산($HClO_2$) < 염소산($HClO_3$) < 과염소산($HClO_4$)

43. 산화물의 분류

구분	산성산화물	염기성산화물	양쪽성산화물
정의	• 물과 반응 산을 생성 • 염기와 작용 염과 물 생성 • 일반적으로 비금속 산화물	• 물과 반응 염기를 생성 • 산과 작용 염과 물 생성 • 일반적으로 금속 산화물	• 산, 염기와 작용 물과 염을 생성
보기	CO_2, SO_2, SiO_2, NO_2, P_2O_5	Na_2O, CuO, CaO, Fe_2O_3	Al_2O_3, ZnO, SnO, PbO

물에 녹아 산성을 나타내는 산성산화물(비금속산화물)
❶ CO_2(이산화탄소) ❷ SO_2(이산화황=아황산) ❸ SO_3(삼산화황)
❹ NO_2(이산화질소) ❺ P_2O_5(오산화인)

44. 염(Salt)의 정의

① 산의 수소원자가 금속이나 양성원자단(NH_4^+)으로 치환된 화합물
② 염기의 하이드록시기(OH)가 산기로 치환된 화합물
③ 금속(양성원자단)과 산기(음이온)의 화합물
• 산성염 : 이염기산 이상의 다염기산에서 수소 원자의 일부만 금속과 치환된 염

45. 착이온과 착염

① 착이온 : 이온과 이온 또는 이온과 분자가 결합하여 생성된 성질이 전혀 다른 새로운 이온
  착염을 만드는 전이원소 : Ag(은), Cu(구리), Fe(철), Ni(니켈), Co(코발트), Zn(아연), Pt(백금)
② 착염 : 착이온을 포함하는 염

  ㉠ $K_4[Fe(CN)_6]$ ㉡ $Cu(NH_3)_4(OH)_2$
  ㉢ $Zn(NH_3)_4(OH)$ ㉣ $KAg(CN)_2$

• 알루미늄(Al^{+3}) : 착염을 만들지 못한다.

리간드(ligand)
❶ 착물(錯物) 속에서 중심원자에 결합되어 있는 이온 또는 분자의 총칭이다.
❷ 배위자(配位子)라고도 한다.
  • 착이온의 리간드(배위자) : ㉠ CN^- ㉡ NH_3 ㉢ Cl^- ㉣ $NH_2CH_2COO^-$

46. 수소이온지수(pH)

① 수소이온농도

- $pH = \log \dfrac{1}{[H^+]} = -\log[H^+]$
- $pOH = -\log[OH^-]$
- $pH = 14 - pOH$

② 수소 이온농도 또는 수산 이온농도와 pH 관계

HCl 용액			NaOH 용액		
규정농도(N)	$[H^+]$ g 이온/l	pH	규정농도(N)	$[OH^-]$ g 이온/l	pH
0.1	10^{-1}	1	0.1	10^{-1}	13
0.01	10^{-2}	2	0.01	10^{-2}	12
0.001	10^{-3}	3	0.001	10^{-3}	11
0.0001	10^{-4}	4	0.0001	10^{-4}	10

③ 이온적

- $[H^+][OH^-] = 10^{-14}(g이온/L)^2 \cdots\cdots (25℃)$
- $[H^+] = [OH^-]$ • $[H^+] = 10^{-7} g이온/L = [OH^-]$

④ 지시약

pH를 측정하거나 산과 염기의 중화 적정 시 종말점(end point)을 알아내기 위하여 용액의 액성을 나타내는 시약

지시약	변 색	
	산성색	염기성색
메틸오렌지	빨강	노랑
메틸레드	빨강	노랑
페놀프탈레인	무색	빨강
리트머스	빨강	파랑

47. 완충용액(buffer solution)

① 외부로부터 어느 정도의 산이나 염기를 가했을 때, 영향을 크게 받지 않고 **수소이온농도를 일정하게 유지하는 용액**
② 약한 산과 그 염의 혼합용액 또는 약한 염기와 그 염의 혼합용액이 완충작용을 한다.

완충용액의 예
❶ 약산(CH_3COOH) + 약산의 염(CH_3COONa)
❷ 약염기(NH_4OH) + 약염기의 염(NH_4Cl)

48. 중화반응

$$중화적정 \quad N_1 V_1 = N_2 V_2$$

여기서, N : 노르말농도, V : 부피

$$중화적정 \quad N_1 V_1 M_1 - N_2 V_2 M_2 = NV$$

여기서, N : 노르말농도, M : 원자가, V : 부피

49. 용해도

① 용매(녹이는 물질) 100g에 용해하는 용질(녹는 물질)의 최대량을 g수로 표시 한 것
② 용해도 = $\dfrac{용질의\ g수}{용매의\ g수} \times 100$ (용해도는 단위가 없는 무차원이다)
③ • 용매 : 녹이는 물질   • 용질 : 녹는 물질   • 용액 : 용매+용질

50. 용해도적(용해도곱)(solubility product)

물에 녹기 어려운 염 MA를 물에 녹이면 극히 일부분만 녹아 포화용액이 되고 나머지는 침전된다.
이때 녹은 부분은 전부 전리되어 M^+와 A^-로 전리된다.

• MA(고체) $\leftrightarrow M^+ + A^-$ • ksp(용해도적) = $[M^+][A^-]$

51. 용액의 농도

① 중량 퍼센트(%)농도 [%로 표시]
  용액 100g속에 포함된 용질의 g수로 표시한 농도
② 몰농도(molar concentration) [M으로 표시]
  • 용액 1L 속에 포함된 용질의 몰(mol)수로 표시한 농도
  • mol/L 또는 M으로 표시

$$M(몰농도) = \dfrac{용질의\ 무게(g)}{용질의\ 분자량(g)} \times \dfrac{1{,}000}{용액의부피(ml)}$$

③ 규정농도(normal concentration)[N으로 표시]
  용액 1L 속에 포함된 용질의 g 당량수로 표시한 농도
  ㉠ 당량 : 수소 1량(무게) 또는 산소8량(무게)과 결합 또는 치환하는 양
  ㉡ g당량 : **수소 1.008g(11.2L)** 또는 **산소 8g(5.6L)**과 결합 또는 치환하는 양
  ㉢ 당량 = $\dfrac{원자량}{원자가}$

$$N \text{ 농도} = \frac{\text{용질의 무게(g)}}{\text{용질의 g당량}} \times \frac{1{,}000}{\text{용액의 부피(ml)}}$$

④ N(규정농도)와 %농도의 관계공식

$$N = \frac{10 \times S \times C}{\text{당량}}$$

여기서, N : 규정농도, S : 비중, C : %농도

⑤ 몰랄농도(molality)

용매 1kg(1000g)에 녹아 있는 용질의 몰수로 나타낸 농도(mol/kg)

$$\text{몰랄농도} = \frac{\text{용질의 몰수}}{\text{용매의 질량(kg)}}$$

52. 헨리(Henry)의 법칙

① 일정한 온도에서 산소나 질소 같이 **물에 녹기 어려운 기체**의 용해도는 그 기체의 압력에 정비례한다.
② 일정한 온도에서 용매에 녹는 **기체의 용해도는 압력에 비례**하고 기체의 부피는 그 기체의 압력에 관계없이 일정하다.

탄산음료수의 마개를 뽑으면 거품이 오르는 이유
❶ 기체의 액체에 대한 용해도는 온도가 낮을수록 압력이 높을수록 증가한다.
❷ 탄산음료수의 병마개를 뽑으면 용기 내부압력이 줄어들면 용해도가 줄기 때문이다.

기체의 용해도
❶ 온도가 상승 시 용해도 감소   ❷ 압력상승 시 용해도 증가

• 헨리의 법칙이 잘 적용되는 기체(액체에 대한 용해도가 작은 기체)
　❶ N_2(질소)　　❷ O_2(산소)　　❸ CO_2(이산화탄소)
• 헨리의 법칙에 잘 적용되지 않는 기체(액체에 대한 용해도가 큰 기체)
　❶ 염화수소(HCl)　❷ 암모니아(NH_3)　❸ 황화수소(H_2S)
　❹ 일산화탄소(CO)　❺ 플루오린화수소(HF)

53. 라울의 법칙(빙점 강하도)

$$\Delta T_f = K_f \cdot m = K_f \times \frac{a}{W} \times \frac{1000}{M} \quad M = K_f \times \frac{a}{W \Delta T_f} \times 1000$$

여기서, K_f : 몰랄내림상수(분자강하)(물의 $K_f = 1.86$)　　m : 몰랄농도　M : 분자량
　　　　a : 용질(녹는 물질)의 무게　　W : 용매(녹이는 물질)의 무게　　ΔT_f : 어는점내림

- 용액에 비전해질(설탕), 비휘발성 물질을 넣으면 물의 끓는점 오름현상이 나타난다.

54. 산화와 환원의 비교

구분	산화	환원
산소와의 관계	산소와 결합하는 것	산소를 잃는 것
수소와의 관계	수소를 잃는 것	수소와 결합하는 것
전자와의 관계	전자를 잃는 것	전자를 얻는 것
산화수와의 관계	산화수가 증가할 때	산화수가 감소할 때

55. 산화수를 정하는 법

① 단체 중의 원자의 산화수는 0 이다(단체분자는 중성)
　[보기 : H_2^0, Fe^0, Mg^0, O_2^0, O_3^0,]
② 화합물에서 산소의 산화수는 -2, 수소의 산화수는 $+1$이 보통이다 (단, 과산화물에서 O의 산화수는 -1)
　[보기 : CH_4에서 C^{-4}, CO_2에서 C^{+4}]
③ 화합물에서 구성 원자의 산화수의 총합은 0 이다(분자는 중성이므로)
④ 이온의 가수(價數)는 그 이온의 산화수이다(• Ca=+2 • Na=+1 • K=+1 • Ba=+2)
　[보기 : Cu^{+2}에서 Cu $=+2$, MnO_4^-에서 Mn의 산화수는 $x - 2 \times 4 = -1$ ∴ $x = +7$
　따라서 Mn=+7

56. 산화제와 환원제

① 산화제 : 자신은 **환원되기 쉽고** 다른 물질을 **산화시키는** 성질이 강한 물질

산화제의 조건	해당 물질
• 산소를 내기 쉬운 물질	오존(O_3), 과산화수소(H_2O_2), 염소(Cl_2), 브로민(Br_2),
• 수소와 결합하기 쉬운 물질	질산(HNO_3), 황산(H_2SO_4),
• 전자를 얻기 쉬운 물질	과망가니즈산칼륨($KMnO_4$),
• 발생기 산소(O)를 내기 쉬운 물질	다이크로뮴산칼륨($K_2Cr_2O_7$)

② 환원제 : 자신은 산화되기 쉽고 다른 물질을 환원시키는 성질이 강한 물질

환원제가 될 수 있는 물질	해당 물질
• 수소를 내기 쉬운 물질	황화수소(H_2S), 이산화황 (SO_2), 수소(H_2),
• 산소와 화합하기 쉬운 물질	일산화탄소(CO), 옥살산($C_2H_2O_4$)
• 전자를 잃기 쉬운 물질	
• 발생기 수소(H)를 내기 쉬운 물질	

③ 산화제도 되고 환원제도 되는 물질
- SO_2(이산화황) - H_2O_2(과산화수소)

57. 전리도＝이온화도(α)

전해질을 물에 녹였을 때 전리되어 있는 양과 용질 전량에 대한 비율

전리도가 크게 되려면★
❶ 전해질의 농도를 묽게(연하게) 한다.
❷ 온도를 높게 한다.
❸ 전리도 $\alpha \leq 1$
❹ 전리도(α) = $\dfrac{\text{이온화된 용질의 몰수}}{\text{용질의 전 몰수}}$ = $\dfrac{\text{전리된 분자수}}{\text{전해질의 전 분자수}}$

58. 전해질과 비전해질

구 분	전해질	비전해질
정의	물 또는 다른 물질에 녹아서 전기를 통하는 물질	물 또는 다른 물질에 녹아서 전기를 통하지 못하는 물질
결합방식	대부분 이온결합물질	대부분 공유결합물질
보기	• 강전해질 ① 질산(HNO_3)　② 염산(HCl) ③ 황산(H_2SO_4)　④ 수산화칼륨(KOH) ⑤ 수산화나트륨(NaOH)　⑥ 모든 염 • 약전해질 ① 초산(CH_3COOH)　② 암모니아수(NH_4OH)	① 에탄올(C_2H_5OH) ② 포도당($C_6H_{12}O_6$) ③ 제4류 위험물(석유류)이 대부분 여기에 속한다.

59. 반응속도

화학반응의 속도는 그 순간에 있어서 반응하는 두 물질의 **농도(몰/L)의 곱에 비례**한다.

화학 반응속도에 영향을 미치는 요소
❶ 농도　❷ 온도　❸ 압력　❹ 촉매

60. 프리델-크라프츠 반응

사용되는 촉매 : 염화알루미늄($AlCl_3$)

프리델-크라프츠 반응
염화알루미늄($AlCl_3$)이나 무수물 따위의 촉매 작용으로 방향족 화합물을 알킬화 하거나 아실화(acyl化)하는 반응. 1877년에 프랑스의 화학자 프리델(Friedel, C.)과 미국의 화학자 크라프츠(Crafts, J.M.)가 발견하였다.

61. 헤스의 법칙

화학반응에서 발생 또는 흡수되는 열량은 그 반응전의 물질의 종류와 상태 및 반응 후의 물질의 종류와 상태가 결정되면 그 **도중의 경로에는 관계가 없다.**

62. 르샤틀리에의 법칙

평형이동에 관한법칙. 화학 평형에서 계(系)의 상태를 결정하는 변수인 **온도·압력·성분농도** 따위의 조건을 바꾸면, 그 계는 변화의 효과를 작게 하는 방향으로 반응이 이동되어 새로운 평형 상태에 도달한다.

$N_2 + 3H_2 \Leftrightarrow 2NH_3 + 24kcal$
- 평형을 오른쪽(→)으로 이동 시키려면
  ❶ N_2 농도 증가　❷ 압력 증가　❸ 온도 감소
- 평형을 왼쪽(←)으로 이동 시키려면
  ❶ N_2 농도 감소　❷ 압력 감소　❸ 온도 증가

- 위의 반응식에서 평형을 오른쪽(→)으로 이동 시키려면
① 농도에 의한 평형이동 : N_2 농도 증가(N_2가 감소하는 방향(→)으로 진행)
② 압력에 의한 평형이동 : 압력을 증가 (압력을 증가 시키면 감소하는 방향(→)으로 진행)
　※ 압력을 증가시키면 압력이 감소하는 방향 즉 몰수가 감소하는 방향 (→)으로 진행
③ 온도에 의한 평형이동 : 온도를 감소시키면 (온도가 증가 되는 방향(→)으로 진행)

63. 평형상수(K)

반응물질과 생성물질의 농도의 비

$$kA + lB \leftrightarrow mC + nD$$
$$\frac{[C]^m[D]^n}{[A]^k[B]^l} = K$$

64. 아레니우스

반응속도와 온도와의 정량적인 관계를 실험적으로 확립
① **정촉매** : 화학반응을 빠르게 하는 것
② **부촉매** : 화학반응(산화반응)을 느리게 하는 것

65. 건조제의 종류

물질에서 물분자를 제거하는 능력이 있는 물질

산성 건조제	염기성 건조제
H_2SO_4(황산)	NaOH(수산화나트륨)
P_2O_5(오산화인)	CaO(산화칼슘)

66. 납(연)축전지의 충전 및 방전 시 반응생성물

구 분	양극(P)	음극(N)
충전 시	과산화납(PbO_2)	Pb
방전 시	황산납($PbSO_4$)	황산납($PbSO_4$)

납축전지의 충·방전 화학 반응식

$$PbO_2 + 2H_2SO_4 + Pb \underset{충전}{\overset{방전}{\rightleftarrows}} PbSO_4 + 2H_2O + PbSO_4$$
(+)　　(전해액)　　(−)　　　　　　(+)　　(물)　　(−)
(과산화납)　　　　　(납)　　　　(황산납)　　　　(황산납)

- 납＝연＝Lead　　• 과산화납＝이산화납

67. 볼타전지

① 전자는 Zn판에서 Cu판으로 이동
② 전류는 Cu판에서 Zn판으로 흐른다.
③ Zn판에서는 산화, Cu판에서는 환원이 일어난다.
④ 소극제(감극제)는 이산화망가니즈(MnO_2)을 사용한다.

볼타전지(volta cell)
구리와 아연을 묽은 황산에 넣고 도선으로 연결한 가장 간단 한 전지
(−) Zn | H_2SO_4 | Cu (+)

68. 소금의 전기분해

$$2NaCl+2H_2O \rightarrow Cl_2\uparrow(+극)+2NaOH(-극)+H_2\uparrow(-극)$$
(소금)　(물)　　(염소)　　　　(수산화나트륨)　　(수소)

69. 패러데이(Faraday)의 법칙

① 제1법칙
　같은 물질에 대하여 **전기분해**로써 전극에서 일어나는 물질의양은 통한 **전기량에 비례**한다.
② 제2법칙
　일정한 전기량에 의하여 일어나는 **화학변화의 양**은 그 물질의 **화학 당량에 비례**한다.
　㉠ 1F(패럿)의 전기량으로 물질 1g-당량이 석출된다.
　㉡ 1F(패럿)＝전자 6.02×10^{23}개의 전기량
　㉢ 1F(패럿)＝96500C(쿠울롬)

③ 1F(96500C)으로 변화하는 물질의 양

전기량	물 질	석출되는 물질	석출되는 무게	표준상태의 부피	원자수
1F (96500C)	수소	H_2	1.008g	11.2L	6.02×10^{23}개
1F (96500C)	산소	O_2	8g	5.6L	$\frac{1}{2} \times 6.02 \times 10^{23}$개
1F (96500C)	황산구리 ($CuSO_4$)	Cu	$\frac{63.5}{2}$g		$\frac{1}{2} \times 6.02 \times 10^{23}$개
1F (96500C)	질산은 ($AgNO_3$)	Ag	108g		6.02×10^{23}개

70. 표준전극전위

25℃에 있어서 금속이온을 포함한 농도 1몰/L의 용액에 담글 때 이들 사이에 생기는 전위차
- 금속의 표준전극전위

  (크다) Li -K-Ca-Na-Mg-Al-Zn-Fe-Ni-Sn-Pb-H-Cu-Hg-Ag-Pt-Au (작다)

1-2 비금속원소 및 금속원소와 화합물

1. 주기율표의 성질

① 같은 족의 원소는 서로 **비슷한 화학적 성질**을 갖는다.
② 주기에서 18족이 이온화 에너지는 가장 크다.
③ 같은 족에서 원자번호가 **클수록 금속성**이 강하다.
④ 같은 족에서 원자번호가 **클수록 원자반지름**이 길어진다.

2. 주기율표의 같은 족에서 아래로 갈수록 나타나는 성질

① 원자번호증가 ② 원자량 증가 ③ 오비탈의 총수 증가
가전자(최외각 전자)의 수는 같은 주기에서 오른쪽으로 갈수록 증가한다.

3. 같은 족에서는 원자번호가 클수록 반응성이 크다

1A족 원소
Li(리튬 : 3번), Na(나트륨 : 11번), K(칼륨 : 19번), Rb(루비듐 : 37번), Cs(세슘 : 55번)

4. 주기율표의 주기적인 성질

항목 \ 구분	같은 주기에서 원자번호가 증가할수록 (왼쪽에서 오른쪽으로(→)갈수록)
• 이온화에너지 • 전기음성도 • 비금속성	증가한다.
• 이온반지름 • 원자 반지름	작아진다.

5. 원소의 이온화에너지

① 같은 주기에서는 원자번호가 증가함에 따라 **이온화 에너지는 증가**한다.
② 같은 족에서는 원자번호가 감소함에 따라 **이온화 에너지는 증가**한다.
③ **이온화 에너지**는 만들어지는 **이온의 반지름이 클수록 작다**.
④ **전기 음성도**가 클수록 이온화 에너지는 크다.
⑤ 가전자와 양성자간의 인력이 클수록 이온화 에너지는 크다.
⑥ 최외각 전자와 원자핵 간의 거리가 가까울수록 이온화 에너지는 크다.

이온화 에너지
원자에서 전자를 하나 떼어낼 때 필요한 에너지

6. 산소족(16족)원소

O(산소), S(황), Se(셀렌), Te(텔루트), Po(폴로늄)

7. 1차 이온화 에너지

① 금속성이 클수록 이온화 에너지는 작다.
② 원자의 반지름이 클수록 **이온화 에너지는 작다**.
③ Cl 및 P은 비금속이고 K는 Li보다 금속성이 강하다.
④ ∴ K는 Li보다 금속성이 강하므로 이온화 에너지가 작다.

8. 이산화규소(silicon dioxide)SiO_2

① 수정, 석영, 모래의 주성분이며 실리카라고도 한다.
② **공유결합**을 하고 있다.
③ 3차원 그물구조로 육각기둥 모양을 하고 있다.
④ 수산화나트륨과 작용시키면 물유리의 원료인 규산나트륨을 만든다.

9. 규산나트륨

① 규산소다라고도 한다.
② 무수물은 석영과 탄산나트륨의 혼합물을 1,000℃로 가열 융해하여 고체화(固體化)시켜서 만든다.
③ 메타규산나트륨은 물에 잘 녹으며, 수용액은 가수분해하여 알칼리성이 된다.
$$2Na_2SiO_3 + H_2O \rightarrow Na_2Si_2O_5 + 2NaOH$$
④ 규산나트륨의 진한 수용액을 **물유리**라 하며, 조성은 일정하지 않다.

10. 솔베이법(암모니아-소다법)

① 암모니아 소다법

$$NaCl + NH_3 + CO_2 + H_2O \rightarrow NaHCO_3 + NH_4Cl$$
(소금) (암모니아) (이산화탄소) (물) (탄산수소나트륨) (염화암모늄)

② 식염 NaCl과 석회석 ($CaCO_3$)을 원료로 하여 탄산나트륨 (Na_2CO_3)을 만드는 공업적 방법

$$2NaCl + CaCO_3 \rightarrow Na_2CO_3 + CaCl_2$$
(염화나트륨) (탄산칼슘) (탄산나트륨) (염화칼슘)

솔베이(1838.4.16~1922.5.26)
벨기에의 공업화학자로서 브뤼셀 근교의 레베퀴로농 출생이다. 소금공장 주인의 아들로 태어나, 지방학교를 졸업한 뒤 아버지 일을 도왔다.
그 후 아저씨가 경영하는 가스공장에서 일하다가 가스가 섞인 물에서 암모니아를 채취하고, 이것을 이용하는 방법을 연구하기 시작하였다. 이 연구 결과, 많은 선구자들의 실패를 거울삼아, 암모니아와 이산화탄소를 소금에 작용시키는 암모니아 소다법(솔베이법)을 1863년에 발견하였다. 이 방법을 이용한 그의 소다공장은 세계 최대의 독점기업으로 성장하였고, 19세기 말에 이르러 소다 생산방법은 르블랑법에서 솔베이법으로 전환되었다. 그는 기업의 이익금으로, 생리학, 물리학, 교육학 등의 발전을 위하여 1894년 브뤼셀에 생리학, 사회학 연구소를 설립함으로써 자선사업가, 박애주의자, 연구조직자로도 널리 알려지게 되었다.

11. 구리와 묽은 질산의 반응식

$$3Cu + 8HNO_3 \rightarrow 3Cu(NO_3)_2 + 2NO\uparrow + H_2O$$
(구리) (질산) (질산구리) (일산화질소) (물)

12. 황산의 제조

산화질소법(연실법) 또는 접촉법

$$2SO_2 + O_2 + 2H_2O \rightarrow 2H_2SO_4$$
(이산화황) (산소) (물) (황산)

13. 석회수(Ca(OH)$_2$)

① 이산화탄소(CO$_2$)와 반응식

$$Ca(OH)_2 + CO_2 \rightarrow CaCO_3 \downarrow + H_2O$$
(석회수)　(이산화탄소)　　(탄산칼슘)　　(물)

② 일산화탄소와는 반응하지 않는다.

14. 질산카드뮴(Cd(NO$_3$)$_2$)

황화수소(H$_2$S)를 통과시키면 **노란색침전**(CdS)인 황화카드뮴과 질산이 생성된다.

$$Cd(NO_3)_2 + H_2S \rightarrow CdS + 2HNO_3$$
(질산카드뮴)　(황화수소)　(황화카드뮴)　(질산)

15. 네슬러 시약

NH$_4^+$(암모늄이온)이 물속에 포함되어 있을 때 네슬러 시약을 가하면 노란색이 되고 암모니아나 암모늄이온이 많을 때에는 적갈색이 된다. 그러므로 암모니아나 **암모늄이온 검출** 시 사용된다.

16. 알칼리금속(1족)

① 리튬(Li), 나트륨(Na), 칼륨(K), 루비듐(Rb), 세슘(Cs), 프란슘(Fr)
② 반응성의 크기순서 : Cs > Rb > K > Na > Li
③ 가전자가 1개이므로 1가의 화합물을 만든다.
④ 산화되면 가전자를 잃어 비활성기체(18족)와 같은 전자배치가 된다.
⑤ 물과 격렬히 반응하여 **수소기체를 발생**한다.

알칼리 금속의 특징
❶ 끓는점, 녹는점이 낮다.　　❷ 원자반지름이 크다.
❸ 밀도가 작다.　　❹ 수용액 상태에서 염기성을 나타낸다.
❺ 산소와 반응해서 산화물을 만든다.　❻ 할로젠과 반응하여 할로젠화물을 만든다.
❼ 알칼리 금속은 불꽃반응을 잘 한다.　❽ 알칼리 금속은 물과 폭발적으로 반응을 한다.
❾ 무르다.

17. 전이금속의 공통적인 특성

① B족 금속원소로 활성이 작다.
② 두 종류 이상의 이온 원자가를 갖는다.
③ **착염** 및 색이 있는 화합물을 잘 만든다.

④ 공업적으로 촉매로 많이 사용한다.

전이원소(천이원소, transition elements)
셀렌, 티탄, 바나듐, 크로뮴, 망가니즈, 철, 코발트, 니켈, 구리, 아연

18. 금속의 이온화 경향 서열 ^(필수암기)★★★★★★

K-Ca-Na-Mg-Al-Zn-Fe-Ni-Sn-Pb-(H)-Cu-Hg-Ag-Pt-Au
카-카- 나- 마- 알-아 - 철-니-주 - 납 - 수 - 구-수 - 은 - 백-금

제3주기 원소
❶ Na(나트륨) ❷ Mg(마그네슘) ❸ Al(알루미늄) ❹ Si(규소)
❺ P(인) ❻ S(황) ❼ Cl(염소) ❽ Ar(아르곤)

19. 전기음성도

중성원자가 전자를 잡아당기는 경향의 대소를 표시하는 척도
(크다)F-O-N-Cl-Br-C-S-I-H-P (작다)
• **쉬운 암기법** : 폰(FON)클(Cl)브로민(Br)씨쉽(CSHIP)

20. 아말감

수은은 다른 많은 종류의 금속과 합금을 만들며 **수은의 합금**을 아말감이라 한다.

수은과 합금을 만들지 못하는 금속
❶ 철(Fe) ❷ 백금(Pt) ❸ 망가니즈(Mn) ❹ 코발트(Co) ❺ 니켈(Ni)
(어두문자 암기법 : 철 망 코 / 백 니)

21. 불꽃반응 시 색상

구 분	칼륨(K)	나트륨(Na)	칼슘(Ca)	리튬(Li)	바륨(Ba)
불꽃 색상	보라색	노란색	주홍색	적 색	황록색

22. 양쪽성 원소

① 금속과 비금속의 성질을 모두 지니고 있다
② 산과 알칼리 어느 쪽과도 반응한다.

양쪽성 원소
Al(알루미늄), Zn(아연), Sn(주석), Pb(납), As(비소), Sb(안티몬)

23. 준금속 [準金屬, metalloid]

화학에서 화학원소를 분류할 때, 금속과 비금속의 중간적 성질을 보이는 원소
B(붕소), Si(규소), Ge(게르마늄), As(비소), Sb(안티몬), Te(텔루륨), Po(폴로늄)

1-3 유기화합물

1. 유기화합물의 일반적 성질

① 성분 원소는 주로 C H O 이다.
② 종류가 100만이상이나 된다.
③ **용융점**이 낮다.
④ 공기 중에서 **완전 연소** 시 CO_2와 H_2O가 생성 된다.
⑤ 대부분 **공유결합**이기 때문에 반응속도가 느리다.
⑥ 초산과 같은 전해질도 있으나 대부분 **비전해질**이다.

2. 이성질체(ISOMER)

같은 분자식을 가지나 **원자의 결합상태**가 달라서 다른 구조를 가지며 그 결과 성질이 서로 다른 화합물

구 분	에탄올	다이메틸에터
분자식	C_2H_6O	C_2H_6O
시성식	C_2H_5OH	CH_3OCH_3

3. 기하 이성질체

① 이중 결합의 부분에 결합하는 치환기의 배치의 차이에 따라 생기는 이성질체
② 이중 결합을 가지는 탄소 화합물(또는 착이온)에서는 흔히 시스(cis)형과 트랜스(trans)형의 두 가지 기하 이성질체를 갖는다.

기하 이성질체
❶ cis-다이클로로에틸렌과 trans- 다이클로로에틸렌)
❷ cis-2-부텐과 trans-2-부텐
❸ 말레산과 푸마르산

4. 관능기에 의한 분류

원자단의 명칭	원자단	화합물의 일반명	보 기
• 수산기(하이드록시기)	-OH	알코올, 페놀	메탄올, 에탄올, 페놀
• 알데하이드기	-CHO	알데하이드	포름알데하이드
• 카르보닐기(케톤기)	>CO	케톤	아세톤
• 카복실기	-COOH	카복실산	초산, 안식향산
• 아세틸기	$-COCH_3$	아세틸화합물	아세틸살리실산
• 슬폰산기	$-SO_3H$	슬폰산	벤젠슬폰산
• 나이트로기	$-NO_2$	나이트로화합물	트라이나이트로톨루엔, 트라이나이트로페놀
• 아미노기	$-NH_2$	아미노화합물	아닐린

5. 알킬기(C_nH_{2n+1})의 명칭

n의 개수	원자단의 명칭	원자단
1	메틸기	CH_3
2	에틸기	C_2H_5
3	프로필기	C_3H_7
4	부틸기	C_4H_9
5	펜틸기(아밀기)	C_5H_{11}

동족체
성질이 비슷하고 어떤 일반식으로 나타낼 수 있는 화합물의 계열
❶ 알칸계 탄화수소=메탄계 탄화수소=파라핀계 탄화수소의 일반식 : C_nH_{2n+2}
  ㉮ n=1~4 : 기체 ㉯ n=5~16 : 액체 ㉰ n=17 이상 : 고체
❷ 알킬기(alkyl radical) : C_nH_{2n+1}
❸ 사이클로파라핀계 탄화수소 : C_nH_{2n}

6. 은거울 반응

페엘링 용액을 환원하여 산화제1구리의 붉은 침전(Cu_2O)을 만들거나 암모니아성 질산은 용액을 환원하여 **은을 유리**시키는 것

$$R-CHO + 2Ag(NH_3)_2OH \rightarrow RCOOH + 2Ag + 4NH_3 + H_2O$$
(알데하이드기) (암모니아성 질산은) (카복실기) (은) (암모니아) (물)

• 은거울반응을 하는 물질 : 알데하이드(aldehyde) R-CHO
  ① 포름알데하이드 : HCHO ② 아세트알데하이드 : CH_3CHO

7. 포르마린(포름알데하이드)의 제조방법

$$CH_3OH \xrightarrow[\text{(산화)}]{+O} HCHO + H_2O$$
$$\text{(메틸알코올)} \qquad\qquad \text{(포르마린)} \quad \text{(물)}$$

8. 초산과 에틸알코올의 반응식

$$CH_3COOH + C_2H_5OH \rightarrow CH_3COOC_2H_5 + H_2O$$
$$\text{(초산)} \quad \text{(에틸알코올)} \qquad \text{(초산에틸)} \quad \text{(물)}$$

9. 알코올의 산화 시 생성물

① 1차 알코올 → 알데하이드 → 카복실산

$$C_2H_5OH \xrightarrow{CuO} CH_3CHO \xrightarrow{+O} CH_3COOH$$
$$\text{(에틸알코올)} \quad \text{(아세트알데하이드)} \quad \text{(초산)}$$

$$CH_3OH \xrightarrow[-H_2O]{+O} HCHO \xrightarrow{+O} HCOOH$$
$$\text{(메틸알코올)} \quad \text{(포름알데하이드)} \quad \text{(포름산)}$$

② 2차 알코올 → 케톤

$$CH_3-\underset{\underset{\text{OH}}{|}}{CH}-CH_3 \xrightarrow{+O} CH_3-CO-CH_3 + H_2O$$
$$\text{(아이소프로필 알코올)} \qquad\qquad \text{(아세톤)} \quad \text{(물)}$$

10. 아이오딘포름 반응

어떤 물질에 수산화칼륨(KOH)와 아이오딘(I_2)를 작용시키면 **노란색** 가루인 **아이오딘포름** (CHI_3)의 침전이 생기는 반응

$$C_2H_5OH \xrightarrow{KOH+I_2} CHI_3$$
$$\qquad\qquad\qquad \text{(아이오딘포름)}$$

- 아이오딘포름 반응하는 물질
  ① 에틸알코올 : C_2H_5OH
  ② 아세트알데하이드 : CH_3CHO
  ③ 아세톤 : CH_3COCH_3

11. 파이(π)결합(π-bond)

① 분자 내 서로 이웃하고 있는 원자의 각각의 전자 궤도의 중첩에 의한 화학결합
② 시그마 결합보다 결합력이 약하고, 에너지 준위가 높다.
③ 이중 결합, 삼중 결합을 하고 있는 원자는 1개의 시그마 결합과 파이 결합을 하고 있다.
- 아세톤 : 이중결합을 하고 있는 파이결합이다.

12. 에스터화 반응

에스터에 알코올, 산 또는 다른 에스터를 작용시켜서 에스터를 구성하는 **산기(酸基)**나 **알킬기**를 교환하는 반응
- 에스터화 반응의 예

$$CH_3COOH + C_2H_5OH \rightarrow CH_3COOC_2H_5 + H_2O$$
(아세트산=초산)　(에틸알코올)　(초산에틸)　(물)

13. 축합반응

에탄올에 진한황산 소량을 가하여 130℃로 가열하면 2분자에서 물 1분자가 탈수되어 **에터가 생성**된다. 이와 같이 2분자에서 간단한 물분자와 같은 것이 떨어지면서 **큰분자가 생기는 반응**

$$C_2H_5OH + C_2H_5OH \xrightarrow{H_2SO_4} C_2H_5OC_2H_5 + H_2O$$
(에틸알코올)　(에틸알코올)　(다이에틸에터)　(물)

 카니자로(Cannizzaro) 반응
알데하이드 + 알데하이드 → 알코올 + 카복실산

14. 첨가반응

이중 결합이나 **삼중 결합**이 있는 화합물에 다른 분자가 결합하여 하나의 화합물을 이루는 반응

15. 아세트알데하이드의 제조방법

$$CH_2CH_2 + 0.5O_2 \xrightarrow[PdCl_2(염화팔라듐)]{촉매} CH_3CHO$$
(에틸렌)　(산소)　　　　　　　　(아세트알데하이드)

아세트알데하이드(CH_3CHO) : 은거울 반응+아이오딘포름 반응+페엘링 용액 환원

16. 아세트산과 에틸알코올의 반응식

$$CH_3COOH + C_2H_5OH \xrightarrow{H_2SO_4} CH_3COOC_2H_5 + H_2O$$
(초산)　　　(에틸알코올)　　　　　　(초산에틸)　　(물)

17. 1차, 2차, 3차 알코올

① 1차 알코올 : 수산기가 붙어 있는 **탄소원자가 1개**의 탄소원자와 연결 된 것(수소는 생략)

```
C ─ C ─ C ─ OH
```

② 2차 알코올 : 수산기가 붙어 있는 **탄소원자가 2개**의 탄소원자와 연결 된 것(수소는 생략)

```
        C
        |
C ─ C ─ OH
```

③ 3차 알코올 : 수산기가 붙어 있는 **탄소원자가 3개**의 탄소원자와 연결 된 것(수소는 생략)

```
        C
        |
C ─ C ─ OH
        |
        C
```

18. 다이에틸에터($C_2H_5OC_2H_5$) : 제4류 위험물 중 특수인화물

① 알코올에는 녹지만 물에는 녹지 않는다.
② 직사광선에 장시간 노출 시 **과산화물 생성**

> **과산화물 생성 확인방법**
> 다이에틸에터 + KI용액(10%) → 황색변화(1분 이내)

③ 에탄올 2분자에 진한 황산 소량을 가하여 **탈수**시켜 만든다.

$$C_2H_5OH + C_2H_5OH \xrightarrow{H_2SO_4} C_2H_5OC_2H_5 + H_2O$$
(에틸알코올)　(에틸알코올)　　　　　(다이에틸에터)　(물)

④ 용기에는 5% 이상 10% 이하의 안전공간 확보할 것
⑤ 용기는 **갈색병**을 사용하며 냉암소에 보관
⑥ 용기는 **밀폐**하여 증기의 누출방지

19. 방향족 화합물

분자 속에 벤젠고리를 가진 유기화합물로서 벤젠의 유도체로 BTX(Benzene, Toluene, Xylene)가 대표적이다.

(1) 벤젠(C_6H_6)

① 구조식

② 무색 투명하고, 특유의 냄새를 가진 휘발성 액체이다.
③ 물에 녹지 않고 유기용제에 잘 녹는다.

 치환반응

① 나이트로화 : 벤젠과 진한질산을 반응시켜 나이트로벤젠을 생성하는 반응

$$\bigcirc + HNO_3 \xrightarrow{H_2SO_4} \bigcirc-NO_2 + H_2O$$
　　　　　　　　　　　　　　니트로벤젠

② 할로젠화 : 벤젠과 염소를 반응시켜 클로로벤젠을 생성하는 반응

$$\bigcirc + Cl_2 \xrightarrow{Fe} \bigcirc-Cl + HCl$$
　　　　　　　　　　　　클로로벤젠

③ 술폰화 : 벤젠과 황산을 반응시켜 벤젠술폰산을 생성하는 반응

$$\bigcirc + H_2SO_4 \xrightarrow{SO_3} \bigcirc-SO_3H + H_2O$$
　　　　　　　　　　　　　벤젠술폰산

(2) 벤젠 유도체의 종류

 벤젠 유도체

[톨루엔] 　 [O-크실렌] 　 [클로로벤젠] 　 [니트로벤젠]

[아닐린] 　 [페놀] 　 [크레졸] 　 [에틸벤젠]

20. 크레졸($C_6H_4CH_3OH$) : 위험물 제4류 제3석유류

① 무색 또는 황색의 **페놀냄새**가 나는 액체
② 페놀의 한 종류인 **방향족 유기화합물**이다.
③ **소독제**와 **방부제**로 널리 사용된다.
④ 3가지 이성질체가 있다.

[ortho(올소)-cresol]   [meta(메타)-cresol]   [para(파라)-cresol]

21. 살리실산($C_6H_4(OH)COOH$)

① 융융점 : 159℃
② 수용액은 **산성**을 나타내며 $FeCl_3$를 가하면 **붉은 보라색**으로 된다.
③ 에스터를 만들 수 있는 2가지 원자단 -OH와 -COOH를 가지고 있다.
④ 카복실산이나 알코올과 각각 에스터를 만든다.

22. 아닐린의 제조방법

나이트로벤젠을 수소로서 환원(수소와 결합)하여 아닐린을 만든다.

$$C_6H_5NO_2 + 3H_2 \rightarrow C_6H_5NH_2 + 2H_2O$$
(나이트로벤젠)   (수소)   (아닐린)   (물)

23. 페놀성 수산기의 특성(페놀 : C_6H_5OH)

① 수용액은 **약한 산성**이다.
② NaOH와 반응하여 나트륨페놀레이트(C_6H_5ONa)와 물을 생성한다.
③ 할로젠과 반응한다.
④ **$FeCl_3$(염화제2철)**용액과 특유한 **정색반응**을 한다.
⑤ 진한질산과 진한 황산으로 나이트로화시키면 피크르산(Tri Nitro Phenol)이 된다.

$$\text{페놀} + 3HNO_3 \xrightarrow[\text{니트로화}]{H_2SO_4} \text{피크르산} + 3H_2O$$

정색반응(呈色反應)이란?
페놀의 수용액에 $FeCl_3$ 용액 1방울을 가하면 보라색으로 되는 반응
• $FeCl_2$(염화제1철)   • $FeCl_3$(염화제2철)

24. 커플링

페놀 또는 방향족 아민류와 반응하여 **아조기(-N=N-)**를 갖는 아조화합물을 만드는 것

25. 탄소간의 결합길이 크기순서

단일결합 > 2중 결합 > 3중 결합

26. 나일론 : 펩타이드 결합(-C=O-H-N-)

펩타이드 결합(Peptide bond)
❶ 공유 결합의 일종이다.
❷ 카복시기(-COOH)와 아미노기($-NH_2$)가 반응하여 형성되는 화학 결합이다.
❸ 반응 중 물 분자가 생성되는 탈수 반응을 한다.

27. 비누의 분자 구조

비누 분자는 $C_nH_{2n+1}COONa$로 표시되며 친수성(물과 친한 성질)의 원자단 -COONa와 소수성(기름과 친한 성질)의 원자단 $C_nH_{2n+1}^-$이 있다.

28. 비누화 반응

에스터화의 역반응으로 에스터가 가수분해를 일으켜 **카복실산과 알코올**을 생성하는 반응

29. 크산토프로테인반응(xanthoprotenic reaction)

단백질에 **진한질산**을 가하면 **노란색**으로 변하고 **알칼리**를 작용시키면 **오렌지색**으로 변하며, 단백질 검출에 이용된다.

30. 아미드=아마이드(amide)

① 암모니아 또는 아민의 수소 원자가 산기(아실기)나 금속원자로 치환된 화합물
② **펩타이드 결합**을 가진 물질이다.

31. 포도당

효소 찌마아제(zymase)와 작용하여 **알코올을 생성**한다(알코올 발효)

$$C_6H_{12}O_6 \rightarrow 2C_2H_5OH + 2CO_2$$
$$\text{(포도당)} \quad \text{(에틸알코올)} \quad \text{(이산화탄소)}$$

① 환원작용이 있는 것 : 포도당, 과당, 갈락토오스, 맥아당, 젖당, 포름산(개미산)
② 환원작용이 없는 것 : 설탕, 녹말(전분), 셀룰로오스, 글리코겐, 이눌린

핵심 기출예상문제

01
메탄올 2[mol]이 표준상태에서 완전연소하기 위해 필요한 공기량은 약 몇 [L]인가?

㉮ 122 ㉯ 244
㉰ 320 ㉱ 410

해설 CHO로 구성된 유기물이 완전연소 시 이산화탄소와 물이 생성된다.

메탄올의 완전연소 반응식

$$2CH_3OH + 3O_2 \rightarrow 2CO_2 + 4H_2O$$
  2몰 $3 \times 22.4L$

① 공기 중 산소농도 : 21%(부피농도)

② 필요한 공기량 $= \dfrac{3 \times 22.4L}{0.21} = 320L$

해답 ㉰

02
알코올류의 탄소수가 증가함에 따른 일반적인 특성으로 옳은 것은?

㉮ 인화점이 낮아진다. ㉯ 연소범위가 넓어진다.
㉰ 증기 비중이 증가한다. ㉱ 비중이 증가한다.

해설 **알코올류의 일반적 성질**

탄소수가 증가함에 따라
① 수용성이 낮아진다. ② 점성이 높아진다.
③ 비등점이 높아진다. ④ 인화점이 높아진다.
⑤ 이성질체수가 많아진다. ⑥ 연소범위가 좁아진다.
⑦ **증기비중이 증가한다.**

해답 ㉰

03
다음 중 가장 강한 산은?

㉮ $HClO_4$ ㉯ $HClO_3$
㉰ $HClO_2$ ㉱ $HClO$

해설 **산소산 중 산의 세기**

차아염소산($HClO$) < 아염소산($HClO_2$) < 염소산($HClO_3$) < 과염소산($HClO_4$)

해답 ㉮

제 1 편 일반화학 및 유체역학

04 산·알칼리 소화기에서 44.8m³의 CO_2를 얻으려면 $NaHCO_3$와 H_2SO_4가 각각 몇 kg씩 필요한가? (단, 표준상태이다.)

㉮ 0.168kg, 0.98kg ㉯ 87kg, 49kg
㉰ 84kg, 98kg ㉱ 168kg, 98kg

[해설] 산·알칼리 소화기의 반응식

$$H_2SO_4 + 2NaHCO_3 \rightarrow Na_2SO_4 + 2H_2O + 2CO_2\uparrow$$

① 중탄산나트륨의 소요량

$$H_2SO_4 + 2NaHCO_3 \rightarrow Na_2SO_4 + 2H_2O + 2CO_2\uparrow$$
$$2\times 84\text{kg} \longrightarrow 2\times 22.4\text{m}^3$$
$$X \longrightarrow 44.8\text{m}^3$$

$$\therefore X = \frac{2\times 84\text{kg} \times 44.8\text{m}^3}{2\times 22.4\text{m}^3} = 168\text{kg}$$

② 황산의 소요량

$$H_2SO_4 + 2NaHCO_3 \rightarrow Na_2SO_4 + 2H_2O + 2CO_2\uparrow$$
$$98\text{kg} \longrightarrow 2\times 22.4\text{m}^3$$
$$X \longrightarrow 44.8\text{m}^3$$

$$X = \frac{98\text{kg} \times 44.8\text{m}^3}{2\times 22.4\text{m}^3} = 98\text{kg}$$

[해답] ㉱

05 $NH_4H_2PO_4$ 115kg이 완전 열분해하여, 메타인산, 암모니아와 수증기로 되었을 때 메타인산은 몇 kg이 생성되는가? (단, P의 원자량은 31이다.)

㉮ 36 ㉯ 40
㉰ 80 ㉱ 115

[해설] 제3종 분말 열분해반응식

$$NH_4H_2PO_4 \rightarrow HPO_3 + NH_3 + H_2O$$

① 제1인산암모늄($NH_4H_2PO_4$)의 분자량 = $14 + 1\times 6 + 31 + 16\times 4 = 115$
② $NH_4H_2PO_4 \rightarrow HPO_3(\text{메타인산}) + NH_3 + H_2O$
　　115kg　　　　　80kg

[해답] ㉰

06 옥탄의 분자식은 어느 것인가?

㉮ C_6H_{14} ㉯ C_7H_{16}
㉰ C_8H_{18} ㉱ C_9H_{20}

[해설] 메탄계(알칸계) 탄화수소
① 일반식 C_nH_{2n+2}

② 명명법

n의 개수	1	2	3	4	5	6	7	8
화학식	CH_4	C_2H_6	C_3H_8	C_4H_{10}	C_5H_{12}	C_6H_{14}	C_7H_{16}	C_8H_{18}
명칭	메탄	에탄	프로판	부탄	펜탄	헥산	헵탄	옥탄

해답 ㉰

07 다음 중 염소(Cl)의 산화수가 +3인 물질은?

㉮ $HClO_4$
㉯ $HClO_3$
㉰ $HClO_2$
㉱ $HClO$

해설 산화수 계산
① 과염소산($HClO_4$) : $(+1)+x+(-2)\times 4=0$ $x(Cl)=+7$
② 염소산($HClO_3$) : $(+1)+x+(-2)\times 3=0$ $x(Cl)=+5$
③ 아염소산($HClO_2$) : $(+1)+x+(-2)\times 2=0$ $x(Cl)=+3$
④ 차아염소산($HClO$) : $(+1)+x+(-2)\times 1=0$ $x(Cl)=+1$

산화수를 정하는 법
① 화합물에 있어서 산소의 산화수=-2, 수소의 산화수=+1
 (단, 과산화물에서 산소의 산화수=-1)
② 화합물에서 구성원자의 산화수의 총합은 0이다.
③ 이온의 가수(價數)는 그 이온의 산화수이다.
 • $Ca=+2$ • $Na=+1$ • $K=+1$ • $Ba=+2$
④ $KMnO_4$(과망가니즈산칼륨)에서 Mn의 산화수를 X라 하면
 $+1+X+(-2\times 4)=0$ ∴ $X(Mn)=+7$

해답 ㉰

08 유체의 물리적 성질에 대한 설명 중 틀린 것은?

㉮ 물은 일반적으로 비압축성으로 가정한다.
㉯ 유체의 중량은 질량과 중력가속도의 곱이다.
㉰ 액체에서의 기체 용해도는 압력이 높을수록 크다.
㉱ 액체에서의 기체 용해도는 온도가 높을수록 크다.

해설 헨리(Henry)의 법칙
① 일정한 온도에서 산소나 질소 같이 물에 녹기 어려운 기체의 용해도는 그 기체의 압력에 정비례한다.
② 일정한 온도에서 용매에 녹는 기체의 용해도는 압력에 비례하고 기체의 부피는 그 기체의 압력에 관계없이 일정하다.

기체의 용해도
① 온도가 상승 시 용해도 감소   ② 압력상승 시 용해도 증가

헨리의 법칙이 잘 적용되는 기체(액체에 대한 용해도가 작은 기체)
① N_2(질소)   ② O_2(산소)   ③ CO_2(이산화탄소)

헨리의 법칙에 잘 적용되지 않는 기체(액체에 대한 용해도가 큰 기체)
① 염산(HCl)   ② 암모니아(NH_3)   ③ 황화수소(H_2S)   ④ 일산화탄소(CO)
⑤ 플루오린화수소(HF)

해답 ㉣

09 원소주기율표 상의 같은 주기에서 원자번호가 증가함에 따라 일반적으로 증가하는 것이 아닌 것은?

㉮ 원자가전자수   ㉯ 비금속성
㉰ 원자반지름   ㉱ 이온화에너지

해설 주기율표의 주기적인 성질

구분 항목	같은 주기에서 원자번호가 증가할수록 (왼쪽에서 오른쪽으로(→)갈수록)
이온화에너지 · 전기음성도 · 비금속성	증가한다.
이온반지름 · 원자 반지름	감소한다.

해답 ㉰

10 다음의 연소반응식에서 트라이에틸알루미늄 114g이 산소와 반응하여 연소할 때 약 몇 kcal의 열을 방출하겠는가?

$$2(C_2H_5)_3Al + 21O_2 \rightarrow 12CO_2 + Al_2O_3 + 15H_2O + 1,470[kcal]$$

㉮ 375   ㉯ 735
㉰ 1,470   ㉱ 2,205

해설 트라이에틸알루미늄의 완전연소반응식
$2(C_2H_5)_3Al + 21O_2 \rightarrow 12CO_2 + Al_2O_3 + 15H_2O + 1,470[kcal]$
 $2 \times 114g$ ─────────── 1470
 $114g$ ─────────────── X

$X = \dfrac{114 \times 1470}{2 \times 114} = 735 \text{kcal}$

해답 ㉯

11 70℃, 130mmHg에서 1L 부피에 해당하는 질량이 대략 0.17g인 기체는?

㉮ 수소   ㉯ 헬륨
㉰ 질소   ㉱ 산소

해설 이상기체 상태방정식

$$PV = \frac{W}{M}RT = nRT$$

여기서, P : 압력(atm), V : 부피(L), W : 무게(g), M : 분자량, n : mol수 $= \frac{W}{M}$
R : 기체상수(0.082atm · L/mol · K), T : 절대온도(273+t℃)K

분자량 계산

$M = \frac{WRT}{PV} = \frac{0.17 \times 0.08205 \times (273+70)}{(130/760) \times 1} = 28.0$

㉰ 질소(N_2)의 분자량 = 14×2 = 28

해답 ㉰

---

12 35.0wt% HCl 용액이 있다. 이 용액의 밀도가 1.1427[g/mL]라면 이 용액의 HCl의 몰농도[mol/L]는 약 얼마인가?

㉮ 11   ㉯ 14
㉰ 18   ㉱ 22

해설 $M(몰농도) = \frac{10 \times 1.1427 \times 35.0}{36.5} = 10.96M$

몰농도(molar concentration) [M으로 표시]
① 용액 1L 속에 포함된 용질의 몰(mol)수로 표시한 농도
② mol/L 또는 M으로 표시

$$M(몰농도) = \frac{10SC}{분자량} \quad (여기서, S : 비중, C : \%농도)$$

$$M(몰농도) = \frac{용질의 \ 무게(g)}{용질의 \ 분자량(g)} \times \frac{1,000}{용액의부피(mL)}$$

해답 ㉮

---

13 어떤 화합물을 분석한 결과 질량비가 탄소 54.55%, 수소 9.10%, 산소 36.35%이고, 이 화합물 1g은 표준상태에서 0.17L이라면 이 화합물의 분자식은?

㉮ $C_2H_2O_2$ ㉯ $C_4H_6O_4$
㉰ $C_4H_8O_3$ ㉱ $C_6H_{12}O_3$

해설 ① 원자량 C=12, O=16, H=1
② 원소비 C : H : O = $\frac{54.55}{12} : \frac{9.10}{1} : \frac{36.35}{16}$ = 4.54 : 9.10 : 2.27 = 2 : 4 : 1
③ 분자식 C : H : O = 2 : 4 : 1 = C_2H_4O = $C_6H_{12}O_3$

해답 ㉱

14 3.65kg의 염화수소 중에는 HCl 분자가 몇 개 있는가?
- ㉮ 6.02×10^{23}
- ㉯ 6.02×10^{24}
- ㉰ 6.02×10^{25}
- ㉱ 6.02×10^{26}

해설
① 3.65kg-HCl의 몰수 : $\dfrac{3.65 \times 10^3 g}{36.5g} = 100 mol$

② 100mol의 분자수 : $100mol \times \dfrac{6.02 \times 10^{23}}{1mol} = 6.02 \times 10^{25}$개

아보가드로의 법칙
모든 기체 1g분자(1Mol)는 표준상태(0℃, 1기압)에서 22.4L의 부피를 차지하며 이 속에는 6.02×10^{23}개의 분자가 들어 있다.

해답 ㉰

15 톨루엔과 크실렌의 혼합물에서 톨루엔의 분압이 전압의 60%이면 이 혼합물의 평균분자량은?
- ㉮ 82.2
- ㉯ 97.6
- ㉰ 120.5
- ㉱ 156.1

해설
① 전압=100%, 톨루엔의 분압=60%, 크실렌의 분압=100-60=40%
② 톨루엔($C_6H_5CH_3$)의 분자량=$12 \times 6 + 1 \times 8 + 12 = 92$
③ 크실렌[$C_6H_4(CH_3)_2$]의 분자량=$12 \times 6 + 1 \times 10 + 12 \times 2 = 106$
④ 평균분자량=$92 \times 0.6 + 106 \times 0.4 = 97.6$

해답 ㉯

16 금속칼륨 10g을 물에 녹였을 때 이론적으로 발생하는 기체는 약 몇 g인가?
- ㉮ 0.12g
- ㉯ 0.26g
- ㉰ 0.32g
- ㉱ 0.52g

해설
① 칼륨의 원자량=원자번호$19 \times 2 + 1 = 39$
② **칼륨과 물의 반응식**
$2K + 2H_2O \rightarrow 2KOH + H_2\uparrow + 92.8[kcal]$
$2 \times 39g \longrightarrow 2g$
$10g \longrightarrow X$
$X = \dfrac{10 \times 2}{2 \times 39} = 0.26g$

해답 ㉯

17 이상기체에서 정압비열을 C_p, 정적비열을 C_v, 이상기체상수를 R이라고 할 때 이들 관계를 옳게 나타낸 식은?

㉮ $C_p + C_v = R$ ㉯ $C_v - C_p = R$
㉰ $C_p - C_v = R$ ㉱ $C_p + C_v = -R$

해설 이상기체 상태방정식의 기체상수(R)

$$C_P - C_V = R$$

여기서, C_P : 정압비열, C_V : 정적비열
비열비

$$비열비\ k = \frac{C_P(정압비율)}{C_v(정적비열)} > 1$$

※ 비열비는 항상 1보다 크다.

해답 ㉰

18 황화수소가스의 밀도[g/L]는 27℃ 2기압에서 약 얼마인가?

㉮ 2.11   ㉯ 2.42
㉰ 2.76   ㉱ 2.98

해설 이상기체 상태방정식

$$PV = \frac{W}{M}RT = nRT$$

여기서, P : 압력(atm), V : 부피(L), W : 무게(g), M : 분자량, n : mol수 $= \frac{W}{M}$
R : 기체상수(0.082atm · L/mol · K), T : 절대온도(273+t℃)K

① 황화수소(H₂S)의 분자량 = 1×2+32 = 34
② 밀도 $\frac{W}{V}(\rho) = \frac{PM}{RT} = \frac{2 \times 34}{0.082 \times (273+27)} = 2.76$g/L

해답 ㉰

19 다음 금속원소 중 이온화에너지가 가장 큰 원소는?

㉮ 리튬   ㉯ 나트륨
㉰ 칼륨   ㉱ 루비듐

해설 원소의 이온화에너지
① 같은 주기에서는 원자번호가 증가함에 따라 이온화 에너지는 증가한다.
② 같은 족에서는 원자번호가 감소함에 따라 이온화 에너지는 증가한다.

원소기호	Li	Na	K	Rb
원소이름	리튬	나트륨	칼륨	루비듐
원자번호	3	11	19	37
1차 이온화에너지(kJ/mol)	520.2	495.9	418.9	400
주기	2주기	3주기	4주기	5주기
족	1족	1족	1족	1족

★ 이온화에너지의 크기 순서 : 리튬 > 나트륨 > 칼륨 > 루비듐

해답 ㉮

20 64g의 메탄올이 완전 연소되면 몇 g의 물이 생성되는가?

㉮ 36   ㉯ 64
㉰ 72   ㉱ 144

해설 ① 메탄올(CH_3OH)의 분자량 = 12+1×4+16 = 32
② 메탄올의 완전연소반응식
$$2CH_3OH + 3O_2 \rightarrow 2CO_2 + 4H_2O$$
$$2 \times 32g \longrightarrow 4 \times 18g$$
$$64g \longrightarrow X$$
$$\therefore X = \frac{64 \times 4 \times 18}{2 \times 32} = 72g$$

해답 ㉰

21 프로판가스 3L를 완전연소시키려면 공기가 약 몇 L가 필요한가? (단, 공기 중 산소는 20%이다.)

㉮ 15   ㉯ 25
㉰ 50   ㉱ 75

해설 프로판의 완전 연소반응식
$$C_3H_8 + 5O_2 \rightarrow 3CO_2 + 4H_2O$$
$$1 \times 22.4L \longrightarrow 5 \times 22.4L$$
$$3L \longrightarrow X$$
$$X = \frac{3 \times 5 \times 22.4}{1 \times 22.4} = 15L \quad \cdots\cdots\cdots\cdots \text{이론산소의 부피}$$
※ 필요한 공기량 = $\frac{15}{0.20}$ = 75L

해답 ㉱

22 1기압, 100℃에서 1kg의 이황화탄소가 모두 증기가 된다면 부피는 약 몇 L가 되겠는가?
- ㉮ 201
- ㉯ 403
- ㉰ 603
- ㉱ 804

해설 이상기체 상태방정식

$$PV = \frac{W}{M}RT = nRT$$

여기서, P : 압력(atm), V : 부피(L), W : 무게(g), M : 분자량, n : mol수 $= \frac{W}{M}$
R : 기체상수(0.082atm · L/mol · K), T : 절대온도(273+t℃)K

① CS_2의 분자량 $= 12 + 32 \times 2 = 76$
② $V = \frac{WRT}{PM} = \frac{1,000g \times 0.082 \times (273+100)K}{1atm \times 76} = 402.5L$

해답 ㉯

---

23 과망가니즈산칼륨에서 Mn의 산화수는 얼마인가?
- ㉮ +4
- ㉯ -4
- ㉰ +7
- ㉱ +6

해설 산화수를 정하는 법
① 화합물에 있어서 산소의 산화수=-2, 수소의 산화수=+1
 (단, 과산화물에서 산소의 산화수=-1)
② 화합물에서 구성원자의 산화수의 총합은 0이다.
③ 이온의 가수(價數)는 그 이온의 산화수이다.
 • Ca=+2 • Na=+1 • K=+1 • Ba=+2
④ $KMnO_4$(과망가니즈산칼륨)에서 Mn의 산화수를 X라 하면
 $+1+X+(-2\times 4)=0$ ∴ $X(Mn)=+7$

해답 ㉰

---

24 다음 중 분자간의 수소결합을 하지 않는 것은?
- ㉮ HF
- ㉯ NH_3
- ㉰ CH_3F
- ㉱ H_2O

해설 수소결합
수소원자와 전기음성도가 큰 플루오린(F), 산소(O), 질소(N)로 된 분자 HF, H_2O, NH_3, 또는 이들 원자가 결합하여 이루어진 원자단을 가진 화합물에서의 분자와 분자 사이의 결합을 말한다.
① 비등점(끓는점)이 높다.
② 증발열이 대단히 크다.

해답 ㉰

25

아세트산과 아세트산나트륨의 혼합 수용액에서 다음과 같은 전리가 이루어진다고 할 때 이 용액에 염산을 한 방울 떨어뜨리면 어떤 변화가 일어나는지 가장 옳게 설명한 것은?

- $CH_3COOH \rightleftarrows CH_3COO^- + H^+$
- $CH_3COONa \rightleftarrows CH_3COO^- + Na^+$

㉮ CH_3COO^-은 많아지고, CH_3COOH는 적어진다.
㉯ CH_3COOH는 많아지고, CH_3COO^-은 적어진다.
㉰ H^+는 많아지고, CH_3COOH나 CH_3COO^-는 변화가 없다.
㉱ H^+는 적어지고, CH_3COOH나 CH_3COO^-는 변화가 없다.

해설 **약산(CH_3COOH)+약산의 염(CH_3COONa) 혼합수용액**
염산(강산)을 1방울 떨어뜨리면 약산(CH_3COOH)은 증가하고 CH_3COO^-은 감소한다.

해답 ㉯

26

브로민을 탈색시키며, 완전연소할 때 CO_2와 H_2O가 같은 몰수로 생성되는 탄화수소에 해당하는 것은?

㉮ $CH_3-C\equiv CH$
㉯ $CH_3CH_2CH_3$
㉰ $CH_2=C=CH_2$
㉱ $CH_3-CH=CH_2$

해설 **프로필렌(C_3H_6)**
① 자극성 냄새가 있는 무색기체로 브로민을 탈색시킨다.
② 완전연소 시 이산화탄소와 물을 생성한다.
$$C_3H_6 + 4.5O_2 \rightarrow 3CO_2 + 3H_2O$$

해답 ㉱

27

H_2S에서 S의 비공유전자쌍은 몇 개인가?

㉮ 1
㉯ 2
㉰ 3
㉱ 4

해설 **비공유 전자쌍** : 공유 결합에 참여하지 못하는 전자쌍

H:N:H   H:O: H—S—H
 H   H
암모니아 분자   물 분자

화학식	NH_3	H_2O	H_2S
비공유 전자쌍	1개	2개	2개

해답 ㉯

28
27℃, 2atm에서 20g의 CO_2 기체가 차지하는 부피는 약 몇 L인가?

㉮ 5.59 ㉯ 2.80
㉰ 1.40 ㉱ 0.50

해설 이상기체 상태방정식

$$PV = \frac{W}{M}RT = nRT$$

여기서, P : 압력(atm), V : 부피(L), W : 무게(g), M : 분자량, n : mol수 $= \frac{W}{M}$
R : 기체상수(0.082atm·L/mol·K), T : 절대온도(273+t℃)K

$$V = \frac{WRT}{PM} = \frac{20g \times 0.082 \times (273+27)K}{2atm \times 44} = 5.59L$$

해답 ㉮

29
다음 [보기]와 같은 공통점을 갖지 않는 것은?

[보기]
- 탄화수소이다.
- 치환반응보다는 첨가반응을 잘한다.
- 석유화학공업 공정으로 얻을 수 있다.

㉮ 에텐 ㉯ 프로필렌
㉰ 부텐 ㉱ 벤젠

해설 에틸렌계탄화수소(올레핀계 탄화수소)
① C_nH_{2n}의 일반식을 가진 사슬모양의 불포화 탄화수소
② 에텐(에틸렌, C_2H_4), 프로필렌(C_3H_6), 부텐(C_4H_8)
③ 치환반응보다는 첨가반응을 잘한다.
④ 석유화학공업 공정으로 얻을 수 있다.

해답 ㉱

30
10wt%의 H_2SO_4 수용액으로 1M 용액 200mL를 만들려고 할 때 다음 중 가장 적합한 방법은? (단, S의 원자량은 32이다.)

㉮ 원용액 98g에 물을 가하여 200mL로 한다.
㉯ 원용액 98g에 200mL의 물을 가한다.
㉰ 원용액 196g에 물을 가하여 200mL로 한다.
㉱ 원용액 196g에 200mL의 물을 가한다.

해설 몰농도(molar concentration) [M으로 표시]
① 용액 1L 속에 포함된 용질의 몰(mol)수로 표시한 농도
② mol/L 또는 M으로 표시

$$M(몰농도) = \frac{용질의\ 무게(g)}{용질의\ 분자량(g)} \times \frac{1,000}{용액의부피(mL)}$$

① 식에 대입하면

용질의 무게(g) = $\frac{1 \times 98 \times 200}{1000}$ = 19.6g (100% H_2SO_4)

② 황산의 농도가 10%이므로 필요한 황산의 무게 = $\frac{19.6g}{0.1(10\%)}$ = 196g

③ 원용액(10% 황산) 196g에 물을 넣어 전체를 200mL로 한다.

해답 ㉯

31. 다음 중 가장 약한 산은 어느 것인가?

㉮ HClO　　　　　　　　　㉯ $HClO_2$
㉰ $HClO_3$　　　　　　　　㉱ $HClO_4$

해설 ① 염소산의 종류

화학식	HClO	$HClO_2$	$HClO_3$	$HClO_4$
명 칭	차아염소산	아염소산	염소산	과염소산

② 산소산 중 산의 세기
차아염소산(HClO) < 아염소산($HClO_2$) < 염소산($HClO_3$) < 과염소산($HClO_4$)

해답 ㉮

32. 에탄올에 진한 황산을 넣고 온도 130~140℃에서 반응시키면 축합반응에 의하여 생성되는 제4류 위험물은?

㉮ 메틸알코올　　　　　　　㉯ 아세트알데하이드
㉰ 다이에틸에터　　　　　　㉱ 다이메틸에터

해설 축합반응
에탄올에 진한황산 소량을 가하여 130℃로 가열하면 2분자에서 물 1분자가 탈수되어 에터가 생성된다. 이와 같이 2분자에서 간단한 물분자와 같은 것이 떨어지면서 큰분자가 생기는 반응

C_2H_5OH + C_2H_5OH $\xrightarrow{H_2SO_4}$ $C_2H_5OC_2H_5$ + H_2O
(에틸알코올)　(에틸알코올)　　　　(다이에틸에터)　(물)

해답 ㉰

33 공기의 성분이 다음 [표]와 같을 때 공기의 평균 분자량을 구하면 얼마인가?

㉮ 28.84
㉯ 28.96
㉰ 29.12
㉱ 29.44

성분	분자량	부피함량(%)
질소	28	78
산소	32	21
아르곤	40	1

해설 ① 공기의 조성
산소(O_2) 21%, 질소(N_2) 78%, 아르곤(Ar) 1%

공기 중 산소의 부피(%) = 21% 공기 중 산소의 중량(무게)(%) = 23%

② 공기의 평균 분자량
$28(N_2) \times 0.78 + 32(O_2) \times 0.21 + 40(Ar) \times 0.01 = 28.96 ≒ 29$

공기의 평균 분자량 = 29   증기비중 = $\dfrac{M(분자량)}{29(공기평균분자량)}$

해답 ㉯

---

34 다음 중 이온화 경향이 가장 큰 것은?

㉮ Ca
㉯ Mg
㉰ Ni
㉱ Cu

해설 금속의 이온화 경향 서열 (필수암기)★★★★★

K-Ca-Na-Mg-Al-Zn-Fe-Ni-Sn-Pb-(H)-Cu-Hg-Ag-Pt-Au
카-카-나-마-알-아-철-니-주-납-수-구-수-은-백-금

해답 ㉮

---

35 25℃에서 다음과 같은 반응이 일어날 때 평형상태에서 NO_2의 부분압력은 0.15atm이다. 혼합물 중 N_2O_4의 부분압력은 약 몇 atm인가? (단, 압력평형상수 K_p는 7.130이다.)

$$2NO_2[g] \rightleftarrows N_2O_4[g]$$

㉮ 0.08
㉯ 0.16
㉰ 0.32
㉱ 0.64

해설 가역화학반응에서 물질이 기체인 경우 평형상수

$$aA + bB \rightleftarrows cC + dD$$

$K_p = \dfrac{pC^c \cdot pD^d}{pA^a \cdot pB^b}$

여기서, K_P : 압력평형상수, pA, pB, pC, pD : 각 물질의 부분압

$$K_p = \frac{[N_2O_4]}{[NO_2]^2}, \quad 7.13 = \frac{[N_2O_4]}{[0.15]^2}, \quad [N_2O_4] = 7.13 \times 0.15^2 = 0.16 \text{atm}$$

해답 ④

36. 화학반응에서 반응 전과 반응 후의 상태가 결정되면 반응경로와 관계없이 반응열의 총량은 일정하다는 법칙은?

㉮ 헤스의 법칙 ㉯ 보일-샤를의 법칙
㉰ 헨리의 법칙 ㉱ 르샤틀리에의 법칙

해설 헤스의 법칙
화학반응에서 발생 또는 흡수되는 열량은 그 반응전의 물질의 종류와 상태 및 반응 후의 물질의 종류와 상태가 결정되면 그 도중의 경로에는 관계가 없다.

해답 ㉮

37. 0℃, 1기압에서 어떤 기체의 밀도가 1.617g/L이다. 1기압에서 이 기체 1L가 1g이 되는 온도는 약 몇 ℃인가?

㉮ 44 ㉯ 68
㉰ 168 ㉱ 441

해설 이상기체 상태방정식

$$PV = \frac{W}{M}RT = nRT$$

여기서, P : 압력(atm), V : 부피(L), W : 무게(g), M : 분자량, n : mol수 $= \frac{W}{M}$
R : 기체상수(0.082atm · L/mol · K), T : 절대온도(273+t℃)K

① M(분자량) $= 1.617\text{g/L} \times 22.4\text{L} = 36.2\text{g}$
② $T = \frac{PVM}{WR} = \frac{1\text{atm} \times 1\text{L} \times 36.2}{1\text{g} \times 0.082} = 441\text{K}$
③ $t(℃) = T(K) - 273 = 441\text{K} - 273 = 168℃$

해답 ㉰

38. 1패러데이(F)의 전기량으로 석출되는 물질의 무게를 틀리게 연결한 것은?

㉮ 수소 – 약 1g ㉯ 산소 – 약 8g
㉰ 은 – 약 16g ㉱ 구리 – 약 32g

해설 1F(96500C)의 전기량으로 석출되는 물질의 양

전기량	물 질	석출되는 물질	석출되는 무게	표준상태의 부피	원자수
1F(96500C)	수 소	H_2	1.008g	11.2L	6.02×10^{23}개
1F(96500C)	산 소	O_2	8g	5.6L	$\frac{1}{2} \times 6.02 \times 10^{23}$개
1F(96500C)	황산구리 ($CuSO_4$)	Cu	$\frac{63.5}{2}$g		$\frac{1}{2} \times 6.02 \times 10^{23}$개
1F(96500C)	질산은 ($AgNO_3$)	Ag	108g		6.02×10^{23}개

패러데이(Faraday)의 법칙
① 제1법칙 : 같은 물질에 대하여 전기분해로써 전극에서 일어나는 물질의 양은 통한 전기량에 비례한다.
② 제2법칙 : 일정한 전기량에 의하여 일어나는 화학변화의 양은 그 물질의 화학 당량에 비례한다.

해답 ㉰

39
프로판-공기의 혼합기체를 완전연소 시키기 위한 프로판의 이론 혼합비는 약 몇 vol%인가? (단, 공기 중 산소는 21vol%이다.)

㉮ 9.48   ㉯ 5.65
㉰ 4.03   ㉱ 3.12

해설 프로판의 완전연소반응식

C_3H_8 + $5O_2$ → $3CO_2$ + $4H_2O$
$22.4m^3$ $5 \times 22.4m^3$

① 이론공기량 = $\frac{5 \times 22.4L}{0.21}$ = 533.33L
② 프로판의 부피 = 1몰 = 22.4L
③ 혼합기체의 부피 = 533.33+22.4 = 555.73L
④ **이론 혼합비** = $\frac{프로판의\ 부피}{혼합기체의\ 부피} \times 100\%$ = $\frac{22.4}{555.73} \times 100$ = 4.03%

해답 ㉰

40
비중이 1.84이고, 무게농도가 96[wt%]인 진한 황산의 노르말 농도는 약 몇 N인가? (단, 황의 원자량은 32이다.)

㉮ 1.8   ㉯ 3.6
㉰ 18   ㉱ 36

해설 N(규정)농도

$$N = \frac{10SC}{당량}$$

여기서, S : 비중, C : 농도(%), M : 분자량

① 황산(H_2SO_4)의 당량 = $\dfrac{M}{원자가}$ = $\dfrac{98}{2가}$ = 49

② $N = \dfrac{10SC}{당량} = \dfrac{10 \times 1.84 \times 96}{49} = 36.0N$

해답 ㉣

41 부탄 100g을 완전 연소시키는 데 필요한 이론산소량은 약 몇 g인가?

㉮ 358　　　㉯ 717
㉰ 1,707　　㉱ 3,415

해설 부탄의 완전 연소반응식

C_4H_{10} + 6.5O_2 → 4CO_2 + 5H_2O
58g ───── 6.5 × 32g
100g ───── X

∴ $X = \dfrac{100g \times 6.5 \times 32g}{58g} = 358.62g$

해답 ㉮

42 80g의 질산암모늄이 완전히 폭발하면 약 몇 L의 기체를 생성하는가? (단, 1기압, 300℃를 기준으로 한다.)

㉮ 184.6　　㉯ 112.2
㉰ 70.5　　　㉱ 67.2

해설 ① 질산암모늄의 열분해 반응식

$2NH_4NO_3$ → $2N_2$ + O_2 + $4H_2O$
NH_4NO_3 → N_2 + $0.5O_2$ + $2H_2O$

② 이상기체 상태방정식

$$PV = \dfrac{W}{M}RT = nRT$$

여기서, P : 압력(atm), V : 부피(L), W : 무게(g), M : 분자량, n : mol수 = $\dfrac{W}{M}$
　　　　R : 기체상수(0.082atm·L/mol·K), T : 절대온도(273+t℃)K

③ 질산암모늄의 분자량 = 14×2+1×4+16×3 = 80

④ $V = \dfrac{WRT}{PM}$ 식을 이용하여 풀이한다.

㉠ 질소의 부피 $V = \dfrac{80 \times 0.082 \times (300+273)}{1 \times 80} = 46.99L$

㉡ 산소의 부피 $V = \dfrac{80 \times 0.082 \times (300+273)}{1 \times 80} \times 0.5 = 23.49L$

㉢ 총 기체의 부피 = 46.99 + 23.49 = 70.48L

해답 ㉰

43. 다음 중 분자의 입체 모양이 정사면체를 이루는 것은?

㉮ H_2O ㉯ CH_4
㉰ SF_4 ㉱ NH_2

해설

① SP^3 : 정사면체 결합(메탄)
혼성오비탈의 하나로서 1개의 s전자와 3개의 p전자에 의하여 이루어진 sp^3결합을 가리킨다.

② 2주기 원소의 결합궤도함수 및 분자형태

원소	결합궤도함수	결합수	분자형태	보 기
Li	S	1	선형 2원자 분자	LiF
Be	SP	2	직선형	BeF_2, BeH_2
B	SP^2	3	평면 3각형	BF_3(120°), BH_3(비극성)
C	SP^3	4	**정4면체형**	CF_4, CH_4(109° 28')(비극성)
N	P^3	3	피라밋형	NF_3, NH_3(107°)(극성)
O	P^2	2	굽은형(V-자형)	OF_2, H_2O(105°)(극성)
F	P	1	선형 2원자 분자	F_2
Ne	–	0	1원자 분자	

해답 ㉯

44. 1기압 26℃에서 어떤 기체 10L의 질량이 40g이었다. 이 기체의 분자량은 약 얼마인가?

㉮ 25   ㉯ 49
㉰ 98   ㉱ 196

해설 이상기체 상태방정식

$$PV = \frac{W}{M}RT = nRT$$

여기서, P : 압력(atm), V : 부피(L), W : 무게(g), M : 분자량, n : mol수 $= \frac{W}{M}$
R : 기체상수(0.082atm·L/mol·K), T : 절대온도(273+t℃)K

$$M = \frac{WRT}{PV} = \frac{40g \times 0.082 \times (273+26)K}{1atm \times 10L} = 98.07$$

해답 ㉰

45. 트라이에틸알루미늄 19kg이 물과 반응하였을 때 생성되는 가연성 가스는 표준상태에서 몇 m^3인가? (단, 알루미늄의 원자량은 27이다.)

㉮ 11.2   ㉯ 22.4
㉰ 33.6   ㉱ 44.8

해설 ① 트라이에틸알루미늄과 물의 반응식
분자량 $= (12 \times 2 + 1 \times 5) \times 3 + 27 = 114$

$$(C_2H_5)_3Al + 3H_2O \rightarrow Al(OH)_3 + 3C_2H_6 \uparrow$$

② 이상기체 상태방정식

$$PV = \frac{W}{M}RT = nRT$$

여기서, P : 압력(atm), V : 부피(m^3), W : 무게(kg), M : 분자량, n : mol수 $= \dfrac{W}{M}$
R : 기체상수(0.082atm · m^3/kmol · K), T : 절대온도(273 + t℃)K

③ $V = \dfrac{WRT}{PM}$ 식을 이용하여 풀이한다.

에탄의 부피 $V = \dfrac{19 \times 0.082 \times (273 + 0)}{1 \times 114} \times 3 = 11.2\text{m}^3$

해답 ㉮

제 2 장 유체역학

2-1 유체의 정의 및 성질

1. 유체의 종류★

① **점성**유체 : 점성을 가지고 있는 유체, 즉 전단응력이 발생하는 유체
② **비점성**유체 : 점성력이 없는 유체, 즉 전단응력이 발생 않는 가상적인 유체
③ **이상**유체 : **점성이 없고**(마찰손실이 없고) **비압축성인 유체**
④ **실제**유체 : 점성이 있고(마찰손실이 있고) 압축성인 유체
※ 이상유체는 점성이 없고 에너지 손실도 없는 가상적인 유체이다.

2. 비중(Speific Gravity : SpGr)(S)★★

$$S = \frac{\rho}{\rho_w} = \frac{\gamma}{\gamma_w}$$

여기서, ρ : 물질의 밀도, γ : 물질의 비중량, ρ_w : 물의 밀도, γ_w : 물의 비중량

3. 비체적(Specific Volume)(V_S)★★

$$V_S = \frac{1}{\rho}$$

여기서, V_S : 비체적(m^3/kg), ρ : (kg/m^3)

4. 점도(점성계수)(μ)★★

1P(poise) = 1g/cm · sec(질량단위) = dyne · sec/cm^2(중량단위)
1P(poise) = 100cP(Centi Poise)   1cP = 0.01g/cm · sec
※ 물의 점도(25℃) = 1cP = 0.01g/cm · sec

① **액체의 점도** : 온도가 상승시 **감소**
② **기체의 점도** : 온도가 상승시 **증가**

5. 동점도(동점성 계수)(ν)★★

$$\nu = \frac{\mu}{\rho}$$

여기서, ν : 동점도(m^2/sec), μ : 점도(kg/m · sec), ρ : 밀도(kg/m^3)
※ 1stokes = 1cm^2/sec

6. 밀도(Density)(ρ)★★★

$$\rho = \frac{m}{V}$$

여기서, m : 질량(kg), V : 체적(m^3)

① 물의 밀도(ρ_W)

물의 밀도(ρw) = 1000kg/m^3(절대단위) = 102kgf · sec^2/m^4(중력단위) ^{필수암기}★★★★

② 기체의 밀도(ρ)

$\rho = \dfrac{P}{RT}$ 　　P : 압력(N/m^2), R : 기체상수(N · m/kg · K)
　　　　　　T : 절대온도(273 + t℃)K

$\rho = \dfrac{PM}{RT}$ 　P : 압력(atm), M : 분자량
　　　　　　R : 기체상수(atm · m^3/kmol · K)
　　　　　　T : 절대온도(273 + t℃)K

7. 비중량(Specific weight)(γ)★★

$$\gamma = \frac{W}{V}$$

여기서, W : 중량(kgf), V : 체적(m^3)

① 물의 비중량(r_w)

물의 비중량(r_w) = 1000kgf/m^3(중력단위) = 9800N/m^3(중력단위) ^{필수암기}★★★★

② 비중량(r)과 밀도(ρ)의 관계

$$\rho = \frac{r}{g}$$

여기서, r : 비중량(kgf/m^3, 물 = 1000kgf/m^3)
　　　　g : 중력가속도(9.8m/sec^2)
　　　　ρ : 밀도(kgf · sec^2/m^4, 물 = 102kgf · sec^2/m^4)

8. 대기압. 절대압

① 표준 대기압(atmospheric pressure)★★★★★

$$1\text{atm} = 760\text{mmHg} = 1.0332\text{kgf/cm}^2 = 1.0332 \times 10^4 \text{kgf/m}^2$$
$$= 10332\text{mmH}_2\text{O(mmAq)} = 10.332\text{mH}_2\text{O(mAq)}$$
$$= 1013\text{mbar} = 1.013\text{bar}$$
$$= 101.325\text{kPa(kN/m}^2) = 101325\text{Pa(N/m}^2) = 14.7\text{PSI(Ib/in}^2)$$

② 절대압(absolute pressure)

$$\text{절대압} = \text{국소대기압} \begin{matrix} + \text{계기압} \\ - \text{진공압} \end{matrix}$$

9. 열량(Quantity of Heat)★

① cal : 표준상태에서 순수한 물 1g을 1℃ 높이는데 필요한 열량
② BTU : 표준상태에서 순수한 물 1Ib을 1℉ 높이는데 필요한 열량
③ Chu : 표준상태에서 순수한 물 1Ib을 1℃ 높이는데 필요한 열량
④ 비열 : 어떤 물질 1g을 1℃ 높이는데 필요한 열량[cal/g · ℃]

※ 물의 비열 = 1cal/g · ℃ ※ 표준상태 = 0℃, 1atm

⑤ 잠열 : 온도변화 없이 상태변화에 필요한 열량

물의 기화잠열 : **539cal/g** 또는 539Kcal/kg
얼음의 융해잠열 : **80cal/g** 또는 80Kcal/kg

⑥ 정압비열(C_P) : 기체의 압력을 일정하게 하고 측정한 비열

$$C_P = \frac{Q}{m \Delta t}$$

여기서, C_P : 정압비열(cal/g℃), Q : 열량(cal), m : 질량(g), Δt : 온도차(℃)

⑦ 정적비열(C_V) : 기체의 체적을 일정하게 하고 측정한 비열

$$C_V = \frac{Q}{m \Delta t}$$

여기서, C_V : 정적비열(cal/g℃), Q : 열량(cal), m : 질량(g), Δt : 온도차(℃)

⑧ 비열비(k) = $\dfrac{C_P(\text{정압비열})}{C_V(\text{정적비열})} > 1$ (비열비(k)는 항상 1보다 크다.)

10. 뉴우톤(Newton)의 점성법칙★★

전단응력은 점성계수와 속도구배(속도기울기)에 비례한다.

$$\tau = \mu \frac{du}{dy} \qquad \tau = \frac{F}{A}$$

여기서, τ : 전단응력(dyne/cm^2), μ : 점성계수(dyne·sec/cm^2)
$\frac{du}{dy}$: 속도구배(속도기울기)(sec^{-1}), F : 힘(dyne), A : 단면적(cm^2)

11. 열역학의 법칙★★★

① **열역학 0법칙**(열의 평형법칙)
② **열역학 1법칙**(에너지보존의 법칙=에너지 불변의 법칙)
 ㉠ 열과 일은 본질적으로 에너지의 한 형태이며 **서로 교환이 가능**하다.
 ㉡ 열과 일은 **상호변환이 가능**하다.
 ㉢ 열전달의 총합은 이루어진 일의 총합과 **같다**.
③ **열역학 2법칙**(비가역과정에 관한 법칙)
 ㉠ 열은 스스로(자연적으로) 저온체에서 고온체로 **흐르지 않는다**.
 ㉡ 열을 완전히 일로 바꿀 수 있는 **열기관을 만들 수 없다**.
 ㉢ 자연의 변화는 **비가역과정**을 한다.
  (자발적인 변화는 비가역적이다.)
 ㉣ 엔트로피는 **증가하는 쪽으로** 흐른다.
④ **열역학 3법칙**(엔트로피에 관한 법칙)
 열역학 과정에서 엔트로피의 변화 ΔS는 절대온도 T가 0이 됨에 따라 0이 된다.

12. 상태량★

① **강도성 상태량**(시강 특성치) : 물질의 양과 무관한 상태량
 [온도, 밀도, **압력**, 비체적, 비내부에너지, 비엔탈피, 비엔트로피]
② **용량성 상태량**(시량 특성치) : 물질의 양에 비례하는 상태량
 [내부에너지, **엔탈피**, 엔트로피]

2-2 유체의 정역학

1. 압력(pressure)(P)★★★

$$P = \frac{F}{A}$$

여기서, P : 압력(kgf/m^2), F : 힘(kgf), A : 단면적(m^2)

2. 힘(Force)(F)★★

필수암기★★★★

1gf = 980dyne   1kgf = 9.8N(kg · m/sec^2)

① 수평면에 작용하는 힘
P(압력 : kgf/m^2) = r(비중량 : kgf/m^3) × h(깊이 : m)
F(힘) = P(압력) × A(단면적)

$$F = rhA$$

여기서, F : 힘(kgf), r : 비중량(kgf/m^3), h : 높이(m), A : 단면적(m^2)

② 경사면에 작용하는 힘

$$F = r\bar{y}\sin\theta A = r\bar{h}A$$

여기서, F : 힘(kgf), $\bar{y} = \frac{y}{2}$, $\bar{h} = \bar{y}\sin\theta$, A : 단면적(m^2)

3. 부력(buoyant force)(F_B)★★★

$$F_B(\text{부력}) = F_W(\text{물체의 무게})$$
$$F_B = r(\text{유체}) \times V(\text{잠긴}) = S(\text{유체}) \times r_W \times V(\text{잠긴체적})$$
$$F_W = r(\text{물체}) \times V(\text{전체}) = S(\text{물체}) \times r_W \times V(\text{전체체적})$$

여기서, r : 비중량(kgf/m^3), V : 체적(m^3), S : 비중, r_W : 물의 비중량(1000kgf/m^3)

4. 체적 탄성 계수★★★★

$$K = -\frac{\Delta P}{\Delta V/V} = \frac{\Delta P}{\Delta \rho/\rho}$$

여기서, K : 체적탄성계수(kgf/m^2), ΔP : 증가시킨 압력(kgf/m^2)
        ΔV : 감소한 체적(m^3), V : 처음 체적(m^3) [$\Delta V/V$의 부호는 $-$]
        $\Delta \rho$: 증가한 밀도(kg/m^3), ρ : 처음밀도(kg/m^3) [$\Delta \rho/\rho$의 부호는 $+$]

① 압축율 : 체적탄성계수의 역수

$$B = \frac{1}{K}$$

여기서, B : 압축율(m²/kgf), K : 체적탄성계수(kgf/m²)

② 등온변화 : K(체적탄성계수) = P(압력)
③ 단열변화 : K(체적탄성계수) = k(비열비) × P(압력)
④ 비열비$(\kappa) = \dfrac{C_P(정압비열)}{C_V(정적비열)}$

5. 파스칼(pascal)의 원리★★★

$$P_1 = P_2 \qquad \therefore \frac{F_1}{A_1} = \frac{F_2}{A_2}$$

여기서, F : 힘(kgf), P : 압력(kgf/m²), A : 단면적(m²)

6. 모세관 현상★★

$$h = \frac{4\sigma\cos\theta}{rd}$$

액면상승 : 응집력 < 부착력
액면하강 : 응집력 > 부착력

여기서, h : 상승높이(m), σ : 표면장력(kgf/m), $\cos\theta$: 접촉각도, r : 유체의 비중량(kgf/m³)
d : 모세관 내경(m)

※ $h \propto \dfrac{1}{d}$ (상승높이는 모세관의 내경 및 유체의 비중량의 크기에 반비례)

7. 표면장력★

$$\sigma = \frac{\Delta P d}{4}$$

여기서, σ : 표면장력(kgf/m 또는 N/m), ΔP : 압력차(kgf/m²), d : 내경(m)

8. 보일의 법칙

온도가 일정할 때 일정량의 기체가 차지하는 **부피는 절대압력에 반비례**

$$T(온도) = 일정 \qquad P_1 V_1 = P_2 V_2$$

9. 샤를의 법칙

압력이 일정할 때 일정량의 기체가 차지하는 **부피는 절대온도에 비례**

$$P(압력) = 일정 \qquad \frac{V_1}{T_1} = \frac{V_2}{T_2}$$

10. 보일-샤를의 법칙

일정량의 기체가 차지하는 부피는 **절대압력에 반비례**하고 **절대온도에 비례**

$$\frac{P_1 V_1}{T_1} = \frac{P_2 V_2}{T_2}$$

여기서, P : 절대압(국소대기압+계기압(게이지압)), V : 부피, T : 절대온도(273+t℃)K

[보일의 법칙] [샤를의 법칙] [보일-샤를의 법칙]

11. 이상기체 상태방정식 ★★★★★

(1) 이상기체(Ideal gas) 또는 완전기체(perfect gas)

실제로는 존재할 수 없는 기체이며 분자 **상호간의 인력도 무시**되고 분자가 차지하는 부피도 무시되는 즉 **완전탄성체**로 가정한 기체

[이상기체 또는 완전기체의 성질]
① **보일 – 샤를의 법칙**을 만족
② **아보가드로의 법칙**을 따른다.
③ 분자 상호간의 인력 및 분자가 차지하는 **부피는 무시**
④ 내부에너지는 **체적과 무관**하고 오직 온도에 의하여 결정
⑤ 비열비(정압비열(C_P)/정적비열(C_V))는 온도와 무관하며 일정.
⑥ 분자간의 충돌은 **완전탄성체**로 이루어진다.

(2) 이상기체 상태방정식

$$PV = nRT = \frac{W}{M}RT$$

여기서, P : 압력(atm), V : 부피(m³), n : 몰수($\frac{W}{M}$), T : 절대온도(273+t℃)K
W : 질량(kg), M : 분자량, R : 기체상수(0.082atm · m³/kmol · K)

> **참고**
>
> **기체상수 R의 값**
> ❶ $0.082\,\text{atm} \cdot \text{L/mol} \cdot \text{K}$ ❷ $0.082\,\text{atm} \cdot \text{m}^3/\text{kmol} \cdot \text{K}$

(3) 완전기체 방정식

$$PV_S = RT \text{ 또는 } \frac{P}{\rho} = RT \ (\because V_S(\text{비체적}) = \frac{1}{\rho(\text{밀도})})$$

$$PV = WRT$$

여기서, P : 압력(kgf/m^2), V : 부피(m^3), W : 질량(kg)

R : 기체상수[$\frac{848}{M}$(kgf · m/kmol · K)], T : 절대온도$(273+t\text{℃})°\text{K}$

2-3 유체의 운동역학 및 계측

1. 유체 흐름의 형태★★

유체흐름형태	층 류	임계영역(전이영역)	난 류
레이놀드수(ReNo)	ReNo < 2100	2100 < ReNo < 4000	ReNo > 4000

2. 레이놀드수(Reynold Number : ReNo)★★★★★

$$ReNo = \frac{Du\rho}{\mu} = \frac{Du}{\nu} [\text{무차원}]$$

여기서, D : 내경(m), u : 유속(m/sec), ρ : 밀도(kg/m³) μ : 유체의 점도(kg/m · sec)
ν : 동점도(동점성계수) (m²/sec)

$$\nu : \text{동점도}[\text{m}^2/\text{sec}] = \frac{\mu(\text{점도})[\text{kg/m} \cdot \text{sec}]}{\rho(\text{밀도})[\text{kg/m}^3]}$$

- 상임계 레이놀드수(4000) : **층류에서 난류**로 변하는 레이놀드수
- 하임계 레이놀드수(2100) : **난류에서 층류**로 변하는 레이놀드수

3. 관마찰 손실 계수(f)★★★

① 층류 영역(ReNo < 2100) : 상대조도와 무관하고 **레이놀드수만의 함수**이며 레이놀드수에 반비례

$$f = \frac{64}{ReNo}$$

② 난류영역(ReNo > 4000) : **상대조도와 무관**하고 레이놀드수에 의하여 좌우
③ 전이영역(임계영역) (2100 < ReNo < 4000) : **상대조도와 레이놀드수의 함수**이다.
※ 일반적으로 관마찰 손실계수(f)는 상대조도와 레이놀드수의 함수

4. 수평원관에서 층류흐름★★★★★

① 전단응력(τ)

$$\tau = -\frac{dP}{dl} \times \frac{r}{2} = \frac{\Delta P \ (P_A - P_B)}{l} \times \frac{r}{2}$$

여기서, τ : 전단응력(kgf/m^2), r : 배관 중심으로부터 거리(m)
 l : 배관길이(m), ΔP : 압력강하(kgf/m^2)

② 속도분포

수평 원관에서 속도분포는 **배관 벽에서 0**이고 배관 중심선에 가까울수록 **포물선적으로 증가**한다.

$$\frac{U}{U_{\max}} = 1 - \frac{r^2}{r_o^2}$$

여기서, U : 평균유속, $U_{\max}$: 최대유속
 r : 배관중심으로부터 거리, r_o : 배관중심에서 벽까지 거리

[전단응력분포도]   [속도분포도]

5. 연속방정식

질량보존의 법칙을 유체의 흐름에 적용한 방정식

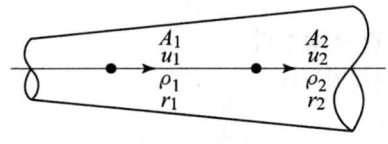

[연속의 방정식]

① 질량유량($\overline{m}$: kg/sec)

$$\overline{m} = A_1 U_1 \rho_1 = A_2 U_2 \rho_2$$

② 중량유량($\overline{G}$: kgf/sec)

$$\overline{G} = A_1 U_1 \gamma_1 = A_2 U_2 \gamma_2$$

③ 체적유량 = 용량유량($\overline{Q}$: m³/sec)

$$\overline{Q} = A_1 U_1 = A_2 U_2$$

여기서, A : 단면적(m²), U : 유속(m/sec), ρ : 밀도(kg/m³), γ : 비중량(kgf/m³)

④ 연속방정식의 미분

$$\frac{d\rho}{\rho} + \frac{dA}{A} + \frac{dU}{U} = 0$$

6. 유선, 유적선, 유맥선★★

① 유선(streamline)
유동장의 한 선상의 모든 점에서 그은 **접선**이며 그 점에서의 속도 방향과 일치하도록 그려진 **가상 곡선**

$$\text{유선의 방정식} : \frac{dx}{u} = \frac{dy}{v} = \frac{dz}{w}$$

② 유적선(pathline) : 한 유체 입자가 일정한 기간 내에 움직인 **경로**
③ 유맥선(streakline) : 공간 내의 한 점을 지나는 모든 유체 입자들의 **순간 궤적**

7. 오일러의 운동방정식★★

$$\frac{dP}{\rho} + udu + gdz = 0$$

[오일러(Euler)의 운동방정식 유도시 가정]
① **정상류**(정상유동)이다.
② 유체 입자는 **유선에 따라 이동**한다.
③ 유체는 **마찰이 없다**.(점성력=0)

8. 베르누이 방정식(Bernoulli equation)

① 이상유체인 경우

$$\frac{u_1^2}{2g}+\frac{p_1}{r}+z_1=\frac{u_2^2}{2g}+\frac{p_2}{r}+z_2=\text{일정}(\text{const ant})$$

② 실제유체인 경우

$$\frac{u_1^2}{2g}+\frac{p_1}{r}+z_1=\frac{u_2^2}{2g}+\frac{p_2}{r}+z_2+\Delta H_L=\text{일정}(\text{constant})$$

여기서, u : 평균속도(m/sec), p : 압력(kgf/m^2), r : 비중량(kgf/m^3), z_1 : 높이(m)
ΔH_L : 손실수두(m), g : 중력가속도(9.8m/sec^2)

$$\text{속도수두}:H=\frac{u^2}{2g},\quad \text{압력수두}:H=\frac{P}{r},\quad \text{위치수두}:H=Z$$

※ 수평 배관에서 위치수두는 같다. 즉 $z_1=z_2$ 이다.

③ 에너지선 (전수두선)(E.L=Energy Line)

$$H=\frac{u^2}{2g}+\frac{p}{r}+Z$$

④ 수력구배선 (H.G.L=Hydraulic Grade Line)

$$H=\frac{p}{r}+Z$$

※ 수력구배선은 언제나 에너지선보다 속도수두($H=\frac{u^2}{2g}$)만큼 아래에 위치

※ 에너지선은 언제나 수력구배선보다 속도수두($H=\frac{u^2}{2g}$)만큼 위에 위치

⑤ 베르누이 방정식의 성립조건
  ㉠ **정상류**(정상흐름)
  ㉡ 적용되는 임의의 두 점은 같은 유선상(유체입자는 유선에 따라 유동한다.)
  ㉢ **비압축성** 유체의 흐름.
  ㉣ 유체의 **점성이나 마찰이 없다.**

9. 유체의 운동량 방정식★★

① 운동량 방정식

$$F = Q \Delta u \rho$$

여기서, F : 힘($N = kg \cdot m/sec^2$), Q : 유량(m^3/sec)
Δu : 유속의 차이(m/sec), ρ : 밀도(kg/m^3)

[운동량 방정식 유도시 필요한 가정]
㉠ 단면에서 평균유속은 일정하다.
㉡ 정상유동이다.

② 운동량 수정계수

$$\beta = \frac{1}{A} \int_A \left(\frac{U}{V}\right)^2 dA = \frac{1}{AV^2} \int_A U^2 dA$$

③ 운동에너지 수정계수

$$\alpha = \frac{1}{A} \int_A \left(\frac{U}{V}\right)^3 dA = \frac{1}{AV^3} \int_A U^3 dA$$

여기서, A : 단면적(m^2), V : 평균속도(m/sec), U : 국부속도(m/sec), dA : 미소 단면적(m^2)

10. 무차원수(단위가 없는 수)★★★

무차원수의 명칭	관계식	물리적 의미
레이놀드수(Reynold number)	$ReNo = \dfrac{\rho UL}{\mu}$	**관성력/점성력**
프루우드수(Froude number)	$FrNo = \dfrac{U}{\sqrt{Lg}}$	관성력/중력
웨버수(Weber number)	$WeNo = \dfrac{\rho U^2 L}{\sigma}$	관성력/표면장력
코우시수(Cauchy number)	$CaNo = \dfrac{U^2}{K/\rho}$	**관성력/탄성력**
마하수(Mach number)	$MaNo = \dfrac{U}{C}$	관성력/탄성력
오일러수(Euler number)	$EuNo = \dfrac{P}{\rho U^2/2}$	압축력/관성력

11. 토리첼리(Torricelli)의 정리★★

$$u = \sqrt{2gH} \ \cdots \ 이론식 \qquad u = C\sqrt{2gH} \ \cdots \ 실제식$$

여기서, u : 유속(m/sec), g : 중력가속도($9.8 m/sec^2$), C : 유출계수, H : 수두(높이) (m)

12. 수력반경(Hydraulic Radius)★★★

수력반지름이라고도 하며 **유동단면적을 접수길이로 나눈 값**

$$Rh = \frac{A}{l}$$

여기서, Rh : 수력반경, A : 단면적, l : 접수길이
※ 접수길이 : 물과 접한 둘레길이

① 원형관의 수력반경

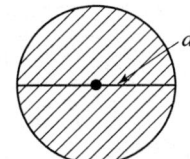

$$Rh = \frac{A(\frac{\pi}{4}d^2 \,:\, 관단면적)}{l(\pi d \,:\, 관둘레길이)}$$

$$\therefore Rh = \frac{d}{4} \qquad d = 4Rh$$

② 이중 원형관의 수력반경

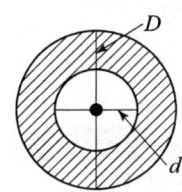

$$Rh = \frac{A}{l} = \frac{외경관단면적 - 내경관단면적}{외경관둘레길이 + 내경관둘레길이}$$

$$= \frac{\frac{\pi}{4}D^2 - \frac{\pi}{4}d^2}{\pi D + \pi d} = \frac{\frac{\pi}{4}(D+d)(D-d)}{\pi(D+d)} = \frac{1}{4}(D-d)$$

$$\therefore Rh = \frac{1}{4}(D-d)$$

③ 사각형관의 수력반경

$$\therefore Rh = \frac{ab}{2(a+b)}$$

④ 개수로의 수력반경

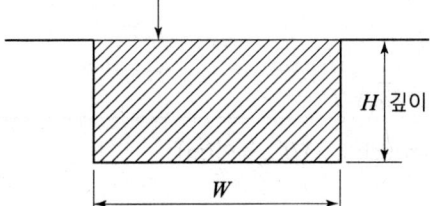

$$\therefore Rh = \frac{WH}{W+2H}$$

⑤ 수력반경과 달시방정식 관계

$$\Delta hL = \frac{fl U^2}{2gD} \qquad d(D) = 4Rh \text{를 대입} \quad \Delta hL = f\frac{lU^2}{4Rh\, 2g}$$

⑥ 수력반경과 레이놀드수(ReNo) 및 상대조도 관계

$$ReNo = \frac{4Rh\,U}{\nu} \qquad \frac{e}{d}(상대조도) = \frac{e}{4Rh}$$

13. 유체의 계측★★★

(1) 비중량의 측정

U자관 마노미터(manometer)

$P_A = \gamma_1 h_1$
$P_B = \gamma_2 h_2$
$P_A = P_B$

$$\gamma_1 h_1 = \gamma_2 h_2$$

여기서, γ : 비중량(kgf/m³), h : 높이(m)

(2) 점성계수의 측정(점도의 측정)★★★

점도계의 종류	이용한 법칙
❶ 낙구식 점도계	스토크스 법칙
❷ 오스트왈드(Ostwald)점도계	하겐-포아젤의 법칙
❸ 세이볼트(Saybolt) 점도계	
❹ 맥마이첼(MacMichael) 점도계	뉴우톤의 점성법칙
❺ 스토머(Stomer) 점도계	

(3) 정압측정

▶ 유체가 유동시 교란되지 않는 유체의 정압 측정
① **피에죠미터**(piezometer)　　② **정압관**(static tube)

(4) 유속의 측정

피토관(pitot tube)

$$U = \sqrt{2g\Delta H}$$

여기서, u : 유속(m/sec), g : 중력가속도(9.8m/sec²), ΔH : 높이(m)

(5) 유량의 측정

① 오리피스 미터(orifice meter)
　㉠ **차압식 유량계**
　㉡ 설치가 쉽고 가격이 저렴

ⓒ 압력 손실이 크다.
ⓓ 교체가 쉽고 설치장소를 적게 차지

② 벤츄리 미터(Venturi meter)
  ㉠ **차압식** 유량계
  ㉡ 유량측정이 정확하고 설치비가 비싸다.
  ㉢ **압력손실이 적다.**
  ㉣ 설치장소를 많이 차지한다.

$$Q(\mathrm{m^3/sec}) = \frac{C_o(C_V)A_2}{\sqrt{1-m^2}}\sqrt{\frac{2g(\gamma_1-\gamma_2)}{\gamma_2}R}$$

여기서, γ_1 : 마노미터 속 유체비중량(kgf/m³), m(개구비)$=\frac{A_2}{A_1}=\left(\frac{D_2}{D_1}\right)^2$

γ_2 : 배관속 유체비중량(kgf/m³), C_o 또는 C_V : 오리피스 또는 벤츄리계수

R : U자관 마노미터읽음(m), $A_2 : \frac{\pi}{4}D_2^2$

g : 중력가속도(9.8m/sec²)

③ 로타미터(rotameter)
  ㉠ 유체 속에 부자를 띄운다.
  ㉡ **유량을 직접 눈으로 읽을 수 있다.**
  ㉢ 압력손실이 적다.
  ㉣ 유량 측정 범위가 넓다.

④ 위어(Weir)
  개수로에서 흐르는 다량의 **유량 측정**
  ㉠ 직각삼각위어

  $$Q(\mathrm{m^3/min}) = Kh^{5/2}$$

  여기서, Q : 유량(m³/min), K : 유량계수, h : 위어수두(m)

  ㉡ 사각위어

  $$Q(\mathrm{m^3/min}) = Kbh^{3/2}$$

  여기서, Q : 유량(m³/min), K : 유량계수, b : 위어폭(m), h : 위어수두(m)

  ㉢ V-notch (V-놋치) 위어

  $$Q(\mathrm{m^3/min}) = \frac{8}{15}\sqrt{2g}\tan\frac{\theta}{2}h^{5/2}$$

  여기서, Q : 유량(m³/min), g : 중력가속도(9.8m/sec²)
  θ : V-notch의 각도, h : 위어수두(m)

⑥ 액주계(마노미터 : manometer) : 압력차 측정
  ㉠ 피에죠미터(Piezometer)
  ㉡ U자관 마노미터

$$P_A = \gamma h \qquad P_A = -\gamma h \qquad P_A = \gamma_2 h_2 - \gamma_1 h_1$$

여기서, P : 압력(kgf/m²), γ : 비중량(kgf/m³), h : 높이(m)

2-4 배관의 마찰손실 및 배관

1. 배관의 마찰손실★★

(1) 주 손실

배관 내 유체가 흐를 때 **직관에서의 마찰손실**을 말한다.

(2) 부차적 손실

① 배관의 **급격한 확대**에 의한 손실   ② 배관의 **급격한 축소**에 의한 손실
③ **배관 부속품**에 의한 손실   ④ 유로의 **급격한 변경부분**에서의 손실

$$\Delta H_L = K \frac{u^2}{2g}$$

여기서, ΔH_L : 부차적 손실수두(m), K : 실험적으로 구한 손실계수
  u : 유속(m/sec), g : 중력가속도(9.8m/sec²)

2. 배관의 축소 및 확대손실

(1) 관이 급격히 축소하는 경우

$$\Delta H_L(\text{m}) = K \frac{u_2^2}{2g}$$

여기서, K : 축소손실계수 $\left(\dfrac{1}{Ac} - 1\right)^2$
  Ac : A_2/A_1에 대한 축소계수

(2) 관이 급격히 확대하는 경우

$$\Delta H_L(\text{m}) = \frac{(u_1 - u_2)^2}{2g} = K \frac{u_1^2}{2g}$$

여기서, K : 확대손실계수 $\left[1 - \left(\frac{d_1}{d_2}\right)^2\right]^2$

d_2가 무한히 크면 즉, $d_2 \gg d_1$이면 $K = 1$

$\therefore \Delta H_L(\text{m}) = \frac{(u_1 - u_2)^2}{2g}$

(3) 손실계수 K값의 최소 및 최대

① 최소 : 6°~7° 사이   ② 최대 : 65° 근처

3. 배관마찰손실의 관계식

(1) Darcy-Weisbach 방정식

$$\Delta H_L = \frac{flu^2}{2gD} \qquad \Delta P_L = \frac{flu^2 r}{2gD} \text{ or } \Delta P_L = \Delta H_L r$$

여기서, ΔH_L : 마찰손실수두(m), f : 마찰손실계수, l : 배관길이(m), u : 유속(m/sec)
g : 중력가속도(9.8m/sec^2), D : 배관내경(m), ΔP_L : 마찰손실압력(kgf/m^2)
r : 유체의비중량(kgf/m^3, 물=1000kgf/m^3)

(2) 하겐-포아젤 방정식(Hagen-Poiseuille equation)

$$\Delta H_L = \frac{\Delta P}{r} = \frac{128 \mu l Q}{r \pi d^4}$$

여기서, ΔH_L : 마찰손실수두(m), r : 유체의 비중량(kgf/m^3), l : 배관길이(m), d : 배관내경(m)

$$\Delta P = \frac{128 \mu l Q}{\pi d^4} \quad \text{or} \quad \Delta P = \Delta H_L \cdot r$$

여기서, ΔP : 마찰손실압력(kgf/m^2), μ : 유체의 점도(kgf·sec/m^2), Q : 유량(m^3/sec)

(3) 헤이젠-윌리엄스(Hagen-William's) 방정식

$$\Delta Pm = 6.053 \times 10^4 \times \frac{Q^{1.85}}{C^{1.85} \times D^{4.87}}$$

여기서, ΔPm : 배관 1m당 마찰손실압력(MPa), Q : 유량(l/min)
C : 조도(Roughness) (배관의 거칠음 계수), D : 배관내경(mm)

4. 관부속품의 상당관 길이★

관부속품을 동일구경, 동일유량에 대하여 같은 크기의 마찰손실을 갖는 직관의 길이

$$\therefore K\frac{u^2}{2g} = \frac{flu^2}{2gD} \qquad \therefore l = \frac{KD}{f}$$

여기서, l : 상당관 길이(m), f : 마찰손실계수, K : 손실계수, D : 관내경(m)

5. 배관의 두께

관의 두께는 규격번호(스케쥴 번호 : Schedule No)로 표시

① Schedule No = $\dfrac{\text{사용압력}(\text{kgf}/\text{cm}^2)}{\text{허용응력}(\text{kgf}/\text{cm}^2)} \times 1000$

② 허용응력 = $\dfrac{\text{인장강도}}{\text{안전율}}$

6. 배관의 이음★★

(1) 강관의 이음

① 나사이음 : 일반적으로 나사이음은 50A 이하의 관연결시 사용
② 용접 이음 : 일반적으로 50A 이상의 관연결시 사용
③ 플랜지 이음 : 배관 중간에 설치한 기기의 **고장 수리시, 배관해체시 편리**

(2) 동관의 이음

플레어 이음(flare joint) : 일반적으로 20A 이하의 동관 이음시 사용한다.

7. 신축 이음 (expantion joint)★★★

① 슬리브형(Sleeve type)
② 벨로우즈형(Bellows type)
③ 루우프형(Loop type)
④ 스위블형(Swivel type)
⑤ 볼 죠인트형

2-5 펌프의 종류, 발생현상, 동력계산식

1. 펌프의 종류★

(1) 터보형

① 원심식 : **볼류트**(Volute)**펌프, 터빈**(Turbine)**펌프**(디퓨져펌프)
② 사류식 : 사류펌프
③ 축류식 : 축류펌프

(2) 용적형

① 왕복식 : 피스톤 펌프, 플런져 펌프, 다이아프램 펌프, 워싱턴 펌프
② 회전식 : 베인펌프, 기어펌프, 나사(스크류)펌프

2. 펌프의 구조★

(1) 원심 펌프의 분류

[볼류트(Volute) 펌프와 터빈(Turbine) 펌프의 차이점]

구 분	볼류트 펌프	터빈 펌프
안내깃(guide vane)	없음	있음
양수량 및 동력변화	양수량 조절이 쉬운 편이다.	동력변화가 심하다.
소음 및 진동	작은 편이다.	발생하기 쉽다.
효율의 변화	큰 편이다.	적은 편이다.
양수량의 차이	소유량~대유량	중유량~대유량
적응 양정	비교적 저양정(저압)에 적합	비교적 고양정(고압)에 적합

(2) 왕복 펌프

① 피스톤 펌프　　② 플런져 펌프　　③ 다이아프램 펌프

3. 펌프의 발생현상

(1) 공동현상(Cavitation)

유체 중 물 온도의 증기압보다 낮은 부분이 발생하면 물은 증발되고 물 속에 있던 공기와 물이 분리되어 **기포가 발생하는 현상**

(2) 공동현상 발생원인

① 펌프의 **흡입측 수두가 클 경우**
② 펌프의 **마찰 손실이 클 경우**

③ 펌프의 **흡입관경**이 너무 작을 경우
④ 펌프의 **흡입압력**이 유체의 증기압보다 낮은 경우
⑤ 펌프의 **임펠러 속도**가 너무 클 경우
⑥ 배관내의 **유체가 고온**일 경우

(3) 공동현상의 발생현상
① 펌프의 성능저하(토출량, 양정, 효율감소)
② 진동과 소음발생
③ 임펠러(Impeller)의 **침식 발생**
④ 심하면 양수불능 또는 양수량 감소

(4) 공동현상 방지대책
① 펌프의 설치 위치를 가능한 **수원보다 낮게**
② 흡입배관의 **마찰 손실**을 최대한 작게
③ 임펠러 **회전속도를 작게**
④ 흡입배관 **관경을 크게**
⑤ 단흡입 보다 양흡입 펌프를 사용
⑥ 펌프를 2대 이상 설치
⑦ 지나친 고양정 펌프 사용을 지양

4. 수격작용(Water hammering)

펌프에서 유체 압송 시 배관 내 유체의 운동에너지가 압력에너지로 변하여 고압이 발생, 배관 벽면을 치는 현상

(1) 수격작용 발생원인
① 정전 등으로 **펌프가 급정지**하는 경우
② 밸브를 급히 개폐하는 경우
③ 펌프의 정상운전 시 **유체의 압력 변동**이 있는 경우

(2) 수격작용 방지대책
① **관경을 크게** 하여 유속을 낮춘다.
② 펌프에 플라이 휠(Fly wheel)을 설치
③ 펌프 토출측에 에어챔버 또는 **수격방지기**를 설치.
④ 배관은 가능한 **직선적으로 시공**
⑤ 밸브는 펌프 송출구 가까이 설치하고 **적당한 밸브제어**

5. 써징(맥동)현상(Surging) ★★★

펌프 운전 중 주기적으로 **운동, 양정, 토출량**이 변화하는 현상 즉, 송출압력과 송출유량의 주기적인 변동이 발생하는 현상

(1) 써징(맥동)현상 발생원인
① 펌프의 양정곡선이 산형특성이며 사용범위가 **우상특성**일 것
② 토출측 배관이 길고 중간에 수조, 공기저장기가 있을 때
③ 토출량 조절밸브가 수조나 공기저장기보다 아래에 있을 때

(2) 써징(맥동)현상 방지대책
① 펌프의 양수량을 증가시키거나 **임펠러 회전수를 변화**시킨다.
② 배관 내 공기제거 및 단면적, 유속, 유량조절
③ 유량조절밸브는 펌프의 토출측 직후에 설치
④ 배관 중에 수조나 공기 저장조 제거한다.

6. 펌프의 양정

(1) 이용가능한 유효흡입양정(NPSHav)

$$NPSHav = H_a - H_P \pm H_s - H_L$$

여기서, NPSHav : 이용 가능한 유효흡입양정(m)
H_a : 대기압두(m), H_P : 증기압두(m), H_s : 흡입수두(m) (+ : 압입상, − : 흡입상)
H_L : 흡입배관 마찰 손실수두(m)

※ 수두 $H(m) = \dfrac{압력\ P(kgf/m^2)}{비중량\ \gamma(kgf/m^3)}$

(2) 필요한 유효흡입양정(NPSHre)

$$NPSHre = \lambda \dfrac{u^2}{2g}$$

여기서, λ : 깃의 형상에 따른 압력강하계수, u : 유속(m/sec), g : 9.8m/sec^2

(3) NPSHav와 NPSHre의 관계
① 캐비테이션 발생한계조건(임계조건) NPSHav = NPSHre
② 캐비테이션 발생방지 조건 NPSHav > NPSHre
③ 캐비테이션 발생방지 설계조건 NPSHav ≧ NPSHre × 1.3

7. 펌프의 직렬 및 병렬운전★★★★

펌프 운전 방법	토출량(Q)	토출압(P)
직렬 운전	Q	2P
병렬 운전	2Q	P

8. 펌프의 상사 법칙

(1) 유량

$$Q_2 = Q_1 \times \left(\frac{N_2}{N_1}\right) \times \left(\frac{D_2}{D_1}\right)^3$$

(2) 양정(압력)

$$H_2 = H_1 \times \left(\frac{N_2}{N_1}\right)^2 \times \left(\frac{D_2}{D_1}\right)^2$$

(3) 동력

$$P_2 = P_1 \times \left(\frac{N_2}{N_1}\right)^3 \times \left(\frac{D_2}{D_1}\right)^5$$

여기서, Q_1 : 변경 전 유량 Q_2 : 변경 후 유량
H_1 : 변경 전 양정(압력) H_2 : 변경 후 양정(압력)
N_1 : 변경 전 rpm N_2 : 변경 후 rpm
D_1 : 변경 전 임펠러 직경 D_2 : 변경 후 임펠러 직경
P_1 : 변경 전 동력 P_2 : 변경 후 동력

9. 펌프의 동력계산

(1) 전동기 용량(모터동력)

$$P(\text{kW}) = \frac{\gamma \times Q \times H}{102 \times E} \times K$$

여기서, γ : 비중량(kgf/m³, 물의 비중량=1000kgf/m³)
Q : 유량(m³/sec), H : 전양정(m), E : 펌프의 효율(%/100), K : 전달계수

$$P(\text{kW}) = \frac{0.163 \times Q_1 \times H}{E} \times K$$

여기서, Q_1 : 유량(m^3/min), $0.163 = \dfrac{1000}{102 \times 60}$

(2) 내연기관의 용량

$$P(HP) = \frac{\gamma \times Q \times H}{76 \times E} \times K \qquad P(PS) = \frac{\gamma \times Q \times H}{75 \times E} \times K$$

여기서, γ : 비중량(kgf/m^3, 물의 비중량＝1000kgf/m^3)
  Q : 유량(m^3/sec), H : 전양정(m), E : 펌프의 효율(%/100), K : 전달계수

1kW＝102kgf · m/sec   1HP＝76kgf · m/sec
1PS＝75kgf · m/sec

(3) 축동력

$$L_S(KW) = \frac{\gamma QH}{102 \times E} \qquad L_S(HP) = \frac{\gamma QH}{76 \times E} \qquad L_S(PS) = \frac{\gamma QH}{75 \times E}$$

여기서, γ : 비중량(kgf/m^3), Q : 유량(m^3/sec), H : 전양정(m), E : 펌프의 효율(%/100)

※ **주의** : 축동력 계산 시 전달계수 K값은 무시한다.

(4) 수동력

$$L_W(KW) = \frac{\gamma QH}{102} \qquad L_W(HP) = \frac{\gamma QH}{76} \qquad L_W(PS) = \frac{\gamma QH}{75}$$

여기서, γ : 비중량(kgf/m^3), Q : 유량(m^3/sec), H : 전양정(m)

※ **주의** : 수동력 계산 시 펌프의 효율 및 전달계수 K값은 무시한다.

제1편 일반화학 및 유체역학

제2장 유체역학 — 핵심 기출예상문제

01 다음 중 이상유체에 대한 설명으로 옳은 것은?

㉮ 압력을 가하면 부피가 감소하고 압력이 제거되면 부피가 다시 증가하는 가상유체를 의미한다.
㉯ 뉴턴의 점성법칙에 따라 거동하는 가상유체를 의미한다.
㉰ 비점성, 비압축성인 가상유체를 의미한다.
㉱ 유체를 관 내부로 이동시키면 유체와 관벽 사이에서 전단응력이 발생하는 가상유체를 의미한다.

해설 뉴톤의 점성법칙
전단응력은 점성계수와 속도구배(속도기울기)에 비례한다.

$$\text{전단응력 } \tau = \mu \frac{du}{dy}$$

여기서, μ : 점성계수, $\dfrac{du}{dy}$: 속도구배(속도기울기)

- **뉴톤유체** : 전단응력과 전단변형률이 비례하는 유체
- **이상유체** : 점성이 없고(비점성) 비압축성인 유체

해답 ㉰

02 원형 관 속에서 유속 3m/s로 1일 동안 20,000m³의 물을 흐르게 하는데 필요한 관의 내경은 약 몇 mm인가?

㉮ 414
㉯ 313
㉰ 212
㉱ 194

해설 유속

$$u = \frac{Q}{A} = \frac{Q}{\frac{\pi}{4}d^2}$$

여기서, Q : 유량(m³/s), A : 배관 단면적(m²), d : 배관내경(m)

① $d = \sqrt{\dfrac{4Q}{u\pi}}$, $Q = 20{,}000\text{m}^3/\text{day} = 20{,}000\text{m}^3/(24\text{hr} \times 3600\text{s}) = 0.2315\text{m}^3/\text{s}$, $u = 3\text{m/s}$

② $d = \sqrt{\dfrac{4Q}{\pi u}} = \sqrt{\dfrac{4 \times 0.2315}{\pi \times 3}} = 0.31345\text{m} = 313.45\text{mm}$

해답 ㉯

03 유체의 점성계수에 대한 설명 중 틀린 것은?

㉮ 동점성계수는 점성계수를 밀도로 나눈 값이다.
㉯ 전단응력이 속도구배에 비례하는 유체를 뉴턴 유체라 한다.
㉰ 동점성계수의 단위는 [cm²/s]이며 이를 Stokes라고 한다.
㉱ Pseudo 소성유체, Dilatant 유체는 뉴턴 유체이다.

해설 유체의 점성계수

① 동점성계수 $v = \dfrac{\mu}{\rho}$ (μ : 점도, ρ : 밀도)

② 뉴턴 유체 : 전단응력이 속도구배에 비례하는 유체($\tau = \mu \dfrac{du}{dy}$)

③ 동점성계수의 단위 : Stokes(cm²/s)
④ Pseudo 소성유체, Dilatant 유체는 비뉴턴 유체

해답 ㉱

04 소화수조에 물을 채워 직경 4cm의 파이프를 통해 8m/s의 유속으로 흘려 직경 1cm의 노즐을 통해 소화할 때 노즐 끝에서의 유속은 몇 m/s인가?

㉮ 16 ㉯ 32
㉰ 64 ㉱ 128

해설 유량과 유속

$$Q = uA = u \times \dfrac{\pi}{4} d^2, \quad u = \dfrac{Q}{A} = \dfrac{Q}{\dfrac{\pi}{4} d^2}$$

여기서, Q : 유량(m³/s), u : 유속(m/sec), A : 배관 단면적(m²), d : 배관내경(m)

① 직경이 4cm(0.04m)일 때 유량

$Q = uA = 8\text{m/s} \times \dfrac{\pi}{4} \times (0.04\text{m})^2 = 0.01\text{m}^3/\text{s}$

② 직경이 1cm(0.01m)일 때 유속은

$u = \dfrac{Q}{A} = \dfrac{0.01\text{m}^3/\text{s}}{\dfrac{\pi}{4} \times (0.01\text{m})^2} = 127.32\text{m/s}$

해답 ㉱

05 가솔린 저장탱크로부터 위험물이 누설되어 직경 2m인 상태에서 풀(Pool) 화재가 발생되었다. 이 때 위험물의 단위면적당 발생되는 에너지 방출속도는 몇 kW인가? (단, 가솔린의 연소열은 43.7kJ/g이며, 질량유속은 55g/m²·s이다.)

㉮ 1,887 ㉯ 2,453
㉰ 3,775 ㉱ 7,551

해설 에너지 방출속도 계산공식

$$Q = mA\Delta H$$

여기서, m : 질량유속[g/m² · s], A : 표면적[m²], ΔH : 연소열[kJ/g]

$$\therefore Q = 55\text{g/m}^2 \cdot \text{s} \times \frac{\pi}{4} \times (2\text{m})^2 \times 43.7\text{kJ/g} = 7,551\text{kJ/s (kW)}$$

$$1W = 1J/s, \quad 1kW = 1KJ/s$$

해답 라

---

06 흐름 단면적이 감소하면서 속도수두가 증가하고 압력수두가 감소하여 생기는 압력차를 측정하여 유량을 구하는 기구로서 제작이 용이하고 비용이 저렴한 장점이 있으나 유체 수송을 위한 소요동력이 증가하는 단점이 있는 것은?

㉮ 로터미터 ㉯ 피토튜브
㉰ 벤투리미터 ㉱ 오리피스미터

해설 오리피스미터
① 배관내 흐름 단면적이 감소하면서 속도수두가 증가하고 압력수두가 감소하여 생기는 압력차를 측정하여 유량을 측정하는 장치
② 제작이 용이하고 비용이 저렴하다.
③ 마찰손실이 크다.

해답 라

---

07 압력의 차원을 질량 M, 길이 L, 시간 T로 표시하면?

㉮ ML^{-2} ㉯ $ML^{-2}T^2$
㉰ $ML^{-1}T^{-2}$ ㉱ $ML^{-2}T^{-2}$

해설 단위와 차원
질량(Mass) : M, 길이(Length) : L, 시간(Time) : T, 힘(무게)(Force) : F

구 분	중력(무게)단위[차원]	절대(질량)단위[차원]
밀도	kg · s²/m⁴[FL⁻⁴T²]	kg/m³[ML⁻³]
압력	kg/m²[FL⁻²]	kg/m · s²[ML⁻¹T⁻²]
속도	m/s[LT⁻¹]	m/s[LT⁻¹]
가속도	m/s²[LT⁻²]	m/s²[LT⁻²]

해답 다

---

08 이산화탄소 가스의 밀도(g/L)는 27℃, 2기압에서 약 얼마인가?

㉮ 1.11 ㉯ 2.02
㉰ 2.76 ㉱ 3.57

해설 이상기체 상태방정식

$$PV = \frac{W}{M}RT = nRT$$

여기서, P : 압력(atm), V : 부피(L), W : 무게(g), M : 분자량, n : mol수 $= \frac{W}{M}$
R : 기체상수(0.082atm · L/mol · K), T : 절대온도(273 + t℃)K

$\frac{W}{V}(\rho) = \frac{PM}{RT} = \frac{2 \times 44}{0.082 \times (273 + 27)} = 3.57\text{g/L}$

해답 ㉣

09
배관의 팽창 또는 수축으로 인한 관, 기구의 파손을 방지하기 위하여 관을 곡관으로 만들어 배관 도중에 설치하는 신축 이음재는?

㉮ 슬리브형　　　　　　　㉯ 벨로우즈형
㉰ 루프형　　　　　　　　㉱ 스위블형

해설 신축이음 : 배관의 신축 팽창량을 흡수하여 배관에서 길이 방향의 팽창량을 흡수하는 역할을 하는 이음
신축이음의 종류
① 루프(곡관)형　② 슬리브(미끄럼)형　③ 벨로우즈형　④ 스위블형

해답 ㉰

10
토출량이 5m³/min이고 토출구의 유속이 2m/s인 펌프의 구경은 몇 mm인가?

㉮ 330　　　　　　　　　㉯ 230
㉰ 130　　　　　　　　　㉱ 120

해설 유속

$$u = \frac{Q}{A} = \frac{Q}{\frac{\pi}{4}d^2}$$

여기서, Q : 유량(m³/s), A : 배관 단면적(m²), d : 배관내경(m)

① $d = \sqrt{\frac{4Q}{u\pi}}$, $Q = 5\text{m}^3/\text{min} = 5\text{m}^3/60\text{sec}$, $u = 2\text{m/s}$

② $d = \sqrt{\frac{4Q}{\pi u}} = \sqrt{\frac{4 \times 5/60}{\pi \times 2}} = 0.230\text{m} = 230\text{mm}$

해답 ㉯

제 1 편 일반화학 및 유체역학

11 27℃, 5기압의 산소 10L를 100℃, 2기압으로 하였을 때 부피는 몇 L가 되는가?
㉮ 15   ㉯ 21
㉰ 31   ㉱ 46

해설 보일-샤를의 법칙을 적용
① $V_1 = 10L$, $P_1 = 5atm$, $T_1 = 273 + 27 = 300K$,
　$V_2 = ?$, $P_2 = 2atm$, $T_2 = 273 + 100 = 373K$
② $V_2 = V_1 \times \dfrac{P_1}{P_2} \times \dfrac{T_2}{T_1} = 10L \times \dfrac{5atm}{2atm} \times \dfrac{373K}{300K} = 31.08L$

① **보일의 법칙**

$$T(온도) = 일정 \qquad P_1V_1 = P_2V_2$$

온도가 일정할 때 일정량의 기체가 차지하는 부피는 절대압력에 반비례한다.

② **샤를의 법칙**

$$P(압력) = 일정 \qquad \dfrac{V_1}{T_1} = \dfrac{V_2}{T_2}$$

압력이 일정할 때 일정량의 기체가 차지하는 부피는 절대온도에 비례한다.

③ **보일-샤를의 법칙**

$$\dfrac{P_1V_1}{T_1} = \dfrac{P_2V_2}{T_2}$$

일정량의 기체가 차지하는 부피는 절대압력에 반비례하고 절대온도에 비례한다.

해답 ㉰

12 측정하는 유체의 압력에 의해 생기는 금속의 탄성변형을 기계식으로 확대지시하여 압력을 측정하는 것은?
㉮ 마노미터   ㉯ 시차액주계
㉰ 부르동관 압력계   ㉱ 오리피스미터

해설 부르동관 압력계
① 측정하는 유체의 압력에 의해 생기는 금속의 탄성변형을 기계식으로 확대 지시하여 압력을 측정하는 장치
② Bourdon-tube는 관 내부로 압력을 도입하면 관의 곡률반경이 변하고 자유단이 직선으로 움직이면서 압력에 비례한 변위가 생기게 된다. 이 변위를 Gear를 이용하여 확대 지시를 하게 된다.

해답 ㉰

13 다음에서 설명하고 있는 법칙은?

[다음] 온도가 일정할 때 기체의 부피는 절대압력에 반비례한다.

㉮ 일정성분비의 법칙 ㉯ 보일의 법칙
㉰ 샤를의 법칙 ㉱ 보일-샤를의 법칙

해설 ① **보일의 법칙**

$$T(온도) = 일정 \quad P_1 V_1 = P_2 V_2$$

온도가 일정할 때 일정량의 기체가 차지하는 부피는 절대압력에 반비례한다.

② **샤를의 법칙**

$$P(압력) = 일정 \quad \frac{V_1}{T_1} = \frac{V_2}{T_2}$$

압력이 일정할 때 일정량의 기체가 차지하는 부피는 절대온도에 비례한다.

③ **보일-샤를의 법칙**

$$\frac{P_1 V_1}{T_1} = \frac{P_2 V_2}{T_2}$$

일정량의 기체가 차지하는 부피는 절대압력에 반비례하고 절대온도에 비례한다.

해답 ㉯

---

14 직경이 400mm인 관과 300mm인 관이 연결되어 있다. 직경 400mm 관에서의 유속이 2m/s라면 300mm 관에서의 유속은 약 몇 m/s인가?

㉮ 6.56 ㉯ 5.56
㉰ 4.56 ㉱ 3.56

해설 **유량과 유속**

$$Q = uA = u \times \frac{\pi}{4} d^2, \quad u = \frac{Q}{A} = \frac{Q}{\frac{\pi}{4} d^2}$$

여기서, Q : 유량(m^3/s), u : 유속(m/sec), A : 배관 단면적(m^2), d : 배관내경(m)

① 직경이 400mm(0.4m)일 때 유량

$$Q = uA = 2m/s \times \frac{\pi}{4}(0.4m)^2 = 0.2513 m^3/s$$

② 직경이 300mm(0.3m)일 때 유속은

$$u = \frac{Q}{A} = \frac{0.2513 m^3/s}{\frac{\pi}{4}(0.3m)^2} = 3.56 m/s$$

해답 ㉱

15. 30L 용기에 산소를 넣어 압력이 150기압으로 되었다. 이 용기의 산소를 온도 변화 없이 동일한 조건으로 40L의 용기에 넣었다면 압력은 얼마로 되는가?

㉮ 85.7기압
㉯ 102.5기압
㉰ 112.5기압
㉱ 200기압

해설 **보일의 법칙(온도 일정) 적용**

$$P_2 = P_1 \times \frac{V_1}{V_2} = 150\text{atm} \times \frac{30\text{L}}{40\text{L}} = 112.5\text{atm}$$

① 보일의 법칙

$$T(\text{온도}) = \text{일정} \quad P_1 V_1 = P_2 V_2$$

온도가 일정할 때 일정량의 기체가 차지하는 부피는 절대압력에 반비례한다.

② 샤를의 법칙

$$P(\text{압력}) = \text{일정} \quad \frac{V_1}{T_1} = \frac{V_2}{T_2}$$

압력이 일정할 때 일정량의 기체가 차지하는 부피는 절대온도에 비례한다.

③ 보일-샤를의 법칙

$$\frac{P_1 V_1}{T_1} = \frac{P_2 V_2}{T_2}$$

일정량의 기체가 차지하는 부피는 절대압력에 반비례하고 절대온도에 비례한다.

해답 ㉰

16. 뉴턴의 점성법칙에서 전단응력을 표현할 때 사용되는 것은?

㉮ 점성계수, 압력
㉯ 점성계수, 속도구배
㉰ 압력, 속도구배
㉱ 압력, 마찰계수

해설 **뉴톤의 점성법칙**
① 전단응력은 점성계수와 속도구배(속도기울기)에 비례한다.
② **전단응력**은 단위면적당 가해지는 힘으로 **표면력에 해당**한다.

$$\text{전단응력}(\text{kg/m}^2) \quad \tau = \mu \frac{du}{dy}$$

여기서, μ : 점성계수 $\frac{du}{dy}$: 속도구배(속도기울기)

해답 ㉯

17 물분무소화에 사용된 20℃의 물 2g이 완전히 기화되어 100℃의 수증기가 되었다면 흡수된 열량과 수증기 발생량은 약 얼마인가? (단, 1기압을 기준으로 한다.)

㉮ 1,240cal, 2,400mL ㉯ 1,240cal, 3,400mL
㉰ 2,480cal, 6,800mL ㉱ 2,480cal, 10,200mL

해설 ① 흡수된 열량 : $Q = mC\Delta t + r \cdot m$
$= 2g \times 1cal/g \cdot ℃ \times (100-20)℃ + 539cal/g \times 2g = 1238cal$

② 수증기 발생량 : $PV = nRT$

$$V = \frac{nRT}{P} = \frac{\frac{2}{18} \times 0.08205 \times (273+100)}{1} = 3.4l = 3400mL$$

열량 산출 공식

$$Q = mc\Delta t + r \cdot m$$

여기서, Q : 열량(cal), m : 질량(g), c : 비열(cal/g.℃)(물의 비열 = 1cal/g · ℃)
Δt : 온도차(℃), r : 기화열(cal/g)(물의 기화열 = 539cal/g)

이상기체 상태방정식

$$PV = \frac{W}{M}RT = nRT$$

여기서, P : 압력(atm), V : 부피(m^3), W : 무게(kg), M : 분자량, n : mol수 $= \frac{W}{M}$
R : 기체상수(0.082atm · m^3/kmol · K), T : 절대온도(273 + t℃)K

해답 ㉯

---

18 펌프의 공동현상을 방지하기 위한 방법으로 옳지 않은 것은?

㉮ 펌프의 흡입관경을 크게 한다. ㉯ 펌프의 회전수를 크게 한다.
㉰ 펌프의 위치를 낮게 한다.   ㉱ 양흡입펌프를 사용한다.

해설 **공동현상**(캐비테이션)
관속의 흐르는 유체의 포화수증기압(Ps)이 정압(P)보다 클 때 공동현상이 발생한다.

공동현상(캐비테이션) **방지대책**
① 펌프의 설치위치를 수원보다 낮게 설치
② 펌프의 **임펠러속도**(회전수)를 **감속**한다.
③ 펌프의 흡입측 수두 및 마찰손실을 작게 한다.
④ 펌프의 흡입관경을 크게 한다.
⑤ 양흡입펌프를 사용한다.

해답 ㉯

19. 다음 중 나머지 셋과 가장 다른 온도값을 표현한 것은?

㉮ 100[℃] ㉯ 273[K]
㉰ 32[℉] ㉱ 492[R]

해설
① 100[℃]
② 섭씨온도[t℃] = K − 273 = 273[K] − 273 = 0[℃]
③ ℃ = $\frac{5}{9}$(℉ − 32) = $\frac{5}{9}$(32℉ − 32) = 0[℃]
④ ℉ = 492R − 460 = 32℉ = 0[℃]

화씨온도(℉)를 섭씨온도(℃)로 변환식

$$℉ = \frac{9}{5}℃ + 32, \quad ℃ = \frac{5}{9}(℉ − 32)$$

켈빈(Lord Kelvin)온도

$$T(K) = 273 + t℃$$

랭킨(Rankine)온도

$$R(R) = ℉ + 460$$

해답 ㉮

20. 펌프를 용적형 펌프(Positive Displacement Pump)와 터보 펌프(Turbo Pump)로 구분할 때 터보 펌프에 해당되지 않는 것은?

㉮ 원심펌프(Centrifugal Pump) ㉯ 기어펌프(Gear Pump)
㉰ 축류펌프(Axial Flow Pump) ㉱ 사류펌프(Diagonal Flow Pump)

해설 터보펌프 : 원심펌프, 축류펌프, 사류펌프
(1) **터보형펌프**
　흡입관과 토출관을 가진 용기(케이싱)안에서 날개차를 회전시켜 액체에 에너지를 부여하는 펌프
　① 볼류트(원심)펌프 ② 터빈펌프 ③ 축류펌프 ④ 사류펌프
(2) **용적형펌프**
　공간용적을 주기적으로 변화시켜 액체가 흡입, 배출되도록 한 펌프로 주로 유압장치용으로 사용
　① 왕복펌프 : 피스톤펌프, 플런져펌프, 워싱턴펌프, 버킷펌프
　② 회전펌프 : **기어펌프**, 나사펌프

해답 ㉯

21. 원형 직관 속을 흐르는 유체의 손실수두에 관한 사항으로 옳은 것은?

㉮ 유속에 비례한다.   ㉯ 유속에 반비례한다.
㉰ 유속의 제곱에 비례한다.   ㉱ 유속의 제곱에 반비례한다.

해설 달시 – 웨스바스(Darcy – Weisbach) 공식

$$\Delta h_L = f \times \frac{l}{d} \times \frac{u^2}{2g}$$

여기서, Δh_L : 마찰손실수두(m), f : 마출손실계수, l : 배관길이(m), u : 유속(m/sec)
g : 중력가속도(9.8m/sec^2), D : 배관내경(m)

★ $\Delta h_L \propto \dfrac{u^2}{2g}$ (배관마찰손실은 유속의 제곱에 비례)

해답 ㉰

22. 어떤 기체의 확산속도가 SO₂의 2배일 때 이 기체의 분자량을 추정하면 얼마인가?

㉮ 16   ㉯ 32
㉰ 64   ㉱ 128

해설 기체의 확산속도에 의한 분자량의 측정(그레이엄의 법칙)
두 가지 기체가 퍼지는 확산속도는 그 기체의 밀도(분자량)의 제곱근에 반비례한다.

$$\frac{U_1}{U_2} = \sqrt{\frac{M_2}{M_1}} = \sqrt{\frac{d_2}{d_1}}$$

여기서. U_1 : 기체1의 확산속도 U_2 : 기체2의 확산속도
M_1 : 기체1의 분자량 M_2 : 기체2의 분자량
d_1 : 기체1의 밀도 d_2 : 기체2의 밀도

① 두 가지 기체가 퍼지는 확산속도는 그 기체의 분자량의 제곱근에 반비례한다.
② SO₂의 확산속도 : $U_1 = 1$ 어떤 기체의 확산속도 $U_2 = 2$
③ $\dfrac{1}{2} = \sqrt{\dfrac{M_2}{64}}$ 양변을 제곱하면 $\dfrac{1}{4} = \dfrac{M_2}{64}$
③ $M_2 = \dfrac{64}{4} = 16$

해답 ㉮

23. 273℃에서 기체의 부피가 2L이다. 같은 압력에서 0℃일 때의 부피는 몇 L인가?

㉮ 0.5   ㉯ 1
㉰ 2   ㉱ 4

해설 샤를의 법칙을 적용

$$V_2 = V_1 \times \frac{T_2}{T_1} = 2L \times \frac{273K}{(273+273)K} = 1L$$

① 보일의 법칙

$$T(온도) = 일정 \quad P_1V_1 = P_2V_2$$

온도가 일정할 때 일정량의 기체가 차지하는 부피는 절대압력에 반비례한다.

② 샤를의 법칙

$$P(압력) = 일정 \quad \frac{V_1}{T_1} = \frac{V_2}{T_2}$$

압력이 일정할 때 일정량의 기체가 차지하는 부피는 절대온도에 비례한다.

③ 보일-샤를의 법칙

$$\frac{P_1V_1}{T_1} = \frac{P_2V_2}{T_2}$$

일정량의 기체가 차지하는 부피는 절대압력에 반비례하고 절대온도에 비례한다.

해답 ④

24. 유량을 측정하는 계측기구가 아닌 것은?

㉮ 오리피스미터   ㉯ 마노미터
㉰ 로터미터   ㉱ 벤투리미터

해설 마노미터 : 압력측정장치★

유량측정장치
① 오리피스미터
② 벤투리미터
③ 로터미터 (직접 유량을 눈으로 읽는다)
④ 위어(개수로 유량측정장치)

해답 ④

25. 273℃에서 기체의 부피가 4L이다. 같은 압력에서 25℃일 때의 부피는 약 몇 L인가?

㉮ 0.5   ㉯ 2.2
㉰ 3   ㉱ 4

해설 샤를의 법칙을 적용(압력일정)

$$V_2 = V_1 \times \frac{T_2}{T_1} = 4 \times \frac{(273+25)}{(273+273)} = 2.18 \text{L}$$

① 보일의 법칙

$$T(온도) = 일정 \quad P_1V_1 = P_2V_2$$

온도가 일정할 때 일정량의 기체가 차지하는 부피는 절대압력에 반비례한다.

② 샤를의 법칙

$$P(압력) = 일정 \quad \frac{V_1}{T_1} = \frac{V_2}{T_2}$$

압력이 일정할 때 일정량의 기체가 차지하는 부피는 절대온도에 비례한다.
③ **보일-샤를의 법칙**

$$\frac{P_1 V_1}{T_1} = \frac{P_2 V_2}{T_2}$$

일정량의 기체가 차지하는 부피는 절대압력에 반비례하고 절대온도에 비례한다.

해답 ④

26
비중이 1.15인 소금물이 무한히 큰 탱크의 밑면에서 내경 3cm인 관을 통하여 유출된다. 유출구 끝이 탱크 수면으로부터 3.2m 하부에 있다면 유출속도는 얼마인가? (단, 배출 시의 마찰손실은 무시한다.)

① 2.92m/s
② 5.92m/s
③ 7.92m/s
④ 12.92m/s

해설 유출속도

$$u = \sqrt{2gH}$$

여기서, u : 유속(m/sec), g : 중력가속도($9.8m/s^2$), H : 수면으로부터 높이(m)
$H = \sqrt{2 \times 9.8 \times 3.2} = 7.92m/s$

해답 ③

27
물체의 표면온도가 200℃에서 500℃로 상승하면 열복사량은 약 몇 배 증가하는가?

① 3.3
② 7.1
③ 18.5
④ 39.2

해설 스테판-볼츠만의 법칙

$$Q = aAF(T_1^4 - T_2^4)$$

열복사량은 복사체의 절대온도차의 4승에 비례하고 열전달면적에 비례한다.

여기서, Q : 복사열(kcal/hr), a : 스테판-볼츠만의 상수
A : 단면적, F : 기하학적 Factor(상수)
T_1 : 고온물체의 절대온도($273 + t℃$)K, T_2 : 저온물체의 절대온도($273 + t℃$)K

$Q = \frac{Q_2}{Q_1} = \frac{T_2^4}{T_1^4} = \frac{(273 + 500)^4}{(273 + 200)^4} \fallingdotseq 7.13$배

해답 ②

제 1 편 일반화학 및 유체역학

28 임계온도에 대한 설명으로 옳은 것은?
① 임계온도보다 낮은 온도에서 기체는 압력을 가하면 액체로 변화할 수 있다.
② 임계온도보다 높은 온도에서 기체는 압력을 가하면 액체로 변화할 수 있다.
③ 이산화탄소의 임계온도는 약 −119℃이다.
④ 물질의 종류에 상관없이 동일 부피, 동일 압력에서는 같은 임계온도를 갖는다.

해설 임계온도
① 압력을 가하면 액화(liquefaction)하는 온도가 있는데, 이를 그 물질의 임계온도라 한다.
② 일정한 압력에서 기체를 액화시키는데 필요한 최고온도를 말한다.
③ 공기는 보통온도에서는 아무리 압력을 가하여도 액화되지 않으나, −140℃ 이하로 냉각시켜 압력을 가하면 액화된다. 이와 같은 임계온도는 어느 기체에도 존재한다.

해답 ①

29 산소 32g과 질소 56g을 20℃에서 15L의 용기에 혼합하였을 때 이 혼합기체의 압력은 약 몇 atm인가? (단, 기체상수는 0.082atm · L/몰 · K이며 이상기체로 가정한다.)
① 1.4
② 2.4
③ 3.8
④ 4.8

해설 이상기체 상태방정식

$$PV = \frac{W}{M}RT = nRT$$

여기서, P : 압력(atm), V : 부피(L), W : 무게(kg), M : 분자량, n : mol수 = $\frac{W}{M}$
R : 기체상수(0.082atm · L/mol · K), T : 절대온도(273 + t℃)K

① 산소(O_2)의 몰수 = $\frac{W}{M} = \frac{32}{32} = 1\text{mol}$
② 질소(N_2)의 몰수 = $\frac{W}{M} = \frac{56}{28} = 2\text{mol}$
③ 총 몰수 $1\text{mol} + 2\text{mol} = 3\text{mol}$
④ $P = \frac{nRT}{V} = \frac{3 \times 0.082 \times (273+20)}{15} = 4.80\text{atm}$

해답 ④

일반화학 및 유체역학
위험물의 성질 및 취급
위험물의 시설기준
법령과 연소 및 소화설비
공업경영

제 2 편
위험물의 성질 및 취급

제 1 장 제1류 위험물

제 2 장 제2류 위험물

제 3 장 제3류 위험물

제 4 장 제4류 위험물

제 5 장 제5류 위험물

제 6 장 제6류 위험물

핵심 기출예상문제

제1장 제1류 위험물

1-1 품명 및 지정수량★★★★

성질	품명		지정수량	위험등급
산화성 고체	1. 아염소산염류　2. 염소산염류 3. 과염소산염류　4. 무기과산화물		50kg	I
	5. 브로민산염류　6. 질산염류　7. 아이오딘산염류		300kg	II
	8. 과망가니즈산염류　9. 다이크로뮴산염류		1000kg	III
	10. 그 밖에 행정안 전부령이 정하 는 것	① 과아이오딘산염류 ② 과아이오딘산 ③ 크로뮴, 납 또는 아이오딘의 산화물 ④ 아질산염류 ⑤ 염소화아이소사이아누르산 ⑥ 퍼옥소이황산염류 ⑦ 퍼옥소붕산염류	300kg	II
		⑧ 차아염소산염류	50kg	I

1-2 산화성고체의 정의

고체[액체(1기압 및 20℃에서 액상인 것 또는 20℃ 초과 40℃ 이하에서 액상인 것)또는 기체(1기압 및 20℃에서 기상인 것)외의 것]로서 산화력의 잠재적인 위험성 또는 충격에 대한 민감성을 판단하기 위하여 소방청장이 정하여 고시하는 시험에서 고시로 정하는 성질과 상태를 나타내는 것을 말한다. 이 경우 "액상"이라 함은 수직으로 된 시험관(안지름 30mm, 높이 120mm의 원통형유리관)에 시료를 55mm까지 채운 다음 당해 시험관을 수평으로 하였을 때 시료액면의 끝부분이 30mm를 이동하는데 걸리는 시간이 90초 이내에 있는 것을 말한다.

1-3 공통적 성질★★

① **산화성 고체**이며 대부분 **수용성**이다.
② **불연성**이지만 다량의 **산소를 함유**하고 있다.
③ 분해 시 산소를 방출하여 남의 연소를 돕는다.(조연성)
④ 열·타격·충격, 마찰 및 다른 화학물질과 접촉 시 쉽게 분해된다.
⑤ 분해속도가 대단히 빠르고, **조해성**이 있는 것도 포함한다.

무기과산화물
❶ 물에 의한 주수소화는 금한다.(산소발생)
❷ 물과 접촉 시 산소 방출
❸ 열분해 시 산소 방출

1-4 저장 및 취급방법★★

① **무기과산화물**은 물과 접촉 시 반응하여 **산소를 방출**하므로 **습기와 접촉금지**(금수성 물질)
② 조해성물질은 저장용기를 밀폐시킨다.
③ 가열, 충격, 마찰을 금지한다.

1-5 소화방법★★

① **다량의 물**을 방사하여 **냉각 소화**한다.
② **무기(알칼리금속)과산화물**은 금수성 물질로 물에 의한 소화는 절대금지하고 **마른모래**로 소화한다.
③ **자체적으로 산소를 함유**하고 있어 질식소화는 효과가 없고 물을 대량 사용하여 **냉각소화가 효과적**이다.

1-6 품명에 따른 특성★★★★

1. 아염소산염류

아염소산($HClO_2$)의 수소(H)가 금속 또는 양이온으로 치환된 화합물의 총칭

(1) 아염소산나트륨

화학식	분자량	물리적 상태	색상	분해온도
$NaClO_2$	90.44	고체	무색	350℃

① 조해성이 있고 무색의 결정성 분말이다.
② 보통 수분을 약간 함유하기 때문에 130~140℃에서 분해된다.
③ 무수물(수분을 함유하지 않은 것) 350℃에서 분해 시작
④ 산과 반응하여 이산화염소(ClO_2)가 발생된다.
⑤ 수용액 상태에서도 강력한 산화력을 가지고 있다.

$$3NaClO_2 + 2HCl \rightarrow 3NaCl + 2ClO_2 + H_2O_2 \uparrow$$
(아염소산나트륨) (염산) (염화나트륨) (이산화염소) (과산화수소)

(2) 아염소산칼륨

화학식	분자량	물리적 상태	색상	분해온도
$KClO_2$	106.56	고체	무색	160℃

① 조해성이 있고 무색의 결정성 분말이다.
② 가열, 충격에 의한 폭발가능성이 있다.

2. 염소산염류

염소산($HClO_3$)의 수소(H)가 금속 또는 양이온으로 치환된 화합물의 총칭

(1) 염소산칼륨

화학식	분자량	물리적 상태	색상	분해온도
$KClO_3$	122.55	고체	무색	400℃

① 무색 또는 백색분말
② 비중 : 2.34
③ 온수, 글리세린에 용해
④ 냉수, 알코올에는 용해하기 어렵다.
⑤ 400℃ 부근에서 분해가 시작

$$2KClO_3 \rightarrow KClO_4 + KCl + O_2$$
(염소산칼륨) (과염소산칼륨) (염화칼륨) (산소)

⑥ 완전 열분해

$$2KClO_3 \rightarrow 2KCl + 3O_2 \uparrow$$
(염소산칼륨)　　(염화칼륨)　(산소)

⑦ 유기물 등과 접촉 시 충격을 가하면 폭발하는 수가 있다.

(2) 염소산나트륨

화학식	분자량	물리적 상태	색상	분해온도
$NaClO_3$	106.5	고체	무색	300℃

① 조해성이 크고, 알코올, 에터, 물에 녹는다.
② 철제를 부식시키므로 철제용기 사용금지
③ 산과 반응하여 유독한 이산화염소(ClO_2)를 발생시키며 이산화염소는 폭발성이다.
④ 열분해하여 염화나트륨과 산소를 발생한다.

$$2NaClO_3 \rightarrow 2NaCl + 3O_2 \uparrow$$
(염소산나트륨)　(염화나트륨 : 소금)　(산소)

(3) 염소산암모늄

화학식	분자량	물리적 상태	색상	분해온도
NH_4ClO_3	101.5	고체	무색	100℃

① 대단히 폭발성이고 조해성이 있다.
② 산화성이고 금속부식성이 강하다.

3. 과염소산염류 ★★★

과염소산($HClO_4$)의 수소(H)가 금속 또는 양이온으로 치환된 화합물의 총칭

(1) 과염소산칼륨

화학식	분자량	물리적 상태	색상	분해온도
$KClO_4$	138.5	고체	무색	400℃

① 물에 녹기 어렵고 알코올, 에터에 불용
② 진한 황산과 접촉 시 폭발성이 있다.
③ 황, 탄소, 유기물등과 혼합 시 가열, 충격, 마찰에 의하여 폭발한다.
④ 400℃에서 분해가 시작되어 600℃에서 완전 분해하여 산소를 발생한다.

$$KClO_4 \rightarrow KCl(염화칼륨) + 2O_2 \uparrow (산소)$$

(2) 과염소산나트륨

화학식	분자량	물리적 상태	색상	분해온도
$NaClO_4$	122.5	고체	무색(백색)	400℃

① 물에 잘 녹고 알코올, 에터에 불용
② 유기물등과 혼합 시 가열, 충격, 마찰에 의하여 폭발한다.
③ 400℃ 이상에서 분해되면서 산소를 방출한다.

(3) 과염소산암모늄★★

화학식	분자량	물리적 상태	색상	분해온도
NH_4ClO_4	117.5	고체	무색	130℃

① 물, 아세톤, 알코올에는 녹고 에터에는 잘 녹지 않는다.
② 조해성이므로 밀폐용기에 저장
③ 130℃에서 분해가 시작되어 산소를 방출하고 300℃에서 분해가 급격히 진행된다.

- 130℃에서 분해 $NH_4ClO_4 \rightarrow NH_4Cl + 2O_2 \uparrow$
- 300℃에서 분해 $2NH_4ClO_4 \rightarrow N_2 + Cl_2 + 2O_2 + 4H_2O$

④ 충격 및 분해온도 이상에서 폭발성이 있다.

4. 무기과산화물★★★★★

과산화수소(H_2O_2)의 수소(H)가 금속으로 치환된 화합물의 총칭

(1) 과산화나트륨

화학식	분자량	비중	융점	분해온도
Na_2O_2	78	2.8	460℃	460℃

① 상온에서 물과 격렬히 반응하여 산소(O_2)를 방출하고 폭발하기도 한다.

$$2Na_2O_2 + 2H_2O \rightarrow 4NaOH + O_2 \uparrow$$
(과산화나트륨) (물)   (수산화나트륨) (산소)

② 공기 중 이산화탄소(CO_2)와 반응하여 산소(O_2)를 방출한다.

$$2Na_2O_2 + 2CO_2 \rightarrow 2Na_2CO_3 + O_2 \uparrow$$

③ 산과 반응하여 과산화수소(H_2O_2)를 생성시킨다.

$$Na_2O_2 + 2CH_3COOH \rightarrow 2CH_3COONa + H_2O_2 \uparrow$$

④ 열분해 시 산소(O_2)를 방출한다.

$$2Na_2O_2 \rightarrow 2Na_2O + O_2 \uparrow$$

⑤ 주수소화는 금물이고 마른모래(건조사)등으로 소화한다.

(2) 과산화칼륨

화학식	분자량	비중	분해온도
K_2O_2	110	2.9	490℃

① 무색 또는 오렌지색 분말상태
② 상온에서 물과 격렬히 반응하여 산소(O_2)를 방출하고 폭발하기도 한다.

$$2K_2O_2 + 2H_2O \rightarrow 4KOH + O_2 \uparrow$$

③ 공기 중 이산화탄소(CO_2)와 반응하여 산소(O_2)를 방출한다.

$$2K_2O_2 + 2CO_2 \rightarrow 2K_2CO_3 + O_2 \uparrow$$

④ 산과 반응하여 과산화수소(H_2O_2)를 생성시킨다.

$$K_2O_2 + 2CH_3COOH \rightarrow 2CH_3COOK + H_2O_2 \uparrow$$

⑤ 열분해 시 산소(O_2)를 방출한다.

$$2K_2O_2 \rightarrow 2K_2O + O_2 \uparrow$$

⑥ 주수소화는 금물이고 마른모래(건조사)등으로 소화한다.

(3) 과산화마그네슘

화학식	분자량	융점(녹는점)	분해온도
MgO_2	56.30	223℃	350℃

① 백색 분말이다.
② 습기 또는 물과 접촉 시 산소를 방출한다.
③ 가연성유기물과 혼합되어 있을 때 가열, 충격에 의해 폭발 위험이 있다.
④ 물과 접촉하여 수산화마그네슘 및 산소를 발생한다.

$$2MgO_2 + 2H_2O \rightarrow 2Mg(OH)_2 + O_2 \uparrow$$
(과산화마그네슘) (물)   (수산화마그네슘) (산소)

⑤ 산과 접촉하여 과산화수소를 발생한다.

$$MgO_2 + 2HCl \rightarrow MgCl_2 + H_2O_2 \uparrow$$
(과산화마그네슘) (염산) (염화마그네슘) (과산화수소)

(4) 과산화바륨

화학식	분자량	융점	분해온도
BaO_2	169	450℃	840℃

① 탄산가스와 반응하여 탄산염과 산소 발생

$$2BaO_2 + 2CO_2 \rightarrow 2BaCO_3 + O_2 \uparrow$$
(탄산바륨) (산소)

② 염산과 반응하여 염화바륨과 과산화수소 생성

$$BaO_2 + 2HCl \rightarrow BaCl_2 + H_2O_2 \uparrow$$
(염화바륨) (과산화수소)

③ 가열 또는 온수와 접촉하면 산소가스를 발생

- **가열** $2BaO_2 \rightarrow 2BaO(산화바륨) + O_2 \uparrow (산소)$
- **온수와 반응** $2BaO_2 + 2H_2O \rightarrow 2Ba(OH)_2(수산화바륨) + O_2 \uparrow (산소)$

5. 브로민산염류

브로민산($HBrO_3$)의 수소(H)가 금속 또는 양이온으로 치환된 화합물의 총칭

물질명	화학식	분자량	비중	분해온도
브로민산칼륨	$KBrO_3$	167	3.27	370℃
브로민산나트륨	$NaBrO_3$	151		381℃

6. 질산염류

질산(HNO_3)의 수소(H)가 금속 또는 양이온으로 치환된 화합물의 총칭

(1) 질산칼륨

화학식	분자량	비중	융점	분해온도
KNO_3	101	2.1	336℃	400℃

① 질산칼륨에 숯가루, 황가루를 혼합하여 흑색화약제조에 사용한다.
② 열분해하여 산소를 방출한다.

$$2KNO_3 \rightarrow 2KNO_2 + O_2 \uparrow$$

③ 물, 글리세린에는 잘 녹으나 알코올, 에터에는 잘 녹지 않는다.
④ 유기물 및 강산과 접촉 시 매우 위험하다.
⑤ 소화는 주수소화방법이 가장 적당하다.

흑색화약(Black Power)
❶ 원료 : 질산칼륨, 숯, 황
❷ 조성 : 75%KNO_3 + 15%C + 10%S
❸ 폭발반응식 : $38KNO_3 + 64C + 16S \rightarrow 3K_2CO_3 + 16K_2S + 19N_2 + 44CO_2 + 17CO$

(2) 질산나트륨(칠레초석)

화학식	분자량	비중	융점	분해온도
$NaNO_3$	85	2.26	308℃	380℃

① 무색, 무취의 백색 분말
② 조해성이 강하다.
③ 물, 글리세린에 녹고 알코올, 에테르에는 녹지 않는다.
④ 가열시 약 380℃에서 열분해 하여 아질산나트륨과 산소를 발생시킨다.

$$2NaNO_3 \rightarrow 2NaNO_2 + O_2 \uparrow$$

⑤ 충격, 마찰, 타격을 피한다.
⑥ 유기물과 혼합을 피한다.
⑦ 화재 시 다량의 물로 냉각소화 한다.

(3) 질산암모늄

화학식	분자량	비중	융점	분해온도
NH_4NO_3	80	1.73	165℃	220℃

① 단독으로 가열, 충격 시 분해 폭발할 수 있다.
② 화약(ANFO폭약))원료로 쓰이며 유기물과 접촉 시 폭발우려가 있다.
③ 무색, 무취의 결정이다.
④ 조해성 및 흡습성이 매우 강하다.
⑤ 물에 용해 시 흡열반응을 나타낸다.
⑥ 급격한 가열충격에 따라 폭발의 위험이 있다.

질산암모늄의 열분해 반응식 : $2NH_4NO_3 \rightarrow 2N_2 + O_2 + 4H_2O$
ANFO(안포)폭약의 성분 : 질산암모늄 94% + 경유 6%

(4) 질산은

화학식	비중	융점	분해온도
$AgNO_3$	4.35	212℃	445℃

① 무색, 무취의 결정이다.
② 물, 아세톤, 알코올, 글리세린 등에 잘 녹는다.
③ 햇빛에 의해 분해되므로 갈색병에 보관하여야 한다.

질산은의 분해반응식 $2AgNO_3 \rightarrow 2Ag + 2NO_2 + O_2$

7. 아이오딘산염류

아이오딘산(HIO_3)의 수소(H)가 금속 또는 양이온으로 치환된 화합물의 총칭

물질명	화학식	비중	분자량	분해온도
아이오딘산칼륨	KIO_3	3.89	214	560℃
아이오딘산암모늄	NH_4IO_3		193	150℃
아이오딘산은	$AgIO_3$		283	410℃

8. 과망가니즈산염류

과망가니즈산($HMnO_4$)의 수소(H)가 금속 또는 양이온으로 치환된 화합물의 총칭

(1) 과망가니즈산칼륨

화학식	분자량	비중	분해온도
$KMnO_4$	158	2.7	200~240℃

① 흑자색의 주상결정으로 물에 녹아 진한보라색을 띠고 강한 산화력과 살균력이 있다.
② 염산과 반응시 염소(Cl_2)를 발생시킨다.
③ 240℃에서 산소를 방출한다.

$$2KMnO_4 \rightarrow K_2MnO_4 + MnO_2 + O_2\uparrow$$
$$\text{(망가니즈산칼륨) (이산화망가니즈) (산소)}$$

④ 알코올, 에터, 글리세린, 황산과 접촉시 폭발우려가 있다.
⑤ 주수소화 또는 마른모래로 피복소화한다.
⑥ 강알칼리와 반응하여 산소를 방출한다.

(2) 과망가니즈산나트륨

화학식	분자량	비중	분해온도
$NaMnO_4$	142	2.47	170℃

① 적자색의 결정이며 물에 잘 녹는다.
② 조해성이 강하므로 습기에 주의하여야 한다.

9. 다이크로뮴산염류

다이크로뮴산($H_2Cr_2O_7$)의 수소(H)가 금속 또는 양이온으로 치환된 화합물의 총칭
$K_2Cr_2O_7$, $Na_2Cr_2O_7 \cdot 2H_2O$, $(NH_4)_2Cr_2O_7$

(1) 다이크로뮴산칼륨

화학식	분자량	비중	융점	분해온도
$K_2Cr_2O_7$	294	2.69	398℃	500℃

① 밝은 오렌지색 결정으로 쓴맛, 독성이 있다.
② 500℃ 이상으로 가열하면 산소를 방출하면서 분해한다.
③ 물에는 잘 녹지만 알코올에는 녹지 않는다.

(2) 다이크로뮴산나트륨

화학식	분자량	비중	융점	분해온도
$Na_2Cr_2O_7$	261.9	2.52	356℃	400℃

① 400℃ 이상에서는 산소를 방출하면서 분해한다.
② 물에는 잘 녹지만 알코올에는 녹지 않는다.
③ 흡습성과 조해성이 있다.

(3) 다이크로뮴산암모늄

화학식	분자량	비중	융점	분해온도
$(NH_4)_2Cr_2O_7$	252	2.15	185℃	225℃

① 적색 또는 등적색의 침상결정이다.
② 물에는 잘 녹지만 아세톤에는 녹지 않는다.
③ 가열시 약 225℃에서 분해한다.

$$(NH_4)_2Cr_2O_7 \rightarrow Cr_2O_3 + N_2 + 4H_2O$$
　　　　　　　　　　(산화크로뮴) (질소)　(물)

10. 그 밖에 행정안전부령이 정하는 것

① 과아이오딘산염류
　　㉠ 과아이오딘산칼륨(KIO_4)　　㉡ 과아이오딘산나트륨($NaIO_4$)
② 과아이오딘산(HIO_4)
③ 크로뮴, 납 또는 아이오딘의 산화물
　　㉠ 무수크로뮴산(삼산화크로뮴)(CrO_3)　　㉡ 이산화납(PbO_2)
　　㉢ 사산화납(Pb_3O_4)

삼산화크로뮴의 분해반응식
$4CrO_3 \rightarrow 2Cr_2O_3 + 3O_2$ (삼산화크로뮴)　(산화크로뮴)　(산소)

④ 아질산염류
　　㉠ 아질산칼륨(KNO_2)　　㉡ 아질산나트륨($NaNO_2$)
　　㉢ 아질산암모늄(NH_4NO_2)　　㉣ 아질산은($AgNO_2$)
⑤ 염소화아이소사이아누르산(OCNClONClCONCl)
⑥ 퍼옥소이황산염류
　　㉠ 과산화이황산칼륨($K_2S_2O_8$)　　㉡ 과산화이황산나트륨($Na_2S_2O_8$)
　　㉢ 과산화이황산암모늄(($NH_4)_2S_2O_8$)
⑦ 퍼옥소붕산염류
⑧ 차아염소산염류
　　㉠ 차아염소산나트륨(NaClO)　　㉡ 차아염소산칼륨(KClO)
　　㉢ 차아염소산암모늄(NH_4ClO)

제2류 위험물

2-1 품명 및 지정수량★★★

성 질	품 명	지정수량	위험등급	비 고
가연성 고체	1. 황화인	100kg	Ⅱ	
	2. 적린			
	3. 황			• 순도가 60중량% 이상인 것
	4. 철분	500kg	Ⅲ	• 53μm의 표준체 통과 50중량% 미만인 것 제외
	5. 금속분			• 알칼리금속, 알칼리토금속, 철, 마그네슘 제외 • 구리분, 니켈분 및 150μm의 표준체를 통과하는 것이 50중량% 미만인 것 제외
	6. 마그네슘			• 2mm체 통과 못하는 덩어리 제외 • 직경 2mm 이상 막대모양 제외
	7. 인화성고체	1000kg		• 고형알코올 및 1기압에서 인화점이 40℃ 미만인 고체

2-2 제2류 위험물의 판단기준★★★★★

① 황
순도가 60중량% 이상인 것을 말한다. 이 경우 순도측정에 있어서 불순물은 활석등 불연성 물질과 수분에 한한다.
② 철분
철의 분말로서 53μm의 표준체를 통과하는 것이 50중량% 미만인 것은 제외
③ 금속분
알칼리금속·알칼리토금속·철 및 마그네슘 외의 금속의 분말을 말하고, 구리분·니켈분 및 150μm의 체를 통과하는 것이 50중량% 미만인 것은 제외
④ 마그네슘은 다음 각목의 1에 해당하는 것은 제외한다.
　㉠ 2mm의 체를 통과하지 아니하는 덩어리 상태의 것

ⓒ 직경 2mm 이상의 막대 모양의 것
⑤ 인화성고체
고형알코올 그 밖에 1기압에서 인화점이 섭씨 40도 미만인 고체

2-3 공통적 성질★★

① 낮은 온도에서 착화가 쉬운 **가연성 고체**
② **연소속도가 빠른 고체**
③ 연소 시 **유독가스**를 발생하는 것도 있다.
④ 금속분은 물 또는 산과 접촉시 발열된다.

2-4 저장 및 취급방법★★

① 산화제와 접촉을 피한다.
② 점화원, 고온물체, 가열을 피한다.
③ 금속분은 물 또는 산과 접촉을 피한다.

2-5 소화방법★★★

① 금속분을 **제외**하고 주수에 의한 **냉각소화**를 한다.
② 금속분은 마른모래로 소화한다.

2-6 품명에 따른 특성★★★

1. 황화인 : 황과 인의 화합물

구 분	삼황화인	오황화인	칠황화인
화학식	P_4S_3	P_2S_5	P_4S_7
분자량	220	222	348
색 상	황색 결정	담황색 결정	담황색 결정
착화점	약 100℃	142℃	-

(1) 삼황화인(P_4S_3)
① 황색결정으로 물, 염산, 황산에 녹지 않으며 질산, 알칼리, 이황화탄소에 녹는다.
② 조해성이 없다
③ 연소하면 오산화인과 이산화황이 생긴다.

$$P_4S_3 + 8O_2 \rightarrow 2P_2O_5 + 3SO_2 \uparrow$$

(2) 오황화인(P_2S_5)
① 담황색 결정이고 조해성이 있다.
② 수분을 흡수하면 분해된다.
③ 이황화탄소(CS_2)에 잘 녹는다.
④ 물, 알칼리와 반응하여 인산과 황화수소를 발생한다.

$$P_2S_5 + 8H_2O \rightarrow 2H_3PO_4 + 5H_2S \uparrow$$

(3) 칠황화인(P_4S_7)
① 담황색 결정이고 조해성이 있다.
② 수분을 흡수하면 분해된다.
③ 이황화탄소(CS_2)에 약간 녹는다.
④ 냉수에는 서서히 분해가 되고 더운물에는 급격히 분해된다.

2. 적린(붉은인)(P)★★★

화학식	원자량	비중	융점	착화점
P	31	2.2	600℃	260℃

① 황린의 **동소체**이며 황린보다 안정하다.
② 공기 중에서 자연발화하지 않는다.(발화점 : 260℃, 승화점 : 460℃)
③ 황린을 공기차단상태에서 가열, 냉각 시 적린으로 변한다.

$$\text{황린}(P_4) \xrightarrow{\text{공기차단}(250℃\text{가열, 냉각})} \text{적린}(P)$$

④ 성냥, 불꽃놀이 등에 이용된다.
⑤ 연소 시 오산화인(P_2O_5)이 생성된다.

$$4P + 5O_2 \rightarrow 2P_2O_5(\text{오산화인})$$

⑥ 다량의 물을 주수하여 냉각 소화한다.

동소체
같은 원소로 구성되어 있으나 성질이 다른 단체

동소체의 종류
❶ 산소(O_2)와 오존(O_3) ❷ 적린(P)과 황린(P_4)
❸ 사방황(S_8), 단사황(S_8), 고무상황(S_8) ❹ 다이아몬드(C)와 흑연(C)

동소체의 확인방법
연소 시 같은 물질이 생성되는 것을 확인한다.

적린 $4P + 5O_2 \rightarrow 2P_2O_5$(오산화인)
황린 $P_4 + 5O_2 \rightarrow 2P_2O_5$(오산화인)

※ 적린(가연성고체)은 제2류 위험물이고 황린(자연발화성)은 제3류 위험물이다.

3. 황(S)

구 분	단사황	사방황	고무상황
비 중	1.96	2.07	–
비 점	445℃	–	–
융 점	119℃	113℃	–
착화점	–	–	360℃
물에 용해여부	불용	불용	불용

① 동소체로 사방황, 단사황, 고무상황이 있다.
② 황색의 고체 또는 분말상태이다.
③ **물에 녹지 않고 이황화탄소(CS_2)에는 잘 녹는다.**
④ **공기 중에서 연소 시 푸른 불꽃을 내며 이산화황이 생성된다.**

$$S + O_2 \rightarrow SO_2 (\text{이산화황 또는 아황산가스})$$

⑤ 산화제와 접촉 시 위험하다.
⑥ 분진폭발의 위험성이 있고 목탄가루와 혼합시 가열, 충격, 마찰에 의하여 폭발위험성이 있다.
⑦ 다량의 물로 주수소화 또는 질식 소화한다.

4. 철분(Fe)

화학식	원자량	비중	융점	비점
Fe	55.85	7.86	1535℃	3000℃

① 회백색 금속광택을 가진 비교적 연한금속분말이다.
② 철을 **염산에 용해**시키면 **수소가 발생**한다.

$$Fe + 2HCl \rightarrow FeCl_2 + H_2 \uparrow$$

③ 가열된 철은 수증기와 반응하여 수소를 발생시킨다.(주수소화금지)

$$3Fe + 4H_2O \rightarrow Fe_3O_4 + 4H_2 \uparrow$$

④ 주수소화는 엄금이며 **마른모래** 등으로 피복 소화한다.

5. 금속분(금속분말)

(1) 알루미늄분(Al) ★★★

화학식	원자량	비중	융점	비점
Al	27	2.7	660℃	2,000℃

① 산화제와 혼합시 가열, 충격, 마찰 등에 의하여 착화위험이 있다.
② 할로젠원소(F, Cl, Br, I)와 접촉 시 자연발화 위험이 있다.
③ **분진폭발** 위험성이 있다.
④ 가열된 알루미늄은 **수증기와 반응하여 수소를 발생**시킨다.(주수소화금지)

$$2Al + 6H_2O \rightarrow 2Al(OH)_3 + 3H_2 \uparrow$$

⑤ **주수소화는 엄금**이며 마른모래 등으로 피복 소화한다.

(2) 아연분(Zn)

화학식	원자량	융점	비중	비점
Zn	65.4	419℃	7.14	907℃

① 은백색의 분말이다.
② 공기 중 가열 시 쉽게 연소된다.
③ **산, 알칼리에 녹아 수소**(H_2)**를 발생**시킨다.
④ **주수소화는 엄금**이며 마른모래 등으로 피복 소화한다.

6. 마그네슘(Mg) ★★★

화학식	원자량	비중	융점	비점	발화점
Mg	24.3	1.74	651℃	1102℃	473℃

① 2mm체 통과 못하는 덩어리는 위험물에서 제외한다.

② 직경 2mm 이상 막대모양은 위험물에서 제외한다.
③ 은백색의 광택이 나는 가벼운 금속이다.
④ 물과 반응하여 수소기체 발생

$$Mg + 2H_2O \rightarrow Mg(OH)_2(수산화마그네슘) + H_2\uparrow(수소발생)$$

⑤ 이산화탄소약제를 방사하면 폭발적으로 반응하기 때문에 위험하다.

| 마그네슘과 CO_2의 반응식 | $2Mg + CO_2 \rightarrow 2MgO + C$ |

⑥ 산과 작용하여 수소를 발생시킨다.

| 마그네슘과 황산의 반응식 | $Mg + H_2SO_4 \rightarrow MgSO_4 + H_2$ |

| 마그네슘과 염산의 반응식 | $Mg + 2HCl \rightarrow MgCl_2 + H_2\uparrow$ |

⑦ 공기 중 습기에 발열되어 자연발화 위험이 있다.

| 마그네슘의 연소식 | $2Mg + O_2 \rightarrow 2MgO + Q\,kcal$ |

⑧ 주수소화는 엄금이며 마른모래 등으로 피복 소화한다.

7. 인화성 고체

고형알코올 또는 1기압에서 인화점이 40℃ 미만인 고체를 말한다.

고형알코올
합성수지와 메틸알콜로 고체화시킨 것으로 인화점은 30℃이다.

[고형알코올]
① 비누류에 알코올을 흡수시킨 것과 아세트산 셀룰로스를 빙초산 또는 아세톤에 녹여서 알코올을 흡수시켜 겔 상태로 만든 것
② 깡통에 넣어 휴대용 연료로 등산·캠핑 등을 할 때 사용하며, 점화하면 불꽃을 내며 서서히 연소
③ 안개 속에서나 비가 올 때도 타며, 특히 연료를 구하기 어려운 겨울등산 등에는 편리한 연료로 사용

제3장 제3류 위험물

3-1 품명 및 지정수량★★★

성 질	품 명	지정수량	위험등급
자연발화성 및 금수성 물질	1. 칼륨 2. 나트륨 3. 알킬알루미늄 4. 알킬리튬	10kg	I
	5. 황린	20kg	
	6. 알칼리금속(칼륨 및 나트륨 제외) 및 알칼리토금속	50kg	II
	7. 유기금속화합물(알킬알루미늄 및 알킬리튬 제외)		
	8. 금속의 수소화물	300kg	III
	9. 금속의 인화물		
	10. 칼슘 또는 알루미늄의 탄화물		
	11. 그 밖에 행정안전부령이 정하는 것(염소화규소화합물)	10kg 50kg 300kg	III

3-2 공통적 성질★★

① 물과 접촉 시 **발열반응** 및 **가연성 가스를 발생**한다.
② 대부분 금수성 및 **불연성 물질**(황린, 칼륨, 나트륨, 알킬알루미늄제외)이다.
③ 대부분 무기물이며 고체상태이다.

3-3 저장 및 취급방법★★

① 물과 접촉을 피한다.
② 보호액속에 저장 시 보호액 표면의 노출에 주의한다.
③ 화재 시 소화가 어려우므로 **소분(소량씩 분리함)**하여 저장한다.

3-4 소화방법

① 물에 의한 **주수소화**는 절대 금한다.
② 마른모래 또는 금속화재용 분말약제로 소화한다.
③ **알킬알루미늄**화재는 **팽창질석 또는 팽창진주암**으로 소화한다.

3-5 품명에 따른 특성

1. 칼륨(K) ★★★★★

화학식	원자량	비점	융점	비중	불꽃색상
K	39	762℃	63.5℃	0.857	보라색

① 가열시 **보라색 불꽃**을 내면서 연소한다.
② **물과 반응하여 수소 및 열을 발생한다.**(금수성 물질)

$$2K + 2H_2O \rightarrow 2KOH + H_2 \uparrow$$

③ **보호액으로 파라핀·경유·등유** 등을 사용한다.
④ 피부와 접촉 시 화상을 입는다.
⑤ 마른모래 등으로 질식 소화한다.
⑥ 화학적으로 활성이 대단히 크고 **알코올과 반응하여 수소를 발생**시킨다.

$$2K + 2C_2H_5OH \rightarrow 2C_2H_5OK + H_2 \uparrow$$

석유란 무엇인가?
석유를 지하에서 지상으로 올렸을 때 그 기름을 '원유'라고 한다. 원유를 분별증류하면 휘발유(가솔린), 등유, 경유, 중유의 4가지, 그리고 기체인 석유가스와 찌꺼기 아스팔트까지 총 6가지로 분류된다.

2. 나트륨(Na) ★★★★★

화학식	원자량	비점	융점	비중	불꽃색상
Na	23	880℃	97.8℃	0.97	노란색

① 가열시 **노란색 불꽃**을 내면서 연소한다.
② **물과 반응하여 수소 및 열을 발생한다.**(금수성 물질)

$$2Na + 2H_2O \rightarrow 2NaOH + H_2 \uparrow + 88.2kcal$$

③ 보호액으로 **파라핀 · 경유 · 등유** 등을 사용한다.
④ 피부와 접촉 시 화상을 입는다.
⑤ 마른모래 등으로 질식 소화한다.

> **금속나트륨 화재 시 CO₂소화기 사용금지 이유**
> 금속나트륨과 이산화탄소는 폭발적으로 반응하기 때문에 위험
> $4Na + 3CO_2 \rightarrow 2Na_2CO_3 + C$

3. 알킬알루미늄[(C_nH_{2n+1}) · Al]★★★

- 알킬기(C_nH_{2n+1})에 알루미늄(Al)이 결합된 화합물이다.
- $C_1 \sim C_4$는 자연발화의 위험성이 있다.
- 물과 접촉시 가연성 가스 발생하므로 주수소화는 절대 금지한다.
- 저장용기에 불활성기체(N_2)를 봉입한다.
- 피부접촉 시 화상을 입히고 연소시 흰연기가 발생한다.
- 소화 시 주수소화는 절대 금하고 팽창질석, 팽창진주암 등으로 피복 소화한다.

(1) 트라이메틸알루미늄(TMA : Tri Methyl Aluminium)

화학식	분자량	비점	융점	비중	인화점
$(CH_3)_3Al$	72.1	125℃	15℃	0.752	-17℃

① 물과 반응하여 메탄기체를 발생한다.

$$(CH_3)_3Al + 3H_2O \rightarrow Al(OH)_3 + 3CH_4 \uparrow (메탄)$$

② 완전연소 시 산화알루미늄과 물, 이산화탄소를 생성한다.

$$2(CH_3)_3Al + 12O_2 \rightarrow Al_2O_3 + 9H_2O + 6CO_2 \uparrow$$

③ 공기 중에 방치하는 경우 자연발화위험이 있다.
④ 알코올, 산, 할로젠, 아민등과 접촉 시 폭발적으로 반응한다.

(2) 트라이에틸알루미늄(TEA : Tri Eethyl Aluminium)

화학식	분자량	비점	융점	비중	인화점
$(C_2H_5)_3Al$	114.17	194℃	-50℃	0.835	-22℃

① 물과 반응하여 에탄기체를 발생한다.

$$(C_2H_5)_3Al + 3H_2O \rightarrow Al(OH)_3 + 3C_2H_6 \uparrow (에탄)$$

② 메틸알코올과 반응하여 에탄기체를 발생한다.

$$(C_2H_5)_3Al + 3CH_3OH \rightarrow Al(CH_3O)_3(트라이메톡시알루미늄) + 3C_2H_6(에탄)$$

③ 완전연소시 산화알루미늄과 물, 이산화탄소를 생성한다.

$$2(C_2H_5)_3Al + 21O_2 \rightarrow Al_2O_3 + 15H_2O + 12CO_2 \uparrow$$

(3) 알킬알루미늄의 희석제
① 벤젠 ② 헥산 ③ 톨루엔 ④ 펜탄 ⑤ 헵탄

4. 알킬리튬[$(C_nH_{2n+1})Li$]

- 알킬기(C_nH_{2n+1})에 Li이 결합된 화합물이다.
- **물과 접촉 시 가연성 가스 발생**한다.
- 주수소화 절대 금하고 팽창질석, 팽창진주암 등으로 피복 소화한다.

(1) 메틸리튬(CH_3Li), 에틸리튬(C_2H_5Li)
① 제3류위험물의 알킬리튬에 해당
② 금수성이고 또한 자연발화성 물질
③ 가연성액체로서 공기 중에 노출되면 자연발화위험
④ 저장용기에는 벤젠, 헥산, 톨루엔, 펜탄, 헵탄 등의 안전 희석용 용제를 넣는다.
⑤ 질소(N_2) 아르곤(Ar) 등의 불활성가스를 봉입
⑥ 취급 중에는 불활성가스 중에서 취급

5. 황린(P_4)[별명 : 백린]★★★★★

화학식	분자량	발화점	비점	융점	비중	증기비중
P_4	124	34℃	280℃	44℃	1.82	4.4

① 백색 또는 담황색의 고체이다.
② 공기 중 약 **34℃에서 자연발화**한다.
③ 저장시 자연발화성이므로 반드시 **물속에 저장**한다.
④ **인화수소(PH_3)의 생성을 방지**하기 위하여 물의 pH=9가 안전한계이다.
⑤ 물의 온도가 상승시 황린의 용해도가 증가되어 산성화속도가 빨라진다.
⑥ **연소 시 오산화인(P_2O_5)의 흰 연기가 발생**한다.

$$P_4 + 5O_2 \rightarrow 2P_2O_5$$

⑦ **강알칼리의 용액에서는 유독기체인 포스핀(PH_3) 발생**한다. 따라서 저장시 물의 pH(수소이온농도)는 9를 넘어서는 안된다.
(* 물은 약알칼리의 석회 또는 소다회로 중화하는 것이 좋다.)

$$P_4 + 3NaOH + 3H_2O \rightarrow 3NaH_2PO_2 + PH_3 \uparrow$$

⑧ 약 260℃로 가열(공기차단)시 적린이 된다.

⑨ 피부 접촉 시 화상을 입는다.
⑩ 소화는 물분무, 마른모래 등으로 질식 소화한다.
⑪ 고압의 주수소화는 황린을 비산시켜 연소면이 확대될 우려가 있다.

[황린과 적린의 비교]

구 분	황 린(P_4)	적 린(P)
외관	백색 또는 담황색 고체	검붉은 분말
냄새	마늘냄새	없음
용해성	이황화탄소(CS_2)에 잘 녹는다.	이황화탄소(CS_2)에 녹지 않는다.
공기중 자연발화	자연발화(40℃~50℃)	자연발화 없음
발화점	약 34℃	약 260℃
연소시 생성물	오산화인(P_2O_5)	오산화인(P_2O_5)
독 성	맹독성	독성 없음
사용 용도	적린제조, 농약	성냥 껍질

6. 알칼리금속(K, Na 제외) 및 알칼리토금속

(1) 리튬(Li)

화학식	비점	융점	비중	불꽃색상
Li	1336℃	180℃	0.534	적색

① 은백색의 가벼운 알칼리금속으로 칼륨(K), 나트륨(Na)과 성질이 비슷하다.
② 물과 극렬히 반응하여 수소(H_2)를 발생한다.

$$2Li + 2H_2O \rightarrow 2LiOH + H_2 \uparrow$$

③ 주기율표 1족에 속하는 알칼리금속원소
④ 2차 전지 생산의 원료로 사용
⑤ 원자번호 3, 원자량 6.941, 녹는점 180.54℃, 끓는점 1336℃, 비중 0.534

(2) 칼슘(Ca)

화학식	분자량	비점	융점	비중	불꽃색상
Ca	40	1420℃	845℃	1.55	황적색

① 은백색의 알칼리토금속이며 결합력이 강하다.
② 물과 작용하여 수소(H_2)를 발생한다.

$$Ca + 2H_2O \rightarrow Ca(OH)_2 + H_2 \uparrow$$

(3) 알칼리금속 및 알칼리토금속의 소화

물 및 포 약제의 소화는 절대 금하고 마른모래 등으로 피복 소화한다.

7. 유기금속화합물

- 사에틸납[Pb(C$_2$H$_5$)$_4$]
- 다이메틸아연[Zn(CH$_3$)$_2$]
- 다이에틸아연[Zn(C$_2$H$_5$)$_2$]
- 다이메틸주석[Sn(CH$_3$)$_2$]
- 다이에틸주석[Sn(C$_2$H$_5$)$_2$]
- 다이메틸수은[Hg(CH$_3$)$_2$]
- 다이에틸카드뮴[Cd(C$_2$H$_5$)$_2$]

8. 금속의 수소화물

(1) 수소화리튬(LiH)

화학식	분자량	융점	비중	발화점
LiH	7.9	680℃	0.82	200℃

① 알칼리 금속의 수소화물중 가장 안정된 화합물이다.
② 물과 반응하여 수소(H$_2$)를 발생한다.

$$LiH + H_2O \rightarrow LiOH + H_2 \uparrow$$

③ 알콜에는 용해되지 않는다.
④ 물 및 포약제의 소화는 절대 금하고 마른모래 등으로 피복소화한다.

(2) 수소화나트륨(NaH)

화학식	분자량	융점	분해온도
NaH	24	800℃	425℃

① 습기가 많은 공기 중 분해한다.
② 물과 격렬히 반응하여 수소(H$_2$)를 발생한다.

$$NaH + H_2O \rightarrow NaOH + H_2 \uparrow$$

③ 물 및 포약제의 소화는 절대 금하고 마른모래 등으로 피복소화한다.

(3) 수소화칼슘(CaH$_2$)

화학식	분자량	융점	비점
CaH$_2$	42.09	600℃	816℃

① 물과 반응하여 수소를 발생한다.

$$CaH_2 + 2H_2O \rightarrow Ca(OH)_2 + 2H_2$$

② 물 및 포약제 소화는 절대 금하고 마른모래 등으로 피복소화한다.

(4) 펜타보란

화학식	분자량	인화점	착화점	액체비중	비점	연소범위
B$_5$H$_9$	63.05	30℃	35℃	0.61	60.1℃	0.4~98%

① 테트라보란을 100℃로, 또는 디보란을 수은의 존재하에서 250~300℃로 가열하여 제조

② 발화점이 35℃로 매우 낮기 때문에 공기 중에 노출되면 자연발화위험이 있다.
③ 가열하면 일부 분해하여 붕소, 일수소화붕소(중합체), 수소 등을 생성한다.
④ 벤젠, 사염화탄소, 이황화탄소에 쉽게 녹는다.

> **금속의 수소화물 : 제3류위험물**
> ❶ 수소화바륨(BaH_2) ❷ 리튬알루미늄하이드라이드($LiAlH_4$)
> ❸ 수소화나트륨(NaH) ❹ 수소화칼슘(CaH_2) ❺ 펜타보란(B_5H_9)

9. 금속의 인화물

(1) 인화칼슘(Ca_3P_2)[별명 : 인화석회]★★★★

화학식	분자량	융점	비중
Ca_3P_2	182	1,600℃	2.5

① 적갈색의 괴상고체
② 물 및 약산과 격렬히 반응, 분해하여 인화수소(포스핀)(PH_3)을 생성한다.

> • $Ca_3P_2 + 6H_2O \rightarrow 3Ca(OH)_2 + 2PH_3$(인화수소=포스핀)
> • $Ca_3P_2 + 6HCl \rightarrow 3CaCl_2 + 2PH_3$(인화수소=포스핀)

③ 포스핀은 맹독성가스이므로 취급시 방독마스크를 착용한다.
④ 물 및 포약제의 의한 소화는 절대 금하고 마른모래 등으로 피복하여 자연진화 되도록 기다린다.

(2) 인화알루미늄(AlP)

화학식	분자량	융점	비점
AlP	58	2550℃	1000℃

① 황색 또는 암회색 분말
② 물과 작용하여 포스핀(PH_3)의 유독성 가스를 발생

> $AlP + 3H_2O \rightarrow Al(OH)_3$(수산화알루미늄) $+ PH_3\uparrow$ (포스핀)

10. 칼슘 또는 알루미늄의 탄화물

(1) 카바이드=탄화칼슘(CaC_2) : 제3류 위험물 중 칼슘탄화물

화학식	분자량	융점	비중
CaC_2	64	2370℃	2.21

① 물과 접촉 시 아세틸렌을 생성하고 열을 발생시킨다.

> $CaC_2 + 2H_2O \rightarrow Ca(OH)_2$(수산화칼슘) $+ C_2H_2\uparrow$ (아세틸렌)

② 아세틸렌의 폭발범위는 2.5~81%로 대단히 넓어서 폭발위험성이 크다.
③ 장기 보관 시 불활성기체(N_2 등)를 봉입하여 저장한다.
④ 고온(700℃)에서 질화되어 석회질소($CaCN_2$)가 생성된다.

$$CaC_2 + N_2 \rightarrow CaCN_2(석회질소) + C(탄소)$$

⑤ 물 및 포 약제에 의한 소화는 절대 금하고 마른모래 등으로 피복 소화한다.

(2) 탄화알루미늄(Al_4C_3) ★★★

화학식	분자량	융점	비중
Al_4C_3	143	2100℃	2.36

① 물과 접촉시 메탄가스를 생성하고 발열반응을 한다.

$$Al_4C_3 + 12H_2O \rightarrow 4Al(OH)_3 + 3CH_4(메탄)$$

② 황색 결정 또는 백색분말로 1400℃ 이상에서는 분해가 된다.
③ 물 및 포약제에 의한 소화는 절대 금하고 마른모래 등으로 피복소화한다.

(3) 탄화망가니즈

물과의 반응식

$$Mn_3C + 6H_2O \rightarrow 3Mn(OH)_2(수산화망가니즈) + CH_4(메탄) + H_2\uparrow(수소)$$

11. 그 밖에 행정안전부령이 정하는 것 (염소화규소화합물)

(1) 트라이클로로실란

화학식	분자량	인화점	융점	비중	비점
$HSiCl_3$	135.45	-28℃	-127℃	1.34	31.8℃

① 휘발성, 자극성, 무색 액체이다.
② 벤젠, 에터, 클로로포름에 녹는다.
③ 물과 반응하여 염산을 생성하며 공기 중 수분과 반응하여 맹독성의 염화수소 기체를 생성한다.
④ 물, 알코올, 강산화제, 유기화합물 등과 접촉 시 위험하다.

(2) 클로로실란(SiH_3Cl)

① 무색의 휘발성 액체로서 물에 녹지 않는다.
② 인화성, 부식성이 강하다
③ 산화성 물질과 격렬히 반응한다.

제2편 위험물의 성질 및 취급

제4장 제4류 위험물

4-1 품명 및 지정수량 ★★★★★

성질	품명		지정수량	위험등급	비고
인화성 액체	특수인화물		50L	I	• 발화점 100℃ 이하 • 인화점 -20℃ 이하 & 비점 40℃ 이하 • 이황화탄소, 다이에틸에터
	제1석유류	비수용성	200L	II	• 인화점 21℃ 미만 • 아세톤, 휘발유
		수용성	400L		
	알코올류		400L		• C_1~C_3포화 1가알코올(변성알코올 포함)
	제2석유류	비수용성	1000L	III	• 인화점 21℃ 이상 70℃ 미만 • 등유, 경유
		수용성	2000L		
	제3석유류	비수용성	2000L		• 인화점 70℃ 이상 200℃ 미만 • 중유, 크레오소트유
		수용성	4000L		
	제4석유류		6000L		• 인화점이 200℃ 이상 250℃ 미만인 것
	동식물유류		10000L		• 동물의 지육 또는 식물의 종자나 과육으로부터 추출한 것으로 1기압에서 인화점이 250℃ 미만인 것

4-2 공통적 성질 ★★★

① 대단히 인화되기 쉬운 인화성액체이다.
② 증기는 공기보다 무겁다.
③ 증기는 공기와 약간 혼합되어도 연소한다.
④ 일반적으로 물보다 가볍고 물에 잘 안 녹는다.

4-3 저장 및 취급방법★★★

① 화기의 접근은 절대로 금한다.
② 증기 및 액체의 누출을 피한다.
③ 액체의 이송 및 혼합시 정전기 방지 위한 접지를 한다.
④ 증기의 축적을 방지하기 위하여 통풍장치를 한다.

4-4 소화방법★★★

① 봉상의 주수소화는 연소면 확대로 절대 금한다.
　　(단, 수용성 위험물은 주수소화도 가능하다)

봉상주수
물 방사형태가 막대모양으로 옥내 및 옥외소화전설비가 여기에 해당된다.

② 일반적으로 포약제에 의한 소화방법이 가장 적당하다.
③ 수용성인 알코올화재는 포약제중 알코올포를 사용한다.
④ 물에 의한 분무소화도 효과적이다.

4-5 품명에 따른 특성

1. 특수인화물(이 다 아 산)★★★★

이황화탄소, 다이에틸에터 그 밖에 1기압에서 발화점이 100℃ 이하 또는 인화점이 −20℃ 이하이고 비점이 40℃ 이하인 것

특수인화물 (이 다 아 산)
① 이황화탄소(CS_2)　② 다이에틸에터($C_2H_5OC_2H_5$)　③ 아세트알데하이드(CH_3CHO)
④ 산화프로필렌(CH_3CH_2CHO)　⑤ 펜타보란(B_5H_9)

(1) 이황화탄소(CS_2) ★★★★★

화학식	분자량	비중	비점	인화점	착화점	연소범위
CS_2	76.1	1.26	46℃	-30℃	100℃	1.0~50%

① 무색투명한 액체이다.
② 물에는 녹지 않고 알코올, 에터, 벤젠 등 유기용제에 녹는다.
③ 햇빛에 방치하면 황색을 띤다.
④ 연소 시 아황산가스(SO_2) 및 CO_2를 생성한다.

$$CS_2 + 3O_2 \rightarrow CO_2 + 2SO_2$$

⑤ 물과 반응하여 황화수소와 이산화탄소를 발생한다.

$$\underset{(이황화탄소)}{CS_2} + \underset{(물)}{2H_2O} \rightarrow \underset{(황화수소)}{2H_2S} + \underset{(이산화탄소)}{CO_2}$$

⑥ 저장 시 저장탱크를 물속에 넣어 저장한다.
⑦ 4류 위험물 중 착화온도(100℃)가 가장 낮다.
⑧ 화재 시 다량의 포를 방사하여 질식 및 냉각 소화한다.

(2) 다이에틸에터($C_2H_5OC_2H_5$) ★★★

화학식	분자량	비중	비점	인화점	착화점	연소범위
$C_2H_5OC_2H_5$	74.12	0.72	34℃	-40℃	180℃	1.7~48%

① 증기비중=2.55(증기비중=분자량/공기평균분자량=74/29=2.55)
② 연소범위(폭발범위)는 1.7~48%이다.
③ 직사광선에 장시간 노출 시 과산화물 생성

> 과산화물 생성 확인방법
> 다이에틸에터 + KI용액(10%) → 황색변화(1분 이내)

④ 용기에는 5% 이상 10% 이하의 안전공간 확보할 것
⑤ 용기는 갈색 병을 사용하며 냉암소에 보관
⑥ 정전기 방지를 위하여 약간의 $CaCl_2$를 넣어준다.
⑦ 폭발성의 과산화물 생성방지를 위해 용기 내에 40mesh 구리 망을 넣어준다.

> 다이에틸에터 제조방법
> $$C_2H_5OH + C_2H_5OH \xrightarrow{C-H_2SO_4} C_2H_5OC_2H_5 + H_2O$$

(3) 아세트알데하이드(CH_3CHO) ★★★

화학식	분자량	비중	비점	인화점	착화점	연소범위
CH_3CHO	44	0.78	21℃	-38℃	185℃	4~60%

① 휘발성이 강하고 과일냄새가 있는 무색 액체
② 물, 에탄올에 잘 녹는다.
③ 산화되어 초산(CH_3COOH)이 된다.

$$2CH_3CHO + O_2 \rightarrow 2CH_3COOH(초산)$$

④ 연소범위는 약 4~60%이다.
⑤ 저장용기 사용 시 구리, 마그네슘, 은, 수은 및 합금용기는 사용금지.(중합반응 때문)
⑥ 다량의 물로 주수 소화한다.
⑦ 아세트알데하이드 등을 취급하는 설비에는 연소성 혼합기체의 생성에 의한 폭발을 방지하기 위한 불활성기체 또는 수증기를 봉입하는 장치를 갖출 것

(4) 산화프로필렌(CH_3CH_2CHO) ★★★

화학식	분자량	비중	비점	인화점	착화점	연소범위
CH_3CHCH_2O	58	0.83	34℃	-37℃	465℃	2.8~37%

① 휘발성이 강하고 에터 냄새가 나는 액체이다.
② 물, 알코올, 벤젠 등 유기용제에는 잘 녹는다.
③ 연소범위는 2.8~37%이다
④ 저장용기 사용 시 구리, 마그네슘, 은, 수은 및 합금용기 사용금지(아세틸리드(acetylide) 생성)
⑤ 저장 용기 내에 질소(N_2) 등 불연성가스를 채워둔다.
⑥ 소화는 포 약제로 질식 소화한다.

인화점 낮은 순서

구 분	다이에틸에터	아세트알데하이드	이황화탄소
인화점	-40℃	-38℃	-30℃

2. 제1석유류(아가 BTCM PH 초개아시)★★★

아세톤, 휘발유 그 밖에 1기압에서 인화점이 21℃ 미만인 것

※ 수용성 : 아세톤, 피리딘, 아세토니트릴, 사이안화수소

제1석유류(아가 BTCM PH 초개아시)
여기서 B : Benzene, T : Toluene, C : collodion, M : MEK, P : Pyridine, H : Hexane
① 아세톤(CH_3COCH_3) ② 가솔린(휘발유)
③ B벤젠(C_6H_6) ④ T톨루엔($C_6H_5CH_3$)
⑤ C콜로디온(질화면+알코올(3)+에터(1))
⑥ M메틸에틸케톤(Methyl Ethyl Keton, MEK)[$CH_3COC_2H_5$]
⑦ P피리딘(C_5H_5N) ⑧ H헥산(C_6H_{14})
⑨ 초산에스터류 ⑩ 개미산(의산)에스터류
⑪ 아세토니트릴 ⑫ 사이안화수소

(1) 아세톤(CH_3COCH_3)-수용성★★

화학식	분자량	비중	비점	인화점	착화점	연소범위
$(CH_3)_2CO$	58	0.79	56.3℃	-18℃	538℃	2.5~12.8%

① 무색의 휘발성 액체이다.
② 물 및 유기용제에 잘 녹는다.
③ 아이오딘포름 반응을 한다.

아이오딘포름 반응
❶ 아세톤, 아세트알데하이드, 에틸알코올에 수산화칼륨(KOH)과 아이오딘을 반응시키면 노란색의 아이오딘포름(CHI_3)의 침전물이 생성된다.
❷ 분자 중에 $CH_3CH(OH)^-$나 CH_3CO^-(아세틸기)를 가진 물질은 I_2와 KOH나 NaOH를 넣고 60~80℃로 가열하면, 황색의 아이오딘포름(CHI_3) 침전이 생김

아세톤, 아세트알데하이드, 에틸알코올 $\xrightarrow{KOH+I_2}$ 아이오딘포름(CHI_3)(노란색)

아이오딘포름 반응식
❶ 아세톤 : $CH_3COCH_3 + 3I_2 + 4NaOH \rightarrow CH_3COONa + 3NaI + CHI_3\downarrow + 3H_2O$
❷ 아세트알데하이드 : $CH_3CHO + 3I_2 + 4NaOH \rightarrow HCOONa + 3NaI + CHI_3\downarrow + 3H_2O$
❸ 에틸알코올 : $C_2H_5OH + 4I_2 + 6NaOH \rightarrow HCOONa + 5NaI + CHI_3\downarrow + 5H_2O$

④ 아세틸렌을 잘 녹이므로 아세틸렌(용해가스) 저장시 아세톤에 용해시켜 저장한다.
⑤ 보관 중 황색으로 변색되며 햇빛에 분해가 된다.

⑥ 피부 접촉 시 탈지작용을 한다.
⑦ 다량의물 또는 알코올포로 소화한다.

(2) 휘발유(가솔린)★★

화학식	증기비중	인화점	착화점	연소범위
C_5H_{12}~C_9H_{20}	3~4	-43~-20℃	300℃	1.2~7.6%

① C_5~C_9까지의 포화, 불포화 탄화수소의 혼합물
② 발화점 : 300℃, 인화점이 -43~-20℃로 낮아 상온에서도 매우 위험하다.
③ 전기의 부도체이며 정전기발생에 주의하여야 한다
④ 연소성 향상을 위하여 4-에틸납((C_2H_5)$_4$Pb)를 첨가하여 오렌지색 또는 청색으로 착색되어 있다.(옥탄가 향상 때문)
④ 자동차에 사용하는 휘발유에는 배기가스 유해성 때문에 4-에틸납을 첨가하지 않는다.(무연휘발유 사용)
⑥ 아이소옥탄(ISO octane)의 옥탄가를 100 헵탄(heptane)의 옥탄가를 0으로 하여 옥탄가를 측정한다.

$$옥탄가 = \frac{아이소옥탄(ISO-octane)}{아이소옥탄(ISO-octane) + 헵탄(Heptane)} \times 100$$

⑦ 포에 의한 소화가 가장 효과적이다.

> **참고 가솔린 제조방법**
> ❶ 직류법　　❷ 열분해법　　❸ 접촉개질법

(3) 벤젠(C_6H_6)

화학식	분자량	비중	비점	인화점	착화점	연소범위
C_6H_6	78	0.9	80℃	-11℃	562℃	1.4~8.0%

① 무색 투명한 휘발성 액체이다.
② 착화온도 : 562℃(이황화탄소의 착화온도 100℃)
③ 방향성이 있으며 증기는 마취성 및 독성이 강하다.
④ 물에는 용해되지 않고 아세톤, 알코올, 에터 등 유기용제에 용해된다.
⑤ 취급 시 정전기에 유의해야 한다.
⑥ 소화는 다량 포 약제로 질식 및 냉각 소화한다.

(4) 톨루엔($C_6H_5CH_3$)★★★★★

화학식	분자량	비중	비점	인화점	착화점	연소범위
$C_6H_5CH_3$	92	0.871	111℃	4℃	552℃	1.27~7.0%

① 무색 투명한 휘발성 액체이다.
② 물에는 용해되지 않고 유기용제에 용해된다.
③ 독성은 벤젠의 $\frac{1}{10}$ 정도이다.
④ 소화는 다량의 포약제로 질식 및 냉각소화한다.

(5) 콜로디온(질화면+알코올(3)+에터(1))★★★

① 무색의 점성이 있는 액체
② 연소시 용제가 휘발한 후에 폭발적으로 연소한다.
③ 질화도가 낮은 질화면에 알코올(3), 에터(1), 혼합액에 녹인 것이다.
④ 얇게 늘이면 무색 투명한 필름
⑤ 포 약제 중 알코올포로 소화한다.

(6) 메틸에틸케톤(Methyl Ethyl Keton, MEK)[$CH_3COC_2H_5$]

R―CO―R′
[케톤의 일반식]

화학식	분자량	비중	비점	인화점	착화점	연소범위
$CH_3COC_2H_5$	72.11	0.81	79.6℃	-7℃	516℃	1.8~10%

① 무색의 액체이며 물, 알코올, 에터에 잘 녹는다.
② 탈지작용이 있으므로 직접 피부에 닿지 않도록 한다.
③ 화재 시 물분무 또는 알코올포로 질식소화를 한다.
④ 저장 시 용기는 밀폐하여 통풍이 양호하고 찬 곳에 저장한다.
⑤ 융점은 약 -86.4℃이다.
⑥ 부틸알코올의 산화로 얻어진다.

(7) 피리딘(C_5H_5N)-수용성

화학식	분자량	비중	비점	인화점	착화점	연소범위
C_5H_5N	79.1	0.98	115.5℃	20℃	482℃	1.8~12.4%

① 물, 알코올, 에터에 잘 녹는다.
② 약알칼리성을 나타낸다.
③ 순수한 것은 무색 투명액체이며 악취와 독성을 갖고 있다.
④ 발화점 : 482℃
⑤ 인화점은 20℃로 상온(20℃)과 거의 비슷하다.
⑥ 흡습성이 강하고 질산과 가열해도 폭발하지 않는다.

(8) 헥산(헥세인)(C_6H_{14})

화학식	분자량	비중	비점	인화점	착화점	연소범위
$CH_3(CH_2)_4CH_3$	86.2	0.65	69℃	-20℃	234℃	1.2~7.4%

① 무색투명한 휘발성액체
② 물에 녹지 않고 알코올, 에터에 녹는다.
③ 팔라듐 촉매를 이용하여 300℃에서 수소 이탈하면 소량의 헥센 혼합물을 나타낸다.

(9) 초산에스터류

① **아세트산메틸(초산메틸)[CH_3COOCH_3]**

$$\begin{array}{c} H\ \ O\ \ \ \ H \\ |\ \ \ ||\ \ \ \ \ | \\ H-C-C-O-C-H \\ |\ \ \ \ \ \ \ \ \ \ \ | \\ H\ \ \ \ \ \ \ \ \ \ H \end{array}$$

화학식	분자량	비중	비점	인화점	착화점	연소범위
CH_3COOCH_3	74	0.93	58℃	-10℃	454℃	3.1~16%

㉠ 과일 냄새를 가진 무색투명한 액체이다.
㉡ 수용액상태에서도 인화의 위험이 있다.
㉢ 물에 녹으며 수지, 유기물을 잘 녹인다.
㉣ 인화성물질로서 인화점은 -4℃ 이하이다.
㉤ 강산화제와 접촉을 피할 것
㉥ 피부에 닿으면 탈지작용을 한다.
㉦ 화재 시 알코올포로 소화한다.
㉧ 공업용 메탄올을 함유하므로 독성이 있다.

② **아세트산에틸(초산에틸)[$CH_3COOC_2H_5$]**

$$\begin{array}{c} H\ \ O\ \ \ \ H\ \ H \\ |\ \ \ ||\ \ \ \ \ |\ \ \ | \\ H-C-C-O-C-C-H \\ |\ \ \ \ \ \ \ \ \ \ \ |\ \ \ | \\ H\ \ \ \ \ \ \ \ \ \ H\ \ H \end{array}$$

화학식	분자량	비중	비점	인화점	착화점	연소범위
CH₃COOC₂H₅	88	0.9	77.5℃	-3℃	427℃	2.2~11.5%

㉠ 파인애플, 딸기, 간장 등의 휘발성방향성분으로 무색 투명한 액체
㉡ 물, 알코올, 유기용매에 녹는다.
㉢ 연소범위 2.2~11.5%, 비중 0.897~0.906, 녹는점 -84℃, 끓는점 77.5℃.

(10) 의산(개미산)에스터류

[의산메틸]　　　　[의산에틸]　　　　[의산프로필]

① 의산(개미산)메틸(HCOOCH₃)

화학식	분자량	비중	비점	인화점	착화점	연소범위
HCOOCH₃	60	0.98	32℃	-19℃	449℃	5~20%

㉠ 무색 투명한 액체
㉡ 증기는 마취성이 있고 독성이 강하다.
㉢ 물에 잘 녹는다.

② 의산(개미산)에틸(HCOOC₂H₅)

화학식	분자량	비중	비점	인화점	착화점	연소범위
HCOOC₂H₅	74	0.9	54℃	-20℃	578℃	2.7~13.5%

㉠ 무색 투명한 액체
㉡ 에터, 벤젠에 잘 녹으며 물에는 약간 녹는다.

(11) 아세토니트릴(아세토나이트릴)(acetonitrile)-수용성

화학식	분자량	비중	비점	인화점	착화점	연소범위
CH₃CN	41	0.78	82℃	6℃	-	3~16%

① 에터와 같은 냄새가 나는 무색의 액체
② 물·알코올 등에 녹는다.
③ 가수분해하면 아세트아미드와 아세트산을 생성한다.
④ 콜타르 및 석탄의 건류 폐수 속에 미량 함유되어 있다.
⑤ 공업적으로는 아세틸렌과 암모니아로부터 합성된다.

(12) 사이안화수소(HCN) [hydrogen cyanide] - 수용성

화학식	분자량	비중	비점	인화점	착화점	연소범위
HCN	27	0.69	26℃	-18℃	540℃	6~41%

① 무색의 휘발성 액체이다.
② 약한 산성인 수용액을 사이안화수소산 또는 청산이라고 한다.
③ 연소 시 질소와 이산화탄소를 생성한다.

$$4HCN + 5O_2 \rightarrow 2H_2O + 2N_2 + 4CO_2$$
(사이안화수소) (산소) (물) (질소) (이산화탄소)

④ 물·에탄올·에터 등과 임의의 비율로 섞인다.
⑤ 맹독성가스로 공기 중의 허용농도를 10ppm으로 규제

(13) 사이클로헥산(Cyclohexane, C_6H_{12})

① 무색의 액체이며 자극성이 있고 변질되기 쉽다.
② 발화점 260℃, 비중 0.78(20℃), 비점 81.4℃, 인화점 -20℃, 연소범위 1.3%~8%.
③ 알코올, 에터에 쉽게 녹고 물에는 녹지 않는다.
④ 제품의 주요한 불순물은 벤젠, 사이클로헥센이다.

3. 알코올류★★★★

1분자를 구성하는 탄소원자의 수가 1개부터 3개까지인 포화1가 알코올(변성알코올 포함)

알코올류 (메 에 프 변 퓨)
① 메틸알코올(CH_3OH) ② 에틸알코올(C_2H_5OH)
③ 프로필알코올(C_3H_7OH) ④ 변성알코올 ⑤ 퓨젤유

(1) 메틸알코올(CH_3OH)

화학식	분자량	비중	비점	인화점	착화점	연소범위
CH_3OH	32	0.8	65℃	11℃	464℃	7.3~36%

① 무색, 투명한 술 냄새가 나는 휘발성 액체로 목정 또는 메탄올이라고도 한다.
② 물에 아주 잘 녹으며, 먹으면 실명 또는 사망할 수 있다.
③ 연소 시 주간에는 불꽃이 잘 보이지 않는다.
④ 공기 중에서 연소 시 연한 불꽃을 낸다.

$$2CH_3OH + 3O_2 \rightarrow 2CO_2 + 4H_2O$$

⑤ 비중이 물보다 작다.
⑥ Me-OH는 현장에서 많이 사용하는 약어로서 Methanol 또는 Methyl alcohol을 의미한다.

⑦ 화재시에는 알코올포를 사용한다.

메틸알코올의 반응식
- 알칼리금속과 반응 $2Na + 2CH_3OH \rightarrow 2CH_3ONa + H_2 \uparrow$
- 산화, 환원반응식 $CH_3OH \underset{환원}{\overset{산화}{\rightleftarrows}} HCHO \underset{환원}{\overset{산화}{\rightleftarrows}} HCOOH$

(2) 에틸알코올(C_2H_5OH)

화학식	분자량	비중	비점	인화점	착화점	연소범위
C_2H_5OH	46	0.8	78.3℃	13℃	423℃	4.3~19%

① 술 속에 포함되어 있어 주정이라고 한다.
② 무색 투명한 액체이다.
③ 물에 아주 잘 녹으며 유기용제이다.
④ 연소 시 주간에는 불꽃이 잘 보이지 않는다.

$$C_2H_5OH + 3O_2 \rightarrow 2CO_2 + 3H_2O$$

⑤ 금속나트륨, 금속칼륨을 가하면 수소(H_2)가 발생한다.

$$2C_2H_5OH + 2Na \rightarrow 2C_2H_5ONa + H_2 \uparrow$$

⑥ 아이오딘포름 반응을 하므로 에탄올검출에 이용된다.

에틸알코올의 반응식
- 알칼리금속과 반응 $2Na + 2C_2H_5OH \rightarrow 2C_2H_5ONa + H_2 \uparrow$
- 산화, 환원반응식 $C_2H_5OH \underset{환원}{\overset{산화}{\rightleftarrows}} CH_3CHO \underset{환원}{\overset{산화}{\rightleftarrows}} CH_3COOH$

[메틸알코올(메탄올)과 에틸알코올(에탄올)의 비교표]

종류 항목	메탄올	에탄올
화학식	CH_3OH	C_2H_5OH
외관	무색 투명한 액체	무색 투명한 액체
액체비중	0.8	0.8
증기비중	1.1	1.6
인화점	11℃	13℃
수용성	물에 잘 녹음	물에 잘 녹음
연소범위	7.3~36%	4.3~19%

(3) 아이소프로필알코올(C_3H_7OH)

화학식	분자량	비중	비점	인화점	착화점	연소범위
C_3H_7OH	60	0.79	82.4	11.7℃	460℃	2.6~13.5%

① 물에 아주 잘 섞이며 아세톤, 에터 유기용제에 잘 녹는다.
② 산화되면 아세톤이 생성되고 탈수하면 프로필렌이 생성된다.

(4) 변성알코올

에탄올에 메탄올 또는 석유 등이 혼합되어 음료에는 부적당하며 공업용으로 사용되는 값이 싼 알코올이다.

(5) 퓨젤유

화학식	분자량	비중	비점	인화점	착화점	연소범위
주성분 아이소아밀알코올	60	0.81	110~130℃	42℃	482℃	1.8~12.4%

① 황~갈색의 기름상 액체로 아밀알코올 냄새가 강하다.
② 물에 잘 안 녹고 물보다 가볍다.
③ 아이소아밀알코올이 주성분이며 알코올을 발효할 때 발생되며 이용가치가 별로 없다.

4. 제2석유류

등유, 경유 그밖에 1기압에서 인화점이 21℃ 이상 70℃ 미만인 것(도료류 및 가연성 액체량 40w/w% 이하이면서 인화점이 40℃ 이상인 동시에 연소점 60℃ 이상 제외)
※ 수용성 : 초산, 의산(개미산), 아크릴산, 메틸셀로솔브, 에틸셀로솔브, 하이드라진

제2석유류 (개초장에 송등테스경 크클메하)
① 등유(케로신)　　　　　　　② 경유(디젤유)
③ 크실렌(자이렌)($C_6H_4(CH_3)_2$)　④ 의산(개미산)(HCOOH)
⑤ 초산(아세트산)(CH_3COOH)　⑥ 테레핀유(타펜유, 송정유)
⑦ 클로로벤젠(C_6H_5Cl)　　　⑧ 장뇌유
⑨ 스티렌($C_6H_5CHCH_2$)　　⑩ 송근유
⑪ 에틸셀로솔브($C_2H_5OCH_2CH_2OH$)　⑫ 메틸셀로솔브($CH_3OCH_2CH_2OH$)
⑬ 하이드라진(Hydrazine)

(1) 등유(케로신)

화학식	비중	증기비중	인화점	착화점	연소범위
C_9~C_{18}	0.8	4.5	43~72℃	220℃	1.1~6%

① 포화, 불포화 탄화수소의 혼합물이다.

② 물에 녹지 않고, 유기용제에 잘 녹는다.
③ 폭발범위는 1.1~6%, 발화점은 220℃이다.

(2) 경유(디젤유)

화학식	비중	증기비중	인화점	착화점	연소범위
C_{15}~C_{20}	0.85	4~5	50~70℃	200℃	1~6%

① 각종 탄화수소의 혼합물이다.
② 물에 녹지 않고 유기용제에 잘 녹는다.
③ 폭발범위는 1~6%, 착화점은 257℃이다.

(3) 크실렌(Xylene : 자이렌)($C_6H_4(CH_3)_2$)★★★★★

화학식	구 분	분류	비중	인화점	착화점
$C_6H_4(CH_3)_2$	o(ortho)-크실렌	제2석유류	0.88	32℃	464℃
	m(meta)-크실렌		0.86	25℃	528℃
	p(para)-크실렌		0.86	25℃	529℃

① 3가지의 이성질체가 있다.

오르소크실렌 (ortho-xylene)   메타크실렌 (meta-xylene)   파라크실렌 (para-xylene)

② 벤젠의 수소원자 2개가 메틸기(CH_3)로 치환된 것이다.
③ 물에는 용해되지 않고 알콜, 에터 등 유기용제에 용해된다.

(4) 의산(개미산)(HCOOH)-수용성

화학식	분자량	비중	인화점	착화점	연소범위
HCOOH	46	1.22	69℃	601℃	18~57%

① 무색 투명한 자극성을 갖는 액체이다.
② 물에 아주 잘 녹고 피부접촉시 수포가 발생한다.
③ 연소시 푸른불꽃을 내면서 연소한다.
④ 은거울 반응을 하며 페엘링용액을 환원시킨다.

(5) 초산(아세트산)(CH₃COOH) - 수용성

화학식	분자량	비중	인화점	착화점	연소범위
CH₃COOH	60	1.05	40℃	427℃	5.4~16.9%

① 16.7℃ 이하에서 얼음과 같이 되어 빙초산이라고도 한다.
② 3~4%의 수용액이 식초이다.
③ 물에 잘 혼합되고 피부접촉시 수포가 발생한다.

> 초산과 에틸알코올의 반응식
>
> $$CH_3COOH + C_2H_5OH \xrightarrow{C-H_2SO_4} CH_3COOC_2H_5 + H_2O$$
> (초산)   (에틸알코올)   (초산에틸)   (물)
>
> ※ C-H₂SO₄(진한 황산)의 역할 : 탈수작용

(6) 테레핀유(타펜유, 송정유)

화학식	분자량	비중	인화점	착화점	연소범위
C₁₀H₁₆	136	0.9	35℃	240℃	0.8~0.86%

① 무색 또는 담황색의 액체이다.
② 물에는 녹지 않으나 유기용제(알코올, 에터)에 녹는다.
③ 공기 중 산화가 쉽고 독성이 있다.

(7) 클로로벤젠(C₆H₅Cl)

화학식	분자량	비중	인화점	착화점	연소범위
C₆H₅Cl	112.6	1.11	32℃	638℃	1.3~7.1%

① 무색의 액체로 물보다 무겁다.
② 물에는 녹지 않고 유기용제에 녹는다.
③ 증기는 공기보다 무겁고 마취성이 있다.

(8) 장뇌유

① 장뇌를 분리한 후 기름이고, 방향성 액체이다.
② 정제분류에 따라 백유, 적유, 감색유로 구분한다.
③ 물에는 녹지 않고 유기용제에 녹는다.

(9) 스티렌(스티렌모노머)(stylene)($C_6H_5CHCH_2$)

화학식	분자량	비중	인화점	착화점	연소범위
$C_6H_5CH=CH_2$	104	0.81	32℃	490℃	1.1~6.1%

① 가열 또는 과산화물과 중합반응을 한다.
② 중합반응이 되면 고상물질(수지)로 변한다.
③ 무색 액체이며 물에 녹지 않고 유기용제에 녹는다.

(10) 송근유

① 소나무의 뿌리를 건류하여 만든다.
② 황갈색 액체이며 물에는 녹지 않고 유기용제에 녹는다.
③ 테렌핀유와 성질이 비슷하다.

(11) 에틸셀로솔브($C_2H_5OCH_2CH_2OH$)-수용성

화학식	분자량	비중	인화점	착화점
$C_2H_5OCH_2CH_2OH$	78	0.93	42℃	238℃

① 무색의 액체이다.
② 발화점 238℃, 인화점 40℃이다.
③ 가수분해하여 에틸알콜 및 에틸렌글리콜을 만든다.

(12) 메틸셀로솔브($CH_3OCH_2CH_2OH$)-수용성

화학식	분자량	비중	인화점	착화점
$CH_3OCH_2CH_2OH$	76	0.96	40℃	288℃

① 무색의 휘발성 액체
② 아세톤, 물, 에터에 용해한다.
③ 저장용기는 철제용기 사용을 금하고 스테인레스용기를 사용한다.

(13) 하이드라진(Hydrazine)[H_2N-NH_2]-수용성

화학식	분자량	비중	융점	인화점
N_2H_4	32	1.01	2℃	37.8℃

① 무색의 맹독성 발연성 액체이며 물에 잘 녹는다.
② 고압 보일러의 탈산소제로서 이용된다.
③ 물, 알코올에 잘 용해되고 에터에는 불용

④ 약알칼리성으로 180℃에서 암모니아와 질소로 분해된다.

$$2N_2H_4 \rightarrow 2NH_3 + N_2 + H_2$$
(하이드라진)　　　(암모니아)　(질소)　(수소)

⑤ 과산화수소(H_2O_2)와 접촉 시 폭발 우려가 있다.

$$N_2H_4 + 2H_2O_2 \rightarrow 4H_2O + N_2 \uparrow$$

⑥ 고농도의 과산화수소와 반응시켜 로켓의 추진체로 이용된다.

(14) 아크릴산($CH_2CHCOOH$)-수용성

화학식	분자량	비중	인화점	착화점	연소범위
$CH_2CHCOOH$	72	1.1	46℃	396	2.4%~8.0%

① 아세트산과 비슷한 냄새가 나는 액체이다.
② 물과 임의의 비율로 섞인다.
③ 프로필렌의 직접 산화 혹은 아크릴로니트릴의 황산에 의한 가수분해에 의해 얻어진다.
④ 중합하기 쉽고, 증점제(增粘劑)로서 래커·니스·인쇄 잉크 등에 사용된다.
⑤ 그 밖에 혼성 중합체로서 여러 가지 성질을 가진 중합체의 원료가 된다.
⑥ 각종 에스터류는 단독으로 혹은 각종 모노머와의 공중합으로 폴리머의 제조에 사용된다.

5. 제3석유류★★★

중유, 크레오소트유 그밖에 1기압에서 인화점이 70℃ 이상 200℃ 미만인 것(도료류 및 가연성 액체 40%w/w 이하 제외)

※ 수용성 : 에틸렌글리콜, 글리세린, 하이드라진모노하이드레이트

제3석유류 (아담중 클에 니글메)
❶ 중유　　　　　　　　　　　❷ 크레오소트유(타르유, 액체핏치유)
❸ 에틸렌글리콜($C_2H_4(OH)_2$)　❹ 글리세린($C_3H_5(OH)_3$)
❺ 나이트로벤젠($C_6H_5NO_2$)　　❻ 아닐린($C_6H_5NH_2$)
❼ 메타크레졸($C_6H_4CH_3OH$)　❽ 하이드라진모노하이드레이트($NH_2NH_2 \cdot H_2O$)

(1) 중유★★★

비중	인화점	착화점	연소범위
0.92~1.0	70℃ 이상	400℃이상	1~5%

① 갈색 또는 암갈색의 액체이며 벙커유라고도 한다.
② 점도에 따라 벙커A유, 벙커B유, 벙커C유로 구분한다.
③ 화재 시 보일오버 현상이 발생한다.
④ 사용시 약 80℃로 예열하여 사용하기 때문에 인화위험성이 크다.

(2) 크레오소트유(타르유, 액체핏치유)

비중	비점	인화점	착화점
1.05	194~400℃	73.9℃	336℃

① 황색 내지 암록색 기름모양의 액체이다.
② 타르의 증류에 의하여 얻어지는 혼합유이다.
③ 물에는 녹지 않고 알콜, 에터, 벤젠에는 잘 녹는다.

(3) 에틸렌글리콜($C_2H_4(OH)_2$) - 수용성 ★★

화학식	분자량	비중	비점	인화점	착화점	연소범위
CH_2OHCH_2OH	62	1.1	197℃	111℃	413℃	3.2%이상

① 물과 혼합하여 부동액으로 이용된다.
② 물, 알콜, 아세톤 등에 잘 녹는다.
③ 흡습성이 있고 단맛이 있는 액체이다.
④ 독성이 있는 2가 알코올이다.

(4) 글리세린(글리세롤)($C_3H_5(OH)_3$) - 수용성 ★★

화학식	분자량	비중	비점	인화점	착화점
$C_3H_5(OH)_3$	92	1.26	182℃	160℃	370℃

① 무색의 점성이 있는 액체이다.
② 단맛이 있어 감유라고도 한다.
③ 물, 알코올에는 잘 녹는다.
④ 인체에는 독성이 없고, 화장품의 제조에 이용된다.

(5) 나이트로벤젠($C_6H_5NO_2$)

화학식	분자량	비중	비점	인화점	착화점
$C_6H_5NO_2$	123	1.2	210.8℃	88℃	482℃

① 비수용성이며 물보다 무겁다.

② 알콜, 에터, 벤젠에 녹으며 증기는 독성이 있다.
③ 나이트로화합물이지만 폭발성은 없다.

(6) 아닐린($C_6H_5NH_2$)

화학식	분자량	비중	비점	인화점	착화점	연소범위
$C_6H_5NH_2$	93	1.02	185℃	70℃	538℃	1.3~11%

① 햇빛 또는 공기에 접촉시 적갈색으로 변색된다.
② 물에는 약간 녹고(용해도 3.6%) 유기용제에 녹는다.
③ 금속과 반응하여 수소를 발생시킨다.

(7) 메타크레졸($C_6H_4CH_3OH$)

[o-cresol]　　　[m-cresol]　　　[p-cresol]

화학식	분자량	비중	비점	인화점	착화점	연소범위
$C_6H_4CH_3OH$	108	1.03	203℃	86℃	558.9℃	1.06~1.35%

① 페놀냄새가 나는 무색 액체이다.
② 물에 녹지 않으며 에터, 클로로포름에 녹는다.
③ 3가지 이성질체가 존재한다.

 크레졸($C_6H_4CH_3OH$)의 3가지 이성질체
❶ 오르소-크레졸(Ortho-Cresol)
❷ 메타-크레졸(Meta-Cresol)
❸ 파라-크레졸(Para-Cresol)

(8) 나이트로톨루엔

[o-니트로톨루엔]　[m-니트로톨루엔]　[p-니트로톨루엔]

화학식	분자량	비중	비점	인화점
CH₃C₆H₄NO₂	137	1.16	222℃	106℃

① p-나이트로톨루엔은 황색결정이고, o-나이트로톨루엔과 m-나이트로톨루엔은 상온에서 액체이다.
② 물에 녹지 않고 에탄올, 벤젠, 에터에 잘 녹는다.

(9) 하이드라진모노하이드레이트(hydrazine monohydrate)-수용성

화학식	분자량	비중	비점	인화점
NH₂NH₂·H₂O	50	1.013	120℃	73℃

① 맑은 무색의 액체이다.
② 산화제, 산소, 구리, 아연, 유기물질과 불친화성이다.
③ 연소에 의해 산화질소를 생성한다.

(10) 페닐하이드라진(Phenyl Hydrazine)

화학식	분자량	비중	인화점	착화점
C₆H₅NHNH₂	108	1.09	89℃	174℃

① 순수한 것은 무색의 액체이다.
② 물에 잘 녹지 않지만 에탄올, 다이에틸에터, 클로로폼, 벤젠 등에는 잘 섞인다.
③ 염료와 의약품의 합성 과정에서 중간물질로 얻어지는 인돌을 만드는 데 사용된다.

(11) 염화벤조일(Benzoyl Chloride)

화학식	분자량	비중	비점	인화점	착화점
C₆H₅COCl	140.57	1.21	74℃	72℃	197.2℃

① 자극적인 냄새가 있는 무색의 액체이다.
② 알칼리, 뜨거운 물에서 가수 분해된다.
③ 페놀, 아민류와 반응하고 벤조일 유도체를 만든다.

6. 제4석유류 ★★

기어유, 실린더유 그밖에 1기압에서 인화점이 200℃ 이상 250℃ 미만인 것
(도료류 및 가연성 액체 40%w/w 이하 제외)

제4석유류 (실 기 가)
① 기어유　② 실린더유　③ 가소제

(1) 기어유
① 인화점이 220℃이며 상온에서 인화위험은 적다.
② 점성이 있는 액체로 물에는 녹지 않는다.
③ 기계장치의 윤활유 또는 냉각기밀유지에 쓰인다.

(2) 실린더유
① 인화점이 250℃이며 상온에서 인화위험은 적다.
② 점성이 있는 액체로 물에는 녹지 않는다.
③ 기계장치의 윤활유 등으로 쓰인다.

(3) 가소제
① 비교적 휘발성이 적은 용제이다.
② 합성수지, 합성고무 등의 가소성 향상에 쓰인다.

7. 동식물유류★★★★

동물의 지육 또는 식물의 종자나 과육으로부터 추출한 것으로 1기압에서 인화점이 250℃ 미만인 것
① 돈지(돼지기름), 우지(소기름) 등이 있다.
② 아이오딘값이 130 이상인 건성유는 자연발화위험이 있다.
③ 인화점이 46℃인 개자유는 저장, 취급 시 특별히 주의한다.

[아이오딘값에 따른 동식물유의 분류]

구 분	아이오딘값	종 류
건성유	130 이상	해바라기기름, 동유, 정어리기름, **아마인유**, 들기름
반건성유	100~130	채종유, 쌀겨기름, 참기름, 면실유, 옥수수기름, 청어기름, 콩기름
불건성유	100 이하	야자유, 팜유, 올리브유, 피마자기름, 낙화생기름, 돈지, 우지, 고래기름

아이오딘값
옥소가(沃素價)라고도 하며 100g의 유지에 의해서 흡수되는 아이오딘의 g수
※ 비누화 값의 정의 : 유지 1g을 비누화하는데 필요한 KOH mg수

제5장 제5류 위험물

5-1 품명 및 지정수량 ★★★★★★

성 질	품 명		지정수량	위험등급
자기반응성 물질	1. 유기과산화물 3. 나이트로화합물 5. 아조화합물 7. 하이드라진유도체 8. 하이드록실아민	2. 질산에스터류 4. 나이트로소화합물 6. 다이아조화합물 9. 하이드록실아민염류	1종 : 10kg 2종 : 100kg	1종 : Ⅰ 2종 : Ⅱ

5-2 공통적 성질 ★★

① 자기연소(내부연소)성 물질이다.
② 연소속도가 대단히 빠르고 폭발적 연소한다.
③ 가열, 마찰, 충격에 의하여 폭발한다.
④ 물질자체가 산소를 함유하고 있다.
⑤ 연소 시 소화가 어렵다.

5-3 저장 및 취급방법 ★

① 가열, 마찰, 충격을 피한다.
② 저장 시 소량씩 분산하여 저장한다.
③ 화기 및 점화원의 접근을 피한다.
④ 운반용기 및 저장용기에 "화기엄금 및 충격주의" 등의 표시를 한다.

5-4 소화방법★★★

① 화재초기 또는 소형화재 이외에는 소화가 어렵다.
② 다량의 물로 주수 소화한다.
③ 물질자체가 산소를 함유하고 있어 질식효과의 소화방법은 효과가 없다.
④ 화재초기에는 소화가 가능하지만 별다른 소화방법이 없어 주위의 위험물을 제거한다.

5-5 품명에 따른 특성

1. 유기과산화물★★★

일반적으로 과산화수소의 유도체 물질로 H-O-O-H 중의 수소원자 한 개 또는 두 개가 유기기로 치환된 것이다.

(1) 과산화벤조일=벤조일퍼옥사이드(benzoil per oxide : BPO)[$(C_6H_5CO)_2O_2$]

화학식	분자	비중	융점	착화점
$(C_6H_5CO)_2O_2$	242	1.33	105℃	125℃

① 무색무취의 백색분말 또는 결정이다.
② 물에 녹지 않고 알코올에 약간 녹으며 에터 등 유기용제에 잘 녹는다.
③ 상온에서는 안정하지만 가열하면 100℃에서 흰 연기를 내고 심하게 분해한다.
④ 폭발성이 매우 강한 강산화제이다.
⑤ 희석제로는 프탈산다이메틸, 프탈산다이부틸이 있다.
⑥ 직사광선을 피하고 냉암소에 보관한다.

(2) 아세틸퍼옥사이드(Acetyl peroxide)

$$CH_3-\overset{O}{\underset{\|}{C}}-O-O-\overset{O}{\underset{\|}{C}}-CH_3$$

화학식	분자량	융점	인화점	발화점
$(CH_3CO)_2O_2$	118	30℃	45℃	121℃

① 무색의 액체이다.
② 융점 30℃, 인화점 45℃, 발화점 121℃이다.
③ 충격, 마찰에 의하여 분해되며, 가열시 폭발한다.

④ 희석제로 DMF(Di Methyl Formamide)를 사용하며 저온에 저장한다.
⑤ 다량의 물로 주수소화한다.

(3) 메틸에틸케톤퍼옥사이드(MEKPO)[(CH₃COC₂H₅)₂O₂]★★

화학식	분자량	비중	분해온도	융점	착화점
C₈H₁₆O₄	148	1.12	40℃	−20℃	205℃

① 무색의 기름모양 액체이며 물에 약간 녹는다.
② 알칼리금속과 접촉시 분해가 더 촉진된다.
③ 시중에 판매되는 것은 프탈산다이메틸, 프탈산다이부틸 등으로 희석하여 순도가 50~60% 정도가 된다.
④ 110℃ 정도에서 급격히 분해되면서 흰연기를 낸다.

2. 질산에스터류★★★

(1) 질산메틸(CH₃ONO₂)★★

화학식	분자량	비중	비점	인화점
CH₃ONO₂	77	1.22	66℃	15℃

① 무색·투명한 액체이고 방향성이 있다.
② 비수용성이며 알코올에 녹는다.
③ 용제, 폭약 등에 이용된다.

(2) 질산에틸(C₂H₅ONO₂)★★

화학식	분자량	비중	비점	인화점
C₂H₅ONO₂	91	1.11	88℃	10℃

① 무색 투명한 액체이고 비수용성(물에 녹지 않음)이다.
② 단맛이 있고 알코올, 에터에 녹는다.
③ 에탄올을 진한 질산에 작용시켜서 얻는다.

$$C_2H_5OH + HNO_3 \rightarrow C_2H_5ONO_2 + H_2O$$

④ 비중 1.11, 끓는점 88℃을 가진다.
⑤ 인화점(10℃)이 낮아서 인화의 위험이 매우 크다.
⑥ 아질산(HNO₂)과 접촉 또는 비점 이상 가열시 폭발한다.
⑦ 용제, 폭약 등에 이용된다.

(3) 나이트로셀룰로오스(Nitro Cellulose) : NC[$(C_6H_7O_2(ONO_2)_3)]_n$ ★★★★

화학식	비중	분해온도	인화점	착화점
$[C_6H_7O_2(ONO_2)_3]_n$	1.7	130℃	13℃	160℃

셀룰로오스(섬유소)에 진한질산과 진한 황산의 혼합액을 작용시켜서 만든 것이다.
① 비수용성이며 초산에틸, 초산아밀, 아세톤에 잘 녹는다.
② 130℃에서 분해가 시작되고, 180℃에서는 급격하게 연소한다.
③ 직사광선, 산 접촉 시 분해 및 자연 발화한다.
④ 건조상태에서는 폭발위험이 크나 수분함유 시 폭발위험성이 없어 저장·운반이 용이
⑤ 질산섬유소라고도 하며 화약에 이용 시 면약(면화약)이라 한다.
⑥ 셀룰로이드, 콜로디온에 이용 시 질화면이라 한다.
⑦ 질소함유율(질화도)이 높을수록 폭발성이 크다.
⑧ 저장, 운반 시 물(20%) 또는 알코올(30%)을 첨가 습윤 시킨다.

> **나이트로셀룰로오스의 열분해 반응식**
> $$2C_{24}H_{29}O_9(ONO_2)_{11} \rightarrow 24CO_2\uparrow + 24CO\uparrow + 12H_2O + 17H_2 + 11N_2$$

[질화도에 따른 분류]

구 분	강면약(강질화면)	취 면	약면약(약질화면)
질화도(질소함량)	12.5~13.5%	10.7~11.2%	11.2~12.3%

(4) 나이트로글리세린(Nitro Glycerine) : NG[$C_3H_5(ONO_2)_3$] ★★★★★

화학식	분자량	비중	융점	비점	착화점
$C_3H_5(ONO_2)_3$	227	1.6	13℃	160℃	210℃

① 상온에서는 액체이지만 겨울철에는 동결한다.
② 글리세린에 진한질산과 진한 황산을 가하면 나이트로화하여 나이트로글리세린으로 된다.

> **글리세린의 나이트로화반응**
> $$C_3H_5(OH)_3 + 3HONO_2 \xrightarrow{H_2SO_4} C_3H_5(ONO_2)_3 + 3H_2O$$
> (글리세린)　　(질산)　　　　　　(나이트로글리세린)　(물)

③ 비수용성이며 메탄올, 아세톤 등에 녹는다.
④ 가열, 마찰, 충격에 예민하여 대단히 위험하다.
⑤ 화재 시 폭굉 우려가 있다.
⑥ 산과 접촉 시 분해가 촉진되고 폭발우려가 있다.

> **나이트로글리세린의 열분해 반응식**
> $$4C_3H_5(ONO_2)_3 \rightarrow 12CO_2\uparrow + 6N_2\uparrow + O_2\uparrow + 10H_2O$$

⑦ 다이나마이트(규조토+나이트로글리세린), 무연화약 제조에 이용된다.

(5) 나이트로글리콜(Nitro Glycol)

화학식	분자량	비중	비점	인화점
$C_2H_4(ONO_2)_2$	152	1.5	114℃	257℃

① 순수한 것은 무색투명하고 공업용은 담황색 또는 분홍색이다.
② 물에는 잘 녹지 않으나 아세톤·에터·메탄올 등의 유기용매에는 잘 녹는다.
③ 에틸렌글리콜을 나이트로화하여 얻어지는 노란색의 기름 모양 폭발성 액체이다.
④ 다이너마이트의 제조원료이다.

(6) 셀룰로이드

① 무색 또는 황색의 반투명한 고체로 일종의 합성수지와 비슷하다.
② 질산셀룰로오스와 장뇌의 혼합액으로부터 개발한 최초의 합성 플라스틱이다.
③ 물에 녹지 않지만 알코올, 아세톤 등에 녹는다.
④ 발화점은 165℃이고, 비중은 1.4이다.
⑤ 열을 가하면 매우 연소하기 쉽고 외부에서 산소 공급 없이도 연소가 지속된다.
⑥ 장기간 방치된 것은 햇빛, 고온, 고습 등에 의해 분해가 촉진된다.
⑦ 분해열이 축적되면 자연발화의 위험이 있다.

(7) 펜트리트(Pentrit : Tetranitropentaerithrit, PETN)

화학식	분자량	비중	착화점	융점
$C(CH_{20}NO_2)_4$	316	1.74	215℃	141.3℃

① 백색의 결정성 분말이다.
② 물, 알코올, 에터에는 녹지 않지만 나이트로글리세린에 녹는다.
③ 충격에 예민하고 마찰에 둔감하여 화염으로 점화가 어렵다.
④ 공업 뇌관의 첨장약, 도폭선의 심약, 또는 전폭약으로서 이용된다.
⑤ 의약용으로 혈관 확장제로서 이용한다.

4. 나이트로화합물

유기화합물의 수소원자가 나이트로기(NO_2)로 치환된 것으로 나이트로기가 2개 이상인 화합물

(1) 피크르산[$C_6H_2(NO_2)_3OH$](TNP : Tri Nitro Phenol) ★★★★★

화학식	분자량	비중	비점	융점	인화점	착화점
$C_6H_2OH(NO_2)_3$	229	1.8	255℃	122℃	150℃	300℃

① 페놀에 황산을 작용시켜 다시 진한 질산으로 나이트로화 하여 만든 노란색 결정
② 침상결정이며 냉수에는 약간 녹고 더운물, 알코올, 벤젠 등에 잘 녹는다.

③ 쓴맛과 독성이 있다.
④ 트라이나이트로페놀(Tri Nitro phenol)의 약자로 TNP라고도 한다.
⑤ 단독으로 타격, 마찰에 비교적 둔감하다.
⑥ 연소 시 검은 연기를 내고 폭발성은 없다.
⑦ 휘발유, 알코올, 황과 혼합된 것은 마찰, 충격에 폭발한다.
⑧ 화약, 불꽃놀이에 이용된다.

피크르산(트라이나이트로페놀)의 구조식

피크르산의 열분해 반응식

$$2C_6H_2OH(NO_2)_3 \rightarrow 2C + 3N_2\uparrow + 3H_2\uparrow + 4CO_2\uparrow + 6CO\uparrow$$

(2) 트라이나이트로톨루엔[$C_6H_2CH_3(NO_2)_3$](TNT : Tri Nitro Toluene)★★★★★

화학식	분자량	비중	비점	융점	착화점
$C_6H_2CH_3(NO_2)_3$	227	1.7	280℃	81℃	300℃

① 물에는 녹지 않고 알코올, 아세톤, 벤젠에 녹는다.
② Tri Nitro Toluene의 약자로 TNT라고도 한다.
③ 담황색의 주상결정이며 햇빛에 다갈색으로 변색된다.
④ 톨루엔과 질산을 반응시켜 얻는다.

$$\underset{\text{(톨루엔)}}{C_6H_5CH_3} + \underset{\text{(질산)}}{3HNO_3} \xrightarrow[\text{(나이트로화)}]{C-H_2SO_4} \underset{\text{(트라이나이트로톨루엔)}}{C_6H_2CH_3(NO_2)_3} + \underset{\text{(물)}}{3H_2O}$$

⑤ 강력한 폭약이며 급격한 타격에 폭발한다.

$$2C_6H_2CH_3(NO_2)_3 \rightarrow 2C + 12CO + 3N_2\uparrow + 5H_2\uparrow$$

⑥ 연소 시 연소속도가 너무 빠르므로 소화가 곤란하다.
⑦ 무기 및 다이나마이트, 질산폭약제 제조에 이용된다.

트라이나이트로톨루엔의 구조식

트라이나이트로톨루엔의 열분해 반응식
$$2C_6H_2CH_3(NO_2)_3 \rightarrow 2C + 3N_2\uparrow + 5H_2\uparrow + 12CO\uparrow$$

(3) 테트릴(Tetryl)

화학식	분자량	비중	융점	인화점	착화점
$C_6H_2(NO_2)_4NCH_3$	287	1.73	130~132℃	187℃(폭발)	190~195℃

① 단사정계에 속하는 연한 노란색 결정이다.
② 물에는 녹지 않고 아세톤, 에터, 벤젠 등에는 녹는다.
③ 충격에는 약간 민감하지만 폭발력은 피크르산이나 TNT보다 크다.
④ 화기의 접근 및 마찰 충격을 피한다.

(4) 헥소겐(Hexogen) : RDX폭약

화학식	분자량	비중	융점	착화점
$(CH_2NNO_2)_3$	222	1.8	204℃	230℃

① 백색의 분말상태이다.
② 물, 알코올, 에터에는 녹지 않으며 아세톤에는 잘 녹는다.

5. 나이트로소화합물

벤젠(C_6H_6)핵의 수소원자가 나이트로소기(-NO)로 치환된 것으로 나이트로소기가 2개 이상인 화합물

(1) 파라나이트로소벤젠[$C_6H_4(NO)_2$]

① 황갈색의 분말상태이다.
② 분해가 용이하고 가열, 마찰 또는 충격에 의해 폭발한다.
③ 가열하면 분해하여 포르말린, 암모니아, 질소 등을 생성한다.

(2) 다이나이트로소레조르신[$C_6H_4(NO)_2(OH)_2$]

① 흑회색의 결정상태이다.
② 폭발성이 매우 강하다.
③ 가열하면 분해하여 포르말린, 암모니아, 질소 등을 생성한다.

6. 아조화합물

- 아조다이카르본아미드[Azodicarbonamide, ADCA, $(NH_2CON)_2$]
- 아조비스아이소부티로니트릴[Azobisiso butyronitrile, $(CNC(CH_3)_2N)_2$]
- 2,2'-아조비스-(2-아미노프로판)이염산염
  [2,2'azobis-(2-amidinopropane)Dihydrochloride [$(HCl)(NH)CCN(CH_3)_2NH_2$]$_2$]
- 2,2'아조비스아이소초산다이메틸
  [Dimethyl 2,2'-azobisisobutyrate, [$COOCH_3(CH_3)_2CN$]$_2$]
- 2,2'-아조비스-(4-메톡시-2,4-다이메틸 발레로니트릴)

① 아조기(-N=N-)를 갖고 있는 화합물의 총칭이다.
② 아조기는 발색단(염료나 색소의 발색원인)이다.

7. 다이아조화합물

- 다이아조아세토니트릴(Diazo acetonitrile, C_2HN_3)
- 다이아조다이나이트로페놀(Diazodinitrophenol(ddnp), $C_6H_2ON_2(NO_2)_2$)
- 메틸다이아조아세테이트(Methyl diazoacetate, $C_3H_4N_2O_2$)
- 파라다이아조벤젠술폰산(P-Diazo benzene sulfonicacid, $C_6H_4N_2SO_3H$)

① 다이아조기(-N=N-)를 갖고 있는 화합물의 총칭이다.
② 다이아조늄염은 햇빛에 분해되기 쉽다.
③ 가열, 충격에 격렬하게 폭발한다.

8. 하이드라진유도체

(1) 메틸하이드라진(Methyl Hydrazine, CH_3NHNH_2)

① 암모니아 냄새가 나는 액체이다.
② 물에 녹는다.
③ 상온에서 인화의 위험은 없으나 발화점은 비교적 낮고 연소범위가 매우 넓은 편이다.

(2) 다이메틸하이드라진[$CH_3NHNHCH_3$]

① 암모니아 냄새가 나고 독성이 강한 액체이다.
② 물, 에탄올, 에터에 잘 녹는다.
③ 로켓트의 연료, 유기합성에 이용된다.

(3) 염산하이드라진(Hydrazine Hydrochloride, $N_2H_4 \cdot HCl$)

① 백색의 결정성 분말이다.
② 물에 녹기 쉽고 에탄올에 약간 녹는다.
③ 피부 접촉시 매우 부식성이 강하다.
④ 열과 충격에 의해 급격히 폭발한다.

(4) 황산하이드라진(di-Hydrazine Sulfate, $N_2H_4 \cdot H_2SO_4$)

① 무색 무취의 결정 또는 백색의 결정성 분말이다.
② 온수에 녹고 알코올에 녹지 않는다.
③ 강력한 산화제이고 유독한 물질로서 피부접촉 시 부식성이 강하다.
④ 증기는 공기보다 약간 무겁고 낮은 곳에 체류하며 점화원에 의해 쉽게 연소 폭발한다.

9. 하이드록실아민

화학식	분자량	비중	비점	융점
NH_2OH	31	1.12	116℃	33℃

① 수산화아민이라고도 하며 무색의 결정으로 조해성이 있다.
② 물, 메탄올에는 녹으며 온수에서는 서서히 분해가 시작된다.
③ 130℃ 정도로 가열하면 폭발한다.
④ 하이드록시기의 결합 방향에 따라 트랜스형과 시스형이 있다.

10. 하이드록실아민염류

(1) 황산하이드록실아민[$(NH_2OH)_2 \cdot H_2SO_4$]

① 흰색의 모래와 같은 결정성 고체이다.
② 물에 대한 용해도는 약60%이고 알코올에는 약간 녹는다.
③ 170℃ 이상으로 가열하면 폭발적으로 분해한다.

11. 금속의 아지화합물

(1) 아지드화나트륨(NaN_3)

① 무색의 육방결정계 결정이다.
② 물에 아주 잘 녹고 산과 접촉하면 아지드화수소(HN_3)가 생성된다.
③ 가열하면 300℃에서 분해하여 나트륨과 질소를 생성한다.

(2) 아지드화납[질화납, $Pb(N_3)_2$]

① 무색의 사방결정계 또는 단사결정계 결정이다.
② 폭발성이 크므로 기폭제로 쓰인다.

(3) 아지드화은(AgN_3)

① 무색의 사방결정계 결정이다
② 170℃에서 분해가 시작되어 300℃에서 폭발한다.

12. 질산구아니딘($CH_5N_3HNO_3$)

① 백색의 판모양 결정분말로서 250℃에서 분해한다.
② 알코올, 물에 녹는다.
③ 가연물과 접촉하면 발화할 수 있고 가열하면 폭발한다.
④ 로켓의 추진제, 혼합폭약의 성분 등에 이용된다.

제6장 제6류 위험물

6-1 품명 및 지정수량 ★★★★★★

성 질	품 명	지정수량	위험등급	비 고
산화성 액체	1. 과염소산	300kg	I	
	2. 과산화수소			농도가 36중량% 이상인 것
	3. 질산			비중이 1.49 이상인 것
	4. 할로젠간화합물 ① 삼불화브로민 ② 오불화브로민 ③ 오불화아이오딘			

6-2 공통적 성질 ★★

① 자신은 불연성이고 산소를 함유한 강산화제이다.
② 분해에 의한 산소발생으로 다른 물질의 연소를 돕는다.
③ 액체의 비중은 1보다 크고 물에 잘 녹는다.
④ 물과 접촉 시 발열한다.
⑤ 증기는 유독하고 부식성이 강하다.

6-3 저장 및 취급방법 ★★

① 용기재질은 내산성이어야 한다.
② 산화성고체(1류)와 접촉을 피해야 한다.
③ 용기는 밀봉하고 파손 및 누설에 주의한다.
④ 액체 누출 시 중화제로 중화한다.

6-4 소화방법

① 마른모래 및 CO_2로 소화한다.
② 무상(안개모양)주수도 효과적일 수 있다.
③ 위급시에는 다량의 물로 냉각 소화한다.

6-5 품명에 따른 특성

1. 과염소산($HClO_4$)★★★

화학식	분자량	비중	비점	융점
$HClO_4$	100.46	1.77	39℃	-112℃

① 물과 혼합하면 다량의 열을 발생한다.
② 산화력이 강하여 종이, 나무조각 또는 유기물 등과 접촉 시 폭발한다.
③ 비중 1.768(22℃), 녹는점 -112℃, 끓는점 39℃(56mmHg)
④ 무수물은 자연히 분해하여 폭발하므로 60~70 %의 수용액(비중 1.5~1.6)으로 시판된다.
⑤ 수용액도 부식력이 강하고, 유기물 등과 접촉하면 폭발하는 경우가 있다.
⑥ 산(酸) 중에서도 가장 강한 산이다.

> **산소산 중 산의 세기**
> 차아염소산($HClO$) < 아염소산($HClO_2$) < 염소산($HClO_3$) < 과염소산($HClO_4$)

2. 과산화수소(H_2O_2)★★★★★

화학식	분자량	비중	비점	융점
H_2O_2	34	1.463	150.2℃(pure), 141℃ (90%), 125℃ (70%)	-0.43℃(pure), -11℃(90%), -39℃(70%)

① 분해 시 산소(O_2)를 발생시킨다.

$$2H_2O_2 \xrightarrow{MnO_2(정촉매)} 2H_2O + O_2 \uparrow$$

② 분해안정제로 인산(H_3PO_4) 또는 요산($C_5H_4N_4O_3$)을 첨가한다.
③ 시판품은 일반적으로 30~40% 수용액이다.
④ 저장용기는 밀폐하지 말고 **구멍**이 있는 **마개**를 사용한다.
⑤ 강산화제이면서 환원제로도 사용한다.
⑥ 60% 이상의 고농도에서는 단독으로 폭발위험이 있다.

⑦ 하이드라진($NH_2 \cdot NH_2$)과 접촉 시 분해 작용으로 폭발위험이 있다.

$$NH_2 \cdot NH_2 + 2H_2O_2 \rightarrow 4H_2O + N_2 \uparrow$$

⑧ 3%용액은 옥시풀이라 하며 표백제 또는 살균제로 이용한다.
⑨ 무색인 아이오딘칼륨 녹말종이와 반응하여 청색으로 변화시킨다.

- 과산화수소는 농도가 36중량% 이상인 경우에 위험물에 해당된다.
- 과산화수소는 표백제 및 살균제로 이용된다.

⑩ 다량의 물로 주수 소화한다.

3. 질산(HNO_3) ★★★★★

화학식	분자량	비중	비점	융점
HNO_3	63	1.50	86℃	-42℃

① 무색의 발연성 액체이다.
② 시판품은 일반적으로 68%이다.
③ 빛에 의하여 일부 분해되어 생긴 NO_2 때문에 황갈색으로 된다.

$$4HNO_3 \rightarrow 2H_2O + 4NO_2 \uparrow (이산화질소) + O_2 \uparrow (산소)$$

④ 저장용기는 직사광선을 피하고 찬 곳에 저장한다.
⑤ 실험실에서는 갈색병에 넣어 햇빛을 차단시킨다.
⑥ 환원성물질과 혼합하면 발화 또는 폭발한다.

크산토프로테인반응(xanthoprotenic reaction)
단백질에 진한질산을 가하면 노란색으로 변하고 알칼리를 작용시키면 오렌지색으로 변하며, 단백질 검출에 이용된다.

⑦ 다량의 질산화재에 소량의 주수소화는 위험하다.
⑧ 마른모래 및 CO_2로 소화한다.
⑨ 위급한 경우에는 다량의 물로 냉각 소화한다.
⑩ 진한질산에 의하여 부동태가 되는 금속
  Fe(철), Al(알루미늄), Cr(크로뮴), Co(코발트), Ni(니켈)
⑪ 진한질산에 녹지 않는 금속 : Au(금), Pt(백금)

부동태란?
금속이 보통상태에서 나타내는 반응성을 잃은 상태

왕수란 무엇인가?
❶ 진한염산과 진한질산을 3대 1 정도의 비율로 혼합한 액체이다.
❷ 강한 산화제로, 산에 잘 녹지 않는 금과 백금 등을 녹일 수 있다.

4. 할로젠간 화합물

구 분	화학식	분자량	비중	비 점	융 점
삼불화브로민	BrF_3	136.90	2.8	125℃	8.77℃
오불화브로민	BrF_5	174.9	2.5	40.76℃	−60.5℃
오불화아이오딘	IF_5	221.90	3.19	100.5℃	9.43℃

핵심 기출예상문제

01 다음 물질 중 무색 또는 백색의 비중이 약 1.8이고 융점이 약 202℃이며 물에는 불용인 것은?

㉮ 피크린산
㉯ 다이나이트로레조르신
㉰ 트라이나이트로톨루엔
㉱ 헥소겐

해설 헥소겐(hexogen)$(CH_2)_3(N-NO_2)_3$: 제5류-나이트로화합물
① 무색 또는 백색의 바늘모양 결정이다.
② 물, 에터, 알코올에 녹지 않고 아세톤에 녹는다.
③ 비중 약 1.8, 융점 약 202℃이며 물에는 불용이다.
④ 니트라민에 속하는 폭약으로 고성능폭약 중에서 가장 위력이 커서 전폭약으로 널리 사용되고 있다.
⑤ 트라이메틸렌트라이니트라민 또는 RDX라고도 한다.
⑦ 헥사메틸렌테트라민을 다량의 진한 질산에서 니트롤리시스하여 만든다.

$$(CH_2)_6N_4 + 6HNO_3 \rightarrow (CH_2)_3(N-NO_2)_3 + 3CO_2 + 6H_2O + 2N_2$$

해답 ㉱

02 인화석회(Ca_3P_2)의 성질에 대한 설명으로 틀린 것은?

㉮ 적갈색의 고체이다.
㉯ 비중이 약 2.51이고, 약 1,600℃에서 녹는다.
㉰ 산과 반응하여 주로 포스핀 가스를 발생한다.
㉱ 물과 반응하여 주로 아세틸렌 가스를 발생한다.

해설 인화칼슘(Ca_3P_2)[별명 : 인화석회] : 제3류(금수성 물질)

화학식	분자량	융점	비중
Ca_3P_2	182	1,600℃	2.5

① 적갈색의 괴상고체
② 물 및 약산과 격렬히 반응, 분해하여 유독한 가연성기체인 인화수소(포스핀)(PH_3)을 생성한다.
- $Ca_3P_2 + 6H_2O \rightarrow 3Ca(OH)_2$ (수산화칼슘) $+ 2PH_3$(포스핀=인화수소)
- $Ca_3P_2 + 6HCl \rightarrow 3CaCl_2$(염화칼슘) $+ 2PH_3$(포스핀=인화수소)

③ 포스핀은 맹독성가스이므로 취급시 방독마스크를 착용한다.
④ 물 및 포약제의 의한 소화는 절대 금하고 마른모래 등으로 피복하여 자연 진화되도록 기다린다.

해답 ㉱

03 삼황화인(P_4S_3)의 성질에 대한 설명으로 옳은 것은?

㉮ 냉수에 잘 녹으며 황화수소를 발생한다.
㉯ 염산에는 녹지 않는다.
㉰ 이황화탄소에는 녹지 않는다.
㉱ 황산에 잘 녹아 이산화황(SO_2)을 발생한다.

해설 삼황화인(P_4S_3)
① 황색결정으로 물, 염산, 황산에 녹지 않으며 질산, 알칼리, 이황화탄소에 녹는다.
② 연소하면 오산화인과 이산화황이 생긴다.

$$P_4S_3 + O_2 \rightarrow 2P_2O_5 + 3SO_2 \uparrow$$

해답 ㉯

04 제4류 위험물 중 제1석유류에 속하지 않는 것은?

㉮ C_6H_6
㉯ CH_3COOH
㉰ CH_3COCH_3
㉱ $C_6H_5CH_3$

해설

구 분	㉮ C_6H_6	㉯ CH_3COOH	㉰ CH_3COCH_3	㉱ $C_6H_5CH_3$
명 칭	벤젠	초산(아세트산)	아세톤	톨루엔
품 명	제1석유류	제2석유류	제1석유류	제1석유류

해답 ㉯

05 다음 물질 중 분자량이 약 106.5, 융점이 250℃, 비중이 약 2.5이며 약 300℃에서 산소를 발생하는 것은?

㉮ $KClO_3$
㉯ $NaClO_3$
㉰ $KClO_4$
㉱ $NaClO_4$

해설 염소산나트륨-제1류-염소산염류

화학식	분자량	물리적 상태	색상	분해온도
$NaClO_3$	106.5	고체	무색	300℃

① 조해성이 크고, 알코올, 에터, 물에 녹는다.
② 철제를 부식시키므로 철제용기 사용금지
③ 산과 반응하여 유독한 이산화염소(ClO_2)를 발생시키며 이산화염소는 폭발성이다.
④ 열분해하여 염화나트륨과 산소를 발생한다.

$$2NaClO_3 \rightarrow 2NaCl + 3O_2 \uparrow$$
염소산나트륨 염화나트륨(소금) 산소

해답 ㉯

06 다음 염소산칼륨의 성질 중 옳은 것은?

㉮ 광택이 있는 적색의 결정이다.
㉯ 비중은 약 3.2이며 녹는점은 약 250℃이다.
㉰ 가열분해하면 염화나트륨과 산소를 발생한다.
㉱ 알코올에 난용이고 온수, 글리세린에 잘 녹는다.

해설 **염소산칼륨**($KClO_3$) : 제1류 위험물(산화성고체) 중 염소산염류

화학식	분자량	물리적 상태	색상	분해온도
$KClO_3$	122.55	고체	무색	400℃

① 무색 또는 **백색분말**이며 산화력이 강하다
② 이산화망가니즈(MnO_2)과 접촉 시 분해가 촉진되어 산소를 방출한다.
③ 비중 : 2.34, 녹는점 368℃이다.
④ **온수, 글리세린에 잘 녹는다.**
⑤ **냉수, 알코올에는 용해하기 어렵다.**
⑥ 400℃에서 열분해되어 **염화칼륨과 산소를 방출**

$$2KClO_3 \rightarrow 2KCl + 3O_2 \uparrow$$
염소산칼륨 염화칼륨 산소

⑦ 유기물 등과 접촉 시 충격을 가하면 폭발하는 수가 있다.

해답 ㉱

---

07 다음 중 셀룰로이드의 제조에 사용되는 물질은?

㉮ 장뇌 ㉯ 염산
㉰ 나이트로아미드 ㉱ 질산메틸

해설 **셀룰로이드**
① 무색 또는 황색의 반투명한 고체로 일종의 합성수지와 비슷하다.
② 질산셀룰로오스와 장뇌의 혼합액으로부터 개발한 최초의 합성 플라스틱이다.
③ 물에 녹지 않지만 알코올, 아세톤, 등에 녹는다.
④ 발화점은 165℃이고, 비중은 1.4이다.
⑤ 열을 가하면 매우 연소하기 쉽고 외부에서 산소 공급 없이도 연소가 지속된다.
⑥ 장기간 방치된 것은 햇빛, 고온, 고습 등에 의해 분해가 촉진된다.
⑦ 분해열이 축적되면 자연발화의 위험이 있다.

해답 ㉮

---

08 다음 중 물보다 가벼운 물질로만 이루어진 것은?

㉮ 에터, 이황화탄소 ㉯ 벤젠, 포름산
㉰ 클로로벤젠, 가솔린 ㉱ 퓨젤유, 에탄올

해설

명칭	에터	이황화탄소	벤젠	포름산(의산)	클로로벤젠	가솔린(휘발유)	퓨젤유	에탄올
비중	0.72	1.26	0.9	1.22	1.11	0.65~0.80	0.81	0.79

퓨젤유

화학식	분자량	비중	비점	인화점	착화점	연소범위
주성분 : 아이소아밀알코올	60	0.81	110~130℃	42℃	482℃	1.8~12.4%

① 황갈색의 기름상 액체로 아밀알코올 냄새가 강하다.
② 물에 잘 안 녹고 물보다 가볍다.
③ 아이소아밀알코올이 주성분이며 알코올을 발효할 때 발생되며 이용가치가 별로 없다.

해답 ㉣

---

09 황린 90kg, 마그네슘 750kg, 칼륨 100kg을 저장할 때 각각의 지정수량 배수의 총합은 얼마인가?

㉮ 6   ㉯ 10
㉰ 12 ㉱ 16

해설
① 황린-제3류-20kg, 마그네슘-제2류-500kg, 칼륨-제3류-10kg
② **지정배수** $= \dfrac{90\text{kg}}{20\text{kg}} + \dfrac{750\text{kg}}{500\text{kg}} + \dfrac{100\text{kg}}{10\text{kg}} = 16$배

해답 ㉱

---

10 다음 중 산화성 고체 위험물이 아닌 것은?

㉮ $KBrO_3$ ㉯ $(NH_4)_2Cr_2O_7$
㉰ $HClO_4$ ㉱ $NaClO_2$

해설 과염소산($HClO_4$) : 제6류 위험물(산화성액체)

화학식	분자량	비중	비점	융점
$HClO_4$	100.46	1.77	39℃	-112℃

① 물과 혼합하면 다량의 열을 발생한다.
② 산화력이 강하여 종이, 나무조각 또는 유기물 등과 접촉 시 폭발한다.
③ 비중 1.768(22 ℃), 녹는점 -112 ℃, 끓는점 39℃(56mmHg)
④ 무수물은 자연히 분해하여 폭발하므로 60~70 %의 수용액(비중 1.5~1.6)으로 시판된다.
⑤ 수용액도 부식력이 강하고, 유기물 등과 접촉하면 폭발하는 경우가 있다.
⑥ 산(酸) 중에서도 가장 강한 산이다.

산소산 중 산의 세기
차아염소산($HClO$) < 아염소산($HClO_2$) < 염소산($HClO_3$) < 과염소산($HClO_4$)

해답 ㉰

11 트라이에틸알루미늄은 물과 폭발적으로 반응한다. 이때 주로 발생하는 기체는?

㉮ 산소 ㉯ 수소
㉰ 에탄 ㉱ 염소

해설 알킬알루미늄[$(C_nH_{2n+1}) \cdot Al$] : **제3류 위험물(금수성 물질)**
① 알킬기(C_nH_{2n+1})에 알루미늄(Al)이 결합된 화합물이다.
② $C_1 \sim C_4$는 자연발화의 위험성이 있다.
③ 물과 접촉 시 가연성 가스 발생하므로 주수소화는 절대 금지한다.
④ 트라이메틸알루미늄(TMA : Tri Methyl Aluminium)

$$(CH_3)_3Al + 3H_2O \rightarrow Al(OH)_3 + 3CH_4 \uparrow (메탄)$$

⑤ **트라이에틸알루미늄**(TEA : Tri Eethyl Aluminium)

$$(C_2H_5)_3Al + 3H_2O \rightarrow Al(OH)_3 + 3C_2H_6 \uparrow (에탄)$$

⑥ 저장용기에 불활성기체(N_2)를 봉입한다.
⑦ 피부접촉 시 화상을 입히고 연소 시 흰 연기가 발생한다.
⑧ 소화 시 주수소화는 절대 금하고 팽창질석, 팽창진주암 등으로 피복소화한다.

해답 ㉰

12 아이오딘포름 반응을 하는 물질로 연소범위가 약 2.5~12.8%이며 끓는점과 인화점이 낮아 화기를 멀리해야 하고 냉암소에 보관하는 물질은?

㉮ CH_3COCH_3 ㉯ CH_3CHO
㉰ C_6H_6 ㉱ $C_6H_5NO_2$

해설 아세톤(CH_3COCH_3)-수용성 ★★

화학식	분자량	비중	비점	인화점	착화점	연소범위
$(CH_3)_2CO$	58	0.79	56.3℃	-18℃	538℃	2.5~12.8%

① 무색의 휘발성 액체이다.
② 물 및 유기용제에 잘 녹는다.
③ 아이오딘포름 반응을 한다.
④ 아세틸렌 가스의 흡수제에 이용된다.

해답 ㉮

13 다음 중 오황화인의 성질에 대한 설명으로 옳은 것은?

㉮ 청색의 결정으로 특이한 냄새가 있다.
㉯ 알코올에는 잘 녹고 이황화탄소에는 잘 녹지 않는다.
㉰ 수분을 흡수하면 분해한다.
㉱ 비점은 약 325℃이다.

해설 오황화인(P_2S_5) : 제2류 위험물
① 담황색 결정이고 조해성이 있다.
② 수분을 흡수하면 분해된다.
③ 이황화탄소(CS_2)에 잘 녹는다.
④ 물, 알칼리와 반응하여 인산과 유독성인 황화수소를 발생한다.

$$P_2S_5 + 8H_2O \rightarrow 2H_3PO_4(인산) + 5H_2S\uparrow(황화수소)$$

해답 답

---

14 수소화칼륨에 대한 설명으로 옳은 것은?

㉮ 회갈색의 등축정계 결정이다.   ㉯ 약 150℃에서 열분해된다.
㉰ 물과 반응하여 수소를 발생한다.   ㉱ 물과의 반응은 흡열반응이다.

해설 수소화칼륨(KH) : 제3류 위험물 –금속의 수소화물
① 회백색의 결정분말이다.
② 물과 반응하면 수산화칼륨(KOH)과 수소(H_2)가스를 발생한다.

$$KH + H_2O \rightarrow KOH + H_2\uparrow$$

③ 고온에서 암모니아(NH_3)와 반응하면 칼륨아미드(KNH_2)와 수소가 생성된다.

$$KH + NH_3 \rightarrow KNH_2 (칼륨아미드) + H_2\uparrow$$

해답 ㉰

---

15 과산화수소의 분해방지 안정제로 사용할 수 있는 물질은?

㉮ 구리   ㉯ 은
㉰ 인산   ㉱ 목탄분

해설 과산화수소(H_2O_2)의 일반적인 성질

화학식	분자량	비중	비점	융점
H_2O_2	34	1.463	150.2℃(pure)	-0.43℃(pure)

① 물, 에탄올, 에터에 잘 녹으며 벤젠에 녹지 않는다.
② 분해 시 발생기 산소(O)를 발생시킨다.
③ 분해안정제로 인산(H_3PO_4) 또는 요산($C_5H_4N_4O_3$)을 첨가한다.
④ 저장용기는 밀폐하지 말고 구멍이 있는 마개를 사용한다.
⑤ 하이드라진($NH_2 \cdot NH_2$)과 접촉 시 분해 작용으로 폭발위험이 있다.

$$NH_2 \cdot NH_2 + H_2O_2 \rightarrow 4H_2O + N_2\uparrow$$

• 과산화수소는 36%(중량) 이상만 위험물에 해당된다.
• 과산화수소는 표백제 및 살균제로 이용된다.

⑥ 분해 시 발생한 분자상의 산소(O_2)는 발생기 산소(O)보다 산화력이 약하다.

해답 ㉰

16. 다음 중 은백색의 금속으로 가장 가볍고, 물과 반응 시 수소가스를 발생시키는 것은?

㉮ Al
㉯ K
㉰ Li
㉱ Si

해설 리튬(Li)

화학식	비점	융점	비중	불꽃색상
Li	1336℃	180℃	0.543	적색

① 은백색의 가벼운 알칼리금속으로 칼륨(K), 나트륨(Na)과 성질이 비슷하다.
② 물과 극렬히 반응하여 수소(H_2)를 발생한다.
　　$2Li + 2H_2O \rightarrow 2LiOH + H_2 \uparrow$
③ 주기율표 1족에 속하는 알칼리금속원소
④ 2차 전지 생산의 원료로 사용
⑤ 고온에서 질소와반응하여 적갈색의 질화리튬(Li_3N)을 생성한다.

해답 ㉰

17. 다음 중 물과 접촉하여도 위험하지 않은 물질은?

㉮ 과산화나트륨
㉯ 과염소산나트륨
㉰ 마그네슘
㉱ 알킬알루미늄

해설 과염소산나트륨

화학식	분자량	물리적 상태	색상	분해온도
$NaClO_4$	122.5	고체	무색(백색)	400℃

① 물에 잘 녹고 알코올, 에터에 불용
② 유기물 등과 혼합 시 가열, 충격, 마찰에 의하여 폭발한다.
③ 400℃ 이상에서 분해되면서 산소를 방출한다.

해답 ㉯

18. 다음 금속원소 중 비점이 가장 높은 것은?

㉮ 리튬
㉯ 나트륨
㉰ 칼륨
㉱ 루비듐

해설 금속원소의 비점

명 칭	리튬	나트륨	칼륨	루비듐
원소기호	Li	Na	K	Rb
비점(끓는점)	1,336℃	880℃	762℃	688℃

해답 ㉮

19 다음 중 반건성유에 해당하는 물질은?
㉮ 아마인유
㉯ 채종유
㉰ 올리브유
㉱ 피마자유

해설 **동식물유류** ★★★★
동물의 지육 또는 식물의 종자나 과육으로부터 추출한 것으로 1기압에서 인화점이 250℃ 미만인 것
① 돈지(돼지기름), 우지(소기름) 등이 있다.
② 아이오딘값이 130 이상인 건성유는 자연발화위험이 있다.
③ 인화점이 46℃인 개자유는 저장, 취급 시 특별히 주의한다.

아이오딘값에 따른 동식물유의 분류

구 분	아이오딘값	종 류
건성유	130 이상	해바라기기름, 동유(낙화생기름), 정어리기름, 아마인유, 들기름
반건성유	100~130	**채종유**, 쌀겨기름, 참기름, 면실유, 옥수수기름, 청어기름, 콩기름
불건성유	100 이하	야자유, 팜유, 올리브유, 피마자기름, 낙화생기름, 돈지, 우지, 고래기름

아이오딘값
옥소가(沃素價)라고도 하며 100g의 유지에 의해서 흡수되는 아이오딘의 g수
※ **비누화 값의 정의** : 유지 1g을 비누화하는데 필요한 KOH mg수

해답 ㉯

20 하이드라진을 약 180℃까지 열분해시켰을 때 발생하는 가스가 아닌 것은?
㉮ 이산화탄소
㉯ 수소
㉰ 질소
㉱ 암모니아

해설 **하이드라진**(Hydrazine)[H_2N-NH_2]-수용성

화학식	분자량	비중	융점	인화점
N_2H_4	32	1.01	2℃	37.8℃

① 무색의 맹독성 발연성 액체이며 물에 잘 녹는다.
② 고압 보일러의 탈산소제로서 이용된다.
③ 물, 알코올에 잘 용해되고 에터에는 불용
④ 약알칼리성으로 180℃에서 암모니아와 질소로 분해된다.

$$2N_2H_4 \rightarrow 2NH_3 + N_2 + H_2$$
(하이드라진) (암모니아) (질소) (수소)

⑤ 과산화수소(H_2O_2)와 접촉 시 폭발 우려가 있다.

$$N_2H_4 + 2H_2O_2 \rightarrow 4H_2O + N_2 \uparrow$$

⑥ 고농도의 과산화수소와 반응시켜 로켓의 추진체로 이용된다.

해답 ㉮

21 다음 중 알칼리토금속의 과산화물로서 비중이 약 4.96, 융점이 약 450℃인 것으로 비교적 안정한 물질은?

㉮ BaO_2 ㉯ CaO_2
㉰ MgO_2 ㉱ BeO_2

해설 과산화바륨

화학식	분자량	비중	융점	분해온도
BaO_2	169	4.96	450℃	840℃

① 탄산가스와 반응하여 탄산염과 산소 발생

$$2BaO_2 + 2CO_2 \rightarrow 2BaCO_3 + O_2\uparrow$$
$$\text{(탄산바륨)} \qquad \text{(산소)}$$

② 염산과 반응하여 염화바륨과 과산화수소 생성

$$BaO_2 + 2HCl \rightarrow BaCl_2 + H_2O_2\uparrow$$
$$\text{(염화바륨)} \qquad \text{(과산화수소)}$$

③ 가열 또는 온수와 접촉하면 산소가스를 발생

- 가열 $2BaO_2 \rightarrow 2BaO(\text{산화바륨}) + O_2\uparrow(\text{산소})$
- 온수와 반응 $2BaO_2 + 2H_2O \rightarrow 2Ba(OH)_2(\text{수산화바륨}) + O_2\uparrow(\text{산소})$

해답 ㉮

---

22 마그네슘의 일반적인 성질을 나타낸 것 중 틀린 것은?

㉮ 비중은 약 1.74이다.   ㉯ 융점은 약 905℃이다.
㉰ 비점은 약 1,102℃이다.   ㉱ 원자량은 약 24.3이다.

해설 마그네슘(Mg) ★★★

화학식	원자량	비중	융점	비점	발화점
Mg	24.3	1.74	651℃	1102℃	473℃

① 2mm체 통과 못하는 덩어리는 위험물에서 제외한다.
② 직경 2mm 이상 막대모양은 위험물에서 제외한다.
③ 은백색의 광택이 나는 가벼운 금속이다.
④ 물과 반응하여 수소기체 발생

$$Mg + 2H_2O \rightarrow Mg(OH)_2(\text{수산화마그네슘}) + H_2\uparrow(\text{수소발생})$$

⑤ 이산화탄소약제를 방사하면 폭발적으로 반응하기 때문에 위험하다.

마그네슘과 CO_2의 반응식
$$2Mg + CO_2 \rightarrow 2MgO + C$$

⑥ 주수소화는 엄금이며 마른모래 등으로 피복 소화한다.

해답 ㉯

23 제4류 위험물 중 지정수량이 4,000L인 것은? (단, 수용성 액체이다.)

㉮ 제1석유류　　　　　㉯ 제2석유류
㉰ 제3석유류　　　　　㉱ 제4석유류

해설 제4류 위험물의 지정수량

성질	품 명		지정수량	위험등급	비 고
인화성 액체	특수인화물		50L	I	• 발화점 100℃ 이하 • 인화점 -20℃ 이하 & 비점 40℃ 이하 • 이황화탄소, 다이에틸에터
	제1석유류	비수용성	200L	II	• 인화점 21℃ 미만 • 아세톤, 휘발유
		수용성	400L		
	알코올류		400L		• C_1~C_3포화 1가알코올(변성알코올 포함)
	제2석유류	비수용성	1000L	III	• 인화점 21℃ 이상 70℃ 미만 • 등유, 경유
		수용성	2000L		
	제3석유류	비수용성	2000L		• 인화점 70℃ 이상 200℃ 미만 • 중유, 크레오소트유
		수용성	4000L		
	제4석유류		6000L		• 인화점이 200℃ 이상 250℃ 미만인 것
	동식물류		10000L		• 동물의 지육 또는 식물의 종자나 과육으로부터 추출한 것으로 1기압에서 인화점이 250℃ 미만인 것

해답 ㉰

24 다음 중 분자식과 명칭이 잘못 연결된 것은?

㉮ CH_2OH - 에틸렌글리콜　　　㉯ $C_6H_5NO_2$ - 나이트로벤젠
㉰ $C_{10}H_8$ - 나프탈렌　　　　　㉱ $C_3H_5(OH)_3$ - 글리세린

해설 ㉮ 에틸렌글리콜-CH_2OHCH_2OH

해답 ㉮

25 다음 중 물 속에 저장하여야 할 위험물은?

㉮ 나트륨　　　　　㉯ 황린
㉰ 피크린산　　　　㉱ 과염소산

해설 보호액속에 저장 위험물
① 석유(유동파라핀, 경유, 등유) 속 보관
　칼륨(K), 나트륨(Na)
② 물속에 보관
　이황화탄소(CS_2), 황린(P_4)

해답 ㉯

제 2 편 위험물의 성질 및 취급

26 다음 위험물 중 상온에서 성상이 고체인 것은?

㉮ 과산화벤조일 ㉯ 질산에틸
㉰ 나이트로글리세린 ㉱ 메틸에틸케톤퍼옥사이드

해설 과산화벤조일 = 벤조일퍼옥사이드(benzoil per oxide : BPO)[$(C_6H_5CO)_2O_2$]

화학식	분자	비중	융점	착화점
$(C_6H_5CO)_2O_2$	242	1.33	105℃	125℃

① 무색 무취의 **백색분말 또는 결정**이다.
② 물에 녹지 않고 알코올에 약간 녹으며 에터 등 유기용제에 잘 녹는다.
③ 상온에서는 안정하지만 가열하면 100℃에서 흰 연기를 내고 심하게 분해한다.
④ 폭발성이 매우 강한 강산화제이다.
⑤ 희석제로는 프탈산다이메틸, 프탈산다이부틸이 있다.
⑥ 직사광선을 피하고 냉암소에 보관한다.

해답 ㉮

27 칼륨의 성질에 대한 설명 중 틀린 것은?

㉮ 산소와 반응하면 산화칼륨을 만든다.
㉯ 습기가 많은 곳에 보관하면 수소를 발생한다.
㉰ 에틸알코올과 혼촉하면 수소를 발생한다.
㉱ 아세트산과 반응하면 산소가 발생한다.

해설 칼륨(K)★★★★★

화학식	원자량	비점	융점	비중	불꽃색상
K	39	762℃	63.5℃	0.857	보라색

① 가열시 보라색 불꽃을 내면서 연소한다.
② 물과 반응하여 수소 및 열을 발생한다.(금수성 물질)

$$2K + 2H_2O \rightarrow 2KOH + H_2\uparrow + 92.8kcal$$

③ 보호액으로 파라핀·경유·등유 등을 사용한다.
④ 피부와 접촉 시 화상을 입는다.
⑤ 마른모래 등으로 질식 소화한다.
⑥ 화학적으로 활성이 대단히 크고 알코올과 반응하여 수소를 발생시킨다.

$$2K + 2C_2H_5OH \rightarrow 2C_2H_5OK + H_2\uparrow$$

⑦ 아세트산과 반응하면 수소가 발생한다.

$$2K + 2CH_3COOH \rightarrow 2CH_3COOK + H_2\uparrow$$

해답 ㉱

28 다음 중 자연발화성 및 금수성 물질에 해당되지 않는 것은?

㉮ 철분 ㉯ 황린
㉰ 금속의 수소화물 ㉱ 알칼리토금속

해설 ㉰ 철분 : 제2류 위험물(가연성 고체)
제3류 위험물의 품명 및 지정수량★★★

성 질	품 명	지정수량	위험등급
자연발화성 및 금수성 물질	1. 칼륨 2. 나트륨 3. 알킬알루미늄 4. 알킬리튬	10kg	I
	5. 황린	20kg	I
	6. 알칼리금속(칼륨 및 나트륨제외)및 알칼리토금속 7. 유기금속화합물(알킬알루미늄 및 알킬리튬 제외)	50kg	II
	8. 금속의 수소화물 9. 금속의 인화물 10. 칼슘 또는 알루미늄의 탄화물	300kg	III
	11. 그 밖에 행정안전부령이 정하는 것(염소화규소화합물)	10kg 50kg 300kg	III

해답 ㉮

29 다음 산화성 액체 위험물질의 취급에 관한 설명 중 틀린 것은?

㉮ 과산화수소 30% 농도의 용액은 단독으로 폭발 위험이 있다.
㉯ 과염소산의 융점은 약 −112℃이다.
㉰ 질산은 강산이지만 백금은 부식시키지 못한다.
㉱ 과염소산은 물과 반응하여 열을 발생한다.

해설 과산화수소(H_2O_2)의 일반적인 성질

화학식	분자량	비중	비점	융점
H_2O_2	34	1.463	150.2℃(pure)	−0.43℃(pure)

① 물, 에탄올, 에터에 잘 녹으며 벤젠에 녹지 않는다.
② 분해 시 발생기 산소(O)를 발생시킨다.
③ 분해안정제로 인산(H_3PO_4) 또는 요산($C_5H_4N_4O_3$)을 첨가한다.
④ 저장용기는 밀폐하지 말고 구멍이 있는 마개를 사용한다.
⑤ 하이드라진($NH_2 \cdot NH_2$)과 접촉 시 분해 작용으로 폭발위험이 있다.

$$NH_2 \cdot NH_2 + H_2O_2 \rightarrow 4H_2O + N_2 \uparrow$$

• 과산화수소는 36%(중량) 이상만 위험물에 해당된다.
• 과산화수소는 표백제 및 살균제로 이용된다.

⑥ 분해 시 발생한 분자상의 산소(O_2)는 발생기 산소(O)보다 산화력이 약하다.

해답 ㉮

30. 다음 물질 중 증기 비중이 가장 큰 것은?

㉮ 이황화탄소 ㉯ 사이안화수소
㉰ 에탄올   ㉱ 벤젠

해설 공기의 평균 분자량 및 증기비중
$28(N_2) \times 0.7803 + 32(O_2) \times 0.2099 + 40(Ar) \times 0.0094 + 44(CO_2) \times 0.0003 = 28.95 ≒ 29$

공기의 평균 분자량 = 29 증기비중 = $\dfrac{M(분자량)}{29(공기평균분자량)}$

제4류 위험물의 증기비중 (※분자량이 클수록 증기비중이 크다)

명 칭	이황화탄소	사이안화수소	에탄올	벤젠
화학식	CS_2	HCN	C_2H_5OH	C_6H_6
분자량	76	27	46	78
증기비중	2.62	0.93	1.58	2.68

해답 ㉱

31. 제5류 위험물에 대한 설명 중 틀린 것은?

㉮ 다이아조화합물은 모두 산소를 함유하고 있다.
㉯ 유기과산화물의 경우 질식소화는 효과가 없다.
㉰ 연소 생성물 중에는 유독성 가스가 많다.
㉱ 대부분이 고체이고, 일부 품목은 액체이다.

해설 다이아조화합물
- 다이아조아세토니트릴(Diazo acetonitrile, C_2HN_3)
- 다이아조다이나이트로펜올(Diazodinitrophenol(ddnp), $C_6H_2ON_2(NO_2)_2$)
- 메틸다이아조아세테이트(Methyl diazoacetate, $C_3H_4N_2O_2$)
- 파라다이아조벤젠술폰산(P-Diazo benzene sulfonicacid, $C_6H_4N_2SO_3H$)
① 다이아조기($N_2=$)를 갖고 있는 화합물의 총칭이다.
② 다이아조늄염은 햇빛에 분해되기 쉽다.
③ 가열, 충격에 격렬하게 폭발한다.

해답 ㉮

32. 다음 유지류에서 건성유에 해당하는 것은?

㉮ 낙화생유(Peanut Oil)   ㉯ 올리브유(Olive Oil)
㉰ 동유(Tong Oil)   ㉱ 피마자유(Castor Oil)

해설 동식물유류 ★★★★
동물의 지육 또는 식물의 종자나 과육으로부터 추출한 것으로 1기압에서 인화점이 250℃ 미만인 것

① 돈지(돼지기름), 우지(소기름) 등이 있다.
② 아이오딘값이 130 이상인 건성유는 자연발화위험이 있다.
③ 인화점이 46℃인 개자유는 저장, 취급 시 특별히 주의한다.

아이오딘값에 따른 동식물유의 분류

구 분	아이오딘값	종 류
건성유	130 이상	해바라기름, **동유(낙화생기름)**, 정어리기름, 아마인유, 들기름
반건성유	100~130	채종유, 쌀겨기름, 참기름, 면실유, 옥수수기름, 청어기름, 콩기름
불건성유	100 이하	야자유, 팜유, 올리브유, 피마자기름, 낙화생기름, 돈지, 우지, 고래기름

아이오딘값
옥소가(沃素價)라고도 하며 100g의 유지에 의해서 흡수되는 아이오딘의 g수

※ **비누화 값의 정의** : 유지 1g을 비누화하는데 필요한 KOH mg수

해답 ⓓ

33. 다음 중 착화온도가 가장 낮은 물질은?

㉮ 에탄올　　　　　　　㉯ 아세트산
㉰ 벤젠　　　　　　　　㉱ 테레빈유

해설 **제4류 위험물의 착화온도**

명 칭	에탄올	아세트산	벤젠	테레빈유
화학식	C_2H_5OH	CH_3COOH	C_6H_6	
착화온도	423℃	427℃	562℃	240℃

해답 ㉱

34. 나이트로글리세린의 성질에 대한 설명으로 가장 옳은 것은?

㉮ 물, 벤젠에 잘 녹으나 알코올에는 녹지 않는다.
㉯ 물에 녹지 않으나 알코올, 벤젠 등에는 잘 녹는다.
㉰ 물, 알코올 및 벤젠에 잘 녹는다.
㉱ 알코올, 물에는 녹지 않으나 벤젠에는 잘 녹는다.

해설 **나이트로글리세린**(Nitro Glycerine) : NG[$(C_3H_5(ONO_2)_3$]★★★★★

화학식	분자량	비중	융점	비점	착화점
$C_3H_5(ONO_2)_3$	227	1.6	13℃	160℃	210℃

① 상온에서는 액체이지만 겨울철에는 동결한다.
② 진한질산과 진한 황산을 가하면 나이트로화하여 나이트로글리세린으로 된다.

글리세린의 나이트로화반응

$$C_3H_5(OH)_3 + 3HONO_2 \xrightarrow{H_2SO_4} C_3H_5(ONO_2)_3 + 3H_2O$$
　　(글리세린)　　(질산)　　　　　(나이트로글리세린)　　(물)

③ 물에 녹지 않으나 알코올, 벤젠 등에는 잘 녹는다.

④ 가열, 마찰, 충격에 예민하여 대단히 위험하다.
⑤ 화재 시 폭굉 우려가 있다.
⑥ 산과 접촉 시 분해가 촉진되고 폭발우려가 있다.

나이트로글리세린의 열분해 반응식
$$4C_3H_5(ONO_2)_3 \rightarrow 12CO_2\uparrow + 6N_2\uparrow + O_2\uparrow + 10H_2O$$

⑦ 다이나마이트(규조토+나이트로글리세린), 무연화약 제조에 이용된다.

해답 ④

35. 다음 중 유동하기 쉽고 휘발성인 위험물로 특수 인화물에 속하는 것은?

㉮ $C_2H_5OC_2H_5$
㉯ CH_3COCH_3
㉰ C_6H_6
㉱ $C_6H_4(CH_3)_2$

해설 위험물의 분류

화학식	$C_2H_5OC_2H_5$	CH_3COCH_3	C_6H_6	$C_6H_4(CH_3)_2$
명 칭	에터	아세톤	벤젠	크실렌
품 명	특수인화물	제1석유류	제1석유류	제2석유류

해답 ㉮

36. 금속리튬은 고온에서 질소와 반응하여 어떤 색의 질화리튬을 만드는가?

㉮ 회흑색
㉯ 적갈색
㉰ 청록색
㉱ 은백색

해설 리튬(Li)

화학식	비점	융점	비중	불꽃색상
Li	1336℃	180℃	0.543	적색

① 은백색의 가벼운 알칼리금속으로 칼륨(K), 나트륨(Na)과 성질이 비슷하다.
② 물과 극렬히 반응하여 수소(H_2)를 발생한다.
   $2Li + 2H_2O \rightarrow 2LiOH + H_2\uparrow$
③ 주기율표 1족에 속하는 알칼리금속원소
④ 2차 전지 생산의 원료로 사용
⑤ 고온에서 질소와반응하여 적갈색의 질화리튬(Li_3N)을 생성한다.

해답 ㉯

37. 다음 중 지정수량이 가장 작은 물질은?

㉮ 칼륨
㉯ 적린
㉰ 황린
㉱ 질산염류

해설 지정수량

명칭	칼륨	적린	황린	질산염류
유별	제3류	제2류	제3류	제1류
지정수량	10kg	100kg	20kg	300kg

해답 ㉮

38
과산화수소 수용액은 보관 중 서서히 분해할 수 있으므로 안정제를 첨가하는데 그 안정제로 가장 적합한 것은?

㉮ H_3PO_4　　㉯ MnO_2
㉰ C_2H_6OH　　㉱ Cu

해설 과산화수소(H_2O_2)의 일반적인 성질

화학식	분자량	비중	비점	융점
H_2O_2	34	1.463	150.2℃(pure)	-0.43℃(pure)

① 물, 에탄올, 에터에 잘 녹으며 벤젠에 녹지 않는다.
② 분해 시 발생기 산소(O)를 발생시킨다.
③ **분해안정제로 인산(H_3PO_4) 또는 요산($C_5H_4N_4O_3$)을 첨가**한다.
④ 저장용기는 밀폐하지 말고 구멍이 있는 마개를 사용한다.
⑤ 하이드라진($NH_2 \cdot NH_2$)과 접촉 시 분해 작용으로 폭발위험이 있다.

$$NH_2 \cdot NH_2 + H_2O_2 \rightarrow 4H_2O + N_2 \uparrow$$

- 과산화수소는 36%(중량) 이상만 위험물에 해당된다.
- 과산화수소는 표백제 및 살균제로 이용된다.

⑥ 분해 시 발생한 분자상의 산소(O_2)는 발생기 산소(O)보다 산화력이 약하다.

해답 ㉮

39
탄화칼슘이 물과 반응하여 생성된 가스에 대한 설명으로 가장 관계가 먼 것은?

㉮ 연소범위가 약 2.5~81%로 넓다.
㉯ 은 또는 구리 용기를 사용하여 보관한다.
㉰ 가압 시 폭발의 위험성이 있다.
㉱ 탄소간 삼중결합이 있다.

해설 카바이드=탄화칼슘(CaC_2) : 제3류 위험물 중 칼슘탄화물

화학식	분자량	융점	비중
CaC_2	64	2370℃	2.21

① 물과 접촉 시 아세틸렌을 생성하고 열을 발생시킨다.

$$CaC_2 + 2H_2O \rightarrow Ca(OH)_2(수산화칼슘) + C_2H_2 \uparrow (아세틸렌)$$

② 아세틸렌의 폭발범위는 2.5~81%로 대단히 넓어서 폭발위험성이 크다.
③ 장기 보관시 불활성기체(N_2 등)를 봉입하여 저장한다.

④ 별명은 카바이드, 탄화석회, 칼슘카바이드 등이다.
⑤ 고온(700℃)에서 질화되어 석회질소($CaCN_2$)가 생성된다.

$$CaC_2 + N_2 \rightarrow CaCN_2(석회질소) + C(탄소)$$

⑥ 물 및 포약제에 의한 소화는 절대 금하고 마른모래 등으로 피복 소화한다.

아세틸렌(C_2H_2)의 성질
① 연소범위는 2.5~81%이다.
② 구리, 마그네슘, 은 및 수은과 접촉시 폭발성 금속인 아세틸리드를 생성하므로 위험하다.
    $C_2H_2 + Cu \rightarrow CuC_2$ (구리 아세틸리드(Acetylide)) + H_2
③ 아세틸렌은 압축하면 분해폭발하므로 아세톤, DMF 등에 용해시켜 저장한다.

해답 ④

40. 인화칼슘의 일반적인 성질 중 옳은 것은?
㉮ 물과 반응하면 독성의 가스가 발생한다.
㉯ 비중이 물보다 작다.
㉰ 융점은 약 600℃ 정도이다.
㉱ 회흑색의 정육면체 고체상 결정이다.

해설 **인화칼슘(Ca_3P_2)[별명 : 인화석회] : 제3류(금수성 물질)**

화학식	분자량	융점	비중
Ca_3P_2	182	1,600℃	2.5

① 적갈색의 괴상고체
② 물 및 약산과 격렬히 반응, 분해하여 유독한 가연성기체인 **인화수소(포스핀)(PH_3)을 생성**한다.

- $Ca_3P_2 + 6H_2O \rightarrow 3Ca(OH)_2$(수산화칼슘) + $2PH_3$(포스핀=인화수소)
- $Ca_3P_2 + 6HCl \rightarrow 3CaCl_2$(염화칼슘) + $2PH_3$(포스핀=인화수소)

③ 포스핀은 맹독성가스이므로 취급시 방독마스크를 착용한다.
④ 물 및 포약제의 의한 소화는 절대 금하고 마른모래 등으로 피복하여 자연 진화되도록 기다린다.

해답 ㉮

41. 트라이에틸알루미늄을 취급할 때 물과 접촉하면 주로 발생하는 가스는?
㉮ C_2H_6　　　　　㉯ H_2
㉰ C_2H_2　　　　　㉱ CO_2

해설 **알킬알루미늄[(C_nH_{2n+1})·Al] : 제3류 위험물(금수성 물질)**
① 알킬기(C_nH_{2n+1})에 알루미늄(Al)이 결합된 화합물이다.
② C_1~C_4는 자연발화의 위험성이 있다.
③ 물과 접촉 시 가연성 가스 발생하므로 주수소화는 절대 금지한다.
④ 트라이메틸알루미늄(TMA : Tri Methyl Aluminium)

$$(CH_3)_3Al + 3H_2O \rightarrow Al(OH)_3 + 3CH_4 \uparrow (메탄)$$

⑤ 트라이에틸알루미늄(TEA : Tri Eethyl Aluminium)

$$(C_2H_5)_3Al + 3H_2O \rightarrow Al(OH)_3 + 3C_2H_6 \uparrow (에탄)$$

⑥ 저장용기에 불활성기체(N_2)를 봉입한다.
⑦ 피부접촉 시 화상을 입히고 연소 시 흰 연기가 발생한다.
⑧ 소화 시 주수소화는 절대 금하고 팽창질석, 팽창진주암 등으로 피복소화한다.

해답 ㉮

42 황린과 적린에 대한 설명 중 틀린 것은?

㉮ 적린은 황린에 비하여 안정하다.
㉯ 비중은 황린이 크며, 녹는점은 적린이 낮다.
㉰ 적린과 황린은 모두 물에 녹지 않는다.
㉱ 연소할 때 황린과 적린은 모두 P_2O_5의 흰 연기를 발생한다.

해설 황린과 적린의 비교

황린	적린
이황화탄소에 녹는다.	이황화탄소에 녹지 않는다.
독성이 강하다.	독성이 없다.
자연발화점 : 34℃	자연발화점 : 260℃
비중 : 1.83	비중 2.2
녹는점(융점) : 44℃	녹는점(융점) : 600℃
연소 시 오산화인(P_2O_5) 생성	연소 시 오산화인(P_2O_5) 생성

해답 ㉯

43 마그네슘의 성질에 대한 설명 중 틀린 것은?

㉮ 물보다 무거운 금속이다.
㉯ 은백색의 광택이 난다.
㉰ 온수와 반응 시 산화마그네슘과 산소를 발생한다.
㉱ 융점은 약 650℃이다.

해설 마그네슘(Mg)★★★

화학식	원자량	비중	융점	비점	발화점
Mg	24.3	1.74	651℃	1102℃	473℃

① 2mm체 통과 못하는 덩어리는 위험물에서 제외한다.
② 직경 2mm 이상 막대모양은 위험물에서 제외한다.
③ 은백색의 광택이 나는 가벼운 금속이다.
④ 물과 반응하여 수소기체 발생

$$Mg + 2H_2O \rightarrow Mg(OH)_2(수산화마그네슘) + H_2 \uparrow (수소발생)$$

⑤ 이산화탄소약제를 방사하면 폭발적으로 반응하기 때문에 위험하다.

마그네슘과 CO_2의 반응식
$2Mg + CO_2 \rightarrow 2MgO + C$

⑥ 주수소화는 엄금이며 마른모래 등으로 피복 소화한다.

해답 ㉰

44. 다음 위험물 중 인화점이 가장 낮은 것은?
㉮ 이황화탄소 ㉯ 콜로디온
㉰ 에틸알코올 ㉱ 아세트알데하이드

해설 제4류 위험물의 인화점

명칭	이황화탄소	콜로디온	에틸알코올	아세트알데하이드
유별	특수인화물	제1석유류	알코올류	특수인화물
인화점	-30℃	-18℃	13℃	-38℃

해답 ㉱

45. 과산화수소에 대한 설명 중 틀린 것은?
㉮ 햇빛에 의해서 분해되어 산소를 방출한다.
㉯ 단독으로 폭발할 수 있는 농도는 약 60% 이상이다.
㉰ 벤젠이나 석유에 쉽게 용해되어 급격히 분해된다.
㉱ 농도가 진한 것은 피부에 접촉 시 수종을 일으킬 위험이 있다.

해설 과산화수소(H_2O_2)의 일반적인 성질

화학식	분자량	비중	비점	융점
H_2O_2	34	1.463	150.2℃(pure)	-0.43℃(pure)

① 물, 에탄올, 에터에 잘 녹으며 **벤젠에 녹지 않는다.**
② 분해 시 발생기 산소(O)를 발생시킨다.
③ 분해안정제로 인산(H_3PO_4) 또는 요산($C_5H_4N_4O_3$)을 첨가한다.
④ 저장용기는 밀폐하지 말고 구멍이 있는 마개를 사용한다.
⑤ 하이드라진($NH_2 \cdot NH_2$)과 접촉 시 분해 작용으로 폭발위험이 있다.

$$NH_2 \cdot NH_2 + 2H_2O_2 \rightarrow 4H_2O + N_2 \uparrow$$

- 과산화수소는 36%(중량) 이상만 위험물에 해당된다.
- 과산화수소는 표백제 및 살균제로 이용된다.

⑥ 분해 시 발생한 분자상의 산소(O_2)는 발생기 산소(O)보다 산화력이 약하다.

해답 ㉰

46. $C_6H_2CH_3(NO_2)_3$의 제조 원료로 옳게 짝지어진 것은?

㉮ 톨루엔, 황산, 질산
㉯ 톨루엔, 벤젠, 질산
㉰ 벤젠, 질산, 황산
㉱ 벤젠, 질산, 염산

해설 트라이나이트로톨루엔[$C_6H_2CH_3(NO_2)_3$](TNT : Tri Nitro Toluene) ★★★★★

화학식	분자량	비중	비점	융점	착화점
$C_6H_2CH_3(NO_2)_3$	227	1.7	280℃	81℃	300℃

① 물에는 녹지 않고 알코올, 아세톤, 벤젠에 녹는다.
② Tri Nitro Toluene의 약자로 TNT라고도 한다.
③ 담황색의 주상결정이며 햇빛에 다갈색으로 변색된다.
④ 톨루엔과 질산을 반응시켜 얻는다.

$$C_6H_5CH_3 + 3HNO_3 \xrightarrow[\text{(나이트로화)}]{C-H_2SO_4} C_6H_2CH_3(NO_2)_3 + 3H_2O$$
(톨루엔)   (질산)   (트라이나이트로톨루엔)   (물)

⑤ 강력한 폭약이며 급격한 타격에 폭발한다.
$$2C_6H_2CH_3(NO_2)_3 \rightarrow 2C + 12CO + 3N_2\uparrow + 5H_2\uparrow$$
⑥ 연소 시 연소속도가 너무 빠르므로 소화가 곤란하다.
⑦ 무기 및 다이나마이트, 질산폭약제 제조에 이용된다.

해답 ㉮

47. TNT가 분해될 때 발생하는 주요 가스에 해당하지 않는 것은?

㉮ 질소
㉯ 수소
㉰ 암모니아
㉱ 일산화탄소

해설 트라이나이트로톨루엔[$C_6H_2CH_3(NO_2)_3$](TNT : Tri Nitro Toluene) ★★★★★

화학식	분자량	비중	비점	융점	착화점
$C_6H_2CH_3(NO_2)_3$	227	1.7	280℃	81℃	300℃

강력한 폭약이며 급격한 타격에 폭발한다.
$$2C_6H_2CH_3(NO_2)_3 \rightarrow 2C + 12CO + 3N_2\uparrow + 5H_2\uparrow$$

해답 ㉰

48. 피크르산의 성질에 대한 설명 중 틀린 것은?

㉮ 쓴맛이 나고 독성이 있다. ㉯ 약 300℃ 정도에서 발화한다.
㉰ 구리 용기에 보관하여야 한다. ㉱ 단독으로는 마찰, 충격에 둔감하다.

해설 피크르산[$C_6H_2(NO_2)_3OH$](TNP : Tri Nitro Phenol)★★★★★

화학식	분자량	비중	비점	융점	인화점	착화점
$C_6H_2OH(NO_2)_3$	229	1.8	255℃	122℃	150℃	300℃

① 페놀에 황산을 작용시켜 다시 진한 질산으로 나이트로화 하여 만든 노란색 결정
② 침상결정이며 냉수에는 약간 녹고 더운물, 알코올, 벤젠 등에 잘 녹는다.
③ 쓴맛과 독성이 있다.
④ 트라이나이트로페놀(Tri Nitro phenol)의 약자로 TNP라고도 한다.
⑤ 단독으로 타격, 마찰에 비교적 둔감하다.
⑥ 연소 시 검은 연기를 내고 폭발성은 없다.
⑦ 휘발유, 알코올, 황과 혼합된 것은 마찰, 충격에 폭발한다.
⑧ 화약, 불꽃놀이에 이용된다.

피크르산(트라이나이트로페놀)의 구조식

$$O_2N-C_6H_2(OH)(NO_2)-NO_2$$ (구조식: OH, 2개의 NO_2 (오쏘 위치), 1개의 NO_2 (파라 위치))

피크르산의 열분해 반응식
$$2C_6H_2OH(NO_2)_3 \rightarrow 2C + 3N_2\uparrow + 3H_2\uparrow + 4CO_2\uparrow + 6CO\uparrow$$

해답 ㉰

49. 다음 중 무색무취, 사방정계 결정으로 융점이 약 610℃이고 물에 녹기 어려운 위험물은?

㉮ $NaClO_3$ ㉯ $KClO_3$
㉰ $NaClO_4$ ㉱ $KClO_4$

해설 과염소산칼륨

화학식	분자량	융점	색상	분해온도
$KClO_4$	138.5	610℃	무색	400℃

① 무색무취, 사방정계 결정
② 물에 녹기 어렵고 알코올, 에터에 불용
③ 진한 황산과 접촉 시 폭발성이 있다.
④ 황, 탄소, 유기물등과 혼합 시 가열, 충격, 마찰에 의하여 폭발한다.
⑤ 400℃에서 분해가 시작되어 600℃에서 완전 분해하여 산소를 발생한다.

$$KClO_4 \rightarrow KCl(염화칼륨) + 2O_2\uparrow(산소)$$

해답 ㉱

50. 크실렌(Xylene)의 일반적인 성질에 대한 설명 중 틀린 것은?

㉮ 3가지 이성질체가 있고 모두 분자량이 같다.
㉯ m-크실렌은 무취이고 갈색 액체이다.
㉰ 이성질체간의 구조식은 모두 다르다.
㉱ 증기는 비중이 높아 낮은 곳에 체류하기 쉽다.

해설 크실렌(Xylene : 자이렌)($C_6H_4(CH_3)_2$) ★★★★★
① 무색투명한 액체이다.
② 3가지의 이성질체가 있다.

화학식	구 분	분류	비중	인화점	착화점
$C_6H_4(CH_3)_2$	o(ortho)-크실렌	제2석유류	0.88	32℃	464℃
	m(meta)-크실렌		0.86	25℃	528℃
	p(para)-크실렌		0.86	25℃	529℃

오르소크실렌 (ortho-xylene) 　메타크실렌 (meta-xylene)　 파라크실렌 (para-xylene)

③ 벤젠의 수소원자 2개가 메틸기(CH_3)로 치환된 것이다.
④ 물에는 용해되지 않고 알콜, 에터 등 유기용제에 용해된다.

해답 ㉯

51. 다음 중 위험물안전관리법상 알코올류가 위험물이 되기 위하여 갖추어야 할 조건이 아닌 것은?

㉮ 한 분자 내에 탄소 원자수가 1개부터 3개까지일 것.
㉯ 포화알코올일 것.
㉰ 수용액일 경우 위험물안전관리법에서 정의한 알코올 함유량이 60wt% 이상일 것.
㉱ 2가 이상의 알코올일 것.

해설 **알코올류**
1분자를 구성하는 탄소원자의 수가 **1개부터 3개까지인 포화1가 알코올(변성알코올을 포함)**을 말한다. 다만, 다음 각목의 1에 해당하는 것은 제외한다.
① 1분자를 구성하는 탄소원자의 수가 1개 내지 3개의 포화1가 알코올의 함유량이 **60중량%** 미만인 수용액
② 가연성액체량이 **60중량%** 미만이고 인화점 및 연소점(태그개방식인화점측정기에 의한 연소점)이 에틸알코올 **60중량%** 수용액의 인화점 및 연소점을 초과하는 것
※ 알코올류 : 메틸알코올, 에틸알코올, 프로필알코올, 변성알코올

 해답 ㉱

52
분자량 93.1, 비중 약 1.02, 융점 약 -6℃인 액체로 독성이 있고 알칼리금속과 반응하여 수소가스를 발생하는 물질은?

㉮ 글리세린   ㉯ 나이트로벤젠
㉰ 아닐린   ㉱ 아세토니트릴

해설 아닐린($C_6H_5NH_2$)

화학식	분자량	비중	비점	융점	인화점	착화점	연소범위
$C_6H_5NH_2$	93	1.02	185℃	-6℃	70℃	538℃	1.3~11%

① 햇빛 또는 공기에 접촉시 적갈색으로 변색된다.
② 물에는 약간 녹고(용해도 3.6%) 유기용제에 녹는다.
③ **금속과 반응하여 수소를 발생**시킨다.
④ 나이트로벤젠과 수소를 반응시켜 제조한다.

$$C_6H_5NO_2 + 3H_2 \rightarrow C_6H_5NH_2 + 2H_2O$$

해답 ㉰

53
은백색의 결정으로 비중이 약 0.92이고 물과 반응하여 수소가스를 발생시키는 물질은?

㉮ 수소화리튬   ㉯ 수소화나트륨
㉰ 탄화칼슘   ㉱ 탄화알루미늄

해설 금속의 수소화물

종류	화학식	분자량	형태	비중
수소화나트륨	NaH	24	은백색의 결정	0.92
수소화리튬	LiH	7.9	투명한 고체	0.82
수소화칼슘	CaH_2	42	무색 결정	1.90

물과의 반응식
① 수소화나트륨

$$NaH + H_2O \rightarrow NaOH + H_2 \uparrow + 21kcal$$

② 수소화리튬

$$LiH + H_2O \rightarrow LiOH + H_2 \uparrow$$

③ 수소화칼슘

$$CaH_2 + 2H_2O \rightarrow Ca(OH)_2 + 2H_2 + 48kcal$$

해답 ㉯

54. 다음 위험물 중 지정수량이 나머지 셋과 다른 것은?

㉮ 아이오딘산염류 ㉯ 무기과산화물
㉰ 알칼리토금속 ㉱ 염소산염류

해설 위험물의 지정수량

명칭	아이오딘산염류	무기과산화물	알칼리토금속	염소산염류
유별	제1류	제1류	제3류	제1류
지정수량	300kg	50kg	50kg	50kg

해답 ㉮

55. Ca_3P_2의 지정수량은 얼마인가?

㉮ 50kg ㉯ 100kg
㉰ 300kg ㉱ 500kg

해설 ※ Ca_3P_2 – 인화칼슘 – 금속의 인화합물 – 300kg

제3류 위험물의 품명 및 지정수량 ★★★

성 질	품 명	지정수량	위험등급
자연발화성 및 금수성 물질	1. 칼륨 2. 나트륨 3. 알킬알루미늄 4. 알킬리튬	10kg	I
	5. 황린	20kg	
	6. 알칼리금속(칼륨 및 나트륨제외)및 알칼리토금속	50kg	II
	7. 유기금속화합물(알킬알루미늄 및 알킬리튬 제외)		
	8. 금속의 수소화물	300kg	III
	9. 금속의 인화물		
	10. 칼슘 또는 알루미늄의 탄화물		
	11. 그 밖에 행정안전부령이 정하는 것 (염소화규소화합물)	10kg 50kg 300kg	III

해답 ㉰

56. 다음 각종 위험물의 화재를 예방하기 위한 저장방법 중 틀린 것은?

㉮ 나트륨 : 경유 속에 저장한다.
㉯ 이황화탄소 : 물 속에 저장한다.
㉰ 황린 : 물 속에 저장한다.
㉱ 나이트로셀룰로오스 : 건조한 상태로 보관한다.

해설 **나이트로셀룰로오스**(Nitro Cellulose) : NC $[C_6H_7O_2(ONO_2)_3]_n$ ★★★★

화학식	비중	분해온도	인화점	착화점
$[C_6H_7O_2(ONO_2)_3]_n$	1.7	130℃	13℃	160℃

셀룰로오스(섬유소)에 진한질산과 진한 황산의 혼합액을 작용시켜서 만든 것이다.
① 비수용성이며 초산에틸, 초산아밀, 아세톤에 잘 녹는다.
② 130℃에서 분해가 시작되고, 180℃에서는 급격하게 연소한다.
③ 직사광선, 산 접촉 시 분해 및 자연 발화한다.
④ 건조상태에서는 폭발위험이 크나 수분함유 시 폭발위험성이 없어 저장·운반이 용이
⑤ 질산섬유소라고도 하며 화약에 이용 시 면약(면화약)이라한다
⑥ 셀룰로이드, 콜로디온에 이용 시 질화면이라 한다.
⑦ 질소함유율(질화도)이 높을수록 폭발성이 크다.
⑧ **저장, 운반 시 물(20%) 또는 알코올(30%)을 첨가 습윤시킨다.**

나이트로셀룰로오스의 열분해 반응식
$$2C_{24}H_{29}O_9(ONO_2)_{11} \rightarrow 24CO_2\uparrow + 24CO\uparrow + 12H_2O + 17H_2 + 11N_2$$

해답 ㉣

57 휘발유에 대한 설명 중 틀린 것은?

㉮ 연소범위는 약 1.2~7.6%이다.
㉯ 제1석유류로 지정수량이 200L이다.
㉰ 전도성이므로 정전기에 의한 발화의 위험이 있다.
㉱ 착화점이 약 300℃이다.

해설 휘발유(가솔린)★★

화학식	증기비중	인화점	착화점	연소범위
C_5H_{12}~C_9H_{20}	3~4	-43~-20℃	300℃	1.2~7.6%

① C_5~C_9까지의 포화, 불포화 탄화수소의 혼합물
② **전기의 부도체**이며 정전기 발생에 주의하여야 한다.
③ 아이소옥탄(ISO octane)의 옥탄가를 100 헵탄(heptane)의 옥탄가를 0으로 하여 옥탄가를 측정한다.

$$옥탄가 = \frac{아이소옥탄(ISO-octane)}{아이소옥탄(ISO-octane) + 헵탄(Heptane)} \times 100$$

④ 포에 의한 소화가 가장 효과적이다.

가솔린 제조방법
① 직류법　② 열분해법　③ 접촉개질법

해답 ㉰

일반화학 및 유체역학
위험물의 성질 및 취급
위험물의 시설기준
법령과 연소 및 소화설비
공업경영

제 3 편
위험물의 시설기준

제 1 장 제조소등의 위치 · 구조 및 설비기준

제 2 장 제조소등의 소화설비, 경보, 피난설비 기준

제 3 장 위험물의 저장 · 취급 및 운반에 관한 기준

핵심 기출예상문제

제1장 제조소등의 위치·구조 및 설비기준

1-1 제조소의 위치·구조 및 설비기준

1. 제조소의 안전거리(제6류 위험물을 취급하는 제조소는 제외) ★★★★★

건축물의 외벽 또는 공작물의 외측으로부터 해당 제조소의 외벽 또는 이에 상당하는 공작물의 외측까지의 수평거리

구 분	안전거리
① 사용전압이 7,000V 초과 35,000V 이하의 특고압가공전선	3m 이상
② 사용전압이 35,000V를 초과하는 특고압가공전선	5m 이상
③ 주거용으로 사용되는 것	10m 이상
④ 고압가스, 액화석유가스. 도시가스 저장 또는 취급시설	20m 이상
⑤ 학교·병원·극장·공연장, 영화상영관으로서 수용인원 300명 이상 복지시설, 어린이집, 성매매피해자 등을 위한 지원시설, 정신보건시설, 가정폭력피해자 보호시설로서 수용인원 20명 이상	30m 이상
⑥ 지정문화유산 및 천연기념물 등	50m 이상

[제조소의 안전거리 기산점]

[제조소의 안전거리]

2. 제조소의 보유공지★★★

(1) 취급 위험물의 최대수량에 따른 너비의 공지

취급하는 위험물의 최대수량	공지의 너비
지정수량의 10배 이하	3m 이상
지정수량의 10배 초과	5m 이상

(2) 보유공지를 보유하지 아니할 수 있는 방화상 유효한 격벽 설치기준

① 방화벽은 **내화구조**로 할 것.(제6류 위험물인 경우 **불연재료**)
② 방화벽에 설치하는 출입구 및 창 등의 개구부는 가능한 한 최소로 할 것
③ 출입구 및 창에는 **자동폐쇄식의 60분+방화문** 또는 **60분방화문**을 설치할 것
④ 방화벽의 양단 및 상단이 외벽 또는 지붕으로부터 **50cm 이상 돌출**하도록 할 것

3. 제조소의 표지 및 게시판

(1) 표지의 설치기준★★

① 보기 쉬운 곳에 "**위험물 제조소**"라는 표시를 한 표지를 설치
② 표지는 한변의 길이가 0.3m 이상, 다른 한변의 길이가 0.6m 이상인 **직사각형**으로 할 것
③ 표지의 **바탕**은 백색으로, 문자는 흑색으로 할 것

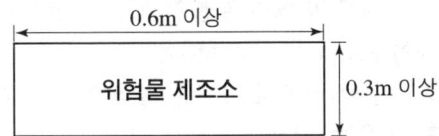

(2) 게시판의 설치기준★★★★★

① 한 변의 길이가 0.3m 이상, 다른 한변의 길이가 0.6m 이상인 **직사각형**으로 할 것
② 위험물의 유별·품명 및 저장최대수량 또는 취급최대수량, 지정수량의 배수 및 안전관리자의 성명 또는 직명을 기재할 것
③ 게시판의 **바탕**은 백색으로, 문자는 흑색으로 할 것

④ 저장 또는 취급하는 위험물에 따라 **주의사항 게시판**을 설치할 것

위험물의 종류	주의사항 표시	게시판의 색
• 제1류(알칼리금속 과산화물) • 제3류(금수성 물품)	물기 엄금	청색바탕에 백색문자
• 제2류(인화성 고체 제외)	화기 주의	적색바탕에 백색문자
• 제2류(인화성 고체) • 제3류(자연발화성 물품) • 제4류 • 제5류	화기 엄금	

4. 건축물의 구조★★

① **지하층이 없도록 할 것**
② 벽·기둥·바닥·보·서까래 및 **계단은 불연재료**로, 연소의 우려가 있는 **외벽**은 출입구 외의 개구부가 없는 **내화구조의 벽**으로 할 것
③ **지붕**은 폭발력이 위로 방출될 정도의 가벼운 **불연재료**로 덮을 것
　[지붕을 내화구조로 할 수 있는 경우]
　　㉠ 제2류 위험물(분말상태의 것과 인화성고체를 제외), 제4류 위험물 중 제4석유류·동식물유류 또는 제6류 위험을 취급하는 건축물인 경우
　　㉡ 다음의 기준에 적합한 밀폐형 구조의 건축물인 경우
　　　• 발생할 수 있는 내부의 과압 또는 부압에 견딜 수 있는 철근콘크리트조일 것
　　　• 외부화재에 90분 이상 견딜 수 있는 구조일 것
④ **출입구와 비상구**에는 **60분+방화문·60분방화문 또는 30분방화문**을 설치하되, 연소의

우려가 있는 외벽에 설치하는 출입구에는 수시로 열 수 있는 **자동폐쇄식의 60분+방화문 또는 60분방화문**을 설치할 것
⑤ 창 및 출입구에 유리를 이용하는 경우에는 **망입유리**로 할 것
⑥ 액체의 위험물을 취급하는 건축물의 바닥
위험물이 스며들지 못하는 재료를 사용하고, 적당한 경사를 두어 그 최저부에 **집유설비**를 할 것

5. 채광·조명 및 환기설비의 설치기준★★★

(1) 채광설비

불연재료로 하고, 연소의 우려가 없는 장소에 설치하되 **채광면적을 최소**로 할 것

(2) 조명설비

① 조명등은 **방폭등**으로 할 것
② 전선은 **내화·내열전선**으로 할 것
③ **점멸스위치**는 출입구 **바깥부분**에 설치할 것.

(3) 환기설비

① **자연배기방식**으로 할 것
② 급기구는 바닥면적 150m²마다 1개 이상, 크기는 800cm² 이상으로 할 것

[바닥면적이 150m² 미만인 경우 급기구의 면적]

바닥면적	급기구의 면적
60m² 미만	150cm² 이상
60m² 이상 90m² 미만	300cm² 이상
90m² 이상 120m² 미만	450cm² 이상
120m² 이상 150m² 미만	600cm² 이상

③ 급기구는 낮은 곳에 설치하고 가는 눈의 구리망 등으로 **인화방지망**을 설치할 것
④ **환기구**는 **지붕위** 또는 **지상 2m** 이상의 높이에 **회전식 고정 벤티레이터** 또는 **루푸팬방식**으로 설치할 것

[급기구 및 환기구]

6. 배출설비의 설치기준★★

① 배출설비는 **국소방식**으로 할 것
② 배출설비는 배풍기, 배출닥트, 후드 등을 이용한 **강제배출방식**으로 할 것
③ 배출능력은 1시간당 배출장소 **용적의 20배 이상**인 것으로 할 것
　(단, **전역방식**의 경우에는 바닥면적 1m²당 18m³ 이상으로 할 수 있다)
④ 배출설비의 급기구 및 배출구 설치기준
　㉠ **급기구**는 높은 곳에 설치하고, 가는 눈의 구리망 등으로 **인화방지망**을 설치
　㉡ **배출구**는 **지상 2m 이상**으로서 연소의 우려가 없는 장소에 설치하고, 배출 닥트가 관통하는 벽부분의 바로 가까이에 화재시 자동으로 폐쇄되는 **방화댐퍼**를 설치할 것
⑤ **배풍기**는 **강제배기방식**으로 하고, 옥내닥트의 내압이 대기압 이상이 되지 아니하는 위치에 설치할 것

[배출설비]

7. 옥외에서 액체위험물을 취급하는 설비의 바닥 설치기준★

① 둘레에 높이 **0.15m 이상의 턱**을 설치하는 등 위험물이 외부로 흘러나가지 않도록 할 것
② 콘크리트등 위험물이 스며들지 아니하는 재료로 하고, **턱이 있는 쪽이 낮게** 경사지게 할 것
③ 바닥의 최저부에 **집유설비**를 할 것
④ 위험물(**온도 20℃의 물 100g에 용해되는 양이 1g 미만인 것**)을 취급하는 설비에 있어서는 당해 위험물이 직접 배수구에 흘러들어가지 아니하도록 **집유설비에 유분리장치**를 설치한다.

[옥외설비의 바닥]

8. 기타 설비

(1) 위험물의 누출 · 비산방지

위험물을 취급하는 기계 · 기구 그 밖의 설비는 위험물이 새거나 넘치거나 비산하는 것을 방지할 수 있는 구조로 하여야 한다. 다만, 당해 설비에 위험물의 누출 등으로 인한 재해를 방지할 수 있는 부대설비(되돌림관 · 수막 등)를 한 때에는 그러하지 아니하다.

(2) 가열 · 냉각설비 등의 온도측정장치

위험물을 가열하거나 냉각하는 설비 또는 위험물의 취급에 수반하여 온도변화가 생기는 설비에는 온도측정장치를 설치하여야 한다.

(3) 가열건조설비

위험물을 가열 또는 건조하는 설비는 직접 불을 사용하지 아니하는 구조로 하여야 한다. 다만, 당해 설비가 방화상 안전한 장소에 설치되어 있거나 화재를 방지할 수 있는 부대설비를 한 때에는 그러하지 아니하다.

(4) 압력계 및 안전장치

위험물을 가압하는 설비 또는 그 취급하는 위험물의 압력이 상승할 우려가 있는 설비에는 압력계 및 다음 각목의 1에 해당하는 안전장치를 설치하여야 한다.
① 자동적으로 압력의 상승을 정지시키는 장치
② 감압측에 안전밸브를 부착한 감압밸브
③ 안전밸브를 병용하는 경보장치
④ 파괴판

(5) 정전기 제거설비 ★★★★★

[정전기의 정의]
정전기는 마찰전기처럼 물체 위에 정지하고 있는 전기를 말한다. 예를 들면 유리막대를 비단천으로 문지르면 유리막대에 양전기가 생기고, 에보나이트막대를 털로 문지르면 에보나이트막대에 음전기가 생기는데, 전기적 힘으로는 쿨롱 힘만이 문제가 된다.
① **접지에 의한 방법**
② 공기 중의 **상대습도를 70% 이상**으로 하는 방법
③ **공기를 이온화**하는 방법

(6) 피뢰설비 ★★

지정수량의 10배 이상의 위험물을 취급하는 제조소(**제6류 위험물**을 취급하는 위험물제조소를 **제외**)에는 피뢰침을 설치할 것

9. 위험물 취급탱크★★★

(1) 옥외 위험물취급탱크의 방유제 설치기준★★

구 분	방유제의 용량
하나의 탱크 주위에 설치하는 경우	탱크용량의 50% 이상
2 이상의 탱크 주위에 설치하는 경우	탱크 중 용량이 **최대인 것의 50% + 나머지 탱크용량 합계의 10% 이상**

(2) 옥내 위험물취급탱크의 방유턱 설치기준

탱크에 수납하는 위험물의 양(하나의 방유턱안에 **2 이상의 탱크가 있는 경우**는 당해 탱크 중 실제로 수납하는 위험물의 **양이 최대인 탱크의 양**)을 전부 수용할 수 있도록 할 것

[옥내 위험물취급탱크]

10. 고인화점 위험물의 제조소의 특례

① 인화점이 100℃ 이상인 제4류 위험물("고인화점위험물")만을 100℃ 미만의 온도에서 취급하는 제조소
② 위험물을 취급하는 건축물 그 밖의 공작물의 주위에 3m 이상의 너비의 공지를 보유하여야 한다.

11. 위험물의 성질에 따른 제조소의 특례★

(1) 알킬알루미늄등을 취급하는 제조소의 특례

① 알킬알루미늄등을 취급하는 설비의 주위에는 누설범위를 국한하기 위한 설비와 누설된 알킬알루미늄등을 안전한 장소에 설치된 저장실에 유입시킬수 있는 설비를 갖출 것
② **알킬알루미늄**등을 취급하는 설비에는 **불활성기체를 봉입**하는 장치를 갖출 것

(2) 아세트알데하이드등을 취급하는 제조소의 특례

① 취급하는 설비는 은·수은·동·마그네슘 또는 이들을 성분으로 하는 **합금**으로 만들지 아니할 것
② 취급하는 설비에는 연소성 혼합기체의 생성에 의한 폭발을 방지하기 위한 **불활성기체 또는 수증기를 봉입**하는 장치를 갖출 것

[불활성기체 또는 수증기를 봉입하는 장치]

③ 아세트알데하이드등을 취급하는 탱크(옥외에 있는 탱크 또는 옥내에 있는 탱크로서 그 용량이 지정수량의 5분의 1 미만의 것을 제외)에는 냉각장치 또는 저온을 유지하기 위한 장치("보냉장치") 및 연소성 혼합기체의 생성에 의한 폭발을 방지하기 위한 불활성기체를 봉입하는 장치를 갖출 것.

(3) 하이드록실아민등을 취급하는 제조소의 특례★★

① 안전거리의 계산

$$D = 51.1\sqrt[3]{N} \quad \text{(하이드록실아민의 지정수량 : 100kg)}$$

여기서, D : 거리(m), N : 당해 제조소에서 취급하는 하이드록실아민 등의 지정수량의 배수

② 제조소의 주위에는 다음에 정하는 기준에 적합한 담 도는 토제(土堤)를 설치할 것
  ㉠ 담 또는 토제는 당해 제조소의 외벽 또는 이에 상당하는 공작물의 외측으로부터 2m 이상 떨어진 장소에 설치할 것
  ㉡ 담 또는 토제의 높이는 당해 제조소에 있어서 하이드록실아민등을 취급하는 부분의 높이 이상으로 할 것
  ㉢ 담은 두께 15cm 이상의 철근콘크리트조·철골철근콘크리트조 또는 두께 20cm 이상의 보강콘크리트블록조로 할 것
  ㉣ 토제의 경사면의 경사도는 60도 미만으로 할 것
③ 하이드록실아민등을 취급하는 설비에는 하이드록실아민등의 온도 및 농도의 상승에 의한 위험한 반응을 방지하기 위한 조치를 강구할 것
④ 하이드록실아민등을 취급하는 설비에는 철 이온 등의 혼입에 의한 위험한 반응을 방지하기 위한 조치를 강구할 것

12. 방화상 유효한 담의 높이★★★★★

$$①H \leq pD^2 + a \text{ 인 경우} \quad h = 2$$
$$②H > pD^2 + a \text{ 인 경우} \quad h = H - p(D^2 - d^2)$$

여기서, D : 제조소등과 인근 건축물 또는 공작물과의 거리(m)
        H : 인근 건축물 또는 공작물의 높이(m)
        a : 제조소등의 외벽의 높이(m)
        d : 제조소등과 방화상 유효한 담과의 거리(m)
        h : 방화상 유효한 담의 높이(m)
        p : 상수

[인근 건축물 또는 공작물의 구분에 따른 p(상수)의 값]

인근 건축물 또는 공작물의 구분	p의 값
• 학교·주택·국가유산 등의 건축물 또는 공작물이 목조인 경우 • 학교·주택·국가유산 등의 건축물 또는 공작물이 방화구조 또는 내화구조이고, 제조소 등에 면한 부분의 개구부에 60분+방화문·60분방화문 또는 30분방화문이 설치되지 아니한 경우	0.04
• 학교·주택·국가유산 등의 건축물 또는 공작물이 방화구조인 경우 • 학교·주택·국가유산 등의 건축물 또는 공작물이 방화구조 또는 내화구조이고, 제조소 등에 면한 부분의 개구부에 30분방화문이 설치된 경우	0.15
• 학교·주택·국가유산 등의 건축물 또는 공작물이 내화구조이고, 제조소 등에 면한 개구부에 60분+방화문 또는 60분방화문이 설치된 경우	∞

① 산출된 수치가 2 미만일 때에는 담의 높이를 2m로, 4 이상일 때에는 담의 높이를 4m로 하되, 다음의 소화설비를 보강하여야 한다.
    ㉠ 당해 제조소등의 소형소화기 설치대상인 것에 있어서는 대형소화기를 1개 이상 증설을 할 것
    ㉡ 해당 제조소등이 대형소화기 설치대상인 것에 있어서는 대형소화기 대신 옥내소화전설비·옥외소화전설비·스프링클러설비·물분무소화설비·포소화설비·불활성가스소화설비·할로젠화합물소화설비·분말소화설비 중 적응소화설비를 설치할 것

ⓒ 해당 제조소등이 옥내소화전설비·옥외소화전설비·스프링클러설비·물분무소화설비·포소화설비·불활성가스소화설비·할로젠화합물소화설비 또는 분말소화설비 설치대상인 것에 있어서는 반경 30m마다 대형소화기 1개 이상을 증설할 것
② 방화상 유효한 담
ⓐ 제조소등으로부터 5m 미만의 거리에 설치하는 경우에는 내화구조 할 것.
ⓑ 제조소등으로부터 5m 이상의 거리에 설치하는 경우에는 불연재료로 할 것
ⓒ 제조소등의 벽을 높게 하여 방화상 유효한 담을 갈음하는 경우에는 그 벽을 내화구조로 하고 개구부를 설치하여서는 아니된다.

13. 위험물제조소내의 위험물을 취급하는 배관설치기준★★

① **불연성 액체**를 이용하는 경우 : 최대상용압력의 **1.5배** 이상
② **불연성 기체**를 이용하는 경우 : 최대상용압력의 **1.1배** 이상
③ 배관을 지상에 설치하는 경우
ⓐ 지진·풍압·지반침하 및 온도변화에 안전한 구조의 지지물에 설치
ⓑ 지면에 닿지 아니하도록 할 것
ⓒ 배관의 외면에 부식방지를 위한 도장을 할 것
④ 배관을 지하에 매설하는 경우
ⓐ 외면에는 부식방지를 위하여 도복장·코팅 또는 전기방식 등의 필요한 조치를 할 것
ⓑ 배관의 접합부분(용접 접합부 제외)에는 누설여부를 점검할 수 있는 점검구를 설치
ⓒ 지면에 미치는 중량이 당해 배관에 미치지 아니하도록 보호할 것

1-2 옥내저장소의 위치·구조 및 설비의 기준

1. 옥내저장소의 안전거리 유지 제외대상

① 제4석유류 또는 동식물유류의 위험물을 저장 또는 취급하는 옥내저장소로서 그 최대수량이 지정수량의 20배 미만인 것
② 제6류 위험물을 저장 또는 취급하는 옥내저장소
③ 지정수량의 20배(하나의 저장창고의 바닥면적이 150m^2 이하인 경우에는 50배) 이하의 위험물을 저장 또는 취급하는 옥내저장소로서 다음의 기준에 적합한 것
ⓐ 저장창고의 벽·기둥·바닥·보 및 지붕이 내화구조인 것
ⓑ 저장창고의 출입구에 수시로 열 수 있는 자동폐쇄방식의 60분+방화문 또는 60분방화문이 설치되어 있을 것
ⓒ 저장창고에 창을 설치하지 아니할 것

2. 옥내저장소의 보유공지★★

저장 또는 취급하는 위험물의 최대수량	공지의 너비	
	벽·기둥 및 바닥이 내화구조로 된 건축물	그 밖의 건축물
지정수량의 5배 이하		0.5m 이상
지정수량의 5배 초과 10배 이하	1m 이상	1.5m 이상
지정수량의 10배 초과 20배 이하	2m 이상	3m 이상
지정수량의 20배 초과 50배 이하	3m 이상	5m 이상
지정수량의 50배 초과 200배 이하	5m 이상	10m 이상
지정수량의 200배 초과	10m 이상	15m 이상

단, **지정수량의 20배를 초과하는 옥내저장소와** 동일한 부지내에 있는 다른 옥내저장소와의 사이에는 동표에 정하는 **공지의 너비의 3분의 1(3m 미만인 경우에는 3m)**의 공지를 보유할 수 있다.

3. 옥내저장소의 표시와 게시판★★★

보기 쉬운 곳에 "**위험물 옥내저장소**"라는 표시를 한 표지와 기준에 따라 **방화에 관하여 필요한 사항**을 게시한 게시판을 설치할 것

4. 옥내저장소의 저장창고★

① **독립된 건축물**로 할 것.
② 처마높이가 **6m 미만**인 단층건물로 하고 그 **바닥을 지반면보다 높게** 할 것.
  단, 제2류 또는 제4류 위험물만을 저장하는 창고로서 다음의 기준에 적합한 창고의 경우에는 20m 이하로 할 수 있다.
  ㉠ 벽·기둥·보 및 바닥을 내화구조로 할 것
  ㉡ 출입구에 60분+방화문 또는 60분방화문을 설치할 것
  ㉢ 피뢰침을 설치할 것
③ 벽·기둥 및 바닥은 내화구조로 하고, 보와 서까래는 불연재료로 할 것

연소의 우려가 없는 벽·기둥 및 바닥을 불연재료로 할 수 있는 경우
- 지정수량의 10배 이하의 위험물의 저장창고
- 제2류와 제4류의 위험물(인화성고체 및 인화점이 70℃ 미만인 제4류 위험물을 제외)만의 저장창고

④ 지붕을 폭발력이 위로 방출될 정도의 가벼운 불연재료로 하고, 천장을 만들지 말 것

지붕을 내화구조로 할 수 있는 경우
- 제2류 위험물(분말상태의 것과 인화성고체를 제외)과 제6류 위험물만의 저장창고 **난연재료 또는 불연재료로 된 천장을 설치할 수 있는 경우**
- 제5류 위험물만의 저장창고

⑤ 출입구에는 60분+방화문·60분방화문 또는 30분방화문을 설치하되, 연소의 우려가 있는 외벽에 있는 출입구에는 수시로 열 수 있는 **자동폐쇄식의 60분+방화문 또는 60분방화문**을 설치할 것
⑥ 창 또는 출입구에 유리를 이용하는 경우에는 **망입유리**로 할 것
⑦ 저장창고에는 **인화점이 70℃ 미만**인 위험물의 저장창고에 있어서는 내부에 체류한 **가연성의 증기를 지붕 위로 배출하는** 설비를 갖추어야 한다.

5. 옥내저장소에서 위험물을 저장하는 경우 높이 제한

① 기계에 의하여 하역하는 구조로 된 용기만을 겹쳐 쌓는 경우 : 6m
② 제4류 위험물 중 제3석유류, 제4석유류 및 동식물유류를 수납하는 용기만을 겹쳐 쌓는 경우 : 4m
③ 그 밖의 경우 : 3m

6. 옥내저장소의 저장창고 바닥면적 설치기준 ★★

위험물의 종류	바닥면적
• 제1류 위험물중 아염소산염류, 염소산염류, 과염소산염류, 무기과산화물, 지정수량 50kg인 것 • 제3류위험물 중 칼륨, 나트륨, 알킬알루미늄, 알킬리튬, 지정수량 10kg인 것 및 황린 • 제4류위험물 중 특수인화물, 제1석유류 및 알코올류 • 제5류위험물 중 유기과산화물, 질산에스터류, 지정수량 10kg인 것 • 제6류위험물	1000m² 이하
• 위 이외의 위험물	2000m² 이하
• 내화구조의 격벽으로 완전히 구획된 실	1500m² 이하

7. 저장창고 바닥을 물이 침투 되지 않는 구조로 하여야 하는 경우

① 제1류 위험물 중 알칼리금속의 과산화물 또는 이를 함유하는 것
② 제2류 위험물 중 철분·금속분·마그네슘 또는 이중 어느 하나 이상을 함유하는 것
③ 제3류 위험물 중 금수성 물질
④ 제4류 위험물

8. 다층건물의 옥내저장소의 기준

① 각층의 바닥을 지면보다 높게 하고 **층고를 6m 미만**으로 할 것
② 바닥면적 합계는 **1,000m² 이하**로 할 것
③ 저장창고의 **벽·기둥·바닥** 및 **보**를 **내화구조**로 하고, 계단을 불연재료로 하며, 연소의 우려가 있는 외벽은 출입구 외의 개구부를 갖지 아니하는 벽으로 할 것
④ 2층 이상의 층의 바닥에는 개구부를 두지 않을 것

9. 복합용도 건축물의 옥내저장소의 기준

① 벽·기둥·바닥 및 보가 **내화구조**인 건축물의 **1층** 또는 **2층**의 어느 하나의 층에 설치할 것
② 바닥은 지면보다 높게 설치하고 그 층고를 **6m 미만**으로 할 것
③ **바닥면적은 75m² 이하**로 할 것
④ 벽·기둥·바닥·보 및 지붕을 내화구조로 하고, 출입구 외의 개구부가 없는 **두께 70mm 이상**의 **철근콘크리트조** 또는 이와 동등 이상의 강도가 있는 구조의 바닥 또는 벽으로 당해 건축물의 다른 부분과 구획되도록 할 것
⑤ 출입구에는 수시로 열 수 있는 **자동폐쇄방식의 60분+방화문** 또는 **60분방화문**을 설치할 것
⑥ 창을 설치하지 아니할 것
⑦ **환기설비** 및 **배출설비**에는 방화상 유효한 **댐퍼** 등을 설치할 것

10. 지정과산화물 옥내저장소의 저장창고의 기준★★★

① 저장창고는 150m² 이내마다 격벽으로 완전하게 구획할 것. 이 경우 당해 격벽은 두께 30cm 이상의 철근콘크리트조 또는 철골철근콘크리트조로 하거나 두께 40cm 이상의 보강콘크리트블록조로 하고, 당해 저장창고의 양측의 외벽으로부터 1m 이상, 상부의 지붕으로부터 50cm 이상 돌출하게 하여야 한다.
② 저장창고의 외벽은 두께 20cm 이상의 철근콘크리트조나 철골철근콘크리트조 또는 두께 30cm 이상의 보강콘크리트블록조로 할 것
③ 저장창고의 지붕은 다음 각목의 1에 적합할 것
　㉠ 중도리 또는 서까래의 간격은 30cm 이하로 할 것

ⓛ 지붕의 아래쪽 면에는 한 변의 길이가 45cm 이하의 환강(丸鋼)·경량형강(輕量型鋼) 등으로 된 강제(鋼製)의 격자를 설치할 것
ⓒ 지붕의 아래쪽 면에 철망을 쳐서 불연재료의 도리·보 또는 서까래에 단단히 결합할 것
ⓔ 두께 5cm 이상, 너비 30cm 이상의 목재로 만든 받침대를 설치할 것
④ 저장창고의 출입구에는 60분+방화문 또는 60분방화문을 설치할 것
⑤ 저장창고의 창은 바닥면으로부터 2m 이상의 높이에 두되, 하나의 벽면에 두는 창의 면적의 합계를 당해 벽면의 면적의 80분의 1 이내로 하고, 하나의 창의 면적을 $0.4m^2$ 이내로 할 것

11. 지정과산화물의 옥내저장소의 보유공지

옥내저장소의 저장창고 주위에는 부표 2에 정하는 너비의 공지를 보유하여야 한다. 다만, 2이상의 옥내저장소를 동일한 부지내에 인접하여 설치하는 때에는 당해 옥내저장소의 상호간 공지의 너비를 동표에 정하는 공지 너비의 3분의 2로 할 수 있다.

[부표 2] 지정과산화물의 옥내저장소의 보유공지

저장 또는 취급하는 위험물의 최대수량	공지의 너비	
	저장창고의 주위에 담 또는 토제를 설치하는 경우	왼쪽란에 정하는 경우 외의 경우
5배 이하	3.0m 이상	10m 이상
5배 초과 10배 이하	5.0m 이상	15m 이상
10배 초과 20배 이하	6.5m 이상	20m 이상
20배 초과 40배 이하	8.0m 이상	25m 이상
40배 초과 60배 이하	10.0m 이상	30m 이상
60배 초과 90배 이하	11.5m 이상	35m 이상
90배 초과 150배 이하	13.0m 이상	40m 이상
150배 초과 300배 이하	15.0m 이상	45m 이상
300배 초과	16.5m 이상	50m 이상

12. 자연발화 할 우려가 있는 위험물을 다량 저장하는 경우

지정수량 10배 이하마다 구분하여 상호간 0.3m이상 간격을 두고 저장

1-3 옥외탱크저장소의 위치·구조 및 설비의 기준★★★

1. 보유공지★★★

① 옥외저장탱크의 보유공지

저장 또는 취급하는 위험물의 최대수량	공지의 너비
지정수량의 500배 이하	3m 이상
지정수량의 500배 초과 1000배 이하	5m 이상
지정수량의 1000배 초과 2000배 이하	9m 이상
지정수량의 2000배 초과 3000배 이하	12m 이상
지정수량의 3000배 초과 4000배 이하	15m 이상
지정수량의 4000배 초과	당해 탱크의 수평단면의 최대지름(횡형인 경우에는 긴 변)과 높이 중 큰 것과 지정수량의 4,000배 초과 같은 거리 이상. 다만, 30m 초과의 경우에는 30m 이상으로 할 수 있고, 15m미만의 경우에는 15m 이상으로 하여야 한다.

② **제6류 위험물외의** 옥외저장탱크(**4,000배 초과 옥외저장탱크를 제외**)를 동일한 방유제안에 **2개 이상** 인접하여 설치하는 경우 그 인접하는 방향의 보유공지는 규정에 의한 **보유공지의 3분의 1 이상**의 너비로 할 수 있다. 이 경우 보유공지의 너비는 **3m 이상**이 되어야 한다.★★

③ **제6류 위험물의 옥외저장탱크**는 규정에 의한 **보유공지의 3분의 1 이상**의 너비로 할 수 있다. 이 경우 보유공지의 너비는 **1.5m 이상**이 되어야 한다.★★★
④ **제6류 위험물의 옥외저장탱크**를 동일구내에 2개 이상 인접하여 설치하는 경우 그 인접하

는 방향의 보유공지는 산출된 너비의 **3분의 1 이상의 너비로 할 수 있다**. 이 경우 보유공지의 너비는 **1.5m 이상**이 될 것.

⑤ 옥외저장탱크("공지단축 옥외저장탱크")에 다음 각목의 기준에 적합한 물분무설비로 방호조치를 하는 경우에는 그 보유공지를 규정에 의한 **보유공지의 2분의 1 이상의 너비(최소 3m 이상)**로 할 수 있다. 이 경우 공지단축 옥외저장탱크의 화재시 $1m^2$당 20kW 이상의 복사열에 노출되는 표면을 갖는 인접한 옥외저장탱크가 있으면 당해 표면에도 다음 각목의 기준에 적합한 물분무설비로 방호조치를 함께하여야 한다.
  ㉠ 탱크의 표면에 방사하는 물의 양은 탱크의 **원주길이 1m에 대하여 분당 37L 이상**으로 할 것
  ㉡ 수원의 양은 규정에 의한 수량으로 **20분 이상** 방사할 수 있는 수량으로 할 것
  ㉢ 탱크에 보강링이 설치된 경우에는 보강링의 아래에 분무헤드를 설치하되, 분무헤드는 탱크의 높이 및 구조를 고려하여 분무가 적정하게 이루어 질 수 있도록 배치할 것
  ㉣ 물분무소화설비의 설치기준에 준할 것

2. 특정옥외탱크저장소 등

① 특정옥외탱크저장소
   액체위험물의 최대수량이 100만L 이상의 옥외저장탱크
② 준특정옥외저장탱크
   액체위험물의 최대수량이 50만L 이상 100만L 미만의 옥외저장탱크

3. 옥외저장탱크의 외부구조 및 설비★★

① 옥외저장탱크는 특정옥외저장탱크 및 준특정옥외저장탱크 외에는 **두께 3.2mm 이상의 강철판**으로 할 것
② **압력탱크(최대상용압력이 대기압을 초과하는 탱크)외의 탱크는 충수시험, 압력탱크는 최대상용압력의 1.5배의 압력으로 10분간 실시하는 수압시험**에서 각각 새거나 변형되지 아니하여야 한다.
③ 특정옥외저장탱크의 용접부는 소방청장이 정하여 고시하는 바에 따라 실시하는 방사선투과시험, 진공시험 등의 비파괴시험에 있어서 소방청장이 정하여 고시하는 기준에 적합한 것이어야 한다.
④ 옥외저장탱크의 밑판[애뉼러판을 설치하는 특정옥외저장탱크에 있어서는 애뉼러판을 포함]을 지반면에 접하게 설치하는 경우에는 다음 각목의 1의 기준에 따라 밑판 외면의 부식을 방지하기 위한 조치를 강구하여야 한다.
  ㉠ 탱크의 밑판 아래에 밑판의 부식을 유효하게 방지할 수 있도록 아스팔트샌드 등의 방식재료를 댈 것
  ㉡ 탱크의 밑판에 전기방식의 조치를 강구할 것
  ㉢ ㉠, ㉡의 규정에 의한 것과 동등 이상으로 밑판의 부식을 방지할 수 있는 조치를 강구할 것

애뉼러판
특정옥외저장탱크의 옆판의 최하단 두께가 15mm를 초과하는 경우, 내경이 30m를 초과하는 경우 또는 옆판을 고장력강으로 사용하는 경우에 옆판의 직하에 설치하여야 하는 판

4. 방유제 설치기준★★★★★

인화성액체위험물(이황화탄소를 제외)의 옥외탱크저장소의 방유제

① 방유제의 용량

방유제안에 탱크가 하나인 때	방유제안에 탱크가 2기 이상인 때
탱크 용량의 110% 이상	용량이 최대인 것의 용량의 110% 이상

② **방유제의 높이는 0.5m 이상 3m 이하, 두께 0.2m 이상, 지하매설깊이 1m 이상**으로 할 것
③ **방유제내의 면적은 8만m² 이하**로 할 것
④ 방유제 내에 설치하는 **옥외저장탱크의 수는 10**(방유제 내에 설치하는 모든 옥외저장탱크의 **용량이 20만L 이하**이고, 당해 옥외저장탱크에 저장 또는 취급하는 위험물의 **인화점이 70℃ 이상 200℃ 미만인 경우에는 20**) 이하로 할 것
⑤ 방유제 외면의 **2분의 1 이상**은 3m 이상의 노면 폭을 확보한 **구내도로**에 직접 접하도록 할 것
⑥ 방유제는 옥외저장탱크의 지름에 따라 그 탱크의 **옆판으로부터** 다음에 정하는 **거리**를 유지할 것

지름이 15m 미만인 경우	탱크 높이의 3분의 1 이상
지름이 15m 이상인 경우	탱크 높이의 2분의 1 이상

⑦ 방유제는 철근콘크리트 또는 흙으로 만들고, 위험물이 방유제의 외부로 유출되지 아니하는 구조로 할 것

⑧ 용량이 1,000만L 이상인 옥외저장탱크의 **방유제**에는 **탱크마다 간막이 둑**을 설치할 것
  ㉠ 간막이 둑의 높이는 0.3m(방유제내 옥외저장탱크의 용량의 합계가 2억L를 넘는 방유제는 1m) **이상**으로 하되, 방유제의 높이보다 0.2m **이상 낮게** 할 것
  ㉡ **간막이 둑**은 **흙** 또는 **철근콘크리트**로 할 것
  ㉢ 간막이 **둑의 용량**은 간막이 둑안에 설치된 **탱크의 용량의 10% 이상**일 것
⑨ 방유제에는 **배수구**를 설치하고 이를 **개폐**하는 **밸브** 등을 방유제 **외부**에 설치할 것
⑩ **용량이 100만L 이상**인 옥외저장탱크에 있어서는 **밸브** 등에는 **개폐상황**을 쉽게 **확인**할 수 있는 장치를 설치할 것
⑪ **높이가 1m를 넘는 방유제** 및 간막이 둑의 안팎에는 방유제내에 출입하기 위한 **계단 또는 경사로**를 약 **50m마다** 설치할 것

5. 옥외저장탱크의 통기관★★★

옥외저장탱크중 압력탱크(최대상용압력이 부압 또는 정압 5kPa을 초과하는 탱크)외의 탱크(제4류 위험물의 옥외저장탱크에 한한다)에 있어서는 밸브없는 통기관 또는 대기밸브부착 통기관을 다음 각목에 정하는 바에 의하여 설치하여야 하고, 압력탱크에 있어서는 규정에 의한 안전장치를 설치하여야 한다.

(1) 밸브 없는 통기관★★★★★

① 직경은 **30mm 이상**일 것
② 끝부분은 수평면보다 **45도 이상** 구부려 빗물 등의 침투를 막는 구조로 할 것
③ **인화점이 38℃ 미만**인 위험물만을 저장 또는 취급하는 탱크에 설치하는 통기관에는 **화염방지장치**를 설치하고, 그 외의 탱크에 설치하는 통기관에는 **40메쉬(mesh) 이상**의 구리망 또는 동등 이상의 성능을 가진 **인화방지장치**를 할 것. 다만, 인화점 70℃ 이상의 위험물만

을 해당 위험물의 인화점 미만의 온도로 저장 또는 취급하는 탱크에 설치하는 통기관에 있어서는 그러하지 아니하다
④ 가연성의 증기를 회수하기 위한 밸브를 통기관에 설치하는 경우에 있어서는 당해 통기관의 밸브는 저장탱크에 위험물을 주입하는 경우를 제외하고는 항상 개방되어 있는 구조로 하는 한편, 폐쇄하였을 경우에 있어서는 **10kPa 이하**의 압력에서 개방되는 구조로 할 것 이 경우 개방된 부분의 유효단면적은 **777.15mm² 이상**이어야 한다.

[밸브 없는 통기관]

(2) 대기밸브부착 통기관

① **5kPa 이하**의 압력차이로 작동할 수 있을 것
② 가는 눈의 구리망 등으로 인화방지장치를 할 것
다만, 인화점 70℃ 이상의 위험물만을 해당 위험물의 인화점 미만의 온도로 저장 또는 취급하는 탱크에 설치하는 통기관에 있어서는 그러하지 아니하다.

6. 탱크전용실에 옥내저장탱크의 용량★★★

① 1층 이하의 층 : 지정수량의 40배 이하
② 2층 이상의 층 : 지정수량의 10배 이하

7. 알킬알루미늄 등, 아세트알데하이드 등 및 하이드록실아민 등을 저장, 취급하는 옥외탱크저장소

(1) 알킬알루미늄 등의 옥외탱크저장소

① 옥외저장탱크의 주위에는 누설범위를 국한하기 위한 설비 및 누설된 알킬알루미늄 등을 안전한 장소에 설치된 조에 이끌어 들일 수 있는 설비를 설치할 것
② 옥외저장탱크에는 불활성의 기체를 봉입하는 장치를 설치할 것

(2) 아세트알데하이드 등의 옥외탱크저장소

① 옥외저장탱크의 설비는 동·마그네슘·은·수은 또는 이들을 성분으로 하는 합금으로 만

들지 아니할 것
② 옥외저장탱크에는 냉각장치 또는 보냉장치, 그리고 연소성 혼합기체의 생성에 의한 폭발을 방지하기 위한 불활성의 기체를 봉입하는 장치를 설치할 것

(3) 하이드록실아민 등의 옥외탱크저장소
① 옥외탱크저장소에는 하이드록실아민 등의 온도의 상승에 의한 위험한 반응을 방지하기 위한 조치를 강구할 것
② 옥외탱크저장소에는 철 이온 등의 혼입에 의한 위험한 반응을 방지하기 위한 조치를 강구할 것

1-4 옥내탱크저장소의 위치·구조 및 설비의 기준

1. 옥내탱크저장소의 기준★★★
① 옥내저장탱크는 **단층건축물**에 설치된 탱크전용실에 설치할 것
② 옥내저장**탱크**와 탱크전용실의 **벽과의 사이** 및 **옥내저장탱크의 상호간**에는 0.5m 이상의 간격을 유지할 것
③ 옥내저장탱크의 용량(동일한 탱크전용실에 옥내저장탱크를 2 이상 설치하는 경우에는 각 탱크의 용량의 합계)은 **지정수량의 40배**(제4석유류 및 동식물유류 외의 제4류 위험물에 있어서 당해 수량이 20,000L를 초과할 때에는 20,000L) 이하일 것

2. 제4류 위험물의 옥내저장탱크 중 밸브 없는 통기관 설치기준★★
① 통기관의 끝부분은 건축물의 창·출입구 등의 개구부로부터 1m 이상 떨어진 옥외의 장소에 지면으로부터 4m 이상의 높이로 설치
② 인화점이 40℃ 미만인 위험물의 탱크에 설치하는 통기관은 부지경계선으로부터 1.5m 이상 이격할 것. 다만, 고인화점 위험물만을 100℃ 미만의 온도로 저장 또는 취급하는 탱크에 설치하는 통기관은 그 끝부분을 탱크전용실 내에 설치할 수 있다.

1-5 지하탱크저장소의 위치·구조 및 설비의 기준★★

① 지하탱크를 지하의 가장 가까운 벽, 피트, 가스관 등 시설물 및 대지경계선으로부터 0.6m 이상 떨어진 곳에 매설할 것★★★

② **탱크전용실**은 지하의 가장 가까운 벽·피트·가스관 등의 시설물 및 대지경 계선으로부터 **0.1m 이상** 떨어진 곳에 설치하고, 지하저장탱크와 탱크전용실의 안쪽과의 사이는 **0.1m 이상의 간격**을 유지하도록 하며, 당해 탱크의 주위에 마른 모래 또는 습기 등에 의하여 응고되지 아니하는 **입자지름 5mm 이하의 마른 자갈분**을 채울 것
③ 지하저장탱크의 **윗부분**은 지면으로부터 **0.6m 이상** 아래에 있을 것.★★
④ 지하저장탱크를 2 이상 인접해 설치하는 경우에는 그 **상호간에 1m**(당해 2 이상의 지하저장탱크의 용량의 합계가 **지정수량의 100배 이하인 때에는 0.5m**)이상의 간격을 유지할 것

[지하저장탱크를 2 이상 인접해 설치하는 경우]

2 이상의 지하저장탱크의 용량의 합계	지정수량의 100배 초과	지정수량의 100배 이하
탱크상호간 간격	1m 이상	0.5m 이상

⑤ 지하저장탱크의 재질은 **두께 3.2mm 이상의 강철판**으로 하여 완전용입용접 또는 양면겹침 이음용접으로 틈이 없도록 만드는 동시에, **압력탱크(최대상용압력이 46.7kPa 이상인 탱크) 외의 탱크**에 있어서는 **70kPa의 압력**으로, **압력탱크**에 있어서는 **최대상용압력의 1.5배의 압력**으로 각각 10분간 수압시험을 실시하여 새거나 변형되지 아니 할 것

[탱크전용실에 설치된 지하저장탱크]

[탱크를 직접 매설한 경우]

1-6 간이탱크저장소의 위치·구조 및 설비의 기준★★★★★

① 하나의 간이탱크저장소에 설치하는 **간이저장탱크**는 그 수를 **3 이하**로 하고, 동일한 품질의 위험물의 간이저장탱크를 **2 이상 설치하지 아니할 것**
② 간이저장탱크는 움직이거나 넘어지지 아니하도록 지면 또는 가설대에 고정시키되, **옥외**에 설치하는 경우에는 그 탱크의 주위에 **너비 1m 이상의 공지**를 두고, 전용실안에 설치하는 경우에는 **탱크와 전용실의 벽과의 사이에 0.5m 이상의 간격**을 유지할 것
③ 간이저장탱크의 **용량은 600L 이하**일 것
④ 간이저장탱크는 **두께 3.2mm 이상의 강판**으로 흠이 없도록 제작하여야 하며, **70kPa의 압력**으로 10분간의 수압시험을 실시하여 새거나 변형되지 아니 할 것
⑤ 간이저장탱크에는 다음 각목의 기준에 적합한 밸브 없는 통기관을 설치할 것
　㉠ 통기관의 **지름은 25mm 이상**으로 할 것
　㉡ 통기관은 옥외에 설치하되, 그 **끝부분의 높이는 지상 1.5m 이상**으로 할 것
　㉢ 통기관의 끝부분은 수평면에 대하여 아래로 **45도 이상** 구부려 빗물 등이 침투하지 아니하도록 할 것
　㉣ 가는 눈의 구리망 등으로 **인화방지장치**를 할 것

[간이탱크저장소]

1-7 이동탱크저장소의 위치·구조 및 설비의 기준★★★

1. 이동저장탱크의 구조 기준

① 10분간의 수압시험을 실시하여 새거나 변형되지 아니할 것.

압력탱크	압력탱크(최대상용압력이 46.7kPa 이상인 탱크)외
최대상용압력의 1.5배의 압력	70kPa의 압력

② 이동저장탱크는 그 내부에 **4,000L 이하**마다 **3.2mm 이상의 강철판** 또는 이와 동등 이상

의 강도·내열성 및 내식성이 있는 금속성의 것으로 **칸막이**를 설치할 것
③ 칸막이로 구획된 각 부분마다 맨홀과 다음 각목의 기준에 의한 안전장치 및 방파판을 설치할 것(단, 칸막이로 구획된 부분의 용량이 2,000L 미만인 부분에는 **방파판을** 설치하지 아니할 수 있다.

2. 안전장치의 설치기준

탱크의 압력	안전장치 작동압력
상용압력이 20kPa 이하	20kPa 이상 24kPa 이하
상용압력이 20kPa 초과	상용압력의 1.1배 이하

3. 방파판의 설치기준★★★★★

① 두께 **1.6mm 이상의 강철판** 또는 이와 동등 이상의 강도·내열성 및 내식성이 있는 금속성의 것으로 할 것
② 하나의 구획부분에 **2개 이상의 방파판**을 이동탱크저장소의 **진행방향과 평행**으로 설치하되, 각 방파판은 그 높이 및 칸막이로부터의 거리를 다르게 할 것
③ 하나의 구획부분에 설치하는 각 방파판의 면적의 합계는 당해 구획부분의 **최대 수직 단면적의 50% 이상**으로 할 것. 다만, **수직단면이 원형**이거나 **짧은 지름이 1m 이하**의 타원형일 경우에는 **40% 이상**으로 할 수 있다.
④ 맨홀·주입구 및 안전장치 등이 탱크의 상부에 돌출되어 있는 탱크에 있어서 부속장치의 손상을 방지하기 위한 측면틀 및 방호틀을 설치

[맨홀 및 안전장치]

(1) 측면틀

① 최외측선의 수평면에 대한 내각이 75도 이상이 되도록 할 것.
② 최외측선과 직각을 이루는 직선과의 내각이 35도 이상이 되도록 할 것
③ 탱크상부의 네 모퉁이에 당해 탱크의 전단 또는 후단으로부터 각각 1m 이내의 위치에 설치할 것

(2) 방호틀

① 두께 2.3mm 이상의 강철판
② 정상부분은 부속장치보다 50mm 이상 높게 할 것

[주유탱크차 예]

4. 표지 및 게시판★★★

① 이동탱크저장소에는 차량의 전면 및 후면의 보기 쉬운 곳에 사각형(한변의 길이가 **0.6m 이상**, 다른 한변의 길이가 **0.3m 이상**)의 **흑색바탕에 황색의 반사도료** 그 밖의 반사성이 있는 재료로 "**위험물**"이라고 표시한 표지를 설치할 것

② 이동저장탱크의 뒷면중 보기 쉬운 곳에는 당해 탱크에 저장 또는 취급하는 위험물의 **유별·품명·최대수량** 및 **적재중량**을 게시한 **게시판을 설치할 것**. 이 경우 표시문자의 크기는 **가로 40mm, 세로 45mm 이상**(여러 품명의 위험물을 혼재하는 경우에는 적재품명별 문자의 크기를 가로 20mm 이상, 세로 20mm 이상)으로 할 것.

1-8 옥외저장소의 위치 및 설비의 기준

1. 옥외저장소의 공지의 너비★★★

경계표시의 주위에는 그 저장 또는 취급하는 위험물의 최대수량에 따라 다음 표에 의한 너비의 공지를 보유할 것. 다만, 제4류 위험물 중 **제4석유류와 제6류 위험물**을 저장 또는 취급하는 옥외저장소의 보유공지는 다음 표에 의한 공지의 너비의 **3분의 1이상의 너비**로 할 수 있다.

저장 또는 취급하는 위험물의 최대수량	공지의 너비
지정수량의 10배 이하	3m 이상
지정수량의 10배 초과 20배 이하	5m 이상
지정수량의 20배 초과 50배 이하	9m 이상
지정수량의 50배 초과 200배 이하	12m 이상
지정수량의 200배 초과	15m 이상

[옥외저장소의 울타리]

2. 옥외저장소의 선반 설치기준★★★★

① 선반은 불연재료로 만들고 견고한 지반면에 고정할 것
② 선반은 당해 선반 및 그 부속설비의 자중·저장하는 위험물의 중량·풍하중·지진의 영향 등에 의하여 생기는 응력에 대하여 안전할 것

③ 선반의 높이는 6m를 초과하지 아니할 것
④ 선반에는 위험물을 수납한 용기가 쉽게 낙하하지 아니하는 조치를 강구할 것

[옥외저장소의 선반]

3. 옥외저장소에서 위험물을 저장하는 경우 높이 제한★★★★★

① 기계에 의하여 하역하는 구조로 된 용기만을 겹쳐 쌓는 경우 : 6m
② 제4류 위험물 중 제3석유류, 제4석유류 및 동식물유류를 수납하는 용기만을 겹쳐 쌓는 경우 : 4m
③ 그 밖의 경우 : 3m

4. 건축물의 구조★★

① 지하층이 없도록 할 것
② 벽·기둥·바닥·보·서까래 및 계단은 불연재료로, 외벽은 개구부가 없는 내화구조의 벽으로 할 것
③ 지붕은 가벼운 불연재료로 덮을 것
④ 출입구와 비상구에는 60분+방화문·60분방화문 또는 30분방화문을 설치하되, 연소의 우려가 있는 외벽에 설치하는 출입구에는 수시로 열 수 있는 자동폐쇄식의 60분+방화문 또는 60분방화문을 설치할 것
⑤ 창 및 출입구에 유리를 이용하는 경우에는 망입유리로 할 것
⑥ 건축물의 바닥은 적당한 경사를 두어 그 최저부에 집유설비를 할 것

5. 옥외저장소 중 덩어리 상태의 황만을 지반면에 설치한 경계표시의 안쪽에서 저장 또는 취급하는 것의 위치·구조 및 설비의 기술기준

① 하나의 경계표시의 내부의 면적은 100m² 이하일 것

② 2 이상의 경계표시를 설치하는 경우에 있어서는 각각의 경계표시 내부의 면적을 합산한 면적은 1,000m² 이하로 하고, 인접하는 경계표시와 경계표시와의 간격을 규정에 의한 공지의 너비의 2분의 1 이상으로 할 것. 다만, 저장 또는 취급하는 위험물의 최대수량이 지정수량의 200배 이상인 경우에는 10m 이상으로 하여야 한다.
③ 경계표시는 불연재료로 만드는 동시에 황이 새지 아니하는 구조로 할 것
④ 경계표시의 높이는 **1.5m 이하**로 할 것
⑤ 경계표시에는 황이 넘치거나 비산하는 것을 방지하기 위한 천막 등을 고정하는 장치를 설치하되, 천막 등을 고정하는 장치는 경계표시의 길이 2m마다 한 개 이상 설치할 것
⑥ 황을 저장 또는 취급하는 장소의 주위에는 배수구와 분리장치를 설치할 것

6. 옥외저장소에 저장할 수 있는 위험물

① 제2류 위험물 : 황, 인화성고체(인화점이 0℃ 이상)
② 제4류 위험물 : 제1석유류(인화점이 0℃ 이상), 제2석유류, 제3석유류, 제4석유류, 알코올류, 동식물유류
③ 제6류 위험물

1-9 암반탱크저장소의 위치·구조 및 설비의 기준

① **암반투수계수**가 10^{-5}m/sec **이하**인 천연암반내에 설치할 것★★★
② 저장할 위험물의 증기압을 억제할 수 있는 **지하수면하에 설치할 것**
③ 암반탱크의 **내벽**은 암반균열에 의한 **낙반을 방지**할 수 있도록 **볼트·콘크리트** 등으로 보강할 것

1-10 주유취급소의 위치·구조 및 설비의 기준

1. 주유공지 및 급유공지★★★

주유공지	급유공지
너비 15m 이상, 길이 6m 이상의 콘크리트 등으로 포장한 공지	고정급유설비의 호스기기의 주위에 필요한 공지

※ 공지의 바닥은 주위 지면보다 높게 하고, **배수구·집유설비** 및 **유분리장치**를 할 것

제 1 장 제조소등의 위치·구조 및 설비기준

2. 표지 및 게시판★★★★★

표 지	게 시 판
위험물 주유취급소	1. 방화에 관하여 필요한 사항 2. 황색바탕에 흑색문자로 "주유중엔진정지"★★

3. 주유취급소에 설치할 수 있는 부대시설

① 주유 또는 등유·경유를 채우기 위한 **작업장**
② 주유취급소의 업무를 행하기 위한 **사무소**
③ 자동차 등의 **점검 및 간이정비를 위한 작업장**
④ 자동차 등의 **세정을 위한 작업장**
⑤ 주유취급소에 출입하는 사람을 대상으로 한 **점포·휴게음식점 또는 전시장**
⑥ 주유취급소의 **관계자가 거주하는 주거시설**

4. 담 또는 벽

자동차 등이 출입하는 쪽 외의 부분에 높이 2m 이상의 내화구조 또는 불연재료의 담 또는 벽을 설치할 것

5. 고객이 직접 주유하는 주유취급소의 특례

구 분		연속 주유량	주유시간의 상한
셀프용 고정주유설비	휘발유	100L 이하	4분 이하
	경유	600L 이하	12분 이하

구 분	연속 급유량	급유시간의 상한
셀프용 고정급유설비	100L 이하	6분 이하

6. 고속국도의 도로변의 주유취급소 탱크최대 용량

60,000L ★★

7. 고정주유설비 또는 고정급유설비★★★

① 주유관의 길이는 5m(현수식의 경우에는 지면 위 0.5m의 수평면에 반경 3m) 이내

[고정식 및 현수식 주유관]

② 끝부분에는 축적된 정전기를 유효하게 제거할 수 있는 장치를 설치
③ 고정주유설비 또는 고정급유설비의 설치위치
  ㉠ 고정주유설비의 중심선을 기점으로 하여
    • 도로경계선까지 4m 이상
    • 부지경계선·담 및 건축물의 벽까지 2m(개구부가 없는 벽까지는 1m) 이상
  ㉡ 고정급유설비의 중심선을 기점으로 하여
    • 도로경계선까지 4m 이상

- 부지경계선 및 담까지 1m 이상
- 건축물의 벽까지 2m(개구부가 없는 벽까지는 1m) 이상

④ 고정주유설비와 고정급유설비의 사이에는 4m 이상

[고정주유설비 및 고정급유설비]

8. 주유취급소의 탱크

① 자동차 등에 주유하기 위한 고정주유설비에 직접 접속하는 전용탱크 : 50,000L 이하
② 고정급유설비에 직접 접속하는 전용탱크 : 50,000L 이하
③ 보일러 등에 직접 접속하는 전용탱크 : 10,000L 이하
④ 폐유탱크로서 용량(2 이상 설치하는 경우에는 각 용량의 합계)이 2,000L 이하인 탱크
⑤ 고정주유설비 또는 고정급유설비에 직접 접속하는 3기 이하의 간이탱크

9. 캐노피의 설치기준

① 배관이 캐노피 내부를 통과할 경우에는 1개 이상의 점검구를 설치할 것
② 캐노피 외부의 점검이 곤란한 장소에 배관을 설치하는 경우에는 용접이음으로 할 것
③ 캐노피 외부의 배관이 일광열의 영향을 받을 우려가 있는 경우에는 단열재로 피복할 것

1-11 판매취급소의 위치·구조 및 설비의 기준

[판매취급소의 구분]★★★

취급소의 구분	저장 또는 취급하는 위험물의 수량
제1종 판매취급소	지정수량의 20배 이하
제2종 판매취급소	지정수량의 40배 이하

[제1종 판매취급소]

1. 제1종 판매취급소의 위치.구조 및 설비의 기준
(제1종판매취급소 : 지정수량의 20배 이하인 판매취급소)

① 건축물의 1층에 설치할 것
② 건축물의 부분은 **내화구조 또는 불연재료**로 하고, 판매취급소로 사용되는 부분과 다른 부분과의 **격벽은 내화구조**로 할 것
③ 건축물의 부분은 **보를 불연재료**로 하고, 반자를 설치하는 경우에는 **반자를 불연재료**로 할 것
④ 상층이 있는 경우에 있어서는 그 **상층의 바닥을 내화구조**로 하고, 상층이 없는 경우에 있어서는 **지붕을 내화구조로 또는 불연재료**로 할 것
⑤ **창 및 출입구**에는 60분+방화문·60분방화문 또는 30분방화문을 설치할 것
⑥ **창 또는 출입구**에 유리를 이용하는 경우에는 **망입유리**로 할 것
⑦ 위험물을 배합하는 실은 다음에 의할 것
　㉠ 바닥면적은 $6m^2$ 이상 $15m^2$ 이하일 것
　㉡ **내화구조 또는 불연재료로 된 벽**으로 구획할 것
　㉢ 바닥은 위험물이 침투하지 아니하는 구조로 하여 적당한 경사를 두고 **집유설비**를 할 것
　㉣ **출입구**에는 수시로 열 수 있는 자동폐쇄식의 **60분+방화문 또는 60분방화문**을 설치할 것
　㉤ 출입구 **문턱의 높이**는 바닥면으로부터 0.1m 이상으로 할 것
　㉥ 내부에 체류한 가연성의 증기 또는 가연성의 미분을 지붕위로 방출하는 설비를 할 것

2. 제2종 판매취급소의 위치 · 구조 및 설비의 기준★★★
(제2종 판매취급소 : 지정수량의 40배 이하인 판매취급소)

① **벽 · 기둥 · 바닥 및 보를 내화구조** 하고, **천장**이 있는 경우에는 이를 **불연재료**로 하며, 판매취급소로 사용되는 부분과 다른 부분과의 **격벽은 내화구조**로 할 것
② 상층이 있는 경우에는 상층의 바닥을 내화구조로 하는 동시에 상층으로의 연소를 방지하기 위한 조치를 강구하고, 상층이 없는 경우에는 지붕을 내화구조로 할 것
③ 연소의 우려가 없는 부분에 한하여 창을 두되, 당해 **창에는 60분+방화문 · 60분방화문 또는 30분방화문**을 설치할 것
④ **출입구**에는 **60분+방화문 · 60분방화문 또는 30분방화문**을 설치할 것. 다만, 당해 부분 중 연소의 우려가 있는 벽 또는 창의 부분에 설치하는 출입구에는 수시로 열 수 있는 **자동폐쇄식의 60분+방화문 또는 60분방화문**을 설치하여야 한다.

제 2 장 제조소등의 소화설비, 경보, 피난설비 기준

2-1 소화난이도등급 Ⅰ의 제조소등 및 소화설비

1. 소화난이도등급 Ⅰ에 해당하는 제조소등

제조소 등의 구분	제조소등의 규모, 저장 또는 취급하는 위험물의 품명 및 최대수량 등
제조소 일반취급소	연면적 **1,000m²** 이상인 것
	지정수량의 **100배** 이상인 것(고인화점위험물만을 100℃ 미만의 온도에서 취급하는 것 및 제48조의 위험물을 취급하는 것은 제외)
	지반면으로부터 6m 이상의 높이에 위험물 취급설비가 있는 것(고인화점위험물만을 100℃ 미만의 온도에서 취급하는 것은 제외)
	일반취급소로 사용되는 부분 외의 부분을 갖는 건축물에 설치된 것(내화구조로 개구부 없이 구획된 것 및 고인화점위험물만을 100℃ 미만의 온도에서 취급하는 것은 제외
주유취급소	별표 13 Ⅴ제2호에 따른 면적의 합이 500m²를 초과하는 것
옥내저장소	지정수량의 **150배** 이상인 것(고인화점위험물만을 저장하는 것 및 제48조의 위험물을 저장하는 것은 제외)
	연면적 **150m²를 초과**하는 것(150m² 이내마다 불연재료로 개구부없이 구획된 것 및 인화성고체 외의 제2류 위험물 또는 인화점 70℃ 이상의 제4류 위험물만을 저장하는 것은 제외)
	처마높이가 6m 이상인 단층건물의 것
	옥내저장소로 사용되는 부분 외의 부분이 있는 건축물에 설치된 것(내화구조로 개구부 없이 구획된 것 및 인화성고체 외의 제2류 위험물 또는 인화점 70℃ 이상의 제4류 위험물만을 저장하는 것은 제외)
옥외 탱크저장소	액표면적이 40m² 이상인 것(제6류 위험물을 저장하는 것 및 고인화점위험물만을 100℃ 미만의 온도에서 저장하는 것은 제외)
	지반면으로부터 탱크 옆판의 상단까지 높이가 6m 이상인 것(제6류 위험물을 저장하는 것 및 고인화점위험물만을 100℃ 미만의 온도에서 저장하는 것은 제외)
	지중탱크 또는 해상탱크로서 지정수량의 100배 이상인 것(제6류 위험물을 저장하는 것 및 고인화점위험물만을 100℃ 미만의 온도에서 저장하는 것은 제외)
	고체위험물을 저장하는 것으로서 지정수량의 100배 이상인 것
옥내 탱크저장소	**액표면적이 40m² 이상**인 것(제6류 위험물을 저장하는 것 및 고인화점위험물만을 100℃ 미만의 온도에서 저장하는 것은 제외)

제 2 장 제조소등의 소화설비, 경보, 피난설비 기준

제조소 등의 구분	제조소등의 규모, 저장 또는 취급하는 위험물의 품명 및 최대수량 등
옥외저장소	바닥면으로부터 **탱크 옆판의 상단까지 높이가 6m 이상**인 것(제6류 위험물을 저장하는 것 및 고인화점위험물만을 100℃ 미만의 온도에서 저장하는 것은 제외)
	탱크전용실이 단층건물 외의 건축물에 있는 것으로서 인화점 38℃ 이상 70℃ 미만의 위험물을 **지정수량의 5배 이상** 저장하는 것(내화구조로 개구부없이 구획된 것은 제외한다)
	덩어리 상태의 황을 저장하는 것으로서 경계표시 내부의 면적(2 이상의 경계표시가 있는 경우에는 각 경계표시의 내부의 면적을 합한 면적)이 100m² 이상인 것
	별표 11 Ⅲ의 위험물을 저장하는 것으로서 지정수량의 100배 이상인 것
암반 탱크저장소	액표면적이 40m² 이상인 것(제6류 위험물을 저장하는 것 및 고인화점위험물만을 100℃ 미만의 온도에서 저장하는 것은 제외)
	고체위험물만을 저장하는 것으로서 **지정수량의 100배 이상**인 것
이송취급소	모든 대상

[비고] 제조소등의 구분별로 오른쪽란에 정한 제조소등의 규모, 저장 또는 취급하는 위험물의 수량 및 최대수량 등의 어느 하나에 해당하는 제조소등은 소화난이도등급 Ⅰ 에 해당하는 것으로 한다.

2. 소화난이도등급 Ⅰ 의 제조소등에 설치하여야 하는 소화설비

제조소등의 구분		소화설비
제조소 및 일반취급소		옥내소화전설비, 옥외소화전설비, 스프링클러설비 또는 물분무등소화설비(화재발생시 연기가 충만할 우려가 있는 장소에는 스프링클러설비 또는 이동식 외의 물분무등소화설비에 한한다)
주유취급소		스프링클러설비(건축물에 한정한다), 소형수동식소화기등(능력단위의 수치가 건축물 그 밖의 공작물 및 위험물의 소요단위의 수치에 이르도록 설치할 것)
옥내 저장소	처마높이가 6m 이상인 단층건물 또는 다른 용도의 부분이 있는 건축물에 설치한 옥내저장소	스프링클러설비 또는 이동식 외의 물분무등소화설비
	그 밖의 것	옥외소화전설비, 스프링클러설비, 이동식 외의 물분무등소화설비 또는 이동식 포소화설비(포소화전을 옥외에 설치하는 것에 한한다)
옥외 탱크 저장소	지중탱크 또는 해상탱크 외의 것 — 황만을 저장 취급하는 것	물분무소화설비
	지중탱크 또는 해상탱크 외의 것 — 인화점 70℃ 이상의 제4류 위험물만을 저장·취급하는 것	물분무소화설비 또는 고정식 포소화설비
	지중탱크 또는 해상탱크 외의 것 — 그 밖의 것	고정식 포소화설비(포소화설비가 적응성이 없는 경우에는 분말소화설비)

제조소등의 구분		소화설비
	지중탱크	고정식 포소화설비, 이동식 이외의 불연성가스소화설비 또는 이동식 이외이 할로젠화합물소화설비
	해상탱크	고정식 포소화설비, 물분무소화설비, 이동식이외의 불연성가스소화설비 또는 이동식 이외의 할로젠화합물소화설비
옥내탱크저장소	황만을 저장취급하는 것	물분무소화설비
	인화점 70℃ 이상의 제4류 위험물만을 저장취급하는 것	물분무소화설비, 고정식 포소화설비, 이동식 이외의 불연성가스소화설비, 이동식 이외의 할로젠화합물소화설비 또는 이동식 이외의 분말소화설비
	그 밖의 것	고정식 포소화설비, 이동식 이외의 불연성가스소화설비, 이동식 이외의 할로젠화합물소화설비 또는 이동식 이외의 분말소화설비
옥외저장소 및 이송취급소		옥내소화전설비, 옥외소화전설비, 스프링클러설비 또는 물분무등소화설비(화재발생시 연기가 충만할 우려가 있는 장소에는 스프링클러설비 또는 이동식 이외의 물분무등소화설비에 한한다)
암반탱크저장소	황만을 저장취급하는 것	물분무소화설비
	인화점 70℃ 이상의 제4류 위험물만을 저장취급하는 것	물분무소화설비 또는 고정식 포소화설비
	그 밖의 것	고정식 포소화설비(포소화설비가 적응성이 없는 경우에는 분말소화설비)

[비고]
1. 위 표 오른쪽란의 소화설비를 설치함에 있어서는 당해 소화설비의 방사범위가 당해 제조소, 일반취급소, 옥내저장소, 옥외탱크저장소, 옥내탱크저장소, 옥외저장소, 암반탱크저장소(암반탱크에 관계되는 부분을 제외한다) 또는 이송취급소(이송기지 내에 한한다)의 건축물, 그 밖의 공작물 및 위험물을 포함하도록 하여야 한다. 다만, 고인화점위험물만을 100℃ 미만의 온도에서 취급하는 제조소 또는 일반취급소의 경우에는 당해 제조소 또는 일반취급소의 건축물 및 그 밖의 공작물만 포함하도록 할 수 있다.
2. 고인화점위험물만을 100℃ 미만의 온도에서 취급하는 제조소 또는 일반취급소의 위험물에 대해서는 대형수동식소화기 1개 이상과 당해 위험물의 소요단위에 해당하는 능력단위의 소형수동식소화기를 설치하여야 한다. 다만, 당해 제조소 또는 일반취급소에 옥내·외소화전설비, 스프링클러설비 또는 물분무등소화설비를 설치한 경우에는 당해 소화설비의 방사능력범위 내에는 대형수동식소화기를 설치하지 아니할 수 있다.
3. 가연성증기 또는 가연성미분이 체류할 우려가 있는 건축물 또는 실내에는 대형수동식소화기 1개 이상과 당해 건축물, 그 밖의 공작물 및 위험물의 소요단위에 해당하는 능력단위의 소형수동식소화기 등을 추가로 설치하여야 한다.
4. 제4류 위험물을 저장 또는 취급하는 옥외탱크저장소 또는 옥내탱크저장소에는 소형수동식소화기 등을 2개 이상 설치하여야 한다.
5. 제조소, 옥내탱크저장소, 이송취급소, 또는 일반취급소의 작업공정상 소화설비의 방사능력범위 내에 당해 제조소등에서 저장 또는 취급하는 위험물의 전부가 포함되지 아니하는 경우에는 당해 위험물에 대하여 대형수동식소화기 1개 이상과 당해 위험물의 소요단위에 해당하는 능력단위의 소형수동식소화기 등을 추가로 설치하여야 한다.

3. 소화난이도등급Ⅱ의 제조소등 및 소화설비

제조소등의 구분	제조소등의 규모, 저장 또는 취급하는 위험물의 품명 및 최대수량 등
제조소 일반취급소	연면적 600m² 이상인 것
	지정수량의 10배 이상인 것(고인화점위험물만을 100℃ 미만의 온도에서 취급하는 것 및 제48조의 위험물을 취급하는 것은 제외)
	별표 16 Ⅱ·Ⅲ·Ⅳ·Ⅴ·Ⅷ·Ⅸ 또는 Ⅹ의 일반취급소로서 소화난이도등급Ⅰ의 제조소등에 해당하지 아니하는 것(고인화점위험물만을 100℃ 미만의 온도에서 취급하는 것은 제외)
옥내저장소	단층건물 이외의 것
	별표 5 Ⅱ 또는 Ⅳ제1호의 옥내저장소
	지정수량의 10배 이상인 것(고인화점위험물만을 저장하는 것 및 제48조의 위험물을 저장하는 것은 제외)
	연면적 150m² 초과인 것
	별표 5 Ⅲ의 옥내저장소로서 소화난이도등급Ⅰ의 제조소등에 해당하지 아니하는 것
옥외탱크저장소 옥내탱크저장소	소화난이도등급Ⅰ의 제조소등 외의 것(고인화점위험물만을 100℃ 미만의 온도로 저장하는 것 및 제6류 위험물만을 저장하는 것은 제외)
옥외저장소	덩어리 상태의 황을 저장하는 것으로서 경계표시 내부의 면적(2 이상의 경계표시가 있는 경우에는 각 경계표시의 내부의 면적을 합한 면적)이 5m² 이상 100m² 미만인 것
	별표 11 Ⅲ의 위험물을 저장하는 것으로서 지정수량의 10배 이상 100배 미만인 것
	지정수량의 100배 이상인 것(덩어리 상태의 황 또는 고인화점위험물을 저장하는 것은 제외)
주유취급소	옥내주유취급소로서 소화난이도등급Ⅰ의 제조소등에 해당하지 아니하는 것
판매취급소	제2종 판매취급소

[비고] 제조소등의 구분별로 오른쪽란에 정한 제조소등의 규모, 저장 또는 취급하는 위험물의 수량 및 최대수량 등의 어느 하나에 해당하는 제조소등은 소화난이도등급Ⅱ에 해당하는 것으로 한다.

4. 소화난이도등급Ⅱ의 제조소등에 설치하여야 하는 소화설비

제조소등의 구분	소화설비
제조소, 옥내저장소 옥외저장소, 주유취급소 판매취급소, 일반취급소	방사능력범위 내에 당해 건축물, 그 밖의 공작물 및 위험물이 포함되도록 대형수동식소화기를 설치하고, 당해 위험물의 소요단위의 1/5 이상에 해당되는 능력단위의 소형수동식소화기등을 설치할 것
옥외탱크저장소 옥내탱크저장소	대형수동식소화기 및 소형수동식소화기등을 각각 1개 이상 설치할 것

[비고]
(1) 옥내소화전설비, 옥외소화전설비, 스프링클러설비 또는 물분무등소화설비를 설치한 경우에는 당해 소화설비의 방사능력범위 내의 부분에 대해서는 대형수동식소화기를 설치하지 아니할 수 있다.
(2) 소형수동식소화기등이란 제4호의 규정에 의한 소형수동식소화기 또는 기타 소화설비를 말한다. 이하 같다.

5. 소화난이도등급Ⅲ의 제조소등 및 소화설비

제조소등의 구분	제조소등의 규모, 저장 또는 취급하는 위험물의 품명 및 최대수량등
제조소 일반취급소	제48조의 위험물을 취급하는 것
	제48조의 위험물외의 것을 취급하는 것으로서 소화난이도등급Ⅰ 또는 소화난이도등급Ⅱ의 제조소등에 해당하지 아니하는 것
옥내저장소	제48조의 위험물을 취급하는 것
	제48조의 위험물외의 것을 취급하는 것으로서 소화난이도등급Ⅰ 또는 소화난이도등급Ⅱ의 제조소등에 해당하지 아니하는 것
지하탱크저장소 간이탱크저장소 이동탱크저장소	모든 대상
옥외저장소	덩어리 상태의 황을 저장하는 것으로서 경계표시 내부의 면적(2 이상의 경계표시가 있는 경우에는 각 경계표시의 내부의 면적을 합한 면적)이 $5m^2$ 미만인 것
	덩어리 상태의 황외의 것을 저장하는 것으로서 소화난이도등급Ⅰ 또는 소화난이도등급Ⅱ의 제조소등에 해당하지 아니하는 것
주유취급소	옥내주유취급소 외의 것으로서 소화난이도등급Ⅰ의 제조소등에 해당하지 아니하는 것
제1종판매취급소	모든 대상

[비고] 제조소등의 구분별로 오른쪽란에 정한 제조소등의 규모, 저장 또는 취급하는 위험물의 수량 및 최대수량 등의 어느 하나에 해당하는 제조소등은 소화난이도등급Ⅲ에 해당하는 것으로 한다.

6. 소화난이도등급Ⅲ의 제조소등에 설치하여야 하는 소화설비

제조소등의 구분	소화설비	설치기준	
지하탱크 저장소	소형수동식소화기등	능력단위의 수치가 3 이상	2개 이상
이동탱크 저장소	자동차용소화기	무상의 강화액 8L 이상	2개 이상
		이산화탄소 3.2킬로그램 이상	
		일브로민화일염화이플루오린화메탄(CF_2ClBr) 2L 이상	
		일브로민화삼플루오린화메탄(CF_3Br) 2L 이상	
		이브로민화사플루오린화메탄($C_2F_4Br_2$) 1L 이상	
		소화분말 3.3킬로그램 이상	
	마른 모래 및 팽창질석 또는 팽창진주암	마른모래 150L 이상	
		팽창질석 또는 팽창진주암 640L 이상	
그 밖의 제조소등	소형수동식소화기등	능력단위의 수치가 건축물 그 밖의 공작물 및 위험물의 소요단위의 수치에 이르도록 설치할 것. 다만, 옥내소화전설비, 옥외소화전설비, 스프링클러설비, 물분무등소화설비 또는 대형수동식소화기를 설치한 경우에는 당해 소화설비의 방사능력범위 내의 부분에 대하여는 수동식소화기 등을 그 능력단위의 수치가 당해 소요단위의 수치의 1/5 이상이 되도록 하는 것으로 족하다.	

[비고] 알킬알루미늄 등을 저장 또는 취급하는 이동탱크저장소에 있어서는 자동차용소화기를 설치하는 외에 마른모래나 팽창질석 또는 팽창진주암을 추가로 설치하여야 한다.

7. 소화설비의 적응성

소화설비의 구분			건축물·그 밖의 공작물	전기설비	제1류 알칼리금속과산화물등	제1류 그 밖의 것	제2류 철분·마그네슘·금속분등	제2류 인화성고체	제2류 그 밖의 것	제3류 금수성물품	제3류 그 밖의 것	제4류 위험물	제5류 위험물	제6류 위험물
옥내소화전 또는 옥외소화전설비			○			○		○	○		○		○	○
스프링클러설비			○			○		○	○		○	△	○	○
물분무등소화설비	물분무소화설비		○	○		○		○	○		○	○	○	○
	포소화설비		○			○		○	○		○	○	○	○
	불연성가스소화설비			○				○				○		
	할로젠화합물소화설비			○				○				○		
	분말소화설비	인산염류등	○	○		○		○	○			○		○
		탄산수소염류등		○	○		○	○		○		○		
		그 밖의 것			○		○			○				
대형·소형수동식소화기	봉상수(棒狀水)소화기		○			○		○	○		○		○	○
	무상수(霧狀水)소화기		○	○		○		○	○		○		○	○
	봉상강화액소화기		○			○		○	○		○		○	○
	무상강화액소화기		○	○		○		○	○		○	○	○	○
	포소화기		○			○		○	○		○	○	○	○
	이산화탄소소화기			○				○				○		△
	할로젠화합물소화기			○				○				○		
	분말소화기	인산염류소화기	○	○		○		○	○			○		○
		탄산수소염류소화기		○	○		○	○		○		○		
		그 밖의 것			○		○			○				
기타	물통 또는 수조		○			○		○	○		○		○	○
	건조사				○	○	○	○	○	○	○	○	○	○
	팽창질석 또는 팽창진주암				○	○	○	○	○	○	○	○	○	○

[비고]
(1) "○"표시는 당해 소방대상물 및 위험물에 대하여 소화설비가 적응성이 있음을 표시하고, "△"표시는 제4류 위험물을 저장 또는 취급하는 장소의 살수기준면적에 따라 스프링클러설비의 살수밀도가 다음 표에 정하는 기준 이상인 경우에는 당해 스프링클러설비가 제4류 위험물에 대하여 적응성이 있음을, 제6류 위험물을 저장 또는 취급하는 장소로서 폭발의 위험이 없는 장소에 한하여 이산화탄소소화기가 제6류 위험물에 대하여 적응성이 있음을 각각 표시한다.

살수기준면적(m^2)	방사밀도(L/m^2분)		비고
	인화점 38℃ 미만	인화점 38℃ 이상	
279 미만 279 이상 372 미만 372 이상 465 미만 465 이상	16.3 이상 15.5 이상 13.9 이상 12.2 이상	12.2 이상 11.8 이상 9.8 이상 8.1 이상	살수 기준면적은 내화구조의 벽 및 바닥으로 구획된 하나의 실의 바닥면적을 말하고, 하나의 실의 바닥면적이 465m^2 이상인 경우의 살수기준면적은 465m^2로 한다. 다만, 위험물의 취급을 주된 작업내용으로 하지 아니하고 소량의 위험물을 취급하는 설비 또는 부분이 넓게 분산되어 있는 경우에는 방사밀도는 8.2L/m^2분 이상, 살수 기준면적은 279m^2 이상으로 할 수 있다.

(2) 인산염류 등은 인산염류, 황산염류 그 밖에 방염성이 있는 약제를 말한다.
(3) 탄산수소염류 등은 탄산수소염류 및 탄산수소염류와 요소의 반응생성물을 말한다.
(4) 알칼리금속과산화물 등은 알칼리금속의 과산화물 및 알칼리금속의 과산화물을 함유한 것을 말한다.
(5) 철분·금속분·마그네슘 등은 철분·금속분·마그네슘과 철분·금속분 또는 마그네슘을 함유한 것을 말한다.

2-2 경보설비

1. 제조소등별로 설치하여야 하는 경보설비의 종류

제조소등의 구분	제조소등의 규모, 저장 또는 취급하는 위험물의 종류 및 최대수량 등	경보설비
1. 제조소 및 일반취급소	• 연면적 500m^2 이상인 것 • 옥내에서 지정수량의 100배 이상을 취급하는 것(고인화점 위험물만을 100℃ 미만의 온도에서 자동화재 취급하는 것을 제외) • 일반취급소로 사용되는 부분 외의 부분이 있는 건축물에 설치된 일반취급소(일반취급소와 일반취급소 외의 부분이 내화구조의 바닥 또는 벽으로 개구부 없이 구획된 것을 제외)	자동화재 탐지설비
2. 옥내저장소	• 지정수량의 100배 이상을 저장 또는 취급하는 것(고인화점위험물만을 저장 또는 취급하는 것을 제외) • 저장창고의 연면적이 150m^2를 초과하는 것[당해저장창고가 연면적 150m^2 이내마다 불연재료의 격벽으로 개구부 없이 완전히 구획된 것과 제2류 또는 제4류의 위험물(인화성고체 및 인화점이 70℃ 미만인 제4류 위험물을 제외)만을 저장 또는 취급하는 것에 있어서는 저장창고의 연면적이 500m^2 이상의 것에 한함] • 처마높이가 6m 이상인 단층건물의 것 • 옥내저장소로 사용되는 부분 외의 부분이 있는 건축물에 설치된 옥내저장소[옥내저장소와 옥내저장소 외의 부분이 내화구조의 바닥 또는 벽으로 개구부 없이 구획된 것과 제2류 또는 제4류의 위험물(인화성고체 및 인화점이 70℃ 미만인 제4류 위험물을 제외)만을 저장 또는 취급 하는 것을 제외]	
3. 옥내탱크저장소	단층 건물 외의 건축물에 설치된 옥내탱크저장소로서 소화난이도 등급 I에 해당하는 것	

제조소등의 구분	제조소등의 규모, 저장 또는 취급하는 위험물의 종류 및 최대수량 등	경보설비
4. 주유취급소	옥내주유취급소	
5. 옥외탱크저장소	특수인화물, 제1석유류 및 알코올류를 저장 또는 취급하는 탱크의 용량이 1000만리터 이상인 것	자동화재탐지설비, 자동화재속보설비
6. 제1호 내지 제4호의 자동화재탐지설비 설치 대상에 해당하지 아니하는 제조소등	지정수량의 10배 이상을 저장 또는 취급하는 것	자동화재탐지설비, 비상경보설비, 확성장치 또는 비상방송설비 중 1종 이상

[비고] 이송취급소의 경보설비는 별표 15 Ⅳ제14호의 규정에 의한다.

2. 자동화재탐지설비의 설치기준

① 자동화재탐지설비의 **경계구역**은 건축물 그 밖의 공작물의 **2 이상의 층**에 걸치지 아니하도록 할 것. 다만, 하나의 경계구역의 면적이 500m² **이하이면서 당해 경계구역이 두개의 층에 걸치는 경우**이거나 계단·경사로·승강기의 승강로 그 밖에 이와 유사한 장소에 연기감지기를 설치하는 경우에는 그러하지 아니하다.

② 하나의 경계구역의 **면적은** 600m² **이하**로 하고 그 한변의 **길이는** 50m(광전식분리형 감지기를 설치할 경우에는 100m)**이하**로 할 것. 다만, 당해 건축물 그 밖의 공작물의 주요한 출입구에서 그 **내부의 전체를 볼 수 있는 경우**에 있어서는 그 면적을 1,000m² **이하**로 할 수 있다.

③ 자동화재탐지설비의 감지기는 지붕(상층이 있는 경우에는 상층의 바닥) 또는 벽의 옥내에 면한 부분(천장이 있는 경우에는 천장 또는 벽의 옥내에 면한 부분 및 천장의 뒷 부분)에 유효하게 화재의 발생을 감지할 수 있도록 설치할 것

④ 자동화재탐지설비에는 **비상전원을 설치**할 것

2-3 피난설비

① 주유취급소 중 건축물의 2층 이상의 부분을 점포·휴게음식점 또는 전시장의 용도로 사용하는 것에 있어서는 당해 건축물의 2층 이상으로부터 주유취급소의 부지 밖으로 통하는 출입구와 당해 출입구로 통하는 통로·계단 및 출입구에 유도등을 설치하여야 한다.

② 옥내주유취급소에 있어서는 당해 사무소 등의 출입구 및 피난구와 당해 피난구로 통하는 통로·계단 및 출입구에 유도등을 설치하여야 한다.

③ 유도등에는 비상전원을 설치하여야 한다.

제3장 위험물의 저장·취급 및 운반에 관한 기준

3-1 위험물의 저장 및 취급에 관한 기준

1. 알킬알루미늄, 아세트알데하이드 등 및 다이에틸에터 등의 저장기준★★

탱크의 종류	물질명	저장기준
• 이동저장탱크	알킬알루미늄	20kPa 이하의 압력으로 불활성의 기체를 봉입
	아세트알데하이드	불활성의 기체를 봉입
• 옥외·옥내, 지하 저장탱크 중 압력탱크외의 탱크	산화프로필렌과 이를 함유한 것 또는 다이에틸에터	30℃ 이하
	아세트알데하이드 또는 이를 함유한 것	15℃ 이하
• 옥외·옥내 또는 지하 저장탱크 중 압력 탱크에 저장하는 경우	아세트알데하이드등 또는 다이에틸에터	40℃ 이하
• 보냉장치가 있는 이동 저장탱크	아세트알데하이드등 또는 다이에틸에터	비점 이하
• 보냉장치가 없는 이동 저장탱크	아세트알데하이드등 또는 다이에틸에터	40℃ 이하

2. 위험물 운반용기의 외부 표시 사항★★★★★

① 위험물의 품명, 위험등급, 화학명 및 수용성(제4류 위험물의 수용성인 것에 한함)
② 위험물의 수량
③ 수납하는 위험물에 따른 주의사항

종류별	성질에 따른 구분	표시사항
제1류 위험물	알칼리금속의 과산화물	화기·충격주의, 물기엄금 및 가연물접촉주의
	그 밖의 것	화기·충격주의 및 가연물접촉주의
제2류 위험물	철분·금속분·마그네슘	화기주의 및 물기엄금
	인화성고체	화기엄금
	그 밖의 것	화기주의
제3류 위험물	자연발화성 물질	화기엄금 및 공기접촉엄금
	금수성 물질	물기엄금
제4류 위험물	인화성 액체	화기엄금
제5류 위험물	자기반응성 물질	화기엄금 및 충격주의
제6류 위험물	산화성 액체	가연물 접촉주의

3. 유별을 달리하는 위험물의 혼재기준★★★★★

구 분	제1류	제2류	제3류	제4류	제5류	제6류
제1류		×	×	×	×	○
제2류	×		×	○	○	×
제3류	×	×		○	×	×
제4류	×	○	○		○	×
제5류	×	○	×	○		×
제6류	○	×	×	×	×	

[비고]
1. "×"표시는 혼재할 수 없음을 표시
2. "○"표시는 혼재할 수 있음을 표시
3. 이 표는 지정수량의 $\frac{1}{10}$ 이하의 위험물에 대하여는 적용하지 아니한다.

4. 적재위험물의 성질에 따른 조치★★★★★

(1) 차광성이 있는 피복으로 가려야하는 위험물

① 제1류 위험물
② 제3류위험물 중 자연발화성물질
③ 제4류 위험물 중 특수인화물
④ 제5류 위험물
⑤ 제6류 위험물

(2) 방수성이 있는 피복으로 덮어야 하는 것

① 제1류 위험물 중 알칼리금속의 과산화물
② 제2류 위험물 중 철분・금속분・마그네슘 또는 이들 중 어느 하나 이상을 함유한 것
③ 제3류 위험물 중 금수성 물질

(3) 제5류 위험물 중 55℃ 이하의 온도에서 분해될 우려가 있는 것은 보냉 컨테이너에 수납하는 등 적정한 온도관리를 할 것

5. 운반용기의 내용적에 대한 수납율★★★★★

① 고체위험물은 운반용기 **내용적의 95%이하**의 수납율로 수납할 것
② 액체위험물은 운반용기 내용적의 98%이하의 수납율로 수납하되, 55℃의 온도에서 누설되지 아니하도록 충분한 공간용적을 유지하도록 할 것

구 분	액체위험물	고체위험물
수납율	내용적의 98% 이하	내용적의 95% 이하

6. 위험물의 등급 분류★★★

위험등급	해당 위험물
위험등급 I	① 제1류 위험물 중 아염소산염류, 염소산염류, 과염소산염류, 무기과산화물 그 밖에 지정수량이 50kg인 위험물 ② 제3류 위험물 중 칼륨, 나트륨, 알킬알루미늄, 알킬리튬, 황린 그 밖에 지정수량이 10kg 또는 20kg인 위험물 ③ 제4류 위험물 중 특수인화물 ④ 제5류 위험물 중 지정수량이 10kg인 위험물 ⑤ 제6류 위험물
위험등급 II	① 제1류 위험물 중 브로민산염류, 질산염류, 아이오딘산염류 　그 밖에 지정수량이 300kg인 위험물 ② 제2류 위험물 중 황화인, 적린, 황 　그 밖에 지정수량이 100kg인 위험물 ③ 제3류 위험물 중 알칼리금속(칼륨, 나트륨 제외) 및 알칼리토금속, 유기금속화합물(알킬알루미늄 및 알킬리튬은 제외) 　그 밖에 지정수량이 50kg인 위험물 ④ 제4류 위험물 중 제1석유류, 알코올류 ⑤ 제5류 위험물 중 위험등급 I 위험물 외의 것
위험등급 III	위험등급 I, II 이외의 위험물

7. 탱크의 내용적 및 공간용적

(1) 탱크용적의 산출기준★★★★★

탱크의 용량탱크의 내용적에서 공간용적을 뺀 용적

$$탱크의\ 용적 = 탱크의\ 내용적 - 탱크의\ 공간용적$$

(2) 탱크의 공간용적★★★

탱크내용적의 $\frac{5}{100}$ 이상 $\frac{10}{100}$ 이하의 용적

(다만, 소화설비(소화약제 방출구를 탱크안의 윗부분에 설치하는 것)를 설치하는 탱크의 공간용적은 당해 소화설비의 소화약제방출구 아래의 0.3m이상 1m미만 사이의 면으로부터 윗부분의 용적으로 한다.)

(3) 암반탱크의 공간용적

탱크내에 용출하는 **7일간의 지하수의 양**에 상당하는 용적과 당해 탱크의 **내용적의 1/100의 용적** 중에서 **보다 큰 용적**

(4) 탱크의 내용적 계산방법 ★★★★★

① 타원형 탱크의 내용적
　㉠ 양쪽이 볼록한 것

$$\text{내용적} = \frac{\pi ab}{4}\left(l + \frac{l_1 + l_2}{3}\right)$$

　㉡ 한쪽은 볼록하고 다른 한쪽은 오목한 것

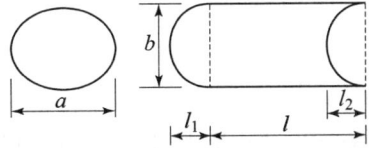

$$\text{내용적} = \frac{\pi ab}{4}\left(l + \frac{l_1 - l_2}{3}\right)$$

② 원통형 탱크의 내용적
　㉠ 횡으로 설치한 것

$$\text{내용적} = \pi r^2\left(l + \frac{l_1 + l_2}{3}\right)$$

　㉡ 종으로 설치한 것

$$\text{내용적} = \pi r^2 l$$

8. 저장·취급의 공통기준

① 제조소등에서 규정에 의한 허가 및 규정에 의한 신고와 관련되는 품명 외의 위험물 또는 이러한 허가 및 신고와 관련되는 수량 또는 지정수량의 배수를 초과하는 위험물을 저장 또는 취급하지 아니하여야 한다(중요기준).
② 위험물을 저장 또는 취급하는 건축물 그 밖의 공작물 또는 설비는 당해 위험물의 성질에 따라 차광 또는 환기를 실시하여야 한다.
③ 위험물은 **온도계, 습도계, 압력계** 그 밖의 계기를 감시하여 당해 위험물의 성질에 맞는 적정한 온도, 습도 또는 압력을 유지하도록 저장 또는 취급하여야 한다.

④ 위험물을 저장 또는 취급하는 경우에는 위험물의 변질, 이물의 혼입 등에 의하여 당해 위험물의 위험성이 증대되지 아니하도록 필요한 조치를 강구하여야 한다.
⑤ 위험물이 남아 있거나 남아 있을 우려가 있는 설비, 기계·기구, 용기 등을 수리하는 경우에는 안전한 장소에서 위험물을 완전하게 제거한 후에 실시하여야 한다.
⑥ 위험물을 용기에 수납하여 저장 또는 취급할 때에는 그 용기는 당해 위험물의 성질에 적응하고 파손·부식·균열 등이 없는 것으로 하여야 한다.
⑦ 가연성의 액체·증기 또는 가스가 새거나 체류할 우려가 있는 장소 또는 가연성의 미분이 현저하게 부유할 우려가 있는 장소에서는 전선과 전기기구를 완전히 접속하고 불꽃을 발하는 기계·기구·공구·신발 등을 사용하지 아니하여야 한다.
⑧ 위험물을 보호액 중에 보존하는 경우에는 당해 위험물이 보호액으로부터 노출되지 아니하도록 하여야 한다.

9. 유별 저장·취급의 공통기준(중요기준)

(1) 제1류 위험물

가연물과의 접촉·혼합이나 분해를 촉진하는 물품과의 접근 또는 과열·충격·마찰 등을 피하는 한편, 알카리금속의 과산화물 및 이를 함유한 것에 있어서는 물과의 접촉을 피하여야 한다.

(2) 제2류 위험물

산화제와의 접촉·혼합이나 불티·불꽃·고온체와의 접근 또는 과열을 피하는 한편, 철분·금속분·마그네슘 및 이를 함유한 것에 있어서는 물이나 산과의 접촉을 피하고 인화성 고체에 있어서는 함부로 증기를 발생시키지 아니하여야 한다.

(3) 제3류 위험물

자연발화성물질에 있어서는 불티·불꽃 또는 고온체와의 접근·과열 또는 공기와의 접촉을 피하고, 금수성물질에 있어서는 물과의 접촉을 피하여야 한다.

(4) 제4류 위험물

불티·불꽃·고온체와의 접근 또는 과열을 피하고, 함부로 증기를 발생시키지 아니하여야 한다.

(5) 제5류 위험물

불티·불꽃·고온체와의 접근이나 과열·충격 또는 마찰을 피 하여야 한다.

(6) 제6류 위험물

가연물과의 접촉·혼합이나 분해를 촉진하는 물품과의 접근 또는 과열을 피하여야 한다.

10. 저장의 기준

유별을 달리하는 위험물은 동일한 저장소(내화구조의 격벽으로 완전히 구획된 실이 2 이상 있는 저장소에 있어서는 동일한 실)에 저장하지 아니하여야 한다.

① **옥내저장소 또는 옥외저장소**에 있어서 다음의 각목의 규정에 의한 위험물을 저장하는 경우로서 위험물을 유별로 정리하여 저장하는 한편, 서로 **1m 이상의 간격**을 두는 경우에는 **동일한 저장소에 저장할 수 있다(중요기준)**.

  ㉠ **제1류 위험물**(알칼리금속의 과산화물 또는 이를 함유한 것을 제외)과 **제5류 위험물**을 저장하는 경우
  ㉡ **제1류 위험물**과 **제6류 위험물**을 저장하는 경우
  ㉢ **제1류 위험물**과 제3류 위험물 중 **자연발화성물질**(황린 또는 이를 함유한 것)을 저장하는 경우
  ㉣ 제2류 위험물 중 **인화성고체**와 **제4류 위험물**을 저장하는 경우
  ㉤ 제3류 위험물 중 **알킬알루미늄등**과 **제4류 위험물**(알킬알루미늄 또는 알킬리튬을 함유한 것)을 저장하는 경우
  ㉥ 제4류 위험물 중 **유기과산화물** 또는 이를 함유하는 것과 제5류 위험물 중 **유기과산화물** 또는 이를 함유한 것을 저장하는 경우

② 제3류 위험물 중 **황린** 그 밖에 물속에 저장하는 물품과 금수성물질은 동일한 저장소에서 저장하지 아니하여야 한다(중요기준).

③ 옥내저장소에서 동일 품명의 위험물이더라도 **자연발화**할 우려가 있는 위험물 또는 재해가 현저하게 증대할 우려가 있는 위험물을 다량 저장하는 경우에는 **지정수량의 10배 이하마다** 구분하여 상호간 **0.3m 이상의 간격**을 두어 저장하여야 한다. 다만, 규정에 의한 위험물 또는 기계에 의하여 하역하는 구조로 된 용기에 수납한 위험물에 있어서는 그러하지 아니하다(중요기준).

④ 옥내저장소 및 옥외저장소에서 위험물을 저장하는 경우에는 다음 각목의 규정에 의한 높이를 초과하여 용기를 겹쳐 쌓지 아니하여야 한다.

  ㉠ **기계에 의하여 하역하는 구조**로 된 용기만을 겹쳐 쌓는 경우에 있어서는 **6m**
  ㉡ **제4류 위험물 중 제3석유류, 제4석유류 및 동식물유류**를 수납하는 용기만을 겹쳐 쌓는 경우에 있어서는 **4m**
  ㉢ **그 밖의 경우**에 있어서는 **3m**

⑤ 옥내저장소에서는 용기에 수납하여 저장하는 위험물의 온도가 **55℃**를 넘지 아니하도록 필요한 조치를 강구하여야 한다(중요기준).

⑥ 옥외저장탱크·옥내저장탱크 또는 지하저장탱크의 주된 밸브(액체의 위험물을 이송하기 위한 배관에 설치된 밸브중 탱크의 바로 옆에 있는 것을 말한다) 및 주입구의 밸브 또는 뚜껑은 위험물을 넣거나 빼낼 때 외에는 폐쇄하여야 한다.

⑦ 옥외저장탱크의 주위에 방유제가 있는 경우에는 그 배수구를 평상시 폐쇄하여 두고, 당해 방유제의 내부에 유류 또는 물이 괴었을 때에는 지체없이 이를 배출하여야 한다.

⑧ 이동저장탱크에는 당해 탱크에 저장 또는 취급하는 위험물의 유별·품명·최대 수량 및 적재중량을 표시하고 잘 보일 수 있도록 관리하여야 한다.
⑨ 이동탱크저장소에는 당해 이동탱크저장소의 완공검사합격확인증 및 정기점검기록을 비치하여야 한다.
⑩ 알킬알루미늄등을 저장 또는 취급하는 이동탱크저장소에는 긴급시의 연락처, 응급조치에 관하여 필요한 사항을 기재한 서류, 방호복, 고무장갑, 밸브 등을 죄는 결합공구 및 휴대용 확성기를 비치하여야 한다.
⑪ 옥외저장소에서 위험물을 수납한 용기를 선반에 저장하는 경우에는 6m를 초과하여 저장하지 아니하여야 한다.
⑫ 황을 용기에 수납하지 아니하고 저장하는 옥외저장소에서는 황을 경계표시의 높이 이하로 저장하고, 황이 넘치거나 비산하는 것을 방지할 수 있도록 경계표시 내부의 전체를 난연성 또는 불연성의 천막 등으로 덮고 당해 천막 등을 경계표시에 고정하여야 한다.
⑬ 이동저장탱크에 알킬알루미늄등을 저장하는 경우에는 20kPa 이하의 압력으로 불활성의 기체를 봉입하여 둘 것
⑭ 이동저장탱크에 아세트알데하이드등을 저장하는 경우에는 항상 불활성의 기체를 봉입하여 둘 것
⑮ 옥외저장탱크·옥내저장탱크 또는 지하저장탱크 중 압력탱크 외의 탱크에 저장하는 경우
[다이에틸에터등 또는 아세트알데하이드등의 온도]

구 분	산화프로필렌과 이를 함유한 것 또는 다이에틸에터등	아세트알데하이드 또는 이를 함유한 것
유지온도	30℃ 이하	15℃ 이하

⑯ 옥외저장탱크·옥내저장탱크 또는 지하저장탱크 중 압력탱크에 저장하는 아세트알데하이드등 또는 다이에틸에터등의 온도는 40℃ 이하로 유지할 것
⑰ 보냉장치가 있는 이동저장탱크에 저장하는 아세트알데하이드등 또는 다이에틸에터등의 온도는 당해 위험물의 비점 이하로 유지할 것
⑱ 보냉장치가 없는 이동저장탱크에 저장하는 아세트알데하이드등 또는 다이에틸에터등의 온도는 40℃ 이하로 유지할 것

11. 취급의 기준

(1) 제조에 관한 기준(중요기준)
① 증류공정에 있어서는 위험물을 취급하는 설비의 내부압력의 변동 등에 의하여 액체 또는 증기가 새지 아니하도록 할 것
② 추출공정에 있어서는 추출관의 내부압력이 비정상으로 상승하지 아니하도록 할 것
③ 건조공정에 있어서는 위험물의 온도가 부분적으로 상승하지 아니하는 방법으로 가열 또는 건조할 것
④ 분쇄공정에 있어서는 위험물의 분말이 현저하게 부유하고 있거나 위험물의 분말이 현저하

게 기계·기구 등에 부착하고 있는 상태로 그 기계·기구를 취급하지 아니할 것

(2) 소비에 관한 기준(중요기준)
① 분사도장작업은 방화상 유효한 격벽 등으로 구획된 안전한 장소에서 실시할 것
② 담금질 또는 열처리작업은 위험물이 위험한 온도에 이르지 아니하도록 하여 실시할 것
③ 버너를 사용하는 경우에는 버너의 역화를 방지하고 위험물이 넘치지 아니하도록 할 것

(3) 주유취급소·판매취급소·이송취급소 또는 이동탱크저장소에서의 위험물의 취급기준
① 자동차 등에 인화점 40℃ 미만의 위험물을 주유할 때에는 자동차 등의 원동기를 정지시킬 것
② 자동차 등에 주유할 때에는 고정주유설비 또는 고정주유설비에 접속된 탱크의 주입구로부터 4m 이내의 부분에, 이동저장탱크로부터 전용탱크에 위험물을 주입할 때에는 전용탱크의 주입구로부터 3m 이내의 부분 및 전용탱크 통기관의 끝부분으로부터 수평거리 1.5m 이내의 부분에 있어서는 다른 자동차 등의 주차를 금지하고 자동차 등의 점검·정비 또는 세정을 하지 아니할 것

(4) 판매취급소의 취급기준
① 판매취급소에서는 도료류, 제1류 위험물 중 염소산염류 및 염소산염류만을 함유한 것, 황 또는 인화점이 38℃ 이상인 제4류 위험물을 배합실에서 배합하는 경우 외에는 위험물을 배합하거나 옮겨 담는 작업을 하지 아니할 것
② 위험물은 규정에 의한 운반용기에 수납한 채로 판매할 것

(5) 이동탱크저장소의 취급기준
① 이동저장탱크로부터 위험물을 저장 또는 취급하는 탱크에 인화점이 40℃ 미만인 위험물을 주입할 때에는 이동탱크저장소의 원동기를 정지시킬 것
② 휘발유·벤젠 그 밖에 정전기에 의한 재해발생의 우려가 있는 액체의 위험물을 이동저장탱크에 주입하거나 이동저장탱크로부터 배출하는 때에는 도선으로 이동저장탱크와 접지전극 등과의 사이를 긴밀히 연결하여 당해 이동저장탱크를 접지할 것
③ 휘발유·벤젠·그 밖에 정전기에 의한 재해발생의 우려가 있는 액체의 위험물을 이동저장탱크의 상부로 주입하는 때에는 주입관을 사용하되, 당해 주입관의 끝부분을 이동저장탱크의 밑바닥에 밀착할 것
④ 휘발유를 저장하던 이동저장탱크에 등유나 경유를 주입할 때 또는 등유나 경유를 저장하던 이동저장탱크에 휘발유를 주입할 때에는 다음의 기준에 따라 정전기등에 의한 재해를 방지하기 위한 조치를 할 것
⑤ 이동저장탱크의 상부로부터 위험물을 주입할 때에는 위험물의 액표면이 주입관의 끝부분을 넘는 높이가 될 때까지 그 주입관내의 유속을 초당 1m 이하로 할 것
⑥ 이동저장탱크의 밑부분으로부터 위험물을 주입할 때에는 위험물의 액표면이 주입관의 정상부분을 넘는 높이가 될 때까지 그 주입배관내의 유속을 초당 1m 이하로 할 것

(6) 알킬알루미늄등 및 아세트알데하이드등의 취급기준(중요기준)

① 알킬알루미늄등의 제조소 또는 일반취급소에 있어서 알킬알루미늄 등을 취급하는 설비에는 불활성의 기체를 봉입할 것
② 알킬알루미늄등의 이동탱크저장소에 있어서 이동저장탱크로부터 알킬알루미늄 등을 꺼낼 때에는 동시에 200kPa 이하의 압력으로 불활성의 기체를 봉입할 것
③ 아세트알데하이드등의 제조소 또는 일반취급소에 있어서 아세트알데하이드 등을 취급하는 설비에는 연소성 혼합기체의 생성에 의한 폭발의 위험이 생겼을 경우에 불활성의 기체 또는 수증기[아세트알데하이드등을 취급하는 탱크(옥외에 있는 탱크 또는 옥내에 있는 탱크로서 그 용량이 지정수량의 5분의 1 미만의 것을 제외)에 있어서는 불활성의 기체]를 봉입할 것
④ 아세트알데하이드등의 이동탱크저장소에 있어서 이동저장탱크로부터 아세트알데하이드 등을 꺼낼 때에는 동시에 100kPa 이하의 압력으로 불활성의 기체를 봉입할 것

3-2 위험물의 운반에 관한 기준

1. 운반용기의 재질

① 강판　② 알루미늄판　③ 양철판　④ 유리
⑤ 금속판　⑥ 종이　⑦ 플라스틱　⑧ 섬유판
⑨ 고무류　⑩ 합성섬유　⑪ 삼　⑫ 짚 또는 나무

2. 제3류 위험물의 운반용기 수납 기준

① **자연발화성**물질에 있어서는 **불활성 기체를 봉입**하여 밀봉하는 등 공기와 접하지 아니하도록 할 것
② **자연발화성물질외**의 물품에 있어서는 **파라핀 · 경유 · 등유 등의 보호액**으로 채워 밀봉하거나 **불활성** 기체를 봉입하여 밀봉하는 등 **수분**과 접하지 아니하도록 할 것
③ 자연발화성물질중 **알킬알루미늄등**은 운반용기의 **내용적의 90% 이하**의 수납율로 수납하되, 50℃의 온도에서 **5%이상의 공간용적**을 유지하도록 할 것

3. 기계에 의하여 하역하는 구조로 된 운반용기에 대한 수납기준(중요기준).

다음의 규정에 의한 요건에 적합한 운반용기에 수납할 것
① 부식, 손상 등 이상이 없을 것
② 금속제의 운반용기, 경질플라스틱제의 운반용기 또는 플라스틱내용기 부착의 운반용기에 있어서는 다음에 정하는 시험 및 점검에서 누설 등 이상이 없을 것

㉠ **2년 6개월 이내**에 실시한 기밀시험(액체의 위험물 또는 10kPa 이상의 압력을 가하여 수납 또는 배출하는 고체의 위험물을 수납하는 운반용기에 한한다)
㉡ **2년 6개월 이내**에 실시한 운반용기의 외부의 점검·부속설비의 기능점검 및 5년 이내의 사이에 실시한 운반용기의 내부의 점검
③ 액체위험물을 수납하는 경우에는 **55℃**의 온도에서의 증기압이 **130kPa 이하**가 되도록 수납할 것
④ **경질플라스틱제**의 운반용기 또는 **플라스틱내용기 부착**의 운반용기에 액체위험물을 수납하는 경우에는 당해 운반용기는 제조된 때로부터 **5년 이내**의 것으로 할 것

4. 위험물을 차량으로 운반하는 경우 표지 설치기준

① 한변의 길이가 0.3m이상, 다른 한변의 길이가 0.6m 상인 직사각형의 판으로 할 것
② **바탕은 흑색**으로 하고, **황색의 반사도료** 그 밖의 반사성이 있는 재료로 "**위험물**"이라고 표시할 것
③ 표지는 차량의 **전면 및 후면**의 보기 쉬운 곳에 내걸 것

5. 위험물 운송책임자의 감독 또는 지원의 방법과 운송시 준수 사항

(1) 운송책임자의 감독 또는 지원의 방법

① 운송책임자가 이동탱크저장소에 동승하여 운송 중인 위험물의 안전확보에 관하여 운전자에게 필요한 감독 또는 지원을 하는 방법. 다만, 운전자가 운반책임자의 자격이 있는 경우에는 운송책임자의 자격이 없는 자가 동승할 수 있다.
② 운송의 감독 또는 지원을 위하여 마련한 별도의 사무실에 운송책임자가 대기하면서 다음의 사항을 이행하는 방법
㉠ 운송경로를 미리 파악하고 관할소방관서 또는 관련업체(비상대응에 관한 협력을 얻을 수 있는 업체를 말한다)에 대한 연락체계를 갖추는 것
㉡ 이동탱크저장소의 운전자에 대하여 수시로 안전확보 상황을 확인하는 것
㉢ 비상시의 응급처치에 관하여 조언을 하는 것
㉣ 그 밖에 위험물의 운송중 안전확보에 관하여 필요한 정보를 제공하고 감독 또는 지원하는 것

(2) 이동탱크저장소에 의한 위험물의 운송시에 준수하여야 하는 기준

① 위험물운송자는 운송의 개시전에 이동저장탱크의 배출밸브 등의 밸브와 폐쇄장치, 맨홀 및 주입구의 뚜껑, 소화기 등의 점검을 충분히 실시할 것
② 위험물운송자는 장거리(고속국도에 있어서는 **340km 이상**, 그 밖의 도로에 있어서는 **200km 이상**)에 걸치는 운송을 하는 때에는 **2명 이상의 운전자**로 할 것. 다만, 다음의 1에 해당하는 경우에는 그러하지 아니하다.
㉠ 규정에 의하여 운송책임자를 동승시킨 경우

ⓒ 운송하는 위험물이 제2류 위험물·제3류 위험물(칼슘 또는 알루미늄의 탄화물과 이것
　　　　만을 함유한 것)또는 제4류 위험물(특수인화물을 제외)인 경우
　　　ⓒ 운송도중에 **2시간 이내마다 20분 이상씩 휴식**하는 경우
③ 위험물운송자는 이동탱크저장소를 휴식·고장 등으로 일시 정차시킬 때에는 안전한 장소
　를 택하고 당해 이동탱크저장소의 안전을 위한 감시를 할 수 있는 위치에 있는 등 운송하는
　위험물의 안전확보에 주의할 것
④ 위험물운송자는 이동저장탱크로부터 위험물이 현저하게 새는 등 재해발생의 우려가 있는
　경우에는 재난을 방지하기 위한 응급조치를 강구하는 동시에 소방관서 그 밖의 관계기관
　에 통보할 것
⑤ **위험물(제4류 위험물에 있어서는 특수인화물 및 제1석유류)을** 운송하게 하는 자는 **위험물
　안전카드**를 위험물운송자로 하여금 휴대하게 할 것
⑥ 위험물운송자는 위험물안전카드를 휴대하고 당해 카드에 기재된 내용에 따를 것. 다만,
　재난 그 밖의 불가피한 이유가 있는 경우에는 당해 기재된 내용에 따르지 아니할 수 있다.

제3편 위험물의 시설기준 핵심 기출예상문제

핵심 기출예상문제

01 위험물의 운반기준에 대한 설명 중 틀린 것은?

㉮ 위험물을 수납한 용기가 현저하게 마찰 또는 충격을 일으키지 않도록 한다.
㉯ 지정수량 이상의 위험물을 차량으로 운반할 때에는 한 변의 길이가 0.3m 이상, 다른 한 변은 0.6m 이상인 직사각형 표지판을 설치하여야 한다.
㉰ 위험물의 운반 도중 재난 발생의 우려가 있는 경우에는 응급조치를 강구하는 동시에 가까운 소방관서 그 밖의 관계기관에 통보하여야 한다.
㉱ 지정수량 이하의 위험물을 차량으로 운반하는 경우 적응성이 있는 소형 소화기를 위험물의 소요단위에 상응하는 능력단위 이상으로 비치하여야 한다.

해설 **지정수량 이상의 위험물을 차량으로 운반하는 경우**
적응성이 있는 소형 소화기를 위험물의 소요단위에 상응하는 능력단위 이상으로 비치하여야 한다.

해답 ㉱

02 그림과 같이 원통형 탱크를 설치하여 일정량의 위험물을 저장·취급하려고 할 때 탱크의 내용적은 약 몇 m³인가?

㉮ 16.67
㉯ 17.79
㉰ 18.85
㉱ 19.96

해설 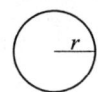 내용적 $= \pi r^2 \left(l + \dfrac{l_1 + l_2}{3} \right) = 3.14 \times (1)^2 \times \left(5 + \dfrac{1+1}{3} \right) = 17.79 \text{m}^3$

원통형 탱크의 내용적(횡으로 설치한 것)

탱크의 내용적
$$V = \pi r^2 \left(l + \dfrac{l_1 + l_2}{3} \right)$$

해답 ㉯

03 이동탱크저장소의 측면틀의 기준에 있어서 탱크 뒷부분의 입면도에서 측면틀의 최외측과 탱크의 최외측을 연결하는 직선의 수평면에 대한 내각은 얼마 이상이 되도록 하여야 하는가?

㉮ 50°
㉯ 65°
㉰ 75°
㉱ 90°

해설 **측면틀의 설치기준**
① 탱크 뒷부분의 입면도에 있어서 측면틀의 최외측과 탱크의 최외측을 연결하는 직선(최외측선)의 수평면에 대한 **내각이 75° 이상**이 되도록 하고, 최대수량의 위험물을 저장한 상태에 있을 때의 해당 탱크중량의 중심점과 측면틀의 최외측을 연결하는 직선과 그 중심점을 지나는 직선 중 최외측선과 직각을 이루는 직선과의 **내각이 35° 이상**이 되도록 할 것
② 외부로부터의 하중에 견딜 수 있는 구조로 할 것
③ 탱크 상부의 네 모퉁이에 해당 탱크의 전단 또는 후단으로부터 각각 1m 이내의 위치에 설치할 것
④ 측면틀에 걸리는 하중에 의하여 탱크가 손상되지 아니하도록 측면틀의 부착부분에 받침판을 설치할 것

해답 ㉰

04 다음 중 제조소에서 위험물을 취급하는 설비에 불활성 기체를 봉입하는 장치를 갖추어야 하는 위험물은 어느 것인가?

㉮ 알킬리튬, 알킬알루미늄
㉯ 과염소산칼륨, 과염소산나트륨
㉰ 황린, 적린
㉱ 과산화수소, 염소산나트륨

해설 **불활성 기체를 봉입하는 장치를 갖추어야 하는 위험물**
① 알킬리튬 ② 알킬알루미늄 ③ 아세트알데하이드

해답 ㉮

05 위험물제조소 내의 위험물을 취급하는 배관은 최대 상용압력의 몇 배 이상의 압력으로 내압시험을 실시하여 이상이 없어야 하는가?

㉮ 0.5
㉯ 1.0
㉰ 1.5
㉱ 2.0

해설 **위험물제조소내의 위험물을 취급하는 배관**
① 배관의 재질은 **강관** 그 밖에 이와 유사한 **금속성**으로 하여야 한다.
② **불연성 액체**를 이용하는 경우 : 최대상용압력의 **1.5배 이상**
③ **불연성 기체**를 이용하는 경우 : 최대상용압력의 **1.1배 이상**

해답 ㉰

06 위험물제조소 등의 안전거리의 단독 기준을 적용함에 있어서 $H \leq pD^2 + a$일 경우 방화상 유효한 담의 높이는 2m 이상으로 한다. 여기서 H가 의미하는 것은?

㉮ 제조소 등과 인접 건축물과의 거리
㉯ 인근 건축물 또는 공작물의 높이
㉰ 제조소 등의 외벽의 높이
㉱ 제조소 등과 방화상 유효한 담과의 거리

해설

① $H \leq pD^2 + a$ 인 경우 $h = 2$
② $H > pD^2 + a$ 인 경우 $h = H - p(D^2 - d^2)$

여기서, D : 제조소등과 인근 건축물 또는 공작물과의 거리(m)
  H : **인근 건축물 또는 공작물의 높이(m)**
  a : 제조소등의 외벽의 높이(m)
  d : 제조소등과 방화상 유효한 담과의 거리(m)
  h : 방화상 유효한 담의 높이(m)
  p : 상수

해답 ㉯

07 위험물 옥외탱크저장소에서 각각 30,000L, 40,000L, 50,000L의 용량을 갖는 탱크 3기를 설치할 경우 필요한 방유제의 용량은 몇 m³ 이상이어야 하는가?

㉮ 33   ㉯ 44
㉰ 55   ㉱ 132

해설 **2기 이상일 때 방유제 용량**
① 탱크 중 용량이 최대인 것의 **용량의 110% 이상**
② 방유제의 용량 = 50,000L × 1.1(110%) = 55,000L = 55m³

인화성액체위험물(이황화탄소를 제외)**의 옥외탱크저장소의 방유제**
① 방유제의 용량

탱크가 하나인 때	탱크 용량의 110% 이상
2기 이상인 때	탱크 중 용량이 최대인 것의 **용량의 110% 이상**

② 방유제의 높이는 0.5m 이상 3m 이하, 두께 0.2m 이상, 지하매설깊이 1m 이상으로 할 것
③ **방유제 내의 면적은 8만m² 이하로 할 것**
④ 방유제 내에 설치하는 옥외저장탱크의 수는 10이하로 할 것.
⑤ 방유제는 탱크의 옆판으로부터 거리를 유지할 것.

지름이 15m 미만인 경우	탱크 높이의 3분의 1 이상
지름이 15m 이상인 경우	탱크 높이의 2분의 1 이상

⑥ **용량이 1,000만L 이상인 옥외저장탱크**의 주위에 설치하는 방유제에는 당해 탱크마다 **간막이 둑**을 설치할 것
  ㉠ 간막이 둑의 높이는 0.3m(방유제내에 설치되는 옥외저장탱크의 용량의 합계가 2억L를 넘는 방유제에 있어서는 1m)이상으로 하되, 방유제의 높이보다 0.2m 이상 낮게 할 것
  ㉡ 간막이 둑은 흙 또는 철근콘크리트로 할 것
  ㉢ 간막이 둑의 용량은 간막이 둑안에 설치된 탱크이 용량의 10% 이상일 것
  ㉣ 방유제의 높이가 **1m를 넘는 방유제** 및 간막이둑의 **안팎**에는 방유제 내에 출입하기 위한 계단 또는 **경사로를 약 50m마다 설치할 것.**

해답 ㉰

08 특정옥외저장탱크의 구조에 대한 기준 중 틀린 것은?

㉮ 탱크의 내경이 16m 이하일 경우 옆판의 두께는 4.5mm 이상일 것.
㉯ 지붕의 최소 두께는 4.5mm로 할 것.
㉰ 부상지붕은 당해 부상지붕 위에 적어도 150mm에 상당한 물이 체류한 경우 침하하지 않도록 할 것.
㉱ 밑판의 최소 두께는 탱크의 용량이 10,000kL 이상의 것에 있어서는 9mm로 할 것.

해설 **세부기준 제57조**(특정옥외저장탱크의 옆판등의 최소두께 등)
① 옆판의 최소두께는 다음 표에 의할 것

내경(단위 m)	두께(단위 mm)
16 이하	4.5
16 초과 35 이하	6
35 초과 60 이하	8
60 초과	10

② 밑판의 최소두께는 특정옥외저장탱크의 용량이 1,000kL 이상 **10,000kL 미만**의 것에 있어서는 **8mm**로 하고, **10,000kL 이상**의 것에 있어서는 **9mm**로 할 것. 다만, 저장하는 위험물의 성상 등에 따라 밑판이 부식할 우려가 없다고 인정되는 경우에는 당해 밑판의 두께를 감소할 수 있다.
③ 지붕의 최소 두께는 4.5mm로 할 것
④ 애뉼러판의 옆판외면에서 바깥으로 연장하는 최소길이, 옆판내면에서 탱크중심부로 연장하는 최소길이 및 최소두께는 다음 표에 의할 것

해답 ㉰

09 다음 위험물의 옥내저장소 저장창고 바닥을 물이 침투하지 않는 구조로 하지 않아도 되는 위험물은?

㉮ 제3류 위험물 중 금수성 물질
㉯ 제1류 위험물 중 알칼리금속의 과산화물
㉰ 제4류 위험물
㉱ 제6류 위험물

해설 저장창고 바닥을 물이 침투 되지 않는 구조로 하여야 하는 경우
① 제1류 위험물 중 알칼리금속의 과산화물 또는 이를 함유하는 것
② 제2류 위험물 중 철분·금속분·마그네슘 또는 이중 어느 하나 이상을 함유하는 것
③ 제3류 위험물 중 금수성 물질
④ 제4류 위험물

해답 ㉱

10 옥외탱크저장소의 탱크 중 압력탱크의 수압시험 기준은?

㉮ 최대 상용압력의 2배의 압력으로 20분간 실시하는 수압시험에서 새거나 변형되지 아니하여야 한다.
㉯ 최대 상용압력의 2배의 압력으로 10분간 실시하는 수압시험에서 새거나 변형되지 아니하여야 한다.
㉰ 최대 상용압력의 1.5배의 압력으로 20분간 실시하는 수압시험에서 새거나 변형되지 아니하여야 한다.
㉱ 최대 상용압력의 1.5배의 압력으로 10분간 실시하는 수압시험에서 새거나 변형되지 아니하여야 한다.

해설 옥외탱크저장소의 옥외저장탱크의 외부구조 및 설비
① 압력탱크외의 탱크 : 충수시험
② 압력탱크 : 최대상용압력의 1.5배의 압력으로 10분간 실시하는 수압시험

해답 ㉱

11 이동저장탱크는 그 내부에 용량 몇 L 이하마다 3.2mm 이상의 강철판으로 칸막이를 설치해야 하는가?

㉮ 2,000
㉯ 3,000
㉰ 4,000
㉱ 5,000

해설 이동저장탱크의 설치기준
① 이동저장탱크의 수압시험 및 시험시간

압력 탱크(최대상용압력 46.7kPa 이상 탱크) 외의 탱크	압력 탱크
70kPa의 압력으로 10분간	최대상용압력의 1.5배의 압력으로 10분간

② 이동저장탱크는 그 내부에 **4,000L 이하마다** 3.2mm 이상의 강철판 또는 이와 동등 이상의 강도·내열성 및 내식성이 있는 **금속성의 것으로 칸막이를 설치**할 것.

③ 칸막이로 구획된 각 부분마다 맨홀과 다음 각목의 기준에 의한 안전장치 및 방파판을 설치할 것(단, 칸막이로 구획된 부분의 용량이 2,000L 미만인 부분에는 방파판을 설치하지 아니할 수 있다.

해답 ㉰

12 옥외탱크저장소의 방유제 설치기준으로 옳지 않은 것은?

㉮ 방유제의 용량은 방유제 안에 설치된 탱크가 하나인 때는 그 탱크 용량의 110% 이상으로 한다.
㉯ 방유제의 높이는 0.5m 이상 3m 이하로 한다.
㉰ 방유제 내의 면적은 8만m² 이하로 한다.
㉱ 높이가 1m를 넘는 방유제의 안팎에는 계단 또는 경사로를 70m마다 설치한다.

해설 **인화성액체위험물**(이황화탄소를 제외)**의 옥외탱크저장소의 방유제**
① 방유제의 용량

탱크가 하나인 때	탱크 용량의 110% 이상
2기 이상인 때	탱크 중 용량이 최대인 것의 **용량의 110% 이상**

② 방유제의 높이는 **0.5m 이상 3m 이하**, 두께 0.2m 이상, 지하매설깊이 1m 이상으로 할 것
③ **방유제 내의 면적은 8만m² 이하**로 할 것
④ 방유제 내에 설치하는 옥외저장탱크의 수는 10이하로 할 것.
⑤ 방유제는 탱크의 옆판으로부터 거리를 유지할 것.

지름이 15m 미만인 경우	탱크 높이의 3분의 1 이상
지름이 15m 이상인 경우	탱크 높이의 2분의 1 이상

⑥ **용량이 1,000만L 이상인 옥외저장탱크**의 주위에 설치하는 방유제에는 당해 탱크마다 **간막이 둑**을 설치할 것
   ㉠ 간막이 둑의 높이는 0.3m(방유제 내에 설치되는 옥외저장탱크의 용량의 합계가 2억L를 넘는 방유제에 있어서는 1m) 이상으로 하되, 방유제의 높이보다 0.2m 이상 낮게 할 것
   ㉡ 간막이 둑은 흙 또는 철근콘크리트로 할 것
   ㉢ 간막이 둑의 용량은 간막이 둑안에 설치된 탱크이 용량의 10% 이상일 것
   ㉣ 방유제의 높이가 **1m를 넘는 방유제 및 간막이둑의 안팎**에는 방유제 내에 출입하기 위한 계단 또는 **경사로를 약 50m마다 설치할 것**.

해답 ㉱

13 다음 중 안전거리의 규제를 받지 않는 곳은?

㉮ 옥외탱크저장소   ㉯ 옥내저장소
㉰ 지하탱크저장소   ㉱ 옥외저장소

해설 **안전거리, 보유공지 확보 제외대상**
① 지하탱크저장소 ② 옥내탱크저장소 ③ 암반탱크저장소
④ 이동탱크저장소 ⑤ 주유취급소   ⑥ 판매취급소

해답 ㉰

14 제5류 위험물의 저장 및 취급방법에 대한 설명으로 옳지 않은 것은?

㉮ 점화원 및 분해를 촉진시키는 물질로부터 멀리한다.
㉯ 용기의 파손 및 충격에 주의한다.
㉰ 가급적 소량으로 분리하여 저장한다.
㉱ 운반용기의 외부에 "물기엄금" 주의사항을 표시한다.

해설 **위험물 운반용기의 외부 표시 사항**
① 위험물의 품명, 위험등급, 화학명 및 수용성(제4류 위험물의 수용성인 것에 한함)
② 위험물의 수량
③ 수납하는 위험물에 따른 주의사항

유별	성질에 따른 구분	표시사항
제1류 위험물	알칼리금속의 과산화물	화기·충격주의, 물기엄금 및 가연물접촉주의
	그 밖의 것	화기·충격주의 및 가연물접촉주의
제2류 위험물	철분·금속분·마그네슘	화기주의 및 물기엄금
	인화성고체	화기엄금
	그 밖의 것	화기주의
제3류 위험물	자연발화성물질	화기엄금 및 공기접촉엄금
	금수성물질	물기엄금
제4류 위험물	인화성 액체	화기엄금
제5류 위험물	**자기반응성 물질**	**화기엄금 및 충격주의**
제6류 위험물	산화성 액체	가연물접촉주의

해답 ㉱

---

15 옥외저장탱크의 펌프설비 설치기준으로 틀린 것은?

㉮ 펌프실의 지붕을 폭발력이 위로 방출될 정도의 가벼운 불연재료로 할 것
㉯ 펌프실의 창 및 출입구에는 60분+방화문·60분방화문 또는 30분방화문을 설치할 것
㉰ 펌프실의 바닥의 주위에는 높이 0.2m 이상의 턱을 만들 것
㉱ 펌프설비의 주위에는 너비 1m 이상의 공지를 보유할 것

해설 **옥외저장탱크의 펌프설비**
① 펌프설비의 주위에는 **너비 3m 이상의 공지**를 보유할 것.
② 펌프설비로부터 옥외저장탱크까지의 사이에는 당해 옥외저장탱크의 보유공지 너비의 3분의 1 이상의 거리를 유지할 것
③ 펌프실의 지붕을 폭발력이 **위로 방출될 정도**의 가벼운 **불연재료**로 할 것
④ 펌프실의 창 및 출입구에는 **60분+방화문·60분방화문** 또는 30분방화문을 설치할 것
⑤ 펌프실의 바닥의 주위에는 **높이 0.2m 이상의 턱**을 만들고 바닥은 콘크리트 등 위험물이 스며들지 아니하는 재료로 적당히 경사지게 하여 그 최저부에는 **집유설비**를 설치할 것

해답 ㉱

16. 위험물을 수납한 운반용기 외부에 표시할 사항에 대한 설명으로 틀린 것은?

㉮ 위험물의 수용성 표시는 제4류 위험물로서 수용성인 것에 한하여 표시한다.
㉯ 용적 200mL인 운반용기로 제4류 위험물에 해당하는 에어졸을 운반할 경우 그 용기의 외부에는 품명 · 위험등급 · 화학명 · 수용성을 표시하지 아니할 수 있다.
㉰ 기계에 의하여 하역하는 구조로 된 운반용기가 아닐 경우 용기 외부에는 운반용기 제조자의 명칭을 표시하여야 한다.
㉱ 제5류 위험물에 있어서는 "화기엄금" 및 "충격주의"를 표시하여야 한다.

해설 위험물 운반용기의 외부 표시 사항
① 위험물의 품명, 위험등급, 화학명 및 수용성(제4류 위험물의 수용성인 것에 한함)
② 위험물의 수량
③ 수납하는 위험물에 따른 주의사항

유별	성질에 따른 구분	표시사항
제1류 위험물	알칼리금속의 과산화물	화기 · 충격주의, 물기엄금 및 가연물접촉주의
	그 밖의 것	화기 · 충격주의 및 가연물접촉주의
제2류 위험물	철분 · 금속분 · 마그네슘	화기주의 및 물기엄금
	인화성고체	화기엄금
	그 밖의 것	화기주의
제3류 위험물	자연발화성물질	화기엄금 및 공기접촉엄금
	금수성물질	물기엄금
제4류 위험물	인화성 액체	화기엄금
제5류 위험물	자기반응성 물질	화기엄금 및 충격주의
제6류 위험물	산화성 액체	가연물접촉주의

④ **기계에 의하여 하역하는 구조로 된 운반용기의 외부에 행하는 표시**는 다음 각목의 사항을 포함하여야 한다.
㉠ 운반용기의 제조년월 및 제조자의 명칭
㉡ 겹쳐쌓기시험하중
㉢ 운반용기의 종류에 따라 다음의 규정에 의한 중량
ⓐ 플렉서블 외의 운반용기 : 최대총중량(최대수용중량의 위험물을 수납하였을 경우의 운반용기의 전중량을 말한다)
ⓑ 플렉서블 운반용기 : 최대수용중량

해답 ㉰

17. 다음 중 하나의 옥내저장소에 제5류 위험물과 함께 저장할 수 있는 위험물은? (단, 위험물을 유별로 정리하여 저장하는 한편, 서로 1m 이상의 간격을 두는 경우이다.)

㉮ 알칼리금속의 과산화물 또는 이를 함유한 것 이외의 제1류 위험물
㉯ 제2류 위험물 중 인화성 고체
㉰ 제3류 위험물 중 알킬알루미늄 이외의 것
㉱ 유기과산화물 또는 이를 함유한 것 이외의 제4류 위험물

해설 **[별표 18] 제조소등에서의 위험물의 저장 및 취급에 관한 기준**
유별을 달리하는 위험물은 동일한 저장소(내화구조의 격벽으로 완전히 구획된 실이 2 이상 있는 저장소에 있어서는 동일한 실. 이하 제3호에서 같다)에 저장하지 아니하여야 한다. 다만, 옥내저장소 또는 옥외저장소에 있어서 다음의 각목의 규정에 의한 위험물을 저장하는 경우로서 위험물을 유별로 정리하여 저장하는 한편, **서로 1m 이상의 간격을 두는 경우**에는 그러하지 아니하다(중요기준).
(1) 제1류 위험물(알칼리금속의 과산화물 또는 이를 함유한 것을 제외)과 제5류 위험물을 저장하는 경우
(2) 제1류 위험물과 제6류 위험물을 저장하는 경우
(3) 제1류 위험물과 제3류 위험물 중 자연발화성물질(황린 또는 이를 함유한 것에 한한다)을 저장하는 경우
(4) 제2류 위험물 중 인화성고체와 제4류 위험물을 저장하는 경우
(5) 제3류 위험물 중 알킬알루미늄등과 제4류 위험물(알킬알루미늄 또는 알킬리튬을 함유한 것에 한한다)을 저장하는 경우
(6) 제4류 위험물 중 유기과산화물 또는 이를 함유하는 것과 제5류 위험물 중 유기과산화물 또는 이를 함유한 것을 저장하는 경우

해답 ㉮

---

18 옥내탱크저장소 중 탱크전용실을 단층건물 외의 건축물에 설치하는 경우 옥내저장탱크를 설치한 탱크전용실을 건축물의 1층 또는 지하층에 설치하여야 하는 위험물의 종류가 아닌 것은?

㉮ 황화인　　　　　　　　㉯ 황린
㉰ 동식물유류　　　　　　㉱ 질산

해설 **옥내저장탱크의 탱크전용실을 1층 또는 지하층에 설치 대상 위험물**
① 제2류 위험물 중 황화인 · 적린 및 덩어리 황
② 제3류 위험물 중 황린
③ 제6류 위험물 중 질산

해답 ㉰

---

19 아세톤 옥외저장탱크 중 압력탱크 외의 탱크에 설치하는 대기밸브 부착 통기관은 몇 kPa 이하의 압력차이로 작동할 수 있어야 하는가?

㉮ 5　　　　　　　　㉯ 7
㉰ 9　　　　　　　　㉱ 10

해설 **옥외저장탱크 중 압력탱크외의 탱크**
(1) **밸브없는 통기관**
① 직경은 30mm 이상일 것
② 끝부분은 수평면보다 45도 이상 구부려 빗물 등의 침투를 막는 구조로 할 것
③ 인화점이 **38℃ 미만**인 위험물만을 저장 또는 취급하는 탱크에 설치하는 통기관에는 **화염**

방지장치를 설치하고, 그 외의 탱크에 설치하는 통기관에는 **40메쉬(mesh) 이상**의 구리망 또는 동등 이상의 성능을 가진 인화방지장치를 할 것. 다만, 인화점 70℃ 이상의 위험물만을 해당 위험물의 인화점 미만의 온도로 저장 또는 취급하는 탱크에 설치하는 통기관에 있어서는 그러하지 아니하다.

④ 가연성의 증기를 회수하기 위한 밸브를 통기관에 설치하는 경우에 있어서는 당해 통기관의 밸브는 저장탱크에 위험물을 주입하는 경우를 제외하고는 항상 개방되어 있는 구조로 하는 한편, 폐쇄하였을 경우에 있어서는 10kPa 이하의 압력에서 개방되는 구조로 할 것. 이 경우 개방된 부분의 유효단면적은 777.15mm² 이상이어야 한다.

(2) 대기밸브부착 통기관
① 5kPa 이하의 압력차이로 작동할 수 있을 것

해답 ㉮

20
옥내 저장소에 위험물을 수납한 용기를 겹쳐 쌓는 경우 높이의 상한에 관한 설명 중 틀린 것은?

㉮ 기계에 의하여 하역하는 구조로 된 용기만 겹쳐 쌓는 경우는 6미터
㉯ 제3석유류를 수납한 소형 용기만 겹쳐 쌓는 경우는 4미터
㉰ 제2석유류를 수납한 소형 용기만 겹쳐 쌓는 경우는 4미터
㉱ 제1석유류를 수납한 소형 용기를 겹쳐 쌓는 경우는 3미터

해설 옥내저장소에서 위험물을 저장하는 경우 높이 제한
① 기계에 의하여 하역하는 구조로 된 용기만을 겹쳐 쌓는 경우 : 6m
② 제4류 위험물 중 제3석유류, 제4석유류 및 동식물유류를 수납하는 용기만을 겹쳐 쌓는 경우 : 4m
③ 그 밖의 경우 : 3m

해답 ㉰

21
다음의 위험물을 옥내저장소에 저장하는 경우 옥내저장소의 구조가 벽·기둥 및 바닥이 내화구조로 된 건축물이라면 위험물안전관리법에서 규정하는 보유공지를 확보하지 않아도 되는 것은?

㉮ 아세트산 30,000L ㉯ 아세톤 5,000L
㉰ 클로로벤젠 10,000L ㉱ 글리세린 15,000L

해설 제4류 위험물의 지정수량

명 칭	아세트산	아세톤	클로로벤젠	글리세린
품 명	제2석유류(수용성)	제1석유류(수용성)	제2석유류(비수용성)	제3석유류(수용성)
지정수량	2,000L	400L	1,000L	4,000L

① 아세트산의 지정수량 배수 = $\frac{30,000}{2,000}$ = 15.0배 ∴ 보유공지 : 2m 이상
② 아세톤의 지정수량 배수 = $\frac{5,000}{400}$ = 12.5배 ∴ 보유공지 : 2m 이상

③ 클로로벤젠의 지정수량 배수 = $\frac{10,000}{1,000}$ = 10배 ∴ 보유공지 : 1m 이상

④ 글리세린의 지정수량 배수 = $\frac{15,000}{4,000}$ = 3.75배 ∴ 보유공지 필요 없음(지정수량의 5배 이하)

옥내저장소의 보유공지 ★★

저장 또는 취급하는 위험물의 최대수량	공지의 너비	
	벽·기둥 및 바닥이 내화구조로 된 건축물	그 밖의 건축물
지정수량의 5배 이하		0.5m 이상
지정수량의 5배 초과 10배 이하	1m 이상	1.5m 이상
지정수량의 10배 초과 20배 이하	2m 이상	3m 이상
지정수량의 20배 초과 50배 이하	3m 이상	5m 이상
지정수량의 50배 초과 200배 이하	5m 이상	10m 이상
지정수량의 200배 초과	10m 이상	15m 이상

해답 ㉣

22 위험물 운반용기의 외부에 표시하는 주의사항으로 틀린 것은?

㉮ 마그네슘 – 화기주의 및 물기엄금
㉯ 황린 – 화기주의 및 공기접촉주의
㉰ 탄화칼슘 – 물기엄금
㉱ 과염소산 – 가연물접촉주의

해설 위험물 운반용기의 외부 표시 사항
① 위험물의 품명, 위험등급, 화학명 및 수용성(제4류 위험물의 수용성인 것에 한함)
② 위험물의 수량
③ **수납하는 위험물에 따른 주의사항**

유별	성질에 따른 구분	표시사항
제1류 위험물	알칼리금속의 과산화물	화기·충격주의, 물기엄금 및 가연물접촉주의
	그 밖의 것	화기·충격주의 및 가연물접촉주의
제2류 위험물	철분·금속분·마그네슘	화기주의 및 물기엄금
	인화성고체	화기엄금
	그 밖의 것	화기주의
제3류 위험물	자연발화성물질	화기엄금 및 공기접촉엄금
	금수성물질	물기엄금
제4류 위험물	인화성 액체	화기엄금
제5류 위험물	자기반응성 물질	화기엄금 및 충격주의
제6류 위험물	산화성 액체	가연물접촉주의

해답 ㉯

23 다음 중 위험물 판매취급소의 배합실에서 배합하여서는 안 되는 위험물은?

㉮ 도료류 ㉯ 염소산칼륨
㉰ 과산화수소 ㉱ 황

해설 판매취급소에서의 취급기준
① 판매취급소에서는 **도료류**, 제1류 위험물 중 **염소산염류** 및 염소산염류만을 함유한 것, **황** 또는 **인화점이 38℃ 이상인 제4류 위험물**을 배합실에서 배합하는 경우 외에는 위험물을 배합하거나 옮겨 담는 작업을 하지 아니할 것
② 위험물은 규정에 의한 운반용기에 수납한 채로 판매할 것
③ 판매취급소에서 위험물을 판매할 때에는 위험물이 넘치거나 비산하는 계량기(액용되를 포함)를 사용하지 아니할 것

해답 ㉰

---

24 다음 중 옥외저장소에 저장할 수 없는 위험물은? (단, IMDG Code에 적합한 용기에 수납한 경우를 제외한다.)

㉮ 제2류 위험물 중 황 ㉯ 제3류 위험물 중 금수성 물질
㉰ 제4류 위험물 중 제2석유류 ㉱ 제6류 위험물

해설 옥외저장소에 저장할 수 있는 위험물
① 제2류 위험물 : 황, 인화성고체(인화점이 0℃ 이상)
② 제4류 위험물 : 제1석유류(인화점이 0℃ 이상), 제2석유류, 제3석유류, 제4석유류, 알코올류, 동식물유류
③ 제6류 위험물

해답 ㉯

---

25 지정과산화물을 옥내에 저장하는 저장창고 외벽의 기준으로 옳은 것은?

㉮ 두께 20cm 이상의 무근콘크리트
㉯ 두께 30cm 이상의 무근콘크리트
㉰ 두께 20cm 이상의 보강콘크리트블록조
㉱ 두께 30cm 이상의 보강콘크리트블록조

해설 지정과산화물을 저장 또는 취급하는 옥내저장소
옥내저장소의 저장창고의 기준
(1) 저장창고는 150m² 이내마다 격벽으로 완전하게 구획할 것. 이 경우 당해 격벽은 두께 30cm 이상의 철근콘크리트조 또는 철골철근콘크리트조로 하거나 두께 40cm 이상의 보강콘크리트블록조로 하고, 당해 저장창고의 양측의 외벽으로부터 1m 이상, 상부의 지붕으로부터 50cm 이상 돌출하게 하여야 한다.
(2) 저장창고의 외벽은 두께 20cm 이상의 철근콘크리트조나 철골철근콘크리트조 또는 두께 30cm 이상의 보강콘크리트블록조로 할 것

(3) **저장창고의 지붕**은 다음 각목의 1에 적합할 것
① 중도리 또는 서까래의 간격은 30cm 이하로 할 것
② 지붕의 아래쪽 면에는 한 변의 길이가 45cm 이하의 환강·경량형강 등으로 된 강제의 격자를 설치할 것
③ 지붕의 아래쪽 면에 철망을 쳐서 불연재료의 도리·보 또는 서까래에 단단히 결합할 것
④ 두께 5cm 이상, 너비 30cm 이상의 목재로 만든 받침대를 설치할 것

해답 ㉣

26 옥외저장소에 선반을 설치하는 경우에 선반의 높이는 몇 m를 초과하지 않아야 하는가?
㉮ 3   ㉯ 4
㉰ 5   ㉱ 6

해설 옥외저장소의 선반 설치기준★★★★
① 선반은 불연재료로 만들고 견고한 지반면에 고정할 것
② 선반은 당해 선반 및 그 부속설비의 자중·저장하는 위험물의 중량·풍하중·지진의 영향 등에 의하여 생기는 응력에 대하여 안전할 것
③ 선반의 높이는 6m를 초과하지 아니할 것
④ 선반에는 위험물을 수납한 용기가 쉽게 낙하하지 아니하는 조치를 강구할 것

해답 ㉱

27 $(C_2H_5)_3Al$은 운반용기의 내용적의 몇 % 이하의 수납을 수납하여야 하는가?
㉮ 85%   ㉯ 90%
㉰ 95%   ㉱ 98%

해설 적재방법
① **고체위험물**: 내용적의 95% 이하의 수납율
② **액체위험물**: 내용적의 98% 이하의 수납율로 수납하되, 55도의 온도에서 누설되지 아니하도록 충분한 공간용적을 유지하도록 할 것
③ 제3류 위험물은 다음의 기준에 따라 운반용기에 수납할 것
  ㉠ 자연발화성물질: 불활성 기체를 봉입하여 밀봉하는 등 공기와 접하지 아니하도록 할 것
  ㉡ 자연발화성물질외의 물품: 파라핀·경유·등유 등의 보호액으로 채워 밀봉하거나 불활성 기체를 봉입하여 밀봉하는 등 수분과 접하지 아니하도록 할 것
  ㉢ 자연발화성물질 중 **알킬알루미늄** 등: 내용적의 **90% 이하의 수납율**로 수납하되, **50℃의 온도에서 5% 이상의 공간용적**을 유지하도록 할 것

운반용기의 내용적에 대한 수납율
① 액체위험물: 내용적의 98% 이하
② 고체위험물: 내용적의 95% 이하

해답 ㉯

28 제1류 위험물 중 알칼리금속의 과산화물을 수납한 운반용기 외부에 표시하여야 하는 주의사항을 모두 옳게 나타낸 것은?

㉮ 물기주의, 가연물접촉주의, 충격주의
㉯ 가연물접촉주의, 물기엄금, 화기엄금 및 공기노출금지
㉰ 화기·충격주의, 물기엄금, 가연물접촉주의
㉱ 충격주의, 화기엄금 및 공기접촉엄금, 물기엄금

해설 위험물 운반용기의 외부 표시 사항
① 위험물의 품명, 위험등급, 화학명 및 수용성(제4류 위험물의 수용성인 것에 한함)
② 위험물의 수량
③ 수납하는 위험물에 따른 주의사항

유별	성질에 따른 구분	표시사항
제1류 위험물	알칼리금속의 과산화물	화기·충격주의, 물기엄금 및 가연물접촉주의
	그 밖의 것	화기·충격주의 및 가연물접촉주의
제2류 위험물	철분·금속분·마그네슘	화기주의 및 물기엄금
	인화성고체	화기엄금
	그 밖의 것	화기주의
제3류 위험물	자연발화성물질	화기엄금 및 공기접촉엄금
	금수성물질	물기엄금
제4류 위험물	인화성 액체	화기엄금
제5류 위험물	자기반응성 물질	화기엄금 및 충격주의
제6류 위험물	산화성 액체	가연물접촉주의

해답 ㉰

29 알킬알루미늄 등을 저장 또는 취급하는 이동탱크저장소에 관한 기준으로 옳은 것은?

㉮ 탱크 외면은 적색으로 도장을 하고 백색 문자로 동판의 양 측면 및 경판에 "화기주의"라는 주의사항을 표시한다.
㉯ 알킬알루미늄 등을 저장하는 경우 20kPa 이하의 압력으로 불활성 기체를 봉입해 두어야 한다.
㉰ 이동저장탱크의 맨홀 및 주입구의 뚜껑은 10mm 이상의 강판으로 제작하고, 용량은 2,000리터 미만이어야 한다.
㉱ 이동저장탱크는 두께 10mm 이상의 강판으로 제작하고 3MPa 이상의 압력으로 10분간 실시하는 수압시험에서 새거나 변형되지 않아야 한다.

해설 알킬알루미늄등을 저장 또는 취급하는 이동탱크저장소
(1) 이동저장탱크는 두께 10mm **이상의 강판** 또는 이와 동등 이상의 기계적 성질이 있는 재료로 기밀하게 제작되고 1MPa 이상의 압력으로 10분간 실시하는 **수압시험**에서 새거나 변형하지 아니하는 것일 것
(2) 이동저장탱크의 용량은 1,900L 미만일 것

(3) 안전장치는 이동저장탱크의 수압시험의 압력의 3분의 2를 초과하고 5분의 4를 넘지 아니하는 범위의 압력으로 작동할 것
(4) 이동저장탱크의 **맨홀 및 주입구의 뚜껑은 두께 10mm 이상**의 강판 또는 이와 동등 이상의 기계적 성질이 있는 재료로 할 것
(5) 이동저장탱크는 **불활성의 기체를 봉입**할 수 있는 구조로 할 것
(6) 이동저장탱크는 그 외면을 적색으로 도장하는 한편, 백색문자로서 동판(胴板)의 양측면 및 경판(鏡板)에 별표 4 Ⅲ제2호 라목의 규정에 의한 주의사항을 표시할 것

[별표 4 Ⅲ제2호 라목의 규정]
라. 나목의 게시판 외에 저장 또는 취급하는 위험물에 따라 다음의 규정에 의한 주의사항을 표시한 게시판을 설치할 것
① 제1류 위험물 중 알칼리금속의 과산화물과 이를 함유한 것 또는 제3류 위험물 중 금수성물질에 있어서는 "물기엄금"
② 제2류 위험물(인화성고체를 제외)에 있어서는 "화기주의"
③ 제2류 위험물 중 인화성고체, 제3류 위험물 중 자연발화성물질, 제4류 위험물 도는 제5류 위험물에 있어서는 "화기엄금"

해답 ④

30 위험물제조소의 건축물의 구조에 대한 설명 중 옳은 것은?

㉮ 지하층은 1개 층까지만 만들 수 있다.
㉯ 벽·기둥·바닥·보 등은 불연재료로 한다.
㉰ 지붕은 폭발 시 대기 중으로 날아갈 수 있도록 가벼운 목재 등으로 덮는다.
㉱ 바닥에 적당한 경사가 있어서 위험물이 외부로 흘러갈 수 있는 구조라면 집유설비를 설치하지 않아도 된다.

해설 **건축물의 구조** ★★
① 지하층이 없도록 할 것.
② **벽·기둥·바닥·보·서까래 및 계단은 불연재료**로, 연소의 우려가 없는 외벽은 개구부가 없는 내화구조의 벽으로 할 것.
③ 지붕은 폭발력이 위로 방출될 정도의 가벼운 불연재료로 덮을 것

지붕을 내화구조로 할 수 있는 경우 ★
① 제2류 위험물(분상의 것과 인화성고체를 제외), 제4류 위험물 중 제4석유류·동식물유류, 제6류 위험물
② 다음의 기준에 적합한 밀폐형 구조의 건축물인 경우
• 발생할 수 있는 내부의 과압 또는 부압에 견딜 수 있는 철근콘크리트조일 것
• 외부화재에 90분 이상 견딜 수 있는 구조일 것

④ 출입구와 비상구에는 **60분+방화문·60분방화문 또는 30분방화문**을 설치하되, 연소의 우려가 있는 외벽에 설치하는 출입구에는 수시로 열 수 있는 자동폐쇄식의 60분+방화문 또는 60분방화문을 설치할 것.
⑤ 창 및 출입구에 유리를 이용하는 경우에는 **망입유리**로 할 것.
⑥ 액체의 위험물을 취급하는 건축물의 바닥
위험물이 스며들지 못하는 재료를 사용하고, 적당한 경사를 두어 그 최저부에 **집유설비**를 할 것.

해답 ④

31 다음 중 위험물을 가압하는 설비에 설치하는 장치로서 옳지 않은 것은?

㉮ 안전밸브를 병용하는 경보장치
㉯ 압력계
㉰ 수동적으로 압력상승을 정지시키는 장치
㉱ 감압측에 안전밸브를 부착한 감압밸브

해설 가압설비에 설치하는 안전장치
① 압력계
② 자동적으로 압력의 상승을 정지시키는 장치
③ 감압측에 안전밸브를 부착한 감압밸브
④ 안전밸브를 병용하는 경보장치
⑤ 파괴판

해답 ㉰

32 이동탱크저장소에 의한 위험물의 운송에 대한 설명으로 옳지 않은 것은?

㉮ 이동탱크저장소의 운전자와 알킬알루미늄 등의 운송책임자의 자격은 다르다.
㉯ 알킬알루미늄 등의 운송은 운송책임자의 감독 또는 지원을 받아서 하여야 한다.
㉰ 운송은 위험물 취급에 관한 국가기술자격자 또는 위험물운송교육을 받은 자가 하여야 한다.
㉱ 위험물운송자가 이동탱크저장소로 위험물을 운송할 때 해당 운송자격증을 휴대하지 않으면 벌금에 처해진다.

해설 이동탱크저장소에 의한 위험물의 운송시에 준수하여야 하는 기준
(1) 위험물운송자는 운송의 개시전에 이동저장탱크의 배출밸브 등의 밸브와 폐쇄장치, 맨홀 및 주입구의 뚜껑, 소화기 등의 점검을 충분히 실시할 것
(2) 위험물운송자는 장거리(고속국도에 있어서는 340km 이상, 그 밖의 도로에 있어서는 200km 이상)에 걸치는 운송을 하는 때에는 **2명 이상의 운전자**로 할 것.
다만, 다음에 해당하는 경우에는 **그러하지 아니하다.**
 ① **운송책임자를 동승**시킨 경우
 ② **운송하는 위험물이 제2류 위험물·제3류 위험물**(칼슘 또는 알루미늄의 탄화물과 이것만을 함유한 것에 한한다)또는 **제4류 위험물**(특수인화물을 제외)인 경우
 ③ 운송도중에 2시간 이내마다 **20분 이상씩 휴식**하는 경우
(3) 위험물(제4류 위험물에 있어서는 **특수인화물 및 제1석유류**에 한한다)을 운송하게 하는 자는 **위험물안전카드**를 위험물운송자로 하여금 휴대하게 할 것

해답 ㉱

33 위험물의 운반에 관한 기준으로 틀린 것은?

㉮ 하나의 외장용기에는 다른 종류의 위험물을 수납하지 아니하여야 한다.
㉯ 고체 위험물은 운반용기 내용적의 95% 이하로 수납하여야 한다.
㉰ 액체 위험물은 운반용기 내용적의 98% 이하로 수납하여야 한다.
㉱ 알킬알루미늄은 운반용기 내용적의 95% 이하로 수납하여야 한다.

[해설] **적재방법**
① **고체위험물 : 내용적의 95% 이하의 수납율**
② 액체위험물 : 내용적의 98% 이하의 수납율로 수납하되, 55도의 온도에서 누설되지 아니하도록 충분한 공간용적을 유지하도록 할 것
③ 제3류 위험물은 다음의 기준에 따라 운반용기에 수납할 것
  ㉠ 자연발화성물질 : 불활성 기체를 봉입하여 밀봉하는 등 공기와 접하지 아니하도록 할 것
  ㉡ 자연발화성물질외의 물품 : 파라핀·경유·등유 등의 보호액으로 채워 밀봉하거나 불활성 기체를 봉입하여 밀봉하는 등 수분과 접하지 아니하도록 할 것
  ㉢ 자연발화성물질 중 **알킬알루미늄** 등 : 내용적의 **90% 이하의 수납율**로 수납하되, **50℃의 온도에서 5% 이상의 공간용적**을 유지하도록 할 것

운반용기의 내용적에 대한 수납율
① 액체위험물 : 내용적의 98% 이하
② 고체위험물 : 내용적의 95% 이하

[해답] ㉱

34 「위험물안전관리법 시행규칙」에서는 위험물의 성질에 따른 특례규정을 두어 일부 위험물에 대하여는 위험물 시설의 설치기준을 강화하고 있다. 다음의 위험물 시설 중 이러한 특례의 대상이 되는 위험물의 종류가 다른 하나는?

㉮ 옥내저장소 ㉯ 옥외탱크저장소
㉰ 이동탱크저장소 ㉱ 일반취급소

[해설] **특례의 대상이 되는 위험물의 제조소등**
① 옥외탱크저장소
② 이동탱크저장소
③ 일반취급소

[해답] ㉮

35 제조소 등에서 위험물의 저장 기준에 관한 설명 중 틀린 것은?

㉮ 옥내저장소에서 제4류 위험물 중 제3석유류, 제4석유류, 동식물유류를 수납하는 용기만을 겹쳐 쌓는 경우 4m를 초과하여 쌓지 아니하여야 한다.(기계에 의하여 하역하는 구조로 된 용기 외의 경우임.)
㉯ 옥외저장소에서 위험물을 수납한 용기를 선반에 저장하는 경우에는 6m를 초과하여 저장하지 아니하여야 한다.
㉰ 이동저장탱크에는 당해 탱크에 저장 또는 취급하는 위험물의 유별, 품명, 지정수량, 대표적 성질을 표시하고 잘 보일 수 있도록 관리하여야 한다.
㉱ 이동저장탱크에 알킬알루미늄 등을 저장하는 경우에는 20kPa 이하의 압력으로 불활성의 기체를 봉입한다.

해설 **이동저장탱크**
이동저장탱크의 뒷면중 보기 쉬운 곳에는 당해 탱크에 저장 또는 취급하는 위험물의 **유별·품명·최대수량 및 적재중량**을 게시한 게시판을 설치하여야 한다. 이 경우 표시문자의 크기는 가로 40mm, 세로 45mm 이상(여러 품명의 위험물을 혼재하는 경우에는 적재품명별 문자의 크기를 가로 20mm 이상, 세로 20mm 이상)으로 하여야 한다.

옥내저장소에서 위험물을 저장하는 경우 높이 제한
① 기계에 의하여 하역하는 구조로 된 용기만을 겹쳐 쌓는 경우 : 6m
② 제4류 위험물 중 제3석유류, 제4석유류 및 동식물유류를 수납하는 용기만을 겹쳐 쌓는 경우 : 4m
③ 그 밖의 경우 : 3m

해답 ㉰

36 위험물의 운반방법에 대한 설명 중 틀린 것은?

㉮ 지정수량 이상의 위험물을 차량으로 운반하는 경우에는 한 변의 길이가 0.3m 이상, 다른 한 변의 길이가 0.6m 이상인 직사각형의 판으로 된 표지를 설치하여야 한다.
㉯ 지정수량 이상의 위험물을 차량으로 운반하는 경우에는 바탕은 백색으로 하고, 황색의 반사도료 그 밖의 반사성이 있는 재료로 "위험물"이라고 표시한 표지를 설치하여야 한다.
㉰ 지정수량 이상의 위험물을 차량으로 운반하는 경우에는 표지를 차량의 전면 및 후면의 보기 쉬운 곳에 내걸어야 한다.
㉱ 위험물 또는 위험물을 수납한 운반용기가 현저하게 마찰 또는 동요를 일으키지 아니하도록 운반하여야 한다.

해설 **표지 사항의 설치기준**
① 위험물을 차량으로 운반하는 경우 표지
  • 한 변의 길이가 0.3m 이상, 다른 한 변의 길이가 0.6m 이상인 직사각형
  • 바탕은 흑색으로 하고 황색의 반사도료 그 밖의 반사성이 있는 재료로 "위험물"이라고 표시

② 주유 중 엔진정지 : 황색바탕에 흑색문자
③ 화기엄금 및 화기주의 : 적색바탕에 백색문자
④ 물기엄금 : 청색바탕에 백색문자

해답 ④

37 위험물제조소 등에 전기설비가 설치된 경우에 당해 장소의 면적이 500m²라면 몇 개 이상의 소형소화기를 설치하여야 하는가?
㉮ 1 ㉯ 2
㉰ 5 ㉱ 10

해설 전기설비의 면적 100m²마다 소형소화기를 1개 이상 설치
$N = 500 \div 100 = 5$개

전기설비의 소화설비
당해 장소의 면적 100m²마다 소형소화기를 1개 이상 설치할 것

소요단위의 계산방법
① 제조소 또는 취급소의 건축물

외벽이 내화구조인 것	외벽이 내화구조가 아닌것
연면적 100m²를 1소요단위	연면적 50m²를 1소요단위

② 저장소의 건축물

외벽이 내화구조인 것	외벽이 내화구조가 아닌것
연면적 150m² : 1소요단위	연면적 75m² : 1소요단위

③ 위험물은 지정수량의 10배를 1소요단위로 할 것

해답 ㉰

일반화학 및 유체역학
위험물의 성질 및 취급
위험물의 시설기준
법령과 연소 및 소화설비
공업경영

제4편
법령과 연소 및 소화설비

위험물기능장

제1장 위험물안전관리법령

제2장 위험물의 화재 및 소화방법

제3장 위험물의 연소특성

제4장 화재의 소화

제5장 제조소등의 소화설비의 기준

핵심 기출예상문제

위 험 물 기 능 장

위험물안전관리법령

1-1 위험물안전관리법

1. 용어의 정의 ★
① 위험물 : 인화성 또는 발화성 등의 성질을 가지는 것으로 대통령령이 정하는 물품
② 제조소등 : 제조소 · 저장소 및 취급소

2. 적용제외
① 항공기 ② 선박 ③ 철도 및 궤도에 의한 위험물의 저장 · 취급 및 운반

3. 지정수량 미만인 위험물의 저장 · 취급
지정수량 미만인 위험물의 저장 또는 취급에 관한 기술상의 기준은 **시 · 도의 조례**로 정한다.

4. 위험물의 저장 및 취급의 제한
[제조소등이 아닌 장소에서 위험물을 취급할 수 있는 경우] ★★
① 관할소방서장의 승인을 받아 지정수량 이상의 위험물을 90일 이내의 기간 동안 임시로 저장 또는 취급하는 경우
② 군부대가 위험물을 군사목적으로 임시로 저장 또는 취급하는 경우

5. 중요기준 및 세부기준

(1) 중요기준
화재 등 위해의 예방과 응급조치에 있어서 큰 영향을 미치거나 그 기준을 위반하는 경우 직접적으로 화재를 일으킬 가능성이 큰 기준으로서 행정안전부령이 정하는 기준

(2) 세부기준
화재 등 위해의 예방과 응급조치에 있어서 중요기준보다 상대적으로 적은 영향을 미치거나 그 기준을 위반하는 경우 간접적으로 화재를 일으킬 수 있는 기준 및 위험물의 안전관리에 필요한 표시와 서류 · 기구 등의 비치에 관한 기준으로서 행정안전부령이 정하는 기준

6. 제조소등 설치자의 지위승계

제조소등의 설치자의 지위를 승계한 자는 행정안전부령이 정하는 바에 따라 승계한 날부터 **30일 이내에 시 · 도지사에게** 그 사실을 **신고**하여야 한다.

7. 제조소등의 폐지

제조소등의 관계인(소유자 · 점유자 또는 관리자)은 당해 제조소등의 **용도를 폐지**(장래에 대하여 위험물시설로서의 기능을 완전히 상실시키는 것)한 때에는 행정안전부령이 정하는 바에 따라 제조소등의 용도를 폐지한 날부터 **14일 이내에 시 · 도지사에게 신고**하여야 한다.

8. 과징금처분

시 · 도지사는 제조소등에 대한 사용의 정지가 그 이용자에게 심한 불편을 주거나 그 밖에 공익을 해칠 우려가 있는 때에는 사용정지처분에 갈음하여 **2억원 이하의 과징금**을 **부과**할 수 있다.

9. 위험물안전관리자

① 관계인은 위험물의 안전관리에 관한 직무를 수행하게 하기 위하여 제조소등마다 위험물취급자격자를 위험물안전관리자로 선임하여야 한다.
② 안전관리자를 선임한 제조소등의 관계인은 그 안전관리자를 해임하거나 안전관리자가 퇴직한 때에는 해임하거나 퇴직한 날부터 **30일 이내**에 다시 안전관리자를 **선임**하여야 한다.
③ 제조소등의 관계인은 안전관리자를 선임한 경우에는 선임한 날부터 **14일 이내**에 행정안전부령으로 정하는 바에 따라 **소방본부장 또는 소방서장에게 신고**하여야 한다.
④ 제조소등의 관계인이 안전관리자를 해임하거나 안전관리자가 퇴직한 경우 그 관계인 또는 안전관리자는 소방본부장이나 소방서장에게 그 사실을 알려 해임되거나 퇴직한 사실을 확인받을 수 있다.
⑤ 안전관리자를 선임한 제조소등의 관계인은 안전관리자가 여행 · 질병 그 밖의 사유로 인하여 일시적으로 직무를 수행할 수 없거나 안전관리자의 해임 또는 퇴직과 동시에 다른 안전관리자를 선임하지 못하는 경우에는 국가기술자격법에 따른 위험물의 취급에 관한 자격취득자 또는 위험물안전에 관한 기본지식과 경험이 있는 자로서 행정안전부령이 정하는 자를 대리자(代理者)로 지정하여 그 직무를 대행하게 하여야 한다. 이 경우 대리자가 안전관리자의 **직무를 대행**하는 기간은 **30일을 초과할 수 없다.**

10. 1인의 안전관리자를 중복하여 선임할 수 있는 경우 등

① 보일러 · 버너 또는 이와 비슷한 것으로서 위험물을 소비하는 장치로 이루어진 **7개 이하**의 일반취급소와 그 일반취급소에 공급하기 위한 위험물을 저장하는 저장소를 동일인이 설치한 경우

② 위험물을 차량에 고정된 탱크 또는 운반용기에 옮겨 담기 위한 5개 이하의 일반취급소[일반취급소간의 거리(보행거리)가 300m 이내인 경우에 한한다]와 그 일반취급소에 공급하기 위한 위험물을 저장하는 저장소를 동일인이 설치한 경우
③ 동일구내에 있거나 상호 100m 이내의 거리에 있는 저장소로서 저장소의 규모, 저장하는 위험물의 종류 등을 고려하여 행정안전부령이 정하는 저장소를 동일인이 설치한 경우
④ 다음 각목의 기준에 모두 적합한 5개 이하의 제조소등을 동일인이 설치한 경우
　㉠ 각 제조소등이 동일구내에 위치하거나 상호 100미터 이내의 거리에 있을 것
　㉡ 각 제조소등에서 저장 또는 취급하는 위험물의 최대수량이 지정수량의 3천배 미만일 것.
⑤ 그 밖에 규정에 의한 제조소등과 비슷한 것으로서 행정안전부령이 정하는 제조소등을 동일인이 설치한 경우

11. 관계인이 예방규정을 정하여야 하는 제조소등★★★

① 지정수량의 10배 이상의 위험물을 취급하는 제조소
② 지정수량의 100배 이상의 위험물을 저장하는 옥외저장소
③ 지정수량의 150배 이상의 위험물을 저장하는 옥내저장소
④ 지정수량의 200배 이상의 위험물을 저장하는 옥외탱크저장소
⑤ 암반탱크저장소
⑥ 이송취급소
⑦ 지정수량의 10배 이상의 위험물을 취급하는 일반취급소

12. 자체소방대를 설치 대상 사업소

① 지정수량의 3천배 이상의 제4류 위험물을 취급하는 제조소 또는 일반취급소
　(단, 보일러로 위험물을 소비하는 일반취급소 등 일반취급소를 제외)
② 지정수량의 50만배 이상의 제4류 위험물을 저장하는 옥외탱크저장소

13. 운송책임자의 감독·지원 대상 위험물

① 알킬알루미늄
② 알킬리튬
③ 알킬알루미늄, 알킬리튬의 물질을 함유하는 위험물

14. 특정옥외탱크저장소

액체위험물의 최대수량이 100만L 이상

15. 소방시설의 종류★★

소방시설	종 류
소화설비	① 소화기구 ② 옥내소화전설비 ③ 옥외소화전설비 ④ 스프링클러 및 간이스프링클러설비 ⑤ 화재조기진압용 스프링클러설비 ⑥ 물분무등소화설비
경보설비	① 비상경보설비 ② 단독경보형감지기 ③ 비상방송설비 ④ 누전경보기 ⑤ 자동화재탐지설비 및 시각경보기 ⑥ 자동화재속보설비 ⑦ 가스누설경보기 ⑧ 통합감지시설
피난설비	① 미끄럼대 ② 피난사다리 ③ 구조대 ④ 완강기 ⑤ 피난교 ⑥ 피난밧줄 ⑦ 공기안전매트, 방열복 ⑧ 공기호흡기 ⑨ 인공소생기 ⑩ 유도등 및 유도표지 ⑪ 비상조명등 및 휴대용 비상조명등
소화용수설비	① 상수도소화용수설비 ② 소화수조 ③ 저수조 그 밖의 소화용수설비
소화활동설비	① 제연설비 ② 연결송수관설비 ③ 연결살수설비 ④ 비상콘센트설비 ⑤ 무선통신보조설비 ⑥ 연소방지설비

16. 자체소방대에 두는 화학소방자동차 및 인원★★

사업소의 구분	화학소방자동차	자체소방대원의 수
1. 제조소 또는 **일반취급소**에서 취급하는 제4류 위험물의 최대 수량의 합이 지정수량의 **3천배 이상 12만배 미만**인 사업소	1대	5인
2. 제조소 또는 일반취급소에서 취급하는 제4류 위험물의 최대 수량의 합이 지정수량의 12만배 이상 24만배 미만인 사업소	2대	10인
3. 제조소 또는 일반취급소에서 취급하는 제4류 위험물의 최대 수량의 합이 지정수량의 24만배 이상 48만배 미만인 사업소	3대	15인
4. 제조소 또는 일반취급소에서 취급하는 제4류 위험물의 최대 수량의 합이 지정수량의 48만배 이상인 사업소	4대	20인
5. 옥외탱크저장소에 저장하는 제4류 위험물의 최대수량이 지정수량의 50만배 이상인 사업소	2대	10인

[비고] 화학소방자동차에는 행정자치부령이 정하는 소화능력 및 설비를 갖추어야 하고, 소화활동에 필요한 소화약제 및 기구(방열복 등 개인장구를 포함한다)를 비치하여야 한다.

17. 정기점검의 대상인 제조소등

제조소등의 관계인은 당해 제조소등에 대하여 연 1회 이상 정기점검을 실시

① **관계인이 예방규정을 정하여야 하는 제조소등**
  ㉠ 지정수량의 10배 이상의 위험물을 취급하는 제조소, 일반취급소
  ㉡ 지정수량의 100배 이상의 위험물을 저장하는 옥외저장소
  ㉢ 지정수량의 150배 이상의 위험물을 저장하는 옥내저장소
  ㉣ 지정수량의 200배 이상의 위험물을 저장하는 옥외탱크저장소
  ㉤ 암반탱크저장소
  ㉥ 이송취급소
② 지하탱크저장소
③ 이동탱크저장소
④ 위험물을 취급하는 탱크로서 지하에 매설된 탱크가 있는 제조소·주유취급소 또는 일반취급소

18. 정기검사의 대상인 제조소등

액체위험물을 저장 또는 취급하는 **50만L 이상의 옥외탱크저장소**

19. 위험물안전관리자의 책무

① 위험물의 취급작업에 참여하여 당해 작업이 규정에 의한 **저장 또는 취급에 관한 기술기준**과 **예방규정에 적합하도록** 해당 작업자(당해 작업에 참여하는 위험물취급자격자를 포함)에 대하여 지시 및 감독하는 업무
② 화재 등의 재난이 발생한 경우 응급조치 및 소방관서 등에 대한 연락업무

③ 위험물시설의 안전을 담당하는 자를 따로 두는 제조소등의 경우에는 그 담당자에게 다음 각목의 규정에 의한 **업무의 지시**, 그 밖의 제조소등의 경우에는 다음 각목의 규정에 의한 업무
  ㉠ 제조소등의 위치·구조 및 설비를 기술기준에 적합하도록 유지하기 위한 점검과 점검상황의 기록·보존
  ㉡ 제조소등의 구조 또는 설비의 이상을 발견한 경우 관계자에 대한 연락 및 응급조치
  ㉢ 화재가 발생하거나 화재발생의 위험성이 현저한 경우 소방관서 등에 대한 연락 및 응급조치
  ㉣ 제조소등의 계측장치·제어장치 및 안전장치 등의 적정한 유지·관리
  ㉤ 제조소등의 위치·구조 및 설비에 관한 설계도서 등의 정비·보존 및 제조소등의 구조 및 설비의 안전에 관한 사무의 관리
④ 화재 등의 재해의 방지와 응급조치에 관하여 인접하는 제조소등과 그 밖의 관련되는 시설의 관계자와 협조체제의 유지
⑤ 위험물의 취급에 관한 일지의 작성·기록
⑥ 그 밖에 위험물을 수납한 용기를 차량에 적재하는 작업, 위험물설비를 보수하는 작업 등 위험물의 취급과 관련된 작업의 안전에 관하여 필요한 감독의 수행

20. 예방규정의 작성에 포함되어야할 사항
① 위험물의 안전관리업무를 담당하는 자의 직무 및 조직에 관한 사항
② 안전관리자가 여행·질병 등으로 인하여 그 직무를 수행할 수 없을 경우 그 직무의 대리자에 관한 사항
③ 영 제18조의 규정에 의하여 자체소방대를 설치하여야 하는 경우에는 자체소방대의 편성과 화학소방자동차의 배치에 관한 사항
④ 위험물의 안전에 관계된 작업에 종사하는 자에 대한 안전교육에 관한 사항
⑤ 위험물시설 및 작업장에 대한 안전순찰에 관한 사항
⑥ 위험물시설·소방시설 그 밖의 관련시설에 대한 점검 및 정비에 관한 사항
⑦ 위험물시설의 운전 또는 조작에 관한 사항
⑧ 위험물 취급작업의 기준에 관한 사항
⑨ 이송취급소에 있어서는 배관공사 현장책임자의 조건 등 배관공사 현장에 대한 감독체제에 관한 사항과 배관주위에 있는 이송취급소 시설 외의 공사를 하는 경우 배관의 안전확보에 관한 사항
⑩ 재난 그 밖의 비상시의 경우에 취하여야 하는 조치에 관한 사항
⑪ 위험물의 안전에 관한 기록에 관한 사항
⑫ 제조소등의 위치·구조 및 설비를 명시한 서류와 도면의 정비에 관한 사항
⑬ 그 밖에 위험물의 안전관리에 관하여 필요한 사항

21. 탱크시험자의 기술능력 · 시설 및 장비

(1) 기술능력

① 필수인력
  ㉠ 위험물기능장 · 위험물산업기사 또는 위험물기능사 중 1명 이상
  ㉡ 비파괴검사기술사 1명 이상 또는 초음파비파괴검사 · 자기비파괴검사 및 침투비파괴 검사별로 기사 또는 산업기사 각 1명 이상

② 필요한 경우에 두는 인력
  ㉠ 충 · 수압시험, 진공시험, 기밀시험 또는 내압시험의 경우 : 누설비파괴검사 기사, 산업기사 또는 기능사
  ㉡ 수직 · 수평도시험의 경우 : 측량 및 지형공간정보 기술사, 기사, 산업기사 또는 측량기능사
  ㉢ 방사선투과시험의 경우 : 방사선비파괴검사 기사 또는 산업기사
  ㉣ 필수 인력의 보조 : 방사선비파괴검사 · 초음파비파괴검사 · 자기비파괴검사 또는 침투비파괴검사 기능사

(2) 시설 : 전용사무실

(3) 장비

① 필수장비 : 자기탐상시험기, 초음파두께측정기 및 다음 ㉠ 또는 ㉡ 중 하나
  ㉠ 영상초음파시험기
  ㉡ 방사선투과시험기 및 초음파시험기

② 필요한 경우에 두는 장비
  ㉠ 충 · 수압시험, 진공시험, 기밀시험 또는 내압시험의 경우
    • 진공능력 53kPa 이상의 진공누설시험기
    • 기밀시험장치(안전장치가 부착된 것으로서 가압능력 200kPa 이상, 감압의 경우에는 감압능력 10kPa 이상 · 감도 10Pa 이하의 것으로서 각각의 압력 변화를 스스로 기록할 수 있는 것)
  ㉡ 수직 · 수평도 시험의 경우 : 수직 · 수평도 측정기

[비고] 둘 이상의 기능을 함께 가지고 있는 장비를 갖춘 경우에는 각각의 장비를 갖춘 것으로 본다.

22. 위험물 품명의 지정

① 제1류의 품명에서 "행정안전부령으로 정하는 것"이라 함은 다음 각호의 1에 해당하는 것을 말한다.
  ㉠ 과아이오딘산염류
  ㉡ 과아이오딘산
  ㉢ 크로뮴, 납 또는 아이오딘의 산화물

ⓔ 아질산염류
　　ⓜ 차아염소산염류
　　ⓗ 염소화아이소사이아누르산
　　ⓢ 퍼옥소이황산염류
　　ⓞ 퍼옥소붕산염류
② **제3류의 품명**란에서 "행정안전부령으로 정하는 것"이라 함은 **염소화규소화합물**을 말한다.
③ **제5류의 품명**란 에서 "행정안전부령으로 정하는 것"이라 함은 다음 각호의 1에 해당하는 것을 말한다.
　㉠ **금속의 아지화합물**
　㉡ **질산구아니딘**
④ **제6류의 품명**란 에서 "행정안전부령으로 정하는 것"이라 함은 **할로젠간화합물**을 말한다.

제 4 편 법령과 연소 및 소화설비

위험물의 화재 및 소화방법

2-1 화재의 특성과 종류 및 원인

1. 화재의 정의★

① 불로 사람의 신체, 생명 및 **재산상 손실을 주는 재앙**
② **소화에 필요성이 있는 불**

2. 화재의 분류★★자주출제(필수암기)★★

종류	등급	색표시	주된 소화 방법
일반화재	A급	백색	냉각소화
유류 및 가스화재	B급	황색	질식소화
전기화재	C급	청색	질식소화
금속화재	D급	-	피복소화
주방화재	K급	-	냉각 및 질식소화

❶ 화재원인 중 1위 : **전기**   필수암기★★★★
❷ **유류화재** 시 주수소화 금지 이유 : **화재면 확대**
❸ **금속화재** 시 주수소화 금지 이유 : **가연성기체(H_2) 발생**
❹ **알킬알루미늄** 화재 소화약제 : 팽창질석, 팽창진주암, 마른모래
❺ 화재의 일반적 특성 : 확대성, 불안정성, 우발성, 성장성

3. 산불화재★

① **지표화** : 지표의 **낙엽** 등의 화재
② **수관화** : **나무가지**의 화재
③ **수간화** : 나무기둥의 화재
④ **지중화** : 지표 아래 썩은 나무의 화재

4. 폭굉(폭발)과 폭연의 차이점★★★

① 폭굉(디토네이션 : Detonation)
　연소속도가 **음속보다 빠르다**.(초음속)
② 폭연(디플러그레이션 : Deflagration)
　연소속도가 **음속보다 느리다**.(아음속)

5. 폭발(연소)범위(explosion limit)★★

폭발범위(연소범위)의 영향인자와 관계　　　　　　　　필수정리★★★★
❶ 온도상승 시 : 넓어진다.
❷ 압력상승 시 : 넓어진다.(하한계 불변, 상한계 증가)
　[예외]　㉠ 일산화탄소(CO)는 압력이 상승 시 좁아진다.
　　　　　㉡ 수소(H_2)는 10기압까지는 좁아지고, 그 이상의 압력에서는 넓어진다.
❸ 불활성기체(헬륨, 네온, 아르곤) 첨가 시 : 좁아진다.
❹ 산소농도 증가 시 : 넓어진다.

6. 혼합가스의 폭발범위 계산식★★자주출제(필수정리)★★

$$\frac{V}{L} = \frac{V_1}{L_1} + \frac{V_2}{L_2} \frac{V_3}{L_3} \cdots\cdots \frac{V_n}{L_n}$$

여기서, V : 혼합가스 중 가연성가스의 합계농도
　　　　L : 혼합가스의 폭발한계 값(상한값 또는 하한값)
　　　　$L_1, L_2, L_3, \cdots$: 각 가스성분의 폭발한계 값(상한값 또는 하한값)
　　　　$V_1, V_2, V_3, \cdots$: 각 가스성분의 부피(%)

7. 물리적 폭발과 화학적 폭발★★

(1) 물리적 폭발
　① 분진폭발　　② 가스폭발
　③ 증기운 폭발　④ **미스트** 폭발
　⑤ 유막폭발　　⑥ 고체폭발

(2) 화학적 폭발
　① 산화폭발　　② 분해폭발
　③ 중합폭발

8. 주요가스의 공기 중 폭발범위(연소범위)(1atm, 상온에서) ★★

가스명	화학식	하한계(%)	상한계(%)
아세틸렌	C_2H_2	2.5	81
수 소	H_2	4	75
일산화탄소	CO	12.5	74.2
암모니아	NH_3	15	28
메틸알콜	CH_3OH	7.3	36.0
메 탄	CH_4	5	15
에 탄	C_2H_6	3.2	12.4
프로판	C_3H_8	2.1	9.5
부 탄	C_4H_{10}	1.8	8.4

※ 연소범위가 가장 넓고, 연소 상한값이 가장 큰 가스 : 아세틸렌

폭발범위와 위험도 관계
❶ 폭발하한계가 **낮을수록** 위험
❷ 폭발상한계가 **높을수록** 위험
❸ 폭발범위가 **넓을수록** 위험

9. 분진폭발 공정설비 ★

① 탄광 : **석탄분진**   ② 섬유공장 : **섬유**분진
③ 제분공장 : **곡물분진**   ④ 제지공장 : 종이분진
⑤ 목재공장 : 목분(나무분진)   ⑥ 고무가공공장 : 배합제분진
⑦ 플라스틱공장 : 플라스틱분진

분진폭발의 농도범위
❶ 하한농도 : $20 \sim 60 g/m^3$
❷ 상한농도 : $2000 \sim 6000 g/m^3$
❸ 분진폭발 입자크기 : $100 \mu m$ 이하

10. 분진폭발 없는 물질 ★

① 생석회(시멘트의 주성분)
② 석회석 분말
③ 시멘트

11. 위험성의 영향인자★★

영 향 인 자	위 험 성
❶ 온도, 압력, 산소농도	높을수록 위험
❷ 연소범위(폭발범위)	넓을수록 위험
❸ 연소열, 증기압	클수록 위험
❹ 연소속도	빠를수록 위험
❺ 인화점, 착화점, 비점, 융점, 비중, 점성	낮을수록 위험

12. 화상(火傷, burn)의 정도★

① 1도 화상 : 국소가 붉어지고 **따끔따끔**
② 2도 화상 : **수포(물집)형성** 및 **분비액**
③ 3도 화상 : 국소는 회백색 또는 흑갈색의 덴 **딱지**
④ 4도 화상 : 화상 입은 부위조직이 **탄화됨**

13. 화재의 소실정도에 따른 분류★

① 전소 화재 : 전체의 **70% 이상**이 소실 또는 보수하여 재사용 불가
② 반소 화재 : 전체의 **30% 이상 70% 미만** 소실된 경우
③ 부분소 화재 : 전소, 반소, 즉소 화재에 해당되지 않는 경우
④ 즉소 화재 : 즉시 **소화된** 화재로 인명피해가 없고 피해규모가 경미한 화재로 화재건수에 포함

제 4 편 법령과 연소 및 소화설비

위험물의 연소특성

3-1 연소이론과 형태

1. 연소의 정의★

빛과 발열을 동반한 급격한 산화반응

2. 연소시 색과 온도★★★

색	암적색	적색	황색	황적색	백적색	휘백색
온도(℃)	700	850	900	1100	1300	1500

3. 연소의 3요소 및 4요소★★★★

(1) 가연물의 조건

① 산소와 **친화력**이 클 것
② **발열량**이 클 것
③ **표면적**이 넓을 것
④ **열전도도**가 작을 것
⑤ **활성화 에너지**가 적을 것
⑥ **연쇄반응**을 일으킬 것
⑦ 활성이 강할 것

(2) 가연물이 될 수 없는 조건

① 산화반응이 완전히 끝난 물질
② **질소** 또는 질소산화물(흡열반응하기 때문)
③ 주기율표상 18족 원소(**불활성 기체**)
   He(헬륨), Ne(네온), Ar(아르곤), Kr(크립톤), Xe(크세논), Rn(라돈)

❶ 연소의 3요소 : 가연물＋산소＋점화원
❷ 연소의 4요소 : 가연물＋산소＋점화원＋연쇄반응
※ 기화열(기화잠열)은 점화원이 될 수 없다.

4. 열 에너지원의 종류★★자주출제(필수정리)★★

(1) 화학 에너지(chemical energy)
   ① 연소열(산화물)   ② **분해열**   ③ 용해열   ④ **자연발화**

(2) 전기 에너지(electric energy)
   ① 저항가열   ② **유도가열**   ③ **유전가열**   ④ 아크가열
   ⑤ 정전스파크   ⑥ **낙뢰**

(3) 기계적 에너지(mechanical energy)
   ① **마찰열**   ② **압축열**   ③ 충격 스파크

5. 열전달의 방법★★★

① 전도(Conduction)   ② 대류(Convection)   ③ 복사(Radiation)
   ㉠ 스테판-볼츠만(stefan-boltzman)의 법칙

$$Q = aAF(T_1^4 - T_2^4)$$

여기서, Q : 복사열(kcal/hr) a : 스테판-볼츠만의 상수
A : 단면적 F : 기하학적 Factor(상수)
T_1 : 고온물체의 절대온도$(273+t℃)°K$
T_2 : 저온물체의 절대온도$(273+t℃)°K$
※ 복사열은 절대온도차의 4제곱 및 단면적에 비례한다.

㉡ 열전도율 단위 : kcal/m, hr, ℃ 또는 BTU/ft, hr, °F

❶ 열의 전달방법 : ㉮ 전도 ㉯ 대류 ㉰ 복사   필수정리★★★★
❷ 화재 시 열전달에 가장 크게 작용하는 열 : **복사열**
❸ 화재 시 격리된 건축물에 화재를 옮기는 열 : **복사열**
❹ 금속이 비금속보다 열전도율이 큰 이유 : **자유전자흐름**
❺ 복사열 흡수되지 않고 통과되는 것 : **질소**

6. 연소의 형태★★★★★

연소의 종류   필수정리★★★★
❶ **표면연소**(surface reaction) : **숯, 코크스, 목탄, 금속분**
❷ **증발 연소**(evaporating combustion) : **파라핀**(양초), **황, 나프탈렌, 왁스, 휘발유, 등유, 경유, 아세톤 등 제4류 위험물**
❸ **분해연소**(decomposing combustion) : **석탄, 목재, 플라스틱, 종이, 합성수지**(고분자)
❹ **자기연소**(내부연소) : 질화면 (나이트로셀룰로오즈), 셀룰로이드, 나이트로글리세린 등 **제5류 위험물**
❺ **확산연소**(diffusive burning) : 아세틸렌, LPG, LNG 등 **가연성 기체**
❻ 불꽃연소+표면연소 : 목재, 종이, 셀룰로이드류, 열경화성 합성수지

❶ 화염의 안정범위 넓고 **역화위험 없는 연소** : 확산연소
❷ 불꽃을 내면서 연소하는 것 : 분해연소, 확산연소, 증발연소
❸ 작열연소(표면연소, 응축연소) : **연쇄반응과 관계없다.**

필수정리★★★★

7. 불꽃연소와 표면연소(응축연소, 작열연소)★

	가연물	
산소	불꽃연소	점화원
	연쇄반응	

[불꽃연소의 4요소]

	가연물	
산소	표면연소	점화원

[표면연소의 3요소]

① **불꽃연소** : 액체 및 기체연료, 열가소성 합성수지
② **표면연소** : 코크스, 목탄(숯), 금속분(알루미늄, 마그네슘, 나트륨)
③ **불꽃연소＋표면연소** : 목재, 종이, 셀룰로이드류, 열경화성 합성수지

8. 블로우 오프(Blow-off) 현상★

화염이 노즐에 정착하지 못하고 떨어지게 되어 **화염이 꺼지는 현상**

9. 역화(back fire)현상★

가스분출속도가 연소속도보다 느려 화염이 **버너 내부**로 들어가 **착화**하는 현상

❶ 화염의 안정범위 넓고 역화위험 없는 연소 : **확산연소**
❷ 불꽃을 내면서 연소하는 것 : 분해연소, 확산연소, 증발연소
❸ 작열연소(표면연소, 응축연소) : **연쇄반응과 관계없다.**
❹ 불꽃없이 착화하는 것 : 무염착화
❺ 가연성 가스의 연소 : **확산연소**
❻ 연소의 형태는 크게 불꽃연소와 표면연소로 나눈다.

필수정리★★★★

10. 자연발화★★★★★

(1) 자연발화의 형태

① **산화열** : 석탄, 건성유, 탄소분말, 금속분, 기름 걸레
② **분해열** : 셀룰로이드, 나이트로셀룰로오스, 나이트로글리세린
③ **흡착열** : 활성탄, 목탄분말
④ **미생물열** : 퇴비, 먼지

(2) 자연발화의 방지대책

① 저장실 주위온도를 **낮춘다**.
② 물질을 **건조하게** 유지
③ **통풍**하여 열의 축적을 방지
④ 저장용기에 불활성기체 봉입하여 **공기접촉 차단**
⑤ 물질의 **표면적을 최소화**

필수정리★★★★

❶ 불연성 가스 : He(헬륨), Ne(네온), Ar(아르곤), CO_2
❷ 정전기 발생 방지 대책
　㉮ 본딩과 **접지**　㉯ 공기이온화　㉰ **상대습도 70%** 이상유지
❸ 자연발화가 쉬운 건성유 : **아마인유**
❹ 햇빛에 방치한 기름걸레 자연발화 : 산화열의 축적

11. 연소시 발생하는 유해가스의 종류★★★★

유해가스	화학식	내 용
이산화탄소	CO_2	• 연소가스 중 **가장 많은 양**을 차지 • 자체 독성이 없고 호흡속도를 증가시켜 질식사 　(20% 농도에서 30분내 사망) • **허용농도는 0.5%(5000ppm)**
일산화탄소	CO	• 연소가스 중 **인명피해**를 가장 많이 준다. • 불완전 연소 시 많이 발생 • 산소와 결합력이 극히 강하여 **질식작용의 독성** • 1시간 치사농도 : 0.4%(4000ppm) 　1시간 위험농도 : 0.2%(2000ppm) • 피 속의 헤모글로빈과 결합($CO+Hb$) **산소운반 작용을 방해**하여 질식사
황화수소	H_2S	• 황 함유 유기물질이 불완전 연소 시 발생. • **달걀 썩는 냄새**가 난다.
이산화황	SO_2	• 황 함유 유기물질이 **완전연소** 시 발생.
암모니아	NH_3	• **자극성**이며 냉동기의 냉매로도 사용.
포스겐	$COCl_2$	• **염소함유 물질**이 화염에 연소되어 발생한다. • 유해가스 중 **독성이 제일 강하다**.
아크로레인	CH_2CHCHO	• **석유제품** 또는 **유지류** 등 유기물질 연소 시 발생
염화수소	HCl	• **염소함유 물질**(PVC 등) 연소 시 발생 • 자극성이며 흰색기체이다.
사이안화수소	HCN	• 폴리우레탄, 플라스틱, 직물류 등이 불완전연소 시 발생

12. 유류저장탱크 및 가스저장탱크의 화재발생 현상★★★★★

필수암기★★★★

① 보일 오버 : 탱크 바닥의 **물이 비등**하여 유류가 연소하면서 분출
② 슬롭 오버 : 물이 **연소유 표면**으로 들어갈 때 유류가 연소하면서 분출

③ 프로스 오버 : 탱크 바닥의 물이 비등하여 유류가 **연소하지 않고** 분출
④ 블레비 : 액화가스 저장탱크 폭발현상

13. 열량, 비열, 현열, 잠열★★

(1) 열량(Quantity of Heat)

① cal(Kcal) : 표준대기압 상태에서 순수한 물 1g(1kg)을 1℃(14.5℃ → 15.5℃) 높이는데 필요한 열량
② BTU : 표준대기압 상태에서 순수한 물 1Ib을 1℉ 높이는데 필요한 열량
③ Chu : 표준대기압 상태에서 순수한 물 1Ib을 1℃ 높이는데 필요한 열량

$$1\text{BTU} = 252\text{cal} \qquad 1\text{Chu} = 1.8\text{BTU}$$

(2) 비열(Specific Heat)

어떤 물질 1g을 1℃ 높이는데 필요한 열량 [cal/g · ℃]

$$\text{물의 비열} = 1\text{cal/g} \cdot \text{℃ or } 1\text{kcal/kg} \cdot \text{℃}$$

(3) 현열

상태 변화 없이 온도 변화에 필요한 열량

$$Q_1(\text{현열 : cal}) = m(\text{질량 : g}) \times C(\text{비열 : cal/g} \cdot \text{℃}) \times \Delta t(\text{온도차 : ℃})$$

(4) 잠열

① 물의 기화잠열(기화열) = 539cal/g 또는 539kcal/kg
② 얼음의 융해잠열(융해열) = 80cal/g 또는 80kcal/kg

$$Q(\text{총열량 : cal}) = m(\text{g}) \times C(\text{cal/g} \cdot \text{℃}) \times \Delta t\,(\text{℃}) + r(\text{cal/g}) \times m(\text{g})$$

14. 인화점, 발화점, 연소점★

① 인화점(flash point) : **점화원에 의하여** 점화되는 최저온도
② 발화점(ignition point) : **점화원 없이** 점화되는 최저온도
※ 발화점 : 압력이 증가하면 발화점은 낮아진다.
③ 연소점(fire point) : 가연성 물질이 발화한 후 연속적으로 연소할 수 있는 **최저온도**

화재의 소화

4-1 소화방법 및 원리

1. 소화방법★★★★★

(1) 냉각소화

가연성 물질을 **발화점 이하**로 온도를 냉각시키는 방법

물이 소화제로 이용되는 이유
❶ 물의 기화열(539kcal/kg)이 크기 때문
❷ 물의 비열 (1kcal/kg℃)이 크기 때문

물의 냉각특성
❶ 물의 온도가 낮을수록 냉각효과가 크다.
❷ 건조한 상태에서 증발이 용이하다.
❸ 분무상태(안개모양)일 때 냉각효과가 크다.

(2) 질식소화

산소농도를 21%에서 15% 이하로 감소시켜 소화
질식소화시 산소의 유지농도 : 10~15%

(3) 억제소화(부촉매소화, 화학적소화)

연쇄반응을 억제시켜 소화
① 부촉매 : 화학적 반응의 속도를 느리게 하는 것
② 부촉매 효과 : 할로젠화합물 소화약제
  (할로젠족 원소 : 플루오린(F), 염소(Cl), 브로민(취소)(Br), 아이오딘(I))
③ **부촉매(소화효과)**의 크기 순서 : 플루오린(F)＜염소(Cl)＜브로민(취소)(Br)＜아이오딘(I)
④ **반응력(친화력)**의 크기 순서 : 플루오린(F)＞염소(Cl)＞브로민(취소)(Br)＞아이오딘(I)

(4) 제거소화

화재구역에서 가연성물질을 제거시켜 소화

제거소화의 예
❶ 산불이 발생하면 화재의 진행방향을 앞질러 벌목한다.
❷ 화학반응기의 화재시 원료공급관의 밸브를 잠근다.
❸ 유전화재시 폭약으로 폭풍을 일으켜 화염을 제거한다.
❹ 촛불을 입김으로 불어 화염을 제거한다.

(5) 피복소화

가연물 주위를 공기와 차단시켜 소화
(예) 방안에서 화재가 발생시 이불이나 담요로 덮는다.

(6) 희석소화

수용성액체 화재시 물을 방사하여 **연소농도를 희석**하여 소화
(예) **아세톤**에 물을 다량으로 섞는다.

(7) 유화소화(에멀젼소화)

비수용성 인화성액체의 유류화재 시 물분무로 방사하여 액체표면에 **불연성의 유막**을 형성하여 소화
물의 유화효과 (에멀젼 효과)를 이용한 방호대상설비 : 기름탱크

4-2 물 소화약제

1. 물소화약제의 장점 및 단점★★

(1) 장 점

① 물의 비열(1Kcal/kg℃)과 증발잠열(539Kcal/kg℃)이 크다.
② 물은 쉽게 구할 수 있고 값이 저렴하고 장기보관이 가능하다.
③ 물은 기화되면 체적이 **약 1700배**로 팽창되어 산소농도를 감소시킨다.
④ 인체에 무해하고 비압축성 액체로 배관 등으로 쉽게 이송이 가능하다.

(2) 단 점

① 빙점(어는점)이 0℃로 낮아서 한랭지나 겨울철에는 사용하기 어렵다.
② 빙점을 낮추기 위하여 동결 방지제를 첨가하거나 보온이 필요하다.
③ 유류화재에 물 방사 시(무상제외) 연소면(화면)이 확대되어 오히려 위험
④ 전기화재에 물 방사 시(무상제외) 감전우려가 있다.
⑤ 금속화재에 물 방사 시 가연성 기체의 발생으로 위험하다.

❶ 금속화재에 물 방사시 가연성가스(H_2 : 수소가스)발생으로 위험
   $Mg + 2H_2O \rightarrow Mg(OH)_2 + H_2 \uparrow$
❷ 유류화재에 물 방사시 연소면(화면) 확대로 위험
❸ 강화액 : 물에 탄산칼륨(K_2CO_3)을 첨가하여 물의 어는점을 낮춘 수용액으로 추운지방(한랭지)에서 사용 [빙점 : 약 $-17℃ \sim -30℃$]

2. 물의 소화능력 증가를 위한 첨가제★★★

(1) 부동액(Anti-freeze agent)
   ① 물의 빙점을 낮추는 첨가제
   ② 종류 : **에틸렌글리콜**, 프로필렌글리콜, 글리세린, **염화나트륨**, 염화칼슘, 탄산칼륨

(2) **침윤제**(Wetting agent)
   ① 물의 **표면장력 감소** 첨가제
   ② 재연소 방지에 적합
   ③ **심부화재**에 적합

(3) 농축제(Thickening agent 또는 Viscosity agent)
   ① 물의 **점도 향상** 첨가제
   ② 산림화재에 적합

(4) 밀도 개질제(Density modifier)
   물의 **밀도**를 개질하기 위하여 첨가시키는 첨가제로서 물의 소화능력을 증가시키기 위한 것이다. 대표적인 것으로는 수용성 폼(foam)이 있다.

4-3 포 소화약제

1. 화학포의 반응식★

$6NaHCO_3 + Al_2(SO_4)_3 \cdot 18H_2O \rightarrow 3Na_2SO_4 + 2Al(OH)_3 + 6CO_2 + 18H_2O$

2. 포소화약제의 종류 및 사용 농도(%)★★★

구분	종류	사용농도	팽창비
저발포(저팽창포)	단백포, 불화단백포, **합성계면활성제포**, 수성막포, 알코올포	3%, 6%	6배 이상 20배 이하
고발포(고팽창포)	**합성계면활성제포**	1%, 1.5%, 2%	80배 이상 1000배 미만

(1) 단백포 소화약제

① 동물 및 식물성 **단백질을 가수분해**한 물질에 포안정제(염화제일철염 : $FeCl_2$염) 방부제, 동결방지제(부동액) 등을 첨가한 저발포용
② 부동액이 첨가되어 영하 15℃까지는 얼지 않으나 수명이 3~4년으로 짧다.
③ 장기보관 시 산화하여 변질이 되고 침전물이 생성된다.
④ **유동성이 좋지 않으나** 내화성이 우수하여 발포된 포가 화염에 잘 깨지지 않는다.
⑤ 내유성이 약하고 합성계면활성제포보다 소화시간이 길다.
⑥ 다른 포약제에 비해 **부식성이 크다.**

(2) 불화 단백포 소화약제

① 단백질 가수분해 물질에 **플루오린(F) 계면활성제**를 첨가한 포약제이다.
② 부동액이 첨가되어 영하15℃까지는 얼지 않고 수명이 8~10년으로 길다.
③ 유동성 및 내유성이 좋아서 소화속도가 빠르고 **표면하 주입방식**에도 사용
④ **분말 소화약제와 겸용**이 가능하다.

불화단백포
❶ 표면하 주입방식에 사용할 수 있다.
❷ 분말 소화약제와 겸용이 가능하다.

(3) 합성계면활성제포 소화약제

① 합성계면활성제(탄화수소계)에 기포 안정제, 부동액, 방부제 등을 첨가한 포약제
② 유동성이 좋아 소화속도도 빠르며 수명이 반영구적이다.
③ **적열된 유류저장탱크 화재**에는 **부적합**하다.

(4) 수성막포 소화약제

① 플루오린(F) 계통의 습윤제에 합성계면활성제 첨가한 포약제이며 주성분은 **플루오린(F)계 계면활성제**이다.
② 미국에서는 **AFFF**(Aqueous Film Forming Foam)로 불리며 3M사가 개발한 것으로 상품명은 **라이트 워터**(light water)이다.
③ 분말약제와 겸용이 가능하고 **액면하 주입방식**에도 사용할 수 있다.
※ 유류화재용으로 **가장 뛰어난 포약제**는 수성막포이다.

(5) 알콜포 소화약제

① **수용성 액체**(알코올류, 케톤류, 에스터류, 아민류)화재에 일반포약제를 적용하면 거품이 순식간에 파괴되는 소포성(파포현상) 때문에 소화효과가 없다. 따라서 이러한 소포현상이 발생되지 않도록 특별히 제조된 것이 알코올포 소화약제이다.
② 알코올포 소화약제의 종류
  ㉠ 금속비누형

ⓛ 불화 단백형
　　ⓒ 고분자 겔형
　※ Transfer Time(이전시간) : 포약제 원액과 물이 혼합되어 발포시킬 때까지 소요되는 시간을 말한다.

3. 25% 환원시간★

채취한 포로부터 낙하하는 포수용액의 25%(1/4)을 배액 하는데 요하는 시간을 분으로 나타낸 것

$$25\%\text{용량값}(\text{ml}) = \frac{\text{포시료의 무게}(g)}{4}$$

4. 포 약제의 종류에 따른 25% 환원시간★

포 약제의 종류	25% 환원시간(분)
단백포 소화약제	1분 이상
합성계면 활성제포 소화약제(고발포)	3분 이상
수성막포 소화약제	1분 이상

5. 발포배율(팽창비)★★

$$\text{팽창비} = \frac{\text{발포후 포의 체적}}{\text{발포전 포수용액(포원액+물)의 체적}}$$

4-4 이산화탄소 소화약제

1. 이산화탄소의 인체에 대한 위험성★

농도(%)	인체에 대한 영향
2	불쾌감
4	눈, 목에 점막 자극, 두통, 귀울림, 현기증, 혈압상승
8	**호흡곤란**
10	시력장애, 몸이 떨리며 1분 이내 의식불명이 되고 그대로 방치 시 사망
20	**중추신경 마비되어 사망**

※ 이산화탄소의 허용농도 : 5000ppm(0.5%)

2. 이산화탄소 저장용기의 충전비(L/kg)★★★

저장 방식	충전비
저압식	1.1 ~ 1.4
고압식	1.5 ~ 1.9

※ 소화기의 저장방식은 고압식으로 충전비는 1.5 이상 1.9 이하이다.

3. 이산화탄소 소화설비의 장점과 단점★★★

장점	단점
❶ 화재 진화 후 **깨끗**하다.	❶ 설비가 고압 특별한 주의 요구
❷ **심부 화재**에 적합하다.	❷ CO_2 방사 시 **동상**우려
❸ 증거보존 양호하여 **화재원인조사** 용이	❸ 인체에 질식의 우려
❹ 비전도성이므로 전기화재에 유효	❹ CO_2방사 시 **소음**이 크다.
❺ 피연소물에 피해가 적다.	

4. 이산화탄소의 소화효과★★

① 피복효과　② 질식효과　③ 냉각효과

5. 이산화탄소 소화설비 설계공식★★★★★

(1) 액화 이산화탄소의 기화시 가스의 체적(부피)

$$PV = \frac{W}{M}RT = nRT$$

여기서, P : 압력(atm), V : 부피(m^3), W : CO_2 무게(kg), M : 분자량(44)
　　　　R : 기체상수(0.082 atm · m^3/kmol · K), T : 절대온도(273+t℃), n : 몰수

(2) CO_2농도(%)의 계산

$$G = \frac{21 - Q_1}{Q_1} \times V$$

여기서, G : 방출된 CO_2가스부피(m^3), Q_1 : 산소농도(%), V : 방호구역 체적(m^3)

$$CO_2(\%) = \frac{21 - O_2(\%)}{21} \times 100$$

$$CO_2(\%) = \frac{\text{방출된 } CO_2 \text{가스부피}(m^3)}{\text{방호구역체적}(m^3) + \text{방출된 } CO_2 \text{가스부피}(m^3)} \times 100$$

4-5 할로겐 화합물 소화약제

1. 할론소화약제의 특징★

① **부촉매효과**가 크며 소화능력이 우수
② 금속에 대한 부식성이 적고, 전기화재에 적합. 화재 진화 후 깨끗
③ 약제의 변질및 분해 없고 설계농도 5~10%의 적은 농도로 소화가 가능
④ 가격이 비싸고 **오존층 파괴**로 인한 환경피해가 심하다.

2. 할론소화약제의 소화효과★★★

① **연쇄반응을 억제**하는 부촉매효과
② 냉각효과
③ 질식효과
④ 희석효과

3. 할론소화약제의 명명법★★★★★

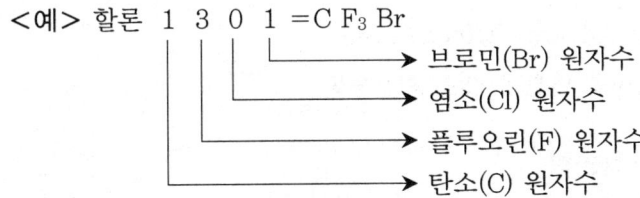

<예> 할론 1 3 0 1 = C F$_3$ Br
- 브로민(Br) 원자수
- 염소(Cl) 원자수
- 플루오린(F) 원자수
- 탄소(C) 원자수

4. 할론소화약제의 물리적 성질★

구 분	할론 1301	할론 1211	할론 2402
화학식	CF_3Br	CF_2ClBr	$C_2F_4Br_2$
상온(20℃)에서 상태	기체	기체	액체
오존층 파괴지수(ODP)	14.1	2.4	6.6

5. 할론 1301의 농도에 따른 인체의 영향★★

농도(%)	인체 영향
7% 이하	5분 정도까지 흡수 시 별 영향 없음
7~10%	수분간 흡수 시 현기증 및 기억력 감퇴
10~15%	30초 이상 흡수 시 참기 어렵다
15~20%	장기간 흡수 시 의식불명 및 사망우려

6. 오존파괴지수(ODP) 및 지구온난화지수(GWP) ★★★

(1) 오존파괴지수(ODP : Ozone Depletion Potential)

어떤 물질의 **오존 파괴능력**을 상대적으로 나타내는 지표의 정의

$$ODP = \frac{\text{어떤 물질 1kg이 파괴하는 오존량}}{\text{CFC} - 11\ 1\text{kg이 파괴하는 오존량}}$$

[참고] CFC [chloro(C), Fluoro(F), Carbon(C)]

(2) 지구 온난화지수(GWP : Global Warming Potential)

어떤 물질이 기여하는 **온난화 정도**를 상대적으로 나타내는 지표의 정의

$$GWP = \frac{\text{어떤 물질 1kg이 기여하는 온난화정도}}{\text{CO}_2 - 1\text{kg이 기여하는 온난화정도}}$$

7. NOAEL 및 LOAEL ★★

(1) NOAEL(No Observed Adverse Effect Level)

심장 독성시험에서 심장에 영향을 **미치지 않는 농도**

(2) LOAEL(Lowest Observed Adverse Effect Level)

심장 독성시험에서 심장에 영향을 **미칠 수 있는 최소농도**

8. 할로젠 화합물 소화약제의 소화능력

소화약제명	화학식	소화능력
할론 1301	CF_3Br	3.0
할론 2402	$C_2F_4Br_2$	1.7
할론 1211	CF_2ClBr	1.4
분말소화약제		2.0
이산화탄소약제	CO_2	1.0(기준)

9. 할론소화약제의 충전비 ★★★

약제		할론 2402($C_2F_4Br_2$)	할론 1211(CF_2ClBr)	할론 1301(CF_3Br)
충전비	가압식	0.51 이상 0.67 미만	0.7 이상	0.9 이상
	축압식	0.67 이상 2.75 이하	1.4 이하	1.6 이하

10. 할로젠족 원소의 반응력(친화력)과 소화효과 ★★

① 반응력 세기 : F>Cl>Br>I
② 소화효과 크기 : F<Cl<Br<I

참고 할로젠족 원소의 원자량 필수암기★★★★

F(플루오린) = 19   Cl(염소) = 35.5   Br(브로민, 취소) = 79.9

11. 할로젠화합물 및 불활성기체 소화약제의 종류

소 화 약 제	화 학 식
도데카플루오로-2-메틸펜탄-3-원(FK-5-1-12)	$CF_3CF_2C(O)CF(CF_3)_2$
퍼플루오로부탄(FC-3-1-10)	C_4F_{10}
하이드로클로로플루오린카본혼화제(HCFC BLEND A)	HCFC - 123($CHCl_2CF_3$) : 4.75% HCFC - 22($CHClF_2$) : 82% HCFC - 124($CHClFCF_3$) : 9.5% $C_{10}H_{16}$: 3.75%
클로로테트라플루오린에탄(HCFC-124)	$CHClFCF_3$
펜타플루오린에탄(HFC-125)	CHF_2CF_3
헵타플루오린프로판(HFC-227ea)	CF_3CHFCF_3
트라이플루오린메탄(HFC-23)	CHF_3
헥사플루오린프로판(HFC-236fa)	$CF_3CH_2CF_3$
트라이플루오린이오다이드(FIC-13 I 1)	CF_3I
불연성·불활성기체혼합가스(IG-01)	Ar
불연성·불활성기체혼합가스(IG-100)	N_2
불연성·불활성기체혼합가스(IG-541)	N_2 : 52%, Ar : 40%, CO_2 : 8%
불연성·불활성기체 혼합가스(IG-55)	N_2 : 50%, Ar : 50%

12. 할로젠화합물이 지구환경에 미치는 영향★★

① 지구환경 파괴
② 오존층 파괴
③ 지구 온난화

[ODP(Ozone Depletion potential) : 오존파괴지수]

물질명	$CFCl_3$(CFC-11)	할론 1211	할론 2402	할론 1301
ODP	1	3	6	10

4-6 분말 소화약제

1. 분말 소화약제의 입도와 소화성능 ★

① 입도가 너무 미세하거나 커도 **소화성능**이 저하된다.
② **미세도의 분포**가 골고루 되어 있어야 한다.
③ 분말입도는 20~25μm의 범위에서 소화효과가 가장 좋다.

2. 분말 소화약제의 종류

종별	화학식	주성분 명칭	적응화재	착색
제1종	$NaHCO_3$	중탄산나트륨, 탄산수소나트륨, 중조	B·C급	백색
제2종	$KHCO_3$	중탄산칼륨, 탄산수소칼륨	B·C급	담회색
제3종	$NH_4H_2PO_4$	인산암모늄(제1인산 암모늄)	A·B·C급	담홍색
제4종	$KHCO_3 + (NH_2)_2CO$	중탄산칼륨+요소	B·C급	회색

(1) 제1종 분말약제의 열분해 반응식

$$2NaHCO_3 \xrightarrow{\triangle} Na_2CO_3 + CO_2 + H_2O$$
(탄산나트륨) (이산화탄소) (수증기)

※ 주방에서 지방 또는 **식용유 화재시** 가연물인 지방산과 Na^+ 이온이 비누화 현상을 일으켜 비누거품을 생성하여 연소를 억제하는 효과가 크다.

※ **비누화 현상** : 알칼리를 작용하면 가수분해되어 그 성분의 산의 염과 알코올이 생성되는 현상

(2) 제2종 분말약제의 열분해 반응식

$$2KHCO_3 \xrightarrow{\triangle} K_2CO_3 + CO_2 + H_2O$$
(탄산칼륨) (이산화탄소) (수증기)

(3) 제3종 분말약제의 열분해 반응식

$$NH_4H_2PO_4 \xrightarrow{\triangle} HPO_3 + NH_3 + H_2O$$
(메타인산) (암모니아) (수증기)

(4) 제4종 분말약제의 열분해 반응식

$$2KHCO_3 + (NH_2)_2CO \xrightarrow{\triangle} K_2CO_3 + 2NH_3 + 2CO_2$$
(탄산칼륨) (암모니아) (이산화탄소)

제 5 장   제조소등의 소화설비의 기준

5-1 소화기구

1. 전기설비의 소화설비

당해 장소의 면적 100m²마다 소형수동식소화기를 1개 이상 설치할 것

2. 소요단위의 계산방법

① 제조소 또는 취급소의 건축물

외벽이 내화구조인 것	외벽이 내화구조가 아닌 것
연면적 100m²를 1소요단위	연면적 50m²를 1소요단위

② 저장소의 건축물

외벽이 내화구조인 것	외벽이 내화구조가 아닌 것
연면적 150m² : 1소요단위	연면적 75m² : 1소요단위

③ 위험물은 **지정수량의 10배를 1소요단위**로 할 것

3. 간이 소화용구의 능력단위

소화설비	용량	능력단위
소화전용(專用)물통	8L	0.3
수조(소화전용물통 3개 포함)	80L	1.5
수조(소화전용물통 6개 포함)	190L	2.5
마른 모래(삽 1개 포함)	50L	0.5
팽창질석 또는 팽창진주암(삽 1개 포함)	160L	1.0

4. 소화기의 배치거리

구 분	소형소화기	대형소화기
보행거리	20m 이하	30m 이하

5-2 옥내소화전설비

① **옥내소화전**은 **수평거리**가 **25m 이하**가 되도록 설치할 것. 이 경우 **옥내소화전**은 각 층의 **출입구 부근**에 **1개 이상** 설치할 것
② 수원의 수량은 옥내소화전이 **가장 많이 설치된 층의 옥내소화전 설치개수**(5개 이상인 경우 5개)에 7.8m³를 곱한 양 이상이 되도록 설치할 것

$$\text{수원의 양 } Q(\text{m}^3) = N \times 7.8\text{m}^3 (260\text{L/분} \times 30\text{분})$$

여기서, N : 가장 많이 설치된 층의 옥내소화전 설치개수(최대 5개)

③ 옥내소화전설비는 각층을 기준으로 하여 당해 층의 모든 옥내소화전(개수가 **5개 이상인 경우는 5개**)을 동시에 사용할 경우에 각 **노즐 끝부분의 방수압력이 350kPa 이상**이고 **방수량이 260L/분 이상**의 성능이 되도록 할 것

노즐 끝부분의 방수압력	방수량
350kPa	260L/분

④ 옥내소화전의 **개폐밸브 및 호스접속구**는 바닥면으로부터 **1.5m 이하**의 높이에 설치할 것
⑤ 옥내소화전의 개폐밸브 및 방수용기구를 격납하는 상자(소화전함)는 불연재료로 제작하고 점검에 편리하고 화재발생시 연기가 충만할 우려가 없는 장소 등 쉽게 접근이 가능하고 화재 등에 의한 피해를 받을 우려가 적은 장소에 설치할 것
⑥ 가압송수장치의 시동을 알리는 표시등(**시동표시등**)은 **적색**으로 하고 옥내소화전함의 내부 또는 그 직근의 장소에 설치할 것.
⑦ 옥내소화전설비의 설치의 표시는 다음 각목에 정한 것에 의할 것
　㉠ 옥내소화전함에는 그 표면에 "소화전"이라고 표시할 것
　㉡ 옥내소화전함의 상부의 벽면에 적색의 표시등을 설치하되, 당해 표시등의 부착면과 15° 이상의 각도가 되는 방향으로 10m 떨어진 곳에서 용이하게 식별이 가능하도록 할 것
⑧ 수원의 수위가 펌프(수평회전식의 것)보다 낮은 위치에 있는 가압송수장치는 다음 각목에 정한 것에 의하여 물올림장치를 설치할 것
　㉠ 물올림장치에는 전용의 물올림탱크를 설치할 것
　㉡ 물올림탱크의 용량은 가압송수장치를 유효하게 작동할 수 있도록 할 것
　㉢ 물올림탱크에는 감수경보장치 및 물올림탱크에 물을 자동으로 보급하기 위한 장치가 설치되어 있을 것
⑨ 비상전원은 자가발전설비 또는 축전지설비에 의하되 다음 각목에 정한 것으로 할 것.
　㉠ 용량은 옥내소화전설비를 유효하게 45분 이상 작동시키는 것이 가능할 것
　㉡ 자가발전설비의 비상전원 전용수전설비
　　　ⓐ 점검에 편리하고 화재 등의 피해를 받을 우려가 적은 곳에 설치할 것
　　　ⓑ 다른 전기회로의 개폐기 또는 차단기에 의하여 차단되지 않을 것

ⓒ 개폐기에는 "옥내소화전설비용"이라고 표시할 것
ⓓ 고압 또는 특별고압으로 수전하는 비상전원전용수전설비는 불연재료의 벽, 기둥, 바닥 및 천정으로 구획되고 출입구는 60분+방화문·60분방화문 또는 30분방화문이 설치되고 창에는 망입유리 또는 강화유리(8mm 이상)가 설치된 전용실에 설치할 것

⑩ 배관의 설치기준
  ㉠ 전용으로 할 것
  ㉡ 가압송수장치의 토출측 직근부분의 배관에는 체크밸브 및 개폐밸브를 설치할 것
  ㉢ 주배관 중 입상관은 관의 직경이 50mm 이상인 것으로 할 것
  ㉣ 개폐밸브에는 그 개폐방향을, 체크밸브에는 그 흐름방향을 표시할 것
  ㉤ 배관은 체절압력의 1.5배 이상의 수압을 견딜 수 있는 것으로 할 것

⑪ 가압송수장치는 다음 각목에 정한 것에 의하여 설치할 것
  ㉠ 고가수조를 이용한 가압송수장치
    ⓐ 낙차(수조의 하단으로부터 호스접속구까지의 수직거리)는 다음 식에 의하여 구한 수치 이상으로 할 것

$$H = h_1 + h_2 + 35\text{m}$$

    여기서, H : 필요낙차(단위 : m)
      h_1 : 방수용 호스의 마찰손실수두(단위 : m)
      h_2 : 배관의 마찰손실수두(단위 : m)

    ⓑ 고가수조에는 수위계, 배수관, 오버플로우용 배수관, 보급수관 및 맨홀을 설치할 것

  ㉡ 압력수조를 이용한 가압송수장치
    ⓐ 압력수조의 압력은 다음 식에 의하여 구한 수치 이상으로 할 것

$$P = p_1 + p_2 + p_3 + 0.35\text{MPa}$$

    여기서, P : 필요한 압력(단위 : MPa)
      p_1 : 소방용호스의 마찰손실수두압(단위 : MPa)
      p_2 : 배관의 마찰손실수두압(단위 : MPa)
      p_3 : 낙차의 환산수두압(단위 : MPa)

    ⓑ 압력수조의 수량은 당해 압력수조 체적의 2/3 이하일 것
    ⓒ 압력수조에는 압력계, 수위계, 배수관, 보급수관, 통기관 및 맨홀을 설치할 것

  ㉢ 펌프를 이용한 가압송수장치
    ⓐ 펌프의 토출량은 옥내소화전의 설치개수가 가장 많은 층에 대해 당해 설치개수(설치개수가 5개 이상인 경우에는 5개로 한다)에 260L/min를 곱한 양 이상이 되도록 할 것
    ⓑ 펌프의 전양정은 다음 식에 의하여 구한 수치 이상으로 할 것

$$H = h_1 + h_2 + h_3 + 35\text{m}$$

여기서, H : 펌프의 전양정(단위 : m), h_1 : 소방용 호스의 마찰손실수두(단위 : m)
h_2 : 배관의 마찰손실수두(단위 : m), h_3 : 낙차(단위 : m)

ⓒ 펌프의 토출량이 정격토출량의 150%인 경우에는 전양정은 정격전양정의 65% 이상 일 것
ⓓ 펌프는 전용으로 할 것.
ⓔ 펌프에는 토출측에 압력계, 흡입측에 연성계를 설치할 것
ⓕ 가압송수장치에는 정격부하운전시 펌프의 성능을 시험하기 위한 배관설비를 설치할 것
ⓖ 가압송수장치에는 체절운전시에 수온상승방지를 위한 순환배관을 설치할 것
ⓗ 원동기는 전동기 또는 내연기관에 의한 것으로 할 것
ⓘ 노즐 끝부분에서 방수압력이 0.7MPa을 초과하지 아니하도록 할 것
ⓙ 기동장치는 직접조작이 가능하고, 옥내소화전함의 내부 또는 그 직근의 장소에 설치된 조작부에서 원격조작이 가능하도록 할 것
ⓚ 가압송수장치는 직접조작에 의해서만 정지되도록 할 것
ⓛ 소방용호스 및 배관의 마찰손실계산은 Hazen & Williams 공식에 의할 것

5-3 옥외소화전설비

① 옥외소화전은 **수평거리가 40m 이하**가 되도록 설치할 것. 이 경우 그 **설치개수가 1개일 때는 2개**로 할 것.
② 수원의 수량은 **옥외소화전의 설치개수**(**4개 이상**인 경우는 4개)에 13.5m³를 곱한 양 이상이 되도록 설치할 것

$$\text{수원의 양 } Q(\text{m}^3) = N \times 13.5\text{m}^3 (450\text{L/분} \times 30\text{분})$$

여기서, N : 가장 많이 설치된 층의 옥외소화전 설치개수(최대4개)

③ 옥외소화전설비는 모든 옥외소화전(설치개수가 4개 이상인 경우는 4개)을 동시에 사용할 경우에 각 노즐 끝부분의 **방수압력이 350kPa** 이상이고, **방수량이 450L/분** 이상의 성능이 되도록 할 것

노즐 끝부분의 방수압력	방수량
350kPa	450L/분

④ 개폐밸브 및 호스접속구는 지반면으로부터 **1.5m 이하**의 높이에 설치할 것
⑤ 옥외소화전함은 불연재료로 제작하고 옥외소화전으로부터 **보행거리 5m 이하**의 장소로서

화재발생시 쉽게 접근가능하고 화재 등의 피해를 받을 우려가 적은 장소에 설치할 것
⑥ 옥외소화전설비의 설치의 표시는 다음 각목에 정한 것에 의할 것
  ㉠ 옥외소화전함에는 그 표면에 "**호스격납함**"이라고 표시할 것. 다만, 호스접속구 및 개폐밸브를 옥외소화전함의 내부에 설치하는 경우에는 "**소화전**"이라고 표시할 수도 있다.
  ㉡ 옥외소화전에는 직근의 보기 쉬운 장소에 "**소화전**"이라고 표시할 것
⑦ 가압송수장치, 시동표시등, 물올림장치, 비상전원, 조작회로의 배선 및 배관등은 옥내소화전설비의 기준의 예에 준하여 설치할 것. 다만, **자체소방대를 둔 제조소등**으로서 옥외소화전함 부근에 설치된 옥외전등에 비상전원이 공급되는 경우에는 옥외소화전함의 적색 표시등을 설치하지 아니할 수 있다.
⑧ 옥외소화전설비는 습식으로 하고 동결방지조치를 할 것. 다만, 동결방지조치가 곤란한 경우에는 **습식 외의 방식**으로 할 수 있다.

5-4 스프링클러설비

[위험물제조소등의 소화설비 설치기준]

소화설비	수평거리	방사량 (l/min)	방사압력 (kPa)	수원의 양
옥내	25m 이하	260	350	$Q = N$(소화전개수 : 최대 5개)$\times 7.8\text{m}^3$ (260L/min × 30min)
옥외	40m 이하	450	350	$Q = N$(소화전개수 : 최대 4개)$\times 13.5\text{m}^3$ (450L/min × 30min)
스프링클러	1.7m 이하	80	100	$Q = N$(헤드수 : 최대 30개)$\times 2.4\text{m}^3$ (80L/min × 30min)
물분무		20 (L/m²·min)	350	$Q = A$(바닥면적 m²)$\times 0.6\text{m}^3$ (20L/m²·min × 30min)

① 스프링클러헤드는 **수평거리가 1.7m 이하**가 되도록 설치할 것
② **개방형 스프링클러헤드**를 이용한 스프링클러설비의 **방사구역은 150m² 이상** (바닥면적이 150m² 미만인 경우 **바닥면적**)으로 할 것
③ **수원의 수량**
  ㉠ **폐쇄형** 헤드를 사용하는 것은 30(설치개수가 30 미만인 경우 **설치개수**),
  ㉡ **개방형** 헤드를 사용하는 것은 헤드가 **가장 많이 설치된 방사구역**의 헤드 **설치개수**에 **2.4m³를 곱한 양** 이상이 되도록 설치할 것

[폐쇄형 스프링클러헤드 사용하는 경우]
수원의 양 $Q(\text{m}^3) = N \times 2.4\text{m}^3$(80L/분 × 30분)
여기서, N : 30(설치개수가 30 미만인 경우는 설치개수)

> [개방형 스프링클러헤드 사용하는 경우]
> 수원의 양 $Q(\mathrm{m}^3) = N \times 2.4\mathrm{m}^3 (80\mathrm{L/분} \times 30\mathrm{분})$
> 여기서, N : 가장 많이 설치된 방사구역의 스프링클러헤드 설치개수

④ 헤드의 **방사압력이 100kPa 이상**이고, **방수량이 80L/분 이상**의 성능이 되도록 할 것

헤드의 방수압력	헤드의 방수량
100kPa	80L/분

1. 개방형스프링클러헤드의 설치기준

① 스프링클러헤드의 반사판으로부터 하방으로 0.45m, 수평방향으로 0.3m의 공간을 보유할 것
② 스프링클러헤드는 헤드의 축심이 당해 헤드의 부착면에 대하여 직각이 되도록 설치할 것

2. 폐쇄형스프링클러헤드의 설치기준

① 스프링클러헤드의 반사판과 당해 헤드의 부착면과의 거리는 0.3m 이하일 것
② 스프링클러헤드는 당해 헤드의 부착면으로부터 0.4m 이상 돌출한 보 등에 의하여 구획된 부분마다 설치할 것. 다만, 당해 보 등의 상호간의 거리(보 등의 중심선을 기산점으로 한다)가 1.8m 이하인 경우에는 그러하지 아니하다.
③ 급배기용 덕트 등의 긴변의 길이가 1.2m를 초과하는 것이 있는 경우에는 당해 덕트 등의 아래면에도 스프링클러헤드를 설치할 것
④ 스프링클러헤드의 부착위치
　㉠ 가연성 물질을 수납하는 부분에 스프링클러헤드를 설치하는 경우에는 제1호가목의 규정에 불구하고 당해 헤드의 반사판으로부터 하방으로 0.9m, 수평방향으로 0.4m의 공간을 보유할 것
　㉡ 개구부에 설치하는 스프링클러헤드는 당해 개구부의 상단으로부터 높이 0.15m 이내의 벽면에 설치할 것
⑤ 건식 또는 준비작동식의 유수검지장치의 2차측에 설치하는 스프링클러헤드는 상향식스프링클러헤드로 할 것. 다만, 동결할 우려가 없는 장소에 설치하는 경우는 그러하지 아니하다.
⑥ 스프링클러헤드는 그 부착장소의 평상시의 최고주위온도에 따라 다음 표에 정한 표시온도를 갖는 것을 설치할 것

부착장소의 최고주위온도 (℃)	표시온도 (℃)
28 미만	58 미만
28 이상 39 미만	58 이상 79 미만
39 이상 64 미만	79 이상 121 미만
64 이상 106 미만	121 이상 162 미만
106 이상	162 이상

3. 개방형스프링클러헤드를 이용하는 스프링클러설비 설치기준
① 일제개방밸브의 기동조작부 및 수동식개방밸브는 화재시 쉽게 접근 가능한 바닥면으로부터 1.5m 이하의 높이에 설치할 것
② 일제개방밸브 또는 수동식개방밸브의 기준
  ㉠ 방수구역마다 설치할 것
  ㉡ 일제개방밸브 또는 수동식개방밸브에 작용하는 압력은 당해 일제개방밸브 또는 수동식 개방밸브의 최고사용압력 이하로 할 것
  ㉢ 일제개방밸브 또는 수동식개방밸브의 2차측 배관부분에는 당해 방수구역에 방수하지 않고 당해 밸브의 작동을 시험할 수 있는 장치를 설치할 것
  ㉣ 수동식개방밸브를 개방조작하는데 필요한 힘이 15kg 이하가 되도록 설치할 것

4. 개방형스프링클러헤드를 이용하는 스프링클러설비
2 이상의 방사구역을 두는 경우에는 화재를 유효하게 소화할 수 있도록 인접하는 방사구역이 상호 중복되도록 할 것

5. 스프링클러설비에는 각층 또는 방사구역마다 제어밸브
① 제어밸브는 개방형스프링클러헤드를 이용하는 스프링클러설비에 있어서는 방수구역마다, 폐쇄형스프링클러헤드를 사용하는 스프링클러설비에 있어서는 당해 방화대상물의 층마다, 바닥면으로부터 0.8m 이상 1.5m 이하의 높이에 설치할 것
② 제어밸브에는 함부로 닫히지 아니하는 조치를 강구할 것
③ 제어밸브에는 직근의 보기 쉬운 장소에 "스프링클러설비의 제어밸브"라고 표시할 것

6. 자동경보장치의 설치기준
다만, 자동화재탐지설비에 의하여 경보가 발하는 경우는 음향경보장치를 설치하지 아니할 수 있다.
① 스프링클러헤드의 개방 또는 보조살수전의 개폐밸브의 개방에 의하여 경보를 발하도록 할 것
② 발신부는 각층 또는 방수구역마다 설치하고 당해 발신부는 유수검지장치 또는 압력검지장치를 이용할 것
③ 나목의 유수검지장치 또는 압력검지장치에 작용하는 압력은 당해 유수검지장치 또는 압력검지장치의 최고사용압력 이하로 할 것
④ 수신부에는 스프링클러헤드 또는 화재감지용헤드가 개방된 층 또는 방수구역을 알 수 있는 표시장치를 설치하고, 수신부는 수위실 기타 상시 사람이 있는 장소(중앙관리실이 설치되어 있는 경우에는 당해 중앙관리실)에 설치할 것
⑤ 하나의 방화대상물에 2 이상의 수신부가 설치되어 있는 경우에는 이들 수신부가 있는 장소 상호간에 동시에 통화할 수 있는 설비를 설치할 것

7. 유수검지장치의 설치기준

① 유수검지장치의 1차측에는 압력계를 설치할 것
② 유수검지장치의 2차측에 압력의 설정을 필요로 하는 스프링클러설비에는 당해 유수검지장치의 압력설정치보다 2차측의 압력이 낮아진 경우에 자동으로 경보를 발하는 장치를 설치할 것

8. 폐쇄형스프링클러헤드를 이용하는 스프링클러설비 설치기준

말단시험밸브를 다음 각목에 의하여 설치할 것
① 말단시험밸브는 유수검지장치 또는 압력검지장치를 설치한 배관의 계통마다 1개씩, 방수압력이 가장 낮다고 예상되는 배관의 부분에 설치할 것
② 말단시험밸브의 1차측에는 압력계를, 2차측에는 스프링클러헤드와 동등의 방수성능을 갖는 오리피스 등의 시험용방수구를 설치할 것
③ 말단시험밸브에는 직근의 보기 쉬운 장소에 "말단시험밸브"라고 표시할 것

9. 스프링클러설비의 쌍구형의 송수구 설치기준

① 전용으로 할 것
② 송수구의 결합금속구는 탈착식 또는 나사식으로 하고 내경을 63.5mm 내지 66.5mm로 할 것
③ 송수구의 결합금속구는 지면으로부터 0.5m 이상 1m 이하의 높이의 송수에 지장이 없는 위치에 설치할 것
④ 송수구는 당해 스프링클러설비의 가압송수장치로부터 유수검지장치 · 압력검지장치 또는 일제개방형밸브 · 수동식개방밸브까지의 배관에 전용의 배관으로 접속할 것
⑤ 송수구에는 그 직근의 보기 쉬운 장소에 "스프링클러용송수구"라고 표시하고 그 송수압력 범위를 함께 표시할 것

5-5 물분무소화설비

① 물분무소화설비의 **방사구역은 150m² 이상**(방호대상물의 **표면적이 150m²** 미만인 경우에는 **당해 표면적**)으로 할 것
② 수원의 수량은 분무헤드가 가장 많이 설치된 방사구역의 모든 분무헤드를 동시에 사용할 경우에 당해 방사구역의 **표면적 1m²당 1분당 20L**의 비율로 계산한 양으로 **30분간 방사**할 수 있는 양 이상이 되도록 설치할 것
③ 물분무소화설비는 분무헤드를 동시에 사용할 경우에 각 끝부분의 방사압력이 **350kPa** 이

상으로 **표준방사량**을 방사할 수 있는 성능이 되도록 할 것

물분무 헤드의 방수압력	헤드의 방수량
350kPa	헤드의 설계압력에 의한 방사량

④ 물분무소화설비에 2 이상의 방사구역을 두는 경우에는 화재를 유효하게 소화할 수 있도록 인접하는 방사구역이 상호 중복되도록 할 것

⑤ 고압의 전기설비가 있는 장소에는 당해 전기설비와 분무헤드 및 배관과 사이에 전기절연을 위하여 필요한 공간을 보유할 것

⑥ 물분무소화설비에는 각층 또는 방사구역마다 제어밸브, 스트레이너 및 일제개방밸브 또는 수동식개방밸브를 다음 각목에 정한 것에 의하여 설치할 것

　㉠ 제어밸브 및 일제개방밸브 또는 수동식개방밸브는 스프링클러설비의 기준의 예에 의할 것

　㉡ 스트레이너 및 일제개방밸브 또는 수동식개방밸브는 제어밸브의 하류측 부근에 스트레이너, 일제개방밸브 또는 수동식개방밸브의 순으로 설치할 것

⑦ 기동장치는 스프링클러설비의 기준의 예에 의할 것

⑧ 가압송수장치, 물올림장치, 비상전원, 조작회로의 배선 및 배관 등은 옥내소화전설비의 예에 준하여 설치할 것

5-6 포소화설비

1. 고정식의 포소화설비의 포방출구 종류

(1) I형 포방출구

고정지붕구조의 탱크에 상부포주입법(고정포방출구를 탱크옆판의 상부에 설치하여 액표면상에 포를 방출하는 방법)을 이용하는 것으로서 방출된 포가 액면 아래로 몰입되거나 액면을 뒤섞지 않고 액면상을 덮을 수 있는 통계단 또는 미끄럼판 등의 설비 및 탱크내의 위험물증기가 외부로 역류되는 것을 저지할 수 있는 구조·기구를 갖는 포방출구

(2) II형 포방출구

고정지붕구조 또는 부상덮개부착고정지붕구조(옥외저장탱크의 액상에 금속제의 플로팅, 팬 등의 덮개를 부착한 고정지붕구조의 것)의 탱크에 상부포주입법을 이용하는 것으로서 방출된 포가 탱크옆판의 내면을 따라 흘러내려 가면서 액면 아래로 몰입되거나 액면을 뒤섞지 않고 액면상을 덮을 수 있는 반사판 및 탱크내의 위험물증기가 외부로 역류되는 것을 저지할 수 있는 구조·기구를 갖는 포방출구

(3) 특형 포방출구

부상지붕구조의 탱크에 상부포주입법을 이용하는 것으로서 부상지붕의 부상부분상에 높이 0.9m 이상의 금속제의 칸막이(방출된 포의 유출을 막을 수 있고 충분한 배수능력을 갖는 배수구를 설치한 것)를 탱크옆판의 내측으로부터 1.2m 이상 이격하여 설치하고 탱크옆판과 칸막이에 의하여 형성된 환상부분("환상부분")에 포를 주입하는 것이 가능한 구조의 반사판을 갖는 포방출구

(4) Ⅲ형 포방출구

고정지붕구조의 탱크에 저부포주입법(탱크의 액면하에 설치된 포방출구로부터 포를 탱크내에 주입하는 방법)을 이용하는 것으로서 송포관(발포기 또는 포발생기에 의하여 발생된 포를 보내는 배관. 당해 배관으로 탱크내의 위험물이 역류되는 것을 저지할 수 있는 구조·기구를 갖는 것)으로부터 포를 방출하는 포방출구

(5) Ⅳ형 포방출구

고정지붕구조의 탱크에 저부포주입법을 이용하는 것으로서 평상시에는 탱크의 액면하의 저부에 설치된 격납통(포를 보내는 것에 의하여 용이하게 이탈되는 캡을 갖는 것을 포함)에 수납되어 있는 특수호스 등이 송포관의 말단에 접속되어 있다가 포를 보내는 것에 의하여 특수호스 등이 전개되어 그 끝부분이 액면까지 도달한 후 포를 방출하는 포방출구

2. 보조포소화전 설치기준

① 방유제 외측의 소화활동상 유효한 위치에 설치하되 각각의 보조포소화전 상호간의 보행거리가 75m 이하가 되도록 설치할 것
② 보조포소화전은 3개(호스접속구가 3개 미만인 경우에는 그 개수)의 노즐을 동시에 사용할 경우에 각각의 노즐 끝부분의 방사압력이 0.35MPa 이상이고 방사량이 400L/min 이상의 성능이 되도록 설치할 것
③ 보조포소화전은 옥외소화전설비의 옥외소화전기준의 예에 준하여 설치할 것

3. 연결송액구 설치 수

$$N = \frac{Aq}{C}$$

여기서, N : 연결송액구의 설치개수
A : 탱크의 최대 수평단면적(단위 : m^2)
q : 탱크의 액표면적 $1m^2$당 방사하여야 할 포수용액의 방출율(단위 : L/min)
C : 연결송액구 1구당 표준송액량(800L/min)

4. 포헤드방식의 포헤드 설치기준

① 포헤드는 방호대상물의 모든 표면이 포헤드의 유효사정 내에 있도록 설치할 것
② 방호대상물의 표면적(건축물의 경우에는 바닥면적) 9m² 당 1개 이상의 헤드를, 방호대상물의 표면적 1m² 당의 방사량이 6.5L/min 이상의 비율로 계산한 양의 포수용액을 표준방사량으로 방사할 수 있도록 설치할 것
③ 방사구역은 100m² 이상(방호대상물의 표면적이 100m² 미만인 경우에는 당해 표면적)으로 할 것

5. 포모니터노즐 방식의 설치기준

① 포모니터노즐은 옥외저장탱크 또는 이송취급소의 펌프설비 등이 안벽, 부두, 해상구조물, 그밖의 이와 유사한 장소에 설치되어 있는 경우에 당해 장소의 끝선(해면과 접하는 선)으로부터 수평거리 15m 이내의 해면 및 주입구 등 위험물취급설비의 모든 부분이 수평방사거리 내에 있도록 설치할 것. 이 경우에 그 설치개수가 1개인 경우에는 2개로 할 것
② 모든 노즐을 동시에 사용할 경우에 각 노즐 끝부분의 방사량이 1900L/min 이상이고 수평방사거리가 30m 이상이 되도록 설치할 것

6. 이동식포소화설비의 수원의 수량

이동식포소화설비는 4개(호스접속구가 4개 미만인 경우에는 그 개수)의 노즐을 동시에 사용할 경우에 각 노즐 끝부분의 방사압력은 0.35MPa 이상이고 방사량은 옥내에 설치한 것은 200L/min 이상, 옥외에 설치한 것은 400L/min 이상으로 30분간 방사할 수 있는 양

7. 가압송수장치의 설치기준

(1) 고가수조를 이용하는 가압송수장치

① 가압송수장치의 낙차(수조의 하단으로부터 포방출구까지의 수직거리)는 다음 식에 의하여 구한 수치 이상으로 할 것

$$H = h_1 + h_2 + h_3$$

여기서, H : 필요한 낙차(단위 : m)
h_1 : 고정식포방출구의 설계압력 환산수두 또는 이동식포소화설비 노즐방사압력 환산수두(단위 : m)
h_2 : 배관의 마찰손실수두(단위 : m)
h_3 : 이동식포소화설비의 소방용 호스의 마찰손실수두(단위 : m)

② 고가수조에는 수위계, 배수관, 오버플로우용 배수관, 보급수관 및 맨홀을 설치할 것

(2) 압력수조를 이용하는 가압송수장치

① 가압송수장치의 압력수조의 압력은 다음 식에 의하여 구한 수치 이상으로 할 것

$$P = p_1 + p_2 + p_3 + p_4$$

여기서, P : 필요한 압력(단위 : MPa)
  p_1 : 고정식포방출구의 설계압력 또는 이동식포소화설비 노즐방사압력(단위 : MPa)
  p_2 : 배관의 마찰손실수두압(단위 : MPa)
  p_3 : 낙차의 환산수두압(단위 : MPa)
  p_4 : 이동식포소화설비의 소방용 호스의 마찰손실수두압(단위 : MPa)

② 압력수조의 수량은 당해 압력수조 체적의 2/3 이하일 것
③ 압력수조에는 압력계, 수위계, 배수관, 보급수관, 통기관 및 맨홀을 설치할 것

(3) 펌프를 이용하는 가압송수장치

① 펌프의 전양정은 다음 식에 의하여 구한 수치 이상으로 할 것

$$H = h_1 + h_2 + h_3 + h_4$$

여기서, H : 펌프의 전양정(단위 : m)
  h_1 : 고정식포방출구의 설계압력환산수두 또는 이동식포소화설비 노즐 끝부분의 방사압력 환산수두(단위 : m)
  h_2 : 배관의 마찰손실수두(단위 : m)
  h_3 : 낙차(단위 : m)
  h_4 : 이동식포소화설비의 소방용호스의 마찰손실수두(단위 : m)

② 펌프의 토출량이 정격토출량의 150%인 경우에는 전양정은 정격전양정의 65% 이상일 것
③ 펌프를 시동한 후 5분 이내에 포수용액을 포방출구 등까지 송액할 수 있도록 하거나 또는 펌프로부터 포방출구 등까지의 수평거리를 500m 이내로 할 것

8. 포소화약제의 혼합장치

(1) 펌프 프로포셔너 방식

펌프의 토출관과 흡입관 사이의 배관도중에 설치한 흡입기에 펌프에서 토출된 물의 일부를 보내고, 농도 조정밸브에서 조정된 포 소화약제의 필요량을 포 소화약제 탱크에서 펌프 흡입측으로 보내어 이를 혼합하는 방식

(2) 프레져 프로포셔너 방식

펌프와 발포기의 중간에 설치된 벤추리관의 벤추리작용과 펌프 가압수의 포 소화약제 저장탱크에 대한 압력에 의하여 포소화약제를 흡입·혼합하는 방식

(3) 라인 프로포셔너 방식

펌프와 발포기의 중간에 설치된 벤추리관의 벤추리 작용에 의하여 포소화약제를 흡입·혼합하는 방식

(4) 프레져사이드 프로포셔너 방식

펌프의 토출관에 압입기를 설치하여 포 소화약제 압입용 펌프로 포소화약제를 압입시켜 혼합하는 방식

5-7 이산화탄소소화설비

1. 이산화탄소소화설비의 분사헤드

구 분	전역방출방식		국소방출방식
	고압식	저압식	
방사압력	2.1MPa 이상	1.05MPa 이상	–
약제저장량 방사시간	60초 이내		30초 이내

2. 이산화탄소소화약제의 소화약제의 양

(1) 전역방출방식

$$Q = [V \times K_1 + A \times K_2] \times K$$

여기서, Q : 소화약제의 양, V : 방호구역 체적(m^3), K_1 : 체적계수(kg/m^3)
A : 개구부 면적(m^2), K_2 : 개구부 면적계수(kg/m^2)
K : 위험물의 종류에 대한 가스계소화약제의 계수(별표2 : 생략)

[방호구역의 체적계수 및 면적계수]

방호구역의 체적 (m³)	방호구역의 체적 1m³당 소화약제의 양(단위 kg) (K_1 : kg/m³)	소화약제 총량의 최저한도 (kg)	개구부 가산량 (K_2 : kg/m²) (자동폐쇄장치 미설치시)
5 미만	1.20	–	5
5이상 15미만	1.10	6	
15이상 45미만	1.00	17	
45 이상 150 미만	0.90	45	
150 이상 1,500 미만	0.80	135	
1,500 이상	0.75	1,200	

(2) 국소방출방식

연소형태	소화약제의 양	
	고압식	저압식
면적식	$Q = [A \times 13\text{kg/m}^2 \times K] \times 1.4$	$Q = [A \times 13\text{kg/m}^2 \times K] \times 1.1$
	여기서, Q : 소화약제의 양, A : 방호대상물의 표면적(m²) K : 위험물의 종류에 대한 가스계소화약제의 계수(별표2 : 생략)	
용적식	$Q = V \times Q_1 \times K \times 1.4$	$Q = V \times Q_1 \times K \times 1.1$
	여기서, Q : 소화약제의 양, V : 방호공간의 체적(m³) $Q_1 : \left(8 - 6\dfrac{a}{A}\right)[\text{kg/m}^3]$ K : 위험물의 종류에 대한 가스계소화약제의 계수(별표2 : 생략)	

① A : 방호대상물의 표면적

당해 방호대상물의 한변의 길이가 0.6m 이하인 경우에는 당해 변의 길이를 0.6m로 해서 계산한 면적

② V : 방호공간의 체적

방호대상물의 모든 부분(지반면에 접한 바닥면은 제외)으로부터 0.6m 외부로 이격된 부분에 의하여 둘러싸여진 부분

③ $Q_1 : \left(8 - 6\dfrac{a}{A}\right)[\text{kg/m}^3]$

Q_1 : 단위 체적당 소화약제의 양(kg/m³)

a : 방호대상물의 주위에 실제로 설치된 고정벽(방호대상물로부터 0.6m미만의 거리에 있는 것에 한한다)의 면적의 합계(단위 : m²)

A : 방호공간 전체둘레의 면적(단위 : m²)

3. 이동식이산화탄소소화설비

① 하나의 노즐마다 90kg 이상의 양으로 할 것

② 노즐은 온도 20℃에서 하나의 노즐마다 90kg/min 이상의 소화약제를 방사할 수 있을 것

③ 저장용기의 용기밸브 또는 방출밸브는 호스의 설치장소에서 수동으로 개폐할 수 있을 것
④ 저장용기는 호스를 설치하는 장소마다 설치할 것
⑤ 저장용기의 직근의 보기 쉬운 장소에 적색등을 설치하고 "이동식이산화탄소소화설비"라고 표시할 것
⑥ 화재 시 연기가 현저하게 충만할 우려가 있는 장소 외의 장소에 설치할 것

4. 저장용기의 충전비

[용기내용적의 수치와 소화약제중량의 수치와의 비율]

구 분	고압식	저압식
충전비	1.5 이상 1.9 이하	1.1 이상 1.4 이하

5. 저장용기의 설치기준

① 방호구역 외의 장소에 설치할 것
② 온도가 40℃ 이하이고 온도 변화가 적은 장소에 설치할 것
③ 직사일광 및 빗물이 침투할 우려가 적은 장소에 설치할 것
④ 저장용기에는 안전장치(용기밸브에 설치되어 있는 것을 포함)를 설치할 것

6. 배관의 설치기준

① 전용으로 할 것
② 강관의 배관

구 분	고압식	저압식
스케줄	80 이상	40 이상

③ 동관 및 관 이음쇠의 배관

구 분	고압식	저압식
내압력	16.5MPa 이상	3.75MPa 이상

7. 저압식저장용기의 설치기준

① 저압식저장용기에는 액면계 및 압력계를 설치할 것
② 저압식저장용기에는 2.3MPa 이상의 압력 및 1.9MPa 이하의 압력에서 작동하는 압력경보장치를 설치할 것
③ 저압식저장용기에는 용기내부의 온도를 -20℃이상 -18℃ 이하로 유지할 수 있는 자동냉동기를 설치할 것
④ 저압식저장용기에는 파괴판을 설치할 것
⑤ 저압식저장용기에는 방출밸브를 설치할 것

8. 선택밸브의 설치기준

① 저장용기를 공용하는 경우에는 방호구역 또는 방호대상물마다 선택밸브를 설치할 것
② 선택밸브는 방호구역 외의 장소에 설치할 것
③ 선택밸브에는 "선택밸브"라고 표시하고 선택이 되는 방호구역 또는 방호대상물을 표시할 것

9. 기동용가스용기의 설치기준

① 기동용가스용기는 25MPa 이상의 압력에 견딜 수 있는 것일 것
② 기동용가스용기의 내용적은 1L 이상으로 하고 당해 용기에 저장하는 이산화탄소의 양은 0.6kg 이상으로 하되 그 충전비는 1.5 이상일 것
③ 기동용가스용기에는 안전장치 및 용기밸브를 설치할 것

10. 수동식 기동장치의 설치기준

① 기동장치는 당해 방호구역 밖에 설치하되 당해 방호구역 안을 볼 수 있고 조작을 한 자가 쉽게 대피할 수 있는 장소에 설치할 것
② 기동장치는 하나의 방호구역 또는 방호대상물마다 설치할 것
③ 기동장치의 조작부는 바닥으로부터 0.8m 이상 1.5m 이하의 높이에 설치할 것
④ 기동장치에는 직근의 보기 쉬운 장소에 "이산화탄소소화설비수동기동장치"라고 표시할 것
⑤ 기동장치의 외면은 적색으로 할 것
⑥ 전기를 사용하는 기동장치에는 전원표시등을 설치할 것
⑦ 기동장치의 방출용스위치 등은 음향경보장치가 기동되기 전에는 조작될 수 없도록 하고 기동장치에 유리 등에 의하여 유효한 방호조치를 할 것
⑧ 기동장치 또는 직근의 장소에 방호구역의 명칭, 취급방법, 안전상의 주의사항 등을 표시할 것

11. 자동식의 기동장치의 설치기준

① 기동장치는 자동화재탐지설비의 감지기의 작동과 연동하여 기동될 수 있도록 할 것
② 기동장치에는 다음에 정한 것에 의하여 자동수동전환장치를 설치할 것
　㉠ 쉽게 조작할 수 있는 장소에 설치할 것
　㉡ 자동 및 수동을 표시하는 표시등을 설치할 것
　㉢ 자동수동의 전환은 열쇠 등에 의하는 구조로 할 것
③ 자동수동전환장치 또는 직근의 장소에 취급방법을 표시할 것

12. 전역방출방식의 안전조치

① 기동장치의 방출용스위치 등의 작동으로부터 저장용기의 용기밸브 또는 방출밸브의 개방까지의 시간이 **20초 이상** 되도록 지연장치를 설치할 것
② 방호구역의 출입구 등 보기 쉬운 장소에 소화약제가 방출된다는 사실을 알리는 표시등을 설치할 것

13. 비상전원의 설치기준

① 자가발전설비 또는 축전지설비
② 용량은 당해 설비를 유효하게 1시간 작동할 수 있는 용량 이상으로 할 것

5-8 할로젠화물소화설비

1. 전역방출방식 할로젠화물소화설비의 분사헤드

① 방사된 소화약제가 방호구역의 전역에 균일하고 신속하게 확산할 수 있도록 설치할 것
② 하론2402를 방사하는 분사헤드는 당해 소화약제를 무상으로 방사하는 것일 것
③ 분사헤드의 방사압력

구 분	하론2402	하론1211	하론1301
방사압력	0.1MPa 이상	0.2MPa 이상	0.9MPa 이상

④ 소화약제의 양을 30초 이내에 균일하게 방사할 것

2. 국소방출방식의 할로젠화물소화설비의 분사헤드

① 분사헤드는 방호대상물의 모든 표면이 분사헤드의 유효사정 내에 있도록 설치할 것
② 소화약제의 방사에 의하여 위험물이 비산되지 않는 장소에 설치할 것
③ 소화약제의 양을 30초 이내에 균일하게 방사할 것

3. 소화약제의 양

(1) 전역방출방식

$$Q = [V \times K_1 + A \times K_2] \times K$$

여기서, Q : 소화약제의 양, V : 방호구역 체적(m^3), K_1 : 체적계수(kg/m^3),
A : 개구부 면적(m^2), K_2 : 개구부 면적계수(kg/m^2)
K : 위험물의 종류에 대한 가스계소화약제의 계수(별표2 : 생략)

[방호구역의 체적계수 및 면적계수]

약제의 종류	방호구역의 체적 1m³당 소화약제의 양(단위 kg) (K_1 : kg/m³)	개구부 가산량 (K_2 : kg/m²) (자동폐쇄장치 미설치시)
하론2402	0.40	3.0
하론1211	0.36	2.7
하론1301	0.32	2.4

(2) 국소방출방식

연소형태	소화약제의 양		
	하론2402	하론1211	하론1301
면적식	$Q=[A\times 8.8\text{kg/m}^2\times K]\times 1.1$	$Q=[A\times 7.6\text{kg/m}^2\times K]\times 1.1$	$Q=[A\times 6.8\text{kg/m}^2\times K]\times 1.25$
	여기서, Q : 소화약제의 양, A : 방호대상물의 표면적(m²) K : 위험물의 종류에 대한 가스계소화약제의 계수(별표2 : 생략)		
용적식	$Q=V\times Q_1\times K\times 1.1$	$Q=V\times Q_1\times K\times 1.1$	$Q=V\times Q_1\times K\times 1.25$
	여기서, Q : 소화약제의 양, V : 방호공간의 체적(m³) $Q_1 : \left(X - Y\dfrac{a}{A}\right)[\text{kg/m}^3]$ K : 위험물의 종류에 대한 가스계소화약제의 계수(별표2 : 생략)		

※ **면적식의 국소방출방식**
  액체 위험물을 상부를 개방한 용기에 저장하는 경우 등 화재시 연소면이 한면에 한정되고 위험물이 비산할 우려가 없는 경우

※ **용적식의 국소방출방식** : 면적식 외의 경우

$$Q_1 = \left(X - Y\dfrac{a}{A}\right)[\text{kg/m}^3]$$

여기서, Q_1 : 단위 체적당 소화약제의 양(kg/m³)
   a : 방호대상물의 주위에 실제로 설치된 고정벽의 면적의 합계(단위 : m²)
   A : 방호공간 전체둘레의 면적(단위 : m²)
   X 및 Y : 다음 표에 정한 수치

약제의 종류	X의 수치	Y의 수치
하론2402	5.2	3.9
하론1211	4.4	3.3
하론1301	4.0	3.0

4. 이동식할로젠화물소화설비

약제의 종류	소화약제의 양(kg)	방사량(kg/min)
하론2402	50	45
하론1211	50	40
하론1301	45	35

5. 저장용기등의 충전비

구 분	하론2402		하론1211	하론1301
	가압식	축압식		
충전비	0.51 이상 0.67 이하	0.67 이상 2.75 이하	0.7 이상 1.4 이하	0.9 이상 1.6 이하

6. 축압식 저장용기의 압력

구 분	하론1211	하론1301
가압압력(20℃에서) (가압가스 질소)	1.1MPa 또는 2.5MPa	2.5MPa 또는 4.2MPa

7. 배관의 설치기준

① 전용으로 할 것
② 강관의 배관은 하론2402에 있어서는 「배관용탄소강관」(KSD3507), 하론1211 또는 하론 1301에 있어서는 「압력배관용탄소강관」(KS D 3562) 중에서 스케줄40 이상의 것 또는 이와 동등 이상의 강도를 갖는 것으로서 아연도금 등에 의한 방식처리를 한 것을 사용할 것
③ 동관의 배관은 「이음매 없는구리 및 구리합금관」(KS D 5301) 또는 이와 동등 이상의 강도 및 내식성을 갖는 것을 사용할 것
④ 관이음쇠 및 밸브류는 강관이나 동관 또는 이와 동등 이상의 강도 및 내식성을 갖는 것일 것
⑤ 낙차는 50m 이하일 것
⑥ 저장용기(축압식의 것으로서 내부압력이 1.0MPa 이상인 것)에는 용기밸브를 설치할 것
⑦ 가압식의 것에는 2.0MPa 이하의 압력으로 조정할 수 있는 압력조정장치를 설치할 것
⑧ 저장용기등과 선택밸브 등 사이에는 안전장치 또는 파괴판을 설치할 것

5-9 분말소화설비

1. 전역방출방식의 분사헤드

① 방사된 소화약제가 방호구역의 전역에 균일하고 신속하게 확산할 수 있도록 설치할 것
② 분사헤드의 방사압력은 0.1MPa 이상일 것
③ 소화약제의 양을 30초 이내에 균일하게 방사할 것

2. 국소방출방식의 분사헤드

① 분사헤드는 방호대상물의 모든 표면이 분사헤드의 유효사정 내에 있도록 설치할 것
② 소화약제의 방사에 의하여 위험물이 비산되지 않는 장소에 설치할 것
③ 소화약제의 양을 30초 이내에 균일하게 방사할 것

3. 소화약제의 양

(1) 전역방출방식

$$Q = [V \times K_1 + A \times K_2] \times K$$

여기서, Q : 소화약제의 양, V : 방호구역 체적(m^3), K_1 : 체적계수(kg/m^3)
A : 개구부 면적(m^2), K_2 : 개구부 면적계수(kg/m^2)
K : 위험물의 종류에 대한 가스계소화약제의 계수(별표2 : 생략)

[방호구역의 체적계수 및 면적계수]

약제의 종류	방호구역의 체적 $1m^3$당 소화약제의 양(단위 kg) (K_1 : kg/m^3)	개구부 가산량 (K_2 : kg/m^2) (자동폐쇄장치 미설치시)
제1종 분말	0.60	4.5
제2종 또는 제3종 분말	0.36	2.7
제4종 분말	0.24	1.8
제5종 분말	소화약제에 따라 필요한 양	소화약제에 따라 필요한 양

(2) 국소방출방식

연소형태	소화약제의 양		
	제1종 분말	제2종 또는 제3종 분말	제4종 분말
면적식	$Q = [A \times 8.8 kg/m^2 \times K] \times 1.1$	$Q = [A \times 5.2 kg/m^2 \times K] \times 1.1$	$Q = [A \times 3.6 kg/m^2 \times K] \times 1.1$
	여기서, Q : 소화약제의 양, A : 방호대상물의 표면적(m^2) K : 위험물의 종류에 대한 가스계소화약제의 계수(별표2 : 생략)		
용적식	$Q = V \times Q_1 \times K \times 1.1$	$Q = V \times Q_1 \times K \times 1.1$	$Q = V \times Q_1 \times K \times 1.1$
	여기서, Q : 소화약제의 양, V : 방호공간의 체적(m^3) $Q_1 : \left(X - Y \dfrac{a}{A} \right) [kg/m^3]$ K : 위험물의 종류에 대한 가스계소화약제의 계수(별표2 : 생략)		

※ 면적식의 국소방출방식
　액체 위험물을 상부를 개방한 용기에 저장하는 경우 등 화재시 연소면이 한면에 한정되고 위험물이 비산할 우려가 없는 경우
※ 용적식의 국소방출방식 : 면적식 외의 경우

$$Q_1 = \left(X - Y\frac{a}{A}\right)[\text{kg/m}^3]$$

여기서, Q_1 : 단위 체적당 소화약제의 양(kg/m^3)
  a : 방호대상물의 주위에 실제로 설치된 고정벽의 면적의 합계(단위 : m^2)
  A : 방호공간 전체둘레의 면적(단위 : m^2)
  X 및 Y : 다음 표에 정한 수치

약제의 종류	X의 수치	Y의 수치
제1종 분말	5.2	3.9
제2종 또는 제3종 분말	3.2	2.4
제4종 분말	2.0	1.5
제5종 분말	소화약제에 따라 필요한 양	소화약제에 따라 필요한 양

4. 이동식 분말소화설비

약제의 종류	소화약제의 양(kg)	방사량(kg/min)
제1종 분말	50	45
제2종 또는 제3종 분말	30	27
제4종 분말	20	18
제5종 분말	소화약제에 따라 필요한 양	소화약제에 따라 필요한 양

5. 저장용기등의 충전비

소화약제의 종별	충전비의 범위
제1종 분말	0.85 이상 1.45 이하
제2종 또는 제3종 분말	1.05 이상 1.75 이하
제4종 분말	1.50 이상 2.50 이하

6. 가압용 또는 축압용 가스

① 가압용 또는 축압용 가스는 질소 또는 이산화탄소로 할 것
② 가압용 가스로 질소를 사용하는 것은 소화약제 1kg당 온도 35℃에서 0MPa의 상태로 환산한 체적 40L 이상, 이산화탄소를 사용하는 것은 소화약제 1kg당 20g에 배관의 청소에 필요한 양을 더한 양 이상일 것
③ 가압용 또는 축압용 가스

구 분	질소가스 사용시	이산화탄소 사용시
가압용 가스	40L(질소)/1kg(약제) + 배관청소에 필요한 양 (35℃, 0MPa 기준)	20g(CO_2)/1kg(약제) + 배관청소에 필요한 양
축압용 가스	10L(질소)/1kg(약제) + 배관청소에 필요한 양 (35℃, 0MPa기준)	20g(CO_2)/1kg(약제) + 배관청소에 필요한 양

7. 배관의 설치기준

① 전용으로 할 것
② 강관의 배관은「배관용탄소강관」(KSD3507)에 적합하고 아연도금 등에 의하여 방식처리를 한 것 또는 이와 동등 이상의 강도 및 내식성을 갖는 것을 사용할 것. 다만, 축압식인 것 중에서 온도 20℃에서 압력이 2.5MPa을 초과하고 4.2MPa 이하인 것에 있어서는「압력배관용탄소강관」(KS D 3562) 중에서 스케줄40 이상이고 아연도금 등에 의하여 방식처리를 한 것 또는 이와 동등 이상의 강도와 내식성이 있는 것을 사용할 것
③ 동관의 배관은「이음매없는구리및구리합금관」(KS D 5301) 또는 이와 동등 이상의 강도 및 내식성을 갖는 것으로 조정압력 또는 최고사용압력의 1.5배 이상의 압력에 견딜 수 있는 것을 사용할 것
④ 저장용기등으로부터 배관의 굴곡부까지의 거리는 관경의 20배 이상 되도록 할 것 다만, 소화약제와 가압용·축압용가스가 분리되지 않도록 조치를 한 경우에는 그러하지 아니하다.
⑤ 낙차는 50m 이하일 것

8. 가압식의 분말소화설비

2.5MPa 이하의 압력으로 조정할 수 있는 압력조정기를 설치할 것

9. 기동용가스용기

구 분	내용적	가스의 양	충전비
기 준	0.27L 이상	145g 이상	1.5 이상

제4편 법령과 연소 및 소화설비 핵심 기출예상문제

01 가연물의 구비조건으로 거리가 먼 것은?

㉮ 열전도도가 작을 것.
㉯ 산소와 친화력이 좋을 것.
㉰ 완전 산화물일 것.
㉱ 점화에너지가 작을 것.

해설 가연물의 구비조건
① 열전도율이 작을 것
② 발열량이 클 것
③ 표면적이 넓을 것
④ 산소와 친화력이 좋을 것
⑤ 활성화에너지가 작을 것

해답 ㉰

02 위험물의 화재 위험에 대한 설명으로 옳지 않은 것은?

㉮ 인화점이 낮을수록 위험하다.
㉯ 착화점이 높을수록 위험하다.
㉰ 폭발범위가 넓을수록 위험하다.
㉱ 연소속도가 빠를수록 위험하다.

해설 위험성의 영향인자

영향인자	위험성
❶ 온도, 압력, 산소농도	높을수록 위험
❷ 연소범위(폭발범위)	넓을수록 위험
❸ 연소열, 증기압	클수록 위험
❹ 연소속도	빠를수록 위험
❺ 인화점, 착화점, 비점, 융점, 비중, 점성, 비열	**낮을수록 위험**

해답 ㉯

03 위험물 취급 시 정전기로 인하여 재해를 발생시킬 수 있는 경우에 가장 가까운 것은?

㉮ 감전사고
㉯ 강한 화학반응
㉰ 가열로 인한 화재
㉱ 불꽃방전으로 인한 화재

해설 위험물 취급 시 정전기로 인하여 불꽃방전으로 인한 화재를 일으킬 수 있다.

해답 ㉱

제 4 편 법령과 연소 및 소화설비

04 화학소방자동차(포수용액 방사차) 1대가 갖추어야 할 포수용액의 방사능력으로 옳은 것은?

㉮ 500[L/min] 이상
㉯ 1,000[L/min] 이상
㉰ 1,500[L/min] 이상
㉱ 2,000[L/min] 이상

해설 화학소방자동차에 갖추어야 하는 소화능력 및 설비의 기준(시행규칙 별표 23)

화학소방자동차의 구분	소화능력 및 설비의 기준
포수용액방사차	포수용액의 방사능력이 매분 2,000L 이상일 것.
	소화약액탱크 및 소화약액혼합장치를 비치할 것.
	10만L 이상의 포수용액을 방사할 수 있는 양의 소화약제를 비치할 것.
분말방사차	분말의 방사능력이 매초 35kg 이상일 것.
	분말탱크 및 가압용 가스설비를 비치할 것.
	1,400kg 이상의 분말을 비치할 것.
할로젠화물방사차	할로젠화물의 방사능력이 매초 40kg 이상일 것.
	할로젠화물탱크 및 가압용 가스설비를 비치할 것.
	1,000kg 이상의 할로젠화물을 비치할 것.
이산화탄소방사차	이산화탄소의 방사능력이 매초 40kg 이상일 것.
	이산화탄소저장용기를 비치할 것.
	3,000kg 이상의 이산화탄소를 비치할 것.
제독차	가성소다 및 규조토를 각각 50kg 이상 비치할 것.

해답 ㉱

05 위험물안전관리법 규정에 의하여 다수의 제조소 등을 설치한 자가 1인의 안전관리자를 중복하여 선임할 수 있는 경우가 아닌 것은? (단, 동일구내에 있는 저장소로서 행정안전부령이 정하는 저장소를 동일인이 설치한 경우이다.)

㉮ 15개의 옥내저장소
㉯ 15개의 옥외탱크저장소
㉰ 10개의 옥외저장소
㉱ 10개의 암반탱크저장소

해설 (1) 1인의 안전관리자를 중복하여 선임할 수 있는 저장소 등
① 10개 이하의 옥내저장소, 옥외저장소, 암반탱크저장소
② 30개 이하의 옥외탱크저장소
③ 옥내탱크저장소
④ 지하탱크저장소
⑤ 간이탱크저장소

(2) 1인의 안전관리자를 중복하여 선임할 수 있는 경우
① 보일러・버너 또는 이와 비슷한 것으로서 위험물을 소비하는 장치로 이루어진 7개 이하의 일반취급소와 그 일반취급소에 공급하기 위한 위험물을 저장하는 저장소
② 위험물을 차량에 고정된 탱크 또는 운반용기에 옮겨 담기 위한 5개 이하의 일반취급소[일반취급소간의 거리(보행거리)가 300m 이내인 경우]와 그 일반취급소에 공급하기 위한 위험물을 저장하는 저장소를 동일인이 설치한 경우
③ 동일구내에 있거나 상호 100m 이내의 거리에 있는 저장소로서 저장소의 규모, 저장하는

위험물의 종류 등을 고려하여 행정안전부령이 정하는 저장소를 동일인이 설치한 경우
④ 다음 각목의 기준에 모두 적합한 5개 이하의 제조소등을 동일인이 설치한 경우
　㈎ 각 제조소등이 동일구내에 위치하거나 상호 100m 이내의 거리에 있을 것
　㈏ 각 제조소등에서 저장 또는 취급하는 위험물의 최대수량이 지정수량의 3천배 미만일 것. 다만, 저장소의 경우에는 그러하지 아니하다.
⑤ 그 밖에 행정안전부령이 정하는 제조소등을 동일인이 설치한 경우

해답 ㈎

06 분진폭발에 대한 설명으로 옳지 않은 것은?

㈎ 밀폐공간 내 분진운이 부유할 때 폭발위험성이 있다.
㈏ 충격, 마찰도 착화에너지가 될 수 있다.
㈐ 2차, 3차 폭발의 발생 우려가 없으므로 1차 폭발소화에 주의하여야 한다.
㈑ 산소의 농도가 증가하면 대형화될 수 있다.

해설 분진폭발(먼지폭발 · 분체폭발)
고체의 미소한 분말이 부유하고, 그 농도가 적당한 범위 내에 있을 때, 불꽃, 스파이크섬광 등에 의하여 발생하는 폭발이며
① 최소발화 에너지는 10~80mJ이다.
② 분진폭발은 2차, 3차 폭발의 발생 우려가 높으므로 주의하여야 한다.

해답 ㈐

07 스프링클러설비의 기종에서 쌍구형의 송수구에 대한 설명 중 틀린 것은?

㈎ 송수구의 결합금속구는 탈착식 또는 나사식으로 한다.
㈏ 송수구에는 그 직근의 보기 쉬운 장소에 송수용량 및 송수시간을 함께 표시하여야 한다.
㈐ 소방펌프자동차가 용이하게 접근할 수 있는 위치에 설치한다.
㈑ 송수구의 결합금속구는 지면으로부터 0.5m 이상 1m 이하 높이의 송수에 지장이 없는 위치에 설치한다.

해설 스프링클러설비의 쌍구형 송수구 설치기준
① 소방펌프자동차가 용이하게 **접근할 수 있는 위치**에 설치할 것
② 전용으로 할 것
③ 송수구의 결합금속구는 탈착식 또는 나사식으로 하고 내경을 63.5mm 내지 66.5mm로 할 것
④ 송수구의 결합금속구는 지면으로부터 **0.5m 이상 1m 이하**의 높이의 송수에 지장이 없는 위치에 설치할 것
⑤ 송수구는 당해 스프링클러설비의 가압송수장치로부터 유수검지장치 · 압력검지장치 또는 일제개방형밸브 · 수동식개방밸브까지의 배관에 전용의 배관으로 접속할 것
⑥ 송수구에는 그 직근의 보기 쉬운 장소에 "스프링클러용송수구"라고 표시하고 그 송수압력범위를 함께 표시할 것

해답 ㈏

08. 위험물 고정 지붕구조 옥외탱크저장소의 탱크에 설치하는 포방출구가 아닌 것은?

㉮ Ⅰ형
㉯ Ⅱ형
㉰ Ⅲ형
㉱ 특형

해설 탱크의 종류에 따른 고정포 방출구 설치

탱크의 종류	포방출구
콘루프탱크(고정 지붕구조)	Ⅰ형 방출구, Ⅱ형 방출구 또는 Ⅲ형 방출구, Ⅳ형 방출구
플루팅루프탱크(부상식 지붕구조)	특형 방출구

포주입법에 따른 고정포 방출구
① 상부 포주입법 : Ⅰ형, Ⅱ형, 특형
② 하부(저부) 포주입법 : Ⅲ형, Ⅳ형

해답 ㉱

09. 경유를 저장하는 저장창고의 체적이 50m³인 방호대상물이 있다. 이 저장창고(개구부에는 자동폐쇄장치가 설치됨)에 전역방출방식의 이산화탄소 소화설비를 설치할 경우 소화약제의 저장량은 얼마 이상이어야 하는가?

㉮ 30kg
㉯ 45kg
㉰ 60kg
㉱ 100kg

해설 $Q = [V \times K_1 + A \times K_2] \times K = 50 \times 0.9 = 45\text{kg}$

이산화탄소소화약제의 소화약제의 양
① 전역방출방식

$$Q = [V \times K_1 + A \times K_2] \times K$$

여기서, Q : 소화약제의 양, V : 방호구역 체적(m³), K_1 : 체적계수(kg/m³)
A : 개구부 면적(m²), K_2 : 개구부 면적계수(kg/m²)
K : 위험물의 종류에 대한 가스계소화약제의 계수(별표2 : 생략)

방호구역의 체적계수 및 면적계수

방호구역의 체적(m³)	방호구역의 체적 1m³당 소화약제의 양(단위 kg) (K_1 : kg/m³)	소화약제 총량의 최저한도 (kg)	개구부 가산량 (K_2 : kg/m²) (자동폐쇄장치 미설치시)
5 미만	1.20	—	5
5이상 15미만	1.10	6	
15이상 45미만	1.00	17	
45 이상 150 미만	**0.90**	**45**	
150 이상 1,500 미만	0.80	135	
1,500 이상	0.75	1,200	

해답 ㉯

10 분말소화약제를 종별로 구분하였을 때 그 주성분이 옳게 연결된 것은?

㉮ 제1종 – 탄산수소나트륨
㉯ 제2종 – 인산수소암모늄
㉰ 제3종 – 탄산수소칼륨
㉱ 제4종 – 탄산수소나트륨과 요소의 혼합물

해설 분말소화약제

종 별	약제명	착색	적응화재	열분해 반응식
제1종 $NaHCO_3$	탄산수소나트륨 중탄산나트륨 중 조	백 색	B, C급	$2NaHCO_3 \rightarrow Na_2CO_3 + CO_2 + H_2O$
제2종 $KHCO_3$	탄산수소칼륨 중탄산칼륨	담회색	B, C급	$2KHCO_3 \rightarrow K_2CO_3 + CO_2 + H_2O$
제3종 $NH_4H_2PO_4$	제1인산암모늄	담홍색	A, B, C급	$NH_4H_2PO_4 \rightarrow HPO_3 + NH_3 + H_2O$
제4종 $KHCO_3 + (NH_2)_2CO$	중탄산칼륨 + 요소	회(백)색	B, C급	$2KHCO_3 + (NH_2)_2CO$ $\rightarrow K_2CO_3 + 2NH_3 + 2CO_2$

해답 ㉮

11 다음 중 이산화탄소 소화설비가 적응성이 있는 위험물은?

㉮ 제1류 위험물   ㉯ 제3류 위험물
㉰ 제4류 위험물   ㉱ 제5류 위험물

해설 소화설비의 적응성

구 분		1류		2류			3류		4류	5류	6류
		알칼리금속 과산화물	그밖의 것	철분, 금속분, 마그네슘	인화성 고체	그밖의 것	금수성 물질	그밖의 것			
포소화기			○		○	○		○	○	○	○
이산화탄소소화기					○				○		
할로젠화합물소화기					○				○		
분말소화기	인산염류등		○		○	○			○		○
	탄산수소염류등	○		○	○		○		○		
	그 밖의 것	○		○			○				
팽창질석 팽창진주암					○		○	○	○	○	○

제6류 위험물을 저장 또는 취급하는 장소로서 폭발의 위험이 없는 장소에 한하여 이산화탄소 소화기가 제6류 위험물에 대하여 적응성이 있음을 각각 표시한다.

해답 ㉰

12 분말소화설비의 기준에서 분말소화약제의 축압용 가스로 질소를 사용하면 소화약제 50kg 저장 시 질소가스량은 35℃, 0MPa의 상태로 환산하여 몇 L 이상이어야 하는가? (단, 배관의 청소에 필요한 양은 제외한다.)

㉮ 500
㉯ 1,000
㉰ 1,500
㉱ 2,000

해설 $Q = 50\text{kg} \times 10\text{L/kg} = 500\text{L}$

가압용 또는 축압용 가스

구 분	질소가스 사용시	이산화탄소 사용시
가압용 가스	40L(질소)/1kg(약제) +배관청소에 필요한 양(35℃, 0MPa 기준)	20g(CO_2)/1kg(약제) +배관청소에 필요한 양
축압용 가스	10L(질소)/1kg(약제) +배관청소에 필요한 양(35℃, 0MPa기준)	20g(CO_2)/1kg(약제) +배관청소에 필요한 양

해답 ㉮

13 분말소화기의 소화약제에 해당하는 것은?

㉮ Na_2CO_3
㉯ $NaHCO_3$
㉰ $NaNO_3$
㉱ $NaCl$

해설 **분말약제의 주성분 및 착색** ★★★★(필수암기)

종별	주성분	약제명	착색	적응화재
제1종	$NaHCO_3$	탄산수소나트륨, 중탄산나트륨, 중조	백색	B, C급
제2종	$KHCO_3$	탄산수소칼륨, 중탄산칼륨	담회색(보라색)	B, C급
제3종	$NH_4H_2PO_4$	제1인산암모늄	담홍색(핑크색)	A, B, C급
제4종	$KHCO_3 + (NH_2)_2CO$	중탄산칼륨 + 요소	회색(쥐색)	B, C급

해답 ㉯

14 다음 중 1기압에 가장 가까운 값을 갖는 것은?

㉮ 760[cmHg]
㉯ 101.3[Pa]
㉰ 29.92[psi]
㉱ 1033.6[cmH_2O]

해설 **표준대기압**
$1\text{atm} = 760\text{mmHg} = 1.0332\text{kgf/cm}^2 = 10.332\text{mH}_2\text{O(mAq)}$
$= 1.013\text{bar} = 1013\text{mbar} = 101325\text{Pa} = 101.325\text{kPa} = 14.7\text{PSI}$

해답 ㉱

15 아세트알데하이드의 위험도에 가장 가까운 값은 얼마인가?

㉮ 약 7
㉯ 약 14
㉰ 약 23
㉱ 약 30

해설
① 아세트알데하이드의 연소범위 : 4~60%
② $H = \dfrac{60-4}{4} = 14$

위험도(Degree of Hazards)

$$H = \dfrac{U-L}{L}$$

여기서, H : 위험도, U : 폭발 상한계, L : 폭발 하한계

해답 ㉯

16 다음 물질에 의한 화재 시 포소화설비의 적응성이 없는 것은?

㉮ 적린
㉯ 황린
㉰ 과염소산
㉱ 탄화알루미늄

해설
탄화알루미늄(Al_4C_3)★★★

화학식	분자량	융점	비중
Al_4C_3	143	2100℃	2.36

① 물과 접촉시 메탄가스를 생성하고 발열반응을 한다.

$$Al_4C_3 + 12H_2O \rightarrow 4Al(OH)_3 + 3CH_4(메탄)$$

② 황색 결정 또는 백색분말로 1400℃ 이상에서는 분해가 된다.
③ 물 및 포약제에 의한 소화는 절대 금하고 마른모래 등으로 피복소화한다.

해답 ㉱

17 제조소 등의 관계인은 그 제조소 등의 용도를 폐지한 때에는 폐지한 날로부터 며칠 이내에 신고하여야 하는가?

㉮ 7일
㉯ 14일
㉰ 30일
㉱ 90일

해설
제조소등의 폐지
제조소등의 관계인(소유자·점유자 또는 관리자)은 당해 제조소등의 용도를 폐지한 때에는 행정안전부령이 정하는 바에 따라 제조소등의 용도를 폐지한 날부터 **14일 이내**에 시·도지사에게 신고하여야 한다.

해답 ㉯

18 위험물안전관리법에서 정한 경보설비에 해당하지 않는 것은?

㉮ 비상경보설비 ㉯ 자동화재탐지설비
㉰ 비상방송설비 ㉱ 영상음향차단경보기

해설 경보설비
① 자동화재탐지설비 ② 자동화재속보설비 ③ 비상경보설비
④ 비상방송설비 ⑤ 확성장치

해답 ㉱

19 다음 중 스프링클러 헤드의 설치기준으로 틀린 것은?

㉮ 개방형 스프링클러 헤드는 헤드 반사판으로부터 수평방향으로 0.3m의 공간을 보유하여야 한다.
㉯ 폐쇄형 스프링클러 헤드의 반사판과 헤드의 부착면과의 거리는 30cm 이하로 한다.
㉰ 폐쇄형 스프링클러 헤드 부착장소의 평상시 최고 주위온도가 28℃ 미만인 경우 58℃ 미만의 표시온도를 갖는 헤드를 사용한다.
㉱ 개구부에 설치하는 폐쇄형 스프링클러 헤드는 당해 개구부의 상단으로부터 높이 30cm 이내의 벽면에 설치한다.

해설 스프링클러헤드의 부착위치
① 가연성 물질을 수납하는 부분에 스프링클러헤드를 설치하는 경우에는 제1호가목의 규정에 불구하고 당해 헤드의 반사판으로부터 하방으로 0.9m, 수평방향으로 0.4m의 공간을 보유할 것
② 개구부에 설치하는 스프링클러헤드는 당해 개구부의 상단으로부터 **높이 0.15m 이내**의 벽면에 설치할 것

해답 ㉱

20 다음 이산화탄소 소화약제의 성상 중 틀린 것은?

㉮ 증기비중 : 1.52 ㉯ 기체밀도(0℃, 1atm) : 1.96g/L
㉰ 임계온도 : 31℃ ㉱ 임계압력 : 167.8atm

해설 이산화탄소(CO_2)의 물리적성질
① 무색무취이며 비전도성이다.
② 증기비중은 약 1.5이다.
③ CO_2의 임계온도 : 31℃, 임계압력 : 72.75atm
④ CO_2의 허용농도 : 0.5% (5000ppm)
⑤ CO_2의 삼중점 : 압력 0.53MPa, 온도 -56.3℃에서 고체, 액체, 기체가 공존
⑥ CO_2의 호흡곤란 : 6% 이상

해답 ㉱

21 이산화탄소 소화설비의 기준에 대한 설명으로 옳은 것은? (단, 전역방출방식의 이산화탄소 소화설비이다.)

㉮ 저장용기는 온도가 40℃ 이하이고 온도변화가 적은 장소에 설치할 것.
㉯ 저압식 저장용기의 충전비는 1.5 이상 1.9 이하로 할 것.
㉰ 저압식 저장용기에는 압력경보장치를 설치하지 말 것.
㉱ 기동용 가스용기는 20MPa 이상의 압력에 견딜 수 있을 것.

해설
㉯ 저압식 저장용기의 충전비는 1.1 이상 1.4 이하로 할 것.
㉰ 저압식 저장용기에는 압력경보장치를 **설치할 것**.
㉱ 기동용 가스용기는 **25MPa 이상**의 압력에 견딜 수 있을 것.

이산화탄소 저장용기의 설치기준
① 방호구역 외의 장소에 설치할 것
② 온도가 40℃ 이하이고 온도 변화가 적은 장소에 설치할 것
③ 직사일광 및 빗물이 침투할 우려가 적은 장소에 설치할 것
④ 저장용기에는 안전장치를 설치할 것

해답 ㉮

22 제4류 위험물을 취급하는 제조소가 있는 동일한 사업소에서 저장 또는 취급하는 위험물이 지정수량의 몇 배 이상일 때 당해 사업소에 자체소방대를 설치하여야 하는가?

㉮ 1,000배
㉯ 3,000배
㉰ 5,000배
㉱ 10,000배

해설
(1) **자체소방대를 설치 대상 사업소**
① **지정수량의 3천배 이상의 제4류 위험물**을 취급하는 제조소 또는 일반취급소
(단, 보일러로 위험물을 소비하는 일반취급소 등 일반취급소를 제외)
② 지정수량의 50만배 이상의 제4류 위험물을 저장하는 옥외탱크저장소

(2) **자체소방대에 두는 화학소방자동차 및 인원**

사업소의 구분	화학소방자동차	자체소방대원의 수
1. 제조소 또는 일반취급소에서 취급하는 제4류 위험물의 최대수량의 합이 지정수량의 3천배 이상 12만배 미만인 사업소	1대	5인
2. 제조소 또는 일반취급소에서 취급하는 제4류 위험물의 최대수량의 합이 지정수량의 12만배 이상 24만배 미만인 사업소	2대	10인
3. 제조소 또는 일반취급소에서 취급하는 제4류 위험물의 최대수량의 합이 지정수량의 24만배 이상 48만배 미만인 사업소	3대	15인
4. 제조소 또는 일반취급소에서 취급하는 제4류 위험물의 최대수량의 합이 지정수량의 48만배 이상인 사업소	4대	20인
5. 옥외탱크저장소에 저장하는 제4류 위험물의 최대수량이 지정수량의 50만배 이상인 사업소	2대	10인

해답 ㉯

23. 다음 중 제3류 위험물의 금수성 물질에 대하여 적응성이 있는 소화기는?

㉮ 이산화탄소 소화기
㉯ 할로젠화합물 소화기
㉰ 탄산수소염류 소화기
㉱ 인산염류 소화기

해설 소화설비의 적응성

구분		1류		2류			3류		4류	5류	6류
		알칼리금속 과산화물	그밖의 것	철분, 금속분, 마그네슘	인화성 고체	그밖의 것	금수성 물질	그밖의 것			
포소화기			○		○	○		○	○	○	○
이산화탄소소화기					○			○			
할로젠화합물소화기					○			○			
분말소화기	인산염류등		○		○	○		○			○
	탄산수소염류등	○		○	○		○		○		
	그 밖의 것	○		○			○				
팽창질석 팽창진주암		○	○	○	○	○	○	○	○	○	○

제6류 위험물을 저장 또는 취급하는 장소로서 폭발의 위험이 없는 장소에 한하여 이산화탄소 소화기가 제6류 위험물에 대하여 적응성이 있음을 각각 표시한다.

해답 ㉰

24. 플루오린(F)계 계면활성제를 주성분으로 한 것으로 분말소화약제와 함께 트윈 약제 시스템(Twin Agent System)에 사용되어 소화효과를 높이는 포소화약제는?

㉮ 수성막 포소화약제
㉯ 단백 포소화약제
㉰ 합성계면활성제 포소화약제
㉱ 내알코올형 포소화약제

해설 수성막포 소화약제

① 플루오린(F) 계통의 습윤제에 합성계면활성제 첨가한 포약제이며 주성분은 **플루오린(F)계 계면활성제**
② 미국에서는 AFFF(Aqueous Film Forming Foam)로 불리며 3M사가 개발한 것으로 상품명은 라이트 워터(light water)
③ 저발포용으로 3%형과 6%형이 있다.
④ **분말약제와 겸용이 가능**하고 액면하 주입방식에도 사용
⑤ 내유성과 유동성이 좋아 유류화재 및 항공기화재, 화학공장화재에 적합
⑥ 화학적으로 안정하며 수명이 반영구적
⑦ 소화작업 후 포와 막의 차단효과로 재발화 방지에 효과가 있다.
※ 유류화재용으로 가장 뛰어난 포약제는 수성막포이다.

해답 ㉮

25
전역방출방식의 분말소화설비에서 분말소화약제의 저장용기에 저장하는 제3종 분말소화약제의 양은 방호구역의 체적 1m³당 몇 kg 이상으로 하여야 하는가? (단, 방호구역의 개구부에 자동폐쇄장치를 설치한 경우이고, 방호구역 내에서 취급하는 위험물은 에탄올이다.)

㉠ 0.360
㉡ 0.432
㉢ 2.7
㉣ 5.2

해설 **분말소화설비의 전역방출방식**

$$Q = [V \times K_1 + A \times K_2] \times K$$

여기서, Q : 소화약제의 양, V : 방호구역 체적(m³), K_1 : 체적계수(kg/m³),
A : 개구부 면적(m²), K_2 : 개구부 면적계수(kg/m²)
K : 위험물의 종류에 대한 가스계소화약제의 계수(별표2 : 생략)

방호구역의 체적계수 및 면적계수

약제의 종류	방호구역의 체적 1m³당 소화약제의 양(단위 kg) (K_1 : kg/m³)	개구부 가산량 (K_2 : kg/m²) (자동폐쇄장치 미설치시)
제1종 분말	0.60	4.5
제1종 또는 제3종 분말	0.36	2.7
제4종 분말	0.24	1.8
제5종 분말	소화약제에 따라 필요한 양	소화약제에 따라 필요한 양

① 제3종 분말의 체적계수 $K_1[\text{kg/m}^3] = 0.36 \text{kg/m}^3$
② K : 위험물의 종류에 대한 가스계소화약제의 계수(에탄올) = 1.2
③ 에탄올의 체적계수 = $K_1 \times K = 0.36 \times 1.2 = 0.432 \text{kg/m}^3$

해답 ㉡

26
덩어리 상태의 황을 지정하는 옥외저장소가 경계표시 내부의 면적(2 이상의 경계표시가 있는 경우에는 각 경계표시의 내부의 면적을 합한 면적)이 얼마일 때 소화난이도 등급 Ⅰ에 해당하는가?

㉠ 100m² 이하
㉡ 100m² 이상
㉢ 1,000m² 이하
㉣ 1,000m² 이상

해설 **소화난이도등급 Ⅰ에 해당하는 제조소 등**

제조소등의 구분	제조소 등의 규모, 저장 또는 취급하는 위험물의 종류 및 최대수량 등
옥외 저장소	덩어리 상태의 황을 저장하는 것으로서 경계표시 내부의 면적(2 이상의 경계표시가 있는 경우에는 각 경계표시의 내부의 면적을 합한 면적)이 100m² 이상인 것
	별표 11 Ⅲ의 위험물을 저장하는 것으로서 지정수량의 100배 이상인 것

해답 ㉡

27. 개방형 스프링클러 헤드를 이용한 스프링클러 설비의 방사구역은 최소 몇 m² 이상으로 하여야 하는가? (단, 방호대상물의 바닥면적이 200m²인 경우이다.)

㉮ 100 ㉯ 150
㉰ 200 ㉱ 250

해설 스프링클러설비
① 스프링클러헤드는 **수평거리가 1.7m 이하**가 되도록 설치할 것
② **개방형 스프링클러헤드**를 이용한 스프링클러설비의 **방사구역은 150m² 이상**
   (바닥면적이 150m² 미만인 경우 **바닥면적**)으로 할 것
③ 수원의 수량
   ㉠ 폐쇄형 헤드를 사용하는 것은 30(설치개수가 30 미만인 경우 설치개수)
   ㉡ 개방형 헤드를 사용하는 것은 헤드가 **가장 많이 설치된** 방사구역의 헤드 **설치개수**에
      2.4m³를 곱한 양 이상이 되도록 설치할 것

   폐쇄형 스프링클러헤드 사용하는 경우
   수원의 양 $Q(m^3) = N \times 2.4 m^3 (80L/분 \times 30분)$
   여기서, N : 30(설치개수가 30 미만인 경우는 설치개수)

   개쇄형 스프링클러헤드 사용하는 경우
   수원의 양 $Q(m^3) = N \times 2.4 m^3 (80L/분 \times 30분)$
   여기서, N : 가장 많이 설치된 방사구역의 스프링클러헤드 설치개수

④ 헤드의 **방사압력이 100kPa 이상**이고, **방수량이 80L/분 이상**의 성능이 되도록 할 것

헤드의 방수압력	헤드의 방수량
100kPa	80L/분

해답 ㉯

28. 이산화탄소의 특성에 대한 설명으로 옳은 것은?

㉮ 증기의 비중은 약 0.9이다.
㉯ 임계온도는 약 -20℃이다.
㉰ 0℃, 1기압에서의 기체 밀도는 약 0.92g/L이다.
㉱ 삼중점에 해당하는 온도는 약 -56℃이다.

해설 이산화탄소(CO_2)의 물리적성질
① 무색무취이며 비전도성이다.
② 증기비중은 약 1.5이다.
③ CO_2의 **임계온도** : 31℃, **임계압력** : 72.75atm
④ CO_2의 허용농도 : 0.5% (5000ppm)
⑤ CO_2의 삼중점 : 압력 0.53MPa, 온도 -56.3℃에서 고체, 액체, 기체가 공존
⑥ CO_2의 호흡곤란 : 6% 이상

해답 ㉱

29 포소화설비의 기준에서 고가수조를 이용하는 가압송수장치를 설치할 때 고가수조에 반드시 설치하지 않아도 되는 것은?

㉮ 배수관 ㉯ 압력계
㉰ 맨홀   ㉱ 수위계

해설 수조에 설치하여야 하는 것
① 고가수조 : 수위계, 배수관, 오버플로용 배수관, 보급수관 및 맨홀을 설치할 것.
② 압력수조 : 압력계, 수위계, 배수관, 보급수관, 통기관 및 맨홀을 설치할 것.

해답 ㉯

30 지정수량의 몇 배 이상의 위험물을 저장 또는 취급하는 제조소 등에는 화재 발생 시 이를 알릴 수 있는 경보설비를 설치하여야 하는가? (단, 이동탱크장소는 제외한다.)

㉮ 5배   ㉯ 10배
㉰ 50배   ㉱ 100배

해설 제조소 등에 설치하여야 하는 경보설비

제조소 등의 구분	제조소 등의 규모, 저장 또는 취급하는 위험물의 종류 및 최대수량 등	경보설비
1. 제조소 및 일반취급소	• **연면적 500m² 이상**인 것 • 옥내에서 지정수량의 100배 이상을 취급하는 것 • 일반취급소로 사용되는 부분 외의 부분이 있는 건축물에 설치된 일반취급소	자동화재탐지설비
2. 옥내저장소	• **지정수량의 100배 이상**을 저장 또는 취급하는 것 • 저장창고의 **연면적이 150m²를 초과**하는 것 • **처마높이가 6m 이상**인 단층 건물의 것	
3. 옥내탱크저장소	단층 건물 외의 건축물에 설치된 옥내탱크저장소로서 소화난이도등급 Ⅰ에 해당하는 것	
4. 주유취급소	옥내주유취급소	
5. 옥외탱크저장소	특수인화물, 제1석유류 및 알코올류 저장 또는 취급하는 탱크의 용량이 1000만리터 이상인 것	자동화재탐지설비 자동화재속보설비
6. 자동화재탐지설비 설치대상에 해당하지 아니하는 제조소 등	**지정수량의 10배 이상**을 저장 또는 취급하는 것	자동화재탐지설비, 비상경보설비, 확성장치 또는 비상방송설비 중 1종 이상

해답 ㉯

31 다음 중 할로젠화합물 소화기가 적응성이 있는 것은?

㉮ 나트륨 ㉯ 철분
㉰ 아세톤 ㉱ 질산에틸

해설 소화설비의 적응성

구 분		1류		2류			3류		4류	5류	6류
		알칼리금속 과산화물	그밖의 것	철분, 금속분, 마그네슘	인화성 고체	그밖의 것	금수성 물질	그밖의 것			
포소화기			○		○	○		○	○	○	○
이산화탄소소화기					○				○		
할로젠화합물소화기					○				○		
분말소화기	인산염류등		○		○	○			○		○
	탄산수소염류등	○		○	○		○		○		
	그 밖의 것	○		○			○				
팽창질석 팽창진주암		○	○	○	○	○	○	○	○	○	○

제6류 위험물을 저장 또는 취급하는 장소로서 폭발의 위험이 없는 장소에 한하여 이산화탄소 소화기가 제6류 위험물에 대하여 적응성이 있음을 각각 표시한다.

해답 ㉰

32

다음 중 소화난이도 등급 Ⅰ의 옥외탱크저장소로서 인화점이 70℃ 이상의 제4류 위험물만을 저장하는 탱크에 설치하여야 하는 소화설비는? (단, 지중탱크 및 해상탱크는 제외한다.)

㉮ 물분무소화설비 또는 고정식 포소화설비
㉯ 옥외소화전설비
㉰ 스프링클러설비
㉱ 이동식 포소화설비

해설 소화난이도 등급 Ⅰ의 제조소 등에 설치하여야 하는 소화설비

제조소 등의 구분			소화설비
옥외탱크 저장소	지중탱크 또는 해상탱크 외의 것	황만을 저장·취급하는 것	물분무소화설비
		인화점 70℃ 이상의 제4류 위험물만을 저장·취급하는 것	물분무소화설비 또는 고정식 포소화설비
		그 밖의 것	고정식 포소화설비(포소화설비가 적응성이 없는 경우에는 분말소화설비)
	지중탱크		고정식 포소화설비, 이동식 이외의 이산화탄소 소화설비 또는 이동식 이외의 할로젠화물 소화설비
	해상탱크		고정식 포소화설비, 물분무소화설비, 이동식 이외의 이산화탄소 소화설비 또는 이동식 이외의 할로젠화물 소화설비

해답 ㉮

33 위험물에 대한 적응성 있는 소화설비의 연결이 틀린 것은?

㉮ 질산나트륨 – 포소화설비 ㉯ 칼륨 – 인산염류 분말소화설비
㉰ 경유 – 인산염류 분말소화설비 ㉱ 아세트알데하이드 – 포소화설비

해설 칼륨 – 제3류 위험물 – 금수성★
금수성 위험물질에 적응성이 있는 소화기
① 탄산수소염류 ② 마른 모래 ③ 팽창질석 또는 팽창진주암

해답 ㉯

34 위험물안전관리법에서 정한 위험물안전관리자의 책무에 해당하지 않는 것은?

㉮ 제조소 등의 구조 또는 설비의 이상을 발견한 경우 관계자에 대한 연락 및 응급조치
㉯ 제조소 등의 계측장치 · 제어장치 및 안전장치 등의 적정한 유지 · 관리
㉰ 안전관리자가 일시적으로 직무를 수행할 수 없는 경우에 대리자 지정
㉱ 위험물의 취급에 관한 일지의 작성 · 기록

해설 **위험물안전관리자의 책무**
(1) 위험물의 취급작업에 참여하여 당해 작업이 규정에 의한 **저장 또는 취급에 관한 기술기준과 예방규정에 적합하도록** 해당 작업자(당해 작업에 참여하는 위험물취급자격자를 포함)에 대하여 지시 및 감독하는 업무
(2) 화재 등의 재난이 발생한 경우 응급조치 및 소방관서 등에 대한 연락업무
(3) 위험물시설의 안전을 담당하는 자를 따로 두는 제조소등의 경우에는 그 담당자에게 다음 각 목의 규정에 의한 **업무의 지시**, 그 밖의 제조소등의 경우에는 다음 각목의 규정에 의한 업무
 ① 제조소등의 위치 · 구조 및 설비를 기술기준에 적합하도록 유지하기 위한 점검과 점검상황의 기록 · 보존
 ② 제조소등의 구조 또는 설비의 이상을 발견한 경우 관계자에 대한 연락 및 응급조치
 ③ 화재가 발생하거나 화재발생의 위험성이 현저한 경우 소방관서 등에 대한 연락 및 응급조치
 ④ 제조소등의 계측장치 · 제어장치 및 안전장치 등의 적정한 유지 · 관리
 ⑤ 제조소등의 위치 · 구조 및 설비에 관한 설계도서 등의 정비 · 보존 및 제조소등의 구조 및 설비의 안전에 관한 사무의 관리
(4) 화재 등의 재해의 방지와 응급조치에 관하여 인접하는 제조소등과 그 밖의 관련되는 시설의 관계자와 협조체제의 유지
(5) 위험물의 취급에 관한 일지의 작성 · 기록
(6) 그 밖에 위험물을 수납한 용기를 차량에 적재하는 작업, 위험물설비를 보수하는 작업 등 위험물의 취급과 관련된 작업의 안전에 관하여 필요한 감독의 수행

해답 ㉰

35 다음 위험물의 화재 시 알코올 포소화약제가 아닌 보통의 포소화약제를 사용하였을 때 가장 효과가 있는 것은?

㉮ 아세트산 ㉯ 에틸알코올
㉰ 아세톤 ㉱ 경유

해설 제4류 위험물의 수용성여부
㉮ 아세트산(초산)-제4류-제2석유류-수용성-알코올포
㉯ 에틸알코올-제4류-알코올류-수용성-알코올포
㉰ 아세톤-제4류-제1석유류-수용성-알코올포
㉱ 경유-제4류-제2석유류-비수용성-단백포, 합성계면활성제포, 불화탄백포, 수성막포

해답 ㉱

36 펌프와 발포기의 중간에 설치된 벤투리관의 벤투리 작용과 펌프가압수의 포소화약제 저장탱크에 대한 압력에 의한 포소화약제를 흡입·혼합하는 방식은?

㉮ 펌프 프로포셔너 방식 ㉯ 프레셔 프로포셔너 방식
㉰ 라인 프로포셔너 방식 ㉱ 프레셔 사이드 프로포셔너 방식

해설 포소화약제의 혼합장치
① **펌프 프로포셔너 방식**
   펌프의 토출관과 흡입관 사이의 배관도중에 설치한 흡입기에 펌프에서 토출된 물의 일부를 보내고, 농도 조정밸브에서 조정된 포 소화약제의 필요량을 포 소화약제 탱크에서 펌프 흡입측으로 보내어 이를 혼합하는 방식
② **프레져 프로포셔너 방식**
   펌프와 발포기의 중간에 설치된 벤추리관의 벤추리작용과 펌프 가압수의 포 소화약제 저장탱크에 대한 압력에 의하여 포소화약제를 흡입·혼합하는 방식

[펌프 프로포셔너 방식]   [프레져 프로포셔너 방식]

③ **라인 프로포셔너 방식**
   펌프와 발포기의 중간에 설치된 벤추리관의 벤추리 작용에 의하여 포소화약제를 흡입·혼합하는 방식
④ **프레져사이드 프로포셔너 방식**
   펌프의 토출관에 압입기를 설치하여 포 소화약제 압입용 펌프로 포소화약제를 압입시켜 혼합하는 방식

[라인 프로포셔너 방식]

[프레져사이드 프로포셔너 방식]

해답 ④

37 플루오린(F)계 계면활성제를 기제로 하여 안정제 등을 첨가한 소화약제로서 보존성, 내약품성이 우수하지만 수용성 위험물의 화재 시에는 효과가 떨어지는 것은?

㉮ 알코올형포 ㉯ 단백포
㉰ 수성막포 ㉱ 합성계면활성제포

해설 **수성막포 소화약제**
① 플루오린(F) 계통의 습윤제에 합성계면활성제 첨가한 포약제이며 주성분은 **플루오린(F)계 계면활성제**
② 미국에서는 AFFF(Aqueous Film Forming Foam)로 불리며 3M사가 개발한 것으로 상품명은 라이트 워터(light water)
③ 저발포용으로 3%형과 6%형이 있다.
④ **분말약제와 겸용이 가능**하고 액면하 주입방식에도 사용
⑤ 내유성과 유동성이 좋아 유류화재 및 항공기화재, 화학공장화재에 적합
⑥ 화학적으로 안정하며 수명이 반영구적
⑦ 소화작업 후 포와 막의 차단효과로 재발화 방지에 효과가 있다.
※ 유류화재용으로 가장 뛰어난 포약제는 수성막포이다.

해답 ㉰

38 Halon 1011의 화학식을 옳게 나타낸 것은?

㉮ CH_2FBr ㉯ CH_2ClBr
㉰ $CBrCl$ ㉱ $CFCl$

해설 **할로젠화합물 소화약제 명명법**
할론 ⓐⓑⓒⓓ   ⓐ : C원자수 ⓑ : F원자수 ⓒ : Cl원자수 ⓓ : Br원자수

할로젠화합물 소화약제

구분	할론2402	할론1211	할론1301	할론1011
분자식	$C_2F_4Br_2$	CF_2ClBr	CF_3Br	CH_2ClBr
상온, 상압에서 상태	액체	기체	기체	액체

해답 ㉯

39 전기기기의 과도한 온도 상승, 아크 또는 스파크 발생 위험을 방지하기 위해 추가적인 안전조치를 통한 안전을 증가시킨 방폭구조는?

㉮ 안전증방폭구조　　㉯ 특수방폭구조
㉰ 유입방폭구조　　　㉱ 본질안전방폭구조

해설 **방폭구조의 종류와 기호**
① **내압 방폭구조**(Ex d)
　용기내 가스가 폭발 시 용기가 폭발 압력을 견디거나, 접합면, 개구부를 통해 외부에 인화될 우려가 없는 구조
② **압력 방폭구조**(Ex p)
　용기 내에 불연성가스를 압입시켜 폭발성 가스나 증기가 용기 내부에 유입되지 않도록 된 구조
③ **유입 방폭구조**(Ex o)
　전기불꽃, 아크, 고열을 발생하는 부분을 기름으로 채워 폭발성 가스 또는 증기에 인화되지 않도록 한 구조
④ **안전증 방폭구조**(Ex e)
　정상 운전 중에 점화원의 발생을 방지하기 위해 기계적, 전기적 구조상 온도상승에 대한 안전도를 증가한 구조
⑤ **본질 안전방폭구조**(Ex ia, Ex ib)
　전기불꽃, 아크 또는 고온에 의하여 폭발성 가스나 증기에 점화되지 않는 것이 확인된 구조

해답 ㉮

40 전역방출방식 분말소화설비의 기준에서 제1종 분말소화약제의 저장용기 충전비의 범위를 옳게 나타낸 것은?

㉮ 0.85 이상 1.05 이하　　㉯ 0.85 이상 1.45 이하
㉰ 1.05 이상 1.45 이하　　㉱ 1.05 이상 1.75 이하

해설 **분말소화약제의 충전비**

소화약제의 종별	충전비의 범위
제1종 분말	0.85 이상 1.45 이하
제2종 또는 제3종 분말	1.05 이상 1.75 이하
제4종 분말	1.50 이상 2.50 이하

해답 ㉯

41 다음 소화약제 중 비할로겐 계열로서 화학적 소화보다는 물리적 소화에 의해 화재를 진압하는 소화약제는?

㉮ HFC-227ea(FM-200)　　㉯ IG-541(Inergen)
㉰ HCFC Blend A(NAF S-Ⅲ)　　㉱ HFC-23(FE-13)

해설 할로젠화합물 및 불활성기체 소화약제의 종류

소화약제		화학식
할로젠화합물 소화약제	FC-3-1-10	C_4F_{10}
	HCFC BLEND A	HCFC-123($CHCl_2CF_3$) : 4.75% HCFC-22($CHClF_2$) : 82% HCFC-124($CHClFCF_3$) : 9.5% $C_{10}H_{16}$: 3.75%
	HCFC-124	$CHClFCF_3$
	HFC-125	CHF_2CF_3
	HFC-227ea	CF_3CHFCF_3
	HFC-23	CHF_3
	HFC-236fa	$CF_3CH_2CF_3$
	FIC-1311	CF_3I
	FK-5-1-12	$CF_3CF_2C(O)CF(CF_3)_2$
불연성·불활성 기체혼합가스	IG-01	Ar
	IG-100	N_2
	IG-541	N_2 : 52%, Ar : 40%, CO_2 : 8%
	IG-55	N_2 : 50%, Ar : 50%

해답 나

---

42 위험물안전관리자의 선임신고를 허위로 한 자에게 부과하는 과태료의 금액은?

㉮ 50만원 이하   ㉯ 100만원 이하
㉰ 500만원 이하   ㉱ 300만원 이하

해설 위험물안전관리자의 선임신고를 허위로 한 자에게 부과하는 과태료의 금액 : 500만원 이하

해답 다

---

43 소방공무원 경력자가 취급할 수 있는 위험물은?

㉮ 위험물안전관리법 시행령 별표 1에 표기된 모든 위험물
㉯ 제1류 위험물
㉰ 제4류 위험물
㉱ 제6류 위험물

해설 위험물취급자격자의 자격

위험물취급자격자의 구분	취급할 수 있는 위험물
위험물기능장, 위험물산업기사, 위험물기능사 자격을 취득한 사람	모든 위험물
소방청장이 실시하는 안전관리자교육을 이수한 자	제4류 위험물
소방공무원경력자(소방공무원 근무경력 3년 이상인 자)	제4류 위험물

해답 다

44 제4류 위험물제조소로 허가를 득하여 사용하는 도중에 변경허가를 득하지 않고 변경할 수 있는 것은?

㉮ 배출설비를 신설하는 경우
㉯ 위험물취급탱크의 방유제의 높이를 변경하는 경우
㉰ 방화상 유효한 담을 신설하는 경우
㉱ 지상에 250m의 위험물 배관을 신설하는 경우

해설 제조소의 변경허가를 받아야 하는 경우
① 제조소 또는 일반취급소의 위치를 이전하는 경우
② 건축물의 벽·기둥·바닥·보 또는 지붕을 신설·증설·교체 또는 철거하는 경우
③ 배출설비·압력계 또는 안전장치를 신설하는 경우
④ 위험물취급탱크를 신설·교체·철거 또는 보수하는 경우
⑤ 위험물취급탱크의 노즐 또는 맨홀을 신설하는 경우
⑥ 위험물취급탱크의 방유제의 높이 또는 방유제 내의 면적을 변경하는 경우
⑦ 위험물취급탱크의 탱크전용실을 증설·교체 또는 보수하는 경우
⑧ 300m(지상에 설치하지 아니하는 배관의 경우에는 30m)를 초과하는 위험물 배관을 신설·교체·철거 또는 보수(배관을 절개하는 경우)하는 경우
⑨ 불활성 기체의 봉입장치를 신설하는 경우
⑩ 누설범위를 국한하기 위한 설비를 신설하는 경우
⑪ 냉각장치 또는 보냉장치를 신설하는 경우
⑫ 탱크전용실을 신설·증설·교체 또는 보수하는 경우
⑬ 담 또는 토제를 신설·교체·철거 또는 이설하는 경우
⑭ 온도 및 농도의 상승에 의한 위험한 반응을 방지하기 위한 설비를 신설하는 경우
⑮ 철 이온 등의 혼입에 의한 위험한 반응을 방지하기 위한 설비를 신설하는 경우

해답 ㉱

45 소화설비를 설치하는 탱크의 공간용적은? (단, 소화약제 방출구를 탱크 안의 윗부분에 설치한 경우에 한한다.)

㉮ 소화약제 방출구 아래의 0.1m 이상 0.5m 미만 사이의 면으로부터 윗부분의 용적
㉯ 소화약제 방출구 아래의 0.3m 이상 0.5m 미만 사이의 면으로부터 윗부분의 용적
㉰ 소화약제 방출구 아래의 0.1m 이상 1m 미만 사이의 면으로부터 윗부분의 용적
㉱ 소화약제 방출구 아래의 0.3m 이상 1m 미만 사이의 면으로부터 윗부분의 용적

해설 탱크의 내용적 및 공간용적
① 탱크의 공간용적은 탱크의 내용적의 $\frac{5}{100}$ 이상 $\frac{10}{100}$ 이하의 용적으로 한다. 다만, 소화설비(소화약제 방출구를 탱크안의 윗부분에 설치하는 것에 한한다)를 설치하는 탱크의 공간용적은 당해 소화설비의 **소화약제 방출구 아래의 0.3m 이상 1m 미만** 사이의 면으로부터 **윗부분의 용적**으로 한다.
② 암반탱크에 있어서는 당해 탱크내에 용출하는 7일간의 지하수의 양에 상당하는 용적과 당해

탱크의 내용적의 $\frac{1}{100}$ 의 용적 중에서 보다 큰 용적을 공간용적으로 한다.

해답 ㉣

46 50%의 N₂와 50%의 Ar으로 구성된 소화약제는?

㉮ HFC-125 ㉯ IG-541
㉰ HFC-23   ㉱ IG-55

해설 할로젠화합물 및 불활성기체 소화약제의 종류

소화약제		화학식
할로젠화합물 소화약제	FC-3-1-10	C_4F_{10}
	HCFC BLEND A	HCFC-123($CHCl_2CF_3$) : 4.75% HCFC-22($CHClF_2$) : 82% HCFC-124($CHClFCF_3$) : 9.5% $C_{10}H_{16}$: 3.75%
	HCFC-124	$CHClFCF_3$
	HFC-125	CHF_2CF_3
	HFC-227ea	CF_3CHFCF_3
	HFC-23	CHF_3
	HFC-236fa	$CF_3CH_2CF_3$
	FIC-1311	CF_3I
	FK-5-1-12	$CF_3CF_2C(O)CF(CF_3)_2$
불연성 · 불활성 기체혼합가스	IG-01	Ar
	IG-100	N_2
	IG-541	N_2 : 52%, Ar : 40%, CO_2 : 8%
	IG-55	N_2 : 50%, Ar : 50%

해답 ㉱

47 제2류 위험물로 금속이 덩어리 상태일 때보다 가루 상태일 때 연소 위험성이 증가하는 이유가 아닌 것은?

㉮ 유동성의 증가   ㉯ 비열의 증가
㉰ 정전기 발생 위험성 증가   ㉱ 표면적의 증가

해설 금속이 분말상태일 때 위험한 이유
① 유동성 증가
② 비열 감소
③ 정전기 발생위험성 증가
④ 표면적 증가

해답 ㉯

48. 다음과 같은 소화난이도등급 Ⅰ의 제조소등에 물분무 소화설비를 설치하는 것이 위험물안전관리법에 의한 소화설비의 설치기준에 적합하지 않은 것은?

㉮ 옥외탱크저장소(지상의 일반형태) – 지정수량의 120배의 황만을 저장·취급하는 것
㉯ 옥내탱크저장소 – 바닥면으로부터 탱크 옆판의 상단까지 높이가 8m인 탱크에 황만을 저장·취급하는 것
㉰ 암반탱크저장소 – 지정수량의 150배의 제2석유류 위험물을 저장·취급하는 것
㉱ 해상탱크 – 지정수량의 110배인 경유를 저장·취급하는 것

해설 소화난이도등급 Ⅰ의 제조소등에 설치하여야 하는 소화설비

제조소등의 구분		소화설비
암반탱크저장소	황만을 저장취급하는 것	물분무소화설비
	인화점 70℃ 이상의 제4류 위험물만을 저장취급하는 것	물분무소화설비 또는 고정식 포소화설비
	그 밖의 것	고정식 포소화설비(포소화설비가 적응성이 없는 경우에는 분말소화설비)

해답 ㉰

49. 철분에 적응성이 있는 소화설비는?

㉮ 옥외소화전설비 ㉯ 포소화설비
㉰ 이산화탄소 소화설비 ㉱ 탄산수소염류 분말소화설비

해설 소화설비의 적응성

구 분		1류		2류			3류		4류	5류	6류
		알칼리금속 과산화물	그밖의 것	철분, 금속분, 마그네슘	인화성 고체	그밖의 것	금수성 물질	그밖의 것			
분말소화기	포소화기		○		○	○			○	○	○
	이산화탄소소화기				○				○		
	할로젠화합물소화기				○				○		
	인산염류등		○		○	○			○		○
	탄산수소염류등	○		○	○		○		○		
	그 밖의 것	○		○			○				
	팽창질석 팽창진주암	○	○	○	○	○	○	○	○	○	○

해답 ㉱

50 강화액 소화기에 대한 설명 중 틀린 것은?

㉮ 한랭지에서도 사용이 가능하다.
㉯ 액성은 알칼리성이다.
㉰ 유류화재에 가장 효과적이다.
㉱ 소화력을 높이기 위해 금속염류를 첨가한 것이다.

해설 강화액 소화기
① 물의 빙점(어는점)이 낮은 단점을 강화시킨 탄산칼륨(K_2CO_3) 수용액
② 내부에 황산(H_2SO_4)이 있어 탄산칼륨과 화학반응에 의한 CO_2가 압력원이 된다.

$$H_2SO_4 + K_2CO_3 \rightarrow K_2SO_4 + H_2O + CO_2\uparrow$$

③ 일반화재에 적응성이 있으며 무상인 경우 A, B, C급 화재에 모두 적응한다.
④ 소화약제의 pH는 12이다.(알카리성을 나타낸다.)
⑤ 어는점(빙점)이 약 $-17℃ \sim -30℃$로 매우 낮아 추운 지방에서 사용
⑥ 강화액 소화제는 알칼리성(pH=12)을 나타낸다.

해답 ㉰

51 다음 할로젠화합물소화약제 중 HFC 계열이 아닌 것은?

㉮ 트라이플루오린메탄   ㉯ 퍼플루오린부탄
㉰ 펜타플루오린에탄   ㉱ 헵타플루오린프로판

해설 할로젠화합물 및 불활성기체 소화약제의 종류

소화약제	화학식
퍼플루오린부탄(FC-3-1-10)	C_4F_{10}
하이드로클로로플루오린카본혼화제 (HCFC BLEND A)	HCFC-123($CHCl_2CF_3$) : 4.75% HCFC-22($CHClF_2$) : 82% HCFC-124($CHClFCF_3$) : 9.5% $C_{10}H_{16}$: 3.75%
클로로테트라플루오린에탄(HCFC-124)	$CHClFCF_3$
펜타플루오린에탄(HFC-125)	CHF_2CF_3
헵타플루오린프로판(HFC-227ea)	CF_3CHFCF_3
트라이플루오린메탄(HFC-23)	CHF_3
헥사플루오린프로판(HFC-236fa)	$CF_3CH_2CF_3$
트라이플루오린이오다이드(FIC-1311)	CF_3I
불연성·불활성 기체혼합가스(IG-01)	Ar
불연성·불활성 기체혼합가스(IG-100)	N_2
불연성·불활성 기체혼합가스(IG-541)	N_2 : 52%, Ar : 40%, CO_2 : 8%
불연성·불활성 기체혼합가스(IG-55)	N_2 : 50%, Ar : 50%
도데카플루오린-2-메틸펜탄-3-원(FK-5-1-12)	$CF_3CF_2C(O)CF(CF_3)_2$

해답 ㉯

제 4 편 법령과 연소 및 소화설비

52 옥내저장소에 자동화재탐지설비를 설치하려 한다. 자동화재탐지설비 설치기준으로 적합하지 않은 것은?

㉮ 경계구역은 건축물 그 밖의 공작물의 2 이상의 층에 걸치지 아니하도록 한다.
㉯ 하나의 경계구역의 면적은 600m² 이하로 하고 그 한 변의 길이는 100m 이하(광전식 분리형 감지기를 설치할 경우에는 200m)로 한다.
㉰ 감지기는 지붕 또는 벽의 옥내에 면한 부분에 유효하게 화재의 발생을 감지할 수 있도록 설치한다.
㉱ 비상전원을 설치하여야 한다.

해설 **자동화재탐지설비의 설치기준**
① 자동화재탐지설비의 경계구역은 건축물 그 밖의 공작물의 **2 이상의 층**에 걸치지 아니하도록 할 것. 다만, 하나의 경계구역의 면적이 500m² 이하이면서 당해 경계구역이 두개의 층에 걸치는 경우이거나 계단·경사로·승강기의 승강로 그 밖에 이와 유사한 장소에 연기감지기를 설치하는 경우에는 그러하지 아니하다.
② 하나의 경계구역의 **면적은 600m² 이하**로 하고 그 **한변의 길이는 50m**(광전식분리형 감지기를 설치할 경우에는 100m)이하로 할 것. 다만, 당해 건축물 그 밖의 공작물의 주요한 출입구에서 그 **내부의 전체를 볼 수 있는 경우**에 있어서는 그 면적을 1,000m² 이하로 할 수 있다.
③ 자동화재탐지설비의 감지기는 지붕 또는 벽의 옥내에 면한 부분에 유효하게 화재의 발생을 감지할 수 있도록 설치할 것
④ 자동화재탐지설비에는 **비상전원**을 설치할 것

해답 ㉯

53 물질에 의한 화재가 발생하였을 경우 적합한 소화약제를 연결한 것이다. 틀리게 연결한 것은?

㉮ 마그네슘 – CO_2
㉯ 적린 – 물
㉰ 휘발유 – 포
㉱ 프로판올 – 내알코올포

해설 마그네슘(Mg) : 제2류 위험물(금수성) ★★★

화학식	원자량	비중	융점	비점	발화점
Mg	24.3	1.74	651℃	1102℃	473℃

① 물과 반응하여 수소기체 발생

$$Mg + 2H_2O \rightarrow Mg(OH)_2(수산화마그네슘) + H_2\uparrow (수소발생)$$

② 마그네슘과 CO_2의 반응식
$2Mg + CO_2 \rightarrow 2MgO + C$(마그네슘과 이산화탄소는 폭발적으로 반응하기 때문에 위험)

해답 ㉮

일반화학 및 유체역학
위험물의 성질 및 취급
위험물의 시설기준
법령과 연소 및 소화설비
공업경영

제5편 공업경영

위험물기능장

제1장 품질관리

제2장 생산관리

제3장 작업관리

제4장 공업경영에 관한 사항

핵심 기출예상문제

위 험 물 기 능 장

제1장 품질관리

1. 용어의 정의

① 모집단(population)
분석의 대상이 되는 모든 객체의 집단
② 표본(sample)
모집단에서 조사대상으로 채택된 일부
③ 모수(parameter)
모집단의 특성을 수치로 나타낸 것
④ 통계량(statistic)
표본의 특성을 수치로 나타낸 것
⑤ 범위(Range)
각종 시험이나 측정 시, 규정값의 최대값과 최소값의 차이
⑥ 시료분산(Variance)
분산은 통계에서 변량이 평균으로부터 떨어져 있는 정도를 나타내는 값
⑦ 변동계수(coefficient of variation)
변동률. 변동비라고도 하고, 표준편차의 평균치에 대한 비율 또는 장치의 재현성을 표시하는 계수. 통상, 흩어짐을 상대적으로 표시하는 것

2. 품질관리의 원칙

① 예방의 원칙
② 스태프 조언의 원칙
③ 전원 참가의 원칙
④ 과학적 관리의 원칙
⑤ 종합조정의 원칙

3. 품질관리의 효과

① 품질향상
② 원가절감
③ 생산(수율)향상
④ 직장의 분위기
⑤ 기업의 신용도 향상
⑥ 조직의 경쟁력 강화
⑦ 조직의 체질개선

4. 통계량의 기호

① 범위 : R(Range)
관찰된 자료가 흩어져 있는 정도를 측정하는 하나의 방법이며, 최고값에서 최소값을 빼준 값

$$R = 최고값 - 최소값 + 1$$

② 표준편차 : S
통계집단의 변수의 분산 정도를 표시하는 분포도 지수의 하나다. 각 변량과 그 산술평균치의 차이를 제곱한 다음, 그 수치들의 산술평균의 제곱근을 구한 것이다. 실제로 가장 많이 사용되고 있는 분포도 지수다.

$$표준편차\ S = \sqrt{분산}$$

③ 평균 : $\bar{x}$(Median)
측정값을 전부 더하여 그 개수로 나눈 값

$$\bar{x} = \frac{x_1 + x_2 + \cdots\cdots + x_i + \cdots\cdots + x_n}{n} = \frac{\sum_{i=1}^{n} x_i}{n}$$

④ 중앙값 : Me(Median)
데이터를 크기순서로 나열했을 경우 가장 중앙에 위치하게 되는 데이터의 값이나 이에 해당되는 값을 말한다. 산술평균이 극단값(Extreme data)에 영향을 크게 받게 되는 약점을 피하기 위하여 고안된 것이다.

[예제] 주어진 숫자를 크기순으로 나열하면 다음과 같다. 중앙값을 구하시오.

> 1, 1, 2, 3, 4, 5, 6, 10

[해설] ① 숫자의 개수가 홀수 개이면 중간 숫자가 중앙값이 된다.
② 위의 숫자들은 8개이므로 짝수입니다.
③ 중간 숫자 3, 4 2개 선택하여 두 숫자의 평균을 내면 $Me = \frac{3+4}{2} = 3.5$

⑤ 최빈값 : M_0(Mode)
자료 분포 중에서 가장 빈번하게 나타나는 값으로서 모집단의 중심적 경향을 나타낸 값이다.

⑥ 분산 : S^2
편차 제곱의 평균

$$분산\ S^2 = \frac{(편차)^2의\ 총합}{(변량)의\ 개수}$$

5. 관리 사이클 (PDCA cycle)

관리 사이클은 계획(plan)-실행(do)-확인(check)-조치(action)를 반복 및 실행하여 이루어지며 'PDCA사이클'이라고도 한다.
① plan(P) : 목표달성을 위한 기준 설정
② do(D) : 설정된 계획에 따라 실시
③ check(C) : 실시한 결과를 측정, 분석, 비교 및 검토
④ action(A) : 검토한 결과를 계획과 비교하여 차이가 있으면 적절한 조처

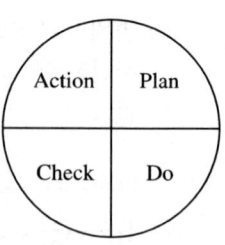

6. 관리도에 사용하는 용어

① 경향(trend)
  점이 순차적으로 상승하거나 하강하는 현상
② 주기(cycle)
  점이 주기적으로 위·아래로 변동하여 파형을 나타내는 현상
③ 런(run)
  중심선의 한쪽에 연속적으로 나타나는 점
④ 산포(dispersion)
  수집된 자료 값이 그 중앙값으로부터 떨어져 있는 정도를 나타내는 값

7. 도수분포

① 도수분포표
  주어진 자료를 몇 개의 구간으로 나누고 각 계급에 속하는 도수를 조사하여 나타낸 표
② 도수분포표의 정보
  ㉠ 로트 분포의 모양
  ㉡ 로트의 평균 및 표준편차
  ㉢ 규격과의 비교를 통한 부 적합품률의 추정

8. 이항분포(Binomial Distribution)

하나의 이론적 확률분포로서 한 특정한 무선적 현상을 나타내는 수리적 모형

$$P(X=k) = {}_nC_k P^k(1-p)^{n-k}, \quad {}_nC_k = \frac{n!}{k!(n-k)!}$$

① $p = 0.5$일 때 분포의 형태는 기대치 np에 대하여 좌우대칭이 된다.
② $np \geq 5$이고 $nq \geq 5$일 때 정규분포에 근사한다.
③ $P \leq 0.1$이고, $nP = 0.1 \sim 10$일 때 정규분포에 근사한다.
  여기서, p : 각 시행의 성공확률, q : 각 시행의 실패확률, n : 이항실험의 시행횟수

9. 푸아송 분포(Poisson distribution)

주어진 시간, 공간, 영역, 길이 내에서 어떤 특정한 사건의 발생횟수를 나타내는 확률변수 X 의 값을 나타내는 근사적인 확률분포
① C관리도
② u관리도

10. 정규분포(normal distribution)

① 일반적으로 평균치가 중앙값보다 작다.
② 평균을 중심으로 좌우대칭의 분포이며 하나의 꼭지를 가진다.
③ 대체로 표준편차가 클수록 산포도가 나쁘다고 본다.
④ 평균치가 0이고 표준편차가 1인 정규분포를 표준정규분포라 한다.

11. 검사공정(검사목적)에 의한 종류

① 수입검사(구입검사)
  외부로부터 원재료, 반제품 또는 제품을 받아들이는 경우에 실시하는 검사
② 공정검사
  공장내에서 반제품을 다음 공정으로 이동시켜도 좋은가를 판정하는 검사
④ 제품검사(최종검사)
  생산한 제품에 대해 요구사항을 만족하고 있는가를 판정하는 검사
⑤ 출하검사
  완성된 제품을 출하하기 전에 출하 여부를 결정하는 검사

12. 검사대상의 판정(선택방법)에 의한 종류

① 관리 샘플링 검사
  공정 관리, 공정검사의 조정 및 검사의 Check를 목적을 위하여 실시하는 검사
② 로트별 샘플링 검사(sampling inspection)
  한 로트(lot)의 물품 중에서 발췌한 시료를 조사하고 그 결과를 판정 기준과 비교하여 그 로트의 합격 여부를 결정하는 검사이며 **일반적으로 검사항목이 많을 경우 실시한다.**
③ 전수검사
  검사 로트 내의 검사 단위 모두를 하나하나 검사하여 합격, 불합격 판정을 내리는 것으로 일명 100% 검사라고도 하며 품질특성치가 치명적인 결점을 포함하는 경우 실시한다.
④ 자주검사
  성능 검사나 정기 자주 검사 등의 법적 검사 외에 작업 주임이 적당히 자체적으로 하는 검사

샘플링 검사의 종류
- 계량 샘플링 검사 : 검사 판정 기준이 계량치에 있는 것
- 계수 샘플링 검사 : 검사 판정 기준이 계수치에 있는 것

13. 샘플링 방법(sampling methods)의 종류

① 층별 샘플링
로트(lot)나 공정을 몇 개의 층으로 나누어 각층으로부터 임의로 시료를 취하는 방법
② 계통 샘플링
로트의 이동 중에 양적, 시간적 또는 공간적 등 **일정 간격으로 시료를 채취하는 것.**
③ 취락(집락) 샘플링
모집단을 몇 개의 집락으로 나누어 그 나눈 부분 속의 몇 개를 무작위로 선택하고, 선택한 부분은 모두 시료로 취하는 방법
④ 2단계 샘플링
1차, 2차 단위로 나누어서 하는 방법
⑤ 지그재그 샘플링
계통 샘플링의 주기성에 의한 치우침 위험을 방지하기 위해 하나씩 걸러서 일정한 간격으로 샘플을 취하는 방법

15. 샘플링방식이 일정하고 로트의 크기가 변할 경우

① 로트의 크기(N)과 샘플의 크기(n)에 비율이 상대적으로 아주 작지 않는 한 OC(검사특성) 곡선은 별로 변하지 않는다.
② 로트의 크기(N)가 샘플의 크기(n)의 10배 이상일 때는 OC곡선에 큰 변화는 없다.
③ 공정이 안정된 상태에서 흔히 사용하는 체크검사(구조와 치수)가 이에 해당한다.
★OC곡선(Operating Characteristic curve)★

16. 샘플링에 요구되는 사항

① 신뢰성(Reliability)
데이터를 신뢰할 수 있는가의 여부
② 정밀도(Precision)
어떤 측정법으로 동일 시료를 무한횟수 측정하였을 때 얻어진 데이터는 반드시 흩어지는데 그 데이터 분포의 크기
③ 정확성(Accuracy)
어떤 측정법으로 **동일 시료를 무한횟수 측정**하였을 때 그 데이터 **분포의 평균치와 참값의 차**

17. 품질코스트(Q-cost)

요구된 품질을 만들기 위한 비용으로서 재료비, 노무비를 제외한 제조경비, 즉 제조원가의 부분원가

(1) 설계품질에 관한 코스트

① 연구코스트(Research cost)
　소비자의 요구품질-참품질-특성을 탐구하는데 드는 비용 (예) 시장 조사비, 유행 연구비
② 개발코스트(Development cost)
　참품질특성을 설계부문 또는 연구부문에서 대용특성으로 변환하기 위해 드는 비용

(2) 제조품질에 관한 코스트

① 예방코스트(Prevention cost)
　처음부터 불량이 발생치 않도록 하는데 소요되는 비용, 즉 불량품 발생의 예방에 요하는 비용
② 평가코스트(Appraisal cost)
　제품의 품질을 올바르게 평가함으로써, 회사의 품질수준을 유지하는데 드는 비용
③ 실패코스트(Failure cost)
　품질코스트 중 가장 큰 비율을 차지하며 소정의 품질수준유지에 실패한 경우 발생하는 불량제품, 불량 원료에 대한 손실비용
　㉠ 불량대책 코스트　　㉡ 재가공 코스트
　㉢ 설계변경 코스트　　㉣ 폐기 코스트
　㉤ 외주불량 코스트

18. 관리도(control chart)

품질 관리를 위한 도식 방법의 하나로, 제조공정이 안정된 상태에 있는지 여부를 조사하기 위하여 또는 제조공정을 안정된 상태로 유지하기 위해 이용되는 그림

(1) 계수형 관리도

관리도에서 사용되는 통계량이 계수값(불량율, 불량품수, 결점수)일 때 관리도를 말한다.
① p관리도(부적합품률(불량률) 관리도)
　㉠ 군의 크기가 불일정하고 불량 개수에 의하여 공정을 관리
　㉡ 계수형 관리도에서 가장 기본이 되는 것

[관리중심]

$$\text{p관리도 중심선(CL) } \bar{p} = \frac{\text{전 시료중의 불량갯수}}{\text{전 시료의 크기}} = \frac{\Sigma np}{\Sigma n} = \frac{\Sigma p}{k}$$

[관리한계]

- 관리 상한선 $UCL = \bar{p} + 3\sqrt{\dfrac{\bar{p}(1-\bar{p})}{n}}$
- 관리 하한선 $LCL = \bar{p} - 3\sqrt{\dfrac{\bar{p}(1-\bar{p})}{n}}$

② np관리도(부적합품수(불량개수) 관리도)
   공정을 부적합품수로 관리하는 경우에 사용하며 각 군의 시료크기(n)가 일정한 경우에 사용
   [관리중심]

$$\text{np관리도 중심선(CL)} \quad n\bar{p} = \frac{\Sigma np}{k}$$

   [관리한계]

   - 관리 상한선 $UCL = n\bar{p} + 3\sqrt{n\bar{p}(1-\bar{p})}$
   - 관리 하한선 $LCL = n\bar{p} - 3\sqrt{n\bar{p}(1-\bar{p})}$

[예제] np관리도에서 시료군마다 시료수(n)는 100이고, 시료군의 수(k)는 20, $\Sigma np = 77$이다. 이때 np관리도의 관리상한선(UCL)을 구하면 약 얼마인가?

[해설] ① 관리중심 $n\bar{p} = \frac{\Sigma np}{k} = \frac{77}{20} = 3.85$, $\bar{p} = \frac{\Sigma np}{\Sigma n} = \frac{77}{100 \times 20} = 0.0385$
② 관리 상한선 $UCL = n\bar{p} + 3\sqrt{n\bar{p}(1-\bar{p})} = 3.85 + 3\sqrt{3.85 \times (1-0.0385)} = 9.62$

③ c관리도(부적합수(결점수) 관리도)
   일정 단위 중에 나타나는 결점의 수에 의거하여 공정을 관리
   [관리중심]

$$\text{C관리도 중심선(CL)} \quad \bar{C} = \frac{\Sigma C}{k} \quad \text{(여기서, } C : \text{결점수, } k : \text{자료수)}$$

   [관리한계]

   - 관리 상한선 $UCL = \bar{C} + 3\sqrt{\bar{C}}$ (C : 결점수)
   - 관리 하한선 $LCL = \bar{C} - 3\sqrt{\bar{C}}$ (C : 결점수)

※ LCL값이 음의 값인 경우는 고려하지 않는다.

④ u관리도(단위당 부적합수 관리도)
   ㉠ 제품의 부적합수(결점수-일정한 시료)를 관리하기 위한 관리도
   ㉡ 시료의 면적이나 길이 등이 일정하지 않은 경우에 사용하는 관리도
   ㉢ 결점수 관리도에서 공정변화의 탐지능력 또는 경제적요인을 고려하여 여러개의 검사단위를 묶어서 하나의 부분군으로 형성하는 것
   [관리중심]

$$\text{u관리도 중심선(CL)} \quad \bar{u} = \frac{\Sigma C}{\Sigma n}$$

(여기서, ΣC : 결점수의 총합, Σn : 시료크기의 총합)

[관리한계]

- 관리 상한선 $UCL = \bar{u} + 3\sqrt{\dfrac{\bar{u}}{n}}$
- 관리 하한선 $LCL = \bar{u} - 3\sqrt{\dfrac{\bar{u}}{n}}$ (여기서, n : 시료의 크기)

[예제] 부적합수 관리도를 작성하기 위해 $\Sigma c = 559$, $\Sigma n = 222$를 구하였다. 시료의 크기가 부분군마다 일정하지 않기 때문에 u관리도를 사용하기로 하였다. $n = 10$일 경우 u관리도의 UCL값은 약 얼마인가?

[해설] ① 관리중심 $\bar{u} = \dfrac{559}{222} = 2.518$

② 관리 상한계 $UCL = \bar{u} + 3\sqrt{\dfrac{\bar{u}}{n}} = 2.518 + 3\sqrt{\dfrac{2.518}{10}} = 4.023$

(2) 계량형 관리도

무게, 온도, 길이 등과 같이 연속적 자료에 대한 관리도이다.

① $\bar{x} - R$ (X(바)-R) 관리도
  ㉠ 길이, 무게, 시간, 강도, 등과 같이 데이터가 연속적인 계량치의 경우에 사용하는 관리도
  ㉡ 품질관리의 한 수법으로 평균치의 변화를 관리하는 관리도와 편차의 변화를 관리하는 R 관리도를 조합한 것.
  ㉢ 축의 완성지름, 철사의 인장강도, 아스피린 순도와 같은 데이터를 관리하는 가장 대표적인 관리도

구 분	$\bar{x}$ 관리도	R관리도
중심선(CL)	$CL = \bar{\bar{x}} = \dfrac{\Sigma \bar{x_i}}{k}$	$CL = \bar{R} = \dfrac{\Sigma R_i}{k}$
관리 상한선(UCL)	$UCL = \bar{\bar{x}} + A_2 \times \bar{R}$	$UCL = D_4 \times \bar{R} = D_2 \times \sigma$
관리 하한선(LCL)	$LCL = \bar{\bar{x}} - A_2 \times \bar{R}$	$LCL = D_3 \times \bar{R} = D_1 \times \sigma$
기타	$A_2 = \dfrac{3}{d_2 \sqrt{n}}$	$D_4 = 1 + 3\dfrac{d_3}{d_2}$, $D_3 = 1 - 3\dfrac{d_3}{d_2}$ (단, R관리도의 LCL은 $n \leq 6$이면 고려하지 않음) A_2, d_2, d_3값은 n에 따라 정해지는 상수값이다.

② x관리도
  ㉠ 데이터를 군으로 구분하지 않고 개개의 측정치를 그대로 사용하여 공정을 관리하는 경우에 사용

ⓛ 군 구분을 하는 것이 의미가 없는 경우 또는 정해진 공정에서 한 개의 측정치밖에 얻을 수 없는 경우 사용

구 분	합리적인 군으로 나눌 수 있는 경우	합리적인 군으로 나눌 수 없는 경우
중심선(CL)	$CL = \bar{\bar{x}} = \dfrac{\sum \bar{x_i}}{k}$	$CL = \bar{x} = \dfrac{\sum x_i}{k}$
관리 상한선(UCL)	$UCL = \bar{\bar{x}} + E_2 \times \bar{R} = \bar{\bar{x}} + \sqrt{n} + A_2 \times \bar{R}$	$UCL = \bar{x} + 2.66 \times \bar{R_s}$
관리 하한선(LCL)	$LCL = \bar{\bar{x}} - E_2 \times \bar{R} = \bar{\bar{x}} - \sqrt{n} + A_2 \times \bar{R}$	$LCL = \bar{x} - 2.66 \times \bar{R_s}$
기타	$E_2 = \dfrac{3}{d_2} = \sqrt{n} \times A_2 \times \bar{R}$ E_2는 군의 크기 n에 따라 결정되는 상수값	2.66은 $n=2$일 때 E_2값이다.

③ L-S 관리도[L(최대치), S(최소치)관리도]

1개의 시료군내의 최대치와 최소치를 관리하며 공정의 미세한 변동을 $\bar{x}$관리도보다 민감하게 탐지할 수 있는 장점이 있다

[관리중심]

$$\text{L-S관리도 중심선(CL)} \quad \overline{M} = \dfrac{\overline{L} + \overline{S}}{2}, \quad \overline{L} = \sum \dfrac{L_i}{k}, \quad \overline{S} = \dfrac{\sum S_i}{k}$$

[관리한계]

- 관리 상한선 $UCL = \overline{M} + A_0 \times \overline{R}$,
- 관리 하한선 $LCL = \overline{M} - A_0 \times \overline{R}$

$$A_0 = \dfrac{1}{2} + 3 \times \dfrac{e_3}{d_2}$$

(3) 공업규격 관리도

① x-R 관리도　　② 메디안 관리도　　③ x 관리도

19. 계량치와 계수치의 데이터

① 계량치 데이터
　길이, 중량(무게), 인장강도와 같이 연속량으로 측정될 수 있는 품질특성의 값
② 계수치 데이터
　불량품의 개수나 결점수, 부적합률 등과 같이 개수로 셀 수 있는 품질특성의 값

20. 관리도의 사용절차

① 관리하려는 제품이나 종류선정
② 관리하여야 할 항목의 선정

③ 관리도의 선정
④ 시료를 채취하고 측정하여 관리도를 작성

21. 관리도 가운데 나타나는 이상 현상

① 벗어남(Out)
   타점이 관리 상,하한선 밖으로 벗어나는 현상
② 경향(Trend)
   ㉠ 점이 연속하여 상승, 또는 하강하는 경우
   ㉡ 점이 작게 상승, 하강을 반복하면서 전체적으로 크게 상승, 하강하는 경우
③ 주기(Cycle)
   점이 주기적으로 반복하여 같은 간격으로 상승,하강이 나타나는 현상
④ 런(Run)
   메디안선(모든 점의 수를 절반씩 상하로 나누는 선)의 한쪽에 점이 모이는 상태를 런이라 하고, 그 계속되는 점의 수를 런의 길이라 한다.
④ 산포
   수집된 자료 값이 그 중앙값으로부터 떨어져 있는 정도를 나타내는 값

22. 비용구배

작업을 1일 단축할 때 추가되는 직접비용

$$비용구배 = \frac{특급비용 - 표준비용}{표준시간 - 특급시간}$$

[예제] 어떤 공장에서 작업을 하는 데 있어서 소요되는 기간과 비용이 다음 표와 같을 때 비용구배는?
[단, 활동시간의 단위는 일(日)로 계산한다.]

정상작업		특급작업	
기간	비용	기간	비용
15일	150만원	10일	200만원

[해설] 비용구배 = $\dfrac{200만원 - 150만원}{15일 - 10일} = \dfrac{50만원}{5일} = 10만원(100,000원)$

[예제] 정상소요기간이 5일이고, 이때의 비용이 20,000원이며 특급소요기간이 3일이고, 이때의 비용이 30,000원이라면 비용구배는 얼마인가?

[해설] 비용구배 = $\dfrac{30,000원 - 20,000만원}{5일 - 3일} = \dfrac{10,000원}{2일} = 5,000원/일$

생산관리

1. 생산보전을 위한 방법
① 예방보전(PM : prevention maintenance)
② 사후보전(BM : breakdown maintenance)
③ 개량보전(CM : corrective maintenance)
④ 보전예방(MP : maintenance prevention)

2. 예방보전(Preventive Maintenance)의 효과
① 기계의 수리비용이 감소한다.
② 생산시스템의 신뢰도가 향상된다.
③ 고장으로 인한 중단시간이 감소한다.
④ 예비기계를 보유해야 할 필요성이 감소한다.
⑤ 납기지연으로 인한 고객불만 저하 및 매출신장
⑥ 안전작업 향상

3. 연속생산 시스템의 특징
① 단위당 생산원가가 낮다.
② 소품종 대량생산에 적합하다.
③ 생산방식은 예측생산방식이다.
④ 생산설비는 생산전용설비를 사용한다.

4. 계수규준형 샘플링검사
좋은품질의 로트가 불합격될 확률과, 나쁜 품질의 로트가 합격될 확률을 미리 정해서, 생산자와 소비자측의 요구조건을 동시에 만족하도록 결정하는 샘플링 검사방식

5. 제1종과오와 제2종과오
① 제1종 과오(α : 생산자위험)
두 개의 대비되는 현상 중 기준이되는 현상을 참이라고 할 때 참인 현상을 참이 아니라고 잘 못 판정하는 과오

② 제2종 과오(β : 소비자위험)
기존현상에 반대되는 참이 아닌 현상인 거짓현상을 참이라고 잘못 판정하는 과오

구 분	참	거짓
참이라고 판정	옳은결정 : $1-\alpha$	제2종 과오 : β
거짓이라고 판정	제1종 과오 : α(위험율)	옳은결정 : $1-\beta$(검출력)

※ $1-\alpha$(신뢰율) : 참인 현상을 참이라고 판정하는 능력
※ $1-\beta$(검출력) : 거짓인 현상을 거짓이라고 판정하는 능력

6. 시계열 분석법

① 과거의 자료를 수리적으로 분석하여 일정한 경향을 도출한 후 가까운 장래의 매출액, 생산량 등을 예측하는 방법
② 시계열이란 시간의 흐름에 따라 일정한 간격으로 관측하여 기록된 자료를 말한다.
③ 자료의 흐름을 연속적인 시간의 흐름 속에서 보여주므로 자료에 어떤 현상이 발생하였는지 파악할 수 있다.

7. 공정분석

① 제품공정분석
② 사무공정분석
③ 작업자공정분석

8. 이동평균법과 수요예측

① 이동 평균법(Moving Average Method)
시계열 분석 모형 중의 하나로서 이동 평균을 이용하여 전체의 추세를 알 수 있도록 하는 방법
② 수요예측(demand forecasting)
요약수요분석을 기초로 하여, 시장조사 등 각종 예측조사 결과를 종합하여 장래의 수요를 예측하는 것.

[예제] 다음과 같은 데이터에서 5개월 이동평균법에 의하여 8월의 수요를 예측한 값은 얼마인가?

월	1	2	3	4	5	6	7
판매실적	100	90	110	100	115	110	100

[해설] $DF = \dfrac{\text{최근기간의 실적값}}{\text{기간의 수}}$
$= \dfrac{110(3월)+100(4월)+115(5월)+110(6월)+100(7월)}{5개월} = 107$

제3장 작업관리

1. 동작경제의 원칙(the principle of motion economy)

작업자의 동작을 세밀하게 분석하여 가장 경제적이고 합리적인 표준동작을 설정하는 것
① 인체의 사용에 관한 원칙(신체부위의 사용에 관한 원칙)
② 작업장의 배열(배치)에 관한 원칙
③ 공구 및 장비의 디자인에 관한 원칙(도구와 설비의 설계에 관한 원칙)

2. 작업방법 개선의 기본 4원칙

① 생략과 배제의 원칙-Eliminate
② 결합과 분리의 원칙-Combine
③ 재편성과 재배열의 원칙-Rearrange
④ 단순화의 원칙-Simplify

3. 작업 분배의 방법

분산식 작업 분배 방법	집중식 작업 분배 방법
① 현장에서 비능률을 어느 정도 예방할 수 있다.	① 통제를 강화 할 수 있다.
② 보고나 통지의 중복을 피할 수 있고 통제가 용이하므로 여러 가지의 경우에 경제적이다.	② 일정계획 등의 변경을 행할 수 있으므로 탄력성이 있다.
③ 작업 진행 계원이 많이 걷게 된다.	③ 진행상황을 총괄적으로 파악할 수 있다.

4. 작업시간 측정방법

① 직접측정법
  ㉠ 시간연구법(스톱위치법)
  ㉡ WF법
  ㉢ WS법
② 간접측정법
  ㉠ PTS법
  ㉡ 표준자료법
  ㉢ 실적자료법

5. 직무 설계방법

① 자율경영팀 활동을 권장한다.
② 하나의 연속작업시간을 되도록 짧게 한다.
③ 작업자 스스로가 직무를 설계하도록 한다.
④ 직무확대, 직무충실화 등의 방법을 활용한다.

6. 외경법과 내경법

① 외경법의 여유율

$$여유율(\%) = \frac{여유시간}{정미시간} \times 100 = \frac{여유시간}{근무시간 - 여유시간} \times 100$$

② 내경법의 여유율

$$여유율(\%) = \frac{여유시간}{근무시간} \times 100 = \frac{여유시간}{정미시간 + 여유시간} \times 100$$

내경법의 여유율 $= \dfrac{여유시간}{정미시간 + 여유시간} = \dfrac{5}{40+5} \times 100 = 11.11\%$

③ 정미시간
  작업수행에 필요한 시간

7. 작업측정의 목적

① 작업개선
② 표준시간 설정
③ 과업관리

8. PTS법(predetermined time standards method)

표준시간 설정 시 하나의 작업이 실제로 시작되기 전에 미리 작업에 필요한 소요시간을 작업방법에 따라 이론적으로 정해 나가는 방법

9. PTS법의 종류

① WF분석법
② MTM법
③ BMT(basic motion time)법
④ DMT(dimensional motion time)법

10. 동작 시간 측정법(method time measurement)

① 1TMU=0.036초=0.0006분=0.00001시간($\frac{1}{10^5}$시간)

② 1WFU=0.0001분

11. 정미시간을 산정하는 방법

① 직접측정법
② PTS법
③ 표준자료법

12. 시장품질

소비자가 요구하는 품질로서 설계와 판매정책에 반영되는 품질을 의미하는 것

13. 단계 여유(Slack)

여유(slack) : S=TL-TE

여기서, TE : 가장 이른 예정일, TL : 가장 늦은 예정일

14. 스톱워치법

테일러(F.W. Taylor)에 의해 도입된 방법으로 표준화된 작업을 평균적 노동자에게 수행하게 하고, 그 시간을 스톱워치로 측정하여 표준작업시간을 설정하는 방법

15. 워크팩터법

① 워크 팩터법(work factor analysis)
표준 작업 시간을 산정하는 수법의 하나. 미리 측정 대상 작업자의 동작을 표로 하고 이 표를 바탕으로 작업 시간을 측정하여 분석하는 방법.
② 워크팩터의 기호
D(일정한 정지), P(주의), S(방향의 조절), U(방향변화)

제 4 장 공업경영에 관한 사항

1. 부문보전의 장점과 단점

장 점	단 점
• 운전부문과 일체감 • 현장감독의 용이성 • 현장 왕복시간단축 • 보편 작업일정 조정의 용이성 • 특정설비에 대한 습득의 용이성	• 생산우선에 보전경시 • 보전기술향상의 곤란성 • 보전책임의 분할 • 노동력의 유효이용 곤란 • 보전설비공구의 중복성 • 인원배치의 유연성제약

2. 손익분기점 매출액 계산방법

$$손익분기점\ 매출액 = \frac{고정비 \times 매출액}{변동비}$$

3. 특성 요인도(characteristics diagram)

품질 특성치가 어떤 요인에 의해 영향을 받고 있는가를 조사하여 이것을 하나의 도형으로 묶어 특성과 원인과의 관계를 나타낸 것으로 브레인스토밍(Brainstorming)과 관련이 있다.

4. 브레인스토밍(brainstorming)

요약일정한 테마에 관하여 회의형식을 채택하고, 구성원의 자유발언을 통한 아이디어의 제시를 요구하여 발상을 찾아내려는 방법

5. 무결점운동(ZD : zero defects)

1962년 미국의 미사일 제조업체인 마틴사가 미사일을 제조하는 과정에서 납기단축에도 불구하고 종업원의 창의적 노력에 의하여 결함없이 미사일을 완성하는 데서 비롯되었다.

6. 유통공정도(Flow Process Chart)

공정 중에 발생하는 모든 작업, 검사, 운반, 저장, 정체 등이 도식화된 것이며 또한 분석에 필요하다고 생각되는 소요시간, 운반거리 등의 정보가 기재된 것

7. 공정분석 기호

공정명	기호의 명칭	공정기호	의 미
가공	가공	○	원료, 재료, 부품 또는 제품의 형상, 품질에 변화를 주는 과정
운반	운반	⇨	원료, 재료, 부품 또는 제품의 위치에 변화를 주는 과정
검사	수량검사	□	원료, 재료, 부품 또는 제품의 양(수량)을 측정하여 그 결과를 기준과 비교하여 차이를 아는 과정
검사	품질검사	◇	원료, 재료, 부품 또는 제품을 계획에 따라 저장하고 있는 과정
대기	저장	▽	원료, 재료, 부품 또는 제품을 계획에 따라 저장하고 있는 과정
대기	정체	D	원료, 재료, 부품 또는 제품이 계획과는 달리 정체되어 있는 상태
복합기호	품질/수량검사	◇안에□	품질검사를 주로 하는 수량검사
복합기호	수량/품질검사	□안에◇	수량검사를 주로 하는 품질검사
복합기호	가공/수량검사	□안에○	가공을 주로 하는 수량검사
복합기호	수량검사	⇨안에○	가공을 주로 하는 운반

8. TPM 활동체제구축을 위한 5가지 기둥

① 설비 효율화의 개별개선 활동
② 자주보전 체제 구축
③ 보전 부문의 계획보전 체제 구축
④ 운전 · 보전의 교육 훈련
⑤ MP 설계 및 초기 유동관리 체제 구축

9. 기대시간치

$$te = \frac{t_0 + 4t_m + t_p}{6}$$

여기서, t_0 : 낙관 시간치, t_m : 정상 시간치, t_p : 비관 시간치

① 낙관 시간치 : 평상시보다 일이 잘 진행될 때 그 활동을 완성하는데 필요한 최소시간
② 정상 시간치 : 활동을 완성하는데 필요한 시간 중 정상적인 추정시간
③ 비관 시간치 : 예측하지 못한 사고로 인하여 활동을 완성하는 소요되는 최장시간

10. 기대시간의 분산

$$\sigma^2 = \left(\frac{T_P - T_0}{6}\right)^2$$

제 5 편 공업경영

핵심 기출예상문제

01 다음 중 절차계획에서 다루어지는 주요한 내용으로 가장 관계가 먼 것은?
㉮ 각 작업의 소요시간
㉯ 각 작업의 실시 순서
㉰ 각 작업에 필요한 기계와 공구
㉱ 각 작업의 부하와 능력의 조정

해설 **절차계획** : 개개의 작업자와 기계에 대하여 구체적으로 작업의 내용개시 및 종료시간을 결정하기 위해 세우는 계획을 말한다.
절차계획에 다루어지는 주요내용 : ① 각 작업의 소요시간
② 각 작업의 실시 순서
③ 각 작업에 필요한 기계와 공구

해답 ㉱

02 작업자가 장소를 이동하면서 작업을 수행하는 경우에 그 과정을 가공, 검사, 운반, 저장 등의 기호를 사용하여 분석하는 것을 무엇이라 하는가?
㉮ 작업자 연합작업분석
㉯ 작업자 동작분석
㉰ 작업자 미세분석
㉱ 작업자 공정분석

해설 **작업자 공정분석**
작업자가 장소를 이동하면서 작업을 수행하는 경우에 그 과정을 가공, 검사, 운반, 저장 등의 기호를 사용하여 분석하는 방법

해답 ㉱

03 모집단을 몇 개의 층으로 나누고 각 층으로부터 각각 랜덤하게 시료를 뽑는 샘플링 방법은?
㉮ 층별 샘플링
㉯ 2단계 샘플링
㉰ 계통 샘플링
㉱ 단순 샘플링

해설 **샘플링 방법(sampling methods)의 종류**
① **층별 샘플링** : 로트(lot)나 공정을 몇 개의 층으로 나누어 각층으로부터 **임의(랜덤random)로 시료를 취하는 방법**
② **계통 샘플링** : 로트의 이동 중에 양적, 시간적 또는 공간적 등 **일정 간격으로 시료를 채취하는**

것.
③ **취락(집락) 샘플링** : 모집단을 몇 개의 집락으로 나누어 그 나눈 부분 속의 몇 개를 무작위로 선택하고, 선택한 부분은 모두 시료로 취하는 방법
④ **2단계 샘플링** : 1차, 2차 단위로 나누어서 하는 방법
⑤ **지그재그 샘플링** : 계통 샘플링의 주기성에 의한 치우침 위험을 방지하기 위해 하나씩 걸러서 일정한 간격으로 샘플을 취하는 방법

해답 ㉮

---

04 그림과 같은 계획공정도(Network)에서 주공정으로 옳은 것은? (단, 화살표 밑의 숫자는 활동시간[단위 : 주]을 나타낸다.)

㉮ ①-②-⑤-⑥
㉯ ①-②-④-⑤-⑥
㉰ ①-③-④-⑤-⑥
㉱ ①-③-⑥

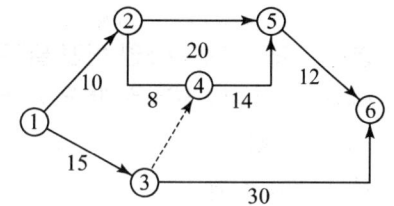

해설 계획공정도의 주공정(가장 긴 작업시간이 소요되는 경로)
①-③-⑥   (15+30=45주)

해답 ㉱

---

05 다음 중 관리의 사이클을 가장 올바르게 표시한 것은? (단, A : 조치, C : 검토, D : 실행, P : 계획)

㉮ P → C → A → D   ㉯ P → A → C → D
㉰ A → D → C → P   ㉱ P → D → C → A

해설 ① **품질관리 기능의 사이클**
   품질설계 – 공정관리 – 품질보증 – 품질개선
② **관리 사이클** : PDCA(PLAN DO CHECK ACTION)
   계획(PLAN) → 실천(DO) → 확인(CHECK) → 조치(ACTION)

해답 ㉱

---

06 이항분포(binomial distribution)의 특징으로 가장 옳은 것은?

㉮ $P=0$일 때는 평균치에 대하여 좌·우 대칭이다.
㉯ $P \leq 0.1$이고, $nP = 0.1 \sim 10$일 때는 푸아송 분포에 근사한다.
㉰ 부적합품의 출현 개수에 대한 표준편차는 $D(x) = nP$이다.
㉱ $P \leq 0.5$이고, $nP \geq 5$일 때는 푸아송 분포에 근사한다.

해설 **이항분포**(Binomial Distribution)
하나의 이론적 확률분포로서 한 특정한 무선적 현상을 나타내는 수리적 모형

$$P(X=k) = {}_nC_k P^k (1-p)^{n-k}, \quad {}_nC_k = \frac{n!}{k!(n-k)!}$$

① $p=0.5$일 때 분포의 형태는 기대치 np에 대하여 좌우대칭이 된다.
② $np \geq 5$이고 $nq \geq 5$일 때 정규분포에 근사한다.
③ $P \leq 0.1$이고, $nP = 0.1 \sim 10$일 때 정규분포에 근사한다.
여기서, p : 각 시행의 성공확률, q : 각 시행의 실패확률, n : 이항실험의 시행횟수

해답 ④

07 연간 소요량 4,000개인 어떤 발주비용은 매 회 200원이며, 부품단가는 100원, 연간 재고유지비율이 10%일 때 F. A. Harris 식에 의한 경제적 주문량은 얼마인가?
㉮ 40개/회　　　　　　　　　　㉯ 400개/회
㉰ 1,000개/회　　　　　　　　㉱ 1,300개/회

해설 경제적 주문량(EOQ : economic order quantity)

$$Q = \sqrt{\frac{2DS}{H}}$$

여기서, D : 연간소요량(개)　S : 매 회주문비　H : 유지비(부품단가×재고유지비율)

$$\therefore Q = \sqrt{\frac{2 \times 4,000 \times 200}{100 \times 0.1}} = 400 개/회$$

해답 ㉯

08 제품공정분석표(Product Process Chart) 작성 시 가공시간 개별법으로 가장 올바른 것은?

㉮ $\dfrac{1개당\ 가공시간 \times 1로트의\ 수량}{1로트의\ 총\ 가공시간}$

㉯ $\dfrac{1로트의\ 가공시간}{1로트의\ 총\ 가공시간 \times 1로트의\ 수량}$

㉰ $\dfrac{1개당\ 가공시간 \times 1로트의\ 총\ 가공시간}{1로트의\ 수량}$

㉱ $\dfrac{1로트의\ 총\ 가공시간}{1개당\ 가공시간 \times 1로트의\ 수량}$

해설 가공시간 개별법 $= \dfrac{1개당\ 가공시간 \times 1로트의\ 수량}{1로트의\ 총\ 가공시간}$

해답 ㉮

09 다음 중 검사율 판정의 대상에 의한 분류가 아닌 것은?
- ㉮ 관리 샘플링 검사
- ㉯ 로트별 샘플링 검사
- ㉰ 전수검사
- ㉱ 출하검사

해설 검사율 판정의 대상에 의한 분류
① 관리 샘플링 검사 ② 로트별 샘플링 검사
③ 전수검사 ④ 자주검사

해답 ㉱

10 "무결점 운동"이라고 불리우는 것으로 품질 개선을 위한 동기 부여 프로그램은 어느 것인가?
- ㉮ TQC
- ㉯ ZD
- ㉰ MIL-STD
- ㉱ ISO

해설 무결점운동(ZD : zero defects)
1962년 미국의 미사일 제조업체인 마틴사가 미사일을 제조하는 과정에서 납기단축에도 불구하고 종업원의 창의적 노력에 의하여 결함없이 미사일을 완성하는 데서 비롯되었다.

해답 ㉯

11 M 타입의 자동차 또는 LCD TV를 조립, 완성한 후 부적합수(결점수)를 점검한 데이터에는 어떤 관리도를 사용하는가?
- ㉮ P관리도
- ㉯ nP관리도
- ㉰ C관리도
- ㉱ $\bar{x} - R$관리도

해설 **C 관리도**(부적합수(결점수) 관리도)
일정 단위 중에 나타나는 결점의 수에 의거하여 공정을 관리
① 관리중심

$$\text{C관리도 중심선(CL)} \quad \bar{C} = \frac{\sum C}{k} \quad (C : \text{결점수}, \ k : \text{자료수})$$

② 관리한계
- 관리 상한선 UCL = $\bar{C} + 3\sqrt{\bar{C}}$ (C : 결점수)
- 관리 상한선 LCL = $\bar{C} - 3\sqrt{\bar{C}}$ (C : 결점수)

※ LCL값이 음의 값인 경우는 고려하지 않는다.

해답 ㉰

제 5 편 공업경영

12 c 관리도에서 $k=20$인 군의 총 부적합(결점)수 합계는 58이었다. 이 관리도의 UCL, LCL을 구하면 약 얼마인가?

㉮ UCL=6.92, LCL=0
㉯ UCL=4.90, LCL=고려하지 않음
㉰ UCL=6.92, LCL=고려하지 않음
㉱ UCL=8.01, LCL=고려하지 않음

해설

① 중심선 $CL = \overline{C} = \dfrac{\sum c}{k} = \dfrac{58}{20} = 2.9$

② 관리상한선 $UCL = \overline{C} + 3\sqrt{\overline{C}} = 2.9 + 3\sqrt{2.9} = 8.01$

③ 관리하한선 $LCL = \overline{C} - 3\sqrt{\overline{C}} = 2.9 - 3\sqrt{2.9} = -2.2$(고려하지 않음)

C 관리도(부적합수(결점수) 관리도)
일정 단위 중에 나타나는 결점의 수에 의거하여 공정을 관리

① 관리중심

> C관리도 중심선(CL) $\overline{C} = \dfrac{\sum C}{k}$ (C : 결점수, k : 자료수)

② 관리한계

- 관리 상한선 $UCL = \overline{C} + 3\sqrt{\overline{C}}$ (C : 결점수)
- 관리 상한선 $LCL = \overline{C} - 3\sqrt{\overline{C}}$ (C : 결점수)

※ LCL값이 음의 값인 경우는 고려하지 않는다.

해답 ㉱

13 u관리도의 관리상한선과 관리하한선을 구하는 식으로 옳은 것은?

㉮ $\overline{u} \pm 3\sqrt{\overline{u}}$
㉯ $\overline{u} \pm \sqrt{\overline{u}}$
㉰ $\overline{u} \pm 3\sqrt{\dfrac{\overline{u}}{n}}$
㉱ $\overline{u} \pm 3\sqrt{n\overline{u}}$

해설 U관리도
결점수 관리도에서 공정변화의 탐지능력 또는 경제적 요인을 고려하여 여러 개의 검사단위를 묶어서 하나의 부분군으로 형성하는 것

- 관리상한선 $UCL = \overline{u} + 3\sqrt{\dfrac{\overline{u}}{n}}$
- 관리하한선 $LCL = \overline{u} - 3\sqrt{\dfrac{\overline{u}}{n}}$
- $CL = \overline{u}$

여기서, n : 검사단위(개), $\overline{u}$: 평균결점수

해답 ㉰

14 일반적으로 품질 코스트 가운데 가장 큰 비율을 차지하는 코스트는?

㉮ 평가 코스트
㉯ 실패 코스트
㉰ 예방 코스트
㉱ 검사 코스트

해설 실패코스트(Failure cost)의 정의
품질코스트 중 가장 큰 비율을 차지하며 소정의 품질수준유지에 실패한 경우 발생하는 불량제품, 불량 원료에 대한 손실비용

실패 코스트(Failure cost)의 종류
① 불량대책 코스트
② 재가공 코스트
③ 설계변경 코스트
④ 폐기 코스트
⑤ 외주불량 코스트

해답 ㉯

---

15 모든 작업을 기본동작으로 분해하고, 각 기본동작에 대하여 성질과 조건에 따라 미리 정해 놓은 시간치를 적용하여 정미시간을 산정하는 방법은?

㉮ PTS법　　　　　㉯ WS법
㉰ 스톱워치법　　　㉱ 실적자료법

해설 정미시간을 산정하는 방법
① 직접측정법
② PTS법
③ 표준자료법

해답 ㉮

---

16 계수 규준형 1회 샘플링 검사(KS A 3102)에 관한 설명 중 가장 거리가 먼 내용은?

㉮ 검사에 제출된 로트의 제조공정에 관한 사전정보가 없어도 샘플링 검사를 적용할 수 있다.
㉯ 생산자측과 구매자측이 요구하는 품질보호를 동시에 만족시키도록 샘플링 검사 방식을 선정한다.
㉰ 파괴검사의 경우와 같이 전수검사가 불가능한 때에는 사용할 수 없다.
㉱ 1회만의 거래 시에도 사용할 수 있다.

해설 계수 규준형 1회 샘플링 검사
① 검사에 제출된 로트의 제조공정에 관한 사전 정보가 없어도 샘플링 검사를 적용할 수 있다.
② 생산자측과 구매자측이 요구하는 품질보호를 동시에 만족시키도록 샘플링 검사 방식을 선정한다.
③ 1회만의 거래 시에도 사용할 수 있다.

해답 ㉰

17. 일정 통제를 할 때 1일당 그 작업을 단축하는 데 소요되는 비용의 증가를 의미하는 것은?

㉮ 비용구배(Cost Slope)
㉯ 정상소요시간(Normal Duration Time)
㉰ 비용견적(Cost Estimation)
㉱ 총비용(Total Cost)

[해설] 비용구배
작업을 1일 단축할 때 추가되는 직접비용

$$비용구배 = \frac{특급비용 - 표준비용}{표준시간 - 특급시간}$$

[해답] ㉮

18. 로트로부터 시료를 샘플링해서 조사하고, 그 결과를 로트의 판정기준과 대조하여 그 로트의 합격, 불합격을 판정하는 검사를 무엇이라 하는가?

㉮ 샘플링 검사
㉯ 전수검사
㉰ 공정검사
㉱ 품질검사

[해설] 검사방법의 종류

① 자주 검사(inspection worked by boiler-operator)
　성능 검사나 정기 자주 검사 등의 법적 검사 외에 작업 주임이 적당히 자체적으로 하는 검사
② 간접 검사(Indirect Inspection)
　자재 또는 제품의 검사가 불가능하거나 불리할 경우 공정, 장비 및 작업자를 관리하는 검사방법
③ 전수 검사(Total Inspection)
　검사 로트 내의 검사 단위 모두를 하나하나 검사하여 합격, 불합격 판정을 내리는 것으로 일명 100% 검사라고도 한다.
④ 샘플링 검사(sampling inspection)
　한 로트(lot)의 물품 중에서 발췌한 시료(試料)를 조사하고 그 결과를 판정 기준과 비교하여 그 로트의 합격 여부를 결정하는 검사

[해답] ㉮

19. 다음 중 품질관리시스템에 있어서 4M에 해당하지 않는 것은?

㉮ Man
㉯ Machine
㉰ Material
㉱ Money

[해설] 품질관리시스템의 4M
① Man　② Machine　③ Material　④ Method

[해답] ㉱

20 다음 중 데이터를 그 내용이나 원인 등 분류 항목별로 나누어 크기의 순서대로 나열하여 나타낸 그림을 무엇이라 하는가?

㉮ 히스토그램(Histogram)
㉯ 파레토도(Pareto Diagram)
㉰ 특성요인도(Causes And Effects Diagram)
㉱ 체크시트(Check Sheet)

해설 **파레토도**(Pareto Diagram)
불량, 결점, 고장 등의 발생건수, 또는 손실금액을 항목별로 나누어 발생빈도의 순으로 나열하고 누적합도 표시한 그림

해답 ㉯

21 공정에서 만성적으로 존재하는 것은 아니고 산발적으로 발생하며, 품질의 변동에 크게 영향을 끼치는 요주의 원인으로 우발적 원인인 것을 무엇이라 하는가?

㉮ 우연원인
㉯ 이상원인
㉰ 불가피 원인
㉱ 억제할 수 없는 원인

해설 **이상원인** : 공정에서 만성적으로 존재하는 것은 아니고 산발적으로 발생하며, 품질의 변동에 크게 영향을 끼치는 요주의 원인으로 우발적 원인인 것

해답 ㉯

22 어떤 공장에서 작업을 하는 데 있어서 소요되는 기간과 비용이 다음 [표]와 같을 때 비용구배는 얼마인가? (단, 활동시간의 단위는 일(日)로 계산한다.)

정상 작업		특급 작업	
기간	비용	기간	비용
15일	150만원	10일	200만원

㉮ 50,000원
㉯ 100,000원
㉰ 200,000원
㉱ 300,000원

해설 **비용구배**
작업을 1일 단축할 때 추가되는 직접비용

$$\text{비용구배} = \frac{\text{특급비용} - \text{표준비용}}{\text{표준시간} - \text{특급시간}}$$

비용구배 $= \dfrac{200만원 - 150만원}{15일 - 10일} = \dfrac{50만원}{5일} = 10만원/일$

해답 ㉯

23
방법시간측정법(MTM : Method Time Measurement)에서 사용되는 1 TMU(Time Measurement Unit)는 몇 시간인가?

㉮ $\dfrac{1}{100,000}$ 시간 ㉯ $\dfrac{1}{10,000}$ 시간

㉰ $\dfrac{6}{10,000}$ 시간 ㉱ $\dfrac{36}{1,000}$ 시간

해설 동작 시간 측정법(method time measurement)
① 1 TMU=0.036초=0.0006분=0.00001시간($\dfrac{1}{10^5}$ 시간)
② 1WFU=0.0001분

해답 ㉮

24
다음 [표]는 A 자동차 영업소의 월별 판매실적을 나타낸 것이다. 5개월 단순이동평균법으로 6월의 수요를 예측하면 몇 대인가?

(단위 : 대)

월	1	2	3	4	5
판매량	100	110	120	130	140

㉮ 120 ㉯ 130
㉰ 140 ㉱ 150

해설
① **이동 평균법**(Moving Average Method)
시계열 분석 모형 중의 하나로서 이동 평균을 이용하여 전체의 추세를 알 수 있도록 하는 방법
② **수요예측**(demand forecasting)
요약수요분석을 기초로 하여, 시장조사 등 각종 예측조사 결과를 종합하여 장래의 수요를 예측하는 것.
③ $DF = \dfrac{\text{최근기간의 실적값}}{\text{기간의 수}}$
$= \dfrac{100(1월)+110(2월)+120(3월)+130(4월)+140(5월)}{5개월} = 120$

해답 ㉮

25
부적합품률이 1%인 모집단에서 5개의 시료를 랜덤하게 샘플링할 때, 부적합품수가 1개일 확률은 약 얼마인가? (단, 이항분포를 이용하여 계산한다.)

㉮ 0.048 ㉯ 0.058
㉰ 0.48   ㉱ 0.58

해설 ① 부적합품률=1%=0.01
② 적합품률(%)=100−부적합품률(%)=100−1=99%=0.99
③ 확률=시료의 개수×부적합품률×(적합품률)^4=5×0.01×0.99^4=0.048

해답 ㉮

---

26 품질관리 기능의 사이클을 표현한 것으로 옳은 것은?

㉮ 품질개선−품질설계−품질보증−공정관리
㉯ 품질설계−공정관리−품질보증−품질개선
㉰ 품질개선−품질보증−품질설계−공정관리
㉱ 품질설계−품질개선−공정관리−품질보증

해설 ① 품질관리 기능의 사이클
　품질설계−공정관리−품질보증−품질개선
② 관리 사이클 : PDCA(PLAN DO CHECK ACTION)
　계획(PLAN) → 실천(DO) → 확인(CHECK) → 조치(ACTION)

해답 ㉯

---

27 다음 중 계수치 관리도가 아닌 것은?

㉮ C 관리도　　　　　　　㉯ P 관리도
㉰ U 관리도　　　　　　　㉱ X 관리도

해설 ※ X 관리도는 계량치(계량형) 관리도이다.
관리도(control chart) 의 정의
품질 관리를 위한 도식 방법의 하나로, 제조공정이 안정된 상태에 있는지 여부를 조사하기 위하여 또는 제조공정을 안정된 상태로 유지하기 위해 이용되는 그림
① 계수형 관리도
　㉠ p 관리도(부적합품률 관리도)
　　군의 크기가 불일정하고 불량 개수에 의하여 공정을 관리
　㉡ np 관리도(부적합품수 관리도)
　　생산 제품의 부적합품수를 관리(시료수가 일정하기 때문에 비율대신 수량으로 계산)
　㉢ c 관리도(부적합수 관리도)
　　일정 단위 중에 나타나는 결점의 수에 의거하여 공정을 관리
　㉣ u 관리도(단위당 부적합수 관리도) 등
　　제품의 부적합수(결점수−일정한 시료)를 관리하기 위한 관리도
② 계량형 관리도
　㉠ X 관리도(개개 측정값 관리도)
　㉡ X bar 관리도(평균값 관리도)
　㉢ R 관리도(범위 관리도), 중앙값 관리도, 표준편차 관리도 등

해답 ㉱

28 다음 검사의 종류 중 검사 공정에 의한 분류에 해당되지 않는 것은?
㉮ 수입검사 ㉯ 출하검사
㉰ 출장검사 ㉱ 공정검사

해설 **검사공정에 의한 분류**
① **수입검사**(구입검사) : 외부로부터 원재료, 반제품 또는 제품을 받아 들이는 경우에 실시하는 검사
② **공정검사** : 공장내에서 반제품을 다음 공정으로 이동시켜도 좋은가를 판정하는 검사
④ **제품검사**(최종검사) : 생산한 제품에 대해 요구사항을 만족하고 있는가를 판정하는 검사
⑤ **출하검사** : 완성된 제품을 출하하기 전에 출하 여부를 결정하는 검사

해답 ㉰

29 다음 중 반즈(Ralph M. Barnes)가 제시한 동작경제의 원칙에 해당되지 않는 것은?
㉮ 표준작업의 원칙 ㉯ 신체의 사용에 관한 원칙
㉰ 작업장의 배치에 관한 원칙 ㉱ 공구 및 설비의 디자인에 관한 원칙

해설 **반즈의 동작경제의 원칙**(the principle of motion economy)
작업자의 동작을 세밀하게 분석하여 가장 경제적이고 합리적인 표준동작을 설정하는 것
① 인체의 사용에 관한 원칙
② 작업장의 배열에 관한 원칙
③ 공구 및 장비의 디자인에 관한 원칙

해답 ㉮

30 품질 특성을 나타내는 데이터 중 계수치 데이터에 속하는 것은?
㉮ 무게 ㉯ 길이
㉰ 인장강도 ㉱ 부적합품의 수

해설 **계량치와 계수치의 데이터**
① **계량치 데이터** : 길이, 중량(무게), 인장강도와 같이 연속량으로 측정될 수 있는 품질특성의 값
② **계수치 데이터** : 불량품의 개수나 결점수, 부적합률 등과 같이 개수로 셀 수 있는 품질특성의 값

해답 ㉱

31 어떤 측정법으로 동일 시료를 무한횟수 측정하였을 때 데이터 분포의 평균치와 모집단 참값과의 차를 무엇이라 하는가?
㉮ 편차 ㉯ 신뢰성
㉰ 정확성 ㉱ 정밀도

해설 **샘플링에 요구되는 사항**
① 신뢰성(Reliability) : 데이터를 신뢰할 수 있는가의 여부
② 정밀도(Precision) : 어떤 측정법으로 동일 시료를 무한횟수 측정하였을 때 얻어진 데이터는 반드시 흩어지는데 그 데이터 분포의 크기
③ 정확성(Accuracy) : 어떤 측정법으로 **동일 시료를 무한횟수 측정**하였을 때 그 데이터 **분포의 평균치와 참값의 차**

해답 ㉰

---

32 다음 중 신제품에 대한 수요예측방법으로 가장 적절한 것은?
㉮ 시장조사법 ㉯ 이동평균법
㉰ 지수평활법 ㉱ 최소자승법

해설 **시장조사법**
시장을 조사하여 실제적인 매출액을 예측하는 방법
① 경쟁사의 판매량조사
② 도.소매상의 판매량조사(표본조사 또는 전수조사)
③ 소비자에 대한 질문조사(표본조사)
④ 신제품에 대한 수요예측방법으로 가장 적합하다.

해답 ㉮

---

33 계수 규준형 샘플링 검사의 OC 곡선에서 좋은 로트를 합격시키는 확률을 뜻하는 것은?
(단, α는 제1종 과오, β는 제2종 과오이다.)
㉮ α ㉯ β
㉰ $1-\alpha$ ㉱ $1-\beta$

해설 **계수규준형 샘플링검사**
좋은 품질의 로트가 불합격될 확률과, 나쁜 품질의 로트가 합격될 확률을 미리 정해서, 생산자와 소비자측의 요구조건을 동시에 만족하도록 결정하는 샘플링 검사방식
① 제1종과오(α : 생산자위험확률)
두 개의 대비되는 현상 중 기준이 되는 현상을 참이라고 할 때 참인 현상을 참이 아니라고 잘 못 판정하는 과오
② 제2종과오(β : 소비자위험확률)
기존현상에 반대되는 참이 아닌 현상인 거짓현상을 참이라고 잘못 판정하는 과오

구 분	참	거짓
참이라고 판정	옳은 결정 : $1-\alpha$	제2종 과오 : β
거짓이라고 판정	제1종 과오 : α(위험율)	옳은 결정 : $1-\beta$(검출력)

해답 ㉰

34 다음 중 사내표준을 작성할 때 갖추어야 할 요건으로 옳지 않은 것은?

㉮ 내용이 구체적이고 주관적일 것.
㉯ 장기적 방침 및 체계 하에서 추진할 것.
㉰ 작업표준에는 수단 및 행동을 직접 제시할 것.
㉱ 당사자에게 의견을 말하는 기회를 부여하는 절차로 정할 것.

해설 **사내표준 작성시 구비요건**
① 내용이 구체적이고 **객관적일 것.**
② 장기적 방침 및 체계 하에서 추진할 것.
③ 작업표준에는 수단 및 행동을 직접 제시할 것.
④ 당사자에게 의견을 말하는 기회를 부여하는 절차로 정할 것.

해답 ㉮

35 작업 개선을 위한 공정분석에 포함되지 않는 것은?

㉮ 제품 공정분석   ㉯ 사무 공정분석
㉰ 직장 공정분석   ㉱ 작업자 공정분석

해설 **공정분석**
① 제품공정분석
② 사무공정분석
③ 작업자공정분석

해답 ㉰

36 다음 중 인위적 조절이 필요한 상황에 사용될 수 있는 워크팩터(Work Factor)의 기호가 아닌 것은?

㉮ D   ㉯ K
㉰ P   ㉱ S

해설 **워크 팩터법**(work factor analysis)
표준 작업 시간을 산정하는 수법의 하나. 미리 측정 대상 작업자의 동작을 표로 하고 이 표를 바탕으로 작업 시간을 측정하여 분석하는 방법
워크팩터의 기호
D(일정한 정지), P(주의), S(방향의 조절), U(방향변화)

해답 ㉯

37 ASME(American Society of Mechanical Engineers)에서 정의하고 있는 제품공정 분석표에 사용되는 기호 중 "저장(Storage)"을 표현한 것은?

㉮ ○
㉯ D
㉰ □
㉱ ▽

해설 공정분석 기호와 의미

공정명	기호의 명칭	공정기호	의 미
가공	가공	○	원료, 재료, 부품 또는 제품의 형상, 품질에 변화를 주는 과정
운반	운반	⇨	원료, 재료, 부품 또는 제품의 위치에 변화를 주는 과정
검사	수량검사	□	원료, 재료, 부품 또는 제품의 양(수량)을 측정하여 그 결과를 기준과 비교하여 차이를 아는 과정
	품질검사	◇	원료, 재료, 부품 또는 제품을 계획에 따라 저장하고 있는 과정
대기	저장	▽	원료, 재료, 부품 또는 제품을 계획에 따라 저장하고 있는 과정
	정체	D	원료, 재료, 부품 또는 제품이 계획과는 달리 정체되어 있는 상태
복합 기호	품질/수량검사	◇□	품질검사를 주로 하는 수량검사
	수량/품질검사	□◇	수량검사를 주로 하는 품질검사
	가공/수량검사	⊡	가공을 주로 하는 수량검사
	수량검사	⇨	가공을 주로 하는 운반

해답 ㉱

38 $\bar{x}$ 관리도에서 관리상한이 22.15, 관리하한이 6.85, $\bar{R}=7.5$일 때 시료군의 크기(n)는 얼마인가? (단, $n=2$일 때 $A_2=1.88$, $n=3$일 때 $A_2=1.02$, $n=4$일 때 $A_2=0.73$, $n=5$일 때 $A_2=0.58$이다.)

㉮ 2
㉯ 3
㉰ 4
㉱ 5

해설 시료군의 크기

$$n = \frac{UCL}{\bar{R}} = \frac{22.15}{7.5} = 2.95 \quad \therefore 3$$

해답 ㉯

39 다음 중 통계량의 기호에 속하지 않는 것은?

㉮ σ ㉯ R
㉰ s ㉱ $\bar{x}$

해설 (1) 용어의 정의
① 모집단(population) – 분석의 대상이 되는 모든 객체의 집단
② 표본(sample) – 모집단에서 조사대상으로 채택된 일부를 표본(sample)
③ 모수(parameter) – 모집단의 특성을 수치로 나타낸 것
④ 통계량(statistic) – 표본의 특성을 수치로 나타낸 것

(2) 통계량의 기호
R(범위), S(표준편차), $\bar{x}$(평균), 분산 : S^2

해답 ㉮

40 예방보전(Preventive Maintenance)의 효과로 보기에 가장 거리가 먼 것은?

㉮ 기계의 수리비용이 감소한다.
㉯ 생산시스템의 신뢰도가 향상된다.
㉰ 고장으로 인한 중단시간이 감소한다.
㉱ 예비기계를 보유해야 할 필요성이 증가한다.

해설 예방보전(Preventive Maintenance)의 효과
① 기계의 수리비용이 감소한다.
② 생산시스템의 신뢰도가 향상된다.
③ 고장으로 인한 중단시간이 감소한다.
④ 예비기계를 보유해야 할 필요성이 감소한다.
⑤ 납기지연으로 인한 고객불만 저하 및 매출신장
⑥ 안전작업 향상

해답 ㉱

41 어떤 회사의 매출액이 80,000원, 고정비가 15,000원, 변동비가 40,000원일 때 손익분기점 매출액은 얼마인가?

㉮ 25,000원 ㉯ 30,000원
㉰ 40,000원 ㉱ 55,000원

해설 손익분기점 매출액 계산방법

$$손익분기점\ 매출액 = \frac{고정비 \times 매출액}{변동비}$$

손익분기점 매출액 = $\frac{15000 \times 80000}{40000}$ = 30000원

해답 ㉯

42 다음 중 브레인스토밍(Brainstorming)과 가장 관계가 깊은 것은?

㉮ 파레토도 ㉯ 히스토그램
㉰ 회귀분석 ㉱ 특성요인도

해설 **특성 요인도**(characteristics diagram)
품질 특성치가 어떤 요인에 의해 영향을 받고 있는가를 조사하여 이것을 하나의 도형으로 묶어 특성과 원인과의 관계를 나타낸 것으로 브레인스토밍(Brainstorming)과 관련이 있다.
브레인스토밍(brainstorming)
요약일정한 테마에 관하여 회의형식을 채택하고, 구성원의 자유발언을 통한 아이디어의 제시를 요구하여 발상을 찾아내려는 방법

해답 ㉱

43 로트의 크기가 시료의 크기에 비해 10배 이상 클 때, 시료의 크기와 합격판정개수를 일정하게 하고 로트의 크기를 증가시키면 검사특성곡선의 모양 변화에 대한 설명으로 가장 적절한 것은?

㉮ 무한대로 커진다.
㉯ 거의 변화하지 않는다.
㉰ 검사특성곡선의 기울기가 완만해진다.
㉱ 검사특성곡선의 기울기 경사가 급해진다.

해설 **샘플링방식이 일정하고 로트의 크기가 변할 경우**
① 로트의 크기 N과 샘플의 크기 n에 비율이 상대적으로 아주 작지 않는 한 OC(검사특성)곡선은 별로 변하지 않는다.
② 로트의 크기(N)가 샘플의 크기(n)의 10배 이상일 때는 OC곡선에 큰 변화는 없다.
③ 공정이 안정된 상태에서 흔히 사용하는 체크검사(구조와 치수)가 이에 해당한다.
★OC곡선(Operating Characteristic curve)★

해답 ㉯

44 관리도에서 점이 관리한계 내에 있으나 중심선 한쪽에 연속해서 나타나는 점의 배열현상을 무엇이라 하는가?

㉮ 런 ㉯ 경향
㉰ 산포 ㉱ 주기

해설 (1) **관리도**(control chart)
① 품질관리를 통계적으로 나타내는 경우에 보조가 되는 그림
② -R 관리도, p관리도, np관리도, c관리도, u관리도 등이 있다.
(2) **관리도 가운데 나타나는 이상 현상**
① 벗어남(Out)

- 타점이 관리 상, 하한선 밖으로 벗어나는 현상
② 경향(Trend)
  - 점이 연속하여 상승, 또는 하강하는 경우
  - 점이 작게 상승, 하강을 반복하면서 전체적으로 크게 상승, 하강하는 경우
③ 주기(Cycle)
  - 점이 주기적으로 반복하여 같은 간격으로 상승, 하강이 나타나는 현상
④ 런(Run)
  - 메디안선(모든 점의 수를 절반씩 상하로 나누는선)의 한쪽에 점이 모이는 상태를 런이라 하고, 그 계속되는 점의 수를 런의 길이라 한다.
⑤ 산포
  - 수집된 자료 값이 그 중앙값으로부터 떨어져 있는 정도를 나타내는 값

해답 ㉮

45. 과거의 자료를 수리적으로 분석하여 일정한 경향을 도출한 후 가까운 장래의 매출액, 생산량 등을 예측하는 방법을 무엇이라 하는가?

㉮ 델파이법   ㉯ 전문가패널법
㉰ 시장조사법   ㉱ 시계열분석법

해설 **시계열 분석법**
① 과거의 자료를 수리적으로 분석하여 일정한 경향을 도출한 후 가까운 장래의 매출액, 생산량 등을 예측하는 방법
② 시계열이란 시간의 흐름에 따라 일정한 간격으로 관측하여 기록된 자료를 말한다.
③ 자료의 흐름을 연속적인 시간의 흐름 속에서 보여주므로 자료에 어떤 현상이 발생하였는지 파악할 수 있다.

해답 ㉱

46. Ralph M. Barnes 교수가 제시한 동작경제의 원칙 중 작업장 배치에 관한 원칙(Arrangement of the Workplace)에 해당되지 않는 것은?

㉮ 가급적이면 낙하식 운반방법을 이용한다.
㉯ 모든 공구나 재료는 지정된 위치에 있도록 한다.
㉰ 충분한 조명을 하여 작업자가 볼 수 있도록 한다.
㉱ 가급적 용이하고 자연스런 리듬을 타고 일할 수 있도록 작업을 구성하여야 한다.

해설 **동작경제의 원칙**(the principle of motion economy)
작업자의 동작을 세밀하게 분석하여 가장 경제적이고 합리적인 표준동작을 설정하는 것
① 인체의 사용에 관한 원칙
② 작업장의 배열에 관한 원칙
③ 공구 및 장비의 디자인에 관한 원칙

해답 ㉱

47 로트 크기 1,000, 부적합품률이 15%인 로트에서 5개의 랜덤시료 중에서 발견된 부적합품수가 1개일 확률을 이항분포로 계산하면 약 얼마인가?

㉮ 0.1648　　　　　　　　㉯ 0.3915
㉰ 0.6085　　　　　　　　㉱ 0.8352

해설　부적합품수가 1개일 확률 = 시료의 개수 × 부적합품률 × (적합품률)^4
$P = 5 \times 0.15 \times (1-0.15)^4 = 0.3915$

해답 ㉯

---

48 다음 중 계량값 관리도에 해당되는 것은?

㉮ c 관리도　　　　　　　㉯ np 관리도
㉰ R 관리도　　　　　　　㉱ U 관리도

해설　**관리도(control chart)**
품질 관리를 위한 도식 방법의 하나로, 제조공정이 안정된 상태에 있는지 여부를 조사하기 위하여 또는 제조공정을 안정된 상태로 유지하기 위해 이용되는 그림

① **계량값 관리도**　㉠ (평균값)-R 관리도
　　　　　　　　　　㉡ x(개개의 측정값) 관리도
② **계수값 관리도**　㉠ p(불량률)관리도
　　　　　　　　　　㉡ np(불량 개수)관리도
　　　　　　　　　　㉢ u(단위당 결점수)관리도
　　　　　　　　　　㉣ c(결점수)관리도
③ **공업규격 관리도**　㉠ x-R 관리도
　　　　　　　　　　　㉡ 메디안 관리도
　　　　　　　　　　　㉢ x 관리도

해답 ㉰

---

49 품질 코스트(Quality Cost)를 예방 코스트, 실패 코스트, 평가 코스트로 분류할 때, 다음 중 실패 코스트(Failure Cost)에 속하는 것이 아닌 것은?

㉮ 시험 코스트　　　　　　㉯ 불량 대책 코스트
㉰ 재가공 코스트　　　　　㉱ 설계 변경 코스트

해설　**실패코스트(Failure cost)의 정의**
품질코스트 중 가장 큰 비율을 차지하며 소정의 품질수준유지에 실패한 경우 발생하는 불량제품, 불량 원료에 대한 손실비용

실패 코스트(Failure cost)의 종류
① 불량대책 코스트　② 재가공 코스트　③ 설계변경 코스트
④ 폐기 코스트　　　⑤ 외주불량 코스트

해답 ㉮

50. 도수분포표를 작성하는 목적으로 볼 수 없는 것은?

㉮ 로트의 분포를 알고 싶을 때
㉯ 로트의 평균치와 표준편차를 알고 싶을 때
㉰ 규격과 비교하여 부적합품률을 알고 싶을 때
㉱ 주요 품질항목 중 개선의 우선순위를 알고 싶을 때

해설 도수분포표
주어진 자료를 몇 개의 구간으로 나누고 각 계급에 속하는 도수를 조사하여 나타낸 표
도수분포표의 정보
① 로트 분포의 모양
② 로트의 평균 및 표준편차
③ 규격과의 비교를 통한 부 적합품률의 추정

해답 ㉱

51. 관리도에서 측정한 값을 차례로 타점했을 때 점이 순차적으로 상승하거나 하강하는 것을 무엇이라 하는가?

㉮ 런(Run)
㉯ 주기(Cycle)
㉰ 경향(Trend)
㉱ 산포(Dispersion)

해설 관리도의 용어
① **경향**(trend) : 점이 순차적으로 상승하거나 하강하는 현상
② **주기**(cycle) : 점이 주기적으로 위·아래로 변동하여 파형을 나타내는 현상
③ **런**(run) : 중심선의 한쪽에 연속적으로 나타나는 점
④ **산포**(dispersion) : 수집된 자료 값이 그 중앙값으로부터 떨어져 있는 정도를 나타내는 값

해답 ㉰

52. 정상소요기간이 5일이고, 이때의 비용이 20,000원이며 특급소요기간이 3일이고, 이때의 비용이 30,000원이라면 비용구배는 얼마인가?

㉮ 4,000원/일
㉯ 5,000원/일
㉰ 7,000원/일
㉱ 10,000원/일

해설 비용구배 : 작업을 1일 단축할 때 추가되는 직접비용

$$\text{비용구배} = \frac{\text{특급비용} - \text{표준비용}}{\text{표준시간} - \text{특급시간}}$$

$$\text{비용구배} = \frac{30{,}000원 - 20{,}000원}{5일 - 3일} = \frac{10{,}000원}{2일} = 5{,}000원/일$$

해답 ㉯

53 컨베이어 작업과 같이 단조로운 작업은 작업자에게 무력감과 구속감을 주고 생산량에 대한 책임감을 저하시키는 등 폐단이 있다. 다음 중 이러한 단조로운 작업의 결함을 제거하기 위해 채택되는 직무 설계방법으로서 가장 거리가 먼 것은?

㉮ 자율경영팀 활동을 권장한다.
㉯ 하나의 연속작업시간을 길게 한다.
㉰ 작업자 스스로가 직무를 설계하도록 한다.
㉱ 직무확대, 직무충실화 등의 방법을 활용한다.

해설 **직무 설계방법**
① 자율경영팀 활동을 권장한다.
② 하나의 연속작업시간을 되도록 짧게 한다.
③ 작업자 스스로가 직무를 설계하도록 한다.
④ 직무확대, 직무충실화 등의 방법을 활용한다.

해답 ㉯

일반화학 및 유체역학
위험물의 성질 및 취급
위험물의 시설기준
법령과 연소 및 소화설비
공업경영

제6편
최근 기출문제

위험물기능장

2018년도	제63회	2018년 03월 31일 시행
	제64회	2018년 07월 CBT 시행
2019년도	제65회	2019년 03월 CBT 시행
	제66회	2019년 07월 CBT 시행
2020년도	제67회	2020년 04월 CBT 시행
	제68회	2020년 07월 CBT 시행
2021년도	제69회	2021년 02월 20일 시행
	제70회	2021년 07월 04일 시행
2022년도	제71회	2022년 02월 26일 시행
	제72회	2022년 06월 19일 시행
2023년도	제73회	2023년 01월 28일 시행
	제74회	2023년 06월 24일 시행
2024년도	제75회	2024년 01월 21일 시행
	제76회	2024년 06월 16일 시행
2025년도	제77회	2025년 01월 25일 시행
	제78회	2025년 06월 28일 시행

위 험 물 기 능 장

국가기술자격 필기시험문제

2018년도 기능장 제63회 필기시험 (2018년 03월 31일 시행)

자격종목	시험시간	문제수	형별
위험물기능장	1시간	60	B

수험번호	성 명

01 질산암모늄 80g이 완전 분해하여 O_2, H_2O, N_2가 생성되었다면 이 때 생성물의 총량은 모두 몇 몰인가?

① 2
② 3.5
③ 4
④ 7

해설 질산암모늄의 열분해반응식

$$NH_4NO_3 \rightarrow 2H_2O + N_2 + 0.5O_2 \uparrow$$
$$1mol(80g) \rightarrow 2mol + 1mol + 0.5mol = 3.5mol$$

해답 ②

02 비중 0.8인 유체의 밀도는 몇 kg/m^3인가?

① 800
② 80
③ 8
④ 0.8

해설 ① 비중=0.8
② 밀도 $\rho = \rho_w \times s = 1000 kg/m^3 \times 0.8 = 800 kg/m^3$

해답 ①

03 다음 중 1mol에 포함된 산소의 수가 가장 많은 것은?

① 염소산
② 과산화나트륨
③ 과염소산
④ 차아염소산

해설

구 분	① 염소산	② 과산화나트륨	③ 과염소산	④ 차아염소산
화학식	$HClO_3$	Na_2O_2	$HClO_4$	$HClO$

해답 ③

04 어떤 유체의 비중이 S, 비중량이 γ이다. 4℃ 물의 밀도가 ρ_w, 중력가속도가 g일 때 다음 중 옳은 것은?

① $\gamma = S\rho_w$
② $\gamma = g\rho_w/S$
③ $\gamma = S\rho_w/g$
④ $\gamma = Sg\rho_w$

해설 비중량(γ)

$$S = \frac{\gamma}{\gamma_w} = \frac{\rho}{\rho_w} \qquad \gamma = \rho g = \rho_w Sg = Sg\rho_w$$

여기서, γ : 물질의 비중량(kgf/m³), γ_w : 물의 비중량(1,000kgf/m³)
ρ : 물질의 밀도(kg/m³), ρ_w : 물의 밀도(1,000kg/m³)
S : 비중, g : 중력가속도(m/s²)

해답 ④

05 아세틸렌 1몰이 완전 연소하는 데 필요한 이론공기량은 약 몇 몰인가?

① 2.5
② 5
③ 11.9
④ 22.4

해설 아세틸렌의 완전연소반응식
① $2C_2H_2 + 5O_2 \rightarrow 4CO_2 + 2H_2O$
② $C_2H_2 + 2.5O_2 \rightarrow 2CO_2 + H_2O$

이론공기량
① 공기량 $O_2 = 21\%$
② 공기량 $= \dfrac{O_2(몰)}{0.21} = \dfrac{2.5}{0.21} = 11.9몰$

해답 ③

06 측정하는 유체의 압력에 의해 생기는 금속의 탄성변형을 기계식으로 확대 지시하여 압력을 측정하는 것은?

① 마노미터
② 시차액주계
③ 부르돈관압력계
④ 로토미터

해설 부르돈관 압력계
① 측정하는 유체의 압력에 의해 생기는 금속의 탄성변형을 기계식으로 확대 지시하여 압력을 측정하는 장치
② Bourdon-tube는 관 내부로 압력을 도입하면 관의 곡율반경이 변하고 자유단이 직선으로 움직이면서 압력에 비례한 변위가 생기게 된다. 이 변위를 Gear를 이용하여 확대 지시를 하게 된다.

 해답 ③

제 6 편 최근 기출문제

07 3.65kg의 염화수소 중에는 HCl 분자가 몇 개 있는가?
① 6.02×10^{23}
② 6.02×10^{24}
③ 6.02×10^{25}
④ 6.02×10^{26}

해설
① 3.65kg-HCl의 몰수 : $\dfrac{3.65 \times 10^3 g}{36.5g} = 100mol$

② 100mol의 분자수 : $100mol \times \dfrac{6.02 \times 10^{23}}{1mol} = 6.02 \times 10^{25}$개

아보가드로의 법칙
모든 기체 1g 분자(1Mol)는 표준상태(0℃, 1기압)에서 22.4L의 부피를 차지하며 이 속에는 6.02×10^{23}개의 분자가 들어 있다.

해답 ③

08 과산화나트륨과 묽은 아세트산이 반응하여 생성되는 것은?
① NaOH
② H_2O
③ Na_2O
④ H_2O_2

해설 과산화나트륨(Na_2O_2) : 제1류 위험물 중 무기과산화물(금수성)

화학식	분자량	비중	융점	분해온도
Na_2O_2	78	2.8	460℃	460℃

① 상온에서 물과 격렬히 반응하여 산소(O_2)를 방출하고 폭발하기도 한다.

$2Na_2O_2 + 2H_2O → 4NaOH + O_2\uparrow$
(과산화나트륨) (물) (수산화나트륨) (산소)

② 공기 중 이산화탄소(CO_2)와 반응하여 산소(O_2)를 방출한다.

$2Na_2O_2 + 2CO_2 → 2Na_2CO_3 + O_2\uparrow$

③ 산과 반응하여 과산화수소(H_2O_2)를 생성시킨다.

$Na_2O_2 + 2CH_3COOH → 2CH_3COONa + H_2O_2\uparrow$

④ 열분해 시 산소(O_2)를 방출한다.

$2Na_2O_2 → 2Na_2O + O_2\uparrow$

⑤ 주수소화는 금물이고 마른모래(건조사)등으로 소화한다.

해답 ④

09 위험물안전관리법령상 제6류 위험물 중 "그 밖에 행정안전부령이 정하는 것"에 해당하는 물질은?
① 아지화합물
② 과아이오딘산화합물
③ 염소화규소화합물
④ 할로젠간화합물

376

해설 **제6류 위험물**(산화성 액체)

성 질	품 명	화학식	지정수량	위험등급
산화성 액체	과염소산	HClO₄	300kg	I
	과산화수소(36중량% 이상)	H₂O₂		
	질산(비중 1.49 이상)	HNO₃		
	• 할로젠간화합물 ① 삼불화브로민 ② 오불화브로민 ③ 오불화아이오딘	 BrF₃ BrF₅ IF₅		

해답 ④

---

10 줄-톰슨(Joule Thomson) 효과와 가장 관계있는 소화기는?

① 할론 1301 소화기 ② 이산화탄소 소화기
③ HCFC-124 소화기 ④ 할론 1211 소화기

해설 **줄-톰슨효과(Joule-Thomson 효과)**
이산화탄소가스가 가는 구멍으로 내뿜어 갑자기 팽창시킬 때 그 온도가 급강하하여 드라이아이스(고체)가 되는 현상

해답 ②

---

11 CH₃COCH₃에 대한 설명으로 틀린 것은?

① 무색 액체이며 독특한 냄새가 있다. ② 물에 잘 녹고 유기물을 잘 녹인다.
③ 아이오딘포름 반응을 한다. ④ 비점이 물보다 높지만 휘발성이 강하다.

해설 **아세톤**(CH₃COCH₃) : 제4류 1석유류(수용성)

화학식	분자량	비중	비점	인화점	착화점	연소범위
(CH₃)₂CO	58	0.79	56.3℃	-18℃	538℃	2.5~12.8%

① 무색의 휘발성 액체이다.
② 물 및 유기용제(알코올, 에터 등)에 잘 녹는다.
③ 아이오딘포름 반응을 한다.

아이오딘포름반응
아세톤, 아세트알데하이드, 에틸알코올에 수산화칼륨(KOH)과 아이오딘을 반응시키면 노란색의 아이오딘포름(CHI₃)의 침전물이 생성된다.

$$\text{아세톤} \xrightarrow{\text{KOH}+\text{I}_2} \text{아이오딘포름(CHI}_3\text{)(노란색)}$$

④ 아세틸렌을 잘 녹이므로 아세틸렌(용해가스) 저장시 아세톤에 용해시켜 저장한다.
⑤ 보관 중 **황색**으로 **변색**되며 햇빛에 분해가 된다.
⑥ 피부 접촉 시 탈지작용을 한다.
⑦ 다량의물 또는 알코올포로 소화한다.

해답 ④

12 제4류 위험물인 C_6H_5Cl의 지정수량으로 맞는 것은?

① 200L　　　　　　② 400L
③ 1,000L　　　　　 ④ 2,000L

[해설] ※ 클로로벤젠(C_6H_5Cl) – 제2석유류 – 비수용성 – 1000L

제4류 위험물의 지정수량

성 질	품 명		지정수량	위험등급
인화성액체	특수인화물		50L	I
	제1석유류	비수용성액체	200L	II
		수용성액체	400L	
	알코올류		400L	
	제2석유류	비수용성액체	1,000L	III
		수용성액체	2,000L	
	제3석유류	비수용성액체	2,000L	
		수용성액체	4,000L	
	제4석유류		6,000L	
	동식물유류		10,000L	

[해답] ③

13 96g의 메탄올이 완전 연소되면 몇 g의 H_2O가 생성되는가?

① 54　　　　　　② 27
③ 216　　　　　 ④ 108

[해설] CHO로 구성된 유기물이 완전연소 시 이산화탄소와 물이 생성된다.

메탄올의 완전연소 반응식
$2CH_3OH + 3O_2 \rightarrow 2CO_2 + 4H_2O$
　2몰　　　　　　　　　　　　　　　4몰

① $2 \times 32g \rightarrow 4 \times 18g$
　　$96g \rightarrow X$
③ $X = \dfrac{96 \times 4 \times 18}{2 \times 32} = 108g$

[해답] ④

14 $C_6H_5CH_3$에 대한 설명으로 틀린 것은?

① 끓는점은 약 211℃이다.
② 증기는 공기보다 무거워 낮은 곳에 체류한다.
③ 인화점은 약 4℃이다.
④ 액의 비중은 약 0.87이다.

해설 톨루엔($C_6H_5CH_3$) ★★★★★

화학식	분자량	비중	비점	인화점	착화점	연소범위
$C_6H_5CH_3$	92	0.871	111℃	4℃	552℃	1.27~7.0%

① 무색 투명한 휘발성 액체이며 물에는 용해되지 않고 유기용제에 용해된다.
② 독성은 벤젠의 $\frac{1}{10}$ 정도이며 소화는 다량의 포약제로 질식 및 냉각소화한다.
③ 톨루엔과 질산을 반응시켜 트라이나이트로톨루엔을 얻는다.

톨루엔 + $3HNO_3$ →(C-H_2SO_4, 니트로화) TNT + $3H_2O$

해답 ①

15. 제5류 위험물에 대한 설명 중 틀린 것은?

① 다이아조화합물은 다이아조기(-N=N-)를 가진 무기화합물이다.
② 유기과산화물은 산소를 포함하고 있어서 대량으로 연소할 경우 소화에 어려움이 있다.
③ 하이드라진은 제4류 위험물이지만 하이드라진유도체는 제5류 위험물이다.
④ 고체인 물질도 있고 액체인 물질도 있다.

해설 다이아조화합물(diazocompound)-제5류
① 다이아조기(-N=N-)가 있는 **유기화합물**이다.
② 제5류 위험물로서 **지정수량은 200kg**이다.
③ 기본이 되는 화합물은 다이아조메탄 CH_2N_2이다.

해답 ①

16. 차아염소산칼슘에 대한 설명으로 옳지 않은 것은?

① 살균제, 표백제로 사용된다. ② 화학식은 $Ca(ClO)_2$이다.
③ 자극성이며 강한 환원력이 있다. ④ 지정수량은 50kg이다.

해설 **차아염소산칼슘**($Ca(OCl)_2$)-**제1류-차아염소산염류-산화성고체**
① HClO에서 수소 대신 칼슘이 치환된 것이다.
② 살균제, 표백제로 사용된다.
③ 강한 산화력이 있다.
④ 지정수량은 50kg이다.

해답 ③

17 KMnO₄에 대한 설명으로 옳은 것은?

① 글리세린에 저장하여야 한다.
② 묽은 질산과 반응하면 유독한 Cl₂가 생성된다.
③ 황산과 반응할 때는 산소와 열을 발생한다.
④ 물에 녹으면 투명한 무색을 나타낸다.

해설 과망가니즈산칼륨($KMnO_4$) : **제1류 위험물 중 과망가니즈산염류**

화학식	분자량	비중	분해온도
$KMnO_4$	158	2.7	200~240℃

① 흑자색의 주상결정으로 물에 녹아 진한보라색을 띠고 강한 산화력과 살균력이 있다.
② 염산과 반응 시 염소(Cl_2)를 발생시킨다.
③ 240℃에서 산소를 방출한다.

$$2KMnO_4 \rightarrow K_2MnO_4 + MnO_2 + O_2 \uparrow$$
(망가니즈산칼륨) (이산화망가니즈) (산소)

④ **알코올, 에터, 글리세린, 황산, 염산과 접촉 시 폭발우려가 있다.**
⑤ 주수소화 또는 마른모래로 피복소화한다.
⑥ 강알칼리와 반응하여 산소를 방출한다.
⑦ 묽은 황산과 반응하면 산소와 열을 발생한다.

$$4KMnO_4 + 6H_2SO_4 \rightarrow 2K_2SO_4 + 4MnSO_4 + 6H_2O + 5O_2 \uparrow$$

해답 ③

18 위험물의 지정수량이 적은 것부터 큰 순서대로 나열한 것은?

① 알킬리튬-다이메틸아연-탄화칼슘
② 다이메틸아연-탄화칼슘-알킬리튬
③ 탄화칼슘-알킬리튬-다이메틸아연
④ 알킬리튬-탄화칼슘-다이메틸아연

해설 제3류 위험물의 지정수량

구 분	알킬리튬	다이메틸아연	탄화칼슘
화학식	$C_nH_{2n+1}Li$	$Zn(CH_3)_2$	CaC_2
품 명	제3류 알킬리튬	제3류 유기금속화합물	제3류 칼슘의 탄화물
지정수량	10kg	50kg	300kg

제3류 위험물 및 지정수량

성 질	품 명		지정수량	위험등급
자연발화성 및 금수성물질	• 칼륨 • 나트륨 • 알킬알루미늄 • 알킬리튬		10kg	I
	• 황린		20kg	
	• 알칼리금속 (칼륨 및 나트륨 제외) 및 알칼리토금속 • 유기금속화합물 (알킬알루미늄 및 알킬리튬 제외)		50kg	II
	• 금속의 수소화물 • 칼슘 또는 알루미늄의 탄화물	• 금속의 인화물 • 염소화규소화합물	300kg	III

해답 ①

19 탄화칼슘과 질소가 약 700℃ 이상의 고온에서 반응하여 생성되는 물질은?

① 아세틸렌 ② 석회질소
③ 암모니아 ④ 수산화칼슘

해설 카바이드=탄화칼슘(CaC_2) : 제3류 위험물 중 칼슘탄화물

화학식	분자량	융점	비중
CaC_2	64	2370℃	2.21

① **물과 접촉 시 아세틸렌을 생성**하고 열을 발생시킨다.

$$CaC_2 + 2H_2O \rightarrow Ca(OH)_2(수산화칼슘) + C_2H_2\uparrow(아세틸렌)$$

② 아세틸렌의 폭발범위는 2.5~81%로 대단히 넓어서 폭발위험성이 크다.
③ 장기 보관시 **불활성기체**(N_2 등)**를 봉입**하여 저장한다.
④ 고온(700℃)에서 질화되어 석회질소($CaCN_2$)가 생성된다.

$$CaC_2 + N_2 \rightarrow CaCN_2(석회질소) + C(탄소)$$

⑤ 물 및 포약제에 의한 소화는 절대 금하고 마른모래 등으로 피복 소화한다.

해답 ②

20 정전기방전에 관한 다음 식에서 사용된 인자의 내용이 틀린 것은?

$$E = \frac{1}{2}CV^2 = \frac{1}{2}QV$$

① E : 정전기에너지(J) ② C : 정전용량(F)
③ V : 전압(V) ④ Q : 전류(A)

해설 정전기에너지

$$E = \frac{1}{2}CV^2 = \frac{1}{2}QV$$

여기서, E : 정전기에너지(J), C : 정전용량(F), V : 정전전압(V), Q : 전하량(C)

해답 ④

21 제5류 위험물인 테트릴에 대한 설명으로 틀린 것은?

① 물, 아세톤 등에 잘 녹는다. ② 담황색의 결정형 고체이다.
③ 비중은 1보다 크므로 물보다 무겁다. ④ 폭발력이 커서 폭약의 원료로 사용된다.

해설 ※ ① 물에는 녹지 않고 아세톤 등에는 잘 녹는다.

테트릴(Tetryl)

화학식	분자량	비중	융점	인화점	착화점
$C_6H_2(NO_2)_4NCH_3$	287	1.73	130~132℃	187℃(폭발)	190~195℃

① 단사정계에 속하는 연한 노란색 결정이다.
② 물에는 녹지 않고 아세톤, 에터, 벤젠 등에는 녹는다.
③ 충격에는 약간 민감하지만 폭발력은 피크르산이나 TNT보다 크다.
④ 화기의 접근 및 마찰 충격을 피한다.

해답 ①

22 위험물안전관리법령상 황은 순도가 일정 wt% 이상인 경우 위험물에 해당한다. 이 경우 순도측정에 있어서 불순물에 대한 설명으로 옳은 것은?

① 불순물은 활석 등 불연성 물질에 한한다.
② 불순물은 수분에 한한다.
③ 불순물은 활석 등 불연성 물질과 수분에 한한다.
④ 불순물은 황을 제외한 모든 물질을 말한다.

해설 위험물의 판단기준
① **황** : 순도가 60중량% 이상인 것을 말한다. 이 경우 순도측정에 있어서 불순물은 활석 등 불연성물질과 수분에 한한다.
② **철분** : 철의 분말로서 53μm의 표준체를 통과하는 것이 50중량% 미만인 것은 제외
③ **금속분** : 알칼리금속·알칼리토금속·철 및 마그네슘 외의 금속의 분말을 말하고, **구리분·니켈분 및 150μm의 체를 통과하는 것이 50중량% 미만인 것은 제외**
④ **마그네슘은 다음 각목의 1에 해당하는 것은 제외한다.**
  ㉠ 2mm의 체를 통과하지 아니하는 덩어리 상태의 것
  ㉡ 직경 2mm 이상의 막대 모양의 것
⑤ **인화성고체** : 고형알코올 그 밖에 1기압에서 인화점이 섭씨 40도 미만인 고체

위험물의 판단 기준

종 류	과산화수소	질산
기준	농도 36중량% 이상	비중 1.49 이상

해답 ③

23 다음 중 지정수량이 같은 것으로 연결된 것은?

① 알코올류 - 제1석유류(비수용성)
② 제1석유류(수용성) - 제2석유류(비수용성)
③ 제2석유류(수용성) - 제3석유류(비수용성)
④ 제3석유류(수용성) - 제4석유류

해설
① 알코올류-400L, 제1석유류(비수용성)-200L
② 제1석유류(수용성)-400L, 제2석유류(비수용성)-1000L
③ **제2석유류(수용성)-2000L, 제3석유류(비수용성)-2000L**
④ 제3석유류(수용성)-4000L, 제4석유류-6000L

제4류 위험물의 지정수량

성 질	품 명		지정수량	위험등급
인화성액체	특수인화물		50L	I
	제1석유류	비수용성액체	200L	II
		수용성액체	400L	
	알코올류		400L	
	제2석유류	비수용성액체	1,000L	III
		수용성액체	2,000L	
	제3석유류	비수용성액체	2,000L	
		수용성액체	4,000L	
	제4석유류		6,000L	
	동식물유류		10,000L	

해답 ③

24. 제4류 위험물인 아세트알데하이드의 화학식으로 옳은 것은?

① C_2H_5CHO
② C_2H_5COOH
③ CH_3CHO
④ CH_3COOH

해설 아세트알데하이드(CH_3CHO) : 제4류 위험물 중 특수인화물

화학식	분자량	비중	비점	인화점	착화점	연소범위
CH_3CHO	44	0.78	21℃	-38℃	185℃	4~60%

① 휘발성이 강하고 과일냄새가 있는 무색 액체이며, 물·에탄올에 잘 녹는다.
② 산화되어 초산(CH_3COOH)이 된다.
③ 저장용기 사용 시 구리, 마그네슘, 은, 수은 및 합금용기는 사용금지.(중합반응 때문)
④ 다량의 물로 주수 소화한다.
⑤ 환원성이 강하여 은거울반응, 펠링용액의 환원반응 등을 보인다.
⑥ 에틸알코올을 산화시켜 제조한다.

$$C_2H_5OH \xrightarrow{+O} H_2O + CH_3CHO$$

$$C_2H_5OH \xrightarrow[\text{(산화)}]{-H_2} CH_3CHO \xrightarrow[\text{(산화)}]{+O} CH_3COOH$$

해답 ③

25. 공기를 차단한 상태에서 황린을 약 260℃로 가열하면 생성되는 물질은 제 몇 류 위험물인가?

① 제1류 위험물
② 제2류 위험물
③ 제5류 위험물
④ 제6류 위험물

해설 적린의 제조방법

$$황린(P_4)(제3류) \xrightarrow{\text{공기차단(260℃가열, 냉각)}} 적린(P)(제2류)$$

해답 ②

26 다음 금속원소 중 비점이 가장 높은 것은?

① 리튬
② 나트륨
③ 칼륨
④ 루비듐

해설 금속원소의 비점

금속원소	리튬(Li)	나트륨(Na)	칼륨(K)	루비듐(Rb)
비점(끓는점)	1,336℃	880℃	762℃	688℃

해답 ①

27 위험물안전관리법령상 불활성가스소화설비의 기준에서 소화약제 "IG-541"의 성분으로 용량비가 가장 큰 것은?

① 이산화탄소
② 아르곤
③ 질소
④ 플루오린

해설 할로젠화합물 및 불활성기체 소화약제의 종류

소화약제		화학식
할로젠화합물 소화약제	FC-3-1-10	C_4F_{10}
	HCFC BLEND A	HCFC-123($CHCl_2CF_3$) : 4.75% HCFC-22($CHClF_2$) : 82% HCFC-124($CHClFCF_3$) : 9.5% $C_{10}H_{16}$: 3.75%
	HCFC-124	$CHClFCF_3$
	HFC-125	CHF_2CF_3
	HFC-227ea	CF_3CHFCF_3
	HFC-23	CHF_3
	HFC-236fa	$CF_3CH_2CF_3$
	FIC-13I1	CF_3I
	FK-5-1-12	$CF_3CF_2C(O)CF(CF_3)_2$
불연성·불활성 기체혼합가스	IG-01	Ar
	IG-100	N_2
	IG-541	N_2 : 52%, Ar : 40%, CO_2 : 8%
	IG-55	N_2 : 50%, Ar : 50%

해답 ③

28 금속나트륨이 에탄올과 반응하였을 때 가연성 가스가 발생한다. 이 때 발생하는 가스와 동일한 가스가 발생되는 경우는?

① 나트륨이 액체 암모니아와 반응하였을 때
② 나트륨이 산소와 반응하였을 때
③ 나트륨이 사염화탄소와 반응하였을 때
④ 나트륨이 이산화탄소와 반응하였을 때

해설 ① 금속나트륨과 에탄올의 반응

$$2C_2H_5OH + 2Na \rightarrow 2C_2H_5ONa + H_2$$

② 금속나트륨과 액체암모니아의 반응

$$2Na + 2NH_4OH \rightarrow 2NH_4ONa + H_2$$

해답 ①

---

29 위험물안전관리법령상 150마이크로미터의 체를 통과하는 것이 50중량퍼센트 이상일 경우 위험물에 해당하는 것은?

① 철분 ② 구리분
③ 아연분 ④ 니켈분

해설 위험물의 판단기준
① **황** : 순도가 60중량% 이상인 것을 말한다. 이 경우 순도측정에 있어서 불순물은 활석 등 불연성물질과 수분에 한한다.
② **철분** : 철의 분말로서 53μm의 표준체를 통과하는 것이 50중량% 미만인 것은 제외
③ **금속분** : 알칼리금속·알칼리토금속·철 및 마그네슘 외의 금속의 분말을 말하고, **구리분·니켈분** 및 150μm의 체를 통과하는 것이 50중량% 미만인 것은 **제외**
④ 마그네슘은 다음 각목의 1에 해당하는 것은 제외한다.
　㉠ 2mm의 체를 통과하지 아니하는 덩어리 상태의 것
　㉡ 직경 2mm 이상의 막대 모양의 것
⑤ **인화성고체** : 고형알코올 그 밖에 1기압에서 인화점이 섭씨 40도 미만인 고체

위험물의 판단 기준

종 류	과산화수소	질산
기준	농도 36중량% 이상	비중 1.49 이상

해답 ③

---

30 다음 중 위험물안전관리법령상 알코올류가 위험물이 되기 위하여 갖추어야 할 조건이 아닌 것은?

① 한 분자 내에 탄소 원자수가 1개부터 3개까지일 것
② 포화1가 알코올일 것
③ 수용액일 경우 위험물안전관리법령에서 정의한 알코올함유량이 60중량퍼센트 이상일 것
④ 인화점 및 연소점이 에틸알코올 60wt% 수용액의 인화점 및 연소점을 초과하는 것

해설 알코올류
1분자를 구성하는 탄소원자의 수가 **1개부터 3개까지인 포화1가 알코올**(변성알코올을 포함)을 말한다. 다만, 다음 각목의 1에 해당하는 것은 제외한다.

① 1분자를 구성하는 탄소원자의 수가 1개 내지 3개의 포화1가 알코올의 함유량이 **60중량%** 미만인 수용액
② 가연성액체량이 **60중량%** 미만이고 인화점 및 연소점(태그개방식인화점측정기에 의한 연소점)이 에틸알코올 **60중량%** 수용액의 인화점 및 연소점을 초과하는 것
※ 알코올류 : 메틸알코올, 에틸알코올, 프로필알코올, 변성알코올

해답 ④

31. 벤조일퍼옥사이드의 용해성에 대한 설명으로 옳은 것은?

① 물과 대부분 유기용제에 모두 잘 녹는다.
② 물과 대부분 유기용제에 모두 녹지 않는다.
③ 물에는 녹으나 대부분 유기용제에는 녹지 않는다.
④ 물에 녹지 않으나 대부분 유기용제에 녹는다.

해설 과산화벤조일 = 벤조일퍼옥사이드(BPO)[$(C_6H_5CO)_2O_2$] : 제5류 유기과산화물

화학식	분자량	비중	융점	착화점
$(C_6H_5CO)_2O_2$	242	1.33	105℃	125℃

① 무색 무취의 백색분말 또는 결정이다.
② 물에 녹지 않고 알코올에 약간 녹는다.
③ 에터 등 유기용제에 잘 녹는다.
④ 발화점이 약 125℃이므로 저장온도를 40℃ 이하로 유지할 것
⑤ 저장용기에 희석제(프탈산다이메틸(DMP), 프탈산다이부틸(DBP))를 넣어 폭발 위험성을 낮춘다.
⑥ 직사광선을 피하고 냉암소에 보관한다.

해답 ④

32. 위험물의 연소 특성에 대한 설명으로 옳지 않은 것은?

① 황린은 연소 시 오산화인의 흰 연기가 발생한다.
② 황은 연소 시 푸른 불꽃을 내며 이산화질소를 발생한다.
③ 마그네슘은 연소 시 섬광을 내며 발열한다.
④ 트라이에틸알루미늄은 공기와 접촉하면 백연을 발생하며 연소한다.

해설 황(S) : 제2류 위험물(가연성 고체)
① 동소체로 사방황, 단사황, 고무상황이 있다.
② 황색의 고체 또는 분말상태이며 조해성이 없다.
③ 물에 녹지 않고 이황화탄소(CS_2)에는 잘 녹는다.
④ 연소시 푸른 불꽃을 내며 **이산화황이 생성되며 발열반응**을 한다.

$$S + O_2 \rightarrow SO_2 + Q\text{kcal}(+발열)$$

⑤ 황은 고온에서 수소와 반응하면 황화수소가 생성되고 격렬히 발열한다.

$$S + H_2 \rightarrow H_2S\uparrow + 발열$$

⑥ 분진폭발의 위험성이 있고 목탄가루와 혼합시 가열, 충격, 마찰에 의하여 폭발위험성이 있다.

해답 ②

33. 제4류 위험물에 해당하는 에어졸의 내장용기 등으로서 용기의 외부에 '위험물의 품명·위험등급·화학명 및 수용성'에 대한 표시를 하지 않을 수 있는 최대용적은?

① 300mL
② 500mL
③ 150mL
④ 1000mL

해설 위험물의 용기 및 수납
제4류 위험물에 해당하는 에어졸의 내장용기 등으로서 최대 용적이 **300㎖ 이하의 것**에 있어서는 규정에 의한 **표시를 하지 아니할 수 있고**, 주의사항을 동목의 규정에 의한 표시와 동일한 의미가 있는 다른 표시로 대신할 수 있다.

해답 ①

34. 위험물안전관리법령에 따른 위험물의 운반에 관한 적재 방법에 대한 기준으로 틀린 것은?

① 제1류 위험물, 제2류 위험물 및 제4류 위험물 중 제1석유류, 제5류 위험물은 차광성이 있는 피복으로 가릴 것
② 제1류 위험물 중 알칼리금속의 과산화물 또는 이를 함유한 것, 제2류 위험물 중 철분·금속분·마그네슘 또는 이들 중 어느 하나 이상을 함유한 것 또는 제3류 위험물 중 금수성물질은 방수성이 있는 피복으로 덮을 것
③ 제5류 위험물 중 55℃ 이하의 온도에서 분해될 우려가 있는 것은 보냉 컨테이너에 수납하는 등 적정한 온도 관리를 할 것
④ 위험물을 수납한 운반용기를 겹쳐 쌓는 경우에는 그 높이를 3m 이하로 하고, 용기의 상부에 걸리는 하중은 당해 용기 위에 당해 용기와 동종의 용기를 겹쳐 쌓아 3m의 높이로 하였을 때에 걸리는 하중 이하로 할 것

해설 적재위험물의 성질에 따른 조치
(1) **차광성**이 있는 피복으로 가려야하는 위험물
① 제1류 위험물
② 제3류위험물 중 자연발화성물질
③ 제4류 위험물 중 특수인화물
④ 제5류 위험물
⑤ 제6류 위험물
(2) **방수성이 있는 피복**으로 덮어야 하는 것
① 제1류 위험물 중 알칼리금속의 과산화물
② 제2류 위험물 중 철분·금속분·마그네슘 또는 이들 중 어느 하나 이상을 함유한 것
③ 제3류 위험물 중 금수성 물질

해답 ①

35 위험물안전관리법령상 제조소등에 있어서 위험물의 취급에 관한 설명으로 옳은 것은?
① 위험물의 취급에 관한 자격이 있는 자라 할지라도 안전관리자로 선임되지 않은 자는 위험물을 단독으로 취급할 수 없다.
② 위험물의 취급에 관한 자격이 있는 자가 안전관리자로 선임되지 않았어도 그 자가 참여한 상태에서 누구든지 위험물 취급작업을 할 수 있다.
③ 위험물안전관리자의 대리자가 참여한 상태에서는 누구든지 위험물취급작업을 할 수 있다.
④ 위험물운송자는 위험물을 이동탱크저장소에 출하하는 충전하는 일반취급소에서 안전관리자 또는 대리자의 참여 없이 위험물 출하작업을 할 수 있다.

해설 위험물안전관리법 제15조(위험물안전관리자)
① 안전관리자를 선임한 관계인은 해임하거나 퇴직한 날부터 **30일 이내**에 다시 안전관리자를 **선임**하여야 한다.
③ 관계인은 안전관리자를 선임한 경우에는 선임한 날부터 **14일 이내**에 행정안전부령으로 정하는 바에 따라 **소방본부장 또는 소방서장에게 신고**하여야 한다.
⑤ 대리자가 안전관리자의 직무를 대행하는 기간은 **30일**을 초과할 수 없다.
⑦ 위험물취급자격자가 아닌 자는 안전관리자 또는 대리자가 참여한 상태에서 위험물을 취급하여야 한다.

해답 ③

36 제4류 위험물 중 경유를 판매하는 제2종 판매취급소를 허가 받아 운영하고자 한다. 취급할 수 있는 최대수량은?
① 20000L ② 40000L
③ 80000L ④ 160000L

해설 ① 경유–제4류 제2석유류–비수용성–지정수량 1000L
② 제2종 판매취급소는 지정수량의 40배 이하
③ 취급 최대수량 = 1000L × 40 = 40,000L

판매취급소의 구분 ★★★자주출제

취급소의 구분	저장 또는 취급하는 위험물의 수량
제1종 판매취급소	지정수량의 20배 이하
제2종 판매취급소	지정수량의 40배 이하

해답 ②

37 탱크 시험자가 다른 자에게 등록증을 빌려준 경우 1차 행정처분기준으로 옳은 것은?
① 등록취소 ② 업무정지 30일
③ 업무정지 90일 ④ 경고

해설 **탱크시험자에 대한 행정처분기준**

위반사항	행정처분기준		
	1차	2차	3차
① 허위 그 밖의 부정한 방법으로 등록을 한 경우	등록취소		
② 등록의 결격사유에 해당하게 된 경우	등록취소		
③ 다른 자에게 **등록증을 빌려준 경우**	**등록취소**		
④ 등록기준에 미달하게 된 경우	업무정지 30일	업무정지 60일	등록취소
⑤ 탱크안전성능시험 또는 점검을 허위로 하거나 이 법에 의한 기준에 맞지 아니하게 탱크안전성능시험 또는 점검을 실시하는 경우 등 탱크시험자로서 적합하지 아니하다고 인정되는 경우	업무정지 30일	업무정지 90일	등록취소

해답 ①

38 다음은 위험물안전관리법령에 따른 소화설비의 설치기준 중 전기설비의 소화설비 기준에 관한 내용이다. ( )에 알맞은 수치를 차례대로 나타낸 것은?

> 제조소등에 전기설비(전기배선, 조명기구 등은 제외한다.)가 설치된 경우에는 당해 장소의 면적 ( )m^2마다 소형수동식소화기를 ( )개 이상 설치할 것

① 100, 1   ② 100, 0.5
③ 200, 1   ④ 200, 0.5

해설 **전기설비의 소화설비**
제조소등에 **전기설비**(전기배선, 조명기구 등은 제외)가 설치된 경우에는 당해 장소의 면적 **100m^2마다 소형수동식소화기를 1개 이상** 설치할 것

해답 ①

39 위험물제조소등의 옥내소화전설비의 설치기준으로 틀린 것은?

① 수원의 수량은 옥내소화전이 가장 많이 설치된 층의 옥내소화전 설치개수(설치개수가 5개 이상인 경우는 5개)에 2.4m^3를 곱한 양 이상이 되도록 설치할 것
② 옥내소화전은 제조소등의 건축물의 층마다 당해 층의 각 부분에서 하나의 호스접속구까지의 수평거리가 25m 이하가 되도록 설치할 것
③ 옥내소화전설비는 각 층을 기준으로 하여 당해 층의 모든 옥내소화전(설치개수가 5개 이상인 경우는 5개의 옥내소화전)을 동시에 사용할 경우에 각 노즐 끝부분의 방수압력이 350kPa 이상이고 방수량이 1분당 260L 이상의 성능이 되도록 할 것
④ 옥내소화전설비에는 비상전원을 설치할 것

해설 ① 2.4m^3 → 7.8m^3
옥내소화전설비의 설치기준
① 제조소등의 건축물의 층마다 당해 층의 각 부분에서 하나의 호스접속구까지의 **수평거리가 25m 이하**가 되도록 설치할 것. 이 경우 옥내소화전은 각층의 출입구 부근에 1개 이상 설치하

여야 한다.
② 수원의 수량은 옥내소화전이 가장 많이 설치된 층의 옥내소화전 설치개수(설치개수가 5개 이상인 경우는 5개)에 **7.8m³를 곱한 양** 이상이 되도록 설치할 것
③ 각층을 기준으로 하여 당해 층의 모든 옥내소화전(설치개수가 5개 이상인 경우는 5개의 옥내소화전)을 동시에 사용할 경우에 각 노즐 끝부분의 **방수압력이 350MPa 이상**이고 **방수량이 1분당 260L 이상**의 성능이 되도록 할 것
④ **비상전원**을 설치할 것

위험물제조소등의 소화설비 설치기준

소화설비	수평거리	방사량 (L/min)	방사압력 (kPa)	수원의 양
옥내	25m 이하	260 이상	350 이상	$Q = N(\text{소화전개수 : 최대 5개}) \times 7.8\text{m}^3$ $(260\text{L/min} \times 30\text{min})$
옥외	40m 이하	450 이상	350 이상	$Q = N(\text{소화전개수 : 최대 4개}) \times 13.5\text{m}^3$ $(450\text{L/min} \times 30\text{min})$
스프링클러	1.7m 이하	80 이상	100 이상	$Q = N(\text{헤드수 : 최대 30개}) \times 2.4\text{m}^3$ $(80\text{L/min} \times 30\text{min})$
물분무		20 (L/m²·min)	350 이상	$Q = A(\text{바닥면적 m}^2) \times 0.6\text{m}^3$ $(20\text{L/m}^2 \cdot \text{min} \times 30\text{min})$

해답 ①

40 위험물안전관리법령상 옥내탱크저장소에 대한 소화난이도등급 I의 기준에 해당하지 않는 것은?

① 액표면적이 40m² 이상인 것(제6류 위험물을 저장하는 것 및 고인화점위험물만을 100℃ 미만의 온도에서 저장하는 것은 제외)
② 바닥면으로부터 탱크 옆판의 상단까지 높이가 6m 이상인 것(제6류 위험물을 저장하는 것 및 고인화점위험물만을 100℃ 미만의 온도에서 저장하는 것은 제외)
③ 액체위험물을 저장하는 탱크로서 용량이 지정수량의 100배 이상인 것
④ 탱크전용실이 단층건물 외의 건축물에 있는 것으로서 인화점 38℃ 이상 70℃ 미만의 위험물을 지정수량의 5배 이상 저장하는 것(내화구조로 개구부 없이 구획된 것은 제외)

해설 소화난이도등급 I에 해당하는 제조소 등

제조소등의 구분	제조소 등의 규모, 저장 또는 취급하는 위험물의 품명 및 최대수량 등
옥내탱크 저장소	**액표면적이 40m² 이상**인 것(제6류 위험물을 저장하는 것 및 고인화점위험물만을 100℃ 미만의 온도에서 저장하는 것은 제외)
	바닥면으로부터 탱크 옆판의 상단까지 **높이가 6m 이상**인 것(제6류 위험물을 저장하는 것 및 고인화점위험물만을 100℃ 미만의 온도에서 저장하는 것은 제외)
	탱크전용실이 단층건물 외의 건축물에 있는 것으로서 인화점 38℃ 이상 70℃ 미만의 위험물을 지정수량의 5배 이상 저장하는 것(내화구조로 개구부 없이 구획된 것은 제외한다)

해답 ③

41 다음 중 위험물 판매취급소의 배합실에서 배합하여서는 안 되는 위험물은?

① 도료류
② 염소산칼륨
③ 과산화수소
④ 황

해설 판매취급소에서의 취급기준
① 판매취급소에서는 **도료류**, 제1류 위험물 중 **염소산염류** 및 염소산염류만을 함유한 것, **황** 또는 **인화점이 38℃ 이상인 제4류 위험물**을 배합실에서 배합하는 경우 외에는 위험물을 배합하거나 옮겨 담는 작업을 하지 아니할 것
② 위험물은 규정에 의한 운반용기에 수납한 채로 판매할 것
③ 판매취급소에서 위험물을 판매할 때에는 위험물이 넘치거나 비산하는 계량기(액용되를 포함)를 사용하지 아니할 것

해답 ③

42 위험물안전관리법령상의 간이탱크저장소의 위치·구조 및 설비의 기준이 아닌 것은?

① 전용실 안에 설치하는 간이저장탱크의 경우 전용실 주위에는 1m 이상의 공지를 두어야 한다.
② 동일한 품질의 위험물의 간이저장탱크를 2 이상 설치하지 아니하여야 한다.
③ 간이저장탱크는 옥외에 설치하여야 하지만, 규정에서 정한 기준에 적합한 전용실 안에 설치하는 경우에는 옥내에 설치할 수 있다.
④ 간이저장탱크는 70kPa의 압력으로 10분간의 수압시험을 실시하여 새거나 변형되지 아니하여야 한다.

해설 ① 전용실 안에 설치하는→ 옥외에 설치하는
간이탱크저장소의 위치·구조 및 설비기준
(1) 하나의 간이탱크저장소에 설치하는 간이저장탱크는 그 수를 3 이하로 하고, 동일한 품질의 위험물의 간이저장탱크를 2 이상 설치하지 아니하여야 한다.
(2) 옥외에 설치하는 경우에는 그 탱크의 주위에 너비 1m 이상의 공지를 두고, 전용실안에 설치하는 경우에는 탱크와 전용실의 벽과의 사이에 0.5m 이상의 간격을 유지하여야 한다.
(3) **용량은 600L 이하**
(4) 두께 3.2mm 이상의 강판, 70kPa의 압력으로 10분간의 수압시험을 실시
(5) 간이저장탱크에는 밸브 없는 통기관을 설치
 ① 지름은 25mm 이상
 ② 옥외에 설치하되, 그 끝부분의 높이는 지상 1.5m 이상
 ③ 끝부분은 수평면에 대하여 아래로 45도 이상 구부려 빗물 등이 침투하지 아니하도록 할 것
 ④ 가는 눈의 구리망 등으로 인화방지장치를 할 것

해답 ①

43 옥내저장소에서 위험물 용기를 겹쳐 쌓는 경우 그 최대 높이 중 옳지 않은 것은?
① 기계에 의해 하역하는 구조로 된 용기 : 6m
② 제4류 위험물 중 제4석유류 수납용기 : 4m
③ 제4류 위험물 중 제1석유류 수납용기 : 3m
④ 제4류 위험물 중 동식물유류 수납용기 : 6m

해설 옥내저장소에서 위험물을 저장하는 경우 높이 제한
① 기계에 의하여 하역하는 구조로 된 용기만을 겹쳐 쌓는 경우 : 6m
② 제4류 위험물 중 제3석유류, 제4석유류 및 동식물유류를 수납하는 용기만을 겹쳐 쌓는 경우 : 4m
③ 그 밖의 경우 : 3m

해답 ④

44 위험물안전관리법령상 알킬알루미늄을 저장 또는 취급하는 이동탱크저장소에 비치하지 않아도 되는 것은?
① 응급조치에 관하여 필요한 사항을 기재한 서류
② 염기성 중화제
③ 고무장갑
④ 휴대용 확성기

해설 알킬알루미늄등을 저장 또는 취급하는 이동탱크저장소의 비치
① 긴급시의 연락처 ② 응급조치에 관하여 필요한 사항을 기재한 서류
③ 방호복   ④ 고무장갑
⑤ 밸브 등을 죄는 결합공구 ⑥ 휴대용 확성기

해답 ②

45 옥외탱크저장소에서 제4석유류를 저장하는 경우, 방유제 내에 설치할 수 있는 옥외저장탱크의 수는 몇 개 이하여야 하는가?
① 10   ② 20
③ 30   ④ 제한이 없음

해설 ※ 제4석유류 – 인화점이 200℃ 이상 250℃ 미만인 것
인화성액체위험물(이황화탄소를 제외)의 옥외탱크저장소의 방유제
(1) 방유제의 용량

탱크가 하나인 때	탱크 용량의 110% 이상
2기 이상인 때	탱크 중 용량이 최대인 것의 용량의 110% 이상

(2) 방유제의 높이는 0.5m 이상 3m 이하, 두께 0.2m 이상, 지하 매설깊이 1m 이상으로 할 것
(3) 방유제 내의 면적은 8만m^2 이하로 할 것

(4) 방유제 내의 설치하는 옥외저장탱크의 수는 10(용량이 20만L 이하이고, 인화점이 70℃ 이상 200℃ 미만인 경우에는 20) 이하로 할 것. **다만, 인화점이 200℃ 이상인 위험물을 저장 또는 취급하는 옥외저장탱크에 있어서는 그러하지 아니하다.**
(5) 방유제는 탱크의 옆판으로부터 거리를 유지할 것.

지름이 15m 미만인 경우	탱크 높이의 3분의 1 이상
지름이 15m 이상인 경우	탱크 높이의 2분의 1 이상

(6) **용량이 1,000만L 이상인 옥외저장탱크**의 주위에 설치하는 방유제에는 당해 탱크마다 **간막 이 둑**을 설치할 것
  ① 간막이 둑의 높이는 0.3m(방유제내에 설치되는 옥외저장탱크의 용량의 합계가 2억L를 넘는 방유제에 있어서는 1m) 이상으로 하되, 방유제의 높이보다 0.2m 이상 낮게 할 것
  ② 간막이 둑은 흙 또는 철근콘크리트로 할 것
  ③ **간막이 둑의 용량**은 간막이 둑안에 설치된 **탱크이 용량의 10% 이상**일 것
  ④ 방유제의 높이가 1m를 넘는 방유제 및 간막이둑의 안팎에는 방유제 내에 출입하기 위한 계단 또는 경사로를 약 50m마다 설치할 것.

해답 ④

---

46 위험물안전관리법령에 명시된 위험물 운반용기의 재질이 아닌 것은?

① 강판, 알루미늄판 ② 양철판, 유리
③ 비닐, 스티롬폼 ④ 금속판, 종이

해설 운반용기의 재질
① 강판 ② 알루미늄판 ③ 양철판 ④ 유리 ⑤ 금속판
⑥ 종이 ⑦ 플라스틱 ⑧ 섬유판 ⑨ 고무류 ⑩ 합성섬유
⑪ 삼 ⑫ 짚 ⑬ 나무

해답 ③

---

47 위험물안전관리법령에 따라 제조소등의 변경허가를 받아야 하는 경우에 속하는 것은?

① 일반취급소에서 계단을 설치하는 경우
② 제조소에서 펌프설비를 증설하는 경우
③ 옥외탱크저장소에서 자동화재탐지설비를 신설하는 경우
④ 판매취급소의 배출설비를 신설하는 경우

해설 제조소 또는 일반취급소의 변경허가를 받아야 하는 경우
① 제조소 또는 일반취급소의 위치를 이전하는 경우
② 건축물의 벽·기둥·바닥·보 또는 지붕을 증설 또는 철거하는 경우
③ **배출설비를 신설하는 경우(제조소 또는 일반취급소)**
④ 위험물취급탱크를 신설·교체·철거 또는 보수(탱크의 본체를 절개하는 경우에 한한다)하 는 경우
⑤ 위험물취급탱크의 노즐 또는 맨홀을 신설하는 경우(노즐 또는 맨홀의 직경이 250mm를 초과 하는 경우에 한한다)
⑥ 위험물취급탱크의 방유제의 높이 또는 방유제 내의 면적을 변경하는 경우

⑦ 위험물취급탱크의 탱크전용실을 증설 또는 교체하는 경우
⑧ 300m(지상에 설치하지 아니하는 배관의 경우에는 30m)를 초과하는 위험물배관을 신설·교체·철거 또는 보수(배관을 절개하는 경우에 한한다)하는 경우
⑨ 불활성기체의 봉입장치를 신설하는 경우
⑩ 누설범위를 국한하기 위한 설비를 신설하는 경우
⑪ 냉각장치 또는 보냉장치를 신설하는 경우
⑫ 탱크전용실을 증설 또는 교체하는 경우
⑬ 담 또는 토제를 신설·철거 또는 이설하는 경우
⑭ 온도 및 농도의 상승에 의한 위험한 반응을 방지하기 위한 설비를 신설하는 경우
⑮ 철 이온 등의 혼입에 의한 위험한 반응을 방지하기 위한 설비를 신설하는 경우
⑯ 방화상 유효한 담을 신설·철거 또는 이설하는 경우
⑰ **위험물의 제조설비 또는 취급설비(펌프설비를 제외)를 증설하는 경우**
⑱ **옥내소화전설비·옥외소화전설비·스프링클러설비·물분무등소화설비를 신설·교체**(배관·밸브·압력계·소화전본체·소화약제탱크·포헤드·포방출구 등의 교체는 제외한다) **또는 철거하는 경우**
⑲ **자동화재탐지설비를 신설 또는 철거하는 경우**

해답 ③

---

48 소화설비의 설치기준에서 저장소의 건축물은 외벽이 내화구조인 것은 연면적 몇 m²를 1소요단위로 하고, 외벽이 내화구조가 아닌 것은 연면적 몇 m²를 1소요단위로 하는가?

① 100, 75 ② 150, 75
③ 200, 100 ④ 250, 150

해설 **소요단위의 계산방법**
① 제조소 또는 취급소의 건축물

외벽이 내화구조인 것	외벽이 내화구조가 아닌것
연면적 100m² : 1소요단위	연면적 50m² : 1소요단위

② 저장소의 건축물

외벽이 내화구조인 것	외벽이 내화구조가 아닌것
연면적 150m² : 1소요단위	연면적 75m² : 1소요단위

③ 위험물은 지정수량의 10배를 1소요단위로 할 것

해답 ②

---

49 위험물제조소등에 설치되어 있는 스프링클러 소화설비를 정기점검할 경우 일반점검표에서 헤드의 점검내용에 해당하지 않는 것은?

① 압력계의 지시사항 ② 변형·손상의 유무
③ 기능의 적부 ④ 부착각도의 적부

해설 스프링클러설비의 일반점검표 – 헤드의 점검내용
① 변형. 손상의 유무 ② 부착각도의 적부 ③ 기능의 적부

해답 ①

50 위험물안전관리법령상 화학소방자동차에 갖추어야 하는 소화능력 및 설비의 기준으로 옳지 않은 것은?

① 포수용액의 방사능력이 매분 2000리터 이상인 포수용액 방사차
② 분말의 방사능력이 매초 35kg 이상인 분말 방사차
③ 할로젠화합물의 방사능력이 매초 40kg 이상인 할로젠화합물 방사차
④ 가성소다 및 규조토를 각각 100kg 이상 비치한 제독차

해설 ④ 100kg → 50kg

화학소방자동차에 갖추어야 하는 소화능력 및 설비의 기준(시행규칙 별표 23)

화학소방자동차의 구분	소화능력 및 설비의 기준
포수용액방사차	포수용액의 방사능력이 매분 2,000L 이상일 것.
	소화약액탱크 및 소화약액혼합장치를 비치할 것.
	10만L 이상의 포수용액을 방사할 수 있는 양의 소화약제를 비치할 것.
분말방사차	분말의 방사능력이 매초 35kg 이상일 것.
	분말탱크 및 가압용 가스설비를 비치할 것.
	1,400kg 이상의 분말을 비치할 것.
할로젠화물방사차	할로젠화물의 방사능력이 매초 40kg 이상일 것.
	할로젠화물탱크 및 가압용 가스설비를 비치할 것.
	1,000kg 이상의 할로젠화물을 비치할 것.
이산화탄소소방사차	이산화탄소의 방사능력이 매초 40kg 이상일 것.
	이산화탄소저장용기를 비치할 것.
	3,000kg 이상의 이산화탄소를 비치할 것.
제독차	가성소다 및 규조토를 각각 50kg 이상 비치할 것.

해답 ④

51 위험물안전관리법령상 차량운반 시 제4류 위험물과 혼재가 가능한 위험물의 유별을 모두 나타낸 것은? (단, 각각의 위험물은 지정수량의 10배이다.)

① 제2류 위험물, 제3류 위험물
② 제3류 위험물, 제5류 위험물
③ 제1류 위험물, 제2류 위험물, 제3류 위험물
④ 제2류 위험물, 제3류 위험물, 제5류 위험물

해설 유별을 달리하는 위험물의 혼재기준

위험물의 구분	제1류	제2류	제3류	제4류	제5류	제6류
제1류		×	×	×	×	○
제2류	×		×	○	○	×
제3류	×	×		○	×	×
제4류	×	○	○		○	×
제5류	×	○	×	○		×
제6류	○	×	×	×	×	

쉬운 암기방법(혼재가능)
↓1 + 6↑　　2 + 4
↓2 + 5↑　　5 + 4
↓3 + 4↑

해답 ④

52 위험물제조소등의 집유설비에 유분리장치를 설치해야 하는 장소는?

① 액상의 위험물을 저장하는 옥내저장소에 설치하는 집유설비
② 휘발유를 저장하는 옥내탱크저장소의 탱크전용실 바닥에 설치하는 집유설비
③ 휘발유를 저장하는 간이탱크저장소의 옥외설비 바닥에 설치하는 집유설비
④ 경유를 저장하는 옥외탱크저장소의 옥외펌프설비에 설치하는 집유설비

해설 옥외탱크저장소의 위치 · 구조 및 설비의 기준
펌프실외의 장소에 설치하는 펌프설비에는 그 직하의 지반면의 주위에 높이 0.15m 이상의 턱을 만들고 당해 지반면은 콘크리트 등 위험물이 스며들지 아니하는 재료로 적당히 경사지게 하여 그 **최저부에는 집유설비**를 할 것. 이 경우 **제4류 위험물**(온도 20℃의 물 100g에 용해되는 양이 1g 미만인 것)을 취급하는 펌프설비에 있어서는 당해 위험물이 직접 배수구에 유입하지 아니하도록 **집유설비에 유분리장치를 설치**하여야 한다.

해답 ④

53 위험물안전관리법령상 위험물옥외탱크 저장소의 방유제 지하매설 깊이는 몇 m 이상으로 하여야 하는가? (단, 원칙적인 경우에 한한다.)

① 0.2　　　　　　　　　　② 0.3
③ 0.5　　　　　　　　　　④ 1.0

해설 **인화성액체위험물**(이황화탄소를 제외)**의 옥외탱크저장소의 방유제**
① 방유제의 용량

탱크가 하나인 때	탱크 용량의 110% 이상
2기 이상인 때	탱크 중 용량이 최대인 것의 **용량의 110% 이상**

② 방유제의 높이는 0.5m 이상 3m 이하, 두께 0.2m 이상, 지하매설깊이 1m 이상으로 할 것
③ **방유제 내의 면적은 8만m² 이하**로 할 것
④ 방유제 내에 설치하는 옥외저장탱크의 수는 10이하로 할 것.
⑤ 방유제는 탱크의 옆판으로부터 거리를 유지할 것.

지름이 15m 미만인 경우	탱크 높이의 3분의 1 이상
지름이 15m 이상인 경우	탱크 높이의 2분의 1 이상

⑥ 용량이 1,000만L 이상인 옥외저장탱크의 주위에 설치하는 방유제에는 당해 탱크마다 **간막이 둑**을 설치할 것
　㉠ 간막이 둑의 높이는 0.3m(방유제내에 설치되는 옥외저장탱크의 용량의 합계가 2억L를 넘는 방유제에 있어서는 1m) 이상으로 하되, 방유제의 높이보다 0.2m 이상 낮게 할 것
　㉡ 간막이 둑은 흙 또는 철근콘크리트로 할 것

ⓒ 간막이 둑의 용량은 간막이 둑안에 설치된 탱크의 용량의 10% 이상일 것
⑦ 방유제에는 그 내부에 고인 물을 외부로 배출하기 위한 배수구를 설치하고 이를 개폐하는 밸브 등을 방유제의 외부에 설치할 것
⑧ 용량이 100만L 이상인 위험물을 저장하는 옥외저장탱크에 있어서는 카목의 밸브 등에 그 개폐상황을 쉽게 확인할 수 있는 장치를 설치할 것
⑨ 높이가 1m를 넘는 방유제 및 간막이 둑의 안팎에는 방유제내에 출입하기 위한 **계단 또는 경사로를 약 50m마다 설치할 것**

해답 ④

54
바닥면적이 120m³인 제조소인 경우에 환기설비인 급기구의 최소 설치개수와 최소 크기는?

① 1개, 800cm²
② 1개, 600cm²
③ 2개, 800cm²
④ 2개, 600cm²

해설 환기설비 설치기준
① 환기는 자연배기방식으로 할 것
② 급기구는 바닥면적 150m²마다 1개 이상으로 하되, 급기구의 크기는 800cm² 이상으로 할 것. 다만, 바닥면적이 150m² 미만인 경우에는 다음의 크기로 하여야 한다.

바닥면적	급기구의 면적
60m² 미만	150cm² 이상
60m² 이상 90m² 미만	300cm² 이상
90m² 이상 120m² 미만	450cm² 이상
120m² 이상 150m² 미만	600cm² 이상

③ 급기구는 낮은 곳에 설치하고 가는 눈의 구리망 등으로 인화방지망을 설치할 것
④ 환기구는 지붕위 또는 지상 2m 이상의 높이에 회전식 고정벤티레이터 또는 루푸팬방식으로 설치할 것

해답 ②

55
어떤 회사의 매출액이 80000원, 고정비가 15000원, 변동비가 40000원일 때 손익분기점 매출액은 얼마인가?

① 25000원
② 30000원
③ 40000원
④ 55000원

해설 손익분기점 매출액 계산방법

$$손익분기점\ 매출액 = \frac{고정비 \times 매출액}{변동비}$$

$$손익분기점\ 매출액 = \frac{15000 \times 80000}{40000} = 30000원$$

해답 ②

56 직물, 금속, 유리 등의 일정 단위 중 나타나는 흠의 수, 핀홀 수 등 부적합수에 관한 관리도를 작성하려면 가장 적합한 관리도는?

① c관리도
② np관리도
③ p관리도
④ $\overline{X} - R$관리도

해설 관리도(control chart)의 정의
품질 관리를 위한 도식 방법의 하나로, 제조공정이 안정된 상태에 있는지 여부를 조사하기 위하여 또는 제조공정을 안정된 상태로 유지하기 위해 이용되는 그림
① 계수형 관리도
  ㉠ p관리도(부적합품률 관리도)
    군의 크기가 불일정하고 불량 개수에 의하여 공정을 관리
  ㉡ np관리도(부적합품수 관리도)
    생산 제품의 부적합품수를 관리(시료수가 일정하기 때문에 비율대신 수량으로 계산)
  ㉢ c관리도(부적합수 관리도)
    일정 단위 중에 나타나는 결점의 수에 의거하여 공정을 관리
  ㉣ u관리도(단위당 부적합수 관리도) 등
    제품의 부적합수(결점수-일정한 시료)를 관리하기 위한 관리도
② 계량형 관리도
  ㉠ X관리도(개개 측정값 관리도)
  ㉡ $\overline{X}$관리도(평균값 관리도)
  ㉢ R관리도(범위 관리도), 중앙값 관리도, 표준편차 관리도 등

해답 ①

57 전수검사와 샘플링검사에 관한 설명으로 맞는 것은?

① 파괴검사의 경우에는 전수검사를 적용한다.
② 검사항목이 많은 경우 전수검사보다 샘플링검사가 유리하다.
③ 샘플링검사는 부적합품이 섞여 들어가서는 안되는 경우에 적용한다.
④ 생산자에게 품질향상의 자극을 주고 싶을 경우 전수검사가 샘플링검사보다 더 효과적이다.

해설 검사방법의 종류
① **자주 검사**(inspection worked by boiler-operator) : 성능 검사나 정기 자주 검사 등의 법적 검사 외에 작업 주임이 적당히 자체적으로 하는 검사
② **간접 검사**(Indirect Inspection) : 자재 또는 제품의 검사가 불가능하거나 불리할 경우 공정, 장비 및 작업자를 관리하는 검사 방법
③ **전수 검사**(Total Inspection) : 검사 로트 내의 검사 단위 모두를 하나하나 검사하여 합격, 불합격 판정을 내리는 것으로 일명 100% 검사라고도 한다.
④ **샘플링 검사**(sampling inspection) : 한 로트(lot)의 물품 중에서 발췌한 시료(試料)를 조사하고 그 결과를 판정 기준과 비교하여 그 로트의 합격 여부를 결정하는 검사이며 **일반적으로 검사항목이 많을 경우 실시한다.**

해답 ②

58 국제 표준화의 의의를 지적한 설명 중 직접적인 효과로 보기 어려운 것은?

① 국제간 규격통일로 상호 이익도모
② KS 표시품 수출 시 상대국에서 품질 인증
③ 개발도상국에 대한 기술개발의 촉진을 유도
④ 국가 간의 규격상이로 인한 무역장벽의 제거

해설 **국제 표준화의 의의**
① 국제간 규격통일로 상호 이익도모
② 개발도상국에 대한 기술개발의 촉진을 유도
③ 국가 간의 규격상이로 인한 무역장벽의 제거
④ 국가간 상호운용성 제공
⑤ 국가간 무역활성화
⑥ 생산비용절감

해답 ②

59 Ralph M. Barnes 교수가 제시한 동작경제의 원칙 중 작업장 배치에 관한 원칙(Arrangement of the workplace)에 해당되지 않는 것은?

① 가급적이면 낙하식 운반방법을 이용한다.
② 모든 공구나 재료는 지정된 위치에 있도록 한다.
③ 적절한 조명을 하여 작업자가 잘 보면서 작업할 수 있도록 한다.
④ 가급적 용이하고 자연스런 리듬을 타고 일할 수 있도록 작업을 구성하여야 한다.

해설 **동작경제의 원칙**(the principle of motion economy)
작업자의 동작을 세밀하게 분석하여 가장 경제적이고 합리적인 표준동작을 설정하는 것
① 인체의 사용에 관한 원칙
② 작업장의 배열에 관한 원칙
③ 공구 및 장비의 디자인에 관한 원칙

해답 ④

60 다음 데이터의 제곱합(sum of squares)은 약 얼마인가?

[데이터] 18.8 19.1 18.8 18.2 18.4
          18.3 19.0 18.6 19.2

① 0.129
② 0.338
③ 0.359
④ 1.029

해설 제곱합(sum of squares)

시료 평균값 $\bar{x} = \dfrac{18.8+19.1+18.8+18.2+18.4+18.3+19.0+18.6+19.2}{9} = 18.71$

$s = \sum(\xi - \bar{x})^2$
$= (18.8-18.71)^2 + (19.1-18.71)^2 + (18.8-18.71)^2 + (18.2-18.71)^2 + (18.4-18.71)^2 +$
$\quad (18.3-18.71)^2 + (19.0-18.71)^2 + (18.6-18.71)^2 + (19.2-18.71)^2$
$= 1.029$

해답 ④

… 국가기술자격 필기시험문제

2018년도 기능장 제64회 필기시험 (2018년 07월 CBT 시행)

자격종목	시험시간	문제수	형별
위험물기능장	1시간	60	A

본 문제는 CBT시험대비 기출문제 복원입니다.

01 다음 물질 중 무색 또는 백색의 비중이 약 1.8이고 융점이 약 202℃이며 물에는 불용인 것은?

① 피크린산
② 다이나이트로레조르신
③ 트라이나이트로톨루엔
④ 헥소겐

해설 헥소겐(hexogen)$(CH_2)_3(N-NO_2)_3$: 제5류-나이트로화합물
① 무색 또는 백색의 바늘모양 결정이다.
② 물, 에터, 알코올에 녹지 않고 아세톤에 녹는다.
③ 비중 약 1.8, 융점 약 202℃이며 물에는 불용이다.
④ 니트라민에 속하는 폭약으로 고성능폭약 중에서 가장 위력이 커서 전폭약으로 널리 사용되고 있다.
⑤ 트라이메틸렌트라이니트라민 또는 RDX라고도 한다.
⑥ 헥사메틸렌테트라민을 다량의 진한 질산에서 니트롤리시스하여 만든다.

$$(CH_2)_6N_4 + 6HNO_3 \rightarrow (CH_2)_3(N-NO_2)_3 + 3CO_2 + 6H_2O + 2N_2$$

해답 ④

02 인화석회(Ca_3P_2)의 성질에 대한 설명으로 틀린 것은?

① 적갈색의 고체이다.
② 비중이 약 2.51이고, 약 1,600℃에서 녹는다.
③ 산과 반응하여 주로 포스핀 가스를 발생한다.
④ 물과 반응하여 주로 아세틸렌 가스를 발생한다.

해설 인화칼슘(Ca_3P_2)[별명 : 인화석회] : 제3류(금수성 물질)

화학식	분자량	융점	비중
Ca_3P_2	182	1,600℃	2.5

① 적갈색의 괴상고체
② 물 및 약산과 격렬히 반응, 분해하여 유독한 가연성기체인 인화수소(포스핀)(PH_3)을 생성한다.

- $Ca_3P_2 + 6H_2O \rightarrow 3Ca(OH)_2(수산화칼슘) + 2PH_3(포스핀=인화수소)$
- $Ca_3P_2 + 6HCl \rightarrow 3CaCl_2(염화칼슘) + 2PH_3(포스핀=인화수소)$

③ 포스핀은 맹독성가스이므로 취급시 방독마스크를 착용한다.
④ 물 및 포약제의 의한 소화는 절대 금하고 마른모래 등으로 피복하여 자연 진화되도록 기다린다.

해답 ④

03 삼황화인(P_4S_3)의 성질에 대한 설명으로 옳은 것은?

① 냉수에 잘 녹으며 황화수소를 발생한다.
② 염산에는 녹지 않는다.
③ 이황화탄소에는 녹지 않는다.
④ 황산에 잘 녹아 이산화황(SO_2)을 발생한다.

해설 **삼황화인**(P_4S_3)
① 황색결정으로 물, 염산, 황산에 녹지 않으며 질산, 알칼리, 이황화탄소에 녹는다.
② 연소하면 오산화인과 이산화황이 생긴다.

$$P_4S_3 + 8O_2 \rightarrow 2P_2O_5 + 3SO_2\uparrow$$

해답 ②

04 다음 염소산칼륨의 성질 중 옳은 것은?

① 광택이 있는 적색의 결정이다.
② 비중은 약 3.2이며 녹는점은 약 250℃이다.
③ 가열분해하면 염화나트륨과 산소를 발생한다.
④ 알코올에 난용이고 온수, 글리세린에 잘 녹는다.

해설 **염소산칼륨**($KClO_3$) : 제1류 위험물(산화성고체) 중 염소산염류

화학식	분자량	물리적 상태	색상	분해온도
$KClO_3$	122.5	고체	무색	400℃

① 무색 또는 **백색분말**이며 산화력이 강하다
② 이산화망가니즈(MnO_2)과 접촉 시 분해가 촉진되어 산소를 방출한다.
③ 비중 : 2.34, 녹는점 368℃이다.
④ **온수, 글리세린에 잘 녹는다.**
⑤ **냉수, 알코올에는 용해하기 어렵다.**
⑥ 400℃에서 열분해되어 **염화칼륨과 산소를 방출**

$$2KClO_3 \rightarrow 2KCl + 3O_2\uparrow$$
염소산칼륨   염화칼륨   산소

⑦ 유기물 등과 접촉 시 충격을 가하면 폭발하는 수가 있다.

해답 ④

05 메탄올 2[mol]이 표준상태에서 완전연소하기 위해 필요한 공기량은 약 몇 [L]인가?

① 122   ② 244
③ 320   ④ 410

해설 CHO로 구성된 유기물이 완전연소 시 이산화탄소와 물이 생성된다.

메탄올의 완전연소 반응식
$2CH_3OH + 3O_2 \rightarrow 2CO_2 + 4H_2O$
2몰   3×22.4L

① 공기 중 산소농도 : 21%(부피농도)
② 필요한 공기량 = $\dfrac{3 \times 22.4L}{0.21}$ = 320L

해답 ③

06 알코올류의 탄소수가 증가함에 따른 일반적인 특성으로 옳은 것은?
① 인화점이 낮아진다. ② 연소범위가 넓어진다.
③ 증기 비중이 증가한다. ④ 비중이 증가한다.

해설 알코올류의 일반적 성질
탄소수가 증가함에 따라
① 수용성이 낮아진다. ② 점성이 높아진다.
③ 비등점이 높아진다. ④ 인화점이 높아진다.
⑤ 이성질체수가 많아진다. ⑥ 연소범위가 좁아진다.
⑦ **증기비중이 증가한다.**

해답 ③

07 제4류 위험물 중 제1석유류에 속하지 않는 것은?
① C_6H_6 ② CH_3COOH
③ CH_3COCH_3 ④ $C_6H_5CH_3$

해설

구 분	① C_6H_6	② CH_3COOH	③ CH_3COCH_3	④ $C_6H_5CH_3$
명 칭	벤젠	초산(아세트산)	아세톤	톨루엔
품 명	제1석유류	제2석유류	제1석유류	제1석유류

해답 ②

08 물분무 소화에 사용된 20℃의 물 2g이 완전히 기화되어 100℃의 수증기가 되었다면 흡수된 열량과 수증기 발생량은 약 얼마인가? (단, 1기압을 기준으로 한다.)
① 1,240[cal], 2,400[mL] ② 1,240[cal], 3,400[mL]
③ 2,480[cal], 6,800[mL] ④ 2,480[cal], 10,200[mL]

해설 ① 흡수된 열량
$Q = mC\Delta t + r \cdot m = 2g \times 1cal/g \cdot ℃ \times (100-20)℃ + 539cal/g \times 2g = 1238cal$
② 수증기 발생량
$PV = nRT = \dfrac{W}{M}RT$

제 6 편 최근 기출문제

$$V = \frac{n\left(\frac{W}{M}\right)RT}{P} = \frac{\frac{2}{18} \times 0.08205 \times (273+100)}{1} = 3.4L = 3400mL$$

열량 산출 공식

$$Q = mc\Delta t + r \cdot m$$

여기서, Q : 열량(cal), m : 질량(kg), c : 비열(cal/g.℃)(물의 비열=1cal/g.℃)
Δt : 온도차(℃), r : 기화열(cal/g)(물의 기화열=539cal/g)

이상기체 상태방정식

$$PV = \frac{W}{M}RT = nRT$$

여기서, P : 압력(atm), V : 부피(m³), W : 무게(kg), M : 분자량, n(mol)$=\frac{W}{M}$
R : 기체상수(0.082atm · m³/kmol · K), T : 절대온도(273+t℃)K

해답 ②

---

09 다음 물질 중 분자량이 약 106.5, 융점이 250℃, 비중이 약 2.5이며 약 300℃에서 산소를 발생하는 것은?

① $KClO_3$ ② $NaClO_3$
③ $KClO_4$ ④ $NaClO_4$

해설 염소산나트륨-제1류-염소산염류

화학식	분자량	물리적 상태	색상	분해온도
$NaClO_3$	106.5	고체	무색	300℃

① 조해성이 크고, 알코올, 에터, 물에 녹는다.
② 철제를 부식시키므로 철제용기 사용금지
③ 산과 반응하여 유독한 이산화염소(ClO_2)를 발생시키며 이산화염소는 폭발성이다.
④ 열분해하여 염화나트륨과 산소를 발생한다.

$$2NaClO_3 \rightarrow 2NaCl + 3O_2\uparrow$$
염소산나트륨 염화나트륨(소금) 산소

해답 ②

---

10 다음 중 가장 강한 산은?

① $HClO_4$ ② $HClO_3$
③ $HClO_2$ ④ $HClO$

해설 산소산 중 산의 세기
차아염소산($HClO$) < 아염소산($HClO_2$) < 염소산($HClO_3$) < 과염소산($HClO_4$)

해답 ①

11 다음 중 셀룰로이드의 제조에 사용되는 물질은?
① 장뇌 ② 염산
③ 나이트로아미드 ④ 질산메틸

해설 **셀룰로이드**
① 무색 또는 황색의 반투명한 고체로 일종의 합성수지와 비슷하다.
② 질산셀룰로오스와 장뇌의 혼합액으로부터 개발한 최초의 합성 플라스틱이다.
③ 물에 녹지 않지만 알코올, 아세톤 등에 녹는다.
④ 발화점은 165℃이고, 비중은 1.4이다.
⑤ 열을 가하면 매우 연소하기 쉽고 외부에서 산소 공급 없이도 연소가 지속된다.
⑥ 장기간 방치된 것은 햇빛, 고온, 고습 등에 의해 분해가 촉진된다.
⑦ 분해열이 축적되면 자연발화의 위험이 있다.

해답 ①

12 가연물의 구비조건으로 거리가 먼 것은?
① 열전도도가 작을 것. ② 산소와 친화력이 좋을 것.
③ 완전 산화물일 것. ④ 점화에너지가 작을 것.

해설 **가연물의 구비조건**
① 열전도율이 작을 것 ② 발열량이 클 것
③ 표면적이 넓을 것 ④ 산소와 친화력이 좋을 것
⑤ 활성화에너지가 작을 것

해답 ③

13 다음 중 물보다 가벼운 물질로만 이루어진 것은?
① 에터, 이황화탄소 ② 벤젠, 포름산
③ 클로로벤젠, 가솔린 ④ 퓨젤유, 에탄올

해설

명칭	에터	이황화탄소	벤젠	포름산(의산)	클로로벤젠	가솔린(휘발유)	퓨젤유	에탄올
비중	0.72	1.26	0.9	1.22	1.11	0.65~0.80	0.81	0.79

퓨젤유

화학식	분자량	비중	비점	인화점	착화점	연소범위
주성분 : 아이소아밀알코올	60	0.81	110~130℃	42℃	482℃	1.8~12.4%

① 황갈색의 기름상 액체로 아밀알코올 냄새가 강하다.
② 물에 잘 안 녹고 물보다 가볍다.
③ 아이소아밀알코올이 주성분이며 알코올을 발효할 때 발생되며 이용가치가 별로 없다.

해답 ④

14 황린 90kg, 마그네슘 750kg, 칼륨 100kg을 저장할 때 각각의 지정수량 배수의 총합은 얼마인가?

① 6
② 10
③ 12
④ 16

해설 ① 황린-제3류-20kg, 마그네슘-제2류-500kg, 칼륨-제3류-10kg

② **지정배수** $= \dfrac{90\text{kg}}{20\text{kg}} + \dfrac{750\text{kg}}{500\text{kg}} + \dfrac{100\text{kg}}{10\text{kg}} = 16$배

해답 ④

15 위험물의 화재 위험에 대한 설명으로 옳지 않은 것은?

① 인화점이 낮을수록 위험하다.
② 착화점이 높을수록 위험하다.
③ 폭발범위가 넓을수록 위험하다.
④ 연소속도가 빠를수록 위험하다.

해설 **위험성의 영향인자**

영 향 인 자	위 험 성
❶ 온도, 압력, 산소농도	높을수록 위험
❷ 연소범위(폭발범위)	넓을수록 위험
❸ 연소열, 증기압	클수록 위험
❹ 연소속도	빠를수록 위험
❺ 인화점, **착화점**, 비점, 융점, 비중, 점성, 비열	**낮을수록 위험**

해답 ②

16 위험물의 운반기준에 대한 설명 중 틀린 것은?

① 위험물을 수납한 용기가 현저하게 마찰 또는 충격을 일으키지 않도록 한다.
② 지정수량 이상의 위험물을 차량으로 운반할 때에는 한 변의 길이가 0.3m 이상, 다른 한 변은 0.6m 이상인 직사각형 표지판을 설치하여야 한다.
③ 위험물의 운반 도중 재난 발생의 우려가 있는 경우에는 응급조치를 강구하는 동시에 가까운 소방관서 그 밖의 관계기관에 통보하여야 한다.
④ 지정수량 이하의 위험물을 차량으로 운반하는 경우 적응성이 있는 소형 소화기를 위험물의 소요단위에 상응하는 능력단위 이상으로 비치하여야 한다.

해설 **지정수량 이상의 위험물을 차량으로 운반하는 경우**
적응성이 있는 소형 소화기를 위험물의 소요단위에 상응하는 능력단위 이상으로 비치하여야 한다.

해답 ④

17 산·알칼리 소화기에서 44.8m³의 CO_2를 얻으려면 $NaHCO_3$와 H_2SO_4가 각각 몇 kg씩 필요한가? (단, 표준상태이다.)

① 0.168kg, 0.98kg　　　② 87kg, 49kg
③ 84kg, 98kg　　　　　④ 168kg, 98kg

해설 산·알칼리 소화기의 반응식

$$H_2SO_4 + 2NaHCO_3 \rightarrow Na_2SO_4 + 2H_2O + 2CO_2 \uparrow$$

① 중탄산나트륨의 소요량

$$H_2SO_4 + 2NaHCO_3 \rightarrow Na_2SO_4 + 2H_2O + 2CO_2 \uparrow$$
　　　　　2×84kg　　　　　　　　　　　　　　2×22.4m³
　　　　　X　　　　　　　　　　　　　　　　　44.8m³

$$\therefore X = \frac{2 \times 84\text{kg} \times 44.8\text{m}^3}{2 \times 22.4\text{m}^3} = 168\text{kg}$$

② 황산의 소요량

$$H_2SO_4 + 2NaHCO_3 \rightarrow Na_2SO_4 + 2H_2O + 2CO_2 \uparrow$$
　　98kg　　　　　　　　　　　　　　　　　2×22.4m³
　　X　　　　　　　　　　　　　　　　　　44.8m³

$$X = \frac{98\text{kg} \times 44.8\text{m}^3}{2 \times 22.4\text{m}^3} = 98\text{kg}$$

해답 ④

18 $NH_4H_2PO_4$ 115kg이 완전 열분해하여, 메타인산, 암모니아와 수증기로 되었을 때 메타인산은 몇 kg이 생성되는가? (단, P의 원자량은 31이다.)

① 36　　　　　　　　　② 40
③ 80　　　　　　　　　④ 115

해설 제3종 분말 열분해반응식

$$NH_4H_2PO_4 \rightarrow HPO_3 + NH_3 + H_2O$$

① 제1인산암모늄($NH_4H_2PO_4$)의 분자량 $= 14 + 1 \times 6 + 31 + 16 \times 4 = 115$
② $NH_4H_2PO_4 \rightarrow HPO_3$(메타인산) $+ NH_3 + H_2O$
　　115kg　　　　　　80kg

해답 ③

19 위험물 취급 시 정전기로 인하여 재해를 발생시킬 수 있는 경우에 가장 가까운 것은?

① 감전사고　　　　　　② 강한 화학반응
③ 가열로 인한 화재　　　④ 불꽃방전으로 인한 화재

해설 위험물 취급 시 정전기로 인하여 불꽃방전으로 인한 화재를 일으킬 수 있다.

해답 ④

20. 화학소방자동차(포수용액 방사차) 1대가 갖추어야 할 포수용액의 방사능력으로 옳은 것은?

① 500[L/min] 이상
② 1,000[L/min] 이상
③ 1,500[L/min] 이상
④ 2,000[L/min] 이상

해설 화학소방자동차에 갖추어야 하는 소화능력 및 설비의 기준(시행규칙 별표 23)

화학소방자동차의 구분	소화능력 및 설비의 기준
포수용액방사차	포수용액의 방사능력이 매분 2,000L 이상일 것.
	소화약액탱크 및 소화약액혼합장치를 비치할 것.
	10만L 이상의 포수용액을 방사할 수 있는 양의 소화약제를 비치할 것.
분말방사차	분말의 방사능력이 매초 35kg 이상일 것.
	분말탱크 및 가압용 가스설비를 비치할 것.
	1,400kg 이상의 분말을 비치할 것.
할로젠화물방사차	할로젠화물의 방사능력이 매초 40kg 이상일 것.
	할로젠화물탱크 및 가압용 가스설비를 비치할 것.
	1,000kg 이상의 할로젠화물을 비치할 것.
이산화탄소방사차	이산화탄소의 방사능력이 매초 40kg 이상일 것.
	이산화탄소저장용기를 비치할 것.
	3,000kg 이상의 이산화탄소를 비치할 것.
제독차	가성소다 및 규조토를 각각 50kg 이상 비치할 것.

해답 ④

21. 다음 중 산화성 고체 위험물이 아닌 것은?

① $KBrO_3$
② $(NH_4)_2Cr_2O_7$
③ $HClO_4$
④ $NaClO_2$

해설 과염소산($HClO_4$) : 제6류 위험물(산화성액체)

화학식	분자량	비중	비점	융점
$HClO_4$	100.46	1.77	39℃	-112℃

① 물과 혼합하면 다량의 열을 발생한다.
② 산화력이 강하여 종이, 나무조각 또는 유기물 등과 접촉 시 폭발한다.
③ 비중 1.768(22 ℃), 녹는점 -112 ℃, 끓는점 39℃(56mmHg)
④ 무수물은 자연히 분해하여 폭발하므로 60~70 %의 수용액(비중 1.5~1.6)으로 시판된다.
⑤ 수용액도 부식력이 강하고, 유기물 등과 접촉하면 폭발하는 경우가 있다.
⑥ 산(酸) 중에서도 가장 강한 산이다.

산소산 중 산의 세기
차아염소산($HClO$) < 아염소산($HClO_2$) < 염소산($HClO_3$) < 과염소산($HClO_4$)

해답 ③

22
트라이에틸알루미늄은 물과 폭발적으로 반응한다. 이때 주로 발생하는 기체는?
① 산소 ② 수소
③ 에탄 ④ 염소

해설 **알킬알루미늄**[(C_nH_{2n+1}) · Al] : **제3류 위험물(금수성 물질)**
① 알킬기(C_nH_{2n+1})에 알루미늄(Al)이 결합된 화합물이다.
② C_1~C_4는 자연발화의 위험성이 있다.
③ 물과 접촉 시 가연성 가스 발생하므로 주수소화는 절대 금지한다.
④ 트라이메틸알루미늄(TMA : Tri Methyl Aluminium)

$$(CH_3)_3Al + 3H_2O \rightarrow Al(OH)_3 + 3CH_4 \uparrow (\text{메탄})$$

⑤ 트라이에틸알루미늄(TEA : Tri Eethyl Aluminium)

$$(C_2H_5)_3Al + 3H_2O \rightarrow Al(OH)_3 + 3C_2H_6 \uparrow (\text{에탄})$$

⑥ 저장용기에 불활성기체(N_2)를 봉입한다.
⑦ 피부접촉 시 화상을 입히고 연소 시 흰 연기가 발생한다.
⑧ 소화 시 주수소화는 절대 금하고 팽창질석, 팽창진주암 등으로 피복소화한다.

해답 ③

23
옥탄의 분자식은 어느 것인가?
① C_6H_{14} ② C_7H_{16}
③ C_8H_{18} ④ C_9H_{20}

해설 **메탄계(알칸계) 탄화수소**
① 일반식 C_nH_{2n+2}
② 명명법

n의 개수	1	2	3	4	5	6	7	8
화학식	CH_4	C_2H_6	C_3H_8	C_4H_{10}	C_5H_{12}	C_6H_{14}	C_7H_{16}	C_8H_{18}
명 칭	메탄	에탄	프로판	부탄	펜탄	헥산	헵탄	옥탄

해답 ③

24
아이오딘포름 반응을 하는 물질로 연소범위가 약 2.5~12.8%이며 끓는점과 인화점이 낮아 화기를 멀리해야 하고 냉암소에 보관하는 물질은?
① CH_3COCH_3 ② CH_3CHO
③ C_6H_6 ④ $C_6H_5NO_2$

해설 **아세톤**(CH_3COCH_3)-수용성 ★★

화학식	분자량	비중	비점	인화점	착화점	연소범위
$(CH_3)_2CO$	58	0.79	56.3℃	-18℃	538℃	2.5~12.8%

① 무색의 휘발성 액체이다.
② 물 및 유기용제에 잘 녹는다.
③ 아이오딘포름 반응을 한다.
④ 아세틸렌 가스의 흡수제에 이용된다.

```
    H O H
    | | |
  H-C-C-C-H
    | | |
    H   H
```

해답 ①

25 분진폭발에 대한 설명으로 옳지 않은 것은?

① 밀폐공간 내 분진운이 부유할 때 폭발위험성이 있다.
② 충격, 마찰도 착화에너지가 될 수 있다.
③ 2차, 3차 폭발의 발생 우려가 없으므로 1차 폭발소화에 주의하여야 한다.
④ 산소의 농도가 증가하면 대형화될 수 있다.

해설 **분진폭발**(먼지폭발 · 분체폭발)
고체의 미소한 분말이 부유하고, 그 농도가 적당한 범위 내에 있을 때, 불꽃, 스파이크섬광 등에 의하여 발생하는 폭발이며
① 최소발화 에너지는 10~80mJ이다.
② 분진폭발은 2차, 3차 폭발의 발생 우려가 높으므로 주의하여야 한다.

해답 ③

26 수소화칼륨에 대한 설명으로 옳은 것은?

① 회갈색의 등축정계 결정이다.   ② 약 150℃에서 열분해된다.
③ 물과 반응하여 수소를 발생한다. ④ 물과의 반응은 흡열반응이다.

해설 **수소화칼륨**(KH) : 제3류 위험물 –금속의 수소화물
① 회백색의 결정분말이다.
② 물과 반응하면 수산화칼륨(KOH)과 수소(H_2)가스를 발생한다.

$$KH + H_2O \rightarrow KOH + H_2 \uparrow$$

③ 고온에서 암모니아(NH_3)와 반응하면 칼륨아미드(KNH_2)와 수소가 생성된다.

$$KH + NH_3 \rightarrow KNH_2 (칼륨아미드) + H_2 \uparrow$$

해답 ③

27 과산화수소의 분해방지 안정제로 사용할 수 있는 물질은?

① 구리   ② 은
③ 인산   ④ 목탄분

해설 **과산화수소**(H_2O_2)**의 일반적인 성질**

화학식	분자량	비중	비점	융점
H_2O_2	34	1.463	150.2℃(pure)	-0.43℃(pure)

① 물, 에탄올, 에터에 잘 녹으며 벤젠에 녹지 않는다.
② 분해 시 발생기 산소(O)를 발생시킨다.
③ 분해안정제로 인산(H_3PO_4) 또는 요산($C_5H_4N_4O_3$)을 첨가한다.
④ 저장용기는 밀폐하지 말고 구멍이 있는 마개를 사용한다.
⑤ 하이드라진($NH_2 \cdot NH_2$)과 접촉 시 분해 작용으로 폭발위험이 있다.

$$NH_2 \cdot NH_2 + 2H_2O_2 \rightarrow 4H_2O + N_2 \uparrow$$

- 과산화수소는 36%(중량) 이상만 위험물에 해당된다.
- 과산화수소는 표백제 및 살균제로 이용된다.

⑥ 분해 시 발생한 분자상의 산소(O_2)는 발생기 산소(O)보다 산화력이 약하다.

해답 ③

28 다음 중 오황화인의 성질에 대한 설명으로 옳은 것은?

① 청색의 결정으로 특이한 냄새가 있다.
② 알코올에는 잘 녹고 이황화탄소에는 잘 녹지 않는다.
③ 수분을 흡수하면 분해한다.
④ 비점은 약 325℃이다.

해설 오황화인(P_2S_5) : 제2류 위험물
① 담황색 결정이고 조해성이 있다.
② 수분을 흡수하면 분해된다.
③ 이황화탄소(CS_2)에 잘 녹는다.
④ 물, 알칼리와 반응하여 인산과 유독성인 황화수소를 발생한다.

$$P_2S_5 + 8H_2O \rightarrow 2H_3PO_4(인산) + 5H_2S \uparrow (황화수소)$$

해답 ③

29 다음 중 은백색의 금속으로 가장 가볍고, 물과 반응 시 수소가스를 발생시키는 것은?

① Al
② K
③ Li
④ Si

해설 리튬(Li)

화학식	비점	융점	비중	불꽃색상
Li	1336℃	180℃	0.543	적색

① 은백색의 가벼운 알칼리금속으로 칼륨(K), 나트륨(Na)과 성질이 비슷하다.
② 물과 극렬히 반응하여 수소(H_2)를 발생한다.
  $2Li + 2H_2O \rightarrow 2LiOH + H_2 \uparrow$
③ 주기율표 1족에 속하는 알칼리금속원소
④ 2차 전지 생산의 원료로 사용
⑤ 고온에서 질소와 반응하여 적갈색의 질화리튬(Li_3N)을 생성한다.

해답 ③

30 다음 중 반건성유에 해당하는 물질은?

① 아마인유 ② 채종유
③ 올리브유 ④ 피마자유

해설 **동식물유류** ★★★★
동물의 지육 또는 식물의 종자나 과육으로부터 추출한 것으로 1기압에서 인화점이 250℃ 미만인 것
① 돈지(돼지기름), 우지(소기름) 등이 있다.
② 아이오딘값이 130 이상인 건성유는 자연발화위험이 있다.
③ 인화점이 46℃인 개자유는 저장, 취급 시 특별히 주의한다.

아이오딘값에 따른 동식물유의 분류

구 분	아이오딘값	종 류
건성유	130 이상	해바라기기름, 동유(낙화생기름), 정어리기름, 아마인유, 들기름
반건성유	100~130	채종유, 쌀겨기름, 참기름, 면실유, 옥수수기름, 청어기름, 콩기름
불건성유	100 이하	야자유, 팜유, 올리브유, 피마자기름, 낙화생기름, 돈지, 우지, 고래기름

아이오딘값
옥소가(沃素價)라고도 하며 100g의 유지에 의해서 흡수되는 아이오딘의 g수
※ **비누화 값의 정의** : 유지 1g을 비누화하는데 필요한 KOH mg수

해답 ②

31 다음 중 물과 접촉하여도 위험하지 않은 물질은?

① 과산화나트륨 ② 과염소산나트륨
③ 마그네슘 ④ 알킬알루미늄

해설 **과염소산나트륨**

화학식	분자량	물리적 상태	색상	분해온도
$NaClO_4$	122.5	고체	무색(백색)	400℃

① 물에 잘 녹고 알코올, 에터에 불용
② 유기물 등과 혼합 시 가열, 충격, 마찰에 의하여 폭발한다.
③ 400℃ 이상에서 분해되면서 산소를 방출한다.

해답 ②

32 하이드라진을 약 180℃까지 열분해시켰을 때 발생하는 가스가 아닌 것은?

① 이산화탄소 ② 수소
③ 질소 ④ 암모니아

해설 **하이드라진**(Hydrazine)[H_2N-NH_2]-수용성

화학식	분자량	비중	융점	인화점
N_2H_4	32	1.01	2℃	37.8℃

① 무색의 맹독성 발연성 액체이며 물에 잘 녹는다.
② 고압 보일러의 탈산소제로서 이용된다.
③ 물, 알코올에 잘 용해되고 에터에는 불용
④ 약알칼리성으로 180℃에서 암모니아와 질소로 분해된다.

$$2N_2H_4 \rightarrow 2NH_3 + N_2 + H_2$$
(하이드라진)   (암모니아)   (질소) (수소)

⑤ 과산화수소(H_2O_2)와 접촉 시 폭발 우려가 있다.

$$N_2H_4 + 2H_2O_2 \rightarrow 4H_2O + N_2 \uparrow$$

⑥ 고농도의 과산화수소와 반응시켜 로켓의 추진체로 이용된다.

해답 ①

33 다음 금속원소 중 비점이 가장 높은 것은?
① 리튬   ② 나트륨
③ 칼륨   ④ 루비듐

해설 금속원소의 비점

명 칭	리튬	나트륨	칼륨	루비듐
원소기호	Li	Na	K	Rb
비점(끓는점)	1,336℃	880℃	762℃	688℃

해답 ①

34 다음 중 염소(Cl)의 산화수가 +3인 물질은?
① $HClO_4$ ② $HClO_3$
③ $HClO_2$ ④ $HClO$

해설 산화수 계산
① 과염소산($HClO_4$) : $(+1)+x+(-2)\times 4=0$ $x(Cl)=+7$
② 염소산($HClO_3$) : $(+1)+x+(-2)\times 3=0$ $x(Cl)=+5$
③ 아염소산($HClO_2$) : $(+1)+x+(-2)\times 2=0$ $x(Cl)=+3$
④ 차아염소산($HClO$) : $(+1)+x+(-2)\times 1=0$ $x(Cl)=+1$

산화수를 정하는 법
① 화합물에 있어서 산소의 산화수=-2, 수소의 산화수=+1
 (단, 과산화물에서 산소의 산화수=-1)
② 화합물에서 구성원자의 산화수의 총합은 0이다.
③ 이온의 가수(價數)는 그 이온의 산화수이다.
 • Ca=+2   • Na=+1   • K=+1   • Ba=+2
④ $KMnO_4$(과망가니즈산칼륨)에서 Mn의 산화수를 X라 하면
 $+1+X+(-2\times 4)=0$ ∴ $X(Mn)=+7$

해답 ③

35 다음 중 알칼리토금속의 과산화물로서 비중이 약 4.96, 융점이 약 450℃인 것으로 비교적 안정한 물질은?

① BaO_2 ② CaO_2
③ MgO_2 ④ BeO_2

해설 과산화바륨

화학식	분자량	비중	융점	분해온도
BaO_2	169	4.96	450℃	840℃

① 탄산가스와 반응하여 탄산염과 산소 발생

$$2BaO_2 + 2CO_2 \rightarrow 2BaCO_3 + O_2\uparrow$$
(탄산바륨)   (산소)

② 염산과 반응하여 염화바륨과 과산화수소 생성

$$BaO_2 + 2HCl \rightarrow BaCl_2 + H_2O_2\uparrow$$
(염화바륨)   (과산화수소)

③ 가열 또는 온수와 접촉하면 산소가스를 발생

- 가열 $2BaO_2 \rightarrow 2BaO$(산화바륨) $+ O_2\uparrow$(산소)
- 온수와 반응 $2BaO_2 + 2H_2O \rightarrow 2Ba(OH)_2$(수산화바륨) $+ O_2\uparrow$(산소)

해답 ①

36 마그네슘의 일반적인 성질을 나타낸 것 중 틀린 것은?

① 비중은 약 1.74이다.   ② 융점은 약 905℃이다.
③ 비점은 약 1,102℃이다.   ④ 원자량은 약 24.3이다.

해설 마그네슘(Mg) ★★★

화학식	원자량	비중	융점	비점	발화점
Mg	24.3	1.74	651℃	1102℃	473℃

① 2mm체 통과 못하는 덩어리는 위험물에서 제외한다.
② 직경 2mm 이상 막대모양은 위험물에서 제외한다.
③ 은백색의 광택이 나는 가벼운 금속이다.
④ 물과 반응하여 수소기체 발생

$$Mg + 2H_2O \rightarrow Mg(OH)_2(수산화마그네슘) + H_2\uparrow(수소발생)$$

⑤ 이산화탄소약제를 방사하면 폭발적으로 반응하기 때문에 위험하다.

마그네슘과 CO_2의 반응식
$$2Mg + CO_2 \rightarrow 2MgO + C$$

⑥ 주수소화는 엄금이며 마른모래 등으로 피복 소화한다.

해답 ②

37. 제4류 위험물 중 지정수량이 4,000L인 것은? (단, 수용성 액체이다.)

① 제1석유류
② 제2석유류
③ 제3석유류
④ 제4석유류

해설 제4류 위험물의 지정수량

성질	품 명		지정수량	위험등급	비 고
인화성 액체	특수인화물		50L	I	• 발화점 100℃ 이하 • 인화점 -20℃ 이하 & 비점 40℃ 이하 • 이황화탄소, 다이에틸에터
	제1석유류	비수용성	200L	II	• 인화점 21℃ 미만 • 아세톤, 휘발유
		수용성	400L		
	알코올류		400L		• C_1~C_3포화 1가알코올(변성알코올 포함)
	제2석유류	비수용성	1000L	III	• 인화점 21℃ 이상 70℃ 미만 • 등유, 경유
		수용성	2000L		
	제3석유류	비수용성	2000L		• 인화점 70℃ 이상 200℃ 미만 • 중유, 크레오소트유
		수용성	4000L		
	제4석유류		6000L		• 인화점이 200℃ 이상 250℃ 미만인 것
	동식물류		10000L		• 동물의 지육 또는 식물의 종자나 과육으로부터 추출한 것으로 1기압에서 인화점이 250℃ 미만인 것

해답 ③

38. 다음 중 분자식과 명칭이 잘못 연결된 것은?

① CH_2OH - 에틸렌글리콜
② $C_6H_5NO_2$ - 나이트로벤젠
③ $C_{10}H_8$ - 나프탈렌
④ $C_3H_5(OH)_3$ - 글리세린

해설 ① 에틸렌글리콜-CH_2OHCH_2OH

해답 ①

39. 다음 위험물 중 상온에서 성상이 고체인 것은?

① 과산화벤조일
② 질산에틸
③ 나이트로글리세린
④ 메틸에틸케톤퍼옥사이드

해설 과산화벤조일 = 벤조일퍼옥사이드(benzoil per oxide : BPO)[$(C_6H_5CO)_2O_2$]

화학식	분자량	비중	융점	착화점
$(C_6H_5CO)_2O_2$	242	1.33	105℃	125℃

① 무색 무취의 **백색분말 또는 결정**이다.
② 물에 녹지 않고 알코올에 약간 녹으며 에터 등 유기용제에 잘 녹는다.
③ 상온에서는 안정하지만 가열하면 100℃에서 흰 연기를 내고 심하게 분해한다.
④ 폭발성이 매우 강한 강산화제이다.
⑤ 희석제로는 프탈산다이메틸, 프탈산다이부틸이 있다.
⑥ 직사광선을 피하고 냉암소에 보관한다.

해답 ①

40. 다음 중 물 속에 저장하여야 할 위험물은?

① 나트륨
② 황린
③ 피크린산
④ 과염소산

해설 보호액속에 저장 위험물
① 석유(유동파라핀, 경유, 등유) 속 보관
  칼륨(K), 나트륨(Na)
② 물속에 보관
  이황화탄소(CS_2), 황린(P_4)

해답 ②

41. 다음 중 자연발화성 및 금수성 물질에 해당되지 않는 것은?

① 철분
② 황린
③ 금속의 수소화물
④ 알칼리토금속

해설 ③ 철분 : 제2류 위험물(가연성 고체)
제3류 위험물의 품명 및 지정수량★★★

성 질	품 명	지정수량	위험등급
자연발화성 및 금수성 물질	1. 칼륨 2. 나트륨 3. 알킬알루미늄 4. 알킬리튬	10kg	I
	5. 황린	20kg	
	6. 알칼리금속(칼륨 및 나트륨제외)및 알칼리토금속	50kg	II
	7. 유기금속화합물(알킬알루미늄 및 알킬리튬 제외)		
	8. 금속의 수소화물	300kg	III
	9. 금속의 인화물		
	10. 칼슘 또는 알루미늄의 탄화물		
	11. 그 밖에 행정안전부령이 정하는 것 (염소화규소화합물)	10kg 50kg 300kg	III

해답 ①

42 다음 물질 중 증기 비중이 가장 큰 것은?

① 이황화탄소　　　　　　② 사이안화수소
③ 에탄올　　　　　　　　④ 벤젠

해설 공기의 평균 분자량 및 증기비중
$28(N_2) \times 0.7803 + 32(O_2) \times 0.2099 + 40(Ar) \times 0.0094 + 44(CO_2) \times 0.0003 = 28.95 ≒ 29$

공기의 평균 분자량 = 29	증기비중 = $\dfrac{M(분자량)}{29(공기평균분자량)}$

제4류 위험물의 증기비중(※ 분자량이 클수록 증기비중이 크다)

명 칭	이황화탄소	사이안화수소	에탄올	벤젠
화학식	CS_2	HCN	C_2H_5OH	C_6H_6
분자량	76	27	46	78
증기비중	2.62	0.93	1.58	2.68

해답 ④

---

43 유체의 물리적 성질에 대한 설명 중 틀린 것은?

① 물은 일반적으로 비압축성으로 가정한다.
② 유체의 중량은 질량과 중력가속도의 곱이다.
③ 액체에서의 기체 용해도는 압력이 높을수록 크다.
④ 액체에서의 기체 용해도는 온도가 높을수록 크다.

해설 헨리(Henry)의 법칙
① 일정한 온도에서 산소나 질소 같이 물에 녹기 어려운 기체의 용해도는 그 기체의 압력에 정비례한다.
② 일정한 온도에서 용매에 녹는 기체의 용해도는 압력에 비례하고 기체의 부피는 그 기체의 압력에 관계없이 일정하다.

기체의 용해도
① 온도가 상승 시 용해도 감소　　　② 압력상승 시 용해도 증가

헨리의 법칙이 잘 적용되는 기체(액체에 대한 용해도가 작은 기체)
① N_2(질소)　② O_2(산소)　③ CO_2(이산화탄소)

헨리의 법칙에 잘 적용되지 않는 기체(액체에 대한 용해도가 큰 기체)
① 염산(HCl)　② 암모니아(NH_3)　③ 황화수소(H_2S)　④ 일산화탄소(CO)
⑤ 플루오린화수소(HF)

해답 ④

44 위험물 고정 지붕구조 옥외탱크저장소의 탱크에 설치하는 포방출구가 아닌 것은?
① Ⅰ형
② Ⅱ형
③ Ⅲ형
④ 특형

해설 탱크의 종류에 따른 고정포 방출구 설치

탱크의 종류	포방출구
콘루프탱크(고정 지붕구조)	Ⅰ형 방출구, Ⅱ형 방출구 또는 Ⅲ형 방출구, Ⅳ형 방출구
플루팅루프탱크(부상식 지붕구조)	특형 방출구

포주입법에 따른 고정포 방출구
① 상부 포주입법 : Ⅰ형, Ⅱ형, 특형
② 하부(저부) 포주입법 : Ⅲ형, Ⅳ형

해답 ④

45 경유를 저장하는 저장창고의 체적이 50m³인 방호대상물이 있다. 이 저장창고(개구부에는 자동폐쇄장치가 설치됨)에 전역방출방식의 이산화탄소 소화설비를 설치할 경우 소화약제의 저장량은 얼마 이상이어야 하는가?
① 30kg
② 45kg
③ 60kg
④ 100kg

해설 $Q = [V \times K_1 + A \times K_2] \times K = 50 \times 0.9 = 45\text{kg}$

이산화탄소소화약제의 소화약제의 양
① 전역방출방식

$$Q = [V \times K_1 + A \times K_2] \times K$$

여기서, Q : 소화약제의 양, V : 방호구역 체적(m³), K_1 : 체적계수(kg/m³)
A : 개구부 면적(m²), K_2 : 개구부 면적계수(kg/m²)
K : 위험물의 종류에 대한 가스계소화약제의 계수(별표2 : 생략)

방호구역의 체적계수 및 면적계수

방호구역의 체적(m³)	방호구역의 체적 1m³당 소화약제의 양(단위 kg) (K_1 : kg/m³)	소화약제 총량의 최저한도 (kg)	개구부 가산량 (K_2 : kg/m²) (자동폐쇄장치 미설치시)
5 미만	1.20	–	
5이상 15미만	1.10	6	
15이상 45미만	1.00	17	5
45 이상 150 미만	0.90	45	
150 이상 1,500 미만	0.80	135	
1,500 이상	0.75	1,200	

해답 ②

46
위험물안전관리법 규정에 의하여 다수의 제조소 등을 설치한 자가 1인의 안전관리자를 중복하여 선임할 수 있는 경우가 아닌 것은? (단, 동일구내에 있는 저장소로서 행정안전부령이 정하는 저장소를 동일인이 설치한 경우이다.)

① 15개의 옥내저장소
② 15개의 옥외탱크저장소
③ 10개의 옥외저장소
④ 10개의 암반탱크저장소

해설
(1) **1인의 안전관리자를 중복하여 선임할 수 있는 저장소 등**
　① 10개 이하의 옥내저장소, 옥외저장소, 암반탱크저장소
　② 30개 이하의 옥외탱크저장소
　③ 옥내탱크저장소
　④ 지하탱크저장소
　⑤ 간이탱크저장소
(2) **1인의 안전관리자를 중복하여 선임할 수 있는 경우**
　① 보일러·버너 또는 이와 비슷한 것으로서 위험물을 소비하는 장치로 이루어진 7개 이하의 일반취급소와 그 일반취급소에 공급하기 위한 위험물을 저장하는 저장소
　② 위험물을 차량에 고정된 탱크 또는 운반용기에 옮겨 담기 위한 5개 이하의 일반취급소[일반취급소간의 거리(보행거리)가 300m 이내인 경우]와 그 일반취급소에 공급하기 위한 위험물을 저장하는 저장소를 동일인이 설치한 경우
　③ 동일구내에 있거나 상호 100m 이내의 거리에 있는 저장소로서 저장소의 규모, 저장하는 위험물의 종류 등을 고려하여 행정안전부령이 정하는 저장소를 동일인이 설치한 경우
　④ 다음 각목의 기준에 모두 적합한 5개 이하의 제조소등을 동일인이 설치한 경우
　　(개) 각 제조소등이 동일구내에 위치하거나 상호 100m 이내의 거리에 있을 것
　　(내) 각 제조소등에서 저장 또는 취급하는 위험물의 최대수량이 지정수량의 3천배 미만일 것. 다만, 저장소의 경우에는 그러하지 아니하다.
　⑤ 그 밖에 행정안전부령이 정하는 제조소등을 동일인이 설치한 경우

해답 ①

47
액체 위험물은 운반용기 내용적의 몇 % 이하의 수납률로 수납하여야 하는가?

① 90
② 94
③ 95
④ 98

해설 **적재방법**
① **고체위험물** : 내용적의 95% 이하의 수납율
② **액체위험물** : 내용적의 98% 이하의 수납율로 수납하되, 55도의 온도에서 누설되지 아니하도록 충분한 공간용적을 유지하도록 할 것
③ 제3류 위험물은 다음의 기준에 따라 운반용기에 수납할 것
　㉠ 자연발화성물질 : 불활성 기체를 봉입하여 밀봉하는 등 공기와 접하지 아니하도록 할 것
　㉡ 자연발화성물질외의 물품 : 파라핀·경유·등유 등의 보호액으로 채워 밀봉하거나 불활성 기체를 봉입하여 밀봉하는 등 수분과 접하지 아니하도록 할 것
　㉢ 자연발화성물질 중 **알킬알루미늄** 등 : 내용적의 **90% 이하의 수납율**로 수납하되, **50℃의 온도에서 5% 이상의 공간용적**을 유지하도록 할 것

운반용기의 내용적에 대한 수납율
① 액체위험물 : 내용적의 98% 이하
② 고체위험물 : 내용적의 95% 이하

해답 ④

48 질산암모늄 등 유해, 위험물질의 위험성을 평가하는 방법 중 정량적 방법이 아닌 것은?
① FTA
② ETA
③ CCA
④ PHA

해설 **정량적 위험성 평가**(Hazard Assessment Methods)
① 결함수 분석(Fault Tree Analysis, FTA)
② 사건수 분석(Event Tree Analysis, ETA)
③ 원인-결과분석(Cause-Consequence Analysis, CCA)
정성적 위험성 평가 : 예비위험분석(Preliminary Hazard Analysis, PHA)★

해답 ④

49 칼륨의 성질에 대한 설명 중 틀린 것은?
① 산소와 반응하면 산화칼륨을 만든다.
② 습기가 많은 곳에 보관하면 수소를 발생한다.
③ 에틸알코올과 혼촉하면 수소를 발생한다.
④ 아세트산과 반응하면 산소가 발생한다.

해설 **칼륨**(K)★★★★★

화학식	원자량	비점	융점	비중	불꽃색상
K	39	762℃	63.5℃	0.857	보라색

① 가열시 보라색 불꽃을 내면서 연소한다.
② 물과 반응하여 수소 및 열을 발생한다.(금수성 물질)
$$2K + 2H_2O \rightarrow 2KOH + H_2 \uparrow + 92.8kcal$$
③ 보호액으로 파라핀 · 경유 · 등유 등을 사용한다.
④ 피부와 접촉 시 화상을 입는다.
⑤ 마른모래 등으로 질식 소화한다.
⑥ 화학적으로 활성이 대단히 크고 알코올과 반응하여 수소를 발생시킨다.
$$2K + 2C_2H_5OH \rightarrow 2C_2H_5OK + H_2 \uparrow$$
⑦ 아세트산과 반응하면 수소가 발생한다.
$$2K + 2CH_3COOH \rightarrow 2CH_3COOK + H_2 \uparrow$$

해답 ④

50 제5류 위험물에 대한 설명 중 틀린 것은?

① 다이아조화합물은 모두 산소를 함유하고 있다.
② 유기과산화물의 경우 질식소화는 효과가 없다.
③ 연소 생성물 중에는 유독성 가스가 많다.
④ 대부분이 고체이고, 일부 품목은 액체이다.

해설 다이아조화합물
- 다이아조아세토나이트릴(Diazo acetonitrile, C_2HN_3)
- 다이아조다이나이트로페놀(Diazodinitrophenol(ddnp), $C_6H_2ON_2(NO_2)_2$)
- 메틸다이아조아세테이트(Methyl diazoacetate, $C_3H_4N_2O_2$)
- 파라다이아조벤젠술폰산(P-Diazo benzene sulfonicacid, $C_6H_4N_2SO_3H$)

① 다이아조기($N_2=$)를 갖고 있는 화합물의 총칭이다.
② 다이아조늄염은 햇빛에 분해되기 쉽다.
③ 가열, 충격에 격렬하게 폭발한다.

해답 ①

51 다음 산화성 액체 위험물질의 취급에 관한 설명 중 틀린 것은?

① 과산화수소 30% 농도의 용액은 단독으로 폭발 위험이 있다.
② 과염소산의 융점은 약 -112℃이다.
③ 질산은 강산이지만 백금은 부식시키지 못한다.
④ 과염소산은 물과 반응하여 열을 발생한다.

해설 과산화수소(H_2O_2)의 일반적인 성질

화학식	분자량	비중	비점	융점
H_2O_2	34	1.463	150.2℃(pure)	-0.43℃(pure)

① 물, 에탄올, 에터에 잘 녹으며 벤젠에 녹지 않는다.
② 분해 시 발생기 산소(O)를 발생시킨다.
③ 분해안정제로 인산(H_3PO_4) 또는 요산($C_5H_4N_4O_3$)을 첨가한다.
④ 저장용기는 밀폐하지 말고 구멍이 있는 마개를 사용한다.
⑤ 하이드라진($NH_2 \cdot NH_2$)과 접촉 시 분해 작용으로 폭발위험이 있다.

$$NH_2 \cdot NH_2 + 2H_2O_2 \rightarrow 4H_2O + N_2 \uparrow$$

- 과산화수소는 36%(중량) 이상만 위험물에 해당된다.
- 과산화수소는 표백제 및 살균제로 이용된다.

⑥ 분해 시 발생한 분자상의 산소(O_2)는 발생기 산소(O)보다 산화력이 약하다.

해답 ①

52 스프링클러설비의 기종에서 쌍구형의 송수구에 대한 설명 중 틀린 것은?

① 송수구의 결합금속구는 탈착식 또는 나사식으로 한다.
② 송수구에는 그 직근의 보기 쉬운 장소에 송수용량 및 송수시간을 함께 표시하여야 한다.
③ 소방펌프자동차가 용이하게 접근할 수 있는 위치에 설치한다.
④ 송수구의 결합금속구는 지면으로부터 0.5m 이상 1m 이하 높이의 송수에 지장이 없는 위치에 설치한다.

해설 스프링클러설비의 쌍구형 송수구 설치기준
① 소방펌프자동차가 용이하게 **접근할 수 있는 위치**에 설치할 것
② 전용으로 할 것
③ 송수구의 결합금속구는 탈착식 또는 나사식으로 하고 내경을 63.5mm 내지 66.5mm로 할 것
④ 송수구의 결합금속구는 지면으로부터 **0.5m 이상 1m 이하**의 높이의 송수에 지장이 없는 위치에 설치할 것
⑤ 송수구는 당해 스프링클러설비의 가압송수장치로부터 유수검지장치ㆍ압력검지장치 또는 일제개방형밸브ㆍ수동식개방밸브까지의 배관에 전용의 배관으로 접속할 것
⑥ 송수구에는 그 직근의 보기 쉬운 장소에 "스프링클러용송수구"라고 표시하고 그 송수압력범위를 함께 표시할 것

해답 ②

53 분말소화약제를 종별로 구분하였을 때 그 주성분이 옳게 연결된 것은?

① 제1종 – 탄산수소나트륨
② 제2종 – 인산수소암모늄
③ 제3종 – 탄산수소칼륨
④ 제4종 – 탄산수소나트륨과 요소의 혼합물

해설 분말소화약제

종 별	약제명	착색	적응화재	열분해 반응식
제1종 $NaHCO_3$	탄산수소나트륨 중탄산나트륨 중조	백색	B, C급	$2NaHCO_3 \rightarrow Na_2CO_3 + CO_2 + H_2O$
제2종 $KHCO_3$	탄산수소칼륨 중탄산칼륨	담회색	B, C급	$2KHCO_3 \rightarrow K_2CO_3 + CO_2 + H_2O$
제3종 $NH_4H_2PO_4$	제1인산암모늄	담홍색	A, B, C급	$NH_4H_2PO_4 \rightarrow HPO_3 + NH_3 + H_2O$
제4종 $KHCO_3 + (NH_2)_2CO$	중탄산칼륨 + 요소	회(백)색	B, C급	$2KHCO_3 + (NH_2)_2CO \rightarrow K_2CO_3 + 2NH_3 + 2CO_2$

해답 ①

54. 다음 중 이산화탄소 소화설비가 적응성이 있는 위험물은?

① 제1류 위험물 ② 제3류 위험물
③ 제4류 위험물 ④ 제5류 위험물

해설 소화설비의 적응성

구 분		1류		2류			3류		4류	5류	6류
		알칼리금속 과산화물	그밖의 것	철분, 금속분, 마그네슘	인화성 고체	그밖의 것	금수성 물질	그밖의 것			
포소화기			○		○	○		○	○	○	○
이산화탄소소화기					○				○		
할로젠화합물소화기					○				○		
분말소화기	인산염류등		○		○	○			○		○
	탄산수소염류등	○		○	○		○		○		
	그 밖의 것	○		○			○				
팽창질석 팽창진주암		○	○	○	○	○	○	○		○	

제6류 위험물을 저장 또는 취급하는 장소로서 폭발의 위험이 없는 장소에 한하여 이산화탄소 소화기가 제6류 위험물에 대하여 적응성이 있음을 각각 표시한다.

해답 ③

55. 다음 중 절차계획에서 다루어지는 주요한 내용으로 가장 관계가 먼 것은?

① 각 작업의 소요시간 ② 각 작업의 실시 순서
③ 각 작업에 필요한 기계와 공구 ④ 각 작업의 부하와 능력의 조정

해설 **절차계획** : 개개의 작업자와 기계에 대하여 구체적으로 작업의 내용개시 및 종료시간을 결정하기 위해 세우는 계획을 말한다.
절차계획에 다루어지는 주요내용 : ① 각 작업의 소요시간
② 각 작업의 실시 순서
③ 각 작업에 필요한 기계와 공구

해답 ④

56. 그림과 같은 계획공정도(Network)에서 주공정으로 옳은 것은? (단, 화살표 밑의 숫자는 활동시간[단위 : 주]을 나타낸다.)

① ①-②-⑤-⑥
② ①-②-④-⑤-⑥
③ ①-③-④-⑤-⑥
④ ①-③-⑥

해설 **계획공정도의 주공정**(가장 긴 작업시간이 소요되는 경로)
①-③-⑥ (15+30=45주)

해답 ④

57 작업자가 장소를 이동하면서 작업을 수행하는 경우에 그 과정을 가공, 검사, 운반, 저장 등의 기호를 사용하여 분석하는 것을 무엇이라 하는가?
① 작업자 연합작업분석
② 작업자 동작분석
③ 작업자 미세분석
④ 작업자 공정분석

해설 **작업자 공정분석**
작업자가 장소를 이동하면서 작업을 수행하는 경우에 그 과정을 가공, 검사, 운반, 저장 등의 기호를 사용하여 분석하는 방법

해답 ④

58 u관리도의 관리상한선과 관리하한선을 구하는 식으로 옳은 것은?
① $\bar{u} \pm 3\sqrt{\bar{u}}$
② $\bar{u} \pm \sqrt{\bar{u}}$
③ $\bar{u} \pm 3\sqrt{\dfrac{\bar{u}}{n}}$
④ $\bar{u} \pm 3\sqrt{n\bar{u}}$

해설 **U관리도**
결점수 관리도에서 공정변화의 탐지능력 또는 경제적 요인을 고려하여 여러 개의 검사단위를 묶어서 하나의 부분군으로 형성하는 것

- 관리상한선 $UCL = \bar{u} + 3\sqrt{\dfrac{\bar{u}}{n}}$
- 관리하한선 $LCL = \bar{u} - 3\sqrt{\dfrac{\bar{u}}{n}}$
- $CL = \bar{u}$

여기서, n : 검사단위(개), $\bar{u}$: 평균결점수

해답 ③

59 모집단을 몇 개의 층으로 나누고 각 층으로부터 각각 랜덤하게 시료를 뽑는 샘플링 방법은?
① 층별 샘플링
② 2단계 샘플링
③ 계통 샘플링
④ 단순 샘플링

해설 **샘플링 방법(sampling methods)의 종류**
① **층별 샘플링** : 로트(lot)나 공정을 몇 개의 층으로 나누어 각층으로부터 **임의(랜덤random)** 로 시료를 취하는 방법
② **계통 샘플링** : 로트의 이동 중에 양적, 시간적 또는 공간적 등 **일정 간격으로 시료를 채취하는**

것
③ **취락(집락) 샘플링** : 모집단을 몇 개의 집락으로 나누어 그 나눈 부분 속의 몇 개를 무작위로 선택하고, 선택한 부분은 모두 시료로 취하는 방법
④ **2단계 샘플링** : 1차, 2차 단위로 나누어서 하는 방법
⑤ **지그재그 샘플링** : 계통 샘플링의 주기성에 의한 치우침 위험을 방지하기 위해 하나씩 걸러서 일정한 간격으로 샘플을 취하는 방법

해답 ①

60 다음 중 관리의 사이클을 가장 올바르게 표시한 것은? (단, A : 조치, C : 검토, D : 실행, P : 계획)
① P → C → A → D
② P → A → C → D
③ A → D → C → P
④ P → D → C → A

해설 ① 품질관리 기능의 사이클
품질설계 – 공정관리 – 품질보증 – 품질개선
② 관리 사이클 : PDCA(PLAN DO CHECK ACTION)
계획(PLAN) → 실천(DO) → 확인(CHECK) → 조치(ACTION)

해답 ④

국가기술자격 필기시험문제

2019년도 기능장 제65회 필기시험 (2019년 03월 CBT 시행)

자격종목	시험시간	문제수	형별
위험물기능장	1시간	60	A

본 문제는 CBT시험대비 기출문제 복원입니다.

01 C_6H_6와 $C_6H_5CH_3$의 공통적인 특징을 설명한 것으로 틀린 것은?

① 무색의 투명한 액체로서 냄새가 있다.
② 물에는 잘 녹지 않으나 에터에는 잘 녹는다.
③ 증기는 마취성과 독성이 있다.
④ 겨울에 대기 중의 찬 곳에서 고체가 된다.

해설

구 분	C_6H_6(벤젠)	$C_6H_5CH_3$(톨루엔)
융점(녹는점)	5.5℃	-94.5℃

벤젠(Benzene, C_6H_6) : 제4류 위험물 중 제1석유류

화학식	분자량	비중	비점	인화점	착화점	연소범위
C_6H_6	78	0.9	80℃	-11℃	562℃	1.4~8.0%

① 착화온도 : 562℃(이황화탄소의 착화온도 100℃)
② 벤젠증기는 마취성 및 독성이 강하다.
③ 비수용성이며 알코올, 아세톤, 에터에는 용해
④ 취급 시 정전기에 유의해야 한다.

톨루엔($C_6H_5CH_3$)**의 일반적 성질**★★★★★

화학식	분자량	비중	비점	인화점	착화점	연소범위
$C_6H_5CH_3$	92	0.871	111℃	4℃	552℃	1.27~7.0%

① 증기밀도는 공기보다 무겁다.
② 인화점이 낮고 물에는 녹지 않는다.
③ 휘발성이 있는 무색투명한 액체이다.
④ 증기는 독성이 있지만 벤젠에 비해 10배 정도 약한 편이다.

해답 ④

02 다음 중 아염소산은 어느 것인가?

① $HClO$
② $HClO_2$
③ $HClO_3$
④ $HClO_4$

해설 ① 염소산의 종류

화학식	$HClO$	$HClO_2$	$HClO_3$	$HClO_4$
명 칭	차아염소산	아염소산	염소산	과염소산

② 산소산 중 산의 세기
  차아염소산(HClO) < 아염소산(HClO$_2$) < 염소산(HClO$_3$) < 과염소산(HClO$_4$)

해답 ②

03. 다음 중 인화점이 가장 낮은 것은?
① 아세톤
② 벤젠
③ 톨루엔
④ 염화아세틸

해설 제4류 위험물의 인화점

종류	아세톤	벤젠	톨루엔	염화아세틸
화학식	CH$_3$COCH$_3$	C$_6$H$_6$	C$_6$H$_5$CH$_3$	CH$_3$COCl
품명	제1석유류	제1석유류	제1석유류	제1석유류
수용성여부	수용성	비수용성	비수용성	비수용성
지정수량	400L	200L	200L	200L
인화점	-18℃	-11℃	4℃	5℃

해답 ①

04. 다음 위험물 중 혼재할 수 없는 위험물은? (단, 지정수량의 $\frac{1}{10}$ 초과의 위험물이다.)
① 적린과 경유
② 칼륨과 등유
③ 아세톤과 나이트로셀룰로오스
④ 과산화칼륨과 크실렌

해설 ① 적린(2류)과 경유(4류) ② 칼륨(3류)과 등유(4류)
③ 아세톤(4류)과 나이트로셀룰로오스(5류) ④ 과산화칼륨(1류)과 크실렌(4류)

유별을 달리하는 위험물의 혼재기준

위험물의 구분	제1류	제2류	제3류	제4류	제5류	제6류
제1류		×	×	×	×	○
제2류	×		×	○	○	×
제3류	×	×		○	×	×
제4류	×	○	○		○	×
제5류	×	○	×	○		×
제6류	○	×	×	×	×	

쉬운 암기방법(혼재가능)
↓1 + 6↑   2 + 4
↓2 + 5↑   5 + 4
↓3 + 4↑

해답 ④

05 다음 중 위험물을 가압하는 설비에 설치하는 장치로서 옳지 않은 것은?

① 안전밸브를 병용하는 경보장치
② 압력계
③ 수동적으로 압력상승을 정지시키는 장치
④ 감압측에 안전밸브를 부착한 감압밸브

해설 가압설비에 설치하는 안전장치
① 압력계
② 자동적으로 압력의 상승을 정지시키는 장치
③ 감압측에 안전밸브를 부착한 감압밸브
④ 안전밸브를 병용하는 경보장치
⑤ 파괴판

해답 ③

06 소방공무원 경력자가 취급할 수 있는 위험물은?

① 위험물안전관리법 시행령 별표 1에 표기된 모든 위험물
② 제1류 위험물
③ 제4류 위험물
④ 제6류 위험물

해설 위험물취급자격자의 자격

위험물취급자격자의 구분	취급할 수 있는 위험물
위험물기능장, 위험물산업기사, 위험물기능사 자격을 취득한 사람	모든 위험물
소방청장이 실시하는 안전관리자교육을 이수한 자	제4류 위험물
소방공무원경력자(소방공무원 근무경력 3년 이상인 자)	제4류 위험물

해답 ③

07 다음 중 과염소산칼륨과 접촉하였을 때의 위험성이 가장 낮은 물질은?

① 황
② 알코올
③ 알루미늄
④ 물

해설 과염소산칼륨($KClO_4$)

화학식	분자량	융점	색상	분해온도
$KClO_4$	138.5	610℃	무색	400℃

① 무색무취, 사방정계 결정
② 물에 녹기 어렵고 알코올, 에터에 불용
③ 진한 황산과 접촉 시 폭발성이 있다.

④ 황, 탄소, 유기물등과 혼합 시 가열, 충격, 마찰에 의하여 폭발한다.
⑤ 400℃에서 분해가 시작되어 600℃에서 완전 분해하여 산소를 발생한다.

$$KClO_4(과염소산칼륨) \rightarrow KCl(염화칼륨) + 2O_2\uparrow(산소)$$

해답 ④

08 질산 2mol은 몇 g인가?
① 36g
② 72g
③ 63g
④ 126g

해설 HNO_3(질산)1mol의 분자량 = 1+14+16×3 = 63g
HNO_3(질산)2mol의 분자량 = 63×2 = 126g

질산(HNO_3) : 제6류 위험물(산화성 액체)★★★★★

화학식	분자량	비중	비점	융점
HNO_3	63	1.50	86℃	-42℃

① 무색의 발연성 액체이다.
② 빛에 의하여 일부 분해되어 생긴 NO_2 때문에 황갈색으로 된다.

$$4HNO_3 \rightarrow 2H_2O + 4NO_2\uparrow(이산화질소) + O_2\uparrow(산소)$$

③ 저장용기는 직사광선을 피하고 찬 곳에 저장한다.
④ 실험실에서는 갈색병에 넣어 햇빛을 차단시킨다.

크산토프로테인반응(xanthoprotenic reaction)
단백질에 진한질산을 가하면 노란색으로 변하고 알칼리를 작용시키면 오렌지색으로 변하며, 단백질 검출에 이용된다.

⑤ 위급 시에는 다량의 물로 냉각 소화한다.

해답 ④

09 제4류 위험물제조소로 허가를 득하여 사용하는 도중에 변경허가를 득하지 않고 변경할 수 있는 것은?
① 배출설비를 신설하는 경우
② 위험물취급탱크의 방유제의 높이를 변경하는 경우
③ 방화상 유효한 담을 신설하는 경우
④ 지상에 250m의 위험물 배관을 신설하는 경우

해설 제조소의 변경허가를 받아야 하는 경우
① 제조소 또는 일반취급소의 위치를 이전하는 경우
② 건축물의 벽·기둥·바닥·보 또는 지붕을 신설·증설·교체 또는 철거하는 경우
③ 배출설비를 신설하는 경우
④ 위험물취급탱크를 신설·교체·철거 또는 보수하는 경우
⑤ 위험물취급탱크의 노즐 또는 맨홀을 신설하는 경우
⑥ 위험물취급탱크의 방유제의 높이 또는 방유제 내의 면적을 변경하는 경우

⑦ 위험물취급탱크의 탱크전용실을 증설·교체 또는 보수하는 경우
⑧ 300m(지상에 설치하지 아니하는 배관의 경우에는 30m)를 초과하는 위험물 배관을 신설·교체·철거 또는 보수(배관을 절개하는 경우)하는 경우
⑨ 불활성 기체의 봉입장치를 신설하는 경우
⑩ 누설범위를 국한하기 위한 설비를 신설하는 경우
⑪ 냉각장치 또는 보냉장치를 신설하는 경우
⑫ 탱크전용실을 신설·증설·교체 또는 보수하는 경우
⑬ 담 또는 토제를 신설·교체·철거 또는 이설하는 경우
⑭ 온도 및 농도의 상승에 의한 위험한 반응을 방지하기 위한 설비를 신설하는 경우
⑮ 철 이온 등의 혼입에 의한 위험한 반응을 방지하기 위한 설비를 신설하는 경우

해답 ④

10 다음과 같은 소화난이도등급 Ⅰ의 제조소등에 물분무 소화설비를 설치하는 것이 위험물안전관리법에 의한 소화설비의 설치기준에 적합하지 않은 것은?

① 옥외탱크저장소(지상의 일반형태) - 지정수량의 120배의 황만을 저장·취급하는 것
② 옥내탱크저장소 - 바닥면으로부터 탱크 옆판의 상단까지 높이가 8m인 탱크에 황만을 저장·취급하는 것
③ 암반탱크저장소 - 지정수량의 150배의 제2석유류 위험물을 저장·취급하는 것
④ 해상탱크 - 지정수량의 110배인 경유를 저장·취급하는 것

해설 소화난이도등급 Ⅰ의 제조소등에 설치하여야 하는 소화설비

제조소등의 구분		소화설비
암반탱크저장소	황만을 저장·취급하는 것	물분무소화설비
	인화점 70℃ 이상의 제4류 위험물만을 저장취급하는 것	물분무소화설비 또는 고정식 포소화설비
	그 밖의 것	고정식 포소화설비(포소화설비가 적응성이 없는 경우에는 분말소화설비)

해답 ③

11 과염소산과 과산화수소의 공통적인 위험성을 나타낸 것은?

① 가열하면 수소를 발생한다.
② 불연성이지만 독성이 있다.
③ 물, 알코올에 희석하면 안전하다.
④ 농도가 36wt% 미만인 것은 위험물에 해당하지 않는다고 법령에서 정하고 있다.

해설 제6류 위험물의 공통적인 성질
① 자신은 **불연성**이고 산소를 함유한 **강산화제**이다.
② 분해에 의한 산소발생으로 다른 물질의 연소를 돕는다.

③ 액체의 비중은 1보다 크고 물에 잘 녹는다.
④ 물과 접촉 시 발열한다.
⑤ **증기는 유독하고 부식성이 강하다.**
⑥ 화재 시 다량의 물로 주수소화한다.

제6류 위험물(산화성 액체)

성 질	품 명	화학식	지정수량	위험등급
산화성 액체	과염소산	$HClO_4$	300kg	I
	과산화수소(농도 36중량% 이상)	H_2O_2		
	질산(비중 1.49 이상)	HNO_3		

해답 ②

12 제조소 등에서 위험물의 저장 기준에 관한 설명 중 틀린 것은?

① 옥내저장소에서 제4류 위험물 중 제3석유류, 제4석유류, 동식물유류를 수납하는 용기만을 겹쳐 쌓는 경우 4m를 초과하여 쌓지 아니하여야 한다.(기계에 의하여 하역하는 구조로 된 용기 외의 경우임.)
② 옥외저장소에서 위험물을 수납한 용기를 선반에 저장하는 경우에는 6m를 초과하여 저장하지 아니하여야 한다.
③ 이동저장탱크에는 당해 탱크에 저장 또는 취급하는 위험물의 유별, 품명, 지정수량, 대표적 성질을 표시하고 잘 보일 수 있도록 관리하여야 한다.
④ 이동저장탱크에 알킬알루미늄 등을 저장하는 경우에는 20kPa 이하의 압력으로 불활성의 기체를 봉입한다.

해설 **이동저장탱크**
이동저장탱크의 뒷면중 보기 쉬운 곳에는 당해 탱크에 저장 또는 취급하는 위험물의 **유별 · 품명 · 최대수량 및 적재중량**을 게시한 게시판을 설치하여야 한다. 이 경우 표시문자의 크기는 가로 40mm, 세로 45mm 이상(여러 품명의 위험물을 혼재하는 경우에는 적재품명별 문자의 크기를 가로 20mm 이상, 세로 20mm 이상)으로 하여야 한다.

옥내저장소에서 위험물을 저장하는 경우 높이 제한
① 기계에 의하여 하역하는 구조로 된 용기만을 겹쳐 쌓는 경우 : 6m
② 제4류 위험물 중 제3석유류, 제4석유류 및 동식물유류를 수납하는 용기만을 겹쳐 쌓는 경우 : 4m
③ 그 밖의 경우 : 3m

해답 ③

13 50%의 N_2와 50%의 Ar으로 구성된 소화약제는?

① HFC-125
② IG-541
③ HFC-23
④ IG-55

해설 할로젠화합물 및 불활성기체 소화약제의 종류

소화약제		화학식
할로젠화합물 소화약제	FC-3-1-10	C_4F_{10}
	HCFC BLEND A	HCFC-123($CHCl_2CF_3$) : 4.75% HCFC-22($CHClF_2$) : 82% HCFC-124($CHClFCF_3$) : 9.5% $C_{10}H_{16}$: 3.75%
	HCFC-124	$CHClFCF_3$
	HFC-125	CHF_2CF_3
	HFC-227ea	CF_3CHFCF_3
	HFC-23	CHF_3
	HFC-236fa	$CF_3CH_2CF_3$
	FIC-13I1	CF_3I
	FK-5-1-12	$CF_3CF_2C(O)CF(CF_3)_2$
불연성·불활성 기체혼합가스	IG-01	Ar
	IG-100	N_2
	IG-541	N_2 : 52%, Ar : 40%, CO_2 : 8%
	IG-55	N_2 : 50%, Ar : 50%

해답 ④

14 위험물안전관리법령상의 '자연발화성 물질 및 금수성 물질'에 해당하는 것은?
① 염소화규소 화합물
② 금속의 아지화합물
③ 황과 적린의 화합물
④ 할로젠간 화합물

해설
① 염소화규소 화합물 : 제3류 위험물(자연발화성 및 금수성 물질)
② 금속의 아지화합물 : 제5류 위험물(자기반응성물질)
③ 황(제2류)과 적린(제2류)
④ 할로젠간 화합물 : 제6류 위험물(산화성액체)

해답 ①

15 제5류 위험물인 피크린산의 질소 함유량은 약 몇 wt%인가?
① 11.76
② 12.76
③ 18.34
④ 21.60

해설
① 피크르산[$C_6H_3N_3O_7$]의 분자량 : $12 \times 6 + 1 \times 3 + 14 \times 3 + 16 \times 7 = 229$

② 피크르산 내 질소의 함량 = $\dfrac{14 \times 3}{229} \times 100 = 18.34\%$

피크르산[$C_6H_2(NO_2)_3OH$](TNP : Tri Nitro Phenol) : **제5류 위험물 중 나이트로화합물★★★★★**

화학식	분자량	비중	비점	융점	인화점	착화점
$C_6H_2(OH)(NO_2)_3$	229	1.8	255℃	122℃	150℃	300℃

① 페놀에 황산을 작용시켜 다시 진한 질산으로 나이트로화 하여 만든 노란색 결정
② 휘황색의 침상결정이며 냉수에는 약간 녹고 더운물, **알코올, 벤젠 등에 잘 녹는다.**
③ 쓴맛과 독성이 있다.
④ 피크르산(picric acid) 또는 트라이나이트로페놀(Tri Nitro phenol)의 약자로 TNP라고도 한다.
⑤ 단독으로 타격, 마찰에 비교적 둔감하다.

피크르산(트라이나이트로페놀)의 구조식

OH
O_2N — NO$_2$
NO$_2$

피크르산의 열분해 반응식

$2C_6H_2OH(NO_2)_3 \rightarrow 2C + 3N_2\uparrow + 3H_2\uparrow + 4CO_2\uparrow + 6CO\uparrow$

해답 ③

---

16 위험물안전관리법령상 [보기]의 위험물에 공통적으로 해당하는 것은?

[보기] 초산메틸, 메틸에틸케톤, 피리딘, 포름산에틸

① 품명 ② 수용성
③ 지정수량 ④ 비수용성

해설 위험물 구분

구 분	초산메틸	메틸에틸케톤	피리딘	포름산에틸
화학식	CH_3COOCH_3	$CH_3COC_2H_5$	C_5H_5N	$HCOOC_2H_5$
지정수량	200L	200L	400L	200L
지정수량의 수용성여부	비수용성	비수용성	수용성	비수용성
품명	제1석유류	제1석유류	제1석유류	제1석유류

해답 ①

---

17 위험물제조소에 관한 다음 설명 중 옳은 것은? (단, 원칙적인 경우에 한한다.)

① 위험물 시설의 설치 후 사용시기는 완공검사신청서를 제출했을 때부터 사용이 가능하다.
② 위험물 시설의 설치 후 사용시기는 완공검사를 받은 날부터 사용이 가능하다.
③ 위험물 시설의 설치 후 사용시기는 설치허가를 받았을 때부터 사용이 가능하다.
④ 위험물 시설의 설치 후 사용시기는 완공검사를 받고 완공검사합격확인증을 교부 받았을 때부터 사용이 가능하다.

해설 위험물 시설의 설치 후 사용시기는 완공검사를 받고 완공검사합격확인증을 교부 받았을 때부터 사용이 가능하다.

해답 ④

18 다음 중 과산화수소의 분해를 막기 위한 안정제는?

① MnO_2
② HNO_3
③ $HClO_4$
④ H_3PO_4

해설 과산화수소(H_2O_2)의 일반적인 성질

화학식	분자량	비중	비점	융점
H_2O_2	34	1.463	150.2℃(pure)	−0.43℃(pure)

① 물, 에탄올, 에터에 잘 녹으며 벤젠에 녹지 않는다.
② 분해 시 발생기 산소(O)를 발생시킨다.
③ 분해안정제로 인산(H_3PO_4) 또는 요산($C_5H_4N_4O_3$)을 첨가한다.
④ 저장용기는 밀폐하지 말고 구멍이 있는 마개를 사용한다.
⑤ 하이드라진($NH_2 \cdot NH_2$)과 접촉 시 분해 작용으로 폭발위험이 있다.

$$NH_2 \cdot NH_2 + 2H_2O_2 \rightarrow 4H_2O + N_2 \uparrow$$

• 과산화수소는 36%(중량) 이상만 위험물에 해당된다.
• 과산화수소는 표백제 및 살균제로 이용된다.

해답 ④

19 배관의 팽창 또는 수축으로 인한 관, 기구의 파손을 방지하기 위하여 관을 곡관으로 만들어 배관 도중에 설치하는 신축 이음재는?

① 슬리브형
② 벨로우즈형
③ 루프형
④ 스위블형

해설 **신축이음** : 배관의 신축 팽창량을 흡수하여 배관에서 길이 방향의 팽창량을 흡수하는 역할을 하는 이음
신축이음의 종류
① 루프(곡관)형 ② 슬리브(미끄럼)형 ③ 벨로우즈형 ④ 스위블형

해답 ③

20 사방황에 대한 설명으로 가장 거리가 먼 것은?

① 가열하면 단사황을 얻을 수 있다.
② 물보다 비중이 크다.
③ 이황화탄소에 잘 녹는다.
④ 조해성이 크므로 습기에 주의한다.

해설 황(S) : 제2류 위험물(가연성 고체)
① 동소체로 사방황, 단사황, 고무상황이 있다.
② 황색의 고체 또는 분말상태이며 **조해성이 없다.**
③ 물에 녹지 않고 **이황화탄소(CS_2)에는 잘 녹는다.**
④ 공기중에서 연소시 푸른 불꽃을 내며 이산화황이 생성된다.

$$S + O_2 \rightarrow SO_2$$

⑤ 분진폭발의 위험성이 있고 목탄가루와 혼합시 가열, 충격, 마찰에 의하여 폭발위험성이 있다.

해답 ④

21 제5류 위험물의 화재 시 적응성이 있는 소화설비는?
① 포소화설비
② 이산화탄소 소화설비
③ 할로젠화합물 소화설비
④ 분말소화설비

해설 제5류 위험물의 일반적 성질
① 자기연소(내부연소)성 물질이다.
② 연소속도가 대단히 빠르고 폭발적 연소한다.
③ 가열, 마찰, 충격에 의하여 폭발한다.
④ 물질자체가 산소를 함유하고 있다.
④ 화재초기에 **다량의 물 또는 포약제**로 냉각소화한다.

해답 ①

22 위험물의 운반에 관한 기준으로 틀린 것은?
① 하나의 외장용기에는 다른 종류의 위험물을 수납하지 아니하여야 한다.
② 고체 위험물은 운반용기 내용적의 95% 이하로 수납하여야 한다.
③ 액체 위험물은 운반용기 내용적의 98% 이하로 수납하여야 한다.
④ 알킬알루미늄은 운반용기 내용적의 95% 이하로 수납하여야 한다.

해설 적재방법
① **고체위험물 : 내용적의 95% 이하의 수납율**
② 액체위험물 : 내용적의 98% 이하의 수납율로 수납하되, 55도의 온도에서 누설되지 아니하도록 충분한 공간용적을 유지하도록 할 것
③ 제3류 위험물은 다음의 기준에 따라 운반용기에 수납할 것
  ㉠ 자연발화성물질 : 불활성 기체를 봉입하여 밀봉하는 등 공기와 접하지 아니하도록 할 것
  ㉡ 자연발화성물질외의 물품 : 파라핀·경유·등유 등의 보호액으로 채워 밀봉하거나 불활성 기체를 봉입하여 밀봉하는 등 수분과 접하지 아니하도록 할 것
  ㉢ 자연발화성물질 중 **알킬알루미늄** 등 : 내용적의 **90% 이하의 수납율**로 수납하되, 50℃의 **온도에서 5% 이상의 공간용적**을 유지하도록 할 것

운반용기의 내용적에 대한 수납율
① 액체위험물 : 내용적의 98% 이하
② 고체위험물 : 내용적의 95% 이하

해답 ④

23 소화설비를 설치하는 탱크의 공간용적은? (단, 소화약제 방출구를 탱크 안의 윗부분에 설치한 경우에 한한다.)

① 소화약제 방출구 아래의 0.1m 이상 0.5m 미만 사이의 면으로부터 윗부분의 용적
② 소화약제 방출구 아래의 0.3m 이상 0.5m 미만 사이의 면으로부터 윗부분의 용적
③ 소화약제 방출구 아래의 0.1m 이상 1m 미만 사이의 면으로부터 윗부분의 용적
④ 소화약제 방출구 아래의 0.3m 이상 1m 미만 사이의 면으로부터 윗부분의 용적

해설 탱크의 내용적 및 공간용적

① 탱크의 공간용적은 탱크의 내용적의 $\frac{5}{100}$ 이상 $\frac{10}{100}$ 이하의 용적으로 한다. 다만, 소화설비(소화약제 방출구를 탱크안의 윗부분에 설치하는 것에 한한다)를 설치하는 탱크의 공간용적은 당해 소화설비의 **소화약제 방출구 아래의 0.3m 이상 1m 미만** 사이의 면으로부터 **윗부분의 용적**으로 한다.
② 암반탱크에 있어서는 당해 탱크내에 용출하는 7일간의 지하수의 양에 상당하는 용적과 당해 탱크의 내용적의 $\frac{1}{100}$ 의 용적 중에서 보다 큰 용적을 공간용적으로 한다.

해답 ④

24 질산의 위험성을 옳게 설명한 것은?

① 인화점이 낮아서 가열하면 발화하기 쉽다.
② 공기 중에서 자연발화 위험성이 높다.
③ 충격에 의해 단독으로 발화하기 쉽다.
④ 환원성 물질과 혼합 시 발화 위험성이 있다.

해설 질산(HNO_3) : 제6류 위험물(산화성 액체) ★★★★★

화학식	분자량	비중	비점	융점
HNO_3	63	1.50	86℃	-42℃

① 무색의 발연성 액체이다.
② 빛에 의하여 일부 분해되어 생긴 NO_2 때문에 황갈색으로 된다.

$$4HNO_3 \rightarrow 2H_2O + 4NO_2\uparrow (이산화질소) + O_2\uparrow (산소)$$

③ 저장용기는 직사광선을 피하고 찬 곳에 저장한다.
④ 실험실에서는 갈색병에 넣어 햇빛을 차단시킨다.
⑤ 환원성물질과 혼합하면 발화 또는 폭발한다.

크산토프로테인반응(xanthoprotenic reaction)
단백질에 진한질산을 가하면 노란색으로 변하고 알칼리를 작용시키면 오렌지색으로 변하며, 단백질 검출에 이용된다.

해답 ④

25. 방향족 화합물의 구조를 포함하지 않는 위험물은?

① 아세토나이트릴
② 톨루엔
③ 크실렌
④ 벤젠

해설 방향족 화합물(aromatic compound)
① 분자 내에 벤젠 고리를 함유하는 유기 화합물
② 기본이 되는 화합물은 벤젠
③ 방향족 화합물은 벤젠의 유도체

구분	아세토나이트릴	톨루엔	o-크실렌	벤젠
화학식	CH_3CN	$C_6H_5CH_3$	$C_6H_4(CH_3)_2$	C_6H_6
구조식	H-C-C≡N (with H's on C)	벤젠고리에 CH_3	벤젠고리에 CH_3 2개	벤젠고리
유별	제1석유류	제1석유류	제2석유류	1석유류

해답 ①

26. 옥내저장소에 자동화재탐지설비를 설치하려 한다. 자동화재탐지설비 설치기준으로 적합하지 않은 것은?

① 경계구역은 건축물 그 밖의 공작물의 2 이상의 층에 걸치지 아니하도록 한다.
② 하나의 경계구역의 면적은 600m² 이하로 하고 그 한 변의 길이는 100m 이하(광전식 분리형 감지기를 설치할 경우에는 200m)로 한다.
③ 감지기는 지붕 또는 벽의 옥내에 면한 부분에 유효하게 화재의 발생을 감지할 수 있도록 설치한다.
④ 비상전원을 설치하여야 한다.

해설 자동화재탐지설비의 설치기준
① 자동화재탐지설비의 경계구역은 건축물 그 밖의 공작물의 **2 이상의 층**에 걸치지 아니하도록 할 것. 다만, 하나의 경계구역의 면적이 500m² **이하**이면서 당해 경계구역이 두개의 층에 걸치는 경우이거나 계단·경사로·승강기의 승강로 그 밖에 이와 유사한 장소에 연기감지기를 설치하는 경우에는 그러하지 아니하다.
② 하나의 경계구역의 **면적은 600m² 이하**로 하고 그 **한변의 길이는 50m(광전식분리형** 감지기를 설치할 경우에는 100m)이하로 할 것. 다만, 당해 건축물 그 밖의 공작물의 주요한 출입구 **에서 그 내부의 전체를 볼 수 있는 경우**에 있어서는 그 면적을 1,000m² **이하**로 할 수 있다.
③ 자동화재탐지설비의 감지기는 지붕 또는 벽의 옥내에 면한 부분에 유효하게 화재의 발생을 감지할 수 있도록 설치할 것
④ 자동화재탐지설비에는 **비상전원**을 설치할 것

해답 ②

27 「위험물안전관리법 시행규칙」에서는 위험물의 성질에 따른 특례규정을 두어 일부 위험물에 대하여는 위험물 시설의 설치기준을 강화하고 있다. 다음의 위험물 시설 중 이러한 특례의 대상이 되는 위험물의 종류가 다른 하나는?

① 옥내저장소　　　　　　　② 옥외탱크저장소
③ 이동탱크저장소　　　　　④ 일반취급소

해설 특례의 대상이 되는 위험물의 제조소등
① 옥외탱크저장소　② 이동탱크저장소　③ 일반취급소

해답 ①

28 고온에서 용융된 황과 수소가 반응하였을 때의 현상으로 옳은 것은?

① 발열하면서 H_2S가 생성된다.　　② 흡열하면서 H_2S가 생성된다.
③ 발열은 하지만 생성물은 없다.　　④ 흡열은 하지만 생성물은 없다.

해설 황(S) : 제2류 위험물(가연성 고체)
① 동소체로 사방황, 단사황, 고무상황이 있다.
② 황색의 고체 또는 분말상태이며 **조해성이 없다**.
③ 물에 녹지 않고 **이황화탄소(CS_2)에는 잘 녹는다**.
④ 공기중에서 연소시 푸른 불꽃을 내며 이산화황이 생성된다.
$$S + O_2 \rightarrow SO_2$$
⑤ 황은 고온에서 수소와 반응하면 황화수소가 생성되고 격렬히 발열한다.
$$S + H_2 \rightarrow H_2S \uparrow + 발열$$
⑥ 분진폭발의 위험성이 있고 목탄가루와 혼합시 가열, 충격, 마찰에 의하여 폭발위험성이 있다.

해답 ①

29 위험물의 운반방법에 대한 설명 중 틀린 것은?

① 지정수량 이상의 위험물을 차량으로 운반하는 경우에는 한 변의 길이가 0.3m 이상, 다른 한 변의 길이가 0.6m 이상인 직사각형의 판으로 된 표지를 설치하여야 한다.
② 지정수량 이상의 위험물을 차량으로 운반하는 경우에는 바탕은 백색으로 하고, 황색의 반사도료 그 밖의 반사성이 있는 재료로 "위험물"이라고 표시한 표지를 설치하여야 한다.
③ 지정수량 이상의 위험물을 차량으로 운반하는 경우에는 표지를 차량의 전면 및 후면의 보기 쉬운 곳에 내걸어야 한다.
④ 위험물 또는 위험물을 수납한 운반용기가 현저하게 마찰 또는 동요를 일으키지 아니하도록 운반하여야 한다.

해설 **표지 사항의 설치기준**
① 위험물을 차량으로 운반하는 경우 표지
 • 한 변의 길이가 0.3m 이상, 다른 한 변의 길이가 0.6m 이상인 직사각형
 • 바탕은 흑색으로 하고 황색의 반사도료 그 밖의 반사성이 있는 재료로 "위험물"이라고 표시
② 주유 중 엔진정지 : 황색바탕에 흑색문자
③ 화기엄금 및 화기주의 : 적색바탕에 백색문자
④ 물기엄금 : 청색바탕에 백색문자

해답 ②

30 위험물제조소 등에 전기설비가 설치된 경우에 당해 장소의 면적이 500m²라면 몇 개 이상의 소형소화기를 설치하여야 하는가?
① 1
② 2
③ 5
④ 10

해설 전기설비의 면적 100m²마다 소형소화기를 1개 이상 설치
$N = 500 \div 100 = 5$개

전기설비의 소화설비
당해 장소의 면적 100m²마다 소형소화기를 1개 이상 설치할 것

소요단위의 계산방법
① 제조소 또는 취급소의 건축물

외벽이 내화구조인 것	외벽이 내화구조가 아닌것
연면적 100m²를 1소요단위	연면적 50m²를 1소요단위

② 저장소의 건축물

외벽이 내화구조인 것	외벽이 내화구조가 아닌것
연면적 150m² : 1소요단위	연면적 75m² : 1소요단위

③ 위험물은 지정수량의 10배를 1소요단위로 할 것

해답 ③

31 기체 방전의 한 형태로 불꽃이 일어나기 전에 국부적인 절연이 파괴되어 방전하는 미약한 방전현상을 무엇이라 하는가?
① 코로나 방전
② 스트리머 방전
③ 불꽃 방전
④ 아크 방전

해설 **코로나 방전**(Corona Discharge)
불꽃이 일어나기 전에 국부적인 절연이 파괴되어 방전하는 미약한 방전현상으로 기체 방전의 한 형태

아크 방전(Arc Discharge)
글로우 방전(Glow Discharge)상태에서 전압을 증가시키면 전극의 음극에 해당하는 부위에서 열전자가 방출되면서 양극과 음극 사이가 플라즈마로 도통되어 전압은 감소하고 전류가 급증하

게 되는데, 이때 플라즈마의 모양이 원호(Arc)와 닮았다고 해서 아크 방전이라 하고, 기체 방전의 최종 형태이다. 불꽃 방전은 순간적으로 일어나는 단속성인 반면, 아크 방전은 지속성을 띄고 있다는 것인데, 낙뢰 현상이 불꽃 방전의 대표적인 예이다.

해답 ①

32 NH_4NO_3에 대한 설명으로 옳지 않은 것은?

① 조해성이 있기 때문에 수분이 포함되지 않도록 포장한다.
② 단독으로도 급격한 가열로 분해하여 다량의 가스를 발생할 수 있다.
③ 무색, 무취의 결정으로 알코올에 녹는다.
④ 물에 녹을 때 발열반응을 일으키므로 주의한다.

해설 질산암모늄(NH_4NO_3) : 제1류 위험물 중 질산염류

화학식	분자량	비중	융점	분해온도
NH_4NO_3	80	1.73	165℃	220℃

① 단독으로 가열, 충격 시 분해 폭발할 수 있다.
② 화약(ANFO폭약))원료로 쓰이며 유기물과 접촉 시 폭발우려가 있다.
③ 무색, 무취의 결정이다.
④ 조해성 및 흡습성이 매우 강하다.
⑤ **물에 용해 시 흡열반응**을 나타낸다.
⑥ 급격한 가열충격에 따라 폭발의 위험이 있다.

해답 ④

33 염소산칼륨을 가열하면 발생하는 가스는?

① 염소
② 산소
③ 산화염소
④ 칼륨

해설 염소산칼륨($KClO_3$) : 제1류 위험물(산화성고체) 중 염소산염류

화학식	분자량	물리적 상태	색상	분해온도
$KClO_3$	122.5	고체	무색	400℃

① 무색 또는 **백색분말**이며 산화력이 강하다
② 비중 : 2.34, 온수, 글리세린에 잘 녹는다.
③ **냉수, 알코올에는 용해하기 어렵다.**
④ 400℃에서 열분해되어 **염화칼륨과 산소를 방출**

$$2KClO_3 \rightarrow 2KCl + 3O_2 \uparrow$$
(염소산칼륨) (염화칼륨) (산소)

⑤ 유기물 등과 접촉 시 충격을 가하면 폭발하는 수가 있다.

해답 ②

34 인화성 고체는 1기압에서 인화점이 섭씨 몇 도인 고체를 말하는가?
① 20도 미만
② 30도 미만
③ 40도 미만
④ 50도 미만

해설 **인화성고체** : 고형알코올 그 밖에 1기압에서 **인화점이 40℃ 미만인 고체**

해답 ③

35 아세틸렌 1몰이 완전연소하는 데 필요한 이론산소량은 몇 몰인가?
① 1
② 2.5
③ 3.5
④ 5

해설 **아세틸렌의 완전연소반응식**
① $2C_2H_2 + 5O_2 \rightarrow 4CO_2 + 2H_2O$
② $C_2H_2 + 2.5O_2 \rightarrow 2CO_2 + H_2O$

해답 ②

36 이산화탄소 가스의 밀도(g/L)는 27℃, 2기압에서 약 얼마인가?
① 1.11
② 2.02
③ 2.76
④ 3.57

해설 **이상기체 상태방정식**

$$PV = \frac{W}{M}RT = nRT$$

여기서, P : 압력(atm), V : 부피(L), W : 무게(g), M : 분자량, n : mol수 $= \frac{W}{M}$
R : 기체상수(0.082atm·L/mol·K), T : 절대온도(273 + t℃)K

$$\frac{W}{V}(\rho) = \frac{PM}{RT} = \frac{2 \times 44}{0.082 \times (273 + 27)} = 3.57 \text{g/L}$$

해답 ④

37 다이에틸알루미늄 클로라이드를 설명한 내용 중 틀린 것은?
① 공기와 접촉하면 자연발화의 위험성이 있다.
② 광택이 있는 금속이다.
③ 장기보관 시 자연분해 위험성이 있다.
④ 물과 접촉 시 폭발적으로 반응한다.

해설 다이에틸알루미늄 클로라이드[(C₂H₅)₂AlCl]
① 무색투명한 액체
② 공기와 접촉하면 자연발화의 위험성이 있다.
③ 장기보관 시 자연분해 위험성이 있다.
④ 물과 접촉 시 폭발적으로 반응한다.

해답 ②

38. 다음 중 지정수량이 가장 적은 것은?

① 하이드록실아민
② 아조벤젠
③ 트라이나이트로페놀
④ 황산하이드라진

해설 지정수량

구 분	하이드록실아민	아조벤젠	트라이나이트로페놀	황산하이드라진
품명	하이드록실아민	아조화합물	나이트로화합물	하이드라진유도체
지정수량	100kg	100kg	10kg	100kg

제5류 위험물의 지정수량

성질	품명		지정수량	위험등급
자기 반응성물질	• 유기과산화물 • 나이트로화합물 • 아조화합물 • 하이드라진유도체 • 하이드록실아민염류	• 질산에스터류 • 나이트로소화합물 • 다이아조화합물 • 하이드록실아민	1종 : 10kg 2종 : 100kg	1종 : I 2종 : II
종판단 완료	• 질산에스터류(대부분)(1종) • 트라이나이트로톨루엔(1종) • 테트릴(1종)	• 셀룰로이드(2종) • 트라이나이트로페놀(1종) • 유기과산화물(대부분)(2종)		

해답 ③

39. 제2류 위험물로 금속이 덩어리 상태일 때보다 가루 상태일 때 연소 위험성이 증가하는 이유가 아닌 것은?

① 유동성의 증가
② 비열의 증가
③ 정전기 발생 위험성 증가
④ 표면적의 증가

해설 금속이 분말상태일 때 위험한 이유
① 유동성 증가
② 비열 감소
③ 정전기 발생위험성 증가
④ 표면적 증가

해답 ②

40 다음 제4류 위험물 중 위험등급이 나머지 셋과 다른 하나는?

① 휘발유
② 톨루엔
③ 에탄올
④ 아세트알데히드

해설 위험등급

구 분	휘발유	톨루엔	에탄올	아세트알데히드
품명	제1석유류	제1석유류	알코올류	특수인화물
위험등급	Ⅱ	Ⅱ	Ⅱ	Ⅰ

제4류 위험물의 지정수량

성질	품 명		지정수량(L)	위험등급
인화성 액체	특수인화물		50	Ⅰ
	제1석유류	비수용성	200	Ⅱ
		수용성	400	
	알코올류		400	
	제2석유류	비수용성	1000	Ⅲ
		수용성	2000	
	제3석유류	비수용성	2000	
		수용성	4000	
	제4석유류		6000	
	동식물류		10000	

해답 ④

---

41 다음의 기구는 위험물의 판정에 필요한 시험기구이다. 어떤 성질을 시험하기 위한 것인가?

① 충격민감성
② 폭발성
③ 가열분해성
④ 금수성

해설 위의 그림은 가열분해성 시험방법의 압력용기

해답 ③

---

42 질산칼륨에 대한 설명으로 틀린 것은?

① 황화인, 질소와 혼합하면 흑색화약이 된다.
② 알코올에는 난용이다.
③ 물에 녹으므로 저장 시 수분과의 접촉에 주의한다.
④ 400℃로 가열하면 분해하여 산소를 방출한다.

해설 질산칼륨(KNO_3) : 제1류 위험물(산화성고체)

화학식	분자량	비중	융점	분해온도
KNO_3	101	2.1	336℃	400℃

① 질산칼륨에 숯가루, 황가루를 혼합하여 **흑색화약제조**에 사용한다.
② 열분해하여 산소를 방출한다.

$$2KNO_3 \rightarrow 2KNO_2 + O_2 \uparrow$$

③ 물, 글리세린에는 잘 녹으나 알코올, 에터에는 잘 녹지 않는다.
④ 유기물 및 강산과 접촉 시 매우 위험하다.
⑤ 소화는 주수소화방법이 가장 적당하다.

해답 ①

43 산화성 액체 위험물에 대한 설명 중 틀린 것은?
① 과산화수소는 물과 접촉하면 심하게 발열하고 폭발의 위험이 있다.
② 질산은 불연성이지만 강한 산화력을 가지고 있는 강산화성 물질이다.
③ 질산은 물과 접촉하면 발열하므로 주의하여야 한다.
④ 과염소산은 강산이고 불안정하여 분해가 용이하다.

해설 과산화수소(H_2O_2)의 일반적인 성질

화학식	분자량	비중	비점	융점
H_2O_2	34	1.463	150.2℃(pure)	-0.43℃(pure)

① 물, 에탄올, 에터에 잘 녹으며 벤젠에 녹지 않는다.
② 분해 시 발생기 산소(O)를 발생시킨다.
③ 분해안정제로 인산(H_3PO_4) 또는 요산($C_5H_4N_4O_3$)을 첨가한다.
④ 저장용기는 밀폐하지 말고 구멍이 있는 마개를 사용한다.
⑤ 강산화제이면서 환원제로도 사용한다.
⑥ 하이드라진($NH_2 \cdot NH_2$)과 접촉 시 분해 작용으로 폭발위험이 있다.

$$NH_2 \cdot NH_2 + 2H_2O_2 \rightarrow 4H_2O + N_2 \uparrow$$

⑦ 3%용액은 옥시풀이라 하며 표백제 또는 살균제로 이용한다.
- 과산화수소는 36%(중량) 이상만 위험물에 해당된다.
- 과산화수소는 표백제 및 살균제로 이용된다.

⑧ 다량의 물로 주수 소화한다.

해답 ①

44 $NaClO_3$ 100kg, $KMnO_4$ 3000kg 및 $NaNO_3$ 450kg을 저장하려고 할 때 각 위험물의 지정수량 배수의 총합은?
① 4.0　　　　　　　　② 5.5
③ 6.0　　　　　　　　④ 6.5

해설

구분	NaClO₃	KMnO₄	NaNO₃
명칭	염소산나트륨	과망가니즈산칼륨	질산나트륨
품명	염소산염류	과망가니즈산염류	질산염류
지정수량	50kg	1,000kg	300kg

지정수량의 배수 = $\dfrac{저장수량}{지정수량}$ = $\dfrac{100kg}{50kg} + \dfrac{3000kg}{1000kg} + \dfrac{450kg}{300kg}$ = 6.5배

제1류 위험물의 지정수량

성질	품명	지정수량	위험등급
산화성 고체	1. 아염소산염류 2. 염소산염류 3. 과염소산염류 4. 무기과산화물	50kg	I
	5. 브로민산염류 6. 질산염류 7. 아이오딘산염류	300kg	II
	8. 과망가니즈산염류 9. 다이크로뮴산염류	1000kg	III
	10. 그 밖에 행정안전부령이 정하는 것 ① 과아이오딘산염류 ② 과아이오딘산 ③ 크로뮴, 납 또는 아이오딘의 산화물 ④ 아질산염류 ⑤ 염소화아이소사이아누르산 ⑥ 퍼옥소이황산염류 ⑦ 퍼옥소붕산염류	300kg	II
	⑧ 차아염소산염류	50kg	I

해답 ④

45 비수용성의 제4류 위험물을 저장하는 시설에 포소화설비를 설치하는 경우 약제에 관하여 옳게 설명한 것은?

① I형의 방출구를 이용하는 것은 불화단백 포소화약제 또는 수성막 포소화약제로 하고, 그 밖의 것은 단백 포소화약제(불화단백 포소화약제를 포함한다) 또는 수성막 포소화약제로 한다.

② III형의 방출구를 이용하는 것은 불화단백 포소화약제 또는 수성막 포소화약제로 하고, 그 밖의 것은 단백 포소화약제(불화단백 포소화약제를 포함한다) 또는 수성막 포소화약제로 한다.

③ 특형의 방출구를 이용하는 것은 불화단백 포소화약제 또는 수성막 포소화약제로 하고, 그 밖의 것은 단백 포소화약제(불화단백 포소화약제를 포함한다) 또는 수성막 포소화약제로 한다.

④ 특형의 방출구를 이용하는 것은 단백 포소화약제(불화단백 포소화약제를 제외한다) 또는 수성막 포소화약제로 하고, 그 밖의 것은 수성막 포소화약제로 한다.

해설 위험물안전관리에 관한 세부기준 제133조(포소화설비의 기준)

구분	III형 포방출구	그 밖의 것	수용성 위험물
포약제의 종류	불화단백포소화약제 또는 수성막포	단백포소화약제(불화단백포소화약제를 포함) 또는 수성막포소화약제	수용성 액체용 포소화약제

해답 ②

46 철분에 적응성이 있는 소화설비는?

① 옥외소화전설비
② 포소화설비
③ 이산화탄소 소화설비
④ 탄산수소염류 분말소화설비

해설 소화설비의 적응성

구 분		1류		2류			3류		4류	5류	6류
		알칼리금속 과산화물	그밖의 것	철분, 금속분, 마그네슘	인화성 고체	그밖의 것	금수성 물질	그밖의 것			
포소화기			○		○	○		○	○	○	○
이산화탄소소화기					○				○		
할로젠화합물소화기					○				○		
분말소화기	인산염류등		○		○	○			○		○
	탄산수소염류등	○		○	○		○		○		
	그 밖의 것	○		○			○				
팽창질석 팽창진주암		○	○	○	○	○	○	○	○	○	○

해답 ④

47 강화액 소화기에 대한 설명 중 틀린 것은?

① 한랭지에서도 사용이 가능하다.
② 액성은 알칼리성이다.
③ 유류화재에 가장 효과적이다.
④ 소화력을 높이기 위해 금속염류를 첨가한 것이다.

해설 강화액 소화기
① 물의 빙점(어는점)이 높은 단점을 강화시킨 탄산칼륨(K_2CO_3) 수용액
② 내부에 황산(H_2SO_4)이 있어 탄산칼륨과 화학반응에 의한 CO_2가 압력원이 된다.

$$H_2SO_4 + K_2CO_3 \rightarrow K_2SO_4 + H_2O + CO_2 \uparrow$$

③ 일반화재에 적응성이 있으며 무상인 경우 A, B, C 급 화재에 모두 적응한다.
④ 소화약제의 pH는 12이다.(알카리성을 나타낸다.)
⑤ 어는점(빙점)이 약 $-17℃ \sim -30℃$로 매우 낮아 추운 지방에서 사용.
⑥ 강화액 소화제는 알칼리성(pH=12)을 나타낸다.

해답 ③

48 다음 할로젠화합물소화약제 중 HFC 계열이 아닌 것은?

① 트라이플루오린메탄
② 퍼플루오린부탄
③ 펜타플루오린에탄
④ 헵타플루오린프로판

해설 할로젠화합물 및 불활성기체 소화약제의 종류

소화약제	화학식
퍼플루오린부탄(FC-3-1-10)	C_4F_{10}
하이드로클로로플루오린카본혼화제 (HCFC BLEND A)	HCFC-123($CHCl_2CF_3$) : 4.75% HCFC-22($CHClF_2$) : 82% HCFC-124($CHClFCF_3$) : 9.5% $C_{10}H_{16}$: 3.75%
클로로테트라플루오린에탄(HCFC-124)	$CHClFCF_3$
펜타플루오린에탄(HFC-125)	CHF_2CF_3
헵타플루오린프로판(HFC-227ea)	CF_3CHFCF_3
트라이플루오린메탄(HFC-23)	CHF_3
헥사플루오린프로판(HFC-236fa)	$CF_3CH_2CF_3$
트라이플루오린이오다이드(FIC-13I1)	CF_3I
불연성·불활성 기체혼합가스(IG-01)	Ar
불연성·불활성 기체혼합가스(IG-100)	N_2
불연성·불활성 기체혼합가스(IG-541)	N_2 : 52%, Ar : 40%, CO_2 : 8%
불연성·불활성 기체혼합가스(IG-55)	N_2 : 50%, Ar : 50%
도데카플루오린-2-메틸펜탄-3-원(FK-5-1-12)	$CF_3CF_2C(O)CF(CF_3)_2$

해답 ②

---

49 착화점이 260℃인 제2류 위험물과 지정수량을 옳게 나타낸 것은?

① P_4S_3 : 100kg ② P(적린) : 100kg
③ P_4S_3 : 500kg ④ P(적린) : 500kg

해설 제2류 위험물의 지정수량

성질	품명	지정 수량
가연성고체	황화인, 적린, 황	100kg
	철분, 금속분, 마그네슘	500kg
	인화성고체	1,000kg

적린과 황린의 비교

적린	황린
이황화탄소에 녹지 않는다.	이황화탄소에 녹는다.
독성이 없다.	독성이 강하다.
자연발화점 : 260℃	자연발화점 : 40~50℃
연소시 오산화인(P_2O_5)생성	연소시 오산화인(P_2O_5)생성

해답 ②

50. 물질에 의한 화재가 발생하였을 경우 적합한 소화약제를 연결한 것이다. 틀리게 연결한 것은?

① 마그네슘 – CO_2
② 적린 – 물
③ 휘발유 – 포
④ 프로판올 – 내알코올포

해설 마그네슘(Mg) : 제2류 위험물(금수성) ★★★

화학식	원자량	비중	융점	비점	발화점
Mg	24.3	1.74	651℃	1102℃	473℃

① 물과 반응하여 수소기체 발생

$$Mg + 2H_2O \rightarrow Mg(OH)_2(\text{수산화마그네슘}) + H_2\uparrow (\text{수소발생})$$

② 마그네슘과 CO_2의 반응식

$$2Mg + CO_2 \rightarrow 2MgO + C(\text{마그네슘과 이산화탄소는 폭발적으로 반응}하기 때문에 위험)$$

해답 ①

51. 황은 순도가 몇 중량% 이상인 것을 위험물로 분류하는가?

① 20
② 30
③ 50
④ 60

해설 위험물의 기준

종류	황	철분	마그네슘	과산화수소	질산
기준	순도 60% 이상	53μm통과하는 것이 50% 미만은 제외	• 2mm체를 통과 못하는 것 제외 • 직경 2mm 이상 막대모양 제외	농도 36중량% 이상	비중 1.49 이상

해답 ④

52. 사이안화수소에 대한 설명으로 옳은 것은?

① 물보다 무겁다.
② 물에 녹지 않는다.
③ 증기는 공기보다 가볍다.
④ 비점이 낮아 10℃ 이하에서도 증기상이다.

해설 사이안화수소(HCN) : 제4류 제1석유류
① 수용성이며 지정수량은 400L이다.
② 증기는 공기보다 가볍다.
③ 액체는 물보다 가볍다.

해답 ③

53. 다음 중 탄화칼슘과 물이 접촉하여 생기는 물질은?

① H_2
② C_2H_2
③ O_2
④ CH_4

해설

탄화칼슘 = 카바이드(CaC_2) : **제3류 위험물 중 칼슘탄화물**

화학식	분자량	융점	비중
CaC_2	64	2370℃	2.21

물과 접촉 시 아세틸렌을 생성하고 열을 발생시킨다.

$$CaC_2 + 2H_2O \rightarrow Ca(OH)_2(수산화칼슘) + C_2H_2 \uparrow (아세틸렌)$$

해답 ②

---

54. 제4류 위험물에 대한 설명으로 틀린 것은?

① 다이에틸에터를 장기간 보관할 때는 공기 중에서 보관한다.
② CS_2는 연소 시 CO_2와 SO_2를 생성한다.
③ 산화프로필렌을 용기에 수납할 때는 불활성 기체를 채운다.
④ 아세트알데하이드는 구리와 접촉하면 위험하다.

해설

다이에틸에터($C_2H_5OC_2H_5$) : **제4류 위험물 중 특수인화물**

화학식	분자량	비중	비점	인화점	착화점	연소범위
$C_2H_5OC_2H_5$	74.12	0.72	34℃	−40℃	180℃	1.7~48%

① 알코올에는 녹지만 물에는 녹지 않는다.
② 직사광선에 장시간 노출 시 **과산화물 생성**

과산화물 생성 확인방법
다이에틸에터+KI용액(10%) → 황색변화(1분 이내)

③ 용기에는 5% 이상 10% 이하의 안전공간 확보할 것
④ 용기는 갈색병을 사용하며 냉암소에 보관
⑤ 용기는 밀폐하여 증기의 누출방지
⑥ 연소범위 : 1.7~48%

해답 ①

---

55. 다음 중 통계량의 기호에 속하지 않는 것은?

① σ
② R
③ s
④ $\bar{x}$

해설 (1) 용어의 정의

① 모집단(population) - 분석의 대상이 되는 모든 객체의 집단
② 표본(sample) - 모집단에서 조사대상으로 채택된 일부를 표본(sample)

③ 모수(parameter) - 모집단의 특성을 수치로 나타낸 것
④ 통계량(statistic) - 표본의 특성을 수치로 나타낸 것

(2) **통계량의 기호**
R(범위), S(표준편차), $\bar{x}$(평균), 분산 : S^2

해답 ①

56 계수 규준형 샘플링 검사의 OC 곡선에서 좋은 로트를 합격시키는 확률을 뜻하는 것은?
(단, α는 제1종 과오, β는 제2종 과오이다.)

① α
② β
③ $1-\alpha$
④ $1-\beta$

해설 **계수규준형 샘플링검사**
좋은 품질의 로트가 불합격될 확률과, 나쁜 품질의 로트가 합격될 확률을 미리 정해서, 생산자와 소비자측의 요구조건을 동시에 만족하도록 결정하는 샘플링 검사방식
① **제1종과오**(α : 생산자위험확률)
두 개의 대비되는 현상 중 기준이 되는 현상을 참이라고 할 때 참인 현상을 참이 아니라고 잘못 판정하는 과오
② **제2종과오**(β : 소비자위험확률)
기존현상에 반대되는 참이 아닌 현상인 거짓현상을 참이라고 잘못 판정하는 과오

구 분	참	거짓
참이라고 판정	옳은 결정 : $1-\alpha$	제2종 과오 : β
거짓이라고 판정	제1종 과오 : α(위험율)	옳은 결정 : $1-\beta$(검출력)

해답 ③

57 U관리도의 관리한계선을 구하는 식으로 옳은 것은?

① $\bar{u} \pm \sqrt{\bar{u}}$
② $\bar{u} \pm 3\sqrt{\bar{u}}$
③ $\bar{u} \pm 3\sqrt{n\bar{u}}$
④ $\bar{u} \pm 3\sqrt{\dfrac{\bar{u}}{n}}$

해설 **U관리도**
결점수 관리도에서 공정변화의 탐지능력 또는 경제적 요인을 고려하여 여러 개의 검사단위를 묶어서 하나의 부분군으로 형성하는 것

• 관리상한선 $UCL = \bar{u} + 3\sqrt{\dfrac{\bar{u}}{n}}$ • 관리하한선 $LCL = \bar{u} - 3\sqrt{\dfrac{\bar{u}}{n}}$ • $CL = \bar{u}$

여기서, n : 검사단위(개), $\bar{u}$: 평균결점수

해답 ④

58 예방보전(Preventive Maintenance)의 효과로 보기에 가장 거리가 먼 것은?

① 기계의 수리비용이 감소한다.
② 생산시스템의 신뢰도가 향상된다.
③ 고장으로 인한 중단시간이 감소한다.
④ 예비기계를 보유해야 할 필요성이 증가한다.

해설 **예방보전(Preventive Maintenance)의 효과**
① 기계의 수리비용이 감소한다.
② 생산시스템의 신뢰도가 향상된다.
③ 고장으로 인한 중단시간이 감소한다.
④ 예비기계를 보유해야 할 필요성이 감소한다.
⑤ 납기지연으로 인한 고객불만 저하 및 매출신장
⑥ 안전작업 향상

해답 ④

---

59 다음 중 인위적 조절이 필요한 상황에 사용될 수 있는 워크팩터(Work Factor)의 기호가 아닌 것은?

① D
② K
③ P
④ S

해설 **워크 팩터법**(work factor analysis)
표준 작업 시간을 산정하는 수법의 하나. 미리 측정 대상 작업자의 동작을 표로 하고 이 표를 바탕으로 작업 시간을 측정하여 분석하는 방법
워크팩터의 기호
D(일정한 정지), P(주의), S(방향의 조절), U(방향변화)

해답 ②

---

60 어떤 회사의 매출액이 80,000원, 고정비가 15,000원, 변동비가 40,000원일 때 손익분기점 매출액은 얼마인가?

① 25,000원
② 30,000원
③ 40,000원
④ 55,000원

해설 **손익분기점 매출액 계산방법**

$$손익분기점\ 매출액 = \frac{고정비 \times 매출액}{변동비}$$

$$손익분기점\ 매출액 = \frac{15000 \times 80000}{40000} = 30000원$$

해답 ②

국가기술자격 필기시험문제

2019년도 기능장 제66회 필기시험 (2019년 07월 CBT 시행)

자격종목	시험시간	문제수	형별	수험번호	성 명
위험물기능장	1시간	60	A		

본 문제는 CBT시험대비 기출문제 복원입니다.

01 다음 중 혼재 가능한 위험물들로 짝지은 것으로 옳은 것은? (단, 지정수량의 5배인 경우이다.)

① 피리딘과 염소산칼륨
② 등유와 질산
③ 테레핀유와 적린
④ 탄화칼슘과 과염소산

해설
① 피리딘(제4류)과 염소산칼륨(제1류)
② 등유(제4류)와 질산(제6류)
③ 테레핀유(제4류)와 적린(제2류)
④ 탄화칼슘(제3류)과 과염소산(제6류)

유별을 달리하는 위험물의 혼재기준

위험물의 구분	제1류	제2류	제3류	제4류	제5류	제6류
제1류		×	×	×	×	○
제2류	×		×	○	○	×
제3류	×	×		○	×	×
제4류	×	○	○		○	×
제5류	×	○	×	○		×
제6류	○	×	×	×	×	

쉬운 암기방법(혼재가능)
↓1 + 6↑   2 + 4
↓2 + 5↑   5 + 4
↓3 + 4↑

해답 ③

02 다음 물질 중에서 색상이 나머지 셋과 다른 하나는?

① 다이크로뮴산나트륨
② 질산칼륨
③ 아염소산나트륨
④ 염소산나트륨

해설 제1류 위험물의 분류

종류	다이크로뮴산나트륨	질산칼륨	아염소산나트륨	염소산나트륨
품명	다이크로뮴산염류	질산염류	아염소산염류	염소산염류
색상	등적색	무색	무색	무색

해답 ①

03 초유폭약(ANFO)을 제조하기 위해 경유에 혼합하는 제1류 위험물은?
① 질산코발트   ② 질산암모늄
③ 아이오딘산칼륨   ④ 과망가니즈산칼륨

해설 초유(안포)폭약(Ammonium Nitrate Fuel Oil : ANFO)
① 질산암모늄을 주성분으로 한다.
② 혼합비는 질산암모늄(NH_4NO_3) = 94%, 경유 = 6%
③ 폭약반응식은 $3NH_4NO_3 + CH_2 \rightarrow 3N_2 + 7H_2O + CO_2 + 82(kcal/mol)$

해답 ②

04 질소 3.5g은 몇 g-mol에 해당하는가?
① 1.25   ② 0.125
③ 2.5   ④ 0.25

해설
$$\text{mol} = \frac{\text{무게}(W)}{\text{분자량}(M)}$$

$\text{g-mol} = \dfrac{\text{무게}(W)}{\text{분자량}(M)} = \dfrac{3.5\text{g}}{28} = 0.125\text{g} - \text{mol}$

해답 ②

05 토출량이 5m³/min이고 토출구의 유속이 2m/s인 펌프의 구경은 몇 mm인가?
① 330   ② 230
③ 130   ④ 120

해설 유속
$$u = \frac{Q}{A} = \frac{Q}{\frac{\pi}{4}d^2}$$

여기서, Q : 유량(m³/s), A : 배관 단면적(m²), d : 배관내경(m)
① $d = \sqrt{\dfrac{4Q}{u\pi}}$, $Q = 5\text{m}^3/\text{min} = 5\text{m}^3/60\text{sec}$, $u = 2\text{m/s}$
② $d = \sqrt{\dfrac{4Q}{\pi u}} = \sqrt{\dfrac{4 \times 5/60}{\pi \times 2}} = 0.230\text{m} = 230\text{mm}$

해답 ②

06 위험물안전관리에 관한 세부 기준의 산화성 시험방법 중 분립상 물품의 산화성으로 인한 위험성의 정도를 판단하기 위한 연소시험에 있어서 표준물질의 연소시험에 대한 설명으로 옳은 것은?

① 표준물질과 목분을 중량비 1 : 1로 섞어 혼합물 30g을 만든다.
② 표준물질과 목분을 중량비 2 : 1로 섞어 혼합물 30g을 만든다.
③ 표준물질과 목분을 중량비 1 : 1로 섞어 혼합물 60g을 만든다.
④ 표준물질과 목분을 중량비 2 : 1로 섞어 혼합물 60g을 만든다.

해설 산화성 시험의 연소시험

시험물품을 직경 1.18mm 미만으로 부순 것과 250μm 이상 500μm 미만인 목분을 중량비 1 : 1 및 중량비 4 : 1로 섞어 혼합물 30g을 각각 만들 것.

해답 ①

07 인화점이 낮은 것에서 높은 것의 순서로 옳게 나열한 것은?

① 가솔린→톨루엔→벤젠
② 벤젠→가솔린→톨루엔
③ 가솔린→벤젠→톨루엔
④ 벤젠→톨루엔→가솔린

해설 제4류 위험물의 인화점

종 류	가솔린	벤젠	톨루엔
품 명	제1석유류	제1석유류	제1석유류
인화점(℃)	−43~−20	−11	4

해답 ③

08 백색 또는 담황색 고체로 수산화칼륨 용액과 반응하여 포스핀 가스를 생성하는 것은?

① 황린
② 트라이메틸알루미늄
③ 황화인
④ 황

해설 황린(P_4)[별명 : 백린] : 제3류 위험물(자연발화성물질)

화학식	분자량	발화점	비점	융점	비중	증기비중
P_4	124	34℃	280℃	44℃	1.82	4.4

① 백색 또는 담황색의 고체이다.
② **공기 중 약 34℃에서 자연 발화한다.**
③ 저장 시 자연 발화성이므로 반드시 물속에 저장한다.
④ **인화수소(PH_3)의 생성을 방지**하기 위하여 물의 **pH = 9(약알칼리)**가 안전한계이다.
⑤ 물의 온도가 상승 시 황린의 용해도가 증가되어 산성화속도가 빨라진다.
⑥ **연소 시 오산화인(P_2O_5)의 흰 연기가 발생**한다.

$$P_4 + 5O_2 \rightarrow 2P_2O_5 (오산화인)$$

⑦ 강알칼리의 용액에서는 유독기체인 포스핀(PH_3) 발생한다. 따라서 저장 시 물의 pH(수소이온농도)는 9를 넘어서는 안된다.(※물은 약알칼리의 석회 또는 소다회로 중화하는 것이 좋다.)

$$P_4 + 3NaOH + 3H_2O \rightarrow 3NaHPO_2 + PH_3 \uparrow \text{(인화수소=포스핀)}$$

⑧ 약 260℃로 가열(공기차단)시 적린이 된다.
⑨ 피부 접촉 시 화상을 입는다.
⑩ 소화는 물분무, 마른모래 등으로 질식 소화한다.
⑪ 고압의 주수소화는 황린을 비산시켜 연소면이 확대될 우려가 있다.

해답 ①

09
위험물제조소 등에 전기설비가 설치된 경우에 당해 장소의 면적이 500m²라면 몇 개 이상의 소형소화기를 설치하여야 하는가?

① 1 ② 4
③ 5 ④ 10

해설 전기설비의 면적 100m²마다 소형소화기를 1개 이상 설치
$N = 500 \div 100 = 5$개

전기설비의 소화설비
당해 장소의 면적 100m²마다 소형소화기를 1개 이상 설치할 것

소요단위의 계산방법
① 제조소 또는 취급소의 건축물

외벽이 내화구조인 것	외벽이 내화구조가 아닌 것
연면적 100m² : 1소요단위	연면적 50m² : 1소요단위

② 저장소의 건축물

외벽이 내화구조인 것	외벽이 내화구조가 아닌 것
연면적 150m² : 1소요단위	연면적 75m² : 1소요단위

③ 위험물은 지정수량의 10배를 1소요단위로 할 것

해답 ③

10
제3류 위험물 옥내탱크저장소로 허가를 득하여 사용하고 있는 중에 변경허가를 득하지 않고 위험물 시설을 변경할 수 있는 경우는?

① 옥내저장탱크를 교체하는 경우
② 옥내저장탱크에 직경 200mm의 맨홀을 신설하는 경우
③ 옥내저장탱크를 철거하는 경우
④ 배출설비를 신설하는 경우

해설 제조소등의 변경허가를 받아야 하는 경우

제조소 등의 구분	변경허가를 받아야 하는 경우
옥내탱크 저장소	① 옥내저장탱크의 위치를 이전하는 경우 ② 주입구의 위치를 이전하거나 신설하는 경우 ③ 300m(지상에 설치하지 아니하는 배관의 경우에는 30m)를 초과하는 위험물 배관을 신설·교체·철거 또는 보수(배관을 절개하는 경우)하는 경우 ④ **옥내저장탱크를 신설·교체 또는 철거**하는 경우 ⑤ 옥내저장탱크를 보수(탱크본체를 절개하는 경우에 한한다)하는 경우 ⑥ 옥내저장탱크의 노즐 또는 맨홀을 신설하는 경우(노즐 또는 맨홀의 **직경이 250mm를 초과하는 경우**에 한한다) ⑦ 건축물의 벽·기둥·바닥·보 또는 지붕을 증설 또는 철거하는 경우 ⑧ **배출설비를 신설하는 경우** ⑨ 누설범위를 국한하기 위한 설비·냉각장치·보냉장치·온도의 상승에 의한 위험한 반응을 방지하기 위한 설비 또는 철 이온 등의 혼입에 의한 위험한 반응을 방지하기 위한 설비를 신설하는 경우 ⑩ 불활성기체의 봉입장치를 신설하는 경우 ⑪ 물분무등소화설비를 신설·교체(배관·밸브·압력계·소화전본체·소화약제탱크·포헤드·포방출구 등의 교체는 제외한다) 또는 철거하는 경우 ⑫ 자동화재탐지설비를 신설 또는 철거하는 경우

해답 ②

11 이동탱크저장소에 설치하는 자동차용 소화기의 설치기준으로 옳지 않은 것은?

① 무상의 강화액 8L 이상(2개 이상)   ② 이산화탄소 3.2kg 이상(2개 이상)
③ 소화분말 2.2kg 이상(2개 이상)   ④ CF$_2$ClBr 2L 이상(2개 이상)

해설 소화난이도등급 Ⅲ의 제조소 등에 설치하여야 하는 소화설비

제조소등의 구분	소화설비	설치기준	
이동탱크저 장소	자동차용 소화기	무상의 강화액 8L 이상	2개 이상
		이산화탄소 3.2kg 이상	
		일브로민일염화이플루오린화메탄(CF$_2$ClBr) 2L 이상	
		일브로민화삼플루오린화메탄(CF$_3$Br) 2L 이상	
		이브로민화사플루오린화에탄(C$_2$F$_4$Br$_2$) 1L 이상	
		소화분말 3.5kg 이상	
	마른모래 및 팽창질석 또는 팽창진주암	마른모래 150L 이상	
		팽창질석 또는 팽창진주암 640L 이상	

[비고] 알킬알루미늄 등을 저장 또는 취급하는 이동탱크저장소에 있어서는 자동차용 소화기를 설치하는 외에 마른모래나 팽창질석 또는 팽창진주암을 추가로 설치하여야 한다.

해답 ③

12 위험물안전관리자 1인을 중복하여 선임할 수 있는 경우가 아닌 것은?

① 동일 구내에 있는 15개의 옥내저장소를 동일인이 설치한 경우
② 보일러·버너로 위험물을 소비하는 장치로 이루어진 6개의 일반취급소와 그 일반취급소에 공급하기 위한 위험물을 저장하는 저장소(일반취급소 및 저장소가 모두 동일 구 내에 있는 경우에 한한다)를 동일인이 설치한 경우
③ 3개 제조소(위험물 최대수량 : 지정수량 500배)와 1개의 일반취급소(위험물 최대수량 : 지정수량 1,000배)가 동일 구 내에 위치하고 있으며 동일인이 설치한 경우
④ 위험물을 차량에 고정된 탱크 또는 운반용기에 옮겨 담기 위한 3개의 일반취급소와 그 일반취급소에 공급하기 위한 위험물을 저장하는 저장소를 동일인이 설치하고 일반취급소간의 거리가 300m 이내인 경우

해설 1인의 안전관리자를 중복하여 선임할 수 있는 경우
① 보일러·버너 또는 이와 비슷한 것으로서 위험물을 소비하는 장치로 이루어진 7개 이하의 일반취급소와 그 일반취급소에 공급하기 위한 위험물을 저장하는 저장소
② 위험물을 차량에 고정된 탱크 또는 운반용기에 옮겨 담기 위한 5개 이하의 일반취급소[일반취급소간의 거리(보행거리)가 300m 이내인 경우]와 그 일반취급소에 공급하기 위한 위험물을 저장하는 저장소를 동일인이 설치한 경우
③ 동일구내에 있거나 상호 100m 이내의 거리에 있는 저장소로서 저장소의 규모, 저장하는 위험물의 종류 등을 고려하여 행정안전부령이 정하는 저장소를 동일인이 설치한 경우
④ 다음 각목의 기준에 모두 적합한 5개 이하의 제조소등을 동일인이 설치한 경우
  (가) 각 제조소등이 동일구내에 위치하거나 상호 100m 이내의 거리에 있을 것
  (나) 각 제조소등에서 저장 또는 취급하는 위험물의 최대수량이 지정수량의 3천배 미만일 것. 다만, 저장소의 경우에는 그러하지 아니하다.
⑤ 그 밖에 행정안전부령이 정하는 제조소등을 동일인이 설치한 경우

해답 ①

13 순수한 벤젠의 온도가 0℃일 때에 대한 설명으로 옳은 것은?

① 액체상태이고 인화의 위험이 있다.   ② 고체상태이고 인화의 위험은 없다.
③ 액체상태이고 인화의 위험은 없다.   ④ 고체상태이고 인화의 위험이 있다.

해설 ※ 벤젠의 융점은 5.5℃, 인화점은 -11℃이므로 0℃에서 고체이며 인화의 위험이 있다.
벤젠(Benzene, C_6H_6) : 제4류 위험물 중 제1석유류

화학식	분자량	비중	비점	인화점	착화점	연소범위
C_6H_6	78	0.9	80℃	-11℃	562℃	1.4~8.0%

① 착화온도 : 562℃(이황화탄소의 착화온도 100℃)
② 벤젠증기는 마취성 및 독성이 강하다.
③ 비수용성이며 알코올, 아세톤, 에터에는 용해
④ 취급 시 정전기에 유의해야 한다.

해답 ④

14 포름산의 지정수량으로 옳은 것은?

① 400L
② 1,000L
③ 2,000L
④ 4,000L

해설 포름산(개미산 = 의산)-제4류-제2석유류-수용성- 2,000L ★
제4류 위험물의 지정수량

성질	품 명		지정수량(L)	위험등급
인화성 액체	특수인화물		50	I
	제1석유류	비수용성	200	II
		수용성	400	
	알코올류		400	
	제2석유류	비수용성	1000	III
		수용성	2000	
	제3석유류	비수용성	2000	
		수용성	4000	
	제4석유류		6000	
	동식물류		10000	

해답 ③

15 유지의 비누화 값은 어떻게 정의되는가?

① 유지 1g을 비누화시키는 데 필요한 KOH의 mg수
② 유지 10g을 비누화시키는 데 필요한 KOH의 mg수
③ 유지 1g을 비누화시키는 데 필요한 KCl의 mg수
④ 유지 10g을 비누화시키는 데 필요한 KCl의 mg수

해설 **비누화 값의 정의** : 유지 1g을 비누화하는데 필요한 KOH의 mg수 ★
아이오딘값(아이오딘가)의 정의 : 유지 100g에 부가되는 아이오딘의 g수 ★

해답 ①

16 27℃, 5기압의 산소 10L를 100℃, 2기압으로 하였을 때 부피는 몇 L가 되는가?

① 15
② 21
③ 31
④ 46

해설 보일-샤를의 법칙을 적용
① $V_1 = 10L$, $P_1 = 5\text{atm}$, $T_1 = 273 + 27 = 300K$,
$V_2 = ?$, $P_2 = 2\text{atm}$, $T_2 = 273 + 100 = 373K$
② $V_2 = V_1 \times \dfrac{P_1}{P_2} \times \dfrac{T_2}{T_1} = 10L \times \dfrac{5\text{atm}}{2\text{atm}} \times \dfrac{373K}{300K} = 31.08L$

① 보일의 법칙

$$T(온도) = 일정 \quad P_1V_1 = P_2V_2$$

온도가 일정할 때 일정량의 기체가 차지하는 부피는 절대압력에 반비례한다.

② 샤를의 법칙

$$P(압력) = 일정 \quad \frac{V_1}{T_1} = \frac{V_2}{T_2}$$

압력이 일정할 때 일정량의 기체가 차지하는 부피는 절대온도에 비례한다.

③ 보일-샤를의 법칙

$$\frac{P_1V_1}{T_1} = \frac{P_2V_2}{T_2}$$

일정량의 기체가 차지하는 부피는 절대압력에 반비례하고 절대온도에 비례한다.

해답 ③

17 제5류 위험물 중 제조소의 위치·구조 및 설비 기준상 안전거리 기준, 담 또는 토제의 기준 등에 있어서 강화되는 특례기준을 두고 있는 품명은?

① 유기과산화물
② 질산에스터류
③ 나이트로화합물
④ 하이드록실아민

해설 **위험물의 성질에 따른 제조소의 특례**
① 제3류 위험물 중 알킬알루미늄·알킬리튬 또는 이중 어느 하나 이상을 함유하는 것
② 제4류 위험물중 특수인화물의 아세트알데하이드·산화프로필렌 또는 이 중 어느 하나 이상을 함유하는 것
③ **제5류 위험물 중 하이드록실아민·하이드록실아민염류** 또는 이중 어느 하나 이상을 함유하는 것

해답 ④

18 이동탱크저장소에 의한 위험물 운송 시 위험물 운송자가 휴대하여야 하는 위험물안전카드의 작성대상에 관한 설명으로 옳은 것은?

① 모든 위험물에 대하여 위험물안전카드를 작성하여 휴대하여야 한다.
② 제1류, 제3류 또는 제4류 위험물을 운송하는 경우에 위험물안전카드를 작성하여 휴대하여야 한다.
③ 위험등급 Ⅰ 또는 위험등급 Ⅱ에 해당하는 위험물을 운송하는 경우에 위험물안전카드를 작성하여 휴대하여야 한다.
④ 위험물(제4류 위험물에 있어서는 특수인화물 및 제1석유류)을 운송하게 하는 자는 위험물안전카드를 위험물운송자로 하여금 휴대하게 할 것.

해설 **이동탱크저장소에 의한 위험물의 운송시에 준수하여야 하는 기준**
(1) 위험물운송자는 운송의 개시전에 이동저장탱크의 배출밸브 등의 밸브와 폐쇄장치, 맨홀 및 주입구의 뚜껑, 소화기 등의 점검을 충분히 실시할 것

(2) 위험물운송자는 장거리(고속국도에 있어서는 340km 이상, 그 밖의 도로에 있어서는 200km 이상)에 걸치는 운송을 하는 때에는 **2명 이상의 운전자**로 할 것.
다만, 다음에 해당하는 경우에는 **그러하지 아니하다.**
① **운송책임자를 동승**시킨 경우
② **운송하는 위험물이 제2류 위험물·제3류 위험물**(칼슘 또는 알루미늄의 탄화물과 이것만을 함유한 것에 한한다)또는 **제4류 위험물**(특수인화물을 제외)인 경우
③ 운송도중에 2시간 이내마다 **20분 이상씩 휴식**하는 경우
(3) 위험물(제4류 위험물에 있어서는 **특수인화물 및 제1석유류**에 한한다)을 운송하게 하는 자는 **위험물안전카드**를 위험물운송자로 하여금 휴대하게 할 것

해답 ④

19 위험물의 저장 기준으로 틀린 것은?

① 옥내저장소에 저장하는 위험물은 용기에 수납하여 저장하여야 한다.(덩어리 상태의 황 제외)
② 같은 유별에 속하는 위험물은 모두 동일한 저장소에 함께 저장할 수 있다.
③ 자연발화할 위험이 있는 위험물을 옥내저장소에 저장하는 경우 동일 품명의 위험물이더라도 지정수량의 10배 이하마다 구분하여 상호간 0.3m 이상의 간격을 두어 저장하여야 한다.
④ 용기에 수납하여 옥내저장소에 저장하는 위험물의 경우 온도가 55℃를 넘지 않도록 조치하여야 한다.

해설 제조소등에서의 위험물의 저장 및 취급에 관한 기준
① 제3류 위험물 중 황린 그 밖에 물속에 저장하는 물품과 금수성물질은 동일한 저장소에서 저장하지 아니하여야 한다(중요기준).
② 옥내저장소에 있어서 위험물은 용기에 수납하여 저장하여야 한다. 다만, 덩어리상태의 황과 제48조의 규정에 의한 위험물에 있어서는 그러하지 아니하다.
③ 옥내저장소에서 동일 품명의 위험물이더라도 자연발화할 우려가 있는 위험물 또는 재해가 현저하게 증대할 우려가 있는 위험물을 다량 저장하는 경우에는 지정수량의 10배 이하마다 구분하여 상호간 0.3m 이상의 간격을 두어 저장하여야 한다. 다만, 규정에 의한 위험물 또는 기계에 의하여 하역하는 구조로 된 용기에 수납한 위험물에 있어서는 그러하지 아니하다(중요기준).
④ 옥내저장소에서는 용기에 수납하여 저장하는 위험물의 온도가 55℃를 넘지 아니하도록 필요한 조치를 강구하여야 한다(중요기준).

해답 ②

20 위험물제조소에 옥내소화전 1개와 옥외소화전 1개를 설치하는 경우 수원의 수량을 얼마 이상 확보하여야 하는가? (단, 위험물제조소는 단층 건축물이다.)

① $5.4m^3$ ② $10.5m^3$
③ $21.3m^3$ ④ $29.1m^3$

해설 ① 위험물제조소등의 소화설비 설치기준

소화설비	수평거리	방사량	방사압력	수원의 양
옥내	25m 이하	260(L/min) 이상	350(kPa) 이상	$Q=N$(소화전개수 : 최대 5개) $\times 7.8\text{m}^3(260\text{L/min}\times 30\text{min})$
옥외	40m 이하	450(L/min) 이상	350(kPa) 이상	$Q=N$(소화전개수 : 최대 4개) $\times 13.5\text{m}^3(450\text{L/min}\times 30\text{min})$
스프링클러	1.7m 이하	80(L/min) 이상	100(kPa) 이상	$Q=N$(헤드수 : 최대30개) $\times 2.4\text{m}^3(80\text{L/min}\times 30\text{min})$
물분무		20 (L/m²·min)	350(kPa) 이상	$Q=A$(바닥면적m²) $\times 0.6\text{m}^3(20\text{L/m}^2\cdot\text{min}\times 30\text{min})$

② 옥내소화전설비의 수원의 양
  $Q=N$(소화전개수 : 최대 5개)$\times 7.8\text{m}^3=1\times 7.8=7.8\text{m}^3$
③ 옥외소화전설비의 수원의 양
  $Q=N$(소화전개수 : 최대 4개)$\times 13.5\text{m}^3=1\times 13.5=13.5\text{m}^3$
④ 수원의 양
  $Q=7.8+13.5=21.3\text{m}^3$

해답 ③

---

21 염소화규소 화합물은 제 몇 류 위험물에 해당하는가?

① 제1류 위험물　　　② 제2류 위험물
③ 제3류 위험물　　　④ 제5류 위험물

해설 염소화규소 화합물
① 트라이클로로실란($SiHCl_3$) 등이 있다.
② 제3류 위험물(금수성물질)이며 지정수량은 300kg이다.
③ 무색 액체이며 매운 냄새와 자극적인 냄새를 지닌다.

제3조(위험물 품명의 지정) 행정안전부령으로 지정하는 것

구분	제1류	제3류	제5류	제6류
품명	① 과아이오딘산염류 ② 과아이오딘산 ③ 크로뮴, 납 또는 아이오딘의 산화물 ④ 아질산염류 ⑤ 차아염소산염류 ⑥ 염소화아이소사이아누르산 ⑦ 퍼옥소이황산염류 ⑧ 퍼옥소붕산염류	염소화규소 화합물	① 금속의 아지화합물 ② 질산구아니딘	할로젠간화합물 ① 삼불화브로민 ② 오불화브로민 ③ 오불화아이오딘

해답 ③

22 산소 32g과 질소 56g을 20℃에서 30L의 용기에 혼합하였을 때 이 혼합기체의 압력은 약 몇 atm인가? (단, 기체상수는 0.082atm · L/mol · K이며 이상기체로 가정한다.)
① 1.4
② 2.4
③ 3.4
④ 4.4

해설 이상기체 상태방정식

$$PV = \frac{W}{M}RT = nRT$$

여기서, P : 압력(atm), V : 부피(L), W : 무게(g), M : 분자량, n : mol수 $= \frac{W}{M}$

R : 기체상수(0.082atm · L/mol · K), T : 절대온도(273+t℃)K

① 산소(O_2)의 몰수 $= \frac{W}{M} = \frac{32}{32} = 1\text{mol}$

② 질소(N_2)의 몰수 $= \frac{W}{M} = \frac{56}{28} = 2\text{mol}$

③ 총 몰수 1mol + 2mol = 3mol

④ $P = \frac{nRT}{V} = \frac{3 \times 0.082 \times (273+20)}{30} = 2.4\text{atm}$

해답 ②

23 다음 위험물 중 해당하는 품명이 나머지 셋과 다른 하나는?
① 큐멘
② 아닐린
③ 나이트로벤젠
④ 염화벤조일

해설 제4류 위험물

구 분	큐멘	아닐린	나이트로벤젠	염화벤조일
화학식	$C_6H_5CH(CH_3)_2$	$C_6H_5NH_2$	$C_6H_5NO_2$	C_6H_5COCl
품 명	제2석유류	제3석유류	제3석유류	제3석유류
지정수량	1,000L	2,000L	2,000L	2,000L

해답 ①

24 산화프로필렌에 대한 설명으로 틀린 것은?
① 물, 알코올 등에 녹는다.
② 무색의 휘발성 액체이다.
③ 구리, 마그네슘 등과 접촉은 위험하다.
④ 냉각소화는 유효하나 질식소화는 효과가 없다.

해설 산화프로필렌(CH_3CH_2CHO) : 제4류 위험물 중 특수인화물

```
    H  H  H
    |  |  |
H — C — C — C — H
    |   \ /
    H    O
```

화학식	분자량	비중	비점	인화점	착화점	연소범위
CH_3CHCH_2O	58	0.83	34℃	−37℃	465℃	2.8~37%

① 휘발성이 강하고 에터 냄새가 나는 액체이다.
② 물, 알코올, 벤젠 등 유기용제에는 잘 녹는다.
③ 연소범위는 2.8~37%이며 **증기는 공기보대 2.0배 무겁다.**
④ 저장용기 사용 시 **동(구리), 마그네슘, 은, 수은 및 합금용기 사용금지**
  (아세틸리드(acetylide) 생성)
⑤ 저장 용기 내에 질소(N_2) 등 불연성가스를 채워둔다.
⑥ 소화는 포 약제로 질식 소화한다.

해답 ④

---

25 측정하는 유체의 압력에 의해 생기는 금속의 탄성변형을 기계식으로 확대지시하여 압력을 측정하는 것은?

① 마노미터 ② 시차액주계
③ 부르동관 압력계 ④ 오리피스미터

해설 부르동관 압력계
① 측정하는 유체의 압력에 의해 생기는 금속의 탄성변형을 기계식으로 확대 지시하여 압력을 측정하는 장치
② Bourdon-tube는 관 내부로 압력을 도입하면 관의 곡율반경이 변하고 자유단이 직선으로 움직이면서 압력에 비례한 변위가 생기게 된다. 이 변위를 Gear를 이용하여 확대 지시를 하게 된다.

해답 ③

---

26 이산화탄소 소화약제에 대한 설명 중 틀린 것은?

① 임계온도가 0℃ 이하이다. ② 전기 절연성이 우수하다.
③ 공기보다 약 1.5배 무겁다. ④ 산소와 반응하지 않는다.

해설 이산화탄소(CO_2)의 물리적성질
① 무색무취이며 비전도성이다.
② 증기비중은 약 1.5이다.
③ CO_2의 **임계온도 : 31℃, 임계압력 : 72.75atm**
④ CO_2의 허용농도 : 0.5% (5000ppm)
⑤ CO_2의 삼중점 : 압력 0.53MPa, 온도 −56.3℃에서 고체, 액체, 기체가 공존
⑥ CO_2의 호흡곤란 : 6% 이상

해답 ①

27 차아염소산칼슘에 대한 설명으로 옳지 않은 것은?

① 살균제, 표백제로 사용된다.
② 화학식은 $Ca(ClO)_2$이다.
③ 자극성은 없지만 강한 환원력이 있다.
④ 지정수량은 50kg이다.

해설 **차아염소산칼슘**($Ca(OCl)_2$) : **제1류 차아염소산염류**
① 수산화칼슘($Ca(OH)_2$)을 염소와 반응시켜 얻는다.
② 지정수량은 50kg이다.
③ 강산화제이며 표백제로 사용한다.
④ 다량의 물로 냉각소화를 한다.

해답 ③

28 다음 중 제6류 위험물이 아닌 것은?

① 농도가 36중량%인 H_2O_2
② IF_5
③ 비중 1.49인 HNO_3
④ 비중 1.76인 $HClO_3$

해설 **제6류 위험물**(산화성 액체)

성 질	품 명	화학식	지정수량	위험등급
산화성 액체	과염소산	$HClO_4$	300kg	I
	과산화수소(농도 36중량% 이상)	H_2O_2		
	질산(비중 1.49 이상)	HNO_3		
	• 할로젠간화합물 ① 삼불화브로민 ② 오불화브로민 ③ 오불화아이오딘	BrF_3 BrF_5 IF_5		

해답 ④

29 50℃에서 유지하여야 할 알킬알루미늄 운반용기의 공간용적 기준으로 옳은 것은?

① 5% 이상
② 10% 이상
③ 15% 이상
④ 20% 이상

해설 **적재방법**
① **고체위험물** : 내용적의 95% 이하의 수납율
② **액체위험물** : 내용적의 98% 이하의 수납율로 수납하되, 55도의 온도에서 누설되지 아니하도록 충분한 공간용적을 유지하도록 할 것
③ 제3류 위험물은 다음의 기준에 따라 운반용기에 수납할 것
㉠ 자연발화성물질 : 불활성 기체를 봉입하여 밀봉하는 등 공기와 접하지 아니하도록 할 것

ⓒ 자연발화성물질외의 물품 : 파라핀ㆍ경유ㆍ등유 등의 보호액으로 채워 밀봉하거나 불활성 기체를 봉입하여 밀봉하는 등 수분과 접하지 아니하도록 할 것
ⓒ 자연발화성물질 중 **알킬알루미늄** 등 : 내용적의 **90% 이하의 수납율**로 수납하되, 50℃의 **온도에서 5% 이상의 공간용적**을 유지하도록 할 것

운반용기의 내용적에 대한 수납율
① 액체위험물 : 내용적의 98% 이하
② 고체위험물 : 내용적의 95% 이하

해답 ①

30. 위험물안전관리법령상 자기반응성 물질에 해당되지 않는 것은?
① 무기과산화물
② 유기과산화물
③ 하이드라진유도체
④ 다이아조화합물

해설 제5류 위험물의 지정수량

성질	품 명		지정수량	위험등급
자기 반응성물질	• 유기과산화물 • 나이트로화합물 • 아조화합물 • 하이드라진유도체 • 하이드록실아민염류	• 질산에스터류 • 나이트로소화합물 • 다이아조화합물 • 하이드록실아민	1종 : 10kg 2종 : 100kg	1종 : Ⅰ 2종 : Ⅱ
종판단 완료	• 질산에스터류(대부분)(1종) • 셀룰로이드(2종) • 트라이나이트로톨루엔(1종) • 트라이나이트로페놀(1종) • 테트릴(1종) • 유기과산화물(대부분)(2종)			

해답 ①

31. 크산토프로테인 반응과 관계되는 물질은?
① 과염소산
② 벤젠
③ 무수크로뮴산
④ 질산

해설 질산(HNO_3) : 제6류 위험물(산화성 액체) ★★★★★

화학식	분자량	비중	비점	융점
HNO_3	63	1.50	86℃	−42℃

① 무색의 발연성 액체이다.
② 빛에 의하여 일부 분해되어 생긴 NO_2 때문에 황갈색으로 된다.
$$4HNO_3 \rightarrow 2H_2O + 4NO_2\uparrow (\text{이산화질소}) + O_2\uparrow (\text{산소})$$
③ 저장용기는 직사광선을 피하고 찬 곳에 저장한다.
④ 실험실에서는 갈색병에 넣어 햇빛을 차단시킨다.

⑤ 환원성물질과 혼합하면 발화 또는 폭발한다.

크산토프로테인반응(xanthoprotenic reaction)
단백질에 진한질산을 가하면 노란색으로 변하고 알칼리를 작용시키면 오렌지색으로 변하며, 단백질 검출에 이용된다.

⑥ 위급 시에는 다량의 물로 냉각 소화한다.

해답 ④

32 할로젠소화약제인 $C_2F_4Br_2$에 대한 설명으로 옳은 것은?

① 할론번호가 2420이며, 상온, 상압에서 기체이다.
② 할론번호가 2402이며, 상온, 상압에서 기체이다.
③ 할론번호가 2420이며, 상온, 상압에서 액체이다.
④ 할론번호가 2402이며, 상온, 상압에서 액체이다.

해설 할로젠화합물 소화약제 명명법
할론 ⓐ ⓑ ⓒ ⓓ
　　ⓐ : C원자수　ⓑ : F원자수　ⓒ : Cl원자수　ⓓ : Br원자수

할로젠화합물 소화약제

구분	할론2402	할론1211	할론1301	할론1011
분자식	$C_2F_4Br_2$	CF_2ClBr	CF_3Br	CH_2ClBr
상온, 상압에서 상태	액체	기체	기체	액체

해답 ④

33 위험물의 자연발화를 방지하기 위한 방법으로 틀린 것은?

① 통풍이 잘 되게 한다.
② 습도를 높게 한다.
③ 저장실의 온도를 낮춘다.
④ 열이 축적되지 않도록 한다.

해설 자연발화의 조건, 방지대책, 형태

자연발화의 조건	자연발화 방지대책	자연발화의 형태
① 주위의 온도가 높을 것	① 통풍이나 환기 등을 통하여 열의 축적을 방지	① 산화열에 의한 자연발화 　• 석탄　• 건성유　• 탄소분말 　• 금속분　• 기름걸레
② 표면적이 넓을 것	② **저장실의 온도를 낮춘다.**	② 분해열에 의한 자연발화 　• 셀룰로이드　• 나이트로셀룰로오스 　• 나이트로글리세린
③ 열전도율이 적을 것	③ **습도를 낮게 유지**	③ 흡착열에 의한 자연발화 　• 활성탄　• 목탄분말
④ 발열량이 클 것	④ 용기 내에 불활성 기체를 주입하여 공기와 접촉방지	④ 미생물열에 의한 자연발화 　• 퇴비　• 먼지

해답 ②

34 제조소 등의 소화난이도 등급을 결정하는 요소가 아닌 것은?

① 위험물제조소 : 위험물 취급설비가 있는 높이, 연면적
② 옥내저장소 : 지정수량, 연면적
③ 옥외탱크저장소 : 액표면적, 지반면으로부터 탱크 옆판 상단까지 높이
④ 주유취급소 : 연면적, 지정수량

해설 소화난이도 등급을 결정하는 요소
① 제조소, 취급소 : 연면적, 지정수량의 배수, 지반면으로부터 취급설비의 높이
② 옥내저장소 : 연면적, 지정수량의 배수, 처마의 높이
③ 옥외탱크저장소, 옥내탱크저장소 : 액표면적, 탱크의 높이, 지정수량의 배수
④ 주유취급소 : 연면적
⑤ 암반탱크저장소 : 액표면적

해답 ④

35 제2류 위험물에 대한 다음 설명 중 적합하지 않은 것은?

① 제2류 위험물을 제1류 위험물과 접촉하지 않도록 하는 이유는 제2류 위험물이 환원성 물질이기 때문이다.
② 황화인, 적린, 황은 위험물안전관리법상의 위험등급 Ⅰ에 해당하는 물품이다.
③ 칠황화인은 조해성이 있으므로 취급에 주의하여야 한다.
④ 알루미늄분, 마그네슘분은 저장·보관 시 할로겐원소와 접촉을 피하여야 한다.

해설 제2류 위험물의 지정수량

성 질	품 명	지정 수량	위험등급
가연성고체	황화인, 적린, 황	100kg	Ⅱ
	철분, 금속분, 마그네슘	500kg	Ⅲ
	인화성고체	1,000kg	

해답 ②

36 위험물안전관리법령상 "고인화점 위험물"이란?

① 인화점이 100℃ 이상인 제4류 위험물
② 인화점이 130℃ 이상인 제4류 위험물
③ 인화점이 100℃ 이상인 제4류 위험물 또는 제3류 위험물
④ 인화점이 100℃ 이상인 위험물

해설 고인화점 위험물의 정의
인화점이 100℃ 이상인 제4류 위험물

해답 ①

37 칼륨과 나트륨의 공통적 특징이 아닌 것은?

① 은백색의 광택이 나는 무른 금속이다.
② 일정 온도 이상 가열하면 고유의 색깔을 띠며 산화한다.
③ 액체 암모니아에 녹아서 주황색을 띤다.
④ 물과 심하게 반응하여 수소를 발생한다.

해설 금속칼륨과 금속나트륨의 비교

구분	칼륨(K)	나트륨(Na)
외관	은백색의 경금속	
연소 시 불꽃색상	보라색	노란색
보호액	등유, 경유, 파라핀	
완전연소반응식	$4K + O_2 \rightarrow 2K_2O$	$4Na + O_2 \rightarrow 2Na_2O$
물과 반응식	$2K + 2H_2O \rightarrow 2KOH + H_2 \uparrow$	$2Na + 2H_2O \rightarrow 2NaOH + H_2 \uparrow$

해답 ③

38 나이트로글리세린에 대한 설명으로 옳지 않은 것은?

① 순수한 액은 상온에서 적색을 띤다. ② 물에 녹지 않는다.
③ 겨울철에는 동결할 수 있다. ④ 비중은 약 1.6으로 물보다 무겁다.

해설 나이트로글리세린[$(C_3H_5(ONO_2)_3)$] : 제5류 위험물 중 질산에스터류 ★★★★★

화학식	분자량	비중	융점	비점	착화점
$C_3H_5(ONO_2)_3$	227	1.6	13℃	160℃	210℃

① 무색투명한 기름성의 액체이며 비중은 1.6으로서 물보다 무겁다.
② 상온에서는 액체이지만 겨울철에는 동결한다.
③ 비수용성이며 메탄올, 아세톤 등에 녹는다.
④ 가열, 마찰, 충격에 예민하여 대단히 위험하다.
⑤ 화재 시 폭굉 우려가 있다.
⑥ 산과 접촉 시 분해가 촉진되고 폭발우려가 있다.

나이트로글리세린의 열분해 반응식
$$4C_3H_5(ONO_2)_3 \rightarrow 12CO_2 \uparrow + 6N_2 \uparrow + O_2 \uparrow + 10H_2O$$

⑦ 다이나마이트(규조토+나이트로글리세린), 무연화약 제조에 이용된다.

해답 ①

39 0.2N HCl 500mL에 물을 가해 1L로 하였을 때 pH는 약 얼마인가?

① 1.0 ② 1.3
③ 2.0 ④ 2.3

해설

① $N_1 V_1 = N_2 V_2$ (N : 노르말농도, V : 부피)

② $0.2N \times 500mL = XN \times 1000mL$ $X = \dfrac{0.2 \times 500}{1000} = 0.1N = 10^{-1}N$

③ $[H^+] = 10^{-1}$

④ $pH = -\log[H^+] = -\log 10^{-1} = 1\log 10 = 1$

노르말(N) 농도(규정농도)

$N_1 V_1 = N_2 V_2$ (N : 노르말농도, V : 부피)

수소이온 농도

- $pH = \log \dfrac{1}{[H^+]} = -\log[H^+]$ • $pOH = -\log[OH^-]$ • $pH = 14 - pOH$

해답 ①

---

40 제4류 위험물에 적응성이 있는 소화설비는 다음 중 어느 것인가?

① 포소화설비
② 옥내소화전설비
③ 봉상강화액 소화기
④ 옥외소화전설비

해설 소화설비의 적응성

구 분		1류		2류			3류		4류	5류	6류
		알칼리금속 과산화물	그밖의 것	철분, 금속분, 마그네슘	인화성 고체	그밖의 것	금수성 물질	그밖의 것			
포소화기			○		○	○		○	○	○	○
이산화탄소소화기					○				○		
할로젠화합물소화기					○				○		
분말소화기	인산염류등		○		○	○			○		○
	탄산수소염류등	○		○	○		○		○		
	그 밖의 것	○		○			○				
팽창질석 팽창진주암			○	○	○	○	○	○	○	○	○

해답 ①

---

41 다음 중 아이오딘화 값이 가장 큰 것은?

① 아마인유
② 채종유
③ 올리브유
④ 피마자유

해설 동식물유류 : 제4류 위험물 ★★★★

동물의 지육 또는 식물의 종자나 과육으로부터 추출한 것으로 1기압에서 인화점이 250℃ 미만인 것

① 돈지(돼지기름), 우지(소기름) 등이 있다.

② 아이오딘값이 130 이상인 건성유는 자연발화위험이 있다.
③ 인화점이 46℃인 개자유는 저장, 취급 시 특별히 주의한다.

아이오딘값에 따른 동식물유의 분류

구 분	아이오딘값	종 류
건성유	130 이상	해바라기기름, 동유(낙화생기름), 정어리기름, **아마인유**, 들기름
반건성유	100~130	채종유, 쌀겨기름, 참기름, 면실유, 옥수수기름, 청어기름, 콩기름
불건성유	100 이하	야자유, 팜유, **올리브유**, 피마자기름, 낙화생기름, 돈지, 우지, 고래기름

아이오딘값
옥소가(沃素價)라고도 하며 100g의 유지에 의해서 흡수되는 아이오딘의 g수

※ **비누화 값의 정의** : 유지 1g을 비누화하는데 필요한 KOH mg수

해답 ①

42 다음 괄호 안에 알맞은 것을 순서대로 옳게 나열한 것은?

알루미늄 분말이 연소하면 (   )색 연기를 내면서 (   )을 생성한다. 또한 알루미늄 분말이 염산과 반응하여 (   )기체를 발생하며 수산화나트륨 수용액과 반응하여 (   )기체를 발생한다.

① 백, Al_2O_3, 산소, 수소
② 백, Al_2O_3, 수소, 수소
③ 노란, Al_2O_5, 수소, 수소
④ 노란, Al_2O_5, 산소, 수소

해설 알루미늄분(Al) : 제2류 위험물★★★

화학식	원자량	비중	융점	비점
Al	27	2.7	660℃	2,000℃

① **은백색**의 분말이며 **비중이 약 2.7**이다.
② **진한 질산에는 침식당하지 않으나(부동태)** 묽은 질산에는 잘 녹는다.
③ 산화제와 혼합시 가열, 충격, 마찰 등에 의하여 착화위험이 있다.
④ 할로젠원소(F, Cl, Br, I)와 접촉시 자연발화 위험이 있다.
⑤ 분진폭발 위험성이 있다.
⑥ 가열된 알루미늄은 물(수증기)와 반응하여 수소를 발생시킨다.(주수소화금지)

$$2Al + 6H_2O \rightarrow 2Al(OH)_3 + 3H_2 \uparrow$$

⑦ 알루미늄(Al)은 산과 반응하여 수소를 발생한다.

$$2Al + 6HCl \rightarrow 2AlCl_3 + 3H_2$$

⑧ 알칼리와 반응하면 수소가스(H_2)를 발생한다.

$$2Al + 2KOH + 2H_2O \rightarrow 2KAlO_2 + 3H_2$$

⑨ 알루미늄은 연소하면 백색의 연기를 내면서 산화알루미늄을 생성한다.

$$4Al + 3O_2 \rightarrow 2Al_2O_3$$

⑩ 주수소화는 엄금이며 마른모래 등으로 피복 소화한다.

해답 ②

43 지정수량의 10배를 취급하는 경우 위험물의 혼재에 관한 설명으로 틀린 것은?

① 제1류 위험물은 제2류 위험물, 제3류 위험물, 제4류 위험물 및 제5류 위험물과 각각 혼재할 수 없다.
② 제3류 위험물은 제4류 위험물 및 제5류 위험물과 각각 혼재할 수 있다.
③ 제4류 위험물은 제2류 위험물, 제3류 위험물 및 제5류 위험물과 각각 혼재할 수 있다.
④ 제6류 위험물은 제2류 위험물, 제3류 위험물, 제4류 위험물 및 제5류 위험물과 각각 혼재할 수 없다.

해설 유별을 달리하는 위험물의 혼재기준

위험물의 구분	제1류	제2류	제3류	제4류	제5류	제6류
제1류		×	×	×	×	○
제2류	×		×	○	○	×
제3류	×	×		○	×	×
제4류	×	○	○		○	×
제5류	×	○	×	○		×
제6류	○	×	×	×	×	

쉬운 암기방법(혼재가능)
↓1 + 6↑   2 + 4
↓2 + 5↑   5 + 4
↓3 + 4↑

해답 ②

---

44 다음 중 탄화칼슘의 저장방법으로 가장 적합한 것은?

① 등유 속에 저장한다.   ② 메탄올 속에 저장한다.
③ 질소가스로 봉입한다.   ④ 수증기로 봉입한다.

해설 카바이드 = 탄화칼슘(CaC_2) : 제3류 위험물 중 칼슘탄화물

화학식	분자량	융점	비중
CaC_2	64	2370℃	2.21

① **물과 접촉 시 아세틸렌을 생성**하고 열을 발생시킨다.

$$CaC_2 + 2H_2O \rightarrow Ca(OH)_2(\text{수산화칼슘}) + C_2H_2\uparrow(\text{아세틸렌})$$

② **아세틸렌의 폭발범위는 2.5~81%**로 대단히 넓어서 폭발위험성이 크다.
③ **장기 보관시 불활성기체(N_2 등)를 봉입**하여 저장한다.
④ 별명은 카바이드, 탄화석회, 칼슘카바이드 등이다.
⑤ 고온(700℃)에서 질화되어 석회질소($CaCN_2$)가 생성된다.

$$CaC_2 + N_2 \rightarrow CaCN_2(\text{석회질소}) + C(\text{탄소})$$

⑥ 물 및 포약제에 의한 소화는 절대 금하고 마른모래 등으로 피복 소화한다.

해답 ③

45 $KClO_3$의 성질이 아닌 것은?

① 분자량은 약 122.5이다.
② 불연성 물질이다.
③ 분해방지제로 MnO_2를 사용한다.
④ 화재 발생 시 주수에 의해 냉각소화가 가능하다.

해설 염소산칼륨($KClO_3$) : 제1류 위험물(산화성고체) 중 염소산염류

화학식	분자량	물리적 상태	색상	분해온도
$KClO_3$	122.5	고체	무색	400℃

① 무색 또는 **백색분말**이며 산화력이 강하다
② 이산화망가니즈(MnO_2)과 접촉 시 분해가 촉진되어 산소를 방출한다.
③ 비중 : 2.34, 녹는점 368℃이다.
④ 온수, 글리세린에 잘 녹는다.
⑤ 냉수, 알코올에는 용해하기 어렵다.
⑥ 400℃에서 열분해되어 **염화칼륨과 산소를 방출**

$$2KClO_3 \rightarrow 2KCl + 3O_2 \uparrow$$
(염소산칼륨) (염화칼륨) (산소)

⑦ 유기물 등과 접촉 시 충격을 가하면 폭발하는 수가 있다.

해답 ③

46 흑자색 또는 적자색 결정인 제1류 위험물로서 물, 에탄올, 빙초산 등에 녹으며 분해온도가 240℃이고 비중이 약 2.7인 물질은?

① $NaClO_2$
② $KMnO_4$
③ $(NH_4)_2Cr_2O_7$
④ $K_2Cr_2O_7$

해설 과망가니즈산칼륨($KMnO_4$) : 제1류 위험물 중 과망가니즈산염류

화학식	분자량	비중	분해온도
$KMnO_4$	158	2.7	200~240℃

① **흑자색의 주상결정**으로 물에 녹아 진한보라색을 띠고 강한 산화력과 살균력이 있다.
② 염산과 반응 시 염소(Cl_2)를 발생시킨다.
③ 240℃에서 산소를 방출한다.

$$2KMnO_4 \rightarrow K_2MnO_4 + MnO_2 + O_2 \uparrow$$
(망가니즈산칼륨) (이산화망가니즈) (산소)

④ 알코올, 에터, 글리세린, 황산, 염산과 접촉 시 폭발우려가 있다.
⑤ 주수소화 또는 마른모래로 피복소화한다.
⑥ 강알칼리와 반응하여 산소를 방출한다.

해답 ②

47 메탄 2L를 완전연소하는 데 필요한 공기 요구량은 약 몇 L인가? (단, 표준상태를 기준으로 하고 공기 중의 산소는 21v%이다.)

① 2.42
② 9.51
③ 15.32
④ 19.05

해설 CHO로 구성된 유기물이 완전연소 시 이산화탄소와 물이 생성된다. ★

메탄의 완전연소 반응식
$$CH_4 + 2O_2 \rightarrow CO_2 + 2H_2O$$
1몰×22.4L 2몰×22.4L

① 1몰×22.4l → 2×22.4L
   2l → X

② $X = \dfrac{2 \times 2 \times 22.4}{1 \times 22.4} = 4L$ (산소농도가 100%일 때)

③ 공기중 산소 농도가 21%이므로 필요한 공기 부피 = $\dfrac{4}{0.21} = 19.05L$

해답 ④

---

48 96g의 메탄올이 완전연소되면 몇 g의 물이 생성되는가?

① 36
② 64
③ 72
④ 108

해설 CHO로 구성된 유기물이 완전연소 시 이산화탄소와 물이 생성된다.

메탄올의 완전연소 반응식
$$2CH_3OH + 3O_2 \rightarrow 2CO_2 + 4H_2O$$
2몰   3×22.4L

① 2×32g → 4×18g
   96g → X

③ $X = \dfrac{96 \times 4 \times 18}{2 \times 32} = 108g$

해답 ④

---

49 제6류 위험물 중 과염소산의 위험성에 대한 설명으로 틀린 것은?

① 강력한 산화제이다.
② 가열하면 유독성 가스를 발생한다.
③ 고농도의 것은 물에 희석하여 보관해야 한다.
④ 불연성이지만 유기물과 접촉 시 발화의 위험이 있다.

해설 과염소산(HClO₄)은 물과 접촉하면 많은 열을 발생하므로 위험하다.

과염소산($HClO_4$) : 제6류 위험물

화학식	분자량	비중	비점	융점
$HClO_4$	100.46	1.77	39℃	-112℃

① **물과 접촉 시 심한 열을 발생**하며 불안정하다.
② 종이, 나무조각과 접촉 시 연소한다.
③ 공기 중 분해하여 강하게 연기를 발생한다.
④ 무색의 액체로 염소냄새가 난다.
⑤ 산화력 및 흡습성이 강하다.
⑥ 다량의 물로 분무(안개모양)주수소화

해답 ③

---

50 톨루엔의 위험성에 대한 설명으로 적합하지 않은 것은?

① 증기비중이 1 보다 크기 때문에 주의해야 한다.
② 연소범위의 하한값이 낮아서 소량이 누출되어도 폭발의 위험성이 있다.
③ 벤젠을 포함한 대부분의 제1석유류보다 독성이 강하다.
④ 인화점이 상온보다 낮으므로 화재 발생에 주의해야 한다.

해설 톨루엔($C_6H_5CH_3$) ★★★★★

화학식	분자량	비중	비점	인화점	착화점	연소범위
$C_6H_5CH_3$	92	0.871	111℃	4℃	552℃	1.27~7.0%

① 증기밀도는 공기보다 무겁다.
② 인화점이 낮고 물에는 녹지 않는다.
③ 휘발성이 있는 무색 투명한 액체이다.
④ 증기는 독성이 있지만 벤젠에 비해 10배정도 약한 편이다.
 (독성의 세기 : 벤젠 > 톨루엔 > 크실렌)

해답 ③

---

51 위험물의 유별 구분이 나머지 셋과 다른 하나는?

① 다이메틸아연   ② 백금분
③ 메타알데하이드   ④ 고형알코올

해설 위험물의 유별

종류	다이메틸아연	백금분	메타알데하이드	고형알코올
화학식	$(CH_3)_2Zn$	Pt	$(CH_3CHO)_4$	-
품 명	제3류 위험물 유기금속화합물	제2류 위험물 금속분	제2류 위험물 인화성 고체	제2류 위험물 인화성 고체

해답 ①

52 휘발유를 저장하는 옥내저장소에 같이 저장할 수 있는 물품이 아닌 것은?

① 특수가연물에 해당하는 합성수지류
② 위험물에 해당하지 않는 유기과산화물
③ 위험물에 해당하지 아니하는 액체로서 인화점을 갖는 것
④ 벽돌

해설 옥내저장소 또는 옥외저장소에서 다음의 규정에 의한 위험물과 위험물이 아닌 물품을 함께 저장하는 경우. 이 경우 위험물과 위험물이 아닌 물품은 각각 모아서 저장하고 상호간에는 1m 이상의 간격을 두어야 한다.
① 위험물(제2류 위험물 중 인화성 고체와 제4류 위험물을 제외)과 위험물이 속하는 품명란에 정한 물품을 주성분으로 함유한 것으로서 위험물에 해당하지 아니하는 물품
② 제2류 위험물 중 인화성 고체와 위험물에 해당하지 아니하는 고체 또는 액체로서 인화점을 갖는 것 또는 합성수지류 또는 이들 중 어느 하나 이상을 주성분으로 함유한 것으로서 위험물에 해당하지 아니하는 물품
③ 제4류 위험물과 합성수지류 등 또는 제4류의 품명란에 정한 물품을 주성분으로 함유한 것으로서 위험물에 해당하지 아니하는 물품
④ 제4류 위험물 중 유기과산화물 또는 이를 함유한 것과 유기과산화물 또는 유기과산화물만을 함유한 것으로서 위험물에 해당하지 아니하는 물품
⑤ 규정에 의한 위험물과 위험물에 해당하지 아니하는 화약류
⑥ 위험물과 위험물에 해당하지 아니하는 불연성의 물품

해답 ③

53 제5류 위험물 중 질산에스터류에 대한 설명으로 틀린 것은?

① 산소를 함유하고 있다.
② 염과 질산을 반응시키면 생성된다.
③ 나이트로셀룰로오스, 질산에틸 등이 해당된다.
④ 지정수량은 10kg이다.

해설 **질산에스터류**
① 알코올기를 가진 화합물을 질산과 반응시켜 알코올기가 질산기로 치환된 것

$$ROH + HNO_3 \rightarrow RONO_2(질산에스터) + H_2O$$

② 불안정하여 분해가 용이하고 가열, 충격으로 폭발이 쉬우며 폭약의 원료로 많이 사용된다.
③ 종류
  ㉠ 나이트로셀룰로오스(Nitro Cellulose, NC) : $[C_6H_7O_2(ONO_2)_3]$
  ㉡ 나이트로글리세린(Nitro Glycerine, NG) : $[C_3H_5(ONO_2)_3]$
  ㉢ 질산에틸 : $[C_2H_5ONO_2]$
  ㉣ 나이트로글리콜(Nitro Glycol) : $C_2H_4(ONO_2)_2$
  ㉤ 펜트리트(Pentrit) : $[C(CH_2NO_3)_4]$

해답 ②

54 다음의 위험물 시설에 설치하는 소화설비와 특성 등에 관한 설명 중 위험물 관련 법규 내용에 부합하는 것은?

① 제4류 위험물을 저장하는 탱크에 포소화설비를 설치하는 경우에는 이동식으로 할 수 있다.
② 옥내소화전설비, 스프링클러설비 및 이산화탄소 소화설비의 배관은 전용으로 하되 예외규정이 있다.
③ 옥내소화전설비와 옥외소화전설비는 동결방지조치가 가능한 장소라면 습식으로 설치하여야 한다.
④ 물분무소화설비와 스프링클러설비의 기동장치에 관한 설치기준은 그 내용이 동일하지 않다.

해설 **옥내소화전설비**
습식(배관 내에 상시 충수되어 있고 가압송수장치의 기동에 의하여 즉시 방수 가능한 방법)으로 하고 동결방지조치를 할 것. 다만, 동결방지조치가 곤란한 경우에는 습식 외의 방식으로 할 수 있다.

해답 ③

55 관리도에서 점이 관리한계 내에 있으나 중심선 한쪽에 연속해서 나타나는 점의 배열현상을 무엇이라 하는가?

① 런   ② 경향
③ 산포   ④ 주기

해설 (1) **관리도(control chart)**
① 품질관리를 통계적으로 나타내는 경우에 보조가 되는 그림
② -R 관리도, p관리도, np관리도, c관리도, u관리도 등이 있다.
(2) **관리도 가운데 나타나는 이상 현상**
① 벗어남(Out)
  • 타점이 관리 상, 하한선 밖으로 벗어나는 현상
② 경향(Trend)
  • 점이 연속하여 상승, 또는 하강하는 경우
  • 점이 작게 상승, 하강을 반복하면서 전체적으로 크게 상승, 하강하는 경우
③ 주기(Cycle)
  • 점이 주기적으로 반복하여 같은 간격으로 상승, 하강이 나타나는 현상
④ 런(Run)
  • 메디안선(모든 점의 수를 절반씩 상하로 나누는선)의 한쪽에 점이 모이는 상태를 런이라 하고, 그 계속되는 점의 수를 런의 길이라 한다.
⑤ 산포
  • 수집된 자료 값이 그 중앙값으로부터 떨어져 있는 정도를 나타내는 값

해답 ①

56
로트의 크기 30, 부적합비율이 10%인 로트에서 시료의 크기를 5로 하여 랜덤 샘플링할 때, 시료 중 부적합 품수가 1개 이상일 확률은 약 얼마인가? (단, 초기하분포를 이용하여 계산한다.)

① 0.3695
② 0.4335
③ 0.5665
④ 0.6305

해설 ① 부적합 비율이 10%이므로 30개 중 적합=27개, 부적합=3개
② 30개 중 5개 샘플링, 부적합 1개 이상일 확률=1-(부적합 0개일 확률)

$$P(x) = 1 - \frac{{}_{27}C_5 \times {}_3C_0}{{}_{30}C_5} = 1 - \frac{\frac{27!}{(27-5)!} \times \frac{3!}{(3-0)!}}{\frac{30!}{(30-5)!}} = 1 - \frac{\frac{27!}{22!} \times 1}{\frac{30!}{25!}}$$

$$= 1 - \frac{25 \times 24 \times 23}{30 \times 29 \times 28} = 0.4335$$

해답 ②

57
다음 중 브레인스토밍(Brainstorming)과 가장 관계가 깊은 것은?

① 파레토도
② 히스토그램
③ 회귀분석
④ 특성요인도

해설 **특성 요인도**(characteristics diagram)
품질 특성치가 어떤 요인에 의해 영향을 받고 있는가를 조사하여 이것을 하나의 도형으로 묶어 특성과 원인과의 관계를 나타낸 것으로 브레인스토밍(Brainstorming)과 관련이 있다.
브레인스토밍(brainstorming)
요약일정한 테마에 관하여 회의형식을 채택하고, 구성원의 자유발언을 통한 아이디어의 제시를 요구하여 발상을 찾아내려는 방법

해답 ④

58
작업 개선을 위한 공정분석에 포함되지 않는 것은?

① 제품 공정분석
② 사무 공정분석
③ 직장 공정분석
④ 작업자 공정분석

해설 **공정분석**
① 제품공정분석
② 사무공정분석
③ 작업자공정분석

해답 ③

59 로트의 크기가 시료의 크기에 비해 10배 이상 클 때, 시료의 크기와 합격판정개수를 일정하게 하고 로트의 크기를 증가시키면 검사특성곡선의 모양 변화에 대한 설명으로 가장 적절한 것은?

① 무한대로 커진다.
② 거의 변화하지 않는다.
③ 검사특성곡선의 기울기가 완만해진다.
④ 검사특성곡선의 기울기 경사가 급해진다.

해설 샘플링방식이 일정하고 로트의 크기가 변할 경우
① 로트의 크기 N과 샘플의 크기 n에 비율이 상대적으로 아주 작지 않는 한 OC(검사특성)곡선은 별로 변하지 않는다.
② 로트의 크기(N)가 샘플의 크기(n)의 10배 이상일 때는 OC곡선에 큰 변화는 없다.
③ 공정이 안정된 상태에서 흔히 사용하는 체크검사(구조와 치수)가 이에 해당한다.
★OC곡선(Operating Characteristic curve)★

해답 ②

60 과거의 자료를 수리적으로 분석하여 일정한 경향을 도출한 후 가까운 장래의 매출액, 생산량 등을 예측하는 방법을 무엇이라 하는가?

① 델파이법　　　　　　② 전문가패널법
③ 시장조사법　　　　　④ 시계열분석법

해설 시계열 분석법
① 과거의 자료를 수리적으로 분석하여 일정한 경향을 도출한 후 가까운 장래의 매출액, 생산량 등을 예측하는 방법
② 시계열이란 시간의 흐름에 따라 일정한 간격으로 관측하여 기록된 자료를 말한다.
③ 자료의 흐름을 연속적인 시간의 흐름 속에서 보여주므로 자료에 어떤 현상이 발생하였는지 파악할 수 있다.

해답 ④

국가기술자격 필기시험문제

2020년도 기능장 제67회 필기시험 (2020년 04월 CBT 시행)

자격종목	시험시간	문제수	형별
위험물기능장	1시간	60	A

본 문제는 CBT시험대비 기출문제 복원입니다.

01 위험물 암반탱크가 다음과 같은 조건일 때 탱크의 용량은 몇 L인가?

[다음]
- 암반탱크의 내용적 : 600,000L
- 1일간 탱크 내에 용출하는 지하수의 양 : 1,000L

① 595,000L   ② 594,000L
③ 593,000L   ④ 592,000L

해설 ① 암반탱크의 공간용적
  ㉠ 탱크내에 용출하는 7일간의 지하수의 양에 상당하는 용적 $Q = 1000L \times 7 = 7000L$
  ㉡ 탱크의 내용적의 1/100의 용적 $Q = 600,000L \times \dfrac{1}{100} = 6000L$
  큰 용적 기준이므로 공간용적은 7000L ★
② 탱크의 용적 = 탱크의 내용적 - 탱크의 공간용적
  $Q = 600,000L - 7000L = 593,000L$

(1) 탱크용적의 산출기준★★★★★
  탱크의 용량탱크의 내용적에서 공간용적을 뺀 용적

  탱크의 용적 = 탱크의 내용적 - 탱크의 공간용적

(2) 탱크의 공간용적★★★
  탱크내용적의 $\dfrac{5}{100}$ 이상 $\dfrac{10}{100}$ 이하의 용적
  (다만, 소화설비(소화약제 방출구를 탱크안의 윗부분에 설치하는 것)를 설치하는 탱크의 공간용적은 당해 소화설비의 소화약제방출구 아래의 0.3m 이상 1m 미만 사이의 면으로부터 윗부분의 용적으로 한다.)
(3) 암반탱크의 공간용적
  탱크내에 용출하는 7일간의 지하수의 양에 상당하는 용적과 당해 탱크의 내용적의 1/100의 용적 중에서 보다 큰 용적

해답 ③

02 자신은 불연성 물질이지만 산화력을 가지고 있는 물질은?
① 마그네슘   ② 과산화수소
③ 알킬알루미늄   ④ 에틸렌글리콜

해설 ① 마그네슘 : 제2류 위험물(가연성고체)
② 과산화수소 : 제6류 위험물(산화성 액체)
③ 알킬알루미늄 : 제3류 위험물(금수성 물질)
④ 에틸렌글리콜 : 제4류 위험물(인화성 액체)
자신은 불연성이면서 산화성인 위험물
① 제1류 위험물
② 제6류 위험물

해답 ②

03
한 변의 길이는 12m, 다른 한 변의 길이는 60m인 옥내저장소에 자동화재탐지설비를 설치하는 경우 경계구역은 원칙적으로 최소한 몇 개로 하여야 하는가? (단, 차동식 스포트형 감지기를 설치한다.)

① 1 ② 2
③ 3 ④ 4

해설 ① 경계구역 면적 $A = 12m \times 60m = 720m^2$
② 경계구역의 수 $N = \dfrac{720}{600} = 1.2$ ∴ 2구역

자동화재탐지설비의 설치기준
① 자동화재탐지설비의 경계구역은 건축물 그 밖의 공작물의 **2 이상의 층**에 걸치지 아니하도록 할 것. 다만, 하나의 경계구역의 면적이 500m² 이하이면서 당해 경계구역이 두개의 층에 걸치는 경우이거나 계단·경사로·승강기의 승강로 그 밖에 이와 유사한 장소에 연기감지기를 설치하는 경우에는 그러하지 아니하다.
② 하나의 경계구역의 **면적은 600m² 이하**로 하고 그 **한변의 길이는 50m**(광전식분리형 감지기를 설치할 경우에는 100m)이하로 할 것. 다만, 당해 건축물 그 밖의 공작물의 주요한 출입구에서 그 **내부의 전체를 볼 수 있는 경우**에 있어서는 그 면적을 1,000m² 이하로 할 수 있다.
③ 자동화재탐지설비의 감지기는 지붕 또는 벽의 옥내에 면한 부분에 유효하게 화재의 발생을 감지할 수 있도록 설치할 것
④ 자동화재탐지설비에는 **비상전원**을 설치할 것

해답 ②

04
제6류 위험물의 성질, 화재 예방 및 화재 발생 시 소화방법에 관한 설명 중 틀린 것은?
① 옥외저장소에 과염소산을 저장하는 경우 천막 등으로 햇빛을 가려야 한다.
② 과염소산을 물과 접촉하여 발열하고 가열하면 유독성 가스를 발생한다.
③ 질산은 산화성이 강하므로 가능한 한 환원성 물질과 혼합하여 중화한다.
④ 과염소산의 화재에는 물분무소화설비, 포소화설비 등이 적응성이 있다.

해설 질산(HNO_3) : **제6류 위험물(산화성 액체)**★★★★★

화학식	분자량	비중	비점	융점
HNO_3	63	1.50	86℃	-42℃

① 무색의 발연성 액체이다.
② 빛에 의하여 일부 분해되어 생긴 NO_2 때문에 황갈색으로 된다.

$$4HNO_3 \rightarrow 2H_2O + 4NO_2\uparrow(\text{이산화질소}) + O_2\uparrow(\text{산소})$$

③ 저장용기는 직사광선을 피하고 찬 곳에 저장한다.
④ 실험실에서는 갈색병에 넣어 햇빛을 차단시킨다.
⑤ **환원성물질과 혼합하면 발화 또는 폭발한다.**

> **크산토프로테인반응(xanthoprotenic reaction)**
> 단백질에 진한질산을 가하면 노란색으로 변하고 알칼리를 작용시키면 오렌지색으로 변하며, 단백질 검출에 이용된다.

⑥ 위급 시에는 다량의 물로 냉각 소화한다.

해답 ③

---

05 자동화재탐지설비를 설치하여야 하는 대상이 아닌 것은?

① 처마높이가 6m 이상인 단층 옥내저장소
② 저장창고의 연면적이 100m²인 옥내저장소
③ 지정수량 100배의 에탄올을 저장 또는 취급하는 옥내저장소
④ 연면적이 500m²인 일반취급소

해설 제조소 등에 설치하여야 하는 경보설비

제조소 등의 구분	제조소 등의 규모, 저장 또는 취급하는 위험물의 종류 및 최대수량 등	경보설비
1. 제조소 및 일반취급소	• **연면적 500m² 이상인 것** • 옥내에서 지정수량의 100배 이상을 취급하는 것 • 일반취급소로 사용되는 부분 외의 부분이 있는 건축물에 설치된 일반취급소	자동화재탐지설비
2. 옥내저장소	• **지정수량의 100배 이상을 저장 또는 취급하는 것** • 저장창고의 **연면적이 150m²를 초과하는 것** • **처마높이가 6m 이상인 단층 건물의 것**	
3. 옥내탱크저장소	단층 건물 외의 건축물에 설치된 옥내탱크저장소로서 소화난이도등급 Ⅰ에 해당하는 것	
4. 주유취급소	옥내주유취급소	
5. 옥외탱크저장소	특수인화물, 제1석유류 및 알코올류 저장 또는 취급하는 탱크의 용량이 1000만리터 이상인 것	자동화재탐지설비 자동화재속보설비
6. 자동화재탐지설비 설치대상에 해당하지 아니하는 제조소 등	지정수량의 10배 이상을 저장 또는 취급하는 것	자동화재탐지설비, 비상경보설비, 확성장치 또는 비상방송설비 중 1종 이상

해답 ②

제 6 편 최근 기출문제

06 연소에 관한 설명으로 틀린 것은?

① 위험도는 연소범위를 폭발상한계로 나눈 값으로 값이 클수록 위험하다.
② 인화점 미만에서는 점화원을 가해도 연소가 진행되지 않는다.
③ 발화점은 같은 물질이라도 조건에 따라 변동되며 절대적인 값이 아니다.
④ 연소점은 연소상태가 일정 시간 이상 유지될 수 있는 온도이다.

해설 위험도는 연소범위를 폭발 **하한계**로 나눈 값으로 값이 **클수록 위험**하다. ★

위험도(Degree of Hazards)

$$H = \frac{U-L}{L}$$

여기서, H : 위험도, U : 폭발 상한계, L : 폭발 하한계

해답 ①

---

07 경유 150,000L는 몇 소요단위에 해당하는가?

① 7.5단위
② 10단위
③ 15단위
④ 30단위

해설 제4류 위험물 및 지정수량

성질	품 명		지정수량(L)
인화성액체	1. 특수인화물		50
	2. 제1석유류	비수용성액체	200
		수용성액체	400
	3. 알코올류		400
	4. 제2석유류	비수용성액체	1,000
		수용성액체	2,000
	5. 제3석유류	비수용성액체	2,000
		수용성액체	4,000
	6. 제4석유류		6,000
	7. 동식물유류		10,000

① 경유-제4류-제2석유류-비수용성-1000L
② 지정수량의 배수 = $\dfrac{저장수량}{지정수량}$ = $\dfrac{150,000}{1000}$ = 150배
③ 소요단위 = $\dfrac{지정수량의\ 배수}{10}$ = $\dfrac{150}{10}$ = 15단위

해답 ③

08 위험물안전관리법상 제6류 위험물을 저장 또는 취급하는 장소에 이산화탄소소화기가 적응성이 있는 경우는?

① 폭발의 위험이 없는 장소
② 사람이 상주하지 않는 장소
③ 습도가 낮은 장소
④ 전자설비를 설치한 장소

해설 소화설비의 적응성

구 분		1류		2류			3류		4류	5류	6류
		알칼리금속 과산화물	그밖의 것	철분, 금속분, 마그네슘	인화성 고체	그밖의 것	금수성 물질	그밖의 것			
포소화기			○		○	○		○	○	○	○
이산화탄소소화기					○				○		
할로겐화합물소화기					○				○		
분말소화기	인산염류등		○		○	○			○		○
	탄산수소염류등	○		○	○		○		○		
	그 밖의 것	○		○			○				
팽창질석 팽창진주암		○	○	○	○	○	○	○	○	○	○

제6류 위험물을 저장 또는 취급하는 장소로서 폭발의 위험이 없는 장소에 한하여 이산화탄소소화기가 제6류 위험물에 대하여 적응성이 있음을 각각 표시한다.

해답 ①

09 간이탱크저장소의 설치기준으로 옳지 않은 것은?

① 1개의 간이탱크 저장소에 설치하는 간이저장탱크는 3개 이하로 한다.
② 간이저장탱크의 용량은 800L 이하로 한다.
③ 간이저장탱크는 두께 3.2mm 이상의 강판으로 제작한다.
④ 간이저장탱크에는 통기관을 설치하여야 한다.

해설 간이탱크저장소의 위치 · 구조 및 설비기준
(1) 하나의 간이탱크저장소에 설치하는 간이저장탱크는 그 수를 3 이하로 하고, 동일한 품질의 위험물의 간이저장탱크를 2 이상 설치하지 아니하여야 한다.
(2) 옥외에 설치하는 경우에는 그 탱크의 주위에 너비 1m 이상의 공지를 두고, 전용실안에 설치하는 경우에는 탱크와 전용실의 벽과의 사이에 0.5m 이상의 간격을 유지하여야 한다.
(3) **용량은 600L 이하**
(4) 두께 3.2mm 이상의 강판, 70kPa의 압력으로 10분간의 수압시험을 실시
(5) 간이저장탱크에는 밸브 없는 통기관을 설치
   ① 지름은 25mm 이상
   ② 옥외에 설치하되, 그 끝부분의 높이는 지상 1.5m 이상
   ③ 끝부분은 수평면에 대하여 아래로 45도 이상 구부려 빗물 등이 침투하지 아니하도록 할 것
   ④ 가는 눈의 구리망 등으로 인화방지장치를 할 것

해답 ②

10 마그네슘의 성질에 대한 설명 중 틀린 것은?

① 물보다 무거운 금속이다.
② 은백색의 광택이 난다.
③ 온수와 반응 시 산화마그네슘과 수소를 발생한다.
④ 융점은 약 650℃이다.

해설 마그네슘(Mg)★★★

화학식	원자량	비중	융점	비점	발화점
Mg	24.3	1.74	651℃	1102℃	473℃

① 2mm체 통과 못하는 덩어리는 위험물에서 제외한다.
② 직경 2mm 이상 막대모양은 위험물에서 제외한다.
③ 은백색의 광택이 나는 가벼운 금속이다.
④ **수증기와 작용하여 수산화마그네슘과 수소를 발생**시킨다.(주수소화금지)

$$Mg + 2H_2O \rightarrow Mg(OH)_2(수산화마그네슘) + H_2\uparrow(수소발생)$$

⑤ 이산화탄소약제를 방사하면 폭발적으로 반응하기 때문에 위험하다.
⑥ 산과 작용하여 수소를 발생시킨다.

$$Mg + 2HCl \rightarrow MgCl_2(염화마그네슘) + H_2\uparrow(수소)$$

⑦ 공기 중 습기에 발열되어 자연발화 위험이 있다.
⑧ 주수소화는 엄금이며 마른모래 등으로 피복 소화한다.

해답 ③

11 플루오린계 계면활성제를 주성분으로 하여 물과 혼합하여 사용하는 소화약제로서, 유류화재 발생 시 분말소화약제와 함께 사용이 가능한 포 소화약제는?

① 단백 포소화약제
② 불화단백 포소화약제
③ 합성계면활성제 포소화약제
④ 수성막 포소화약제

해설 수성막포 소화약제

① 플루오린(F) 계통의 습윤제에 합성계면활성제 첨가한 포약제이며 주성분은 **플루오린(F)계 계면활성제**
② 미국에서는 AFFF(Aqueous Film Forming Foam)로 불리며 3M사가 개발한 것으로 상품명은 라이트 워터(light water)
③ 저발포용으로 3%형과 6%형이 있다.
④ **분말약제와 겸용이 가능**하고 액면하 주입방식에도 사용
⑤ 내유성과 유동성이 좋아 유류화재 및 항공기화재, 화학공장화재에 적합
⑥ 화학적으로 안정하며 수명이 반영구적
⑦ 소화작업 후 포와 막의 차단효과로 재발화 방지에 효과가 있다.
※ 유류화재용으로 가장 뛰어난 포약제는 수성막포이다.

해답 ④

12 황린에 대한 설명으로 옳은 것은?

① 투명 또는 담황색 액체이다.
② 무취이고 증기비중이 약 1.82이다.
③ 발화점은 60~70℃이므로 가열 시 주의해야 한다.
④ 환원력이 강하여 쉽게 연소한다.

해설 황린(P_4)[별명 : 백린] : 제3류 위험물(자연발화성물질)

화학식	분자량	발화점	비점	융점	비중	증기비중
P_4	124	34℃	280℃	44℃	1.82	4.4

① 백색 또는 담황색의 고체이다.
② **공기 중 약 34℃에서 자연 발화**한다.
③ 저장 시 자연 발화성이므로 반드시 물속에 저장한다.
④ **인화수소(PH_3)의 생성을 방지**하기 위하여 물의 **pH = 9(약알칼리)**가 안전한계이다.
⑤ 물의 온도가 상승 시 황린의 용해도가 증가되어 산성화속도가 빨라진다.
⑥ **연소 시 오산화인(P_2O_5)의 흰 연기가 발생**한다.

$$P_4 + 5O_2 \rightarrow 2P_2O_5 (오산화인)$$

⑦ 강알칼리의 용액에서는 유독기체인 포스핀(PH_3) 발생한다. 따라서 저장 시 물의 pH(수소이온 농도)는 9를 넘어서는 안된다.(※물은 약알칼리의 석회 또는 소다회로 중화하는 것이 좋다.)

$$P_4 + 3NaOH + 3H_2O \rightarrow 3NaHPO_2 + PH_3 \uparrow (인화수소 = 포스핀)$$

⑧ **약 260℃로 가열(공기차단)시 적린이 된다.**
⑨ 피부 접촉 시 화상을 입는다.
⑩ 소화는 물분무, 마른모래 등으로 질식 소화한다.
⑪ 고압의 주수소화는 황린을 비산시켜 연소면이 확대될 우려가 있다.

해답 ④

13 위험물안전관리법상 정기점검의 대상이 되는 제조소 등에 해당하지 않는 것은?

① 지하탱크저장소
② 이동탱크저장소
③ 이송취급소
④ 옥내탱크저장소

해설 정기점검의 대상인 제조소 등
(1) 예방규정을 정하여야 하는 제조소 등
  ① 지정수량의 10배 이상의 위험물을 취급하는 제조소
  ② 지정수량의 100배 이상의 위험물을 저장하는 옥외저장소
  ③ 지정수량의 150배 이상의 위험물을 저장하는 옥내저장소
  ④ 지정수량의 200배 이상의 위험물을 저장하는 옥외탱크저장소
  ⑤ 암반탱크저장소
  ⑥ 이송취급소
  ⑦ 지정수량의 10배 이상의 위험물을 취급하는 일반취급소
(2) 지하탱크저장소
(3) 이동탱크저장소
(4) 위험물을 취급하는 탱크로서 지하에 매설된 탱크가 있는 제조소·주유취급소 또는 일반취급소

해답 ④

14. 트라이나이트로톨루엔의 화학식으로 옳은 것은?

① $C_6H_2CH_3(NO_2)_3$
② $C_6H_3(NO_2)_3$
③ $C_6H_2(NO_2)_3OH$
④ $C_{10}H_6(NO_2)_2$

해설 나이트로화합물

화학식	$C_6H_2CH_3(NO_2)_3$	$C_6H_3(NO_2)_3$	$C_6H_2(NO_2)_3OH$	$C_{10}H_6(NO_2)_2$
명칭	트라이나이트로톨루엔	트라이나이트로벤젠	트라이나이트로페놀	다이나이트로나프탈렌

해답 ①

15. 트라이에틸알루미늄이 물과 반응하였을 때 생성되는 물질은?

① $Al(OH)_3$, C_2H_2
② $Al(OH)_3$, C_2H_6
③ Al_2O_3, C_2H_2
④ Al_2O_3, C_2H_6

해설 알킬알루미늄[$(C_nH_{2n+1})\cdot Al$] : 제3류 위험물(금수성 물질)
① 알킬기(C_nH_{2n+1})에 알루미늄(Al)이 결합된 화합물이다.
② C_1~C_4는 자연발화의 위험성이 있다.
③ 물과 접촉 시 가연성 가스 발생하므로 주수소화는 절대 금지한다.
④ 트라이메틸알루미늄(TMA : Tri Methyl Aluminium)

$$(CH_3)_3Al + 3H_2O \rightarrow Al(OH)_3 + 3CH_4\uparrow (메탄)$$

⑤ 트라이에틸알루미늄(TEA : Tri Eethyl Aluminium)

$$(C_2H_5)_3Al + 3H_2O \rightarrow Al(OH)_3 + 3C_2H_6\uparrow (에탄)$$

⑥ 저장용기에 불활성기체(N_2)를 봉입한다.
⑦ 피부접촉 시 화상을 입히고 연소 시 흰 연기가 발생한다.
⑧ 소화 시 주수소화는 절대 금하고 팽창질석, 팽창진주암 등으로 피복소화한다.

해답 ②

16. 과염소산과 질산의 공통성질로 옳은 것은?

① 환원성물질로서 증기는 유독하다.
② 다른 가연물의 연소를 돕는 가연성물질이다.
③ 강산이고 물과 접촉하면 발열한다.
④ 부식성이 적으나 다른 물질과 혼촉발화 가능성이 높다.

해설 (1) 제6류 위험물의 일반적인 성질
① 자신은 불연성이고 산소를 함유한 강산화제이다.
② 분해에 의한 산소발생으로 다른 물질의 연소를 돕는다.
③ 액체의 비중은 1보다 크고 물에 잘 녹는다.
④ 물과 접촉 시 발열한다.
⑤ 증기는 유독하고 부식성이 강하다.

(2) 제6류 위험물(산화성 액체)

품 명	화학식	지정수량	위험등급
과염소산	$HClO_4$		
과산화수소(농도 36중량% 이상)	H_2O_2	300kg	I
질산(비중 1.49 이상)	HNO_3		

해답 ③

---

17 서로 혼재가 가능한 위험물은? (단, 지정수량의 10배를 취급하는 경우이다.)
① $KClO_4$와 Al_4C_3
② CH_3CN와 Na
③ P_4와 Mg
④ HNO_3와 $(C_2H_5)_3Al$

해설 위험물의 구분

화학식	$KClO_4$	Al_4C_3	CH_3CN	Na	P_4	Mg	HNO_3	$(C_2H_5)_3Al$
명칭	과염소산 칼륨	탄화 알루미늄	아세토 나이트릴	나트륨	황린	마그네슘	질산	트라이에틸 알루미늄
유별	제1류	제3류 금수성	제4류 제1석유류	제3류 금수성	제3류 자연발화성	제2류	제6류	제3류 금수성

유별을 달리하는 위험물의 혼재기준

위험물의 구분	제1류	제2류	제3류	제4류	제5류	제6류
제1류		×	×	×	×	○
제2류	×		×	○	○	×
제3류	×	×		○	×	×
제4류	×	○	○		○	×
제5류	×	○	×	○		×
제6류	○	×	×	×	×	

쉬운 암기방법(혼재가능)
↓1 + 6↑   2 + 4
↓2 + 5↑   5 + 4
↓3 + 4↑

해답 ②

---

18 제2류 위험물에 속하지 않는 것은?
① 1기압에서 인화점이 30℃인 고체
② 직경이 1mm인 막대 모양의 마그네슘
③ 고형알코올
④ 구리분, 니켈분

해설 위험물의 판단기준
① **황** : 순도가 60중량% 이상인 것을 말한다. 이 경우 순도측정에 있어서 불순물은 활석 등 불연성물질과 수분에 한한다.
② **철분** : 철의 분말로서 53μm의 표준체를 통과하는 것이 50중량% 미만인 것은 제외
③ **금속분** : 알칼리금속·알칼리토금속·철 및 마그네슘 외의 금속의 분말을 말하고, **구리**

분·니켈분 및 150μm의 체를 통과하는 것이 50중량% 미만인 것은 **제외**
④ 마그네슘은 다음 각목의 1에 해당하는 것은 제외한다.
　㉠ 2mm의 체를 통과하지 아니하는 덩어리 상태의 것
　㉡ 직경 2mm 이상의 막대 모양의 것
⑤ **인화성고체** : 고형알코올 그 밖에 1기압에서 인화점이 섭씨 40도 미만인 고체

위험물의 판단 기준

종 류	과산화수소	질산
기준	농도 36% 이상	비중 1.49 이상

해답 ④

19 과염소산과 질산의 공통 성질로 옳은 것은?

① 환원성 물질로서 증기는 유독하다.
② 다른 가연물의 연소를 돕는 가연성 물질이다.
③ 강산이고 물과 접촉하면 발열한다.
④ 부식성은 적으나 다른 물질과 혼촉 발화 가능성이 높다.

해설 **과염소산($HClO_4$)과 질산(HNO_3)의 공통 성질**
① 모두 6류(산화성액체)이다.
② 산화성 물질로 발생한 증기는 유독하다.
③ 열분해시 발생한 산소가 다른 가연물의 연소를 돕는 불연성 물질이다.
④ 강산이고 물과 접촉하면 발열한다.
⑤ 부식성은 크고 다른 물질과 혼촉 발화 가능성이 높다.

해답 ③

20 위험물안전관리법상 위험물제조소 등 설치허가 취소 사유에 해당하지 않는 것은?

① 위험물제조소의 바닥을 교체하는 공사를 하는데 변경허가를 득하지 아니한 때
② 법정기준을 위반한 위험물제조소에 발한 수리개조 명령을 위반한 때
③ 예방규정을 제출하지 아니한 때
④ 위험물안전관리자가 장기 해외여행을 갔음에도 그 대리자를 지정하지 아니한 때

해설 **제조소 등 설치허가의 취소와 사용정지 등**
① 변경허가를 받지 아니하고 제조소 등의 위치·구조 또는 설비를 변경한 때
② 완공검사를 받지 아니하고 제조소 등을 사용한 때
③ 수리·개조 또는 이전의 명령을 위반한 때
④ 위험물안전관리자를 선임하지 아니한 때
⑤ 대리자를 지정하지 아니한 때
⑥ 정기점검을 하지 아니한 때
⑦ 정기검사를 받지 아니한 때
⑧ 저장·취급기준 준수명령에 위반한 때

해답 ③

21 A물질 1,000kg을 소각하고자 한다. 1,000kg 중 황의 함유량이 0.5wt%라고 한다면 연소가스 중 SO_2의 농도는 약 몇 mg/Nm^3인가? (단, A물질 1ton의 습배기 연소가스량은 $6,500Nm^3$이다.)

① 1,080 ② 1,538
③ 2,522 ④ 3,450

해설 황의 완전연소 반응식

S + O_2	→	SO_2
32kg		64kg

① A물질 1000kg(1ton)연소시 발생하는 습배기 연소가스량은 $6500Nm^3$
② A물질 중 S의 양 = $1000kg \times \dfrac{0.5}{100} = 5kg$
③ S(5kg)이 연소 시 발생하는 SO_2의 mg수

S + O_2 → SO_2
32kg ─────────→ 64kg
5kg ─────────→ X

$X = \dfrac{5 \times 64}{32} = 10kg = 10 \times 10^3 g = 10 \times 10^6 mg$

④ SO_2의 농도 = $\dfrac{10 \times 10^6 mg}{6,500 Nm^3} = 1,538 mg/Nm^3$

해답 ②

22 벤조일퍼옥사이드의 용해성에 대한 설명으로 옳은 것은?
① 물과 대부분 유기용제에 잘 녹는다.
② 물과 대부분 유기용제에 녹지 않는다.
③ 물에는 잘 녹으나 대부분 유기용제에는 잘 녹지 않는다.
④ 물에 녹지 않으나 대부분 유기용제에 잘 녹는다.

해설 과산화벤조일 = 벤조일퍼옥사이드(BPO)[$(C_6H_5CO)_2O_2$] : 제5류 유기과산화물

화학식	분자량	비중	융점	착화점
$(C_6H_5CO)_2O_2$	242	1.33	105℃	125℃

① 무색 무취의 백색분말 또는 결정이다.
② 물에 녹지 않고 알코올에 약간 녹는다.
③ 에터 등 유기용제에 잘 녹는다.
④ 발화점이 약 125℃이므로 저장온도를 40℃ 이하로 유지할 것
⑤ 저장용기에 희석제(프탈산다이메틸(DMP), 프탈산다이부틸(DBP))를 넣어 폭발 위험성을 낮춘다.
⑥ 직사광선을 피하고 냉암소에 보관한다.

해답 ④

23 각 물질의 화재 시 발생하는 현상과 소화방법에 대한 설명으로 틀린 것은?

① 황린의 소화는 연소 시 발생하는 황화수소 가스를 피하기 위하여 바람을 등지고 공기호흡기를 착용한다.
② 트라이에틸알루미늄의 화재 시 이산화탄소 소화약제, 할로젠화합물 소화약제의 사용을 금한다.
③ 리튬 화재 시에는 팽창질석, 마른모래 등으로 소화한다.
④ 부틸리튬 화재의 소화에는 포소화약제를 사용할 수 없다.

해설 황린(P_4)[별명 : 백린] : 제3류 위험물(자연발화성물질)

화학식	분자량	발화점	비점	융점	비중	증기비중
P_4	124	34℃	280℃	44℃	1.82	4.4

① 백색 또는 담황색의 고체이다.
② 공기 중 약 34℃에서 자연 발화한다.
③ 저장 시 자연 발화성이므로 반드시 물속에 저장한다.
④ 인화수소(PH_3)의 생성을 방지하기 위하여 물의 pH = 9(약알칼리)가 안전한계이다.
⑤ 물의 온도가 상승 시 황린의 용해도가 증가되어 산성화속도가 빨라진다.
⑥ 연소 시 오산화인(P_2O_5)의 흰 연기가 발생한다.

$$P_4 + 5O_2 \rightarrow 2P_2O_5 (오산화인)$$

⑦ 강알칼리의 용액에서는 유독기체인 포스핀(PH_3) 발생한다. 따라서 저장 시 물의 pH(수소이온 농도)는 9를 넘어서는 안된다.(※물은 약알칼리의 석회 또는 소다회로 중화하는 것이 좋다.)

$$P_4 + 3NaOH + 3H_2O \rightarrow 3NaHPO_2 + PH_3 \uparrow (인화수소 = 포스핀)$$

⑧ 약 260℃로 가열(공기차단)시 적린이 된다.
⑨ 피부 접촉 시 화상을 입는다.
⑩ 소화는 물분무, 마른모래 등으로 질식 소화한다.
⑪ 고압의 주수소화는 황린을 비산시켜 연소면이 확대될 우려가 있다.

해답 ①

24 단층건축물에 옥내탱크저장소를 설치하고자 한다. 하나의 탱크전용실에 2개의 옥내저장탱크를 설치하여 에틸렌글리콜과 기어유를 저장하고자 한다면 저장 가능한 지정수량의 최대배수를 옳게 나타낸 것은?

① (A) 40배, (B) 40배
② (A) 20배, (B) 20배
③ (A) 10배, (B) 30배
④ (A) 5배, (B) 35배

품 명	저장 가능한 지정수량의 최대배수
에틸렌글리콜	(A)
기어유	(B)

해설 단층건축물에 설치하는 옥내저장탱크의 용량
(동일한 탱크전용실에 옥내저장탱크를 2 이상 설치하는 경우에는 각 탱크의 용량의 합계)은 지정수량의 40배(제4석유류 및 동식물유류 외의 제4류 위험물에 있어서 해당 수량이 20,000L를 초과할 때에는 20,000L) 이하로 하여야 한다.

① 에틸렌글리콜- 제3석유류(수용성)-지정수량 4,000L
② 기어유 -제4석유류-지정수량 6,000L
③ 특수인화물, 제1석유류, 제2석유류, 제3석유류(제4석유류 및 동식물유류 외의 제4류 위험물)의 최대 저장량은 20,000L
④ 에틸렌글리콜(제3석유류) 의 지정수량의 최대배수 20,000L÷4,000L=5배
⑤ 기어유 40배-5배=35배(6,000L×35=210,000L)

해답 ④

25. 이황화탄소에 대한 설명으로 틀린 것은?

① 인화점이 낮아 인화가 용이하므로 액체 자체의 누출뿐만 아니라 증기의 누설을 방지하여야 한다.
② 휘발성 증기는 독성이 없으나 연소생성물 중 SO_2는 유독성 가스이다.
③ 물보다 무겁고 녹기 어렵기 때문에 물을 채운 수조탱크에 저장한다.
④ 강산화제와 접촉에 의해 격렬히 반응하고 혼촉발화 또는 폭발의 위험성이 있다.

해설 이황화탄소(CS_2)★★★★★

화학식	분자량	비중	비점	인화점	착화점	연소범위
CS_2	76.1	1.26	46℃	-30℃	100℃	1.0~50%

① 무색 투명한 액체로 **물보다 무겁다.**
② 물에는 녹지 않고 알코올, 에터, 벤젠 등 유기용제에 녹는다.
③ 연소 시 아황산가스(SO_2) 및 CO_2를 생성한다.

$$CS_2 + 3O_2 \rightarrow CO_2 + 2SO_2 (이산화황=아황산)$$

④ 저장 시 저장탱크를 물속에 넣어 저장한다.
⑤ 4류 위험물 중 착화온도(100℃)가 가장 낮다.

해답 ②

26. 제1류 위험물 중 무기과산화물과 제5류 위험물 중 유기과산화물의 소화방법으로 옳은 것은?

① 무기과산화물 : CO_2에 의한 질식소화,   유기과산화물 : CO_2에 의한 냉각소화
② 무기과산화물 : 건조사에 의한 피복소화,   유기과산화물 : 분말에 의한 질식소화
③ 무기과산화물 : 포에 의한 질식소화,   유기과산화물 : 분말에 의한 질식소화
④ 무기과산화물 : 건조사에 의한 피복소화,   유기과산화물 : 물에 의한 냉각소화

해설 소화방법
① **무기과산화물**(제1류 금수성) : 마른모래(건조사), 팽창질석, 팽창진주암에 의한 피복소화
② **유기과산화물**(제5류 자기반응성) : 다량의 물에 의한 냉각소화

해답 ④

27 비점이 약 111°C인 액체로서 산화하면 벤즈알데하이드를 거쳐 벤조산이 되는 위험물은?
① 벤젠
② 톨루엔
③ 크실렌
④ 아세톤

해설 톨루엔($C_6H_5CH_3$)의 일반적인 성질★★★★★

화학식	분자량	비중	비점	인화점	착화점	연소범위
$C_6H_5CH_3$	92	0.871	111°C	4°C	552°C	1.27~7.0%

① 증기밀도는 공기보다 무겁다.
② 비점(끓는점)이 약 111°C이며 인화점이 낮고 물에는 녹지 않는다.
③ 휘발성이 있는 무색 투명한 액체이다.
④ 산화하면 벤즈알데하이드를 거쳐 벤조산(안식향산)이 된다.
⑤ 증기는 독성이 있지만 벤젠에 비해 10배정도 약한 편이다.

해답 ②

28 쿠멘(Cumene) 공정으로 제조되는 것은?
① 아세트알데하이드와 에터
② 페놀과 아세톤
③ 크실렌과 에터
④ 크실렌과 아세트알데하이드

해설 쿠멘[Cumene, $C_6H_5CH(CH_3)_2$] : 제4류 제2석유류-1000L
화학공장에 아세톤과 페놀을 생산하는 원료로서 탄소와 수소만으로 구성되어 있다.
① 아이소프로필벤젠이라고도 한다.
② 무색 투명한 가연성 액체
③ 분자량 120, 끓는점 152.7°C, 응고점 -96°C이다.
④ 물에는 녹지 않고, 각종 유기용매에는 녹는다.
⑤ 쿠멘법에 의한 페놀과 아세톤의 합성원료로 사용된다.
⑥ 벤젠의 프로필렌에 의한 알킬화로 제조된다. 이것을 산화하여 얻어지는 과산화물을 황으로 분해하여 페놀과 아세톤이 얻어진다.

해답 ②

29 위험물의 취급소에 해당하지 않는 것은?
① 일반취급소
② 옥외취급소
③ 판매취급소
④ 이송취급소

해설 취급소의 구분
① 주유취급소 ② 판매취급소 ③ 이송취급소 ④ 일반취급소

판매취급소의 구분

취급소의 구분	저장 또는 취급하는 위험물의 수량
제1종 판매취급소	지정수량의 20배 이하
제2종 판매취급소	지정수량의 40배 이하

해답 ②

30

다음 물질을 저장하는 저장소로 허가를 받으려고 위험물저장소 설치허가신청서를 작성하려고 한다. 해당하는 지정수량의 배수는 얼마인가?

- 차아염소산칼슘 : 150kg · 과산화나트륨 : 100kg · 질산암모늄 : 300kg

① 12
② 9
③ 6
④ 5

해설 제1류 위험물의 지정수량

성질	품명	지정수량	위험등급
산화성 고체	1. 아염소산염류 2. 염소산염류 3. 과염소산염류 4. 무기과산화물	50kg	I
	5. 브로민산염류 6. 질산염류 7. 아이오딘산염류	300kg	II
	8. 과망가니즈산염류 9. 다이크로뮴산염류	1000kg	III
	10. 그 밖에 행정안전부령이 정하는 것 ① 과아이오딘산염류 ② 과아이오딘산 ③ 크로뮴, 납 또는 아이오딘의 산화물 ④ 아질산염류 ⑤ 염소화아이소사이아누르산 ⑥ 퍼옥소이황산염류 ⑦ 퍼옥소붕산염류	300kg	II
	⑧ 차아염소산염류	50kg	I

- 차아염소산칼슘 – 차아염소산염류 – 50kg
- 과산화나트륨 – 무기과산화물 – 50kg
- 질산암모늄 – 질산염류 – 300kg

지정수량의 배수 = $\dfrac{저장량}{지정수량} = \dfrac{150}{50} + \dfrac{100}{50} + \dfrac{300}{300} = 6배$

해답 ③

31

제6류 위험물에 대한 설명 중 맞는 것은?

① 과염소산은 무취, 청색의 기름상 액체이다.
② 과산화수소는 물, 알코올에는 용해하나 에터에는 녹지 않는다.
③ 질산은 크산토프로테인 반응과 관계가 있다.
④ 오불화브로민의 화학식은 C_2F_5Br이다.

해설 제6류 위험물의 특성
① 과염소산은 무취, 무색의 액체
② 과산화수소는 물, 알코올, 에터에 녹는다.
③ 질산은 단백질과 크산토프로테인 반응을 한다.

크산토프로테인반응(xanthoprotenic reaction)
단백질에 진한질산을 가하면 노란색으로 변하고 알칼리를 작용시키면 오렌지색으로 변하며, 단백질 검출에 이용된다.

제6류 위험물(산화성 액체)

성 질	품 명	화학식	지정수량	위험등급
산화성 액체	과염소산	$HClO_4$	300kg	I
	과산화수소(농도 36중량% 이상)	H_2O_2		
	질산(비중 1.49 이상)	HNO_3		
	• 할로젠간화합물 ① 삼불화브로민 ② 오불화브로민 ③ 오불화아이오딘	BrF_3 BrF_5 IF_5		

해답 ③

32 국소방출방식의 이산화탄소 소화설비 중 저압식 저장용기에 설치되는 압력경보장치는 어느 압력 범위에서 작동하는 것으로 설치하여야 하는가?

① 2.3MPa 이상의 압력과 1.9MPa 이하의 압력에서 작동하는 것
② 2.5MPa 이상의 압력과 2.0MPa 이하의 압력에서 작동하는 것
③ 2.7MPa 이상의 압력과 2.3MPa 이하의 압력에서 작동하는 것
④ 3.0MPa 이상의 압력과 2.5MPa 이하의 압력에서 작동하는 것

해설 이산화탄소 소화설비의 저압식 저장용기 설치기준
① 저압식저장용기에는 액면계 및 압력계를 설치할 것
② **저압식저장용기에는 2.3MPa 이상 및 1.9MPa 이하의 압력에서 작동하는 압력경보장치를 설치**
③ 저압식 용기에는 용기내부의 온도를 -18℃ 이하를 유지할 수 있는 자동냉동기를 설치한다.
④ 저압식 저장용기에는 파괴판을 설치할 것
⑤ 저압식 저장용기에는 방출밸브를 설치할 것

해답 ①

33 분자식이 CH_2OHCH_2OH인 위험물은 제 몇 석유류에 속하는가?

① 제1석유류 ② 제2석유류
③ 제3석유류 ④ 제4석유류

해설 에틸렌글리콜($C_2H_4(OH)_2$) : **제4류 3석유류(수용성)**
① 물과 혼합하여 **부동액으로 이용**된다.
② 물, 알코올, 아세톤 등에 잘 녹는다.
③ 흡습성이 있고 단맛이 있는 무색액체이다.
④ 독성이 있는 2가 알코올이다.

해답 ③

34. 나이트로셀룰로오스의 화재 발생 시 가장 적합한 소화약제는?

① 물소화약제
② 분말소화약제
③ 이산화탄소 소화약제
④ 할로젠화합물 소화약제

해설 나이트로셀룰로오스(Nitro Cellulose) : NC $[C_6H_7O_2(ONO_2)_3]_n$: **제5류 위험물★★★★**

화학식	비중	분해온도	인화점	착화점
$[C_6H_7O_2(ONO_2)_3]_n$	1.7	130℃	13℃	160℃

셀룰로오스(섬유소)에 진한질산과 진한 황산의 혼합액을 작용시켜서 만든 것이다.
① 비수용성이며 초산에틸, 초산아밀, 아세톤에 잘 녹는다.
② 130℃에서 분해가 시작되고, 180℃에서는 급격하게 연소한다.
③ 직사광선, 산 접촉 시 분해 및 자연 발화한다.
④ 건조상태에서는 폭발위험이 크나 수분함유 시 폭발위험성이 없어 저장·운반이 용이
⑤ 질산섬유소라고도 하며 화약에 이용 시 면약(면화약)이라한다
⑥ 셀룰로이드, 콜로디온에 이용 시 질화면이라 한다.
⑦ 질소함유율(질화도)이 높을수록 폭발성이 크다.
⑧ 저장, 운반 시 물(20%) 또는 알코올(30%)을 첨가 습윤시킨다.

해답 ①

35. 할로젠화합물소화약제의 종류가 아닌 것은?

① FC-3-1-10
② HCFC BLEND A
③ IG-541
④ CTC-124

해설 할로젠화합물 및 불활성기체 소화약제의 종류

소화약제	화학식
퍼플루오린부탄(FC-3-1-10)	C_4F_{10}
하이드로클로로플루오린카본혼화제 (HCFC BLEND A)	HCFC-123($CHCl_2CF_3$) : 4.75% HCFC-22($CHClF_2$) : 82% HCFC-124($CHClFCF_3$) : 9.5% $C_{10}H_{16}$: 3.75%
클로로테트라플루오린에탄(HCFC-124)	$CHClFCF_3$
펜타플루오린에탄(HFC-125)	CHF_2CF_3
헵타플루오린프로판(HFC-227ea)	CF_3CHFCF_3
트라이플루오린메탄(HFC-23)	CHF_3
헥사플루오린프로판(HFC-236fa)	$CF_3CH_2CF_3$
트라이플루오린이오다이드(FIC-13I1)	CF_3I
불연성·불활성 기체혼합가스(IG-01)	Ar
불연성·불활성 기체혼합가스(IG-100)	N_2
불연성·불활성 기체혼합가스(IG-541)	N_2 : 52%, Ar : 40%, CO_2 : 8%
불연성·불활성 기체혼합가스(IG-55)	N_2 : 50%, Ar : 50%
도데카플루오린-2-메틸펜탄-3-원(FK-5-1-12)	$CF_3CF_2C(O)CF(CF_3)_2$

해답 ④

36. 지정수량의 단위가 나머지 셋과 다른 하나는?

① 황린
② 과염소산
③ 나트륨
④ 이황화탄소

해설 위험물의 구분

구분	황린	과염소산	나트륨	이황화탄소
화학식	P_4	$HClO_4$	Na	CS_2
유별	제3류 위험물	제6류 위험물	제3류 위험물	제4류 위험물
지정수량	20kg	300kg	10kg	50L

해답 ④

37. 질산암모늄의 산소평형(Oxygen Balance)값은?

① 0.2
② 0.3
③ 0.4
④ 0.5

해설
① 질산암모늄의 폭발반응식
 $NH_4NO_3 \rightarrow 2H_2O + N_2 + 0.5O_2$
② 질산암모늄의 산소평형(Oxygen Balance)값
 $OB = \dfrac{16}{80} = 0.2$ (NH_4NO_3의 분자량=80, $0.5O_2$의 분자량=$0.5 \times 32 = 16$)

산소평형(OB : Oxygen Balance)값
① 화학물질로부터 완전연소 생성물(N_2, CO_2, H_2O, Cl, HF, SO_2)을 만드는데 필요한 산소의 과부족량
② 100g의 물질이 완전연소 생성물을 만드는데 필요한 산소의 g수로 표시된다.
③ 산소평형(Oxygen Balance)값이 0일 때 폭발위력이 가장 크다.

해답 ①

38. 다음 괄호에 알맞은 숫자를 순서대로 나열한 것은?

주유취급소 중 건축물의 ( )층의 이상의 부분을 점포, 휴게음식점 또는 전시장의 용도로 사용하는 것에 있어서는 당해 건축물의 ( )층 이상으로부터 직접 주유취급소의 부지 밖으로 통하는 출입구와 당해 출입구로 통하는 통로, 계단 및 출입구에 유도등을 설치하여야 한다.

① 2층, 1층
② 1층, 1층
③ 2층, 2층
④ 1층, 2층

해설 피난설비
① 주유취급소 중 건축물의 **2층 이상**의 부분을 점포·휴게음식점 또는 전시장의 용도로 사용하는 것에 있어서는 당해 건축물의 **2층 이상**으로부터 주유취급소의 부지 밖으로 통하는 출입구와 당해 출입구로 통하는 통로·계단 및 출입구에 유도등을 설치하여야 한다.
② 옥내주유취급소에 있어서는 당해 사무소 등의 출입구 및 피난구와 당해 피난구로 통하는 통로·계단 및 출입구에 유도등을 설치하여야 한다.
③ 유도등에는 비상전원을 설치하여야 한다.

해답 ③

---

39 위험물 운송에 대한 설명 중 틀린 것은?

① 위험물의 운송은 당해 위험물을 취급할 수 있는 국가기술자격자 또는 위험물안전관리자 강습교육 수료자여야 한다.
② 알킬리튬, 알킬알루미늄을 운송하는 경우에는 위험물운송책임자의 감독 또는 지원을 받아 운송하여야 한다.
③ 위험물운송자는 이동탱크저장소에 의하여 위험물을 운송하는 때에는 해당 국가기술자격증을 지녀야 한다.
④ 휘발유를 운송하는 위험물운송자는 위험물안전카드를 휴대하여야 한다.

해설 **운송책임자의 감독·지원을 받아 운송하여야 하는 위험물**
① 알킬알루미늄
② 알킬리튬
③ 알킬알루미늄 또는 알킬리튬의 물질을 함유하는 위험물

이동탱크저장소에 의한 위험물의 운송시에 준수하여야 하는 기준
(1) 위험물운송자는 운송의 개시전에 이동저장탱크의 배출밸브 등의 밸브와 폐쇄장치, 맨홀 및 주입구의 뚜껑, 소화기 등의 점검을 충분히 실시할 것
(2) 위험물운송자는 장거리(고속국도에 있어서는 340km 이상, 그 밖의 도로에 있어서는 200km 이상)에 걸치는 운송을 하는 때에는 2명 이상의 운전자로 할 것.
다만, 다음의 1에 해당하는 경우에는 그러하지 아니하다.
① 운송책임자를 동승시킨 경우
② 운송하는 위험물이 제2류 위험물·제3류 위험물(칼슘 또는 알루미늄의 탄화물과 이것만을 함유한 것에 한한다)또는 제4류 위험물(특수인화물을 제외한다)인 경우
③ 운송도중에 2시간 이내마다 20분 이상씩 휴식하는 경우
(3) 위험물(제4류 위험물에 있어서는 **특수인화물 및 제1석유류**에 한한다)을 운송하게 하는 자는 **위험물안전카드**를 위험물운송자로 하여금 휴대하게 할 것

해답 ①

40. 화학적 소화방법에 해당하는 것은?

① 냉각소화 ② 부촉매소화
③ 제거소화 ④ 질식소화

해설 **소화원리**

① **냉각소화** : 가연성 물질을 발화점 이하로 온도를 냉각

> **물이 소화약제로 사용되는 이유**
> • 물의 기화열(539kcal/kg)이 크기 때문
> • 물의 비열 (1kcal/kg℃)이 크기 때문

② **질식소화** : 산소농도를 21%에서 15% 이하로 감소

> **질식소화 시 산소의 유지농도** : 10~15%

③ **억제소화**(부촉매소화, 화학적소화) : 연쇄반응을 억제
  • **부촉매** : 화학적 반응의 속도를 느리게 하는 것
  • **부촉매 효과** : 할로젠화합물 소화약제
    [할로젠족원소 : 플루오린(F), 염소(Cl), 브로민(Br), 아이오딘(I)]

④ **제거소화** : 가연성물질을 제거시켜 소화
  • 산불이 발생하면 화재의 진행방향을 앞질러 벌목
  • 화학반응기의 화재 시 원료공급관의 밸브를 폐쇄
  • 유전화재 시 폭약으로 폭풍을 일으켜 화염을 제거
  • 촛불을 입김으로 불어 화염을 제거

⑤ **피복소화** : 가연물 주위를 공기와 차단
⑥ **희석소화** : 수용성인 인화성액체 화재 시 물을 방사하여 가연물의 연소농도를 희석

해답 ②

41. 위험물의 화재 위험성이 증가하는 경우가 아닌 것은?

① 비점이 높을수록 ② 연소범위가 넓을수록
③ 착화점이 낮을수록 ④ 인화점이 낮을수록

해설 **위험성의 영향인자**

영 향 인 자	위 험 성
❶ 온도, 압력, 산소농도	높을수록 위험
❷ 연소범위(폭발범위)	넓을수록 위험
❸ 연소열, 증기압	클수록 위험
❹ 연소속도	빠를수록 위험
❺ 인화점, 착화점, **비점**, 융점, 비중, 점성, 비열	**낮을수록 위험**

해답 ①

42 위험물안전관리법령에서 정의하는 산화성 고체에 대해 다음 ( ) 안에 알맞은 용어를 차례대로 나타낸 것은?

> "산화성 고체"라 함은 고체로서 ( )의 잠재적인 위험성 또는 ( )에 대한 민감성을 판단하기 위하여 소방청장이 정하여 고시하는 시험에서 고시로 정하는 성질과 상태를 나타내는 것을 말한다.

① 산화력, 온도 ② 착화, 온도
③ 착화, 충격 ④ 산화력, 충격

해설 **산화성 고체**
고체[액체(1기압 및 20℃에서 액상인 것 또는 20℃ 초과 40℃ 이하에서 액상인 것) 또는 기체(1기압 및 20℃에서 기상인 것) 외의 것을 말한다]로서 **산화력**의 잠재적인 위험성 또는 **충격**에 대한 **민감성을 판단하기 위하여** 소방청장이 정하여 고시하는 시험에서 고시로 정하는 성질과 상태를 나타내는 것을 말한다. 이 경우 "액상"이라 함은 수직으로 된 시험관(안지름 30mm, 높이 120mm의 원통형 유리관을 말한다)에 시료를 55mm까지 채운 다음 해당 시험관을 수평으로 하였을 때 시료 액면의 끝부분이 30mm를 이동하는 데 걸리는 시간이 90초 이내에 있는 것을 말한다.

해답 ④

43 스프링클러 소화설비가 전체적으로 적응성이 있는 대상물은?

① 제1류 위험물 ② 제2류 위험물
③ 제4류 위험물 ④ 제5류 위험물

해설 **스프링클러설비가 적응성이 없는 위험물**
① 제1류 위험물 중 무기과산화물(금수성)
② 제2류 위험물 중 금속분, 철분, 마그네슘(금수성)
③ 제3류 위험물(금수성)
④ 제4류 위험물(비수용성은 화재면이 확대)

해답 ④

44 불연성이면서 강산화성인 위험물이 아닌 것은?

① 과산화나트륨 ② 과염소산
③ 질산 ④ 피크린산

해설 **위험물의 구분**

구분	과산화나트륨	과염소산	질산	피크린산
화학식	Na_2O_2	$HClO_4$	HNO_3	$C_6H_2(NO_2)_3OH$
유별	제1류 위험물 무기과산화물 (산화성고체)	제6류 위험물 (산화성액체)	제6류 위험물 (산화성액체)	제5류 위험물 나이트로화합물 (자기반응성물질)

해답 ④

45 제4류 위험물의 지정수량으로서 옳지 않은 것은?

① 피리딘 : 200L
② 아세톤 : 400L
③ 아세트산 : 2,000L
④ 나이트로벤젠 : 2,000L

해설 제4류 위험물의 지정수량

명 칭	피리딘	아세톤	아세트산(초산)	나이트로벤젠
화학식	C_5H_5N	CH_3COCH_3	CH_3COOH	$C_6H_5NO_2$
품 명	제1석유류 (수용성)	제1석유류 (수용성)	제2석유류 (수용성)	제3석유류 (비수용성)
지정수량	400L	400L	2,000L	2,000L

해답 ①

46 지중탱크의 옥외탱크저장소에 다음과 같은 조건의 위험물을 저장하고 있다면 지중탱크 지반면의 옆판에서 부지경계선 사이에는 얼마 이상의 거리를 유지해야 하는가?

[다음]
- 저장위험물 : 에탄올
- 지중탱크 수평단면의 내경 : 30m
- 지중탱크 밑판표면에서 지반면까지의 높이 : 25m
- 부지 경계선의 높이 · 구조 : 높이 2m 이상의 콘크리트조

① 100m 이상
② 75m 이상
③ 50m 이상
④ 25m 이상

해설 지중탱크에 관계된 옥외탱크저장소의 특례

지중탱크의 옥외탱크저장소의 위치는 규정에 의하는 것외에 당해 옥외탱크저장소가 보유하는 부지의 경계선에서 지중탱크의 지반면의 옆판까지의 사이에, 당해 지중탱크 **수평단면의 내경의 수치에 0.5를 곱하여 얻은 수치**(당해 수치가 지중탱크의 밑판표면에서 지반면까지 높이의 수치보다 작은 경우에는 당해 높이의 수치)또는 50m(당해 지중탱크에 저장 또는 취급하는 위험물의 인화점이 **21℃ 이상 70℃ 미만**의 경우에 있어서는 40m, **70℃ 이상**의 경우에 있어서는 30m)중 큰 것과 동일한 거리 이상의 거리를 유지할 것

해답 ③

47 이송취급소의 배관설치기준 중 배관을 지하에 매설하는 경우의 안전거리 또는 매설깊이로 옳지 않은 것은?

① 건축물(지하가 내의 건축물을 제외) : 1.5m 이상
② 지하가 및 터널 : 10m 이상
③ 산이나 들에 매설하는 배관의 외관과 지표면과의 거리 : 0.3m 이상
④ 수도법에 의한 수도시설(위험물의 유입 우려가 있는 것) : 300m 이상

해설 배관의 지하매설 기준
(1) 배관은 그 외면으로부터 건축물·지하가·터널 또는 수도시설까지 각각 다음의 규정에 의한 안전거리를 둘 것. 다만, 적절한 누설확산방지조치를 하는 경우에 그 안전거리를 2분의 1의 범위 안에서 단축할 수 있다.
  ① 건축물(지하가내의 건축물을 제외) : 1.5m 이상
  ② 지하가 및 터널 : 10m 이상
  ③ 수도시설 : 300m 이상
(2) 배관은 그 외면으로부터 다른 공작물에 대하여 0.3m 이상의 거리를 보유 할 것.
(3) 배관의 외면과 지표면과의 거리는 **산이나 들에 있어서는 0.9m 이상**, 그 밖의 지역에 있어서는 1.2m 이상으로 할 것.
(4) 배관은 지반의 동결로 인한 손상을 받지 아니하는 적절한 깊이로 매설할 것
(5) 성토 또는 절토를 한 경사면의 부근에 배관을 매설하는 경우에는 경사면의 붕괴에 의한 피해가 발생하지 아니하도록 매설할 것
(6) 배관의 입상부, 지반의 급변부 등 지지조건이 급변하는 장소에 있어서는 굽은관을 사용하거나 지반개량 그 밖에 필요한 조치를 강구할 것
(7) 배관의 하부에는 사질토 또는 모래로 20cm(자동차 등의 하중이 없는 경우에는 10cm) 이상, 배관의 상부에는 사질토 또는 모래로 30cm(자동차 등의 하중에 없는 경우에는 20cm) 이상 채울 것

해답 ③

48 메틸에틸케톤에 대한 설명 중 틀린 것은?

① 증기는 공기보다 무겁다.
② 지정수량은 200L이다.
③ 아이소부틸알코올을 환원하여 제조할 수 있다.
④ 품명은 제1석유류이다.

해설 메틸에틸케톤(methyl ethyl ketone, $CH_3COC_2H_5$) : 제4류-제1석유류(비수용성)

화학식	분자량	비중	비점	인화점	착화점	연소범위
$CH_3COC_2H_5$	72.11	0.81	79.6℃	-7℃	516℃	1.8~10%

① 휘발성이 강한 무색액체이며 2-뷰타논이라고도 한다.
② 녹는점은 -86℃이고 끓는점은 79.6℃이다.
③ 제2부탄올을 산화하면 생긴다.
④ MEK라고 약칭한다.

해답 ③

49 다음에서 설명하고 있는 법칙은?

[다음] 온도가 일정할 때 기체의 부피는 절대압력에 반비례한다.

① 일정성분비의 법칙   ② 보일의 법칙
③ 샤를의 법칙   ④ 보일-샤를의 법칙

해설 ① 보일의 법칙

$$T(온도) = 일정 \quad P_1V_1 = P_2V_2$$

온도가 일정할 때 일정량의 기체가 차지하는 부피는 절대압력에 반비례한다.

② 샤를의 법칙

$$P(압력) = 일정 \quad \frac{V_1}{T_1} = \frac{V_2}{T_2}$$

압력이 일정할 때 일정량의 기체가 차지하는 부피는 절대온도에 비례한다.

③ 보일-샤를의 법칙

$$\frac{P_1V_1}{T_1} = \frac{P_2V_2}{T_2}$$

일정량의 기체가 차지하는 부피는 절대압력에 반비례하고 절대온도에 비례한다.

해답 ②

50 운반용기 내용적의 95% 이하의 수납률로 수납하여야 하는 위험물은?

① 과산화벤조일 ② 질산에틸
③ 나이트로글리세린 ④ 메틸에틸케톤퍼옥사이드

해설 ① 과산화벤조일-제5류 위험물-고체
② 질산에틸-제5류 위험물-액체
③ 나이트로글리세린-제5류 위험물-액체
④ 메틸에틸케톤퍼옥사이드-제5류 위험물-액체

적재방법
① **고체위험물 : 내용적의 95% 이하의 수납율**
② 액체위험물 : 내용적의 98% 이하의 수납율로 수납하되, 55도의 온도에서 누설되지 아니하도록 충분한 공간용적을 유지하도록 할 것
③ 제3류 위험물은 다음의 기준에 따라 운반용기에 수납할 것
  ㉠ 자연발화성물질 : 불활성 기체를 봉입하여 밀봉하는 등 공기와 접하지 아니하도록 할 것
  ㉡ 자연발화성물질외의 물품 : 파라핀·경유·등유 등의 보호액으로 채워 밀봉하거나 불활성 기체를 봉입하여 밀봉하는 등 수분과 접하지 아니하도록 할 것
  ㉢ 자연발화성물질 중 **알킬알루미늄** 등 : 내용적의 **90% 이하의 수납율**로 수납하되, 50℃의 **온도에서 5% 이상의 공간용적**을 유지하도록 할 것

운반용기의 내용적에 대한 수납율
① 액체위험물 : 내용적의 98% 이하
② 고체위험물 : 내용적의 95% 이하

해답 ①

51 제4류 위험물 중 20L 플라스틱 용기에 수납할 수 있는 것은?

① 이황화탄소
② 휘발유
③ 다이에틸에터
④ 아세트알데하이드

해설 20L 플라스틱 용기에 수납할 수 있는 제4류 위험물 : 위험등급 Ⅱ, Ⅲ ★

위험물의 등급 분류

위험등급	해당 위험물
위험등급 Ⅰ	① 제1류 위험물 중 아염소산염류, 염소산염류, 과염소산염류, 무기과산화물 그 밖에 지정수량이 50kg인 위험물 ② 제3류 위험물 중 칼륨, 나트륨, 알킬알루미늄, 알킬리튬, 황린 그 밖에 지정수량이 10kg 또는 20kg인 위험물 ③ 제4류 위험물 중 특수인화물 ④ 제5류 위험물 중 지정수량이 10kg인 위험물 ⑤ 제6류 위험물
위험등급 Ⅱ	① 제1류 위험물 중 브로민산염류, 질산염류, 아이오딘산염류 그 밖에 지정수량이 300kg인 위험물 ② 제2류 위험물 중 황화인, 적린, 황 그 밖에 지정수량이 100kg인 위험물 ③ 제3류 위험물 중 알칼리금속(칼륨, 나트륨 제외) 및 알칼리토금속, 유기금속화합물(알킬알루미늄 및 알킬리튬은 제외) 그 밖에 지정수량이 50kg인 위험물 ④ 제4류 위험물 중 제1석유류, 알코올류 ⑤ 제5류 위험물 중 위험등급 Ⅰ 위험물 외의 것
위험등급 Ⅲ	위험등급 Ⅰ, Ⅱ 이외의 위험물

해답 ②

52 황에 대한 설명 중 틀린 것은?

① 순도가 60wt% 이상이면 위험물이다.
② 물에 녹지 않는다.
③ 전기에 도체이므로 분진폭발의 위험이 있다.
④ 황색의 분말이다.

해설 황(S) : 제2류 위험물(가연성 고체)
① 동소체로 사방황, 단사황, 고무상황이 있다.
② 황색의 고체 또는 분말상태이며 **조해성이 없다**.
③ 물에 녹지 않고 **이황화탄소**(CS_2)**에는 잘 녹는다**.
④ 공기중에서 연소시 푸른 불꽃을 내며 이산화황이 생성된다.

$$S + O_2 \rightarrow SO_2$$

⑤ 환원성 물질이므로 산화제와 접촉 시 위험하다
⑥ **전기에 부도체**이므로 **분진폭발의 위험성**이 있고 목탄가루와 혼합시 가열, 충격, 마찰에 의하여 폭발위험성이 있다.
⑦ 다량의 물로 주수소화 또는 질식 소화한다.

해답 ③

53. 위험물안전관리법령에서 정한 소화설비의 적응성 기준에서 이산화탄소 소화설비가 적응성이 없는 대상은?

① 전기설비
② 인화성 고체
③ 제4류 위험물
④ 제6류 위험물

해설 **제6류 위험물의 공통적인 성질**
① 자신은 **불연성**이고 산소를 함유한 강산화제이다.
② 분해에 의한 산소발생으로 다른 물질의 **연소를 돕는다**.(질식소화는 효과가 없다)
③ 액체의 비중은 1보다 크고 물에 잘 녹는다.
④ 물과 접촉 시 발열한다.
⑤ 증기는 유독하고 부식성이 강하다.

제6류 위험물(산화성 액체)

성 질	품 명	화학식	지정수량	위험등급
산화성 액체	과염소산	$HClO_4$	300kg	I
	과산화수소(농도 36중량% 이상)	H_2O_2		
	질산(비중 1.49 이상)	HNO_3		
	• 할로젠간화합물 ① 삼불화브로민 ② 오불화브로민 ③ 오불화아이오딘	BrF_3 BrF_5 IF_5		

해답 ④

54. 다음 검사의 종류 중 검사공정에 의한 분류에 해당되지 않는 것은?

① 수입검사
② 출하검사
③ 출장검사
④ 공정검사

해설 **검사의 종류**
① **수입검사**(구입검사) : 외부로부터 원재료, 반제품 또는 제품을 받아 들이는 경우에 실시하는 검사
② **공정검사** : 공장내에서 반제품을 다음 공정으로 이동시켜도 좋은가를 판정하는 검사
④ **제품검사**(최종검사) : 생산한 제품에 대해 요구사항을 만족하고 있는가를 판정하는 검사
⑤ **출하검사** : 완성된 제품을 출하하기 전에 출하 여부를 결정하는 검사

해답 ③

55 [보기]의 요건을 충족하는 위험물 중 지정수량이 가장 큰 것은?

[보기]
- 위험등급 Ⅰ 또는 Ⅱ에 해당하는 위험물이다.
- 제6류 위험물과 혼재하여 운반할 수 있다.
- 황린과 동일한 옥내저장소에는 1m 이상 간격을 유지한다면 저장이 가능하다.

① 염소산염류 ② 무기과산화물
③ 질산염류 ④ 과망가니즈산염류

해설
① 염소산염류–제1류–Ⅰ등급–50kg
② 무기과산화물–제1류–Ⅰ등급–50kg
③ 질산염류–제1류–Ⅱ등급–300kg
④ 과망가니즈산염류–제1류–Ⅲ–1000kg

제1류 위험물의 지정수량

성질	품명	지정수량	위험등급
산화성 고체	1. 아염소산염류 2. 염소산염류 3. 과염소산염류 4. 무기과산화물	50kg	Ⅰ
	5. 브로민산염류 6. 질산염류 7. 아이오딘산염류	300kg	Ⅱ
	8. 과망가니즈산염류 9. 다이크로뮴산염류	1000kg	Ⅲ
	10. 그 밖에 행정안전부령이 정하는 것 ① 과아이오딘산염류 ② 과아이오딘산 ③ 크로뮴, 납 또는 아이오딘의 산화물 ④ 아질산염류 ⑤ 염소화아이소사이아누르산 ⑥ 퍼옥소이황산염류 ⑦ 퍼옥소붕산염류	300kg	Ⅱ
	⑧ 차아염소산염류	50kg	Ⅰ

해답 ③

56 그림과 같은 계획공정도(Network)에서 주공정은? (단, 화살표 아래의 숫자는 활동시간을 나타낸 것이다.)

① ①-③-⑥
② ①-②-⑤-⑥
③ ①-②-④-⑤-⑥
④ ①-③-④-⑤-⑥

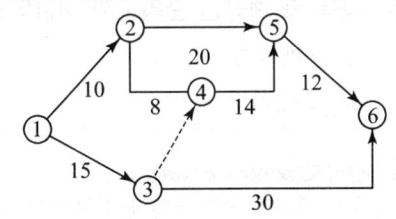

해설 계획공정도의 주공정(가장 긴 작업시간이 소요되는 경로)
①-③-⑥ (15+30=45주)

해답 ①

57 Ralph M. Barnes 교수가 제시한 동작경제의 원칙 중 작업장 배치에 관한 원칙(Arrangement of the Workplace)에 해당되지 않는 것은?

① 가급적이면 낙하식 운반방법을 이용한다.
② 모든 공구나 재료는 지정된 위치에 있도록 한다.
③ 충분한 조명을 하여 작업자가 볼 수 있도록 한다.
④ 가급적 용이하고 자연스런 리듬을 타고 일할 수 있도록 작업을 구성하여야 한다.

해설 동작경제의 원칙(the principle of motion economy)
작업자의 동작을 세밀하게 분석하여 가장 경제적이고 합리적인 표준동작을 설정하는 것
① 인체의 사용에 관한 원칙
② 작업장의 배열에 관한 원칙
③ 공구 및 장비의 디자인에 관한 원칙

해답 ④

58 로트 크기 1,000, 부적합품률이 15%인 로트에서 5개의 랜덤시료 중에서 발견된 부적합품수가 1개일 확률을 이항분포로 계산하면 약 얼마인가?

① 0.1648
② 0.3915
③ 0.6085
④ 0.8352

해설 부적합품수가 1개일 확률 = 시료의 개수 × 부적합품률 × (적합품률)^4
$P = 5 \times 0.15 \times (1-0.15)^4 = 0.3915$

해답 ②

59 다음 중 계량값 관리도에 해당되는 것은?

① c 관리도
② np 관리도
③ R 관리도
④ U 관리도

해설 관리도(control chart)
품질 관리를 위한 도식 방법의 하나로, 제조공정이 안정된 상태에 있는지 여부를 조사하기 위하여 또는 제조공정을 안정된 상태로 유지하기 위해 이용되는 그림
① 계량값 관리도　㉠ (평균값)-R 관리도　　㉡ x(개개의 측정값) 관리도
② 계수값 관리도　㉠ p(불량률)관리도　　　㉡ np(불량 개수)관리도
　　　　　　　　㉢ u(단위당 결점수)관리도　㉣ c(결점수)관리도
③ 공업규격 관리도　㉠ x-R 관리도　　　　㉡ 메디안 관리도
　　　　　　　　　㉢ x 관리도

해답 ③

60 품질 코스트(Quality Cost)를 예방 코스트, 실패 코스트, 평가 코스트로 분류할 때, 다음 중 실패 코스트(Failure Cost)에 속하는 것이 아닌 것은?

① 시험 코스트
② 불량 대책 코스트
③ 재가공 코스트
④ 설계 변경 코스트

해설 **실패코스트(Failure cost)의 정의**
품질코스트 중 가장 큰 비율을 차지하며 소정의 품질수준유지에 실패한 경우 발생하는 불량제품, 불량 원료에 대한 손실비용

실패 코스트(Failure cost)의 종류
① 불량대책 코스트
② 재가공 코스트
③ 설계변경 코스트
④ 폐기 코스트
⑤ 외주불량 코스트

해답 ①

국가기술자격 필기시험문제

2020년도 기능장 제68회 필기시험 (2020년 07월 CBT 시행)

자격종목	시험시간	문제수	형별
위험물기능장	1시간	60	A

본 문제는 CBT시험대비 기출문제 복원입니다.

01 30L 용기에 산소를 넣어 압력이 150기압으로 되었다. 이 용기의 산소를 온도 변화 없이 동일한 조건으로 40L의 용기에 넣었다면 압력은 얼마로 되는가?

① 85.7기압
② 102.5기압
③ 112.5기압
④ 200기압

해설 보일의 법칙(온도 일정) 적용

$P_2 = P_1 \times \dfrac{V_1}{V_2} = 150\text{atm} \times \dfrac{30\text{L}}{40\text{L}} = 112.5\text{atm}$

① 보일의 법칙

$T(\text{온도}) = \text{일정} \qquad P_1 V_1 = P_2 V_2$

온도가 일정할 때 일정량의 기체가 차지하는 부피는 절대압력에 반비례한다.

② 샤를의 법칙

$P(\text{압력}) = \text{일정} \qquad \dfrac{V_1}{T_1} = \dfrac{V_2}{T_2}$

압력이 일정할 때 일정량의 기체가 차지하는 부피는 절대온도에 비례한다.

③ 보일-샤를의 법칙

$\dfrac{P_1 V_1}{T_1} = \dfrac{P_2 V_2}{T_2}$

일정량의 기체가 차지하는 부피는 절대압력에 반비례하고 절대온도에 비례한다.

해답 ③

02 다음에서 설명하는 법칙에 해당하는 것은?

[다음] 용매에 용질을 녹일 경우, 증기압 강하의 크기는 용액 중에 녹아 있는 용질의 몰분율에 비례한다.

① 증기압의 법칙
② 라울의 법칙
③ 이상용액의 법칙
④ 일정성분비의 법칙

해설 라울의 법칙(빙점 강하도)
일정한 온도에서 비휘발성이며 비전해질인 용질이 묽은 용액의 증기압력내림은 일정량의 용매에 녹아있는 용질의 몰 수에 비례한다.

$$\Delta T_f = K_f \cdot m = K_f \times \frac{a}{W} \times \frac{1000}{M} \qquad M = K_f \times \frac{a}{W\Delta T_f} \times 1000$$

여기서, K_f : 빙점강하도(물의 $K_f = 1.86℃/m$), m : 몰랄농도, a : 용질(녹는 물질)의 무게
W : 용매(녹이는 물질)의 무게, M : 분자량, ΔT_f (어는점 내림상수)(℃/m)

해답 ②

03 그림의 위험물에 대한 설명으로 옳은 것은?
① 휘황색의 액체이다.
② 규조토에 흡수시켜 다이너마이트를 제조하는 원료이다.
③ 여름에 기화하고 겨울에 동결할 우려가 있다.
④ 물에 녹지 않고 아세톤, 벤젠에 잘 녹는다.

해설 트라이나이트로톨루엔[$C_6H_2CH_3(NO_2)_3$](TNT) : 제5류 위험물 중 나이트로화합물 ★★★★★
톨루엔($C_6H_5CH_3$)의 수소원자(H)를 나이트로기(-NO_2)로 치환한 것

화학식	분자량	비중	비점	융점	착화점
$C_6H_2CH_3(NO_2)_3$	227	1.7	280℃	81℃	300℃

① 물에는 녹지 않고 알코올, 아세톤, 벤젠에 녹는다.
② Tri Nitro Toluene의 약자로 TNT라고도 한다.
③ 담황색의 **주상결정**이며 햇빛에 다갈색으로 변색된다.
④ 강력한 폭약이며 급격한 타격에 폭발한다.

$$2C_6H_2CH_3(NO_2)_3 \rightarrow 2C + 12CO + 3N_2\uparrow + 5H_2\uparrow$$

⑤ 연소 시 연소속도가 너무 빠르므로 소화가 곤란하다.
⑥ 무기 및 다이나마이트, 질산폭약제 제조에 이용된다.
⑦ 다량의 물로 주수소화하는 것이 가장 좋다.

해답 ④

04 위험물을 저장하는 원통형 탱크를 종으로 설치할 경우 공간용적을 옳게 나타낸 것은?
(단, 탱크의 지름은 10m, 높이는 16m이며, 원칙적인 경우이다.)
① 62.8m³ 이상 125.7m³ 이하
② 72.8m³ 이상 125.7m³ 이하
③ 62.8m³ 이상 135.6m³ 이하
④ 72.8m³ 이상 135.6m³ 이하

해설 탱크의 내용적(종으로 설치한 것)

$$V = \pi r^2 L$$

여기서, V : 내용적, r : 반지름, L : 탱크의 길이
① 탱크의 내용적
$V = \pi \times 5^2 \times 16 = 1256.64 m^3$
② 공간용적 $\frac{5}{100}$ 이상 $\frac{10}{100}$ 이하
$1256.64 \times 0.05 \sim 1256.64 \times 0.1 = 62.8 \sim 125.7$

해답 ①

05 위험물의 운반기준으로 틀린 것은?

① 고체 위험물은 운반용기 내용적의 95% 이하로 수납할 것
② 액체 위험물은 운반용기 내용적의 98% 이하로 수납할 것
③ 하나의 외장용기에는 다른 종류의 위험물을 수납하지 아니할 것
④ 액체 위험물은 섭씨 65도의 온도에서 누설되지 않도록 충분한 공간용적을 유지할 것

해설 **적재방법**
① **고체위험물** : 내용적의 95% 이하의 수납율
② **액체위험물** : 내용적의 98% 이하의 수납율로 수납하되, 55도의 온도에서 누설되지 아니하도록 충분한 공간용적을 유지하도록 할 것
③ 제3류 위험물은 다음의 기준에 따라 운반용기에 수납할 것
　㉠ 자연발화성물질 : 불활성 기체를 봉입하여 밀봉하는 등 공기와 접하지 아니하도록 할 것
　㉡ 자연발화성물질외의 물품 : 파라핀·경유·등유 등의 보호액으로 채워 밀봉하거나 불활성 기체를 봉입하여 밀봉하는 등 수분과 접하지 아니하도록 할 것
　㉢ 자연발화성물질 중 **알킬알루미늄** 등 : 내용적의 **90% 이하의 수납율**로 수납하되, **50℃의 온도**에서 **5% 이상의 공간용적**을 유지하도록 할 것

운반용기의 내용적에 대한 수납율
① 액체위험물 : 내용적의 98% 이하
② 고체위험물 : 내용적의 95% 이하

해답 ④

06 액체 위험물을 저장하는 용량 10,000L의 이동저장탱크는 최소 몇 개 이상의 실로 구획하여야 하는가?

① 1개　　　　　　　　　　② 2개
③ 3개　　　　　　　　　　④ 4개

해설 ① **이동저장탱크의 수압시험 및 시험시간**

압력 탱크(최대상용압력 46.7kPa 이상 탱크) 외의 탱크	압력 탱크
70kPa의 압력으로 10분간	최대상용압력의 1.5배의 압력으로 10분간

② 이동저장탱크는 그 내부에 **4,000L 이하마다** 3.2mm 이상의 강철판 또는 이와 동등 이상의 강도·내열성 및 내식성이 있는 **금속성의 것으로 칸막이를 설치할 것**.
③ 칸막이로 구획된 각 부분마다 맨홀과 다음 각목의 기준에 의한 안전장치 및 방파판을 설치할 것(단, 칸막이로 구획된 부분의 용량이 2,000L 미만인 부분에는 방파판을 설치하지 아니할 수 있다.

탱크의 구획된 실의 수 = $\dfrac{10000}{4000}$ = 2.50　∴ 3개

[참고] 탱크의 칸막이 개수 = $\dfrac{10000}{4000} - 1 = 1.50$　∴ 2개

해답 ③

07
유기과산화물을 함유하는 것 중에서 불활성 고체를 함유하는 것으로서 다음에 해당하는 물질은 제5류 위험물에서 제외한다. 괄호 안에 알맞은 수치는?

[다음] 과산화벤조일의 함유량이 (　)중량% 미만인 것으로서 전분가루, 황산칼슘2수화물 또는 인산수소칼슘2수화물과의 혼합물

① 25.5　　　　　　　　② 35.5
③ 45.5　　　　　　　　④ 55.5

해설 제5류 물품에 있어서는 유기과산화물을 함유하는 것 중에서 불활성고체를 함유하는 것으로서 다음 각목의 1에 해당하는 것은 제외한다.
① 과산화벤조일의 함유량이 35.5중량% 미만인 것으로서 전분가루, 황산칼슘2수화물 또는 인산수소칼슘2수화물과의 혼합물
② 비스(4-클로로벤조일)퍼옥사이드의 함유량이 30중량% 미만인 것으로서 불활성고체와의 혼합물
③ 과산화다이쿠밀의 함유량이 40중량% 미만인 것으로서 불활성고체와의 혼합물
④ 1·4비스(2-터셔리뷰틸퍼옥시아이소프로필)벤젠의 함유량이 40중량% 미만인 것으로서 불활성고체와의 혼합물
⑤ 사이클로헥사놀퍼옥사이드의 함유량이 30중량% 미만인 것으로서 불활성고체와의 혼합물

해답 ②

08
다음 제1류 위험물 중 융점이 가장 높은 것은?

① 과염소산칼륨　　　　② 과염소산나트륨
③ 염소산나트륨　　　　④ 염소산칼륨

해설 제1류 위험물의 융점

구 분	과염소산칼륨	과염소산나트륨	염소산나트륨	염소산칼륨
화학식	$KClO_4$	$NaClO_4$	$NaClO_3$	$KClO_3$
품 명	과염소산염류	과염소산염류	염소산염류	염소산염류
융점(녹는점)	610℃	482℃	250℃	368℃

해답 ①

09
운송책임자의 감독·지원을 받아 운송하여야 하는 위험물은?

① 칼륨　　　　　　　② 하이드라진유도체
③ 특수인화물　　　　④ 알킬리튬

해설 운송책임자의 감독·지원을 받아 운송하여야 하는 위험물
① 알킬알루미늄
② 알킬리튬
③ 알킬알루미늄 또는 알킬리튬의 물질을 함유하는 위험물

해답 ④

10 위험물의 제조과정에서의 취급기준에 대한 설명으로 틀린 것은?

① 증류 공정에 있어서는 위험물의 취급하는 설비의 외부압력의 변동에 의하여 액체 또는 증기가 생기도록 하여야 한다.
② 추출 공정에 있어서는 추출관의 내부압력이 비정상으로 상승하지 않도록 하여야 한다.
③ 건조 공정에 있어서는 위험물의 온도가 부분적으로 상승하지 아니하는 방법으로 가열 또는 건조할 것.
④ 분쇄 공정에 있어서는 위험물의 분말이 현저하게 기계·기구 등에 부착하고 있는 상태로 그 기계·기구를 취급하지 아니하여야 한다.

해설 위험물의 취급 중 제조에 관한 기준(중요기준).
① 증류공정에 있어서는 위험물을 취급하는 설비의 내부압력의 변동 등에 의하여 **액체 또는 증기가 새지 아니하도록 할 것**
② 추출공정에 있어서는 추출관의 내부압력이 비정상으로 상승하지 아니하도록 할 것
③ 건조공정에 있어서는 위험물의 온도가 부분적으로 상승하지 아니하는 방법으로 가열 또는 건조할 것
④ 분쇄공정에 있어서는 위험물의 분말이 현저하게 부유하고 있거나 위험물의 분말이 현저하게 기계·기구 등에 부착하고 있는 상태로 그 기계·기구를 취급하지 아니할 것

해답 ①

11 메틸에틸케톤퍼옥사이드의 저장취급소에 적응하는 소화방법으로 가장 적합한 것은?
① 냉각소화   ② 질식소화
③ 억제소화   ④ 제거소화

해설 메틸에틸케톤퍼옥사이드[MEKPO, $(CH_3COC_2H_5)_2O_2$] : 제5류 위험물 중 유기과산화물

화학식	분자량	비중	분해온도	융점	착화점
$C_8H_{16}O_4$	148	1.12	40℃	-20℃	205℃

① 무색의 기름모양 액체이며 물에 약간 녹는다.
② 알칼리금속과 접촉 시 분해가 더 촉진된다.
③ 섬유소, 헝겊, 탈지면 등의 다공성 물질과 접촉 시 30℃ 이하에서도 자연발화 위험성이 있다.
④ 시중에 판매되는 것은 프탈산다이메틸, 프탈산다이부틸 등으로 희석하여 순도가 50~60% 정도가 된다.
⑤ 110℃ 정도에서 급격히 분해되면서 흰 연기를 낸다.
⑥ **다량의 물로 냉각소화가 적합하다.**

해답 ①

12 Halon 1211과 Halon 1301 소화기(약제)에 대한 설명 중 틀린 것은?

① 모두 부촉매 효과가 있다.
② 모두 공기보다 무겁다.
③ 증기비중과 액체비중 모두 Halon 1211이 더 크다.
④ 방사 시 유효거리는 Halon 1301 소화기가 더 길다.

> **해설** 할로젠화합물 소화약제 명명법
> 할론 ⓐ ⓑ ⓒ ⓓ
> ⓐ : C원자수 ⓑ : F원자수 ⓒ : Cl원자수 ⓓ : Br원자수
>
> 할로젠화합물 소화약제
>
> | 구분 | 할론2402 | 할론1211 | 할론1301 | 할론1011 |
> |---|---|---|---|---|
> | 분자식 | $C_2F_4Br_2$ | CF_2ClBr | CF_3Br | CH_2ClBr |
> | 상온, 상압에서 상태 | 액체 | 기체 | 기체 | 액체 |
>
> • Halon 1301의 방사거리 : 3~4m
> • Halon 1211의 방사거리 : 4~5m
>
> **해답** ④

13 연소생성물로서 혈액 속에서 헤모글로빈(Hemoglobin)과 결합하여 산소 부족을 야기하는 것은?

① HCl ② CO
③ NH_3 ④ HCN

> **해설** 연소 시 발생하는 각종 가스
> ① 일산화탄소(CO)
>   ㉠ 인명피해가 가장 크다.
>   ㉡ 피 속의 헤모글로빈과 결합하여 산소운반 방해
> ② 이산화탄소(CO_2) : 자체의 독성은 없고 많은 양을 흡입 시 질식사
> ③ 아황산가스(SO_2) : 황 함유 물질이 완전 연소 시 발생
> ④ 황화수소(H_2S) : 황 함유 물질이 불완전 연소 시 발생
> ⑤ 아크로레인(CH_2CHCHO) : 석유제품, 유지류 연소 시 발생
> ⑥ 포스겐($COCl_2$) : 독성이 가장 크다.
>
> **해답** ②

14 각 위험물의 지정수량을 합하면 가장 큰 값을 나타내는 것은?

① 다이크로뮴산칼륨 + 아염소산나트륨 ② 다이크로뮴산칼륨 + 아질산칼륨
③ 과망가니즈산나트륨 + 염소산칼륨 ④ 아이오딘산칼륨 + 아질산칼륨

해설 제1류 위험물의 지정수량

성질	품명		지정수량	위험등급
산화성 고체	1. 아염소산염류 2. 염소산염류 3. 과염소산염류 4. 무기과산화물		50kg	I
	5. 브로민산염류 6. 질산염류 7. 아이오딘산염류		300kg	II
	8. 과망가니즈산염류 9. 다이크로뮴산염류		1000kg	III
	10. 그 밖에 행정안전부령이 정하는 것	① 과아이오딘산염류 ② 과아이오딘산 ③ 크로뮴, 납 또는 아이오딘의 산화물 ④ 아질산염류 ⑤ 염소화아이소사이아누르산 ⑥ 퍼옥소이황산염류 ⑦ 퍼옥소붕산염류	300kg	II
		⑧ 차아염소산염류	50kg	I

① 다이크로뮴산칼륨+아염소산나트륨=1,000kg+50kg=1,050kg
② 다이크로뮴산칼륨+아질산칼륨=1,000kg+300kg=1,300kg
③ 과망가니즈산나트륨+염소산칼륨=1,000kg+50kg=1,050kg
④ 아이오딘산칼륨+아질산칼륨=300kg+300kg=600kg

해답 ②

15 소화난이도 등급 I의 옥외탱크저장소(지중탱크 및 해상탱크 이외의 것)로서 인화점이 70℃ 이상인 제4류 위험물만을 저장하는 탱크에 설치하여야 하는 소화설비는?

① 물분무소화설비 또는 고정식 포소화설비
② 옥내소화전설비
③ 스프링클러설비
④ 이산화탄소 소화설비

해설 소화난이도 등급 I의 제조소 등에 설치하여야 하는 소화설비

제조소 등의 구분		소화설비
옥외탱크저장소	지중탱크 또는 해상탱크 외의 것	황만을 저장·취급하는 것	물분무소화설비
		인화점 70℃ 이상의 제4류 위험물만을 저장·취급하는 것	물분무소화설비 또는 고정식 포소화설비
		그 밖의 것	고정식 포소화설비(포소화설비가 적응성이 없는 경우에는 분말소화설비)
	지중탱크		고정식 포소화설비, 이동식 이외의 이산화탄소 소화설비 또는 이동식 이외의 할로젠화물 소화설비
	해상탱크		고정식 포소화설비, 물분무소화설비, 이동식 이외의 이산화탄소 소화설비 또는 이동식 이외의 할로젠화물 소화설비

해답 ①

16 질산암모늄 80g이 완전분해하여 O_2, H_2O, N_2가 생성되었다면 이 때 생성물의 총량은 모두 몇 mol인가?

① 2
② 3.5
③ 4
④ 7

해설 질산암모늄의 열분해반응식

$$NH_4NO_3 \rightarrow 2H_2O + N_2 + 0.5O_2 \uparrow$$
$$1mol(80g) \rightarrow 2mol + 1mol + 0.5mol = 3.5mol$$

해답 ②

17 질산암모늄 등 유해·위험물질의 위험성을 평가하는 방법 중 정량적 방법에 해당하지 않는 것은?

① FTA
② ETA
③ CCA
④ PHA

해설 정량적 위험성 평가(Hazard Assessment Methods)
① 결함수 분석(Fault Tree Analysis, FTA)
② 사건수 분석(Event Tree Analysis, ETA)
③ 원인-결과분석(Cause-Consequence Analysis, CCA)
정성적 위험성 평가 : 예비위험분석(Preliminary Hazard Analysis, PHA)★

해답 ④

18 금속분에 대한 설명 중 틀린 것은?

① Al의 화재 발생 시 할로젠화합물 소화약제는 적응성이 없다.
② Al은 수산화나트륨 수용액과 반응 시 $NaAl(OH)_2$와 H_2가 주로 생성된다.
③ Zn은 KCN 수용액에서 녹는다.
④ Zn은 염산과 반응 시 $ZnCl_2$와 H_2가 생성된다.

해설 알루미늄분(Al) : 제2류 위험물★★★

화학식	원자량	비중	융점	비점
Al	27	2.7	660℃	2,000℃

① 은백색의 분말이며 비중이 약 2.7이다.
② 진한 질산에는 침식당하지 않으나(부동태) 묽은 질산에는 잘 녹는다.
③ 산화제와 혼합시 가열, 충격, 마찰 등에 의하여 착화위험이 있다.
④ 할로젠원소(F, Cl, Br, I)와 접촉시 자연발화 위험이 있다.
⑤ 분진폭발 위험성이 있다.
⑥ 가열된 알루미늄은 물(수증기)와 반응하여 수소를 발생시킨다.(주수소화금지)

$$2Al + 6H_2O \rightarrow 2Al(OH)_3 + 3H_2 \uparrow$$

⑦ 알루미늄(Al)은 산과 반응하여 수소를 발생한다.

$$2Al + 6HCl \rightarrow 2AlCl_3 + 3H_2$$

⑧ 주수소화는 엄금이며 마른모래 등으로 피복 소화한다.
⑨ 알루미늄은 수산화나트륨 수용액과 반응 시 $NaAlO_2$과 H_2가 주로 생성된다.

$$2Al + 2NaOH + 2H_2O \rightarrow 2NaAlO_2 + 3H_2$$

해답 ②

19
위험물제조소에 설치하는 옥외소화전의 개폐밸브 및 호스접속구는 바닥면으로부터 몇 m 이하의 높이에 설치하여야 하는가?

① 0.5   ② 1.5
③ 1.7   ④ 1.9

해설 옥외소화전설비의 기준
(1) 옥외소화전의 **개폐밸브** 및 **호스접속구**는 지반면으로부터 **1.5m 이하의 높이**에 설치할 것
(2) 방수용기구를 격납하는 함(**옥외소화전함**)은 불연재료로 제작하고 옥외소화전으로부터 **보행거리 5m 이하**의 장소로서 화재발생시 쉽게 접근가능하고 화재 등의 피해를 받을 우려가 적은 장소에 설치할 것
(3) 옥외소화전설비의 설치의 표시는 다음 각목에 정한 것에 의할 것
　① 옥외소화전함에는 그 표면에 "호스격납함"이라고 표시할 것. 다만, 호스접속구 및 개폐밸브를 옥외소화전함의 내부에 설치하는 경우에는 "소화전"이라고 표시할 수도 있다.
　② 옥외소화전에는 직근의 보기 쉬운 장소에 "소화전"이라고 표시할 것

해답 ②

20
과염소산의 취급ㆍ저장 시 주의사항으로 틀린 것은?

① 가열하면 폭발할 위험이 있으므로 주의한다.
② 종이ㆍ나뭇조각 등과 접촉을 피하여야 한다.
③ 구멍이 뚫린 코르크 마개를 사용하여 통풍이 잘 되는 곳에 저장한다.
④ 물과 접촉하면 심하게 반응하므로 접촉을 금지한다.

해설 과염소산($HClO_4$) : 제6류 위험물

화학식	분자량	비중	비점	융점
$HClO_4$	100.46	1.77	39℃	-112℃

① 물과 접촉 시 심한 열을 발생하며 불안정하다.
② 종이, 나무조각과 접촉 시 연소한다.
③ 공기 중 분해하여 강하게 연기를 발생한다.
④ 무색의 액체로 염소냄새가 난다.
⑤ 산화력 및 흡습성이 강하다.
⑥ 다량의 물로 분무(안개모양)주수소화

과산화수소(H_2O_2) : 저장용기는 밀폐하지 말고 구멍이 있는 마개를 사용한다.

해답 ③

21
반도체 산업에서 사용되는 $SiHCl_3$은 제 몇 류 위험물인가?

① 1 ② 3
③ 5 ④ 6

해설 트라이클로로실란($SiHCl_3$: Tri-chlorosilane)(**제3류-염소화규소화합물**)
① 분자식 : Cl_3-H-Si, 분자량 : 135.45
② 인화점 : -14℃, 끓는점(비점) : 32℃
③ 염화수소 냄새를 지닌 무색 액체
④ 벤젠, 에터, 헵탄, 클로로포름, 사염화탄소에 용해
⑤ 증기압 : 400mmHg, 증기비중 : 1.3, 증기밀도 : 4.7

해답 ②

22
지정수량을 표시하는 단위가 나머지 셋과 다른 하나는?

① 질산망가니즈
② 과염소산
③ 메틸에틸케톤
④ 트라이에틸알루미늄

해설
① 질산망가니즈-제1류-질산염류-300kg
② 과염소산-제6류-300kg
③ 메틸에틸케톤-제4류-제1석유류-200L
④ 트라이에틸알루미늄-제3류-10kg

해답 ③

23
위험물에 관한 설명 중 틀린 것은?

① 농도가 30중량%인 과산화수소는 위험물안전관리법상의 위험물이 아니다.
② 질산을 염산과 일정한 비율로 혼합하면 금과 백금을 녹일 수 있는 혼합물이 된다.
③ 질산은 분해 방지를 위해 직사광선을 피하고 갈색병에 담아 보관한다.
④ 과산화수소의 자연발화를 막기 위해 용기에 인산, 요산을 가한다.

해설 과산화수소(H_2O_2)의 일반적인 성질

화학식	분자량	비중	비점	융점
H_2O_2	34	1.463	150.2℃(pure)	-0.43℃(pure)

① 물, 에탄올, 에터에 잘 녹으며 벤젠에 녹지 않는다.
② 분해 시 발생기 산소(O)를 발생시킨다.
③ 분해안정제로 인산(H_3PO_4) 또는 요산($C_5H_4N_4O_3$)을 첨가한다.
④ 저장용기는 밀폐하지 말고 구멍이 있는 마개를 사용한다.
⑤ 강산화제이면서 환원제로도 사용한다.
⑥ 60% 이상의 고농도에서는 단독으로 폭발위험이 있다.
⑦ 하이드라진($NH_2 \cdot NH_2$)과 접촉 시 분해 작용으로 폭발위험이 있다.

$$NH_2 \cdot NH_2 + 2H_2O_2 \rightarrow 4H_2O + N_2 \uparrow$$

⑧ 3%용액은 옥시풀이라 하며 표백제 또는 살균제로 이용한다.
⑨ 무색인 아이오딘칼륨 녹말종이와 반응하여 청색으로 변화시킨다.

- 과산화수소는 36%(중량) 이상만 위험물에 해당된다.
- 과산화수소는 표백제 및 살균제로 이용된다.

⑩ 다량의 물로 주수 소화한다.

질산(HNO₃) : 제6류 위험물(산화성 액체)★★★★★

화학식	분자량	비중	비점	융점
HNO₃	63	1.50	86℃	−42℃

① 무색의 발연성 액체이다.
② 빛에 의하여 일부 분해되어 생긴 NO₂ 때문에 황갈색으로 된다.

$$4HNO_3 \rightarrow 2H_2O + 4NO_2\uparrow (이산화질소) + O_2\uparrow (산소)$$

③ 저장용기는 직사광선을 피하고 찬 곳에 저장한다.
④ 실험실에서는 갈색병에 넣어 햇빛을 차단시킨다.
⑤ 환원성물질과 혼합하면 발화 또는 폭발한다.

크산토프로테인반응(xanthoprotenic reaction)
단백질에 진한질산을 가하면 노란색으로 변하고 알칼리를 작용시키면 오렌지색으로 변하며, 단백질 검출에 이용된다.

⑥ 진한질산 1과 진한염산 3(용적비)의 비율로 혼합하면 금과 백금을 녹일수 있는 왕수를 만든다.
⑦ 위급 시에는 다량의 물로 냉각 소화한다.

해답 ④

24 다음과 같은 벤젠의 화학반응을 무엇이라 하는가?

$$C_6H_6 + H_2SO_4 \rightarrow C_6H_5 \cdot SO_3H + H_2O$$

① 나이트로화 ② 술폰화
③ 아이오딘화 ④ 할로젠화

해설 술폰화 : 벤젠이 황산과 반응하여 벤젠술폰산을 생성하는 반응
$$C_6H_6(벤젠) + H_2SO_4(황산) \rightarrow C_6H_5 \cdot SO_3H(벤젠슬폰산) + H_2O$$

해답 ②

25 뉴턴의 점성법칙에서 전단응력을 표현할 때 사용되는 것은?

① 점성계수, 압력 ② 점성계수, 속도구배
③ 압력, 속도구배 ④ 압력, 마찰계수

해설 **뉴턴의 점성법칙**
① 전단응력은 점성계수와 속도구배(속도기울기)에 비례한다.
② **전단응력**은 단위면적당 가해지는 힘으로 **표면력**에 해당한다.

$$전단응력(kg/m^2) \quad \tau = \mu \frac{du}{dy}$$

여기서, μ : 점성계수 $\frac{du}{dy}$: 속도구배(속도기울기)

해답 ②

---

26 금속칼륨을 석유 속에 넣어 보관하는 이유로 가장 적합한 것은?
① 산소의 발생을 막기 위해
② 마찰 시 충격을 방지하려고
③ 제3류 위험물과 제4류 위험물의 혼재가 가능하기 때문에
④ 습기 및 공기와의 접촉을 방지하려고

해설 **금속칼륨 및 금속나트륨 : 제3류 위험물(금수성)**
① 물과 반응하여 수소기체 발생

$$2Na + 2H_2O \rightarrow 2NaOH + H_2 \uparrow (수소발생)$$
$$2K + 2H_2O \rightarrow 2KOH + H_2 \uparrow (수소발생)$$

② 석유(유동파라핀, 등유, 경유)속에 저장
★★자주출제(필수정리)★★
① 칼륨(K), 나트륨(Na)은 석유속에 저장
② 황린(3류) 및 이황화탄소(4류)는 물속에 저장

해답 ④

---

27 탄화칼슘에 대한 설명으로 틀린 것은?
① 분자량은 약 64이다.
② 비중은 약 0.9이다.
③ 고온으로 가열하면 질소와도 반응한다.
④ 흡습성이 있다.

해설 **카바이드 = 탄화칼슘(CaC_2) : 제3류 위험물 중 칼슘탄화물**

화학식	분자량	융점	비중
CaC_2	64	2370℃	2.21

① 물과 접촉 시 아세틸렌을 생성하고 열을 발생시킨다.

$$CaC_2 + 2H_2O \rightarrow Ca(OH)_2(수산화칼슘) + C_2H_2 \uparrow (아세틸렌)$$

② 아세틸렌의 폭발범위는 2.5~81%로 대단히 넓어서 폭발위험성이 크다.
③ 장기 보관시 불활성기체(N_2 등)를 봉입하여 저장한다.
④ 별명은 카바이드, 탄화석회, 칼슘카바이드 등이다.

⑤ 고온(700℃)에서 질화되어 석회질소($CaCN_2$)가 생성된다.
$$CaC_2 + N_2 \rightarrow CaCN_2(석회질소) + C(탄소)$$
⑥ 물 및 포약제에 의한 소화는 절대 금하고 마른모래 등으로 피복 소화한다.

해답 ②

28. 제조소 및 일반취급소에 경보설비인 자동화재탐지설비를 설치하여야 하는 조건에 해당하지 않는 것은?

① 연면적 $500m^2$ 이상인 것
② 옥내에서 지정수량 100배의 휘발유를 취급하는 것
③ 옥내에서 지정수량 200배의 벤젠을 취급하는 것
④ 처마높이가 6m 이상인 단층건물의 것

해설 제조소 등별로 설치하여야 하는 경보설비의 종류

제조소등의 구분	제조소 등의 규모, 저장 또는 취급하는 위험물의 종류 및 최대수량 등	경보설비
제조소 및 일반취급소	① **연면적 $500m^2$ 이상인 것** ② **옥내에서 지정수량의 100배 이상을 취급하는 것**(고인화점위험물만을 100℃ 미만의 온도에서 취급하는 것을 제외) ③ 일반취급소로 사용되는 부분 외의 부분이 있는 건축물에 설치된 일반취급소(일반취급소와 일반취급소 외의 부분이 내화구조의 바닥 또는 벽으로 개구부 없이 구획된 것을 제외)	자동화재탐지설비

해답 ④

29. 방호 대상물의 표면적이 $50m^2$인 곳에 물분무소화설비를 설치하고자 한다. 수원의 수량은 몇 L 이상이어야 하는가?

① 3,000
② 4,000
③ 30,000
④ 40,000

해설 ① 위험물제조소등의 소화설비 설치기준

소화설비	수평거리	방사량	방사압력	수원의 양
옥내	25m 이하	260(L/min) 이상	350(kPa) 이상	$Q = N$(소화전개수 : 최대 5개) $\times 7.8m^3$(260L/min $\times$ 30min)
옥외	40m 이하	450(L/min) 이상	350(kPa) 이상	$Q = N$(소화전개수 : 최대 4개) $\times 13.5m^3$(450L/min $\times$ 30min)
스프링클러	1.7m 이하	80(L/min) 이상	100(kPa) 이상	$Q = N$(헤드수 : 최대 30개) $\times 2.4m^3$(80L/min $\times$ 30min)
물분무		20 (L/$m^2 \cdot$ min)	350(kPa) 이상	$Q = A$(바닥면적 m^2) $\times 0.6m^3$(20L/$m^2 \cdot$ min $\times$ 30min)

② 물분무소화설비의 수원의 양
$Q = A$(바닥면적 m^2) $\times 0.6m^3$(20L/$m^2 \cdot$ min $\times$ 30min)
$Q = 50m^2 \times 0.6m^3/m^2 = 30m^3 = 30,000L$

해답 ③

30 위험물안전관리법령상 위험등급 I 인 위험물은?

① 과아이오딘산칼륨
② 아조화합물
③ 하이드록실아민
④ 나이트로글리세린

해설 위험물의 등급 분류

위험등급	해당 위험물
위험등급 I	① 제1류 위험물 중 아염소산염류, 염소산염류, 과염소산염류, 무기과산화물 그 밖에 지정수량이 50kg인 위험물 ② 제3류 위험물 중 칼륨, 나트륨, 알킬알루미늄, 알킬리튬, 황린 그 밖에 지정수량이 10kg 또는 20kg인 위험물 ③ 제4류 위험물 중 특수인화물 ④ 제5류 위험물 중 지정수량이 10kg인 위험물 ⑤ 제6류 위험물
위험등급 II	① 제1류 위험물 중 브로민산염류, 질산염류, 아이오딘산염류 그 밖에 지정수량이 300kg인 위험물 ② 제2류 위험물 중 황화인, 적린, 황 그 밖에 지정수량이 100kg인 위험물 ③ 제3류 위험물 중 알칼리금속(칼륨, 나트륨 제외) 및 알칼리토금속, 유기금속화합물(알킬알루미늄 및 알킬리튬은 제외) 그 밖에 지정수량이 50kg인 위험물 ④ 제4류 위험물 중 제1석유류, 알코올류 ⑤ 제5류 위험물 중 위험등급 I 위험물 외의 것
위험등급 III	위험등급 I, II 이외의 위험물

해답 ④

31 안지름 5cm인 관내를 흐르는 유동의 임계 레이놀드수가 2,000이면 임계 유속은 몇 cm/s인가? (단, 유체의 동점성계수는 0.0131cm²/s 이다.)

① 0.21
② 1.21
③ 5.24
④ 12.6

 $u = \dfrac{ReNo\,v}{D} = \dfrac{2000 \times 0.0131}{5} = 5.24\,\text{cm/s}$

레이놀드 수

$$\text{ReNo} = \frac{D u \rho}{\mu} = \frac{Du}{v} = \frac{4Q}{\pi D v}$$

여기서, ReNo : 레이놀즈수, D : 관경(m), u : 유속(m/s), ρ : 밀도(kg/m³)
μ : 점도(kg/m·s), v : 동점도(m²/s), Q : 유량(m³/s)

해답 ③

32 CH₃COOOH(Peracetic Acid)은 제 몇 류 위험물인가?

① 제2류 위험물 ② 제3류 위험물
③ 제4류 위험물 ④ 제5류 위험물

해설 과산화초산(CH₃COOOH)(Peracetic Acid) : 제5류-유기과산화물
① 자극적인 향을 가진 액체이다.
② 물, 알콜, 에터, 황산에 녹는다.
③ 녹는점 0.1℃, 끓는점 105℃, 비중 1.226이다.
④ 110℃ 이상 가열시 폭발의 위험성이 있는 강한 산화제

해답 ④

33 다음 A, B 같은 작업공정을 가진 경우 위험물안전관리법상 허가를 받아야 하는 제조소 등의 종류를 옳게 짝지은 것은? (단, 지정수량 이상을 취급하는 경우이다.)

① A : 위험물제조소, B : 위험물제조소
② A : 위험물제조소, B : 위험물취급소
③ A : 위험물취급소, B : 위험물제조소
④ A : 위험물취급소, B : 위험물취급소

A : 원료(비위험물) →작업→ 제품(위험물)
B : 원료(위험물) →작업→ 제품(비위험물)

해설 정의
① **위험물제조소** : 위험물이나 비위험물을 원료로 사용하여 생산제품이 위험물인 경우
② **위험물일반취급소** : 위험물을 원료로 사용하여 생산제품이 비위험물인 경우
제조소나 일반취급소의 원료로 사용하는 양이나 생산제품의 양이 지정수량 이상일 때 위험물안전관리법에 규제를 받는다.

해답 ②

34 물분무소화설비가 되어 있는 위험물옥외탱크저장소에 대형소화기를 설치하는 경우 방호대상물로부터 반경 몇 m마다 대형소화기를 1개이상 증설하여야 하는가?

① 50 ② 30
③ 20 ④ 제한 없다.

해설 당해 제조소등이 옥내소화전설비·옥외소화전설비·스프링클러설비·물분무소화설비·포소화설비·불연성가스소화설비·할로젠화합물소화설비 또는 분말소화설비 설치대상인 것에 있어서는 반경 30m마다 대형소화기 1개 이상을 증설할 것

해답 ②

35 접지도선을 설치하지 않은 이동탱크저장소에 의하여도 저장·취급할 수 있는 위험물은?

① 알코올류 ② 제1석유류
③ 제2석유류 ④ 특수인화물

해설 **접지도선**
제4류 위험물중 특수인화물, 제1석유류 또는 제2석유류의 이동탱크저장소에는 다음의 각호의 기준에 의하여 접지도선을 설치하여야 한다.
① 양도체(良導體)의 도선에 비닐 등의 절연재료로 피복하여 끝부분에 접지전극등을 결착시킬 수 있는 클립(clip) 등을 부착할 것
② 도선이 손상되지 아니하도록 도선을 수납할 수 있는 장치를 부착할 것

해답 ①

36 금속칼륨 10g을 물에 녹였을 때 이론적으로 발생하는 기체는 약 몇 g인가?

① 0.12g ② 0.26g
③ 0.32g ④ 0.52g

해설 **금속칼륨은 물과 반응하여 수소기체 발생**

$2K + 2H_2O \rightarrow 2KOH + H_2\uparrow$ (수소발생)
$2 \times 39g \longrightarrow 2g$
$10 \longrightarrow x$

$\therefore x = \dfrac{10g \times 2g}{2 \times 39g} = 0.256g$

금속칼륨 : 제3류 위험물(금수성)
① 경금속류에 속하며 보라색의 불꽃을 내며 연소한다.
② 피부와 접촉하면 화상의 위험이 있다.
③ 물과 반응하여 수소기체 발생

$2K + 2H_2O \rightarrow 2KOH + H_2\uparrow$ (수소발생)

④ **석유(유동파라핀, 등유, 경유)속에 저장**
★★자주출제(필수정리)★★
① 칼륨(K), 나트륨(Na)은 석유속에 저장
② 황린(3류) 및 이황화탄소(4류)는 물속에 저장

⑤ **알코올과 반응하여 에틸라이트 생성**

$2K + 2C_2H_5OH \rightarrow 2C_2H_5OK + H_2\uparrow$
(칼륨) (에틸알코올) (칼륨에틸레이트) (수소)

금수성 위험물질에 적응성이 있는 소화기
① 탄산수소염류 ② 마른 모래 ③ 팽창질석 또는 팽창진주암

해답 ②

37 제2종 분말소화약제가 열분해할 때 생성되는 물질로 4℃ 부근에서 최대밀도를 가지며 분자내 104.5°의 결합각을 갖는 것은?

① CO_2
② H_2O
③ H_3PO_4
④ K_2CO_3

해설 분말약제의 열분해

종 별	약제명	착색	열분해 반응식
제1종	탄산수소나트륨 중탄산나트륨	백색	$2NaHCO_3 \rightarrow Na_2CO_3 + CO_2 + H_2O$
제2종	**탄산수소칼륨 중탄산칼륨**	**담회색**	$2KHCO_3 \rightarrow K2CO3 + CO2 + H2O$
제3종	제1인산암모늄	담홍색	$NH_4H_2PO_4 \rightarrow HPO_3 + NH_3 + H_2O$
제4종	중탄산칼륨+요소	회(백)색	$2KHCO_3 + (NH_2)_2CO \rightarrow K_2CO_3 + 2NH_3 + 2CO_2$

물은 4℃ 부근에서 최대밀도를 가지며 분자 내 104.5°의 결합각을 갖는다. ★

해답 ②

38 알칼리금속 과산화물에 적응성이 있는 소화설비는?

① 할로젠화합물 소화설비
② 탄산수소염류 분말소화설비
③ 물분무소화설비
④ 스프링클러설비

해설 알칼리금속과산화물-제1류-금수성
금수성 위험물질에 적응성이 있는 소화기
① 탄산수소염류 ② 마른 모래 ③ 팽창질석 또는 팽창진주암

해답 ②

39 [보기]의 물질 중 제1류 위험물에 해당하는 것은 모두 몇 개인가?

[보기] 아염소산나트륨, 염소산나트륨, 차아염소산칼슘, 과염소산칼륨

① 4개
② 3개
③ 2개
④ 1개

해설 제1류 위험물의 구분

명 칭	아염소산나트륨	염소산나트륨	차아염소산칼슘	과염소산칼륨
화학식	$NaClO_2$	$NaClO_3$	$Ca(ClO)_2$	$KClO_4$
유 별	제1류 아염소산염류	제1류 염소산염류	제1류 차아염소산염류	제1류 과염소산염류
지정수량	50kg	50kg	50kg	50kg

해답 ①

40 물과 반응하여 유독성의 H₂S를 발생할 위험이 있는 것은?

① 황
② 오황화인
③ 황린
④ 이황화탄소

해설 **오황화인**(P_2S_5) : 제2류 위험물
① 담황색 결정이고 조해성이 있다.
② 수분을 흡수하면 분해된다.
③ 이황화탄소(CS_2)에 잘 녹는다.
④ **물, 알칼리와 반응하여 인산과 유독성인 황화수소를 발생**한다.

$$P_2S_5 + 8H_2O \rightarrow 2H_3PO_4(인산) + 5H_2S\uparrow(황화수소)$$

해답 ②

---

41 이동탱크저장소로 위험물을 운송하는 자가 위험물안전카드를 휴대하지 않아도 되는 것은?

① 벤젠
② 다이에틸에터
③ 휘발유
④ 경유

해설

명 칭	① 벤젠	② 다이에틸에터	③ 휘발유	④ 경유
유 별	제4류-제1석유류	제4류-특수인화물	제4류-제1석유류	제4류-제2석유류

이동탱크저장소에 의한 위험물의 운송시에 준수하여야 하는 기준
(1) 위험물운송자는 운송의 개시전에 이동저장탱크의 배출밸브 등의 밸브와 폐쇄장치, 맨홀 및 주입구의 뚜껑, 소화기 등의 점검을 충분히 실시할 것
(2) 위험물운송자는 장거리(고속국도에 있어서는 340km 이상, 그 밖의 도로에 있어서는 200km 이상)에 걸치는 운송을 하는 때에는 2명 이상의 운전자로 할 것.
다만, 다음의 1에 해당하는 경우에는 그러하지 아니하다.
 ① 운송책임자를 동승시킨 경우
 ② 운송하는 위험물이 제2류 위험물·제3류 위험물(칼슘 또는 알루미늄의 탄화물과 이것만을 함유한 것에 한한다)또는 제4류 위험물(특수인화물을 제외한다)인 경우
 ③ 운송도중에 2시간 이내마다 20분 이상씩 휴식하는 경우
(3) 위험물(제4류 위험물에 있어서는 **특수인화물 및 제1석유류에 한한다**)을 운송하게 하는 자는 **위험물안전카드**를 위험물운송자로 하여금 휴대하게 할 것

해답 ④

---

42 제조소 등에 대한 허가취소 또는 사용정지의 사유가 아닌 것은?

① 변경허가를 받지 아니하고 제조소 등의 위치·구조 또는 설비를 변경한 때
② 저장·취급기준의 중요 기준을 위반한 때
③ 위험물안전관리자를 선임하지 아니한 때
④ 위험물안전관리자 부재 시 그 대리자를 지정하지 아니한 때

해설 제조소 등 설치허가의 취소와 사용정지 등
① 변경허가를 받지 아니하고 제조소 등의 위치·구조 또는 설비를 변경한 때
② 완공검사를 받지 아니하고 제조소 등을 사용한 때
③ 수리·개조 또는 이전의 명령을 위반한 때
④ 위험물안전관리자를 선임하지 아니한 때
⑤ 대리자를 지정하지 아니한 때
⑥ 정기점검을 하지 아니한 때
⑦ 정기검사를 받지 아니한 때
⑧ 저장·취급기준 준수명령에 위반한 때

해답 ④

43 아이오딘값(Iodine Number)에 대한 설명으로 옳은 것은?
① 지방 또는 기름 1g과 결합하는 아이오딘의 g수이다.
② 지방 또는 기름 1g과 결합하는 아이오딘의 mg수이다.
③ 지방 또는 기름 100g과 결합하는 아이오딘의 g수이다.
④ 지방 또는 기름 100g과 결합하는 아이오딘의 mg수이다.

해설 비누화값의 정의 : 유지 1g을 비누화하는데 필요한 KOH의 mg수 ★
아이오딘값(아이오딘가)의 정의 : 유지 100g에 부가되는 아이오딘의 g수 ★

해답 ③

44 4몰의 질산이 분해하여 생성되는 H_2O, NO_2, O_2의 몰수를 차례대로 옳게 나열한 것은?
① 1, 2, 0.5
② 2, 4, 1
③ 2, 2, 1
④ 4, 4, 2

해설 질산(HNO_3) : 제6류 위험물(산화성 액체)★★★★★

화학식	분자량	비중	비점	융점
HNO_3	63	1.50	86℃	-42℃

① 무색의 발연성 액체이다.
② 빛에 의하여 일부 분해되어 생긴 NO_2 때문에 황갈색으로 된다.

$$4HNO_3 \rightarrow 2H_2O + 4NO_2\uparrow (이산화질소) + O_2\uparrow (산소)$$

③ 저장용기는 직사광선을 피하고 찬 곳에 저장한다.
④ 실험실에서는 갈색병에 넣어 햇빛을 차단시킨다.
⑤ 환원성물질과 혼합하면 발화 또는 폭발한다.

크산토프로테인반응(xanthoprotenic reaction)
단백질에 진한질산을 가하면 노란색으로 변하고 알칼리를 작용시키면 오렌지색으로 변하며, 단백질 검출에 이용된다.

⑥ 진한질산 1과 진한염산 3(용적비)의 비율로 혼합하면 금과 백금을 녹일 수 있는 왕수를 만든다.
⑦ 위급 시에는 다량의 물로 냉각 소화한다.

해답 ②

45 다음 금속원소 중 이온화에너지가 가장 큰 원소는?

① 리튬 ② 나트륨
③ 칼륨 ④ 루비듐

해설 원소의 이온화에너지
① 같은 주기에서는 원자번호가 증가함에 따라 이온화 에너지는 증가한다.
② 같은 족에서는 원자번호가 감소함에 따라 이온화 에너지는 증가한다.

원소기호	Li	Na	K	Rb
원소이름	리튬	나트륨	칼륨	루비듐
원자번호	3	11	19	37
1차 이온화에너지(kJ/mol)	520.2	495.9	418.9	400
주기	2주기	3주기	4주기	5주기
족	1족	1족	1족	1족

★ 이온화에너지의 크기 순서 : 리튬 > 나트륨 > 칼륨 > 루비듐

해답 ①

46 이산화탄소 소화약제에 대한 설명 중 틀린 것은?

① 소화 후 소화약제에 의한 오손이 없다.
② 전기절연성이 우수하여 전기화재에 효과적이다.
③ 밀폐된 지역에서 다량 사용 시 질식의 우려가 있다.
④ 한랭지에서 동결의 우려가 있으므로 주의해야 한다.

해설 CO_2 소화기의 장·단점

장 점	단 점
① 심부화재에 적합	① 압력이 고압이므로 특별한 주의요구된다.
② 화재 진화 후 깨끗하다.	② CO_2 방사시 인체에 동상우려가 있다.
③ 증거보존 양호하여 화재원인조사 쉽다.	③ 인체에 질식우려가 있다.
④ 비전도성 전기화재적합하다.	④ CO_2 방사 시 소음이 크다.
⑤ 피연소물에 피해가 적다.	
⑥ 동결의 우려가 없다.	

해답 ④

47 제2류 위험물의 일반적 성질을 옳게 설명한 것은?

① 비교적 낮은 온도에서 연소되기 쉬운 가연성 물질이며 연소속도가 빠른 고체이다.
② 비교적 낮은 온도에서 연소되기 쉬운 가연성 물질이며 연소속도가 빠른 액체이다.
③ 비교적 높은 온도에서 연소되는 가연성 물질이며 연소속도가 느린 고체이다.
④ 비교적 높은 온도에서 연소되는 가연성 물질이며 연소속도가 느린 액체이다.

해설 제2류 위험물의 일반적 성질
① 낮은 온도에서 착화가 쉬운 가연성 고체이다.
② 연소속도가 빠른 고체이다.
③ 연소 시 유독가스를 발생하는 것도 있다.
④ 금속분은 물 또는 산과 접촉시 발열된다.
⑤ 철분, 마그네슘, 금속분은 물과 접촉 시 수소가스 발생

해답 ①

48 제6류 위험물이 아닌 것은?
① 삼불화브로민 ② 오불화브로민
③ 오불화피리딘 ④ 오불화아이오딘

해설 제6류 위험물(산화성 액체)

성 질	품 명	화학식	지정수량	위험등급
산화성 액체	과염소산	$HClO_4$	300kg	I
	과산화수소(농도 36중량% 이상)	H_2O_2		
	질산(비중 1.49 이상)	HNO_3		
	• 할로젠간화합물 ① 삼불화브로민 ② 오불화브로민 ③ 오불화아이오딘	BrF_3 BrF_5 IF_5		

해답 ③

49 어떤 액체연료의 질량 조성이 C 80%, H 20%일 때 C : H의 mole비는?
① 1 : 3 ② 1 : 4
③ 4 : 1 ④ 3 : 1

해설 C : H의 mole비 $= \dfrac{80}{12} : \dfrac{20}{1} = 6.67 : 20 = 1 : 3$

해답 ①

50 나트륨에 대한 설명으로 틀린 것은?
① 화학적으로 활성이 크다.
② 4주기 1족에 속하는 원소이다.
③ 공기 중에서 자연발화할 위험이 있다.
④ 물보다 가벼운 금속이다.

해설 나트륨(Na) : 제3류–금수성물질

화학식	원자량	비점	융점	비중	불꽃색상
Na	23	880℃	97.8℃	0.97	노란색

① 물과 반응하여 수소기체 발생

$$2Na + 2H_2O \rightarrow 2NaOH + H_2\uparrow (수소발생)$$

② 석유(유동파라핀, 등유, 경유)속에 저장
③ 화학적으로 활성이 크다.
④ 3주기 1족에 속하는 원소이다.
⑤ 공기 중에서 자연발화할 위험이 있다.
⑥ 물보다 가벼운 금속이다.

해답 ②

---

51 다음 위험물 중 지정수량이 가장 큰 것은?

① 부틸리튬 ② 마그네슘
③ 인화칼슘 ④ 황린

해설 지정수량

종류	부틸리튬	마그네슘	인화칼슘	황린
화학식	$CH_3(CH_2)_3Li$	Mg	Ca_3P_2	P_4
유 별	제3류–알킬리튬	제2류	제3류–금속의 인화합물	제3류
지정수량	10kg	500kg	300kg	20kg

해답 ②

---

52 위험물제조소로부터 20m 이상의 안전거리를 유지하여야 하는 건축물 또는 공작물은?

① 문화유산의 보존 및 활용에 관한 법률에 따른 지정문화유산
② 고압가스안전관리법에 따라 신고하여야 하는 고압가스저장시설
③ 주거용 건축물
④ 고등교육법에서 정하는 학교

해설 제조소의 안전거리

구 분	안전거리
사용전압이 7,000V 초과 35,000V 이하	3m 이상
사용전압이 35,000V를 초과	5m 이상
주거용	10m 이상
고압가스, 액화석유가스, 도시가스	20m 이상
학교 · 병원 · 극장	30m 이상
지정문화유산 및 천연기념물 등	**50m 이상**

불연재료로 된 **방화상 유효한 담 또는 벽을 설치하는 경우**에는 안전거리를 **단축**할 수 있다.

해답 ②

53. 포소화설비 중 화재 시 용이하게 접근하여 소화작업을 할 수 있는 대상물에 설치하는 것은?

① 헤드 방식
② 포소화전 방식
③ 고정포방출구 방식
④ 포모니터 노즐 방식

해설 **포소화전 방식**
고정식 배관 설치 후 소화전과 같이 포 호스, 포 노즐에 의해 **사람이 직접 포를 방사**하는 방식으로 개방된 주차장, **옥외탱크저장소의 보조 포설비용**으로 사용되고 있다

해답 ②

54. 제1류 위험물의 위험성에 대한 설명 중 틀린 것은?

① BaO_2는 염산과 반응하여 H_2O_2를 발생한다.
② $KMnO_4$는 알코올 또는 글리세린과의 접촉 시 폭발 위험이 있다.
③ $KClO_3$는 100℃ 미만에서 열분해되어 KCl과 O_2를 방출한다.
④ $NaClO_3$은 산과 반응하여 유독한 ClO_2를 발생한다.

해설 **염소산칼륨($KClO_3$)** : 제1류 위험물(산화성고체) 중 염소산염류

화학식	분자량	물리적 상태	색상	분해온도
$KClO_3$	122.5	고체	무색	400℃

① 무색 또는 **백색분말**이며 산화력이 강하다
② 이산화망가니즈(MnO_2)과 접촉 시 분해가 촉진되어 산소를 방출한다.
③ 비중 : 2.34, 녹는점 368℃이다.
④ 온수, 글리세린에 잘 녹는다.
⑤ 냉수, 알코올에는 용해하기 어렵다.
⑥ 400℃에서 열분해되어 **염화칼륨과 산소를 방출**

$$2KClO_3 \rightarrow 2KCl + 3O_2 \uparrow$$
$$(염소산칼륨) \quad (염화칼륨) \quad (산소)$$

⑦ 유기물 등과 접촉 시 충격을 가하면 폭발하는 수가 있다.

해답 ③

55. 어떤 측정법으로 동일 시료를 무한 회 측정하였을 때 데이터분포의 평균치와 참값과의 차를 무엇이라 하는가?

① 재현성
② 안정성
③ 반복성
④ 정확성

해설 **샘플링에 요구되는 사항**
① **신뢰성**(Reliability) : 데이터를 신뢰할 수 있는가의 여부
② **정밀도**(Precision) : 어떤 측정법으로 동일 시료를 무한횟수 측정하였을 때 얻어진 데이터

는 반드시 흩어지는데 그 데이터 분포의 크기
③ 정확성(Accuracy) : 어떤 측정법으로 동일 시료를 무한횟수 측정하였을 때 그 데이터 분포의 평균치와 참값의 차

해답 ④

56. 관리도에서 측정한 값을 차례로 타점했을 때 점이 순차적으로 상승하거나 하강하는 것을 무엇이라 하는가?

① 런(Run)
② 주기(Cycle)
③ 경향(Trend)
④ 산포(Dispersion)

해설 관리도의 용어
① 경향(trend) : 점이 순차적으로 상승하거나 하강하는 현상
② 주기(cycle) : 점이 주기적으로 위·아래로 변동하여 파형을 나타내는 현상
③ 런(run) : 중심선의 한쪽에 연속적으로 나타나는 점
④ 산포(dispersion) : 수집된 자료 값이 그 중앙값으로부터 떨어져 있는 정도를 나타내는 값

해답 ③

57. 도수분포표를 작성하는 목적으로 볼 수 없는 것은?

① 로트의 분포를 알고 싶을 때
② 로트의 평균치와 표준편차를 알고 싶을 때
③ 규격과 비교하여 부적합품률을 알고 싶을 때
④ 주요 품질항목 중 개선의 우선순위를 알고 싶을 때

해설 도수분포표
주어진 자료를 몇 개의 구간으로 나누고 각 계급에 속하는 도수를 조사하여 나타낸 표
도수분포표의 정보
① 로트 분포의 모양
② 로트의 평균 및 표준편차
③ 규격과의 비교를 통한 부적합품률의 추정

해답 ④

58. 정상소요기간이 5일이고, 이때의 비용이 20,000원이며 특급소요기간이 3일이고, 이때의 비용이 30,000원이라면 비용구배는 얼마인가?

① 4,000원/일
② 5,000원/일
③ 7,000원/일
④ 10,000원/일

해설 비용구배 : 작업을 1일 단축할 때 추가되는 직접비용

$$\text{비용구배} = \frac{\text{특급비용} - \text{표준비용}}{\text{표준시간} - \text{특급시간}}$$

비용구배 $= \dfrac{30,000원 - 20,000원}{5일 - 3일} = \dfrac{10,000원}{2일} = 5,000원/일$

해답 ②

59 "무결점 운동"으로 불리는 것으로 미국의 항공사인 마틴사에서 시작된 품질 개선을 위한 동기 부여 프로그램은 무엇인가?

① ZD
② 6시그마
③ TPM
④ ISO 9001

해설 무결점운동(ZD : zero defects)
1962년 미국의 미사일 제조업체인 마틴사가 미사일을 제조하는 과정에서 납기단축에도 불구하고 종업원의 창의적 노력에 의하여 결함없이 미사일을 완성하는 데서 비롯되었다.

해답 ①

60 컨베이어 작업과 같이 단조로운 작업은 작업자에게 무력감과 구속감을 주고 생산량에 대한 책임감을 저하시키는 등 폐단이 있다. 다음 중 이러한 단조로운 작업의 결함을 제거하기 위해 채택되는 직무 설계방법으로서 가장 거리가 먼 것은?

① 자율경영팀 활동을 권장한다.
② 하나의 연속작업시간을 길게 한다.
③ 작업자 스스로가 직무를 설계하도록 한다.
④ 직무확대, 직무충실화 등의 방법을 활용한다.

해설 직무 설계방법
① 자율경영팀 활동을 권장한다.
② 하나의 연속작업시간을 되도록 짧게 한다.
③ 작업자 스스로가 직무를 설계하도록 한다.
④ 직무확대, 직무충실화 등의 방법을 활용한다.

해답 ②

국가기술자격 필기시험문제

자격종목	시험시간	문제수	형별
위험물기능장	1시간	60	A

2021년도 기능장 제69회 필기시험 (2021년 02월 20일 시행)

본 문제는 CBT시험대비 기출문제 복원입니다.

01 다음 중 서로 혼합하였을 경우 위험성이 가장 낮은 것은?
① 황화인과 알루미늄분
② 과산화나트륨과 마그네슘분
③ 염소산나트륨과 황
④ 나이트로셀룰로오스와 에탄올

해설 나이트로셀룰로오스(Nitro Cellulose) : NC $[C_6H_7O_2(ONO_2)_3]_n$: 제5류 위험물 ★★★★

화학식	비중	분해온도	인화점	착화점
$[C_6H_7O_2(ONO_2)_3]_n$	1.7	130℃	13℃	160℃

셀룰로오스(섬유소)에 진한질산과 진한 황산의 혼합액을 작용시켜서 만든 것이다.
① 비수용성이며 초산에틸, 초산아밀, 아세톤에 잘 녹는다.
② 질산섬유소라고도 하며 화약에 이용 시 면약(면화약)이라 한다.
③ 질소함유율(질화도)이 높을수록 폭발성이 크다.
④ 저장, 운반 시 물(20%) 또는 알코올(30%)을 첨가 습윤시킨다.

해답 ④

02 탄화칼슘과 질소가 약 700℃에서 반응하여 생성되는 물질은?
① 아세틸렌
② 석회질소
③ 암모니아
④ 수산화칼슘

해설 탄화칼슘(CaC_2) : 제3류 위험물 중 칼슘탄화물

화학식	분자량	융점	비중
CaC_2	64	2370℃	2.21

① 물과 접촉 시 아세틸렌을 생성하고 열을 발생시킨다.

$CaC_2 + 2H_2O \rightarrow Ca(OH)_2$(수산화칼슘) $+ C_2H_2 \uparrow$ (아세틸렌)

② 아세틸렌의 폭발범위는 2.5~81%로 대단히 넓어서 폭발위험성이 크다.
③ 장기 보관시 불활성기체(N_2 등)를 봉입하여 저장한다.
④ **고온(700℃)에서 질화되어 석회질소($CaCN_2$)가 생성된다.**

$CaC_2 + N_2 \rightarrow CaCN_2$(석회질소) $+ C$(탄소)

⑤ 물 및 포약제에 의한 소화는 절대 금하고 마른모래 등으로 피복 소화한다.

해답 ②

03 제2류 위험물에 대한 설명 중 틀린 것은?

① 모두 가연성 물질이다.   ② 모두 고체이다.
③ 모두 주수소화가 가능하다.   ④ 지정수량의 단위는 모두 kg이다.

해설 제2류 위험물의 일반적 성질
① 낮은 온도에서 착화가 쉬운 가연성 고체이다.
② 연소속도가 빠른 고체이다.
③ 금속분은 물 또는 산과 접촉시 발열된다.
④ 철분, 마그네슘, 금속분은 물과 접촉 시 수소가스 발생

해답 ③

04 다음 중 가장 약한 산은 어느 것인가?

① HClO   ② $HClO_2$
③ $HClO_3$ ④ $HClO_4$

해설 ① 염소산의 종류

화학식	HClO	$HClO_2$	$HClO_3$	$HClO_4$
명 칭	차아염소산	아염소산	염소산	과염소산

② 산소산 중 산의 세기
차아염소산(HClO) < 아염소산($HClO_2$) < 염소산($HClO_3$) < 과염소산($HClO_4$)

해답 ①

05 다음 위험물에 대한 설명으로 옳은 것은?

① $C_6H_5NH_2$는 담황색 고체로 에터에 녹지 않는다.
② $C_3H_5(ONO_2)_3$는 벤젠에 이산화질소를 반응시켜 만든다.
③ Na_2O_2의 인화점과 발화점은 100℃보다 낮다.
④ $(CH_3)_3Al$은 25℃에서 액체이다.

해설 위험물의 물리적 성질
① **아닐린**($C_6H_5NH_2$) : 황색 또는 담황색의 기름성의 **액체**로 에터에 잘 녹는다.
② **나이트로글리세린**[$C_3H_5(ONO_2)_3$] : 글리세린에 진한 질산·황산 혼합액을 가하여 만든다.
③ **과산화나트륨**(Na_2O_2) : 제1류 위험물로 불연성 고체이다.
④ **트라이메틸알루미늄**[$(CH_3)_3Al$] : 상온에서 **액체**이다.

해답 ④

06 위험물안전관리법에서 정한 위험물안전관리자의 책무에 해당하지 않는 것은?

① 제조소 등의 구조 또는 설비의 이상을 발견한 경우 관계자에 대한 연락 및 응급조치
② 제조소 등의 계측장치 · 제어장치 및 안전장치 등의 적정한 유지 · 관리
③ 안전관리자가 일시적으로 직무를 수행할 수 없는 경우에 대리자 지정
④ 위험물의 취급에 관한 일지의 작성 · 기록

해설 **위험물안전관리자의 책무**
(1) 위험물의 저장 또는 취급에 관한 기술기준과 작업자에 대하여 지시 및 감독하는 업무
(2) 응급조치 및 소방관서 등에 대한 연락업무
(3) 위험물시설의 안전을 담당하는 자를 따로 두는 제조소등의 경우에는 그 담당자에게 다음 각 목의 규정에 의한 업무의 지시, 그 밖의 제조소등의 경우에는 다음 각목의 규정에 의한 업무
   ① 제조소등의 위치 · 구조 및 설비를 기술기준에 적합하도록 유지하기 위한 점검과 점검상황의 기록 · 보존
   ② 이상을 발견한 경우 관계자에 대한 연락 및 응급조치
   ③ 소방관서 등에 대한 연락 및 응급조치
   ④ 제조소등의 계측장치 · 제어장치 및 안전장치 등의 적정한 유지 · 관리
   ⑤ 설계도서 등의 정비 · 보존 및 제조소등의 구조및 설비의 안전에 관한 사무의 관리
(4) 인접하는 제조소등과 그 밖의 관련되는 시설의 관계자와 협조체제의 유지
(5) 위험물의 취급에 관한 일지의 작성 · 기록
(6) 그 밖에 위험물을 수납한 용기를 차량에 적재하는 작업, 위험물설비를 보수하는 작업 등 위험물의 취급과 관련된 작업의 안전에 관하여 필요한 감독의 수행

해답 ③

07 NH_4ClO_4에 대한 설명으로 틀린 것은?

① 금속 부식성이 있다.
② 조해성이 있다.
③ 폭발성의 산화제이다.
④ 폭발시 CO_2, HCl, NO_2 가스를 주로 발생한다.

해설 **과염소산암모늄** ★★

화학식	분자량	물리적 상태	색상	분해온도
NH_4ClO_4	117.5	고체	무색	130℃

① 물, 아세톤, 알코올에는 녹고 에터에는 잘 녹지 않는다.
② 조해성이므로 밀폐용기에 저장
③ 130℃에서 분해가 시작되어 산소를 방출하고 300℃에서 분해가 급격히 진행된다.

- 130℃에서 분해 $NH_4ClO_4 \rightarrow NH_4Cl + 2O_2\uparrow$
- 300℃에서 분해 $2NH_4ClO_4 \rightarrow N_2 + Cl_2 + 2O_2 + 4H_2O$

④ 충격 및 분해온도이상에서 폭발성이 있다.

해답 ④

08 공기를 차단하고 황린을 가열하면 적린이 만들어지는데 이 때 필요한 최소 온도는 약 몇 ℃ 정도인가?

① 60
② 120
③ 260
④ 400

해설 적린의 제조방법

황린(P_4)(제3류) —공기차단(260℃가열, 냉각)→ 적린(P)(제2류)

해답 ③

09 알킬알루미늄 등을 저장 또는 취급하는 이동탱크저장소에 관한 기준으로 옳은 것은?

① 탱크 외면은 적색으로 도장을 하고 백색 문자로 동판의 양 측면 및 경판에 "화기주의"라는 주의사항을 표시한다.
② 알킬알루미늄 등을 저장하는 경우 20kPa 이하의 압력으로 불활성 기체를 봉입해 두어야 한다.
③ 이동저장탱크의 맨홀 및 주입구의 뚜껑은 10mm 이상의 강판으로 제작하고, 용량은 2,000리터 미만이어야 한다.
④ 이동저장탱크는 두께 10mm 이상의 강판으로 제작하고 3MPa 이상의 압력으로 10분간 실시하는 수압시험에서 새거나 변형되지 않아야 한다.

해설 알킬알루미늄등을 저장 또는 취급하는 이동탱크저장소
(1) 이동저장탱크는 **두께 10mm 이상의 강판** 또는 이와 동등 이상의 기계적 성질이 있는 재료로 기밀하게 제작되고 **1MPa 이상의 압력으로 10분간 실시하는 수압시험**에서 새거나 변형하지 아니하는 것일 것
(2) 이동저장탱크의 용량은 **1,900L 미만**일 것
(3) 안전장치는 이동저장탱크의 수압시험의 압력의 3분의 2를 초과하고 5분의 4를 넘지 아니하는 범위의 압력으로 작동할 것
(4) 이동저장탱크의 맨홀 및 주입구의 뚜껑은 두께 10mm 이상의 강판 또는 이와 동등 이상의 기계적 성질이 있는 재료로 할 것
(5) 이동저장탱크는 **불활성의 기체를 봉입**할 수 있는 구조로 할 것
(6) 이동저장탱크는 그 외면을 적색으로 도장하는 한편, 백색문자로서 동판(胴板)의 양측면 및 경판(鏡板)에 별표 4 Ⅲ제2호 라목의 규정에 의한 주의사항을 표시할 것
[별표 4 Ⅲ제2호 라목의 규정]
저장 또는 취급하는 위험물에 따라 다음의 규정에 의한 주의사항을 표시한 게시판을 설치할 것
① 제1류 위험물 중 알칼리금속의 과산화물과 이를 함유한 것 또는 **제3류 위험물 중 금수성 물질**에 있어서는 "물기엄금"
② 제2류 위험물(인화성고체를 제외)에 있어서는 "화기주의"
③ 제2류 위험물 중 인화성고체, 제3류 위험물 중 자연발화성물질, 제4류 위험물 도는 제5류 위험물에 있어서는 "화기엄금"

해답 ②

10 산화성 액체 위험물에 대한 설명 중 틀린 것은?

① 과산화수소의 경우 물과 접촉하면 심하게 발열하고 폭발의 위험이 있다.
② 질산은 불연성이지만 강한 산화력을 가지고 있는 강산화성 물질이다.
③ 질산은 물과 접촉하면 발열하므로 주의하여야 한다.
④ 과염소산은 강산이고 불안정하여 분해가 용이하다.

해설 과산화수소(H_2O_2)의 일반적인 성질

화학식	분자량	비중	비점	융점
H_2O_2	34	1.463	150.2℃(pure)	-0.43℃(pure)

① 물, 에탄올, 에테르에 잘 녹으며 벤젠에 녹지 않는다.
② 분해 시 **발생기 산소(O)를** 발생시킨다.
③ 분해안정제로 **인산(H_3PO_4) 또는 요산($C_5H_4N_4O_3$)을** 첨가한다.
④ 저장용기는 밀폐하지 말고 **구멍이 있는 마개를** 사용한다.
⑤ **하이드라진($NH_2 \cdot NH_2$)과 접촉 시 분해 작용으로 폭발위험**이 있다.

$$NH_2 \cdot NH_2 + 2H_2O_2 \rightarrow 4H_2O + N_2 \uparrow$$

⑥ 과산화수소는 **36%(중량) 이상만** 위험물에 해당된다.

해답 ①

---

11 자기반응성 물질의 화재에 적응성 있는 소화설비는?

① 분말소화설비　　　　　　② 이산화탄소 소화설비
③ 할로젠화합물 소화설비　　④ 물분무소화설비

해설 제5류 위험물의 일반적 성질
① **자기연소(내부연소)**성 물질이다.
② 연소속도가 대단히 빠르고 폭발적 연소한다.
③ 가열, 마찰, 충격에 의하여 폭발한다.
④ 물질자체가 산소를 함유하고 있다.
⑤ 화재초기에 **다량의 물 또는 포약제로** 냉각소화한다.

해답 ④

---

12 위험물제조소의 옥내의 3기의 위험물취급탱크가 하나의 방유턱 안에 설치되어 있고 탱크별로 실제로 수납하는 위험물의 양은 다음과 같다. 설치하는 방유턱의 용량은 최소 몇 L 이상이어야 하는가? (단, 취급하는 위험물의 지정수량은 50L이다.)

A탱크 : 100L,　B탱크 : 50L,　C탱크 : 50L

① 50　　　　　　　　　　② 100
③ 110　　　　　　　　　　④ 200

해설 방유제의 용량

① 옥외 위험물 취급탱크의 방유제의 용량
- 하나의 탱크 : 탱크용량×0.5(50%)
- 2 이상의 탱크 : 최대탱크용량×0.5+(나머지 탱크용량합계×0.1)

② 옥내 위험물 취급탱크의 방유턱의 용량
- 하나의 탱크 : 탱크용량 이상
- 2 이상의 탱크 : 최대탱크용량 이상

③ 옥외탱크저장소의 방유제의 용량
- 하나의 탱크 : 탱크용량×1.1(110%)[비인화성 물질×100%]
- 2 이상의 탱크 : 최대탱크용량×1.1(110%)(비인화성 물질×100%)

∴ 옥내 취급탱크가 2 이상일 때에는 방유턱의 용량 : 최대탱크용량 이상 : 100L

해답 ②

13 다음 중 삼황화인의 주 연소생성물은?

① 오산화인과 이산화황 ② 오산화인과 이산화탄소
③ 이산화황과 포스핀   ④ 이산화황과 포스겐

해설 삼황화인(P_4S_3)
① 황색결정으로 물, 염산, 황산에 녹지 않으며 질산, 알칼리, 이황화탄소에 녹는다.
② 연소하면 **오산화인과 이산화황**이 생긴다.

$$P_4S_3 + 8O_2 \rightarrow 2P_2O_5 + 3SO_2 \uparrow$$

해답 ①

14 제1석유류라 함은 아세톤 및 휘발유 그 밖에 액체로서 1기압에서 인화점이 얼마 미만인 것을 말하는가?

① 섭씨 20도   ② 섭씨 21도
③ 섭씨 70도   ④ 섭씨 200도

해설 (1) **특수인화물** : 이황화탄소, 다이에틸에터 그 밖에 1기압에서 발화점이 100℃ 이하인 것 또는 인화점이 영하 20℃ 이하이고 비점이 40℃ 이하인 것
(2) **제1석유류** : 아세톤, 휘발유 그 밖에 1기압에서 인화점이 21℃ 미만인 것
(3) **제2석유류** : 등유, 경유 그 밖에 1기압에서 인화점이 21℃ 이상 70℃ 미만인 것
(4) **제3석유류** : 중유, 크레오소트유 그 밖에 1기압에서 인화점이 70℃ 이상 200℃ 미만인 것
(5) **제4석유류** : 기어유, 실린더유 그 밖에 1기압에서 인화점이 200℃ 이상 250℃ 미만의 것
(6) **동식물유류** : 동물의 지육 등 또는 식물의 종자나 과육으로부터 추출한 것으로서 1기압에서 인화점이 250℃ 미만인 것

해답 ②

15. 덩어리 상태의 황을 지정하는 옥외저장소가 경계표시 내부의 면적(2 이상의 경계표시가 있는 경우에는 각 경계표시의 내부의 면적을 합한 면적)이 얼마일 때 소화난이도 등급 Ⅰ에 해당하는가?

① 100m² 이하
② 100m² 이상
③ 1,000m² 이하
④ 1,000m² 이상

해설 소화난이도등급 Ⅰ에 해당하는 제조소 등

제조소등의 구분	제조소 등의 규모, 저장 또는 취급하는 위험물의 종류 및 최대수량 등
옥외 저장소	덩어리 상태의 황을 저장하는 것으로서 경계표시 내부의 면적(2 이상의 경계표시가 있는 경우에는 각 경계표시의 내부의 면적을 합한 면적)이 100m² 이상인 것
	별표 11 Ⅲ의 위험물을 저장하는 것으로서 지정수량의 100배 이상인 것

해답 ②

16. 주기율표상 18족의 불활성 물질이 아닌 것은?

① Ar
② Xe
③ Kr
④ Br

해설 주기율표의 18족 원소
헬륨(He), 네온(Ne), 아르곤(Ar), 크립톤(Kr), 크세논(Xe), 라돈(Rn)

해답 ④

17. 알칼리토금속의 일반적인 성질로 옳은 것은?

① 음이온 2가의 금속이다.
② 루비듐, 라돈 등이 해당된다.
③ 같은 주기의 알칼리금속보다 융점이 높다.
④ 비중이 1보다 작다.

해설 알칼리토금속의 일반적인 성질
① 은백색 또는 회색의 경금속이다.
② 2가의 양이온으로서 화합물을 만들기 쉽다.
③ 물에 녹지 않는 것이 많다.
④ 같은 주기의 알칼리금속보다 융점이 높다.
⑤ 비중이 1보다 크다.
⑥ 물과 반응하여 수산화물과 수소를 발생한다.

알칼리토금속
칼슘(Ca), 스트론튬(Sr), 바륨(Ba), 라듐(Ra), 베릴륨(Be), 마그네슘(Mg)

해답 ③

18 다음 물질이 서로 혼합하고 있어도 폭발 또는 발화의 위험성이 없는 것은?
① 금속칼륨과 경유
② 질산나트륨과 황
③ 과망가니즈산칼륨과 적린
④ 이황화탄소와 과산화나트륨

해설 금속칼륨 및 금속나트륨 : 제3류 위험물(금수성)
① 물과 반응하여 수소기체 발생

$$2Na + 2H_2O \rightarrow 2NaOH + H_2\uparrow (수소발생)$$
$$2K + 2H_2O \rightarrow 2KOH + H_2\uparrow (수소발생)$$

② 석유(유동파라핀, 등유, 경유)속에 저장

★★자주출제(필수정리)★★
① 칼륨(K), 나트륨(Na)은 석유속에 저장
② 황린(3류) 및 이황화탄소(4류)는 물속에 저장

해답 ①

19 다음 위험물 중 혼재가 가능한 것은? (단, 지정수량의 10배를 취급하는 경우이다.)
① $KClO_4$와 Al_4C_3
② Mg와 Na
③ P_4와 CH_3CN
④ HNO_3와 $(C_2H_5)_3Al$

해설 ① 위험물의 구분

구분	$KClO_4$	Al_4C_3	Mg	Na	P_4	CH_3CN	HNO_3	$(C_2H_5)_3Al$
명칭	과염소산칼륨	탄화알루미늄	마그네슘	나트륨	황린	아세토나이트릴	질산	트라이에틸알루미늄
유별	제1류	제3류	제2류	제3류	제3류	제4류	제6류	제3류

② 유별을 달리하는 위험물의 혼재기준

위험물의 구분	제1류	제2류	제3류	제4류	제5류	제6류
제1류		×	×	×	×	○
제2류	×		×	○	○	×
제3류	×	×		○	×	×
제4류	×	○	○		○	×
제5류	×	○	×	○		×
제6류	○	×	×	×	×	

쉬운 암기방법(혼재가능)
↓1 + 6↑   2 + 4
↓2 + 5↑   5 + 4
↓3 + 4↑

해답 ③

20 위험물제조소의 건축물의 구조에 대한 설명 중 옳은 것은?
① 지하층은 1개 층까지만 만들 수 있다.
② 벽·기둥·바닥·보 등은 불연재료로 한다.
③ 지붕은 폭발 시 대기 중으로 날아갈 수 있도록 가벼운 목재 등으로 덮는다.
④ 바닥에 적당한 경사가 있어서 위험물이 외부로 흘러갈 수 있는 구조라면 집유설비를 설치하지 않아도 된다.

해설 건축물의 구조 ★★
① 지하층이 없도록 할 것.
② **벽·기둥·바닥·보·서까래 및 계단은 불연재료**로, 연소의 우려가 있는 외벽은 개구부가 없는 내화구조의 벽으로 할 것
③ 지붕은 폭발력이 위로 방출될 정도의 가벼운 불연재료로 덮을 것

지붕을 내화구조로 할 수 있는 경우 ★
① 제2류 위험물(분상의 것과 인화성고체를 제외), 제4류 위험물 중 제4석유류·동식물유류, 제6류 위험물
② 다음의 기준에 적합한 밀폐형 구조의 건축물인 경우
  • 발생할 수 있는 내부의 과압 또는 부압에 견딜 수 있는 철근콘크리트조일 것
  • 외부화재에 90분 이상 견딜 수 있는 구조일 것

④ 출입구와 비상구에는 **60분+방화문·60분방화문 또는 30분방화문**을 설치하되, 연소의 우려가 있는 외벽에 설치하는 출입구에는 수시로 열 수 있는 자동폐쇄식의 60분+방화문 또는 60분방화문을 설치할 것
⑤ 창 및 출입구에 유리를 이용하는 경우에는 **망입유리**로 할 것
⑥ 액체의 위험물을 취급하는 건축물의 바닥 : 위험물이 스며들지 못하는 재료를 사용하고, 적당한 경사를 두어 그 최저부에 **집유설비**를 할 것

해답 ②

21 산화성 액체 위험물의 일반적인 성질로 옳은 것은?
① 비중이 1보다 작다.   ② 낮은 온도에서 인화한다.
③ 물에 녹기 어렵다.   ④ 자신이 불연성이다.

해설 제6류 위험물의 공통적인 성질
① **자신은 불연성**이고 산소를 함유한 강산화제이다.
② 분해에 의한 **산소발생**으로 다른 물질의 **연소를 돕는다**.
③ 액체의 **비중은 1보다 크고 물에 잘 녹는다**.
④ 물과 접촉 시 발열한다.
⑤ 화재 시 다량의 물로 주수소화한다.

해답 ④

22. 다음 소화약제 중 비할로젠 계열로서 화학적 소화보다는 물리적 소화에 의해 화재를 진압하는 소화약제는?

① HFC – 227ea(FM – 200)
② IG – 541(Inergen)
③ HCFC Blend A(NAF S – Ⅲ)
④ HFC – 23(FE – 13)

해설 청정소화약제의 종류

소화약제		화학식
할로젠계열 청정소화약제	FC-3-1-10	C_4F_{10}
	HCFC BLEND A	HCFC-123($CHCl_2CF_3$) : 4.75% HCFC-22($CHClF_2$) : 82% HCFC-124($CHClFCF_3$) : 9.5% $C_{10}H_{16}$: 3.75%
	HCFC-124	$CHClFCF_3$
	HFC-125	CHF_2CF_3
	HFC-227ea	CF_3CHFCF_3
	HFC-23	CHF_3
	HFC-236fa	$CF_3CH_2CF_3$
	FIC-13I1	CF_3I
	FK-5-1-12	$CF_3CF_2C(O)CF(CF_3)_2$
불연성·불활성 기체혼합가스	IG-01	Ar
	IG-100	N_2
	IG-541	N_2 : 52%, Ar : 40%, CO_2 : 8%
	IG-55	N_2 : 50%, Ar : 50%

해답 ②

23. 다음 중 스프링클러 헤드의 설치기준으로 틀린 것은?

① 개방형 스프링클러 헤드는 헤드 반사판으로부터 수평방향으로 0.3m의 공간을 보유하여야 한다.
② 폐쇄형 스프링클러 헤드의 반사판과 헤드의 부착면과의 거리는 30cm 이하로 한다.
③ 폐쇄형 스프링클러 헤드 부착장소의 평상시 최고 주위온도가 28℃ 미만인 경우 58℃ 미만의 표시온도를 갖는 헤드를 사용한다.
④ 개구부에 설치하는 폐쇄형 스프링클러 헤드는 당해 개구부의 상단으로부터 높이 30cm 이내의 벽면에 설치한다.

해설 스프링클러헤드의 부착위치
① 가연성 물질을 수납하는 부분에 스프링클러헤드를 설치하는 경우에는 규정에 불구하고 당해 헤드의 반사판으로부터 하방으로 0.9m, 수평방향으로 0.4m의 공간을 보유할 것
② 개구부에 설치하는 스프링클러헤드는 당해 **개구부의 상단으로부터 높이 0.15m 이내의 벽면**에 설치할 것

해답 ④

24. 전기기기의 과도한 온도 상승, 아크 또는 스파크 발생 위험을 방지하기 위해 추가적인 안전조치를 통한 안전을 증가시킨 방폭구조는?

① 안전증방폭구조
② 특수방폭구조
③ 유입방폭구조
④ 본질안전방폭구조

해설 **방폭구조의 종류와 기호**
① **내압 방폭구조**(Ex d) : 용기내 가스가 폭발 시 용기가 폭발 압력을 견디거나, 접합면, 개구부를 통해 외부에 인화될 우려가 없는 구조
② **압력 방폭구조**(Ex p) : 용기 내에 불연성가스를 압입시켜 폭발성 가스나 증기가 용기 내부에 유입되지 않도록 된 구조
③ **유입 방폭구조**(Ex o) : 전기불꽃, 아크, 고열을 발생하는 부분을 기름으로 채워 폭발성 가스 또는 증기에 인화되지 않도록 한 구조
④ **안전증 방폭구조**(Ex e) : 정상 운전 중에 점화원의 발생을 방지하기 위해 기계적, 전기적 구조상 온도상승에 대한 안전도를 증가한 구조
⑤ **본질 안전방폭구조**(Ex ia, Ex ib) : 전기불꽃, 아크 또는 고온에 의하여 폭발성 가스나 증기에 점화되지 않는 것이 확인된 구조

해답 ①

25. 산화프로필렌에 대한 설명 중 틀린 것은?

① 증기는 공기보다 무겁다.
② 연소범위가 가솔린보다 넓다.
③ 발화점이 상온 이하로 매우 위험하다.
④ 물에 녹는다.

해설 **산화프로필렌**(CH_3CH_2CHO) : 제4류 위험물 중 특수인화물

```
    H  H H
    |  | |
H - C - C - C - H
    |   \ /
    O    
    |
    H
```

화학식	분자량	비중	비점	인화점	착화점	연소범위
CH_3CHCH_2O	58	0.83	34℃	-37℃	465℃	2.8~37%

① 휘발성이 강하고 에터 냄새가 나는 액체이다.
② 물, 알코올, 벤젠 등 유기용제에는 잘 녹는다.
③ 연소범위는 2.8~37%이며 **증기는 공기보다 2.0배 무겁다.**
④ 저장용기 사용 시 **동(구리), 마그네슘, 은, 수은 및 합금용기 사용금지** (아세틸리드(acetylide) 생성)
⑤ 저장 용기 내에 질소(N_2) 등 불연성가스를 채워둔다.
⑥ 소화는 포 약제로 질식 소화한다.

해답 ③

26. 다음 위험물 중 상온에서 액체인 것은?

① 질산에틸   ② 나이트로셀룰로오스
③ 피크린산   ④ 트라이나이트로톨루엔

해설 제5류 위험물의 상태

종류	질산에틸	나이트로셀룰로오스	피크르산	트라이나이트로톨루엔
상태	액체	고체	고체	고체

해답 ①

27. 상온에서 물에 넣을 때 용해되어 염기성을 나타내면서 산소를 방출하는 물질은?

① Na_2O_2 ② $KClO_3$
③ H_2O_2 ④ $NaNO_3$

해설 과산화나트륨(Na_2O_2) : 제1류 위험물 중 무기과산화물(금수성)

화학식	분자량	비중	융점	분해온도
Na_2O_2	78	2.8	460℃	460℃

① 상온에서 물과 격렬히 반응하여 산소(O_2)를 방출하고 폭발하기도 한다.

$$2Na_2O_2 + 2H_2O \rightarrow 4NaOH + O_2 \uparrow$$
(과산화나트륨) (물) (수산화나트륨) (산소)

② 공기 중 이산화탄소(CO_2)와 반응하여 산소(O_2)를 방출한다.

$$2Na_2O_2 + 2CO_2 \rightarrow 2Na_2CO_3 + O_2 \uparrow$$

③ 산과 반응하여 과산화수소(H_2O_2)를 생성시킨다.

$$Na_2O_2 + 2CH_3COOH \rightarrow 2CH_3COONa + H_2O_2 \uparrow$$

④ 열분해 시 산소(O_2)를 방출한다.

$$2Na_2O_2 \rightarrow 2Na_2O + O_2 \uparrow$$

⑤ 주수소화는 금물이고 마른모래(건조사)등으로 소화한다.

해답 ①

28. 다음 위험물 중 제3석유류에 해당하지 않는 물질은?

① 나이트로톨루엔   ② 에틸렌글리콜
③ 글리세린   ④ 테레빈유

해설 제4류 위험물의 분류

명칭	나이트로톨루엔	에틸렌글리콜	글리세린	테레빈유
화학식	$C_6H_4(CH_3)NO_2$	$C_2H_4(OH)_2$	$C_3H_5(OH)_3$	
품명	제3석유류(비수용성)	제3석유류(수용성)	제3석유류(수용성)	제2석유류(비수용성)

해답 ④

29 이동탱크저장소에 의한 위험물의 운송에 대한 설명으로 옳지 않은 것은?

① 이동탱크저장소의 운전자와 알킬알루미늄 등의 운송책임자의 자격은 다르다.
② 알킬알루미늄 등의 운송은 운송책임자의 감독 또는 지원을 받아서 하여야 한다.
③ 운송은 위험물 취급에 관한 국가기술자격자 또는 위험물운송교육을 받은 자가 하여야 한다.
④ 위험물운송자가 이동탱크저장소로 위험물을 운송할 때 해당 운송자격증을 휴대하지 않으면 벌금에 처해진다.

해설 이동탱크저장소에 의한 위험물의 운송시에 준수하여야 하는 기준
(1) 위험물운송자는 운송의 개시전에 이동저장탱크의 배출밸브 등의 밸브와 폐쇄장치, 맨홀 및 주입구의 뚜껑, 소화기 등의 점검을 충분히 실시할 것
(2) 위험물운송자는 장거리(고속국도에 있어서는 340km 이상, 그 밖의 도로에 있어서는 200km 이상)에 걸치는 운송을 하는 때에는 **2명 이상의 운전자**로 할 것.
다만, 다음에 해당하는 경우에는 그러하지 아니하다.
  ① **운송책임자를 동승**시킨 경우
  ② **운송하는 위험물이 제2류 위험물·제3류 위험물**(칼슘 또는 알루미늄의 탄화물과 이것만을 함유한 것에 한한다)또는 **제4류 위험물**(특수인화물을 제외)인 경우
  ③ 운송도중에 2시간 이내마다 **20분 이상씩 휴식**하는 경우
(3) 위험물(제4류 위험물에 있어서는 특수인화물 및 **제1석유류**에 한한다)을 운송하게 하는 자는 **위험물안전카드**를 위험물운송자로 하여금 휴대하게 할 것

해답 ④

30 옥외탱크저장소의 방유제 설치기준으로 옳지 않은 것은?

① 방유제의 용량은 방유제 안에 설치된 탱크가 하나인 때는 그 탱크 용량의 110% 이상으로 한다.
② 방유제의 높이는 0.5m 이상 3m 이하로 한다.
③ 방유제 내의 면적은 8만m² 이하로 한다.
④ 높이가 1m를 넘는 방유제의 안팎에는 계단 또는 경사로를 70m마다 설치한다.

해설 **인화성액체위험물**(이황화탄소를 제외)**의 옥외탱크저장소의 방유제**
① 방유제의 용량

탱크가 하나인 때	탱크 용량의 110% 이상
2기 이상인 때	탱크 중 용량이 최대인 것의 용량의 110% 이상

② 방유제의 높이는 **0.5m 이상 3m 이하, 두께 0.2m 이상, 지하매설깊이 1m 이상**으로 할 것
③ **방유제 내의 면적은 8만m² 이하**로 할 것
④ 방유제 내에 설치하는 옥외저장탱크의 수는 10이하로 할 것.
⑤ 방유제는 탱크의 옆판으로부터 거리를 유지할 것.

지름이 15m 미만인 경우	탱크 높이의 3분의 1 이상
지름이 15m 이상인 경우	탱크 높이의 2분의 1 이상

⑥ **용량이 1,000만L 이상인 옥외저장탱크의 주위에 설치하는 방유제에는 당해 탱크마다 간막**

이 둑을 설치할 것
  ㉠ 간막이 둑의 높이는 0.3m(방유제내에 설치되는 옥외저장탱크의 용량의 합계가 2억L를 넘는 방유제에 있어서는 1m) 이상으로 하되, 방유제의 높이보다 0.2m 이상 낮게 할 것
  ㉡ 간막이 둑은 흙 또는 철근콘크리트로 할 것
  ㉢ 간막이 둑의 용량은 간막이 둑안에 설치된 탱크의 용량의 10% 이상일 것
⑦ 방유제에는 그 내부에 고인 물을 외부로 배출하기 위한 배수구를 설치하고 이를 개폐하는 밸브 등을 방유제의 외부에 설치할 것
⑧ 용량이 100만L 이상인 위험물을 저장하는 옥외저장탱크에 있어서는 카목의 밸브 등에 그 개폐상황을 쉽게 확인할 수 있는 장치를 설치할 것
⑨ **높이가 1m를 넘는 방유제 및 간막이 둑의 안팎에는 방유제내에 출입하기 위한 계단 또는 경사로를 약 50m마다 설치할 것**

해답 ④

31. 연소범위가 약 2.5~80.5[vol%]이고 은, 구리 등과 반응을 일으켜 폭발성 물질인 금속 아세틸라이드를 생성하는 것은?

① 에탄
② 메탄
③ 아세틸렌
④ 톨루엔

해설 아세틸렌(C_2H_2)

화학식	분자량	비점	연소범위
C_2H_2	26	-82℃	2.5~81%

① 냄새가 없는 **무색의 기체**이다.
② 공기에 대한 비중 0.906이다.
③ 상온에서는 거의 같은 부피의 물에 용해되고 알코올·벤젠·아세톤 등에도 녹는다.
④ 아세톤에는 잘 녹으므로, 규조토에 스며들게 한 아세톤에 가압하여 녹이고, 봄베로 운반한다.
⑤ 삼중결합을 가지므로 첨가반응을 잘 일으킨다.
⑥ 물·염화수소 등과 반응시키면 아세트알데하이드·염화비닐 등이 생긴다.
⑦ **은(Ag), 금(Au), 수은(Hg), 구리(Cu)** 등과 **아세틸리드**라고 하는 폭발성 금속염을 생성한다.

해답 ③

32. Halon 1011의 화학식을 옳게 나타낸 것은?

① CH_2FBr
② CH_2ClBr
③ $CBrCl$
④ $CFCl$

해설 할로젠화합물 소화약제 명명법

할론 ⓐⓑⓒⓓ   ⓐ : C원자수   ⓑ : F원자수   ⓒ : Cl원자수   ⓓ : Br원자수

할로젠화합물 소화약제

구분	할론2402	할론1211	할론1301	할론1011
분자식	$C_2F_4Br_2$	CF_2ClBr	CF_3Br	CH_2ClBr
상온, 상압에서 상태	액체	기체	기체	액체

해답 ②

33. 피크린산에 대한 설명으로 틀린 것은?

① 단독으로는 충격, 마찰에 비교적 둔감하다.
② 운반 시 물에 젖게 하는 것이 안전하다.
③ 알코올, 에터, 벤젠 등에 녹지 않는다.
④ 자연분해의 위험이 적어서 장기간 저장할 수 있다.

해설 피크르산[$C_6H_2(NO_2)_3OH$](TNP : Tri Nitro Phenol) : **제5류 위험물 중 나이트로화합물**★★★★★

화학식	분자량	비중	비점	융점	인화점	착화점
$C_6H_2(OH)(NO_2)_3$	229	1.8	255℃	122℃	150℃	300℃

① 페놀에 황산을 작용시켜 다시 진한 질산으로 나이트로화 하여 만든 노란색 결정
② 휘황색의 침상결정이며 냉수에는 약간 녹고 더운물, 알코올, 벤젠 등에 잘 녹는다.
③ 쓴맛과 독성이 있다.
④ 피크르산(picric acid) 또는 트라이나이트로페놀(Tri Nitro phenol)의 약자로 TNP라고도 한다.
⑤ 단독으로 타격, 마찰에 비교적 둔감하다.

피크르산(트라이나이트로페놀)의 구조식

(구조식: OH, O_2N, NO_2, NO_2)

피크르산의 열분해 반응식
$2C_6H_2OH(NO_2)_3 \rightarrow 2C + 3N_2\uparrow + 3H_2\uparrow + 4CO_2\uparrow + 6CO\uparrow$

해답 ③

34. 에탄올에 진한 황산을 넣고 온도 130~140℃에서 반응시키면 축합반응에 의하여 생성되는 제4류 위험물은?

① 메틸알코올
② 아세트알데하이드
③ 다이에틸에터
④ 다이메틸에터

해설 **축합반응**
에탄올에 진한황산 소량을 가하여 130℃로 가열하면 2분자에서 물 1분자가 탈수되어 에터가 생성된다. 이와 같이 2분자에서 간단한 물분자와 같은 것이 떨어지면서 큰분자가 생기는 반응

$C_2H_5OH + C_2H_5OH \xrightarrow{H_2SO_4} C_2H_5OC_2H_5 + H_2O$
(에틸알코올) (에틸알코올) (다이에틸에터) (물)

해답 ③

35 공기의 성분이 다음 [표]와 같을 때 공기의 평균 분자량을 구하면 얼마인가?

① 28.84
② 28.96
③ 29.12
④ 29.44

성분	분자량	부피함량(%)
질소	28	78
산소	32	21
아르곤	40	1

해설 ① 공기의 조성
산소(O_2) 21%, 질소(N_2) 78%, 아르곤(Ar) 1%

공기 중 산소의 부피(%) = 21%   공기 중 산소의 중량(무게)(%) = 23%

② 공기의 평균 분자량
$28(N_2) \times 0.78 + 32(O_2) \times 0.21 + 40(Ar) \times 0.01 = 28.96 ≒ 29$

공기의 평균 분자량 = 29   증기비중 = $\dfrac{M(분자량)}{29(공기평균분자량)}$

해답 ②

---

36 등적색의 결정으로 비중이 약 2.69이며, 알코올에는 불용이고 분해온도가 약 500℃로서 가열에 의해 분해하여 산소를 생성하는 위험물은?

① 다이크로뮴산칼륨
② 다이크로뮴산암모늄
③ 다이크로뮴산아연
④ 다이크로뮴산나트륨

해설 다이크로뮴산칼륨

화학식	분자량	비중	융점	분해온도
$K_2Cr_2O_7$	294	2.69	398℃	500℃

① 밝은 오렌지색 결정으로 쓴맛, 독성이 있다.
② 500℃ 이상으로 가열하면 산소를 방출하면서 분해한다.
③ 물에는 잘 녹지만 알코올에는 녹지 않는다.

해답 ①

---

37 $Sr(NO_3)_2$의 지정수량은?

① 50kg
② 100kg
③ 300kg
④ 1,000kg

해설 질산스트론튬[$Sr(NO_3)_2$] – 제1류 위험물 – 질산염류 – 300kg

해답 ③

38 옥외탱크저장소의 탱크 중 압력탱크의 수압시험 기준은?

① 최대 상용압력의 2배의 압력으로 20분간 실시하는 수압시험에서 새거나 변형되지 아니하여야 한다.
② 최대 상용압력의 2배의 압력으로 10분간 실시하는 수압시험에서 새거나 변형되지 아니하여야 한다.
③ 최대 상용압력의 1.5배의 압력으로 20분간 실시하는 수압시험에서 새거나 변형되지 아니하여야 한다.
④ 최대 상용압력의 1.5배의 압력으로 10분간 실시하는 수압시험에서 새거나 변형되지 아니하여야 한다.

해설 옥외저장탱크 및 옥내저장탱크
① 압력탱크(최대상용압력이 대기압을 초과하는 탱크)외의 탱크 : 충수시험
② 압력탱크 : 최대상용압력의 1.5배의 압력으로 10분간 실시하는 수압시험에서 각각 새거나 변형되지 아니하여야 한다.

해답 ④

39 다음 [보기]와 같은 공통점을 갖지 않는 것은?

[보기]
• 탄화수소이다.
• 치환반응보다는 첨가반응을 잘한다.
• 석유화학공업 공정으로 얻을 수 있다.

① 에텐 ② 프로필렌
③ 부텐 ④ 벤젠

해설 에틸렌계탄화수소(올레핀계 탄화수소)
① C_nH_{2n}의 일반식을 가진 사슬모양의 불포화 탄화수소
② 에텐(에틸렌, C_2H_4), 프로필렌(C_3H_6), 부텐(C_4H_8)
③ 치환반응보다는 첨가반응을 잘한다.
④ 석유화학공업 공정으로 얻을 수 있다.

해답 ④

40 제3류 위험물인 수소화리튬에 대한 설명으로 가장 거리가 먼 것은?

① 물과 반응하여 가연성 가스를 발생한다.
② 물보다 가볍다.
③ 대량의 저장용기 중에는 아르곤을 봉입한다.
④ 주수소화가 금지되어 있고 이산화탄소 소화기가 적응성이 있다.

해설 수소화리튬(LiH) : 제3류–금속의 수소화물–금수성

화학식	분자량	융점	비중	발화점
LiH	7.9	680℃	0.82	200℃

① 정육면체 결정(고체) 혹은 분말(고체), 흡습성
② 흰색, 투명, 녹는점 680℃, 비중 0.82, 발화점 200℃
③ 물과 반응하면 수산화리튬과 수소를 발생한다.

$$LiH + H_2O \rightarrow LiOH + H_2 \uparrow$$

④ 이산화탄소 소화기는 적응성이 없다.

해답 ④

41
벤젠핵에 메틸기 한 개가 결합된 구조를 가진 무색투명한 액체로서 방향성의 독특한 냄새를 가지는 물질은?

① 톨루엔 ② 질산메틸
③ 메틸알코올 ④ 다이나이트로톨루엔

해설 톨루엔($C_6H_5CH_3$) ★★★★★

화학식	분자량	비중	비점	인화점	착화점	연소범위
$C_6H_5CH_3$	92	0.871	111℃	4℃	552℃	1.27~7.0%

① 무색 투명한 휘발성 액체이며 물에는 용해되지 않고 유기용제에 용해된다.
② 독성은 벤젠의 $\frac{1}{10}$ 정도이며 소화는 다량의 포약제로 질식 및 냉각소화한다.
③ 톨루엔과 질산을 반응시켜 트라이나이트로톨루엔을 얻는다.

$$\text{C}_6\text{H}_5\text{CH}_3 + 3HNO_3 \xrightarrow[\text{니트로화}]{C-H_2SO_4} \text{C}_6\text{H}_2(\text{NO}_2)_3\text{CH}_3 + 3H_2O$$

해답 ①

42
펌프와 발포기의 중간에 설치된 벤투리관의 벤투리 작용과 펌프가압수의 포소화약제 저장탱크에 대한 압력에 의한 포소화약제를 흡입·혼합하는 방식은?

① 펌프 프로포셔너 방식 ② 프레셔 프로포셔너 방식
③ 라인 프로포셔너 방식 ④ 프레셔 사이드 프로포셔너 방식

해설 **포소화약제의 혼합장치**

① **펌프 프로포셔너 방식**
펌프의 토출관과 흡입관 사이의 배관도중에 설치한 흡입기에 펌프에서 토출된 물의 일부를 보내고, 농도 조정밸브에서 조정된 포 소화약제의 필요량을 포 소화약제 탱크에서 펌프 흡입측으로 보내어 이를 혼합하는 방식

② **프레져 프로포셔너 방식**
펌프와 발포기의 중간에 설치된 벤추리관의 벤추리작용과 펌프 가압수의 포 소화약제 저장탱크에 대한 압력에 의하여 포소화약제를 흡입·혼합하는 방식

[펌프 프로포셔너 방식]

[프레져 프로포셔너 방식]

③ **라인 프로포셔너 방식**
펌프와 발포기의 중간에 설치된 벤추리관의 벤추리 작용에 의하여 포소화약제를 흡입·혼합하는 방식

④ **프레져사이드 프로포셔너 방식**
펌프의 토출관에 압입기를 설치하여 포 소화약제 압입용 펌프로 포소화약제를 압입시켜 혼합하는 방식

[라인 프로포셔너 방식]

[프레져사이드 프로포셔너 방식]

해답 ②

43. 제4류 위험물 중 품명이 나머지 셋과 다른 것은?

① 나이트로벤젠 ② 에틸렌글리콜
③ 아닐린 ④ 포름산에틸

해설 **제4류 위험물의 품명**

명 칭	나이트로벤젠	에틸렌글리콜	아닐린	포름산에틸(의산에틸)
화학식	$C_6H_5NO_2$	$C_2H_4(OH)_2$	$C_6H_5NH_2$	$HCOOC_2H_5$
품 명	제3석유류 (비수용성)	제3석유류 (수용성)	제3석유류 (비수용성)	제1석유류 (비수용성)

해답 ④

44

10wt%의 H₂SO₄ 수용액으로 1M 용액 200mL를 만들려고 할 때 다음 중 가장 적합한 방법은? (단, S의 원자량은 32이다.)

① 원용액 98g에 물을 가하여 200mL로 한다.
② 원용액 98g에 200mL의 물을 가한다.
③ 원용액 196g에 물을 가하여 200mL로 한다.
④ 원용액 196g에 200mL의 물을 가한다.

해설 몰농도(molar concentration) [M으로 표시]
① 용액 1L 속에 포함된 용질의 몰(mol)수로 표시한 농도
② mol/L 또는 M으로 표시

$$M(\text{몰농도}) = \frac{\text{용질의 무게(g)}}{\text{용질의 분자량(g)}} \times \frac{1{,}000}{\text{용액의 부피(mL)}}$$

① 식에 대입하면 $1 = \frac{\text{용질의 무게(g)}}{98} \times \frac{1{,}000}{200(\text{mL})}$

용질의 무게(g) $= \frac{1 \times 98 \times 200}{1000} = 19.6\text{g}(100\%\text{H}_2\text{SO}_4)$

② 황산의 농도가 10%이므로 필요한 황산의 무게 $= \frac{19.6\text{g}}{0.1(10\%)} = 196\text{g}$

③ 원용액(10% 황산) 196g을 물에 넣어 전체를 200mL로 한다.

해답 ③

45

염소산칼륨의 성상을 옳게 나타낸 것은?

① 무색의 입방정계 결정
② 갈색의 정방정계 결정
③ 갈색의 사방정계 결정
④ 무색의 단사정계 결정

해설 염소산칼륨

화학식	분자량	비중	물리적 상태	색상	분해온도
KClO₃	122.55	2.34	고체	무색	400℃

① 무색의 단사정계 결정 또는 백색분말
② 온수, 글리세린에 용해
③ 냉수, 알코올에는 용해하기 어렵다.
④ 400℃ 부근에서 분해가 시작

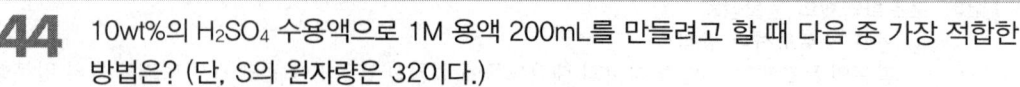

$$4\text{KClO}_3 \rightarrow 3\text{KClO}_4 + \text{KCl}$$
(염소산칼륨)　(과염소산칼륨)　(염화칼륨)

⑤ 완전 열분해

$$2\text{KClO}_3 \rightarrow 2\text{KCl} + 3\text{O}_2\uparrow$$
(염소산칼륨)　(염화칼륨)　(산소)

⑥ 유기물 등과 접촉 시 충격을 가하면 폭발하는 수가 있다.

해답 ④

46. 다음 이산화탄소 소화약제의 성상 중 틀린 것은?

① 증기비중 : 1.52
② 기체밀도(0℃, 1atm) : 1.96g/L
③ 임계온도 : 31℃
④ 임계압력 : 167.8atm

해설 이산화탄소(CO_2)의 물리적성질
① 무색무취이며 비전도성이다.
② 증기비중은 약 1.5이다.
③ CO_2의 **임계온도 : 31℃, 임계압력 : 72.75atm**
④ CO_2의 허용농도 : 0.5% (5000ppm)
⑤ CO_2의 삼중점 : 압력 0.53MPa, 온도 −56.3℃에서 고체, 액체, 기체가 공존
⑥ CO_2의 호흡곤란 : 6% 이상

해답 ④

47. 제4류 위험물 중 지정수량이 옳지 않은 것은?

① n-헵탄 : 200L
② 벤즈알데하이드 : 2,000L
③ n-펜탄 : 50L
④ 에틸렌글리콜 : 4,000L

해설 위험물의 지정수량

명칭	n-헵탄	벤즈알데하이드	n-펜탄	에틸렌글리콜
화학식	$CH_3(CH_2)_4CH_3$	C_6H_5CHO	$CH_3(CH_2)_3CH_3$	$C_2H_4(OH)_2$
유별	제1석유류 (비수용성)	제2석유류 (비수용성)	특수인화물	제3석유류 (수용성)
지정수량	200L	1000L	50L	4000L

해답 ②

48. 다음 위험물의 화재 시 알코올 포소화약제가 아닌 보통의 포소화약제를 사용하였을 때 가장 효과가 있는 것은?

① 아세트산
② 에틸알코올
③ 아세톤
④ 경유

해설 제4류 위험물의 수용성여부
① 아세트산(초산)-제4류-제2석유류-수용성-알코올포
② 에틸알코올-제4류-알코올류-수용성-알코올포
③ 아세톤-제4류-제1석유류-수용성-알코올포
④ 경유-제4류-제2석유류-비수용성-단백포, 합성계면활성제포, 불화탄백포, 수성막포

해답 ④

49. 제5류 위험물의 저장 및 취급방법에 대한 설명으로 옳지 않은 것은?

① 점화원 및 분해를 촉진시키는 물질로부터 멀리한다.
② 용기의 파손 및 충격에 주의한다.
③ 가급적 소량으로 분리하여 저장한다.
④ 운반용기의 외부에 "물기엄금" 주의사항을 표시한다.

해설 위험물 운반용기의 외부 표시 사항
① 위험물의 품명, 위험등급, 화학명 및 수용성(제4류 위험물의 수용성인 것에 한함)
② 위험물의 수량
③ 수납하는 위험물에 따른 주의사항

유별	성질에 따른 구분	표시사항
제1류 위험물	알칼리금속의 과산화물	화기·충격주의, 물기엄금 및 가연물접촉주의
	그 밖의 것	화기·충격주의 및 가연물접촉주의
제2류 위험물	철분·금속분·마그네슘	화기주의 및 물기엄금
	인화성고체	화기엄금
	그 밖의 것	화기주의
제3류 위험물	자연발화성물질	화기엄금 및 공기접촉엄금
	금수성물질	물기엄금
제4류 위험물	인화성 액체	화기엄금
제5류 위험물	자기반응성 물질	**화기엄금 및 충격주의**
제6류 위험물	산화성 액체	가연물접촉주의

해답 ④

50. 황화인에 대한 설명으로 틀린 것은?

① 삼황화인의 분자량은 약 348이다.
② 삼황화인은 물에 녹지 않는다.
③ 오황화인은 습한 공기 중 분해하여 유독성 기체를 발생한다.
④ 삼황화인은 공기 중 약 100℃에서 발화한다.

해설 황화인(제2류 위험물) : 황과 인의 화합물
① 삼황화인(P_4S_3)
  ㉠ 황색결정으로 물, 염산, 황산에 녹지 않으며 질산, 알칼리, 이황화탄소에 녹는다.
  ㉡ 연소하면 오산화인과 이산화황이 생긴다.
  $$P_4S_3 + 8O_2 \rightarrow 2P_2O_5 + 3SO_2 \uparrow$$
  ㉢ 분자량 : $31 \times 4 + 32 \times 3 = 220$
② 오황화인(P_2S_5)
  ㉠ 비중 2.09, 녹는점 290℃, 끓는점 514℃
  ㉡ 담황색 결정이고 조해성이 있다.
  ㉢ 수분을 흡수하면 분해된다.
  ㉣ 이황화탄소(CS_2)에 잘 녹는다.

ⓜ 물, 알칼리와 반응하여 인산과 황화수소를 발생한다.

$P_2S_5 + 8H_2O \rightarrow 2H_3PO_4 + 5H_2S \uparrow$

③ 칠황화인(P_4S_7)
  ㉠ 담황색 결정이고 조해성이 있다.
  ㉡ 수분을 흡수하면 분해된다.
  ㉢ 이황화탄소(CS_2)에 약간 녹는다.
  ㉣ 냉수에는 서서히 분해가 되고 더운물에는 급격히 분해된다.

해답 ①

51. 헨리의 법칙에 대한 설명으로 옳은 것은?

① 물에 대한 용해도가 클수록 잘 적용된다.
② 비극성 물질은 극성 물질에 잘 녹는 것으로 설명된다.
③ NH_3, HCl, CO 등의 기체에 잘 적용된다.
④ 압력을 올리면 용해도는 올라가나 녹아 있는 기체의 부피는 일정하다.

해설 헨리(Henry)의 법칙
① 일정한 온도에서 산소나 질소 같이 물에 녹기 어려운 기체의 용해도는 그 기체의 압력에 정비례한다.
② 일정한 온도에서 용매에 녹는 기체의 용해도는 압력에 비례하고 기체의 부피는 그 기체의 압력에 관계없이 일정하다.

기체의 용해도
① 온도가 상승 시 용해도 감소   ② 압력상승 시 용해도 증가

헨리의 법칙이 잘 적용되는 기체(액체에 대한 용해도가 작은 기체)
① N_2(질소)   ② O_2(산소)   ③ CO_2(이산화탄소)

헨리의 법칙에 잘 적용되지 않는 기체(액체에 대한 용해도가 큰 기체)
① 염산(HCl)   ② 암모니아(NH_3)   ③ 황화수소(H_2S)   ④ 일산화탄소(CO)
⑤ 플루오린화수소(HF)

해답 ④

52. 다음 유지류 중 아이오딘값이 가장 큰 것은?

① 야자유   ② 피마자유
③ 올리브유   ④ 정어리기름

해설 동식물유류 ★★★★
동물의 지육 또는 식물의 종자나 과육으로부터 추출한 것으로 1기압에서 인화점이 250℃ 미만인 것
① 돈지(돼지기름), 우지(소기름) 등이 있다.
② 아이오딘값이 130 이상인 건성유는 자연발화위험이 있다.
③ 인화점이 46℃인 개자유는 저장, 취급 시 특별히 주의한다.

아이오딘값에 따른 동식물유의 분류

구 분	아이오딘값	종 류
건성유	130 이상	해바라기기름, 동유(낙화생기름), **정어리기름**, 아마인유, 들기름
반건성유	100~130	채종유, 쌀겨기름, 참기름, 면실유, 옥수수기름, 청어기름, 콩기름
불건성유	100 이하	**야자유**, 팜유, **올리브유**, **피마자기름**, 낙화생기름, 돈지, 우지, 고래기름

아이오딘값
옥소가(沃素價)라고도 하며 100g의 유지에 의해서 흡수되는 아이오딘의 g수

※ 비누화 값의 정의 : 유지 1g을 비누화하는데 필요한 KOH mg수

해답 ④

53 산화성 고체 위험물인 과산화나트륨의 위험성에 대한 설명 중 틀린 것은?
① 열분해에 의해 산소를 방출한다.
② 물과의 반응성 때문에 물의 접촉을 피해야 한다.
③ 에터와 혼합하면 혼촉발화의 위험이 있다.
④ 인화점이 낮은 가연성 물질이므로 화기의 접근을 금해야 한다.

해설 과산화나트륨-제1류-무기과산화물-금수성 및 불연성

화학식	분자량	비중	융점	분해온도
Na_2O_2	78	2.8	460℃	460℃

① 상온에서 물과 격렬히 반응하여 산소(O_2)를 방출하고 폭발하기도 한다.

$$2Na_2O_2 + 2H_2O \rightarrow 4NaOH + O_2 \uparrow$$
(과산화나트륨)　　(물)　　(수산화나트륨)　(산소)

② 공기 중 이산화탄소(CO_2)와 반응하여 산소(O_2)를 방출한다.

$$2Na_2O_2 + 2CO_2 \rightarrow 2Na_2CO_3 + O_2 \uparrow$$

③ 산과 반응하여 과산화수소(H_2O_2)를 생성시킨다.

$$Na_2O_2 + 2CH_3COOH \rightarrow 2CH_3COONa + H_2O_2 \uparrow$$

④ 열분해 시 산소(O_2)를 방출한다.

$$2Na_2O_2 \rightarrow 2Na_2O + O_2 \uparrow$$

⑤ 주수소화는 금물이고 마른모래(건조사)등으로 소화한다.

해답 ④

54 알루미늄분이 수산화나트륨 수용액과 접촉했을 때 발생하는 것은?
① NaO_2
② $Na_2Al(OH)_2$
③ H_2
④ AlO_2

해설 알루미늄분(Al) : 제2류 위험물 ★★★

화학식	원자량	비중	융점	비점
Al	27	2.7	660℃	2,000℃

① 은백색의 분말이며 **비중이 약** 2.7이다.
② 진한 질산에는 침식당하지 않으나(부동태) 묽은 질산에는 잘 녹는다.
③ 산화제와 혼합시 가열, 충격, 마찰 등에 의하여 착화위험이 있다.
④ 할로젠원소(F, Cl, Br, I)와 접촉시 자연발화 위험이 있다.
⑤ 분진폭발 위험성이 있다.
⑥ 가열된 알루미늄은 물(수증기)와 반응하여 수소를 발생시킨다.(주수소화금지)

$$2Al + 6H_2O \rightarrow 2Al(OH)_3 + 3H_2 \uparrow$$

⑦ 알루미늄(Al)은 산 또는 알칼리와 반응하여 수소를 발생한다.

$$2Al + 6HCl \rightarrow 2AlCl_3 + 3H_2$$

$$2Al + 2NaOH + 2H_2O \rightarrow 2NaAlO_2 + 3H_2 \uparrow$$

⑧ 주수소화는 엄금이며 마른모래 등으로 피복 소화한다.

해답 ③

55 어떤 측정법으로 동일 시료를 무한횟수 측정하였을 때 데이터 분포의 평균치와 모집단 참값과의 차를 무엇이라 하는가?

① 편차　　　　　　　　　② 신뢰성
③ 정확성　　　　　　　　④ 정밀도

해설 샘플링에 요구되는 사항
① 신뢰성(Reliability) : 데이터를 신뢰할 수 있는가의 여부
② 정밀도(Precision) : 어떤 측정법으로 동일 시료를 무한횟수 측정하였을 때 얻어진 데이터는 반드시 흩어지는데 그 데이터 분포의 크기
③ **정확성**(Accuracy) : 어떤 측정법으로 동일 시료를 무한횟수 측정하였을 때 그 데이터 분포의 **평균치와 참값의 차**

해답 ③

56 일반적으로 품질 코스트 가운데 가장 큰 비율을 차지하는 코스트는?

① 평가 코스트　　　　　② 실패 코스트
③ 예방 코스트　　　　　④ 검사 코스트

해설 **실패코스트(Failure cost)의 정의**
품질코스트 중 가장 큰 비율을 차지하며 소정의 품질수준유지에 실패한 경우 발생하는 불량제품, 불량 원료에 대한 손실비용

실패 코스트(Failure cost)의 종류
① 불량대책 코스트
② 재가공 코스트
③ 설계변경 코스트
④ 폐기 코스트
⑤ 외주불량 코스트

해답 ②

57 일정 통제를 할 때 1일당 그 작업을 단축하는 데 소요되는 비용의 증가를 의미하는 것은?

① 비용구배(Cost Slope)
② 정상소요시간(Normal Duration Time)
③ 비용견적(Cost Estimation)
④ 총비용(Total Cost)

해설 **비용구배**
작업을 1일 단축할 때 추가되는 직접비용

$$비용구배 = \frac{특급비용 - 표준비용}{표준시간 - 특급시간}$$

해답 ①

58 다음 중 신제품에 대한 수요예측방법으로 가장 적절한 것은?

① 시장조사법
② 이동평균법
③ 지수평활법
④ 최소자승법

해설 **시장조사법**
시장을 조사하여 **실제적인 매출액을 예측하는 방법**
① 경쟁사의 판매량조사
② 도.소매상의 판매량조사(표본조사 또는 전수조사)
③ 소비자에 대한 질문조사(표본조사)
④ 신제품에 대한 **수요예측방법**으로 가장 적합하다.

해답 ①

59 로트로부터 시료를 샘플링해서 조사하고, 그 결과를 로트의 판정기준과 대조하여 그 로트의 합격, 불합격을 판정하는 검사를 무엇이라 하는가?

① 샘플링 검사
② 전수검사
③ 공정검사
④ 품질검사

해설 **검사방법의 종류**
① 자주 검사(inspection worked by boiler-operator)
   성능 검사나 정기 자주 검사 등의 법적 검사 외에 작업 주임이 적당히 자체적으로 하는 검사
② 간접 검사(Indirect Inspection)
   자재 또는 제품의 검사가 불가능하거나 불리할 경우 공정, 장비 및 작업자를 관리하는 검사 방법
③ 전수 검사(Total Inspection)
   검사 로트 내의 검사 단위 모두를 하나하나 검사하여 합격, 불합격 판정을 내리는 것으로 일

명 100% 검사라고도 한다.
④ **샘플링 검사**(sampling inspection)
한 로트(lot)의 물품 중에서 발췌한 시료(試科)를 조사하고 그 결과를 판정 기준과 비교하여 **그 로트의 합격 여부를 결정**하는 검사

해답 ①

60 200개들이 상자가 15개 있다. 각 상자로부터 제품을 랜덤하게 10개씩 샘플링 할 경우, 이러한 샘플링 방법을 무엇이라 하는가?

① 계통 샘플링 ② 취락 샘플링
③ 층별 샘플링 ④ 2단계 샘플링

해설 **샘플링 방법**(sampling methods)**의 종류**
① **층별 샘플링** : 로트(lot)나 공정을 몇 개의 층으로 나누어 각층으로부터 **임의**(랜덤random)로 시료를 취하는 방법
② **계통 샘플링** : 로트의 이동 중에 양적, 시간적 또는 공간적 등 일정 간격으로 시료를 채취하는 것.
③ **취락(집락) 샘플링** : 모집단을 몇 개의 집락으로 나누어 그 나눈 부분 속의 몇 개를 무작위로 선택하고, 선택한 부분은 모두 시료로 취하는 방법
④ **2단계 샘플링** : 1차, 2차 단위로 나누어서 하는 방법
⑤ **지그재그 샘플링** : 계통 샘플링의 주기성에 의한 치우침 위험을 방지하기 위해 하나씩 걸러서 일정한 간격으로 샘플을 취하는 방법

해답 ③

국가기술자격 필기시험문제

2021년도 기능장 제70회 필기시험 (2021년 07월 04일 시행)

자격종목	시험시간	문제수	형별
위험물기능장	1시간	60	A

본 문제는 CBT시험대비 기출문제 복원입니다.

01 다음 중 지정수량이 나머지 셋과 다른 하나는?

① $HClO_4$
② NH_4NO_3
③ $NaBrO_3$
④ $(NH_4)_2Cr_2O_7$

해설 위험물의 지정수량

구분	$HClO_4$	NH_4NO_3	$NaBrO_3$	$(NH_4)_2Cr_2O_7$
명칭	과염소산	질산암모늄	브로민산나트륨	다이크로뮴산암모늄
유별	제6류 위험물	제1류 위험물 (질산염류)	제1류 위험물 (브로민산염류)	제1류 위험물 (다이크로뮴산염류)
지정수량	300kg	300kg	300kg	1,000kg

해답 ④

02 제조소 등의 관계인은 그 제조소 등의 용도를 폐지한 때에는 폐지한 날로부터 며칠 이내에 신고하여야 하는가?

① 7일
② 14일
③ 30일
④ 90일

해설 제조소등의 폐지

제조소등의 관계인(소유자·점유자 또는 관리자)은 당해 제조소등의 용도를 폐지한 때에는 행정안전부령이 정하는 바에 따라 제조소등의 용도를 폐지한 날부터 14일 이내에 시·도지사에게 신고하여야 한다.

해답 ②

03 이황화탄소의 성질 또는 취급 방법에 대한 설명 중 틀린 것은?

① 물보다 무겁다.
② 증기가 공기보다 가볍다.
③ 물을 채운 수조에 저장한다.
④ 연소 시 유독한 가스가 발생한다.

해설 이황화탄소(CS_2) ★★★★★

화학식	분자량	비중	비점	인화점	착화점	연소범위
CS_2	76.1	1.26	46℃	-30℃	100℃	1.0~50%

① 무색 투명한 액체로 **물보다 무겁다**.
② 물에는 녹지 않고 알코올, 에터, 벤젠 등 유기용제에 녹는다.
③ 연소 시 아황산가스(SO_2) 및 CO_2를 생성한다.

$$CS_2 + 3O_2 \rightarrow CO_2 + 2SO_2 (이산화황 = 아황산)$$

④ 저장 시 저장탱크를 물속에 넣어 저장한다.
⑤ 4류 위험물중 착화온도(100℃)가 가장 낮다.
⑥ 증기 비중은 (76/29 = 2.6) 공기보다 2.6배 무겁다.

해답 ②

04 탄화알루미늄이 물과 반응하면 발생되는 가스는?

① 이산화탄소
② 일산화탄소
③ 메탄
④ 아세틸렌

해설 **탄화알루미늄(Al_4C_3) ★★★**

화학식	분자량	융점	비중
Al_4C_3	144	2100℃	2.36

① 물과 접촉시 메탄가스를 생성하고 발열반응을 한다.

$$Al_4C_3 + 12H_2O \rightarrow 4Al(OH)_3 + 3CH_4(메탄)$$

② 황색 결정 또는 백색분말로 1400℃ 이상에서는 분해가 된다.
③ 물 및 포약제에 의한 소화는 절대 금하고 마른모래 등으로 피복소화한다.

해답 ③

05 다음 중 분자간의 수소결합을 하지 않는 것은?

① HF
② NH_3
③ CH_3F
④ H_2O

해설 **수소결합**
수소원자와 전기음성도가 큰 플루오린(F), 산소(O), 질소(N)로 된 분자 HF, H_2O, NH_3, 또는 이들 원자가 결합하여 이루어진 원자단을 가진 화합물에서의 분자와 분자 사이의 결합을 말한다.
① 비등점(끓는점)이 높다.
② 증발열이 대단히 크다.

해답 ③

06 다음 중 소화약제인 Halon 1301의 분자식은?

① CF_2Br_2
② CF_3Br
③ $CFBr_3$
④ CBr_3Cl

해설 할로젠화합물 소화약제 명명법
할론 ⓐ ⓑ ⓒ ⓓ
ⓐ : C원자수   ⓑ : F원자수   ⓒ : Cl원자수   ⓓ : Br원자수

할로젠화합물 소화약제

구분	할론2402	할론1211	할론1301	할론1011
분자식	$C_2F_4Br_2$	CF_2ClBr	CF_3Br	CH_2ClBr
상온, 상압에서 상태	액체	기체	기체	액체

해답 ②

07 H_2S에서 S의 비공유전자쌍은 몇 개인가?
① 1   ② 2
③ 3   ④ 4

해설 비공유 전자쌍 : 공유 결합에 참여하지 못하는 전자쌍

H:N:H   H:O: H   H
   H   H   \\S/

암모니아 분자   물 분자

화학식	NH_3	H_2O	H_2S
비공유 전자쌍	1개	2개	2개

해답 ②

08 다음 중 은백색의 광택성 물질로서 비중이 약 1.74인 위험물은?
① Cu   ② Fe
③ Al   ④ Mg

해설 마그네슘(Mg) ★★★

화학식	원자량	비중	융점	비점	발화점
Mg	24.3	1.74	651℃	1102℃	473℃

① 2mm체 통과 못하는 덩어리는 위험물에서 제외한다.
② 직경 2mm 이상 막대모양은 위험물에서 제외한다.
③ 은백색의 광택이 나는 가벼운 금속이다.
④ 물과 반응하여 수소기체 발생

$$Mg + 2H_2O \rightarrow Mg(OH)_2(수산화마그네슘) + H_2\uparrow(수소발생)$$

⑤ 이산화탄소약제를 방사하면 폭발적으로 반응하기 때문에 위험하다.

마그네슘과 CO_2의 반응식
$$2Mg + CO_2 \rightarrow 2MgO + C$$

⑥ 주수소화는 엄금이며 마른모래 등으로 피복 소화한다.

해답 ④

09 가솔린 저장탱크로부터 위험물이 누설되어 직경 2m인 상태에서 풀(Pool) 화재가 발생되었다. 이 때 위험물의 단위면적당 발생되는 에너지 방출속도는 몇 kW인가? (단, 가솔린의 연소열은 43.7kJ/g이며, 질량유속은 55g/m² · s이다.)

① 1,887
② 2,453
③ 3,775
④ 7,551

[해설] 에너지 방출속도 계산공식

$$Q = mA\Delta H$$

여기서, m : 질량유속[g/m² · s], A : 표면적[m²], ΔH : 연소열[kJ/g]

$\therefore Q = 55\text{g/m}^2 \cdot \text{s} \times \dfrac{\pi}{4} \times (2\text{m})^2 \times 43.7\text{kJ/g} = 7,551\text{kJ/s(kW)}$

$1\text{W} = 1\text{J/s}, \quad 1\text{kW} = 1\text{kJ/s}$

[해답] ④

---

10 자동화재탐지설비를 설치하여야 하는 옥내저장소가 아닌 것은?

① 처마높이가 7m인 단층 옥내저장소
② 저장창고의 연면적이 100m²인 옥내저장소
③ 에탄올 5만L를 취급하는 옥내저장소
④ 벤젠 5만L를 취급하는 옥내저장소

[해설] 제조소 등별로 설치하여야 하는 경보설비의 종류(시행규칙 별표 17)

제조소 등의 구분	제조소 등의 규모, 저장 또는 취급하는 위험물의 종류 및 최대수량 등	경보설비
옥내저장소	① 지정수량의 100배 이상을 저장 또는 취급하는 것 ② **저장창고의 연면적이 150m²를 초과하는 것** ③ 처마높이가 6m 이상인 단층 건물의 것 ④ 옥내저장소로 사용되는 부분 외의 부분이 있는 건축물에 설치된 옥내저장소	자동화재탐지설비

③ 에탄올 5만L의 지정수량의 배수(에탄올-알코올류-400L)

$\therefore$ 지정수량의 배수 $= \dfrac{50,000}{400} = 125$배

④ 벤젠 5만L의 지정수량의 배수(벤젠-1석유류-비수용성-200L)

$\therefore$ 지정수량의 배수 $= \dfrac{50,000}{200} = 250$배

[해답] ②

11 브로민을 탈색시키며, 완전연소할 때 CO_2와 H_2O가 같은 몰수로 생성되는 탄화수소에 해당하는 것은?

① $CH_3-C\equiv CH$
② $CH_3CH_2CH_3$
③ $CH_2=C=CH_2$
④ $CH_3-CH=CH_2$

해설 프로필렌(C_3H_6)
① 자극성 냄새가 있는 무색기체로 브로민을 탈색시킨다.
② 완전연소 시 이산화탄소와 물을 생성한다.

$$C_3H_6 + 4.5O_2 \rightarrow 3CO_2 + 3H_2O$$

해답 ④

12 아세트산과 아세트산나트륨의 혼합 수용액에서 다음과 같은 전리가 이루어진다고 할 때 이 용액에 염산을 한 방울 떨어뜨리면 어떤 변화가 일어나는지 가장 옳게 설명한 것은?

- $CH_3COOH \rightleftarrows CH_3COO^- + H^+$
- $CH_3COONa \rightleftarrows CH_3COO^- + Na^+$

① CH_3COO^-은 많아지고, CH_3COOH는 적어진다.
② CH_3COOH는 많아지고, CH_3COO^-은 적어진다.
③ H^+는 많아지고, CH_3COOH나 CH_3COO^-는 변화가 없다.
④ H^+는 적어지고, CH_3COOH나 CH_3COO^-는 변화가 없다.

해설 약산(CH_3COOH)+약산의 염(CH_3COONa) 혼합수용액
염산(강산)을 1방울 떨어뜨리면 약산(CH_3COOH)은 증가하고 CH_3COO^-은 감소한다.

해답 ②

13 다음 중 이상유체에 대한 설명으로 옳은 것은?

① 압력을 가하면 부피가 감소하고 압력이 제거되면 부피가 다시 증가하는 가상유체를 의미한다.
② 뉴턴의 점성법칙에 따라 거동하는 가상유체를 의미한다.
③ 비점성, 비압축성인 가상유체를 의미한다.
④ 유체를 관 내부로 이동시키면 유체와 관벽 사이에서 전단응력이 발생하는 가상유체를 의미한다.

해설 뉴톤의 점성법칙
전단응력은 점성계수와 속도구배(속도기울기)에 비례한다.

$$\text{전단응력 } \tau = \mu \frac{du}{dy}$$

여기서, μ : 점성계수 $\frac{du}{dy}$: 속도구배(속도기울기)

- **뉴톤유체** : 전단응력과 전단변형률이 비례하는 유체
- **이상유체** : 점성이 없고(비점성) 비압축성인 유체

해답 ③

---

14 산화프로필렌에 대한 설명으로 틀린 것은?

① 무색의 휘발성 액체이다.   ② 증기의 비중은 공기보다 작다.
③ 인화점이 약 -37℃이다.   ④ 비점은 약 34℃이다.

해설 **산화프로필렌(CH_3CH_2CHO) : 제4류 위험물 중 특수인화물**

```
   H  H  H
   |  |  |
H--C--C--C--H
   |  |
   H  O
```

화학식	분자량	비중	비점	인화점	착화점	연소범위
CH_3CHCH_2O	58	0.83	34℃	-37℃	465℃	2.8~37%

① 휘발성이 강하고 에터 냄새가 나는 액체이다.
② 물, 알코올, 벤젠 등 유기용제에는 잘 녹는다.
③ 연소범위는 2.8~37%이며 **증기는 공기보다 2.0배 무겁다.**
④ 저장용기 사용 시 **동(구리), 마그네슘, 은, 수은 및 합금용기 사용금지**
   (아세틸리드(acetylide) 생성)
⑤ 저장 용기 내에 질소(N_2) 등 불연성가스를 채워둔다.
⑥ 소화는 포 약제로 질식 소화한다.

해답 ②

---

15 에틸알코올 23g을 완전연소하기 위해 표준상태에서 필요한 공기량은?

① 33.6L   ② 67.2L
③ 160L   ④ 320L

해설
① 에탄올(C_2H_5OH)의 분자량 $= 12 \times 2 + 1 \times 6 + 16 = 46$
② 에틸알코올의 완전 연소반응식
   $C_2H_5OH + 3O_2 \rightarrow 2CO_2 + 3H_2O$
   46g ——— 3×22.4 L
   23g ——— X

   $X = \dfrac{23 \times 3 \times 22.4}{46} = 33.6$ L (표준상태 (0℃, 1기압)에서 이론산소량)

③ 공기중 산소의 부피농도 = 21%이므로   **이론공기량** $= \dfrac{33.6}{0.21} = 160$ L

해답 ③

16 탄화칼슘과 물이 반응하여 500g의 가연성 가스가 발생하였다. 약 몇 g의 탄화칼슘이 반응하였는가? (단, 칼슘의 원자량은 40이고, 물의 양은 충분하였다.)

① 928
② 1,231
③ 1,632
④ 1,921

해설
① 탄화칼슘(CaC_2)의 분자량 = $40+12\times2=64$
② 탄화칼슘과 물의 반응식
$$CaC_2 + 2H_2O \rightarrow Ca(OH)_2 + C_2H_2 \uparrow$$
64g ────────→ 26g
X ────────→ 500g

$X = \dfrac{64 \times 500}{26} = 1231g$

해답 ②

17 다음 중 특수 인화물에 속하는 것은?

① $C_2H_5OC_2H_5$
② CH_3COCH_3
③ C_6H_6
④ $C_6H_5CH_3$

해설 제4류 위험물의 분류

화학식	$C_2H_5OC_2H_5$	CH_3COCH_3	C_6H_6	$C_6H_5CH_3$
명 칭	다이에틸에터	아세톤	벤젠	톨루엔
품 명	특수인화물	제1석유류	제1석유류	제1석유류

해답 ①

18 위험물안전관리자의 선임신고를 허위로 한 자에게 부과하는 과태료의 금액은?

① 50만원 이하
② 100만원 이하
③ 500만원 이하
④ 300만원 이하

해설 위험물안전관리자의 선임신고를 허위로 한 자에게 부과하는 과태료의 금액 : 500만원 이하

해답 ③

19 제1류 위험물 중 일명 초석이라고도 하며 차가운 느낌의 자극이 있고 짠맛이 나는 무색 또는 백색 결정의 질산염류는?

① KNO_3
② $NaNO_3$
③ NH_4NO_3
④ $KMnO_4$

해설 **질산칼륨**

화학식	분자량	비중	융점	분해온도
KNO_3	101	2.1	336℃	400℃

① 질산칼륨에 숯가루, 황가루를 혼합하여 흑색화약제조에 사용한다.
② 열분해하여 산소를 방출한다.

$$2KNO_3 \rightarrow 2KNO_2 + O_2 \uparrow$$

③ 물, 글리세린에는 잘 녹으나 알코올, 에터에는 잘 녹지 않는다.
④ 유기물 및 강산과 접촉 시 매우 위험하다.
⑤ 소화는 주수소화방법이 가장 적당하다.

흑색화약(Black Power)
① 원료 : 질산칼륨, 숯, 황
② 조성 : 75%KNO_3 + 15%C + 10%S
③ 폭발반응식 : $38KNO_3 + 64C + 16S \rightarrow 3K_2CO_3 + 16K_2S + 19N_2 + 44CO_2 + 17CO$

해답 ①

---

20 염소산나트륨이 산과 반응하여 주로 발생되는 유독한 가스는?

① 이산화탄소 ② 일산화탄소
③ 이산화염소 ④ 일산화염소

해설 **염소산나트륨($NaClO_3$) : 제1류 위험물 중 염소산염류**

화학식	분자량	물리적 상태	색상	분해온도
$NaClO_3$	106.5	고체	무색	300℃

① 조해성이 크고, 알코올, 에터, 물에 녹는다.
② 철제를 부식시키므로 철제용기 사용금지
③ 산과 반응하여 유독한 이산화염소(ClO_2)를 발생시키며 이산화염소는 폭발성이다.

- $2NaClO_3 + 2HCl(염산) \rightarrow 2NaCl + 2ClO_2 + H_2O_2 \uparrow$
- $2NaClO_3 + H_2SO_4(황산) \rightarrow Na_2SO_4 + 2ClO_2 + H_2O_2 \uparrow$

④ 조해성이 있기 때문에 밀폐하여 저장한다.

조해성 : 공기 중에 노출되어 있는 고체가 수분을 흡수하여 녹는 현상

⑤ 열분해하여 염화나트륨과 산소를 발생한다.

$$2NaClO_3 \rightarrow 2NaCl + 3O_2 \uparrow$$
염소산나트륨 염화나트륨(소금) 산소

⑥ 물에 의한 냉각소화가 효과적이다.

해답 ③

---

21 다음 중 아닐린의 연소범위 하한값에 가장 가까운 것은?

① 1.3[vol%] ② 7.6[vol%]
③ 9.8[vol%] ④ 15.5[vol%]

해설 아닐린($C_6H_5NH_2$)-제4류-제3석유류-비수용성

화학식	분자량	비중	비점	융점	인화점	착화점	연소범위
$C_6H_5NH_2$	93	1.02	185℃	-6℃	70℃	538℃	1.3~11%

① 햇빛 또는 공기에 접촉시 적갈색으로 변색된다.
② 물에는 약간 녹고(용해도 3.6%) 유기용제에 녹는다.
③ 금속과 반응하여 수소를 발생시킨다.
④ 나이트로벤젠과 수소를 반응시켜 제조한다.

$$C_6H_5NO_2 + 3H_2 \rightarrow C_6H_5NH_2 + 2H_2O$$

해답 ①

22 오황화인이 물과 반응하여 발생하는 가스가 연소하였을 때 주로 생성되는 것은?

① P_2O_5　　② SO_3
③ SO_2　　④ H_2S

해설 오황화인(P_2S_5) : 제2류 위험물
① 담황색 결정이고 조해성이 있다.
② 수분을 흡수하면 분해된다.
③ 이황화탄소(CS_2)에 잘 녹는다.
④ **물, 알칼리와 반응하여 인산과 유독성인 황화수소를 발생**한다.

$$P_2S_5 + 8H_2O \rightarrow 2H_3PO_4 (인산) + 5H_2S \uparrow (황화수소)$$

황화수소의 연소반응식

$$2H_2S + 3O_2 \rightarrow 2SO_2 + 2H_2O$$

해답 ③

23 플루오린계 계면활성제를 기제로 하여 안정제 등을 첨가한 소화약제로서 보존성, 내약품성이 우수하지만 수용성 위험물의 화재 시에는 효과가 떨어지는 것은?

① 알코올형포　　② 단백포
③ 수성막포　　④ 합성계면활성제포

해설 수성막포 소화약제
① 플루오린(F) 계통의 습윤제에 합성계면활성제 첨가한 포약제이며 주성분은 **플루오린(F)계 계면활성제**
② 미국에서는 AFFF(Aqueous Film Forming Foam)로 불리며 3M사가 개발한 것으로 상품명은 라이트 워터(light water)
③ 저발포용으로 3%형과 6%형이 있다.
④ **분말약제와 겸용이 가능**하며 액면하 주입방식에도 사용
⑤ 내유성과 유동성이 좋아 유류화재 및 항공기화재, 화학공장화재에 적합
⑥ 화학적으로 안정하며 수명이 반영구적
⑦ 소화작업 후 포와 막의 차단효과로 재발화 방지에 효과가 있다.
※ 유류화재용으로 가장 뛰어난 포약제는 수성막포이다.

해답 ③

24 다음 제4류 위험물의 일반적인 성질에 대한 설명으로 가장 거리가 먼 것은?

① 물에 녹지 않는 것이 많다.
② 액체 비중은 물보다 가벼운 것이 많다.
③ 인화의 위험이 높은 것이 많다.
④ 증기 비중은 공기보다 가벼운 것이 많다.

해설 제4류 위험물의 공통적 성질★★★
① 대단히 인화되기 쉬운 인화성액체이다.
② **증기는 공기보다 무겁다.**(증기비중＝분자량/공기평균분자량(28.84))
③ 증기는 공기와 약간 혼합되어도 연소한다.
④ 일반적으로 물보다 가볍고 물에 잘 안녹는다.

해답 ④

25 다음 중 아이오딘값이 가장 높은 것은?

① 참기름
② 채종유
③ 동유
④ 땅콩기름

해설 동식물유류 : 제4류 위험물 ★★★★
동물의 지육 또는 식물의 종자나 과육으로부터 추출한 것으로 1기압에서 인화점이 250℃ 미만인 것
① 돈지(돼지기름), 우지(소기름) 등이 있다.
② 아이오딘값이 130 이상인 건성유는 자연발화위험이 있다.
③ 인화점이 46℃인 개자유는 저장, 취급 시 특별히 주의한다.

아이오딘값에 따른 동식물유의 분류

구 분	아이오딘값	종 류
건성유	130 이상	해바라기기름, **동유(낙화생기름)**, 정어리기름, **아마인유**, 들기름
반건성유	100~130	채종유, 쌀겨기름, 참기름, 면실유, 옥수수기름, 청어기름, 콩기름
불건성유	100 이하	야자유, 팜유, **올리브유**, 피마자기름, 낙화생기름, 돈지, 우지, 고래기름

해답 ③

26 흐름 단면적이 감소하면서 속도수두가 증가하고 압력수두가 감소하여 생기는 압력차를 측정하여 유량을 구하는 기구로서 제작이 용이하고 비용이 저렴한 장점이 있으나 유체 수송을 위한 소요동력이 증가하는 단점이 있는 것은?

① 로터미터
② 피토튜브
③ 벤투리미터
④ 오리피스미터

해설 오리피스미터
① 배관 내 흐름 단면적이 감소하면서 속도수두가 증가하고 압력수두가 감소하여 생기는 압력차를 측정하여 유량을 측정하는 장치
② 제작이 용이하고 비용이 저렴하다.
③ 마찰손실이 크다.

해답 ④

27. 이동탱크저장소 일반점검표에서 정한 점검항목 중 가연성 증기회수설비의 점검내용이 아닌 것은?

① 가연성 증기 경보장치의 작동상황의 적부
② 회수구의 변형·손상의 유무
③ 호스결합장치의 균열·손상의 유무
④ 완충이음 등의 균열·변형·손상의 유무

해설 이동탱크저장소의 일반점검표

점검항목	점검내용	점검방법	점검결과	조치 연월일 및 내용
가연성증기 회수설비	회수구의 변형·손상의 유무	육안		
	호스결합장치의 균열·손상의 유무	육안		
	완충이음 등의 균열·변형·손상의 유무	육안		

해답 ①

28. 다음 중 위험물의 지정수량이 잘못 연결된 것은?

① 철분 - 500kg
② $(CH_3)_2CHNH_2$ - 200L
③ $CH_2=CHCOOH$ - 2,000L
④ Mg - 500kg

해설

구분	Fe	$(CH_3)_2CHNH_2$	$CH_2=CHCOOH$	Mg
명칭	철분	아이소프로필아민	아크릴산	마그네슘
유별	제2류	제4류 특수인화물	제4류 제2석유류(수용성)	제2류
지정수량	500kg	50L	2000L	500kg

해답 ②

29. 다음 위험물 중에서 지정수량이 나머지 셋과 다른 것은?

① $KBrO_3$
② KNO_3
③ KIO_3
④ $KClO_3$

해설 지정수량

화학식	$KBrO_3$	KNO_3	KIO_3	$KClO_3$
명칭	브로민산칼륨	질산칼륨	아이오딘산칼륨	염소산칼륨
품명	제1류 위험물 브로민산염류	제1류 위험물 질산염류	제1류 위험물 아이오딘산염류	제1류 위험물 염소산염류
지정수량	300kg	300kg	300kg	50kg

해답 ④

30 다음에서 설명하는 제4류 위험물은 무엇인가?

[다음]
- 무색무취의 끈끈한 액체이다.
- 분자량은 약 62이고, 2가 알코올이다.
- 지정수량은 4,000L이다.

① 글리세린 ② 에틸렌글리콜
③ 아닐린 ④ 에틸알코올

해설 에틸렌글리콜($C_2H_4(OH)_2$) : 제4류 3석유류(수용성)

CH_2-OH
$|$
CH_2-OH

$HO-\overset{H}{\underset{H}{C}}-\overset{H}{\underset{H}{C}}-OH$

화학식	분자량	비중	비점	인화점	착화점	연소범위
CH_2OHCH_2OH	62	1.1	197℃	111℃	413℃	3.2% 이상

① 물과 혼합하여 **부동액으로 이용**된다.
② 물, 알코올, 아세톤 등에 잘 녹는다.
③ 흡습성이 있고 단맛이 있는 무색액체이다.
④ 독성이 있는 2가 알코올이다.

해답 ②

31 전역방출방식 이산화탄소 소화설비에서 저장용기 설치기준이 틀린 것은?

① 온도가 40℃ 이하이고 온도 변화가 적은 장소에 설치할 것.
② 방호구역 내의 장소에 설치할 것.
③ 직사일광 및 빗물이 침투할 우려가 적은 장소에 설치할 것.
④ 저장용기에는 안전장치를 설치할 것.

해설 이산화탄소 소화설비의 저장용기 설치기준
① 방호구역 외의 장소에 설치할 것.
② 온도가 40℃ 이하이고 온도 변화가 적은 장소에 설치할 것.
③ 직사일광 및 빗물이 침투할 우려가 적은 장소에 설치할 것.
④ 저장용기에는 안전장치를 설치할 것.

해답 ②

32 다음 중 지정수량이 가장 적은 위험물은?

① $(HOOCCH_2CH_2CO)_2O_2$ ② $Zn(C_2H_5)_2$
③ $C_6H_2CH_3(NO_2)_3$ ④ CaC_2

해설 지정수량

화학식	(HOOCCH$_2$CH$_2$CO)$_2$O$_2$	Zn(C$_2$H$_5$)$_2$	C$_6$H$_2$CH$_3$(NO$_2$)$_3$	CaC$_2$
명칭	숙신산 퍼옥사이드 (Succinicacid peroxide)	다이에틸아연	TNT	탄화칼슘
유별	제5류 유기과산화물	제3류 유기금속화합물	제5류 나이트로화합물	제3류 칼슘의 탄화물
지정수량	10kg	50kg	200kg	300kg

해답 ①

33
다음 중 암적색의 분말인 비금속 물질로 비중이 약 2.2, 발화점이 약 260°C로 물에 불용성인 위험물은?

① 적린
② 황린
③ 삼황화인
④ 황

해설 적린(붉은인)(P) ★★★

화학식	원자량	비중	융점	착화점
P	31	2.2	600°C	260°C

① **황린의 동소체**이며 황린보다 안정하다.
② 공기 중에서 자연발화하지 않는다.(발화점 : 260°C, 승화점 : 460°C)
③ 황린을 공기차단상태에서 가열, 냉각 시 적린으로 변환다.

$$황린(P_4) \xrightarrow{공기차단(260°C가열, 냉각)} 적린(P)$$

④ 성냥, 불꽃놀이 등에 이용된다.
⑤ 연소 시 **오산화인**(P$_2$O$_5$)이 생성된다.

$$4P + 5O_2 \rightarrow 2P_2O_5(오산화인)$$

⑥ 다량의 물을 주수하여 냉각 소화한다.

해답 ①

34
제1류 위험물 중 알칼리금속의 과산화물을 수납한 운반용기 외부에 표시하여야 하는 주의사항을 모두 옳게 나타낸 것은?

① 물기주의, 가연물접촉주의, 충격주의
② 가연물접촉주의, 물기엄금, 화기엄금 및 공기노출금지
③ 화기·충격주의, 물기엄금, 가연물접촉주의
④ 충격주의, 화기엄금 및 공기접촉엄금, 물기엄금

해설 위험물 운반용기의 외부 표시 사항
① 위험물의 품명, 위험등급, 화학명 및 수용성(제4류 위험물의 수용성인 것에 한함)
② 위험물의 수량

③ 수납하는 위험물에 따른 주의사항

유별	성질에 따른 구분	표시사항
제1류 위험물	알칼리금속의 과산화물	화기·충격주의, 물기엄금 및 가연물접촉주의
	그 밖의 것	화기·충격주의 및 가연물접촉주의
제2류 위험물	철분·금속분·마그네슘	화기주의 및 물기엄금
	인화성고체	화기엄금
	그 밖의 것	화기주의
제3류 위험물	자연발화성물질	화기엄금 및 공기접촉엄금
	금수성물질	물기엄금
제4류 위험물	인화성 액체	화기엄금
제5류 위험물	자기반응성 물질	화기엄금 및 충격주의
제6류 위험물	산화성 액체	가연물접촉주의

해답 ③

35 $(C_2H_5)_3Al$은 운반용기의 내용적의 몇 % 이하의 수납을 수납하여야 하는가?

① 85% ② 90%
③ 95% ④ 98%

해설 적재방법
① **고체위험물** : 내용적의 95% 이하의 수납율
② **액체위험물** : 내용적의 98% 이하의 수납율로 수납하되, 55도의 온도에서 누설되지 아니하도록 충분한 공간용적을 유지하도록 할 것
③ 제3류 위험물은 다음의 기준에 따라 운반용기에 수납할 것
  ㉠ 자연발화성물질 : 불활성 기체를 봉입하여 밀봉하는 등 공기와 접하지 아니하도록 할 것
  ㉡ 자연발화성물질외의 물품 : 파라핀·경유·등유 등의 보호액으로 채워 밀봉하거나 불활성 기체를 봉입하여 밀봉하는 등 수분과 접하지 아니하도록 할 것
  ㉢ 자연발화성물질 중 **알킬알루미늄** 등 : 내용적의 **90%** 이하의 **수납율**로 수납하되, **50℃**의 **온도**에서 5% 이상의 공간용적을 유지하도록 할 것

운반용기의 내용적에 대한 수납율
① 액체위험물 : 내용적의 98% 이하
② 고체위험물 : 내용적의 95% 이하

해답 ②

36 아세톤에 대한 다음 설명 중 틀린 것은?

① 보관 중 분해하여 청색으로 변한다. ② 아이오딘포름 반응을 일으킨다.
③ 아세틸렌 가스의 흡수제에 이용된다. ④ 연소범위는 약 2.6~12.8%이다.

해설 아세톤(CH_3COCH_3)-제4류-제1석유류-수용성 ★★

화학식	분자량	비중	비점	인화점	착화점	연소범위
$(CH_3)_2CO$	58	0.79	56.3℃	-18℃	538℃	2.5~12.8%

① 무색의 휘발성 액체이다.
② 물 및 유기용제에 잘 녹는다.
③ 아이오딘포름 반응을 한다.
④ 아세틸렌가스의 흡수제에 이용된다.

$$H-\underset{\underset{H}{|}}{\overset{\overset{H}{|}}{C}}-\underset{\underset{H}{|}}{\overset{\overset{O}{|}}{C}}-\underset{\underset{H}{|}}{\overset{\overset{H}{|}}{C}}-H$$

해답 ①

37 다음 위험물 중 석유 속에 보관하는 것은?
① 황린
② 칼륨
③ 탄화칼슘
④ 마그네슘분말

해설 **금속칼륨 및 금속나트륨 : 제3류 위험물(금수성)**
① 물과 반응하여 수소기체 발생

$$2Na + 2H_2O \rightarrow 2NaOH + H_2\uparrow (수소발생)$$
$$2K + 2H_2O \rightarrow 2KOH + H_2\uparrow (수소발생)$$

② 석유(파라핀, 등유, 경유)속에 저장
★★자주출제(필수정리)★★
① 칼륨(K), 나트륨(Na)은 석유속에 저장
② 황린(3류) 및 이황화탄소(4류)는 물속에 저장

해답 ②

38 (CH₃CO)₂O₂에 대한 설명으로 틀린 것은?
① 가연성 물질이다.
② 지정수량은 10kg이다.
③ 녹는점이 약 -10℃인 액체상이다.
④ 화재 시 다량의 물로 냉각소화한다.

해설 **아세틸 퍼옥사이드(Acetyl Peroxide) : 제5류-유기과산화물-10kg**

화학식	분자량	융점	인화점	발화점
(CH₃CO)₂O₂	118	30℃	45℃	121℃

① 충격, 마찰에 의하여 분해하며 가열하면 폭발한다.
② 희석제인 DMF(Di Methyl Formamide) 첨가시켜서 저온에서 저장한다.
③ 화재 시 다량의 물을 주수하여 냉각소화한다.

해답 ③

39 위험물안전관리법에서 정한 경보설비에 해당하지 않는 것은?
① 비상경보설비
② 자동화재탐지설비
③ 비상방송설비
④ 영상음향차단경보기

해설 **경보설비**
① 자동화재탐지설비 ② 비상경보설비 ③ 비상방송설비 ④ 확성장치

해답 ④

40 다음 중 원자의 개념으로 설명되는 법칙이 아닌 것은?

① 아보가드로의 법칙　　② 일정성분비의 법칙
③ 질량보존의 법칙　　　④ 배수비례의 법칙

해설 **아보가드로의 법칙**(분자의 개념)
모든 기체 1g 분자(1Mol)는 표준상태(0℃, 1기압)에서 22.4L의 부피를 차지하며 이 속에는 6.02×10^{23}개의 분자가 들어 있다.

아보가드로의 법칙에서 기체의 분자수가 같기 위한 조건
① 압력　② 온도　③ 부피

원자의 개념에 의한 법칙
① 일정성분비의 법칙(프루스트)
② 배수비례의 법칙(돌턴)
③ 질량보존의 법칙(돌턴)
　㉠ 모든 물질은 더 이상 쪼갤 수 없는 원자라는 작은 입자로 되어 있다.
　㉡ 같은 원소의 원자는 크기, 질량 등 모든 성질은 같다.

해답 ①

41 위험물의 유별 구분이 나머지 셋과 다른 하나는?

① 나이트로벤젠　　② 과산화벤조일
③ 펜트리트　　　　④ 테트릴

해설 **위험물의 분류**

구분	나이트로벤젠	과산화벤조일	펜트리트	테트릴
화학식	$C_6H_5NO_2$	$(C_6H_5CO)_2O_2$	$C(CH_2ONO_2)_4$	$C_6H_2(NO_2)_4NCH_3$
유별	제4류	제5류	제5류	제5류
품명	제3석유류	유기과산화물	질산에스터류	나이트로화합물

해답 ①

42 질산에스터류에 대한 설명으로 옳은 것은?

① 알코올기를 함유하고 있다.　　② 모두 물에 녹는다.
③ 폭약의 원료로도 사용한다.　　④ 산소를 함유하는 무기화합물이다.

해설 **질산에스터류의 일반적 성질**
① 나이트로기($-NO_2$)를 함유하고 있다.　② 모두 물에 녹지 않는다.
③ 폭약의 원료로도 사용한다.　　　　　④ 산소를 함유하는 유기화합물이다.

해답 ③

43
사용전압 35,000V를 초과하는 특고압가공전선과 위험물제조소와의 안전거리 기준으로 옳은 것은?

① 5m 이상
② 10m 이상
③ 13m 이상
④ 15m 이상

해설 제조소의 안전거리

구 분	안전거리
사용전압이 7,000V 초과 35,000V 이하	3m 이상
사용전압이 35,000V를 초과	5m 이상
주거용	10m 이상
고압가스, 액화석유가스, 도시가스	20m 이상
학교 · 병원 · 극장	30m 이상
지정문화유산 및 천연기념물 등	50m 이상

해답 ①

44
다음 위험물을 완전연소시켰을 때 나머지 셋의 위험물의 연소 생성물에 공통적으로 포함된 가스를 발생하지 않는 것은?

① 황
② 황린
③ 삼황화인
④ 이황화탄소

해설 연소반응식
① 황(제2류) $S + O_2 \rightarrow SO_2 \uparrow$
② 황린(제3류) $P_4 + 5O_2 \rightarrow 2P_2O_5$
③ 삼황화인(제2류) $P_4S_3 + 8O_2 \rightarrow 2P_2O_5 + 3SO_2 \uparrow$
④ 이황화탄소(제4류) $CS_2 + 3O_2 \rightarrow CO_2 + 2SO_2 \uparrow$

해답 ②

45
27℃, 2atm에서 20g의 CO_2 기체가 차지하는 부피는 약 몇 L인가?

① 5.59
② 2.80
③ 1.40
④ 0.50

해설 이상기체 상태방정식

$$PV = \frac{W}{M}RT = nRT$$

여기서, P : 압력(atm), V : 부피(L), W : 무게(g), M : 분자량, n : mol수 $= \frac{W}{M}$
R : 기체상수(0.082atm · L/mol · K), T : 절대온도(273 + t℃)K

$$V = \frac{WRT}{PM} = \frac{20g \times 0.082 \times (273 + 27)K}{2atm \times 44} = 5.59L$$

해답 ①

46 과망가니즈산칼륨에서 Mn의 산화수는 얼마인가?

① +4 ② -4
③ +7 ④ +6

해설 산화수를 정하는 법
① 화합물에 있어서 산소의 산화수 = -2, 수소의 산화수 = +1
 (단, 과산화물에서 산소의 산화수 = -1)
② 화합물에서 구성원자의 산화수의 총합은 0이다.
③ 이온의 가수(價數)는 그 이온의 산화수이다.
 • Ca = +2 • Na = +1 • K = +1 • Ba = +2
④ $KMnO_4$(과망가니즈산칼륨)에서 Mn의 산화수를 X라 하면
 $+1+X+(-2\times 4)=0$ ∴ $X(Mn)=+7$

해답 ③

47 압력의 차원을 질량 M, 길이 L, 시간 T로 표시하면?

① ML^{-2} ② $ML^{-2}T^2$
③ $ML^{-1}T^{-2}$ ④ $ML^{-2}T^{-2}$

해설 단위와 차원
질량(Mass) : M, 길이(Length) : L, 시간(Time) : T, 힘(무게)(Force) : F

구 분	중력(무게)단위[차원]	절대(질량)단위[차원]
밀도	$N \cdot s^2/m^4 [FL^{-4}T^2]$	$kg/m^3 [ML^{-3}]$
압력	$N/m^2 [FL^{-2}]$	$kg/m \cdot s^2 [ML^{-1}T^{-2}]$
속도	$m/s [LT^{-1}]$	$m/s [LT^{-1}]$
가속도	$m/s^2 [LT^{-2}]$	$m/s^2 [LT^{-2}]$

해답 ③

48 물과 반응하여 심하게 발열하면서 위험성이 증가하는 물질은?

① 염소산나트륨 ② 과산화칼륨
③ 질산나트륨 ④ 질산암모늄

해설 과산화칼륨

화학식	분자량	비중	분해온도
K_2O_2	110	2.9	490℃

① 무색 또는 오렌지색 분말상태
② 상온에서 물과 격렬히 반응하여 산소(O_2)를 방출하고 폭발하기도 한다.
$$K_2O_2 + 2H_2O \rightarrow 4KOH + O_2 \uparrow$$
③ 공기 중 이산화탄소(CO_2)와 반응하여 산소(O_2)를 방출한다.
$$2K_2O_2 + 2CO_2 \rightarrow 2K_2CO_3 + O_2 \uparrow$$

④ 산과 반응하여 과산화수소(H_2O_2)를 생성시킨다.

$$K_2O_2 + 2CH_3COOH \rightarrow 2CH_3COOK + H_2O_2 \uparrow$$

⑤ 열분해 시 산소(O_2)를 방출한다.

$$2K_2O_2 \rightarrow 2K_2O + O_2 \uparrow$$

⑥ 주수소화는 금물이고 마른모래(건조사) 등으로 소화한다.

해답 ②

49
황린 124g을 공기를 차단한 상태에서 250℃로 가열하여 모두 반응하였을 때 생성되는 적린은 몇 g인가?
① 31
② 62
③ 124
④ 496

해설 적린의 제조방법

$$황린(P_4) \xrightarrow{공기차단(260℃가열, 냉각)} 적린(4P)$$

황린(P_4, 1mol 124g)이 공기를 차단한 상태에서 260℃로 가열하면 4P(4mol 124g)가 된다.

해답 ③

50
과산화벤조일의 위험성에 대한 설명 중 틀린 것은?
① 수분이 흡수되면 분해하여 폭발위험이 커진다.
② 상온에서는 비교적 안정하나 가열·마찰·충격에 의해 폭발할 위험이 있다.
③ 가열을 하면 약 100℃ 부근에서 흰 연기를 낸다.
④ 비활성 희석제를 첨가하여 폭발성을 낮출 수 있다.

해설 과산화벤조일 = 벤조일퍼옥사이드(benzoil per oxide : BPO)[$(C_6H_5CO)_2O_2$]

화학식	분자량	비중	융점	착화점
$(C_6H_5CO)_2O_2$	242	1.33	105℃	125℃

① 무색 무취의 **백색분말 또는 결정**이다.
② 물에 녹지 않고 알코올에 약간 녹으며 에터 등 유기용제에 잘 녹는다.
③ 상온에서는 안정하지만 가열하면 100℃에서 흰 연기를 내고 심하게 분해한다.
④ 폭발성이 매우 강한 강산화제이다.
⑤ 희석제로는 프탈산다이메틸, 프탈산다이부틸이 있다.
⑥ 직사광선을 피하고 냉암소에 보관한다.

해답 ①

51 다음 위험물의 옥내저장소 저장창고 바닥을 물이 침투하지 않는 구조로 하지 않아도 되는 위험물은?

① 제3류 위험물 중 금수성 물질
② 제1류 위험물 중 알칼리금속의 과산화물
③ 제4류 위험물
④ 제6류 위험물

해설 저장창고 바닥을 물이 침투 되지 않는 구조로 하여야 하는 경우
① 제1류 위험물 중 알칼리금속의 과산화물 또는 이를 함유하는 것
② 제2류 위험물 중 철분·금속분·마그네슘 또는 이중 어느 하나 이상을 함유하는 것
③ 제3류 위험물 중 금수성 물질
④ 제4류 위험물

해답 ④

52 메탄 75vol%, 프로판 25vol%인 혼합기체의 연소하한계는 몇 vol%인가? (단, 연소범위는 메탄 5~15vol%, 프로판 2.1~9.5vol%이다.)

① 2.72
② 3.72
③ 4.63
④ 5.63

해설 혼합가스의 폭발한계

$$\frac{V_m}{L_m} = \frac{V_1}{L_1} + \frac{V_2}{L_2} + \frac{V_3}{L_3} + \cdots + \frac{V_n}{L_n}$$

여기서, L_m : 혼합가스의 폭발하한 값 또는 폭발상한 값, V_m : 혼합가스의 전체농도(%)
V_1, V_2, V_3, V_n : 단일가스의 폭발하한 값 또는 폭발상한 값
L_1, L_2, L_3, L_n : 단일가스의 부피농도(%)

$$\therefore L_m = \frac{100}{\frac{V_1}{L_1} + \frac{V_2}{L_2}} = \frac{100}{\frac{75}{5} + \frac{25}{2.1}} = 3.72\%$$

해답 ②

53 특정옥외저장탱크의 구조에 대한 기준 중 틀린 것은?

① 탱크의 내경이 16m 이하일 경우 옆판의 두께는 4.5mm 이상일 것.
② 지붕의 최소 두께는 4.5mm로 할 것.
③ 부상지붕은 당해 부상지붕 위에 적어도 150mm에 상당한 물이 체류한 경우 침하하지 않도록 할 것.
④ 밑판의 최소 두께는 탱크의 용량이 10,000kL 이상의 것에 있어서는 9mm로 할 것.

해설 **세부기준 제57조**(특정옥외저장탱크의 옆판등의 최소두께 등)
① 옆판의 최소두께는 다음 표에 의할 것

내경(단위 m)	두께(단위 mm)
16 이하	4.5
16 초과 35 이하	6
35 초과 60 이하	8
60 초과	10

② 밑판의 최소두께는 특정옥외저장탱크의 용량이 1,000kL 이상 **10,000kL 미만**의 것에 있어서는 8mm로 하고, **10,000kL 이상**의 것에 있어서는 9mm로 할 것. 다만, 저장하는 위험물의 성상 등에 따라 밑판이 부식할 우려가 없다고 인정되는 경우에는 당해 밑판의 두께를 감소할 수 있다.
③ 지붕의 최소 두께는 4.5mm로 할 것
④ 애뉼러판의 옆판외면에서 바깥으로 연장하는 최소길이, 옆판내면에서 탱크중심부로 연장하는 최소길이 및 최소두께는 다음 표에 의할 것

해답 ③

54. Cs에 대한 설명으로 틀린 것은?

① 알칼리토금속이다.
② 융점이 30℃보다 낮다.
③ 비중이 약 1.9이다.
④ 할로젠화 반응하여 할로젠화물을 만든다.

해설 세슘(Cs)

화학식	분자량	비중	융점	끓는점
Cs	132.9	1.9	28.5℃	671℃

① 1족 원소의 알칼리금속이다.
② 은백색이며 금속 중에서 반응성이 가장 크고 가장 연하다.
③ 할로젠화 반응하여 할로젠화물을 만든다.

해답 ①

55. 다음 중 데이터를 그 내용이나 원인 등 분류 항목별로 나누어 크기의 순서대로 나열하여 나타낸 그림을 무엇이라 하는가?

① 히스토그램(Histogram)
② 파레토도(Pareto Diagram)
③ 특성요인도(Causes And Effects Diagram)
④ 체크시트(Check Sheet)

해설 **파레토도**(Pareto Diagram)
불량, 결점, 고장 등의 발생건수, 또는 손실금액을 항목별로 나누어 발생빈도의 순으로 나열하고 누적합도 표시한 그림

해답 ②

56 $\bar{x}$관리도에서 관리상한이 22.15, 관리하한이 6.85, $\bar{R}=7.5$일 때 시료군의 크기(n)는 얼마인가? (단, $n=2$일 때 $A_2=1.88$, $n=3$일 때 $A_2=1.02$, $n=4$일 때 $A_2=0.73$, $n=5$일 때 $A_2=0.58$이다.)
① 2 ② 3
③ 4 ④ 5

해설 시료군의 크기
$$n = \frac{UCL}{\bar{R}} = \frac{22.15}{7.5} = 2.95 \quad \therefore \ 3$$

해답 ②

57 모든 작업을 기본동작으로 분해하고, 각 기본동작에 대하여 성질과 조건에 따라 미리 정해 놓은 시간치를 적용하여 정미시간을 산정하는 방법은?
① PTS법 ② WS법
③ 스톱워치법 ④ 실적자료법

해설 정미시간을 산정하는 방법
① 직접측정법
② PTS법
③ 표준자료법

해답 ①

58 ASME(American Society of Mechanical Engineers)에서 정의하고 있는 제품공정 분석표에 사용되는 기호 중 "저장(Storage)"을 표현한 것은?
① ○ ② D
③ □ ④ ▽

해설 공정분석 기호와 의미

공정명	기호의 명칭	공정기호	의 미
가공	가공	○	원료, 재료, 부품 또는 제품의 형상, 품질에 변화를 주는 과정
운반	운반	○⇨	원료, 재료, 부품 또는 제품의 위치에 변화를 주는 과정
검사	수량검사	□	원료, 재료, 부품 또는 제품의 양(수량)을 측정하여 그 결과를 기준과 비교하여 차이를 아는 과정
	품질검사	◇	원료, 재료, 부품 또는 제품을 계획에 따라 저장하고 있는 과정

공정명	기호의 명칭	공정기호	의 미
대기	저장	▽	원료, 재료, 부품 또는 제품을 계획에 따라 저장하고 있는 과정
	정체	D	원료, 재료, 부품 또는 제품이 계획과는 달리 정체되어 있는 상태
복합기호	품질/수량검사	◇	품질검사를 주로 하는 수량검사
	수량/품질검사	◇	수량검사를 주로 하는 품질검사
	가공/수량검사	○	가공을 주로 하는 수량검사
	수량검사	⇨	가공을 주로 하는 운반

해답 ④

59 다음 중 사내표준을 작성할 때 갖추어야 할 요건으로 옳지 않은 것은?

① 내용이 구체적이고 주관적일 것.
② 장기적 방침 및 체계 하에서 추진할 것.
③ 작업표준에는 수단 및 행동을 직접 제시할 것.
④ 당사자에게 의견을 말하는 기회를 부여하는 절차로 정할 것.

해설 사내표준 작성시 구비요건
① 내용이 구체적이고 **객관적일 것**.
② 장기적 방침 및 체계 하에서 추진할 것.
③ 작업표준에는 수단 및 행동을 직접 제시할 것.
④ 당사자에게 의견을 말하는 기회를 부여하는 절차로 정할 것.

해답 ①

60 C 관리도에서 $k=20$인 군의 총 부적합(결점)수 합계는 58이었다. 이 관리도의 UCL, LCL을 구하면 약 얼마인가?

① UCL=6.92, LCL=0
② UCL=4.90, LCL=고려하지 않음
③ UCL=6.92, LCL=고려하지 않음
④ UCL=8.01, LCL=고려하지 않음

해설 ① 중심선 $CL = \overline{C} = \dfrac{\sum c}{k} = \dfrac{58}{20} = 2.9$
② 관리상한선 $UCL = \overline{C} + 3\sqrt{\overline{C}} = 2.9 + 3\sqrt{2.9} = 8.01$
③ 관리하한선 $LCL = \overline{C} - 3\sqrt{\overline{C}} = 2.9 - 3\sqrt{2.9} = -2.2$(고려하지 않음)

C 관리도(부적합수(결점수) 관리도)
일정 단위 중에 나타나는 결점의 수에 의거하여 공정을 관리

① 관리중심

$$\text{C관리도 중심선(CL)} \quad \overline{C} = \frac{\sum C}{k} \quad (C: 결점수,\ k: 자료수)$$

② 관리한계

- 관리 상한선 UCL = $\overline{C} + 3\sqrt{\overline{C}}$ (C: 결점수)
- 관리 상한선 LCL = $\overline{C} - 3\sqrt{\overline{C}}$ (C: 결점수)

※ LCL값이 음의 값인 경우는 고려하지 않는다.

해답 ④

국가기술자격 필기시험문제

2022년도 기능장 제71회 필기시험 (2022년 02월 26일 시행)				수험번호	성 명
자격종목	시험시간	문제수	형별		
위험물기능장	1시간	60	A		

본 문제는 CBT시험대비 기출문제 복원입니다.

01 산·알칼리 소화기의 화학반응식으로 옳은 것은?

① $2NaHCO_3 + H_2SO_4 \rightarrow Na_2SO_4 + 2CO_2 + 2H_2O$
② $6NaHCO_3 + Al_2(SO_4)_3 + 18H_2O \rightarrow 3Na_2SO_4 + 2Al(OH)_3 + 6CO_2 + 18H_2O$
③ $2NaHCO_3 \rightarrow Na_2CO_3 + CO_2 + H_2O$
④ $2KHCO_3 \rightarrow K_2CO_3 + CO_2 + H_2O$

해설 산·알칼리소화기
① 내통 : 황산(H_2SO_4)
② 외통 : 탄산수소나트륨($NaHCO_3$)
산·알칼리 소화기의 화학반응식

$$H_2SO_4 + 2NaHCO_3 \rightarrow Na_2SO_4 + 2H_2O + 2CO_2 \uparrow$$
(황산)　　(탄산수소나트륨)　　(황산나트륨)　　(물)　　(이산화탄소)

해답 ①

02 그림과 같은 위험물 탱크의 내용적은 약 몇 m^3인가?

① 258.3
② 282.6
③ 312.1
④ 375.3

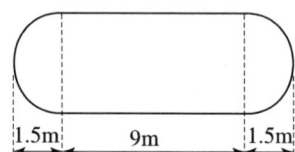

해설 내용적 $V = \pi \times 3^2 \times \left(9 + \dfrac{1.5 + 1.5}{3}\right) = 282.6 m^3$

원통형 탱크의 내용적(횡으로 설치한 것)

탱크의 내용적
$$V = \pi r^2 \left(l + \dfrac{l_1 + l_2}{3}\right)$$

해답 ②

03

120g의 산소와 8g의 수소를 혼합하여 반응시켰을 때 몇 g의 물이 생성되는가?

① 18
② 36
③ 72
④ 128

해설 물의 생성 반응식

$$2H_2 + O_2 \rightarrow 2H_2O$$

$2H_2$	+	O_2	→	$2H_2O$
(4g)		(32g)		(2×18g)
(8g)		(64g)		(72g)

※ 반응에 참여하지 못하고 남는 산소 = 120g − 64g = 56g

해답 ③

04

인화성 위험물질 600L를 하나의 간이탱크저장소에 저장하려고 할 때 필요한 최소 탱크 수는?

① 4개
② 3개
③ 2개
④ 1개

해설 간이탱크저장소의 위치 · 구조 및 설비기준

(1) 하나의 간이탱크저장소에 설치하는 간이저장탱크는 그 수를 3 이하로 하고, 동일한 품질의 위험물의 간이저장탱크를 2 이상 설치하지 아니하여야 한다.
(2) 옥외에 설치하는 경우에는 그 탱크의 주위에 너비 1m 이상의 공지를 두고, 전용실안에 설치하는 경우에는 탱크와 전용실의 벽과의 사이에 0.5m 이상의 간격을 유지하여야 한다.
(3) **용량은 600L 이하**
(4) 두께 3.2mm 이상의 강판, 70kPa의 압력으로 10분간의 수압시험을 실시
(5) 간이저장탱크에는 밸브 없는 통기관을 설치
   ① 지름은 25mm 이상
   ② 옥외에 설치하되, 그 끝부분의 높이는 지상 1.5m 이상
   ③ 끝부분은 수평면에 대하여 아래로 45도 이상 구부려 빗물 등이 침투하지 아니하도록 할 것
   ④ 가는 눈의 구리망 등으로 인화방지장치를 할 것

해답 ④

05

물과 접촉하면 수산화나트륨과 산소를 발생시키는 물질은?

① 질산나트륨
② 염소산나트륨
③ 과산화나트륨
④ 과염소산나트륨

해설 과산화나트륨은 물과 반응하면 수산화나트륨과 산소를 발생시킨다.

$$2Na_2O_2 + 2H_2O \rightarrow 4NaOH + O_2 + 발열$$

해답 ③

06. 1기압에서 인화점이 200°C인 것은 제 몇 석유류인가? (단, 도료류 그 밖의 가연성 액체량이 40중량퍼센트 이하인 물품은 제외한다.)

① 제1석유류
② 제2석유류
③ 제3석유류
④ 제4석유류

해설

① **특수인화물**
이황화탄소, 다이에틸에터 그 밖에 1기압에서 발화점이 섭씨 100도 이하인 것 또는 인화점이 섭씨 영하 20도 이하이고 비점이 섭씨 40도 이하인 것을 말한다.

② **제1석유류**
아세톤, 휘발유 그 밖에 1기압에서 인화점이 섭씨 21도 미만인 것을 말한다.

③ **제2석유류**
등유, 경유 그 밖에 1기압에서 인화점이 섭씨 21도 이상 70도 미만인 것을 말한다. 다만, 도료류 그 밖의 물품에 있어서 가연성 액체량이 40중량% 이하이면서 인화점이 섭씨 40도 이상인 동시에 연소점이 섭씨 60도 이상인 것은 제외한다.

④ **제3석유류**
중유, 크레오소트유 그 밖에 1기압에서 인화점이 섭씨 70도 이상 섭씨 200도 미만인 것을 말한다. 다만, 도료류 그 밖의 물품은 가연성 액체량이 40중량% 이하인 것은 제외한다.

⑤ **제4석유류**
기어유, 실린더유 그 밖에 1기압에서 **인화점이 섭씨 200도 이상 섭씨 250도 미만의 것**을 말한다. 다만 도료류 그 밖의 물품은 가연성 액체량이 40중량% 이하인 것은 제외한다.

⑥ **동식물유류**
동물의 지육 등 또는 식물의 종자나 과육으로부터 추출한 것으로서 1기압에서 인화점이 섭씨 250도 미만인 것을 말한다. 다만, 법 제20조제1항의 규정에 의하여 행정안전부령으로 정하는 용기기준과 수납·저장기준에 따라 수납되어 저장·보관되고 용기의 외부에 물품의 통칭명, 수량 및 화기엄금(화기엄금과 동일한 의미를 갖는 표시를 포함한다)의 표시가 있는 경우를 제외한다.

해답 ④

07. 전역방출방식 분말소화설비의 기준에서 제1종 분말소화약제의 저장용기 충전비의 범위를 옳게 나타낸 것은?

① 0.85 이상 1.05 이하
② 0.85 이상 1.45 이하
③ 1.05 이상 1.45 이하
④ 1.05 이상 1.75 이하

해설 분말소화약제의 충전비

소화약제의 종별	충전비의 범위
제1종 분말	0.85 이상 1.45 이하
제2종 또는 제3종 분말	1.05 이상 1.75 이하
제4종 분말	1.50 이상 2.50 이하

해답 ②

08 다음에서 설명하고 있는 법칙은?

"압력이 일정할 때 일정량의 기체의 부피는 절대온도에 비례한다."

① 일정성분비의 법칙 ② 보일의 법칙
③ 샤를의 법칙 ④ 보일-샤를의 법칙

해설 **보일의 법칙** : 기체의 부피는 온도가 일정할 때 절대압력에 반비례한다.
① 보일의 법칙

$$T(온도) = 일정 \qquad P_1 V_1 = P_2 V_2$$

온도가 일정할 때 일정량의 기체가 차지하는 부피는 절대압력에 반비례한다.
② 샤를의 법칙

$$P(압력) = 일정 \qquad \frac{V_1}{T_1} = \frac{V_2}{T_2}$$

압력이 일정할 때 일정량의 기체가 차지하는 부피는 절대온도에 비례한다.
③ 보일-샤를의 법칙

$$\frac{P_1 V_1}{T_1} = \frac{P_2 V_2}{T_2}$$

일정량의 기체가 차지하는 부피는 절대압력에 반비례하고 절대온도에 비례한다.

해답 ③

09 지정과산화물을 옥내에 저장하는 저장창고 외벽의 기준으로 옳은 것은?

① 두께 20cm 이상의 무근콘크리트
② 두께 30cm 이상의 무근콘크리트
③ 두께 20cm 이상의 보강콘크리트블록조
④ 두께 30cm 이상의 보강콘크리트블록조

해설 **지정과산화물을 저장 또는 취급하는 옥내저장소**
옥내저장소의 저장창고의 기준
(1) 저장창고는 150m² 이내마다 격벽으로 완전하게 구획할 것. 이 경우 당해 격벽은 두께 30cm 이상의 철근콘크리트조 또는 철골철근콘크리트조로 하거나 두께 40cm 이상의 보강콘크리트블록조로 하고, 당해 저장창고의 양측의 외벽으로부터 1m 이상, 상부의 지붕으로부터 50cm 이상 돌출하게 하여야 한다.
(2) 저장창고의 외벽은 두께 20cm 이상의 철근콘크리트조나 철골철근콘크리트조 또는 두께 30cm 이상의 보강콘크리트블록조로 할 것
(3) 저장창고의 지붕은 다음 각목의 1에 적합할 것
  ① 중도리 또는 서까래의 간격은 30cm 이하로 할 것
  ② 지붕의 아래쪽 면에는 한 변의 길이가 45cm 이하의 환강·경량형강 등으로 된 강제의 격자를 설치할 것
  ③ 지붕의 아래쪽 면에 철망을 쳐서 불연재료의 도리·보 또는 서까래에 단단히 결합할 것
  ④ 두께 5cm 이상, 너비 30cm 이상의 목재로 만든 받침대를 설치할 것

해답 ④

10 알루미늄 제조공장에서 용접작업 시 알루미늄분에 착화가 되어 소화를 목적으로 뜨거운 물을 뿌렸더니 수초 후 폭발사고로 이어졌다. 이 폭발의 주 원인에 가장 가까운 것은?

① 알루미늄분과 물의 화학반응으로 수소가스를 발생하여 폭발하였다.
② 알루미늄분이 날려 분진폭발이 발생하였다.
③ 알루미늄분과 물의 화학반응으로 메탄가스를 발생하여 폭발하였다.
④ 알루미늄분과 물의 급격한 화학반응으로 열이 흡수되어 알루미늄분 자체가 폭발하였다.

[해설] 알루미늄분(Al)★★★

화학식	원자량	비중	융점	비점
Al	27	2.7	660℃	2,000℃

① 산화제와 혼합시 가열, 충격, 마찰 등에 의하여 착화위험이 있다.
② 할로젠원소(F, Cl, Br, I)와 접촉 시 자연발화 위험이 있다.
③ 분진폭발 위험성이 있다.
④ **가열된 알루미늄은 수증기와 반응하여 수소를 발생**시킨다.(주수소화금지)

$$2Al + 6H_2O \rightarrow 2Al(OH)_3 + 3H_2 \uparrow$$

⑤ 주수소화는 엄금이며 마른모래 등으로 피복 소화한다.

[해답] ①

11 과산화수소의 성질에 대한 설명 중 틀린 것은?

① 알코올, 에터에는 녹지만 벤젠, 석유에는 녹지 않는다.
② 농도가 66% 이상인 것은 충격 등에 의해서 폭발할 가능성이 있다.
③ 분해 시 발생한 분자상의 산소(O_2)는 발생기 산소(O)보다 산화력이 강하다.
④ 하이드라진과 접촉 시 분해폭발한다.

[해설] 과산화수소(H_2O_2)의 일반적인 성질

화학식	분자량	비중	비점	융점
H_2O_2	34	1.463	150.2℃(pure)	-0.43℃(pure)

① 물, 에탄올, 에터에 잘 녹으며 벤젠에 녹지 않는다.
② 분해 시 발생기 산소(O)를 발생시킨다.
③ 분해안정제로 인산(H_3PO_4) 또는 요산($C_5H_4N_4O_3$)을 첨가한다.
④ 저장용기는 밀폐하지 말고 구멍이 있는 마개를 사용한다.
⑤ 하이드라진($NH_2 \cdot NH_2$)과 접촉 시 분해 작용으로 폭발위험이 있다.

$$NH_2 \cdot NH_2 + 2H_2O_2 \rightarrow 4H_2O + N_2 \uparrow$$

• 과산화수소는 36%(중량) 이상만 위험물에 해당된다.
• 과산화수소는 표백제 및 살균제로 이용된다.

⑥ 분해 시 발생한 분자상의 산소(O_2)는 발생기 산소(O)보다 산화력이 약하다.

[해답] ③

12 2몰의 메탄을 완전히 연소시키는 데 필요한 산소의 몰수는?

① 1몰   ② 2몰
③ 3몰   ④ 4몰

해설 CHO로 구성된 유기물이 완전연소 시 이산화탄소와 물이 생성된다. ★

메탄의 완전연소 반응식
$$CH_4 + 2O_2 \rightarrow CO_2 + 2H_2O$$
1몰×22.4L 2몰×22.4L

① 1몰CH_4 → 2몰O_2
   2몰CH_4 → X

② $X = \dfrac{2 \times 2}{1} = 4$몰

해답 ④

---

13 PVC 제품 등의 연소 시 발생하는 부식성이 강한 가스로서 다음 중 노출기준[ppm]이 가장 낮은 것은?

① 암모니아   ② 일산화탄소
③ 염화수소   ④ 황화수소

해설

구 분	암모니아	일산화탄소	염화수소	황화수소
화학식	NH_3	CO	HCl	H_2S
노출기준(ppm) (허용기준)	25	50	5	10

해답 ③

---

14 다음 [보기]에서 설명하는 위험물은?

[보기] ① 백색이다.   ② 조해성이 크고, 물에 녹기 쉽다.
③ 분자량은 약 223이다.   ④ 지정수량은 50kg이다.

① 염소산칼륨   ② 과염소산마그네슘
③ 과산화나트륨   ④ 과산화수소

해설 과염소산마그네슘

화학식	분자량	비중	비점	융점	분해온도
$Mg(ClO_4)_2 \cdot 6H_2O$	223.21	2.2	251℃	147℃	250℃ 이상

① 백색의 결정 덩어리로서 흡습성이이 매우 강하다.
② 조해성이 있고 물, 에탄올에 잘 녹는다.
③ 환원성 물질과 접촉하면 폭발한다.
④ 무수염과 3수화염은 건조제로 사용된다.

해답 ②

15 제1류 위험물로서 무색의 투명한 결정이고 비중은 약 4.35, 녹는점은 약 212℃이며 사진감광제 등에 사용되는 것은?

① AgNO₃
② NH₄NO₃
③ KNO₃
④ Cd(NO₃)₂

해설 질산은

화학식	비중	융점	분해온도
AgNO₃	4.35	212℃	445℃

① 무색, 무취의 결정이다.
② 물, 아세톤, 알코올, 글리세린 등에 잘 녹는다.
③ 햇빛에 의해 분해되므로 갈색병에 보관하여야 한다.

질산은의 분해반응식
$$2AgNO_3 \rightarrow 2Ag + 2NO_2 + O_2$$

④ 사진 감광제로 사용된다.

해답 ①

---

16 다음 중 나머지 셋과 위험물의 유별 구분이 다른 것은?

① 나이트로글리세린
② 나이트로셀룰로오스
③ 셀룰로이드
④ 나이트로벤젠

해설

명칭	① 나이트로글리세린	② 나이트로셀룰로오스	③ 셀룰로이드	④ 나이트로벤젠
유별	제5류 질산에스터류	제5류 질산에스터류	제5류 질산에스터류	제4류 제3석유류

해답 ④

---

17 다음 중 품명이 나머지 셋과 다른 것은?

① 트라이나이트로페놀
② 나이트로글리콜
③ 질산에틸
④ 나이트로글리세린

해설 **나이트로화합물**
트라이나이트로톨루엔(TNT), 트라이나이트로페놀(TNP, 피크르산), 테트릴, 헥소겐
질산에스터류
나이트로셀룰로오스, 나이트로글리세린, 질산메틸, 질산에틸, 나이트로글리콜, 셀룰로이드, 펜트리트

해답 ①

18 자기반응성 위험물에 대한 설명으로 틀린 것은?

① 과산화벤조일은 분말 또는 결정 형태로 발화점이 약 125℃이다.
② 메틸에틸케톤퍼옥사이드는 기름상의 액체이다.
③ 나이트로글리세린은 기름 상의 액체이며 공업용은 담황색이다.
④ 나이트로셀룰로오스는 적갈색의 액체이며 화약의 원료로 사용된다.

해설 ※ 나이트로셀룰로오스는 질산섬유소로서 고체상태이다.
나이트로셀룰로오스(Nitro Cellulose) : NC $[C_6H_7O_2(ONO_2)_3]_n$ ★★★★

화학식	비중	분해온도	인화점	착화점
$[C_6H_7O_2(ONO_2)_3]_n$	1.7	130℃	13℃	160℃

셀룰로오스(섬유소)에 진한질산과 진한 황산의 혼합액을 작용시켜서 만든 것이다.
① 비수용성이며 초산에틸, 초산아밀, 아세톤에 잘 녹는다.
② 130℃에서 분해가 시작되고, 180℃에서는 급격하게 연소한다.
③ 직사광선, 산 접촉 시 분해 및 자연 발화한다.
④ 건조상태에서는 폭발위험이 크나 수분함유 시 폭발위험성이 없어 저장·운반이 용이
⑤ 질산섬유소라고도 하며 화약에 이용 시 면약(면화약)이라 한다.
⑥ 셀룰로이드, 콜로디온에 이용 시 질화면이라 한다.
⑦ 질소함유율(질화도)이 높을수록 폭발성이 크다.
⑧ **저장, 운반 시 물(20%) 또는 알코올(30%)을 첨가 습윤시킨다.**

나이트로셀룰로오스의 열분해 반응식
$$2C_{24}H_{29}O_9(ONO_2)_{11} \rightarrow 24CO_2\uparrow + 24CO\uparrow + 12H_2O + 17H_2 + 11N_2$$

해답 ④

19 자기반응성 물질의 위험성에 대한 설명으로 틀린 것은?

① 트라이나이트로톨루엔은 테트릴에 비해 충격, 마찰에 둔감하다.
② 트라이나이트로톨루엔은 물을 넣어 운반하면 안전하다.
③ 나이트로글리세린을 점화하면 연소하여 다량의 가스를 발생한다.
④ 나이트로글리세린은 영하에서도 액체상이어서 폭발의 위험이 높다.

해설 ※ 나이트로글리세린은 영하에는 고체상태로서 폭발의 위험이 낮다.
나이트로글리세린(Nitro Glycerine) : NG$[(C_3H_5(ONO_2)_3]$ ★★★★★

화학식	분자량	비중	융점	비점	착화점
$C_3H_5(ONO_2)_3$	227	1.6	13℃	160℃	210℃

① 상온에서는 액체이지만 겨울철에는 동결한다.
② 진한질산과 진한 황산을 가하면 나이트로화 하여 나이트로글리세린으로 된다.

글리세린의 나이트로화반응
$$C_3H_5(OH)_3 + 3HONO_2 \xrightarrow{H_2SO_4} C_3H_5(ONO_2)_3 + 3H_2O$$
(글리세린)   (질산)   (트라이나이트로글리세린)   (물)

③ 비수용성이며 메탄올, 아세톤 등에 녹는다.

④ 가열, 마찰, 충격에 예민하여 대단히 위험하다.
⑤ 화재 시 폭굉 우려가 있다.
⑥ 산과 접촉 시 분해가 촉진되고 폭발우려가 있다.

나이트로글리세린의 열분해 반응식
$$4C_3H_5(ONO_2)_3 \rightarrow 12CO_2\uparrow + 6N_2\uparrow + O_2\uparrow + 10H_2O$$

⑦ 다이나마이트(규조토+나이트로글리세린), 무연화약 제조에 이용된다.

해답 ④

20. 탄화칼슘이 물과 반응하였을 때 발생되는 가스는?

① 포스겐 ② 메탄
③ 아세틸렌 ④ 포스핀

해설 카바이드＝탄화칼슘(CaC_2) : 제3류 위험물 중 칼슘탄화물

화학식	분자량	융점	비중
CaC_2	64	2370℃	2.21

① 물과 접촉 시 아세틸렌을 생성하고 열을 발생시킨다.
$$CaC_2 + 2H_2O \rightarrow Ca(OH)_2(수산화칼슘) + C_2H_2\uparrow (아세틸렌)$$
② 아세틸렌의 폭발범위는 2.5~81%로 대단히 넓어서 폭발위험성이 크다.
③ 장기 보관시 불활성기체(N_2 등)를 봉입하여 저장한다.
④ 별명은 카바이드, 탄화석회, 칼슘카바이드 등이다.
⑤ 고온(700℃)에서 질화되어 석회질소($CaCN_2$)가 생성된다.
$$CaC_2 + N_2 \rightarrow CaCN_2 (석회질소) + C(탄소)$$
⑥ 물 및 포약제에 의한 소화는 절대 금하고 마른모래 등으로 피복 소화한다.

해답 ③

21. $C_6H_5CH_3$에 대한 설명으로 틀린 것은?

① 끓는점은 약 211℃이다. ② 녹는점은 약 −95℃이다.
③ 인화점은 약 4℃이다. ④ 비중은 약 0.87 이다.

해설 톨루엔($C_6H_5CH_3$)★★★★★

화학식	분자량	비중	비점	인화점	착화점	연소범위
$C_6H_5CH_3$	92	0.871	111℃	4℃	552℃	1.27~7.0%

① 무색 투명한 휘발성 액체이다.
② 물에는 용해되지 않고 유기용제에 용해된다.
③ 독성은 벤젠의 $\frac{1}{10}$ 정도이다.
④ 소화는 다량의 포약제로 질식 및 냉각소화한다.

해답 ①

22. 질산암모늄에 대한 설명 중 틀린 것은?

① 강력한 산화제이다.
② 물에 녹을 때는 발열반응을 나타낸다.
③ 조해성이 있다.
④ 혼합화약의 재료로 쓰인다.

해설 질산암모늄

화학식	분자량	비중	융점	분해온도
NH_4NO_3	80	1.73	165℃	220℃

① 단독으로 가열, 충격 시 분해 폭발할 수 있다.
② 화약(ANFO폭약))원료로 쓰이며 유기물과 접촉 시 폭발우려가 있다.
③ 무색, 무취의 결정이다.
④ 조해성 및 흡습성이 매우 강하다.
⑤ 물에 용해 시 **흡열반응**을 나타낸다.
⑥ 급격한 가열충격에 따라 폭발의 위험이 있다.

질산암모늄의 열분해 반응식 : $2NH_4NO_3 \rightarrow 2N_2 + O_2 + 4H_2O$
ANFO(안포)폭약의 성분 : 질산암모늄 94% + 경유 6%

해답 ②

23. 동식물유류에 대한 설명 중 틀린 것은?

① 아이오딘값이 100 이하인 것을 건성유라 한다.
② 아마인유는 건성유이다.
③ 아이오딘값은 기름 100g이 흡수하는 아이오딘의 g수를 나타낸다.
④ 아이오딘값이 크면 이중결합을 많이 포함한 불포화지방산을 많이 가진다.

해설 동식물유류 ★★★★

동물의 지육 또는 식물의 종자나 과육으로부터 추출한 것으로 1기압에서 인화점이 250℃ 미만인 것

① 돈지(돼지기름), 우지(소기름) 등이 있다.
② 아이오딘값이 130 이상인 건성유는 자연발화위험이 있다.
③ 인화점이 46℃인 개자유는 저장, 취급 시 특별히 주의한다.

아이오딘값에 따른 동식물유의 분류

구 분	아이오딘값	종 류
건성유	130 이상	해바라기기름, 동유(낙화생기름), 정어리기름, **아마인유**, 들기름
반건성유	100~130	채종유, 쌀겨기름, 참기름, 면실유, 옥수수기름, 청어기름, 콩기름
불건성유	100 이하	야자유, 팜유, 올리브유, 피마자기름, 낙화생기름, 돈지, 우지, 고래기름

아이오딘값
옥소가(沃素價)라고도 하며 100g의 유지에 의해서 흡수되는 아이오딘의 g수

※ **비누화 값의 정의** : 유지 1g을 비누화하는데 필요한 KOH mg수

해답 ①

24 다음 위험물의 화재 시 소화방법으로 잘못된 것은?

① 마그네슘 : 마른 모래를 사용한다.
② 인화칼슘 : 다량의 물을 사용한다.
③ 나이트로글리세린 : 다량의 물을 사용한다.
④ 알코올 : 내알코올 포소화약제를 사용한다.

해설 인화칼슘(Ca_3P_2)[별명 : 인화석회] : 제3류(금수성 물질)

화학식	분자량	융점	비중
Ca_3P_2	182	1,600℃	2.5

① 적갈색의 괴상고체
② 물 및 약산과 격렬히 반응, 분해하여 유독한 가연성기체인 **인화수소(포스핀)**(PH_3)을 생성한다.

- $Ca_3P_2 + 6H_2O \rightarrow 3Ca(OH)_2$ (수산화칼슘)$+ 2PH_3$(포스핀 = 인화수소)
- $Ca_3P_2 + 6HCl \rightarrow 3CaCl_2$ (염화칼슘)$+ 2PH_3$(포스핀 = 인화수소)

③ 포스핀은 맹독성가스이므로 취급시 방독마스크를 착용한다.
④ 물 및 포약제의 의한 소화는 절대 금하고 마른모래 등으로 피복하여 자연 진화되도록 기다린다.

해답 ②

25 알칼리금속에 대한 설명으로 옳은 것은?

① 알칼리금속의 산화물은 물과 반응하여 강산이 된다.
② 산소와 쉽게 반응하기 때문에 물 속에 보관하는 것이 안전하다.
③ 소화에는 물을 이용한 냉각소화가 좋다.
④ 칼륨, 루비듐, 세슘 등은 알칼리금속에 속한다.

해설 **알칼리금속의 특성**
① 알칼리금속의 산화물은 물과 반응하여 **강염기**가 된다.
② 물과 쉽게 반응하여 **수소를 발생**하기 때문에 석유속에 보관한다.
③ 소화에는 **마른모래, 탄산수소염류분말, 팽창질석, 팽창진주암**이 좋다.
④ Li(리튬), Na(나트륨), K(칼륨), Rb(루비듐), Cs(세슘), Fr(프란슘) 등은 알칼리금속에 속한다.

해답 ④

26 273℃에서 기체의 부피가 2L이다. 같은 압력에서 0℃일 때의 부피는 몇 L인가?

① 1
② 2
③ 4
④ 8

해설 샤를의 법칙을 적용

$$V_2 = V_1 \times \frac{T_2}{T_1} = 2L \times \frac{273K}{(273+273)K} = 1L$$

① 보일의 법칙

| $T(\text{온도}) = $ 일정 | $P_1 V_1 = P_2 V_2$ |

온도가 일정할 때 일정량의 기체가 차지하는 부피는 절대압력에 반비례한다.

② 샤를의 법칙

| $P(\text{압력}) = $ 일정 | $\dfrac{V_1}{T_1} = \dfrac{V_2}{T_2}$ |

압력이 일정할 때 일정량의 기체가 차지하는 부피는 절대온도에 비례한다.

③ 보일-샤를의 법칙

$$\frac{P_1 V_1}{T_1} = \frac{P_2 V_2}{T_2}$$

일정량의 기체가 차지하는 부피는 절대압력에 반비례하고 절대온도에 비례한다.

해답 ①

27. 메틸트라이클로로실란에 대한 설명으로 틀린 것은?

① 제1석유류이다.
② 물보다 무겁다.
③ 지정수량은 200L이다.
④ 증기는 공기보다 가볍다.

해설 메틸트라이클로로실란(methyl trichloro silane) : 제4류 제1석유류(비수용성)-200L

```
      Cl
      |
Cl — Si — CH₃
      |
      Cl
```

화학식	분자량	비중	비점	융점	인화점	연소범위
CH_3SiCl_3	149.5	1.27	65.5℃	-90℃	8℃	7.2~11.9%

해답 ④

28. 위험물의 성질과 위험성에 대한 설명으로 틀린 것은?

① 부틸리튬은 알킬리튬의 종류에 해당된다.
② 황린은 물과 반응하지 않는다.
③ 탄화알루미늄은 물과 반응하면 가연성의 메탄가스를 발생하므로 위험하다.
④ 인화칼슘은 물과 반응하면 유독성의 포스겐가스를 발생하므로 위험하다.

해설 인화칼슘(Ca_3P_2)[별명 : 인화석회] : 제3류(금수성 물질)

화학식	분자량	융점	비중
Ca_3P_2	182	1,600℃	2.5

① 적갈색의 괴상고체
② 물 및 약산과 격렬히 반응, 분해하여 유독한 가연성기체인 **인화수소(포스핀)**(PH_3)을 생성한다.

- $Ca_3P_2 + 6H_2O \rightarrow 3Ca(OH)_2$ (수산화칼슘)$+ 2PH_3$(포스핀=인화수소)
- $Ca_3P_2 + 6HCl \rightarrow 3CaCl_2$ (염화칼슘)$+ 2PH_3$(포스핀=인화수소)

③ 포스핀은 맹독성가스이므로 취급시 방독마스크를 착용한다.
④ 물 및 포약제의 의한 소화는 절대 금하고 마른모래 등으로 피복하여 자연 진화되도록 기다린다.

해답 ④

29 제2류 위험물과 제4류 위험물의 공통적 성질로 옳은 것은?

① 물에 의한 소화가 최적이다.　② 산소원소를 포함하고 있다.
③ 물보다 가볍다.　　　　　　　④ 가연성 물질이다.

해설
① 제2류 위험물(가연성 고체)-가연성 물질
② 제4류 위험물(인화성 액체)-가연성 물질

해답 ④

30 다음 중 소화난이도 등급 Ⅰ의 옥외탱크저장소로서 인화점이 70℃ 이상의 제4류 위험물만을 저장하는 탱크에 설치하여야 하는 소화설비는? (단, 지중탱크 및 해상탱크는 제외한다.)

① 물분무소화설비 또는 고정식 포소화설비
② 옥외소화전설비
③ 스프링클러설비
④ 이동식 포소화설비

해설 소화난이도 등급 Ⅰ의 제조소 등에 설치하여야 하는 소화설비

제조소 등의 구분			소화설비
옥외탱크저장소	지중탱크 또는 해상탱크 외의 것	황만을 저장·취급하는 것	물분무소화설비
		인화점 70℃ 이상의 제4류 위험물만을 저장·취급하는 것	물분무소화설비 또는 고정식 포소화설비
		그 밖의 것	고정식 포소화설비(포소화설비가 적응성이 없는 경우에는 분말소화설비)
	지중탱크		고정식 포소화설비, 이동식 이외의 이산화탄소 소화설비 또는 이동식 이외의 할로젠화물 소화설비
	해상탱크		고정식 포소화설비, 물분무소화설비, 이동식 이외의 이산화탄소 소화설비 또는 이동식 이외의 할로젠화물 소화설비

해답 ①

31

위험물에 대한 적응성 있는 소화설비의 연결이 틀린 것은?

① 질산나트륨 - 포소화설비
② 칼륨 - 인산염류 분말소화설비
③ 경유 - 인산염류 분말소화설비
④ 아세트알데하이드 - 포소화설비

해설 칼륨-제3류 위험물-금수성★
금수성 위험물질에 적응성이 있는 소화기
① 탄산수소염류   ② 마른 모래   ③ 팽창질석 또는 팽창진주암

해답 ②

32

황과 지정수량이 같은 것은?

① 금속분
② 하이드록실아민
③ 인화성고체
④ 염소산염류

해설 지정수량

명칭	황	① 금속분	② 하이드록실아민	③ 인화성 고체	④ 염소산염류
유별	제2류	제2류	제5류	제2류	제1류
지정수량	100kg	500kg	100kg	1,000kg	50kg

해답 ②

33

나이트로벤젠과 수소를 반응시키면 얻어지는 물질은?

① 페놀
② 톨루엔
③ 아닐린
④ 크실렌

해설 아닐린($C_6H_5NH_2$)

화학식	분자량	비중	비점	융점	인화점	착화점	연소범위
$C_6H_5NH_2$	93	1.02	185℃	-6℃	70℃	538℃	1.3~11%

① 햇빛 또는 공기에 접촉시 적갈색으로 변색된다.
② 물에는 약간 녹고(용해도 3.6%) 유기용제에 녹는다.
③ **금속과 반응하여 수소를 발생**시킨다.
④ 나이트로벤젠과 수소를 반응시켜 제조한다.

$$C_6H_5NO_2 + 3H_2 \rightarrow C_6H_5NH_2 + 2H_2O$$

해답 ③

34. 가열 용융시킨 황과 황린을 서서히 반응시킨 후 증류 냉각하여 얻는 제2류 위험물로서 발화점이 약 100℃, 융점이 약 173℃, 비중이 약 2.03인 물질은?

① P_2S_5　　　　　　② P_4S_3
③ P_4S_7　　　　　　④ P

해설 황화인(제2류위험물) : 황과 인의 화합물

구 분	삼황화인	오황화인	칠황화인
화학식	P_4S_3	P_2S_5	P_4S_7
분자량	220	222	348
색 상	황색 결정	담황색 결정	담황색 결정
착화점	약 100℃	142℃	–

해답 ②

35. 질산에 대한 설명 중 틀린 것은?

① 녹는점은 약 –43℃이다.　　② 분자량은 약 63이다.
③ 지정수량은 300kg이다.　　④ 비점은 약 178℃이다.

해설 질산(HNO_3)★★★★★

화학식	분자량	비중	비점	융점
HNO_3	63	1.50	86℃	–42℃

① 무색의 발연성 액체이다.
② 시판품은 일반적으로 68%이다.
③ 빛에 의하여 일부 분해되어 생긴 NO_2 때문에 황갈색으로 된다.

$$4HNO_3 \rightarrow 2H_2O + 4NO_2\uparrow (\text{이산화질소}) + O_2\uparrow (\text{산소})$$

④ 저장용기는 직사광선을 피하고 찬 곳에 저장한다.
⑤ 실험실에서는 갈색병에 넣어 햇빛을 차단시킨다.
⑥ 환원성물질과 혼합하면 발화 또는 폭발한다.

해답 ④

36. 옥외저장소에 선반을 설치하는 경우에 선반의 높이는 몇 m를 초과하지 않아야 하는가?

① 3　　　　　　② 4
③ 5　　　　　　④ 6

해설 옥외저장소의 선반 설치기준★★★★
① 선반은 불연재료로 만들고 견고한 지반면에 고정할 것
② 선반은 당해 선반 및 그 부속설비의 자중·저장하는 위험물의 중량·풍하중·지진의 영향 등에 의하여 생기는 응력에 대하여 안전할 것
③ 선반의 높이는 6m를 초과하지 아니할 것
④ 선반에는 위험물을 수납한 용기가 쉽게 낙하하지 아니하는 조치를 강구할 것

해답 ④

37
동일한 사업소에서 제조소의 취급량의 합이 지정수량의 몇 배 이상일 때 자체소방대를 설치해야 하는가? (단, 제4류 위험물을 취급하는 경우이다.)

① 3,000
② 4,000
③ 5,000
④ 6,000

해설
① **자체소방대를 설치 대상 사업소** : 제조소 또는 일반취급소에서 취급하는 제4류 위험물의 최대수량의 합이 지정수량의 3천배 이상
② **자체소방대에 두는 화학소방자동차 및 인원**

사업소의 구분	화학소방자동차	자체소방대원의 수
1. 제조소 또는 일반취급소에서 취급하는 제4류 위험물의 최대수량의 합이 지정수량의 **3천배 이상 12만배 미만**인 사업소	1대	5인
2. 제조소 또는 일반취급소에서 취급하는 제4류 위험물의 최대수량의 합이 지정수량의 **12만배 이상 24만배 미만**인 사업소	2대	10인
3. 제조소 또는 일반취급소에서 취급하는 제4류 위험물의 최대수량의 합이 지정수량의 **24만배 이상 48만배 미만**인 사업소	3대	15인
4. 제조소 또는 일반취급소에서 취급하는 제4류 위험물의 최대수량의 합이 지정수량의 **48만배 이상**인 사업소	**4대**	**20인**
5. 옥외탱크저장소에 저장하는 제4류 위험물의 최대수량이 지정수량의 50만배 이상인 사업소	2대	10인

해답 ①

38
다음 중 할로젠화합물 소화기가 적응성이 있는 것은?

① 나트륨
② 철분
③ 아세톤
④ 질산에틸

해설
① 나트륨-제3류-금수성물질
② 철분-제2류
③ 아세톤-제4류
④ 질산에틸-제5류-질산에스터류

소화설비의 적응성

구 분		1류		2류			3류		4류	5류	6류
		알칼리금속 과산화물	그밖의 것	철분, 금속분, 마그네슘	인화성고체	그밖의 것	금수성물질	그밖의 것			
포소화기			○		○	○		○	○	○	○
이산화탄소소화기					○				○		
할로젠화합물소화기					○				○		
분말소화기	인산염류등		○		○	○			○		○
	탄산수소염류등	○		○	○		○		○		
	그 밖의 것	○		○			○				
팽창질석 팽창진주암							○		○	○	

제6류 위험물을 저장 또는 취급하는 장소로서 폭발의 위험이 없는 장소에 한하여 이산화탄소 소화기가 제6류 위험물에 대하여 적응성이 있음을 각각 표시한다.

해답 ③

39. 지정수량의 몇 배 이상의 위험물을 저장 또는 취급하는 제조소 등에는 화재 발생 시 이를 알릴 수 있는 경보설비를 설치하여야 하는가? (단, 이동탱크장소는 제외한다.)

① 5배
② 10배
③ 50배
④ 100배

해설 제조소 등에 설치하여야 하는 경보설비

제조소 등의 구분	제조소 등의 규모, 저장 또는 취급하는 위험물의 종류 및 최대수량 등	경보설비
1. 제조소 및 일반취급소	• 연면적 500m² 이상인 것 • 옥내에서 지정수량의 100배 이상을 취급하는 것 • 일반취급소로 사용되는 부분 외의 부분이 있는 건축물에 설치된 일반취급소	자동화재 탐지설비
2. 옥내저장소	• 지정수량의 100배 이상을 저장 또는 취급하는 것 • 저장창고의 연면적이 150m²를 초과하는 것 • 처마높이가 6m 이상인 단층 건물의 것	
3. 옥내탱크저장소	단층 건물 외의 건축물에 설치된 옥내탱크저장소로서 소화난이도등급 Ⅰ에 해당하는 것	
4. 주유취급소	옥내주유취급소	
5. 자동화재탐지설비 설치대상에 해당하지 아니하는 제조소 등	지정수량의 10배 이상을 저장 또는 취급하는 것	자동화재탐지설비, 비상경보설비, 확성장치 또는 비상방송설비 중 1종 이상

해답 ②

40. 아이오딘포름 반응을 이용하여 검출할 수 있는 위험물이 아닌 것은?

① 아세트알데하이드
② 에탄올
③ 아세톤
④ 벤젠

해설 아이오딘포름반응
아세톤, 아세트알데하이드, 에틸알코올에 수산화칼륨(KOH)과 아이오딘을 반응시키면 노란색의 아이오딘포름(CHI_3)의 침전물이 생성된다.

$$아세톤 \xrightarrow{KOH+I_2} 아이오딘포름(CHI_3)(노란색)$$

해답 ④

41. 주성분이 철, 크로뮴, 니켈로 구성되어 있는 강관으로서 내식성이 요구되는 화학공장 등에서 사용되는 것은?

① 주철관
② 탄소강 강관
③ 알루미늄관
④ 스테인리스 강관

해설 **스테인리스 강관**
① 철, 크로뮴, 니켈을 주성분으로 구성되어 있는 강관
② 내식성이 요구되는 화학공장의 배관에 주로 사용

해답 ④

42 소화수조에 물을 채워 직경 4cm의 파이프를 통해 8m/s의 유속으로 흘려 직경 1cm의 노즐을 통해 소화할 때 노즐 끝에서의 유속은 몇 m/s인가?
① 16
② 32
③ 64
④ 128

해설 **유량과 유속**

$$Q = uA = u \times \frac{\pi}{4}d^2, \quad u = \frac{Q}{A} = \frac{Q}{\frac{\pi}{4}d^2}$$

여기서, Q : 유량(m^3/s), u : 유속(m/sec), A : 배관 단면적(m^2), d : 배관내경(m)

① 직경이 4cm(0.04m)일 때 유량 $Q = uA = 8m/s \times \frac{\pi}{4} \times (0.04m)^2 = 0.01 m^3/s$

② 직경이 1cm(0.01m)일 때 유속은 $u = \frac{Q}{A} = \dfrac{0.01 m^3/s}{\frac{\pi}{4} \times (0.01m)^2} = 127.32 m/s$

해답 ④

43 아세톤 옥외저장탱크 중 압력탱크 외의 탱크에 설치하는 대기밸브 부착 통기관은 몇 kPa 이하의 압력차이로 작동할 수 있어야 하는가?
① 5
② 7
③ 9
④ 10

해설 **옥외저장탱크 중 압력탱크외의 탱크**
(1) 밸브없는 통기관
① 직경은 30mm 이상일 것
② 끝부분은 수평면보다 45도 이상 구부려 빗물 등의 침투를 막는 구조로 할 것
③ 인화점이 **38℃ 미만**인 위험물만을 저장 또는 취급하는 탱크에 설치하는 통기관에는 **화염방지장치**를 설치하고, 그 외의 탱크에 설치하는 통기관에는 **40메쉬(mesh) 이상**의 구리망 또는 동등 이상의 성능을 가진 인화방지장치를 할 것. 다만, 인화점 70℃ 이상의 위험물만을 해당 위험물의 인화점 미만의 온도로 저장 또는 취급하는 탱크에 설치하는 통기관에 있어서는 그러하지 아니하다.
④ 가연성의 증기를 회수하기 위한 밸브를 통기관에 설치하는 경우에 있어서는 당해 통기관의 밸브는 저장탱크에 위험물을 주입하는 경우를 제외하고는 항상 개방되어 있는 구조로 하는 한편, 폐쇄하였을 경우에 있어서는 10kPa 이하의 압력에서 개방되는 구조로 할 것. 이 경우 개방된 부분의 유효단면적은 777.15mm^2 이상이어야 한다.

(2) 대기밸브부착 통기관
    ① 5kPa 이하의 압력차이로 작동할 수 있을 것

해답 ①

44. 적린과 황의 공통적인 성질이 아닌 것은?
① 가연성 물질이다. ② 고체이다.
③ 물에 잘 녹는다. ④ 비중은 1보다 크다.

해설 적린과 황의 비교

구분	적린	황
유별	제2류 위험물	제2류 위험물
특성	가연성 고체	가연성 고체
용해성	물에 녹지 않는다.	물에 녹지 않는다.
비중	2.2	2.0

해답 ③

45. 포소화설비의 기준에서 고가수조를 이용하는 가압송수장치를 설치할 때 고가수조에 반드시 설치하지 않아도 되는 것은?
① 배수관 ② 압력계
③ 맨홀   ④ 수위계

해설 수조에 설치하여야 하는 것
① 고가수조 : 수위계, 배수관, 오버플로용 배수관, 보급수관 및 맨홀을 설치할 것.
② 압력수조 : 압력계, 수위계, 배수관, 보급수관, 통기관 및 맨홀을 설치할 것.

해답 ②

46. 다음 중 제3석유류가 아닌 것은?
① 글리세린   ② 나이트로톨루엔
③ 아닐린   ④ 벤즈알데하이드

해설 제4류 위험물의 구분

명 칭	글리세린	나이트로톨루엔	아닐린	벤즈알데하이드
화학식	$C_3H_5(OH)_3$	$CH_3C_6H_4NO_2$	$C_6H_5NH_2$	C_6H_5CHO
품 명	제3석유류 (수용성)	제3석유류 (비수용성)	제3석유류 (비수용성)	제2석유류 (비수용성)

해답 ④

47 다음 중 제4류 위험물에 속하는 물질을 보호액으로 사용하는 것은?

① 벤젠
② 황
③ 칼륨
④ 질산에틸

해설 보호액속에 저장 위험물
① 파라핀, 경유, 등유 속에 보관
    칼륨(K), 나트륨(Na)
② 물속에 보관
    이황화탄소(CS_2), 황린(P_4)

해답 ③

48 다음 중 산화하면 포름알데하이드가 되고 다시 한 번 산화하면 포름산이 되는 것은?

① 에틸알코올
② 메틸알코올
③ 아세트알데하이드
④ 아세트산

해설 알코올의 산화 및 환원
① 메틸알코올(CH_3OH)

$$CH_3OH \underset{환원}{\overset{산화}{\rightleftarrows}} HCHO(포름알데하이드) + H_2O \underset{환원}{\overset{산화}{\rightleftarrows}} HCOOH(의산, 포름산) + H_2O$$

② 에틸알코올(C_2H_5OH)

$$C_2H_5OH \underset{환원}{\overset{산화}{\rightleftarrows}} CH_3CHO(아세트알데하이드) + H_2O \underset{환원}{\overset{산화}{\rightleftarrows}} CH_3COOH(초산, 아세트산)$$

해답 ②

49 다음 중 발화온도가 가장 낮은 것은?

① 아세톤
② 벤젠
③ 메틸알코올
④ 경유

해설 제4류 위험물의 발화온도

명칭	아세톤	벤젠	메틸알코올	경유
화학식	CH_3COCH_3	C_6H_6	CH_3OH	
유별	제4류 제1석유류 (수용성)	제4류 제1석유류 (비수용성)	제4류 알코올류 (수용성)	제4류 제2석유류 (비수용성)
발화온도	538℃	562℃	464℃	200℃

해답 ④

50 다음 중 옥외저장소에 저장할 수 없는 위험물은? (단, IMDG Code에 적합한 용기에 수납한 경우를 제외한다.)

① 제2류 위험물 중 황
② 제3류 위험물 중 금수성 물질
③ 제4류 위험물 중 제2석유류
④ 제6류 위험물

해설 옥외저장소에 저장할 수 있는 위험물
① 제2류 위험물 : 황, 인화성고체(인화점이 0℃ 이상)
② 제4류 위험물 : 제1석유류(인화점이 0℃ 이상), 제2석유류, 제3석유류, 제4석유류, 알코올류, 동식물유류
③ 제6류 위험물

해답 ②

51 위험물 운반용기의 외부에 표시하는 주의사항으로 틀린 것은?

① 마그네슘 – 화기주의 및 물기엄금
② 황린 – 화기주의 및 공기접촉주의
③ 탄화칼슘 – 물기엄금
④ 과염소산 – 가연물접촉주의

해설 위험물 운반용기의 외부 표시 사항
① 위험물의 품명, 위험등급, 화학명 및 수용성(제4류 위험물의 수용성인 것에 한함)
② 위험물의 수량
③ 수납하는 위험물에 따른 주의사항

유별	성질에 따른 구분	표시사항
제1류 위험물	알칼리금속의 과산화물	화기·충격주의, 물기엄금 및 가연물접촉주의
	그 밖의 것	화기·충격주의 및 가연물접촉주의
제2류 위험물	철분·금속분·마그네슘	화기주의 및 물기엄금
	인화성고체	화기엄금
	그 밖의 것	화기주의
제3류 위험물	자연발화성물질	화기엄금 및 공기접촉엄금
	금수성물질	물기엄금
제4류 위험물	인화성 액체	화기엄금
제5류 위험물	자기반응성 물질	화기엄금 및 충격주의
제6류 위험물	산화성 액체	가연물접촉주의

해답 ②

52. 1차 이온화에너지가 작은 금속에 대한 설명으로 틀린 것은?

① 전자를 잃기 쉽다.
② 산화되기 쉽다.
③ 환원력이 작다.
④ 양이온이 되기 쉽다.

해설 1차 이온화에너지가 작은 금속
① 전자를 잃기 쉽다.
② 산화되기 쉽다.
③ 환원력이 크다.
④ 양이온이 되기 쉽다.
⑤ 원자의 반지름이 크다.

해답 ③

53. 다음 중 산화성 고체 위험물이 아닌 것은?

① $NaClO_3$
② $AgNO_3$
③ $KBrO_3$
④ $HClO_4$

해설 산화성 고체 : 제1류 위험물

화학식	① $NaClO_3$	② $AgNO_3$	③ $KBrO_3$	④ $HClO_4$
명칭	염소산나트륨	질산은	브로민산칼륨	과염소산
품명	염소산염류	질산염류	브로민산염류	–
유별	제1류 위험물	제1류 위험물	제1류 위험물	제6류 위험물

해답 ④

54. 유체의 점성계수에 대한 설명 중 틀린 것은?

① 동점성계수는 점성계수를 밀도로 나눈 값이다.
② 전단응력이 속도구배에 비례하는 유체를 뉴턴 유체라 한다.
③ 동점성계수의 단위는 [cm^2/s]이며 이를 Stokes라고 한다.
④ Pseudo 소성유체, Dilatant 유체는 뉴턴 유체이다.

해설 유체의 점성계수

① 동점성계수 $v = \dfrac{\mu}{\rho}$ (μ : 점도, ρ : 밀도)

② 뉴턴 유체 : 전단응력이 속도구배에 비례하는 유체($\tau = \mu \dfrac{du}{dy}$)

③ 동점성계수의 단위 : Stokes(cm^2/s)
④ Pseudo 소성유체, Dilatant 유체는 비뉴턴 유체

해답 ④

55. 품질관리 기능의 사이클을 표현한 것으로 옳은 것은?

① 품질개선 – 품질설계 – 품질보증 – 공정관리
② 품질설계 – 공정관리 – 품질보증 – 품질개선
③ 품질개선 – 품질보증 – 품질설계 – 공정관리
④ 품질설계 – 품질개선 – 공정관리 – 품질보증

해설
① 품질관리 기능의 사이클
  품질설계 – 공정관리 – 품질보증 – 품질개선
② 관리 사이클 : PDCA(PLAN DO CHECK ACTION)
  계획(PLAN) → 실천(DO) → 확인(CHECK) → 조치(ACTION)

해답 ②

56. 다음 중 반즈(Ralph M. Barnes)가 제시한 동작경제의 원칙에 해당되지 않는 것은?

① 표준작업의 원칙
② 신체의 사용에 관한 원칙
③ 작업장의 배치에 관한 원칙
④ 공구 및 설비의 디자인에 관한 원칙

해설 반즈의 동작경제의 원칙(the principle of motion economy)
작업자의 동작을 세밀하게 분석하여 가장 경제적이고 합리적인 표준동작을 설정하는 것
① 인체의 사용에 관한 원칙
② 작업장의 배열에 관한 원칙
③ 공구 및 장비의 디자인에 관한 원칙

해답 ①

57. 다음 검사의 종류 중 검사 공정에 의한 분류에 해당되지 않는 것은?

① 수입검사
② 출하검사
③ 출장검사
④ 공정검사

해설 검사공정에 의한 분류
① **수입검사**(구입검사) : 외부로부터 원재료, 반제품 또는 제품을 받아 들이는 경우에 실시하는 검사
② **공정검사** : 공장내에서 반제품을 다음 공정으로 이동시켜도 좋은가를 판정하는 검사
④ **제품검사**(최종검사) : 생산한 제품에 대해 요구사항을 만족하고 있는가를 판정하는 검사
⑤ **출하검사** : 완성된 제품을 출하하기 전에 출하 여부를 결정하는 검사

해답 ③

58 다음 중 계수치 관리도가 아닌 것은?
① C관리도　　　　　　　② P관리도
③ U관리도　　　　　　　④ X관리도

해설 ※ X관리도는 계량치(계량형) 관리도이다.
관리도(control chart) 의 정의
품질 관리를 위한 도식 방법의 하나로, 제조공정이 안정된 상태에 있는지 여부를 조사하기 위하여 또는 제조공정을 안정된 상태로 유지하기 위해 이용되는 그림
① **계수형 관리도**
　㉠ p 관리도(부적합품률 관리도)
　　군의 크기가 불일정하고 불량 개수에 의하여 공정을 관리
　㉡ np 관리도(부적합품수 관리도)
　　생산 제품의 부적합품수를 관리(시료수가 일정하기 때문에 비율대신 수량으로 계산)
　㉢ c 관리도(부적합수 관리도)
　　일정 단위 중에 나타나는 결점의 수에 의거하여 공정을 관리
　㉣ u 관리도(단위당 부적합수 관리도) 등
　　제품의 부적합수(결점수-일정한 시료)를 관리하기 위한 관리도
② **계량형 관리도**
　㉠ X 관리도(개개 측정값 관리도)
　㉡ X bar 관리도(평균값 관리도)
　㉢ R 관리도(범위 관리도), 중앙값 관리도, 표준편차 관리도 등

해답 ④

59 부적합품률이 1%인 모집단에서 5개의 시료를 랜덤하게 샘플링할 때, 부적합품수가 1개일 확률은 약 얼마인가? (단, 이항분포를 이용하여 계산한다.)
① 0.048　　　　　　　② 0.058
③ 0.48　　　　　　　　④ 0.58

해설 ① 부적합품률 = 1% = 0.01
② 적합품률(%) = 100 - 부적합품률(%) = 100 - 1 = 99% = 0.99
③ 확률 = 시료의 개수 × 부적합품률 × (적합품률)^4 = 5 × 0.01 × 0.99^4 = 0.048

해답 ①

제 6 편 최근 기출문제

60 다음 [표]는 A 자동차 영업소의 월별 판매실적을 나타낸 것이다. 5개월 단순이동평균법으로 6월의 수요를 예측하면 몇 대인가?

(단위 : 대)

월	1	2	3	4	5
판매량	100	110	120	130	140

① 120
② 130
③ 140
④ 150

해설
① **이동 평균법**(Moving Average Method)
  시계열 분석 모형 중의 하나로서 이동 평균을 이용하여 전체의 추세를 알 수 있도록 하는 방법
② **수요예측**(demand forecasting)
  요약수요분석을 기초로 하여, 시장조사 등 각종 예측조사 결과를 종합하여 장래의 수요를 예측하는 것.
③ $DF = \dfrac{\text{최근기간의 실적값}}{\text{기간의 수}}$
  $= \dfrac{100(1월) + 110(2월) + 120(3월) + 130(4월) + 140(5월)}{5개월} = 120$

해답 ①

국가기술자격 필기시험문제

2022년도 기능장 제72회 필기시험 (2022년 06월 19일 시행)

자격종목	시험시간	문제수	형별
위험물기능장	1시간	60	A

본 문제는 CBT시험대비 기출문제 복원입니다.

01 제5류 위험물 중 품명이 나이트로화합물이 아닌 것은?
① 나이트로글리세린
② 피크르산
③ 트라이나이트로벤젠
④ 트라이나이트로톨루엔

해설 나이트로화합물
트라이나이트로톨루엔(TNT), 트라이나이트로페놀(TNP, 피크르산), 테트릴, 헥소겐
질산에스터류
나이트로셀룰로오스, **나이트로글리세린**, 질산메틸, 질산에틸, 나이트로글리콜, 셀룰로이드, 펜트리트

해답 ①

02 이산화탄소의 특성에 대한 설명으로 옳은 것은?
① 증기의 비중은 약 0.9이다.
② 임계온도는 약 -20℃이다.
③ 0℃, 1기압에서의 기체 밀도는 약 0.92g/L이다.
④ 삼중점에 해당하는 온도는 약 -56℃이다.

해설 이산화탄소(CO_2)의 물리적성질
① 무색무취이며 비전도성이다.
② 증기비중은 약 1.5이다.
③ CO_2의 **임계온도 : 31℃, 임계압력 : 72.75atm**
④ CO_2의 허용농도 : 0.5% (5000ppm)
⑤ CO_2의 삼중점 : 압력 0.53MPa, 온도 -56.3℃에서 고체, 액체, 기체가 공존
⑥ CO_2의 호흡곤란 : 6% 이상

해답 ④

03 트라이에틸알루미늄 19kg이 물과 반응하였을 때 생성되는 가연성 가스는 표준상태에서 몇 m^3인가? (단, 알루미늄의 원자량은 27이다.)
① 11.2
② 22.4
③ 33.6
④ 44.8

해설 ① 트라이에틸알루미늄과 물의 반응식
분자량 = $(12 \times 2 + 1 \times 5) \times 3 + 27 = 114$

$$(C_2H_5)_3Al + 3H_2O \rightarrow Al(OH)_3 + 3C_2H_6 \uparrow$$

② 이상기체 상태방정식

$$PV = \frac{W}{M}RT = nRT$$

여기서, P : 압력(atm), V : 부피(m^3), W : 무게(kg), M : 분자량, n : mol수 = $\frac{W}{M}$
R : 기체상수(0.082atm · m^3/kmol · K), T : 절대온도(273 + t℃)K

③ $V = \frac{WRT}{PM}$ 식을 이용하여 풀이한다.

에탄의 부피 $V = \frac{19 \times 0.082 \times (273 + 0)}{1 \times 114} \times 3 = 11.2m^3$

해답 ①

04
다음의 위험물을 옥내저장소에 저장하는 경우 옥내저장소의 구조가 벽 · 기둥 및 바닥이 내화구조로 된 건축물이라면 위험물안전관리법에서 규정하는 보유공지를 확보하지 않아도 되는 것은?

① 아세트산 30,000L
② 아세톤 5,000L
③ 클로로벤젠 10,000L
④ 글리세린 15,000L

해설 제4류 위험물의 지정수량

명 칭	아세트산	아세톤	클로로벤젠	글리세린
품 명	제2석유류(수용성)	제1석유류(수용성)	제2석유류(비수용성)	제3석유류(수용성)
지정수량	2,000L	400L	1,000L	4,000L

① 아세트산의 지정수량 배수 = $\frac{30,000}{2,000} = 15.0$배 ∴ 보유공지 : 2m 이상

② 아세톤의 지정수량 배수 = $\frac{5,000}{400} = 12.5$배 ∴ 보유공지 : 2m 이상

③ 클로로벤젠의 지정수량 배수 = $\frac{10,000}{1,000} = 10$배 ∴ 보유공지 : 1m 이상

④ 글리세린의 지정수량 배수 = $\frac{15,000}{4,000} = 3.75$배 ∴ 보유공지 필요 없음(지정수량의 5배 이하)

옥내저장소의 보유공지★★

저장 또는 취급하는 위험물의 최대수량	공지의 너비	
	벽 · 기둥 및 바닥이 내화구조로 된 건축물	그 밖의 건축물
지정수량의 5배 이하		0.5m 이상
지정수량의 5배 초과 10배 이하	1m 이상	1.5m 이상
지정수량의 10배 초과 20배 이하	2m 이상	3m 이상
지정수량의 20배 초과 50배 이하	3m 이상	5m 이상
지정수량의 50배 초과 200배 이하	5m 이상	10m 이상
지정수량의 200배 초과	10m 이상	15m 이상

해답 ④

05 제4류 위험물 중 지정수량이 옳지 않은 것은?

① n-헵탄 : 200L
② 벤즈알데하이드 : 2,000L
③ n-펜탄 : 50L
④ 에틸렌글리콜 : 4,000L

해설 위험물의 지정수량

명 칭	n-헵탄	벤즈알데하이드	n-펜탄	에틸렌글리콜
화학식	$CH_3(CH_2)_4CH_3$	C_6H_5CHO	$CH_3(CH_2)_3CH_3$	$C_2H_4(OH)_2$
유 별	제1석유류 (비수용성)	제2석유류 (비수용성)	특수인화물	제3석유류 (수용성)
지정수량	200L	1000L	50L	4000L

해답 ②

06 적린에 대한 설명 중 틀린 것은?

① 연소하면 유독성인 흰색 연기가 나온다.
② 염소산칼륨과 혼합하면 쉽게 발화하여 P_2O_5와 KOH가 생성된다.
③ 적린 1몰의 완전연소 시 1.25몰의 산소가 필요하다.
④ 비중은 약 2.2, 승화온도는 약 400℃이다.

해설 적린(붉은인)(P) ★★★

화학식	원자량	비중	융점	착화점
P	31	2.2	600℃	260℃

① **황린의 동소체**이며 황린보다 안정하다.
② 공기 중에서 자연발화하지 않는다.(발화점 : 260℃, 승화점 : 460℃)
③ 황린을 공기차단상태에서 가열, 냉각 시 적린으로 변환다.

$$황린(P_4) \xrightarrow{공기차단(260℃가열, 냉각)} 적린(P)$$

④ 성냥, 불꽃놀이 등에 이용된다.
⑤ 연소 시 **오산화인**(P_2O_5)이 생성된다.

$$4P + 5O_2 \rightarrow 2P_2O_5(오산화인)$$

⑥ 다량의 물을 주수하여 냉각 소화한다.

해답 ②

07 다음 위험물의 지정수량이 옳게 연결된 것은?

① $Ba(ClO_4)_2$ - 50kg
② $NaBrO_3$ - 100kg
③ $Sr(NO_3)_2$ - 200kg
④ $KMnO_4$ - 500kg

해설

종류	$Ba(ClO_4)_2$	$NaBrO_3$	$Sr(NO_3)_2$	$KMnO_4$
품명	과염소산바륨 (과염소산염류)	브로민산나트륨 (브로민산염류)	질산스트론튬 (질산염류)	과망가니즈산칼륨 (과망가니즈산염류)
지정수량	50kg	300kg	300kg	1,000kg

제1류 위험물의 지정수량

성 질	품 명	지정수량	위험등급
산화성 고체	1. 아염소산염류 2. 염소산염류 3. 과염소산염류 4. 무기과산화물	50kg	I
	5. 브로민산염류 6. 질산염류 7. 아이오딘산염류	300kg	II
	8. 과망가니즈산염류 9. 다이크로뮴산염류	1000kg	III
	10. 그 밖에 행정안전부령이 정하는 것 ① 과아이오딘산염류 ② 과아이오딘산 ③ 크로뮴, 납 또는 아이오딘의 산화물 ④ 아질산염류 ⑤ 염소화아이소사이아누르산 ⑥ 퍼옥소이황산염류 ⑦ 퍼옥소붕산염류	300kg	II
	⑧ 차아염소산염류	50kg	I

해답 ①

08 옥내 저장소에 위험물을 수납한 용기를 겹쳐 쌓는 경우 높이의 상한에 관한 설명 중 틀린 것은?

① 기계에 의하여 하역하는 구조로 된 용기만 겹쳐 쌓는 경우는 6미터
② 제3석유류를 수납한 소형 용기만 겹쳐 쌓는 경우는 4미터
③ 제2석유류를 수납한 소형 용기만 겹쳐 쌓는 경우는 4미터
④ 제1석유류를 수납한 소형 용기를 겹쳐 쌓는 경우는 3미터

해설 옥내저장소에서 위험물을 저장하는 경우 높이 제한
① 기계에 의하여 하역하는 구조로 된 용기만을 겹쳐 쌓는 경우 : 6m
② 제4류 위험물 중 제3석유류, 제4석유류 및 동식물유류를 수납하는 용기만을 겹쳐 쌓는 경우 : 4m
③ 그 밖의 경우 : 3m

해답 ③

09 원형 관 속에서 유속 3m/s로 1일 동안 20,000m³의 물을 흐르게 하는데 필요한 관의 내경은 약 몇 mm인가?

① 414
② 313
③ 212
④ 194

해설 유속

$$u = \frac{Q}{A} = \frac{Q}{\frac{\pi}{4}d^2}$$

여기서, Q : 유량(m³/s), A : 배관 단면적(m²), d : 배관내경(m)

① $d = \sqrt{\frac{4Q}{\pi u}}$, $Q = 20{,}000\text{m}^3/\text{day} = 20{,}000\text{m}^3/(24\text{hr} \times 3600\text{s}) = 0.2315\text{m}^3/\text{s}$, $u = 3\text{m/s}$

② $d = \sqrt{\frac{4Q}{\pi u}} = \sqrt{\frac{4 \times 0.2315}{\pi \times 3}} = 0.31345\text{m} = 313.45\text{mm}$

해답 ②

10 금속분에 대한 설명 중 틀린 것은?

① Al은 할로겐원소와 반응하면 발화의 위험이 있다.
② Al은 수산화나트륨 수용액과 반응 시 NaAl(OH)$_2$와 H$_2$가 생성된다.
③ Zn은 KCN 수용액에서 녹는다.
④ Zn은 염산과 반응 시 ZnCl$_2$와 H$_2$가 생성된다.

해설 알루미늄분(Al) ★★★

화학식	원자량	비중	융점	비점
Al	27	2.7	660℃	2,000℃

① 산화제와 혼합시 가열, 충격, 마찰 등에 의하여 착화위험이 있다.
② 할로겐원소(F, Cl, Br, I)와 접촉 시 자연발화 위험이 있다.
③ 분진폭발 위험성이 있다.
④ 가열된 알루미늄은 수증기와 반응하여 수소를 발생시킨다.(주수소화금지)

$$2Al + 6H_2O \rightarrow 2Al(OH)_3 + 3H_2 \uparrow$$

⑤ Al(알루미늄)은 산이나 알칼리와 반응하여 수소를 발생한다.

$$2Al + 6HCl \rightarrow 2AlCl_3 + 3H_2$$
$$2Al + 2NaOH + 2H_2O \rightarrow 2NaAlO_2 + 3H_2$$

⑥ 주수소화는 엄금이며 마른모래 등으로 피복 소화한다.

해답 ②

11 위험물제조소에 설치되어 있는 포소화설비를 점검할 경우 포소화설비 일반점검표에서 약제저장탱크의 탱크 점검내용에 해당하지 않는 것은?

① 변형·손상의 유무
② 조작관리상 지장 유무
③ 통기관의 막힘의 유무
④ 고정상태의 적부

해설 포소화설비 일반점검표에서 액체저장탱크의 탱크 점검내용

점검항목		점검내용	점검방법	점검결과
소화약제	탱크	누설의 유무	육안	
		변형, 손상의 유무	육안	
		도장상황 및 부식의 유무	육안	
		배관접속부의 이탈의 유무	육안	
		고정상태의 적부	육안	
		통기관의 막힘의 유무	육안	
		압력탱크방식의 경우 압력계의 지시상황	육안	

해답 ②

12 제6류 위험물의 위험등급에 관한 설명으로 옳은 것은?

① 제6류 위험물 중 질산은 위험등급 Ⅰ이며, 그 외의 것은 위험등급 Ⅱ이다.
② 제6류 위험물 중 과염소산은 위험등급 Ⅰ이며, 그 외의 것은 위험등급 Ⅱ이다.
③ 제6류 위험물은 모두 위험등급 Ⅰ이다.
④ 제6류 위험물은 모두 위험등급 Ⅱ이다.

해설 제6류 위험물(산화성 액체)

품 명	화학식	지정수량	위험등급
과염소산	$HClO_4$		
과산화수소(농도 36중량% 이상)	H_2O_2	300kg	Ⅰ
질산(비중 1.49 이상)	HNO_3		

해답 ③

13 다음 중 하나의 옥내저장소에 제5류 위험물과 함께 저장할 수 있는 위험물은? (단, 위험물을 유별로 정리하여 저장하는 한편, 서로 1m 이상의 간격을 두는 경우이다.)

① 알칼리금속의 과산화물 또는 이를 함유한 것 이외의 제1류 위험물
② 제2류 위험물 중 인화성 고체
③ 제3류 위험물 중 알킬알루미늄 이외의 것
④ 유기과산화물 또는 이를 함유한 것 이외의 제4류 위험물

해설 [별표 18] 제조소등에서의 위험물의 저장 및 취급에 관한 기준
유별을 달리하는 위험물은 동일한 저장소(내화구조의 격벽으로 완전히 구획된 실이 2 이상 있는 저장소에 있어서는 동일한 실, 이하 제3호에서 같다)에 저장하지 아니하여야 한다. 다만, 옥내저장소 또는 옥외저장소에 있어서 다음의 각목의 규정에 의한 위험물을 저장하는 경우로서 위험물을 유별로 정리하여 저장하는 한편, **서로 1m 이상의 간격을 두는 경우**에는 그러하지 아니하다(중요기준).
(1) **제1류 위험물(알칼리금속의 과산화물 또는 이를 함유한 것을 제외)과 제5류 위험물을 저장하는 경우**
(2) 제1류 위험물과 제6류 위험물을 저장하는 경우
(3) 제1류 위험물과 제3류 위험물 중 자연발화성물질(황린 또는 이를 함유한 것에 한한다)을 저장하는 경우
(4) 제2류 위험물 중 인화성고체와 제4류 위험물을 저장하는 경우
(5) 제3류 위험물 중 알킬알루미늄등과 제4류 위험물(알킬알루미늄 또는 알킬리튬을 함유한 것에 한한다)을 저장하는 경우
(6) 제4류 위험물 중 유기과산화물 또는 이를 함유하는 것과 제5류 위험물 중 유기과산화물 또는 이를 함유한 것을 저장하는 경우

해답 ①

14 흡습성이 있는 등적색의 결정으로 물에는 녹으나 알코올에는 녹지 않으며, 비중은 약 2.69이고 분해온도는 약 500℃인 성질을 갖는 위험물은?

① KClO₃
② K₂Cr₂O₇
③ NH₄NO₃
④ (NH₄)₂Cr₂O₇

해설 다이크로뮴산칼륨

화학식	분자량	비중	융점	분해온도
K₂Cr₂O₇	294	2.69	398℃	500℃

① 밝은 오렌지색 결정으로 쓴맛, 독성이 있다.
② 500℃ 이상으로 가열하면 산소를 방출하면서 분해한다.
③ 물에는 잘 녹지만 알코올에는 녹지 않는다.

해답 ②

---

15 다음 중 비중이 가장 큰 물질은 어느 것인가?

① 이황화탄소
② 메틸에틸케톤
③ 톨루엔
④ 벤젠

해설 비중

종류	이황화탄소	메틸에틸케톤	톨루엔	벤젠
유별	제4류 특수인화물	제4류 제1석유류	제4류 제1석유류	제4류 제1석유류
비중	1.26	0.81	0.871	0.9

해답 ①

---

16 1기압 26℃에서 어떤 기체 10L의 질량이 40g이었다. 이 기체의 분자량은 약 얼마인가?

① 25
② 49
③ 98
④ 196

해설 이상기체 상태방정식

$$PV = \frac{W}{M}RT = nRT$$

여기서, P : 압력(atm), V : 부피(L), W : 무게(g), M : 분자량, n : mol수 $= \frac{W}{M}$
R : 기체상수(0.082atm · L/mol · K), T : 절대온도(273 + t℃)K

$$M = \frac{WRT}{PV} = \frac{40\text{g} \times 0.082 \times (273+26)\text{K}}{1\text{atm} \times 10\text{L}} = 98.07$$

해답 ③

17 다음 중 분자의 입체 모양이 정사면체를 이루는 것은?

① H₂O   ② CH₄
③ SF₄   ④ NH₂

해설 ① SP³ : 정사면체 결합(메탄)
혼성오비탈의 하나로서 1개의 s전자와 3개의 p전자에 의하여 이루어진 sp³결합을 가리킨다.
② 2주기 원소의 결합궤도함수 및 분자형태

원소	결합궤도함수	결합수	분자형태	보기
Li	S	1	선형 2원자 분자	LiF
Be	SP	2	직선형	BeF₂, BeH₂
B	SP²	3	평면 3각형	BF₃(120°), BH₃(비극성)
C	SP³	4	정4면체형	CF₄, CH₄(109°28′)(비극성)
N	P³	3	피라밋형	NF₃, NH₃(107°)(극성)
O	P²	2	굽은형(V-자형)	OF₂, H₂O(105°)(극성)
F	P	1	선형 2원자 분자	F₂
Ne	-	0	1원자 분자	

해답 ②

18 80g의 질산암모늄이 완전히 폭발하면 약 몇 L의 기체를 생성하는가? (단, 1기압, 300℃를 기준으로 한다.)

① 184.6   ② 112.2
③ 70.5   ④ 67.2

해설 ① 질산암모늄의 열분해 반응식

$$2NH_4NO_3 \rightarrow 2N_2 + O_2 + 4H_2O$$
$$NH_4NO_3 \rightarrow N_2 + 0.5O_2 + 2H_2O$$

② 이상기체 상태방정식

$$PV = \frac{W}{M}RT = nRT$$

여기서, P : 압력(atm), V : 부피(L), W : 무게(g), M : 분자량, n : mol수 $= \frac{W}{M}$
R : 기체상수(0.082atm · L/mol · K), T : 절대온도(273 + t℃)K

③ 질산암모늄의 분자량 = 14×2+1×4+16×3 = 80
④ $V = \frac{WRT}{PM}$ 식을 이용하여 풀이한다.

㉠ 질소의 부피 $V = \frac{80 \times 0.082 \times (300+273)}{1 \times 80} = 46.99L$

㉡ 산소의 부피 $V = \frac{80 \times 0.082 \times (300+273)}{1 \times 80} \times 0.5 = 23.49L$

㉢ 총 기체의 부피 = 46.99 + 23.49 = 70.48L

해답 ③

19 부탄 100g을 완전 연소시키는 데 필요한 이론산소량은 약 몇 g인가?
① 358
② 717
③ 1,707
④ 3,415

해설 부탄의 완전 연소반응식
$C_4H_{10} + 6.5O_2 \rightarrow 4CO_2 + 5H_2O$
58g ─── 6.5×32g
100g ─── X
$\therefore X = \dfrac{100g \times 6.5 \times 32g}{58g} = 358.62g$

해답 ①

20 플루오린계 계면활성제를 주성분으로 한 것으로 분말소화약제와 함께 트윈 약제 시스템(Twin Agent System)에 사용되어 소화효과를 높이는 포소화약제는?
① 수성막 포소화약제
② 단백 포소화약제
③ 합성계면활성제 포소화약제
④ 내알코올형 포소화약제

해설 **수성막포 소화약제**
① 플루오린(F) 계통의 습윤제에 합성계면활성제 첨가한 포약제이며 주성분은 **플루오린(F)계 계면활성제**
② 미국에서는 AFFF(Aqueous Film Forming Foam)로 불리며 3M사가 개발한 것으로 상품명은 라이트 워터(light water)
③ 저발포용으로 3%형과 6%형이 있다.
④ **분말약제와 겸용이 가능**하고 액면하 주입방식에도 사용
⑤ 내유성과 유동성이 좋아 유류화재 및 항공기화재, 화학공장화재에 적합
⑥ 화학적으로 안정하며 수명이 반영구적
⑦ 소화작업 후 포와 막의 차단효과로 재발화 방지에 효과가 있다.
※ 유류화재용으로 가장 뛰어난 포약제는 수성막포이다.

해답 ①

21 다음 중 단독으로도 폭발할 위험이 있으며, ANFO 폭약의 주 원료로 사용되는 위험물은?
① KIO_3
② $NaBrO_3$
③ NH_4NO_3
④ $(NH_4)_2Cr_2O_7$

해설 **질산암모늄**

화학식	분자량	비중	융점	분해온도
NH_4NO_3	80	1.73	165℃	220℃

① 단독으로 가열, 충격 시 분해 폭발할 수 있다.
② 화약(ANFO폭약))원료로 쓰이며 유기물과 접촉 시 폭발우려가 있다.
③ 무색, 무취의 결정이다.

④ 조해성 및 흡습성이 매우 강하다.
⑤ 물에 용해 시 흡열반응을 나타낸다.
⑥ 급격한 가열충격에 따라 폭발의 위험이 있다.

질산암모늄의 열분해 반응식 : $2NH_4NO_3 \rightarrow 2N_2 + O_2 + 4H_2O$
ANFO(안포)폭약의 성분 : 질산암모늄 94% + 경유 6%

해답 ③

22. 프로판-공기의 혼합기체를 완전연소 시키기 위한 프로판의 이론 혼합비는 약 몇 vol%인가? (단, 공기 중 산소는 21vol%이다.)

① 9.48
② 5.65
③ 4.03
④ 3.12

해설 **프로판의 완전연소반응식**

$$C_3H_8 + 5O_2 \rightarrow 3CO_2 + 4H_2O$$
$22.4m^3 \quad 5 \times 22.4L$

① 이론공기량 $= \dfrac{5 \times 22.4L}{0.21} = 533.33L$

② 프로판의 부피 = 1몰 = 22.4L

③ 혼합기체의 부피 = 533.33 + 22.4 = 555.73L

④ **이론 혼합비** $= \dfrac{프로판의\ 부피}{혼합기체의\ 부피} \times 100\% = \dfrac{22.4}{555.73} \times 100 = 4.03\%$

해답 ③

23. 제1류 위험물인 염소산나트륨의 위험성에 대한 설명으로 틀린 것은?

① 산과 반응하여 유독한 이산화염소를 발생시킨다.
② 가연물과 혼합되어 있으면 충격·마찰에 의해 폭발할 수 있다.
③ 조해성이 강하고 철을 부식시키므로 철제용기에는 저장하지 말아야 한다.
④ 물과의 접촉 시 폭발할 수 있으므로 CO_2 등의 질식 소화가 효과적이다.

해설 ※ 염소산나트륨은 물에 잘 녹으며 **다량의 물로 냉각소화**가 효과적이다.

염소산나트륨-제1류-염소산염류

화학식	분자량	물리적 상태	색상	분해온도
$NaClO_3$	106.5	고체	무색	300℃

① 조해성이 크고, 알코올, 에터, 물에 녹는다.
② 철제를 부식시키므로 철제용기 사용금지
③ 산과 반응하여 유독한 이산화염소(ClO_2)를 발생시키며 이산화염소는 폭발성이다.
④ 열분해하여 염화나트륨과 산소를 발생한다.

$$2NaClO_3 \rightarrow 2NaCl + 3O_2 \uparrow$$
염소산나트륨 염화나트륨(소금) 산소

해답 ④

24

개방형 스프링클러 헤드를 이용한 스프링클러 설비의 방사구역은 최소 몇 m² 이상으로 하여야 하는가? (단, 방호대상물의 바닥면적이 200m²인 경우이다.)

① 100
② 150
③ 200
④ 250

해설 스프링클러설비
① 스프링클러헤드는 **수평거리가 1.7m 이하**가 되도록 설치할 것
② **개방형 스프링클러헤드**를 이용한 스프링클러설비의 **방사구역은 150m² 이상** (바닥면적이 150m² 미만인 경우 바닥면적)으로 할 것
③ 수원의 수량
  ㉠ **폐쇄형** 헤드를 사용하는 것은 30(설치개수가 30 미만인 경우 설치개수)
  ㉡ **개방형** 헤드를 사용하는 것은 헤드가 **가장 많이 설치된 방사구역의 헤드 설치개수**에 **2.4m³를 곱한 양** 이상이 되도록 설치할 것

폐쇄형 스프링클러헤드 사용하는 경우
수원의 양 $Q(m^3) = N \times 2.4m^3$ (80L/분 × 30분)
여기서, N : 30(설치개수가 30 미만인 경우는 설치개수)

개방형 스프링클러헤드 사용하는 경우
수원의 양 $Q(m^3) = N \times 2.4m^3$ (80L/분 × 30분)
여기서, N : 가장 많이 설치된 방사구역의 스프링클러헤드 설치개수

④ 헤드의 **방사압력이 100kPa 이상**이고, **방수량이 80L/분 이상**의 성능이 되도록 할 것

헤드의 방수압력	헤드의 방수량
100kPa	80L/분

해답 ②

25

윤활제, 화장품, 폭약의 원료로 사용되며, 무색이고 단맛이 있는 제4류 위험물로 지정수량이 4,000L인 것은?

① $C_6H_3(OH)(NO_2)_2$
② $C_3H_5(OH)_3$
③ $C_6H_5NO_2$
④ $C_6H_5NH_2$

해설 글리세린(글리세롤)($C_3H_5(OH)_3$) ★★

CH₂－OH
|
CH －OH
|
CH₂－OH

H　H　H
|　　|　　|
H－C－C－C－H
|　　|　　|
OH OH OH

화학식	분자량	비중	비점	인화점	착화점
$C_3H_5(OH)_3$	92	1.26	182℃	160℃	370℃

① 무색의 점성이 있는 액체이다.
② 단맛이 있어 감유라고도 한다.
③ 물, 알코올에는 잘 녹는다.
④ 인체에는 독성이 없고, 화장품의 제조에 이용된다.

해답 ②

26
은백색의 광택이 있는 금속으로 비중은 약 7.86, 융점은 약 1,530℃이고, 열이나 전기의 양도체이며 염산에 반응하여 수소를 발생하는 것은?

① 알루미늄 ② 철
③ 아연   ④ 마그네슘

해설 **철분**(Fe)

화학식	원자량	비중	융점	비점
Fe	55.85	7.86	1535℃	3000℃

① 회백색 금속광택을 가진 비교적 연한금속분말이다.
② 철을 염산에 용해시키면 수소가 발생한다.

$$Fe + 2HCl \rightarrow FeCl_2 + H_2 \uparrow$$

③ 가열된 철은 수증기와 반응하여 수소를 발생시킨다.(주수소화금지)

$$3Fe + 4H_2O \rightarrow Fe_3O_4 + 4H_2 \uparrow$$

④ 주수소화는 엄금이며 마른모래 등으로 피복 소화한다.

해답 ②

27
이황화탄소를 저장하는 실의 온도가 −20℃이고, 저장실 내 이황화탄소의 공기 중 증기농도가 2vol%라고 가정할 때 다음 설명 중 옳은 것은?

① 점화원이 있으면 연소된다.
② 점화원이 있더라도 연소되지 않는다.
③ 점화원이 없어도 발화된다.
④ 어떠한 방법으로도 연소되지 않는다.

해설 ※ 이황화탄소(CS_2)의 **인화점**(−30℃)보다 높고(−20℃) **연소범위 1~50%** 범위내 (2%)이므로 점화원이 있으면 연소한다.

이황화탄소(CS_2) ★★★★★

화학식	분자량	비중	비점	인화점	착화점	연소범위
CS_2	76.1	1.26	46℃	−30℃	100℃	1.0~50%

① 무색투명한 액체이다.
② 물에는 녹지 않고 알코올, 에터, 벤젠 등 유기용제에 녹는다.
③ 햇빛에 방치하면 황색을 띤다.
④ 연소 시 아황산가스(SO_2) 및 CO_2를 생성한다.

$$CS_2 + 3O_2 \rightarrow CO_2 + 2SO_2$$

⑤ 물과 반응하여 황화수소와 이산화탄소를 발생한다.

$$\underset{(이황화탄소)}{CS_2} + \underset{(물)}{2H_2O} \rightarrow \underset{(황화수소)}{2H_2S} + \underset{(이산화탄소)}{CO_2}$$

⑥ 저장 시 저장탱크를 물속에 넣어 저장한다.
⑦ 4류 위험물 중 착화온도(100℃)가 가장 낮다.
⑧ 화재 시 다량의 포를 방사하여 질식 및 냉각 소화한다.

해답 ①

28 공기를 차단한 상태에서 황린을 약 260℃로 가열하면 생성되는 물질은 제 몇 류 위험물인가?

① 제1류 위험물　　② 제2류 위험물
③ 제5류 위험물　　④ 제6류 위험물

해설 적린의 제조방법

황린(P_4)(제3류) —공기차단(260℃가열, 냉각)→ 적린(P)(제2류)

해답 ②

---

29 황화인 중에서 비중이 약 2.03, 융점이 약 173℃이며 황색 결정이고 물, 황산 등에는 불용성이며 질산에 녹는 것은?

① P_2S_5　　② P_2S_3
③ P_4S_3　　④ P_4S_7

해설 황화인(제2류위험물) : 황과 인의 화합물

구 분	삼황화인	오황화인	칠황화인
화학식	P_4S_3	P_2S_5	P_4S_7
분자량	220	222	348
색 상	황색 결정	담황색 결정	담황색 결정
비 중	2.03	2.09	2.19
융 점	173℃	290℃	310℃
착화점	약 100℃	142℃	—

해답 ③

---

30 비중이 1.84이고, 무게농도가 96[wt%]인 진한 황산의 노르말 농도는 약 몇 N인가? (단, 황의 원자량은 32이다.)

① 1.8　　② 3.6
③ 18　　④ 36

해설 N(규정)농도

$$N = \frac{10SC}{당량}$$

여기서, S : 비중, C : 농도(%), M : 분자량

① 황산(H_2SO_4)의 당량 = $\frac{M}{원자가} = \frac{98}{2가} = 49$

② $N = \frac{10SC}{당량} = \frac{10 \times 1.84 \times 96}{49} = 36.0N$

해답 ④

31. 다음 중 비점이 111℃인 액체로서, 산화하면 벤즈알데하이드를 거쳐 벤조산이 되는 위험물은?

① 벤젠
② 톨루엔
③ 크실렌
④ 아세톤

해설 톨루엔($C_6H_5CH_3$) ★★★★★

화학식	분자량	비중	비점	인화점	착화점	연소범위
$C_6H_5CH_3$	92	0.871	111℃	4℃	552℃	1.27~7.0%

① 무색 투명한 휘발성 액체이다.
② 물에는 용해되지 않고 유기용제에 용해된다.
③ 독성은 벤젠의 $\frac{1}{10}$ 정도이다.
④ 소화는 다량의 포약제로 질식 및 냉각소화한다.
⑤ 톨루엔을 산화시키면 벤즈알데하이드를 거쳐 벤조산이 된다.

$$C_6H_5CH_3(톨루엔) + O_2 \rightarrow C_6H_5CHO(벤즈알데하이드) + H_2O$$
$$2C_6H_5CHO + O_2 \rightarrow 2C_6H_5COOH(벤조산)$$

해답 ②

32. 1패러데이(F)의 전기량으로 석출되는 물질의 무게를 틀리게 연결한 것은?

① 수소 – 약 1g
② 산소 – 약 8g
③ 은 – 약 16g
④ 구리 – 약 32g

해설 1F(96500C)의 전기량으로 석출되는 물질의 양

전기량	물질	석출되는 물질	석출되는 무게	표준상태의 부피	원자수
1F(96500C)	수소	H_2	1.008g	11.2L	6.02×10^{23}개
1F(96500C)	산소	O_2	8g	5.6L	$\frac{1}{2} \times 6.02 \times 10^{23}$개
1F(96500C)	황산구리($CuSO_4$)	Cu	$\frac{63.5}{2}$g		$\frac{1}{2} \times 6.02 \times 10^{23}$개
1F(96500C)	질산은($AgNO_3$)	Ag	108g		6.02×10^{23}개

패러데이(Faraday)의 법칙
① 제1법칙 : 같은 물질에 대하여 전기분해로써 전극에서 일어나는 물질의 양은 통한 전기량에 비례한다.
② 제2법칙 : 일정한 전기량에 의하여 일어나는 화학변화의 양은 그 물질의 화학 당량에 비례한다.

해답 ③

33. 다음 중 위험물 판매취급소의 배합실에서 배합하여서는 안 되는 위험물은?

① 도료류
② 염소산칼륨
③ 과산화수소
④ 황

해설 판매취급소에서의 취급기준
① 판매취급소에서는 **도료류**, 제1류 위험물 중 **염소산염류** 및 염소산염류만을 함유한 것, **황** 또는 **인화점이 38℃ 이상인 제4류 위험물**을 배합실에서 배합하는 경우 외에는 위험물을 배합하거나 옮겨 담는 작업을 하지 아니할 것
② 위험물은 규정에 의한 운반용기에 수납한 채로 판매할 것
③ 판매취급소에서 위험물을 판매할 때에는 위험물이 넘치거나 비산하는 계량기(액용되를 포함)를 사용하지 아니할 것

해답 ③

34. 다음 위험물 중 해당하는 품명이 나머지 셋과 다른 하나는?

① 쿠멘
② 아닐린
③ 나이트로벤젠
④ 염화벤조일

해설 제4류 위험물

구 분	쿠멘	아닐린	나이트로벤젠	염화벤조일
화학식	$C_6H_5CH(CH_3)_2$	$C_6H_5NH_2$	$C_6H_5NO_2$	C_6H_5COCl
품 명	제2석유류	제3석유류	제3석유류	제3석유류
지정수량	1,000L	2,000L	2,000L	2,000L

해답 ①

35. 다음 중 페닐하이드라진을 나타내는 것은?

① $C_6H_5N=NC_6H_4OH$
② $C_6H_5NHNH_2$
③ $C_6H_2NHHNC_6H_5$
④ $C_6H_5N=NC_6H_5$

해설 페닐하이드라진(Phenyl Hydrazine)

화학식	분자량	비중	인화점	착화점
$C_6H_5NHNH_2$	108	1.09	89℃	174℃

① 순수한 것은 무색의 액체이다.
② 물에 잘 녹지 않지만 에탄올, 다이에틸에터, 클로로폼, 벤젠 등에는 잘 섞인다.
③ 염료와 의약품의 합성 과정에서 중간물질로 얻어지는 인돌을 만드는 데 사용된다.

해답 ②

36 0℃, 1기압에서 어떤 기체의 밀도가 1.617g/L이다. 1기압에서 이 기체 1L가 1g이 되는 온도는 약 몇 ℃인가?

① 44　　② 68
③ 168　　④ 441

해설 이상기체 상태방정식

$$PV = \frac{W}{M}RT = nRT$$

여기서, P : 압력(atm), V : 부피(L), W : 무게(g), M : 분자량, n : mol수 $= \frac{W}{M}$
R : 기체상수(0.082atm · L/mol · K), T : 절대온도(273 + t℃)K

① M(분자량) $= 1.617\text{g/L} \times 22.4\text{L} = 36.2\text{g}$
② $T = \frac{PVM}{WR} = \frac{1\text{atm} \times 1\text{L} \times 36.2}{1\text{g} \times 0.082} = 441\text{K}$
③ $t(℃) = T(\text{K}) - 273 = 441\text{K} - 273 = 168℃$

해답 ③

---

37 옥내탱크저장소 중 탱크전용실을 단층건물 외의 건축물에 설치하는 경우 옥내저장탱크를 설치한 탱크전용실을 건축물의 1층 또는 지하층에 설치하여야 하는 위험물의 종류가 아닌 것은?

① 황화인　　② 황린
③ 동식물유류　　④ 질산

해설 옥내저장탱크의 탱크전용실을 1층 또는 지하층에 설치 대상 위험물
① 제2류 위험물 중 황화인 · 적린 및 덩어리 황
② 제3류 위험물 중 황린
③ 제6류 위험물 중 질산

해답 ③

---

38 화학반응에서 반응 전과 반응 후의 상태가 결정되면 반응경로와 관계없이 반응열의 총량은 일정하다는 법칙은?

① 헤스의 법칙　　② 보일-샤를의 법칙
③ 헨리의 법칙　　④ 르샤틀리에의 법칙

해설 헤스의 법칙
화학반응에서 발생 또는 흡수되는 열량은 그 반응전의 물질의 종류와 상태 및 반응 후의 물질의 종류와 상태가 결정되면 그 도중의 경로에는 관계가 없다.

해답 ①

39 25°C에서 다음과 같은 반응이 일어날 때 평형상태에서 NO₂의 부분압력은 0.15atm이다. 혼합물 중 N₂O₄의 부분압력은 약 몇 atm인가? (단, 압력평형상수 K_p는 7.13이다.)

$$2NO_2[g] \rightleftarrows N_2O_4[g]$$

① 0.08　　　　② 0.16
③ 0.32　　　　④ 0.64

[해설] 가역화학반응에서 물질이 기체인 경우 평형상수

$$aA + bB \rightleftarrows cC + dD$$

$$K_p = \frac{pC^c \cdot pD^d}{pA^a \cdot pB^b}$$

여기서, K_P : 압력평형상수, pA, pB, pC, pD : 각 물질의 부분압

$K_p = \dfrac{[N_2O_4]}{[NO_2]^2}$, $7.13 = \dfrac{[N_2O_4]}{[0.15]^2}$, $[N_2O_4] = 7.13 \times 0.15^2 = 0.16 \text{atm}$

[해답] ②

---

40 다음 중 이온화 경향이 가장 큰 것은?
① Ca　　　　② Mg
③ Ni　　　　④ Cu

[해설] 금속의 이온화 경향 서열 (필수암기)★★★★★

K-Ca-Na-Mg-Al-Zn-Fe-Ni-Sn-Pb-(H)-Cu-Hg-Ag-Pt-Au
카-카-나-마-알-아-철-니-주-납-수-구-수-은-백-금

[해답] ①

---

41 옥외저장탱크의 펌프설비 설치기준으로 틀린 것은?
① 펌프실의 지붕을 폭발력이 위로 방출될 정도의 가벼운 불연재료로 할 것
② 펌프실의 창 및 출입구에는 60분+방화문·60분방화문 또는 30분방화문을 설치할 것
③ 펌프실의 바닥의 주위에는 높이 0.2m 이상의 턱을 만들 것
④ 펌프설비의 주위에는 너비 1m 이상의 공지를 보유할 것

[해설] 옥외저장탱크의 펌프설비
① 펌프설비의 주위에는 **너비 3m 이상의 공지**를 보유할 것.
② 펌프설비로부터 옥외저장탱크까지의 사이에는 당해 옥외저장탱크의 보유공지 너비의 3분의 1 이상의 거리를 유지할 것
③ 펌프실의 지붕을 폭발력이 **위로 방출될 정도**의 가벼운 **불연재료**로 할 것

④ 펌프실의 창 및 출입구에는 60분+방화문·60분방화문 또는 30분방화문을 설치할 것
⑤ 펌프실의 바닥의 주위에는 높이 0.2m 이상의 턱을 만들고 바닥은 콘크리트 등 위험물이 스며들지 아니하는 재료로 적당히 경사지게 하여 그 최저부에는 집유설비를 설치할 것

해답 ④

42 전역방출방식의 분말소화설비에서 분말소화약제의 저장용기에 저장하는 제3종 분말소화약제의 양은 방호구역의 체적 1m³당 몇 kg 이상으로 하여야 하는가? (단, 방호구역의 개구부에 자동폐쇄장치를 설치한 경우이고, 방호구역 내에서 취급하는 위험물은 에탄올이다.)

① 0.360　　　　　② 0.432
③ 2.7　　　　　　④ 5.2

해설 분말소화설비의 전역방출방식

$$Q = [V \times K_1 + A \times K_2] \times K$$

여기서, Q : 소화약제의 양, V : 방호구역 체적(m³), K_1 : 체적계수(kg/m³)
　　　　A : 개구부 면적(m²), K_2 : 개구부 면적계수(kg/m²)
　　　　K : 위험물의 종류에 대한 가스계소화약제의 계수(별표2 : 생략)

방호구역의 체적계수 및 면적계수

약제의 종류	방호구역의 체적 1m³당 소화약제의 양(단위 kg) (K_1 : kg/m³)	개구부 가산량 (K_2 : kg/m²) (자동폐쇄장치 미설치시)
제1종 분말	0.60	4.5
제1종 또는 제3종 분말	0.36	2.7
제4종 분말	0.24	1.8
제5종 분말	소화약제에 따라 필요한 양	소화약제에 따라 필요한 양

① 제3종 분말의 체적계수 $K_1[kg/m^3] = 0.36 kg/m^3$
② K : 위험물의 종류에 대한 가스계소화약제의 계수(에탄올) = 1.2
③ 에탄올의 체적계수 = $K_1 \times K = 0.36 \times 1.2 = 0.432 kg/m^3$

해답 ②

43 다음 중 안전거리의 규제를 받지 않는 곳은?

① 옥외탱크저장소　　　② 옥내저장소
③ 지하탱크저장소　　　④ 옥외저장소

해설 안전거리, 보유공지 확보 제외대상
① 지하탱크저장소　② 옥내탱크저장소　③ 암반탱크저장소
④ 이동탱크저장소　⑤ 주유취급소　　　⑥ 판매취급소

해답 ③

44. 톨루엔의 성질을 벤젠과 비교한 것 중 틀린 것은?

① 독성은 벤젠보다 크다.
② 인화점은 벤젠보다 높다.
③ 비점은 벤젠보다 높다.
④ 융점은 벤젠보다 낮다.

해설 벤젠과 톨루엔의 비교

구 분	① 독성	인화점	비점	융점	발화점	인화점	연소범위
벤젠	1	-11℃	79℃	7℃	498℃	-11℃	1.4~8%
톨루엔	벤젠의 $\frac{1}{10}$	4℃	110℃	-93℃	480℃	4℃	1.27~7.0%

해답 ①

45. 위험물을 수납한 운반용기 외부에 표시할 사항에 대한 설명으로 틀린 것은?

① 위험물의 수용성 표시는 제4류 위험물로서 수용성인 것에 한하여 표시한다.
② 용적 200mL인 운반용기로 제4류 위험물에 해당하는 에어졸을 운반할 경우 그 용기의 외부에는 품명 · 위험등급 · 화학명 · 수용성을 표시하지 아니할 수 있다.
③ 기계에 의하여 하역하는 구조로 된 운반용기가 아닐 경우 용기 외부에는 운반용기 제조자의 명칭을 표시하여야 한다.
④ 제5류 위험물에 있어서는 "화기엄금" 및 "충격주의"를 표시하여야 한다.

해설 위험물 운반용기의 외부 표시 사항
① 위험물의 품명, 위험등급, 화학명 및 수용성(제4류 위험물의 수용성인 것에 한함)
② 위험물의 수량
③ 수납하는 위험물에 따른 주의사항

유별	성질에 따른 구분	표시사항
제1류 위험물	알칼리금속의 과산화물	화기 · 충격주의, 물기엄금 및 가연물접촉주의
	그 밖의 것	화기 · 충격주의 및 가연물접촉주의
제2류 위험물	철분 · 금속분 · 마그네슘	화기주의 및 물기엄금
	인화성고체	화기엄금
	그 밖의 것	화기주의
제3류 위험물	자연발화성물질	화기엄금 및 공기접촉엄금
	금수성물질	물기엄금
제4류 위험물	인화성 액체	화기엄금
제5류 위험물	자기반응성 물질	화기엄금 및 충격주의
제6류 위험물	산화성 액체	가연물접촉주의

④ **기계에 의하여 하역하는 구조로 된 운반용기의 외부에 행하는 표시**는 다음 각목의 사항을 포함하여야 한다.
 ㉠ 운반용기의 제조년월 및 제조자의 명칭
 ㉡ 겹쳐쌓기시험하중
 ㉢ 운반용기의 종류에 따라 다음의 규정에 의한 중량
  ⓐ 플렉서블 외의 운반용기 : 최대총중량(최대수용중량의 위험물을 수납하였을 경우의 운반용기의 전중량을 말한다)
  ⓑ 플렉서블 운반용기 : 최대수용중량

해답 ③

46 다음 중 제3류 위험물의 금수성 물질에 대하여 적응성이 있는 소화기는?
① 이산화탄소 소화기
② 할로젠화합물 소화기
③ 탄산수소염류 소화기
④ 인산염류 소화기

해설 소화설비의 적응성

구분		1류		2류			3류		4류	5류	6류
		알칼리금속 과산화물	그밖의 것	철분,금속분, 마그네슘	인화성 고체	그밖의 것	금수성 물질	그밖의 것			
포소화기			○		○	○		○	○	○	○
이산화탄소소화기					○				○		
할로젠화합물소화기					○				○		
분말소화기	인산염류등		○		○	○			○		○
	탄산수소염류등	○		○	○		○		○		
	그 밖의 것	○		○			○				
팽창질석 팽창진주암		○	○	○	○	○	○	○	○	○	○

제6류 위험물을 저장 또는 취급하는 장소로서 폭발의 위험이 없는 장소에 한하여 이산화탄소 소화기가 제6류 위험물에 대하여 적응성이 있음을 각각 표시한다.

해답 ③

47 다음 중 탄화칼슘의 저장방법으로 가장 적합한 것은?
① 석유 속에 저장한다.
② 에탄올 속에 저장한다.
③ 질소가스로 봉입한다.
④ 수증기로 봉입한다.

해설 카바이드 = 탄화칼슘(CaC_2) : 제3류 위험물 중 칼슘탄화물

화학식	분자량	융점	비중
CaC_2	64	2370℃	2.21

① 물과 접촉 시 아세틸렌을 생성하고 열을 발생시킨다.

$$CaC_2 + 2H_2O \rightarrow Ca(OH)_2(수산화칼슘) + C_2H_2\uparrow(아세틸렌)$$

② 아세틸렌의 폭발범위는 2.5~81%로 대단히 넓어서 폭발위험성이 크다.
③ 장기 보관시 불활성기체(N_2 등)를 봉입하여 저장한다.
④ 별명은 카바이드, 탄화석회, 칼슘카바이드 등이다.
⑤ 고온(700℃)에서 질화되어 석회질소($CaCN_2$)가 생성된다.

$$CaC_2 + N_2 \rightarrow CaCN_2(석회질소) + C(탄소)$$

⑥ 물 및 포약제에 의한 소화는 절대 금하고 마른모래 등으로 피복 소화한다.

해답 ③

48 제4류 위험물을 취급하는 제조소가 있는 동일한 사업소에서 저장 또는 취급하는 위험물이 지정수량의 몇 배 이상일 때 당해 사업소에 자체소방대를 설치하여야 하는가?

① 1,000배
② 3,000배
③ 5,000배
④ 10,000배

해설
① **자체소방대를 설치 대상 사업소**
제조소 또는 일반취급소에서 취급하는 제4류 위험물의 최대수량의 합이 지정수량의 3천배 이상
② **자체소방대에 두는 화학소방자동차 및 인원**

사업소의 구분	화학 소방자동차	자체소방대원의 수
1. 제조소 또는 일반취급소에서 취급하는 제4류 위험물의 최대수량의 합이 지정수량의 **3천배 이상 12만배 미만**인 사업소	1대	5인
2. 제조소 또는 일반취급소에서 취급하는 제4류 위험물의 최대수량의 합이 지정수량의 **12만배 이상 24만배 미만**인 사업소	2대	10인
3. 제조소 또는 일반취급소에서 취급하는 제4류 위험물의 최대수량의 합이 지정수량의 **24만배 이상 48만배 미만**인 사업소	3대	15인
4. 제조소 또는 일반취급소에서 취급하는 제4류 위험물의 최대수량의 합이 지정수량의 **48만배 이상**인 사업소	4대	20인
5. 옥외탱크저장소에 저장하는 제4류 위험물의 최대수량이 지정수량의 50만배 이상인 사업소	2대	10인

해답 ②

49 이산화탄소 소화설비의 기준에 대한 설명으로 옳은 것은? (단, 전역방출방식의 이산화탄소 소화설비이다.)

① 저장용기는 온도가 40℃ 이하이고 온도변화가 적은 장소에 설치할 것.
② 저압식 저장용기의 충전비는 1.5 이상 1.9 이하로 할 것.
③ 저압식 저장용기에는 압력경보장치를 설치하지 말 것.
④ 기동용 가스용기는 20MPa 이상의 압력에 견딜 수 있을 것.

해설
② 저압식 저장용기의 충전비는 **1.1 이상 1.4 이하**로 할 것.
③ 저압식 저장용기에는 압력경보장치를 **설치할 것**.
④ 기동용 가스용기는 **25MPa 이상**의 압력에 견딜 수 있을 것.

이산화탄소 저장용기의 설치기준
① 방호구역 외의 장소에 설치할 것
② 온도가 40℃ 이하이고 온도 변화가 적은 장소에 설치할 것
③ 직사일광 및 빗물이 침투할 우려가 적은 장소에 설치할 것
④ 저장용기에는 안전장치를 설치할 것

해답 ①

제6편 최근 기출문제

50 스티렌 60,000L는 몇 소요단위인가?
① 1   ② 1.5
③ 3   ④ 6

해설 ① 위험물은 지정수량의 10배를 1소요단위로 할 것
② **제4류 위험물 및 지정수량**

성 질	품 명		지정수량(L)
인화성액체	1. 특수인화물		50
	2. 제1석유류	비수용성액체	200
		수용성액체	400
	3. 알코올류		400
	4. 제2석유류	비수용성액체	1,000
		수용성액체	2,000
	5. 제3석유류	비수용성액체	2,000
		수용성액체	4,000
	6. 제4석유류		6,000
	7. 동식물유류		10,000

③ 스티렌-제4류 제2석유류(비수용성)-1000L

∴ 지정수량의 배수 = $\dfrac{저장수량}{지정수량} = \dfrac{60,000}{1,000} = 60$배

∴ 소요단위 = $\dfrac{지정수량의\ 배수}{10} = \dfrac{60}{10} = 6$단위

해답 ④

51 염소산칼륨의 성질에 대한 설명으로 옳은 것은?
① 회색의 비결정성 물질이다.   ② 약 400℃에서 열분해한다.
③ 가연성이고 강력한 환원제이다.   ④ 비중은 약 1.2이다.

해설 **염소산칼륨**

화학식	분자량	비중	물리적 상태	색상	분해온도
$KClO_3$	122.55	2.34	고체	무색	400℃

① **무색의 단사정계 결정 또는 백색분말**
② 온수, 글리세린에 용해
③ 냉수, 알코올에는 용해하기 어렵다.
④ 400℃ 부근에서 분해가 시작

$$4KClO_3 \rightarrow 3KClO_4 + KCl$$
(염소산칼륨) (과염소산칼륨) (염화칼륨)

⑤ 완전 열분해

$$2KClO_3 \rightarrow 2KCl + 3O_2\uparrow$$
(과염소산칼륨) (염화칼륨) (산소)

⑥ 유기물 등과 접촉 시 충격을 가하면 폭발하는 수가 있다.

해답 ②

52 과산화나트륨의 저장법으로 가장 옳은 것은?

① 용기는 밀전 및 밀봉하여야 한다.
② 안정제로 황분 또는 알루미늄분을 넣어준다.
③ 수증기를 혼입해서 공기와 직접 접촉을 방지한다.
④ 저장시설 내에 스프링클러 설비를 설치한다.

해설 과산화나트륨–제1류–무기과산화물–금수성 및 불연성

화학식	분자량	비중	융점	분해온도
Na_2O_2	78	2.8	460℃	460℃

① 상온에서 물과 격렬히 반응하여 산소(O_2)를 방출하고 폭발하기도 한다.

$$2Na_2O_2 + 2H_2O \rightarrow 4NaOH + O_2\uparrow$$
(과산화나트륨)　(물)　(수산화나트륨)　(산소)

② 공기 중 이산화탄소(CO_2)와 반응하여 산소(O_2)를 방출한다.

$$2Na_2O_2 + 2CO_2 \rightarrow 2Na_2CO_3 + O_2\uparrow$$

③ 산과 반응하여 과산화수소(H_2O_2)를 생성시킨다.

$$Na_2O_2 + 2CH_3COOH \rightarrow 2CH_3COONa + H_2O_2\uparrow$$

④ 열분해 시 산소(O_2)를 방출한다.

$$2Na_2O_2 \rightarrow 2Na_2O + O_2\uparrow$$

⑤ 주수소화는 금물이고 마른모래(건조사)등으로 소화한다.

해답 ①

53 인화칼슘에 대한 설명 중 틀린 것은?

① 적갈색의 고체이다.
② 산과 반응하여 인화수소를 발생한다.
③ pH가 7인 중성 물 속에 보관하여야 한다.
④ 화재 발생 시 마른 모래가 적응성이 있다.

해설 인화칼슘(Ca_3P_2)[별명 : 인화석회] : **제3류(금수성 물질)**

화학식	분자량	융점	비중
Ca_3P_2	182	1,600℃	2.5

① 적갈색의 괴상고체
② 물 및 약산과 격렬히 반응, 분해하여 유독한 가연성기체인 **인화수소(포스핀)**(PH_3)을 생성한다.

- $Ca_3P_2 + 6H_2O \rightarrow 3Ca(OH)_2$ (수산화칼슘)$+ 2PH_3$(포스핀 = 인화수소)
- $Ca_3P_2 + 6HCl \rightarrow 3CaCl_2$ (염화칼슘)$+ 2PH_3$(포스핀 = 인화수소)

③ 포스핀은 맹독성가스이므로 취급시 방독마스크를 착용한다.
④ 물 및 포약제의 의한 소화는 절대 금하고 마른모래 등으로 피복하여 자연 진화되도록 기다린다.

해답 ③

54 산화프로필렌의 성질에 대한 설명으로 옳은 것은?

① 산 및 알칼리와 중합반응을 한다.
② 물 속에서 분해하여 에탄을 발생한다.
③ 연소범위가 14~57%이다.
④ 물에 녹기 힘들며 흡열반응을 한다.

해설 산화프로필렌(CH_3CH_2CHO) : 제4류-특수인화물

$$H-\underset{\underset{H}{|}}{\overset{\overset{H}{|}}{C}}-\underset{\underset{O}{\diagdown}}{\overset{\overset{H}{|}}{C}}-\overset{H}{\underset{}{C}}-H$$

화학식	분자량	비중	비점	인화점	착화점	연소범위
CH_3CHCH_2O	58	0.83	34℃	-37℃	465℃	2.8~37%

① 휘발성이 강하고 에터 냄새가 나는 액체이다.
② 물, 알코올, 벤젠 등 유기용제에는 잘 녹는다.
③ 연소범위는 2.8~37%이다.
④ 저장용기 사용 시 구리, 마그네슘, 은, 수은 및 합금용기 사용금지(아세틸리드(acetylide) 생성)
⑤ 산 및 알칼리와 중합반응을 한다.
⑥ 저장 용기 내에 질소(N_2) 등 불연성가스를 채워둔다.
⑦ 소화는 포 약제로 질식 소화한다.

해답 ①

55 다음 중 품질관리시스템에 있어서 4M에 해당하지 않는 것은?

① Man
② Machine
③ Material
④ Money

해설 품질관리시스템의 4M
① Man ② Machine ③ Material ④ Method

해답 ④

56 방법시간측정법(MTM : Method Time Measurement)에서 사용되는 1TMU(Time Measurement Unit)는 몇 시간인가?

① $\dfrac{1}{100,000}$ 시간
② $\dfrac{1}{10,000}$ 시간
③ $\dfrac{6}{10,000}$ 시간
④ $\dfrac{36}{1,000}$ 시간

해설 **동작 시간 측정법**(method time measurement)
① 1 TMU=0.036초=0.0006분=0.00001시간($\frac{1}{10^5}$시간)
② 1WFU=0.0001분

해답 ①

57
어떤 공장에서 작업을 하는 데 있어서 소요되는 기간과 비용이 다음 [표]와 같을 때 비용구배는 얼마인가? (단, 활동시간의 단위는 일(日)로 계산한다.)

정상 작업		특급 작업	
기간	비용	기간	비용
15일	150만원	10일	200만원

① 50,000원
② 100,000원
③ 200,000원
④ 300,000원

해설 **비용구배**
작업을 1일 단축할 때 추가되는 직접비용

$$비용구배 = \frac{특급비용 - 표준비용}{표준시간 - 특급시간}$$

비용구배 $= \frac{200만원 - 150만원}{15일 - 10일} = \frac{50만원}{5일} = 10만원/일$

해답 ②

58
계수 규준형 1회 샘플링 검사(KS A 3102)에 관한 설명 중 가장 거리가 먼 내용은?
① 검사에 제출된 로트의 제조공정에 관한 사전정보가 없어도 샘플링 검사를 적용할 수 있다.
② 생산자측과 구매자측이 요구하는 품질보호를 동시에 만족시키도록 샘플링 검사 방식을 선정한다.
③ 파괴검사의 경우와 같이 전수검사가 불가능한 때에는 사용할 수 없다.
④ 1회만의 거래 시에도 사용할 수 있다.

해설 **계수 규준형 1회 샘플링 검사**
① 검사에 제출된 로트의 제조공정에 관한 사전 정보가 없어도 샘플링 검사를 적용할 수 있다.
② 생산자측과 구매자측이 요구하는 품질보호를 동시에 만족시키도록 샘플링 검사 방식을 선정한다.
③ 1회만의 거래 시에도 사용할 수 있다.

해답 ③

59 품질 특성을 나타내는 데이터 중 계수치 데이터에 속하는 것은?
① 무게
② 길이
③ 인장강도
④ 부적합품의 수

해설 **계량치와 계수치의 데이터**
① **계량치 데이터**
  길이, 중량(무게), 인장강도와 같이 연속량으로 측정될 수 있는 품질특성의 값
② **계수치 데이터**
  불량품의 개수나 결점수, 부적합률 등과 같이 개수로 셀 수 있는 품질특성의 값

해답 ④

60 공정에서 만성적으로 존재하는 것은 아니고 산발적으로 발생하며, 품질의 변동에 크게 영향을 끼치는 요주의 원인으로 우발적 원인인 것을 무엇이라 하는가?
① 우연원인
② 이상원인
③ 불가피 원인
④ 억제할 수 없는 원인

해설 **이상원인** : 공정에서 만성적으로 존재하는 것은 아니고 산발적으로 발생하며, 품질의 변동에 크게 영향을 끼치는 요주의 원인으로 우발적 원인인 것

해답 ②

국가기술자격 필기시험문제

2023년도 기능장 제73회 필기시험 (2023년 01월 28일 시행)

자격종목	시험시간	문제수	형별
위험물기능장	1시간	60	A

수험번호 　 성 명

본 문제는 CBT시험대비 기출문제 복원입니다.

01 다음에서 설명하는 위험물에 해당하는 것은?

> [다음] ㉠ 불연성이고 무기화합물이다.
> ㉡ 비중은 약 2.8이다.
> ㉢ 분자량은 약 78이다.

① 과산화나트륨　　② 황화인
③ 탄화칼슘　　④ 과산화수소

[해설] **과산화나트륨(Na_2O_2)** : 제1류 위험물 중 무기과산화물(금수성)

화학식	분자량	비중	융점	분해온도
Na_2O_2	78	2.8	460℃	460℃

① 상온에서 물과 격렬히 반응하여 산소(O_2)를 방출하고 폭발하기도 한다.

$$2Na_2O_2 + 2H_2O \rightarrow 4NaOH + O_2 \uparrow$$
(과산화나트륨)　(물)　(수산화나트륨)　(산소)

② 공기 중 이산화탄소(CO_2)와 반응하여 산소(O_2)를 방출한다.

$$2Na_2O_2 + 2CO_2 \rightarrow 2Na_2CO_3 + O_2 \uparrow$$

③ 산과 반응하여 과산화수소(H_2O_2)를 생성시킨다.

$$Na_2O_2 + 2CH_3COOH \rightarrow 2CH_3COONa + H_2O_2 \uparrow$$

④ 열분해 시 산소(O_2)를 방출한다.

$$2Na_2O_2 \rightarrow 2Na_2O + O_2 \uparrow$$

⑤ 주수소화는 금물이고 마른모래(건조사)등으로 소화한다.

[해답] ①

02 위험물탱크 시험자가 갖추어야 하는 장비가 아닌 것은?

① 방사선투과시험기　　② 방수압력측정계
③ 초음파시험기　　④ 수직·수평도 측정기(필요한 경우에 한한다)

[해설] 탱크시험자의 기술능력·시설 및 장비(제14조제1항 관련)
(1) 기술능력
　① 필수인력
　　㉠ 위험물기능장·위험물산업기사 또는 위험물기능사 중 1명 이상
　　㉡ 비파괴검사기술사 1명 이상 또는 초음파비파괴검사·자기비파괴검사 및 침투비파괴검사별로 기사 또는 산업기사 각 1명 이상

② 필요한 경우에 두는 인력
  ㉠ 충 · 수압시험, 진공시험, 기밀시험 또는 내압시험의 경우 : 누설비파괴검사 기사, 산업기사 또는 기능사
  ㉡ 수직 · 수평도시험의 경우 : 측량 및 지형공간정보 기술사, 기사, 산업기사 또는 측량기능사
  ㉢ 방사선투과시험의 경우 : 방사선비파괴검사 기사 또는 산업기사
  ㉣ 필수 인력의 보조 : 방사선비파괴검사 · 초음파비파괴검사 · 자기비파괴검사 또는 침투비파괴검사 기능사
(2) 시설 : 전용사무실
(3) 장비
  ① 필수장비 : 자기탐상시험기, 초음파두께측정기 및 다음 ㉠ 또는 ㉡ 중 하나
    ㉠ 영상초음파시험기
    ㉡ 방사선투과시험기 및 초음파시험기
  ② 필요한 경우에 두는 장비
    ㉠ 충 · 수압시험, 진공시험, 기밀시험 또는 내압시험의 경우
      • 진공능력 53kPa 이상의 진공누설시험기
      • 기밀시험장치(안전장치가 부착된 것으로서 가압능력 200kPa 이상, 감압의 경우에는 감압능력 10kPa 이상 · 감도 10Pa 이하의 것으로서 각각의 압력 변화를 스스로 기록할 수 있는 것)
    ㉡ 수직 · 수평도 시험의 경우 : 수직 · 수평도 측정기

[비고] 둘 이상의 기능을 함께 가지고 있는 장비를 갖춘 경우에는 각각의 장비를 갖춘 것으로 본다.

해답 ②

---

03 제조소에서 취급하는 제4류 위험물의 최대수량의 합이 지정수량의 48만배 이상인 사업소의 자체소방대를 두어야 하는 화학소방자동차의 대수 및 자체소방대원의 수는? (단, 해당 사업소는 다른 사업소 등과 상호응원에 관한 협정을 체결하고 있지 아니하다.)

① 4대, 20인   ② 3대 15인
③ 2대, 10인   ④ 1대, 5인

해설 자체소방대에 두는 화학소방자동차 및 인원

사업소의 구분	화학소방자동차	자체소방대원의 수
1. 제조소 또는 일반취급소에서 취급하는 제4류 위험물의 최대수량의 합이 지정수량의 **3천배 이상 12만배 미만**인 사업소	1대	5인
2. 제조소 또는 일반취급소에서 취급하는 제4류 위험물의 최대수량의 합이 지정수량의 **12만배 이상 24만배 미만**인 사업소	2대	10인
3. 제조소 또는 일반취급소에서 취급하는 제4류 위험물의 최대수량의 합이 지정수량의 **24만배 이상 48만배 미만**인 사업소	3대	15인
4. 제조소 또는 일반취급소에서 취급하는 제4류 위험물의 최대수량의 합이 지정수량의 **48만배 이상**인 사업소	4대	20인
5. 옥외탱크저장소에 저장하는 제4류 위험물의 최대수량이 지정수량의 **50만배 이상**인 사업소	2대	10인

해답 ①

04 직경이 400mm인 관과 300mm인 관이 연결되어 있다. 직경400mm 관에서의 유속이 2m/s라면 300mm 관에서의 유속은 약 몇 m/s인가?
① 6.56 ② 5.56
③ 4.56 ④ 3.56

해설 유량과 유속

$$Q_1 = Q_2, \quad A_1 V_1 = A_2 V_2, \quad V_2 = \left(\frac{d_1}{d_2}\right)^2 \times V_1$$

여기서, Q : 유량(m³/s), V : 유속(m/s), A : 배관 단면적(m²), d : 배관내경(m)

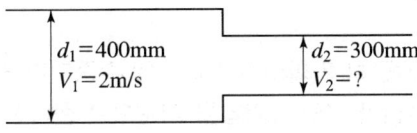

$$V_2 = \left(\frac{d_1}{d_2}\right)^2 \times V_1 = \left(\frac{0.4\text{m}}{0.3\text{m}}\right)^2 \times 2\text{m/s} = 3.56\text{m/s}$$

해답 ④

05 다음 중 지정수량이 나머지 셋과 다른 하나는?
① 톨루엔 ② 벤젠
③ 가솔린 ④ 아세톤

해설 제4류 위험물의 지정수량

성질	품 명		지정수량(L)	위험등급
인화성 액체	특수인화물		50	I
	제1석유류	비수용성	200	II
		수용성	400	
	알코올류		400	
	제2석유류	비수용성	1000	III
		수용성	2000	
	제3석유류	비수용성	2000	
		수용성	4000	
	제4석유류		6000	
	동식물류		10000	

명 칭	톨루엔	벤젠	가솔린	아세톤
화학식	$C_6H_5CH_3$	C_6H_6	-	CH_3COCH_3
품 명	제1석유류 (비수용성)	제1석유류 (비수용성)	제1석유류 (비수용성)	제1석유류 (수용성)
지정수량	200L	200L	200L	400L

해답 ④

06 이송취급소의 이송기지에 설치해야 하는 경보설비는?

① 자동화재탐지설비
② 누전경보기
③ 비상벨 장치 및 확성장치
④ 자동화재속보설비

해설 이송취급소에 설치하는 경보설비 설치기준.
① 이송기지에는 비상벨 장치 및 확성장치를 설치할 것
② 가연성 증기를 발생하는 위험물을 취급하는 펌프실 등에는 가연성 증기 경보설비를 설치할 것

해답 ③

07 물분무소화에 사용된 20℃의 물 2g이 완전히 기화되어 100℃의 수증기가 되었다면 흡수된 열량과 수증기 발생량은 약 얼마인가? (단, 1기압을 기준으로 한다.)

① 1,240cal, 2,400mL
② 1,240cal, 3,400mL
③ 2,480cal, 6,800mL
④ 2,480cal, 10,200mL

해설 ① 흡수된 열량 : $Q = mC\Delta t + r \cdot m$
$= 2g \times 1cal/g \cdot ℃ \times (100-20)℃ + 539cal/g \times 2g = 1238cal$

② 수증기 발생량 : $PV = nRT$

$$V = \frac{nRT}{P} = \frac{\frac{2}{18} \times 0.08205 \times (273+100)}{1} = 3.4L = 3400mL$$

열량 산출 공식

$$Q = mc\Delta t + r \cdot m$$

여기서, Q : 열량(cal), m : 질량(g), c : 비열(cal/g.℃)(물의 비열=1cal/g · ℃)
Δt : 온도차(℃), r : 기화열(cal/g)(물의 기화열=539cal/g)

이상기체 상태방정식

$$PV = \frac{W}{M}RT = nRT$$

여기서, P : 압력(atm), V : 부피(m^3), W : 무게(kg), M : 분자량, n : mol수 $= \frac{W}{M}$
R : 기체상수(0.082atm · m^3/kmol · K), T : 절대온도(273+t℃)K

해답 ②

08 운반 시 질산과 혼재가 가능한 위험물은? (단, 지정수량의 10배의 위험물이다.)

① 질산메틸
② 알루미늄분말
③ 탄화칼슘
④ 질산암모늄

해설 질산-제6류 위험물 + 질산암모늄-제1류 위험물

구 분	질산메틸	알루미늄분말	탄화칼슘	질산암모늄
유 별	제5류 위험물	제2류 위험물	제3류 위험물	제1류 위험물

위험물의 운반에 따른 유별을 달리하는 위험물의 혼재기준(쉬운 암기방법)

혼재 가능	
↓1류 + 6류↑	2류 + 4류
↓2류 + 5류↑	5류 + 4류
↓3류 + 4류↑	

해답 ④

09. 인화성 액체 위험물을 저장하는 옥외탱크저장소의 주위에 설치하는 방유제에 관한 내용으로 틀린 것은?

① 방유제의 높이는 0.5m 이상 3m 이하로 하고, 면적은 8만m² 이하로 한다.
② 2기의 이상의 탱크가 있는 경우 방유제의 용량은 그 탱크 중 용량이 최대인 것의 용량의 110% 이상으로 한다.
③ 용량이 100만L 이상인 옥외저장탱크의 주위에는 탱크마다 간막이 둑을 흙 또는 철근콘크리트로 설치한다.
④ 간막이 둑을 설치하는 경우 간막이 둑의 용량은 간막이 둑안에 설치된 탱크의 용량의 10% 이상이어야 한다.

해설 **인화성액체위험물**(이황화탄소를 제외)의 옥외탱크저장소의 방유제
① 방유제의 용량

탱크가 하나인 때	탱크 용량의 110% 이상
2기 이상인 때	탱크 중 용량이 최대인 것의 **용량의 110% 이상**

② 방유제의 높이는 **0.5m 이상 3m 이하**, 두께 **0.2m 이상**, 지하매설깊이 **1m 이상**으로 할 것
③ **방유제 내의 면적은 8만m² 이하**로 할 것
④ 방유제 내에 설치하는 옥외저장탱크의 수는 10이하로 할 것.
⑤ 방유제는 탱크의 옆판으로부터 거리를 유지할 것.

지름이 15m 미만인 경우	탱크 높이의 3분의 1 이상
지름이 15m 이상인 경우	탱크 높이의 2분의 1 이상

⑥ **용량이 1,000만L 이상**인 옥외저장탱크의 주위에 설치하는 방유제에는 당해 탱크마다 **간막이 둑**을 설치할 것
  ㉠ 간막이 둑의 높이는 0.3m(방유제내에 설치되는 옥외저장탱크의 용량의 합계가 2억L를 넘는 방유제에 있어서는 1m)이상으로 하되, 방유제의 높이보다 0.2m 이상 낮게 할 것
  ㉡ 간막이 둑은 흙 또는 철근콘크리트로 할 것
  ㉢ 간막이 둑의 용량은 간막이 둑안에 설치된 탱크이 용량의 10% 이상일 것
  ㉣ 방유제의 높이가 **1m를 넘는 방유제 및 간막이둑의 안팎**에는 방유제 내에 출입하기 위한 계단 또는 **경사로를 약 50m마다 설치**할 것

해답 ③

10 제1류 위험물 중 알칼리금속 과산화물의 화재에 대하여 적응성이 있는 소화설비는 무엇인가?

① 탄산수소염류의 분말소화설비
② 옥내소화전설비
③ 스프링클러설비(방사밀도 $12.2L/m^2$분 이상인 것)
④ 포소화설비

[해설] 알칼리금속과산화물-제1류-금수성
금수성 위험물질에 적응성이 있는 소화기
① 탄산수소염류 ② 마른 모래 ③ 팽창질석 또는 팽창진주암

[해답] ①

11 위험물안전관리법령상 포소화기의 적응성이 없는 위험물은?

① S   ② P
③ P_4S_3 ④ Al분

[해설]

구분	S	P	P_4S_3	Al분
명칭	황	적린	삼황화인	알루미늄분
유별	제2류	제2류	제2류	제2류-금수성

포소화기의 적응성이 없는 위험물
① 제1류 위험물 중 알칼리금속과산화물
② 제2류 위험물 중 철분, 금속분, 마그네슘분
③ 제3류 위험물-금수성물질

소화설비의 적응성

구 분		1류		2류			3류		4류	5류	6류
		알칼리금속 과산화물	그밖의 것	철분, 금속분, 마그네슘	인화성 고체	그밖의 것	금수성 물질	그밖의 것			
포소화기			○		○	○		○	○	○	○
이산화탄소소화기					○				○		
할로젠화합물소화기					○				○		
분말소화기	인산염류등		○		○	○			○		○
	탄산수소염류등	○		○	○		○		○		
	그 밖의 것	○		○			○				
	팽창질석 팽창진주암	○	○	○	○	○	○	○	○	○	○

[해답] ④

12 줄-톰슨(Joule Thomson) 효과와 가장 관계있는 소화기는?
① 할론 1301 소화기
② 이산화탄소 소화기
③ HCFC-124 소화기
④ 할론 1211 소화기

해설 줄-톰슨효과(Joule-Thomson 효과)
이산화탄소가스가 가는 구멍으로 내뿜어 갑자기 팽창시킬 때 그 온도가 급강하하여 드라이아이스(고체)가 되는 현상

해답 ②

13 다음과 같은 특성을 가지는 결합의 종류는?

[다음] "자유전자의 영향으로 높은 전기전도성을 갖는다."

① 배위결합
② 수소결합
③ 금속결합
④ 공유결합

해설 금속의 일반적 성질
① 비중이 일반적으로 크다.
② 열이나 전기를 잘 전도한다.
③ 금속이 열과 전기를 잘 전도하는 것은 금속결정 속의 자유전자의 이동 때문이다.

해답 ③

14 관 내 유체의 층류와 난류 유동을 판별하는 기준인 레이놀즈수(Reynolds Number)의 물리적 의미를 가장 옳게 표현한 식은?

① $\dfrac{관성력}{표면장력}$
② $\dfrac{관성력}{압력}$
③ $\dfrac{관성력}{점성력}$
④ $\dfrac{관성력}{중력}$

해설 무차원수(단위가 없는 수)

무차원수의 명칭	물리적 의미
레이놀드수(Reynold number)	관성력/점성력
프루드수(Froude number)	관성력/중력
웨버수(Weber number)	관성력/표면장력
코우시수(Cauchy number)	관성력/탄성력
마하수(Mach number)	관성력/탄성력
오일러수(Euler number)	압축력/관성력

해답 ③

15 다음 중 자연발화의 위험성이 가장 낮은 물질은?

① $(CH_3)_3Al$ ② $(CH_3)_2Cd$
③ $(C_4H_9)_3Al$ ④ $(C_2H_5)_4Pb$

해설 알킬기(C_nH_{2n+1})
① C_1~C_4[알킬기(CH_3, C_2H_5, C_3H_7, C_4H_9)]까지는 자연발화의 위험성이 있다.
② 물과 접촉 시 가연성 가스 발생하므로 주수소화는 절대 금지한다.
※ $(C_2H_5)_4Pb$-제3류 유기금속화합물

해답 ④

16 상용의 상태에서 위험분위기가 존재할 우려가 있는 장소로서 주기적 또는 간헐적으로 위험분위기가 존재하는 곳은?

① 0종 장소 ② 1종 장소
③ 2종 장소 ④ 3종 장소

해설 위험장소의 분류
① 0종 장소 : 위험분위기가 상용의 상태에서 장시간 지속되는 장소
② 1종 장소 : **상용의 상태에서 위험분위기를 생성할 우려가 있는 장소**
③ 2종 장소 : 이상상태에서 위험분위기를 생성할 우려가 있는 장소
④ 준위험장소 : 예상사고로 폭발성 가스가 대량 유출되어 위험분위기가 되는 장소

해답 ②

17 각 위험물의 화재예방 및 소화방법으로 옳지 않은 것은?

① C_2H_5OH의 화재 시 수성막포 소화약제를 사용하여 소화한다.
② $NaNO_3$의 화재 시 물에 의한 냉각소화를 한다.
③ CH_3CHOCH_2는 구리, 마그네슘과 접촉을 피하여야 한다.
④ CaC_2의 화재 시 이산화탄소 소화약제를 사용할 수 없다.

해설 ① C_2H_5OH(에틸알코올-수용성)의 화재 시 알코올포 소화약제를 사용하여 소화한다.
제4류 위험물의 주된 소화방법
① 포를 방사하여 질식 및 냉각소화한다.
② 수용성(알코올)은 알코올포를 방사하여야 한다.

해답 ①

18 물, 염산, 메탄올과 반응하여 에탄을 생성하는 물질은?
① K
② P_4
③ $(C_2H_5)_3Al$
④ LiH

해설 금수성물질과 물과의 반응
① 칼륨-제3류-금수성-석유속에 보관 $K + 2H_2O \rightarrow 2KOH + H_2 \uparrow$
② 황린(P_4)-제3류-자연발화성-물속에 저장
③ 트라이에틸알루미늄-제3류-금수성 $(C_2H_5)_3Al + 3H_2O \rightarrow Al(OH)_3 + 3C_2H_6$(에탄)
④ 수소화리튬-제3류-금수성 $LiH + H_2O \rightarrow LiOH + H_2 \uparrow$

해답 ③

19 위험물의 위험성에 대한 설명 중 옳은 것은?
① 메타알데하이드(분자량 : 176)는 1기압에서 인화점이 0℃ 이하인 인화성 고체이다.
② 알루미늄은 할로젠원소와 접촉하면 발화의 위험이 있다.
③ 오황화인은 물과 접촉해서 이황화탄소를 발생하나 알칼리에 분해해서는 이황화탄소를 발생하지 않는다.
④ 삼황화인은 금속분과 공존할 경우 발화의 위험이 없다.

해설 ① 메타알데하이드$(CH_3CHO)_4$: 제2류-인화성고체

분자량	인화점	융점	비점
176	36℃	246℃	112~116℃

② 알루미늄은 할로젠원소와 접촉하면 발화의 위험이 있다.
③ 오황화인(P_2S_5)은 물, 알칼리와 반응하여 인산과 황화수소를 발생한다.
$$P_2S_5 + 8H_2O \rightarrow 2H_3PO_4 + 5H_2S \uparrow$$
④ 삼황화인(P_4S_3)은 금속분과 공존할 경우 발화의 위험성이 있다.

해답 ②

20 제4류 위험물을 수납하는 내장용기가 금속제 용기인 경우 최대 용적은 몇 리터인가?
① 5
② 18
③ 20
④ 30

해설 제4류 위험물(액체)의 내장용기가 금속제 용기인 경우 **최대용적 : 30L★**

해답 ④

21 금속화재에 해당하는 것은?
① A급 화재
② B급 화재
③ C급 화재
④ D급 화재

해설 화재의 분류 ★★ 자주출제(필수암기) ★★

종류	등급	색표시	주된 소화 방법
일반화재	A급	백색	냉각소화
유류화재	B급	황색	질식소화
전기화재	C급	청색	질식소화
금속화재	**D급**	**-**	**피복소화**
주방화재	K급	-	냉각 및 질식소화

해답 ④

22 용기에 수납하는 위험물에 따라 운반용기 외부에 표시하여야 할 주의사항으로 옳지 않은 것은?

① 자연발화성 물질 - 화기엄금 및 공기접촉엄금
② 인화성 액체 - 화기엄금
③ 자기반응성 물질 - 화기주의
④ 산화성 액체 - 가연물접촉주의

해설 위험물 운반용기의 외부 표시 사항
① 위험물의 품명, 위험등급, 화학명 및 수용성(제4류 위험물의 수용성인 것에 한함)
② 위험물의 수량
③ 수납하는 위험물에 따른 주의사항

유별	성질에 따른 구분	표시사항
제1류 위험물	알칼리금속의 과산화물	화기·충격주의, 물기엄금 및 가연물접촉주의
	그 밖의 것	화기·충격주의 및 가연물접촉주의
제2류 위험물	철분·금속분·마그네슘	화기주의 및 물기엄금
	인화성고체	화기엄금
	그 밖의 것	화기주의
제3류 위험물	자연발화성물질	화기엄금 및 공기접촉엄금
	금수성물질	물기엄금
제4류 위험물	인화성 액체	화기엄금
제5류 위험물	**자기반응성 물질**	**화기엄금 및 충격주의**
제6류 위험물	산화성 액체	가연물접촉주의

해답 ③

23 인화성 고체 1,500kg, 크로뮴분 1,000kg, 53μm의 표준체를 통과한 것이 40중량%인 철분 500kg을 저장하려 한다. 위험물에 해당하는 물질에 대한 지정수량 배수의 총합은 얼마인가?

① 2.0배　　② 2.5배
③ 3.0배　　④ 3.5배

해설 ① 인화성 고체-제2류-1000kg
② 크로뮴분-제2류-금속분-500kg
③ 철분 : 철의 분말로서 53μm의 표준체를 통과한 것이 50wt% 미만은 제외한다.

지정수량의 배수 $= \dfrac{1500\text{kg}}{1000\text{kg}} + \dfrac{1000\text{kg}}{500\text{kg}} = 3.5$배

해답 ④

24 옥외저장소의 일반점검표에 따른 선반의 점검 내용이 아닌 것은?
① 도장상황 및 부식의 유무
② 변형·손상의 유무
③ 고정상태의 적부
④ 낙하방지조치의 적부

해설 옥외저장소의 일반점검표에 따른 선반의 점검 내용
① 변형·손상의 유무
② 고정상태의 적부
③ 낙하방지조치의 적부

해답 ①

25 소화난이도 등급 Ⅰ에 해당하는 제조소 등의 종류, 규모 등 및 설치 가능한 소화설비에 대해 짝지은 것 중 틀린 것은?
① 제조소 – 연면적 1,000m² 이상인 것 – 옥내소화전설비
② 옥내저장소 – 처마높이가 6m 이상인 단층건물 – 이동식 분말소화설비
③ 옥외탱크장소(지중탱크) – 지정수량의 100배 이상인 것(제6류 위험물을 저장하는 것 및 고인화점 위험물만을 100℃ 미만의 온도에서 저장하는 것은 제외) – 고정식 이산화탄소 소화설비
④ 옥외저장소 – 제1석유류를 저장하는 것으로서 지정수량의 100배 이상인 것 – 물분무 등 소화설비(화재 발생 시 연기가 충만할 우려가 있는 장소에는 스프링클러 설비 또는 이동식 이외의 물분무 등 소화설비에 한한다)

해설 소화난이도 등급 Ⅰ의 제조소 등에 설치하여야 하는 소화설비

제조소 등의 구분		소화설비
제조소 및 일반취급소		옥내소화전설비, 옥외소화전설비, 스프링클러설비 또는 물분무 등 소화설비(화재 발생 시 연기가 충만할 우려가 있는 장소에는 스프링클러 설비 또는 이동식 외의 물분무 등 소화설비에 한한다)
옥내저장소	처마높이가 6m 이상인 단층 건물 또는 다른 용도의 부분이 있는 건축물에 설치한 옥내저장소	스프링클러 설비 또는 이동식 외의 물분무 등 소화설비
	그 밖의 것	옥외소화전설비, 스프링클러설비, 이동식 외의 물분무 등 소화설비 또는 이동식 포소화설비(포소화전을 옥외에 설치하는 것에 한한다)

해답 ②

26
제4류 위험물 중 [보기]의 요건에 모두 해당하는 위험물은 무엇인가?

[보기]
(1) 옥내저장소에 저장·취급하는 경우 하나의 저장창고 바닥면적은 $1,000m^2$ 이하여야 한다.
(2) 위험등급 Ⅱ에 해당한다.
(3) 이동탱크저장소에 저장·취급할 때에는 접지도선을 설치하여야 한다.

① 다이에틸에터 ② 피리딘
③ 크레오소트유 ④ 고형알코올

해설
① 다이에틸에터-제4류-특수인화물
② **피리딘-제4류-제1석유류**
③ 크레오소트유-제4류-제3석유류
④ 고형알코올-제2류-인화성고체

(1) 옥내저장소 저장창고 바닥면적은 $1,000m^2$ 이하-특수인화물, **제1석유류**, 알코올류
(2) 위험등급 Ⅱ에 해당-**제1석유류**, 알코올류
(3) 이동탱크저장소에 접지도선을 설치-특수인화물, **제1석유류** 또는 제2석유류

해답 ②

27
산과 접촉하였을 때 이산화염소 가스를 발생하는 제1류 위험물은?

① 아이오딘산칼륨 ② 다이크로뮴산아연
③ 아염소산나트륨 ④ 브로민산암모늄

해설 **아염소산나트륨($NaClO_2$) : 제1류 위험물(산화성 고체)**
① 조해성이 있고 무색의 결정성 분말이다.
② 산과 반응하여 이산화염소(ClO_2)가 발생된다.

$$3NaClO_2 + 2HCl \rightarrow 3NaCl + 2ClO_2 + H_2O_2 \uparrow$$
(아염소산나트륨) (염산) (염화나트륨) (이산화염소) (과산화수소)

③ 수용액 상태에서도 강력한 산화력을 가지고 있다.

해답 ③

28
다이에틸에터 50vol%, 이황화탄소 30vol%, 아세트알데하이드 20vol%인 혼합증기의 폭발하한값은? (단, 폭발범위는 다이에틸에터 1.9~48vol%, 이황화탄소 1.2~44vol%, 아세트알데하이드는 4.1~57vol% 이다.)

① 1.78vol% ② 2.1vol%
③ 13.6vol% ④ 48.3vol%

해설 혼합가스의 폭발한계

$$\frac{V_m}{L_m} = \frac{V_1}{L_1} + \frac{V_2}{L_2} + \frac{V_3}{L_3} + \cdots + \frac{V_n}{L_n}$$

여기서, L_m : 혼합가스의 폭발하한 값 또는 폭발상한 값, V_m : 혼합가스의 전체농도(%)
V_1, V_2, V_3, V_n : 단일가스의 폭발하한 값 또는 폭발상한 값
L_1, L_2, L_3, L_n : 단일가스의 부피농도(%)

$$\therefore L_m = \frac{100}{\frac{V_1}{L_1} + \frac{V_2}{L_2} + \frac{V_3}{L_3}} = \frac{100}{\frac{50}{1.9} + \frac{30}{1.2} + \frac{20}{4.1}} = 1.78\%$$

해답 ①

29. 물과 반응하였을 때 주요 생성물로 아세틸렌이 포함되지 않는 것은?

① Li_2C_2
② Na_2C_2
③ MgC_2
④ Mn_3C

해설 물과의 반응식

① Li_2C_2(탄화리튬) + $2H_2O$ → $2LiOH$(수산화리튬) + C_2H_2↑ (아세틸렌)
② Na_2C_2(탄화나트륨) + $2H_2O$ → $2NaOH$(수산화나트륨) + C_2H_2↑ (아세틸렌)
③ MgC_2(탄화망간니즈) + $2H_2O$ → $Mg(OH)_2$(수산화마그네슘) + C_2H_2↑ (아세틸렌)

Mn_3C(탄화망간니즈)은 물과 접촉 시 메탄과 수소기체 발생
$$Mn_3C + 6H_2O \rightarrow 3Mn(OH)_2 + CH_4\uparrow + H_2\uparrow$$

해답 ④

30. 1kg의 공기가 압축되어 부피가 0.1m³, 압력이 38.71atm으로 되었다. 이 때 온도는 약 몇 ℃인가? (단, 공기의 평균분자량은 29이다.)

① 1,026
② 1,096
③ 1,138
④ 1,186

해설 이상기체 상태방정식

$$PV = \frac{W}{M}RT = nRT$$

여기서, P : 압력(atm), V : 부피(m^3), W : 무게(kg), M : 분자량, n : mol수 = $\frac{W}{M}$
R : 기체상수(0.082atm · m^3/kmol · K), T : 절대온도($273 + t℃$)K

① $P = 38.71atm$, $V = 0.1m^3$, $M = 29$, $W = 1kg$
② $T = \frac{PVM}{WR} = \frac{38.71 \times 0.1 \times 29}{1 \times 0.082} = 1369.01K$
③ $t = 1369.01K - 273K = 1096.01℃$

해답 ②

31. 위험물 운반용기의 외부에 표시하는 사항이 아닌 것은?

① 위험등급
② 위험물의 제조일자
③ 위험물의 품명
④ 주의사항

해설 위험물 운반용기의 외부 표시 사항
① 위험물의 품명, 위험등급, 화학명 및 수용성(제4류 위험물의 수용성인 것에 한함)
② 위험물의 수량
③ 수납하는 위험물에 따른 주의사항

유별	성질에 따른 구분	표시사항
제1류 위험물	알칼리금속의 과산화물	화기 · 충격주의, 물기엄금 및 가연물접촉주의
	그 밖의 것	화기 · 충격주의 및 가연물접촉주의
제2류 위험물	철분 · 금속분 · 마그네슘	화기주의 및 물기엄금
	인화성고체	화기엄금
	그 밖의 것	화기주의
제3류 위험물	자연발화성물질	화기엄금 및 공기접촉엄금
	금수성물질	물기엄금
제4류 위험물	인화성 액체	화기엄금
제5류 위험물	자기반응성 물질	화기엄금 및 충격주의
제6류 위험물	산화성 액체	가연물접촉주의

해답 ②

32. $KMnO_4$에 대한 설명으로 옳은 것은?

① 글리세린에 저장하여야 한다.
② 묽은 질산과 반응하면 유독한 Cl_2가 생성된다.
③ 황산과 반응할 때는 산소와 열을 발생한다.
④ 물에 녹으면 투명한 무색을 나타낸다.

해설 과망가니즈산칼륨($KMnO_4$) : 제1류 위험물 중 과망가니즈산염류

화학식	분자량	비중	분해온도
$KMnO_4$	158	2.7	200~240℃

① 흑자색의 주상결정으로 물에 녹아 진한보라색을 띠고 강한 산화력과 살균력이 있다.
② 염산과 반응 시 염소(Cl_2)를 발생시킨다.
③ 240℃에서 산소를 방출한다.

$$2KMnO_4 \rightarrow K_2MnO_4 + MnO_2 + O_2\uparrow$$
(망가니즈산칼륨) (이산화망가니즈) (산소)

④ 알코올, 에터, 글리세린, 황산, 염산과 접촉 시 폭발우려가 있다.
⑤ 주수소화 또는 마른모래로 피복소화한다.
⑥ 강알칼리와 반응하여 산소를 방출한다.
⑦ 묽은 황산과 반응하면 산소와 열을 발생한다.

$$4KMnO_4 + 6H_2SO_4 \rightarrow 2K_2SO_4 + 4MnSO_4 + 6H_2O + 5O_2\uparrow$$

해답 ③

33. 위험등급 Ⅱ의 위험물이 아닌 것은?

① 질산염류
② 황화인
③ 칼륨
④ 알코올류

해설 위험등급

종류	질산염류	황화인	칼륨	알코올류
유 별	제1류	제2류	제3류	제4류
위험등급	Ⅱ	Ⅱ	Ⅰ	Ⅱ

해답 ③

34. 제4류 위험물에 해당하는 에어졸의 내장용기 등으로서 용기의 외부에 "위험물의 품명·위험등급·화학명 및 수용성"에 대한 표시를 하지 않을 수 있는 최대용적은?

① 300mL
② 500mL
③ 150mL
④ 1,000mL

해설 위험물의 용기 및 수납

제4류 위험물에 해당하는 에어졸의 내장용기 등으로서 최대 용적이 **300㎖ 이하의 것**에 있어서는 규정에 의한 **표시를 하지 아니할 수 있고**, 주의사항을 동목의 규정에 의한 표시와 동일한 의미가 있는 다른 표시로 대신할 수 있다.

해답 ①

35. 다음 기체 중 화학적으로 활성이 가장 강한 것은?

① 질소
② 플루오린
③ 아르곤
④ 이산화탄소

해설 가연물이 될 수 없는 조건

① 산화반응이 완전히 끝난 물질
   (예 : H_2O, CO_2, $NaHCO_3$, $KHCO_3$ 등)
② 질소 또는 질소산화물
   (예 : 질소는 산화반응을 하지만 흡열반응을 한다.)
   $N_2 + \frac{1}{2}O_2 \rightarrow N_2O - 19.5\text{kcal}$
③ 주기율표상 0족 원소(불활성 기체)
   He(헬륨), Ne(네온), **Ar(아르곤)**, Kr(크립톤), Xe(크세논), Rn(라돈)

해답 ②

36 펌프의 공동현상을 방지하기 위한 방법으로 옳지 않은 것은?

① 펌프의 흡입관경을 크게 한다.　② 펌프의 회전수를 크게 한다.
③ 펌프의 위치를 낮게 한다.　　　④ 양흡입펌프를 사용한다.

해설 **공동현상**(캐비테이션)
관속의 흐르는 유체의 포화수증기압(Ps)이 정압(P)보다 클 때 공동현상이 발생한다.

공동현상(캐비테이션) **방지대책**
① 펌프의 설치위치를 수원보다 낮게 설치
② 펌프의 **임펠러속도**(회전수)를 **감속**한다.
③ 펌프의 흡입측 수두 및 마찰손실을 작게 한다.
④ 펌프의 흡입관경을 크게 한다.
⑤ 양흡입펌프를 사용한다.

해답 ②

37 염소산칼륨에 대한 설명 중 틀린 것은?

① 약 400℃에서 분해되기 시작한다.
② 강산화제이다.
③ 분해촉매로 알루미늄이 혼합되면 염소가스가 발생한다.
④ 비중은 약 2.3이다.

해설 **염소산칼륨**($KClO_3$) : 제1류 위험물(산화성고체) 중 염소산염류

화학식	분자량	물리적 상태	색상	분해온도
$KClO_3$	122.5	고체	무색	400℃

① 무색 또는 **백색분말**이며 산화력이 강하다
② 이산화망가니즈(MnO_2)과 접촉 시 분해가 촉진되어 산소를 방출한다.
③ 비중 : 2.34, 녹는점 368℃이다.
④ **온수, 글리세린에 잘 녹는다.**
⑤ **냉수, 알코올에는 용해하기 어렵다.**
⑥ 400℃에서 열분해되어 **염화칼륨과 산소를 방출**

$$2KClO_3 \rightarrow 2KCl + 3O_2 \uparrow$$
(염소산칼륨)　(염화칼륨)　(산소)

⑦ 유기물 등과 접촉 시 충격을 가하면 폭발하는 수가 있다.

해답 ③

38 휘발유에 대한 설명으로 틀린 것은?

① 증기는 공기보다 가벼워 위험하다.　② 용도별로 착색하는 색상이 다르다.
③ 비전도성이다.　　　　　　　　　　④ 물보다 가볍다.

해설 가솔린(휘발유) : 위험물 제4류 제1석유류

화학식	증기비중	인화점	착화점	연소범위
C_5H_2~C_9H_{20}	3~4	-43~-20℃	300℃	1.2~7.6%

① 발화점 : 300℃ 정도
② 인화점이 -20~-43℃로 낮아 상온에서도 매우 위험하다.
③ 연소범위 : 1.2~7.6%
④ 증기는 공기보다 3~4배가 무겁다.

해답 ①

39. 위험물안전관리법상 제6류 위험물의 판정시험인 연소시간 측정시험의 표준물질로 사용하는 물질은?

① 질산 85% 수용액
② 질산 90% 수용액
③ 질산 95% 수용액
④ 질산 100% 수용액

해설 위험물의 안전관리에 관한 세부기준
제23조(연소시간의 측정시험)
① 목분(수지분이 적은 삼에 가까운 재료로 하고 크기는 500μm의 체를 통과하고 250μm의 체를 통과하지 않는 것), **질산의 90% 수용액** 및 시험물품을 사용하여 온도 20℃, 습도 50%, 기압 1기압의 실내에서 제2항 및 제3항의 방법에 의하여 실시한다. 다만, 배기를 행하는 경우에는 바람의 흐름과 평행하게 측정한 **풍속이 0.5m/s 이하**이어야 한다.

해답 ②

40. 제6류 위험물의 운반 시 적용되는 위험등급은?

① 위험등급 Ⅰ
② 위험등급 Ⅱ
③ 위험등급 Ⅲ
④ 위험등급 Ⅳ

해설 제6류 위험물(산화성 액체)

성 질	품 명	화학식	지정수량	위험등급
산화성 액체	과염소산	$HClO_4$	300kg	Ⅰ
	과산화수소(농도 36중량% 이상)	H_2O_2		
	질산(비중 1.49 이상)	HNO_3		
	• 할로젠간화합물 ① 삼불화브로민 ② 오불화브로민 ③ 오불화아이오딘	BrF_3 BrF_5 IF_5		

해답 ①

41. 나이트로셀룰로오스를 저장, 운반할 때 가장 좋은 방법은?

① 질소가스를 충전한다.
② 유리병에 넣는다.
③ 냉동시킨다.
④ 함수알코올 등으로 습윤시킨다.

해설 나이트로셀룰로오스(Nitro Cellulose) : $NC[C_6H_7O_2(ONO_2)_3]_n$: **제5류 위험물**★★★★

화학식	비중	분해온도	인화점	착화점
$[C_6H_7O_2(ONO_2)_3]_n$	1.7	130℃	13℃	160℃

셀룰로오스(섬유소)에 진한질산과 진한 황산의 혼합액을 작용시켜서 만든 것이다.
① 비수용성이며 초산에틸, 초산아밀, 아세톤에 잘 녹는다.
② 130℃에서 분해가 시작되고, 180℃에서는 급격하게 연소한다.
③ 직사광선, 산 접촉 시 분해 및 자연 발화한다.
④ 건조상태에서는 폭발위험이 크나 수분함유 시 폭발위험성이 없어 저장·운반이 용이
⑤ 질산섬유소라고도 하며 화약에 이용 시 면약(면화약)이라한다
⑥ 셀룰로이드, 콜로디온에 이용 시 질화면이라 한다.
⑦ 질소함유율(질화도)이 높을수록 폭발성이 크다.
⑧ **저장, 운반 시 물(20%) 또는 알코올(30%)을 첨가 습윤시킨다.**

해답 ④

42. 다음 중 나머지 셋과 가장 다른 온도값을 표현한 것은?

① 100[℃]
② 273[K]
③ 32[℉]
④ 492[R]

해설
① 100[℃]
② 섭씨온도[t℃] = K - 273 = 273[K] - 273 = 0[℃]
③ ℃ = $\frac{5}{9}$(℉ - 32) = $\frac{5}{9}$(32℉ - 32) = 0[℃]
④ ℉ = 492R - 460 = 32℉ = 0[℃]

화씨온도(℉)를 섭씨온도(℃)로 변환식

$$℉ = \frac{9}{5}℃ + 32, \quad ℃ = \frac{5}{9}(℉ - 32)$$

켈빈(Lord Kelvin)온도

$$T(K) = 273 + t℃$$

랭킨(Rankine)온도

$$R(R) = ℉ + 460$$

해답 ①

43 펌프를 용적형 펌프(Positive Displacement Pump)와 터보 펌프(Turbo Pump)로 구분할 때 터보 펌프에 해당되지 않는 것은?

① 원심펌프(Centrifugal Pump) ② 기어펌프(Gear Pump)
③ 축류펌프(Axial Flow Pump) ④ 사류펌프(Diagonal Flow Pump)

해설 터보펌프 : 원심펌프, 축류펌프, 사류펌프
(1) **터보형펌프**
    흡입관과 토출관을 가진 용기(케이싱)안에서 날개차를 회전시켜 액체에 에너지를 부여하는 펌프
    ① 볼류트(원심)펌프 ② 터빈펌프 ③ 축류펌프 ④ 사류펌프
(2) **용적형펌프**
    공간용적을 주기적으로 변화시켜 액체가 흡입, 배출되도록 한 펌프로 주로 유압장치용으로 사용
    ① 왕복펌프 : 피스톤펌프, 플런져펌프, 워싱턴펌프, 버킷펌프
    ② 회전펌프 : **기어펌프**, 나사펌프

해답 ②

44 원형 직관 속을 흐르는 유체의 손실수두에 관한 사항으로 옳은 것은?

① 유속에 비례한다. ② 유속에 반비례한다.
③ 유속의 제곱에 비례한다. ④ 유속의 제곱에 반비례한다.

해설 달시 – 웨스바흐(Darcy – Weisbach) 공식

$$\Delta h_L = f \times \frac{l}{d} \times \frac{u^2}{2g}$$

여기서, Δh_L : 마찰손실수두(m), f : 마찰손실계수, l : 배관길이(m), u : 유속(m/sec)
g : 중력가속도(9.8m/sec²), D : 배관내경(m)

★ $\Delta h_L \propto \dfrac{u^2}{2g}$ (배관마찰손실은 유속의 제곱에 비례)

해답 ③

45 지정수량이 같은 것끼리 짝지어진 것은?

① 톨루엔 – 피리딘 ② 사이안화수소 – 에틸알코올
③ 아세트산메틸 – 아세트산 ④ 클로로벤젠 – 나이트로벤젠

해설 제4류 위험물의 지정수량

위험물	톨루엔	피리딘	사이안화수소	에틸알코올	아세트산메틸	아세트산	클로로벤젠	나이트로벤젠
품명	1석유류 (비수용성)	1석유류 (수용성)	1석유류 (수용성)	알코올류	1석유류 (비수용성)	2석유류 (수용성)	2석유류 (비수용성)	3석유류 (비수용성)
지정수량(L)	200	400	400	400	200	2000	1000	2000

해답 ②

46 위험물제조소 등에 설치하는 옥내소화전설비 또는 옥외소화전설비의 설치기준으로 옳지 않은 것은?

① 옥내소화전설비의 각 노즐 끝부분 방수량 : 260L/min
② 옥내소화전설비의 비상전원 용량 : 30분 이상
③ 옥외소화전설비의 각 노즐 끝부분 방수량 : 450L/min
④ 표시등 회로의 배선공사 : 금속관공사, 가요전선관공사, 금속덕트공사, 케이블공사

해설 옥내소화전설비의 설치기준
① 배관은 전용으로 할 것
② 기동표시등은 적색으로 하고 소화전함의 내부 또는 그 직근의 장소에 설치할 것
③ 개폐밸브는 바닥면으로부터 1.5m 이하의 높이에 설치할 것
④ 비상전원은 유효하게 45분 이상 작동시키는 것이 가능할 것

해답 ②

47 위험물안전관리법에서 정하고 있는 산화성 액체에 해당되지 않는 것은?

① 삼불화브로민 ② 과아이오딘산
③ 과염소산   ④ 과산화수소

해설 제6류 위험물(산화성 액체)

성 질	품 명	화학식	지정수량	위험등급
산화성 액체	과염소산	$HClO_4$	300kg	I
	과산화수소(농도 36중량% 이상)	H_2O_2		
	질산(비중 1.49 이상)	HNO_3		
	• 할로젠간화합물 ① 삼불화브로민 ② 오불화브로민 ③ 오불화아이오딘	 BrF_3 BrF_5 IF_5		

제3조(위험물 품명의 지정) "행정안전부령으로 정하는 것"
(1) 제1류 위험물
　① 과아이오딘산염류 ② **과아이오딘산** ③ 크로뮴, 납 또는 아이오딘의 산화물
　④ 아질산염류 ⑤ 차아염소산염류 ⑥ 염소화아이소사이아누르산
　⑦ 퍼옥소이황산염류 ⑧ 퍼옥소붕산염류
(2) 제3류 위험물
　염소화규소화합물
(3) 제5류 위험물
　① 금속의 아지화합물 ② 질산구아니딘
(4) 제6류 위험물
　할로젠간화합물

해답 ②

48 위험물안전관리법령에서 정한 소화설비의 적응성에서 인산염류 등 분말소화설비는 적응성이 있으나 탄산수소염류 등 분말소화설비는 적응성이 없는 것은?

① 인화성 고체
② 제4류 위험물
③ 제5류 위험물
④ 제6류 위험물

해설 소화설비의 적응성

구 분		1류		2류			3류		4류	5류	6류
		알칼리금속 과산화물	그밖의 것	철분, 금속분, 마그네슘	인화성 고체	그밖의 것	금수성 물질	그밖의 것			
포소화기			○		○	○		○	○	○	○
이산화탄소소화기					○			○	○		
할로겐화합물소화기					○			○	○		
분말소화기	인산염류등		○		○	○		○	○		○
	탄산수소염류등	○		○	○		○		○		
	그 밖의 것	○		○			○				
팽창질석 팽창진주암		○	○	○	○	○	○	○	○	○	○

해답 ④

49 다음 중 품명이 나머지 셋과 다른 하나는?

① $C_6H_5CH_3$
② C_6H_6
③ $CH_3(CH_2)_3OH$
④ CH_3COCH_3

해설 제4류 위험물의 구분

화학식	$C_6H_5CH_3$	C_6H_6	$CH_3(CH_2)_3OH$	CH_3COCH_3
명 칭	톨루엔	벤젠	부틸알코올	아세톤
품 명	제1석유류 (비수용성)	제1석유류 (비수용성)	제2석유류 (비수용성)	제1석유류 (수용성)

해답 ③

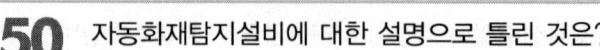

50 자동화재탐지설비에 대한 설명으로 틀린 것은?

① 원칙적으로 자동화재탐지설비의 경계구역은 건축물 그 밖의 공작물의 2 이상의 층에서 걸치지 아니하도록 한다.
② 광전식 분리형 감지기를 설치할 경우 하나의 경계구역 면적은 600m² 이하로 하고 그 한 변의 길이를 50m 이하로 한다.
③ 자동화재탐지설비의 감지기는 지붕 또는 벽의 옥내에 면한 부분에 유효하게 화재의 발생을 감지할 수 있도록 설치한다.
④ 자동화재탐지설비에는 비상전원을 설치한다.

해설 자동화재탐지설비의 설치기준
① 자동화재탐지설비의 경계구역은 건축물 그 밖의 공작물의 **2 이상의 층**에 걸치지 아니하도록 할 것. 다만, 하나의 경계구역의 면적이 500m² **이하**이면서 당해 경계구역이 두개의 층에 걸치는 경우이거나 계단·경사로·승강기의 승강로 그 밖에 이와 유사한 장소에 연기감지기를 설치하는 경우에는 그러하지 아니하다.
② 하나의 경계구역의 **면적은 600m² 이하**로 하고 그 **한변의 길이는 50m**(광전식분리형 감지기를 설치할 경우에는 100m) 이하로 할 것. 다만, 당해 건축물 그 밖의 공작물의 주요한 출입구에서 그 **내부의 전체를 볼 수 있는 경우**에 있어서는 그 면적을 1,000m² 이하로 할 수 있다.
③ 자동화재탐지설비의 감지기는 지붕 또는 벽의 옥내에 면한 부분에 유효하게 화재의 발생을 감지할 수 있도록 설치할 것
④ 자동화재탐지설비에는 **비상전원**을 설치할 것

해답 ②

51 $KClO_3$의 일반적인 성질을 나타낸 것 중 틀린 것은?

① 비중은 약 2.32이다. ② 융점은 약 368℃이다.
③ 용해도는 20℃에서 약 7.3이다. ④ 단독 분해온도는 약 200℃이다.

해설 염소산칼륨($KClO_3$) : 제1류 위험물(산화성고체) 중 염소산염류

화학식	분자량	물리적 상태	색상	분해온도
$KClO_3$	122.5	고체	무색	400℃

① 무색 또는 **백색분말**이며 산화력이 강하다
② 이산화망가니즈(MnO_2)과 접촉 시 분해가 촉진되어 산소를 방출한다.
③ 비중 : 2.34, 녹는점 368℃이다.
④ **온수, 글리세린에 잘 녹는다.**
⑤ **냉수, 알코올에는 용해하기 어렵다.**
⑥ 400℃에서 열분해되어 **염화칼륨과 산소를 방출**

$$2KClO_3 \rightarrow 2KCl + 3O_2 \uparrow$$
(염소산칼륨)　(염화칼륨)　(산소)

⑦ 유기물 등과 접촉 시 충격을 가하면 폭발하는 수가 있다.

해답 ④

52. 소화약제가 환경에 미치는 영향을 표시하는 지수가 아닌 것은?

① ODP
② GWP
③ ALT
④ LOAEL

해설

① **ODP**(Ozone Depletion Potential) **오존파괴지수**
　어떤 물질의 오존파괴능력을 상대적으로 나타내는 지표
② **GWP**(Global Warming Potential) **지구 온난화지수**
　일정무게의 CO_2가 대기 중에 방출되어 지구온난화에 기여하는 정도
③ **ALT**(Atmospheric Life Time) **대기잔존년수**
　어떤 물질이 방사되어 분해되지 않은 채로 존재하는 기간
④ **NOAEL**(No Observable Adverse Effect Level)
　농도를 증가시킬 때 아무런 악영향을 감지할 수 없는 최대농도
　(심장에 영향을 미치지 않는 최대 농도. 최대허용 설계농도)
⑤ **LOAEL**(Lowest Observable Adverse Effect Level)
　농도를 감소시킬 때 악영향을 감지할 수 있는 최소농도
　(심장독성 시험시 심장에 영향을 미치는 최소농도)
⑥ **ALC**(근사치농도)
　15분간 노출시켜 그 반수가 사망하는 농도

해답 ④

53. 알루미늄분이 NaOH 수용액과 반응하였을 때 발생하는 물질은?

① H_2
② O_2
③ Na_2O_2
④ NaAl

해설 알루미늄분(Al) : 제2류 위험물 ★★★

화학식	원자량	비중	융점	비점
Al	27	2.7	660℃	2,000℃

① **은백색**의 분말이며 **비중이 약 2.7**이다.
② **진한 질산에는 침식당하지 않으나(부동태)** 묽은 질산에는 잘 녹는다.
③ 산화제와 혼합시 가열, 충격, 마찰 등에 의하여 착화위험이 있다.
④ 할로젠원소(F, Cl, Br, I)와 접촉시 자연발화 위험이 있다.
⑤ 분진폭발 위험성이 있다.
⑥ 가열된 알루미늄은 물(수증기)와 반응하여 수소를 발생시킨다.(주수소화금지)

$$2Al + 6H_2O \rightarrow 2Al(OH)_3 + 3H_2 \uparrow$$

⑦ 알루미늄(Al)은 산 또는 알칼리와 반응하여 수소를 발생한다.

$$2Al + 6HCl \rightarrow 2AlCl_3 + 3H_2$$

$$2Al + 2NaOH + 2H_2O \rightarrow 2NaAlO_2 + 3H_2 \uparrow$$

⑧ 주수소화는 엄금이며 마른모래 등으로 피복 소화한다.

해답 ①

54 다음 중 지정수량이 가장 작은 물질은?

① 금속분 ② 마그네슘
③ 황화인 ④ 철분

해설 제2류 위험물의 지정수량

성 질	품 명	지정 수량	위험등급
가연성고체	황화인, 적린, 황	100kg	II
	철분, 금속분, 마그네슘	500kg	III
	인화성고체	1,000kg	

해답 ③

55 여유시간이 5분, 정미시간이 40분일 경우 내경법으로 여유율을 구하면 약 몇 %인가?

① 6.33% ② 9.05%
③ 11.11% ④ 12.50%

해설 ① 외경법의 여유율

$$여유율(\%) = \frac{여유시간}{정미시간} \times 100 = \frac{여유시간}{근무시간 - 여유시간} \times 100$$

② 내경법의 여유율

$$여유율(\%) = \frac{여유시간}{근무시간} \times 100 = \frac{여유시간}{정미시간 + 여유시간} \times 100$$

내경법의 여유율 $= \dfrac{여유시간}{정미시간 + 여유시간} = \dfrac{5}{40+5} \times 100 = 11.11\%$

③ 정미시간 : 작업수행에 필요한 시간

해답 ③

56 로트에서 랜덤하게 시료를 추출하여 검사한 후 그 결과에 따라 로트의 합격, 불합격을 판정하는 검사방법을 무엇이라 하는가?

① 자주검사 ② 간접검사
③ 전수검사 ④ 샘플링 검사

해설 검사방법의 종류
① **자주 검사**(inspection worked by boiler-operator)
성능 검사나 정기 자주 검사 등의 법적 검사 외에 작업 주임이 적당히 자체적으로 하는 검사
② **간접 검사**(Indirect Inspection)
자재 또는 제품의 검사가 불가능하거나 불리할 경우 공정, 장비 및 작업자를 관리하는 검사방법
③ **전수 검사**(Total Inspection)
검사 로트 내의 검사 단위 모두를 하나하나 검사하여 합격, 불합격 판정을 내리는 것으로 일

명 100% 검사라고도 한다.
④ **샘플링 검사**(sampling inspection)
한 로트(lot)의 물품 중에서 발췌한 시료(試料)를 조사하고 그 결과를 판정 기준과 비교하여 그 로트의 합격 여부를 결정하는 검사

해답 ④

57. 다음과 같은 데이터에서 5개월 이동평균법에 의하여 8월의 수요를 예측한 값은 얼마인가?

월	1	2	3	4	5	6	7
판매실적	100	90	110	100	115	110	100

① 103
② 105
③ 107
④ 109

해설
① **이동 평균법**(Moving Average Method)
시계열 분석 모형 중의 하나로서 이동 평균을 이용하여 전체의 추세를 알 수 있도록 하는 방법
② **수요예측**(demand forecasting)
요약수요분석을 기초로 하여, 시장조사 등 각종 예측조사 결과를 종합하여 장래의 수요를 예측하는 것.
③ $DF = \dfrac{\text{최근기간의 실적값}}{\text{기간의 수}}$
$= \dfrac{110(3월) + 100(4월) + 115(5월) + 110(6월) + 100(7월)}{5개월} = 107$

해답 ③

58. 관리 사이클의 순서를 가장 적절하게 표시한 것은? [단, A는 조처(Act), C는 체크(Check), D는 실시(Do), P는 계획(Plan)이다.]

① P → D → C → A
② A → D → C → P
③ P → A → C → D
④ P → C → A → D

해설 **PDCA**(PLAN DO CHECK ACTION)
계획(PLAN) → 실천(DO) → 확인(CHECK) → 조치(ACTION)를 반복해서 실행하여 목표달성 하고자 하는데 사용하는 기법

해답 ①

59 다음 중 계량값 관리도만으로 짝지어진 것은?

① c 관리도, u 관리도
② $x-R_s$ 관리도, P 관리도
③ $\bar{x}-R$ 관리도, nP 관리도
④ $Me-R$ 관리도, $\bar{x}-R$ 관리도

해설 계량값 관리도
① $Me-R$ 관리도
$\bar{x}$를 계산하는 시간과 노력을 줄이기 위해 $\bar{x}$관리도 대신 사용하는 관리도
② $\bar{x}-R$ 관리도(X(바)-R관리도)
공정 평균을 평균값 $\bar{x}$에 의해 관리하기 위한 관리도($\bar{x}$관리도) 및 공정의 변동을 범위 R에 의해 관리하기 위한 관리도(R 관리도)

해답 ④

60 다음 중 모집단의 중심적 경향을 나타낸 측도에 해당하는 것은?

① 범위(Range)
② 최빈값(Mode)
③ 분산(Variance)
④ 변동계수(Coefficient of Variation)

해설 용어의 정의
① **범위**(Range) : 각종 시험이나 측정 시, 규정값의 최대값과 최소값의 차이
② **최빈값**(Mode) : 자료분포 중에서 가장 빈번하게 나타나는 값으로서 모집단의 중심적 경향을 나타낸 측도
③ **시료분산**(Variance) : 분산은 통계에서 변량이 평균으로부터 떨어져 있는 정도를 나타내는 값
④ **변동계수**(coefficient of variation) : 변동률. 변동비라고도 하고, 표준편차의 평균치에 대한 비율 또는 장치의 재현성을 표시하는 계수. 통상, 흩어짐을 상대적으로 표시하는 것

해답 ②

국가기술자격 필기시험문제

자격종목	시험시간	문제수	형별
위험물기능장	1시간	60	A

2023년도 기능장 제74회 필기시험 (2023년 06월 24일 시행)

수험번호   성 명

본 문제는 CBT시험대비 기출문제 복원입니다.

01 트라이에틸알루미늄을 200℃ 이상으로 가열하였을 때 발생하는 가연성가스와 트라이에틸알루미늄이 염산과 반응하였을 때 발생하는 가연성가스의 명칭을 차례대로 나타낸 것은?

① 에틸렌, 메탄
② 아세틸렌, 메탄
③ 에틸렌, 에탄
④ 아세틸렌, 에탄

해설 **트라이에틸알루미늄**
① 200℃ 이상으로 가열 시 에틸렌(C_2H_4) 발생
② 염산과의 반응식 : $(C_2H_5)_3Al + 3HCl \rightarrow AlCl_3 + 3C_2H_6$(에탄)

알킬알루미늄[$(C_nH_{2n+1}) \cdot Al$] : **제3류 위험물(금수성 물질)**
① 알킬기(C_nH_{2n+1})에 알루미늄(Al)이 결합된 화합물이다.
② $C_1 \sim C_4$는 자연발화의 위험성이 있다.
③ 물과 접촉 시 가연성 가스 발생하므로 주수소화는 절대 금지한다.
④ 트라이메틸알루미늄(TMA : Tri Methyl Aluminium)

$$(CH_3)_3Al + 3H_2O \rightarrow Al(OH)_3 + 3CH_4 \uparrow (메탄)$$

⑤ 트라이에틸알루미늄(TEA : Tri Eethyl Aluminium)

$$(C_2H_5)_3Al + 3H_2O \rightarrow Al(OH)_3 + 3C_2H_6 \uparrow (에탄)$$

⑥ 저장용기에 불활성기체(N_2)를 봉입한다.
⑦ 피부접촉 시 화상을 입히고 연소 시 흰 연기가 발생한다.
⑧ 소화 시 주수소화는 절대 금하고 팽창질석, 팽창진주암 등으로 피복소화한다.

해답 ③

02 어떤 기체의 확산속도가 SO_2의 2배일 때 이 기체의 분자량을 추정하면 얼마인가?

① 16
② 32
③ 64
④ 128

해설 **기체의 확산속도에 의한 분자량의 측정(그레이엄의 법칙)**
두 가지 기체가 퍼지는 확산속도는 그 기체의 밀도(분자량)의 제곱근에 반비례한다.

$$\frac{U_1}{U_2} = \sqrt{\frac{M_2}{M_1}} = \sqrt{\frac{d_2}{d_1}}$$

여기서, U_1 : 기체1의 확산속도 U_2 : 기체2의 확산속도

M_1 : 기체1의 분자량 M_2 : 기체2의 분자량
d_1 : 기체1의 밀도 d_2 : 기체2의 밀도

① 두 가지 기체가 퍼지는 확산속도는 그 기체의 분자량의 제곱근에 반비례한다.
② SO$_2$의 확산속도 : $U_1 = 1$ 어떤 기체의 확산속도 $U_2 = 2$
③ $\dfrac{1}{2} = \sqrt{\dfrac{M_2}{64}}$ 양변을 제곱하면 $\dfrac{1}{4} = \dfrac{M_2}{64}$
③ $M_2 = \dfrac{64}{4} = 16$

해답 ①

---

03 제조소 등의 외벽 중 연소의 우려가 있는 외벽을 판단하는 기산점이 되는 것을 모두 옳게 나타낸 것은?

① ㉠ 제조소 등이 설치된 부지의 경계선
　㉡ 제조소 등에 인접한 도로의 중심선
　㉢ 제조소 등의 외벽과 동일 부지 내의 다른 건축물의 외벽간의 중심선
② ㉠ 제조소 등이 설치된 부지의 경계선
　㉡ 제조소 등에 인접한 도로의 경계선
　㉢ 제조소 등의 외벽과 동일 부지 내의 다른 건축물의 외벽간의 중심선
③ ㉠ 제조소 등이 설치된 부지의 중심선
　㉡ 제조소 등에 인접한 도로의 중심선
　㉢ 동일 부지 내의 다른 건축물의 외벽
④ ㉠ 제조소 등이 설치된 부지의 중심선
　㉡ 제조소 등에 인접한 도로의 경계선
　㉢ 제조소 등의 외벽과 인근 부지의 다른 건축물의 외벽간의 중심선

해설 위험물안전관리에 관한 세부기준
제41조(연소의 우려가 있는 외벽)
연소(延燒)의 우려가 있는 외벽은 다음 각 호의 1에 정한 선을 기산점으로 하여 3m(2층 이상의 층에 대해서는 5m) 이내에 있는 제조소등의 외벽을 말한다. 다만, 방화상 유효한 공터, 광장, 하천, 수면 등에 면한 외벽은 제외한다.
① 제조소등이 설치된 부지의 경계선
② 제조소등에 인접한 도로의 중심선
③ 제조소등의 외벽과 동일부지 내의 다른 건축물의 외벽간의 중심선

해답 ①

---

04 과염소산, 질산, 과산화수소의 공통점이 아닌 것은?

① 다른 물질을 산화시킨다.　② 강산에 속한다.
③ 산소를 함유한다.　　　　 ④ 불연성 물질이다.

해설 **제6류 위험물의 공통적인 성질**
① 자신은 불연성이고 산소를 함유한 강산화제이다.
② 분해에 의한 산소발생으로 다른 물질의 연소를 돕는다.
③ 액체의 비중은 1보다 크고 물에 잘 녹는다.
④ 물과 접촉 시 발열한다.
⑤ 증기는 유독하고 부식성이 강하다.

제6류 위험물(산화성 액체)

성 질	품 명	화학식	지정수량	위험등급
산화성 액체	과염소산	$HClO_4$	300kg	I
	과산화수소(농도 36중량% 이상)	H_2O_2		
	질산(비중 1.49 이상)	HNO_3		
	• 할로겐간화합물 ① 삼불화브로민 ② 오불화브로민 ③ 오불화아이오딘	BrF_3 BrF_5 IF_5		

해답 ②

05 광전식 분리형 감지기를 사용하여 자동화재탐지설비를 설치하는 경우 하나의 경계구역의 한 변의 길이를 얼마 이하로 하여야 하는가?
① 10m
② 100m
③ 150m
④ 300m

해설 **자동화재탐지설비의 설치기준**
① 자동화재탐지설비의 경계구역은 건축물 그 밖의 공작물의 **2 이상의 층**에 걸치지 아니하도록 할 것. 다만, 하나의 경계구역의 면적이 500m² **이하**이면서 당해 경계구역이 두개의 층에 걸치는 경우이거나 계단・경사로・승강기의 승강로 그 밖에 이와 유사한 장소에 연기감지기를 설치하는 경우에는 그러하지 아니하다.
② 하나의 경계구역의 **면적은 600m² 이하**로 하고 그 **한변의 길이는 50m**(**광전식분리형** 감지기를 설치할 경우에는 100m) 이하로 할 것. 다만, 당해 건축물 그 밖의 공작물의 주요한 출입구에서 그 내부의 전체를 볼 수 있는 경우에 있어서는 그 면적을 1,000m² 이하로 할 수 있다.
③ 자동화재탐지설비의 감지기는 지붕 또는 벽의 옥내에 면한 부분에 유효하게 화재의 발생을 감지할 수 있도록 설치할 것
④ 자동화재탐지설비에는 **비상전원**을 설치할 것

해답 ②

06 위험물안전관리법상 위험등급이 나머지 셋과 다른 하나는?
① 아염소산염류
② 알킬알루미늄
③ 알코올류
④ 칼륨

해설 위험물의 구분

종류	아염소산염류	알킬알루미늄	알코올류	칼륨
유별	제1류 위험물	제3류 위험물	제4류 위험물	제3류 위험물
위험등급	I	I	II	I

해답 ③

07 273℃에서 기체의 부피가 2L이다. 같은 압력에서 0℃일 때의 부피는 몇 L인가?

① 0.5
② 1
③ 2
④ 4

해설 샤를의 법칙을 적용

$$V_2 = V_1 \times \frac{T_2}{T_1} = 2L \times \frac{273K}{(273+273)K} = 1L$$

① 보일의 법칙

$$T(온도) = 일정 \quad P_1V_1 = P_2V_2$$

온도가 일정할 때 일정량의 기체가 차지하는 부피는 절대압력에 반비례한다.

② 샤를의 법칙

$$P(압력) = 일정 \quad \frac{V_1}{T_1} = \frac{V_2}{T_2}$$

압력이 일정할 때 일정량의 기체가 차지하는 부피는 절대온도에 비례한다.

③ 보일-샤를의 법칙

$$\frac{P_1V_1}{T_1} = \frac{P_2V_2}{T_2}$$

일정량의 기체가 차지하는 부피는 절대압력에 반비례하고 절대온도에 비례한다.

해답 ②

08 제5류 위험물의 화재 시 적응성이 있는 소화설비는?

① 포소화설비
② 이산화탄소 소화설비
③ 할로젠화합물 소화설비
④ 분말소화설비

해설 제5류 위험물의 소화
① 다량의 물 또는 포소화설비가 적응성이 있다.
② 질식소화는 효과가 없다.

해답 ①

09 Ca_3P_2의 지정수량은 얼마인가?

① 50kg ② 100kg
③ 300kg ④ 500kg

[해설] 인화칼슘(Ca_3P_2)-제3류-금속의 인화물-300kg ★

제3류 위험물 및 지정수량

성 질	품 명	지정수량	위험등급
자연발화성 및 금수성물질	① 칼륨, ② **나트륨**, ③ 알킬알루미늄, ④ 알킬리튬	10kg	I
	⑤ 황린	20kg	
	⑥ 알칼리금속(칼륨 및 나트륨 제외) 및 알칼리토금속 ⑦ 유기금속화합물(알킬알루미늄 및 알킬리튬 제외)	50kg	II
	⑧ 금속의 수소화물, ⑨ 금속의 인화물 ⑩ 칼슘 또는 알루미늄의 탄화물 ⑪ 염소화규소화합물	300kg	III

[해답] ③

10 물과 반응하였을 때 발생하는 가스가 유독성인 것은?

① 알루미늄 ② 칼륨
③ 탄화알루미늄 ④ 오황화인

[해설] 오황화인(P_2S_5) : 제2류 위험물
① 담황색 결정이고 조해성이 있다.
② 수분을 흡수하면 분해된다.
③ 이황화탄소(CS_2)에 잘 녹는다.
④ **물, 알칼리와 반응하여 인산과 유독성인 황화수소를 발생**한다.

$$P_2S_5 + 8H_2O \rightarrow 2H_3PO_4(인산) + 5H_2S \uparrow (황화수소)$$

① 알루미늄 $2Al + 6H_2O \rightarrow 2Al(OH)_3 + 3H_2$
② 칼륨 $2K + 2H_2O \rightarrow 2KOH + H_2 \uparrow$
③ 탄화알루미늄 $Al_4C_3 + 12H_2O \rightarrow 4Al(OH)_3 + 3CH_4 \uparrow$

[해답] ④

11 제1류 위험물의 위험성에 관한 설명으로 옳지 않은 것은?

① 과망가니즈산나트륨은 에탄올과 혼촉발화의 위험이 있다.
② 과산화나트륨은 물과 반응 시 산소가스가 발생한다.
③ 염소산나트륨은 산과 반응하면 유독가스가 발생한다.
④ 질산암모늄 단독으로 안포폭약을 제조한다.

해설 초유(안포)폭약(Ammonium Nitrate Fuel Oil : ANFO)
① 질산암모늄을 주성분으로 한다.
② 혼합비는 질산암모늄(NH_4NO_3) = 94%, 경유 = 6%
③ 폭약반응식은 $3NH_4NO_3 + CH_2 \rightarrow 3N_2 + 7H_2O + CO_2 + 82(kcal/mol)$

해답 ④

12 이송취급소의 안전설비에 해당하지 않는 것은?
① 운전상태감시장치　　② 안전제어장치
③ 통기장치　　　　　　④ 압력안전장치

해설 이송취급소의 안전설비
① 누설확산방지조치　　② 운전상태의 감시장치
③ 안전제어장치　　　　④ 압력안전장치
⑤ 누설검지장치

해답 ③

13 위험물제조소 등의 옥내소화전설비의 설치기준으로 틀린 것은?
① 수원의 수량은 옥내소화전이 가장 많이 설치된 층의 옥내소화전 설치개수(설치개수가 5개 이상인 경우는 5개)에 $7.8m^3$를 곱한 양 이상이 되도록 설치할 것.
② 옥내소화전은 제조소 등의 건축물의 층마다 당해 층의 각 부분에서 하나의 호스접속구까지의 수평거리가 50m 이하가 되도록 설치할 것.
③ 옥내소화전설비는 각 층을 기준으로 하여 당해 층의 모든 옥내소화전(설치개수가 5개 이상인 경우는 5개의 옥내소화전)을 동시에 사용할 경우에 각 노즐 끝부분의 방수압력이 350kPa 이상이고 방수량이 1분당 260L 이상의 성능이 되도록 할 것.
④ 옥내소화전설비에는 비상전원을 설치할 것.

해설 옥내소화전설비의 설치기준
① 옥내소화전은 제조소 등의 건축물의 층마다 해당 층의 각 부분에서 하나의 호스접속구까지의 **수평거리가 25m 이하**가 되도록 설치할 것. 이 경우 옥내소화전은 각 층의 출입구 부근에 1개 이상 설치하여야 한다.
② 수원의 수량은 옥내소화전이 가장 많이 설치된 층의 **옥내소화전 설치개수(설치개수가 5개 이상인 경우는 5개)**에 $7.8m^3$를 곱한 양 이상이 되도록 설치할 것
③ 옥내소화전설비는 각 층을 기준으로 하여 해당 층의 모든 옥내소화전(설치개수가 5개 이상인 경우는 5개의 옥내소화전)을 동시에 사용할 경우에 각 노즐 끝부분의 방수압력이 **350kPa 이상**이고 방수량이 1분당 260L 이상의 성능이 되도록 할 것
④ 옥내소화전설비에는 **비상전원**을 설치할 것

해답 ②

14 브로민산칼륨의 색상으로 옳은 것은?

① 백색　　　　　　　　　② 등적색
③ 황색　　　　　　　　　④ 청색

해설　**브로민산칼륨**(KBrO₃) : 제1류–브로민산염류
① 색상 : 백색의 고체
② 녹는점 : 350℃, 비중 : 3.26
③ 암모늄화합물과는 격리하여 보관한다.
④ 통풍환기가 좋은 건조한 냉소에 보관한다.

해답 ①

15 위험물인 아세톤을 용기에 담아 운반하고자 한다. 다음 중 위험물안전관리법의 내용과 배치되는 것은?

① 지정수량의 10배라면 비중이 1.52인 질산을 다른 용기에 수납하더라도 함께 적재·운반할 수 없다.
② 원칙적으로 기계로 하역되는 구조로 된 금속제 운반용기에 수납하는 경우 최대용적이 3,000리터이다.
③ 뚜껑탈착식 금속제 드럼 운반용기에 수납하는 경우 최대 용적은 250리터이다.
④ 유리용기, 플라스틱용기를 운반용기로 사용할 경우 내장용기로 사용할 수 없다.

해설　유리용기, 플라스틱용기를 운반용기로 사용할 경우 내장용기로 사용할 수 있다.

해답 ④

16 마그네슘과 염산이 반응할 때 발화의 위험이 있는 이유로 가장 적합한 것은?

① 열전도율이 낮기 때문이다.　　　② 산소가 발생하기 때문이다.
③ 많은 반응열이 발생하기 때문이다.　④ 분진 폭발의 민감성 때문이다.

해설　**마그네슘**(Mg)★★★

화학식	원자량	비중	융점	비점	발화점
Mg	24.3	1.74	651℃	1102℃	473℃

① 2mm체 통과 못하는 덩어리는 위험물에서 제외한다.
② 직경 2mm 이상 막대모양은 위험물에서 제외한다.
③ 은백색의 광택이 나는 가벼운 금속이다.
④ **수증기와 작용하여 수산화마그네슘과 수소를 발생**시킨다.(주수소화금지)

$$Mg + 2H_2O \rightarrow Mg(OH)_2(수산화마그네슘) + H_2\uparrow(수소발생)$$

⑤ 이산화탄소약제를 방사하면 폭발적으로 반응하기 때문에 위험하다.

⑥ 산과 작용하여 수소를 발생시킨다.

$$Mg + 2HCl \rightarrow MgCl_2(염화마그네슘) + H_2\uparrow(수소)$$

⑦ 공기 중 습기에 발열되어 자연발화 위험이 있다.
⑧ 주수소화는 엄금이며 마른모래 등으로 피복 소화한다.

해답 ③

17 이산화탄소 소화설비가 적응성이 있는 위험물은?
① 제1류 위험물　　　　　② 제3류 위험물
③ 제4류 위험물　　　　　④ 제5류 위험물

해설 소화설비의 적응성

구 분		1류		2류			3류		4류	5류	6류
		알칼리금속과산화물	그밖의 것	철분, 금속분, 마그네슘	인화성 고체	그밖의 것	금수성 물질	그밖의 것			
포소화기			○		○	○		○	○	○	○
이산화탄소소화기					○				○		
할로젠화합물소화기					○				○		
분말소화기	인산염류등		○		○	○			○		○
	탄산수소염류등	○		○	○		○		○		
	그 밖의 것	○		○			○				
팽창질석 팽창진주암		○	○	○	○	○	○	○	○	○	○

해답 ③

18 제2류 위험물에 대한 설명 중 틀린 것은?
① 모두 가연성 물질이다.　　　　② 모두 고체이다.
③ 모두 주수소화가 가능하다.　　④ 지정수량의 단위는 모두 kg이다.

해설 제2류 위험물의 일반적 성질
① 낮은 온도에서 착화가 쉬운 **가연성 고체**이다.
② 연소속도가 빠른 고체이다.
③ 연소 시 유독가스를 발생하는 것도 있다.
④ 금속분은 물 또는 산과 접촉시 발열된다.
⑤ **철분, 마그네슘, 금속분은 물과 접촉 시 수소가스 발생**

해답 ③

19 주유취급소의 변경허가 대상이 아닌 것은?

① 고정주유설비 또는 고정급유설비를 신설 또는 철거하는 경우
② 유리를 부착하기 위하여 담의 일부를 철거하는 경우
③ 고정주유설비 또는 고정급유설비의 위치를 이전하는 경우
④ 지하에 설치한 배관을 교체하는 경우

해설 **주유취급소의 변경허가 대상**

제조소 등의 구분	변경허가를 받아야 하는 경우
주유취급소	(1) 지하에 매설하는 탱크의 변경 중 다음의 어느 하나에 해당하는 경우 　① 탱크 위치 이전 　② 탱크전용실 보수 　③ 탱크 신설·교체 또는 철거 　④ 탱크 보수(탱크 본체를 절개하는 경우) 　⑤ 탱크의 노즐 또는 맨홀을 신설(노즐 또는 맨홀의 직경이 250mm를 초과하는 경우) 　⑥ 특수누설방지구조를 보수하는 경우 (2) 옥내에 설치하는 탱크의 변경 중 다음의 어느 하나에 해당하는 경우 　① 탱크 위치 이전 　② 탱크 신설·교체 또는 철거 　③ 탱크 보수(탱크 본체를 절개하는 경우) 　④ 탱크의 노즐 또는 맨홀을 신설(노즐 또는 맨홀의 직경이 250mm를 초과하는 경우) (3) **고정주유설비 또는 고정급유설비를 신설 또는 철거하는 경우** (4) **고정주유설비 또는 고정급유설비의 위치를 이전하는 경우** (5) 건축물의 벽·기둥·바닥·보 또는 지붕을 증설 또는 철거하는 경우 (6) **담 또는 캐노피를 신설 또는 철거(유리를 부착하기 위하여 담의 일부를 철거하는 경우를 포함)하는 경우** (7) 주입구의 위치를 이전하거나 신설하는 경우 (8) 공작물(바닥면적이 4m2 이상인 것)을 신설 또는 증축하는 경우 (9) 개질장치, 압축기, 충전설비, 축압기 또는 수압설비를 신설하는 경우 ⑩ 자동화재탐지설비를 신설 또는 철거하는 경우

해답 ④

20 질산암모늄에 대한 설명으로 옳지 않은 것은?

① 열분해 시 가스를 발생한다.
② 물에 녹을 때 발열반응을 나타낸다.
③ 물보다 무거운 고체상태의 결정이다.
④ 급격히 가열하면 단독으로도 폭발할 수 있다.

해설 **질산암모늄(NH_4NO_3) : 제1류 위험물 중 질산염류**

화학식	분자량	비중	융점	분해온도
NH_4NO_3	80	1.73	165℃	220℃

① 단독으로 가열, 충격 시 분해 폭발할 수 있다.
② 화약(ANFO폭약))원료로 쓰이며 유기물과 접촉 시 폭발우려가 있다.

③ 무색, 무취의 결정이다.
④ 조해성 및 흡습성이 매우 강하다.
⑤ **물에 용해 시 흡열반응**을 나타낸다.
⑥ 급격한 가열충격에 따라 폭발의 위험이 있다.

해답 ②

21 제2류 위험물 중 철분 또는 금속분을 수납한 운반용기의 외부에 표시해야 하는 주의사항으로 옳은 것은?

① 화기엄금 및 물기엄금
② 화기주의 및 물기엄금
③ 가연물접촉주의 및 화기엄금
④ 가연물접촉주의 및 화기주의

해설 위험물 운반용기의 외부 표시 사항
① 위험물의 품명, 위험등급, 화학명 및 수용성(제4류 위험물의 수용성인 것에 한함)
② 위험물의 수량
③ 수납하는 위험물에 따른 주의사항

유별	성질에 따른 구분	표시사항
제1류 위험물	알칼리금속의 과산화물	화기·충격주의, 물기엄금 및 가연물접촉주의
	그 밖의 것	화기·충격주의 및 가연물접촉주의
제2류 위험물	철분·금속분·마그네슘	화기주의 및 물기엄금
	인화성고체	화기엄금
	그 밖의 것	화기주의
제3류 위험물	자연발화성물질	화기엄금 및 공기접촉엄금
	금수성물질	물기엄금
제4류 위험물	인화성 액체	화기엄금
제5류 위험물	**자기반응성 물질**	**화기엄금 및 충격주의**
제6류 위험물	산화성 액체	가연물접촉주의

해답 ②

22 인화칼슘과 탄화칼슘이 각각 물과 반응하였을 때 발생하는 가스를 차례대로 옳게 나열한 것은?

① 포스겐, 아세틸렌
② 포스겐, 에틸렌
③ 포스핀, 아세틸렌
④ 포스핀, 에틸렌

해설 인화칼슘과 탄화칼슘의 물과 반응
① 인화칼슘 $Ca_3P_2 + 6H_2O \rightarrow 3Ca(OH)_2$(수산화칼슘) $+ 2PH_3$(포스핀)
② 탄화칼슘 $CaC_2 + 2H_2O \rightarrow Ca(OH)_2$(수산화칼슘) $+ C_2H_2$(아세틸렌)

해답 ③

23 다음 중 옥내저장소에 위험물을 저장하는 제한높이가 가장 낮은 경우는?

① 기계에 의하여 하역하는 구조로 된 용기만을 겹쳐 쌓는 경우
② 중유를 수납하는 용기만을 겹쳐 쌓는 경우
③ 아마인유를 수납하는 용기만을 겹쳐 쌓는 경우
④ 적린을 수납하는 용기만을 겹쳐 쌓는 경우

해설 옥내저장소에서 위험물을 저장하는 경우 높이 제한
① 기계에 의하여 하역하는 구조로 된 용기만을 겹쳐 쌓는 경우 : 6m
② 제4류 위험물 중 제3석유류, 제4석유류 및 동식물유류를 수납하는 용기만을 겹쳐 쌓는 경우 : 4m
③ 그 밖의 경우 : 3m

해답 ④

---

24 다음 중 1기압에 가장 가까운 값을 갖는 것은?

① 760[cmHg]　　　　② 101.3[Pa]
③ 29.92[psi]　　　　④ 1033.6[cmH$_2$O]

해설 표준대기압

1atm = 760mmHg = 76cmHg = 0.76mHg
= 10.336mAq(mH$_2$O) = 1033.6cmAq(cmH$_2$O) = 10.336×10^{3}mmAq(mmH$_2$O)
= 101325Pa = 101.325kPa = 14.7PSI

해답 ④

---

25 다음 표의 물질 중 제2류 위험물에 해당하는 것은 모두 몇 개인가?

황화인	칼륨	알루미늄의 탄화물
황린	금속의 수소화물	코발트분
황	무기과산화물	고형알코올

① 2　　　　② 3
③ 4　　　　④ 5

해설 위험물의 구분

황화인	제2류	칼륨	제3류	알루미늄의 탄화물	제3류
황린	제3류	금속의 수소화물	제3류	코발트분	제2류
황	제2류	무기과산화물	제1류	고형알코올	제2류

해답 ③

26. 과산화벤조일(벤조일퍼옥사이드)의 화학식을 옳게 나타낸 것은?

① CH_3ONO_2
② $(CH_3COC_2H_5)_2O_2$
③ $(CH_3CO)_2O_2$
④ $(C_6H_5CO)_2O_2$

해설 제5류 위험물의 구분

화학식	CH_3ONO_2	$(CH_3COC_2H_5)_2O_2$	$(CH_3CO)_2O_2$	$(C_6H_5CO)_2O_2$
명 칭	질산메틸	과산화메틸에틸케톤	아세틸퍼옥사이드	과산화벤조일
품 명	질산에스터류	유기과산화물	유기과산화물	유기과산화물

해답 ④

27. 산화프로필렌에 대한 설명 중 틀린 것은?

① 무색의 휘발성 액체이다.
② 증기의 비중은 공기보다 작다.
③ 인화점은 약 -37℃이다.
④ 비점은 약 34℃이다.

해설 산화프로필렌(CH_3CH_2CHO) : 제4류 위험물 중 특수인화물

```
    H H H
    | | |
H — C — C — C — H
    |   \ /
    H    O
```

화학식	분자량	비중	비점	인화점	착화점	연소범위
CH_3CHCH_2O	58	0.83	34℃	-37℃	465℃	2.8~37%

① 휘발성이 강하고 에터 냄새가 나는 액체이다.
② 물, 알코올, 벤젠 등 유기용제에는 잘 녹는다.
③ 연소범위는 2.8~37%이며 **증기는 공기보다 2.0배 무겁다.**
④ 저장용기 사용 시 **동(구리), 마그네슘, 은, 수은 및 합금용기 사용금지**
  (아세틸리드(acetylide) 생성)
⑤ 저장 용기 내에 질소(N_2) 등 불연성가스를 채워둔다.
⑥ 소화는 포 약제로 질식 소화한다.

해답 ②

28. 완공검사의 신청시기에 대한 설명으로 옳은 것은?

① 이동탱크저장소는 이동저장탱크의 제작 중에 신청한다.
② 이송취급소에서 지하에 매설하는 이송배관 공사의 경우는 전체의 이송배관 공사를 완료한 후에 신청한다.
③ 지하탱크가 있는 제조소 등은 당해 지하탱크를 매설한 후에 신청한다.
④ 이송취급소에서 하천에 매설하는 이송배관의 공사의 경우에는 이송배관을 매설하기 전에 신청한다.

해설 제조소 등의 완공검사 신청시기
① 지하탱크가 있는 제조소 등의 경우 : 당해 지하탱크를 매설하기 전
② 이동탱크저장소의 경우 : 이동저장탱크를 완공하고 상시설치장소를 확보한 후
③ **이송취급소의 경우 : 이송배관공사의 전체 또는 일부를 완료한 후. 다만, 지하·하천 등에 매설하는 이송배관의 공사의 경우에는 이송배관을 매설하기 전**
④ 전체 공사가 완료된 후에는 완공검사를 실시하기 곤란한 경우 : 다음에서 정하는 시기
  ㉠ 위험물설비 또는 배관의 설치가 완료되어 기밀시험 또는 내압시험을 실시하는 시기
  ㉡ 배관을 지하에 설치하는 경우에는 시·도지사, 소방서장 또는 공사가 지정하는 부분을 매몰하기 직전
  ㉢ 공사가 지정하는 부분의 비파괴시험을 실시하는 시기
⑤ ①~④에 해당하지 아니하는 제조소 등의 경우 : 제조소 등의 공사를 완료한 후

해답 ④

29
위험물안전관리법령에 관한 내용으로 다음 ( ) 안에 알맞은 수치를 차례대로 나타낸 것은?

> 옥내저장소에서 동일 품명의 위험물이더라도 자연발화할 우려가 있는 위험물 또는 재해가 현저하게 증대할 우려가 있는 위험물을 다량 저장하는 경우에는 지정수량의 ( )배 이하마다 구분하여 상호간 ( )m 이상의 간격을 두어 저장하여야 한다.

① 10, 0.3
② 10, 1
③ 100, 0.3
④ 100, 1

해설 저장의 기준
옥내저장소에서 동일 품명의 위험물이더라도 자연발화할 우려가 있는 위험물 또는 재해가 현저하게 증대할 우려가 있는 위험물을 다량 저장하는 경우에는 지정수량의 10배 이하마다 구분하여 상호 간 0.3m 이상의 간격을 두어 저장하여야 한다.다만, 규정에 의한 위험물 또는 기계에 의하여 하역하는 구조로 된 용기에 수납한 위험물에 있어서는 그러하지 아니하다(중요기준).

해답 ①

30
주유취급소 설치자가 변경허가를 받지 않고 주유취급소의 방화담 중 도로에 접한 부분을 철거한 사실이 기술기준에 부적합하여 적발된 경우에 위험물안전관리법상 조치사항으로 가장 적합한 것은?

① 변경허가 위반행위에 따른 형사처벌, 행정처분 및 복구명령을 병과한다.
② 변경허가 위반행위에 따른 행정처분 및 복구명령을 병과한다.
③ 변경허가 위반행위에 따른 형사처벌 및 복구명령을 병과한다.
④ 변경허가 위반행위에 따른 형사처벌 및 행정처분을 병과한다.

해설 변경허가를 받지 아니하고, 제조소등의 위치·구조 또는 설비를 변경한 때
① 1500만원 이하의 벌금 : 형사처벌
② 행정처분

1차	2차	3차
경고 또는 사용정지 15일	사용정지 60일	허가취소

③ 변경허가 위반행위에 따른 형사처벌 및 복구명령을 병과한다.

해답 ①

31 알칼리금속의 원자반지름 크기를 큰 순서대로 나타낸 것은?
① Li > Na > K
② K > Na > Li
③ Na > Li > K
④ K > Li > Na

해설

원소기호	Li	Na	K
원소이름	리튬	나트륨	칼륨
원자번호	3	11	19
족	1족	1족	1족

① **원자번호크기** : Li(3) < Na(11) < K(19)
② **원자반지름의 크기** : 같은 족에서는 아래로 갈수록 커진다.
   Li(2주기) < Na(3주기) < Na(4주기)
③ 제1차 **이온화 에너지**(kcal/mol)
   ㉠ 같은 족 : 원자번호가 증가할수록 작아진다.
      K(100.0) < Na(118.4) < Li(134.3)
   ㉡ 같은 주기 : 원자번호가 증가할수록 커진다.
④ **전자수**(원자번호=양성자수) : Li(3) < Na(11) < K(19)

해답 ②

32 유량을 측정하는 계측기구가 아닌 것은?
① 오리피스미터
② 마노미터
③ 로터미터
④ 벤투리미터

해설 **마노미터** : 압력측정장치★
유량측정장치
① 오리피스미터
② 벤투리미터
③ 로터미터 (직접 유량을 눈으로 읽는다)
④ 위어(개수로 유량측정장치)

해답 ②

33 다음 중 지정수량이 가장 작은 것은?

① 다이크로뮴산염류 ② 철분
③ 인화성 고체   ④ 질산염류

해설 위험물의 지정수량

종류	다이크로뮴산염류	철분	인화성 고체	질산염류
유별	제1류	제2류	제2류	제1류
지정수량(kg)	1,000	500	1,000	300

해답 ④

34 위험물의 운반에 관한 기준에서 정한 유별을 달리하는 위험물의 혼재기준에 따르면 1가지 다른 유별의 위험물과만 혼재가 가능한 위험물은? (단, 지정수량의 1/10을 초과하는 경우이다.)

① 제1류 ② 제2류
③ 제4류 ④ 제5류

해설 위험물의 운반에 따른 유별을 달리하는 위험물의 혼재기준(쉬운 암기방법)

혼재 가능	
↓1류 + 6류↑	2류 + 4류
↓2류 + 5류↑	5류 + 4류
↓3류 + 4류↑	

해답 ①

35 옥외탱크저장소를 설치함에 있어서 탱크안전성능검사 중 용접부 검사의 대상이 되는 옥외저장탱크를 옳게 설명한 것은?

① 용량이 100만 리터 이상인 액체위험물 탱크
② 액체위험물을 저장·취급하는 탱크 중 고압가스안전관리법에 의한 특정설비에 관한 검사에 합격한 탱크
③ 액체위험물을 저장·취급하는 탱크 중 산업안전보건법에 의한 성능검사에 합격한 탱크
④ 용량에 상관없이 액체위험물을 저장·취급하는 탱크

해설 위험물안전관리법 시행령 제8조(탱크안전성능검사의 대상이 되는 탱크 등)
(1) 기초·지반검사 : 옥외탱크저장소의 액체위험물탱크 중 그 용량이 100만L 이상인 탱크
(2) 충수·수압검사 : 액체위험물을 저장 또는 취급하는 탱크
　다만, 다음 각목의 1에 해당하는 탱크를 제외한다.
　　① 제조소 또는 일반취급소에 설치된 탱크로서 용량이 지정수량 미만인 것

② 특정설비에 관한 검사에 합격한 탱크
③ 규정에 의한 성능검사에 합격한 탱크
(3) 용접부검사 : 옥외탱크저장소의 액체위험물탱크 중 그 용량이 100만L 이상인 탱크. 다만, 탱크의 저부에 관계된 변경공사
(4) 암반탱크검사 : 액체위험물을 저장 또는 취급하는 암반내의 공간을 이용한 탱크

해답 ①

36 위험물안전관리법령상 위험등급 Ⅰ인 위험물은?

① 과아이오딘산칼륨
② 아조화합물
③ 하이드록실아민
④ 나이트로글리세린

해설 위험물의 등급 분류

위험등급	해당 위험물
위험등급 Ⅰ	① 제1류 위험물 중 아염소산염류, 염소산염류, 과염소산염류, 무기과산화물 그 밖에 지정수량이 50kg인 위험물 ② 제3류 위험물 중 칼륨, 나트륨, 알킬알루미늄, 알킬리튬, 황린 그 밖에 지정수량이 10kg 또는 20kg인 위험물 ③ 제4류 위험물 중 특수인화물 ④ 제5류 위험물 중 지정수량이 10kg인 위험물 ⑤ 제6류 위험물
위험등급 Ⅱ	① 제1류 위험물 중 브로민산염류, 질산염류, 아이오딘산염류 그 밖에 지정수량이 300kg인 위험물 ② 제2류 위험물 중 황화인, 적린, 황 그 밖에 지정수량이 100kg인 위험물 ③ 제3류 위험물 중 알칼리금속(칼륨, 나트륨 제외) 및 알칼리토금속, 유기금속화합물(알킬알루미늄 및 알킬리튬은 제외) 그 밖에 지정수량이 50kg인 위험물 ④ 제4류 위험물 중 제1석유류, 알코올류 ⑤ 제5류 위험물 중 위험등급 Ⅰ 위험물 외의 것
위험등급 Ⅲ	위험등급 Ⅰ, Ⅱ 이외의 위험물

해답 ④

37 제2류 위험물로 금속이 덩어리 상태일 때보다 가루상태일 때 연소위험성이 증가하는 이유가 아닌 것은?

① 유동성의 증가
② 비열의 증가
③ 정전기 발생 위험성 증가
④ 비표면적의 증가

해설 금속이 분말상태일 때 위험한 이유
① 유동성 증가 ② 비열 감소
③ 정전기 발생위험성 증가 ④ 표면적 증가

해답 ②

38 인화성 액체위험물(CS₂는 제외)을 저장하는 옥외탱크저장소에서 방유제의 용량에 대해 다음 ( ) 안에 알맞은 수치를 차례대로 나열한 것은?

> 방유제의 용량은 방유제 안에 설치된 탱크가 하나인 때에는 그 탱크 용량의 ( )% 이상, 2기 이상인 때에는 그 탱크 중 용량이 최대인 것의 용량의 ( )% 이상으로 할 것. 이 경우 방유제의 용량은 당해 방유제의 내용적에서 용량이 최대인 탱크 외의 탱크의 방유제 높이 이하 부분의 용적, 당해 방유제 내에 있는 모든 탱크의 지반면 이상 부분의 기초의 체적, 칸막이둑의 체적 및 당해 방유제 내에 있는 배관 등의 체적을 뺀 것으로 한다.

① 100, 100
② 100, 110
③ 110, 100
④ 110, 110

해설 **인화성액체위험물**(이황화탄소를 제외)**의 옥외탱크저장소의 방유제**
① 방유제의 용량

탱크가 하나인 때	탱크 용량의 110% 이상
2기 이상인 때	탱크 중 용량이 최대인 것의 용량의 110% 이상

② 방유제의 높이는 0.5m 이상 3m 이하, 두께 0.2m 이상, 지하매설깊이 1m 이상으로 할 것
③ **방유제 내의 면적은 8만m² 이하로 할 것**
④ 방유제 내에 설치하는 옥외저장탱크의 수는 10이하로 할 것.
⑤ 방유제는 탱크의 옆판으로부터 거리를 유지할 것.

지름이 15m 미만인 경우	탱크 높이의 3분의 1 이상
지름이 15m 이상인 경우	탱크 높이의 2분의 1 이상

해답 ④

39 위험물안전관리법령에 따른 제1류 위험물의 운반 및 위험물제조소 등에서 저장·취급에 관한 기준으로 옳은 것은? (단, 지정수량의 10배인 경우이다.)

① 제6류 위험물과는 운반 시 혼재할 수 있으며, 적절한 조치를 취하면 같은 옥내저장소에 저장할 수 있다.
② 제6류 위험물과는 운반 시 혼재할 수 있으나, 같은 옥내저장소에 저장할 수는 없다.
③ 제6류 위험물과는 운반 시 혼재할 수 없으나, 적절한 조치를 취하면 같은 옥내저장소에 저장할 수 있다.
④ 제6류 위험물과는 운반 시 혼재할 수 없으며, 같은 옥내저장소에 저장할 수도 없다.

해설 (1) 위험물의 운반에 따른 유별을 달리하는 위험물의 혼재기준(쉬운 암기방법)

혼재 가능	
↓1류 + 6류↑	2류 + 4류
↓2류 + 5류↑	5류 + 4류
↓3류 + 4류↑	

(2) 제조소등에서의 위험물의 저장 및 취급에 관한 기준
유별을 달리하는 위험물은 동일한 저장소에 저장하지 아니하여야 한다. 다만, 옥내저장소 또는 옥외저장소에 있어서 다음의 각목의 규정에 의한 위험물을 저장하는 경우로서 위험물을 유별로 정리하여 저장하는 한편, **서로 1m 이상의 간격을 두는 경우에는 그러하지 아니하다**(중요기준).
① 제1류(알칼리금속 과산화물 제외) + 제5류
② 제1류 + 제6류
③ 제1류 + 제3류 중 자연발화성물질(황린)
④ 제2류 중 인화성고체 + 제4류
⑤ 제3류 중 알킬알루미늄등 + 제4류(알킬알루미늄 또는 알킬리튬을 함유)
⑥ 제4류(유기과산화물함유) + 제5류 중 유기과산화물

해답 ①

---

40 다음 중 가장 강한 산은?

① $HClO_4$
② $HClO_3$
③ $HClO_2$
④ $HClO$

해설 산소산 중 산의 세기
차아염소산($HClO$) < 아염소산($HClO_2$) < 염소산($HClO_3$) < 과염소산($HClO_4$)

해답 ①

---

41 제조소 등의 소화설비를 위한 소요단위 산정에 있어서 1소요단위에 해당하는 위험물의 지정수량 배수와 외벽이 내화구조인 제조소의 건축물 연면적을 각각 옳게 나타낸 것은?

① 10배, 100m²
② 100배, 100m²
③ 10배, 150m²
④ 100배, 150m²

해설 건축물 그 밖의 공작물 또는 위험물의 소요단위의 계산방법
(1) 제조소 또는 취급소의 건축물

외벽이 내화구조인 것	외벽이 내화구조가 아닌것
연면적 100m²를 1소요단위	연면적 50m²를 1소요단위

(2) 저장소의 건축물

외벽이 내화구조인 것	외벽이 내화구조가 아닌것
연면적 150m² : 1소요단위	연면적 75m² : 1소요단위

(3) 제조소등의 옥외에 설치된 **공작물은** 외벽이 내화구조인 것으로 간주하고 공작물의 **최대수평 투영면적을 연면적**으로 간주하여 (1) 및 (2)의 규정에 의하여 소요단위를 산정할 것
(4) 위험물은 지정수량의 **10배를 1소요단위**로 할 것

해답 ①

42 이동탱크저장소에 설치하는 방파판의 기능으로 옳은 것은?

① 출렁임 방지
② 유증기 발생의 억제
③ 정전기 발생 제거
④ 파손 시 유출 방지

해설 방파판의 기능 : 운전 시 출렁임 방지 ★
이동저장탱크의 방파판
① 두께1.6mm 이상의 강철판 또는 이와 동등 이상의 강도·내열성 및 내식성이 있는 금속성의 것으로 할 것
② 하나의 구획부분에 2개 이상의 방파판을 이동탱크저장소의 진행방향과 평행으로 설치하되, 각 방파판은 그 높이 및 칸막이로부터의 거리를 다르게 할 것
③ 하나의 구획부분에 설치하는 각 방파판의 면적의 합계는 당해 구획부분의 최대 수직단면적의 50% 이상으로 할 것. 다만, 수직단면이 원형이거나 짧은 지름이 1m 이하의 타원형일 경우에는 40% 이상으로 할 수 있다.

해답 ①

---

43 열처리 작업 등의 일반취급소를 건축물 내에 구획실 단위로 설치하는 데 필요한 요건으로서 옳지 않은 것은?

① 취급하는 위험물의 수량은 지정수량의 30배 미만일 것.
② 위험물이 위험한 온도에 이르는 것을 경보할 수 있는 장치를 설치할 것.
③ 열처리 또는 방전가공을 위하여 인화점 70℃ 이상의 제4류 위험물을 취급하는 것일 것.
④ 다른 작업장의 용도로 사용되는 부분과의 사이에는 내화구조로 된 격벽을 설치하되, 격벽의 양단 및 상단이 외벽 또는 지붕으로부터 50cm 이상 돌출되도록 할 것.

해설 **열처리 작업 등의 일반취급소의 특례**
① 취급하는 위험물의 수량은 지정수량의 30배 미만일 것.
② 위험물이 위험한 온도에 이르는 것을 경보할 수 있는 장치를 설치할 것.
③ 열처리 또는 방전가공을 위하여 인화점 70℃ 이상의 제4류 위험물을 취급하는 것일 것.

해답 ④

---

44 0.2N-HCl 500mL에 물을 가해 1L로 하였을 때 pH는 약 얼마인가?

① 1.0
② 1.2
③ 1.8
④ 2.1

해설 ① $N_1 V_1 = N_2 V_2$ (N : 노르말농도, V : 부피)
② $0.2\text{N} \times 500\text{mL} = X\text{N} \times 1000\text{mL}$
$X = \dfrac{0.2 \times 500}{1000} = 0.1\text{N} = 10^{-1}\text{N}$

③ $[H^+] = 10^{-1}$
④ $pH = -\log[H^+] = -\log 10^{-1} = 1\log 10 = 1$

노르말(N) 농도(규정농도)
$N_1 V_1 = N_2 V_2$ (N : 노르말농도, V : 부피)

수소이온 농도
- $pH = \log\dfrac{1}{[H^+]} = -\log[H^+]$
- $pOH = -\log[OH^-]$
- $pH = 14 - pOH$

해답 ①

---

45. 인화점이 0℃보다 낮은 물질이 아닌 것은?

① 아세톤 ② 톨루엔
③ 휘발유 ④ 벤젠

해설 제4류 위험물의 물리적 성질

명칭	아세톤	톨루엔	휘발유	벤젠
유별	제1석유류	제1석유류	제1석유류	제1석유류
인화점	-18℃	4℃	-43~-20℃	-11℃

해답 ②

---

46. 포소화설비의 포방출구 중 고정지붕구조의 탱크에 저부포주입법을 이용하는 것으로서 송포관으로부터 포를 방출하는 방식은?

① Ⅰ형 ② Ⅱ형
③ Ⅲ형 ④ 특형

해설 탱크의 종류에 따른 고정포 방출구 설치

탱크의 종류	포방출구
콘루프탱크(고정 지붕구조)	Ⅰ형 방출구, Ⅱ형 방출구 또는 Ⅲ형 방출구, Ⅳ형 방출구
플루팅루프탱크(부상식 지붕구조)	특형 방출구

포주입법에 따른 고정포 방출구
① 상부 포주입법 : Ⅰ형, Ⅱ형, 특형
② 하부(저부) 포주입법 : Ⅲ형, Ⅳ형

해답 ③

47 과망가니즈산칼륨과 묽은 황산이 반응하였을 때 생성물이 아닌 것은?

① MnO_2
② K_2SO_4
③ $MnSO_4$
④ O_2

해설 **과망가니즈산칼륨**($KMnO_4$) **: 제1류 위험물 중 과망가니즈산염류**

화학식	분자량	비중	분해온도
$KMnO_4$	158	2.7	200~240℃

① 흑자색의 주상결정으로 물에 녹아 진한보라색을 띠고 강한 산화력과 살균력이 있다.
② 염산과 반응 시 염소(Cl_2)를 발생시킨다.
③ 240℃에서 산소를 방출한다.

$$2KMnO_4 \rightarrow K_2MnO_4 + MnO_2 + O_2\uparrow$$
(망가니즈산칼륨) (이산화망가니즈) (산소)

④ 알코올, 에터, 글리세린, 황산, 염산과 접촉 시 폭발우려가 있다.
⑤ 주수소화 또는 마른모래로 피복소화한다.
⑥ 강알칼리와 반응하여 산소를 방출한다.
⑦ 묽은 황산과 반응하면 산소와 열을 발생한다.

$$4KMnO_4 + 6H_2SO_4 \rightarrow 2K_2SO_4 + 4MnSO_4 + 6H_2O + 5O_2\uparrow$$

해답 ①

48 지정수량 이상 위험물의 임시 저장 · 취급기준에 대한 설명으로 옳은 것은?

① 군부대가 군사목적으로 임시로 저장 · 취급하는 경우에는 180일을 초과하지 못한다.
② 공사장의 경우에는 공사가 끝나는 날까지 저장 · 취급할 수 있다.
③ 임시 저장 · 취급기간은 원칙적으로 180일 이내에서 할 수 있다.
④ 임시 저장 · 취급에 관한 기준은 시 · 도별로 다르게 정할 수 있다.

해설 **위험물안전관리법 제5조(위험물의 저장 및 취급의 제한)**
(1) 지정수량 이상의 위험물을 저장소가 아닌 장소에서 저장하거나 제조소등이 아닌 장소에서 취급하여서는 아니된다.
(2) 다음 각호의 1에 해당하는 경우에는 제조소등이 아닌 장소에서 지정수량 이상의 위험물을 취급할 수 있다. 이 경우 임시로 저장 또는 취급하는 장소에서의 저장 또는 취급의 기준과 **임시로 저장 또는 취급하는 장소의 위치 · 구조 및 설비의 기준은 시 · 도의 조례로 정한다.**
   ① 시 · 도의 조례가 정하는 바에 따라 관할소방서장의 승인을 받아 지정수량 이상의 위험물을 **90일 이내**의 기간동안 임시로 저장 또는 취급하는 경우
   ② 군부대가 지정수량 이상의 위험물을 군사목적으로 임시로 저장 또는 취급하는 경우

해답 ④

49 위험물안전관리법령상 품명이 질산에스터류에 해당하는 것은?

① 피크린산 ② 나이트로셀룰로오스
③ 트라이나이트로톨루엔 ④ 트라이나이트로벤젠

해설 질산에스터류
① 질산메틸 ② 질산에틸 ③ 나이트로글리세린 ④ 나이트로셀룰로오스

해답 ②

---

50 메틸에틸케톤에 관한 설명으로 틀린 것은?

① 인화가 용이한 가연성 액체이다.
② 완전연소 시 메탄과 이산화탄소를 생성한다.
③ 물보다 가벼운 휘발성 액체이다.
④ 증기는 공기보다 무겁다.

해설 메틸에틸케톤(methyl ethyl ketone, $CH_3COC_2H_5$) : **제4류-제1석유류(비수용성)**

화학식	분자량	비중	비점	인화점	착화점	연소범위
$CH_3COC_2H_5$	72.11	0.81	79.6℃	-7℃	516℃	1.8~10%

① MEK 또는 2-뷰타논이라고도 한다
② 아세톤을 생각나게 하는, 강하고 달콤한 버터스카치 냄새가 나는 무색의 액체이다.
③ 방향이 있는 액체로서 끓는점 79.6℃, 부틸알코올의 산화로 얻어진다.
④ 나이트로셀룰로오스, 비닐 수지, 질산셀룰로오스 등의 좋은 용제이다.
⑤ **완전 연소하면 이산화탄소와 물이 생성**된다.

$$2CH_3COC_2H_5 + 11O_2 \rightarrow 8CO_2 + 8H_2O$$

해답 ②

---

51 위험물안전관리법령에서 정하는 유별에 따른 위험물의 성질에 해당하지 않는 것은?

① 산화성 고체 ② 산화성 액체
③ 가연성 고체 ④ 가연성 액체

해설 위험물의 분류 및 성질

유별	성질
제1류	산화성고체
제2류	가연성고체
제3류	자연발화성 및 금수성
제4류	인화성액체
제5류	자기반응성
제6류	산화성액체

해답 ④

52 위험물탱크의 공간용적에 관한 기준에 대해 다음 ( ) 안에 알맞은 수치는?

> 암반탱크에 있어서는 당해 탱크 내에 용출하는 ( )일간의 지하수의 양에 상당하는 용적과 당해 탱크의 내용적의 100분의 ( )의 용적 중에서 보다 큰 용적을 공간용적으로 한다.

① 7, 1
② 7, 5
③ 10, 1
④ 10, 5

해설 **암반탱크의 공간용적**
암반탱크에 있어서는 당해 탱크내에 용출하는 **7**일간의 지하수의 양에 상당하는 용적과 당해 탱크의 내용적의 100분의 **1**의 용적 중에서 보다 **큰 용적을 공간용적**으로 한다.

해답 ①

53 CH_3CHO에 대한 설명으로 옳지 않은 것은?

① 끓는점이 상온(25℃) 이하이다.
② 완전연소 시 이산화탄소와 물이 생성된다.
③ 은, 수은과 반응하면 폭발성 물질을 생성한다.
④ 에틸알코올을 환원시키거나 아세트산을 산화시켜 제조한다.

해설 **아세트알데하이드**(CH_3CHO) : **제4류 위험물 중 특수인화물**

화학식	분자량	비중	비점	인화점	착화점	연소범위
CH_3CHO	44	0.78	21℃	-38℃	185℃	4~60%

① 휘발성이 강하고 과일냄새가 있는 무색 액체
② 물, 에탄올에 잘 녹는다.
③ 산화되어 초산(CH_3COOH)이 된다.
④ 연소범위는 약 4~60%이다.
⑤ 저장용기 사용 시 구리, 마그네슘, 은, 수은 및 합금용기는 사용금지.(중합반응 때문)
⑥ 다량의 물로 주수 소화한다.
⑦ 환원성이 강하여 은거울반응, 펠링용액의 환원반응 등을 보인다.
⑧ 에틸알코올을 산화시켜 제조한다.

$$C_2H_5OH \xrightarrow{+O} H_2O + CH_3CHO$$

$$C_2H_5OH \xrightarrow[\text{(산화)}]{-H_2} CH_3CHO \xrightarrow[\text{(산화)}]{+O} CH_3COOH$$

해답 ④

54 위험물 시설에 설치하는 소화설비와 특성 등에 관한 설명 중 위험물 관련 법규 내용에 적합한 것은?

① 제4류 위험물을 저장하는 옥외저장탱크에 포소화설비를 설치하는 경우에는 이동식으로 할 수 있다.
② 옥내소화전설비, 스프링클러설비 및 이산화탄소 소화설비의 배관은 전용으로 하되 예외규정이 있다.
③ 옥내소화전설비와 옥외소화전설비는 동결방지조치가 가능한 장소라면 습식으로 설치하여야 한다.
④ 물분무소화설비와 스프링클러설비의 기동장치에 관한 설치기준은 그 내용이 동일하지 않다.

해설 ① 이동식으로 할 수 있다. → 이동식으로 할 수 없다.
② 예외규정이 있다. → 예외규정이 없다.
④ 동일하지 않다 → 동일하다.

옥내소화전설비
습식으로 하고 **동결방지조치**를 할 것. 다만, 동결방지조치가 곤란한 경우에는 **습식 외의 방식**으로 할 수 있다.

해답 ③

55 축의 완성지름, 철사의 인장강도, 아스피린 순도와 같은 데이터를 관리하는 가장 대표적인 관리도는?

① c 관리도
② nP 관리도
③ u 관리도
④ $\bar{x}-R$ 관리도

해설 $\bar{x}-R$(X(바)-R) 관리도
① 품질관리의 한 수법으로
② 평균치의 변화를 관리하는 관리도와 편차의 변화를 관리하는 R 관리도를 조합한 것.
③ 축의 완성지름, 철사의 인장강도, 아스피린 순도와 같은 데이터를 관리하는 가장 대표적인 관리도

해답 ④

56 로트의 크기가 시료의 크기에 비해 10배 이상 클 때, 시료의 크기와 합격판정개수를 일정하게 하고 로트의 크기를 증가시킬 경우 검사특성곡선의 모양 변화에 대한 설명으로 가장 적절한 것은?

① 무한대로 커진다.
② 별로 영향을 미치지 않는다.
③ 샘플링 검사의 판별 능력이 매우 좋아진다.
④ 검사특성곡선의 기울기 경사가 급해진다.

해설 샘플링방식이 일정하고 로트의 크기가 변할 경우
① 로트의 크기 N과 샘플의 크기 n에 비율이 상대적으로 아주 작지 않는 한 OC(검사특성)곡선은 별로 변하지 않는다.
② 로트의 크기(N)가 샘플의 크기(n)의 10배 이상일 때는 OC곡선에 큰 변화는 없다.
③ 공정이 안정된 상태에서 흔히 사용하는 체크검사(구조와 치수)가 이에 해당한다.
★OC곡선(Operating Characteristic curve)★

해답 ②

---

57 작업시간 측정방법 중 직접측정법은?

① PTS법
② 경험견적법
③ 표준자료법
④ 스톱워치법

해설 작업시간 측정방법
(1) 직접측정법
　① 시간연구법(스톱워치법)　② WF법　③ WS법
(2) 간접측정법
　① PTS법　② 표준자료법　③ 실적자료법

해답 ④

---

58 준비작업시간 100분, 개당 정미작업시간 15분, 로트 크기 20일 때 1개당 소요작업시간은 얼마인가? (단, 여유시간은 없다고 가정한다.)

① 15분
② 20분
③ 35분
④ 45분

해설 ① 개당 소요작업시간 = 개당 준비작업시간 + 개당 정미작업시간
② 개당 소요작업시간 = $\dfrac{100분}{20개} + 15분 = 20분$

해답 ②

59 소비자가 요구하는 품질로서 설계와 판매정책에 반영되는 품질을 의미하는 것은?
① 시장품질　　② 설계품질
③ 제조품질　　④ 규격품질

해설 **시장품질**
소비자가 요구하는 품질로서 설계와 판매정책에 반영되는 품질을 의미하는 것

해답 ①

60 다음 중 샘플링 검사보다 전수검사를 실시하는 것이 유리한 경우는?
① 검사항목이 많은 경우
② 파괴검사를 해야 하는 경우
③ 품질특성치가 치명적인 결점을 포함하는 경우
④ 다수 다량의 것으로 어느 정도 부적합품이 섞여도 괜찮을 경우

해설 **검사방법의 종류**
① 자주 검사(inspection worked by boiler-operator)
　성능 검사나 정기 자주 검사 등의 법적 검사 외에 작업 주임이 적당히 자체적으로 하는 검사
② 간접 검사(Indirect Inspection)
　자재 또는 제품의 검사가 불가능하거나 불리할 경우 공정, 장비 및 작업자를 관리하는 검사 방법
③ 전수 검사(Total Inspection)
　검사 로트 내의 검사 단위 모두를 하나하나 검사하여 합격, 불합격 판정을 내리는 것으로 일명 100% 검사라고도 하며 **품질특성치가 치명적인 결점을 포함하는 경우 실시한다.**
④ 샘플링 검사(sampling inspection)
　한 로트(lot)의 물품 중에서 발췌한 시료(試料)를 조사하고 그 결과를 판정 기준과 비교하여 그 로트의 합격 여부를 결정하는 검사

해답 ③

국가기술자격 필기시험문제

자격종목	시험시간	문제수	형별
위험물기능장	1시간	60	A

2024년도 기능장 제75회 필기시험 (2024년 01월 21일 시행)

본 문제는 CBT시험대비 기출문제 복원입니다.

01 3.65kg의 염화수소 중에는 HCl 분자가 몇 개 있는가?
① 6.02×10^{23}
② 6.02×10^{24}
③ 6.02×10^{25}
④ 6.02×10^{26}

해설
① 3.65kg-HCl의 몰수 : $\dfrac{3.65 \times 10^3 \text{g}}{36.5 \text{g}} = 100 \text{mol}$

② 100mol의 분자수 : $100 \text{mol} \times \dfrac{6.02 \times 10^{23}}{1 \text{mol}} = 6.02 \times 10^{25}$개

아보가드로의 법칙
모든 기체 1g 분자(1Mol)는 표준상태(0℃, 1기압)에서 22.4L의 부피를 차지하며 이 속에는 6.02×10^{23}개의 분자가 들어 있다.

해답 ③

02 그림과 같은 예혼합화염 구조의 개략도에서 중간생성물의 농도 곡선은?
① 가
② 나
③ 다
④ 라

해설 예혼합 연소(pre-mixed combustion)
기체 연료 연소 방식의 하나로서 미리 연료(기체 연료)와 공기(1차 공기)를 혼합하여 버너로 공급 연소시키는 방식
① 연소 반응이 신속히 진행된다.
② **화염은 짧고 고온**으로 된다.
③ 연소특성상 고부하 연소가 용이하고 연소실 용적이 작아도 된다.
④ 역화(flash back)의 위험성이나 부상 화염(lifted flame)으로 되기 쉬운 결점이 있다.

해답 ③

03 다음 중 물과 접촉하여도 위험하지 않은 물질은?

① 과산화나트륨 ② 과염소산나트륨
③ 마그네슘 ④ 알킬알루미늄

해설
① 과산화나트륨–제1류–무기과산화물–금수성
 $2Na_2O_2 + 2H_2O \rightarrow 4NaOH + O_2\uparrow + Qkcal$
② 과염소산나트륨–제1류–과염소산염류
 물에 용해한다.
③ 마그네슘–제2류–금수성
 $Mg + 2H_2O \rightarrow Mg(OH)_2 + H_2\uparrow$
④ 알킬알루미늄–제3류–금수성
 • 트라이메틸알루미늄 : $(CH_3)_3Al + 3H_2O \rightarrow Al(OH)_3 + 3CH_4(메탄)\uparrow$
 • 트라이에틸알루미늄 : $(C_2H_5)_3Al + 3H_2O \rightarrow Al(OH)_3 + 3C_2H_6(에탄)\uparrow$

해답 ②

04 수소화리튬의 위험성에 대한 설명 중 틀린 것은?

① 물과 실온에서 격렬히 반응하여 수소를 발생하므로 위험하다.
② 공기와 접촉하면 자연발화의 위험이 있다.
③ 피부와 접촉 시 화상의 위험이 있다.
④ 고온으로 가열하면 수산화리튬과 수소를 발생하므로 위험하다.

해설 수소화리튬(LiH) : 제3류–금속의 수소화물–금수성

화학식	분자량	융점	비중	발화점
LiH	7.9	680℃	0.82	200℃

① 정육면체 결정(고체) 혹은 분말(고체), 흡습성
② 흰색, 투명, 녹는점 680℃, 비중 0.82, 발화점 200℃
③ 물과 반응하면 수산화리튬과 수소를 발생한다.
 $LiH + H_2O \rightarrow LiOH + H_2\uparrow$

해답 ④

05 옥외탱크저장소에 보냉장치 및 불연성 가스 봉입장치를 설치해야 되는 위험물은?

① 아세트알데하이드 ② 이황화탄소
③ 생석회 ④ 염소산나트륨

해설 아세트알데하이드 또는 산화프로필렌 옥외저장탱크 저장소 필요설비
① 보냉장치 ② 불연성가스 봉입장치 ③ 수증기 봉입장치 ④ 냉각장치

해답 ①

06 위험물안전관리법령상 소화설비의 적응성에서 제6류 위험물을 저장 또는 취급하는 제조소 등에 설치할 수 있는 소화설비는?

① 인산염류 분말소화설비
② 탄산수소염류 분말소화설비
③ 이산화탄소 소화설비
④ 할로젠화합물 소화설비

해설 소화설비의 적응성

구 분		1류		2류			3류		4류	5류	6류
		알칼리금속 과산화물	그밖의 것	철분, 금속분, 마그네슘	인화성 고체	그밖의 것	금수성 물질	그밖의 것			
포소화기			○		○	○		○	○	○	○
이산화탄소소화기					○				○		
할로젠화합물소화기					○				○		
분말소화기	인산염류등		○		○	○			○		○
	탄산수소염류등	○		○	○		○		○		
	그 밖의 것	○		○			○				
팽창질석 팽창진주암		○	○						○	○	○

해답 ①

07 위험물안전관리법령상 유기과산화물을 함유하는 것 중에서 불활성 고체를 함유하는 것으로서 다음에 해당하는 것은 위험물에서 제외된다. ( ) 안에 알맞은 수치는?

과산화벤조일의 함유량이 ( )중량% 미만인 것으로서 전분가루, 황산칼슘2수화물 또는 인산수소칼슘2수화물과의 혼합물

① 30
② 35.5
③ 40.5
④ 50

해설 유기과산화물을 함유하는 것 중에서 불활성 고체를 함유하는 것으로서 다음에 해당하는 것은 제외
① 과산화벤조일의 함유량이 **35.5중량% 미만**인 것으로서 전분가루, 황산칼슘2수화물 또는 인산수소칼슘2수화물과의 혼합물
② 비스(4-클로로벤조일)퍼옥사이드의 함유량이 30중량% 미만인 것으로서 불활성 고체와의 혼합물
③ 과산화다이쿠밀의 함유량이 40wt% 미만인 것으로서 불활성 고체와의 혼합물
④ 1·4비스(2-터셔리뷰틸퍼옥시아이소프로필)벤젠의 함유량이 40중량% 미만인 것으로서 불활성 고체와의 혼합물
⑤ 사이클론헥산온퍼옥사이드의 함유량이 30중량% 미만인 것으로서 불활성 고체와의 혼합물

해답 ②

08 소화난이도등급 Ⅰ의 제조소 등 중 옥내탱크저장소의 규모에 대한 설명이 옳은 것은?

① 액체위험물을 저장하는 위험물의 액표면적이 20m² 이상인 것
② 바닥면으로부터 탱크 옆판의 상단까지 높이가 6m 이상인 것(제6류 위험물을 저장하는 것 및 고인화점위험물만을 100℃ 미만의 온도에서 저장하는 것은 제외)
③ 액체위험물을 저장하는 단층 건축물 외의 건축물에 설치하는 것으로서 인화점이 40℃ 이상 70℃ 미만의 위험물은 지정수량의 40배 이상 저장 또는 취급하는 것
④ 고체위험물을 지정수량의 150배 이상 저장 또는 취급하는 것

해설 소화난이도등급 Ⅰ에 해당하는 제조소 등

제조소등의 구분	제조소 등의 규모, 저장 또는 취급하는 위험물의 품명 및 최대수량 등
옥내탱크 저장소	**액표면적이 40m² 이상**인 것(제6류 위험물을 저장하는 것 및 고인화점위험물만을 100℃ 미만의 온도에서 저장하는 것은 제외)
	바닥면으로부터 탱크 옆판의 상단까지 **높이가 6m 이상**인 것(제6류 위험물을 저장하는 것 및 고인화점위험물만을 100℃ 미만의 온도에서 저장하는 것은 제외)
	탱크전용실이 단층건물 외의 건축물에 있는 것으로서 인화점 38℃ 이상 70℃ 미만의 위험물을 지정수량의 5배 이상 저장하는 것(내화구조로 개구부 없이 구획된 것은 제외한다)

해답 ②

09 과망가니즈산칼륨의 일반적인 성상에 관한 설명으로 틀린 것은?

① 단맛이 나는 무색의 결정성 분말이다.
② 산화제이고 황산과 접촉하면 격렬하게 반응한다.
③ 비중은 약 2.7이다.
④ 살균제, 소독제로 사용된다.

해설 과망가니즈산칼륨($KMnO_4$) : 제1류 위험물 중 과망가니즈산염류

화학식	분자량	비중	분해온도
$KMnO_4$	158	2.7	200~240℃

① 흑자색의 주상결정으로 물에 녹아 진한보라색을 띠고 강한 산화력과 살균력이 있다.
② 염산과 반응 시 염소(Cl_2)를 발생시킨다.
③ 240℃에서 산소를 방출한다.

$$2KMnO_4 \rightarrow K_2MnO_4 + MnO_2 + O_2\uparrow$$
(망가니즈산칼륨)　　　(이산화망가니즈)　(산소)

④ 알코올, 에터, 글리세린, 황산, 염산과 접촉 시 폭발우려가 있다.
⑤ 묽은 황산과 반응하면 산소와 열을 발생한다.

$$4KMnO_4 + 6H_2SO_4 \rightarrow 2K_2SO_4 + 4MnSO_4 + 6H_2O + 5O_2\uparrow$$

해답 ①

10 다음 중 비중이 가장 작은 금속은?

① 마그네슘 ② 알루미늄
③ 지르코늄 ④ 아연

해설 금속의 비중

구 분	마그네슘(Mg)	알루미늄(Al)	지르코늄(Zr)	아연(Zn)
비중	1.7	2.7	6.52	3.45

해답 ①

11 제조소 등에서의 위험물 저장의 기준에 관한 설명 중 틀린 것은?

① 제3류 위험물 중 황린과 금수성 물질은 동일한 저장소에서 저장하여도 된다.
② 옥내저장소에서 재해가 현저하게 증대할 우려가 있는 위험물을 다량 저장하는 경우에는 지정수량의 10배 이하마다 구분하여 상호간 0.3m 이상의 간격을 두어 저장하여야 한다.
③ 옥내저장소에서는 용기에 수납하여 저장하는 위험물의 온도가 55℃를 넘지 아니하도록 필요한 조치를 강구하여야 한다.
④ 컨테이너식 이동탱크저장소 외의 이동탱크저장소에 있어서는 위험물을 저장한 상태로 이동저장탱크를 옮겨 싣지 아니하여야 한다.

해설 저장의 기준
제3류 위험물 중 황린 그 밖에 물속에 저장하는 물품과 금수성 물질은 동일한 저장소에서 저장하지 아니하여야 한다.(중요기준)

해답 ①

12 다음 중 가연성이면서 폭발성이 있는 물질은?

① 과산화수소 ② 과산화벤조일
③ 염소산나트륨 ④ 과염소산칼륨

해설 가연성이면서 폭발성인 위험물은 제5류 위험물이다.

위험물	과산화수소	과산화벤조일	염소산나트륨	과염소산칼륨
화학식	H_2O_2	$(C_6H_5CO)_2O_2$	$NaClO_3$	$KClO_4$
유별	제6류	제5류 유기과산화물	제1류 염소산염류	제1류 과염소산염류
성질	불연성 및 산화성	가연성 및 폭발성	불연성 및 산화성	불연성 및 산화성

해답 ②

13 다음 물질과 제6류 위험물인 과산화수소와 혼입되었을 때 결과가 다른 하나는?

① 인산나트륨 ② 이산화망가니즈
③ 요소 ④ 인산

해설 과산화수소(H_2O_2)의 일반적인 성질

화학식	분자량	비중	비점	융점
H_2O_2	34	1.463	150.2℃(pure)	-0.43℃(pure)

① 물, 에탄올, 에터에 잘 녹으며 벤젠에 녹지 않는다.
② 분해 시 발생기 산소(O)를 발생시킨다.
③ 분해안정제로 인산(H_3PO_4) 또는 요산($C_5H_4N_4O_3$)을 첨가한다.
④ 저장용기는 밀폐하지 말고 구멍이 있는 마개를 사용한다.
⑤ 하이드라진($NH_2 \cdot NH_2$)과 접촉 시 분해 작용으로 폭발위험이 있다.

$$NH_2 \cdot NH_2 + 2H_2O_2 \rightarrow 4H_2O + N_2 \uparrow$$

⑥ 다량의 물로 주수 소화한다.
- 과산화수소는 36%(중량) 이상만 위험물에 해당된다.
- 과산화수소는 표백제 및 살균제로 이용된다.

해답 ②

14 273℃에서 기체의 부피가 4L이다. 같은 압력에서 25℃일 때의 부피는 약 몇 L인가?

① 0.5 ② 2.2
③ 3 ④ 4

해설 샤를의 법칙을 적용(압력일정)

$$V_2 = V_1 \times \frac{T_2}{T_1} = 4 \times \frac{(273+25)}{(273+273)} = 2.18 L$$

① 보일의 법칙

$$T(온도) = 일정 \quad P_1V_1 = P_2V_2$$

온도가 일정할 때 일정량의 기체가 차지하는 부피는 절대압력에 반비례한다.

② 샤를의 법칙

$$P(압력) = 일정 \quad \frac{V_1}{T_1} = \frac{V_2}{T_2}$$

압력이 일정할 때 일정량의 기체가 차지하는 부피는 절대온도에 비례한다.

③ 보일-샤를의 법칙

$$\frac{P_1V_1}{T_1} = \frac{P_2V_2}{T_2}$$

일정량의 기체가 차지하는 부피는 절대압력에 반비례하고 절대온도에 비례한다.

해답 ②

15 옥외탱크저장소에 설치하는 높이가 1m를 넘는 방유제 및 간막이둑의 안팎에 설치하는 계단 또는 경사로는 약 몇 m마다 설치하여야 하는가?
① 20m
② 30m
③ 40m
④ 50m

해설 **방유제**
(1) 용량이 1,000만L 이상인 옥외저장탱크의 주위에 설치하는 방유제에는 당해 탱크마다 간막이 둑을 설치할 것
  ① 간막이 둑의 높이는 0.3m(방유제내에 설치되는 옥외저장탱크의 용량의 합계가 2억L를 넘는 방유제에 있어서는 1m)이상으로 하되, 방유제의 높이보다 0.2m 이상 낮게 할 것
  ② 간막이 둑은 흙 또는 철근콘크리트로 할 것
  ③ 간막이 둑의 용량은 간막이둑안에 설치된 탱크이 용량의 10% 이상일 것
(2) 방유제에는 그 내부에 고인 물을 외부로 배출하기 위한 배수구를 설치하고 이를 개폐하는 밸브 등을 방유제의 외부에 설치할 것
(3) 용량이 100만L 이상인 위험물을 저장하는 옥외저장탱크에 있어서는 밸브 등에 그 개폐상황을 쉽게 확인할 수 있는 장치를 설치할 것
(4) **높이가 1m를 넘는 방유제 및 간막이 둑의 안팎에는 방유제내에 출입하기 위한 계단 또는 경사로를 약 50m마다 설치할 것**

해답 ④

16 위험물안전관리법령상 이산화탄소 소화기가 적응성이 없는 위험물은?
① 인화성고체
② 톨루엔
③ 초산메틸
④ 브로민산칼륨

해설 ① 인화성 고체-제2류
② 톨루엔-제4류-제1석유류
③ 초산메틸-제4류-제1석유류
④ 브로민산칼륨-제1류-브로민산염류

소화설비의 적응성

구 분		1류		2류			3류		4류	5류	6류
		알칼리금속 과산화물	그밖의 것	철분, 금속분, 마그네슘	인화성 고체	그밖의 것	금수성 물질	그밖의 것			
포소화기			○		○	○		○	○	○	○
이산화탄소소화기					○				○		
할로젠화합물소화기					○				○		
분말소화기	인산염류등		○		○	○			○		○
	탄산수소염류등	○		○	○		○		○		
	그 밖의 것	○		○			○				
팽창질석 팽창진주암		○	○	○	○	○	○	○	○	○	

해답 ④

17. TNT가 분해될 때 발생하는 주요 가스에 해당하지 않는 것은?

① 질소 ② 수소
③ 암모니아 ④ 일산화탄소

해설 트라이나이트로톨루엔[$C_6H_2CH_3(NO_2)_3$](TNT) : **제5류 위험물 중 나이트로화합물** ★★★★★
톨루엔($C_6H_5CH_3$)의 수소원자(H)를 나이트로기(−NO_2)로 치환한 것

화학식	분자량	비중	비점	융점	착화점
$C_6H_2CH_3(NO_2)_3$	227	1.7	280℃	81℃	300℃

① 물에는 녹지 않고 알코올, 아세톤, 벤젠에 녹는다.
② Tri Nitro Toluene의 약자로 TNT라고도 한다.
③ 담황색의 **주상결정**이며 햇빛에 다갈색으로 변색된다.
④ **강력한 폭약이며 급격한 타격에 폭발한다.**

$$2C_6H_2CH_3(NO_2)_3 \rightarrow 2C + 12CO + 3N_2\uparrow + 5H_2\uparrow$$

⑤ 연소 시 연소속도가 너무 빠르므로 소화가 곤란하다.
⑥ 무기 및 다이나마이트, 질산폭약제 제조에 이용된다.
⑦ 다량의 물로 주수소화하는 것이 가장 좋다.

해답 ③

18. 제3류 위험물의 종류에 따라 위험물을 수납한 용기에 부착하는 주의사항의 내용에 해당하지 않는 것은?

① 충격주의 ② 화기엄금
③ 공기접촉엄금 ④ 물기엄금

해설 위험물 운반용기의 외부 표시 사항
① 위험물의 품명, 위험등급, 화학명 및 수용성(제4류 위험물의 수용성인 것에 한함)
② 위험물의 수량
③ 수납하는 위험물에 따른 주의사항

유별	성질에 따른 구분	표시사항
제1류 위험물	알칼리금속의 과산화물	화기·충격주의, 물기엄금 및 가연물접촉주의
	그 밖의 것	화기·충격주의 및 가연물접촉주의
제2류 위험물	철분·금속분·마그네슘	화기주의 및 물기엄금
	인화성고체	화기엄금
	그 밖의 것	화기주의
제3류 위험물	자연발화성물질	**화기엄금 및 공기접촉엄금**
	금수성물질	**물기엄금**
제4류 위험물	인화성 액체	화기엄금
제5류 위험물	자기반응성 물질	화기엄금 및 충격주의
제6류 위험물	산화성 액체	가연물접촉주의

해답 ①

19 나머지 셋과 지정수량이 다른 하나는?

① 칼슘
② 알킬알루미늄
③ 칼륨
④ 나트륨

해설 위험물의 지정수량

구분	칼슘(Ca)	알킬알루미늄(Al)	칼륨(K)	나트륨(Na)
유별	제3류 알칼리토금속	제3류	제3류	제3류
지정수량	50kg	10kg	10kg	10kg

해답 ①

20 다음 중 서로 혼합하였을 경우 위험성이 가장 낮은 것은?

① 알루미늄분과 황화인
② 과산화나트륨과 마그네슘분
③ 염소산나트륨과 황
④ 나이트로셀룰로오스와 에탄올

해설 나이트로셀룰로오스(Nitro Cellulose) : $[C_6H_7O_2(ONO_2)_3]_n$: **제5류 위험물**★★★★

화학식	비중	분해온도	인화점	착화점
$[C_6H_7O_2(ONO_2)_3]_n$	1.7	130℃	13℃	160℃

셀룰로오스(섬유소)에 진한질산과 진한 황산의 혼합액을 작용시켜서 만든 것이다.
① 비수용성이며 초산에틸, 초산아밀, 아세톤에 잘 녹는다.
② 건조상태에서는 폭발위험이 크나 수분함유 시 폭발위험성이 없어 저장·운반이 용이
③ 질소함유율(질화도)이 높을수록 폭발성이 크다.
④ **저장, 운반 시 물(20%) 또는 알코올(30%)을 첨가 습윤시킨다.**

해답 ④

21 오황화인의 성질에 대한 설명으로 옳은 것은?

① 청색의 결정으로 특이한 냄새가 있다.
② 알코올에는 잘 녹고 이황화탄소에는 잘 녹지 않는다.
③ 수분을 흡수하면 분해한다.
④ 비점은 약 325℃이다.

해설 오황화인(P_2S_5) : **제2류 위험물**
① 담황색 결정이고 조해성이 있다.
② 수분을 흡수하면 분해된다.
③ 이황화탄소(CS_2)에 잘 녹는다.
④ 물, 알칼리와 반응하여 **인산과 유독성인 황화수소를 발생**한다.

$P_2S_5 + 8H_2O \rightarrow 2H_3PO_4(인산) + 5H_2S\uparrow(황화수소)$

해답 ③

22. 황린과 적린에 대한 설명 중 틀린 것은?

① 적린은 황린에 비하여 안정하다.
② 비중은 황린이 크며, 녹는점은 적린이 낮다.
③ 적린과 황린은 모두 물에 녹지 않는다.
④ 연소할 때 황린과 적린은 모두 흰 연기를 발생한다.

해설 황린과 적린의 비교

구 분	황린(P_4)	적린(P)
색상	흰색, 황색	암적색
냄새	마늘냄새	마늘냄새
이황화탄소(CS_2)에 용해여부	용해	불용
독성	독성이 강함	독성이 없음
착화점(℃)	30~34	260
연소시 생성물	오산화인(P_2O_5)	오산화인(P_2O_5)
융점(녹는점)(℃)	44	600
비중	1.82	2.2

해답 ②

23. Al이 속하는 금속은 무슨 족 계열인가?

① 철족 ② 알칼리금속족
③ 붕소족 ④ 알칼리토금속족

해설 Al(알루미늄) : 붕소족★

알루미늄분(Al) : 제2류 위험물★★★

화학식	원자량	비중	융점	비점
Al	27	2.7	660℃	2,000℃

① 은백색의 분말이며 **비중이 약 2.7**이다.
② **진한 질산에는 침식당하지 않으나(부동태)** 묽은 질산에는 잘 녹는다.
③ 분진폭발 위험성이 있다.
④ 가열된 알루미늄은 물(수증기)와 반응하여 수소를 발생시킨다.(주수소화금지)

$$2Al + 6H_2O \rightarrow 2Al(OH)_3 + 3H_2 \uparrow$$

⑤ 알루미늄(Al)은 산과 반응하여 수소를 발생한다.

$$2Al + 6HCl \rightarrow 2AlCl_3 + 3H_2$$

⑥ 주수소화는 엄금이며 마른모래 등으로 피복 소화한다.

해답 ③

24 아세톤을 저장하는 옥외저장탱크 중 압력탱크 외의 탱크에 설치하는 대기밸브 부착 통기관은 몇 kPa 이하의 압력차이로 작동할 수 있어야 하는가?

① 5
② 10
③ 15
④ 20

해설 옥외저장탱크 중 압력탱크외의 탱크
(1) 밸브없는 통기관
① 직경은 30mm 이상일 것
② 끝부분은 수평면보다 45도 이상 구부려 빗물 등의 침투를 막는 구조로 할 것
③ 인화점이 38℃ 미만인 위험물만을 저장 또는 취급하는 탱크에 설치하는 통기관에는 **화염방지장치**를 설치하고, 그 외의 탱크에 설치하는 통기관에는 **40메쉬(mesh) 이상**의 구리망 또는 동등 이상의 성능을 가진 인화방지장치를 할 것. 다만, 인화점 70℃ 이상의 위험물만을 해당 위험물의 인화점 미만의 온도로 저장 또는 취급하는 탱크에 설치하는 통기관에 있어서는 그러하지 아니하다.
④ 가연성의 증기를 회수하기 위한 밸브를 통기관에 설치하는 경우에 있어서는 당해 통기관의 밸브는 저장탱크에 위험물을 주입하는 경우를 제외하고는 항상 개방되어 있는 구조로 하는 한편, 폐쇄하였을 경우에 있어서는 10kPa 이하의 압력에서 개방되는 구조로 할 것. 이 경우 개방된 부분의 유효단면적은 777.15mm² 이상이어야 한다.
(2) 대기밸브부착 통기관
① 5kPa 이하의 압력차이로 작동할 수 있을 것

해답 ①

25 위험물제조소에 옥내소화전 6개와 옥외소화전 1개를 설치하는 경우 각각에 필요한 최소 수원의 수량을 합한 값은? (단, 위험물제조소는 단층 건축물이다.)

① $7.8m^3$
② $13.5m^3$
③ $21.3m^3$
④ $52.5m^3$

해설 ① 위험물제조소등의 소화설비 설치기준

소화설비	수평거리	방사량	방사압력	수원의 양
옥내	25m 이하	260(L/min) 이상	350(kPa) 이상	$Q=N$(소화전개수 : 최대 5개) $\times 7.8m^3$(260L/min×30min)
옥외	40m 이하	450(L/min) 이상	350(kPa) 이상	$Q=N$(소화전개수 : 최대 4개) $\times 13.5m^3$(450L/min×30min)
스프링클러	1.7m 이하	80(L/min) 이상	100(kPa) 이상	$Q=N$(헤드수 : 최대30개) $\times 2.4m^3$(80L/min×30min)
물분무		20(L/m²·min)	350(kPa) 이상	$Q=A$(바닥면적m²) $\times 0.6m^3$(20L/m²·min×30min)

② **소화설비별 수원의 양**
옥내 $Q_1 = N$(최대 5개)$\times 7.8m^3 = 5 \times 7.8 = 39m^3$
옥외 $Q_2 = N$(최대 4개)$\times 13.5m^3 = 1 \times 13.5 = 13.5m^3$

③ **필요한 수원의 양**
$Q_T = Q_1 + Q_2 = 39 + 13.5 = 52.5m^3$

해답 ④

26 과산화마그네슘에 대한 설명으로 옳은 것은?
① 갈색 분말로 시판품은 함량이 80~90% 정도이다.
② 물에 잘 녹지 않는다.
③ 산에 녹아 산소를 발생한다.
④ 소화방법은 냉각소화가 효과적이다.

해설 과산화마그네슘(magnesium peroxide, MgO_2) : 제1류-무기과산화물(금수성)

화학식	분자량	융점(녹는점)	분해온도
MgO_2	56.30	223℃	350℃

① 백색 분말로 **시판품은 함량이** 15~20% 정도이다.
② 물에 녹지 않는다.
③ 산에 녹고 과산화수소를 생성한다.
④ 공기 중에서 서서히 산소를 잃고 강열하면 산소를 발생하여 분해된다.
⑤ 산화제, 표백제 및 살균제로서 사용된다.
⑥ 녹는점 223℃, 끓는점 350℃(분해), 비수용성이다.

해답 ②

27 시료를 가스화시켜 분리관 속에 운반기체(Carrier Gas)와 같이 주입하고 분리관(컬럼) 내에서 체류하는 시간의 차이에 따라 정성, 정량하는 기기분석은?
① FT-IR   ② GC
③ UV-vis   ④ XRD

해설 GC(Gas Chromatography) : 가스크로마토그라피
시료를 가스화시켜 분리관 속에 운반기체(Carrier Gas)와 같이 주입하고 분리관(칼럼) 내에서 체류하는 시간의 차이에 따라 정성, 정량하는 기기분석

해답 ②

28 위험물안전관리법령상 지정수량이 100kg이 아닌 것은?
① 적린   ② 철분
③ 황   ④ 황화인

해설 제2류 위험물의 지정수량

성질	품 명	지정 수량	위험등급
가연성고체	황화인, 적린, 황	100kg	Ⅱ
	철분, 금속분, 마그네슘	500kg	Ⅲ
	인화성고체	1,000kg	

해답 ②

29 산화성 고체 위험물의 일반적인 성질로 옳은 것은?

① 불연성이며 다른 물질을 산화시킬 수 있는 산소를 많이 함유하고 있으며 강한 환원제이다.
② 가연성이며 다른 물질을 산화시킬 수 있는 염소를 함유하고 있으며 강한 산화제이다.
③ 불연성이며 다른 물질을 산화시킬 수 있는 산소를 많이 함유하고 있으며 강한 산화제이다.
④ 불연성이며 다른 물질을 산화시킬 수 있는 수소를 많이 함유하고 있으며 강한 환원성 물질이다.

해설 제1류 위험물의 공통적 성질
① 산화성 고체이며 대부분 수용성이다.
② 불연성이지만 **다량의 산소를 함유**하고 있다.
③ 분해 시 산소를 방출하여 남의 연소를 돕는다.(조연성)
④ 열·타격·충격, 마찰 및 다른 화학물질과 접촉 시 쉽게 분해된다.
⑤ 분해속도가 대단히 빠르고, 조해성이 있는 것도 포함한다.

해답 ③

30 위험물안전관리법상 제조소 등에 대한 과징금처분에 관한 설명으로 옳은 것은?

① 제조소 등의 관계인이 허가취소에 해당하는 위법행위를 한 경우 허가취소가 이용자에게 심한 불편을 주거나 공익을 해칠 우려가 있는 경우 허가취소처분에 갈음하여 2억원 이하의 과징금을 부과할 수 있다.
② 제조소 등의 관계인이 사용정지에 해당하는 위법행위를 한 경우 사용정지가 이용자에게 심한 불편을 주거나 공익을 해칠 우려가 있는 경우 사용정지처분에 갈음하여 2억원 이하의 과징금을 부과할 수 있다.
③ 제조소 등의 관계인이 허가취소에 해당하는 위법행위를 한 경우 허가취소가 이용자에게 심한 불편을 주거나 공익을 해칠 우려가 있는 경우 허가취소처분에 갈음하여 5억원 이하의 과징금을 부과할 수 있다.
④ 제조소 등의 관계인이 사용정지에 해당하는 위법행위를 한 경우 사용정지가 이용자에게 심한 불편을 주거나 공익을 해칠 우려가 있는 경우 사용정지처분에 갈음하여 5억원 이하의 과징금을 부과할 수 있다.

해설 위험물안전관리법 제13조(과징금처분)
① 시·도지사는 제조소등에 대한 사용의 정지가 그 이용자에게 심한 불편을 주거나 그 밖에 공익을 해칠 우려가 있는 때에는 사용정지처분에 갈음하여 **2억원 이하의 과징금**을 부과할 수 있다.
② 과징금을 부과하는 위반행위의 종별·정도 등에 따른 과징금의 금액 그 밖의 필요한 사항은 **행정안전부령**으로 정한다.

해답 ②

31. 위험물의 취급 중 제조에 관한 기준으로 다음 사항을 유의하여야 하는 공정은?

> 위험물을 취급하는 설비의 내부압력의 변동 등에 의하여 액체 또는 증기가 새지 아니하도록 하여야 한다.

① 증류 공정
② 추출 공정
③ 건조 공정
④ 분쇄 공정

[해설] 위험물의 취급 중 제조에 관한 기준(중요기준).
① 증류공정 : 위험물을 취급하는 설비의 내부압력의 변동 등에 의하여 액체 또는 증기가 새지 아니하도록 할 것
② 추출공정 : 추출관의 내부압력이 비정상으로 상승하지 아니하도록 할 것
③ 건조공정 : 위험물의 온도가 부분적으로 상승하지 아니하는 방법으로 가열 또는 건조할 것
④ 분쇄공정 : 위험물의 분말이 현저하게 부유하고 있거나 위험물의 분말이 현저하게 기계·기구 등에 부착하고 있는 상태로 그 기계·기구를 취급하지 아니할 것

[해답] ①

32. 나이트로셀룰로오스에 대한 설명으로 옳지 않은 것은?

① 셀룰로오스를 진한 황산과 질산으로 반응시켜 만들 수 있다.
② 품명이 나이트로화합물이다.
③ 질화도가 낮은 것보다 높은 것이 더 위험하다.
④ 수분을 함유하면 위험성이 감소된다.

[해설] 나이트로셀룰로오스[$C_6H_7O_2(ONO_2)_3$]$_n$: 제5류 위험물-질산에스터류 ★★★★

화학식	비중	분해온도	인화점	착화점
[$C_6H_7O_2(ONO_2)_3$]$_n$	1.7	130℃	13℃	160℃

셀룰로오스(섬유소)에 진한질산과 진한 황산의 혼합액을 작용시켜서 만든 것이다.
① 비수용성이며 초산에틸, 초산아밀, 아세톤에 잘 녹는다.
② 건조상태에서는 폭발위험이 크나 수분함유 시 폭발위험성이 없어 저장·운반이 용이
③ 질소함유율(질화도)이 높을수록 폭발성이 크다.
④ 저장, 운반 시 물(20%) 또는 알코올(30%)을 첨가 습윤시킨다.

[해답] ②

33. 제3류 위험물에 대한 설명으로 옳지 않은 것은?

① 탄화알루미늄은 물과 반응하여 에탄가스를 발생한다.
② 칼륨은 물과 반응하여 발열반응을 일으키며 수소가스를 발생한다.
③ 황린이 공기 중에서 자연발화하여 오산화인이 발생된다.
④ 탄화칼슘이 물과 반응하여 발생하는 가스의 연소범위는 2.5~81%이다.

해설 탄화알루미늄(Al_4C_3) : 제3류 위험물(금수성 물질)★★★

화학식	분자량	융점	비중
Al_4C_3	144	2100℃	2.36

① 물과 접촉시 메탄가스를 생성하고 발열반응을 한다.

$$Al_4C_3 + 12H_2O \rightarrow 4Al(OH)_3 + 3CH_4(메탄)$$

② 황색 결정 또는 백색분말로 1400℃ 이상에서는 분해가 된다.
③ 물 및 포약제에 의한 소화는 절대 금하고 마른모래 등으로 피복소화한다.

해답 ①

34
특정옥외저장탱크 구조기준 중 필렛 용접의 사이즈(S, mm)를 구하는 식으로 옳은 것은? (단, t_1 : 얇은 쪽의 강판의 두께[mm], t_2 : 두꺼운 쪽의 강판의 두께[mm]이며, $S \geq 4.5$이다.)

① $t_1 \geq S \geq t_2$
② $t_1 \geq S \geq \sqrt{2t_2}$
③ $\sqrt{2t_1} \geq S \geq t_2$
④ $t_1 \geq S \geq 2t_2$

해설 필렛 용접의 사이즈(부등 사이즈가 되는 경우에는 작은 쪽의 사이즈) **계산공식**

$$t_1 \geq S \geq \sqrt{2t_2} \text{ (단, } S \geq 4.5)$$

여기서, t_1 : 얇은 쪽의 강판의 두께(mm), t_2 : 두꺼운 쪽의 강판의 두께(mm)
S : 사이즈(mm)

해답 ②

35
0.4N HCl 500mL에 물을 가해 1L로 하였을 때 pH는 약 얼마인가?

① 0.7
② 1.2
③ 1.8
④ 2.1

해설
① $N_1V_1 = N_2V_2$ (N : 노르말농도, V : 부피)
② $0.4N \times 500mL = XN \times 1000mL$ $X = \dfrac{0.4 \times 500}{1000} = 0.2N = 2 \times 10^{-1}N$
③ $[H^+] = 2 \times 10^{-1}$
④ $pH = -\log[H^+] = -\log[2 \times 10^{-1}] = 1 - \log 2 = 0.7$

노르말(N) 농도(규정농도)
$N_1V_1 = N_2V_2$ (N : 노르말농도, V : 부피)

수소이온 농도
- $pH = \log \dfrac{1}{[H^+]} = -\log[H^+]$
- $pOH = -\log[OH^-]$
- $pH = 14 - pOH$

해답 ①

36. 다음 금속원소 중 비점이 가장 높은 것은?
① 리튬　　② 나트륨
③ 칼륨　　④ 루비듐

해설 비점

금속원소	리튬(Li)	나트륨(Na)	칼륨(K)	루비듐(Rb)
비 점(끓는점)	1,336℃	880℃	762℃	688℃

해답 ①

37. 위험성 평가기법을 정량적 평가기법과 정성적 평가기법으로 구분할 때 다음 중 그 성격이 다른 하나는?
① HAZOP　　② FTA
③ ETA　　④ CCA

해설 위험성 평가 방법
① **정성적 평가방법**(HAZID, Hazard Identification Method)
　㉠ 사고예상 질문 분석법 : What-if
　㉡ 체크 리스트법 : Process/System Checklist
　㉢ 이상 위험도 분석법 : FMECA
　㉣ 작업자 실수 분석법 : Human Error Analysis
　㉤ **위험과 운전성 분석법** : HAZOP(Hazard And Operability Review)
　㉥ 안전성 검토법 : Safety Review
　㉦ 예비위험 분석법 : PHA (Preliminary Hazard Analysis)
　㉧ 상대 위험순위 판정법 : Relative Ranking
② **정량적 위험성 평가**(Hazard Assessment Methods)
　㉠ 결함수 분석(Fault Tree Analysis, **FTA**)
　㉡ 사건수 분석(Event Tree Analysis, **ETA**)
　㉢ 원인-결과분석(Cause-Consequence Analysis, **CCA**)

해답 ①

38. 내용적이 2만L인 지하저장탱크(소화약제 방출구를 탱크 안의 윗부분에 설치하지 않은 것)를 구입하여 설치하는 경우 최대 몇 L까지 저장취급허가를 신청할 수 있는가?
① 18,000L　　② 19,000L
③ 19,800L　　④ 20,000L

해설 저장취급 허가용량
① 저장취급허가용량＝용기의 내용적－공간용적(5～10%)
② $Q = 20000L - (20000 \times 0.05) = 19000L$

해답 ②

39 이동탱크저장소에 의하여 위험물 장거리 운송 시 위험물운송자를 2명 이상의 운전자로 하여야 하는 경우는?

① 운송책임자를 동승시킨 경우
② 운송위험물이 휘발유인 경우
③ 운송위험물이 질산인 경우
④ 운송 중 2시간 이내마다 20분 이상씩 휴식하는 경우

해설 이동탱크저장소에 의한 위험물의 운송시에 준수하여야 하는 기준
(1) 위험물운송자는 운송의 개시전에 이동저장탱크의 배출밸브 등의 밸브와 폐쇄장치, 맨홀 및 주입구의 뚜껑, 소화기 등의 점검을 충분히 실시할 것
(2) 위험물운송자는 장거리(고속국도에 있어서는 340km 이상, 그 밖의 도로에 있어서는 200km 이상)에 걸치는 운송을 하는 때에는 **2명 이상의 운전자로 할 것**.
  다만, 다음에 해당하는 경우에는 **그러하지 아니하다**.
  ① **운송책임자를 동승시킨 경우**
  ② **운송하는 위험물이 제2류 위험물 · 제3류 위험물**(칼슘 또는 알루미늄의 탄화물과 이것만을 함유한 것에 한한다)또는 **제4류 위험물**(특수인화물을 제외)인 경우
  ③ 운송도중에 2시간 이내마다 **20분 이상씩 휴식**하는 경우
(3) 위험물(제4류 위험물에 있어서는 **특수인화물** 및 **제1석유류**에 한한다)을 운송하게 하는 자는 **위험물안전카드**를 위험물운송자로 하여금 휴대하게 할 것

해답 ③

40 위험물안전관리법령상 기계에 의하여 하역하는 구조로 된 운반용기 외부에 표시하여야 하는 사항이 아닌 것은? [단, 원칙적인 경우에 한하며, 국제해상위험물규칙(IMDG Code)을 표시한 경우는 제외한다.]

① 겹쳐쌓기 시험하중   ② 위험물의 화학명
③ 위험물의 위험등급   ④ 위험물의 인화점

해설 기계에 의하여 하역하는 구조로 된 운반용기의 외부에 행하는 표시는 제8호 각목의 규정에 의하는 외에 다음 각목의 사항을 포함하여야 한다. 다만, UN의 위험물 운송에 관한 권고에서 정한 기준 또는 소방청장이 정하여 고시하는 기준에 적합한 표시를 한 경우에는 그러하지 아니하다.
(1) 운반용기의 제조년월 및 제조자의 명칭
(2) 겹쳐쌓기시험하중
(3) 운반용기의 종류에 따라 다음의 규정에 의한 중량
  ① 플렉서블 외의 운반용기 : 최대총중량(최대수용중량의 위험물을 수납하였을 경우의 운반용기의 전중량을 말한다)
  ② 플렉서블 운반용기 : 최대수용중량
(4) (1) 내지 (3)에 규정하는 것 외에 운반용기의 외부에 행하는 표시에 관하여 필요한 사항으로서 소방청장이 정하여 고시하는 것

해답 ④

41 한 변의 길이는 10m, 다른 한 변의 길이는 50m인 옥내저장소에 자동화재탐지설비를 설치하는 경우 경계구역은 원칙적으로 최소한 몇 개로 하여야 하는가? (단, 차동식 스포트형 감지기를 설치한다.)

① 1
② 2
③ 3
④ 4

해설 자동화재탐지설비의 설치기준
① 자동화재탐지설비의 경계구역은 건축물 그 밖의 공작물의 2 **이상의 층**에 걸치지 아니하도록 할 것. 다만, 하나의 경계구역의 면적이 **500m² 이하**이면서 당해 경계구역이 두개의 층에 걸치는 경우이거나 계단·경사로·승강기의 승강로 그 밖에 이와 유사한 장소에 연기감지기를 설치하는 경우에는 그러하지 아니하다.
② 하나의 경계구역의 **면적은 600m² 이하**로 하고 그 **한변의 길이는 50m**(광전식분리형 감지기를 설치할 경우에는 100m) 이하로 할 것. 다만, 당해 건축물 그 밖의 공작물의 주요한 출입구에서 그 **내부의 전체를 볼 수 있는 경우**에 있어서는 그 면적을 1,000m² 이하로 할 수 있다.
③ 자동화재탐지설비의 감지기는 지붕 또는 벽의 옥내에 면한 부분에 유효하게 화재의 발생을 감지할 수 있도록 설치할 것
④ 자동화재탐지설비에는 **비상전원**을 설치할 것

경계구역 수★
$$\frac{10m \times 50m}{600m^2} = 0.83구역 \quad \therefore 1구역(소수발생시 무조건 절상하여 정수로 표기)$$

해답 ①

42 삼산화크로뮴(Chromium Trioxide)을 융점 이상으로 가열(250℃)하였을 때 분해 생성물은?

① CrO_2와 O_2
② Cr_2O_3와 O_2
③ Cr과 O_2
④ Cr_2O_5와 O_2

해설 **무수크로뮴산 = 삼산화크로뮴**(CrO_3)
① 가열하면 분해하여 산소와 산화크로뮴이 생성된다.

$$4CrO_3 \xrightarrow{\triangle} 2Cr_2O_3 + 3O_2 \uparrow$$

② 물과 작용하면 부식성이 강한 산이 된다.
③ 환원제가 같이 있으면 반응을 일으킨다.
④ 알코올, 에터, 아세톤과 접촉 시 발화
⑤ 물, 알코올, 에터, 황산에 잘 녹는다.

해답 ②

43. 위험물안전관리법령상 품명이 나머지 셋과 다른 하나는? (단, 수용성과 비수용성은 고려하지 않는다.)

① C_6H_5Cl
② $C_6H_5NO_2$
③ $C_2H_4(OH)_2$
④ $C_3H_5(OH)_3$

해설 제4류 위험물의 구분

화학식	C_6H_5Cl	$C_6H_5NO_2$	$C_2H_4(OH)_2$	$C_3H_5(OH)_3$
명 칭	클로로벤젠	나이트로벤젠	에틸렌글리콜	글리세린
품 명	제2석유류	제3석유류	제3석유류(수용성)	제3석유류

해답 ①

44. 다음 중 위험물안전관리법령에서 규정하는 이중벽탱크의 종류가 아닌 것은?

① 강제강화플라스틱제 이중벽탱크
② 강화플라스틱제 이중벽탱크
③ 강제 이중벽탱크
④ 강화강판 이중벽탱크

해설 이중벽탱크의 종류
① 강제강화플라스틱제 이중벽탱크
② 강화플라스틱제 이중벽탱크
③ 강제 이중벽탱크

해답 ④

45. 주유취급소에 설치해야 하는 "주유 중 엔진정지" 게시판의 색상을 옳게 나타낸 것은?

① 적색 바탕에 백색 문자
② 청색 바탕에 백색 문자
③ 백색 바탕에 흑색 문자
④ 황색 바탕에 흑색 문자

해설 표지 사항의 설치기준
① 위험물을 차량으로 운반하는 경우 표지
 • 한 변의 길이가 0.3m 이상, 다른 한 변의 길이가 0.6m이상인 직사각형
 • 바탕은 흑색으로 하고 황색의 반사도료 그 밖의 반사성이 있는 재료로 "위험물"이라고 표시
② 주유 중 엔진정지 : 황색바탕에 흑색문자
③ 화기엄금 및 화기주의 : 적색바탕에 백색문자
④ 물기엄금 : 청색바탕에 백색문자

해답 ④

46. 위험물안전관리자에 대한 설명으로 틀린 것은?

① 암반탱크저장소에는 위험물안전관리자를 선임하여야 한다.
② 위험물안전관리자가 일시적으로 직무를 수행할 수 없는 경우 대리자를 지정하여 그 직무를 대행하게 하여야 한다.
③ 위험물안전관리자와 위험물운송자로 종사하는 자는 실무교육을 받은 후 2년마다 1회 실무교육을 받아야 한다.
④ 다수의 제조소 등을 동일인이 설치한 경우에는 일정한 요건에 따라 1인의 안전관리자를 중복하여 선임할 수 있다.

해설 ③ 위험물운송자로 종사하는 자는 실무교육을 받은 후 3년마다 1회 실무교육을 받아야 한다.

교육과정 · 교육대상자 · 교육시간 · 교육시기 및 교육기관

교육과정	교육대상자	교육시간	교육시기		교육기관
강습교육	안전관리자	24시간	최초 선임되기 전		안전원
	위험물운반자	8시간	최초 종사하기 전		
	위험물운송자	16시간			
실무교육	안전관리자	8시간 이내	선임된 날, 종사한 날, 등록한 날로부터 6개월 이내	교육 후 2년마다 1회	
	위험물운반자	4시간		교육 후 3년마다 1회	
	위험물운송자	8시간 이내			
	탱크시험자의 기술인력	8시간 이내		교육 후 2년마다 1회	기술원

해답 ③

47. 과산화수소 수용액은 보관 중 서서히 분해할 수 있으므로 안정제를 첨가하는데 그 안정제로 가장 적합한 것은?

① H_3PO_4
② MnO_2
③ C_2H_5OH
④ Cu

해설 과산화수소(H_2O_2)의 일반적인 성질

화학식	분자량	비중	비점	융점
H_2O_2	34	1.463	150.2℃(pure),	-0.43℃(pure)

① 물, 에탄올, 에터에 잘 녹으며 벤젠에 녹지 않는다.
② 분해 시 발생기 산소(O)를 발생시킨다.
③ 분해안정제로 인산(H_3PO_4) 또는 요산($C_5H_4N_4O_3$)을 첨가한다.
④ 저장용기는 밀폐하지 말고 구멍이 있는 마개를 사용한다.
⑤ 하이드라진($NH_2 \cdot NH_2$)과 접촉 시 분해 작용으로 폭발위험이 있다.

$$NH_2 \cdot NH_2 + 2H_2O_2 \rightarrow 4H_2O + N_2 \uparrow$$

⑥ 다량의 물로 주수 소화한다.

- 과산화수소는 36%(중량) 이상만 위험물에 해당된다.
- 과산화수소는 표백제 및 살균제로 이용된다.

해답 ①

48. 클로로벤젠 150,000리터는 몇 소요단위에 해당하는가?

① 7.5단위 ② 10단위
③ 15단위 ④ 30단위

해설 건축물 그 밖의 공작물 또는 위험물의 소요단위의 계산방법
(1) 제조소 또는 취급소의 건축물

외벽이 내화구조인 것	외벽이 내화구조가 아닌것
연면적 100m²를 1소요단위	연면적 50m²를 1소요단위

(2) 저장소의 건축물

외벽이 내화구조인 것	외벽이 내화구조가 아닌것
연면적 150m² : 1소요단위	연면적 75m² : 1소요단위

(3) 제조소등의 옥외에 설치된 **공작물**은 **외벽이 내화구조**인 것으로 간주하고 공작물의 **최대수평 투영면적**을 **연면적**으로 간주하여 (1) 및 (2)의 규정에 의하여 소요단위를 산정할 것
(4) 위험물은 지정수량의 **10배를 1소요단위**로 할 것

제4류 위험물 및 지정수량

성 질	품 명		지정수량
인화성액체	1. 특수인화물		50L
	2. 제1석유류	비수용성액체	200L
		수용성액체	400L
	3. 알코올류		400L
	4. 제2석유류	비수용성액체	1,000L
		수용성액체	2,000L
	5. 제3석유류	비수용성액체	2,000L
		수용성액체	4,000L
	6. 제4석유류		6,000L
	7. 동식물유류		10,000L

∴ 지정수량의 배수 = $\dfrac{저장수량}{지정수량} = \dfrac{150,000}{1,000} = 150$배

∴ 소요단위 = $\dfrac{지정수량의\ 배수}{10} = \dfrac{150}{10} = 15$단위

해답 ③

49. 다음 위험물 중 지정수량이 나머지 셋과 다른 것은?

① 아이오딘산염류 ② 무기과산화물
③ 알칼리토금속   ④ 염소산염류

해설 위험물의 지정수량

구분	아이오딘산염류	무기과산화물	알칼리토금속	염소산염류
유별	제1류	제1류	제3류	제1류
지정수량	300kg	50kg	50kg	50kg

해답 ①

50 [보기]의 성질을 모두 갖추고 있는 물질은?

[보기] 액체, 자연발화성, 금수성

① 트라이에틸알루미늄 ② 아세톤
③ 황린 ④ 마그네슘

해설 알킬알루미늄[(C_nH_{2n+1})·Al] : 제3류 위험물(금수성 물질)
① 알킬기(C_nH_{2n+1})에 알루미늄(Al)이 결합된 화합물이다.
② $C_1 \sim C_4$는 자연발화의 위험성이 있다.
③ 물과 접촉 시 가연성 가스 발생하므로 주수소화는 절대 금지한다.
④ 트라이메틸알루미늄(TMA : Tri Methyl Aluminium)

$$(CH_3)_3Al + 3H_2O \rightarrow Al(OH)_3 + 3CH_4 \uparrow (메탄)$$

⑤ 트라이에틸알루미늄(TEA : Tri Eethyl Aluminium)

$$(C_2H_5)_3Al + 3H_2O \rightarrow Al(OH)_3 + 3C_2H_6 \uparrow (에탄)$$

⑥ 저장용기에 불활성기체(N_2)를 봉입한다.
⑦ 피부접촉 시 화상을 입히고 연소 시 흰 연기가 발생한다.
⑧ 소화 시 주수소화는 절대 금하고 팽창질석, 팽창진주암 등으로 피복소화한다.

해답 ①

51 위험물제조소로부터 30m 이상의 안전거리를 유지하여야 하는 건축물 또는 공작물은?

① 문화유산의 보존 및 활용에 관한 법률에 따른 지정문화유산
② 고압가스안전관리법에 따라 신고하여야 하는 고압가스저장시설
③ 주거용 건축물
④ 고등교육법에서 정하는 학교

해설 제조소의 안전거리(제6류 위험물을 취급하는 제조소는 제외)

구 분	안전거리
사용전압이 7,000V 초과 35,000V 이하	3m 이상
사용전압이 35,000V를 초과	5m 이상
주거용	10m 이상
고압가스, 액화석유가스, 도시가스	20m 이상
학교·병원·극장	30m 이상
지정문화유산 및 천연기념물 등	**50m 이상**

불연재료로 된 **방화상 유효한 담 또는 벽을 설치하는 경우**에는 안전거리를 **단축**할 수 있다.

해답 ④

52 다음 중 과염소산의 화학적 성질에 관한 설명으로 잘못된 것은?

① 물에 잘 녹으며 수용액 상태는 비교적 안정하다.
② Fe, Cu, Zn과 격렬하게 반응하고 산화물을 만든다.
③ 알코올류와 접촉 시 폭발 위험이 있다.
④ 가열하면 분해하여 유독성의 HCl이 발생한다.

해설 과염소산($HClO_4$) : 제6류 위험물

화학식	분자량	비중	비점	융점
$HClO_4$	100.46	1.77	39℃	-112℃

① 물과 접촉 시 심한 열을 발생하며 불안정하다.
② 종이, 나무조각과 접촉 시 연소한다.
③ 공기 중 분해하여 강하게 연기를 발생한다.
④ 무색의 액체로 염소냄새가 난다.
⑤ 산화력 및 흡습성이 강하다.
⑥ 다량의 물로 분무(안개모양)주수소화

해답 ①

53 다음에서 설명하는 위험물의 지정수량으로 예상할 수 있는 것은?

[다음]
- 옥외저장소에서 저장·취급할 수 있다.
- 운반용기에 수납하여 운반할 경우 내용적의 98% 이하로 수납하여야 한다.
- 위험등급 Ⅰ에 해당하는 위험물이다.

① 10kg　　② 300kg
③ 400L　　④ 4,000L

해설 제6류 위험물
① 옥외저장소에 저장할 수 있다.
② 액체이므로 운반용기에 수납할 때에는 내용적의 98% 이하
③ 품명 모두 위험등급 Ⅰ에 해당하는 위험물
④ 품명 모두 지정수량이 300kg

옥외저장소에 저장할 수 있는 위험물
① 제2류 위험물 : 황, 인화성고체(인화점이 0℃ 이상)
② 제4류 위험물 : 제1석유류(인화점이 0℃ 이상), 제2석유류, 제3석유류, 제4석유류, 알코올류, 동식물유류
③ 제6류 위험물

해답 ②

54 탱크안전성능검사의 내용을 구분하는 것으로 틀린 것은?
① 기초 · 지반검사
② 충수 · 수압검사
③ 용접부 검사
④ 배관검사

해설 위험물안전관리법 시행령 제8조(탱크안전성능검사의 대상이 되는 탱크 등)
(1) 기초 · 지반검사 : 옥외탱크저장소의 액체위험물탱크 중 그 용량이 100만L 이상인 탱크
(2) 충수 · 수압검사 : 액체위험물을 저장 또는 취급하는 탱크. 다만, 다음 각목의 1에 해당하는 탱크를 제외한다.
　① 제조소 또는 일반취급소에 설치된 탱크로서 용량이 지정수량 미만인 것
　② 특정설비에 관한 검사에 합격한 탱크
　③ 규정에 의한 성능검사에 합격한 탱크
(3) 용접부검사 : 옥외탱크저장소의 액체위험물탱크 중 그 용량이 100만L 이상인 탱크. 다만, 탱크의 저부에 관계된 변경공사
(4) 암반탱크검사 : 액체위험물을 저장 또는 취급하는 암반내의 공간을 이용한 탱크

해답 ④

55 다음 중 브레인스토밍(Brainstorming)과 가장 관계가 깊은 것은?
① 파레토도
② 히스토그램
③ 회귀분석
④ 특성요인도

해설 **특성 요인도**(characteristics diagram) : 품질 특성치가 어떤 요인에 의해 영향을 받고 있는가를 조사하여 이것을 하나의 도형으로 묶어 특성과 원인과의 관계를 나타낸 것으로 브레인스토밍(Brainstorming)과 관련이 있다.

브레인스토밍(brainstorming) : 요약일정한 테마에 관하여 회의형식을 채택하고, 구성원의 자유발언을 통한 아이디어의 제시를 요구하여 발상을 찾아내려는 방법

해답 ④

56 단계여유(Slack)의 표시로 옳은 것은? (단, TE는 가장 이른 예정일, TL은 가장 늦은 예정일, TF는 총 여유시간, FF는 자유여유시간이다.)
① TE-TL
② TL-TE
③ FF-TF
④ TE-TF

해설 **단계 여유**(Slack)

여유(slack) : $S = TL - TE$

여기서, TE : 가장 이른 예정일, TL : 가장 늦은 예정일

해답 ②

57 c관리도에서 $k=20$인 군의 총 부적합수 합계는 58이었다. 이 관리도의 UCL, LCL을 계산하면 약 얼마인가?

① UCL=2.90, LCL=고려하지 않음 ② UCL=5.90, LCL=고려하지 않음
③ UCL=6.92, LCL=고려하지 않음 ④ UCL=8.01, LCL=고려하지 않음

해설 (1) 관리중심

$$\overline{C} = \frac{\sum C}{k} \quad (C: 결점수,\ k: 자료수)$$

$\overline{C} = \dfrac{58}{20} = 2.9$

(2) 관리한계

$$CL = \overline{C} \pm 3\sqrt{\overline{C}} \quad (C: 결점수)$$

① 관리 상한계 $UCL = \overline{C} + 3\sqrt{\overline{C}} = 2.9 + 3\sqrt{2.9} = 8.01$
② 관리 하한계 $LCL = \overline{C} - 3\sqrt{\overline{C}} = 2.9 - 3\sqrt{2.9} = -2.2$ (고려하지 않음)

해답 ④

58 테일러(F.W. Taylor)에 의해 처음 도입된 방법으로 작업시간을 직접 관측하여 표준시간을 설정하는 표준시간 설정기법은?

① PTS법   ② 실적자료법
③ 표준자료법   ④ 스톱워치법

해설 **스톱워치법**
테일러(F.W. Taylor)에 의해 도입된 방법으로 표준화된 작업을 평균적 노동자에게 수행하게 하고, 그 시간을 스톱워치로 측정하여 표준작업시간을 설정하는 방법

해답 ④

59 공정 중에 발생하는 모든 작업, 검사, 운반, 저장, 정체 등이 도식화된 것이며 또한 분석에 필요하다고 생각되는 소요시간, 운반거리 등의 정보가 기재된 것은?

① 작업분석(Operation Analysis)
② 다중활동분석표(Multiple Activity Chart)
③ 사무공정분석(Form Process Chart)
④ 유통공정도(Flow Process Chart)

해설 **유통공정도(Flow Process Chart)**
공정 중에 발생하는 모든 작업, 검사, 운반, 저장, 정체 등이 도식화된 것이며 또한 분석에 필요하다고 생각되는 소요시간, 운반거리 등의 정보가 기재된 것

해답 ④

60 검사의 분류방법 중 검사가 행해지는 공정에 의한 분류에 속하는 것은?
① 관리 샘플링 검사
② 로트별 샘플링 검사
③ 전수검사
④ 출하검사

해설 ① **관리 샘플링 검사** : 공정 관리, 공정검사의 조정 및 검사의 Check를 목적을 위하여 실시하는 검사〈검사 개수에 의한 분류〉
② **로트별 샘플링 검사** : 한 로트(lot)의 물품 중에서 발췌한 시료를 조사하고 그 결과를 판정 기준과 비교하여 그 로트의 합격 여부를 결정하는 검사〈검사 개수에 의한 분류〉
③ **전수검사** : 검사 로트 내의 검사 단위 모두를 하나하나 검사하여 합격, 불합격 판정을 내리는 것으로 일명 100% 검사라고도 하며 품질특성치가 치명적인 결점을 포함하는 경우 실시한다.〈검사 개수에 의한 분류〉
④ **자주검사** : 성능 검사나 정기 자주 검사 등의 법적 검사 외에 작업 주임이 적당히 자체적으로 하는 검사
⑤ **출하검사** : 전수검사를 기본으로 하는 최종검사가 완료된 LOT를 대상으로 출하직전에 하는 최종검사
※ 검사가 행해지는 공정에 따른 분류
① 수입검사 ② 공정검사 ③ 제품검사 ④ 출하검사

해답 ④

국가기술자격 필기시험문제

2024년도 기능장 제76회 필기시험 (2024년 06월 16일 시행)

자격종목	시험시간	문제수	형별
위험물기능장	1시간	60	A

수험번호: 성명:

본 문제는 CBT시험대비 기출문제 복원입니다.

01. 나이트로화합물 중 분자구조 내에 하이드록시기를 갖는 위험물은?

① 피크린산
② 트라이나이트로톨루엔
③ 트라이나이트로벤젠
④ 테트릴

해설

하이드록시기($-OH$) ★

피크르산[$C_6H_2(NO_2)_3OH$](TNP : Tri Nitro Phenol) : **제5류 위험물 중 나이트로화합물**★★★★★

화학식	분자량	비중	비점	융점	인화점	착화점
$C_6H_2(OH)(NO_2)_3$	229	1.8	255℃	122℃	150℃	300℃

① 페놀에 황산을 작용시켜 다시 진한 질산으로 나이트로화 하여 만든 노란색 결정
② 침상결정이며 냉수에는 약간 녹고 더운물, **알코올, 벤젠 등에 잘 녹는다.**
③ 쓴맛과 독성이 있다.
④ 피크르산(picric acid) 또는 트라이나이트로페놀(Tri Nitro phenol)의 약자로 TNP라고도 한다.
⑤ 단독으로 타격, 마찰에 비교적 둔감하다.
⑥ 연소 시 검은 연기를 내고 폭발성은 없다.
⑦ 휘발유, 알코올, 황과 혼합된 것은 마찰, 충격에 폭발한다.
⑧ 화약, 불꽃놀이에 이용된다.

피크르산(트라이나이트로페놀)의 구조식

(구조식: 벤젠고리에 OH 1개, NO_2 3개)

피크르산의 열분해 반응식

$2C_6H_2OH(NO_2)_3 \rightarrow 2C + 3N_2\uparrow + 3H_2\uparrow + 4CO_2\uparrow + 6CO\uparrow$ (일수질탄이)

종류	피크르산	트라이나이트로톨루엔	트라이나이트로벤젠	테트릴
유별	제5류-나이트로화합물			
구조식	(OH, 3NO_2)	(CH_3, 3NO_2)	(3NO_2)	(NO_2-N-CH_3, 3NO_2)
시성식	$C_6H_2(NO_2)_3OH$	$C_6H_2(NO_2)_3CH_3$	$C_6H_3(NO_2)_3$	$C_6H_2(NO_2)_4NCH_3$

해답 ①

02

제4류 위험물을 수납하는 운반용기의 내장용기가 플라스틱 용기인 경우 최대 용적은 몇 리터인가? (단, 외장용기에 위험물을 직접 수납하지 않고 별도의 외장용기가 있는 경우이다.)

① 5
② 10
③ 20
④ 30

해설 운반용기의 최대용적 또는 중량(별표 19 관련)
액체 위험물

운반용기				수납위험물의 종류								
내장용기		외장용기		제3류			제4류			제5류		제6류
용기의 종류	최대용적 또는 중량	용기의 종류	최대용적 또는 용적	I	II	III	I	II	III	I	II	I
플라스틱 용기	10L	나무 또는 플라스틱 상자(필요에 따라 불활성의 완충재를 채울 것.)	75kg	○	○	○	○	○	○	○	○	○
			125kg		○	○		○	○		○	
			225kg						○			
		파이버판 상자(필요에 따라 불활성의 완충재를 채울 것.)	40kg	○	○	○	○	○	○	○	○	○
			55kg						○			

해답 ②

03

과산화벤조일을 가열하면 약 몇 ℃ 근방에서 흰 연기를 내며 분해하기 시작하는가?

① 50
② 100
③ 200
④ 400

해설 과산화벤조일 = 벤조일퍼옥사이드(BPO)[$(C_6H_5CO)_2O_2$] : 제5류 유기과산화물

화학식	분자량	비중	융점	착화점
$(C_6H_5CO)_2O_2$	242	1.33	105℃	125℃

① 무색 무취의 백색분말 또는 결정이다.
② 물에 녹지 않고 알코올에 약간 녹는다.
③ 에터 등 유기용제에 잘 녹는다.
④ 발화점이 약 125℃이므로 저장온도를 40℃ 이하로 유지할 것
⑤ 저장용기에 희석제(프탈산다이메틸(DMP), 프탈산다이부틸(DBP))를 넣어 폭발 위험성을 낮춘다.
⑥ 직사광선을 피하고 냉암소에 보관한다.
⑦ 가열을 하면 약 100℃ 부근에서 흰 연기를 낸다.

해답 ②

04 바닥면적이 150m² 이상인 제조소에 설치하는 환기설비의 급기구는 얼마 이상의 크기로 하여야 하는가?

① 600cm²   ② 800cm²
③ 1,000cm² ④ 1,500cm²

[해설] 위험물 제조소의 채광 조명 및 환기 설비의 설치기준
(1) **채광설비**
    불연재료로 하고, 연소의 우려가 없는 장소에 설치하되 채광면적을 최소로 할 것
(2) **조명설비**
    ① 가연성가스 등이 체류할 우려가 있는 장소의 조명등은 방폭 등으로 할 것
    ② 전선은 내화·내열전선으로 할 것
    ③ **점멸스위치**는 출입구 **바깥부분**에 설치할 것.
(3) **환기설비**
    ① 환기는 자연배기방식으로 할 것
    ② 급기구는 당해 급기구가 설치된 실의 바닥면적 150m²마다 1개 이상으로 하되, **급기구의 크기는 800cm² 이상**으로 할 것.
    ③ 급기구는 낮은 곳에 설치하고 가는 눈의 구리망 등으로 **인화 방지망**을 설치할 것
    ④ 환기구는 **지붕위** 또는 **지상 2m** 이상의 높이에 회전식 고정벤티레이터 또는 루푸팬 방식으로 설치할 것

[해답] ②

05 방사구역의 표면적이 100m²인 곳에 물분무소화설비를 설치하고자 한다. 수원의 수량은 몇 L 이상이어야 하는가? (단, 분무헤드가 가장 많이 설치된 방사구역의 모든 분무헤드를 동시에 사용할 경우이다.)

① 30,000L   ② 40,000L
③ 50,000L   ④ 60,000L

[해설] ① 위험물제조소등의 소화설비 설치기준

소화설비	수평거리	방사량	방사압력	수원의 양
옥내	25m 이하	260(L/min) 이상	350(kPa) 이상	$Q=N$(소화전개수 : 최대 5개) $\times 7.8m^3$(260L/min×30min)
옥외	40m 이하	450(L/min) 이상	350(kPa) 이상	$Q=N$(소화전개수 : 최대 4개) $\times 13.5m^3$(450L/min×30min)
스프링클러	1.7m 이하	80(L/min) 이상	100(kPa) 이상	$Q=N$(헤드수 : 최대30개) $\times 2.4m^3$(80L/min×30min)
물분무		20 (L/m²·min) 이상	350(kPa) 이상	$Q=A$(바닥면적m²) $\times 0.6m^3$(20L/m²·min×30min)

② **물분무소화설비의 수원의 양**
$Q_1 = Am^2 \times 0.6m^3 = 100 \times 0.6 = 60m^3 = 60000L$

[해답] ④

06 위험물제조소 등에 전기설비가 설치된 경우에 당해 장소의 면적이 500m²라면 몇 개 이상의 소형소화기를 설치하여야 하는가?

① 1
② 4
③ 5
④ 10

해설 전기설비의 면적 100m²마다 소형소화기를 1개 이상 설치
$N = 500 \div 100 = 5$개

전기설비의 소화설비
당해 장소의 면적 100m²마다 소형소화기를 1개 이상 설치할 것

소요단위의 계산방법
① 제조소 또는 취급소의 건축물

외벽이 내화구조인 것	외벽이 내화구조가 아닌 것
연면적 100m² : 1소요단위	연면적 50m² : 1소요단위

② 저장소의 건축물

외벽이 내화구조인 것	외벽이 내화구조가 아닌 것
연면적 150m² : 1소요단위	연면적 75m² : 1소요단위

③ 위험물은 지정수량의 10배를 1소요단위로 할 것

해답 ③

---

07 과산화수소에 대한 설명 중 틀린 것은?

① 농도가 36.5wt%인 것은 위험물에 해당한다.
② 불연성이지만 반응성이 크다.
③ 표백제, 살균제, 소독제 등에 사용된다.
④ 지연성 가스인 암모니아를 봉입해 저장한다.

해설 과산화수소(H_2O_2)의 일반적인 성질

화학식	분자량	비중	비점	융점
H_2O_2	34	1.463	150.2℃(pure)	-0.43℃(pure)

① 물, 에탄올, 에터에 잘 녹으며 벤젠에 녹지 않는다.
② 분해 시 발생기 산소(O)를 발생시킨다.
③ **분해안정제로 인산**(H_3PO_4) **또는 요산**($C_5H_4N_4O_3$)**을 첨가**한다.
④ 저장용기는 밀폐하지 말고 구멍이 있는 마개를 사용한다.
⑤ 하이드라진($NH_2 \cdot NH_2$)과 접촉 시 분해 작용으로 폭발위험이 있다.

$$NH_2 \cdot NH_2 + 2H_2O_2 \rightarrow 4H_2O + N_2 \uparrow$$

⑥ 아이오딘화칼륨이나 이산화망가니즈(MnO_2)을 촉매로 하면 분해가 빠르다.
⑦ 다량의 물로 주수 소화한다.

- 과산화수소는 36%(중량) 이상만 위험물에 해당된다.
- 과산화수소는 표백제 및 살균제로 이용된다.

해답 ④

08 [보기]의 요건을 모두 충족하는 위험물은?

[보기]
- 이 위험물이 속하는 전체 유별은 옥외저장소에 저장할 수 없다. (국제해상위험물 규칙에 적합한 용기에 수납하는 경우 제외)
- 제1류 위험물과 적정 간격을 유지하면 동일한 옥내저장소에 저장이 가능하다.
- 위험등급 Ⅰ에 해당한다.

① 황린 ② 글리세린
③ 질산 ④ 질산염류

해설 ① 위험물을 옥외저장소에 저장할 수 없는 유별 : 제1류 위험물, 제3류 위험물, 제5류 위험물
② 제1류 위험물과 적정 간격을 유지하면 동일한 옥내저장소에 저장이 가능 : 제3류, 제5류
③ 위험등급

구분	황린	글리세린	질산	질산염류
유별	제3류	제4류-제3석유류	제6류	제1류
위험등급	Ⅰ	Ⅲ	Ⅰ	Ⅱ

옥외저장소에 저장할 수 있는 위험물
(1) 제2류 위험물 : 황, 인화성고체(인화점이 0℃이상)
(2) 제4류 위험물 : 제1석유류(인화점이 0℃ 이상), 제2석유류, 제3석유류, 제4석유류, 알코올류, 동식물유류
(3) 제6류 위험물

유별을 달리하는 위험물은 동일한 저장소에 저장하는 경우
위험물을 유별로 정리하여 저장하는 한편, 서로 1m 이상의 간격을 두는 경우에는 동일한 저장소에 저장할 수 있다
(1) 제1류(알칼리금속 과산화물 제외) + 제5류
(2) 제1류 + 제6류
(3) 제1류 + 제3류 중 자연발화성물질(황린)
(4) 제2류(인화성고체) + 제4류
(5) 제3류(알킬알루미늄등) + 제4류(알킬알루미늄 또는 알킬리튬)
(6) 제4류(유기과산화물) + 제5류(유기과산화물)

동일한 저장소에 저장할 수 있는 경우(※ 뇌새김 암기법)	
1류	6류
1류(알칼리금속의 과산화물 제외)	5류
2류(인화성고체)	4류
1류	3류(자연발화성물질:황린)
1 1 2 1과 3 4 5 6	
3류(알킬알루미늄등)	4류(알킬알루미늄 또는 알킬리튬 함유)
4류(유기과산화물 함유)	5류 중 유기과산화물

해답 ①

제 6 편 최근 기출문제

09 무색, 무취, 사방정계 결정으로 융점이 약 610℃이고 물에 녹기 어려운 위험물은?

① NaClO₃
② KClO₃
③ NaClO₄
④ KClO₄

해설 과염소산칼륨(KClO₄)

화학식	분자량	융점	색상	분해온도
KClO₄	138.5	610℃	무색	400℃

① 무색무취, 사방정계 결정으로 융점은 약 610℃
② 물에 녹기 어렵고 알코올, 에터에 불용
③ 진한 황산과 접촉 시 폭발성이 있다.
④ 황, 탄소, 유기물등과 혼합 시 가열, 충격, 마찰에 의하여 폭발한다.
⑤ 400℃에서 분해가 시작되어 600℃에서 완전 분해하여 산소를 발생한다.

$$KClO_4(\text{과염소산칼륨}) \rightarrow KCl(\text{염화칼륨}) + 2O_2\uparrow(\text{산소})$$

해답 ④

10 하나의 옥내저장소에 칼륨과 황을 저장하고자 할 때, 저장창고의 바닥면적에 관한 내용으로 적합하지 않은 것은?

① 만약 황이 없고 칼륨만을 저장하는 경우라면 저장창고의 바닥면적은 1,000m² 이하로 하여야 한다.
② 만약 칼륨이 없고 황만을 저장하는 경우라면 저장창고의 바닥면적은 2,000m² 이하로 하여야 한다.
③ 내화구조의 격벽으로 완전히 구획된 실에 각각 저장하는 경우 전체 바닥면적은 1,500m² 이하로 하여야 한다.
④ 내화구조의 격벽으로 완전히 구획된 실에 각각 저장하는 경우 칼륨의 저장실은 1,000m² 이하로, 황의 저장실은 500m² 이하로 한다.

해설 옥내저장소의 저장창고 바닥면적 설치기준

위험물의 종류	바닥면적
• 제1류 중 아염소산염류, 염소산염류, 과염소산염류, 무기과산화물, 지정수량 50kg인 위험물 • 제3류 중 칼륨, 나트륨, 알킬알루미늄, 알킬리튬, 지정수량 10kg인 위험물 및 황린 • 제4류 중 특수인화물, 제1석유류 및 알코올류 • 제5류 중 지정수량 10kg인 위험물 • 제6류 위험물	1,000m² 이하
• 위 이외의 위험물	2,000m² 이하
• 내화구조의 격벽으로 완전히 구획된 실	1,500m² 이하

해답 ④

11 다음 위험물의 화재 시 알코올 포소화약제가 아닌 보통의 포소화약제를 사용하였을 때 가장 효과가 있는 것은?

① 아세트산 ② 메틸알코올
③ 메틸에틸케톤 ④ 경유

해설
① 아세트산(초산)-제4류-제2석유류-수용성
② 메틸알코올-제4류-알코올류-수용성
③ 메틸에틸케톤(MEK)-제4류-제1석유류-물에 용해(물에 대한 용해도는 26.8)
④ 경유-제4류-제2석유류-비수용성

알코올포 소화약제
수용성 위험물(알코올, 산, 케톤류)에 일반 포 약제를 방사하면 포가 소멸하므로(소포성, 파포현상) 이를 방지하기 위하여 특별히 제조된 포 약제이다.

알코올포 적응화재
① 알코올 ② 아세톤 ③ 피리딘 ④ 개미산(의산) ⑤ 초산 등 수용성 액체에 적합

해답 ④

---

12 다음 중 물보다 가벼운 물질로만 이루어진 것은?

① 에터, 이황화탄소 ② 벤젠, 포름산
③ 클로로벤젠, 글리세린 ④ 휘발유, 에탄올

해설 위험물의 비중

구분	에터	이황화탄소	벤젠	포름산(의산)	클로로벤젠	글리세린	가솔린(휘발유)	에탄올
유별	제4류 특	제4류 특	제4류 1석	제4류 2석	제4류 2석	제4류 3석	제4류 1석	제4류 알
비중	0.72	1.26	0.9	1.22	1.11	1.26	0.65~0.80	0.789

해답 ④

---

13 고정지붕구조로 된 위험물 옥외저장탱크에 설치하는 포방출구가 아닌 것은?

① Ⅰ형 ② Ⅱ형
③ Ⅲ형 ④ 특형

해설 탱크의 종류에 따른 고정포 방출구 설치

탱크의 종류	포방출구
콘루프탱크(고정 지붕구조)	Ⅰ형, Ⅱ형 또는 Ⅲ형, Ⅳ형
플루팅루프탱크(부상식 지붕구조)	특형

포주입법에 따른 고정포 방출구
① 상부 포주입법 : Ⅰ형, Ⅱ형, 특형
② 하부(저부) 포주입법 : Ⅲ형, Ⅳ형

해답 ④

14. KClO₃의 일반적인 성질을 나타낸 것 중 틀린 것은?

① 비중은 약 2.32이다.
② 융점은 약 240℃이다.
③ 용해도는 20℃에서 약 7.3이다.
④ 단독 분해온도는 약 400℃이다.

해설 염소산칼륨($KClO_3$) : 제1류 위험물(산화성고체) 중 염소산염류

화학식	분자량	물리적 상태	색상	분해온도
$KClO_3$	122.5	고체	무색	400℃

① 무색 또는 **백색분말**이며 산화력이 강하다
② 이산화망가니즈(MnO_2)과 접촉 시 분해가 촉진되어 산소를 방출한다.
③ 비중 : 2.34, 녹는점 368℃이다.
④ 온수, 글리세린에 잘 녹는다.
⑤ 냉수, 알코올에는 용해하기 어렵다.
⑥ 400℃에서 열분해되어 **염화칼륨과 산소를 방출**

$$2KClO_3 \rightarrow 2KCl + 3O_2 \uparrow$$
(염소산칼륨)　(염화칼륨)　(산소)

⑦ 유기물 등과 접촉 시 충격을 가하면 폭발하는 수가 있다.

해답 ②

15. 오존파괴지수를 나타내는 것은?

① CFC
② ODP
③ GWP
④ HCFC

해설
① **ODP**(Ozone Depletion Potential) **오존파괴지수**
　어떤 물질의 오존파괴능력을 상대적으로 나타내는 지표
② **GWP**(Global Warming Potential) **지구 온난화지수**
　일정무게의 CO_2가 대기 중에 방출되어 지구온난화에 기여하는 정도
③ **ALT**(Atmospheric Life Time) **대기잔존년수**
　어떤 물질이 방사되어 분해되지 않은 채로 존재하는 기간
④ **NOAEL**(No Observable Adverse Effect Level)
　농도를 증가시킬 때 아무런 악영향을 감지할 수 없는 최대농도
　(심장에 영향을 미치지 않는 최대 농도. 최대허용 설계농도)
⑤ **LOAEL**(Lowest Observable Adverse Effect Level)
　농도를 감소시킬 때 악영향을 감지할 수 있는 최소농도
　(심장독성 시험시 심장에 영향을 미치는 최소농도)
⑥ **ALC**(근사치농도)
　15분간 노출시켜 그 반수가 사망하는 농도

해답 ②

16 다음 중 위험물안전관리법령에 근거하여 할로젠화합물 소화약제를 구성하는 원소가 아닌 것은?

① Ar
② Br
③ F
④ Cl

해설 할로젠족원소

원소기호	F	Cl	Br	I
원소명	플루오린	염소	브로민	아이오딘
원자번호	9	17	35	53
원자량	19	35.5	79.9	126.9

① 할로젠원소의 반응력 세기 : F > Cl > Br > I
② 할로젠원소의 소화효과크기 : I > Br > Cl > F

할로젠화합물 소화약제 명명법
할론 ⓐ ⓑ ⓒ ⓓ
   ⓐ : C원자수   ⓑ : F원자수   ⓒ : Cl원자수   ⓓ : Br원자수

할로젠화합물 소화약제

구분	할론2402	할론1211	할론1301	할론1011
분자식	$C_2F_4Br_2$	CF_2ClBr	CF_3Br	CH_2ClBr
상온, 상압에서 상태	액체	기체	기체	액체

해답 ①

17 사용전압이 35,000V인 특고압가공전선과 위험물제조소와의 안전거리 기준으로 옳은 것은?

① 3m 이상
② 5m 이상
③ 10m 이상
④ 15m 이상

해설 제조소의 안전거리

구 분	안전거리
사용전압이 7,000V 초과 35,000V 이하	3m 이상
사용전압이 35,000V를 초과	5m 이상
주거용	10m 이상
고압가스, 액화석유가스, 도시가스	20m 이상
학교·병원·극장	30m 이상
지정문화유산 및 천연기념물 등	50m 이상

불연재료로 된 **방화상 유효한 담 또는 벽을 설치하는 경우**에는 안전거리를 **단축**할 수 있다.

해답 ①

18. 다음 제4류 위험물 중 위험등급이 나머지 셋과 다른 하나는?

① 휘발유 ② 톨루엔
③ 에탄올 ④ 아세트산

해설 제4류 위험물의 구분

구분	휘발유	톨루엔	에탄올	아세트산(초산)
유별	제1석유류	제1석유류	알코올류	제2석유류
위험등급	Ⅱ	Ⅱ	Ⅱ	Ⅲ

해답 ④

19. 제1종 분말소화약제의 주성분은?

① $NaHCO_3$ ② $NaHCO_2$
③ $KHCO_3$ ④ $KHCO_2$

해설 분말소화약제

종별	약제명	착색	적응화재	열분해 반응식
제1종 $NaHCO_3$	탄산수소나트륨 중탄산나트륨 중조	백색	B, C급	$2NaHCO_3 \rightarrow Na_2CO_3 + CO_2 + H_2O$
제2종 $KHCO_3$	탄산수소칼륨 중탄산칼륨	담회색	B, C급	$2KHCO_3 \rightarrow K_2CO_3 + CO_2 + H_2O$
제3종 $NH_4H_2PO_4$	제1인산암모늄	담홍색	A, B, C급	$NH_4H_2PO_4 \rightarrow HPO_3 + NH_3 + H_2O$
제4종 $KHCO_3 + (NH_2)_2CO$	중탄산칼륨 +요소	회(백)색	B, C급	$2KHCO_3 + (NH_2)_2CO$ $\rightarrow K_2CO_3 + 2NH_3 + 2CO_2$

해답 ①

20. 토출량은 5m³/min이고 토출구의 유속이 2m/s인 펌프의 구경은 몇 mm인가?

① 100 ② 230
③ 115 ④ 120

해설 유속

$$u = \frac{Q}{A} = \frac{Q}{\frac{\pi}{4}d^2}$$

여기서, Q : 유량(m³/s), A : 배관 단면적(m²), d : 배관내경(m)

① $d = \sqrt{\frac{4Q}{u\pi}}$, $Q = 5m^3/min = 5m^3/60s$, $u = 2m/s$

② $d = \sqrt{\frac{4Q}{\pi u}} = \sqrt{\frac{4 \times 5/60}{\pi \times 2}} = 0.230m = 230mm$

해답 ②

21 다음은 위험물안전관리법령에서 정한 용어의 정의이다. ( ) 안에 알맞은 것은?

> "산화성 고체"라 함은 고체로서 산화력의 잠재적인 위험성 또는 충격에 대한 민감성을 판단하기 위하여 ( )이 정하여 고시하는 시험에서 고시로 정하는 성질과 상태를 나타내는 것을 말한다.

① 대통령　　　　　　　　　② 소방청장
③ 중앙소방학교장　　　　　　④ 행정자치부장관

해설 **산화성 고체**
고체[액체(1기압 및 20℃에서 액상인 것 또는 20℃ 초과 40℃ 이하에서 액상인 것) 또는 기체(1기압 및 20℃에서 기상인 것) 외의 것을 말한다]로서 **산화력**의 잠재적인 위험성 또는 **충격**에 대한 **민감성을 판단하기 위하여** 소방청장이 정하여 고시하는 시험에서 고시로 정하는 성질과 상태를 나타내는 것을 말한다. 이 경우 "액상"이라 함은 수직으로 된 시험관(안지름 30mm, 높이 120mm의 원통형 유리관을 말한다)에 시료를 55mm까지 채운 다음 해당 시험관을 수평으로 하였을 때 시료 액면의 끝부분이 30mm를 이동하는 데 걸리는 시간이 90초 이내에 있는 것을 말한다.

해답 ②

22 나트륨에 대한 각종 반응식 중 틀린 것은?

① 연소 반응식 : $4Na + O_2 \rightarrow 2Na_2O$
② 물과의 반응식 : $2Na + 3H_2O \rightarrow 2NaOH + 2H_2$
③ 알코올과의 반응식 : $2Na + 2C_2H_5OH \rightarrow 2C_2H_5ONa + H_2$
④ 액체암모니아와 반응식 : $2Na + 2NH_3 \rightarrow 2NaNH_2 + H_2$

해설 **나트륨(Na) : 제3류-금수성물질**

화학식	원자량	비점	융점	비중	불꽃색상
Na	23	880℃	97.8℃	0.97	노란색

① 물과 반응하여 수소기체 발생
　　　$2Na + 2H_2O \rightarrow 2NaOH + H_2 \uparrow$ (수소발생)
② 석유(파라핀, 등유, 경유)속에 저장
③ 물보다 가벼운 금속이다.

해답 ②

23 $Sr(NO_3)_2$의 지정수량은?

① 50kg　　　　　　　　　② 100kg
③ 300kg　　　　　　　　 ④ 1,000kg

해설 **질산스트론튬[$Sr(NO_3)_2$] -제1류 위험물-질산염류-300kg**

해답 ③

24. 다음 중 가장 약산은?

① 염산 ② 황산
③ 인산 ④ 아세트산

해설

3대 강산 : 황산(H_2SO_4), 염산(HCl), 질산(HNO_3) ★
아세트산(초산, acetic acid, CH_3COOH) : 제4류–제2석유류–수용성

화학식	분자량	비중	인화점	착화점	연소범위
CH_3COOH	60	1.05	40℃	427℃	5.4~16.9%

① 무색 자극성을 가진 액체이며 물에 아주 잘 녹는다.
② 수분이 적은 것은 겨울철에 동결하므로 빙초산이라 한다.
③ 점화하면 푸른불꽃을 내며 이산화탄소와 물이 된다.

$$CH_3COOH + 2O_2 \rightarrow 2CO_2 + 2H_2O$$

해답 ④

25. 다음 중 아세틸퍼옥사이드와 혼재가 가능한 위험물은? (단, 지정수량의 10배의 위험물인 경우이다.)

① 질산칼륨 ② 황
③ 트라이에틸알루미늄 ④ 과산화수소

해설

아세틸퍼옥사이드–제5류–유기과산화물 ★
제5류와 혼재가능한 유별 : 2류 및 4류
① 질산칼륨–제1류–질산염류
② 황–제2류
③ 트라이에틸알루미늄–제3류–알킬알루미늄
④ 과산화수소–제6류

아세틸퍼옥사이드[$(CH_3CO)_2O_2$] : 제5류–유기과산화물

화학식	분자량	융점	인화점	발화점
$(CH_3CO)_2O_2$	118	30℃	45℃	121℃

① 무색의 액체이다.
② 희석제로 DMF(Di Methyl Formamide)를 사용하며 저온에 저장한다.
③ 다량의 물로 주수소화한다.

유별을 달리하는 위험물의 혼재기준
쉬운 암기방법(혼재가능)
↓1 + 6↑ 2 + 4
↓2 + 5↑ 5 + 4
↓3 + 4↑

해답 ②

26 「위험물안전관리법 시행규칙」에 의하여 일반취급소의 위치ㆍ구조 및 설비의 기준은 제조소의 위치ㆍ구조 및 설비의 기준을 준용하거나 위험물의 취급 유형에 따라 따로 정한 특례기준을 적용할 수 있다. 이러한 특례의 대상이 되는 일반취급소 중 취급 위험물의 인화점 조건이 나머지 셋과 다른 하나는?

① 열처리작업 등의 일반취급소
② 절삭장치 등을 설치하는 일반취급소
③ 윤활유 순환장치를 설치하는 일반취급소
④ 유압장치를 설치하는 일반취급소

해설 **일반취급소의 특례기준**
① **열처리작업 등의 일반취급소**
  열처리작업 또는 방전가공을 위하여 위험물(인화점이 70℃ 이상인 제4류 위험물에 한한다)을 취급하는 일반취급소로서 지정수량의 30배 미만의 것
② **절삭장치 등을 설치하는 일반취급소**
  절삭유의 위험물을 이용한 절삭장치, 연식장치 그 밖의 이와 유사한 장치를 설치하는 일반취급소(고인화점 위험물만을 100℃ 미만의 온도로 취급하는 것에 한한다)로서 지정수량의 30배 미만의 것
③ **유압장치 등을 설치하는 일반취급소**
  위험물을 이용한 유압장치 또는 윤활유 순환장치를 설치하는 일반취급소(고인화점 위험물만을 100℃ 미만의 온도로 취급하는 것에 한한다)로서 지정수량의 50배 미만의 것

해답 ①

27 다음 ( )에 알맞은 숫자를 순서대로 나열한 것은?

> 주유취급소 중 건축물의 ( )층의 이상의 부분을 점포, 휴게음식점 또는 전시장의 용도로 사용하는 것에 있어서는 당해 건축물의 ( )층 이상으로부터 직접 주유취급소의 부지 밖으로 통하는 출입구와 당해 출입구로 통하는 통로, 계단 및 출입구에 유도등을 설치하여야 한다.

① 2, 1   ② 1, 1
③ 2, 2   ④ 1, 2

해설 **피난설비**
① 주유취급소 중 건축물의 **2층 이상**의 부분을 점포ㆍ휴게음식점 또는 전시장의 용도로 사용하는 것에 있어서는 당해 건축물의 **2층 이상**으로부터 주유취급소의 부지 밖으로 통하는 출입구와 당해 출입구로 통하는 통로ㆍ계단 및 출입구에 유도등을 설치하여야 한다.
② 옥내주유취급소에 있어서는 당해 사무소 등의 출입구 및 피난구와 당해 피난구로 통하는 통로ㆍ계단 및 출입구에 유도등을 설치하여야 한다.
③ 유도등에는 비상전원을 설치하여야 한다.

해답 ③

28 위험물안전관리법령상 위험물의 취급 중 소비에 관한 기준에서 방화상 유효한 격벽 등으로 구획된 안전한 장소에서 실시하여야 하는 것은?

① 분사도장작업
② 담금질 작업
③ 열처리 작업
④ 버너를 사용하는 작업

해설 위험물의 취급 중 소비에 관한 기준
① **분사도장작업**은 방화상 유효한 격벽 등으로 구획된 안전한 장소에서 실시할 것.
② 담금질 또는 열처리작업은 위험물이 위험한 온도에 이르지 아니하도록 하여 실시할 것.
③ 버너를 사용하는 경우에는 버너의 역화를 방지하고 위험물이 넘치지 아니하도록 할 것.

해답 ①

29 다음 중 분해온도가 가장 낮은 위험물은?

① KNO_3
② BaO_2
③ $(NH_4)_2Cr_2O_7$
④ NH_4ClO_3

해설 제1류 위험물의 분해온도

구 분	KNO_3	BaO_2	$(NH_4)_2Cr_2O_7$	NH_4ClO_3
명 칭	질산칼륨	과산화바륨	다이크로뮴산암모늄	염소산암모늄
품 명	질산염류	무기과산화물	다이크로뮴산염류	염소산염류
분해온도	400℃	840℃	185℃	100℃

해답 ④

30 위험물안전관리법령상 옥내저장소에서 위험물을 저장하는 경우에는 규정에 의한 높이를 초과하여 용기를 겹쳐 쌓지 아니하여야 한다. 다음 중 제한높이가 가장 낮은 경우는?

① 제4류 위험물 중 제3석유류를 수납하는 용기만을 겹쳐 쌓는 경우
② 제6류 위험물을 수납하는 용기만을 겹쳐 쌓는 경우
③ 제4류 위험물 중 제4석유류를 수납하는 용기만을 겹쳐 쌓는 경우
④ 기계에 의하여 하역하는 구조로 된 용기만을 겹쳐 쌓는 경우

해설 옥내저장소에서 위험물을 저장하는 경우 높이 제한
① 기계에 의하여 하역하는 구조로 된 용기만을 겹쳐 쌓는 경우 : 6m
② 제4류 위험물 중 제3석유류, 제4석유류 및 동식물유류를 수납하는 용기만을 겹쳐 쌓는 경우 : 4m
③ 그 밖의 경우 : 3m

해답 ②

31. $KClO_3$ 운반용기 외부에 표시하여야 할 주의사항으로 옳은 것은?

① "화기 · 충격주의" 및 "가연물접촉주의"
② "화기 · 충격주의" 및 "물기엄금" 및 "가연물접촉주의"
③ "화기주의" 및 "물기엄금"
④ "화기주의" 및 "공기접촉엄금"

해설 $KClO_3$(염소산칼륨) : 제1류-염소산염류★

위험물 운반용기의 외부 표시 사항
① 위험물의 품명, 위험등급, 화학명 및 수용성(제4류 위험물의 수용성인 것에 한함)
② 위험물의 수량
③ 수납하는 위험물에 따른 주의사항

유별	성질에 따른 구분	표시사항
제1류 위험물	알칼리금속의 과산화물	화기 · 충격주의, 물기엄금 및 가연물접촉주의
	그 밖의 것	화기 · 충격주의 및 가연물접촉주의
제2류 위험물	철분 · 금속분 · 마그네슘	화기주의 및 물기엄금
	인화성고체	화기엄금
	그 밖의 것	화기주의
제3류 위험물	자연발화성물질	화기엄금 및 공기접촉엄금
	금수성물질	물기엄금
제4류 위험물	인화성 액체	화기엄금
제5류 위험물	자기반응성 물질	화기엄금 및 충격주의
제6류 위험물	산화성 액체	가연물접촉주의

해답 ①

32. 인화성 액체위험물을 저장하는 옥외탱크저장소의 주위에 설치하는 방유제에 관한 내용으로 틀린 것은?

① 방유제의 높이는 0.5m 이상 3m 이하로 하고, 면적은 8만m^2 이하로 한다.
② 2기 이상의 탱크가 있는 경우 방유제의 용량은 그 탱크 중 용량이 최대인 것의 용량의 110% 이상으로 한다.
③ 용량이 1,000만 리터 이상인 옥외저장탱크의 주위에는 탱크마다 간막이 둑을 흙 또는 철근콘크리트로 설치한다.
④ 간막이 둑을 설치하는 경우 간막이 둑의 용량은 간막이 둑 안에 설치된 탱크의 용량의 110% 이상이어야 한다.

해설 **인화성액체위험물**(이황화탄소를 제외)**의 옥외탱크저장소의 방유제**
① 방유제의 용량

탱크가 하나인 때	탱크 용량의 110% 이상
2기 이상인 때	탱크 중 용량이 최대인 것의 **용량의 110% 이상**

② 방유제의 높이는 **0.5m 이상 3m 이하**, 두께 **0.2m 이상**, 지하매설깊이 **1m 이상**으로 할 것
③ **방유제 내의 면적은 8만m^2 이하**로 할 것

④ 방유제 내에 설치하는 옥외저장탱크의 수는 10이하로 할 것.
⑤ 방유제는 탱크의 옆판으로부터 거리를 유지할 것.

지름이 15m 미만인 경우	탱크 높이의 3분의 1 이상
지름이 15m 이상인 경우	탱크 높이의 2분의 1 이상

⑥ **용량이 1,000만L 이상인 옥외저장탱크**의 주위에 설치하는 방유제에는 당해 탱크마다 **간막이 둑**을 설치할 것
　㉠ 간막이 둑의 높이는 0.3m(방유제내에 설치되는 옥외저장탱크의 용량의 합계가 2억L를 넘는 방유제에 있어서는 1m)이상으로 하되, 방유제의 높이보다 0.2m 이상 낮게 할 것
　㉡ 간막이 둑은 흙 또는 철근콘크리트로 할 것
　㉢ 간막이 둑의 용량은 간막이 둑안에 설치된 탱크의 용량의 10% 이상일 것
⑦ 방유제에는 그 내부에 고인 물을 외부로 배출하기 위한 배수구를 설치하고 이를 개폐하는 밸브 등을 방유제의 외부에 설치할 것
⑧ 용량이 100만L 이상의 위험물을 저장하는 옥외저장탱크에 있어서는 카목의 밸브 등에 그 개폐상황을 쉽게 확인할 수 있는 장치를 설치할 것
⑨ **높이가 1m를 넘는 방유제 및 간막이 둑의 안팎에는 방유제내에 출입하기 위한 계단 또는 경사로를 약 50m마다 설치할 것**

해답 ④

33 제조소 등의 건축물에서 옥내소화전이 가장 많이 설치된 층의 소화전의 수가 3개일 경우 확보해야 할 수원의 양은 몇 m³ 이상이어야 하는가?
① 7.8m³
② 11.7m³
③ 15.6m³
④ 23.4m³

해설 ① 위험물제조소등의 소화설비 설치기준

소화설비	수평거리	방사량	방사압력	수원의 양
옥내	25m 이하	260(L/min) 이상	350(kPa) 이상	$Q=N$(소화전개수 : 최대 5개) $\times 7.8m^3$(260L/min$\times$30min)
옥외	40m 이하	450(L/min) 이상	350(kPa) 이상	$Q=N$(소화전개수 : 최대 4개) $\times 13.5m^3$(450L/min$\times$30min)
스프링클러	1.7m 이하	80(L/min) 이상	100(kPa) 이상	$Q=N$(헤드수 : 최대30개) $\times 2.4m^3$(80L/min$\times$30min)
물분무		20 (L/m²·min)	350(kPa) 이상	$Q=A$(바닥면적m²) $\times 0.6m^3$(20L/m²·min$\times$30min)

② 옥내소화전설비의 수원의 양
　$Q=N$(소화전개수 : 최대 5개)$\times 7.8m^3 = 3\times 7.8 = 23.4m^3$

해답 ④

34 다음 중 착화온도가 가장 낮은 물질은?
① 메탄올　　② 아세트산
③ 벤젠　　　④ 테레빈유

해설 제4류 위험물의 착화온도

구분	메탄올	아세트산	벤젠	테레빈유
유별	알코올류	제2석유류	제1석유류	제2석유류
착화온도	464℃	427℃	562℃	240℃

해답 ④

35 50℃, 0.948atm에서 사이클로프로판의 증기밀도는 약 몇 g/L인가?
① 0.5
② 1.5
③ 2.0
④ 2.5

해설 이상기체 상태방정식

$$PV = \frac{W}{M}RT = nRT$$

여기서, P : 압력(atm), V : 부피(L), W : 무게(kg), M : 분자량, n : mol수 $= \frac{W}{M}$

R : 기체상수(0.082atm · L/mol · K), T : 절대온도(273+t℃)K

① 사이클로프로판(C_3H_6)의 분자량 = $12 \times 3 + 1 \times 6 = 42$

② ρ(밀도) $= \frac{PM}{RT} = \frac{0.948 \times 42}{0.082 \times (273+50)} = 1.50$g/L

해답 ②

36 다음 중 혼성궤도함수의 종류가 다른 하나는?
① CH_4
② BF_3
③ NH_3
④ H_2O

해설 2주기 원소의 결합궤도함수 및 분자형태

원소	결합궤도함수	결합수	분자형태	보기
Li	S	1	선형 2원자 분자	LiF
Be	SP	2	직선형	BeF_2, BeH_2
B	SP^2	3	**평면 3각형**	BF_3(120°), BH_3(비극성)
C	SP^3	4	정4면체형	CF_4, CH_4(109°28')(비극성)
N	P^3	3	피라밋형	NF_3, NH_3(107°)(극성)
O	P^2	2	굽은형(V-자형)	OF_2, H_2O(105°)(극성)
F	P	1	선형 2원자 분자	F_2
Ne	-	0	1원자 분자	

해답 ②

37 다음 중 과염소산칼륨과 접촉하였을 때의 위험성이 가장 낮은 물질은?
① 황
② 알코올
③ 알루미늄
④ 물

해설 **과염소산칼륨**($KClO_4$) : 제1류 위험물 중 과염소산염류

화학식	분자량	물리적 상태	색상	분해온도
$KClO_4$	138.5	고체	무색	400℃

① 무색, 무취의 사방정계결정 또는 백색 분말이다.
② 물에 녹기 어렵고 알코올, 에테르에도 녹지 않는다.
③ 진한 황산과 접촉 시 폭발성이 있다.
④ 400℃에서 분해가 시작되어 600℃에서 완전 분해하여 산소를 발생한다.

$$KClO_4(과염소산칼륨) \rightarrow KCl(염화칼륨) + 2O_2\uparrow(산소)$$

해답 ④

38 0℃, 2기압에서 질산 2mol은 몇 g인가?
① 31.5g
② 63g
③ 126g
④ 252g

해설 ① 질산(HNO_3) 1mol = 1+14+16×3 = 63g
② 질산 2mol = 63g×2 = 126g

질산(HNO_3) : **제6류 위험물(산화성 액체)**★★★★★

화학식	분자량	비중	비점	융점
HNO_3	63	1.50	86℃	-42℃

① 무색의 발연성 액체이다.
② 빛에 의하여 일부 분해되어 생긴 NO_2 때문에 황갈색으로 된다.

$$4HNO_3 \rightarrow 2H_2O + 4NO_2\uparrow(이산화질소) + O_2\uparrow(산소)$$

③ 저장용기는 직사광선을 피하고 찬 곳에 저장한다.
④ 실험실에서는 갈색병에 넣어 햇빛을 차단시킨다.
⑤ 환원성물질과 혼합하면 발화 또는 폭발한다.

크산토프로테인반응(xanthoprotenic reaction)
단백질에 진한질산을 가하면 노란색으로 변하고 알칼리를 작용시키면 오렌지색으로 변하며, 단백질 검출에 이용된다.

⑥ 위급 시에는 다량의 물로 냉각 소화한다.

해답 ③

39 다음 중 삼황화인의 주 연소생성물은?

① 오산화인과 이산화황
② 오산화인과 이산화탄소
③ 이산화황과 포스핀
④ 이산화황과 포스겐

해설 삼황화인(P_4S_3)
① 황색결정으로 물, 염산, 황산에 녹지 않으며 질산, 알칼리, 이황화탄소에 녹는다.
② 연소하면 오산화인과 이산화황이 생긴다.

$$P_4S_3 + 8O_2 \rightarrow 2P_2O_5 + 3SO_2 \uparrow$$

해답 ①

40 탄화알루미늄(Al_4C_3)이 물과 반응하면 발생되는 가스는?

① 이산화탄소
② 일산화탄소
③ 메탄
④ 아세틸렌

해설 탄화알루미늄(Al_4C_3) : 제3류 위험물(금수성 물질)★★★

화학식	분자량	융점	비중
Al_4C_3	144	2100℃	2.36

① 물과 접촉시 메탄가스를 생성하고 발열반응을 한다.

$$Al_4C_3 + 12H_2O \rightarrow 4Al(OH)_3 + 3CH_4(메탄)$$

② 물 및 포약제에 의한 소화는 절대 금하고 마른모래 등으로 피복소화한다.

해답 ③

41 다음 중 1차 이온화에너지가 가장 큰 것은?

① Ne
② Na
③ K
④ Be

해설 원소의 이온화에너지
① 같은 주기에서는 원자번호가 증가함에 따라 이온화 에너지는 증가한다.
② 같은 족에서는 원자번호가 감소함에 따라 이온화 에너지는 증가한다.

원소기호	Ne	Na	K	Be
원소이름	네온	나트륨	칼륨	베릴륨
원자번호	10	11	19	4
이온화에너지(kcal/mol)	497	118.4	100.0	214.9
주기	2주기	3주기	4주기	2주기
족	18족	1족	1족	2족

★ 이온화에너지의 크기순서 : Ne > Be > Na > K

해답 ①

위·험·물·기·능·장

42. Na_2O_2가 반응하였을 때 생성되는 기체가 같은 것으로만 나열된 것은?
① 물, 이산화탄소
② 아세트산, 물
③ 이산화탄소, 염산, 황산
④ 염산, 아세트산, 물

해설 과산화나트륨(Na_2O_2) : 제1류 위험물 중 무기과산화물(금수성)

화학식	분자량	비중	융점	분해온도
Na_2O_2	78	2.8	460℃	460℃

① 상온에서 물과 격렬히 반응하여 산소(O_2)를 방출하고 폭발하기도 한다.

$$2Na_2O_2 + 2H_2O \rightarrow 4NaOH + O_2\uparrow$$
(과산화나트륨) (물)   (수산화나트륨) (산소)

② 공기 중 이산화탄소(CO_2)와 반응하여 산소(O_2)를 방출한다.

$$2Na_2O_2 + 2CO_2 \rightarrow 2Na_2CO_3 + O_2\uparrow$$

③ 산과 반응하여 과산화수소(H_2O_2)를 생성시킨다.

$$Na_2O_2 + 2CH_3COOH \rightarrow 2CH_3COONa + H_2O_2\uparrow$$

④ 열분해 시 산소(O_2)를 방출한다.

$$2Na_2O_2 \rightarrow 2Na_2O + O_2\uparrow$$

⑤ 주수소화는 금물이고 마른모래(건조사)등으로 소화한다.

해답 ①

43. 주어진 탄소 원자에 최대수의 수소가 결합되어 있는 것은?
① 포화탄화수소
② 불포화탄화수소
③ 방향족탄화수소
④ 지방족탄화수소

해설 ① **포화탄화수소**(C_nH_{2n+2})
탄소와 탄소 사이의 결합이 모두 단일결합으로 이루어진 탄화수소로서 탄소원자에 대한 최대수의 수소가 결합되어 있다.
② **불포화탄화수소**
탄화수소 중에서 분자 내에 이중결합 또는 삼중결합 등의 불포화결합으로 이루어진 것으로 반응성이 풍부하다. 탄소수가 적은 것은 화학공업의 원료로서 중요하다.
③ **방향족탄화수소**
고리모양의 탄화수소 중 벤젠고리 및 그의 유도체를 포함한 탄화수소의 계열
벤젠, 페놀, 크레졸, 벤조산, 살리실산, 나이트로벤젠, 아닐린
④ **지방족탄화수소**
포화 화합물과 불포화 화합물이 있고, 포화 탄화수소의 동족 계열은 메탄 계열 탄화수소라고 하며, 불포화 탄화수소 중 이중 결합을 가진 것은 에틸렌 계열 탄화수소, 삼중 결합을 가진 것은 아세틸렌 계열 탄화수소라고 한다.

해답 ①

44 다음 소화설비 중 제6류 위험물에 대해 적응성이 없는 것은?

① 포소화설비
② 스프링클러 설비
③ 물분무소화설비
④ 이산화탄소 소화설비

해설 **제6류 위험물의 소화설비의 적응성**(물계통 소화설비)
① 옥내소화전 또는 옥외소화전설비
② 스프링클러설비
③ 물분무소화설비
④ 포소화설비
⑤ 인산염류 등 분말소화설비

해답 ④

45 $C_6H_2CH_3(NO_2)_3$의 제조 원료로 옳게 짝지어진 것은?

① 톨루엔, 황산, 질산
② 톨루엔, 벤젠, 질산
③ 벤젠, 질산, 황산
④ 벤젠, 질산, 염산

해설 **트라이나이트로톨루엔**[$C_6H_2CH_3(NO_2)_3$](TNT) : **제5류 위험물 중 나이트로화합물** ★★★★★

화학식	분자량	비중	비점	융점	착화점
$C_6H_2CH_3(NO_2)_3$	227	1.7	280℃	81℃	300℃

① 물에는 녹지 않고 알코올, 아세톤, 벤젠에 녹는다.
② 톨루엔과 질산을 반응시켜 얻는다.

$$C_6H_5CH_3 + 3HNO_3 \xrightarrow[\text{(탈수작용)}]{C-H_2SO_4} C_6H_2CH_3(NO_2)_3 + 3H_2O$$
(톨루엔)   (질산)   (트라이나이트로톨루엔)   (물)

③ Tri Nitro Toluene의 약자로 TNT라고도 한다.
④ 담황색의 주상결정이며 햇빛에 다갈색으로 변색된다.
⑤ 강력한 폭약이며 급격한 타격에 폭발한다.

트라이나이트로톨루엔의 구조식

트라이나이트로톨루엔의 열분해 반응식
$2C_6H_2CH_3(NO_2)_3 \rightarrow 2C + 12CO + 3N_2\uparrow + 5H_2\uparrow$

⑥ 연소 시 연소속도가 너무 빠르므로 소화가 곤란하다.
⑦ 무기 및 다이나마이트, 질산폭약제 제조에 이용된다.

해답 ①

46 트라이에틸알루미늄이 물과 반응하였을 때 생성물을 옳게 나타낸 것은?

① 수산화알루미늄, 메탄
② 수소화알루미늄, 메탄
③ 수산화알루미늄, 에탄
④ 수소화알루미늄, 에탄

해설 알킬알루미늄[(C_nH_{2n+1})·Al] : 제3류 위험물(금수성 물질)
① 알킬기(C_nH_{2n+1})에 알루미늄(Al)이 결합된 화합물이다.
② C_1~C_4는 자연발화의 위험성이 있다.
③ 물과 접촉 시 가연성 가스 발생하므로 주수소화는 절대 금지한다.
④ 트라이메틸알루미늄(TMA : Tri Methyl Aluminium)

$$(CH_3)_3Al + 3H_2O \rightarrow Al(OH)_3 + 3CH_4 \uparrow (메탄)$$

⑤ 트라이에틸알루미늄(TEA : Tri Eethyl Aluminium)

$$(C_2H_5)_3Al + 3H_2O \rightarrow Al(OH)_3 + 3C_2H_6 \uparrow (에탄)$$

⑥ 저장용기에 불활성기체(N_2)를 봉입한다.
⑦ 소화 시 주수소화는 절대 금하고 팽창질석, 팽창진주암 등으로 피복소화한다.

해답 ③

47 위험물의 운반에 관한 기준에서 정한 유별을 달리하는 위험물의 혼재기준에 따르면 1가지 다른 유별의 위험물과만 혼재가 가능한 위험물은? (단, 지정수량의 1/10을 초과하는 경우이다.)

① 제2류
② 제4류
③ 제5류
④ 제6류

해설 유별을 달리하는 위험물의 혼재기준
쉬운 암기방법(혼재가능)
↓1 + 6↑   2 + 4
↓2 + 5↑   5 + 4
↓3 + 4↑

해답 ④

48 금속리튬이 고온에서 질소와 반응하였을 때 생성되는 질화리튬의 색상에 가장 가까운 것은?

① 회흑색
② 적갈색
③ 청록색
④ 은백색

해설 질화리튬(Li_3N)
① 리튬은 다른 알칼리 금속과 달리 질소와 직접 화합하여 **적색의 질화리튬(Li_3N)을 생성**
② 질화리튬은 물과 반응하여 암모니아(NH_3)를 발생
③ 온도가 190℃를 넘으면 리튬은 공기와의 접촉으로 대부분이 산화리튬을 형성

해답 ②

49 IF₅의 지정수량으로서 옳은 것은?

① 50kg ② 100kg
③ 300kg ④ 1,000kg

해설 제6류 위험물(산화성 액체)

성 질	품 명	화학식	지정수량	위험등급
산화성 액체	과염소산	$HClO_4$	300kg	I
	과산화수소(농도 36중량% 이상)	H_2O_2		
	질산(비중 1.49 이상)	HNO_3		
	• 할로젠간화합물 ① 삼불화브로민 ② 오불화브로민 ③ 오불화아이오딘	BrF_3 BrF_5 IF_5		

(뇌새김 암기법 : 과과질/355)

해답 ③

---

50 $NH_4H_2PO_4$ 57.5kg이 완전 열분해하여 메타인산, 암모니아와 수증기로 되었을 때 메타인산은 몇 kg이 생성되는가? (단, P의 원자량은 31이다.)

① 36 ② 40
③ 80 ④ 115

해설
① $NH_4H_2PO_4$(제1인산암모늄)의 분자량 = 14+1×6+31+16×4 = 115
② HPO_3(메타인산)의 분자량 = 1+31+16×3 = 80
③ $NH_4H_2PO_4$(제1인산암모늄)의 열분해반응식
 $NH_4H_2PO_4 \rightarrow HPO_3 + NH_3 + H_2O$
  115kg ⎯⎯→ 80kg
  57.5kg ⎯⎯→ X

$$X = \frac{57.5 \times 80}{115} = 40kg$$

해답 ②

---

51 다음 중 위험물의 유별 구분이 나머지 셋과 다른 하나는?

① 과아이오딘산 ② 염소화아이소사이아누르산
③ 질산구아니딘 ④ 퍼옥소붕산염류

해설 위험물의 분류

구분	과아이오딘산	염소화아이소사이아누르산	질산구아니딘	퍼옥소붕산염류
유별	제1류 위험물	제1류 위험물	제5류 위험물	제1류 위험물
지정수량	300kg	300kg	200kg	300kg

해답 ③

52. 운반 시 일광의 직사를 막기 위해 차광성이 있는 피복으로 덮어야 하는 위험물이 아닌 것은?

① 제1류 위험물 중 다이크로뮴산염류
② 제4류 위험물 중 제1석유류
③ 제5류 위험물 중 나이트로화합물
④ 제6류 위험물

해설 적재하는 위험물의 성질에 따른 조치
① **차광성이 있는 피복으로 가려야하는 위험물**
  ㉠ 제1류 위험물
  ㉡ 제3류위험물 중 자연발화성물질
  ㉢ 제4류 위험물 중 특수인화물
  ㉣ 제5류 위험물
  ㉤ 제6류 위험물
② **방수성이 있는 피복으로 덮어야 하는 것**
  ㉠ 제1류 위험물 중 알칼리금속의 과산화물
  ㉡ 제2류 위험물 중 철분·금속분·마그네슘 또는 이들 중 어느 하나 이상을 함유한 것
  ㉢ 제3류 위험물 중 금수성 물질

해답 ②

53. 물과 반응하여 가연성 가스를 발생하지 않는 것은?

① Ca_3P_2
② K_2O_2
③ Na
④ CaC_2

해설 위험물과 물의 반응식
① 인화칼슘 $Ca_3P_2 + 6H_2O \rightarrow 3Ca(OH)_2 + 2PH_3 \uparrow$
② 과산화칼륨 $2K_2O_2 + 2H_2O \rightarrow 4KOH + O_2 \uparrow$
③ 나트륨 $2Na + 2H_2O \rightarrow 2NaOH + H_2 \uparrow$
④ 탄화칼슘 $CaC_2 + 2H_2O \rightarrow Ca(OH)_2 + C_2H_2 \uparrow$

해답 ②

54. 산화성 액체 위험물의 취급에 관한 설명 중 틀린 것은?

① 과산화수소 30% 농도의 용액은 단독으로 폭발 위험이 있다.
② 과염소산의 융점은 약 $-112℃$이다.
③ 질산은 강산이지만 백금은 부식시키지 못한다.
④ 과염소산은 물과 반응하여 열을 발생한다.

해설 과산화수소 60% 농도 이상은 단독으로 분해폭발 위험이 있다. ★

제6류 위험물의 공통적인 성질
① 자신은 불연성이고 산소를 함유한 강산화제이다.
② 분해에 의한 산소발생으로 다른 물질의 연소를 돕는다.

③ 액체의 비중은 1보다 크고 물에 잘 녹는다.
④ 물과 접촉 시 발열한다.
⑤ 증기는 유독하고 부식성이 강하다.

제6류 위험물(산화성 액체)

성 질	품 명	화학식	지정수량	위험등급
산화성 액체	과염소산	$HClO_4$	300kg	I
	과산화수소(농도 36중량% 이상)	H_2O_2		
	질산(비중 1.49 이상)	HNO_3		
	• 할로젠간화합물 ① 삼불화브로민 ② 오불화브로민 ③ 오불화아이오딘	 BrF_3 BrF_5 IF_5		

(뇌새김 암기법 : 과과질/355)

해답 ①

55. 이항분포(Binomial Distribution)의 특징에 대한 설명으로 옳은 것은?

① $P=0.01$일 때는 평균치에 대하여 좌·우 대칭이다.
② $P \leq 0.1$이고, $nP=0.1 \sim 10$일 때는 푸아송 분포에 근사한다.
③ 부적합품의 출현 개수에 대한 표준편차는 $D(x)=nP$이다.
④ $P \leq 0.5$이고, $nP \leq 5$일 때는 정규 분포에 근사한다.

해설 이항분포(Binomial Distribution)
하나의 이론적 확률분포로서 한 특정한 무선적 현상을 나타내는 수리적 모형

$$P(X=k) = {}_nC_k P^k (1-p)^{n-k}, \quad {}_nC_k = \frac{n!}{k!(n-k)!}$$

① $p=0.5$일 때 분포의 형태는 기대치 np에 대하여 좌우대칭이 된다.
② $np \geq 5$이고 $nq \geq 5$일 때 정규분포에 근사한다.
③ $P \leq 0.1$이고, $nP=0.1 \sim 10$일 때 정규분포에 근사한다.
여기서, p : 각 시행의 성공확률, q : 각 시행의 실패확률, n : 이항실험의 시행횟수

해답 ②

56. 작업방법 개선의 기본 4원칙을 표현한 것은?

① 층별-랜덤-재배열-표준화
② 배제-결합-랜덤-표준화
③ 층별-랜덤-표준화-단순화
④ 배제-결합-재배열-단순화

해설 작업방법 개선의 기본 4원칙
① 생략과 배제의 원칙-Eliminate
② 결합과 분리의 원칙-Combine
③ 재편성과 재배열의 원칙-Rearrange
④ 단순화의 원칙-Simplify

해답 ④

57. 제품공정도를 작성할 때 사용되는 요소(명칭)가 아닌 것은?

① 가공
② 검사
③ 정체
④ 여유

해설 공정분석 기호와 의미

공정명	기호의 명칭	공정기호	의 미
가공	가공	○	원료, 재료, 부품 또는 제품의 형상, 품질에 변화를 주는 과정을 나타낸다.
운반	운반	⇒	원료, 재료, 부품 또는 제품의 위치에 변화를 주는 과정을 나타낸다. (지름은 가공기호의 1/2~1/3로 한다.)
검사	수량검사	□	원료, 재료, 부품 또는 제품의 양(수량)을 측정하여 그 결과를 기준과 비교하여 차이를 아는 과정을 나타낸다.
	품질검사	◇	원료, 재료, 부품 또는 제품을 계획에 따라 저장하고 있는 과정을 나타낸다.
대기	저장	▽	원료, 재료, 부품 또는 제품을 계획에 따라 저장하고 있는 과정을 나타낸다.
	정체	D	원료, 재료, 부품 또는 제품이 계획과는 달리 정체되어 있는 상태를 나타낸다.
복합 기호	품질/수량검사	◇□	품질검사를 주로 하면서 수량검사도 한다.
	수량/품질검사	□◇	수량검사를 주로 하면서 품질검사도 한다.
	가공/수량검사	○□	가공을 주로 하면서 수량검사도 한다.
	수량검사	○⇒	가공을 주로 하면서 운반도 한다.

해답 ④

58. 부적합수 관리도를 작성하기 위해 Σc =559, Σn =222를 구하였다. 시료의 크기가 부분군마다 일정하지 않기 때문에 u관리도를 사용하기로 하였다. n= 10일 경우 u관리도의 UCL값은 약 얼마인가?

① 4.023
② 2.518
③ 0.502
④ 0.252

해설 u관리도
구조대상의 시료 길이나 면적이 일정하지 않은 경우에 사용하는 관리도
① 관리중심

$$\bar{u} = \frac{\Sigma C}{\Sigma n}$$ (ΣC : 결점수의 총합, Σn : 시료크기의 총합)

$$\bar{u} = \frac{559}{222} = 2.518$$

② 관리한계

$$관리상한계\ UCL = \bar{u} + 3\sqrt{\frac{u}{n}},\ 관리하한계\ LCL = \bar{u} - 3\sqrt{\frac{u}{n}}\ (n : 시료의\ 크기)$$

$$관리상한계\ UCL = \bar{u} + 3\sqrt{\frac{u}{n}} = 2.518 + 3\sqrt{\frac{2.518}{10}} = 4.023$$

해답 ①

59. 모집단으로부터 공간적, 시간적으로 간격을 일정하게 하여 샘플링하는 방식은?

① 단순 랜덤 샘플링(simple random sampling)
② 2단계 샘플링(two-stage sampling)
③ 취락 샘플링(cluster sampling)
④ 계통 샘플링(systematic sampling)

해설 **샘플링 방법(sampling methods)의 종류**
① **층별 샘플링** : 로트(lot)나 공정을 몇 개의 층으로 나누어 각층으로부터 **임의(랜덤random)**로 시료를 취하는 방법
② **계통 샘플링** : 로트의 이동 중에 양적, 시간적 또는 공간적 등 **일정 간격으로 시료를 채취하는 것.**
③ **취락(집락) 샘플링** : 모집단을 몇 개의 집락으로 나누어 그 나눈 부분 속의 몇 개를 무작위로 선택하고, 선택한 부분은 모두 시료로 취하는 방법
④ **2단계 샘플링** : 1차, 2차 단위로 나누어서 하는 방법
⑤ **지그재그 샘플링** : 계통 샘플링의 주기성에 의한 치우침 위험을 방지하기 위해 하나씩 걸러서 일정한 간격으로 샘플을 취하는 방법

해답 ④

60. 예방보전(Preventive Maintenance)의 효과가 아닌 것은?

① 기계의 수리비용이 감소한다.
② 생산시스템의 신뢰도가 향상된다.
③ 고장으로 인한 중단시간이 감소한다.
④ 잦은 정비로 인해 제조원단위가 증가한다.

해설 **예방보전(Preventive Maintenance)의 효과**
① 기계의 수리비용이 감소한다.
② 생산시스템의 신뢰도가 향상된다.
③ 고장으로 인한 중단시간이 감소한다.
④ 예비기계를 보유해야 할 필요성이 감소한다.
⑤ 납기지연으로 인한 고객불만 저하 및 매출신장
⑥ 안전작업 향상

해답 ④

국가기술자격 필기시험문제

2025년도 기능장 제77회 필기시험 (2025년 01월 25일 시행)

자격종목	시험시간	문제수	형별	수험번호	성 명
위험물기능장	1시간	60	A		

본 문제는 CBT시험대비 기출문제 복원입니다.

01 위험물과 그 위험물이 물과 접촉하여 발생하는 가스를 틀리게 나타낸 것은?

① 탄화마그네슘 : 프로판
② 트라이에틸알루미늄 : 에탄
③ 탄화알루미늄 : 메탄
④ 인화칼슘 : 포스핀

해설
① 탄화마그네슘 : $MgC_2 + 2H_2O \rightarrow Mg(OH)_2 + C_2H_2$(아세틸렌)
② 트라이에틸알루미늄 : $(C_2H_5)_3Al + 3H_2O \rightarrow Al(OH)_3 + 3C_2H_6$(에탄)
③ 탄화알루미늄 : $Al_4C_3 + 12H_2O \rightarrow 4Al(OH)_3 + 3CH_4$(메탄)
④ 인화칼슘 : $Ca_3P_2 + 6H_2O \rightarrow 3Ca(OH)_2 + 2PH_3$(포스핀)

해답 ①

02 다음 위험물이 속하는 위험물안전관리법령상 품명이 나머지 셋과 다른 하나는?

① 클로로벤젠
② 아닐린
③ 나이트로벤젠
④ 글리세린

해설 제4류 위험물의 분류

구 분	클로로벤젠	아닐린	나이트로벤젠	글리세린
화학식	C_6H_5Cl	$C_5H_5NH_2$	$C_6H_5NO_2$	$C_3H_5(OH)_3$
품 명	제2석유류	제3석유류	제3석유류	제3석유류

해답 ①

03 표준상태에서 질량이 0.8g이고 부피가 0.4L인 혼합기체의 평균 분자량은?

① 22.2
② 32.4
③ 33.6
④ 44.8

해설 이상기체 상태방정식

$$PV = \frac{W}{M}RT = nRT$$

여기서, P : 압력(atm), V : 부피(L), W : 무게(kg), M : 분자량, n : mol수 $= \frac{W}{M}$
R : 기체상수(0.082atm · L/mol · K), T : 절대온도$(273+t℃)$K

① 표준상태 : 0℃, 1atm
② 평균분자량 $M = \dfrac{WRT}{PV} = \dfrac{0.8 \times 0.082 \times (273+0)}{1 \times 0.4} = 44.8g$

해답 ④

04 자연발화를 일으키기 쉬운 조건으로 옳지 않은 것은?

① 표면적이 넓을 것
② 발열량이 클 것
③ 주위의 온도가 높을 것
④ 열전도율이 클 것

해설 자연발화의 조건, 방지대책, 형태

자연발화의 조건	자연발화 방지대책	자연발화의 형태
① 주위의 온도가 높을 것 ② 표면적이 넓을 것 ③ **열전도율이 적을 것** ④ 발열량이 클 것	① 통풍이나 환기 등을 통하여 열의 축적을 방지 ② **저장실의 온도를 낮춘다.** ③ **습도를 낮게 유지** ④ 용기 내에 불활성 기체를 주입하여 공기와 접촉방지	① 산화열에 의한 자연발화 • 석탄 • 건성유 • 탄소분말 • 금속분 • 기름걸레 ② 분해열에 의한 자연발화 • 셀룰로이드 • 나이트로셀룰로오스 • 나이트로글리세린 ③ 흡착열에 의한 자연발화 • 활성탄 • 목탄분말 ④ 미생물열에 의한 자연발화 • 퇴비 • 먼지

해답 ④

05 위험물안전관리법령상 제4류 위험물 중 제1석유류에 속하는 것은?

① CH₃CHOCH₂
② C₂H₅COCH₃
③ CH₃CHO
④ CH₃COOH

해설

구 분	① CH₃CHOCH₂	② C₂H₅COCH₃	③ CH₃CHO	④ CH₃COOH
명 칭	산화프로필렌	메틸에틸케톤(MEK)	아세트알데하이드	초산(아세트산)
품 명	특수인화물	**제1석유류**	특수인화물	제2석유류 (수용성)

해답 ②

06 고속국도의 도로변에 설치한 주유취급소의 고정주유설비 또는 고정급유설비에 연결된 탱크의 용량은 얼마까지 할 수 있는가?

① 10만 리터
② 8만 리터
③ 6만 리터
④ 5만 리터

해설 **주유취급소의 탱크**
① 자동차 등에 주유하기 위한 고정주유설비에 직접 접속하는 전용탱크 : 50,000L 이하
② 고정급유설비에 직접 접속하는 전용탱크 : 50,000L 이하
③ 보일러 등에 직접 접속하는 전용탱크 : 10,000L 이하
④ 폐유탱크로서 용량(2 이상 설치하는 경우에는 각 용량의 합계)이 2,000L 이하인 탱크
⑤ 고정주유설비 또는 고정급유설비에 직접 접속하는 3기 이하의 간이탱크

고속국도주유취급소의 특례
고속국도의 도로변에 설치된 주유취급소에 있어서는 탱크의 용량을 60,000L까지 할 수 있다.

해답 ③

07 위험물안전관리법령상 가연성 고체 위험물에 대한 설명 중 틀린 것은?
① 비교적 낮은 온도에서 착화되기 쉬운 가연물이다.
② 대단히 연소속도가 빠른 고체이다.
③ 철분 및 마그네슘을 포함하여 주수에 의한 냉각소화를 해야 한다.
④ 산화제와의 접촉을 피해야 한다.

해설 **제2류 위험물(가연성고체)의 일반적 성질**
① 낮은 온도에서 착화가 쉬운 **가연성 고체**이다.
② 연소속도가 빠른 고체이다.
③ 연소 시 유독가스를 발생하는 것도 있다.
④ 금속분은 물 또는 산과 접촉시 발열된다.
⑤ **철분, 마그네슘, 금속분은 물과 접촉 시 수소가스 발생**

해답 ③

08 다음의 저장소에 있어서 1인의 위험물안전관리자를 중복하여 선임할 수 있는 경우에 해당하지 않는 것은?
① 동일 구내에 있는 7개의 옥내저장소를 동일인이 설치한 경우
② 동일 구내에 있는 21개의 옥외탱크저장소를 동일인이 설치한 경우
③ 상호 100m 이내의 거리에 있는 15개의 옥외저장소를 동일인이 설치한 경우
④ 상호 100m 이내의 거리에 있는 6개의 암반탱크저장소를 동일인이 설치한 경우

해설 (1) **1인의 안전관리자를 중복하여 선임할 수 있는 저장소**
① 10개 이하의 옥내저장소 ② 30개 이하의 옥외탱크저장소
③ 옥내탱크저장소 ④ 지하탱크저장소
⑤ 간이탱크저장소 ⑥ 10개 이하의 옥외저장소
⑦ 10개 이하의 암반탱크저장소

(2) **1인의 안전관리자를 중복하여 선임할 수 있는 경우**
① 보일러·버너 또는 이와 비슷한 것으로서 위험물을 소비하는 장치로 이루어진 7개 이하의 일반취급소와 그 일반취급소에 공급하기 위한 위험물을 저장하는 저장소를 동일인이

설치한 경우
② 위험물을 차량에 고정된 탱크 또는 운반용기에 옮겨 담기 위한 5개 이하의 일반취급소[일반취급소간의 거리(보행거리)가 300m 이내인 경우에 한한다]와 그 일반취급소에 공급하기 위한 위험물을 저장하는 저장소를 동일인이 설치한 경우
③ 동일구내에 있거나 상호 100m 이내의 거리에 있는 저장소로서 저장소의 규모, 저장하는 위험물의 종류 등을 고려하여 행정안전부령이 정하는 저장소를 동일인이 설치한 경우
④ 다음 각목의 기준에 모두 적합한 5개 이하의 제조소등을 동일인이 설치한 경우
  ㉠ 각 제조소등이 동일구내에 위치하거나 상호 100미터 이내의 거리에 있을 것
  ㉡ 각 제조소등에서 저장 또는 취급하는 위험물의 최대수량이 지정수량의 3천배 미만일 것
⑤ 그 밖에 행정안전부령이 정하는 제조소등을 동일인이 설치한 경우

해답 ③

09

1기압, 100℃에서 1kg의 이황화탄소가 모두 증기가 된다면 부피는 약 몇 L가 되겠는가?

① 201
② 403
③ 603
④ 804

해설 이상기체 상태방정식

$$PV = \frac{W}{M}RT = nRT$$

여기서, P : 압력(atm), V : 부피(L), W : 무게(kg), M : 분자량, n : mol수 $= \frac{W}{M}$
R : 기체상수(0.082atm·L/mol·K), T : 절대온도$(273+t℃)$K

① $P = 1$atm, $W = 1$kg $= 1000$g, $M = 12+32\times2 = 76$, $T = 273+100 = 373$K
② $V = \frac{WRT}{PM} = \frac{1000 \times 0.082 \times 373}{1 \times 76} = 402.44$L

해답 ②

10

소화난이도등급 Ⅰ에 해당하는 옥외저장소 및 이송취급소의 소화설비로 적합하지 않은 것은?

① 화재 발생 시 연기가 충만할 우려가 있는 장소에는 스프링클러설비
② 이동식 이산화탄소 소화설비
③ 옥외소화전설비
④ 옥내소화전설비

해설 소화난이도등급 Ⅰ의 제조소등에 설치하여야 하는 소화설비

제조소등의 구분	소화설비
옥외저장소 및 이송취급소	옥내소화전설비, 옥외소화전설비, 스프링클러설비 또는 물분무등소화설비(화재발생시 연기가 충만할 우려가 있는 장소에는 스프링클러설비 또는 이동식 이외의 물분무등소화설비에 한한다)

제 6 편 최근 기출문제

물분무등 소화설비★
물분무소화설비, 포소화설비, 불활성가스소화설비, 할로젠화합물소화설비, 분말소화설비

해답 ②

11 연소 시 발생하는 유독가스의 종류가 동일한 것은?
① 칼륨, 나트륨
② 아세트알데하이드, 이황화탄소
③ 황린, 적린
④ 탄화알루미늄, 인화칼슘

해설 적린과 황린의 비교

구 분	적린(P)	황린(P_4)
색상	암적색	흰색, 황색
냄새	마늘냄새	마늘냄새
이황화탄소(CS_2)에 용해여부	불용	용해
독 성	독성이 없음	독성이 강함
착화점(℃)	260	30~34
연소시 생성물	오산화인(P_2O_5)	오산화인(P_2O_5)
융점(녹는점)(℃)	600	44
비 중	2.2	1.82

해답 ③

12 다음 물질 중 무색 또는 백색의 결정으로 비중이 약 1.8이고 융점이 약 202℃이며 물에는 불용인 것은?
① 피크린산
② 다이나이트로레조르신
③ 트라이나이트로톨루엔
④ 헥소겐

해설 헥소겐(hexogen)$(CH_2)_3(N-NO_2)_3$
① 무색 또는 백색의 바늘모양 결정이다.
② 물, 에터, 알코올에 녹지 않고 아세톤에 녹는다.
③ 비중 약1.8, 융점 약 202℃이며 물에는 불용이다.
④ 니트라민에 속하는 폭약으로 고성능폭약 중에서 가장 위력이 커서 전폭약으로 널리 사용되고 있다.
⑥ 트라이메틸렌트라이니트라민 또는 RDX라고도 한다.
⑦ 헥사메틸렌테트라민을 다량의 진한 질산에서 니트롤리시스하여 만든다.

$$(CH_2)_6N_4 + 6HNO_3 \rightarrow (CH_2)_3(N-NO_2)_3 + 3CO_2 + 6H_2O + 2N_2$$

해답 ④

13 다음은 용량 100만 리터 미만의 액체위험물 저장탱크에 실시하는 충수·수압시험의 검사기준에 관한 설명이다. 탱크 중 「압력탱크 외의 탱크」에 대해서 실시하여야 하는 검사의 내용이 아닌 것은?

① 옥외저장탱크 및 옥내저장탱크는 충수시험을 실시하여야 한다.
② 지하저장탱크는 70kPa의 압력으로 10분간 수압시험을 실시하여야 한다.
③ 이동저장탱크는 최대상용압력의 1.5배의 압력으로 10분간 수압시험을 실시하여야 한다.
④ 이중벽탱크 중 강제강화이중벽탱크는 70kPa의 압력으로 10분간 수압시험을 실시하여야 한다.

해설 충수, 충압시험
(1) 옥외저장탱크 및 옥내저장탱크
  ① 압력탱크(최대상용압력이 대기압을 초과하는 탱크)외의 탱크 : 충수시험
  ② 압력탱크 : 최대상용압력의 1.5배의 압력으로 10분간 실시하는 수압시험에서 각각 새거나 변형되지 아니하여야 한다.
(2) 지하저장탱크 및 이동저장탱크
  압력탱크(최대상용압력이 46.7kPa 이상인 탱크)외의 탱크 에 있어서는 70kPa의 압력으로, 압력탱크에 있어서는 최대상용압력의 1.5배의 압력으로 각각 10분간 수압시험을 실시하여 새거나 변형되지 아니하여야 한다.
(3) 이중벽탱크 중 강제강화이중벽탱크
  70kPa의 압력으로 10분간 수압시험을 실시하여야 한다.

해답 ③

14 위험물 저장 또는 취급하는 탱크 용량은 해당 탱크의 내용적에서 공간용적을 뺀 용적으로 한다. 위험물안전관리법령상 공간용적을 옳게 나타낸 것은?

① 탱크용적의 2/100 이상, 5/100 이하로 한다.
② 탱크용적의 5/100 이상, 10/100 이하로 한다.
③ 탱크용적의 3/100 이상, 8/100 이하로 한다.
④ 탱크용적의 7/100 이상, 10/100 이하로 한다.

해설 탱크의 내용적 및 공간용적
(1) 탱크의 공간용적은 탱크의 내용적의 **100분의 5 이상 100분의 10 이하**의 용적으로 한다. 다만, 소화설비(소화약제 방출구를 탱크안의 윗부분에 설치하는 것)를 설치하는 탱크의 공간용적은 당해 소화설비의 소화약제방출구 아래의 0.3m 이상 1m 미만 사이의 면으로부터 윗부분의 용적으로 한다.
(2) 암반탱크에 있어서는 당해 탱크내에 용출하는 **7일간**의 지하수의 양에 상당하는 용적과 당해 탱크의 **내용적의 100분의 1의 용적 중에서 보다 큰 용적을 공간용적으로 한다.**

해답 ②

15 인화점이 0℃보다 낮은 물질이 아닌 것은?
① 아세톤 ② 크실렌
③ 휘발유 ④ 벤젠

[해설] 제4류 위험물의 인화점

구 분	아세톤	크실렌	휘발유	벤젠
품 명	제1석유류	제2석유류	제1석유류	제1석유류
인화점(℃)	-18.5	25	-43	-11

[해답] ②

16 어떤 기체의 확산속도가 SO_2의 4배일 때 이 기체의 분자량을 추정하면 얼마인가?
① 4 ② 16
③ 32 ④ 64

[해설] 기체의 확산속도에 의한 분자량의 측정(그레이엄의 법칙)
두 가지 기체가 퍼지는 확산속도는 그 기체의 밀도(분자량)의 제곱근에 반비례한다.

$$\frac{U_1}{U_2} = \sqrt{\frac{M_2}{M_1}} = \sqrt{\frac{d_2}{d_1}}$$

여기서, U_1 : 기체1의 확산속도 U_2 : 기체2의 확산속도
M_1 : 기체1의 분자량 M_2 : 기체2의 분자량
d_1 : 기체1의 밀도 d_2 : 기체2의 밀도

① 두 가지 기체가 퍼지는 확산속도는 그 기체의 분자량의 제곱근에 반비례한다.
② SO_2의 확산속도 : $U_1 = 1$ 어떤 기체의 확산속도 $U_2 = 2$
③ $\frac{1}{4} = \sqrt{\frac{M_2}{64}}$ 양변을 제곱하면 $\frac{1}{16} = \frac{M_2}{64}$
③ $M_2 = \frac{64}{16} = 4$

[해답] ①

17 산화프로필렌에 대한 설명 중 틀린 것은?
① 무색의 휘발성 액체이다. ② 증기의 비중은 공기보다 크다.
③ 인화점은 약 -37℃이다. ④ 발화점은 약 100℃이다.

[해설] 산화프로필렌(CH_3CH_2CHO) : 제4류 위험물 중 특수인화물

```
    H   H H
    |   | |
H—C—C—C—H
    |   \ /
    H    O
```

화학식	분자량	비중	비점	인화점	착화점	연소범위
CH₃CHCH₂O	58	0.83	34℃	-37℃	465℃	2.8~37%

① 휘발성이 강하고 에터 냄새가 나는 액체이다.
② 물, 알코올, 벤젠 등 유기용제에는 잘 녹는다.
③ 연소범위는 2.1~38.5%이며 증기는 공기보다 2.0배 무겁다.
④ 인화점 -37℃, 발화점 465℃이다.
⑤ 저장용기 사용 시 동(구리), 마그네슘, 은, 수은 및 합금용기 사용금지
  (아세틸리드(acetylide) 생성)
⑥ 저장 용기 내에 질소(N_2) 등 불연성가스를 채워둔다.
⑦ 소화는 포 약제로 질식 소화한다.

해답 ④

18 제조소에서 취급하는 제4류 위험물의 최대수량의 합이 지정수량의 50만 배인 사업소의 자체소방대에 두어야 하는 화학소방자동차의 대수 및 자체소방대원의 수는? (단, 해당 사업소는 다른 사업소 등과 상호응원에 관한 협정을 체결하고 있지 아니하다.)

① 4대, 20인 ② 4대, 15인
③ 3대, 20인 ④ 3대, 15인

해설 자체소방대에 두는 화학소방자동차 및 인원

사업소의 구분	화학 소방자동차	자체소방대원의 수
1. 제조소 또는 일반취급소에서 취급하는 제4류 위험물의 최대수량의 합이 지정수량의 **3천배 이상 12만배 미만**인 사업소	1대	5인
2. 제조소 또는 일반취급소에서 취급하는 제4류 위험물의 최대수량의 합이 지정수량의 **12만배 이상 24만배 미만**인 사업소	2대	10인
3. 제조소 또는 일반취급소에서 취급하는 제4류 위험물의 최대수량의 합이 지정수량의 **24만배 이상 48만배 미만**인 사업소	3대	15인
4. 제조소 또는 일반취급소에서 취급하는 제4류 위험물의 최대수량의 합이 지정수량의 **48만배 이상**인 사업소	4대	20인
5. 옥외탱크저장소에 저장하는 제4류 위험물의 최대수량이 지정수량의 **50만배 이상**인 사업소	2대	10인

해답 ①

19 위험물탱크안전성능시험자가 되고자 하는 자가 갖추어야 할 장비로서 옳은 것은?

① 기밀시험장치 ② 태코미터
③ 페네스트로미터 ④ 인화점 측정기

해설 탱크시험자의 기술능력·시설 및 장비(제14조제1항 관련)
(1) 기술능력
  ① 필수인력
    ㉠ 위험물기능장·위험물산업기사 또는 위험물기능사 중 1명 이상

ⓒ 비파괴검사기술사 1명 이상 또는 초음파비파괴검사 · 자기비파괴검사 및 침투비파괴검사별로 기사 또는 산업기사 각 1명 이상
② 필요한 경우에 두는 인력
  ㉠ 충 · 수압시험, 진공시험, 기밀시험 또는 내압시험의 경우 : 누설비파괴검사 기사, 산업기사 또는 기능사
  ㉡ 수직 · 수평도시험의 경우 : 측량 및 지형공간정보 기술사, 기사, 산업기사 또는 측량기능사
  ㉢ 방사선투과시험의 경우 : 방사선비파괴검사 기사 또는 산업기사
  ㉣ 필수 인력의 보조 : 방사선비파괴검사 · 초음파비파괴검사 · 자기비파괴검사 또는 침투비파괴검사 기능사
(2) **시설 : 전용사무실**
(3) **장비**
  ① 필수장비 : **자기탐상시험기, 초음파두께측정기** 및 다음 ㉠ 또는 ㉡ 중 하나
    ㉠ 영상초음파시험기
    ㉡ 방사선투과시험기 및 초음파시험기
  ② 필요한 경우에 두는 장비
    ㉠ 충 · 수압시험, 진공시험, 기밀시험 또는 내압시험의 경우
      • 진공능력 53kPa 이상의 진공누설시험기
      • 기밀시험장치(안전장치가 부착된 것으로서 가압능력 200kPa 이상, 감압의 경우에는 감압능력 10kPa 이상 · 감도 10Pa 이하의 것으로서 각각의 압력 변화를 스스로 기록할 수 있는 것)
    ㉡ 수직 · 수평도 시험의 경우 : 수직 · 수평도 측정기
[비고] 둘 이상의 기능을 함께 가지고 있는 장비를 갖춘 경우에는 각각의 장비를 갖춘 것으로 본다.

해답 ①

20. 위험물안전관리법령상 나트륨의 위험등급은?

① 위험등급 Ⅰ ② 위험등급 Ⅱ
③ 위험등급 Ⅲ ④ 위험등급 Ⅳ

해설 제3류 위험물 및 지정수량

성질	품 명	지정수량	위험등급
자연발화성 및 금수성물질	1. 칼륨	10kg	Ⅰ
	2. 나트륨		
	3. 알킬알루미늄		
	4. 알킬리튬		
	5. 황린	20kg	
	6. 알칼리금속 (칼륨 및 나트륨 제외) 및 알칼리토금속	50kg	Ⅱ
	7. 유기금속화합물 (알킬알루미늄 및 알킬리튬 제외)		
	8. 금속의 수소화물	300kg	Ⅲ
	9. 금속의 인화물		
	10. 칼슘 또는 알루미늄의 탄화물		
	11. 염소화규소화합물		

해답 ①

21. 위험물의 화재위험에 대한 설명으로 옳지 않은 것은?

① 연소범위의 상한값이 높을수록 위험하다.
② 착화점이 높을수록 위험하다.
③ 폭발범위가 넓을수록 위험하다.
④ 연소속도가 빠를수록 위험하다.

해설 위험성의 영향인자

영 향 인 자	위 험 성
❶ 온도, 압력, 산소농도	높을수록 위험
❷ 연소범위(폭발범위)	넓을수록 위험
❸ 연소열, 증기압	클수록 위험
❹ 연소속도	빠를수록 위험
❺ 인화점, **착화점**, 비점, 융점, 비중, 점성, 비열	**낮을수록 위험**

해답 ②

22. 위험물안전관리법령상 스프링클러설비의 쌍구형 송수구를 설치하는 기준으로 틀린 것은?

① 송수구의 결합금속구는 탈착식 또는 나사식으로 한다.
② 송수구에는 그 직근의 보기 쉬운 장소에 송수 용량 및 송수 시간을 함께 표시하여야 한다.
③ 소방펌프자동차가 용이하게 접근할 수 있는 위치에 설치한다.
④ 송수구의 결합금속구는 지면으로부터 0.5m 이상 1m 이하 높이의 송수에 지장이 없는 위치에 설치한다.

해설 스프링클러설비의 쌍구형 송수구 설치기준
① 소방펌프자동차가 용이하게 **접근할 수 있는 위치**에 설치할 것
② 전용으로 할 것
③ 송수구의 결합금속구는 **탈착식 또는 나사식**으로 하고 내경을 63.5mm 내지 66.5mm로 할 것
④ 송수구의 결합금속구는 지면으로부터 **0.5m 이상 1m 이하**의 높이의 송수에 지장이 없는 위치에 설치할 것
⑤ 송수구는 당해 스프링클러설비의 가압송수장치로부터 유수검지장치·압력검지장치 또는 일제개방형밸브·수동식개방밸브까지의 배관에 전용의 배관으로 접속할 것
⑥ 송수구에는 그 직근의 보기 쉬운 장소에 "스프링클러용송수구"라고 표시하고 그 송수압력범위를 함께 표시할 것

해답 ②

23 분자량이 32이며 물에 불용성인 황색 결정의 위험물은?

① 오황화인 ② 황린
③ 적린 ④ 황

해설 황(S) : 제2류 위험물(가연성 고체)
① 동소체로 사방황, 단사황, 고무상황이 있다.
② **황색**의 고체 또는 분말상태이며 **조해성이 없다.**
③ **물에 녹지 않고 이황화탄소**(CS_2)에는 잘 녹는다.
④ 공기중에서 연소시 푸른 불꽃을 내며 이산화황이 생성된다.

$$S + O_2 \rightarrow SO_2$$

⑤ 환원성 물질이므로 산화제와 접촉 시 위험하다
⑥ **전기에 부도체**이므로 **분진폭발의 위험성**이 있고 목탄가루와 혼합시 가열, 충격, 마찰에 의하여 폭발위험성이 있다.
⑦ 다량의 물로 주수소화 또는 질식 소화한다.

해답 ④

24 과산화수소에 대한 설명 중 틀린 것은?

① 햇빛에 의해서 분해되어 산소를 방출한다.
② 일정 농도 이상이면 단독으로 폭발할 수 있다.
③ 벤젠이나 석유에 쉽게 용해되어 급격히 분해된다.
④ 농도가 진한 것은 피부에 접촉 시 수종을 일으킬 위험이 있다.

해설 **과산화수소**(H_2O_2)**의 일반적인 성질**

화학식	분자량	비중	비점	융점
H_2O_2	34	1.463	150.2℃(pure)	−0.43℃(pure)

① 물, 에탄올, 에터에 잘 녹으며 **벤젠에 녹지 않는다.**
② 분해 시 발생기 산소(O)를 발생시킨다.
③ 분해안정제로 **인산**(H_3PO_4) **또는 요산**($C_5H_4N_4O_3$)**을 첨가**한다.
④ 저장용기는 밀폐하지 말고 **구멍이 있는 마개**를 사용한다.
⑤ 강산화제이면서 환원제로도 사용한다.
⑥ 60% 이상의 고농도에서는 단독으로 폭발위험이 있다.
⑦ 하이드라진($NH_2 \cdot NH_2$)과 접촉 시 분해 작용으로 폭발위험이 있다.

$$NH_2 \cdot NH_2 + 2H_2O_2 \rightarrow 4H_2O + N_2 \uparrow$$

⑧ 아이오딘화칼륨이나 이산화망가니즈(MnO_2)을 촉매로 하면 분해가 빠르다.
⑨ 3%용액은 옥시풀이라 하며 표백제 또는 살균제로 이용한다.
⑩ 무색인 아이오딘칼륨 녹말종이와 반응하여 청색으로 변화시킨다.

• 과산화수소는 36%(중량) 이상만 위험물에 해당된다.
• 과산화수소는 표백제 및 살균제로 이용된다.

⑪ 다량의 물로 주수 소화한다.

해답 ③

25. Halon 1211에 해당하는 할로젠화합물 소화약제는?

① CH_2ClBr
② CF_2ClBr
③ CCl_2FBr
④ CBr_2FCl

해설 할로젠화합물 소화약제 명명법

할론 ⓐ ⓑ ⓒ ⓓ

ⓐ : C원자수 ⓑ : F원자수 ⓒ : Cl원자수 ⓓ : Br원자수

할로젠화합물 소화약제

구분	할론2402	할론1211	할론1301	할론1011
분자식	$C_2F_4Br_2$	CF_2ClBr	CF_3Br	CH_2ClBr
상온, 상압에서 상태	액체	기체	기체	액체

해답 ②

26. 다음 중 하나의 옥내저장소에 제5류 위험물과 함께 저장할 수 있는 위험물은?
(단, 위험물을 유별로 정리하여 저장하는 한편, 서로 1m 이상의 간격을 두는 경우이다.)

① 제1류 위험물(알칼리금속의 과산화물 또는 이를 함유한 것 제외)
② 제2류 위험물 중 인화성 고체
③ 제3류 위험물 중 알킬알루미늄 이외의 것
④ 유기과산화물 또는 이를 함유한 것 이외의 제4류 위험물

해설 [별표 18]제조소등에서의 위험물의 저장 및 취급에 관한 기준

유별을 달리하는 위험물은 동일한 저장소(내화구조의 격벽으로 완전히 구획된 실이 2 이상 있는 저장소에 있어서는 동일한 실. 이하 제3호에서 같다)에 저장하지 아니하여야 한다. 다만, 옥내저장소 또는 옥외저장소에 있어서 다음의 각목의 규정에 의한 위험물을 저장하는 경우로서 위험물을 유별로 정리하여 저장하는 한편, **서로 1m 이상의 간격을 두는 경우**에는 그러하지 아니하다(중요기준).

(1) **제1류 위험물(알칼리금속의 과산화물 또는 이를 함유한 것을 제외)과 제5류 위험물을 저장하는 경우**
(2) 제1류 위험물과 제6류 위험물을 저장하는 경우
(3) 제1류 위험물과 제3류 위험물 중 자연발화성물질(황린 또는 이를 함유한 것에 한한다)을 저장하는 경우
(4) 제2류 위험물 중 인화성고체와 제4류 위험물을 저장하는 경우
(5) 제3류 위험물 중 알킬알루미늄등과 제4류 위험물(알킬알루미늄 또는 알킬리튬을 함유한 것에 한한다)을 저장하는 경우
(6) 제4류 위험물 중 유기과산화물 또는 이를 함유하는 것과 제5류 위험물 중 유기과산화물 또는 이를 함유한 것을 저장하는 경우

해답 ①

27 아이오딘포름반응을 하는 물질로 연소범위가 약 2.5~12.8%이며 끓는점과 인화점이 낮아 화기를 멀리 해야 하고 냉암소에 보관하는 물질은?

① CH_3COCH_3
② CH_3CHO
③ C_6H_6
④ $C_6H_5NO_2$

해설 아세톤(CH_3COCH_3) : 제4류 1석유류

화학식	분자량	비중	비점	인화점	착화점	연소범위
$(CH_3)_2CO$	58	0.79	56.3℃	−18℃	538℃	2.5~12.8%

① 무색의 휘발성 액체이다.
② 물 및 유기용제(알코올, 에터 등)에 잘 녹는다.
③ 아이오딘포름 반응을 한다.

> **아이오딘포름반응**
> 아세톤, 아세트알데하이드, 에틸알코올에 수산화칼륨(KOH)과 아이오딘를 반응시키면 노란색의 아이오딘포름(CHI_3)의 침전물이 생성된다.
>
> $$\text{아세톤} \xrightarrow{KOH+I_2} \text{아이오딘포름}(CHI_3)(\text{노란색})$$

④ 아세틸렌을 잘 녹이므로 아세틸렌(용해가스) 저장시 아세톤에 용해시켜 저장한다.
⑤ 보관 중 황색으로 변색되며 햇빛에 분해가 된다.
⑥ 피부 접촉 시 탈지작용을 한다.
⑦ 다량의물 또는 알코올포로 소화한다.

해답 ①

28 가열하였을 때 열분해하여 질소 가스가 발생하는 것은?

① 과산화칼슘
② 브로민산칼륨
③ 삼산화크로뮴
④ 다이크로뮴산암모늄

해설 질소가스가 발생하려면 화학식에 **질소가 함유**되어야 한다.(다이크로뮴산암모늄)★

구분	과산화칼슘	브로민산칼륨	삼산화크로뮴	다이크로뮴산암모늄
화학식	CaO_2	$KBrO_3$	CrO_3	$(NH_4)_2Cr_2O_7$
류별	제1류 무기과산화물	제1류 브로민산염류	제1류	제1류 다이크로뮴산염류

해답 ④

29 과산화수소의 분해방지 안정제로 사용할 수 있는 물질은?

① 구리
② 은
③ 인산
④ 목탄분

해설 과산화수소(H_2O_2)의 일반적인 성질

화학식	분자량	비중	비점	융점
H_2O_2	34	1.463	150.2℃(pure)	−0.43℃(pure)

① 물, 에탄올, 에터에 잘 녹으며 **벤젠에 녹지 않는다.**
② 분해 시 발생기 산소(O)를 발생시킨다.
③ **분해안정제로 인산**(H₃PO₄) **또는 요산**(C₅H₄N₄O₃)**을 첨가**한다.
④ 저장용기는 밀폐하지 말고 구멍이 있는 마개를 사용한다.
⑤ 강산화제이면서 환원제로도 사용한다.
⑥ 60% 이상의 고농도에서는 단독으로 폭발위험이 있다.
⑦ 하이드라진(NH₂ · NH₂)과 접촉 시 분해 작용으로 폭발위험이 있다.

$$NH_2 \cdot NH_2 + 2H_2O_2 \rightarrow 4H_2O + N_2\uparrow$$

⑧ 아이오딘화칼륨이나 이산화망가니즈(MnO₂)을 촉매로 하면 분해가 빠르다.
⑨ 3%용액은 옥시풀이라 하며 표백제 또는 살균제로 이용한다.
⑩ 무색인 아이오딘칼륨 녹말종이와 반응하여 청색으로 변화시킨다.

- 과산화수소는 36%(중량) 이상만 위험물에 해당된다.
- 과산화수소는 표백제 및 살균제로 이용된다.

⑪ 다량의 물로 주수 소화한다.

해답 ③

30
원형관 속에서 유속 3m/s로 1일 동안 20,000m³의 물을 흐르게 하는 데 필요한 관의 내경은 약 몇 mm인가?

① 414　　　　　　② 313
③ 212　　　　　　④ 194

해설 유속

$$u = \frac{Q}{A} = \frac{Q}{\frac{\pi}{4}d^2}$$

여기서, Q : 유량(m³/s), A : 배관 단면적(m²), d : 배관내경(m)

① 유량 $Q = \frac{20000\text{m}^3}{1\text{day}} = \frac{20000\text{m}^3}{24 \times 3600\text{sec}} = 0.2315\text{m}^3/\text{s}$

② $d = \sqrt{\frac{4Q}{u\pi}}$, $u = 3\text{m/s}$

③ $d = \sqrt{\frac{4Q}{\pi u}} = \sqrt{\frac{4 \times 0.2315}{\pi \times 3}} \times 1000 = 313.45\text{mm}$

해답 ②

31
유별을 달리하는 위험물 중 운반 시에 혼재가 불가한 것은? (단, 모든 위험물은 지정수량 이상이다.)

① 아염소산나트륨과 질산　　　② 마그네슘과 나이트로글리세린
③ 나트륨과 벤젠　　　　　　　④ 과산화수소와 경유

해설 ① 아염소산나트륨(1류)과 질산(제6류)
② 마그네슘(제2류)과 나이트로글리세린(제5류)
③ 나트륨(제3류)과 벤젠(제4류)
④ 과산화수소(제6류)와 경유(제4류)

유별을 달리하는 위험물의 혼재기준

위험물의 구분	제1류	제2류	제3류	제4류	제5류	제6류
제1류		×	×	×	×	○
제2류	×		×	○	○	×
제3류	×	×		○	×	×
제4류	×	○	○		○	×
제5류	×	○	×	○		×
제6류	○	×	×	×	×	

쉬운 암기방법(혼재가능)
↓1 + 6↑   2 + 4
↓2 + 5↑   5 + 4
↓3 + 4↑

해답 ④

32 과염소산과 과산화수소의 공통적인 위험성을 나타낸 것은?

① 가열하면 수소를 발생한다.
② 불연성이지만 독성이 있다.
③ 물, 알코올에 희석하면 안전하다.
④ 농도가 36wt% 미만인 것은 위험물에 해당하지 않는다고 법령에서 정하고 있다.

해설 과염소산과 과산화수소의 공통적인 위험성
① 가열하면 산소를 발생한다.
② 불연성이지만 독성이 있다.
③ 물, 알코올에 희석하면 농도가 낮아진다.
④ 과산화수소는 농도가 36wt% 미만인 것은 위험물에 해당하지 않는다고 법령에서 정하고 있다.

해답 ②

33 다음 중 분해온도가 가장 높은 것은?

① KNO_3
② BaO_2
③ $(NH_4)_2Cr_2O_7$
④ NH_4ClO_3

해설

구분	KNO_3	BaO_2	$(NH_4)_2Cr_2O_7$	NH_4ClO_3
명칭	질산칼륨	과산화바륨	다이크로뮴산암모늄	염소산암모늄
류별	제1류 질산염류	제1류 무기과산화물	제1류 다이크로뮴산염류	제1류 염소산염류
분해온도(℃)	400	840	185	100

해답 ②

34. 위험물안전관리법령상 품명이 무기과산화물에 해당하는 것은?

① 과산화리튬
② 과산화수소
③ 과산화벤조일
④ 과산화초산

해설

구분	과산화리튬	과산화수소	과산화벤조일	과산화초산
화학식	Li_2O_2	H_2O_2	$(C_6H_5CO)_2O_2$	$CH_3CO-OOH$
유별	제1류 무기과산화물	제6류	제5류 유기과산화물	제5류 유기과산화물

해답 ①

35. 위험물안전관리법령상 제1류 위험물에 해당하는 것은?

① 염소화아이소시아눌산
② 질산구아니딘
③ 염소화규소화합물
④ 금속의 아지화합물

해설 위험물의 분류

구분	염소화아이소시아눌산	질산구아니딘	염소화규소화합물	금속의 아지화합물
유별	제1류 위험물	제5류 위험물	제3위험물	제5 위험물

제3조(위험물 품명의 지정) "행정안전부령으로 정하는 것"
(1) 제1류 위험물
① 과아이오딘산염류 ② 과아이오딘산 ③ 크로뮴, 납 또는 아이오딘의 산화물 ④ 아질산염류
⑤ 차아염소산염류 ⑥ 염소화아이소시아눌산 ⑦ 퍼옥소이황산염류 ⑧ 퍼옥소붕산염류
(2) 제3류 위험물
염소화규소화합물
(3) 제5류 위험물
① 금속의 아지화합물 ② 질산구아니딘
(4) 제6류 위험물
할로젠간화합물

해답 ①

36. 위험물제조소와 시설물 사이에 불연재료로 된 방화상 유효한 담을 설치하는 경우에는 법정의 안전거리를 단축할 수 있다. 다음 중 이러한 안전거리 단축이 가능한 시설물에 해당하지 않는 것은?

① 사용전압이 7,000V 초과 35,000V 이하의 특고압가공전선
② 문화유산의 보존 및 활용에 관한 법률에 의한 지정문화유산
③ 초등학교
④ 주택

해설 불연재료로 된 방화상 유효한 담 또는 벽을 설치하는 경우 안전거리를 단축대상
① 주거용으로 사용되는 것

② 학교·병원·극장·아동복지시설·노인복지시설·장애인복지시설·어린이집·정신보건시설
③ 지정문화유산 및 천연기념물 등

제조소의 안전거리

구 분	안전거리
사용전압이 7,000V 초과 35,000V 이하	3m 이상
사용전압이 35,000V를 초과	5m 이상
주거용	10m 이상
고압가스, 액화석유가스, 도시가스	20m 이상
학교·병원·극장	30m 이상
지정문화유산 및 천연기념물 등	50m 이상

해답 ①

37 위험물안전관리법령상 제3종 분말소화설비가 적응성이 있는 것은?

① 과산화바륨
② 마그네슘
③ 질산에틸
④ 과염소산

해설 ① 과산화바륨-제1류-무기과산화물 ② 마그네슘-제2류-가연성고체(금수성)
③ 질산에틸-제5류-질산에스터류 ④ 과염소산-제6류

소화설비의 적응성

구 분		1류		2류			3류		4류	5류	6류
		알칼리금속 과산화물	그밖의 것	철분, 금속분, 마그네슘	인화성 고체	그밖의 것	금수성 물질	그밖의 것			
포소화기			○		○	○		○	○	○	○
이산화탄소소화기					○				○		
할로젠화합물소화기					○				○		
분말소화기	인산염류등		○		○	○			○		○
	탄산수소염류등	○		○	○		○		○		
	그 밖의 것	○		○			○				
	팽창질석 팽창진주암	○	○	○	○	○	○	○	○	○	○

해답 ④

38 다음 중 산소와의 화학반응이 일어나지 않는 것은?

① N
② S
③ He
④ P

해설 **가연물이 될 수 없는 조건**
① 산화반응이 완전히 끝난 물질

(예 : H₂O, CO₂, NaHCO₃, KHCO₃ 등)
② 질소 또는 질소산화물
  (예 : 질소는 산화반응을 하지만 흡열반응을 한다.)
  $N_2 + \frac{1}{2}O_2 \rightarrow N_2O - 19.5\text{kcal}$
③ 주기율표상 18족 원소(불활성 기체)
  He(헬륨), Ne(네온), Ar(아르곤), Kr(크립톤), Xe(크세논), Rn(라돈)

해답 ③

39 지정수량의 단위가 나머지 셋과 다른 하나는?
① 사이클로헥산 ② 과염소산
③ 스타이렌 ④ 초산

구분	사이클로헥산	과염소산	스타이렌(스티렌)	초산
화학식	C₆H₁₂	HClO₄	C₆H₅CHCH₂	CH₃COOH
류별	제4류 제1석유류	제6류	제4류 제2석유류	제4류 제2석유류

해답 ②

40 개방된 중유 또는 원유 탱크 화재 시 포를 방사하면 소화약제가 비등 증발하며 확산의 위험이 발생한다. 이 현상은?
① 보일오버 현상 ② 슬롭오버 현상
③ 플래시오버 현상 ④ 블레비 현상

유류저장탱크의 화재 발생현상
① 보일오버 ② 슬롭오버 ③ 프로스오버
★★★ 요점정리 (필수 암기) ★★★
① 보일오버(boil over) : 탱크 바닥의 물이 비등하여 유류가 연소하면서 분출하는 현상
② 슬롭오버(slop over) : 물 또는 포약제가 연소유 표면으로 들어갈 때 유류가 연소하면서 분출하는 현상
③ 프로스오버(froth over) : 탱크 바닥의 물이 비등하여 유류가 연소하지 않고 분출하는 현상
④ 블레비(BLEVE) : 액화가스 저장탱크 폭발현상

해답 ②

41 다음 중 은백색의 광택성 물질로서 비중이 약 1.74인 위험물은?
① Cu ② Fe
③ Al ④ Mg

해설 **마그네슘**(Mg) ★★★

화학식	원자량	비중	융점	비점	발화점
Mg	24.3	1.74	651℃	1102℃	473℃

① 2mm체 통과 못하는 덩어리는 위험물에서 제외한다.
② 직경 2mm 이상 막대모양은 위험물에서 제외한다.
③ **은백색의 광택**이 나는 가벼운 금속이다.
④ **수증기와 작용하여 수산화마그네슘과 수소를 발생**시킨다.(주수소화금지)

$$Mg + 2H_2O \rightarrow Mg(OH)_2(수산화마그네슘) + H_2\uparrow(수소발생)$$

⑤ 이산화탄소약제를 방사하면 폭발적으로 반응하기 때문에 위험하다.
⑥ 산과 작용하여 수소를 발생시킨다.

$$Mg + 2HCl \rightarrow MgCl_2(염화마그네슘) + H_2\uparrow(수소)$$

⑦ 공기 중 습기에 발열되어 자연발화 위험이 있다.
⑧ 주수소화는 엄금이며 마른모래 등으로 피복 소화한다.

해답 ④

42 메탄 50%, 에탄 30%, 프로판 20%의 부피비로 혼합된 가스의 공기 중 폭발하한계 값은? (단, 메탄, 에탄, 프로판의 폭발하한계는 각각 5vol%, 3vol%, 2vol%이다.)

① 1.1vol% ② 3.3vol%
③ 5.5vol% ④ 7.7vol%

해설 **혼합가스의 폭발한계**

$$\frac{V_m}{L_m} = \frac{V_1}{L_1} + \frac{V_2}{L_2} + \frac{V_3}{L_3} + \cdots\cdots + \frac{V_n}{L_n}$$

여기서, L_m : 혼합가스의 폭발하한 값 또는 폭발상한 값, V_m : 혼합가스의 전체농도(%)
V_1, V_2, V_3, V_n : 단일가스의 폭발하한 값 또는 폭발상한 값
L_1, L_2, L_3, L_n : 단일가스의 부피농도(%)

$$\therefore L_m = \frac{100}{\frac{V_1}{L_1} + \frac{V_2}{L_2} + \frac{V_3}{L_3}} = \frac{100}{\frac{50}{5} + \frac{30}{3} + \frac{20}{2}} = 3.33\%$$

해답 ②

43 체적이 50m³인 위험물 옥내저장창고(개구부에는 자동폐쇄장치가 설치됨)에 전역방출방식의 이산화탄소 소화설비를 설치할 경우 소화약제의 저장량을 얼마 이상으로 하여야 하는가?

① 300kg ② 45kg
③ 60kg   ④ 100kg

해설 ① 약제저장량 = 방호구역체적 × 체적계수(kg/m³) + 개구부면적 × 면적계수(5kg/m²)
② $Q = 50m^3 \times 0.9kg/m^3 = 45kg$

(1) 전역방출방식의 소화약제량

방호구역의 체적(m³)	방호구역의 체적(m³)당 소화약제의 양(kg)	소화약제 총량의 최저한도(kg)
5 미만	1.20	–
5 이상 15 미만	1.10	6
15 이상 45 미만	1.00	17
45 이상 150 미만	0.90	45
150 이상 1,500 미만	0.80	135
1,500 이상	0.75	1,200

(2) 방호구역의 개구부에 자동폐쇄장치(60분+ 방화문, 30분 방화문 또는 불연재료의 문으로 이산화탄소소화약제가 방사되기 직전에 개구부를 자동으로 폐쇄하는 장치)를 설치하지 않은 경우에는 (1)에 의하여 산출된 양에 당해 개구부의 **면적1m²당 5kg의 비율로 계산한 양을 가산한 양**

해답 ②

44. 다음 위험물의 지정수량이 옳게 연결된 것은?

① $Ba(ClO_4)_2$ – 50kg
② $NaBrO_3$ – 100kg
③ $Sr(NO_3)_2$ – 500kg
④ $KMnO_4$ – 500kg

구분	$Ba(ClO_4)_2$	$NaBrO_3$	$Sr(NO_3)_2$	$KMnO_4$
명 칭	과염소산바륨	브로민산나트륨	질산스트론튬	과망가니즈산칼륨
품 명	과염소산염류	브로민산염류	질산염류	과망가니즈산염류
지정수량(kg)	50	300	300	1000

제1류 위험물의 지정수량

성 질	품 명	지정수량	위험등급
산화성 고체	1. 아염소산염류, 2. 염소산염류, 3. 과염소산염류, 4. 무기과산화물	50kg	I
	5. 브로민산염류, 6. 질산염류, 7. 아이오딘산염류	300kg	II
	8. 과망가니즈산염류, 9. 다이크로뮴산염류	1000kg	III
	10. 그 밖에 행정안전부령이 정하는 것 ① 과아이오딘산염류, ② 과아이오딘산 ③ 크로뮴, 납 또는 아이오딘의 산화물 ④ 아질산염류, ⑤ 염소화아이소시아눌산 ⑥ 퍼옥소이황산염류, ⑦ 퍼옥소붕산염류	300kg	II
	⑧ 차아염소산염류	50kg	I

해답 ①

45. 알칼리금속의 과산화물에 물을 뿌렸을 때 발생하는 기체는?

① 수소
② 산소
③ 메탄
④ 포스핀

해설 **과산화나트륨**(Na_2O_2) : 제1류 위험물 중 무기과산화물(금수성)
상온에서 물과 격렬히 반응하여 산소(O_2)를 방출하고 폭발하기도 한다.

$$2Na_2O_2 + 2H_2O \rightarrow 4NaOH + O_2\uparrow$$
(과산화나트륨)　(물)　(수산화나트륨)　(산소)

과산화칼륨(K_2O_2) : 제1류 위험물 중 무기과산화물
상온에서 **물과 격렬히 반응하여 산소(O_2)를 방출**하고 폭발하기도 한다.

$$2K_2O_2 + 2H_2O \rightarrow 4KOH + O_2\uparrow$$

해답 ②

46 다음 중 위험물안전관리법상 알코올류가 위험물이 되기 위하여 갖추어야 할 조건이 아닌 것은?

① 한 분자 내에 탄소 원자수가 1개부터 3개까지일 것.
② 포화 알코올일 것.
③ 수용액일 경우 위험물안전관리법에서 정의한 알코올 함유량이 60중량% 이상일 것.
④ 2가 이상의 알코올일 것.

해설 **알코올류의 정의**
1분자를 구성하는 탄소원자의 수가 **1개부터 3개까지인 포화1가 알코올**(변성알코올을 포함)
다만, 다음 각목의 1에 해당하는 것은 제외한다.
① 1분자를 구성하는 탄소원자의 수가 1개 내지 3개의 포화1가 알코올의 함유량이 60중량%미만인 수용액
② 가연성액체량이 60중량%미만이고 인화점 및 연소점(태그개방식인화점측정기에 의한 연소점을 말한다)이 에틸알코올 60중량% 수용액의 인화점 및 연소점을 초과하는 것

해답 ④

47 다음의 요건을 모두 충족하는 위험물은?

A. 과아이오딘산과 함께 적재하여 운반하는 것은 위험물관계법령 위반이다.
B. 위험등급 Ⅱ에 해당하는 위험물이다.
C. 원칙적으로 옥외저장소에 저장·취급하는 것은 위험물관계법령 위반이다.

① 염소산염류　　　　　　　② 고형알코올
③ 질산에스터류　　　　　　④ 금속의 아지화합물

해설 ① 염소산염류 – 제1류 – Ⅰ등급
② 고형알코올 – 제2류 – Ⅲ등급
③ 질산에스터류 – 제5류 – Ⅰ
④ 금속의 아지화합물 – 제5류 – Ⅱ

A. 과아이오딘산(제1류)과 함께 적재하여 운반하는 것은 법령 위반이다.
  ⇒ 금속의 아지화합물 - 제5류 - Ⅱ
B. 위험등급 Ⅱ에 해당하는 위험물이다.
  ⇒ 금속의 아지화합물 - 제5류 - Ⅱ
C. 원칙적으로 옥외저장소에 저장·취급하는 것은 위법이다.
  ⇒ 금속의 아지화합물 - 제5류 - Ⅱ

해답 ④

48. 하나의 옥내저장소에 다음과 같이 제4류 위험물을 함께 저장하는 경우 지정수량의 총 배수는?

[다음]
- 아세트알데하이드 200L
- 아세톤 400L
- 아세트산 1,000L
- 아크릴산 1,000L

① 6배
② 7배
③ 7.5배
④ 8배

해설 제4류 위험물의 지정수량

구 분	아세트알데하이드	아세톤	아세트산	아크릴산
화학식	CH_3CHO	CH_3COCH_3	CH_3COOH	C_2H_3COOH
품 명	특수인화물	제1석유류(수용성)	제2석유류(수용성)	제2석유류(수용성)
지정수량(L)	50	400	2000	2000

지정수량의 배수 = $\dfrac{저장수량}{지정수량} = \dfrac{200}{50} + \dfrac{400}{400} + \dfrac{1000}{2000} + \dfrac{1000}{2000} = 6$배

해답 ①

49. 다음 중 1차 이온화에너지가 작은 금속에 대한 설명으로 잘못된 것은?

① 전자를 잃기 쉽다.
② 산화되기 쉽다.
③ 환원력이 작다.
④ 양이온이 되기 쉽다.

해설 1차 이온화에너지가 작은 금속의 특성
① 전자를 잃기 쉽다.
② 산화되기 쉽다.
③ 환원력이 크다.
④ 양이온이 되기 쉽다.
⑤ 반응성이 크다
⑥ 전지의 음극이 되려는 경향이 강하다
⑦ 전지에 사용하는 두 금속의 이온화 에너지의 차이가 클수록 전압도 높아진다.

해답 ③

50 옥탄가에 대한 설명으로 옳은 것은?

① 노르말펜탄을 100, 옥탄을 0으로 한 것이다.
② 옥탄을 100, 펜탄을 0으로 한 것이다.
③ 아이소옥탄을 100, 헥산을 0으로 한 것이다.
④ 아이소옥탄을 100, 노르말헵탄을 0으로 한 것이다.

해설 **옥탄가**(옥테인가)(Octane Number)
① 휘발유의 고급 정도를 재는 수치로, 노킹을 억제하는 정도를 수치로 표시한 것이다.
② 옥탄가는 아이소옥탄(Iso-Octane)의 옥탄가를 100, 노말헵탄(n-Heptane)의 옥탄가를 0으로 정한 것이다.

석유계통의 품질표시
① 가솔린(휘발유) : 옥탄가   ② 디젤유(경유) : 세탄가

해답 ④

51 다음 중 물 속에 저장하여야 하는 위험물은?

① 적린   ② 황린
③ 황화인   ④ 황

해설 **황린**(P_4)[별명 : 백린] : 제3류 위험물(자연발화성물질)

화학식	분자량	발화점	비점	융점	비중	증기비중
P_4	124	34℃	280℃	44℃	1.82	4.4

① 백색 또는 담황색의 고체이다.
② **공기 중 약 34℃에서 자연 발화한다.**
③ 저장 시 자연 발화성이므로 반드시 물속에 저장한다.
④ **인화수소(PH_3)의 생성을 방지하기 위하여 물의 pH = 9(약알칼리)가 안전한계이다.**
⑤ 물의 온도가 상승 시 황린의 용해도가 증가되어 산성화속도가 빨라진다.
⑥ **연소 시 오산화인(P_2O_5)의 흰 연기가 발생한다.**

$$P_4 + 5O_2 \rightarrow 2P_2O_5 (오산화인)$$

⑦ 강알칼리의 용액에서는 유독기체인 포스핀(PH_3) 발생한다. 따라서 저장 시 물의 pH(수소이온농도)는 9를 넘어서는 안된다.(※물은 약알칼리의 석회 또는 소다회로 중화하는 것이 좋다.)

$$P_4 + 3NaOH + 3H_2O \rightarrow 3NaHPO_2 + PH_3 \uparrow (인화수소=포스핀)$$

⑧ **약 260℃로 가열(공기차단)시 적린이 된다.**
⑨ 피부 접촉 시 화상을 입는다.
⑩ 소화는 물분무, 마른모래 등으로 질식 소화한다.
⑪ 고압의 주수소화는 황린을 비산시켜 연소면이 확대될 우려가 있다.

해답 ②

52 위험물안전관리법령상 옥내저장소를 설치함에 있어서 저장창고의 바닥을 물이 스며 오거나 스며들지 않는 구조로 하여야 하는 위험물에 해당하지 않는 것은?

① 제1류 위험물 중 알칼리금속의 과산화물
② 제2류 위험물 중 철분·금속분·마그네슘
③ 제4류 위험물
④ 제6류 위험물

해설 옥내저장소의 저장창고 설치기준
(1) 바닥을 위험물이 스며 나오거나 스며들지 아니하는 구조로 하여야 하는 대상위험물
   ① 제1류 위험물 중 알칼리금속의 과산화물 또는 이를 함유하는 것
   ② 제2류 위험물 중 철분·금속분·마그네슘 또는 이중 어느 하나 이상을 함유하는 것
   ③ 제3류 위험물 중 금수성물질
   ④ 제4류 위험물
(2) 액상의 위험물의 저장창고의 바닥은 위험물이 스며들지 아니하는 구조로 하고, 적당하게 경사지게 하여 그 최저부에 집유설비를 하여야 한다.

해답 ④

53 금속나트륨의 성질에 대한 설명으로 옳은 것은?

① 불꽃 반응은 파란색을 띤다.
② 물과 반응하여 발열하고 가연성 가스를 만든다.
③ 은백색의 중금속이다.
④ 물보다 무겁다.

해설 나트륨(Na) : 제3류-금수성물질

화학식	원자량	비점	융점	비중	불꽃색상
Na	23	880℃	97.8℃	0.97	노란색

① 물과 반응하여 수소기체 발생
$$2Na + 2H_2O \rightarrow 2NaOH + H_2\uparrow \text{(수소발생)}$$
② 석유(유동파라핀, 등유, 경유)속에 저장
③ 화학적으로 활성이 크다.
④ 3주기 1족에 속하는 원소이다.
⑤ 공기 중에서 자연발화할 위험이 있다.
⑥ 물보다 가벼운 금속이다.

해답 ②

54 다음 중 반즈(Ralph M. Barnes)가 제시한 동작경제원칙에 해당되지 않는 것은?

① 표준작업의 원칙
② 신체의 사용에 관한 원칙
③ 작업장의 배치에 관한 원칙
④ 공구 및 설비의 디자인에 관한 원칙

해설 동작경제의 원칙
① 신체부위의 사용에 관한 원칙
② 작업장의 배치에 관한 원칙
③ 도구와 설비의 설계에 관한 원칙

해답 ①

55 다음 A, B 같은 작업공정을 가진 경우 위험물안전관리법상 허가를 받아야 하는 제조소 등의 종류를 옳게 짝지은 것은? (단, 지정수량 이상을 취급하는 경우이다.)

A : 원료(비위험물) →작업→ 제품(위험물)

B : 원료(위험물) →작업→ 제품(비위험물)

① A : 위험물제조소, B : 위험물제조소 ② A : 위험물제조소, B : 위험물취급소
③ A : 위험물취급소, B : 위험물제조소 ④ A : 위험물취급소, B : 위험물취급소

해설 위험물제조소 : 원료가 위험물 또는 비위험물을 사용하여 생산한 제품이 **위험물인 경우**
위험물일반취급소 : 위험물을 원료로 사용하여 생산한 제품이 **비위험물인 경우**

해답 ②

56 도수분포표에서 도수가 최대인 계급의 대표값을 정확히 표현한 통계량은?
① 중위수   ② 시료평균
③ 최빈수   ④ 미드-레인지(mid-range)

해설 ① **중위수**(median) : 통계집단의 변량을 크기의 순서로 늘어놓았을 때, 중앙에 위치하는 값
② **시료평균** : 시료의 평균값
③ **최빈수**(mode) : 도수분포에서 최대의 도수를 가지는 변량의 값
④ **미드-레인지**(mid-range) : 중간 음역대. 대략 약500Hz~5kHz 정도의 주파수 음역대

해답 ③

57 다음 [표]를 참조하여 5개월 단순이동평균법으로 7월의 수요를 예측하면 몇 개인가?

(단위 : 개)

월	1	2	3	4	5	6
실적	48	50	53	60	64	68

① 55개   ② 57개
③ 58개   ④ 59개

해설 ① **이동 평균법**(Moving Average Method)
시계열 분석 모형 중의 하나로서 이동 평균을 이용하여 전체의 추세를 알 수 있도록 하는 방법
② **수요예측**(demand forecasting)
요약수요분석을 기초로 하여, 시장조사 등 각종 예측조사 결과를 종합하여 장래의 수요를 예측하는 것.
③ $DF = \dfrac{\text{최근기간의 실적값}}{\text{기간의 수}}$
$= \dfrac{50(2월)+53(3월)+60(4월)+64(5월)+68(6월)}{5개월} = 59개$

해답 ④

58. 다음 중 두 관리도가 모두 푸아송 분포를 따르는 것은?

① $\bar{x}$ 관리도, R 관리도　　② c 관리도, u 관리도
③ np 관리도, p 관리도　　　 ④ c 관리도, p 관리도

해설 **푸아송 분포**(Poisson distribution)
주어진 시간, 공간, 영역, 길이 내에서 어떤 특정한 사건의 발생횟수를 나타내는 확률변수 X의 값을 나타내는 근사적인 확률분포
① C관리도
② u관리도

해답 ②

59. 전수검사와 샘플링 검사에 관한 설명으로 가장 올바른 것은?

① 파괴검사의 경우에는 전수검사를 적용한다.
② 전수검사가 일반적으로 샘플링 검사보다 품질 향상에 자극을 더 준다.
③ 검사항목이 많을 경우 전수검사보다 샘플링 검사가 유리하다.
④ 샘플링 검사는 부적합품이 섞여 들어가서는 안 되는 경우에 적용한다.

해설 **검사방법의 종류**
① **자주 검사**(inspection worked by boiler-operator)
성능 검사나 정기 자주 검사 등의 법적 검사 외에 작업 주임이 적당히 자체적으로 하는 검사
② **간접 검사**(Indirect Inspection)
자재 또는 제품의 검사가 불가능하거나 불리할 경우 공정, 장비 및 작업자를 관리하는 검사방법
③ **전수 검사**(Total Inspection)
검사 로트 내의 검사 단위 모두를 하나하나 검사하여 합격, 불합격 판정을 내리는 것으로 일명 100% 검사라고도 한다.
④ **샘플링 검사**(sampling inspection)
한 로트(lot)의 물품 중에서 발췌한 시료(試料)를 조사하고 그 결과를 판정 기준과 비교하여 그 로트의 합격 여부를 결정하는 검사이며 **일반적으로 검사항목이 많을 경우 실시한다.**

해답 ③

60 근래 인간공학이 여러 분야에서 크게 기여하고 있다. 다음 중 어느 단계에서 인간공학적 지식이 고려됨으로써 기업에 가장 큰 이익을 줄 수 있는가?

① 제품의 개발 단계　　　　② 제품의 구매 단계
③ 제품의 사용 단계　　　　④ 작업자의 채용 단계

해설 **제품의 개발단계**
개발된 신제품은 시장의 독점적인 상태가 대부분이므로 기업에 가장 큰 이익을 줄 수 있다.

해답 ①

국가기술자격 필기시험문제

2025년도 기능장 제78회 필기시험 (2025년 06월 28일 시행)

자격종목	시험시간	문제수	형별
위험물기능장	1시간	60	A

수험번호: 　　　　성 명:

본 문제는 CBT시험대비 기출문제 복원입니다.

01. 다음 반응에서 과산화수소가 산화제로 작용한 것은?

[다음] ⓐ $2HI + H_2O_2 \rightarrow I_2 + 2H_2O$
　　　ⓑ $MnO_2 + H_2O_2 + H_2SO_4 \rightarrow MnSO_4 + 2H_2O + O_2$
　　　ⓒ $PbS + 4H_2O_2 \rightarrow PbSO_4 + 4H_2O$

① ⓐ, ⓑ　　　　　　　　　② ⓐ, ⓒ
③ ⓑ, ⓒ　　　　　　　　　④ ⓐ, ⓑ, ⓒ

해설

ⓐ 　　　　　　　2HI　＋　H_2O_2　→　I_2　＋　$2H_2O$
　산화수　　　(1)(-1)　　(1)(-1)　　(0)　　(1)(-2)

　　　　　　　　　　H_2O_2　──산화제(산화수감소)──→　$2H_2O$
　산소의 산화수　　(-1)　　　　　　　　　　　　　　　(-2)

ⓒ 　　　　　　　PbS　＋　$4H_2O_2$　→　$PbSO_4$　＋　$4H_2O$
　산화수　　(2)(-2)　　(1)(-1)　　(2)(-2)(-2)　　(1)(-2)

　　　　　　　　　　$4H_2O_2$　──산화제(산화수감소)──→　$4H_2O$
　산소의 산화수　(1)(-1)　　　　　　　　　　　　　　(1)(-2)

- **산화제** : 다른 물질을 산화시키고 자신은 환원 되는 물질 (산화수 감소)
- **환원제** : 다른 물질을 환원시키고 자신은 산화 되는 물질 (산화수 증가)

산화수를 정하는 법
① 단체 중의 **원자의 산화수는** 0이다.(단체분자는 중성) [보기 : H_2^0, Fe^0, Mg^0, O_2^0, O_3^0]
② 화합물에서 산소의 산화수는 -2, 수소의 산화수는 +1이 보통이다 (단, **과산화물에서 O의 산화수는 -1**)
　[보기 : CH_4에서 C^{-4}, CO_2에서 C^{+4}]
③ 화합물에서 구성 원자의 산화수의 총합은 0이다.(분자는 중성이므로)
④ 이온의 가수(價數)는 그 이온의 산화수이다.(• Ca=+2 • Na=+1 • K=+1 • Ba=+2)
　[보기 : Cu^{+2}에서 Cu=+2]
　　MnO_4^-에서 Mn의 산화수는 $x+(-2\times 4)=-1$ ∴ $x=+7$ 따라서 Mn=+7

해답 ②

02 위험물안전관리법령에서 정한 자기반응성 물질이 아닌 것은?

① 유기금속화합물 ② 유기과산화물
③ 금속의 아지화합물 ④ 질산구아니딘

해설

구 분	① 유기금속화합물	② 유기과산화물	③ 금속의 아지화합물	④ 질산구아니딘
류 별	제3류	제5류	제5류	제5류
성 질	금수성	자기반응성	자기반응성	자기반응성

제3조(위험물 품명의 지정) "행정안전부령으로 정하는 것"
(1) 제1류 위험물
　① 과아이오딘산염류 ② 과아이오딘산 ③ 크로뮴, 납 또는 아이오딘의 산화물 ④ 아질산염류
　⑤ 차아염소산염류 ⑥ 염소화아이소시아눌산 ⑦ 퍼옥소이황산염류 ⑧ 퍼옥소붕산염류
(2) 제3류 위험물
　염소화규소화합물
(3) 제5류 위험물
　① 금속의 아지화합물 ② 질산구아니딘
(4) 제6류 위험물
　할로젠간화합물

해답 ①

03 다음 중 강화액 소화기의 방출방식으로 가장 많이 쓰이는 것은?

① 가스 가압식 ② 반응식(파병식)
③ 축압식 ④ 전도식

해설 **강화액 소화기**
① 물의 빙점(어는점)이 높은 단점을 강화시킨 탄산칼륨(K_2CO_3) 수용액
② 빙점 : $-30 \sim -25℃$
③ 질소기체로 내부압력을 축압시킨 축압식 소화기이다.

해답 ③

04 다음 중 인화점이 가장 낮은 물질은?

① 아이소프로필알코올 ② n-부틸알코올
③ 에틸렌글리콜 ④ 아세트산

해설 **위험물의 인화점**

구 분	① 아이소프로필알코올	② n-부틸알코올	③ 에틸렌글리콜	④ 아세트산
화학식	C_3H_7OH	C_4H_9OH	CH_2OHCH_2OH	CH_3COOH
품 명	제4류 알코올류	제4류 제2석유류	제4류 제3석유류(수용성)	제4류 제2석유류(수용성)
인화점(℃)	11.7	35	111	40

해답 ①

05 위험물안전관리법령상 위험물의 운송 시 혼재할 수 없는 위험물은? (단, 지정수량의 $\frac{1}{10}$ 초과의 위험물이다.)

① 적린과 경유
② 칼륨과 등유
③ 아세톤과 나이트로셀룰로오스
④ 과산화칼륨과 크실렌

해설
① 적린(제2류)+경유(제4류),
② 칼륨(제3류)+등유(제4류)
③ 아세톤(제4류)+나이트로셀룰로오스(제5류)
④ 과산화칼륨(제1류)+크실렌(제4류)

유별을 달리하는 위험물의 혼재기준

위험물의 구분	제1류	제2류	제3류	제4류	제5류	제6류
제1류		×	×	×	×	○
제2류	×		×	○	○	×
제3류	×	×		○	×	×
제4류	×	○	○		○	×
제5류	×	○	×	○		×
제6류	○	×	×	×	×	

[비고] 1. "×" 표시는 혼재할 수 없음을 표시
2. "○" 표시는 혼재할 수 있음을 표시
3. 이 표는 지정수량의 $\frac{1}{10}$ 이하의 위험물에 대하여는 적용하지 아니한다.

쉬운 암기방법(혼재가능)
↓1 + 6↑   2 + 4
↓2 + 5↑   5 + 4
↓3 + 4↑

해답 ④

06 위험물안전관리법령에서 정한 위험물을 수납하는 경우의 운반용기에 관한 기준으로 옳은 것은?

① 고체 위험물은 운반용기 내용적의 98% 이하로 수납한다.
② 액체 위험물은 운반용기 내용적의 95% 이하로 수납한다.
③ 고체 위험물의 내용적은 25℃를 기준으로 한다.
④ 액체 위험물은 55℃에서 누설되지 않도록 공간용적을 유지하여야 한다.

해설 적재방법
① **고체위험물 : 내용적의 95% 이하의 수납율**
② **액체위험물** : 내용적의 98% 이하의 수납율로 수납하되, 55도의 온도에서 누설되지 아니하도록 충분한 공간용적을 유지하도록 할 것
③ 제3류 위험물은 다음의 기준에 따라 운반용기에 수납할 것
  ㉠ 자연발화성물질 : 불활성 기체를 봉입하여 밀봉하는 등 공기와 접하지 아니하도록 할 것

ⓒ 자연발화성물질외의 물품 : 파라핀·경유·등유 등의 보호액으로 채워 밀봉하거나 불활성 기체를 봉입하여 밀봉하는 등 수분과 접하지 아니하도록 할 것
ⓒ 자연발화성물질 중 **알킬알루미늄** 등 : 내용적의 **90% 이하의 수납율**로 수납하되, **50℃의 온도**에서 **5% 이상의 공간용적**을 유지하도록 할 것

운반용기의 내용적에 대한 수납율
① 액체위험물 : 내용적의 98% 이하
② 고체위험물 : 내용적의 95% 이하

해답 ④

---

07 스프링클러 소화설비가 전체적으로 적응성이 있는 대상물은?
① 제1류 위험물　② 제2류 위험물
③ 제4류 위험물　④ 제5류 위험물

해설 **소화설비의 적응성**

소화설비의 구분		대상물 구분									
		그밖의건축물·공작물	전기설비	제1류 위험물		제2류 위험물			제3류 위험물		제4류 위험물	제5류 위험물	제6류 위험물
				알칼리금속과산화물등	그 밖의 것	철분·마그네슘·금속분	인화성고체	그 밖의 것	금수성물품	그 밖의 것			
옥내소화전 또는 옥외소화전설비		○			○		○	○		○		○	○
스프링클러설비		○			○		○	○		○	△	○	○
물분무등소화설비	물분무소화설비	○	○		○		○	○		○	○	○	○
	포소화설비	○			○		○	○		○	○	○	○
	불연성가스소화설비		○				○				○		
	할로겐화합물소화설비		○				○				○		
	분말소화설비	인산염류등	○	○		○		○	○			○		○
		탄산수소염류등		○	○			○	○		○	○		
		그 밖의 것			○			○			○			

해답 ④

---

08 비중이 1.15인 소금물이 무한히 큰 탱크의 밑면에서 내경 3cm인 관을 통하여 유출된다. 유출구 끝이 탱크 수면으로부터 3.2m 하부에 있다면 유출속도는 얼마인가? (단, 배출 시의 마찰손실은 무시한다.)
① 2.92m/s　② 5.92m/s
③ 7.92m/s　④ 12.92m/s

해설 유출속도

$$u = \sqrt{2gH}$$

여기서, u : 유속(m/s), g : 중력가속도($9.8m/s^2$), H : 수면으로부터 높이(m)

$H = \sqrt{2 \times 9.8 \times 3.2} = 7.92 m/s$

해답 ③

09 Halon 1211과 Halon 1301 소화약제에 대한 설명 중 틀린 것은?

① 모두 부촉매 효과가 있다.
② 증기는 모두 공기보다 무겁다.
③ 증기비중과 액체비중 모두 Halon 1211이 더 크다.
④ 소화기의 유효방사거리는 Halon 1301이 더 길다.

해설 할로젠화합물 소화약제 명명법

할론 ⓐ ⓑ ⓒ ⓓ
   ⓐ : C원자수   ⓑ : F원자수   ⓒ : Cl원자수   ⓓ : Br원자수

할로젠화합물 소화약제

구분	할론2402	할론1211	할론1301	할론1011
분자식	$C_2F_4Br_2$	CF_2ClBr	CF_3Br	CH_2ClBr
상온, 상압에서 상태	액체	기체	기체	액체

• Halon 1301의 방사거리 : 3~4m
• Halon 1211의 방사거리 : 4~5m

해답 ④

10 물체의 표면온도가 200℃에서 500℃로 상승하면 열복사량은 약 몇 배 증가하는가?

① 3.3
② 7.1
③ 18.5
④ 39.2

해설 스테판-볼츠만의 법칙

$$Q = aAF(T_1^4 - T_2^4)$$

열복사량은 복사체의 절대온도차의 4승에 비례하고 열전달면적에 비례한다.

여기서, Q : 복사열(kcal/hr), a : 스테판-볼츠만의 상수
A : 단면적, F : 기하학적 Factor(상수)
T_1 : 고온물체의 절대온도($273 + t℃$)K, T_2 : 저온물체의 절대온도($273 + t℃$)K

$Q = \dfrac{Q_2}{Q_1} = \dfrac{T_2^4}{T_1^4} = \dfrac{(273+500)^4}{(273+200)^4} ≒ 7.13$배

해답 ②

11 과염소산의 취급·저장 시 주의사항으로 틀린 것은?

① 가열하면 폭발할 위험이 있으므로 주의한다.
② 종이, 나뭇조각 등과 접촉을 피하여야 한다.
③ 구멍이 뚫린 코르크 마개를 사용하여 통풍이 잘되는 곳에 저장한다.
④ 물과 접촉하면 심하게 반응하므로 접촉을 금지한다.

[해설] 과염소산($HClO_4$) : 제6류 위험물

화학식	분자량	비중	비점	융점
$HClO_4$	100.46	1.77	39℃	-112℃

① 물과 접촉 시 심한 열을 발생하며 불안정하다.
② 종이, 나무조각과 접촉 시 연소한다.
③ 공기 중 분해하여 강하게 연기를 발생한다.
④ 무색의 액체로 염소냄새가 난다.
⑤ 산화력 및 흡습성이 강하다.
⑥ 다량의 물로 분무(안개모양)주수소화

과산화수소(H_2O_2)의 일반적 성질

화학식	분자량	비중	비점	융점
H_2O_2	34	1.463	150.2℃(pure)	-0.43℃(pure)

① 물, 에탄올, 에터에 잘 녹으며 **벤젠에 녹지 않는다.**
② 분해 시 발생기 산소(O)를 발생시킨다.
③ **분해안정제로 인산(H_3PO_4) 또는 요산($C_5H_4N_4O_3$)을 첨가**한다.
④ **저장용기는 밀폐하지 말고 구멍이 있는 마개를 사용**한다.
⑤ 강산화제이면서 환원제로도 사용한다.
⑥ 60% 이상의 고농도에서는 단독으로 폭발위험이 있다.
⑦ 하이드라진($NH_2·NH_2$)과 접촉 시 분해 작용으로 폭발위험이 있다.

$$NH_2·NH_2 + 2H_2O_2 \rightarrow 4H_2O + N_2\uparrow$$

⑧ 아이오딘화칼륨이나 이산화망가니즈(MnO_2)을 촉매로 하면 분해가 빠르다.
⑨ 3%용액은 옥시풀이라 하며 표백제 또는 살균제로 이용한다.
⑩ 무색인 아이오딘화칼륨 녹말종이와 반응하여 청색으로 변화시킨다.

- 과산화수소는 36%(중량) 이상만 위험물에 해당된다.
- 과산화수소는 표백제 및 살균제로 이용된다.

⑪ 다량의 물로 주수 소화한다.

[해답] ③

12 TNT와 나이트로글리세린에 대한 설명 중 틀린 것은?

① TNT는 햇빛에 노출되면 다갈색으로 변한다.
② 모두 폭약의 원료로 사용될 수 있다.
③ 위험물안전관리법령상 품명은 서로 다르다.
④ 나이트로글리세린은 상온(약 25℃)에서 고체이다.

해설 **TNT와 나이트로글리세린의 특징**
① TNT는 햇빛에 노출되면 다갈색으로 변한다.
② 모두 폭약의 원료로 사용될 수 있다.
③ 위험물안전관리법령상 품명은 서로 다르다.

구분	TNT(트라이나이트로톨루엔)	나이트로글리세린
화학식	$C_6H_2CH_3(NO_2)_3$	$C_3H_5(ONO_2)_3$
유별	제5류 나이트로화합물	제5류 질산에스터류
상온 상태	고체	액체

④ 나이트로글리세린은 상온(약 25℃)에서 액체이다.

해답 ④

13 단백질 검출반응과 관련이 있는 위험물은?
① HNO_3
② $HClO_3$
③ $HClO_2$
④ H_2O_2

해설 **질산(HNO_3) : 제6류 위험물(산화성 액체)** ★★★★★

화학식	분자량	비중	비점	융점
HNO_3	63	1.50	86℃	-42℃

① 무색의 발연성 액체이다.
② 빛에 의하여 일부 분해되어 생긴 NO_2 때문에 황갈색으로 된다.

$$4HNO_3 \rightarrow 2H_2O + 4NO_2\uparrow(이산화질소) + O_2\uparrow(산소)$$

③ 저장용기는 직사광선을 피하고 찬 곳에 저장한다.
④ 실험실에서는 갈색병에 넣어 햇빛을 차단시킨다.
⑤ **환원성물질과 혼합하면 발화 또는 폭발한다.**

크산토프로테인반응(xanthoprotenic reaction)
단백질에 진한질산을 가하면 노란색으로 변하고 알칼리를 작용시키면 오렌지색으로 변하며, 단백질 검출에 이용된다.

⑥ 위급 시에는 다량의 물로 냉각 소화한다.

해답 ①

14 휘발유를 저장하는 옥외탱크저장소의 하나의 방유제 안에 10,000L, 20,000L 탱크 각각 1기가 설치되어 있다. 방유제의 용량은 몇 L 이상이어야 하는가?
① 11,000
② 20,000
③ 22,000
④ 30,000

해설 $Q = 20,000L \times 1.1(110\%) = 22,000L$

인화성액체위험물(이황화탄소를 제외)의 옥외탱크저장소의 방유제
① 방유제의 용량

탱크가 하나인 때	탱크 용량의 110% 이상
2기 이상인 때	탱크 중 용량이 최대인 것의 **용량의 110% 이상**

② 방유제의 높이는 0.5m 이상 3m 이하, 두께 0.2m 이상, 지하매설깊이 1m 이상으로 할 것
③ **방유제 내의 면적은 8만m² 이하로 할 것**
④ 방유제 내에 설치하는 옥외저장탱크의 수는 10이하로 할 것
⑤ 방유제는 탱크의 옆판으로부터 거리를 유지할 것

지름이 15m 미만인 경우	탱크 높이의 3분의 1 이상
지름이 15m 이상인 경우	탱크 높이의 2분의 1 이상

해답 ③

---

15 위험물제조소 내의 위험물을 취급하는 배관은 불연성액체를 이용하는 경우 최대상용 압력의 몇 배 이상의 압력으로 내압시험을 실시하여 이상이 없어야 하는가?

① 1.1   ② 1.5
③ 2.1   ④ 2.5

해설 위험물제조소내의 위험물을 취급하는 배관의 내압시험

구분	내압시험
불연성 액체를 이용하는 경우	최대상용압력의 1.5배 이상
불연성 기체를 이용하는 경우	최대상용압력의 1.1배 이상

해답 ②

---

16 위험물의 저장 또는 취급하는 방법을 설명한 것 중 틀린 것은?

① 산화프로필렌 : 저장 시 은으로 제작된 용기에 질소가스와 같은 불연성가스를 충전하여 보관한다.
② 이황화탄소 : 용기나 탱크에 저장 시 물로 덮어서 보관한다.
③ 알킬알루미늄 : 용기는 완전 밀봉하고 질소 등 불활성가스를 충전한다.
④ 아세트알데하이드 : 냉암소에 저장한다.

해설 **산화프로필렌(CH_3CH_2CHO) : 제4류 위험물 중 특수인화물**

```
    H H H
    | | |
H — C — C — C — H
    |  \ /
    H   O
```

화학식	분자량	비중	비점	인화점	착화점	연소범위
CH_3CHCH_2O	58	0.83	34℃	-37℃	465℃	2.1~38.5%

① 휘발성이 강하고 에터 냄새가 나는 액체이다.
② 물, 알코올, 벤젠 등 유기용제에는 잘 녹는다.
③ **연소범위는 2.1~38.5%이며 증기는 공기보다 2.0배 무겁다.**
④ 저장용기 사용 시 **동(구리), 마그네슘, 은, 수은 및 합금용기 사용금지**
   (아세틸리드(acetylide) 생성)
⑤ 저장 용기 내에 질소(N_2) 등 불연성가스를 채워둔다.
⑥ 소화는 포 약제로 질식 소화한다.

해답 ①

17 다음 중 품목을 달리하는 위험물을 동일 장소에 저장할 경우 위험물의 시설로서 허가를 받아야 할 수량을 저장하고 있는 것은? (단, 제4류 위험물의 경우 비수용성이고 수량 이외의 저장기준은 고려하지 않는다.)

① 이황화탄소 10L, 가솔린 20L와 칼륨 3kg을 취급하는 곳
② 가솔린 60L, 등유 300L와 중유 950L를 취급하는 곳
③ 경유 600L, 나트륨 1kg과 무기과산화물 10kg을 취급하는 곳
④ 황 10kg, 등유 300L와 황린 10kg을 취급하는 곳

해설 위험물안전관리법 제4조(지정수량 미만인 위험물의 저장·취급)
지정수량 미만인 위험물의 저장 또는 취급에 관한 기술상의 기준은 특별시·광역시·특별자치시·도 및 특별자치도(이하 "시·도"라 한다)의 조례로 정한다.

지정수량의 배수 계산
① 이황화탄소 10L, 가솔린 20L와 칼륨 3kg을 취급하는 곳
　　지정수량의 배수 $= \dfrac{10}{50} + \dfrac{20}{200} + \dfrac{3}{10} = 0.60$배

② 가솔린 60L, 등유 300L와 중유 950L를 취급하는 곳
　　지정수량의 배수 $= \dfrac{60}{200} + \dfrac{300}{1000} + \dfrac{950}{2000} = 1.075$배

③ 경유 600L, 나트륨 1kg과 무기과산화물 10kg을 취급하는 곳
　　지정수량의 배수 $= \dfrac{600}{1000} + \dfrac{1}{10} + \dfrac{10}{50} = 0.90$배

④ 황 10kg, 등유 300L와 황린 10kg을 취급하는 곳
　　지정수량의 배수 $= \dfrac{10}{100} + \dfrac{300}{1000} + \dfrac{10}{20} = 0.90$배

해답 ②

18 산소 16g과 수소 4g이 반응할 때 몇 g의 물을 얻을 수 있는가?

① 9g　　② 16g
③ 18g　　④ 36g

해설 물의 반응식

$2H_2$	+	O_2	→	$2H_2O$
2×2g	+	32g	→	2×18g
2g	+	16g	→	18g

해답 ③

19 위험물제조소의 환기설비에 대한 기준에 대한 설명 중 옳지 않은 것은?

① 환기는 팬을 사용한 국소배기방식으로 설치하여야 한다.
② 급기구는 바닥면적 150m²마다 1개 이상으로 한다.
③ 급기구는 낮은 곳에 설치하고 가는 눈의 구리망 등으로 인화방지망을 설치해야 한다.
④ 환기구는 회전식 고정 벤티레이터 또는 루프 팬 방식으로 설치한다.

해설 위험물 제조소의 채광 조명 및 환기 설비의 설치 기준
(1) 채광설비
불연재료로 하고, 연소의 우려가 없는 장소에 설치하되 채광면적을 최소로 할 것
(2) 조명설비
① 가연성가스 등이 체류할 우려가 있는 장소의 조명등은 방폭 등으로 할 것
② 전선은 내화·내열전선으로 할 것
③ **점멸스위치**는 출입구 **바깥부분에 설치**할 것.
(3) 환기설비
① 환기는 **자연배기방식**으로 할 것
② 급기구는 당해 급기구가 설치된 실의 바닥면적 150m²마다 1개 이상으로 하되, 급기구의 크기는 800cm² 이상으로 할 것.
③ 급기구는 낮은 곳에 설치하고 가는 눈의 구리망 등으로 인화 방지망을 설치할 것
④ 환기구는 지붕위 또는 지상 2m 이상의 높이에 회전식 고정벤티레이터 또는 루푸팬 방식으로 설치할 것

해답 ①

20 하나의 특정한 사고 원인의 관계를 논리게이트를 이용하여 도해적으로 분석하여 연역적·정량적 기법으로 해석해 가면서 위험성을 평가하는 방법은?

① FTA(결함수 분석기법)   ② PHA(예비위험 분석기법)
③ ETA(사건수 분석기법)   ④ FMECA(이상위험도 분석기법)

해설 FTA(결함수 분석 기법)
하나의 특정한 사고 원인의 관계를 논리게이트를 이용하여 도해적으로 분석하여 연역적·정량적 기법으로 해석해 가면서 위험성을 평가하는 방법

해답 ①

21 제4류 위험물 중 점도가 높고 비휘발성인 제3석유류 또는 제4석유류의 주된 연소 형태는?

① 증발연소   ② 표면연소
③ 분해연소   ④ 불꽃연소

해설 **연소의 형태**
① **표면연소**(surface reaction)
  숯, 코크스, 목탄, 금속분
② **증발 연소**(evaporating combustion)
  파라핀(양초), 황, 나프탈렌, 왁스, 휘발유, 등유, 경유, 아세톤 등 제4류 위험물
③ **분해연소**(decomposing combustion)
  석탄, 목재, 플라스틱, 종이, 합성수지, **중유(제4류-제3석유류)**
④ 자기연소(내부연소)
  질화면(나이트로셀룰로오즈), 셀룰로이드, 나이트로글리세린등 제5류 위험물
⑤ **확산연소**(diffusive burning)
  아세틸렌, LPG, LNG 등 가연성 기체
⑥ 불꽃연소 + 표면연소
  목재, 종이, 셀룰로오즈류, 열경화성수지

해답 ③

22. 마그네슘 화재를 소화할 때 사용하는 소화약제의 적응성에 대한 설명으로 잘못된 것은?

① 건조사에 의한 질식소화는 오히려 폭발적인 반응을 일으키므로 소화 적응성이 없다.
② 물을 주수하면 폭발의 위험이 있으므로 소화 적응성이 없다.
③ 이산화탄소는 연소반응을 일으키며 일산화탄소를 발생하므로 소화 적응성이 없다.
④ 할로젠화합물과 반응하므로 소화 적응성이 없다.

해설 **마그네슘(Mg)★★★**

화학식	원자량	비중	융점	비점	발화점
Mg	24.3	1.74	651℃	1102℃	473℃

① 2mm체 통과 못하는 덩어리는 위험물에서 제외한다.
② 직경 2mm 이상 막대모양은 위험물에서 제외한다.
③ 은백색의 광택이 나는 가벼운 금속이다.
④ **수증기와 작용하여 수산화마그네슘과 수소를 발생**시킨다.(주수소화금지)
  $Mg + 2H_2O \rightarrow Mg(OH)_2$(수산화마그네슘) $+ H_2\uparrow$(수소발생)
⑤ 이산화탄소약제를 방사하면 폭발적으로 반응하기 때문에 위험하다.
⑥ 산과 작용하여 수소를 발생시킨다.
  $Mg + 2HCl \rightarrow MgCl_2$(염화마그네슘) $+ H_2\uparrow$(수소)
⑦ 공기 중 습기에 발열되어 자연발화 위험이 있다.
⑧ 주수소화는 엄금이며 마른모래 등으로 피복 소화한다.
⑨ 마그네슘과 CO_2의 반응식
  $2Mg + CO_2 \rightarrow 2MgO + C$(마그네슘과 이산화탄소는 폭발적으로 반응하기 때문에 위험)

해답 ①

23 다음 물질이 연소의 3요소 중 하나의 역할을 한다고 했을 때 그 역할이 나머지 셋과 다른 하나는?

① 삼산화크로뮴   ② 적린
③ 황린   ④ 이황화탄소

해설

구분	삼산화크로뮴	적린	황린	이황화탄소
화학식	CrO_3	P	P_4	CS_2
류 별	제1류	제2류	제3류	제4류
특 성	산화성고체	가연성고체	자연발화성	인화성액체
화재 시 역할	산소공급원	가연물	가연물	가연물

해답 ①

24 다음 중 위험물안전관리법령에서 정한 위험물의 지정수량이 가장 작은 것은?

① 브로민산염류   ② 금속의 인화물
③ 염소산염류   ④ 과염소산

해설

구분	브로민산염류	금속의 인화물	염소산염류	과염소산
류 별	제1류	제3류	제1류	제6류
지정수량(kg)	300	300	50	300

해답 ③

25 황이 연소하여 발생하는 가스의 성질로 옳은 것은?

① 무색 무취이다.   ② 물에 녹지 않는다.
③ 공기보다 무겁다.   ④ 분자식은 H_2S이다.

해설 **이산화황(SO_2)의 성질**
① 황이 연소할 때에 발생하는 기체로, 황과 산소의 화합물이다.
② 녹는점 −75.5℃, 끓는점 −10.0℃, 기체비중은 2.26이며 공기보다 무겁다.
③ 물에 잘 녹는다.
④ 자극성 있는 냄새가 나는 무색 기체이고 인체의 점막을 침해하는 독성이 있다.

황(S) : 제2류 위험물(가연성 고체)
① 동소체로 사방황, 단사황, 고무상황이 있다.
② 황색의 고체 또는 분말상태이며 **조해성이 없다.**
③ 물에 녹지 않고 **이황화탄소(CS_2)에는 잘 녹는다.**
④ **공기중에서 연소시 푸른 불꽃을 내며 이산화황이 생성된다.**
$$S + O_2 \rightarrow SO_2$$
⑤ 환원성 물질이므로 산화제와 접촉 시 위험하다

⑥ 전기에 부도체이므로 분진폭발의 위험성이 있고 목탄가루와 혼합시 가열, 충격, 마찰에 의하여 폭발위험성이 있다.
⑦ 다량의 물로 주수소화 또는 질식 소화한다.

해답 ③

26
정전기와 관련해서 유체 또는 고체에 의해 한 표면에서 다른 표면으로 전자가 전달될 때 발생하는 전기의 흐름을 무엇이라고 하는가?

① 유도전류 ② 전도전류
③ 유동전류 ④ 변위전류

해설 유동전류
정전기와 관련 유체 또는 고체에 의해 한 표면에서 다른 표면으로 전자가 전달될 때 발생하는 전기의 흐름

해답 ③

27
다음 [보기]와 같은 공통점을 갖지 않는 것은?

[보기]
• 탄화수소이다.
• 치환반응보다는 첨가반응을 잘 한다.
• 석유화학공업 공정으로 얻을 수 있다.

① 에텐 ② 프로필렌
③ 부텐 ④ 벤젠

해설

구 분	에텐	프로필렌	부텐	벤젠
화학식	C_2H_4	C_3H_6	C_4H_8	C_6H_6
분 류	불포화 탄화수소	불포화 탄화수소	불포화 탄화수소	방향족 탄화수소

해답 ④

28
에탄올과 진한 황산을 섞고 170℃로 가열하여 얻어지는 기체 탄화수소(A)에 브로민을 작용시켜 20℃에서 액체 화합물(B)을 얻었다. 화합물 A와 B의 화학식은?

① A : C_2H_2, B : CH_3-CHBr_2
② A : C_2H_4, B : CH_2Br-CH_2Br
③ A : $C_2H_5OC_2H_5$, B : $C_2H_4BrOC_2H_4Br$
④ A : C_2H_6, B : $CHBr=CHBr$

해설 에틸렌의 제조방법

$$C_2H_5OH(에틸알코올) \xrightarrow[170℃]{C-H_2SO_4} C_2H_4(에틸렌) + H_2O$$

브로민화에틸렌(CH_2BrCH_2Br)의 제조방법
① 에틸렌에 브로민을 첨가시키거나, 아세틸렌에 브로민화수소를 첨가시킨다.
② 브로민화에틸에 철의 존재하에 브로민을 작용시킨다.

해답 ②

29 다음 위험물 중에서 지정수량이 나머지 셋과 다른 것은?
① $KBrO_3$
② KNO_3
③ KIO_3
④ $KClO_3$

해설 **제1류 위험물의 분류**

구 분	$KBrO_3$	KNO_3	KIO_3	$KClO_3$
명 칭	브로민산칼륨	질산칼륨	아이오딘산칼륨	염소산칼륨
품 명	브로민산염류	질산염류	아이오딘산염류	염소산염류
지정수량(kg)	300	300	300	50

1류 위험물의 지정수량

성 질	품 명	지정수량	위험등급
산화성고체	1. 아염소산염류	50kg	I
	2. 염소산염류		
	3. 과염소산염류		
	4. 무기과산화물		
	5. 브로민산염류	300kg	II
	6. 질산염류		
	7. 아이오딘산염류		
	8. 과망가니즈산염류	1,000kg	III
	9. 다이크로뮴산염류		

해답 ④

30 위험물안전관리법령상 할로젠화물 소화설비의 기준에서 용적식 국소방출방식에 대한 저장 소화약제 양은 다음의 식을 이용하여 산출한다. 하론 1211의 경우에 해당하는 X와 Y의 값으로 옳은 것은? [단, Q는 단위체적당 소화약제의 양(kg/m^3), a는 방호 대상물 주위에 실제로 설치된 고정벽의 면적 합계(m^2), A는 방호공간 전체둘레의 면적(m^2)이다.]

$$Q = X - Y\frac{a}{A}$$

① $X : 5.2$, $Y : 3.9$
② $X : 4.4$, $Y : 3.3$
③ $X : 4.0$, $Y : 3.0$
④ $X : 3.2$, $Y : 2.7$

[해설] 국소방출방식의 할로젠화물 소화설비

$$Q = X - Y\frac{a}{A}$$

여기서, Q : 단위체적당 소화약제의 양(단위 kg/m³)
 a : 방호대상물 주위에 실제로 설치된 고정벽의 면적의 합계(단위 m²)
 A : 방호공간 전체둘레의 면적(단위 m²)
 X 및 Y : 다음 표에 정한 소화약제의 종류에 따른 수치

소화약제의 종류	X의 수치	Y의 수치
하론2402	5.2	3.9
하론1211	4.4	3.3
하론1301	4.0	3.0

[해답] ②

31 다음 중 알칼리토금속의 과산화물로서 비중이 약 4.96, 융점이 약 450℃인 것으로 비교적 안정한 물질은?

① BaO_2
② CaO_2
③ MgO_2
④ BeO_2

[해설] 과산화바륨(BaO_2) : 제1류-무기과산화물

화학식	분자량	비중	융점	분해온도
BaO_2	169	4.96	450℃	840℃

① 정방 결정계의 백색 또는 회백색의 분말
② 알칼리토금속의 과산화물 중 가장 안정하다.
③ 고온에서 가열하면 산화바륨과 산소로 분해된다.
④ 찬 물에 조금 녹고 뜨거운 물에서는 분해된다.
⑤ 저온에서 묽은 황산을 작용시키면 과산화수소 수용액이 생긴다.

[해답] ①

32 다음 중 제1류 위험물이 아닌 것은?

① LiClO
② $NaClO_2$
③ $KClO_3$
④ $HClO_4$

[해설]

구 분	LiClO	$NaClO_2$	$KClO_3$	$HClO_4$
명 칭	차아염소산리튬	아염소산나트륨	염소산칼륨	과염소산
품 명	제1류 차아염소산염류	제1류 아염소산염류	제1류 염소산염류	제6류

[해답] ④

33 제2종 분말소화약제가 열분해할 때 생성되는 물질로 4℃ 부근에서 최대 밀도를 가지며 분자내 104.5°의 결합각을 갖는 것은?

① CO_2
② H_2O
③ H_3PO_4
④ K_2CO_3

해설 물(H_2O) : 4℃부근에서 최대밀도, 분자결합각 104.5° ★

분말약제의 열분해

종 별	약제명	착색	열분해 반응식
제1종	탄산수소나트륨 중탄산나트륨 중조	백 색	270℃ $2NaHCO_3 \rightarrow Na_2CO_3+CO_2+H_2O$ 850℃ $2NaHCO_3 \rightarrow Na_2O+2CO_2+H_2O$
제2종	탄산수소칼륨 중탄산칼륨	담회색	190℃ $2KHCO_3 \rightarrow K_2CO_3+CO_2+H_2O$ 590℃ $2KHCO_3 \rightarrow K_2O+2CO_2+H_2O$
제3종	제1인산암모늄	담홍색	$NH_4H_2PO_4 \rightarrow HPO_3+NH_3+H_2O$
제4종	중탄산칼륨+요소	회(백)색	$2KHCO_3+(NH_2)_2CO \rightarrow K_2CO_3+2NH_3+2CO_2$

해답 ②

34 위험물안전관리법령에서 정한 위험물의 유별에 따른 성질에서 물질의 상태는 다르지만 성질이 같은 것은?

① 제1류와 제6류
② 제2류와 제5류
③ 제3류와 제5류
④ 제4류와 제6류

해설 위험물의 분류 및 성질

류 별	성 질	소화방법
제1류	산화성고체	무기과산화물은 금수성 이므로 옥내소화전 불가
제2류	가연성고체	금속분은 금수성 이므로 옥내소화전 불가
제3류	자연발화성 및 금수성	황린을 제외하고는 금수성 이므로 옥내소화전 불가
제4류	인화성액체	비수용성액체는 연소면 확대로 봉상주수는 불가
제5류	자기반응성	다량의 물로 주수소화
제6류	산화성액체	다량의 물로 주수소화

해답 ①

35 임계온도에 대한 설명으로 옳은 것은?

① 임계온도보다 낮은 온도에서 기체는 압력을 가하면 액체로 변화할 수 있다.
② 임계온도보다 높은 온도에서 기체는 압력을 가하면 액체로 변화할 수 있다.
③ 이산화탄소의 임계온도는 약 -119℃이다.
④ 물질의 종류에 상관없이 동일 부피, 동일 압력에서는 같은 임계온도를 갖는다.

해설 **임계온도**
① 압력을 가하면 액화(liquefaction)하는 온도가 있는데, 이를 그 물질의 임계온도라 한다.
② 일정한 압력에서 기체를 액화시키는데 필요한 최고온도를 말한다.
③ 공기는 보통온도에서는 아무리 압력을 가하여도 액화되지 않으나, −140℃ 이하로 냉각시켜 압력을 가하면 액화된다. 이와 같은 임계온도는 어느 기체에도 존재한다.

해답 ①

36. 다음 중 물보다 무거운 물질은?
① 다이에틸에터
② 칼륨
③ 산화프로필렌
④ 탄화알루미늄

해설

구 분	다이에틸에터	칼륨	산화프로필렌	탄화알루미늄
명 칭	$C_2H_5OC_2H_5$	K	CH_3CH_2CHO	Al_4C_3
류 별	제1류 특수인화물	제3류	제4류 특수인화물	제3류 알루미늄탄화물
비 중	0.72	0.86	0.83	2.36

해답 ④

37. 위험물안전관리법령상 국소방출방식의 이산화탄소 소화설비 중 저압식 저장 용기에 설치되는 압력경보장치는 어느 압력 범위에서 작동하는 것으로 설치하여야 하는가?
① 2.3MPa 이상의 압력과 1.9MPa 이하의 압력에서 작동하는 것
② 2.5MPa 이상의 압력과 2.0MPa 이하의 압력에서 작동하는 것
③ 2.7MPa 이상의 압력과 2.3MPa 이하의 압력에서 작동하는 것
④ 3.0MPa 이상의 압력과 2.5MPa 이하의 압력에서 작동하는 것

해설 **이산화탄소 소화설비의 저압식 저장용기 설치기준**
① 액면계 및 압력계를 설치할 것
② 2.3MPa 이상 및 1.9MPa 이하의 압력에서 작동하는 압력경보장치를 설치
③ 용기내부의 온도를 −18℃ 이하를 유지할 수 있는 **자동냉동기**를 설치
④ 파괴판을 설치할 것
⑤ 방출밸브를 설치할 것

해답 ①

38. 옥내저장소에 가솔린 18L 용기 100개, 아세톤 200L 드럼통 10개, 경유 200L 드럼통 8개를 저장하고 있다. 이 저장소에는 지정수량의 몇 배를 저장하고 있는가?
① 10.8배
② 11.6배
③ 15.6배
④ 16.6배

해설 **제4류 위험물 및 지정수량**

성질	품 명		지정수량	위험등급
인화성액체	1. 특수인화물		50L	I
	2. 제1석유류	비수용성액체	200L	II
		수용성액체	400L	
	3. 알코올류		400L	
	4. 제2석유류	비수용성액체	1,000L	III
		수용성액체	2,000L	
	5. 제3석유류	비수용성액체	2,000L	
		수용성액체	4,000L	
	6. 제4석유류		6,000L	
	7. 동식물유류		10,000L	

① 가솔린(휘발유)-제4류-1석유류-비수용성-200L
② 아세톤-제4류-1석유류-수용성-400L
③ 경유-제4류-2석유류-비수용성-1000L

$$\therefore \text{지정수량의 배수} = \frac{\text{저장수량}}{\text{지정수량}} = \frac{18L \times 100}{200} + \frac{200L \times 10}{400} + \frac{200L \times 8}{1000} = 15.6\text{배}$$

해답 ③

39. 공기 중 약 34℃에서 자연발화의 위험이 있기 때문에 물 속에 보관해야 하는 위험물은?

① 황화인 ② 이황화탄소
③ 황린   ④ 탄화알루미늄

해설 **황린(P_4)[별명 : 백린] : 제3류 위험물(자연발화성물질)**

화학식	분자량	발화점	비점	융점	비중	증기비중
P_4	124	34℃	280℃	44℃	1.82	4.4

① 백색 또는 담황색의 고체이다.
② **공기 중 약 34℃에서 자연 발화한다.**
③ 저장 시 자연 발화성이므로 반드시 물속에 저장한다.
④ **인화수소(PH_3)의 생성을 방지**하기 위하여 물의 pH = 9(**약알칼리**)가 안전한계이다.
⑤ 물의 온도가 상승 시 황린의 용해도가 증가되어 산성화속도가 빨라진다.
⑥ **연소 시 오산화인(P_2O_5)의 흰 연기가 발생**한다.

$$P_4 + 5O_2 \rightarrow 2P_2O_5(\text{오산화인})$$

⑦ 강알칼리의 용액에서는 유독기체인 포스핀(PH_3) 발생한다. 따라서 저장 시 물의 pH(수소이온농도)는 9를 넘어서는 안된다.(※물은 약알칼리의 석회 또는 소다회로 중화하는 것이 좋다.)

$$P_4 + 3NaOH + 3H_2O \rightarrow 3NaH_2PO_2 + PH_3 \uparrow (\text{인화수소 = 포스핀})$$

⑧ **약 260℃로 가열(공기차단)시 적린이 된다.**
⑨ 피부 접촉 시 화상을 입는다.
⑩ 소화는 물분무, 마른모래 등으로 질식 소화한다.
⑪ 고압의 주수소화는 황린을 비산시켜 연소면이 확대될 우려가 있다.

해답 ③

40 어떤 액체 연료의 질량 조성이 C 75%, H 25%일 때 C : H의 mole비는?
① 1 : 3
② 1 : 4
③ 4 : 1
④ 3 : 1

해설 C : H의 mole비 $= \dfrac{75}{12} : \dfrac{25}{1} = 6.25 : 25 = 1 : 4$

해답 ②

41 다음 중 은백색의 금속으로 가장 가볍고, 물과 반응 시 수소가스를 발생시키는 것은?
① Al
② Na
③ Li
④ Si

해설 **리튬**(lithium) : **제3류 알칼리금속 또는 알칼리토금속**

화학식	비점	융점	비중	불꽃색상
Li	1336℃	180℃	0.543	적색

① **은백색 연질금속**이지만 나트륨보다 단단하며 고체인 홑원소물질 중에서 가장 가볍다.
② **물과 반응하여 수소가스를 발생**한다.

$$2Li(s) + 2H_2O \rightarrow 2LiOH(aq) + H_2(g)$$

③ 불꽃반응에서 빨간색을 나타낸다.
④ 주기율표 1족 2주기에 속하는 알칼리금속원소이다.
⑤ 녹는점 180.54℃, 끓는점 1336℃, 밀도 0.54g/cm³이다.

해답 ③

42 위험물안전관리법령상 원칙적인 경우에 있어서 이동저장탱크의 내부는 몇 리터 이하 마다 3.2mm 이상의 강철판으로 칸막이를 설치해야 하는가?
① 2,000
② 3,000
③ 4,000
④ 5,000

해설 ① 이동저장탱크의 수압시험 및 시험시간

압력탱크(최대상용압력 46.7kPa 이상 탱크)외의 탱크	압력탱크
70kPa의 압력으로 10분간	최대상용압력의 1.5배의 압력으로 10분간

② 이동저장탱크는 그 내부에 **4,000L 이하마다** 3.2mm 이상의 강철판 또는 이와 동등 이상의 강도·내열성 및 내식성이 있는 **금속성의 것으로** 칸막이를 설치할 것.
③ 칸막이로 구획된 각 부분마다 맨홀과 다음 각목의 기준에 의한 안전장치 및 방파판을 설치할 것(단, 칸막이로 구획된 부분의 용량이 2,000L 미만인 부분에는 방파판을 설치하지 아니 할 수 있다.

해답 ③

43 다음 중 아이오딘값이 가장 높은 것은?

① 참기름
② 채종유
③ 동유
④ 땅콩기름

해설 동식물유류 : 제4류 위험물 ★★★★
동물의 지육 또는 식물의 종자나 과육으로부터 추출한 것으로 1기압에서 인화점이 250℃ 미만인 것
① 돈지(돼지기름), 우지(소기름) 등이 있다.
② 아이오딘값이 130 이상인 건성유는 자연발화위험이 있다.
③ 인화점이 46℃인 개자유는 저장, 취급 시 특별히 주의한다.

아이오딘값에 따른 동식물유의 분류

구 분	아이오딘값	종 류
건성유	130 이상	해바라기기름, **동유(낙화생기름)**, 정어리기름, 아마인유, 들기름
반건성유	100~130	**채종유**, 쌀겨기름, **참기름**, 면실유, 옥수수기름, 청어기름, 콩기름
불건성유	100 이하	야자유, 팜유, 올리브유, 피마자기름, **낙화생기름**, 돈지, 우지, 고래기름

해답 ③

44 위험물제조소 등에 설치하는 옥내소화전설비 또는 옥외소화전설비의 설치기준으로 옳지 않은 것은?

① 옥내소화전설비의 각 노즐 선단 방수량 : 260L/min
② 옥내소화전설비의 비상전원 용량 : 45분 이상
③ 옥외소화전설비의 각 노즐 선단 방수량 : 260L/min
④ 표시등 회로의 배선공사 : 금속관 공사, 가요전선관 공사, 금속덕트 공사, 케이블 공사

해설 위험물제조소등의 소화설비 설치기준

소화설비	수평거리	방사량	방사압력	수원의 양
옥내	25m 이하	260(L/min) 이상	350(kPa) 이상	$Q = N$(소화전개수 : 최대 5개) $\times 7.8m^3$(260L/min×30min)
옥외	40m 이하	450(L/min) 이상	350(kPa) 이상	$Q = N$(소화전개수 : 최대 4개) $\times 13.5m^3$(450L/min×30min)
스프링클러	1.7m 이하	80(L/min) 이상	100(kPa) 이상	$Q = N$(헤드수 : 최대 30개) $\times 2.4m^3$(80L/min×30min)
물분무		20(L/m²·min)	350(kPa) 이상	$Q = A$(바닥면적m²) $\times 0.6m^3$(20L/m²·min×30min)

해답 ③

45 위험물이송취급소에 설치하는 경보설비가 아닌 것은?

① 비상벨장치 ② 확성장치
③ 가연성증기경보장치 ④ 비상방송설비

해설 이송취급소에 설치하는 경보설비
① 이송기지에는 비상벨장치 및 확성장치를 설치할 것
② 가연성증기를 발생하는 위험물을 취급하는 펌프실 등에는 가연성증기 경보설비를 설치할 것

해답 ④

46 NH_4NO_3에 대한 설명으로 옳은 것은?

① 물에 녹을 때는 발열반응을 일으킨다.
② 트라이나이트로페놀과 혼합하여 안포폭약을 제조하는 데 사용된다.
③ 가열하면 수소, 발생기산소 등 다량의 가스를 발생한다.
④ 비중이 물보다 크고, 흡습성과 조해성이 있다.

해설 질산암모늄(NH_4NO_3) : 제1류 위험물 중 질산염류

화학식	분자량	비중	융점	분해온도
NH_4NO_3	80	1.73	165℃	220℃

① 단독으로 가열, 충격 시 분해 폭발할 수 있다.
② 화약(ANFO폭약))원료로 쓰이며 유기물과 접촉 시 폭발우려가 있다.
③ 무색, 무취의 결정이다.
④ 조해성 및 흡습성이 매우 강하다.
⑤ **물에 용해 시 흡열반응**을 나타낸다.
⑥ 급격한 가열충격에 따라 폭발의 위험이 있다.

해답 ④

47 과산화나트륨의 저장법으로 가장 옳은 것은?

① 용기는 밀전 및 밀봉하여야 한다.
② 안정제로 황분 또는 알루미늄분을 넣어 준다.
③ 수증기를 혼입해서 공기와 직접 접촉을 방지한다.
④ 저장시설 내에 스프링클러설비를 설치한다.

해설 과산화나트륨(Na_2O_2) : 제1류 위험물 중 무기과산화물(금수성)

화학식	분자량	비중	융점	분해온도
Na_2O_2	78	2.8	460℃	460℃

① 상온에서 물과 격렬히 반응하여 산소(O_2)를 방출하고 폭발하기도 한다.

$$2Na_2O_2 + 2H_2O \rightarrow 4NaOH + O_2\uparrow$$
(과산화나트륨) (물) (수산화나트륨) (산소)

② 공기 중 이산화탄소(CO_2)와 반응하여 산소(O_2)를 방출한다.
$$2Na_2O_2 + 2CO_2 \rightarrow 2Na_2CO_3 + O_2 \uparrow$$
③ 산과 반응하여 과산화수소(H_2O_2)를 생성시킨다.
$$Na_2O_2 + 2CH_3COOH \rightarrow 2CH_3COONa + H_2O_2 \uparrow$$
④ 열분해 시 산소(O_2)를 방출한다.
$$2Na_2O_2 \rightarrow 2Na_2O + O_2 \uparrow$$
⑤ 주수소화는 금물이고 마른모래(건조사)등으로 소화한다.

해답 ①

48. 위험물안전관리법령상 제조소 등의 관계인은 그 제조소 등의 용도를 폐지한 때에는 폐지한 날로부터 며칠 이내에 신고하여야 하는가?

① 7일   ② 14일
③ 30일   ④ 90일

해설
① 위험물안전관리자 선임 : 30일 이내
② 위험물안전관리자 선임신고 : 14일 이내
③ 용도폐지신고 : 14일 이내

해답 ②

49. 황에 대한 설명 중 옳지 않은 것은?

① 물에 녹지 않는다.   ② 일정 크기 이상을 위험물로 분류한다.
③ 고온에서 수소와 반응할 수 있다.   ④ 청색 불꽃을 내며 연소한다.

해설 황(S) : 제2류 위험물(가연성 고체)

구 분	단사황	사방황	고무상황
비 중	1.96	2.07	–
비 점	445℃	–	–
융 점	119℃	113℃	–
착화점	–	–	360℃
물에 용해여부	불용	불용	불용

① 동소체로 사방황, 단사황, 고무상황이 있다.
② 황색의 고체 또는 분말상태이며 **조해성이 없다**.
③ 물에 녹지 않고 **이황화탄소**(CS_2)**에는 잘 녹는다**.
④ 공기중에서 연소시 푸른 불꽃을 내며 이산화황이 생성된다.
$$S + O_2 \rightarrow SO_2$$
⑤ 환원성 물질이므로 산화제와 접촉 시 위험하다
⑥ **전기에 부도체**이므로 **분진폭발의 위험성**이 있고 목탄가루와 혼합시 가열, 충격, 마찰에 의하여 폭발위험성이 있다.
⑦ 다량의 물로 주수소화 또는 질식 소화한다.

해답 ②

50 다음 중 Cl의 산화수가 +3인 물질은?

① $HClO_4$　　　　② $HClO_3$
③ $HClO_2$　　　　④ $HClO$

해설 산화수

① $HClO_4$(과염소산)에서 Cl의 산화수 :　$+1(H)+X+4\times(-2)(O)=0$　$X=+7$
② $HClO_3$(염소산)에서 Cl의 산화수 :　$+1(H)+X+3\times(-2)(O)=0$　$X=+5$
③ $HClO_2$(아염소산)에서 Cl의 산화수 :　$+1(H)+X+2\times(-2)(O)=0$　$X=+3$
④ $HClO$(차아염소산)에서 Cl의 산화수 :　$+1(H)+X+(-2)(O)=0$　$X=+1$

산화수를 정하는 법

① 단체 중의 원자의 산화수는 0이다.(단체분자는 중성) [보기 : H_2^0, Fe^0, Mg^0, O_2^0, O_3^0]
② 화합물에서 산소의 산화수는 -2, 수소의 산화수는 +1이 보통이다 (단, **과산화물에서 O의 산화수는 -1**)
　[보기 : CH_4에서 C^{-4}, CO_2에서 C^{+4}]
③ 화합물에서 구성 원자의 산화수의 총합은 0이다.(분자는 중성이므로)
④ 이온의 가수(價數)는 그 이온의 산화수이다.(· Ca=+2 · Na=+1 · K=+1 · Ba=+2)
　[보기 : Cu^{+2}에서 Cu=+2]
　　MnO_4^-에서 Mn의 산화수는 $x+(-2\times4)=-1$　∴ $x=+7$　따라서 Mn=+7

해답 ③

---

51 황화인에 대한 설명으로 틀린 것은?

① P_4S_3, P_2S_5, P_4S_7은 동소체이다.
② 지정수량은 100kg이다.
③ 삼황화인의 연소생성물에는 이산화황이 포함된다.
④ 오황화인은 물 또는 알칼리에 분해하여 이황화탄소와 황산이 된다.

해설 황화인(제2류 위험물) : 황과 인의 화합물

① **삼황화인**(P_4S_3)
　㉠ 황색결정으로 물, 염산, 황산에 녹지 않으며 질산, 알칼리, 이황화탄소에 녹는다.
　㉡ 연소하면 오산화인과 이산화황이 생긴다.

$$P_4S_3 + 8O_2 \rightarrow 2P_2O_5 + 3SO_2 \uparrow$$

② **오황화인**(P_2S_5)
　㉠ 비중 2.09. 녹는점 290℃, 끓는점 514℃
　㉡ 담황색 결정이고 조해성이 있다.
　㉢ 수분을 흡수하면 분해된다.
　㉣ 이황화탄소(CS_2)에 잘 녹는다.
　㉤ 물, 알칼리와 반응하여 인산과 황화수소를 발생한다.

$$P_2S_5 + 8H_2O \rightarrow 2H_3PO_4 + 5H_2S \uparrow$$

③ **칠황화인**(P_4S_7)
　㉠ 담황색 결정이고 조해성이 있다.

ⓒ 수분을 흡수하면 분해된다.
ⓒ 이황화탄소(CS_2)에 약간 녹는다.
ⓔ 냉수에는 서서히 분해가 되고 더운물에는 급격히 분해된다.

해답 ④

52 소화약제가 환경에 미치는 영향을 표시하는 지수가 아닌 것은?

① ODP
② GWP
③ ALT
④ LOAEL

해설
① **ODP**(Ozone Depletion Potential) **오존파괴지수**
어떤 물질의 오존파괴능력을 상대적으로 나타내는 지표
② **GWP**(Global Warming Potential) **지구 온난화지수**
일정무게의 CO_2가 대기 중에 방출되어 지구온난화에 기여하는 정도
③ **ALT**(Atmospheric Life Time) **대기잔존년수**
어떤 물질이 방사되어 분해되지 않은 채로 존재하는 기간
④ **NOAEL**(No Observable Adverse Effect Level)
농도를 증가시킬 때 아무런 악영향을 감지할 수 없는 최대농도
(심장에 영향을 미치지 않는 최대 농도. 최대허용 설계농도)
⑤ **LOAEL**(Lowest Observable Adverse Effect Level)
농도를 감소시킬 때 악영향을 감지할 수 있는 최소농도
(심장독성 시험시 심장에 영향을 미치는 최소농도)
⑥ **ALC**(근사치농도)
15분간 노출시켜 그 반수가 사망하는 농도

해답 ④

53 위험물의 반응에 대한 설명 중 틀린 것은?

① 트라이에틸알루미늄은 물과 반응하여 수소가스를 발생한다.
② 황린의 연소생성물은 P_2O_5이다.
③ 리튬은 물과 반응하여 수소가스를 발생한다.
④ 아세트알데하이드의 연소생성물은 CO_2와 H_2O이다.

해설 **알킬알루미늄**[(C_nH_{2n+1}) · Al] : **제3류 위험물(금수성 물질)**
① 알킬기(C_nH_{2n+1})에 알루미늄(Al)이 결합된 화합물이다.
② $C_1 \sim C_4$는 자연발화의 위험성이 있다.
③ 물과 접촉 시 가연성 가스 발생하므로 주수소화는 절대 금지한다.
④ 트라이메틸알루미늄(TMA : Tri Methyl Aluminium)
$$(CH_3)_3Al + 3H_2O \rightarrow Al(OH)_3 + 3CH_4 \uparrow (메탄)$$
⑤ 트라이에틸알루미늄(TEA : Tri Eethyl Aluminium)
$$(C_2H_5)_3Al + 3H_2O \rightarrow Al(OH)_3 + 3C_2H_6 \uparrow (에탄)$$

⑥ 저장용기에 불활성기체(N_2)를 봉입한다.
⑦ 피부접촉 시 화상을 입히고 연소 시 흰 연기가 발생한다.
⑧ 소화 시 주수소화는 절대 금하고 팽창질석, 팽창진주암 등으로 피복소화한다.

해답 ①

54 위험물안전관리법령상 위험등급 Ⅱ에 속하는 위험물은?

① 제1류 위험물 중 과염소산염류
② 제4류 위험물 중 제2석유류
③ 제5류 위험물 중 하이드라진유도체
④ 제3류 위험물 중 황린

해설 위험물의 등급 분류

위험등급	해당 위험물
위험등급Ⅰ	① 제1류 위험물 중 아염소산염류, 염소산염류, 과염소산염류, 무기과산화물 　그 밖에 지정수량이 50kg인 위험물 ② 제3류 위험물 중 칼륨, 나트륨, 알킬알루미늄, 알킬리튬, 황린 　그 밖에 지정수량이 10kg 또는 20kg인 위험물 ③ 제4류 위험물 중 특수인화물 ④ 제5류 위험물 중 지정수량이 10kg인 위험물 ⑤ 제6류 위험물
위험등급Ⅱ	① 제1류 위험물 중 브로민산염류, 질산염류, 아이오딘산염류 　그 밖에 지정수량이 300kg인 위험물 ② 제2류 위험물 중 황화인, 적린, 황 그 밖에 지정수량이 100kg인 위험물 ③ 제3류 위험물 중 알칼리금속(칼륨, 나트륨 제외) 및 알칼리토금속, 유기금속화합물(알킬알루미늄 및 알킬리튬은 제외) 그 밖에 지정수량이 50kg인 위험물 ④ 제4류 위험물 중 제1석유류, 알코올류 ⑤ 제5류 위험물 중 위험등급Ⅰ 위험물 외의 것
위험등급Ⅲ	위험등급 Ⅰ, Ⅱ 이외의 위험물

해답 ③

55 np관리도에서 시료군마다 시료수(n)는 100이고, 시료군의 수(k)는 20, Σnp = 77이다. 이때 np관리도의 관리상한선(UCL)을 구하면 약 얼마인가?

① 8.94
② 3.85
③ 5.77
④ 9.62

해설 np관리도

공정을 부적합품수로 관리하는 경우에 사용하며 각 군의 시료크기(n)가 일정한 경우에 사용
① 관리중심

np관리도 중심선(CL)　$n\bar{p}=\dfrac{\Sigma np}{k}$　　P관리도 중심선　$\bar{p}=\dfrac{\Sigma np}{\Sigma n}$

$n\bar{p}=\dfrac{\Sigma np}{k}=\dfrac{77}{20}=3.85$,　$\bar{p}=\dfrac{\Sigma np}{\Sigma n}=\dfrac{77}{100\times 20}=0.0385$

② 관리한계

$$UCL = n\bar{p}+3\sqrt{n\bar{p}(1-\bar{p})} \qquad LCL = n\bar{p}-3\sqrt{n\bar{p}(1-\bar{p})}$$

관리상한계 $UCL = n\bar{p}+3\sqrt{n\bar{p}(1-\bar{p})} = 3.85+3\sqrt{3.85\times(1-0.0385)} = 9.62$

해답 ④

56 그림의 OC곡선을 보고 가장 올바른 내용을 나타낸 것은?

① α : 소비자 위험
② $L(p)$: 로트가 합격할 확률
③ β : 생산자 위험
④ 부적합품률 : 0.03

해설
① 제1종 과오(α : 생산자위험)
   두개의 대비되는 현상 중 기준이되는 현상을 참이라고 할 때 참인 현상을 참이 아니라고 잘못 판정하는 과오
② $L(p)$: 로트가 합격할 확률
③ 제2종 과오(β : 소비자위험)
   기존현상에 반대되는 참이 아닌 현상인 거짓현상을 참이라고 잘 못 판정하는 과오

구 분	참	거짓
참이라고 판정	옳은 결정 : $1-\alpha$	제2종 과오 : β
거짓이라고 판정	제1종 과오 : α(위험율)	옳은 결정 : $1-\beta$(검출력)

④ 부적합품률 : 0.1

해답 ②

57 미국의 마틴 마리에타사(Martin Marietta Corp.)에서 시작된 품질개선을 위한 동기부여 프로그램으로, 모든 작업자가 무결점을 목표로 설정하고, 처음부터 작업을 올바르게 수행함으로써 품질비용을 줄이기 위한 프로그램은 무엇인가?

① TPM 활동
② 6 시그마 운동
③ ZD 운동
④ ISO 9001 인증

해설 **무결점운동**(ZD : zero defects)
1962년 미국의 미사일 제조업체인 마틴사가 미사일을 제조하는 과정에서 납기단축에도 불구하고 종업원의 창의적 노력에 의하여 결함없이 미사일을 완성하는 데서 비롯되었다.

해답 ③

58 다음 중 단속생산 시스템과 비교한 연속생산 시스템의 특징으로 옳은 것은?
① 단위당 생산원가가 낮다.
② 다품종 소량생산에 적합하다.
③ 생산방식은 주문생산방식이다.
④ 생산설비는 범용설비를 사용한다.

해설 **연속생산 시스템의 특징**
① 단위당 생산원가가 낮다.
② 소품종 대량생산에 적합하다.
③ 생산방식은 예측생산방식이다.
④ 생산설비는 생산전용설비를 사용한다.

해답 ①

59 일정 통제를 할 때 1일당 그 작업을 단축하는 데 소요되는 비용의 증가를 의미하는 것은?
① 정상소요시간(normal duration time)
② 비용견적(cost estimation)
③ 비용구배(cost slope)
④ 총비용(total cost)

해설 **비용구배**
작업을 1일 단축할 때 추가되는 직접비용

$$비용구배 = \frac{특급비용 - 표준비용}{표준시간 - 특급시간}$$

해답 ③

60 MTM(Method Time Measurement)법에서 사용되는 1TMU(Time Measurement Unit)는 몇 시간인가?
① $\frac{1}{100000}$ 시간
② $\frac{1}{10000}$ 시간
③ $\frac{6}{10000}$ 시간
④ $\frac{36}{1000}$ 시간

해설 **동작 시간 측정법**(method time measurement)
① 1 TMU = 0.036초 = 0.0006분 = 0.00001시간($\frac{1}{10^5}$ 시간)
② 1WFU = 0.0001분

해답 ①

[저자소개]

강석민 교수
- 서영대 소방안전과 겸임교수
- ㈜태경소방 대표이사
- 서울과학기술대학원 안전공학과
- 세진북스 소방 및 위험물분야 저자
  소방시설관리사/소방설비기사/위험물기능장
  /위험물산업기사/위험물기능사

정진홍 교수
- ㈜태경소방(현)
- 소방학교 외래교수(현)
- ㈜주경야독 소방 및 위험물분야 전임교수(현)
- ㈜OCI DAS(동양화학계열사) 인천공장 환경안전팀 23년근무(전)
- 세진북스 소방 및 위험물분야 저자
  소방시설관리사/소방설비기사/위험물기능장
  /위험물산업기사/위험물기능사

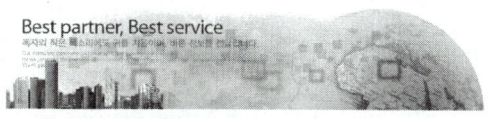

위험물기능장 필기

초판 발행	2017년 1월 10일
개정2판 발행	2018년 1월 5일
개정3판 발행	2019년 1월 5일
개정4판 발행	2020년 1월 5일
개정5판 발행	2021년 1월 5일
개정6판 발행	2022년 1월 5일
개정7판 발행	2023년 1월 5일
개정8판 발행	2024년 1월 5일
개정9판 발행	2025년 1월 5일
개정10판 발행	2026년 1월 5일

우수회원인증

닉네임	
신청일	

필히 (**파랑, 빨강**)볼펜 사용. **화이트** 사용 금지

지은이 · 강석민 · 정진홍
펴낸이 · 홍세진
펴낸곳 · 세진북스

주소 · (우)10207 경기도 고양시 일산서구 산율길 56(구산동 145-1)
전화 · 031-924-3092
팩스 · 031-924-3093
홈페이지 · http://www.sejinbooks.kr

출판등록 · 제 315-2008-042호(2008.12.9)
ISBN · 979-11-5745-720-5 13530

값 · **45,000원**

- 이 책의 출판권은 도서출판 세진북스가 가지고 있습니다.
- 이 책의 일부 또는 전체에 대한 무단 복제와 전재를 금합니다.

SEJIN Books 세진북스 세진북스에는 당신과 나 그리고 우리의 미래가 있습니다.